폐기물 관리법

박경수 저

pnc
publishing and culture
피앤씨미디어

서 문

환경의 중요성에 대한 인식이 급격히 제고되면서, 환경의 최대 위해요소인 폐기물의 발생을 억제하고 발생한 폐기물을 친환경적으로 처리함으로써 환경보전과 국민생활의 질적 향상에 이바지하고자 1986. 12. 31. 법률 제3904호로 폐기물관리법이 제정되었다.

폐기물관리법은 국가와 지방자치단체, 배출자와 처리자, 사업장과 개인 등 폐기물과 관련된 모든 이해당사자를 규율하는 법으로서, 대한민국에 거주하는 사람은 자연인이든 법인이든 한시라도 폐기물관리법의 적용을 받지 않을 수 없는 매우 중요한 법률이다. 더구나 2000년대 들어 폐기물산업이 단순한 처리업이 아니라 재활용을 통해 자원의 선순환을 도모하는 거대한 장치산업으로 눈부시게 발전하면서 관련법규에 대한 자문소요가 증가하고 있으나 폐기물관리법에 대해 제대로 정리된 자료가 없었다. 이에 저자가 몇 년간 꾸준히 이 분야에 대한 연구와 상담을 하면서 관련된 법령과 각종 지침, 판례 및 질의응답 사례를 모아보니 제법 자료가 충실해졌다. 관련된 분들에게 조금이나마 도움이 되었으면 하는 마음에 책으로 묶었다.

현재까지는 폐기물의 '관리'라는 측면에서 법적 규율이 이루어져 왔지만, 향후에는 폐기물의 '재활용' 더 나아가 자원의 '효율적 순환'이라는 관점에서 법적 규율이 이루질 것으로 기대된다. EU 및 일본 등 선진 각국이 이미 그러한 방향으로 가고 있고, 국내에서도 그러한 요구가 빗발치고 있다. 폐기물이라는 부정적 이미지의 단어도 수정해야 할 필요성이 대두되고 있다. 폐기물을 환경과 인체에 나쁜 영향을 미치는 관리대상으로만 볼 것이 아니라 사람의 생활과 경제활동에 도움을 줄 수 있는 우수한 순환자원으로 보고 그에 걸맞는 제도를 구축한다면 훨씬 차원 높은 환경정책국가로 발돋움할 수 있을 것이다. 정부도 그러한 인식을 갖고 끊임없는 제도개선을 시도하고 있으므로, 머지않아 대한민국의 환경정책은 세계에 자랑할 만한 제도로 소개될 것이다.

질의응답사례 자료를 충실히 정리해 준 박세훈 실장, 김성배 실장, 그리고 묵묵히 남편의 집필을 인내해 준 아내, 사랑하는 지원이, 범규에게 고마운 마음을 표하고 싶다. 피앤씨미디어 박노일 대표께도 감사를 드린다.

2015. 4.
서초동에서 박 경 수

목 차

제1편 폐기물관리법 개관

제 1 장 폐기물관리법 체계와 연혁

제 2 장 폐기물관리의 체계

제 3 장 폐기물

제 2 편 폐기물의 배출과 처리

제 1 장 폐기물의 배출

제 2 장 폐기물의 처리

제 3 장 폐기물의 재활용

제 3 편 폐기물처리업

제 1 장 개 관

제 2 장 폐기물처리업의 허가

제 3 장 폐기물처리업의 운영

제 4 편 폐기물처리시설

제 5 편 보칙과 벌칙

제 1 장 폐기물처리 신고

제 2 장 기타 보칙과 벌칙

<법령약어>

폐기물관리법	<법>
폐기물관리법시행령	<시행령>
폐기물관리법시행규칙	<시행규칙>
자원의 절약과 재활용촉진에 관한 법률	<자원재활용법>
건설폐기물의 재활용촉진에 관한 법률	<건설폐기물재활용촉진법>
국토의 계획 및 이용에 관한 법률	<국토계획법>
지방자치단체를 당사자로 하는 계약에 관한 법률	<지방자치계약법>
개발제한구역의 지정 및 관리에 관한 특별조치법	<개발제한구역법>

PART

1

폐기물관리법 개관

제 1 장 · 폐기물관리법 체계와 연혁

제 2 장 · 폐기물관리의 체계

제 3 장 · 폐기물

Chapter

01 폐기물관리법 체계와 연혁

제 1 절 폐기물관리 법제의 발전

(1) 1960년대 이후 급격한 산업화·도시화로 인해 우리나라는 그야말로 대량생산·대량소비 사회로 전환하게 되었고, 폐기물의 양이 폭발적으로 증가하면서 폐기물처리는 그 이전의 자연적 정화작용만으로는 감당할 수 없는 심각한 사회문제가 되었다. 이러한 현상을 규율하기 위해 환경정책의 주요부분으로서 폐기물관련 법제가 발전되어 왔다.

(2) 소극적·방어적 성격의 「오물청소법」(1961년)에서부터 출발하여 환경문제의 심각성을 인식하게 되면서 「환경보전법」(1977년)이 제정되어 산업폐기물을 규율하였다. 환경보전법 제정 이후부터 생활폐기물은 오물청소법이, 산업폐기물은 환경보전법이 규율하는 이원적 관리체계를 유지하였다. 그러다 종합적인 폐기물관리의 필요성이 대두되어 1986년 「폐기물관리법」이 제정되면서 모든 폐기물이 일원적으로 규율되게 되었다.

(3) 한편, 1991년 「오수·분뇨 및 축산폐수의 처리에 관한 법률」이 제정되면서 오수·분뇨 등의 처리는 수질관리 측면에서 다루어지게 되었고, 1992년 「자원의 절약과 재활용촉진에 관한 법률」이 제정되면서 폐기물의 재활용정책에 큰 분수령이 되었으며, 1994년에는 바젤협약에 가입하면서 국내 이행을 위한 「폐기물의 국가간 이동 및 그 처리에 관한 법률」이 제정됨으로써 국제적인 폐기물 관리틀을 구성하게 되었다.

(4) 2000년대 들어 「건설폐기물의 재활용촉진에 관한 법률」(2003년)이 제정되어 건설산업에서 발생하는 대규모의 건설폐기물을 자원으로 순환활용하는 계기를 마련하였다. 또한 2007년에는 「전기·전자제품 및 자동차의 자원순환에 관한 법률」이 제정되어, 급격히 발전하는 IT산업의 폐기물 재활용을 효율적으로 관리할 수 있도록 하였다.

(5) 현행 폐기물관리의 법률체계는, 기본법인 「폐기물관리법」을 기본축으로 하면서 「자원의 절약과 재활용촉진에 관한 법률」이 자원순환의 관점에서 폐기물의 재활용을 다루는 한편, 배출량이나 유해성의 관점에서 특별관리가 필요한 건설폐기물과 전기·전자제품 및 자동차 관련 폐기물에 대해서는 「건설폐기물의 재활용촉진에 관한 법률」과 「전기·전자제품 및 자동차의 자원순환에 관한 법률」이 보완토록 하고 있으며, 폐기물의 국제적 관리라는 관점에서 「폐기물의 국가간 이동 및 그 처리에 관한 법률」로 하여금 폐기물의 국내외간 이동을 규율하도록 하고 있다. 기타 폐기물처리시설의 설치와 관련한 님비(NIMBY) 현상을 극복하자는 차원에서 「폐기물처리시설 설치촉진 및 주변지역지원 등에 관한 법률」이 시행되고 있다.

제 2 절 폐기물관리법의 구성

(1) 현행 「폐기물관리법」은 제1장 총칙에서부터 제7장 벌칙에 이르기까지 총 7개 장 68개 조문으로 구성되어 있다.

(2) 제1장 총칙에는 목적, 정의, 적용범위, 폐기물관리의 기본원칙, 국가 및 지방자치단체의 책무, 폐기물의 광역관리, 폐기물처리시설의 반입수수료, 국민의 책무, 폐기물의 투기금지, 폐기물처리 기본계획, 폐기물 통계조사, 폐기물공정시험방법에 대하여 규정하고 있다.

(3) 제2장은 폐기물의 배출 및 처리에 관한 규정으로서 폐기물의 처리기준, 폐기물의 재활용 용도 또는 방법, 재활용 제품 또는 물질에 관한 유해성 기준, 생활폐기물의 처리, 폐기물 배출자의 처리 협조, 협약의 체결, 사업장폐기물 배출자의 의무, 사업장 폐기물의 처리, 사업장폐기물처리자의 의무, 사업장폐기물의 처리가격, 폐기물의 수출입 신고, 수입 폐기물의 처리에 대한 사항을 규정하고 있다.

(4) 제4장은 폐기물처리업의 허가 및 관리와 폐기물처리시설의 설치·운영에 대한 장이다. 이 장에는 폐기물처리업, 결격사유, 허가의 취소, 폐기물처리업자에 대한 과징금 처분, 폐기물처리시설의 설치, 폐기물처리시설의 검사, 폐기물처리시설의 관리, 다른 법령에 따른 허가·신고 등의 의제, 권리·의무의 승계에 관한 규정이다.

(5) 제5장은 폐기물처리업자 등에 대한 지도·감독에 관하여 규정한 장으로 기술관리인, 폐기물처리 담당자 등에 대한 교육, 장부의 기록·보존, 휴업과 폐업 등의 신고, 보고

서 제출, 보고·검사, 배출자에 대한 폐기물 처리명령, 폐기물처리업자 등에 대한 폐기물 처리명령, 폐기물처리업자 등의 방치폐기물 처리, 폐기물처리공제조합의 설립, 조합의 사업, 분담금에 관한 사항을 규정하고 있다.

(6) 제6장은 보칙으로서 폐기물 인계·인수 내용 등의 전산처리, 폐기물처리 신고, 폐기물처리 신고자에 대한 과징금 처분, 폐기물의 회수조치, 폐기물처리에 대한 조치명령, 의견제출, 대집행, 폐기물처리시설의 사후관리, 폐기물처리시설의 사후관리이행보증금, 사후관리이행보증금의 사전적립, 사후관리이행보증금의 용도, 사용종료 또는 폐쇄 후의 토지이용제한, 폐기물처리사업의 조정, 국고보조, 폐기물처리시설 설치비용의 지원, 폐기물처리실적의 보고, 한국폐기물협회, 허가 등의 수수료, 행정처분의 기준, 청문, 권한이나 업무의 위임과 위탁, 벌칙 적용에서의 공무원 의제에 관한 사항을 규정하고 있다.

(7) 마지막으로 제7장은 폐기물관리법 제도에 대한 실효성을 담보하기 위한 수단으로 벌칙과 과태료에 관한 사항을 규정하고 있다.

그림 1-1 폐기물관리법의 체계

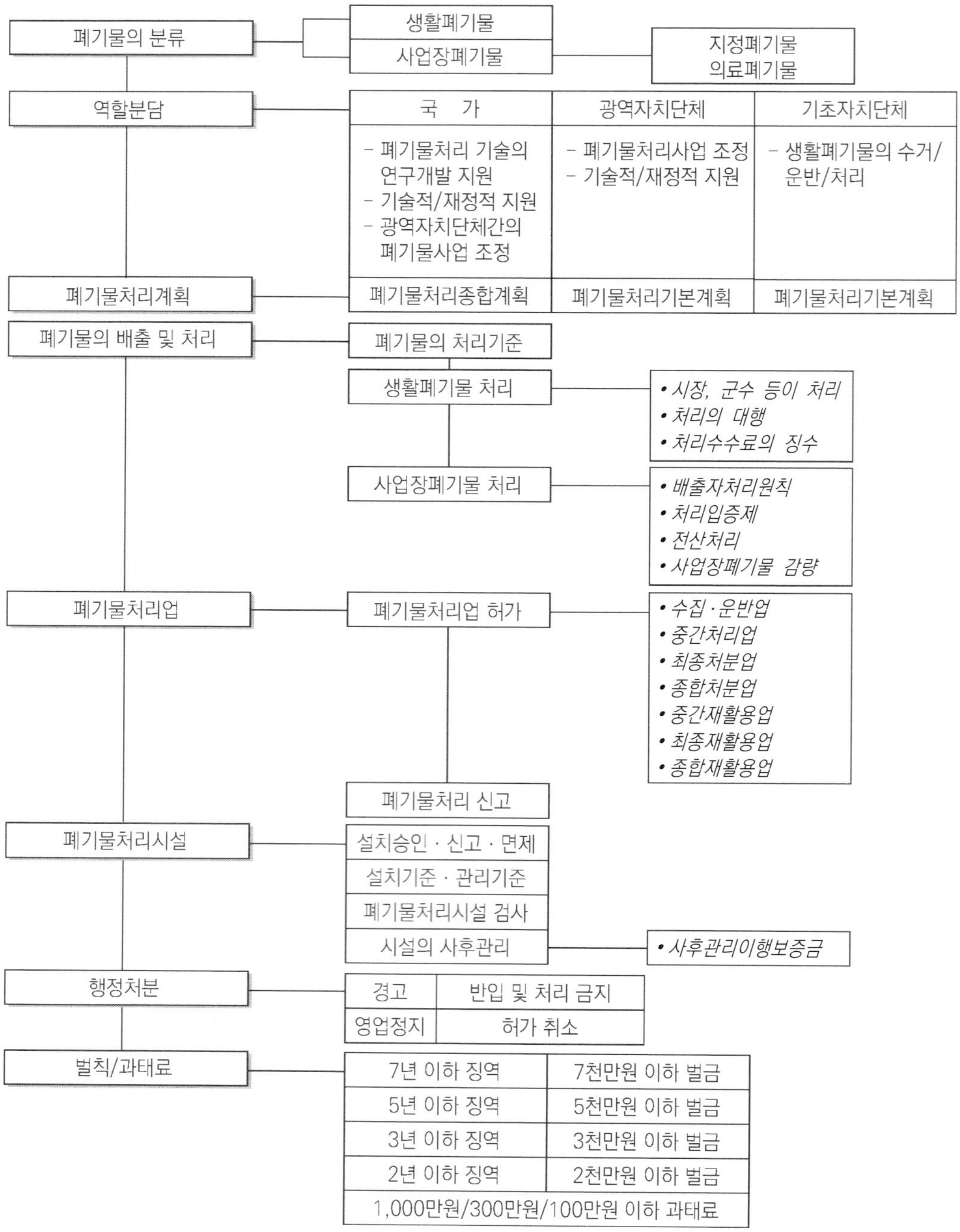

제 3 절 폐기물관리법의 연혁

Ⅰ. 개 설

(1) 폐기물관리법은 폐기물을 적정하게 처리하여 자연환경 및 생활환경을 청결히 함으로써 국민보건의 향상과 환경보전에 기여함을 목적으로 1986년 제정된 법이다. 종래 오물청소법과 환경보전법으로 이원화되어 관리되어 오던 폐기물을 일원적으로 규율함으로써 폐기물관리를 강화한다는 취지에서 오물청소법을 폐지하고 환경보전법상의 산업폐기물 관련 규정을 통합하여 만들어졌다.

(2) 동법은 그동안 여러 차례의 개정이 있었으나, 2010년 7월 23일 법률 제10389호로 개정된 것이 최근 들어 비교적 큰 변화를 보였다. 동법은 그동안 광범위하게 허용하던 폐기물 재활용신고제도를 허가제도로 전환하여 폐기물관리의 사각지대를 대폭 줄였고, 폐기물처리신고제도를 도입하였다.

Ⅱ. 폐기물관리법의 변화

1. 폐기물관리법의 제정 [시행 1987.4.1] [법률 제3904호, 1986.12.31. 제정]

가. 제정이유

환경보전법과 오물청소법으로 이원화되어 있던 폐기물(분뇨, 쓰레기, 산업폐기물)의 관리에 관한 사항을 단일법에 규정하여 폐기물의 성상 및 특성에 따른 관리를 강화하고, 환경청장 및 시·도지사로 하여금 폐기물처리에 관한 기본계획을 수립하도록 하여 폐기물을 적정하게 관리할 수 있도록 폐기물관리법을 제정하였다. 주요 내용은 다음과 같다.

나. 주요 내용

(1) 폐기물을 일반폐기물과 산업폐기물로 구분하여 그 관리를 달리할 수 있도록 함.

(2) 시장·군수는 일반폐기물처리시설의 설치·운영 등 일반폐기물처리사업을 수행하도록 하고, 시·도지사는 관할구역 안의 일반폐기물처리사업에 대한 조정을 할 수 있도록 하며, 국가는 폐기물처리에 대한 기술의 연구·개발 지원을 하도록 함.

(3) 환경청장 및 시·도지사는 폐기물처리에 관한 기본계획을 수립하도록 함.

(4) 분뇨수집·운반업, 쓰레기수집·운반업, 분뇨처리업, 정화조청소업 등 일반폐기물

처리업을 하고자 하는 자는 시장·군수의 허가를 받도록 함.

(5) 분뇨처리시설 또는 쓰레기처리시설을 설치하고자 하는 자는 환경청장의 승인을 얻도록 함.

(6) 일정규모 이상의 축산시설을 설치하는 자는 축산폐수정화시설을 설치하도록 함.

(7) 산업폐기물을 배출하는 사업장을 경영하는 자는 시·도지사에게 신고하도록 함.

(8) 국가 또는 시·도지사 등은 산업폐기물의 광역처리를 위한 처리시설을 설치·운영할 수 있도록 함.

(9) 산업폐기물처리업을 하고자 하는 자는 환경청장의 허가를 받도록 함.

(10) 일정규모 이상의 폐기물처리시설을 설치·운영하는 자는 시설의 유지·관리에 관한 기술업무를 담당시키기 위한 기술관리인을 두도록 함.

2. 1차 개정 [시행 1991.9.9] [법률 제4363호, 1991.3.8. 전부개정]

가. 개정이유

폐기물관리법의 관리대상폐기물 중 수질오염의 원인이 되는 오수·분뇨 및 축산폐수는 별도의 법률을 제정하여 관리하게 됨에 따라 그에 관련되는 조문을 삭제하고, 일반폐기물과 산업폐기물로 구분하던 폐기물의 분류체계를 국민보건상 유해 정도를 기준으로 일부 변경하여 새로운 분류체계에 따라 국가·지방자치단체 간의 책임을 명확히 하며, 아울러 원인자부담원칙에 따른 특정 제품·용기에 대한 회수·처리비용 예치제도를 도입함으로써 폐기물의 적정한 처리와 재활용을 통한 폐기물의 자원화에 이바지하도록 하려는 것이었다. 개정 주요 내용은 아래와 같다.

나. 주요 개정내용

(1) 종전의 일반폐기물과 산업폐기물 중 국민보건에 유해하지 아니한 산업폐기물은 일반폐기물로 분류하고, 국민보건에 유해한 산업폐기물은 특정폐기물로 분류하여 일반폐기물은 지방자치단체가, 특정폐기물은 국가가 책임관리를 하도록 함.

(2) 환경처장관 또는 시·도지사는 폐기물처리에 관한 종합계획에 따라 폐기물처리시설설치계획을 결정·고시하고, 폐기물처리시설의 설치에 필요한 토지·건물 등을 수용·사용할 수 있도록 함.

(3) 읍 이상의 도시지역을 중심으로 하는 종전의 특별청소지역지정제를 폐지하고, 전국을 일반폐기물관리구역으로 하여 시장·군수·구청장이 일반폐기물처리책임을 지도록 하되, 시장·군수·구청장이 지정하는 일부지역은 그 대상에서 제외할 수 있도록 함.

(4) 종전에는 쓰레기의 분리·보관의무만 부여하고 그 위반행위에 대하여는 별도의 제재조치를 과하지 아니하던 것을, 쓰레기를 포함한 일반폐기물의 배출자가 분리·보관의무를 이행하지 아니하는 경우에는 100만원 이하의 과태료에 처하도록 함.

(5) 환경처장관은 유해물질이 함유되거나 다량으로 제조·수입되는 일정한 제품·용기에 대하여는 당해 제품·용기가 폐기물이 되는 경우 그 회수·처리에 소요되는 비용을 제조업자 또는 수입업자로 하여금 폐기물관리기금에 매년 예치하게 할 수 있도록 함.

(6) 폐기물관리기금을 설치하고 환경처장관이 기금을 운용·관리하도록 하되, 환경처장관은 기금의 운용·관리에 관한 업무를 합성수지폐기물처리사업법에 의한 한국자원재생공사에 위탁할 수 있도록 함.

(7) 환경처장관은 폐기물을 매립하는 시설이 사용종료 또는 폐쇄 후 침출수 누출 등으로 인하여 주민의 건강·재산 등에 중대한 위해를 가져올 우려가 있는 경우에는 당해 시설의 설치자로 하여금 사후관리에 소요되는 비용의 전부 또는 일부를 예치하게 할 수 있도록 하고, 아울러 당해 시설이 소재한 토지에 대하여는 일정기간 동안 그 토지이용을 공원, 수목의 식재 등의 용도에 한정하도록 제한을 할 수 있도록 하되, 토지이용제한으로 인한 손실은 기금에서 정당한 보상을 하도록 함.

3. 2차 개정 [시행 1993.6.9] [법률 제4539호, 1992.12.8. 일부개정]

가. 개정이유

「자원의 절약과 재활용 촉진에 관한 법률」의 제정으로 폐기물 재활용에 관한 내용이 동법에서 규정됨에 따라 이에 관한 규정을 삭제하고, 폐기물처리시설의 설치를 촉진하기 위하여 일정규모 이상의 폐기물처리시설의 설치 시 그 지역주민에 대한 지원 및 주민참여 등에 관한 규정을 신설하려는 것이었다.

나. 주요 개정내용

(1) 종전에는 빌딩·상가 등에서 배출되는, 성상이 가정쓰레기와 유사한 다량배출 일반폐기물에 대하여는 다량배출자의 일반폐기물수집·운반·처리기준을 적용하였으나, 개정 이후에는 그 기준이 다소 낮은, 소량배출되는 일반폐기물수집·운반·처리기준을 빌딩·상가 등에서 배출되는 쓰레기에 적용함.

(2) 종전에는 일반폐기물처리시설은 승인을 얻어 설치하도록 하고, 그 설계·시공은 설계·시공업자만 할 수 있도록 하던 것을 개정 이후에는 대통령령이 정하는 규모 미만인 경우에는 신고로써 설치가 가능하도록 하되, 이 경우에는 설계·시공업자가 아닌 자도 설

계·시공할 수 있도록 함.

(3) 국가 및 지방자치단체가 일정규모 이상의 폐기물처리시설을 설치하고자 할 때에는 폐기물처리시설의 주변영향지역의 주민에게 소득증대·복리증진 등을 내용으로 하는 지원을 하도록 하고, 이를 위한 재원을 확보하도록 함.

(4) 환경처장관 또는 시·도지사는 폐기물처리시설을 설치함에 있어서 그 처리시설의 주변영향지역의 주민에 대한 지원을 하고자 하는 경우에는 주민의 의견을 수렴하도록 하고, 폐기물처리시설의 설치·운영으로 인한 주변지역의 환경상의 영향을 정기적으로 조사하여 지역주민에게 공개하도록 함.

4. 3차 개정 [시행 1996.2.5] [법률 제4970호, 1995.8.4. 일부개정]

가. 개정이유

폐기물의 발생지 처리책임을 강화하고 처리과정에 대한 관리를 철저히 하기 위하여 폐기물의 분류 및 관리체계를 재정립함과 아울러 폐기물감량정책의 효율적인 추진과 폐기물 배출자의 자체처리 촉진 및 폐기물처리업의 경쟁체제 도입을 위한 근거를 마련하고, 폐기물처리시설의 설치 촉진과 시설주변지역 지원에 관한 사항이 별도의 법률로 제정됨에 따라 관련 조항을 정비하려는 것이었다.

나. 주요 개정내용

(1) 폐기물을 일반폐기물과 특정폐기물로 분류하던 것을 발생원에 따라 생활폐기물과 사업장폐기물로 분류하여 원인자처리책임 및 발생지처리책임이 철저히 적용되도록 함.

(2) 생활폐기물 감량정책의 효율적인 추진을 위하여 생활폐기물수수료를 배출량에 따라 차등 부담하도록 하는 종량제의 실시촉진근거를 마련함.

(3) 일정 업종 및 규모 이상의 사업장폐기물 배출자는 폐기물의 발생 억제를 위하여 환경부장관과 관계중앙행정기관의 장이 협의하여 정하는 지침을 준수하도록 함.

(4) 소규모 영세배출자의 폐기물위탁처리에 따른 부담을 해소하고 자가처리율을 높이기 위하여 폐기물처리시설을 공동으로 설치·운영할 수 있도록 함.

(5) 일반폐기물처리업과 특정폐기물처리업을 폐기물처리업으로 통합하고, 폐기물처리업허가의 정수제한제를 폐지하여 처리업의 경쟁을 촉진하며, 종합처리업을 신설하여 효율적인 통합처리시스템을 도입할 수 있도록 함.

(6) 품질인증이 된 폐기물처리시설을 설치승인대상에서 제외하여 폐기물처리시설의 보급이 확대되도록 함.

(7) 폐기물처리시설 설치승인을 얻거나 신고를 한 경우에는 수질환경보전법 등 관련 법상의 배출시설 설치허가를 받았거나 신고를 한 것으로 보도록 하여 시설설치에 대한 절차를 간소화함.

5. 4차 개정 [시행 1999.8.9] [법률 제5865호, 1999.2.8. 일부개정]

가. 개정이유

지정폐기물의 처리경로에 대한 투명성을 높이기 위하여 지정폐기물의 배출자·처리자로 하여금 그 적정처리를 증명하도록 하고, 폐기물처리업자의 부도 등으로 인하여 방치되는 미처리 폐기물이 늘어남에 따라 폐기물처리업자의 폐기물처리이행보증제도를 도입하며, 제도의 운영상 나타난 일부 미비점을 개선·보완하려는 것이었다.

나. 주요 개정내용

(1) 폐기물을 배출하는 사업자의 양수인·상속인·경락인 및 합병법인 등에게 폐기물에 관한 권리·의무도 함께 승계되도록 함으로써 방치되는 폐기물의 발생을 예방함(법 제24조 제5항).

(2) 일정량 이상의 지정폐기물을 배출·운반 또는 처리하는 자는 당해 폐기물이 적정하게 처리됨을 증명하도록 함으로써 처리경로의 투명성을 보장하고 불법처리를 방지함(법 제2장의2 신설).

(3) 다이옥신 등에 의한 환경오염을 최소화하기 위하여 일정규모 미만의 폐기물소각시설은 그 설치를 금지함(법 제30조 제1항).

(4) 폐기물처리시설설계·시공업의 등록제를 폐지하되, 일정한 폐기물처리시설은 완공 후 검사를 받도록 함(법 제30조의2 신설 및 현행 제33조 삭제).

(5) 폐기물처리업자가 파산 등으로 위탁받은 폐기물을 처리하지 못하여 방치하는 경우에는 폐기물처리공제조합 등으로 하여금 그 처리의 이행을 보증하도록 함으로써 방치폐기물로 인한 환경오염을 방지함(법 제43조의2 신설).

6. 5차 개정 [시행 2000.7.1] [법률 제6096호, 1999.12.31. 일부개정]

가. 개정이유

행정규제기본법에 의한 규제정비계획에 따라 폐기물처리시설의 기술관리대행제도와 기술관리인의 준수사항 등을 폐지하는 한편, 폐기물처리시설의 사후관리에 관한 시정을 대행하는 경우의 대행비용의 징수방법을 개선하는 등 제도의 운영상 나타난 일부 미비점을 개선·보완하려는 것이었다.

나. 주요 개정내용

(1) 처리과정에서 오염의 위험이 존재하는 감염성폐기물의 근본적인 오염방지를 위하여 오염성폐기물처리업의 경우 다른 폐기물과 별도의 시설·장비 및 사업장을 설치·운영하도록 함(법 제26조 제9항).

(2) 폐기물처리시설의 사후관리에 관한 시정명령을 받고도 시정하지 아니하여 이를 대행시키는 경우 그 대행비용을 시정명령을 받은 자로부터 직접 징수하도록 하던 것을, 개정 이후에는 미리 예치된 사후관리이행보증금 등을 대행비용에 사용할 수 있도록 하여 사업자의 부담을 덜어줌(법 제47조 제4항).

7. 6차 개정 [시행 2003.11.30] [법률 제6912호, 2003.5.29. 일부개정]

가. 개정이유

폐기물을 적정하게 처리하기 위하여 사업장폐기물 배출자가 폐기물의 수집·운반·처리를 위탁하는 때에는 수탁자의 수집·운반·처리능력을 확인하도록 하고, 폐기물분석결과서를 환경부령이 정하는 폐기물분석 전문기관에서만 발급하도록 하며, 방치폐기물처리이행대상 사업장에 폐기물재활용 신고자를 포함하고, 지정폐기물 배출자 등이 작성하여야 하는 폐기물정산서와 목록형 대장을 폐지하고 이를 폐기물처리실적보고서 등에 통합하도록 함으로써 폐기물 배출자 등의 부담을 경감하며, 폐기물처리시설의 설치·운영자가 오염물질의 측정의무를 이행하지 아니하는 경우 그 측정을 명할 수 있도록 하는 등 제도의 운영상 나타난 일부 미비점을 개선·보완하려는 것이었다.

나. 주요 개정내용

(1) 폐기물 감량화시설의 정의를 신설하고, 폐기물 감량화시설 설치 등의 방법으로 사업장폐기물 발생을 최대한 억제하도록 함(법 제2조 제8호 신설 및 제24조 제1항 제2호).

(2) 생활폐기물 배출자 중 환경부령이 정하는 음식물류 폐기물 배출자는 시장·군수·구청장에게 음식물류 폐기물의 배출감량계획 및 처리실적을 제출하게 하는 등 음식물류 폐기물의 배출감량을 위하여 관할 시·군·구의 조례가 정하는 사항을 준수하도록 함(법 제15조 제3항 신설).

(3) 사업장폐기물 배출자가 폐기물의 수집·운반·처리를 위탁하고자 하는 경우에는 수탁자가 폐기물을 적정하게 수집·운반·처리할 능력이 있는지를 확인한 후 위탁하도록 함(법 제24조 제1항 제3호 신설).

(4) 지정폐기물 배출자가 지정폐기물 처리 전 환경부장관의 확인을 위하여 제출하는 폐기물분석결과서의 신뢰성 제고를 위하여 환경부령이 정하는 폐기물분석 전문기관에서 발급하는 분석결과서로 한정함(법 제25조의2 제1항 제2호).

(5) 지정폐기물 배출자 등이 작성·보관하도록 하던 폐기물정산서와 목록형 대장을 폐지하고 그 내용을 기존의 폐기물처리실적보고서 및 사업장폐기물관리대장에 통합함으로써 지정폐기물배출자 등의 부담을 경감하도록 함(법 제25조의7 내지 제25조의9 삭제 및 제42조의2 제1항 신설).

(6) 개정 전에는 폐기물처리업자가 지정폐기물과 그 밖의 폐기물을 동일한 폐기물처리시설에서 처리하고자 하는 경우에는 환경부장관과 시·도지사로부터 각각 허가를 받도록 하였으나, 환경부장관으로부터 지정폐기물처리업의 허가를 받은 경우에는 지정폐기물 외의 폐기물처리업에 관한 시·도지사의 허가를 받은 것으로 보도록 함(법 제26조 제11항 신설).

(7) 폐기물처리시설의 적정한 관리를 위하여 폐기물처리시설의 설치·운영자가 오염물질의 측정의무를 이행하지 아니하는 경우 측정을 명할 수 있도록 하고, 이 명령을 이행하지 아니하는 경우 처벌하도록 함(법 제30조의3 제5항 및 제61조 제15호 신설).

(8) 폐기물의 방치를 방지하기 위한 방치폐기물 처리이행 대상사업장의 범위에 사업장폐기물 재활용 신고자를 포함하고 방치폐기물처리이행보증제도에 가입하는 시기를 영업개시 전까지로 조정함(법 제43조의2 제1항).

(9) 사업장폐기물을 처리하는 폐기물처리업자는 폐기물처리 이행을 보증하기 위하여 보험에 가입하거나 보증금을 예치하는 등의 조치를 하여야 하는 바, 폐기물의 허용보관량, 처리대상 폐기물의 종류 및 처리단가 등이 변경된 경우에는 폐기물처리 이행보증을 위한 보험계약을 갱신하거나 보증금의 조정을 신청하도록 하고, 이를 이행하지 아니하는 경우 환경부장관 또는 시·도지사가 이행을 명할 수 있도록 함(법 제43조의2 제7항 및 제8항 신설).

8. 7차 개정 [시행 2004.7.1] [법률 제7022호, 2003.12.30. 일부개정]

가. 개정이유

폐기물관리법상 일정한 폐기물처리시설에서 배출하는 오염물질 측정결과와 폐기물처리시설이 그 주변지역에 미치는 영향을 조사하여 공개하도록 함으로써 오염으로 인한 피해의 예방을 통해 주민의 환경권을 보장하고, 폐기물관리계획 수립에 관한 법적 체계를 명확하게 하며, 폐기물의 적정처리를 위하여 폐기물처리가격의 최저액 또는 최고액을 고시하여 위탁자와 수탁자가 각각 최고액보다 높거나 최저액보다 낮은 가격으로 위탁 또는 수탁을 못하도록 하는 등 제도의 운영상 나타난 일부 미비점을 보완하려는 것이었다.

나. 주요 개정내용

(1) 시장·군수·구청장은 10년마다 관할구역 안의 폐기물처리에 관한 기본계획을 수립하여 시·도지사에게 제출하도록 하고, 시·도지사도 관할구역 안의 폐기물을 적정하게 처리하기 위하여 환경부장관이 정하는 지침에 따라 10년마다 폐기물처리에 관한 기본계획을 수립하도록 함(법 제8조).

(2) 환경부장관은 국가 폐기물의 적정관리를 위하여 시·도 기본계획과 폐기물통계조사 결과를 기초로 국가폐기물관리종합계획을 10년마다 수립하도록 함(법 제8조의2 신설).

(3) 환경부장관은 폐기물의 적정처리를 위하여 환경부령으로 정하는 폐기물에 대해 처리가격의 최저액 또는 최고액을 고시하여, 위탁자 또는 수탁자가 각각 최저액보다 낮거나 최고액보다 높은 가격으로 위탁 또는 수탁을 하지 못하도록 함(법 제25조 제2항·제25조의7 신설 및 제26조 제8항).

(4) 대통령령이 정하는 폐기물처리시설을 설치·운영하는 자는 처리시설에서 배출되는 오염물질의 측정결과와 처리시설의 설치·운영으로 인하여 주변지역에 미치는 영향의 조사결과를 환경부장관에게 제출하도록 하고, 환경부장관은 이를 공개하도록 함(법 제30조의3).

(5) 환경부장관 또는 시·도지사는 방치폐기물처리 이행보증제도에 가입한 자가 발생시킨 방치폐기물의 양이 이행보증제도에 의하여 처리할 수 있는 양을 초과하는 경우에 폐기물처리업자나 폐기물재활용 신고자의 사업을 인수한 자 등에게 방치폐기물의 처리를 명할 수 있도록 함(법 제45조 제2항 신설).

9. 8차 개정 [시행 2008.1.4] [법률 제8213호, 2007.1.3. 일부개정]

제8차 개정에서는, 의료기관에서 배출되는 폐기물을 더욱 과학적·체계적으로 관리하기 위해 실제 관리대상을 정확하게 표현하지 못하는 "감염성폐기물"이라는 용어를 "의료폐기물"로 변경하려는 것이었다.

10. 9차 개정 [시행 2007.4.11] [법률 제8371호, 2007.4.11. 전부개정]

제9차 개정에서는, 법치국가에서의 법 문장은 일반 국민이 쉽게 읽고 이해해서 잘 지킬 수 있도록 해야 함은 물론이고 국민의 올바른 언어생활을 위한 본보기가 되어야 하는

데, 우리의 법 문장에는 용어 등이 어려워 이해하기 힘든 경우가 많고 문장 구조도 어문(語文) 규범에 맞지 않아 국민의 일상적인 언어생활과 거리가 있다는 지적이 많았다.

이에 따라 법적 간결성·함축성과 조화를 이루는 범위에서, 법 문장의 표기를 한글화하고 어려운 용어를 쉬운 우리말로 풀어쓰며 복잡한 문장은 체계를 정리하여 쉽고 간결하게 다듬었다. 이렇게 함으로써 일반 국민이 쉽게 읽고 잘 이해할 수 있도록 하고, 국민의 언어생활에도 맞는 법률이 되도록 하여, 종래 공무원이나 법률 전문가 중심의 법률 문화를 국민 중심의 법률 문화로 바꾸려는 데에 기여하려는 것이었다.

11. 10차 개정 [시행 2008.8.4] [법률 제8613호, 2007.8.3. 일부개정]

가. 개정이유

개정 전에는 폐기물의 배출·운반 또는 처리 시 폐기물인계서 또는 폐기물간이인계서를 작성·제출하도록 하였으나, 개정 이후에는 폐기물의 인계·인수에 관한 내용을 전산처리기구에서 운영하는 전자정보처리프로그램에 입력하도록 하여 처리증명을 투명화·간소화하고, 수출입폐기물의 관리를 강화하기 위하여 폐기물을 수출입하는 경우에는 환경부장관에게 신고하도록 하는 등 제도의 운영과정에서 나타난 일부 미비점을 개선·보완하려는 것이었다.

나. 주요 개정내용

(1) 폐기물의 배출·운반·처리 시 인계·인수절차(법 제18조)

(가) 개정 전에는 폐기물을 배출·운반 또는 처리할 때마다 폐기물인계서 또는 폐기물간이인계서를 작성하도록 하여 폐기물인계서의 작성·제출에 다른 사업자의 부담이 크고, 최종처리자가 그 인계서를 관할기관에 제출하도록 함으로써, 배출단계부터 최종처리단계의 확인까지 시차가 길어 폐기물의 적법한 처리를 담보하기 위한 감시기능이 미흡한 문제가 있으므로, 이를 개선할 필요성이 제기됨.

(나) 환경부령이 정하는 사업장폐기물의 경우에는 폐기물의 인계·인수에 따른 폐기물인계서 작성·제출의무 등을 폐지하는 대신 이를 전산처리기구에서 운영하는 전자정보처리프로그램에 입력하면 되도록 하고, 의료폐기물의 경우에도 폐기물인계서 작성·제출의무 등을 폐지하는 대신 무선주파수인식방법을 이용하여 그 내용을 전자정보처리프로그램에 입력하면 되도록 함.

(다) 폐기물의 인계·인수에 관한 내용을 문서로 작성·제출하지 아니하고 간편하게 전자정보처리프로그램에 입력하면 되도록 함으로써 폐기물인계서 작성·제출에 따른 사

업자의 부담이 완화되고, 감독기관 등이 폐기물의 인계·인수에 관한 내용을 실시간 확인할 수 있어 폐기물처리과정이 투명하게 관리될 것으로 기대됨.

(2) 폐기물 수출입신고 및 수입폐기물의 처리기준(법 제24조의2 및 제24조의3)

(가) 개정 전에는 「유해폐기물의 국가간 이동 및 그 처리의 통제에 관한 바젤협약」에 따른 유해폐기물의 경우에만 「폐기물의 국가간 이동 및 그 처리에 관한 법률」에 따른 수출입허가를 받도록 하되, 그 밖의 폐기물의 경우에는 별도로 신고 등의 관리제도를 운영하지 아니하였으나, 개정 이후에는 유해폐기물 외의 폐기물의 경우에도 무분별한 수출입 및 적정하지 못한 처리에 따른 환경오염 및 국제분쟁의 소지가 있으므로, 그 수출입에 관한 관리를 개선할 필요성이 제기됨.

(나) 환경부장관이 정하여 고시하는 폐기물을 수출 또는 수입하려는 자는 환경부장관에게 신고하여야 하고, 수입폐기물을 운반·보관 또는 처리하려는 자는 그 수입한 폐기물을 사업장폐기물에 해당하는 기준 및 방법에 따라 운반·보관 또는 처리하여야 하며, 누구든지 수입폐기물을 수입 당시의 성질과 상태 그대로 재수출할 수 없도록 함.

(다) 폐기물 수출입신고를 통하여 폐기물의 무분별한 수출입이 줄어들고, 수입폐기물에 대한 운반·보관·처리 기준 및 방법을 명확히 함으로써 수입폐기물이 보다 적정하게 처리될 수 있을 것으로 기대됨.

(3) 폐기물처리 사업계획서 검토사항의 구체화(법 제25조 제2항)

(가) 환경부장관 또는 시·도지사가 폐기물처리업 허가의 사전단계로서 폐기물처리 사업계획서의 적합성을 검토하는 경우 검토사항의 구체적 범위가 불명확하여 이를 개선할 필요성이 제기됨.

(나) 폐기물처리 사업계획서의 적합성을 검토하는 경우 그 검토사항을 폐기물처리업 허가를 받으려는 자가 결격사유에 해당하는지, 폐기물처리시설의 입지 등이 다른 법률에 저촉되는지, 폐기물처리 사업계획서상의 시설·장비 및 기술능력이 허가기준에 맞는지 등으로 정함.

(다) 폐기물처리 사업계획서 제출자가 미리 검토사항을 알 수 있도록 하고, 허가권자의 재량행위의 범위를 명확하게 하여 투명성을 높일 것으로 기대됨.

(4) 행정처분 대상의 구체화(법 제27조)

(가) 종전에는 허가취소 또는 영업정지명령을 할 수 있는 사유로 “기타 이 법 또는 이 법에 의한 명령에 위반한 경우”를 두어 재량행위의 범위가 불투명하였으므로, 이를 개선할 필요성이 제기됨.

(나) 폐기물처리업의 업종구분과 영업내용의 범위를 벗어나는 영업을 한 때, 허가의 조건을 위반한 때 등을 폐기물처리업에 대한 허가취소 또는 영업정지의 사유로 정하여, 행정기관의 재량의 범위를 명확하게 하거나 축소함.

(5) 폐기물재활용 신고자에 대한 행정처분기준의 신설(법 제46조 제7항 신설)

(가) 폐기물재활용 신고자가 폐기물을 적정하지 아니하게 처리하거나 방치하더라도 폐기물재활용 신고자에 대하여 재활용 금지 등의 행정제재를 할 수 없어 이를 개선할 필요성이 제기됨.

(나) 폐기물재활용 신고자가 준수사항을 지키지 아니하는 경우, 폐기물처리기준을 지키지 아니하여 주변환경을 오염시키는 경우와 폐기물의 방치를 방지하기 위한 조치를 하지 아니한 경우에는 재활용시설의 폐쇄, 재활용사업의 정지 또는 재활용 금지를 명령할 수 있도록 함.

(다) 폐기물을 적정하지 아니하게 처리하거나 방치하는 폐기물재활용 신고자에 대하여 행정제재를 할 수 있도록 함으로써 폐기물재활용 신고자의 폐기물 처리에 대한 관리가 가능하게 될 것으로 기대됨.

12. 11차 개정 [시행 2011.7.24] [법률 제10389호, 2010.7.23. 일부개정]

가. 개정이유

국민의 건강과 환경에 위해(危害)를 가져올 우려가 있는 폐기물을 재활용한 제품에 대한 관리를 강화하기 위하여 폐기물 재활용 신고를 허가대상으로 전환하고, 폐기물을 재활용하여 만든 제품 등에 대한 유해성 기준을 도입하며, 수입된 폐기물이 신고된 내용과 다른 경우에는 수입된 폐기물의 반출 등을 명령할 수 있도록 하는 한편, 그 밖에 현행 제도 운영과정에서 나타난 미비점을 개선·보완하려는 것이었다.

나. 주요 개정내용

(1) 중간가공 폐기물에 대한 처리 기준과 방법 완화(안 제13조)

(가) 재활용하기 쉬운 상태로 만든 폐기물인 중간가공 폐기물에 대하여 완화된 처리기준과 방법을 대통령령으로 따로 정할 수 있도록 함.

(나) 중간가공 폐기물에 대해서는 보관·처리기간, 수집·운반증 부착 의무 등의 처리기준을 완화함으로써 기업 경영환경이 개선될 것으로 기대됨.

(2) 재활용 용도 또는 방법에 관한 기준 및 재활용 제품에 관한 유해성 기준 도입(안 제13조의2 및 제13조의3 신설)

(가) 폐기물을 재활용하려는 자가 지켜야 할 재활용 용도 또는 방법에 관한 기준 및 폐기물을 재활용하여 만든 제품이나 물질에 대한 유해성 기준을 설정하도록 함.

(나) 폐기물을 안전하게 재활용하게 함으로써 국민 건강에 대한 위해를 예방하고, 폐기물 재활용 제품에 대한 국민의 신뢰를 높일 수 있을 것으로 기대됨.

(3) 권한 없는 자의 폐기물 종량제(從量制) 봉투 등의 제작·유통·판매에 대한 벌칙 등 신설(안 제14조, 제64조 및 제68조)

(가) 특별자치도지사·시장·군수·구청장과 대행계약을 체결하지 아니하고 폐기물 종량제 봉투 또는 폐기물임을 표시하는 표지 등을 제작·유통·판매한 자에 대하여 벌칙 또는 과태료를 부과하도록 함.

(나) 무단으로 종량제 봉투 등을 제작·유통·판매하는 자에 대하여 처벌이 가능하도록 함.

(4) 음식물류 폐기물 감량의무 배출자 범위 확대(안 제15조)

(가) 음식물류 폐기물 감량의무 대상을 생활폐기물 배출자로만 한정하던 것을 사업장폐기물 배출자도 음식물류 폐기물을 배출하는 경우에는 포함하도록 함.

(나) 음식물류 폐기물의 감량이 확대되는 한편, 배출자 간의 형평이 개선될 것으로 기대됨.

(5) 수입폐기물에 대한 반출명령 도입(안 제24조의2)

(가) 환경부장관은 수입된 폐기물이 신고된 내용과 다르거나 신고 당시에는 예상할 수 없었던 건강상 또는 환경상 위해의 우려가 있는 경우에는 수입된 폐기물의 반출 등을 명령할 수 있도록 함.

(나) 수입폐기물로 인한 환경오염 등에 대처할 수 있는 법적 수단을 갖춤으로써 국민 건강과 환경을 보다 효과적으로 보호할 수 있을 것으로 기대됨.

(6) 폐기물 재활용업의 체계화·세분화(안 제25조)

(가) 허가대상인 재활용 전문 중간처리업과 신고대상인 재활용 신고자를 허가대상인 폐기물 재활용업으로 통합하고, 폐기물 재활용업의 업종을 폐기물 중간재활용업, 폐기물 최종재활용업 및 폐기물 종합재활용업으로 구체화함.

(나) 폐기물 재활용업을 체계적으로 구분하여 모두 허가대상으로 함으로써 폐기물 재활용업에 대한 관리가 강화될 것으로 기대됨.

(7) 폐기물 재활용업자 등에 대한 허가절차 간소화(안 제25조)

(가) 폐기물 재활용업을 하려는 자나 산업단지나 재활용단지에서 폐기물처리업을 하려는 자는 사업계획서에 대한 사전 적합성 검토 절차를 생략하도록 함.

(나) 폐기물 재활용업을 허가제로 전환하는 데 따르는 부담을 완화하는 한편, 폐기물처리업의 산업단지 등으로의 집적화를 촉진할 수 있을 것으로 기대됨.

(8) 폐기물처리업 휴·폐업 시 폐기물 처리의무 도입(안 제37조)

(가) 폐기물처리업자 등이 휴업 또는 폐업을 하려는 경우 보관하는 폐기물을 전부 처리하도록 함.

(나) 폐기물이 오랜 기간 방치됨으로써 주변환경이나 주민의 건강에 끼치는 위해를 방지할 수 있게 될 것으로 기대됨.

(9) 행정처분 시 보관 폐기물의 처리명령 신설(안 제39조의3 신설)

(가) 환경부장관 또는 시·도지사는 폐기물처리업자 등에 대하여 허가취소, 영업정지 등을 명하려는 때에는 기간을 정하여 해당 사업자가 보관하는 폐기물을 처리하도록 명하도록 함.

(나) 폐기물처리업자가 스스로 조업 중단을 하는 경우는 물론 행정처분으로 인한 조업 중단의 경우에도 폐기물이 방치되지 아니하고 적절히 처리될 수 있을 것으로 기대됨.

(10) 폐지, 고철 등의 폐기물을 수집·운반·재활용하는 대규모 사업자에 대한 신고제 도입(안 제46조)

(가) 개정 전에 신고한 것으로 간주하던 폐지, 고철 등을 수집·운반·재활용하는 자 중 사업장 규모가 일정 기준 이상인 경우는 신고하도록 하고, 그 이하인 경우는 신고대상에서 제외함.

(나) 규모가 큰 사업장은 신고대상으로 전환하여 재활용산업에 대한 지원혜택 등을 받을 수 있도록 하는 한편, 규모가 작은 경우에는 신고대상에서 제외하여 부담을 경감하도록 함.

13. 12차 개정 [시행 2013.6.2] [법률 제11465호, 2012.6.1. 일부개정]

가. 개정이유

음식물류 폐기물과 가축분뇨를 함께 처리하는 폐기물처리시설 설치 시 행정절차를 간소화하고, 폐기물매립시설에 대한 검사제도를 도입하는 한편, 음식물류 폐기물에 대한 수수료를 배출량에 따라 차등 부과할 수 있는 근거를 마련하는 등 현행 제도의 운영상 나타난 일부 미비점을 개선·보완하려는 것임.

나. 주요 개정내용

(1) 음식물류 폐기물과 가축분뇨를 함께 처리하는 폐기물처리시설 설치 시 행정절차 간소화(안 제32조 제2항 신설)

(가) 음식물류 폐기물과 가축분뇨를 함께 처리하는 폐기물처리시설의 경우 「폐기물관리법」과 「가축분뇨의 관리 및 이용에 관한 법률」에 따라 각각 설치승인, 허가 등의 절차를 이행해야 하는 불편이 있음.

(나) 음식물류 폐기물과 가축분뇨를 함께 처리하는 폐기물처리시설이 폐기물관리법에 따른 설치승인 등을 받은 경우에는 「가축분뇨의 관리 및 이용에 관한 법률」에 따른 공공처리시설 설치승인 또는 가축분뇨처리업 허가를 받은 것으로 의제함.

(2) 폐기물매립시설에 대한 검사제도 도입(안 제50조 제1항 후단 및 같은 조 제3항 신설)

(가) 폐기물매립시설의 사용을 끝내거나 폐쇄하려는 경우 단순히 신고절차만 두고 있어, 사용이 종료된 폐기물매립시설에서 발생하는 환경오염에 적절하게 대처하지 못하고 있음.

(나) 폐기물매립시설의 사용을 끝내거나 폐쇄하려면 검사에서 적합 판정을 받도록 하고, 사후관리 대상인 폐기물매립시설에 대해서도 정기적으로 검사를 받도록 함으로써 주민의 건강·재산 또는 주변환경 피해를 방지할 수 있을 것으로 기대됨.

14. 13차 개정 [시행 2014.1.17] [법률 제11914호, 2013.7.16. 일부개정]

제13차 개정에서는, 식품접객업소 등 음식물류 폐기물을 다량으로 배출하는 자에 대한 관리를 강화하고 음식물류 폐기물 처리의 효율성을 높이기 위하여 음식물류 폐기물 다량배출 사업자로 하여금 특별자치시장, 특별자치도지사, 시장·군수·구청장에게 음식물류 폐기물 발생 억제 및 처리 계획을 신고하도록 하고, 음식물류 폐기물을 처리하는 경우에는 직접 수집·운반·재활용하거나 폐기물 재활용업의 허가를 받은 자 등에게 위탁하여 수집·운반·재활용하도록 하며, 음식물류 폐기물 처리 수수료를 환경부장관이 구축·운영하는 전자정보처리프로그램을 이용하여 부과·징수할 수 있도록 하는 한편, 그 밖에 현행 제도의 운영상 나타난 일부 미비점을 개선·보완하려는 것이었다.

15. 14차 개정 [시행 2014.1.21] [법률 제12321호, 2014.1.21. 일부개정]

가. 개정이유

생활폐기물 수집·운반업무의 대행과 관련하여 지방자치단체에 대한 환경부장관의 시정조치 권고의 실효성을 높이고, 생활폐기물 수집·운반 대행자에 대한 실적평가 주체를 명확히 하며, 법정형 편차 해소 및 징역형과 벌금형 간 불균형 해소를 위하여 징역 1년당 1천만원의 비율로 개정하려는 것이었다.

나. 주요 개정내용

(1) 생활폐기물 수집·운반 대행자에 대한 평가주체를 명확히 규정함(제14조 제8항 제2호).

(2) 생활폐기물 수집·운반업무 대행과 관련하여 현재 환경부장관이 지방자치단체장에게 시정조치를 권고할 수 있도록 하던 것을 시정조치를 요구할 수 있도록 하고, 특별한 사정이 없는 경우 이에 따르도록 규정함(제14조 제9항).

(3) 벌칙규정 중 징역형의 형량에 맞추어 벌금형의 기준을 1년당 1천만원의 비율로 개정하도록 함(제63조부터 제66조까지).

16. 15차 개정 [시행 2016.1.21] [법률 제13038호, 2015.1.20. 일부개정]

가. 개정이유

의료폐기물 전용용기 제조업자에 대한 등록제를 도입하여 불량 전용용기를 제조하여 판매한 경우 등록을 취소함으로써 의료폐기물 처리에 만전을 기하는 한편, 폐기물에 해당하는 반려동물의 사체를 동물장묘시설에서 처리하는 경우가 많아지고 있는 실정에 맞게 현행법의 적용범위에서 동물장묘시설에서 처리되는 동물의 사체는 제외하고자 하였다.

또한, 폐기물 매립시설을 설치·운영하는 자가 납부하는 사후관리이행보증금을 폐쇄명령 대행비용으로 사용할 수 있도록 하되, 매립시설 처분용량의 100분의 50을 초과하기 전까지 사후관리이행보증금을 전부 납부할 수 있도록 하여 폐기물 매립시설의 사후관리에 만전을 기하고자 하였다.

아울러, 폐기물분석전문기관의 전문성과 공공성을 확보하기 위하여 지정 및 평가 등의 제도를 도입하여 폐기물분석전문기관에 대한 관리를 강화하고, 폐기물처리업 허가의 권리·의무를 승계한 상속인이 결격사유에 해당할 경우 일정기간 허가취소를 유예하여 그 기간 중 양도할 수 있도록 하며, 과도한 처벌은 과태료로 전환하는 등 현행제도의 운영상 나타난 일부 미비점을 개선·보완하고자 하였다.

나. 주요 개정내용

(1) '의료폐기물 전용용기'에 대한 정의를 추가함(제2조 제5호의2 신설).

(2) 「동물보호법」에 따른 동물장묘업의 등록을 한 자가 설치·운영하는 동물장묘시설에서 처리되는 동물의 사체는 폐기물관리법의 적용대상에서 제외함(제3조 제1항 제9호 신설).

(3) 폐기물분석전문기관의 지정, 평가 및 지정 취소 등의 제도를 도입함(제17조의2부터 제17조의5까지 신설).

(4) 의료폐기물 전용용기 제조업의 등록과 등록의 취소 제도를 도입함(제25조의2 및 제27조의2 신설).

(5) 폐기물처리업 허가에 따른 권리·의무를 승계한 상속인이 결격사유에 해당하는 경우 상속이 시작된 날부터 6개월 내에 권리·의무를 다른 자에게 양도할 수 있도록 함(제27조 제1항 제2호).

(6) 사후관리이행보증금을 폐기물매립시설의 폐쇄명령이행 대행비용으로 사용할 수 있도록 함(제31조 제6항 신설).

(7) 매립시설 처분용량의 100분의 50을 초과하기 전까지 사후관리이행보증금을 전부 납부하도록 함(제51조 제1항 및 제52조 제1항).

(8) 경미한 위반행위에 대하여 벌칙을 과태료로 전환함(제66조 제4호, 현행 제66조 제5호 삭제, 제68조 제1항 제1호의5 및 제2항 제1호의3 신설).

제 4 절 폐기물관리법의 목적

(1) 폐기물관리법은 폐기물의 발생을 최대한 억제하고 발생한 폐기물을 친환경적으로 처리함으로써 환경보전과 국민생활의 질적 향상에 이바지하는 것을 목적으로 한다.[1)]

(2) 대한민국 헌법은 제35조에서 "① 모든 국민은 건강하고 쾌적한 환경에서 생활할 권리를 가지며 국가와 국민은 환경보전을 위하여 노력하여야 한다. ② 환경권의 내용과 행사에 관해서는 법률로 정한다"고 규정하고 있다. 이는 헌법이 보장하는 국민의 기본적 권리 중 하나로 환경권을 규정하는 한편, 국가에 대해서는 환경보전을 위한 대책을 수립·시행할 의무를 부과하고 국민에게는 국가가 수립한 환경보전 대책을 준수할 의무를 부과하고 있는 것이다. 이러한 헌법상의 취지에 따라 폐기물관리법은 자연환경 및 생활환

1) 법 제1조

경에 중대한 영향을 미칠 우려가 있는 폐기물의 배출을 엄격히 규제하고 배출된 폐기물을 친환경적으로 처리하도록 함으로써 환경보전과 국민생활의 질적 향상을 도모하려는 취지에서 제정되었다. 폐기물관리법의 해석에 있어서는 항상 이러한 제정목적을 염두에 두어야 할 것이다.

제 5 절 폐기물관리법의 적용범위

(1) 폐기물관리법에서 정의하는 모든 폐기물에 대해서는 폐기물관리법이 적용된다.

(2) 다만, 아래에 열거된 물질은 폐기물로서의 성질을 보유하지만 환경이나 인체에 미치는 영향이 크고 중대할 뿐만 아니라, 개별적 특수성이 있기 때문에 폐기물관리법이 아니라 별도의 해당 법률에 의해 규율된다.[2)]

- 「원자력안전법」에 따른 방사성 물질과 이로 인하여 오염된 물질
- 용기에 들어 있지 아니한 기체상태의 물질
- 「수질 및 수생태계 보전에 관한 법률」에 따른 수질오염 방지시설에 유입되거나 공공수역(水域)으로 배출되는 폐수
- 「가축분뇨의 관리 및 이용에 관한 법률」에 따른 가축분뇨
- 「하수도법」에 따른 하수·분뇨
- 「가축전염병예방법」 제22조 제2항, 제23조, 제33조 및 제44조가 적용되는 가축의 사체, 오염 물건, 수입금지 물건 및 검역 불합격품
- 「수산생물질병 관리법」 제17조 제2항, 제18조, 제25조 제1항 각 호 및 제34조 제1항이 적용되는 수산동물의 사체, 오염된 시설 또는 물건, 수입금지 물건 및 검역 불합격품
- 「군수품관리법」 제13조의2에 따라 폐기되는 탄약

(3) 건설폐기물의 처리와 재활용 촉진에 관한 사항에 대해서는 「건설폐기물 재활용 촉진에 관한 법률」을 폐기물관리법에 우선하여 적용하되, 동법에 규정되지 않은 사항에 대해서는 폐기물관리법을 적용한다.[3)]

(4) 폐기물관리법에 따른 폐기물의 해역 배출은 「해양환경관리법」에 정한 바에 따른다.[4)]

2) 법 제3조 제1항
3) 「건설폐기물 재활용촉진에 관한 법률」 제3조
4) 법 제3조 제2항

Chapter

02 폐기물관리의 체계

제 1 절 폐기물관리의 주체별 역할

Ⅰ. 국가의 역할

1. 폐기물관리 종합계획 수립 및 시행

(1) 환경부장관은 국가 폐기물을 적정하게 관리하기 위하여 시·도지사가 수립한 폐기물처리 기본계획과 폐기물 통계조사 결과를 기초로 국가 폐기물관리 종합계획을 10년마다 세워야 한다.[1)]

(2) 폐기물처리 종합계획에는 다음 사항이 포함되어야 한다.[2)]

- 종전의 종합계획에 대한 평가
- 폐기물 관리 여건 및 전망
- 종합계획의 기조
- 부문별 폐기물 관리 정책
- 재원 조달 계획

(3) 환경부장관은 폐기물관리 종합계획을 세운 날부터 5년이 지나면 그 타당성을 재검토하여 변경할 수 있다. 시·도지사는 폐기물관리 종합계획이 변경되면 그 변경 사항을 반영하여 폐기물처리 기본계획을 수정하고, 환경부장관에게 제출하여 승인을 받아야 한다.[3)]

1) 법 제10조 제1항
2) 법 제10조 제4항
3) 법 제10조 제2항, 제3항

2. 기술적·재정적 지원 및 조정책임

국가는 폐기물 처리에 대한 기술을 연구·개발·지원하고, 특별시장·광역시장·특별자치시장·도지사·특별자치도지사 및 시장·군수·구청장에게 부여된 책무를 충실하게 하도록 필요한 기술적·재정적 지원을 하며, 특별시·광역시·도·특별자치시·특별자치도 간의 폐기물처리사업에 대한 조정을 하여야 한다.4)

3. 지정폐기물 관리책임

국가는 지정폐기물의 배출 및 처리 상황을 파악하고 지정폐기물이 적정하게 처리되도록 필요한 조치를 마련하여야 한다.5) 지정폐기물은 환경과 인체에 미치는 영향이 크고 중대하기 때문에 국가가 직접 관리하고 감독하는 것으로 하였다.

4. 광역 폐기물처리시설 설치·운영

환경부장관은 둘 이상의 시·도에서 발생하는 폐기물을 광역적으로 처리할 필요가 있다고 인정되면 광역 폐기물처리시설(지정폐기물 공공처리시설 포함)을 단독 드는 공동으로 설치·운영할 수 있다.6)

5. 자원순환촉진 시책 마련

국가는 자원순환을 촉진하기 위한 시책을 마련하여야 한다.7)

Ⅱ. 지방자체단체의 역할

1. 폐기물처리 기본계획의 수립 및 시행

(1) 시·도지사는 관할구역의 폐기물을 적정하게 처리하기 위하여 환경브장관이 정하는 지침에 따라 10년마다 폐기물처리에 관한 기본계획을 세워 환경부장관의 승인을 받아야 한다. 승인사항을 변경하려 할 때에도 또한 같다. 환경부장관이 시·도지사의 기본계획을 승인하거나 변경승인하려면 관계 중앙행정기관의 장과 협의하여야 한다.8)

---

4) 법 제4조 제4항
5) 법 제4조 제3항
6) 법 제5조 제1항
7) 자원재활용법 제4조 제1항
8) 법 제9조 제1항

(2) 폐기물처리 기본계획에는 다음 사항이 포함되어야 한다.[9)]

- 관할 구역의 인구, 주거 형태, 산업 구조·분포 및 지리적 환경 등에 관한 개황(槪況)
- 폐기물의 종류별 발생량과 장래의 발생 예상량
- 폐기물의 처리 현황과 향후 처리 계획
- 폐기물의 감량화와 재활용 등 자원화에 관한 사항
- 폐기물처리시설의 설치 현황과 향후 설치 계획
- 폐기물의 수집·운반·보관 및 그 장비·용기 등의 개선에 관한 사항
- 재원의 확보 계획

(3) 시장·군수·구청장 역시 10년마다 관할 구역의 폐기물 처리에 관한 기본계획을 세워 시·도지사에게 제출하여야 한다.[10)]

2. 폐기물처리시설 설치·운영

특별자치시장, 특별자치도지사, 시장·군수·구청장은 관할 구역의 폐기물의 배출 및 처리상황을 파악하여 폐기물이 적정하게 처리될 수 있도록 폐기물처리시설을 설치·운영하여야 한다.[11)] 환경부장관, 시·도지사 또는 시장·군수·구청장은 둘 이상의 시·군·구에서 발생하는 폐기물을 광역적으로 처리할 필요가 있다고 인정되면 광역 폐기물처리시설을 단독 또는 공동으로 설치·운영할 수 있다.[12)]

3. 폐기물처리사업의 능률적 수행

특별자치시장, 특별자치도지사, 시장·군수·구청장은 폐기물처리방법의 개선 및 관계인의 자질 향상으로 폐기물처리사업을 능률적으로 수행하는 한편, 주민과 사업자의 청소의식 함양과 폐기물 발생 억제를 위하여 노력하여야 한다.[13)]

4. 폐기물처리사업에 대한 지원 및 조정책임

특별시장·광역시장·도지사는 시장·군수·구청장이 책무를 충실하게 하도록 기술적·재정적 지원을 하고, 그 관할 구역의 폐기물처리사업에 대한 조정을 하여야 한다.[14)]

---

9) 법 제9조 제3항
10) 법 제9조 제2항
11) 법 제4조 제1항
12) 법 제5조 제1항
13) 법 제4조 제1항
14) 법 제4조 제2항

5. 생활폐기물의 처리

특별자치시장, 특별자치도지사, 시장·군수·구청장은 관할 구역에서 배출되는 생활폐기물을 처리하여야 한다. 다만, 환경부령으로 정하는 바에 따라 특별자치시장, 특별자치도지사, 시장·군수·구청장이 지정하는 구역은 제외한다.[15)]

6. 자원순환 촉진시책 마련

지방자치단체는 국가의 시책에 따라 관할구역의 특성을 고려하여 자원순환을 촉진하기 위한 시책을 수립·시행할 책무를 진다.[16)]

7. 음식물류 폐기물 발생억제계획의 수립 등

(1) 특별자치시장, 특별자치도지사, 시장·군수·구청장은 관할구역의 음식물류 폐기물(농산물류·수산물류·축산물류 폐기물을 포함한다. 이하 같다)의 발생을 최대한 줄이고 발생한 음식물류 폐기물을 적정하게 처리하기 위하여 다음의 사항을 포함하는 음식물류 폐기물 발생 억제 계획을 수립·시행하고, 매년 그 추진성과를 평가하여야 한다.[17)]

- 음식물류 폐기물의 발생 및 처리 현황
- 음식물류 폐기물의 향후 발생 예상량 및 적정 처리 계획
- 음식물류 폐기물의 발생 억제 목표 및 목표 달성 방안
- 음식물류 폐기물처리시설의 설치 현황 및 향후 설치 계획
- 음식물류 폐기물의 발생 억제 및 적정 처리를 위한 기술적·재정적 지원 방안(재원의 확보계획을 포함한다)

(2) 음식물류 폐기물 발생억제계획의 수립주기는 5년으로 하되, 그 계획에는 연도별 세부 추진계획을 포함하여야 한다. 특별자치시장, 특별자치도지사, 시장·군수·구청장은 연도별 세부 추진계획의 성과를 다음 연도 3월 31일까지 평가하여야 한다. 특별자치시장, 특별자치도지사, 시장·군수·구청장은 평가 결과를 반영하여 연도별 세부 추진계획을 조정하여야 한다.[18)]

(3) 특별자치시장, 특별자치도지사, 시장·군수·구청장은 평가를 공정하고 효율적으로 추진하기 위하여 다음의 위원 12명으로 구성된 평가위원회를 설치·운영하여야 한

15) 법 제14조 제1항
16) 자원재활용법 제4조 제2항
17) 법 제14조의3 제1항
18) 시행규칙 제16조 제1항 내지 제3항

다.[19]

- 해당 특별자치시, 특별자치도, 시·군·구 소속 공무원 중에서 지명한 위원 4명
- 해당 특별자치시, 특별자치도, 시·군·구 의회가 추천한 주민대표 중에서 위촉한 위원 4명
- 환경 분야 전문가 중에서 위촉한 위원 4명

(4) 음식물류 폐기물 발생 억제 계획의 수립주기 및 평가방법 등에 관한 세부 사항은 환경부장관이 정하여 고시한다.[20]

Ⅲ. 국민의 역할

1. 국민의 일반적 의무

모든 국민은 자연환경과 생활환경을 청결히 유지하고, 폐기물의 감량화(減量化)와 자원화를 위하여 노력하여야 한다.[21] 국민은 재활용가능자원을 분리배출하고 재활용제품을 우선구매하며 1회용품의 사용을 자제하는 등 자원순환을 촉진하기 위하여 노력하는 동시에 국가·지방자치단체 및 사업자가 법의 목적을 달성하기 위하여 행하는 조치에 협력하여야 한다.[22]

2. 토지·건물의 소유자 등의 의무

토지나 건물의 소유자·점유자 또는 관리자는 그가 소유·점유 또는 관리하고 있는 토지나 건물의 청결을 유지하도록 노력하여야 하며, 특별자치시장, 특별자치도지사, 시장·군수·구청장이 정하는 계획에 따라 대청소를 하여야 한다.[23]

3. 사업자의 의무

사업자는 제품의 제조·가공·수입 또는 판매 등을 할 때에 그 제조·가공·수입 또는 판매 등에 사용되는 재료·용기·제품 등이 폐기물이 되는 경우 그 회수와 처리가 쉽도록 하여야 한다.[24]

---

19) 시행규칙 제16조 제4항
20) 시행규칙 제16조 제5항
21) 법 제7조 제1항
22) 자원재활용법 제6조
23) 법 제7조 제2항
24) 법 제47조 제1항

제 2 절 폐기물관리의 기본원칙

1. 폐기물 발생 억제 및 배출 최소화 원칙

(1) 사업자는 제품의 생산방식 등을 개선하여 폐기물의 발생을 최대한 억제하고, 발생한 폐기물을 스스로 재활용함으로써 폐기물의 배출을 최소화하여야 한다.[25)]

(2) 원재료·제품 등을 제조, 가공, 수입, 판매, 소비하거나 건설공사(「건설산업기본법」 제2조 제4호에 따른 건설공사를 말한다)를 하는 자는 폐기물의 발생을 최대한 억제하고 그 유해성(有害性)을 줄여야 한다.[26)]

(3) 사업자는 자원순환에 관한 기본원칙을 지킬 수 있도록 노력하여야 하며, 국가나 지방자치단체가 행하는 시책에 협력하여야 한다.[27)]

(4) 제품을 제조·수입 또는 판매하는 자는 원재료 및 제품 등이 폐기물이 되는 것을 억제하고, 폐기물이 되는 경우에는 재활용하거나 적절하게 처리되도록 하여야 한다.[28)]

(5) 건설공사를 발주하는 사업자는 자원을 절약하고 재활용제품을 많이 사용하도록 노력하여야 하며, 그 건설공사에서 발생되는 부산물을 재활용하도록 노력하여야 한다.[29)]

2. 폐기물 배출 시 사전조치 원칙

누구든지 폐기물을 배출하는 경우에는 주변환경이나 주민의 건강에 위해를 끼치지 아니하도록 사전에 적절한 조치를 하여야 한다.[30)]

3. 폐기물 적정처리 원칙

폐기물은 그 처리과정에서 양과 유해성(有害性)을 줄이는 등 환경보전과 국민건강보호에 적합하게 처리되어야 한다.[31)]

---

25) 법 제3조의2 제1항
26) 자원재활용법 제2조의2 제1항
27) 자원재활용법 제5조 제1항
28) 자원재활용법 제5조 제2항
29) 자원재활용법 제5조 제3항
30) 법 제3조의2 제2항
31) 법 제3조의2 제3항

4. 폐기물 배출자의 환경오염 복원책임 및 비용부담책임 원칙

폐기물로 인하여 환경오염을 일으킨 자는 오염된 환경을 복원할 책임을 지며, 오염으로 인한 피해의 구제에 드는 비용을 부담하여야 한다.[32] 환경오염이나 환경에 대한 위해를 발생시킨 자가 환경오염의 제거 또는 방지의무를 지며 제거 또는 방지비용 및 피해구제비용을 부담하여야 한다는 오염자부담의 원칙[33]을 천명한 것이다.

5. 폐기물의 국내처리 및 수입억제 원칙

국내에서 발생한 폐기물은 가능하면 국내에서 처리되어야 하고, 폐기물의 수입은 되도록 억제되어야 한다.[34]

6. 폐기물 재활용우선의 원칙

(1) 폐기물은 소각, 매립 등의 처분을 하기보다는 우선적으로 재활용함으로써 자원생산성의 향상에 이바지하도록 하여야 한다.[35]

(2) 재사용하거나 재생이용하기 곤란한 폐기물의 전부 또는 일부는 에너지를 회수하기 위한 목적으로 사용하여야 한다.

(3) 재사용·재생이용 또는 에너지회수가 불가능한 폐기물은 환경에 미치는 영향이 최소화되도록 적절하게 처리하여야 한다.[36]

제 3 절 폐기물 통계조사

1. 폐기물 통계조사 의무

환경부장관, 시·도지사 또는 시장·군수·구청장은 폐기물 정책의 수립에 필요한 기초자료를 확보하기 위하여 폐기물 종류별 발생·처리현황, 폐기물처리업 등 관련 산업 현

---

32) 법 제3조의2 제4항
33) 1972년 경제협력개발기구(OECD) 환경위원회가 제안하여 가맹국에 권고한 원칙이다. 환경자원의 합리적인 이용과 배분을 조장하는 동시에 국제무역이나 투자의 부작용을 방지하기 위해 오염방지에 필요한 비용을 오염자가 부담해야 한다는 사고방식이다.
34) 법 제3조의2 제5항
35) 법 제3조의2 제6항
36) 자원재활용법 제2조의2 제2항

황, 폐기물 재활용률 등 자원생산성 향상에 관한 사항 등을 조사하여야 한다.[37]

2. 폐기물 통계조사 항목[38]

가. 폐기물 발생원 등에 관한 조사

5년마다 다음의 항목을 현장조사에 기초하여 작성한다.

- 가정부문과 비가정부문의 계절별 폐기물 발생 원단위
- 가정부문과 비가정부문의 계절별 폐기물 조성비
- 발생원별·계절별 폐기물의 수분, 가연분, 회분과 발열량 및 원소분석
- 발생원별·계절별 폐기물의 탄소, 수소, 질소 등 원소분석
- 폐기물 처분시설 및 재활용시설 설치·운영 현황
- 그 밖에 폐기물 정책 수립에 필요한 사항

나. 폐기물 발생 및 처리현황 조사

1년마다 폐기물 배출 및 처리업체의 보고자료 등 서면조사에 기초하여 작성한다.

- 특별시·광역시·특별자치시·도 및 특별자치도 또는 시·군·구별 폐기물 종류별 발생 현황
- 시·도 및 시·군·구별 폐기물 종류별 처리 현황
- 시·도 및 시·군·구별 폐기물 처분시설, 재활용시설 및 업체 현황
- 생활폐기물 관리구역 및 관리예산 등 폐기물관리 현황
- 그 밖에 폐기물 정책 수립에 필요한 사항

---

37) 법 제11조 제1항
38) 시행규칙 제7조

Chapter

03 폐기물

제 1 절 폐기물의 의의

(1) 폐기물관리법에서 말하는 폐기물이란 "쓰레기, 연소재(燃燒滓), 오니(汚泥), 폐유(廢油), 폐산(廢酸), 폐알칼리 및 동물의 사체(死體) 등으로서 사람의 생활이나 사업활동에 필요하지 아니하게 된 물질"을 말한다.[1)]

(2) 폐기물의 기본적 개념요소는 '사람의 생활이나 사업활동에 필요하지 아니하게 된 물질'이다.

(3) '필요하지 아니하게 된 물질'의 의미는 ① 경제적 측면에서 가치가 없어져 버리고자 하거나 버릴 수밖에 없는 물질, ② 효율성 측면에서 쓸모가 없어져 버리고자 하거나 버릴 수밖에 없는 물질, ③ 기능적인 측면에서 기능이 상실되어 버리고자 하거나 버릴 수밖에 없는 물질, ④ 환경적인 측면에서 주변환경이나 인체에 위해를 줄 우려가 있어 반드시 버려야 할 물질 등으로 구분할 수 있을 것이다.[2)] 위 ①~③의 경우는 주관적 의사와 객관적 상태를 모두 포함하는 개념이고, ④의 경우는 객관적 상태를 나타내는 것이다.

(4) 이처럼 폐기물은 주관적 의사와 객관적 상태를 모두 고려하여 해석하여야 할 것이다. 판례도 원칙적으로 배출자의 주관적 의사에 따라 폐기물 여부를 결정하되 객관적 성상을 함께 고려하여 폐기물의 해당 여부를 판단하고 있다.

1) 법 제2조 제1호
2) 한국법제연구원, 『폐기물관리법상 폐기물 분류체계 분석』, 2012, 3면.

Ⅰ. 폐기물이 되는 시기

(1) 폐기물은 원칙적으로 배출자의 관점에서 정의되는 것으로서 당해 사업장의 사업활동에 필요하지 아니하게 된 이상 그 물질은 폐기물이 되는 것이고, 그 물질이 다시 재활용의 원료로 공급된다 하더라도 폐기물로서의 성질을 상실하지 않는다고 한다.[3)]

(2) 그래서, 돈지(돼지기름)는 돈피를 만들기 위하여 '돼지 원피에서 분리해 낸 지방질 물질'로서, 이를 사료원료 등의 제품으로 제공한다고 하더라도, 당해 사업장의 사업활동에 필요하지 아니하게 된 이상 폐기물에 해당한다.[4)] 또한, '비료생산공장의 원료저장탱크에서 유출되어 생산 목적에 사용할 수 없게 된 액체비료'는 일단 저장탱크로부터 유출되어 더 이상 생산 목적에 사용하기 어렵게 된 이상 사람의 생활이나 사업활동에 필요하지 아니하게 된 물질로서 폐기물에 해당된다.[5)] 폐기물중간처리업자가 '사업장폐기물배출자들

3) 대법원 2010.9.30. 선고 2009두6681 판결: "폐기물관리법 제2조 제1호는 폐기물을 "쓰레기·연소재·오니(汚泥)·폐유·폐산·폐알칼리·동물의 사체 등으로서 사람의 생활이나 사업 활동에 필요하지 아니하게 된 물질"로 정의하고 있는 바, 자연환경 및 생활환경에 중대한 영향을 미칠 우려가 있는 폐기물의 배출을 엄격히 규제하여 환경보전과 국민생활의 질적 향상을 도모하려는 폐기물관리법의 취지에 비추어, 사업장에서 배출되는 위와 같은 물질이 당해 사업장의 사업 활동에 필요하지 아니하게 된 이상, 그 물질은 폐기물관리법에서 말하는 폐기물에 해당한다고 보아야 하고, 당해 사업장에서 폐기된 물질이 재활용 원료로 공급된다고 해서 폐기물로서의 성질을 상실하는 것은 아니다."

4) 대법원 2001.6.1. 선고 2001도70 판결: "구 폐기물관리법(1999.12.31. 법률 제6096호로 개정되기 전의 것) 제2조 제1호에 의하면, '폐기물'이라 함은 쓰레기·연소재·오니·폐유·폐산·폐알카리·동물의 사체 등으로서 사람의 생활이나 사업활동에 필요하지 아니하게 된 물질을 말한다고 하고, 제24조 제2항에 의하면, 환경부령이 정하는 사업장폐기물배출자는 사업장폐기물의 종류·발생량 등을 환경부령이 정하는 바에 따라 시장·군수·구청장에게 신고하여야 한다고 하며, 한편 제25조 제1항에 의하면, 사업장폐기물배출자는 그의 사업장에서 발생하는 폐기물을 스스로 처리하거나 … 제44조의2의 규정에 의하여 다른 사람의 폐기물을 재활용하는 … 자에게 위탁하여 처리하여야 한다고 하고, 제44조의2에 의하면 일정한 보관시설 및 재활용시설을 갖추어 환경부령이 정하는 바에 따라 시·도지사에게 신고한 자는 다른 사람의 사업장폐기물을 재활용할 수 있다고 규정하고 있다. 자연환경 및 생활환경에 중대한 영향을 미칠 우려가 있는 폐기물의 배출을 엄격히 규제하여 환경보전과 국민생활의 질적 향상을 도모하려는 법 취지에 비추어 위 규정들의 내용을 종합하여 보면, 사업장에서 배출되는 쓰레기·연소재·오니·폐유·폐산·폐알카리·동물의 사체 등의 물질이 당해 사업장의 사업활동에 필요하지 아니하게 된 이상은 그 물질은 구 폐기물관리법에서 말하는 폐기물에 해당한다고 보아야 하며, 당해 사업장에서 폐기된 물질이 재활용 원료로 공급된다고 해서 폐기물로서의 성질을 상실한다거나 사업장폐기물배출자의 신고의무가 없어진다고 볼 것이 아니다. 따라서 위 공소사실이 인정된다면 이는 구 폐기물관리법 제61조 제2호, 제24조 제2항에 위반하는 행위로서 처단하여야 할 것임에도 불구하고, 원심은 당해 사업장에서 폐기된 물질이라 하더라도 경제적 가치를 지닌 공업용 원료로서 시장거래의 대상이 되고 있는 동안은 폐기물에 해당하지 않고 더 이상 사업활동에 필요하지 않게 된 때에 비로소 폐기물에 해당하게 된다는 이유로 위 공소사실을 무죄로 단정하였으니, 원심판결에는 폐기물관리법 상의 폐기물의 개념 및 범위에 관한 법리를 오해하여 판결에 영향을 미친 위법이 있다고 할 것이다."

5) 대법원 2009.1.30. 선고 2008도8971 판결: "구 폐기물관리법(2007.4.11. 법률 제8371호로 전문 개정된 것, 이하 같다) 제2조 제1호는 폐기물을 '쓰레기·연소재·오니·폐유·폐산·폐알칼리·동물의 사체 등으로서 사람의 생활이나 사업활동에 필요하지 아니하게 된 물질'로 정의하고 있는바, 폐기물의 발생을 최대한 억제하고 발생한 폐기물을 적정하게 처리하여 환경보전과 국민생활의 질적 향상에 이바지하는 것을 목적으로 하는 구 폐기물관리법의 취지에 비추어 볼 때, 위 액체비료가 본래 위 공장의 원

과의 사이에 체결한 폐수처리오니 처리계약 내지 일반폐기물 재활용계약에 따라 수거한 오니'를 자신이 경영하는 공장 옆 부지에 적치하고 그 위에 흙을 덮은 후 나무를 심은 행위에 대해, 그 물질은 폐기물배출업자들로부터 수거한 오니 그 자체이거나 혹은 오니에 흙을 섞은 것에 불과하고, 비록 그 물질이 장차 공장에서 비료 내지 암반녹화식생토로 만들어지는 원료로 사용될 것이라는 사정만으로는 그 성상이 변경된 것으로 볼 수 없어 아직 폐기물로서의 속성을 상실하지 않았으므로 그 물질은 여전히 폐기물에 해당된다.[6] '오래된 빌딩을 부순 벽돌조각, 돌조각, 타일조각, 콘크리이트 덩어리, 나무조각, 비닐조각, 스티로플조각' 등의 물질은 산업폐기물인 건축물폐재류에 해당된다.[7]

Ⅱ. 폐기물 속성의 종료(End of Waste Status)

(1) 이처럼 사람의 활동 또는 당해 사업장의 사업활동에 필요하지 아니하게 된 물질은 비록 그 물질이 재활용의 원료로 공급된다는 사정만으로는 폐기물로서의 성질을 상실

료로서 보관하던 것이라 하더라도 그것이 일단 저장탱크로부터 유출되어 더 이상 위 생산 목적에 사용하기 어렵게 된 이상은 사람의 생활이나 사업활동에 필요하지 아니하게 된 물질로서 폐기물에 해당한다고 보아야 할 것이다.
또한, 구 폐기물관리법 제2조 제2호 소정의 생활폐기물이란 사업장폐기물 외의 폐기물을 말하므로, 원심으로서는 위 유출된 액체비료가 원심 판시와 같은 이유로 사업장폐기물에 해당하지 않는다면 마땅히 이를 생활폐기물로 보아 대통령령 등이 정하는 기준 및 방법에 따라 처리하였는지 여부를 심리하여야 할 것임에도, 만연히 위 액체비료가 생활폐기물에도 해당하지 않는다는 이유로 무죄를 선고하였으니, 이러한 원심판결에는 위 폐기물에 관한 법리를 오해하고 채증법칙을 위반한 위법이 있다 할 것이므로, 이를 지적하는 검사의 상고논지는 이유 있다."

6) 대법원 2003.2.28. 선고 2002도6081 판결: "폐기물관리법" 제2조 제1호는 "폐기물"이라 함은 쓰레기·연소재·오니·폐유·폐산·폐알카리·동물의 사체 등으로써 사람의 생활이나 사업활동에 필요하지 아니하게 된 물질을 말한다고 규정하고 있어, 당해 사업장의 사업활동에 필요하지 아니하게 된 물질은 비록 그 물질이 재활용의 원료로 공급된다는 사정만으로는 폐기물로서의 성질을 상실하지 않는다고 할 것이다(대법원 2002.6.1. 선고 2001도70 판결 참조).
원심판결 이유에 의하면, 원심은 그 채용증거들을 종합하여, 피고인이 피고인 경영의 공장 옆 부지에 매립한 이 사건 물질은 폐기물중간처리업을 영위하는 피고인이 사업장폐기물배출자들과의 사이에 체결한 폐수처리오니 처리계약 내지 일반폐기물 재활용계약에 따라 수거한 오니인데, 피고인 경영 공장에서 생산되는 물품인 비료 및 암반녹화식생토는 산업폐기물배출업자들로부터 수거한 오니를 공장 내에 야적하고 톱밥 및 발효제를 배합한 후 약 1주일간의 발효과정과 건조과정을 거쳐 선별된 것임에 반하여, 이 사건 물질은 폐기물배출업자들로부터 수거한 오니 그 자체이거나 혹은 오니에 흙을 섞은 것에 불과하고, 이를 비료 또는 암반녹화식생토로 만들기 위한 공정인 톱밥 및 발효제와 배합한 후 발효·건조시키는 공정을 거치지 않은 것인 사실을 인정한 다음, 비록 이 사건 물질이 장차 피고인에 의하여 피고인 경영의 공장에서 비료 내지 암반녹화식생토로 만들어지는 원료로 사용될 것이라는 사정만으로는 그 성상이 변경된 것으로 볼 수 없어 아직 폐기물로서의 속성을 상실하지 않았으므로 이 사건 물질은 여전히 폐기물에 해당한다고 판단하였는 바, 위에서 본 법리 및 기록에 비추어 관계 증거를 살펴보면, 이와 같은 원심의 사실인정과 판단은 정당하고 거기에 상고이유에서 주장하는 바와 같이 채증법칙을 위배하여 사실을 오인하거나, 폐기물관리법에 있어서의 폐기물에 관한 법리를 오해한 위법이 있다고 할 수 없다.

7) 대법원 1990.9.14. 선고 90도1348 판결

하지는 않는다고 할 것이나, 그 물질을 공급받은 자가 이를 파쇄, 선별, 풍화, 혼합 및 숙성의 방법으로 가공한 후 완제품을 생산하는 경우에 있어서는 그 물질을 공급받는 자의 의사, 그 물질의 성상 등에 비추어 아직 완제품에 이르지 않았다고 하더라도 위와 같은 가공과정을 거쳐 객관적으로 사람의 생활이나 사업활동에 필요하다고 사회통념상 승인될 정도에 이르렀다면 그 물질은 그 때부터는 폐기물로서의 속성을 잃고 완제품 생산을 위한 원료물질로 바뀐다.[8)]

(2) 소각재, 연소재, 무기성 오니 등 폐기물을 반입하여 '파쇄, 선별, 풍화, 혼합 및 숙성 등의 가공과정을 거친 것으로 시멘트와 혼합하여 곧바로 벽돌 등의 건축자재 생산을 위한 원료로 사용'되는 것으로 인정된다면, 이미 폐기물로서의 속성을 잃고 완제품 생산을 위한 원료물질로 탈바꿈한다.[9)]

---

8) 대법원 2008.6.12. 선고 2008도3108 판결: "폐기물관리법 제2조 제1호는 "폐기물"이라 함은 쓰레기·연소재·오니·폐유·폐산·폐알카리·동물의 사체 등으로서 사람의 생활이나 사업활동에 필요하지 아니하게 된 물질을 말한다고 규정하고 있어, 당해 사업장의 사업활동에 필요하지 아니하게 된 물질은 비록 그 물질이 재활용의 원료로 공급된다는 사정만으로는 폐기물로서의 성질을 상실하지는 않는다고 할 것이나(대법원 2001.6.1. 선고 2001도70 판결 참조), 그 물질을 공급받은 자가 이를 파쇄, 선별, 풍화, 혼합 및 숙성의 방법으로 가공한 후 완제품을 생산하는 경우에 있어서는 그 물질을 공급받는 자의 의사, 그 물질의 성상 등에 비추어 아직 완제품에 이르지 않았다고 하더라도 위와 같은 가공과정을 거쳐 객관적으로 사람의 생활이나 사업활동에 필요하다고 사회통념상 승인될 정도에 이르렀다면 그 물질은 그 때부터는 폐기물로서의 속성을 잃고 완제품 생산을 위한 원료물질로 바뀌었다고 할 것이어서 그 물질을 가리켜 사업활동에 필요하지 않게 된 폐기된 물질, 즉 폐기물에 해당한다고 볼 수는 없다고 할 것이다(대법원 2002.12.26. 선고 2002도3116 판결 참조).
원심은 그 채택 증거를 종합하여, 피고인이 1999.11.경부터 2000.2.경까지 양주시 율정동 281 소재 밭에서 퇴비로 사용하기 위하여 닭털, 계분, 왕겨, 톱밥을 혼합하여 이를 발효시킨 후 2003.3.경 양주시 율정동 2의 16 소재 임야로 옮겨 매립하고 일부는 그곳에 적치한 사실을 인정한 다음, 이 사건 매립물은 3년에 걸친 숙성의 가공과정을 거친 것으로서 폐기물로서의 속성을 잃고 퇴비의 원료로 사용될 수 있게 된 이상 이미 폐기물에 해당한다고 볼 수 없다고 판단하여 이 사건 예비적 공소사실에 대하여 무죄를 선고하였는바, 앞서 본 법리 및 기록에 비추어 살펴보면 원심의 위와 같은 사실인정과 판단은 정당한 것으로 수긍이 가고, 거기에 상고이유의 주장과 같은 채증법칙 위반으로 인한 사실오인이나 폐기물의 개념에 관한 법리오해 등의 위법이 없다.

9) 대법원 2002.12.26. 선고 2002도3116 판결: "폐기물관리법" 제2조 제1호는 "폐기물"이라 함은 쓰레기·연소재·오니·폐유·폐산·폐알카리·동물의 사체 등으로서 사람의 생활이나 사업활동에 필요하지 아니하게 된 물질을 말한다고 규정하고 있어, 당해 사업장의 사업활동에 필요하지 아니하게 된 물질은 비록 그 물질이 재활용의 원료로 공급된다는 사정만으로는 폐기물로서의 성질을 상실하지는 않는다고 할 것이나(대법원 2001.6.1. 선고 2001도70 판결 참조), 그 물질을 공급받은 자가 이를 파쇄, 선별, 풍화, 혼합 및 숙성의 방법으로 가공한 후 완제품을 생산하는 경우에 있어서는 그 물질을 공급받는 자의 의사, 그 물질의 성상 등에 비추어 아직 완제품에 이르지 않았다고 하더라도 위와 같은 가공과정을 거쳐 객관적으로 사람의 생활이나 사업활동에 필요하다고 사회통념상 승인될 정도에 이르렀다면 그 물질은 그 때부터는 폐기물로서의 속성을 잃고 완제품생산을 위한 원료물질로 바뀌었다고 할 것이어서 그 물질을 가리켜 사업활동에 필요하지 않게 된 폐기된 물질, 즉 폐기물에 해당한다고 볼 수는 없다고 할 것이다. 한편, 폐기물관리법 제44조의2의 규정은 사업장폐기물을 재활용하는 자로 하여금 그 해당사업을 수행함에 있어서 꼭 필요한 일정한 보관시설 및 재활용시설을 갖추도록 규정한 것이라고 할 것이어서, 사업장폐기물 재활용자로 하여금 일정한 보관시설 및 재활용시설을 갖추도록 규정하였다는 사정만을 들어 그 취급물이 당연히 폐기물관리법 제2조 제1호의 폐기물에 해당한다고

(3) 약 3개월 간 밭에서 퇴비로 사용하기 위하여 '닭털, 계분, 왕겨, 톱밥'을 혼합하여 이를 발효시킨 후 3년 뒤 임야로 옮겨 매립하고 일부는 그곳에 적치하였다면, 그 매립물은 '3년에 걸친 숙성의 가공과정'을 거친 것으로서 폐기물로서의 속성을 잃고 퇴비의 원료로 사용될 수 있게 된 이상 폐기물에 해당한다고 볼 수 없다.[10)]

(4) 돼지지육의 중량에 따른 단가를 정하여 계속적으로 공급받아 돼지가죽에서 기름을 제거하고 염장처리하는 등의 방법으로 가공한 후 가죽공장에 원자재로 납품하였다면, 이를 폐기물이라고 볼 수 없다.[11)]

(5) 유럽연합(EU)의 「폐기물정책기조지침(Waste Framework Directive)」은 제6조에서 폐기물 속성의 종료기준(End－of－Waste Criteria)[12)]을 규정하고 있다. 프랑스 환경법전 L541－

는 볼 수 없다고 할 것이다. 원심은 이 사건 물질은 소각재, 연소재, 무기성 오니 등 폐기물을 반입하여 파쇄, 선별, 풍화, 혼합 및 숙성 등의 가공과정을 거친 것으로 시멘트와 혼합하여 곧바로 벽돌 등의 건축자재 생산을 위한 원료로 사용되는 것으로 인정되는 만큼, 이미 폐기물로서의 속성을 잃고 완제품생산을 위한 원료물질로 탈바꿈하였다고 판단하였는바, 위에서 본 법리 및 기록에 비추어 관계증거를 살펴보면, 이와 같은 판단은 정당한 것으로 수긍이 되고, 거기에 상고이유에서 주장하는 바와 같이 폐기물관리법에 관한 법리를 오해한 위법이 있다고 할 수 없다."

10) 앞의 주 8)의 판결 참조

11) 대법원 2001.12.24. 선고 2001도 4506 판결: "원심판결 이유에 의하면, 원심은 원심 공동피고인 협동조합(이하 '위 조합'이라 한다) 김해공판장에서 돼지를 도축하는 과정에서 발생한 돼지가죽이 폐기물관리법 제2조 제1호 소정의 폐기물에 해당하는 것이라는 이유로, 피고인이 공소외인과 공모하여 폐기물재생처리업의 허가 없이 돼지가죽을 재생처리, 가공한 후 가죽공장에 납품하는 등으로 폐기물처리업을 영위하였다는 공소사실에 대하여 유죄를 인정한 제1심판결을 그대로 유지하고 있다.

그런데 기록에 비추어 살펴보면, 이 사건 돼지가죽은 피고인과 공소외인이 동업하면서 경쟁입찰을 통하여 위 조합과 1년 단위로 부산물판매계약을 체결하고 위 조합에게 보증금 2억 5,000만 원을 예치하고 돼지지육의 중량에 따른 단가를 정하여 계속적으로 공급받아 돼지가죽에서 기름을 제거하고 염장처리하는 등의 방법으로 가공한 후 가죽공장에 원자재로 납품한 사실을 알 수 있는바, 그렇다면 이 사건 돼지가죽은 위 조합 공판장에서 상업적으로 매각하고 있으므로 이에 비추어 본 위 조합의 의사와 그 물건의 성상 등을 감안하면 이를 두고 사업활동에 필요하지 않게 된 폐기된 물질에 해당한다고 볼 수는 없다 할 것이다.

그렇다면 이와 달리 이 사건 돼지가죽이 폐기물에 해당함을 전제로 이 사건 공소사실을 유죄로 판단한 원심판결에는 폐기물관리법 제2조 제1호 소정의 폐기물의 개념에 관한 법리를 오해하여 판결 결과에 영향을 미친 위법이 있다고 하지 않을 수 없다. 이 점을 지적하는 상고이유의 주장은 이유가 있다."

12) 1. 특정폐기물은 재회수 공정을 거쳐서 다음의 조건들과 부합하도록 개발된 다음의 기준들을 준수할 때에는 제3조 제1항의 의미 내에서 더 이상 폐기물이 아니다.

(a) 그 물질 또는 물체가 특정한 목적에 통상적으로 사용된다.

(b) 그 물질 또는 물체에 대한 시장이나 수요가 존재한다.

(c) 특정용도를 위한 기술적 요건을 충족하며 제품에 적용되는 기존의 제도와 표준을 충족한다.

(d) 그 물질 또는 물체의 사용이 전반적인 환경 혹은 인체 건강상의 부정적 영향을 초래하지 않는다. 그 기준들은 필요할 경우 오염인자들에 대한 한계치를 포함하며, 그 물질이나 물체가 유발할 가능성이 있는 어떠한 부정적 환경영향들도 고려한다.

1. Certain specified waste shall cease to be waste within the meaning of point (1) of Article 3 when it has undergone a recovery, including recycling, operation and complies with specific criteria to be developed in accordance with the following conditions:

(a) the substance or object is commonly used for specific purposes;

4-3조와 독일의 「순환경제 촉진 및 환경친화적 폐기물관리의 보장에 관한 법률」 제5조도 폐기물성의 종료에 대해 각각 명시하고 있으며, 영국은 환경청이 폐기물 종류별로 프로토콜을 만들어 EU의 폐기물 종료기준에 대한 영국 내 기준역할을 수행하고 있고 미국도 EPA[13]의 석고보드에 대한 폐기물 종료기준에 대해 EU의 폐기물 종료기준을 따르고 있다. 우리 「폐기물관리법」은 이러한 일반적인 기준이 없고, 개별적으로 폐기물의 재활용 방법 또는 기준을 충족할 경우 폐기물 속성이 종료되는 것으로 인정한다. 그나마 이에 미치지 못할 경우에는 여전히 (중간가공)폐기물로 관리하므로 지나치게 폐기물 종료기준이 제한적이다.

Ⅲ. 관련 문제

1. 토양의 경우

(1) 판례에 따르면, 오염토양은 법령상 절차에 따른 정화대상이 될 뿐 법령상 금지되거나 그와 배치되는 개념인 투기나 폐기 대상이 될 수 없고, 폐기물관리법에서 처리를 위한 별도의 근거 규정을 두고 있지 아니한 이상 폐기물관리법의 규정은 성질상 적용될 수 없다고 하였으나,[14] 사견으로는 분리된 오염토양이 폐기물의 개념정의에 부합한다면 이

(b) a market or demand exists for such a substance or object;
(c) the substance or object fulfils the technical requirements for the specific purposes and meets the existing legislation and standards applicable to products; and
(d) the use of the substance or object will not lead to overall adverse environmental or human health impacts. The criteria shall include limit values for pollutants where necessary and shall take into account any possible adverse environmental effects of the substance or object.

13) Environmental Protection Agency

14) 대법원 2011.5.26. 선고 2008도2907 판결
[1] '오염토양'이 구 폐기물관리법의 규율 대상인 '폐기물'에 해당하는지 여부(소극)
[2] 피고인들이 오염된 토사를 처리하면서 구 폐기물관리법에서 정한 폐기물 처리절차를 위반하였다는 내용으로 기소된 사안에서, '오염토양'에 해당하는 토지가 구 폐기물관리법에 따른 처리 대상이 된다는 이유로 위 공소사실을 유죄로 인정한 원심판단에 적용 법률을 오해한 위법이 있다고 한 사례
재판요지
[1] 구 폐기물관리법(2007.4.11. 법률 제8371호로 전부 개정되기 전의 것, 이하 '구 폐기물관리법'이라 한다)과 구 폐기물관리법 시행령(2007.9.6. 대통령령 제20244호로 전부 개정되기 전의 것), 건설폐기물의 재활용촉진에 관한 법률과 그 시행령 및 토양환경보전법의 각 규정을 종합하면, 토양은 폐기물 기타 오염물질에 의하여 오염될 수 있는 대상일 뿐 오염토양이라 하여 동산으로서 '물질'인 폐기물에 해당한다고 할 수 없고, 나아가 오염토양은 법령상 절차에 따른 정화 대상이 될 뿐 법령상 금지되거나 그와 배치되는 개념인 투기나 폐기 대상이 된다고 할 수 없다. 따라서 오염토양 자체의 규율에 관하여는 '사람의 생활이나 사업 활동에 필요하지 아니하게 된 물질'의 처리를 목적으로 하는 구 폐기물관리법에서 처리를 위한 별도의 근거 규정을 두고 있지 아니한 이상 구 폐기물관리법의 규정은 성질상 적용될 수 없고, 이는 오염토양이 구 폐기물관리법상의 폐기물이

를 폐기물이라고 보아야 할 것이다.

(2) 다른 판례를 보면, 골재 제조업, 폐기물 중간처리업 등을 영위하는 甲 회사가 건설현장에서 발생하는 토사를 공급받아 세척시설을 이용하여 모래와 흙으로 분리한 후 흙을 인근지역 농민인 乙에게 공급하자 행정청이 위 흙은 폐기물관리법상 산업용 폐기물에 해당하고 甲이 법에서 정한 폐기물재활용 신고절차를 이행하지 않고 폐기물을 처리하였다는 이유로 甲에 대해서 '불법배출 폐기물 적정처리'를, 乙에 대해서 '폐기물 반입지 원상복구'를 내용으로 하는 조치명령을 내린 사안에서, 그 처분이 재량권의 범위를 현저히 일탈·남용하여 위법한 처분으로 볼 수 없다고 하였다.[15] 직접적인 판단은 아니지만 공급받은 토사를 폐기물로 볼 수 있음을 전제로 한 판결이다.

(3) 횡배수관 관로준설공사를 시행한 후 발생한 토사는 폐기물에 해당하고 설령 그 토사를 유실된 고속도로의 법면 보수공사에 사용하려 하였다 하더라도 폐기물로서의 성질을 상실하지 않는다고 하였다.[16]

나 구성요소인 오염물질과 섞인 상태로 되어 있다거나 그 부분 오염토양이 정화작업 등의 목적으로 해당 부지에서 반출되어 동산인 '물질'의 상태를 일시 갖추게 되었더라도 마찬가지이다.

[2] 피고인들이 택지개발지구에 있는 오염된 토사를 처리하면서 구 폐기물관리법(2007.4.11. 법률 제8371호로 전부 개정되기 전의 것, 이하 '구 폐기물관리법'이라 한다)에서 정한 폐기물 처리절차를 위반하였다는 내용으로 기소된 사안에서, '오염토양'이 구 폐기물관리법의 규율 대상인 폐기물로 처리될 수 있는 것을 전제로, 구 폐기물관리법상 지정폐기물에 해당하는 오염물질이 법정기준치 이상 함유되어 있어 오염토양에 해당하는 위 토지가 구 폐기물관리법에 따른 처리 대상이 된다는 이유로 위 공소사실을 유죄로 인정한 원심판단에 적용 법률을 오해한 위법이 있다고 한 사례.

15) 앞의 주 3)의 판결 참조
대법원은 원심판결이 "① 폐기물관리법 제2조 제1호에 규정된 '오니' 등은 폐기물의 종류를 한정한 것이 아니라, 이를 예시한 것임이 조문상 분명하고, ② 폐기물관리법이 사업장폐기물 중 주변 환경을 오염시킬 수 있거나 인체에 위해를 줄 수 있는 유해한 물질을 지정폐기물로 규정하여 보다 엄격한 규제를 하고, 그 나머지는 일반폐기물로 규정하고 있는 점에서 볼 때 단지 오염되지 않았다거나 유해성이 없다는 이유만으로는 폐기물에 해당하지 않는다고 할 수 없으며, ③ 원고 1 주식회사 스스로 사업장폐기물배출자 신고를 하면서 자신의 사업장에서 발생하는 폐기물의 종류를 '무기성 오니'라고 표시하였으며, 피고도 원고 1 주식회사가 자진 신고한 바에 따라 원고 1 주식회사의 사업장에서 배출한 이 사건 흙을 '무기성 오니'라 호칭하여 이 사건 처분을 한 것으로 보이고, ④ 이 사건 흙은 모래 및 골재를 생산하는 원고 정선산업의 사업목적상 객관적으로 사업 활동에 더 이상 필요하지 아니하게 된 물질임이 분명하다는 이유로, 원고 1 주식회사의 사업장 내에서 발생한 이 사건 흙이 오니가 아니라 이토(泥土)라 하더라도 폐기물관리법 제2조 제1호가 규정하고 있는 폐기물에 해당한다고 한 다음, 이 사건 흙이 거래가 된 것은 원고 1 주식회사의 폐기물처리비용 절감과 농민들의 객토비용 절감이라는 경제적 이해관계가 합치한 결과이지 이 사건 흙 자체가 일반적으로 농업용 흙으로 거래될 만한 경제적 가치를 가졌기 때문이 아니고, 이 사건 흙이 농업용 객토로 사용하기에 유리한 점이 있다는 사정만으로 농업용 재료로 바뀌어 폐기물로서의 속성을 상실하였다고 볼 수는 없다고 판단"하였는데, 법리 및 관련 법령의 규정에 비추어 원심의 판단은 정당하고, 폐기물의 속성을 상실하였는지, 적법한 재활용인지 여부 등에 관한 심리미진, 채증법칙 위배로 인한 사실오인, 폐기물관리법상의 오니나 폐기물의 개념 등에 관한 법리오해의 잘못이 없다고 판시하였다.

16) 대법원 2006. 5.11. 선고 2006도631 판결: "폐기물관리법(이하 '법'이라 한다) 제2조 제1호는 폐기물을 '쓰레기·연소재·오니(汚泥)·폐유·폐산·폐알칼리·동물의 사체 등으로서 사람의 생활이나 사업활동에 필요하지 아니하게 된 물질'로 정의하고 있는바, 자연환경 및 생활환경에 중대한 영향을 미칠 우

2. 폐기물의 속성을 오인한 불법행위

(1) 유권해석 사례 등을 참조한 결과, 폐기물이 아닌 것으로 오인하여 행한 불법행위는 어떻게 처리되는가?

(2) 형법 제16조가 "자기의 행위가 법령에 의하여 죄가 되지 아니하는 것으로 오인한 행위는 그 오인에 정당한 이유가 있는 때에 한하여 벌하지 아니한다."고 규정하고 있는 것은 단순한 법률의 부지를 말하는 것이 아니고 일반적으로 범죄가 되는 경우이지만 자기의 특수한 경우에는 법령에 의하여 허용된 행위로서 죄가 되지 아니한다고 그릇 인식하고 그와 같이 그릇 인식함에 정당한 이유가 있는 경우에는 벌하지 않는다는 취지이다.[17)]

(3) 따라서 유권해석 사례가 자기의 경우와 동일하여 폐기물이 아닌 것으로 오인할 수밖에 없었다면 죄가 성립되지 아니 할 것이나, 유사한 사례에 불과하여 논란이 있는 경우라면 죄가 성립하는 경우가 많을 것이다.

3. 유사 용어

폐기물 관련법에서는 폐기물과 유사한 용어가 많이 사용되고 있으나, 폐기물과 이들 용어간의 관계를 명확히 설명하고 있지 않다. 대표적인 것이 재활용가능자원과 부산물이

려가 있는 폐기물의 배출을 엄격히 규제하여 환경보전과 국민생활의 질적 향상을 드모하려는 법의 취지에 비추어 사업장에서 배출되는 위와 같은 물질이 당해 사업장의 사업활동에 필요하지 아니하게 된 이상 그 물질은 법에서 말하는 폐기물에 해당한다고 보아야 하며, 당해 사업장에서 폐기된 물질이 재활용 원료로 공급된다고 해서 폐기물로서의 성질을 상실한다거나 사업장폐기물배출자의 신고의무가 없어진다고 볼 것이 아니다(대법원 2002.6.1. 선고 2001도70 판결 참조).

같은 취지에서 원심이 횡배수관 관로준설공사를 시행한 후 발생한 토사(이하 '이 사건 토사'라 한다)가 법 제2조 제1호에서 정하는 폐기물에 해당하고, 설령 피고인들이 이 사건 토사를 유실된 고속도로의 법면 보수공사에 사용하려 하였다 하더라도 폐기물로서의 성질을 상실하지 않는다고 판단한 것은 정당하고, 거기에 법에서 정하고 있는 폐기물에 관한 법리를 오해한 위법이 있다고 할 수 없다.

17) 대법원 2006.5.11. 선고 2006도631 판결: "형법 제16조가 "자기의 행위가 법령에 의하여 죄가 되지 아니하는 것으로 오인한 행위는 그 오인에 정당한 이유가 있는 때에 한하여 벌하지 아니한다."고 규정하고 있는 것은 단순한 법률의 부지를 말하는 것이 아니고 일반적으로 범죄가 되는 경우이지만 자기의 특수한 경우에는 법령에 의하여 허용된 행위로서 죄가 되지 아니한다고 그릇 인식하고 그와 같이 그릇 인식함에 정당한 이유가 있는 경우에는 벌하지 않는다는 취지이다(대법원 2005.9.29. 선고 2005도4592 판결 등 참조).

설령 피고인 1이 환경부 홈페이지에 게시된 전자민원창구의 질의응답자료 중에서 "오염물질을 제거하기 위한 목적이 아닌 수심확보를 위하여 시행한 공사에서 발생되는 자연 상태의 준설토는 폐기물에 해당되지 않습니다"라는 게시물 혹은 "우수로에 퇴적된 자연 상태의 토사는 폐기물에 해당되지 않습니다"라는 게시물 등을 확인하고 이 사건 토사가 폐기물에 해당하지 않는 것으로 오인하게 되었다고 하더라도, 기록에 의하면 이 사건 토사는 자연 상태의 퇴적된 토사라고 할 수 없으므로 피고인 1이 위와 같이 오인하게 된 데에 정당한 사유가 있다고 보기 어렵고, 나아가 횡배수관 관로준설공사를 수행한 공소외 주식회사도 이 사건 토사가 폐기물인 것을 알지 못하였다는 사정 역시 위 피고인이 위와 같이 오인을 함에 있어 정당한 사유가 된다고 보기 어렵다. 이와 다른 입장을 전제로 한 피고인들의 상고이유의 주장은 받아들이지 아니한다."

라는 용어이다.

가. 재활용가능자원

(1) '재활용가능자원'이란, 사용되었거나 사용되지 아니하고 버려진 후 수거된 물건과 부산물 중 재사용·재생이용할 수 있는 것(회수할 수 있는 에너지와 폐열을 포함하되, 방사성 물질과 방사성 물질로 오염된 물질은 제외)을 말한다.[18]

(2) '사용되었거나 사용되지 아니하고 버려진 후 수거된 물건'은 폐기물의 개념에 대체로 부합하는 것이다. 재활용가능자원은 전체적으로 볼 때 폐기물을 재활용 측면에서 표현한 것으로 볼 수 있다.

(3) 종종 산업현장에서 재활용 가능한 자원은 폐기물이 아닌 것으로 생각하는 경향이 있으나, 주관적 의사를 중요시하는 현행 폐기물관리법 체계하에서는 객관적으로 재활용가능자원이라고 하더라도 여전히 폐기물로 다루지 않을 수 없다. 따라서 재활용촉진 정책에 따라 재활용가능자원에 대해서는 별도의 제도적 배려를 하고 있다고 하더라도 여전히 폐기물관리법상의 폐기물임을 유념하지 않으면 안 된다.

나. 부산물(BY-PRODUCT)

(1) '부산물'이란, 제품의 제조·가공·수리·판매나 에너지의 공급 또는 토목·건축공사에서 부수적으로 생겨난 물건을 말한다.[19] 폐기물관리법에는 부산물에 대한 정의규정이 없고 재활용촉진법에 규정되어 있다.

(2) 부산물이 배출자 관점에서 필요 없게 된 물질로 여겨져 해당 사업장에서 바깥으로 배출된다면 '폐기물'이 될 것이다. 부산물이 쓰임새가 있어 재활용된다고 하더라도 사업장 내에서 직접 처리될 수 없어 외부로 배출된다면 역시 폐기물로 보아야 할 것이다. 만약 부산물이 해당 사업장 내에서 직접 재활용이 가능하여 사업장 바깥으로 배출되지 않는다면 '폐기물'이 아니라 또 다른 제품의 '원료물질'로 볼 수 있을 것이다.

(3) 유럽연합(EU)의 「폐기물정책기조지침(WFD)」은 제5조 제1항에서 "생산공정에서 나오는 물질이나 물체로서 그 생산공정의 주목적이 해당 물질의 생산이 아닌 경우에 아래 조건을 만족시킨다면 폐기물이 아닌 부산물로 간주될 수 있다."고 규정하여 부산물을 폐기물 아닌 물질로 이해하고 있다. 제1항에서 규정하고 있는 조건은 (a) 그 물질이나 물체의 사용이 명확하게 가능할 경우, (b) 그 물질이나 물체가 통상적인 산업상의 관행 외에 다른 어떤 추가적 가공 없이 직접 사용될 경우, (c) 그 물질이나 물체가 생산공정의 필수

18) 자원재활용법 제2조 제2호
19) 자원재활용법 제2조 제3호

적 부분으로서 생산될 경우, (d) 그 물질이나 물체의 추가적 사용이 합법적일 경우, 즉 그 물질이나 물체가 특정한 용도로 사용될 때 이와 관련된 모든 제품, 환경 및 보건상의 요건을 충족시키며, 전반적으로 환경이나 인체의 건강에 악영향을 유발하지 않을 경우이다.

(4) 그 밖에 프랑스 환경법전도 L541-4-2조에서 폐기물이 아닌 부산물로 인정할 수 있는 조건을 규정하고 있으며, 독일도 EU법을 받아들여 2012. 6. 1. 개정된 「순환경제 촉진 및 환경친화적 폐기물관리의 보장에 관한 법률」 제4조에 부산물 개념을 새로이 정립하여 생산물, 부산물, 폐기물로 구분하였다.

(5) 이처럼 유럽연합의 폐기물정책기조지침(WFD)을 비롯한 유럽 각국의 입법동향을 보면, 당해 사업활동에 필요하지 아니한 물질이라 하더라도 이를 폐기물로 다루지 않고 경제적 활용을 하고자 하는 시장의 요구를 반영하고 있다는 점에서 우리에게도 많은 시사점을 던져 주고 있다.

다. 중간가공 폐기물

(1) '중간가공 폐기물'이란, 중간처분 후 발생하는 폐기물 또는 재활용 용도 또는 방법에 따라 재활용하기 쉬운 상태로 만든 폐기물을 말한다.[20]

(2) 정의 그 자체에서 알 수 있듯이 중간가공 폐기물은 중간가공 과정을 거쳤어도 폐기물의 속성을 잃지 않아 여전히 폐기물이다. 아직 객관적으로 사람의 생활이나 사업활동에 필요하다고 사회통념상 승인될 정도에 이르지 못한 것이다.

(3) 중간가공 폐기물에 대해서는 원칙적으로 일반적 폐기물과 동일한 처리기준을 따르되, 운반 시 폐기물 수집·운반증을 붙이거나 가지고 있지 아니할 수 있고 보관기간을 연장할 수 있는 등, 보다 완화된 처리기준과 방법을 정할 수 있다는데 의의가 있다.[21]

(4) 중간처분 후 발생하는 폐기물은 여전히 폐기물의 속성을 지닌, '사람의 생활이나 사업활동에 필요하지 아니하게 된 물질'이라고 볼 수 있다. 매립 등 최종처분을 위한 중간공정으로 볼 수 있기 때문이다. 자본과 인력이 투입되더라도 중간처분된 폐기물을 사람의 생활이나 사업활동에 투입할 것이 아니므로 폐기물의 속성을 잃지 않는다.

(5) 그러나 재활용 용도 및 방법에 따라 재활용하기 쉬운 상태로 만든 물질(중간가공 폐기물)을 '폐기물'이라고 볼 수 있을지는 대단히 의문이다. 재활용 목적으로 가공함으로써 이제는 '사람의 생활이나 사업활동에 필요하게 된 물질'로 볼 여지가 크기 때문이다. 법 제2조 제7호 가목은 재활용의 뜻을 "폐기물을 재사용·재생이용하거나 재사용·재생이용

---

20) 법 제13조 제1항; 시행령 제7조 제1항 제4호
21) 법 제13조 제1항

할 수 있는 상태로 만드는 활동"이라고 정의하고 있는데, '재사용·재생이용할 수 있는 상태로 만드는 활동'은 재사용·재생이용하기 전 단계의 가공활동을 말한다고 할 수 있다. 이는 사실상 '재활용을 하기 쉬운 상태로 만드는 활동'과 별 차이가 없는 것이다. 그렇다면, 재활용을 하기 쉬운 상태로 만든 물질은 이미 재활용이 이루어진 상태로서 더 이상 폐기물이 아니라고 보아야 할 것이다. 판례도 "파쇄, 선별, 풍화, 혼합 및 숙성의 방법으로 가공한 후 완제품을 생산하는 경우에 있어서는 그 물질을 공급받는 자의 의사, 그 물질의 성상 등에 비추어 아직 완제품에 이르지 않았다고 하더라도 위와 같은 가공과정을 거쳐 객관적으로 사람의 생활이나 사업활동에 필요하다고 사회통념상 승인될 정도에 이르렀다면 그 물질은 그 때부터는 폐기물로서의 속성을 잃고 완제품 생산을 위한 원료물질로 바뀐다"고 판시한 바 있다.[22)]

(6) 법 제25조 제5항 제5호는 폐기물 중간재활용업의 정의를 "폐기물재활용시설을 갖추고 중간가공 폐기물을 만드는 영업"이라고 하고 있는데, 논리적으로 모순이다. 재활용업자가 폐기물을 가공하는 이유는 가공된 물질이 사람의 생활이나 사업활동에 필요하기 때문일 것이다.

(7) 중간가공 폐기물이란 개념이 등장한 이유는 2010년 개정법이 폐기물의 재활용 용도와 방법을 제한하였기 때문이다. 즉, 법 제13조의2 제1항에서 "누구든지 폐기물을 재활용하려는 자는 다음 각 호의 어느 하나에 해당하는 용도 또는 방법을 따라야 한다."고 규정함으로써 이러한 용도 또는 방법에 미치지 못하는 활동은 '재활용'으로 볼 수가 없게 되었는데(예컨대, KS인증제품이 아니라 그 원료물질을 제조하는 경우), 중간가공 폐기물은 그 공백을 메우기 위해 궁여지책으로 등장한 개념이다. 그러나 앞에서 본 바와 같이 폐기물의 본질적 정의에 반하는 이상한 개념이 되고 말았다. 2010년 법 개정 전에는 예시사례와 같은 경우도 재활용으로 볼 수 있었다. 왜냐하면 재활용 용도와 방법을 제한하지 않았고 재활용의 뜻을 "폐기물을 재사용·재생이용하거나 재사용·재생이용할 수 있는 상태로 만드는 활동"으로 정의하였고 달리 현행법과 같은 제한이 없었기 때문이었다.

(8) 법 개정 전 유사 개념으로는 '중간처리 후 발생하는 폐기물'(2011.9.7. 대통령령 제23126호로 개정되기 전의 대통령령 제7조 제4호)이 있었으나, 그 뜻은 '중간처리한 후에 발생한, 사람의 생활이나 사업활동에 필요하지 아니한 물질'을 의미하고, '재활용 용도 및 방법에 따라 재활용하기 쉬운 상태로 만들어 사람의 생활이나 사업활동에 필요할 수도 있는 물질'은 개념 자체에서 당연히 제외되므로 문제가 없었다.

(9) 결론적으로, 법 제13조의2에 규정되어 있는 재활용의 용도와 방법만이 유효한 '재

22) 앞의 주 8)의 판결 참조

활용'이라고 제한하는 현행 폐기물관리법을 수정하여야 할 것이다.

제 2 절 폐기물의 분류

Ⅰ. 용어의 변천

폐기물은, 1986년 「폐기물관리법」 제정 시에는 '일반폐기물'과 '산업폐기물'로 구분하였는데, 1991년 제1차 개정 시에 종전의 일반폐기물과 산업폐기물 중 국민보건에 유해하지 아니한 산업폐기물을 '일반폐기물'로 하고 국민보건에 유해한 산업폐기물을 '특정폐기물'로 분류하여 일반폐기물은 지방자치단체가, 특정폐기물은 국가가 책임관리를 하도록 하였다. 그 후 1995년 제3차 개정 시 지금과 같이 '생활폐기물'과 '사업장폐기물'로 분류하여 원인자 처리책임과 발생지 처리책임이 적용되도록 하였다. 2007년 제8차 개정 시에는 '감염성 폐기물'이라는 용어를 '의료폐기물'이라는 용어로 변경하였다.

Ⅱ. 폐기물 분류체계

1. 폐기물의 1차 분류

폐기물관리법에 의한 폐기물은 1차적으로 '생활폐기물'과 '사업장폐기물'로 구분된다. 이는 폐기물의 발생원, 즉 어디에서 폐기물이 발생하느냐에 따라 분류하는 것이다.

2. 폐기물의 2차 분류

(1) 폐기물은 2차적으로 그 성상이나 특성에 따라 아래와 같이 구분된다.

(2) 사업장폐기물은 유해성 여부에 따라 사업장 일반폐기물과 지정폐기물로 구분되고, 사업장 일반폐기물은 다시 그 발생특성에 따라 사업장 배출시설계 폐기물과 사업장생활계 폐기물로 구분된다.

(3) 지정폐기물 중에서 인체에 위해를 줄 우려가 있는 폐기물과 보건·환경보호상 특별한 관리가 필요하다고 인정되는 것은 '의료폐기물'로 분류된다.

(4) 사업장 일반폐기물 중 건설폐기물은 별도의 법률(「건설폐기물의 재활용촉진에 관한 법률」)에 의해 규율된다.

그림 3-1 폐기물의 분류

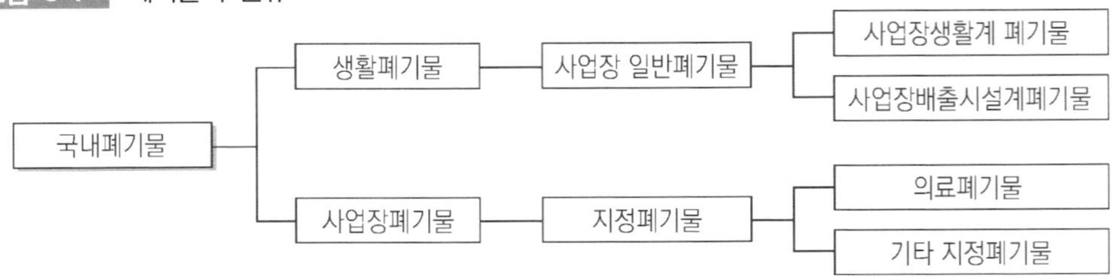

3. 분류체계의 문제점

위와 같은 분류체계로 인해 1차 분류시 사업장폐기물에 해당되어야만 2차 분류인 지정폐기물로 분류될 수 있고, 폐기물의 발생원이 폐기물관리법상의 사업장이 아닌 경우에는 그것이 설령 유해한 폐기물이라 하더라도 지정폐기물로 분류되지 않는 문제점이 발생한다. 예를 들면, 가정에서 발생되는 페페인트통이나 가정내 치료과정에서 발생되는 폐기물은 생활폐기물이지 지정폐기물이나 의료폐기물이 아니라고 보게 된다.

4. 생활폐기물과 사업장폐기물 분류에 따른 차이

(1) 폐기물관리법상 생활폐기물의 처리책임은 지방자치단체에, 사업장폐기물의 처리책임은 배출사업자에게 있다.[23]

(2) 일정한 사업장폐기물배출자는 사업장폐기물의 종류와 발생량 등을 특별자치시장, 특별자치도지사, 시장·군수·구청장에게 신고하여야 할 의무가 있으며[배출신고의무], 사업장폐기물 위탁처리 시 수탁자가 처리능력이 있는지 여부를 확인한 후 위탁하여야 하고 [수탁처리능력 사전확인의무],[24][25] 특정 업종 및 일정 규모 이상의 사업장폐기물 배출자는 사업장폐기물감량지침을 준수하여야 한다.[26] 환경부령으로 정하는 지정폐기물을 배출하는 사업자는 지정폐기물 처리 전에 환경부장관으로부터 확인을 받아야 하며[지정폐기물처리계획 확인의무],[27] 환경부령으로 정하는 사업장폐기물 배출자와 처리자는 배출 및 처리 시마다 폐기물의 인계·인수에 관한 내용을 전자정보처리프로그램(올바로시스템)에 입력하

23) 법 제14조 제1항, 제18조 제1항
24) 법 제17조 제1항 제3호
25) 법 제17조 제2항
26) 법 제17조 제5항
27) 법 제17조 제3항

여야 한다[전자정보처리프로그램 입력의무].[28] 사업장폐기물 배출자가 그 사업을 양도하거나 사망한 경우 또는 법인이 합병한 경우 그 양수인·상속인 드는 합병 후 존속하는 법인이나 합병에 의하여 설립되는 법인은 그 사업장폐기물과 관련된 권리와 의무를 승계한다.[29] 「민사집행법」에 따른 경매, 「채무자 회생 및 파산에 관한 법률」에 따른 환가나 「국세징수법」·「관세법」 또는 「지방세기본법」에 따른 압류재산의 매각, 그 밖에 이에 준하는 절차에 따라 사업장폐기물 배출자의 사업장 전부 또는 일부를 인수한 자도 그 사업장폐기물과 관련된 권리와 의무를 승계하게 되어 있다.[30]

(3) 폐기물관리법 전반에 걸쳐 생활폐기물과 사업장폐기물은 그 배출 및 처리 등에 있어 상당한 차이가 있으므로 생활폐기물과 사업장폐기물의 구분은 대단히 중요하다.

표 3-1 생활폐기물과 사업장폐기물의 차이

	생활폐기물	사업장폐기물
처리방식	자체처리/시장·군수·구청장	자체처리/위탁처리
처리비용	처리 수수료 징수	배출자 비용부담
수탁능력확인의무	없음	위탁처리 시 수탁자의 처리능력 확인의무 있음
신고의무	없음	폐기물 종류와 발생량 신고의무 있음
환경부장관 확인	없음	지정폐기물 처리 전 폐기물처리계획을 환경부장관으로부터 확인받아야 함
감량지침준수의무	없음	사업장폐기물 발생 억제를 위해 사업장폐기물 감량지침을 준수하여야 함
권리·의무 승계	없음	사업장 매각·상속·합병·경매·환가 시 사업장 폐기물 관련 권리·의무 승계

28) 법 제18조 제3항
29) 법 제17조 제6항
30) 법 제17조 제7항

Ⅲ. 생활폐기물

(1) 생활폐기물은 사업장폐기물 이외의 폐기물을 말한다.[31]

(2) 일반가정에서 배출되는 폐기물은 그 배출량의 다과를 불문하고 모두 생활폐기물이다.

(3) 배출시설계 사업장이 아닌 일반사업장에서 배출되는 1일 평균 300킬로그램 미만의 폐기물도 생활폐기물로 분류된다.

(4) 건설공사, 일련의 공사 또는 작업을 통해 배출되는 폐기물의 양이 5톤(공사 등을 착공하거나 작업을 시작할 때부터 마칠 때까지 발생되는 폐기물의 양을 의미함) 미만이면 생활폐기물로 분류된다.

(5) 「전기공사업법」에 따른 전기공사, 「정보통신공사업법」에 따른 정보통신공사, 「소방시설공사업법」에 따른 소방시설공사, 「문화재수리 등에 관한 법률」에 따른 문화재 수리공사는 「건설산업기본법」에서 정하는 건설공사가 아니므로 이러한 공사장에서 배출되는 5톤 미만의 폐기물(공사 등을 착공하거나 작업을 시작할 때부터 마칠 때까지 발생되는 폐기물의 양을 의미함) 역시 생활폐기물이다.

Ⅳ. 사업장폐기물

1. 개 요

가. 의 의

사업장폐기물은 「대기환경보전법」, 「수질 및 수생태계 보전에 관한 법률」 또는 「소음·진동관리법」에 따라 배출시설을 설치·운영하는 사업장이나 그 밖에 대통령령으로 정하는 사업장에서 발생하는 폐기물을 말한다.[32]

나. 사업장의 의미

'사업장'은 폐기물관리법 전반에 걸친 핵심적 개념이지만, 그 뜻에 대해 폐기물관리법은 침묵하고 있다. 관계법에서 정의하고 있는 의미로 해석해야 할 것이다.

「부가가치세법」이 사업장에 대해 정의하고 있는데, 동법 시행령 제4조 제1항에서는 사업장을 "사업자 또는 그 사용인이 상시 주재하여 거래의 전부 또는 일부를 행하는 장

31) 법 제2조 제2호
32) 법 제2조 제3호

소"라고 정의하고 있다. 또한 부가가치세법 제2조 제1항 제1호에서는 사업자를 "사업목적이 영리이든 비영리이든 관계없이 독립적으로 재화 또는 용역을 공급하는 자"로 정의하고 있다. 따라서 사업장이란 "사업목적이 영리이든 비영리이든 관계없이 독립적으로 재화 또는 용역을 공급하는 자 또는 그 사용인이 상시 주재하여 거래의 전부 또는 일부를 행하는 장소"를 말한다고 할 것이다.[33)]

다. 사업장폐기물을 배출하는 사업장의 범위

폐기물관리법은 '사업장'에서 배출되는 폐기물이면 모두 사업장폐기물'이라고 하는 것이 아니라, 일정한 범위의 사업장에서 배출되는 폐기물만 사업장폐기물로 규율하고 있다. 즉, 「대기환경보전법」, 「수질 및 수생태계 보전에 관한 법률」 또는 「소음·진동관리법」에 따라 배출시설을 설치·운영하는 사업장이나 그 밖에 대통령령으로 정하는 사업장에서 발생하는 폐기물만을 사업장폐기물로 정하고 있는 것이다.

라. '그 밖에 대통령령으로 정하는 사업장'

'그 밖에 대통령령으로 정하는 사업장'이란, 「수질 및 수생태계 보전에 관한 법률」 제48조 제1항에 따라 폐수종말처리시설을 설치·운영하는 사업장, 「하수도법」 제11조 제4항에 따라 공공하수처리시설을 설치·운영하는 사업장, 「하수도법」 제2조 제10호에 따른 분뇨처리시설을 설치·운영하는 사업장, 「가축분뇨의 관리 및 이용에 관한 법률」 제24조에 따른 공공처리시설, 폐기물관리법 제29조 제2항에 따른 폐기물처리시설(법 제25조 제3항에 따라 폐기물처리업의 허가를 받은 자가 설치하는 시설을 포함한다)을 설치·운영하는 사업장, 폐기물관리법 제2조 제4호에 따른 지정폐기물을 배출하는 사업장, 폐기물을 1일 평균 300킬로그램 이상 배출하는 사업장, 「건설산업기본법」 제2조 제4호에 따른 건설공사로 폐기물을 5톤(공사를 착공할 때부터 마칠 때까지 발생되는 폐기물의 양을 말한다) 이상 배출하는 사업장, 일련의 공사(제8호에 따른 건설공사는 제외한다) 또는 작업으로 폐기물을 5톤(공사를 착공하거나 작업을 시작할 때부터 마칠 때까지 발생하는 폐기물의 양을 말한다) 이상 배출하는 사업장에서 발생하는 폐기물을 말한다.[34)]

마. 사업장폐기물의 종류

이상을 정리하면 아래 도표와 같다.

---

33) 재활용공제조합이나 재활용협회 등과 같은 비영리법인 역시 조합원이나 회원을 상대로 재활용 대행용역 등 일정한 역무(役務)를 공급하는 단체이므로 「부가가치세법」에서 말하는 '사업자'이고, 조합이나 협회 또는 그 사용인이 상시 주재하여 거래의 전부 또는 일부를 행하는 장소는 '사업장'이라고 할 수 있다.

34) 시행령 제2조(사업장의 범위) 제1호~제9호

표 3-2 사업장폐기물의 종류

배출사업장	비 고
[법 제2조 제3호] 「대기환경보전법」에 따라 배출시설을 설치·운영하는 사업장에서 발생하는 폐기물	사업장 배출시설계 폐기물
[법 제2조 제3호] 「수질 및 수생태계 보전에 관한 법률」에 따라 배출시설을 설치·운영하는 사업장에서 발생하는 폐기물	
[법 제2조 제3호] 「소음·진동관리법」에 따라 배출시설을 설치·운영하는 사업장에서 발생하는 폐기물	
[시행령 제2조 제1호] 「수질 및 수생태계 보전에 관한 법률」 제48조 제1항에 따라 폐수종말처리시설을 설치·운영하는 사업장에서 발생하는 폐기물	
[시행령 제2조 제2호] 「하수도법」 제2조 제9호에 따른 공공하수처리시설을 설치·운영하는 사업장에서 발생하는 폐기물	
[시행령 제2조 제3호] 「하수도법」 제2조 제10호에 따른 분뇨처리시설을 설치·운영하는 사업장에서 발생하는 폐기물	
[시행령 제2조 제4호] 「가축분뇨의 관리 및 이용에 관한 법률」 제24조에 따른 공공처리시설에서 발생하는 폐기물	
[시행령 제2조 제5호] 법 제29조 제2항에 따른 폐기물처리시설(법 제25조 제3항에 따라 폐기물처리업의 허가를 받은 자가 설치하는 시설을 포함한다)을 설치·운영하는 사업장에서 발생하는 폐기물	
[시행령 제2조 제6호] 법 제2조 제4호에 따른 지정폐기물을 배출하는 사업장에서 발생하는 폐기물	사업장 생활계 폐기물
[시행령 제2조 제7호] 폐기물을 1일 평균 300킬로그램 이상 배출하는 사업장에서 발생하는 폐기물	
[시행령 제2조 제8호] 「건설산업기본법」 제2조 제4호에 따른 건설공사로 폐기물을 5톤(공사를 착공할 때부터 마칠 때까지 발생되는 폐기물의 양을 말한다) 이상 배출하는 사업장에서 발생하는 폐기물	
[시행령 제2조 제9호] 일련의 공사(제8호에 따른 건설공사는 제외한다) 또는 작업으로 폐기물을 5톤(공사를 착공하거나 작업을 시작할 때부터 마칠 때까지 발생하는 폐기물의 양을 말한다) 이상 배출하는 사업장에서 발생하는 폐기물	

2. 지정폐기물

가. 지정폐기물의 의의

(1) 지정폐기물이란, 사업장폐기물 중 폐유·폐산 등 주변환경을 오염시킬 수 있거나

의료폐기물(醫療廢棄物) 등 인체에 위해(危害)를 줄 수 있는 해로운 물질로서 대통령령으로 정하는 폐기물을 말한다.[35]

(2) 지정폐기물에 대해서는 국가가 그 배출 및 처리상황을 파악하고 적정하게 처리되도록 필요한 조치를 마련하여야 한다.[36] 이에 따라 지정폐기물을 대상으로 하는 폐기물처리업의 허가 여부는 중앙정부인 환경부(유역환경청)가 결정하도록 하고 있다.[37] 또한 지정폐기물을 배출하는 사업자는 그 지정폐기물을 처리하기 전에 폐기물처리계획서, 환경부령으로 정하는 폐기물분석전문기관의 폐기물분석결과서, 지정폐기물의 처리를 위탁하는 경우 수탁처리자의 수탁확인서를 환경부장관(유역환경청장)에게 제출하여 미리 확인을 받아야 한다.[38] 그 밖에도 폐기물관리법은 지정폐기물의 배출과 처리 전반에 걸쳐 일반사업장폐기물과 다른 엄격한 기준과 절차를 규정하고 있다.

나. 지정폐기물의 종류

지정폐기물의 종류는 아래와 같다.[39]

표 3-3 지정폐기물의 종류

1. 특정시설에서 발생되는 폐기물 가. 폐합성 고분자화합물 1) 폐합성 수지(고체상태의 것은 제외한다) 2) 폐합성 고무(고체상태의 것은 제외한다) 나. 오니류(수분함량이 95퍼센트 미만이거나 고형물함량이 5퍼센트 이상인 것으로 한정한다) 1) 폐수처리 오니(환경부령으로 정하는 물질을 함유한 것으로 환경부장관이 고시한 시설에서 발생되는 것으로 한정한다) 2) 공정 오니(환경부령으로 정하는 물질을 함유한 것으로 환경부장관이 고시한 시설에서 발생되는 것으로 한정한다) 다. 폐농약(농약의 제조·판매업소에서 발생되는 것으로 한정한다)
2. 부식성 폐기물 가. 폐산(액체상태의 폐기물로서 수소이온 농도지수가 2.0 이하인 것으로 한정한다) 나. 폐알칼리(액체상태의 폐기물로서 수소이온 농도지수가 12.5 이상인 것으로 한정하며, 수산화칼륨 및 수산화나트륨을 포함한다)
3. 유해물질 함유 폐기물(환경부령으로 정하는 물질을 함유한 것으로 한정한다) 가. 광재(鑛滓)[철광 원석의 사용으로 인한 고로(高爐) 슬래그(slag)는 제외한다]

35) 법 제2조 제4호
36) 법 제4조 제3항
37) 법 제25조 제2항, 제3항
38) 법 제17조 제3항
39) 시행령 [별표 2]

나. 분진(대기오염 방지시설에서 포집된 것으로 한정하되, 소각시설에서 발생되는 것은 제외한다)
다. 폐주물사 및 샌드블라스트 폐사(廢砂)
라. 폐내화물(廢耐火物) 및 재벌구이 전에 유약을 바른 도자기 조각
마. 소각재
바. 안정화 또는 고형화·고화 처리물
사. 폐촉매
아. 폐흡착제 및 폐흡수제[광물유·동물유 및 식물유(폐식용유 및 식품 재료와 원료를 조리·가공하면서 발생하는 기름은 제외한다)의 정제에 사용된 폐토사(廢土砂)를 포함한다]

4. 폐유기용제
가. 할로겐족(환경부령으로 정하는 물질 또는 이를 함유한 물질로 한정한다)
나. 그 밖의 폐유기용제(가목 외의 유기용제를 말한다)

5. 폐페인트 및 폐래커(다음 각 목의 것을 포함한다)
가. 페인트 및 래커와 유기용제가 혼합된 것으로서 페인트 및 래커 제조업, 용적 5세제곱미터 이상 또는 동력 3마력 이상의 도장(塗裝)시설, 폐기물을 재활용하는 시설에서 발생되는 것
나. 페인트 보관용기에 남아 있는 페인트를 제거하기 위하여 유기용제와 혼합된 것
다. 폐페인트 용기(용기 안에 남아 있는 페인트가 건조되어 있고, 그 잔존량이 용기 바닥에서 6밀리미터를 넘지 아니하는 것은 제외한다)

6. 폐유(기름성분을 5퍼센트 이상 함유한 것을 포함하며, 폴리클로리네이티드비페닐(PCBs)함유 폐기물, 폐식용유, 식품 재료와 원료를 조리·가공하면서 발생하는 기름, 폐흡착제 및 폐흡수제는 제외한다)

7. 폐석면
가. 건조고형물의 함량을 기준으로 하여 석면이 1퍼센트 이상 함유된 제품·설비(뿜칠로 사용된 것은 포함한다) 등의 해체·제거 시 발생되는 것
나. 슬레이트 등 고형화된 석면 제품 등의 연마·절단·가공 공정에서 발생된 부스러기 및 연마·절단·가공 시설의 집진기에서 모아진 분진
다. 석면의 제거작업에 사용된 바닥비닐시트(뿜칠로 사용된 석면의 해체·제거작업에 사용된 경우에는 모든 비닐시트)·방진마스크·작업복 등

8. 폴리클로리네이티드비페닐 함유 폐기물
가. 액체상태의 것(1리터당 2밀리그램 이상 함유한 것으로 한정한다)
나. 액체상태 외의 것(용출액 1리터당 0.003밀리그램 이상 함유한 것으로 한정한다)

9. 폐유독물(「유해화학물질관리법」 제2조 제3호에 따른 유독물을 폐기하는 경우로 한정한다)

10. 의료폐기물(환경부령으로 정하는 의료기관이나 시험·검사 기관 등에서 발생되는 것으로 한정한다)

11. 그 밖에 주변환경을 오염시킬 수 있는 유해한 물질로서 환경부장관이 정하여 고시하는 물질

지정폐기물에 함유된 유해물질(제2조 제1항 관련)

1. 오니류·폐흡착제 및 폐흡수제에 함유된 유해물질
   가. 납 또는 그 화합물[폐기물공정 시험기준(방법)에 의한 용출시험 결과 용출액 1리터당 3밀리그램 이상의 납을 함유한 경우만 해당한다]
   나. 구리 또는 그 화합물[폐기물공정 시험기준(방법)에 의한 용출시험 결과 용출액 1리터당 3밀리그램 이상의 구리를 함유한 경우만 해당한다]
   다. 비소 또는 그 화합물[폐기물공정 시험기준(방법)에 의한 용출시험 결과 용출액 1리터당 1.5밀리그램 이상의 비소를 함유한 경우만 해당한다]
   라. 수은 또는 그 화합물[폐기물공정 시험기준(방법)에 의한 용출시험 결과 용출액 1리터당 0.005밀리그램 이상의 수은을 함유한 경우만 해당한다]
   마. 카드뮴 또는 그 화합물[폐기물공정 시험기준(방법)에 의한 용출시험 결과 용출액 1리터당 0.3밀리그램 이상의 카드뮴을 함유한 경우만 해당한다]
   바. 6가크롬화합물[폐기물공정 시험기준(방법)에 의한 용출시험 결과 용출액 1리터당 1.5밀리그램 이상의 6가크롬을 함유한 경우만 해당한다]
   사. 시안화합물[폐기물공정 시험기준(방법)에 의한 용출시험 결과 용출액 1리터당 1밀리그램 이상의 시안화합물을 함유한 경우만 해당한다]
   아. 유기인화합물[폐기물공정 시험기준(방법)에 의한 용출시험 결과 용출액 1리터당 1밀리그램 이상의 유기인화합물을 함유한 경우만 해당한다]
   자. 테트라클로로에틸렌[폐기물공정 시험기준(방법)에 의한 용출시험 결과 용출액 1리터당 0.1밀리그램 이상의 테트라클로로에틸렌을 함유한 경우만 해당한다]
   차. 트리클로로에틸렌[폐기물공정 시험기준(방법)에 의한 용출시험 결과 용출액 1리터당 0.3밀리그램 이상의 트리클로로에틸렌을 함유한 경우만 해당한다]
   카. 기름성분(중량비를 기준으로 하여 유해물질을 5퍼센트 이상 함유한 경우만 해당한다)
   타. 그 밖에 환경부장관이 정하여 고시하는 물질

2. 광재·분진·폐주물사·폐사·폐내화물·도자기조각·소각재, 안정화 또는 고형화 고화 처리물 및 폐촉매에 함유된 유해물질
   가. 제1호 가목부터 사목까지의 규정과 카목에 따른 유해물질(분진과 소각재의 경우에는 제1호 가목부터 사목까지의 규정에 따른 유해물질만 해당한다)
   나. 석면(고형화 처리물의 경우로서 건조 고형물의 함량을 기준으로 하여 석면이 1퍼센트 이상 함유된 경우로 한정한다)
   다. 그 밖에 환경부장관이 정하여 고시하는 물질

폐유기용제 중 할로겐족에 해당되는 물질(제2조 제2항 관련)

1. 디클로로메탄(Dichloromethane)
2. 트리클로로메탄(Trichloromethane)
3. 테트라클로로메탄(Tetrachloromethane)
4. 디클로로디플루오로메탄(Dichlorodifluoromethane)
5. 트리클로로플루오로메탄(Trichlorofluoromethane)
6. 디클로로에탄(Dichloroethane)
7. 트리클로로에탄(Trichloroethane)
8. 트리클로로트리플루오로에탄(Trichlorotrifluoroethane)
9. 트리클로로에틸렌(Trichloroethylene)
10. 테트라클로로에틸렌(Tetrachloroethylene)
11. 클로로벤젠(Chlorobenzene)
12. 디클로로벤젠(Dichlorobenzene)
13. 모노클로로페놀(Monochlorophenol)
14. 디클로로페놀(Dichlorophenol)
15. 1,1-디클로로에틸렌(1,1-Dichloroethylene)
16. 1,3-디클로로프로펜(1,3-Dichloropropene)
17. 1,1,2-트리클로로-1,2,2-트리플로로에탄(1,1,2-Trichloro-1,2,2-trifluroethane)
18. 제1호부터 제17호까지의 규정에 해당하는 물질을 중량비를 기준으로 하여 5퍼센트 이상 함유한 물질

3. 의료폐기물

가. 의료폐기물의 의의

(1) 지정폐기물 중의 하나인 의료폐기물은 보건·의료기관, 동물병원, 시험·검사기관 등에서 배출되는 폐기물 중 인체에 감염 등 위해를 줄 우려가 있는 폐기물과 인체 조직 등 적출물(摘出物), 실험 동물의 사체 등 보건·환경보호상 특별한 관리가 필요하다고 인정되는 폐기물로서 대통령령으로 정하는 폐기물을 말한다.[40] 의료폐기물은 환경부령으로 정하는 의료기관이나 시험·검사기관 등에서 발생되는 것으로 한정한다.[41]

(2) 의료폐기물은 환경부장관이 지정한 기관이나 단체가 환경부장관이 정하여 고시

40) 법 제2조 제5호
41) 시행령 [별표 1] 제10호

한 검사기준에 따라 검사한 전용용기만을 사용하여 처리하여야 한다.[42]

나. 의료폐기물의 종류

의료폐기물의 종류는 아래 표와 같다.[43]

의료폐기물의 종류(제4조 관련)

1. 격리의료폐기물: 「전염병예방법」 제2조 제1항에 따른 전염병으로부터 타인을 보호하기 위하여 격리된 사람에 대한 의료행위에서 발생한 일체의 폐기물

2. 위해의료폐기물
   가. 조직물류폐기물: 인체 또는 동물의 조직·장기·기관·신체의 일부, 동물의 사체, 혈액·고름 및 혈액생성물(혈청, 혈장, 혈액제제)
   나. 병리계폐기물: 시험·검사 등에 사용된 배양액, 배양용기, 보관균주, 폐시험관, 슬라이드, 커버글라스, 폐배지, 폐장갑
   다. 손상성폐기물: 주사바늘, 봉합바늘, 수술용 칼날, 한방침, 치과용침, 파손된 유리재질의 시험기구
   라. 생물·화학폐기물: 폐백신, 폐항암제, 폐화학치료제
   마. 혈액오염폐기물: 폐혈액백, 혈액투석 시 사용된 폐기물, 그 밖에 혈액이 유출될 정도로 포함되어 있어 특별한 관리가 필요한 폐기물

3. 일반의료폐기물: 혈액·체액·분비물·배설물이 함유되어 있는 탈지면, 붕대, 거즈, 일회용 기저귀, 생리대, 일회용 주사기, 수액세트

비고: 의료폐기물이 아닌 폐기물로서 의료폐기물과 혼합되거나 접촉된 폐기물은 혼합되거나 접촉된 의료폐기물과 같은 폐기물로 본다.

의료폐기물 발생 의료기관 및 시험·검사기관 등(제2조 제3항 관련)

1. 「의료법」 제3조에 따른 의료기관
2. 「지역보건법」 제7조 및 제10조에 따른 보건소 및 보건지소
3. 「농어촌 등 보건의료를 위한 특별조치법」 제15조에 따른 보건진료소

42) 법 제13조 제2항
43) 시행령 [별표 2] 의료폐기물의 종류

4. 「혈액관리법」 제6조에 따른 혈액관리업무를 하는 혈액원
5. 「검역법」 제28조에 따른 검역소 및 「가축전염병예방법」 제30조에 따른 동물검역기관
6. 「수의사법」 제2조 제4호에 따른 동물병원
7. 국가나 지방자치단체의 시험·연구기관(의학·치과의학·한의학·약학 및 수의학에 관한 기관을 말한다)
8. 대학·산업대학·전문대학 및 그 부속 시험·연구기관(의학·치과의학·한의학·약학 및 수의학에 관한 기관을 말한다)
9. 학술연구나 제품의 제조·발명에 관한 시험·연구를 하는 연구소(의학·치과의학·한의학·약학 및 수의학에 관한 연구소를 말한다)
10. 「장사 등에 관한 법률」 제29조에 따른 장례식장
11. 「행형법」 제2조의 교도소·소년교도소·구치소 등에 설치된 의무시설
12. 「의료법」 제35조에 따라 설치된 기업체의 부속 의료기관으로서 면적이 100제곱미터 이상인 의무시설
13. 「군통합병원령」에 따라 사단급 이상 군부대에 설치된 의무시설
14. 「노인복지법」 제34조 제1항 제1호에 따른 노인요양시설
15. 의료폐기물 중 태반을 대상으로 법 제25조 제5항 제5호부터 제7호까지의 규정 중 어느 하나에 해당하는 폐기물 재활용업의 허가를 받은 사업장
16. 「인체조직 안전 및 관리 등에 관한 법률」 제13조 제1항에 따른 조직은행
17. 그 밖에 환경부장관이 정하여 고시하는 기관

4. 사업장일반폐기물

가. 개 설

(1) 사업장폐기물 중 지정폐기물(의료폐기물)을 제외한 것이 사업장일반폐기물이다.

(2) 사업장일반폐기물은 '사업장생활계 폐기물'과 '사업장배출시설계 폐기물'로 구분된다. 사업장일반폐기물 중 레미콘·아스팔트콘크리트 제품의 제조공정에서 발생하거나 건설현장 등에서 반품한 폐레미콘·폐콘크리트·폐아스팔트콘크리트 제품 및 시행령 제2조 제9호에 따른 일련의 공사 또는 작업으로 발생하는 폐콘크리트, 폐아스팔트콘크리트, 폐벽돌, 폐블록, 폐기와 및 건설폐토석은 건설폐기물의 기준 및 방법으로 처리할 수 있으며, 「건설폐기물의 재활용촉진에 관한 법률」 제21조 제3항에 따른 건설폐기물처리업자에게 위탁하여 처리할 수 있다.[44]

44) 시행규칙 제14조, [별표 5] 제3호 가.목 3)

나. 사업장배출시설계 폐기물

(1) 의 의

사업장배출시설계 폐기물은 사업장 배출시설의 설치·운영 등으로 발생하는 폐기물을 말한다. 배출시설은 환경을 오염시킬 수 있는 물질을 배출하는 시설을 말하는데, 폐기물관리법은 그 중에서도 대기·수질·토양·폐기물·소음·진동·악취 등 사람의 일상생활과 밀접한 생활환경을 오염시킬 수 있는 물질의 배출시설로부터 나오는 폐기물을 사업장 폐기물로 분류하고 있다.

(2) 종 류

주요 사업장배출시설을 살펴보면 다음과 같다.

(가) 대기오염물질 배출시설

대기오염물질 배출시설이란 대기오염물질을 대기에 배출하는 시설물, 기계, 기구, 그 밖의 물체로서 환경부령으로 정하는 것을 말한다.[45] 대기오염물질이란 대기 중에 존재하는 물질 중 대기오염의 원인으로 인정된 가스·입자상 물질로서 환경부령으로 정하는 것을 말한다.[46] 배출시설은 각각의 원료(부원료와 첨가제 포함)나 연료가 투입되는 지점부터 해당 공정이 끝나는 지점까지의 단위공정 전체를 말한다.[47] 「대기환경보전법」상 배출시설은 섬유제품 제조시설 등 28종류의 시설로 나뉜다.[48]

(나) 폐수배출시설

폐수배출시설이란 수질오염물질을 배출하는 시설물, 기계, 기구, 그 밖의 물체로서 환경부령으로 정하는 것을 말한다. 다만 「해양관리법」 제2조 제16호 및 제17호에 따른 선박 및 해양시설은 제외한다.[49] 수질오염물질이란 수질오염의 요인이 되는 물질로서 환경부령으로 정하는 것을 말한다.[50] 폐수배출시설은 특정수질 유해물질 및 중금속이 포함된 폐수를 배출하는 시설과 포함되지 않은 폐수를 배출하는 시설로 크게 나뉘고, 세부적으로는 석탄광업시설 등 82종류의 시설로 구분된다.[51]

(다) 소음·진동 배출시설

소음·진동 배출시설이란 소음·진동을 발생시키는 공장의 기계·기구·시설, 그 밖의

45) 대기환경보전법 제2조 제11호
46) 대기환경보전법 제2조 제1호
47) 대기환경보전법 시행규칙 [별표 3] 제1호 가목
48) 대기환경보전법 시행규칙 [별표 3] 제1호 나목
49) 수질 및 수생태계 보전에 관한 법률 제2조 제10호
50) 수질 및 수생태계 보전에 관한 법률 제2조 제7호
51) 수질 및 수생태계 보전에 관한 법률 시행규칙 [별표 4] 제2호

물체로서 환경부령으로 정하는 것을 말한다.[52] 소음이란 기계·기구·시설, 그 밖의 물체의 사용 또는 공동주택(「주택법」 제2조 제2호에 따른 공동주택) 등 환경부령으로 정하는 장소에서 사람의 활동으로 인하여 발생하는 강한 소리를 말한다.[53] 진동이란 기계·기구·시설, 그 밖의 물체의 사용으로 인하여 발생하는 강한 흔들림을 말한다.[54] 소음·진동배출시설은 기본적으로 마력을 기준으로 분류된다.

(라) 공공하수처리시설

공공하수처리시설이란 하수를 처리하여 하천·바다 그 밖의 공유수면에 방류하기 위하여 지방자치단체가 설치 또는 관리하는 처리시설과 이를 보완하는 시설을 말한다.[55] 하수라 함은 사람의 생활이나 경제활동으로 인하여 액체성 또는 고체성의 물질이 섞이어 오염된 물(이하 "오수"라 한다)과 건물·도로 그 밖의 시설물의 부지로부터 하수도로 유입되는 빗물·지하수를 말한다. 다만, 농작물의 경작으로 인한 것을 제외한다.[56]

(마) 분뇨처리시설

분뇨처리시설이라 함은 분뇨를 침전·분해 등의 방법으로 처리하는 시설을 말한다.[57] 분뇨라 함은 수거식 화장실에서 수거되는 액체성 또는 고체성의 오염물질(개인하수처리시설의 청소과정에서 발생하는 찌꺼기를 포함한다)을 말한다.[58]

(바) 가축분뇨 공공처리시설

가축분뇨 공공처리시설은 지방자치단체의 장이 가축분뇨를 자원화 또는 정화(이하 "처리"라 한다)하기 위해 설치하는 자원화시설 또는 정화시설을 말한다.[59]

다. 사업장생활계 폐기물

(1) 의 의

사업장생활계 폐기물은 사업장일반폐기물 중 사업장배출시설계 폐기물 외의 폐기물 및 시행령 제2조 제7호 및 제9호에 따른 사업장에서 배출되는 폐기물을 뜻한다.[60] 배출시설의 설치 및 운영으로부터 배출되는 폐기물만이 사업장배출시설계 폐기물이고, 그렇지 않은 폐기물은 사업장생활계 폐기물이라고 보아야 할 것이다.

---

52) 소음·진동관리법 제2조 제3호
53) 소음·진동관리법 제2조 제1호
54) 소음·진동관리법 제2조 제2호
55) 하수도법 제2조 제9호
56) 하수도법 제2조 제1호
57) 하수도법 제2조 제11호
58) 하수도법 제2조 제2호
59) 가축분뇨의 관리 및 이용에 관한 법률 제2조 제9호, 제8호
60) 시행규칙 제14조, [별표 5] 제3호 가.목 1), 2)

(2) 생활폐기물 처리기준의 준용

사업장생활계 폐기물로서 생활폐기물과 그 성질과 상태가 비슷하여 생활폐기물의 기준 및 방법으로 처리할 수 있는 폐기물은 특별자치시, 특별자치도 또는 시·군·구의 조례에서 정하는 바에 따라 생활폐기물의 기준 및 방법으로 처리할 수 있다.[61]

61) 시행규칙 제14조, [별표 5] 제3호 가.목 2)

1-1

질의/응답 사례(법제처)
: 폐기물의 정의 및 분류

1-1-1 환경부 : 세슘이 10Bq(베크렐)/g 이하로 오염된 폐아스콘이 폐기물관리법 제3조에 따라 적용제외되는지(폐기물관리법 제3조 등 관련)[안건번호 12-0624, 회신일자2012-11-23]

1. 질의요지

세슘(Cs-137SUP>1/SUP>)의 농도가 10Bq(베크렐)/g 이하로 오염된 폐아스콘(도로포장재료)이 폐기물관리법 제3조에 따라 적용제외되는지?

2. 회 답

세슘(Cs-137SUP>1/SUP>)의 농도가 10Bq(베크렐)/g 이하로 검출된 폐아스콘은 폐기물관리법 제3조에 따른 적용제외 대상이 아니라 할 것입니다.

3. 이 유

폐기물관리법상 폐기물은 쓰레기, 연소재(燃燒滓), 오니(汚泥), 폐유(廢油), 폐산(廢酸), 폐알칼리 및 동물의 사체(死體) 등으로서 사람의 생활이나 사업활동에 필요하지 아니하게 된 물질을 말하는 것으로, 폐기물은 폐기물관리법에 따라 처리되는데, 폐기물관리법 제3조 제1항 제1호에 따르면 "「원자력안전법」에 따른 방사성물질과 이로 인하여 오염된 물질"은 폐기물관리법의 적용을 받지 아니하므로 폐기물관리법에 따라 처리되지 않습니다.

한편, 「방사성폐기물관리법」 제2조 제1호, 「원자력안전법」 제2조 제5호 및 제18호에 따르면 '방사성폐기물'이란 "방사성물질 또는 그에 따라 오염된 물질로서 폐기의 대상이 되는 물질(사용후핵연료를 포함함)"을 말하고, 방사성폐기물은 「방사성폐기물관리법」에 따라 처리된다고 할 것인데, 이러한 방사성폐기물의 내용을 살펴보면, 이 중 '방사성물질'이란 "핵연료물질·사용후핵연료·방사성동위원소 및 원자핵분열생성물(原子核分裂生成物)"을 말하고, 같은 조 제6호 및 「원자력안전법 시행령」 제5조에 따르면 '방사성동위원소'란 방사선을 방출하는 동위원소와 그 화합물 중 방사성동위원소의 수량과 농도가 위원회가 정하는 수량과 농도를 초과하는 물질로서 「원자력안전법」 제2조 제3호에 따른 핵연료물질 등을 제외한 것을 말하며, 그 위임에 따른 「방사선방호 등에 관한 기준」(2012. 1. 20. 원자력안전위원회 고시 제2012-29호로 개정·시행된 것) 제9조 및 [별표 5]에 따르면 '방사성동위원소'의 일종인 세슘(Cs-137SUP>1/SUP>)의 기준 농도를 10Bq(베크렐)/g으로 정하고 있는바, 이 사안에서는 세슘(Cs-137SUP>1/SUP>)의 농도가 10Bq(베크렐)/g 이하로 오염된 폐아스콘(도로포장 재료)이 폐기물관리법 제3조에 따라 적용제외되는지가 문제됩니다.

먼저, 폐기물관리법 제3조 제1항 제1호의 규정을 살펴보면, 그 문언과 체계상 ① 「원자력안전법」에 따른 방사성물질과 ② 「원자력안전법」에 따른 방사성물질에 의하여 오염된 물질만이 폐기물관리법의 적용범위에서 제외되고 그 외에는 폐기물관리법이 적용된다고 할 것이므로, 결국 폐기물관리법의 적용이 제외되는 방사성물질인지 여부는 「원자력안전법」에 따라 결정된다고 할 것입니다.

그렇다면, 이 사안과 같이 세슘(Cs-137SUP>1/SUP>)의 농도가 10Bq(베크렐)/g 이하로 검출된 경우라면 기준 농도에 미달하여 그 세슘(Cs-137SUP>1/SUP>) 자체가 "「원자력안전법」에 따른 방사성 물질"에 해당한다고 볼 수 없고, 해당 세슘(Cs-137SUP>1/SUP>)이 검출된 폐아스콘 역시 "「원자력안전법」에 따른 방사성물질에 의하여 오염된 물질"로 볼 수 없다고 할 것입니다. 따라서 세슘(Cs-137SUP>1/SUP>)의 농도가 10Bq(베크렐)/g 이하로 검출된 폐아스콘은 폐기물관리법 제3조에 따른 적용제외 대상이 아니라 할 것입니다.

◦ **관계법령**: 원자력안전법 시행령 제5조, 원자력안전법 제2조, 폐기물관리법 제3조

1-1-2 창원시 : 점토점결 폐주물사와 일반토사를 부피기준으로 1:1로 혼합한 물질을 폐기물로 볼 수 있는지 여부(폐기물관리법 시행규칙 [별표 5의2] 등 관련)[안건번호 12-0455, 회신일자2012-08-29]

1. 질의요지

폐기물관리법 제13조의2 제2항, 같은 법 시행규칙 제14조의3 제2항 및 [별표 5의2] 제2호 다목3) 본문에 따르면 점토점결 폐주물사(지정폐기물을 제외한 사업장폐기물에 한정함)를 재활용할 때에는 일반토사류나 건설폐재류를 재활용한 토사류를 부피기준으로 50퍼센트

이상 혼합하여 사용하여야 한다고 규정하고 있는 바, 점토점결 폐주물사와 일반토사를 부피 기준으로 1(50%) : 1(50%)로 혼합한 경우 이러한 상태의 물질을 폐기물로 보아야 하는지?

2. 회 답

점토점결 폐주물사와 일반토사를 부피 기준으로 1(50%) : 1(50%)로 혼합한 경우 이러한 상태의 물질은 폐기물로 보아야 할 것입니다.

3. 이 유

폐기물관리법 제2조 제1호에 따르면 '폐기물'이란 쓰레기, 연소재(燃燒滓), 오니(汚泥), 폐유(廢油), 폐산(廢酸), 폐알칼리 및 동물의 사체(死體) 등으로서 사람의 생활이나 사업활동에 필요하지 아니하게 된 물질을 말하고, 같은 법 제13조 제1항에 따르면 누구든지 폐기물을 처리하려는 자는 대통령령으로 정하는 기준과 방법에 따라야 하며, 다만 같은 법 제13조의2의 용도 또는 방법에 따라 재활용을 하기 쉬운 상태로 만든 폐기물(이하 '중간가공 폐기물'이라 함)에 대하여는 완화된 처리기준과 방법을 대통령령으로 따로 정할 수 있고, 같은 법 제13조의2 제1항에 따르면 누구든지 폐기물을 재활용하려는 자는 각 호의 어느 하나에 해당하는 용도 또는 방법을 따라야 한다고 하며, 같은 조 제2항에 따르면 제1항 각 호에 따라 재활용하여야 하는 폐기물의 종류, 구체적인 재활용 방법을 환경부령으로 정하도록 규정하고 있습니다.

이에 따라 폐기물관리법 시행규칙 제14조의3 제2항 및 [별표 5의2] 제2호에 따르면 지정폐기물을 제외한 사업장폐기물을 재활용하여 건축·토목공사의 성토재·보조기층재·도로기층재와 매립시설의 복토용 등으로 이용하는 경우 점토점결 폐주물사는 일반토사류나 건설폐재류를 재활용한 토사류를 부피기준으로 50퍼센트 이상 혼합하여 사용하여야 한다고 하여 점토점결 폐주물사의 구체적인 재활용 방법에 관하여 규정하고 있는 바, 점토점결 폐주물사와 일반토사를 부피 기준으로 1(50%) : 1(50%)로 혼합한 경우 이러한 상태의 물질이 폐기물인지 여부가 문제될 수 있습니다.

살피건대, 폐기물관리법 제13조 제1항 단서에 따르면 '중간가공 폐기물'이란 같은 법 제13조의2의 폐기물의 재활용 용도 또는 방법에 따라 재활용을 하기 쉬운 상태로 만든 폐기물을 말하는 바, 점토점결 폐주물사와 일반토사를 부피 기준으로 1(50%) : 1(50%)로 혼합하는 과정은 폐기물인 점토점결 폐주물사를 건축·토목공사의 성토재 등으로 최종적으로 재활용을 하기 위한 중간과정에 불과하고, 건축·토목공사의 성토재 등으로 이용되는 것이 곧 최종적으로 재활용되는 것이므로, 이와 같이 혼합하여 만든 물질은 폐기물관리법 제13조의2 제2항, 같은 법 시행규칙 제14조의3 제2항 및 [별표 5의2] 제2호 다목3) 본문에 따라 재활용을 하기 쉬운 상태로 만든 폐기물인 중간가공 폐기물에 해당한다고 할 것입니다.

또한, 폐기물관리법 시행령 제7조 제1항 제4호에 따르면 폐기물관리법 제13조 제1항 단서에 따른 중간가공 폐기물은 새로 폐기물이 발생한 것으로 보아, 같은 법 제17조 제2항에 따른 신고 또는 같은 조 제3항에 따른 확인을 받고, 해당 폐기물의 처리방법에 따라 적정하게 처리하여야 한다고 규정하고 있는 바, 중간가공을 하였다고 하여 폐기물 상태를 벗어나는 것이 아님을 명시하고 있는 점에 비추어 볼 때, 점토점결 폐주물사와 일반토사를 부피 기준으로 1(50%) : 1(50%)로 혼합한 경우에도 여전히 폐기물관리법 제2조 제1호에 따른 '폐기물'에 해당한다고 할 것입니다.

한편, 폐기물처리 신고를 하고 폐기물을 재활용할 수 있는 자를 규정한 폐기물관리법 제46조 제1항 제1호, 같은 법 시행규칙 제66조 제2항 및 [별표 16] 제2호에 따르면 "별표 5의2 제2호 가목의 폐기물을 같은 호 나목 및 다목의 용도와 방법에 따라 재활용을 하기 쉬운 상태로 만든 중간가공 폐기물을 건축·토목공사의 성토재·보조기층재·도로기층재와 매립시설의 복토용 등으로 이용하는 자"로 되어 있는 바, 문언상 점토점결 폐주물사를 건축·토목공사의 성토재 등으로 이용하기 위하여 일반토사류나 건설폐재류를 재활용한 토사류를 부피기준으로 혼합한 것을 재활용을 하기 쉬운 중간가공 폐기물로 본 것이라 할 수 있습니다. 따라서 점토점결 폐주물사와 일반토사를 부피 기준으로 1(50%) : 1(50%)로 혼합한 경우 이러한 상태의 물질은 폐기물로 보아야 할 것입니다.

◦ **관계법령**: 폐기물관리법 시행규칙 [별표 5], 제14조의3

1-1-3 국방부 : 폐기물관리법 제2조 제1호 등(탄약을 폐기하려는 경우 폐기물관리법의 적용 여부 관련)[안건번호 08-0382, 회신일자 2008-12-24]

1. 질의요지

「군수품관리법」 제2조·제3조 및 같은 법 시행령 제1조의2 제1항 제3호에 따른 군수품인 탄약을 「군수품관리법」 제13조 제3항 또는 「방위사업법」 제53조에 따라 폐기하려는 경우, 폐기물관리법 제2조·제8조 및 제13조 등이 적용되는지?

2. 회 답

「군수품관리법」 제2조 · 제3조 및 같은 법 시행령 제1조의2 제1항 제3호에 따른 군수품인 탄약을 「군수품관리법」 제13조 제3항 또는 「방위사업법」 제53조에 따라 폐기하려는 경우, 폐기물관리법 제2조 · 제8조 및 제13조 등이 적용됩니다.

3. 이 유

폐기물관리법 제2조 제1호에서는 '폐기물'이란 쓰레기, 연소재(燃燒滓), 오니(汚泥), 폐유(廢油), 폐산(廢酸), 폐알칼리 및 동물의 사체(死體) 등으로서 사람의 생활이나 사업활동에 필요하지 아니하게 된 물질을 말한다고 규정하고 있고, 같은 법 제3조 제1항에서는 이 법은 1. 「원자력법」에 따른 방사성 물질과 이로 인하여 오염된 물질, 2. 용기에 들어 있지 아니한 기체상태의 물질, 3. 「수질 및 수생태계보전에 관한 법률」에 따른 수질오염 방지시설에 유입되거나 공공수역(水域)으로 배출되는 폐수, 4. 「하수도법」에 따른 오수 · 분뇨 및 「가축분뇨의 관리 및 이용에 관한 법률」에 따른 가축분뇨, 5. 「하수도법」에 따른 하수, 6. 「가축전염병예방법」 제22조 제2항, 제23조, 제33조 및 제44조가 적용되는 가축의 사체, 오염물건, 수입금지물건 및 검역 불합격품 중 어느 하나에 해당하는 물질에 대하여는 적용하지 아니한다고 규정하고 있습니다.

그리고 폐기물관리법 제8조 제1항에서는 누구든지 특별자치도지사, 시장 · 군수 · 구청장이나 공원 · 도로 등 시설의 관리자가 폐기물의 수집을 위하여 마련한 장소나 설비 외의 장소에 폐기물을 버려서는 아니된다고 규정하고 있고, 같은 조 제2항에서는 누구든지 폐기물관리법에 따라 허가 또는 승인을 받거나 신고한 폐기물처리시설이 아닌 곳에서 폐기물을 매립하거나 소각하여서는 아니된다고 규정하고 있으며, 같은 법 제13조에서는 누구든지 폐기물을 수집 · 운반 · 보관 · 처리하려는 자는 대통령령으로 정하는 기준과 방법을 따라야 한다고 규정하고 있습니다.

한편, 「군수품관리법」 제13조 제1항에서는 국방관서의 장과 각 군참모총장은 사용의 필요성이 없어진 군수품(이하 '불요품' 또는 '잉여품'이라 함) 또는 국방관서나 각 군의 예측할 수 있는 장래의 수요를 초과하는 재고가 있는 군수품(이하 '초과품'이라 함) 중 관리전환에 의하여 적절한 처분을 할 수 없는 군수품이 있을 때 또는 사용할 수 없거나 수리의 가치가 없는 군수품(이하 '사용불능품'이라 함)이 있을 때에는 그 군수품에 대하여 불요품(잉여품) · 초과품 또는 사용불능품등의 결정(이하 '불용의 결정'이라 함)을 할 수 있다고 규정하고 있고, 같은 조 제3항에서는 국방관서의 장, 각 군참모총장 또는 물품관리관은 제1항에 따라 불용의 결정을 한 군수품 중 매각하는 것이 국가에 불리하거나 부적당하다고 인정되거나 또는 매각할 수 없는 군수품이 있을 때에는 이를 폐기할 수 있다고 규정하고 있으며, 같은 법 시행령 제25조에서는 국방관서의 장, 각 군 참모총장 또는 물품관리관은 같은 법 제13조 제1항에 따라 불용의 결정을 하거나 같은 법 제13조 제3항에 따라 폐기처분을 할 때에는 국방부장관이 정하는 기준에 의하여야 한다고 규정하고 있습니다.

위 규정들을 종합해 볼 때, 군수품인 탄약을 폐기함에 있어「군수품관리법 시행령」제25조에 따라 국방부장관이 정하는 기준에 의하기만 하면 되는지, 아니면 폐기물관리법에서 정하고 있는 기준 및 절차 등도 준수해야 하는 여부가 문제된다 할 것입니다.

우선, 이 사안의 폐기되는 탄약(이하 '폐탄약'이라 함)이 폐기물관리법 제2조 제1호에서 정의하고 있는 폐기물에 해당되는지에 대해 살펴보면, '폐기물'이란 쓰레기, 연소재, 오니, 폐유, 폐산, 폐알칼리 및 동물의 사체 등으로서 사람의 생활이나 사업활동에 필요하지 아니하게 된 물질이고, 폐탄약은「군수품관리법」에 따라 불용의 결정이 된 것으로서 군이 그 사업활동을 함에 있어 필요하지 아니하게 된 물질이라 할 것이어서 폐기물관리법 제2조 제1호의 폐기물에 해당한다고 할 것입니다(청주지방법원 2006.6.8. 선고 2005구합1049판결).

폐탄약이 폐기물관리법 제2조 제1호의 폐기물에 해당한다 하더라도 폐기물관리법이 군수품을 폐기하는 경우에 폐기물관리법의 적용을 배제하고 있거나,「군수품관리법」이 폐기물관리법의 특별법 지위에 있어 군수품을 폐기함에 있어서는「군수품관리법」이 배타적으로 적용된다면, 폐탄약에 대해서는 폐기물관리법의 적용이 없다 할 것입니다.

그런데, 폐기물관리법 제3조에서는 1.「원자력법」에 따른 방사성물질과 이로 인하여 오염된 물질, 2. 용기에 들어 있지 아니한 기체상태의 물질, 3.「수질 및 수생태계보전에 관한 법률」에 따른 수질오염 방지시설에 유입되거나 공공수역(水域)으로 배출되는 폐수, 4.「하수도법」에 따른 오수·분뇨 및「가축분뇨의 관리 및 이용에 관한 법률」에 따른 가축분뇨, 5.「하수도법」에 따른 하수, 6.「가축전염병예방법」 제22조 제2항, 제23조, 제33조 및 제44조가 적용되는 가축의 사체, 오염물건, 수입금지물건 및 검역 불합격품 중 어느 하나에 해당하는 물질에 대하여는 적용하지 아니한다고 규정하여 폐기물관리법의 적용이 배제되는 물질을 열거하고 있는 바, 폐탄약에 대해서는 폐기물관리법의 적용이 배제된다고 규정하고 있지 않습니다.

그리고, 폐기물관리법과「군수품관리법」의 입법목적이 각각 환경보전과 국민생활의 질적 향상(폐기물관리법 제1조)과 군수품의 효율적이며 적정한 관리(「군수품관리법」 제1조)로 다르다는 점, 그 규율대상의 성격 역시 폐기물(그 용도와 상관없이 효용을 다한 물질)과 군수품(군용품으로서의 효용을 가지고 있는 물질)으로 다르다는 점 등을 고려해 볼 때, 두 법률의 관계를 「물품관리법」과 「군수품관리법」의 관계와 같이 일반법과 특별법의 관계로 볼 수 없다고 할 것인 바, 입법목적 등을 달리하는 법률들이 일정한 행위에 관한 요건을 각기 정하고 있는 경우 어느 법률이 다른 법률에 우선하여 배타적으로 적용된다고 풀이되지 아니하는 한 그 행위에 관하여 각 법률의 규정이 적용된다고 할 것입니다(대법원 1998.3.27. 선고 96누19772판결).

더욱이 「물품관리법」 제35조 제2항에서는 각 중앙관서의 장 또는 물품관리관은 제1항에 따라 불용의 결정을 한 물품(이하 '불용품'이라 함) 중 매각하는 것이 국가에 불리하거나 부적당하다고 인정되는 때 또는 매각할 수 없는 물품이 있을 때에는 이를 폐기할 수 있다고 규정하고 있고, 「물품관리법 시행령」 제39조 제1항에서는 각 중앙관서의 장 또는 물품관리관은 같은 법 제35조 제1항 및 제2항에 따라 그 소관에 속하는 물품에 대하여 불용의 결정을 하거나 폐기처분을 할 때에는 기획재정부령이 정하는 기준에 의하여야 한다고 규정하여, 「군수품관리법」 제13조 제3항 및 「군수품관리법 시행령」 제25조와 같은 형식과 체계로 유사한 내용을 규정하고 있는 바, 위 물품관리법령 규정들이 「물품관리법」상 물품을 폐기하는 경우에 폐기물관리법의 적용을 배제하기 위하여 규정된 것이라고 해석할 여지는 없다 할 것입니다. 그러므로 「물품관리법」과 폐기물관리법의 적용관계와 마찬가지로 군수품의 폐기에 있어서도 「군수품관리법」 외에 폐기물관리법도 적용된다고 할 것입니다.

한편, 「군수품관리법 시행령」 제25조에서는 국방관서의 장, 각 군참모총장 또는 물품관리관은 같은 법 제13조 제1항에 따라 불용의 결정을 하거나 같은 법 제13조 제3항에 따라 폐기처분을 할 때에는 국방부장관이 정하는 기준에 의하여야 한다고 규정하고 있는 바, 위 규정은 탄약을 폐기함에 있어 그 위험성 제거 등에 대한 일정한 기준을 정하여 추가적으로 규율할 필요가 있다는 의미이지 다른 법령의 적용을 배제하여 별도로 규율한다는 의미는 아니라고 할 것입니다.

그리고 「방위사업법」 제53조 제1항에서는 군용총포 · 도검 · 화약류 등에 대하여는 다른 법령의 규정에 불구하고 대통령령이 정하는 바에 따라 방위사업청장이 그 제조 · 수입 · 수출 · 양도 · 양수 · 소지 · 사용 · 저장 · 운반 및 폐기 등에 관한 허가와 감독을 행하며, 이에 필요한 명령을 발하거나 조치를 한다고 규정하고 하고 있고, 같은 조 제2항에서는 군용총포 · 도검 · 화약류 등에 대하여 같은 조 제1항에 규정된 사항을 제외하고는 「총포 · 도검 · 화약류 등 단속법」의 규정을 준용한다고 규정하고 있는 바, 「방위사업법」 제53조 제1항의 다른 법령이라 함은 총포 · 도검 · 화약류 등의 단속 등에 관한 법령이라 할 것입니다.

「방위사업법 시행령」 제66조 제1항에서는 방위사업청장은 방산업체 또는 전문연구기관이 군용총포 · 도검 · 화약류 등의 제조 및 관리 등을 함에 있어 납품계약의 이행과 보안 및 안전상 필요하다고 인정되는 때에는 군용총포 · 도검 · 화약루 및 관계시설에 대한 검사와 이에 수반되는 운반 등 그 밖의 조치를 방산업체 또는 전문연구기관에 파견된 감독관 그 밖의 관계공무원으로 하여금 행하게 하거나, 같은 조 제2항에서는 국방부장관이 지정하는 군부대의 장 또는 기관의 장에게 위탁하여 행하게 할 수 있다고 규정하고 있으며, 군용총포 · 도검 · 화약류 등의 제조허가에 관한 사항 및 안전관리기준 등에 관하여 필요한 사항은 국방부령으로 정한다고 규정하고 있는 바, 위 규정에서 화약류 등에 대한 방위사업청장의 권한은 보안 및 안전 등과 관련된 분야라 할 것이고, 그 폐기에 따른 폐기물의 관리 및 처리에 있어서 폐기물관리법의 적용이 일체 없이 방위사업법령에 따라 배타적 권한을 행사한다는 의미는 아니라고 할 것입니다. 다시 말하면, 입법목적 등을 달리하는 법령들이 일정한 행위에 관한 요건을 각기 정하고 있는 경우 어느 법령이 다른 법령에 우선하여 배타적으로 적용된다고 풀이되지 아니하는 한 그 행위에 관하여 각 법령의 규정이 적용된다고 할 것입니다(대법원 1998.3.27. 선고 96누19772판결).

따라서 「군수품관리법」 제2조 · 제3조 및 같은 법 시행령 제1조의2 제1항 제3호에 따른 군수품인 탄약을 「군수품관리법」 제13조 제3항 또는 「방위사업법」 제53조에 따라 폐기하려는 경우, 폐기물관리법 제2조 · 제8조 및 제13조 등이 적용됩니다.

註) 위 법령해석은 더 이상 유효하지 않다. 위 법령해석 이후 폐기물관리법이 개정되어 군수품관리법 제13조의2에 따라 폐기되는 탄약에 대해서는 폐기물관리법의 적용을 배제하였기 때문이다.

1-2 질의/응답 사례(환경부) : 폐기물의 정의 및 분류

1. 폐기물의 정의

1-2-1 유기성 오니와 무기성 오니의 구분 기준(2009-03-06)

[질의] 유기성 오니와 무기성 오니를 구분하는 기준은?

[회신] 오니의 구분은 고형물 중 유기성물질의 함량이 40퍼센트 이상인 것은 유기성오니로 분류하고, 40퍼센트 미만인 것은 무기성오니로 분류합니다.

1-2-2 '유기성폐기물'의 의미(2009-07-03)

[질의] '유기성폐기물'의 의미가 무엇인지?

[회신] 유기성폐기물이란 음식물폐기물, 유기성 오니(폐수처리오니, 공정오니, 정수처리오니, 하수처리오니, 분뇨·가축분뇨처리 오니) 등이 해당되며, 「비료관리법」 및 「사료관리법」에 따라 퇴비·사료의 원료로 사용이 가능한 유기성폐기물을 의미합니다.

1-2-3 '가연성고형폐기물'의 의미(2009-07-24)

[질의] '가연성고형폐기물'의 범위는?

[회신] 폐기물관리법 제46조 및 동법 시행규칙 제66조의3항에 따른 가연성고형폐기물이라 함은 사업장폐기물로서 제지슬러지처럼 불에 잘 타서 에너지 회수가 가능한 고상의 폐기물을 총칭하는 것입니다.

1-2-4 매립시설 복토용 토사의 자연토사 해당 여부(2008-03-28)

[질의] 매립장 내로 반입되어 복토용으로 사용되지 않고 적치되었던 토사 중 폐기물과 혼합되지 않은 상층부 토사 일부를 매립장 외부(사업부지내)로 반출하는 것이 가능한지?

[회신] 폐기물 매립시설의 일일 및 중간복토용으로 사용하기 위해 폐기물 매립시설로 반입

하여 보관하고 있는 자연상태의 토사가 폐기물과 혼합되지 않은 경우라면 폐기물에 해당되지 않으므로 다시 반출할 수 있을 것입니다.

1-2-5 골프장 그린 및 티 개·보수 후 배출되는 모래의 폐기물 종류(2008-05-23)

[질의] 골프장 그린 및 티 개·보수 작업 후 배출되는 모래의 경우 사업장폐기물에 해당되는지?

[회신] 골프장 내 노후된 그린 보수시 발생되는 모래가 자연상태의 모래인 경우 폐기물이 아니나, 이물질 등이 혼합된 오염된 모래인 경우 폐기물에 해당됩니다.

1-2-6 모래여과기에 쌓인 모래의 폐기물 해당 여부(2008-07-01)

[질의] 생물처리 후 방류수를 모래여과기를 거쳐 처리하고 있는 하수처리시설 중 모래여과기에서 내부에 차있는 모래가 폐기물에 해당하는지?

[회신] 여과기 내부의 모래를 교체한다는 것은 오염물질이 모래 내부에 함유되어, 여과기의 기능을 발휘하지 못하거나 효율이 떨어져 하수처리에 필요하지 아니하게 된 것으로 폐기물에 해당됩니다.

1-2-7 고로슬러지와 더스터 배합시 폐기물 해당 여부(2009-01-21)

[질의] 고로슬러지(고상)와 더스터(고상)를 배합하여 제품화할 경우에도 폐기물에 해당하는지 여부 및 올바로시스템 입력대상인지 여부?

[회신] 폐기물 중간처리업체에서 중간처리한 것이라 하더라도 슬러지, 더스트 등은 폐기물로 보아야 할 것이므로, 폐기물관리법 시행규칙 제20조에 정하고 있는 폐기물에 해당될 경우에는 올바로시스템에 입력하여야 합니다. 또한, 대기배출시설에 해당될 경우에는 대기배출시설 및 방지시설 운영기록부를 작성하고, 폐기물 중간처리시설 관리대장, 폐기물 수탁재활용 관리대장 등을 기록, 보관하여야 합니다.

1-2-8 단미사료 제조물(옥수수 배아박)의 폐기물 해당 여부(2008-07-07)

[질의] 옥수수의 씨눈을 제조·가공하여 식용유 및 단미사료(배아박)의 제조 및 판매를 영위하고 있는데, 식용유지 제조과정상 발생하는 식용유의 제조부산물인 단미사료(배아박)가 폐기물에 해당하는지 여부?

[회신] 식용유 및 단미사료 제조업등록업체에서 식용유 제조공정의 부산물로 단미사료가

생산된다면, 단미사료는 폐기물에 해당되지 않습니다.

註) 단미사료를 제조할 경우 사료제조업 등록을 하는 등 「사료관리법」에 따른 요건을 충족하여야 한다.

1-2-9 누출된 유류의 폐기물 해당 여부(2009-02-05)

[질의] 송유관로에서 누출된 기름을 회수하여 사업장에서 제품으로 재사용이 가능한지 여부?

[회신] 누출된 경유 등이 유수분리시설 등의 처리과정을 거치지 아니하고 당초 용도와 같이 사용할 수 있을 경우에는 제품으로 볼 수 있으나, 누출된 경유 등에 이물질이 함유되어 유수분리시설 등의 처리과정을 거쳐야 당초 용도와 같이 사용할 수 있을 경우에는 해당 물질이 제품으로서의 기능을 상실한 것으로 볼 수 있으므로 폐기물로 관리하여야 할 것입니다.

1-2-10 갯벌 퇴적물의 폐기물 해당 여부(2009-02-20)

[질의] 펌프를 통한 해수의 흡입·이송 과정에서 해수 유입시 조수간만의 차로 갯벌 퇴적물이 발생하였는데, 이 퇴적물을 준설할 시 폐기물이 아닌 일반토사로 보아도 되는지 여부?

[회신] 오염물질을 제거하기 위한 사업이 아닌 단순히 해수 이동에 의하여 발생한 토사를 준설한 경우에는 폐기물이 아닌 토양으로 보아야 할 것입니다.

1-2-11 공정부산물 MA의 사업장폐기물 해당 여부(2009-03-20)

[질의] 사업장 공정부산물인 MA(Methyl Acetate)를 인근 사업장의 제조공정 원료로 사용하고자 사업자등록증에 제품으로 등록한 경우 제품으로 볼 수 있는지?

[회신] 공정부산물인 MA를 타 회사의 제품원료로 사용하기 위하여 귀 사에서 아세트산메틸 제조공정을 등록하고 공장등록증 또는 사업자등록증에 제품으로 등재하였을 경우, 폐기물관리법 제2조의 폐기물에 해당되지 않을 것으로 판단됩니다.

1-2-12 사업자등록증에 제품으로 등록된 제품이 폐기물 배출자 신고대상인지 여부(2009-01-13)

[질의] 사업자등록증에 제품으로 기재되어 있고 제조된 그대로 다른 업체 원료로 판매되는 경우 폐기물 배출자 신고대상에 해당되는지 여부?

[회신] 사업자등록증에 제품으로 기재되어 있고, 해당 물질 발생과정이 생산공정으로 볼 수 있고 해당 물질의 시장성이 장기적으로 안정화되어 있어 폐기물로 방치될 가능성이 없을 경우에는 폐기물이 아닌 제품으로 볼 수 있습니다.

1-2-13 도산사업장 장기 방치제품의 폐기물 해당 여부(2009-04-06)

[질의] 도산한 사업장에서 제품을 4년 이상 차광막으로 덮어 야적 보관 및 방치하고 있는 경우 폐기물에 해당하는지 여부?

[회신] 폐기물관리법 시행규칙 [별표 16] "폐기물의 재활용용도 및 방법"에 따라 재활용이 완료되지 않은 물질은 폐기물의 성질을 가지고 있으므로, 야적 보관 중인 것은 폐기물에 해당됩니다.

1-2-14 폐타이어 파쇄칩의 폐기물 해당 여부(2009-04-15)

[질의] 폐타이어를 단순 파쇄하여 연료로 공급하는 경우 그 생산품(칩)은 폐기물로 보아야 하는지 여부?

[회신] 폐타이어, 폐합성수지를 파쇄한 것은 폐기물에 해당되며, 폐기물을 파쇄처리하는 업은 기계적 처리 전문 중간처리업에 해당됩니다.

註) 폐타이어 등 고무제품은 재생고무·고무바닥재 등의 고무제품을 제조하거나 활성탄 또는 고무제품의 제조원료[일정한 규격의 용기 또는 상자(벌크백을 포함)에 넣거나 포장하여야 한다]로 가공하는 경우 재활용이 가능하다(폐기물관리법 시행규칙 [별표 5의2] 제11호).

1-2-15 폐유리의 폐기물 해당 여부(2009-04-16)

[질의] 폐유리를 재활용하여 생산한 유리제품의 폐기물 해당 여부?

[회신] 가. 폐기물관리법 시행령 제7조 제1항 제4호의 규정에 의하면 폐기물을 중간처리 후 발생되는 물질(또는 것)은 폐기물로 보고 있습니다.

나. 반면 폐기물관리법 시행규칙 제66조 제3항 [별표 16] 제9호의 규정에 따라 폐기물관리법에 의한 폐기물 재활용 신고자가 폐유리를 재활용하여 생산한 유리제품이나 건축·토목자재의 원료(일정한 규격의 용기 또는 상자에 넣거나 포장하여야 한다)로 가공한 경우 일반 화물차량으로 운반이 가능합니다.

註) 폐기물관리법 시행규칙 [별표 5의2] 제9호의 규정에 따라 폐유리를 재활용할 경우 폐기물 속성이 종료된다.

1-2-16 제품공정에서 발생한 부산물의 폐기물 해당 여부(2009-05-12)

[질의] 제품공정에서 부산물로 발생한 것을 사업장 내부에 격화된 박스로 포장을 실시하여 외부로 수출을 한다면, 이를 폐기물 수출로 보아야 하는지?

[회신] 가. "당해 사업장에 필요하지 아니하게 된 물질이 원료로 공급되는 경우 폐기물에 해당하는지 여부"에 대한 대법원 판례를 참고하시기 바랍니다.

나. "환경에 중대한 영향을 미칠 우려가 있는 폐기물의 배출을 엄격히 규제하여 환경보전과 국민생활의 질적 향상을 도모하려는 폐기물관리법 취지에 비추어 보면 사업장에서 배출되는 물질이 당해 사업장의 사업활동에 필요하지 아니하게 된 이상은 폐기물에 해당한다고 보아야 하며, 당해 사업장에서 폐기된 물질이 재활용 원료로 공급된다고 해서 폐기물로서 성질을 상실한다고 볼 수 없다."

註) 위 부산물의 제조공정을 등록하고 공장등록증 또는 사업자등록증에 제품으로 등재하였을 경우에는 폐기물이 아니라 생산제품이 될 것이다.

1-2-17 폐연마휠(연마석) 재사용시 폐기물 해당 여부(2009-05-18)

[질의] A회사에서 사용을 다한 연마휠을 그 용도 그대로 B회사에서 사용할 경우 폐기물에 해당되는지 여부?

[회신] 연마휠을 당초 제품의 용도로 사용할 경우에는 폐기물에 해당되지 않습니다.

註) 폐기물의 정의를 엄격히 적용하면, A회사의 사업활동에 필요하지 아니하게 된 연마휠은 폐기물로 볼 여지가 있다.

1-2-18 석회석 원석 세척 후 발생되는 석회석 미립자의 폐기물 해당 여부(2009-05-20)

[질의] 석회제품 제조업자가 석회석 원석 세척 후 발생되는 석회석 미립자를 폐기물이 아닌 제품으로 공급이 가능한지 여부?

[회신] 석회석 미립자는 생석회를 생산하는 공정에서 발생하는 것으로서 생산품이라기보다는 부수적으로 발생하는 것으로 오염물질이 함유되어 있을 것으로 판단되며, 해당 사업장에서 필요하지 아니하게 된 물질이므로 폐기물로 보아야 할 것입니다.

1-2-19 중간처리 후 제품의 폐기물 해당 여부(2009-06-02)

[질의] 폐기물 중간처리업(기타 재활용전문) 허가를 받고, 비철금속을 함유한 광재·분진·오니 등, 그리고 철 성분을 함유한 분진·광재·오니·주물사 등을 기계적 처리시설(파쇄기, 분쇄기, 선별기 등)로 처리하여 합금철 원료 및 철강제조 부원료 등으로 납품하고자 하는 경우, 납품하는 제품이 폐기물에 해당하는지 여부?

[회신] 가. 폐기물관리법 시행령 제7조 제1항 제4호의 규정에 의하면 중간처리 후 발생하는 폐기물은 새로 폐기물이 발생하는 것으로 보고 있으며, 기계적 처리시설에서 중간처리한 후 새로 발생되는 폐기물 중 그 성질과 상태가 중간처리하기 전의 폐기물과 동일한 폐기물은 중간처리하기 전의 폐기물로 보아 해당 폐기물의 처리방법과 기준에 따라 처리하여야 합니다.

나. 따라서 기계적 처리시설에서 중간처리 된 분진, 오니, 주물사 등은 폐기물로 관리되어야 하며, 폐기물재활용 신고자에게 위탁처리할 수 있습니다.

註) 폐기물관리법 시행규칙 [별표 5의2] 제6호에 의하면, 오니·분진을 가공하여 원료로 제공하거나 분진·광재를 용융·추출 등의 방법으로 금속을 회수하는 재활용이 가능하므로, 이렇게 재활용된 제품은 폐기물에 해당되지 않는다. 다만, 오니·분진을 가공하여 원료로 제공하는 경우에는 원래의 오니·분진 배출자에게 전량을 원료로 제공하여야 하고, 분진·광재를 용융·추출 등의 방법으로 금속을 회수하는 경우 회수된 금속은 덩어리·알갱이 등 고체의 형태로 가공하여야 한다.

1-2-20 파쇄된 우드칩의 폐기물 해당 여부(2009-08-04)

[질의] 임목폐기물 1차 파쇄된 우드칩은 폐기물인지 아니면 재활용제품에 해당하는지 여부?

[회신] 가. 중간처리된 임목폐기물은 톱밥 제조 또는 축사·제초·퇴비용 원료로 이용하는 폐기물 재활용 신고자에게 위탁처리가 가능합니다.

나. 폐기물관리법 시행규칙 [별표 16] 제12호, 폐목재의 분류 및 재활용 기준(환경부 고시 제2008-147호, 2008.10.21)에 따라 톱밥·성형탄 등의 제조 및 제초·축사·퇴비용 원료로 사용되어야 재활용이 완료되므로, 재활용이 완료될 때까지는 폐기물로 관리되어야 합니다.

1-2-21 야자껍질의 폐기물 해당 여부(2009-08-31)

[질의] 야자껍질의 폐기물 해당 여부 및 고형연료제품 해당 여부?

[회신] 가. 야자껍질은 폐기물관리법 시행규칙 제2조의2 및 [별표 4]에 따라 폐기물(식물성 잔재물)에 해당되어 폐기물관리법 제24조의2에 따른 수출입 신고대상 폐기물(환경부고시 제2008-105호)에 해당됩니다.

나. 야자껍질은「자원의 절약과 재활용촉진에 관한 법률」제25조의2 및 동법 시행규칙 제20조의3에 따라 고형연료제품에 해당되지 아니함을 알려드립니다.

1-2-22 닭 내장의 폐기물 해당 여부(2009-09-07)

[질의] 닭 도축과정에서 발생되는 닭 내장이 폐기물에 해당하는지 여부?

[회신] 닭 도축과정에서 발생되는 닭 내장 등이 공장등록증이나 사업자등록증에 제품으로 등록되어 식용으로 판매하거나 가공되는 경우에는 폐기물에 해당되지 않으나, 이를 동물의 먹이 등으로 사용할 경우에는 폐기물에 해당되므로 폐기물관리법에 따라 적정 수집·운반·보관·처리하여야 합니다.

1-2-23 중간처리된 폐합성수지류의 폐기물 해당 여부(2009-09-11)

[질의] 절단 및 세척 등의 중간처리를 거쳐 생산된 폐합성수지류(폐필름)가 폐기물에 해당하는지 여부?

[회신] 폐기물관리법 시행령 제7조 제1항 제4호의 규정에 따라 중간처리 후 발생하는 폐기물은 새로 발생하는 폐기물로 보도록 규정하고 있습니다. 따라서 중간처리된 폐합성수지류(폐필름)도 폐기물로 관리되어야 합니다.

註) 폐플라스틱을 재생원료로 가공하거나 플라스틱 성형제품으로 제조하면 폐기물 속성이 종료된다(폐기물관리법 시행규칙 [별표 5의2] 제8호).

2. 폐기물의 분류

1-2-24 공공수역에서 수거한 폐초목류의 폐기물 종류(2008-01-07)

[질의] 댐·호소·하천 등 공공수역에서 수거한 폐초목류의 폐기물 종류는 무엇인지?

[회신] 댐·호소·하천 등 공공수역에서 수거한 폐초목류는 폐기물관리법 제2조 제1호의 규정에 의한 폐기물로서 생활폐기물에 해당됩니다. 폐기물의 종류는 폐목재(초목류)로 해당 시·군·구의 조례가 정하는 바에 따라 처리하여야 합니다.

註) 수거작업으로 5톤(작업을 시작할 때부터 마칠 때까지 발생하는 폐기물의 양) 이상 폐초목류를 배출한다면 사업장폐기물이다(시행령 제2조 제9호).

1-2-25 알루미늄 슬러지의 폐기물 종류(2008-05-21)

[질의] 알루미늄을 녹인 용탕을 만들 때 슬러지가 발생하는데, 슬러지 성분이 알루미늄인 경우 폐기물 종류는?

[회신] 알루미늄을 녹인 로에서 발생되는 부산물(슬러지)은 사업장폐기물로서 광재에 해당합니다.

註) 슬러지 발생이 배출시설에서 나오는 것이 아니라면, 1일평균 300킬로그램 이상 슬러지를 배출하는 사업장이라야 사업장폐기물이 될 것이다.

1-2-26 폐효모의 폐기물 종류(2008-09-02)

[질의] 맥주공정상 폐효모(함수율 96%)가 발생되는데 폐수로 분류가 가능한지?

[회신] 맥주 제조공정에서 발생하는 폐효모는 폐기물관리법에 의한 공정오니, 「해양환경관리법」에 의한 폐수로 분류하여도 무방합니다.

1-2-27 재활용공정을 거친 폐유리의 제품 가능성(2008-09-19)

[질의] 폐유리를 재활용처리공정을 거쳐 생산된 원료를 판매하고 있다면 제품으로 보아도 되는지 여부?

[회신] 폐유리를 폐기물관리법 제46조 제1항 제6호 및 동법 시행규칙 제66조 제3항에 따른 재활용 신고시의 재활용처리공정대로 파쇄·분해하여 유리제품이나 건축토목자재의 원료(일정한 규격의 용기 또는 상자에 넣거나 포장하여야 한다)로 가공하는 경우에는 제품으로 판매가 가능합니다.

1-2-28 EMC의 폐기물 종류(2008-09-21)

[질의] 반도체 외관을 마무리하는 EMC(Epoxy Mold Compound) 성형 공정에서 자투리가 발생하는데, 자투리 EMC는 무기성오니로 처리가 가능한지 여부?

[회신] EMC 자투리는 합성수지 성분을 함유하고 있을 것으로 판단되므로 해당 폐기물은 폐합성수지로 분류하는 것이 바람직할 것입니다.

1-2-29 사출공정에서 발생한 스크랩의 폐기물 종류(2008-09-26)

[질의] 사출공정 중 발생한 스크랩(미성형 등으로 인한 사출 불량품과 게이트)은 형태의 변화만 있을 뿐 원료와 동일한 물성을 가지므로 공장내 분쇄기를 이용하여 전량 분쇄 후 원료로서 재투입됩니다. 외부 반출이 없는 공정내 100% 재사용되는 이러한 스크랩이 폐기물에 해당하는지?

[회신] 사출공정에서 발생한 스크랩(사출 불량품 등)을 분쇄하여 원료로 사용하는 경우에는 스크랩을 폐기물로 분류하여야 할 것입니다.

註) 폐기물은 사업활동에 필요하지 아니하게 된 물질인 바, 사출공정에서 발생한 스크랩이라 하더라도 외부반출 없이 100% 공정내 재사용한다면 그 스크랩을 폐기물로 보기는 어려울 것이다.

1-2-30 고철과 폐합성고무가 붙어 있을 경우 폐기물 종류(2008-10-24)

[질의] 자동차의 휠과 타이어와 맞닿는 부분(일명: BEAD)을 제조하는 공정 중 Steel Wire에 고무를 입히고(Topping) 원형으로 일정하게 감은 Wire를 폐기처리할 경우, 어떤 폐기물로 보아야 하는지?

[회신] 고철과 폐합성고무가 분리되어 있지 않을 경우에는 처리기준이 엄격한 폐합성고무로 관리하여야 합니다.

1-2-31 사업장에서 발생하는 의복, 음식물류 폐기물의 사업장생활계폐기물 해당 여부 등(2009-01-06)

[질의] 사업장에서 근로자의 근무 중 발생된 포장재, 의복 등의 폐기물과 사업장내 식당에서 발생되는 잔반이 사업장생활계 폐기물에 해당하는지 여부 및 처리 방법? 상호변경에 따른 폐기물처리계획서 변경신고 여부?

[회신] 가. 근로자 작업복, 음식물류 등은 사업장생활계폐기물에 해당됩니다.

나. 사업장폐기물 배출자 신고시에는 폐기물의 종류, 성상에 따라 구분하여야 함을 알려드리며, 음식물류는 동·식물성 잔재물(51-17-00)로, 질의의 포장재는 폐합성수지류(51-03-01), 폐지(51-28-01) 등 성상에 따라 폐기물관리법 시행규칙 [별표 4]에 정하고 있는 번호로 분류하시기 바랍니다.

다. 폐기물의 종류, 처리방법 등의 변경이 없을 경우에는 상호변경 이전에 체결한 폐기물처리계약서가 유효한 것으로 볼 수 있습니다.

註) 사업장에서 배출되는 폐기물의 양이 일평균 300킬로그램 이상이어야 사업장폐기물로 분류된다.

1-2-32 열병합발전소에서 발생하는 석탄재의 폐기물 종류(2009-01-29)

[질의] 열병합발전소에서 발생하는 사업장일반폐기물인 석탄재(플라이애쉬, 바텀애쉬)의 폐기물 종류는?

[회신] 발전소에서 발생하는 석탄재로서 대기오염방지시설에서 발생하는 것은 분진으로, 그 외의 것은 연소잔재물로 분류하시면 됩니다.

1-2-33 폐밀감 사업장폐기물 해당 여부(2009-02-03)

[질의] 세무서 사업자등록에 의해 밀감철(10월~2월)에 한정하여 개인이 운영하는 선과장에서 선과작업 과정에서 발생하는 폐밀감(썩은밀감+비상품)을 폐기물관리법에서 규정하는 사업장폐기물로 볼 수 있는지 여부?

[회신] 가. 폐기물관리법 제2조 및 동법 시행령 제2조에서와 같은 사업장에서 발생하는 폐기물을 사업장폐기물로, 그 외의 폐기물을 생활폐기물로 정의하고 있습니다. 따라서 밀감이 사업장폐기물에 해당되는지 여부는 배출량에 따라 달라질 수 있습니다.

나. 폐기물관리법을 위반한 구체적인 내용에 따라 달라질 것이나, 폐기물을 투기하였을 경우에는 폐기물관리법 제8조 위반으로, 폐기물 수집·운반·보관·처리기준을 위반하였을 경우에는 폐기물관리법 제13조 위반으로, 또는 재활용 신고 미이행에 대해서는 폐기물관리법 제46조 위반으로 처벌할 수 있을 것입니다.

1-2-34 사업장내 식당에서 발생하는 폐기물의 폐기물 종류(2009-02-04)

[질의] 사업체가 사업장배출시설계로 허가를 득한 경우 사업장내 식당에서 발생하는 폐식유 등의 폐기물도 사업장배출시설계로 분류하여야 하는지 여부?

[회신] 가. 폐기물관리법 시행규칙 [별표 5] 3가1)의 규정에서 폐기물관리법 제2조 제3호에 따른 배출시설 또는 동법 시행령 제2조 제1호부터 제5호까지의 규정에 따른 시설의 운영으로 배출되는 폐기물을 사업장배출시설계폐기물로 구분하고 있으며, 사업장배출시설계폐기물 외의 폐기물 및 시행령 제2조 제7호 및 제9호에 따른 사업장에서 배출되는 폐기물을 사업장생활계폐기물로 구분하고 있는 바, 회사

식당에서 발생하는 폐기물은 사업장생활계폐기물에 해당됨을 알려드립니다.

나. 참고로, 폐기물관리법 시행규칙 제16조에서 규정한 '음식물류 폐기물 배출자'는 발생된 음식물류 폐기물을 처리하고자 할 경우 동법 시행규칙 [별표 5] 제2호에서 규정한 바를 준수하여야 할 것입니다.

1-2-35 폐전선의 폐기물 종류(2009-02-16)

[질의] 폐전선(알루미늄+고철+폐합성수지, 구리+폐합성수지)의 폐기물 종류는?

[회신] 폐전선은 폐합성수지로 분류·처리하여야 합니다.

1-2-36 폐수지필름 부착 폐가구의 폐기물 종류(2009-02-16)

[질의] 장롱, 침대, 탁자 등 폐수지필름이 부착된 폐가구류는 폐목재로 분류되는지?

[회신] 폐수지필름이 부착된 폐가규류의 경우에는 일반적으로 폐목재류로 분류됨을 알려드립니다.

1-2-37 지자체가 수거한 후 보관한 생활폐기물의 폐기물 종류(2009-02-16)

[질의] 지자체가 각 가정에서 배출되는 생활(대형)폐기물을 자체 수거하여 야적장에 보관한 후 연 초에 중간처리(소각)업체를 선정하여 일시에 처리하는 경우 당해 폐기물은 생활폐기물인지 아니면 사업장배출시설계폐기물인지?

[회신] 지방자치단체의 생활폐기물 임시보관장은 폐기물관리법 시행령 제2조에 의한 사업장에 해당되지 않는 것으로 판단됩니다.

1-2-38 폐흑연전극봉의 폐기물 종류(2009-02-17)

[질의] 제철소에서 발생되는 폐흑연전극봉을 수거하여 절단 및 가공과정을 거쳐 전극봉으로 재납품하고자 하는 경우, 폐흑연전극봉은 재활용대상 품목 중 어느 품목에 해당하는지?

[회신] 폐흑연전극봉은 폐기물관리법 시행규칙 [별표 4]의 사업장폐기물 분류번호상 해당하는 품목이 없으므로 그 밖의 폐기물(폐흑연전극봉)로 보아야 할 것입니다.

1-2-39 절삭유 6% 이상일 시 폐유인지 폐수인지 여부(2009-02-18)

[질의] 절삭가공하는 업체로서 특수강(가공된 부품) 절삭가공시 기름 성분 5% 이상인 절삭

유를 사용하고 있는데, 절삭유 5% 이상일시 폐유인지 아니면 폐수인지 여부?

[회신] 가. 「수질 및 수생태계보전에 관한 법률」에 '폐수'는 "물에 액체성 또는 고체성의 수질오염물질이 혼입되어 그대로 사용할 수 없는 물을 말한다"라고 규정하고 있으며, 폐기물관리법 제2조에 '폐기물'이라 함은 사람의 생활이나 사업 활동에 필요하지 아니하게 된 물질을 말한다고 규정하고 있으며, 또한 제3조에는 「수질 및 수생태계보전에 관한 법률」에 따른 수질오염방지시설에 유입되는 것은 폐기물관리법을 적용하지 아니한다고 규정하고 있습니다.

나. 따라서 기름 성분을 5퍼센트 이상 함유하고 있는 절삭유를 「수질 및 수생태계보전에 관한 법률」에 따른 수질오염방지시설에 유입하여야 할 경우에는 폐수로 관리하고, 그 외의 경우에는 지정폐기물로 관리하여야 할 것입니다.

1-2-40 유류탱크 내부 FRP 코팅 별도 처리시 폐기물 분류(2009-02-23)

[질의] 철제 유류탱크 폐기시 내부의 FRP 코팅을 제거한 후 고철을 처리하려고 하는데 FRP의 폐기물 종류는?

[회신] 고체상태의 폐합성고분자화합물은 사업장 일반폐기물에 해당됩니다. 따라서 FRP에 이물질이 묻어 있지 않을 경우에는 사업장 일반폐기물(폐합성고분자화합물질)로 분류, 처리하시기 바랍니다.

1-2-41 폐의약품의 폐기물 종류(2009-03-04)

[질의] 제약업체에서 발생하는 폐기물 중 유통기한이 지난 의약품과 제조과정 중 불량난 원료의 폐기물 종류?

[회신] 폐기물관리법 시행규칙 [별표 3]에 정하고 있는 "의료피기물 발생 의료기관 및 시험·검사기관"에 해당되지 않는 사업장으로서 유통기간이 지난 의약품과 원료가 지정폐기물에 해당되지 않을 경우에는 사업장일반폐기물에 해당됩니다.

1-2-42 사업장생활계 폐기물의 분류 방법(2009-03-04)

[질의] 관내에 있는 대형마트와 골프장, 육가공공장, 병원 등 사업장에서 발생되는 생활폐기물을 사업장폐기물로 간주하여 처리하여야 하는지 아니면 일반생활폐기물로 처리하여야 하는지?

[회신] 가. 사업장폐기물은 「대기환경보전법」, 「수질 및 수생태계보전에 관한 법률」, 「소

음·진동규제법」에 의한 배출시설을 설치·운영하는 사업장 또는 지정폐기물을 배출하는 사업장, 폐기물을 1일 평균 300킬로그램 이상 배출하는 사업장 등 폐기물관리법 시행령 제2조 제1호부터 제9호까지의 사업장에서 발생하는 폐기물로 폐기물관리법 제2조 제3호에 규정하고 있습니다.

나. 대형마트, 골프장, 병원 등에서 지정폐기물(의료폐기물 등), 1일 평균 300킬로그램 이상 폐기물이 발생할 것으로 예측되므로 해당 사업장에서 발생하는 폐기물은 사업장폐기물에 해당될 것으로 판단됩니다. 또한 사업장배출시설계폐기물은 「대기환경보전법」, 「수질 및 수생태계보전에 관한 법률」, 「소음·진동규제법」에 의한 배출시설, 폐기물관리법 시행령 제2조 제1호부터 제5호까지의 시설의 설치·운영으로 발생하는 폐기물을 말하고, 그 외의 폐기물을 사업장생활계폐기물로 분류합니다.

다. 사업장생활계폐기물로서 생활폐기물과 성질과 상태가 비슷한 것은 지자체 조례가 정하는 바에 따라 생활폐기물의 수집·운반·처리 기준에 따라 처리할 수 있다고 규정하고 있습니다.

1-2-43 분진의 폐기물 종류(2009-03-05)

[질의] 대기오염방지시설에서 포집된 분진의 폐기물 종류는?

[회신] 대기오염방지시설에서 포집된 분진이라도 폐기물 성분분석 결과가 폐기물관리법 시행규칙 [별표 1]의 유해물질 함유기준 이내인 경우에는 사업장 일반폐기물에 해당됩니다.

1-2-44 파라핀왁스의 폐기물 분류(2009-03-05)

[질의] 초경합금공구를 생산하는 공정 중에 제품의 산화방지를 위하여 파라핀왁스(고상)를 유기용제에 용해하여 제품에 피막사용 후 유기용제는 회수하여 공정에 재사용하고, 파라핀왁스(고상)는 회수하여 폐기물로 처리하려는 경우 파라핀왁스가 지정폐기물에 해당하는지 여부?

[회신] 파라핀왁스에 유기용제 등 폐기물관리법 시행령 [별표 1]의 지정폐기물이 함유되어 있지 않을 경우에는 사업장 일반폐기물(폐합성고분자화합물)에 해당됩니다.

1-2-45 사업장생활계 폐기물의 폐기물 분류(2009-03-17)

[질의] 사업장일반폐기물 중 사업장배출시설계폐기물 이외에 여러 가지 폐기물이 혼합된 사업장생활계폐기물을 폐기물관리법 시행규칙 [별표 4] 사업장폐기물의 분류번호에서 그 밖의 폐기물(51-99-00)로 분류해도 되는지 여부?

[회신] 폐기물의 분류는 물질의 성질과 상태에 따라 분류하여야 합니다. 따라서 사업장생활계폐기물에 해당된다 하여 일률적으로 그 밖의 폐기물로 분류할 수 없습니다.

1-2-46 사업장에서 불용전산비품의 폐기물 종류(2009-03-24)

[질의] 일반사업장(회사)에서 불용전산비품(컴퓨터, 모니터, 프린터, 기타 주변기기 및 전산장비)을 처리 또는 매각할 때 사업장폐기물로 보아야 하는지 여부?

[회신] 사업장에서 불용처리한 전산비품은 사업장폐기물에 해당됩니다.

> 註) 불용처리한 전산비품을 일평균 300킬로그램 이상 배출할 때 사업장폐기물로 분류한다.

1-2-47 폐내화벽돌의 폐기물 종류(2009-03-28)

[질의] 내화벽돌 제조업체에서 발생되는 내화벽돌 폐기물의 폐기물 종류는?

[회신] 가. '건설폐기물'이라 함은 「건설산업기본법」 제2조 제4호에 해당하는 건설공사로 인하여 공사를 착공하는 때부터 완료한 때까지 건설현장에서 발생되는 5톤 이상의 폐기물로서 대통령이 정하는 것을 말합니다.

나. 따라서 제조 및 생산공정에서 발생한 폐내화벽들은 건설폐기물이 아닌 사업장폐기물에 해당됩니다.

> 註) 일평균 300킬로그램 이상 배출되어야 할 것이다.

1-2-48 종이와 부직포로 이루어진 폐기물의 폐기물 종류(2009-03-31)

[질의] 자동차 필터 재질의 폐기물 중 앞면은 종이재질 성상이고 뒷면은 부직포 재질(폐섬유에 가까움)로 이루어진 폐기물이 발생하는 경우 해당 폐기물의 종류는?

[회신] 해당 물질이 종이와 합성수지가 다 같이 포함되어 있을 경우에는 폐기물 처리기준 및 방법이 까다로운 폐합성수지로 분류하여야 합니다.

1-2-49 연구소 의무실에서 발생하는 폐기물의 폐기물 종류(2009-03-31)

[질의] 인원규모 2,500명 정도의 연구소에서 간단한 응급처치를 위해 사내 의무실을 운영하고 있는데, 여기서 나오는 탈지면, 붕대, 주사기 바늘 등의 폐기물이 매월 1kg 정도이며, 혈액분석기를 가지고 있어, 분석하고 남은 혈액도 있는 경우 폐기물의 종류는?

[회신] 가. 폐기물관리법 시행규칙 [별표 3] "의료폐기물 발생 의료기관 및 시험·검사기관"에 해당하는 기관에서 발생하였을 경우에는 의료폐기물에 해당되나, 그 외의 기관에서 발생한 폐기물은 의료폐기물에 해당되지 않습니다.

나. 연구소가 「대기환경보전법」, 「수질 및 수생태계보전에 관한 법률」, 「소음·진동규제법」에 의한 배출시설을 설치·운영하는 사업장 또는 지정폐기물을 배출하는 사업장, 폐기물을 1일 평균 300킬로그램 이상 배출하는 사업장 등 폐기물관리법 시행령 제2조 제1호부터 제9호까지의 사업장에 해당될 경우에는 사업장폐기물에 해당되며, 그 외의 경우에는 생활폐기물에 해당됩니다.

1-2-50 전자회로기판의 폐기물 종류(2009-04-03)

[질의] 전자부품회사의 생산과정에서 PCB 조각이 나오는데 폐기물의 종류는?

[회신] 유기용제 성분이 함유되어 있는 않는 전자회로기판(PCB)은 폐합성수지로 분류하시면 됩니다.

1-2-51 실험실 폐배지의 폐기물 종류(2009-04-07)

[질의] 기업 실험실에서 발생하는 미생물실험한 폐배지 및 폐시험관의 폐기물 종류는?

[회신] 가. 폐기물관리법 시행규칙 [별표 3] "의료폐기물 발생 의료기관 및 시험·검사기관"에 해당되지 않는 기관, 장소에서 발생한 폐기물은 의료폐기물에 해당되지 않습니다.

나. 폐기물관리법 시행령 [별표 1]에 정하고 있는 지정폐기물에 해당되지 않을 경우에는 사업장일반폐기물에 해당됩니다.

1-2-52 동물폐기물의 폐기물 종류(2009-04-30)

[질의] 동물폐기물의 폐기물 종류?

[회신] 폐기물관리법 제2조 제5호 규정에 의한 의료폐기물에 해당되지 않는 동물의 사체는 폐기물관리법상 생활폐기물로 분류되며, 생활폐기물은 해당 지자체에 처리책무가

있습니다.

1-2-53 사용하지 않은 방독면의 폐기물 종류(2009-05-04)

[질의] 사용하지 않은 방독면의 폐기물 종류는?

[회신] 사용하지 않은 방독면은 지정폐기물에 해당하지 않습니다. 일련의 작업으로 5톤 이상 배출하거나 1일 평균 300킬로그램 이상 배출하는 경우에는 사업장폐기물에 해당되나, 그 외의 경우에는 생활폐기물에 해당됩니다.

1-2-54 에어크리너의 폐기물 종류(2009-05-12)

[질의] 자동차 소모품인 에어크리너의 폐기물 종류는?

[회신] 폐유 등의 지정폐기물이 혼합되거나 묻어 있지 아니한 경우에는 에어크리너는 사업장일반폐기물에 해당됩니다.

1-2-55 노유자시설에서 발생하는 폐기물의 종류(2009-05-12)

[질의] 건축용도나 허가사항으로 노인복지시설, 즉 노유자시설로 건축한 건굴에서 발생하는 생활쓰레기를 사업장생활계 폐기물로 보아야 하는지, 생활폐기물로 보아야 하는지 여부?

[회신] 폐기물관리법 제2조 및 동법 시행령 제2조 제7호에 의거 폐기물을 1일 평균 300kg 이상 배출되는 사업장생활계 폐기물의 경우에는 동법 시행규칙 제14조 [별표 5]에 의거 사업장생활계 폐기물 수집·운반업자에게 위탁처리하여야 합니다. 단, 동 사업장생활계 폐기물이 생활폐기물과 성질 및 상태가 비슷하여 해당 자치단체 조례로 정하는 바에 따라 생활폐기물로 처리가 가능한 경우에는 생활폐기물의 기준 및 방법으로 처리가 가능함을 알려 드립니다.

1-2-56 도금공정에서 발생한 슬러지의 폐기물 종류(2009-05-13)

[질의] 전자회사 PCB 도금공정 중에 공장 폐수장에서 수처리 이후에 발생하는 슬러지가 일반폐기물인지, 아니면 지정폐기물인지 여부?

[회신] 폐수처리장에서 발생하는 오니의 폐기물 분류는 폐기물분석 전문기관의 폐기물 분석 결과가 폐기물관리법 시행규칙 [별표 1] "지정폐기물에 함유된 유해물질" 기준 이상인 경우 지정폐기물에 해당되고, 유해물질 기준 미만인 경우에는 사업장 일반폐기물에 해당됩니다.

1-2-57 유기견보호소에서의 동물사체의 폐기물 종류(2009-05-19)

[질의] 유기견보호소(동물보호협회)에서 유기견을 보호하다가 30일이 지나도 주인이 없어 안락사시킨 동물사체의 폐기물 종류는?

[회신] 가. 폐기물관리법 시행규칙 [별표 3] "의료폐기물 발생 의료기관 및 시험·검사기관"에 해당하지 않는 유기견보호소에서 발생한 동물사체는 의료행위에 관계없이 의료폐기물에 해당하지 않습니다.

나. 유기견보호소의 폐기물발생량이 1일 평균 300킬로그램 이상이거나 폐기물관리법 시행령 제2조에 해당될 경우에는 사업장 일반폐기물로, 그 외의 경우에는 생활폐기물로 분류됩니다.

1-2-58 폐유동사의 폐기물 종류(2009-06-10)

[질의] 유동층소각로에서 소각시 발생하는 폐유동사의 폐기물 종류?

[회신] 가. 유동층소각로는 소각효율의 향상을 위해 유동사(모래)와 폐기물을 혼합하여 소각하는 방식으로서, 현실적으로 순수한 유동사만 분리배출되는 것은 어려울 것으로 판단됩니다. 따라서 소량의 소각재와 혼합되어 배출되는 폐유동사(폐모래)는 소각시설의 바닥재로 보아야 합니다.

나. 소각재는 폐기물관리법 제25조 제3항의 규정에 따라 소각재를 재활용하는 폐기물중간처리업체 또는 폐기물관리법 제46조 제1항의 규정에 따라 폐기물재활용 신고를 득한 업체에서 재활용이 가능합니다.

1-2-59 관광지 발생 폐기물의 폐기물 분류(2009-07-01)

[질의] 관광철에 해수욕장과 비지정 관광지에서 집중적으로 발생하는 폐기물이 '사업장 생활폐기물'인지 아니면 단순한 '생활폐기물'인지(해수욕장에서 하루에 발생하는 폐기물이 300킬로그램을 초과함)?

[회신] 가. 관할 사업장 내에서 발생하는 폐기물이 1일 평균 300kg 이상 배출되는 경우 폐기물관리법 제2조 및 동법 시행령 제2조 제7호에 따라 사업장생활계 폐기물에 해당됩니다.

나. 그 외 생활폐기물관리지역(시장·군수·구청장이 지정)에서 발생하는 생활폐기물에 해당되는 경우에는 폐기물관리법 제14조에 의거 해당 자치단체가 수집·운반·처리하여야 합니다.

1-2-60 대형가구 폐기물의 폐기물 종류(2009-07-24)

[질의] 청소대행업체가 지방자치단체의 업무를 위탁받아 관내에서 발생하는 대형폐기물을 수집·운반·처리하고 있는 경우, 침대와 소파 등은 생활계폐기물에 해당하는지 아니면 사업장폐기물에 해당하는지?

[회신] 청소대행업체에서 수집·운반하여 단순히 분리·선별까지만 지자체르부터 대행을 맡았다면 '재활용선별장 위탁운영 세부기준'(자원재활용과-713, '07.04.19)에 의해 배출되는 쓰레기는 생활쓰레기이며, 그 처리책무는 해당 지자체에 있습니다.

1-2-61 알루미늄스크랩의 폐기물 종류(2009-08-06)

[질의] 사업장 일반폐기물 배출자 신고대상에서는 제외되었던 탈사 및 용해공정에서 원료로 사용되는 알루미늄스크랩을 폐기물관리법 시행규칙 제66조에 의한 재활용대상 폐기물로 보아야 하는지?

[회신] 폐기물관리법 시행규칙 제18조 제1항의 규정에 "고철은 비철금속을 프함한다"라고 규정하고 있습니다. 따라서 동법 시행규칙 제66조 제2항 제2호의 규정에 의한 고철의 범위에 비철금속도 포함됩니다.

1-2-62 가로 청소 중 수거한 폐기물의 종류(2009-10-27)

[질의] 노면청소차가 가로(도로) 청소를 하면서 수집한 폐기물(흙, 담배꽁초, 종이, 낙엽 등)이 생활폐기물인지, 아니면 사업장폐기물인지 여부?

[회신] 일반적으로 가로 청소시 발생하는 폐기물은 생활폐기물로 보아야 할 것이며, 생활폐기물은 자치단체가 직접 처리하거나 해당 자치단체의 조례로 정하는 바에 따라 폐기물관리법 시행령 제8조에 해당되는 자에게 수집·운반·처리를 대행하게 할 수 있습니다.

1-2-63 비둘기 배설물의 폐기물 종류(2009-11-04)

[질의] 자동차 전용도로의 유지·관리기관에서 비둘기 배설물 청소시 발생한 조류 배설물의 폐기물 종류는?

[회신] 폐기물관리법 시행령 제2조 제7호 및 제9호에 의거하여 폐기물을 1일 평균 300kg 미만 배출하거나, 일련의 공사 또는 작업으로 폐기물을 5톤 미만 배출한다면 생활폐기물에 해당됩니다.

3. 지정폐기물의 정의

1-2-64 폐기물 수집·운반업허가증상에 영업대상 폐기물 중 지정폐기물(성상: 고상)의 정의(2009-01-23)

[질의] 폐변압기 내부에 절연유에 PCBs가 함유된 폐변압기(PCBs 함유)도 1)호와 같이(철재 케이스 및 내부 권선(코아)) (고형분)의 무게비로 60%이고, 절연유(액상분 40%) 지정폐기물로 구성되어 있고, 폐절연유(PCBs 함유) 케이스가 손상되지 않아 유출되지 아니하는 경우라면 고상(固相)으로 분류가 가능한지 여부?

[회신] 가. 폐기물이 용기에 담겨 있는 경우에 액상 또는 고상 구분은 용기 내부의 물질의 성상에 따라 구분하여야 합니다. 따라서 변압기, 배터리에 담겨 있는 내부물질이 액상일 경우에는 액상으로 관리하여야 합니다. 수분함량이 85퍼센트를 초과하거나 고형물 함량이 15퍼센트 미만인 것을 액체상태로 관리하고 있습니다.

나. 따라서 변압기, 배터리에 액상의 폐기물이 담겨 있는 것은 고상폐기물 수집·운반차량으로 운반할 수 없습니다.

1-2-65 폐유의 농도 구분(2009-05-26)

[질의] 폐기물관리법 시행령 중 [별표 1] 지정폐기물의 종류 중 6. 폐유(기름성분을 5퍼센트 이상 함유한 것을 포함하며, …)에서 5퍼센트란 중량비(W/W%)인지, 용량비(W/V%)인지?

[회신] "기름성분을 5퍼센트 이상 함유한 것"이란 액상 또는 고상에 관계없이 무게를 기준으로 한 함유량을 말합니다.

4. 지정폐기물의 분류

1-2-66 폐유독물 해당 여부(2008-01-16)

[질의] 공정 중 사용되고 배출되어지는 지정폐기물 중에서 원래 농도의 자일렌에 타 물질이 함유되어 자일렌 함량이 90~95% 가량 되는 폐기물의 폐유독물 해당 여부?

[회신] 유독물의 경우 원래 농도의 유독물을 그대로 폐기하는 경우 지정폐기물 중 폐유독물에 해당되나, 유독물을 공정 중에 투입하는 등으로 타 물질과 혼합되어 농도가 다르게 배출되는 경우에는 해당되는 지정폐기물의 종류에 따라 분류됩니다.

1-2-67 녹과 함께 벗겨진 페인트의 지정폐기물 해당 여부(2008-03-06)

[질의] 철제건물 등에서 녹과 함께 벗겨진 페인트는 지정폐기물에 해당하는지 여부?

[회신] 철제건물 등에서 녹과 함께 벗겨진 페인트는 지정폐기물에 해당되지 않으며, 사업장 일반폐기물 중 산화철로 처리할 수 있을 것입니다

1-2-68 유사석유의 폐기물 종류(2008-03-16)

[질의] 불법 유사석유제품은 규정상 어떻게 분류되나요? 폐기물로 분류되는지, 폐기물이라면 어떤 폐기물(예를 들어, 지정폐기물 등)인지?

[회신] 불법 유사석유제품의 합법적인 사용이 불가능하여 폐기처분하고자 할 경우에는 지정폐기물(폐유기용제)에 해당됩니다.

1-2-69 폐촉매를 이용한 중간제품의 폐기물 해당 여부(2008-05-26)

[질의] 석유화학공정에서 발생되는 폐촉매를 재활용하여 바나듐, 몰리브덴을 제조하는 지정폐기물처리업(재활용)을 하고 있는데, 당사의 중간제품을 폐기물이 아닌 일반제품으로 인정받을 수 있는지 여부?

[회신] 폐기물관리법 제46조 제1항 제6호 및 동법 시행규칙 제66조 제3항 제10호의 규정에 의거 폐촉매를 원래의 용도로 재활용하거나 해당 제품의 원료(일정한 규격의 용기 또는 상자에 넣거나 포장하여야 한다)로 가공하는 경우 재활용신고의 대상에 해당되므로, 귀사에서 사용하고자 하는 폐촉매를 원래의 용도로 재활용하거나 해당 제품의 원료로 가공하는 것으로 상기 법령의 규정에 맞게 재활용할 수 있을 것입니다.

1-2-70 유분 5% 이상의 부동액 폐유의 폐기물 종류(2008-07-16)

[질의] 폐수배출시설이 아닌 발전기의 엔진오일 교체 및 부동액 교체로 발생하는 부동액의 유분이 5% 이상일 경우 폐기물의 종류는?

[회신] 부동액은 지정폐기물 유기용제에 해당하므로 폐유와 일부 혼합되어 있을 경우에는 폐유기용제로 분류하여 소각처리하는 것이 바람직할 것입니다.

1-2-71 에틸렌글리콜의 지정폐기물 해당 여부(2009-01-22)

[질의] 일반수 50%를 함유한 부동액인 에틸렌글리콜의 지정폐기물 해당 여부?

[회신] 에틸렌글리콜은 유기용제로서 폐기물관리법 시행령 [별표 1] 제4호 나목에 따라 지정폐기물에 해당됩니다. 유기용제에 해당될 경우에는 함유량에 관계없이 지정폐기물로 분류합니다. 따라서 위탁처리하고자 할 경우에는 지정폐기물처리업자에게 위탁하여야 합니다.

1-2-72 폐흡착제 및 폐흡수제(식물유의 정제에 사용된 폐백토) 폐기물 종류(2009-02-12)

[질의] 폐흡착제(폐백토)에 대해 폐기물 배출자 신고를 하고 식용유를 정제한 폐흡착제(폐백토) 속에 식물성유가 약 20% 정도 함유되어 있습니다. 이 식용기름이 법에서 규정한 기름성분 5% 기준과 같은 의미인지, 그래서 일반폐기물인지 또는 지정폐기물인지 여부? 만약 일반폐기물이라면 관리형 매립시설에 매립처리가 가능한지?

[회신] 가. 식용유 생산과정에서 사용된 백토를 폐기하고자 할 경우 동 폐기물은 폐흡착제(폐백토)에 해당합니다. 따라서 폐흡착제가 폐기물관리법 시행규칙 [별표 1]의 유해물질함량기준 이상인 경우 지정폐기물에 해당하고, 그 미만인 경우에는 일반폐기물에 해당합니다.

나. 동법 시행규칙 [별표 1] 제1호 카목에 의하면, 기름성분은 '중량비'를 기준으로 5% 이상 함유한 경우에 지정폐기물(폐흡착제)로 분류됩니다.

다. 동법 시행규칙 [별표 1]의 유해물질함량기준 이내로 확인되어 일반폐기물로 분류된 경우 관리형 매립시설에 매립할 수 있습니다.

1-2-73 폐잉크의 폐기물 종류(2009-02-16)

[질의] 잉크대리점에서 발생하는 잉크가 연간 1.5톤일 경우 지정폐기물로 처리해야 하는지 여부 및 처리전 시험성적서는 MSDS 자료로 대체가 가능한지 여부?

[회신] 폐잉크에 함유된 유해물질 성분분석 결과 유기용제 성분이 함유된 경우에는 당해 유기용제 성분에 따라 지정폐기물(폐유기용제)로 관리하여야 합니다. 성분분석을 할 수 없는 경우에는 물질안전보건자료(MSDS)를 첨부할 수 있습니다.

1-2-74 아연성분이 과다 함유된 흙의 지정폐기물 해당 여부(2009-03-13)

[질의] 아연성분이 과다하게 함유된 흙이 지정폐기물인지 여부?

[회신] 가. 폐기물관리법 시행령 [별표 1]에 의하여 현재 지정폐기물로 고시하고 있지 않습니다.

나. 참고로 지정폐기물의 유해물질 함유 여부는 '폐기물공정시험방법'에 의한 성분 분석 결과에 따릅니다.

1-2-75 석면 함유 슬레이트의 지정폐기물 해당 여부(2009-03-17)

[질의] 건축물이 철거된 상태에서 슬레이트와 텍스 등 석면함유물이 건설폐기물과 혼재되어있는 경우 지정폐기물 해당 여부?

[회신] 석면을 함유하고 있는 슬레이트, 텍스가 건설폐기물과 혼합되어 있을 경우에는 처리기준이 엄격한 지정폐기물(폐석면)로 관리하여야 합니다.

1-2-76 폐유가 묻은 폐걸레의 지정폐기물 여부(2009-03-18)

[질의] 폐유가 묻은 폐걸레를 폐흡착제로 본다면 지정폐기물에 해당하는지 여부?

[회신] 폐유가 묻은 폐기물은 지정폐기물(폐유)로 분류·관리하여야 합니다. 폐흡착제인 경우에도 기름성분을 5퍼센트 이상 함유하고 있는 것은 지정폐기물(폐흡착제)로 분류·관리하여야 합니다.

1-2-77 자동차용 엔진오일 폐철통의 폐기물 종류(2009-04-01)

[질의] 자동차용 엔진오일 폐철통이 지정폐기물인지, 아니면 일반폐기물인지 여부?

[회신] 엔진오일 용기에 기름이 묻어 있는 경우에는 지정폐기물에 해당되며, 분리·세척을 통해 폐유가 묻어 있지 않은 용기는 사업장 일반폐기물에 해당됩니다.

1-2-78 소각재 용융슬래그(광재)의 폐기물 해당 여부(2009-04-10)

[질의] 소각로에서 발생되는 비산재를 용융로에 투입시켜 고온의 용융으로 생산된 부산물(슬래그)은 폐기물로 분류되는지, 아니면 다른 품목으로 적용되는지 여부? 폐기물에 해당된다면 지정폐기물인지 아니면 일반폐기물인지 여부?

[회신] 가. 소각재 용융설비에서 부산물로 발생되는 광재가 폐기물관리법 시행규칙 제2조 제1항 [별표 1] 제2호에 해당하는 경우 지정폐기물에 해당됩니다. 다만, 지정폐기물이 아닌 사업장 일반폐기물에 해당되어 「산업표준화법」 제15조에 따라 인증받은 제품(KS인증제품)을 제조할 경우에는 폐기물관리법 제46조의 규정에 따라 폐기물재활용 신고를 하여야 합니다.

나. 참고로, 고로슬래그는 KS인증제품을 만들기 전까지는 폐기물이며, 폐기물관리

법 규정에 따라 적법하게 처리되어야 합니다.

1-2-79 보일러 비산재의 지정폐기물 여부(2009-04-20)

[질의] 생활폐기물 소각장에서 배출되는 보일러 비산재는 지정폐기물에 해당하는지 여부?

[회신] 분진, 소각재는 폐기물분석 결과에 따라 지정폐기물 또는 사업장 일반폐기물로 분류하여야 하며, 분석결과가 폐기물관리법 시행규칙 [별표 1] "지정폐기물에 함유된 유해물질" 이상인 경우에는 지정폐기물로, 미만인 경우에는 사업장 일반폐기물로 분류합니다.

1-2-80 폐니켈촉매의 폐유독물 해당 여부(2009-04-29)

[질의] 반응기내 탈황과정시 사용된 폐니켈촉매는 폐유독물에 해당하는지 여부?

[회신] 「유해화학물질관리법」 제2조 제3호에 따른 유독물을 폐기하는 경우에는 폐유독물로 분류하도록 폐기물관리법 시행령 [별표 1]에 규정하고 있습니다. 따라서 해당 물질은 폐유독물로 관리하여야 합니다.

1-2-81 키판 및 세제가루의 폐기물 종류(2009-05-21)

[질의] 비데와 정수기에서 나오는 키판(납, 수은성분 소량 포함)의 처리방법과 세제를 만드는 공장에서 나오는 세제가루의 폐기물 종류는?

[회신] 가. 폐기물이 오니류, 흡착제, 흡수제, 광재, 분진, 폐주물사, 폐사, 폐내화물, 도자기 조각, 소각재, 안정화 또는 고형화처리물, 폐촉매 형태로 존재할 경우에는 해당 폐기물에 대해 폐기물성분분석을 실시하여 그 결과에 따라 폐기물을 분류하여야 하나, 그 외의 형태로 존재할 경우에는 성분분석을 하지 않아도 됩니다. 폐합성수지 제품과 금속이 혼합되어 있을 경우에는 폐합성수지로 분류하시기 바랍니다.

나. 세제가루가 대기오염방지시설에서 포집된 것은 분진으로, 생산공정에서 발생한 것은 공정오니로 분류하시기 바랍니다.

1-2-82 폐유가 묻은 벨트의 폐기물 종류(2009-05-26)

[질의] 폐수처리장과 관련 없이 기계실 등에서 발생한 폐기물(기계실 펌프의 V-벨트를 교체시 폐기물 발생)을 사업장 일반폐기물로 처리해야 하는지 아니면 배출시설계 폐기물로 처리하여야 하는지 여부?

[회신] 벨트에 폐유가 묻어 있는 경우에는 지정폐기물(폐유)에 해당됩니다. 사업장배출시설계 폐기물이라 함은 배출시설이 설치된 사업장에서 직·간접으로 배출되는 폐기물을 의미하는 것으로 단순 조립·라인 등에서 발생한 폐기물을 포함합니다. 따라서 벨트가 생산공정과 연관이 있는 경우에는 사업장배출시설계 폐기물로 분류하여야 합니다.

5. 의료폐기물의 정의 및 분류

1-2-83 의료폐기물처리계획 확인증명 변경 관련 의미(2009-05-07)

[질의] 폐기물관리법 제18조의2 제7항 제2호 "지정폐기물의 월평균 배출량이 100분의 30 이상 증가하는 경우"란 동일장소 동일방법으로 처리하는 의료폐기물 4종류를 폐기물처리계획 확인증명을 받은 경우 4종류의 합계배출량의 증가를 말하는 것인지, 아니면 4종류 중에서 어느 특정 종류의 개별 증가를 말하는 것인지?

[회신] 폐기물관리법 시행규칙 제18조의2에 따른 "지정폐기물의 월평균 배출량"은 시행규칙 [별표 4]에 따른 지정폐기물 세분류별로 산정합니다 따라서 의료기관에서 4종류 의료폐기물에 대한 처리계획 확인증명을 받은 경우에는 4종류별 증감을 말합니다.

1-2-84 포르말린, 자일렌의 의료폐기물 해당 여부(2008-01-14)

[질의] 병리과에서 발생되는 인체조직물을 담아둔 포르말린, 자일렌의 폐기물 종류?

[회신] 인체조직물류와 접촉 또는 혼합된 포르말린, 자일렌 등은 위해의료폐기물 조직물류 폐기물(액상)로 관리하여야 합니다.

1-2-85 폐항암제의 의료폐기물 해당 여부(2008-01-25)

[질의] 제약회사에서 반품받은 폐항암치료제가 의료폐기물에 해당하는지 여부?

[회신] 폐항암제는 인체에 감염 등의 위해를 일으킬 수 있으므로 의료폐기물로 처리하여야 합니다.

1-2-86 사태아의 폐기물 종류(2008-03-03)

[질의] 16주 미만의 사태아는 의료폐기물 중 조직물류인지요?

[회신] 임신 4월 미만의 사태아는 의료폐기물 중 조직물류에 해당됩니다.

1-2-87 의료폐기물 중 혈액오염폐기물의 종류에 대한 문의(2009-03-06)

[질의] 소독약품, 용기 등의 혈액오염폐기물 해당 여부 및 유통기간을 초과한 개봉하지 않은 소독약품의 혈액오염폐기물 해당 여부?

[회신] 소독약품, 용기 등이 혈액 등의 의료폐기물과 혼합되어 있거나 함유하고 있을 경우에는 의료폐기물로 관리하여야 하나, 그러하지 않을 경우에는 의료폐기물로 보지 아니합니다. 또한, 개봉하지 않은 소독약품은 의료폐기물에 해당하지 않습니다.

1-2-88 바늘침이 분리된 주사기의 일반의료폐기물 분류 가능성(2008-03-10)

[질의] 주사바늘은 손상성폐기물로 분류하지만, 특수 바늘은 링거주사할 때 사용하는데 인체에 찌를 때 주사침을 사용하고 주사한 후에는 바늘침을 빼어버린 후 바늘 외피만 남는 경우 일반의료폐기물로 분류하여야 되는지?

[회신] 바늘침을 분리한 주사용기는 일반의료폐기물로 분류를 할 수 있습니다. 다만, 백신·항암제 등을 투여(사용)하였을 경우에는 생물·화학폐기물로 분류하여야 할 것입니다.

1-2-89 의료폐기물의 구분(2009-03-26)

[질의] 폐백신, 폐항암제, 폐화학치료제가 의료폐기물과 접촉되지 않은 상태에서, 개봉도 하지 않은 상태에서 유통기한이 지난 것을 폐기처분할 때 의료폐기물 중 생물화학폐기물에 해당하는지 여부 및 백신, 항암제, 화학치료제 등을 일부 개봉하여 사용 후 빈병의 폐기처분시 의료폐기물 중 생물화학폐기물로 구분하여야 하는지 여부? 그리고 의료폐기물의 성상을 고상, 액상으로 구분하는 기준이 법적으로 있는지 여부 및 병속에 액체가 담겨있는 경우 폐기물 분류 방법은?

[회신] 가. 유통기간이 경과한 의료기관에서 사용하지 않은 의약품은 의료폐기물에 해당되지 않으며, 의약품의 성상에 따라 지정폐기물 또는 사업장일반폐기물로 관리하여야 합니다.

나. 용기에 백신, 항암제 등이 묻어 있을 경우에는 생물·화학폐기물로 분류하고, 파손된 유리재질인 용기는 손상성폐기물로 분류하시면 됩니다.

다. 폐기물의 액상, 고상 구분에 대해 정의를 내리고 있지 않으나, 「폐기물관리법 시행규칙」 제10조에 따라 액상, 고상으로 구분합니다. 병, 용기에 액체상태의 폐기물이 담겨 있을 경우에는 전체를 액상폐기물로 관리하여야 합니다.

1-2-90 의료폐기물의 액상과 고상의 구분에 대한 질의(2009-05-07)

[질의] 진단검사의학과에서 시험검사 후 혈액잔량이 들어 있는 밀봉상태의 시험관을 의료폐기물로 폐기하고자 하는 경우 폐기물의 종류 및 성상구분 방법은? 인공신장실에서 혈액투석으로 혈액이 들어 있는 혈액투석막과 혈억투석라인의 폐기물 종류 및 성상구분 방법은?

[회신] 가. 폐기물의 수분함량이 85퍼센트를 초과하거나 고형물함량이 15퍼센트 미만인 경우를 액체상태로 구분하고 있습니다.

나. 시험관, 혈액투석막, 혈액투석라인에 포함되어 있는 혈액의 수분함량에 따라 액상 또는 고상으로 구분하시기 바라며, 종류는 혈액오염폐기물에 해당됩니다.

1-2-91 화장시설 폐기물의 폐기물 종류(2009-05-11)

[질의] 인간의 사체도 의료폐기물에 해당되는지 여부?

[회신] 인간의 사체는 의료폐기물에 해당하지 않습니다.

1-2-92 비만클리닉 시술시 침대커버의 의료폐기물 해당 여부(2008-05-22)

[질의] 비만클리닉에서 시술시에 환자가 눕는 침대 위에 부직포로 만든 깔개를 깔아 놓는데, 시술이 끝나고 단순히 땀 정도만 묻은 그 깔개는 의료폐기물로 처리해야 하는지?

[회신] 땀이 묻은 깔개에 혈액, 체액 등의 의료폐기물이 함유되어 있지 아니할 경우에는 의료폐기물로 관리하지 않아도 됩니다.

1-2-93 개털의 의료폐기물 해당 여부(2008-05-23)

[질의] 개 미용실이나 동물병원에서 발생되는 개털도 감염성폐기물에 해당이 되는지 여부?

[회신] 동물의 수술, 치료 등 의료행위에 의해서 혈액, 분비물 등의 의료폐기물(구 감염성폐기물)이 털에 함유되어 있을 경우에는 의료폐기물에 해당될 것이나, 그 외의 경우에는 의료폐기물에 해당되지 않습니다.

1-2-94 치아의 의료폐기물 해당 여부(2008-06-20)

[질의] 치과에서 발치한 금치아 중 치아를 제거 후 금 부분을 분리해 낸 경우 치아 부분이

의료폐기물에 해당하는지 여부?

[회신] 금 부분을 떼어낸 치아 부분은 의료폐기물로 처리해야 합니다. 치아에서 분리된 금물질이 혈액 등의 의료폐기물이 묻어 있지 아니할 경우에는 폐기물에 해당하지 아니합니다.

1-2-95 스케일링시 발생한 폐수의 의료폐기물 해당 여부(2008-07-30)

[질의] 치과의 스케일링, 치아교정, 신경치료 등에서 발생한 석션(suction) 폐수(액상)의 의료폐기물 해당 여부?

[회신] 폐수에는 스케일링 등의 과정에서 의료폐기물인 혈액, 분비물 등이 포함되어 있을 것으로 판단되므로 의료폐기물로 관리하여야 합니다.

1-2-96 간호대학의 의료폐기물 배출기관 해당 여부(2008-09-23)

[질의] 간호대학에서 발생하는 폐기물은 의료폐기물로 처리하여야 하는지 여부?

[회신] 간호대학에서 의학, 치과의학, 한의학 등에 관한 시험·연구를 수행하는 것으로 판단됩니다. 따라서 간호대학에서 발생한 폐기물 중 폐기물관리법 시행규칙 [별표 2]에 해당되는 폐기물은 의료폐기물로 관리하여야 할 것입니다.

1-2-97 suction물의 의료폐기물 해당 여부(2008-11-11)

[질의] 이비인후과에서 사용하는 의료기계(ENT)를 일반의원이나 소아·청소년과 의원 등에서 설치해 영업 중인 바, 이 의료기계(ENT)를 이용해서 진료 중 흡입해 나오는 suction물이 의료폐기물에 해당되는지 여부?

[회신] suction물에는 혈액, 고름, 분비물 등이 포함되어 있을 것으로 판단되는 바, 이는 의료폐기물에 해당됩니다.

1-2-98 노인요양시설의 입소자(환자)로부터 나오는 폐기물의 의료폐기물 해당 여부(2009-03-13)

[질의] 노인요양시설에서 치매, 중풍 등의 노인성질환으로 입소한 자의 일상생활 중에 나오는 기저귀, 입소자의 가래 등이 지정폐기물(의료폐기물)에 해당되는지 여부?

[회신] 가. 폐기물관리법 시행규칙 [별표 3] "의료폐기물 발생 의료기관 및 시험·검사기관 등"에서 정하고 있는 기관에 해당되고, 의료기관에서 의료행위로 인해 발생하는 기저귀는 의료폐기물에 해당됩니다.

나. 의료폐기물을 배출할 경우에는 폐기물처리계획서를 제출하여 지정폐기물처리계획 확인증명을 받아야 합니다.

다. '의료행위'는 "진료에 따른 투약행위, 진료에 따른 치료행의 등의 의료행위"로 볼 수 있으며, 내과적인 약물치료 등의 의료행위 없이 단순한 외상을 입은 환자로부터 발생하는 기저귀는 의료폐기물로 보지 않아도 될 것입니다.

1-2-99 엑스레이 필름의 의료폐기물 여부(2009-03-18)

[질의] 병원에서 나오는 엑스레이 필름의 의료폐기물 해당 여부?

[회신] 혈액 등 의료폐기물이 묻어 있지 않은 엑스레이 필름은 사업장폐기물에 해당됩니다.

1-2-100 동물사체의 의료폐기물 여부(2009-03-25)

[질의] 동물보호기관에서 발생하는 동물사체 및 안락사된 동물사체를 의료폐기물로 보아야 하는지 여부?

[회신] 폐기물관리법 시행규칙 [별표 3] "의료폐기물 발생 의료기관 및 시험·검사기관"에 해당하지 않는 장소에서 발생한 동물사체는 의료폐기물에 해당하지 않으므로 이를 의료폐기물처리업체에 위탁하여 처리할 수 없습니다.

1-2-101 전염환자 잔반의 격리의료폐기물 해당 여부(2009-04-21)

[질의] 병원에서 「전염병예방법」에 의한 전염환자가 먹고 남은 음식물이 격리의료폐기물에 해당하는지 여부?

[회신] 전염성으로 인하여 격리된 환자가 먹다 남은 음식물도 격리의료폐기물로 처리하는 것이 바람직합니다.

1-2-102 중환자실 소변통의 폐기물 종류(2009-04-23)

[질의] 중환자실에서 사용한 소변통을 처리하고자 할 때 의료폐기물 중 어떤 폐기물에 해당하는지?

[회신] 소변용기에 의료폐기물이 함유되어 있거나 묻어 있는 경우에는 소변용기가 의료폐기물에 해당되나, 그러하지 아니한 경우에는 사업장일반폐기물에 해당됩니다.

1-2-103 산후조리원 발생 폐기물의 의료폐기물 해당 여부(2009-05-01)

[질의] 산후조리원에서 나오는 기저귀 등의 폐기물이 의료폐기물에 속하는지 여부?

[회신] 「모자보건법」에 의한 산후조리원은 폐기물관리법 시행규칙 [별표 3] "의료폐기물 발생 의료기관 및 시험·검사기관"에 해당하지 않으므로 산후조리원에서 발생하는 기저귀는 의료폐기물에 해당되지 않습니다.

1-2-104 폐금니의 의료폐기물 해당 여부(2009-05-11)

[질의] 치과에서 발생한 폐금니를 치과에서 고름, 혈액을 제거한다면 폐기물에서 제외되는지?

[회신] 피·고름·분비물이 묻어 있는 금니, 발치된 치아에서 분리되지 않은 폐금은 의료폐기물로 분류되나, 피·고름·분비물이 묻지 아니한 금은 의료폐기물로 분류하지 않습니다.

1-2-105 생물화학폐기물의 의료폐기물 해당 여부(2009-05-13)

[질의] 생물화학폐기물(폐백신, 폐항암제, 폐화학치료제를 담았던 용기)이 의료폐기물인지 여부 및 종교단체에서 의료봉사시 의료폐기물이 배출될 경우 위 기관도 의료폐기물 배출기관에 해당되는지 여부?

[회신] 가. 생물화학폐기물(폐백신, 폐항암제, 폐화학치료제를 담은 용기 포함)은 의료폐기물에 해당합니다.

나. 의료폐기물 발생기관은 폐기물관리법 시행규칙 [별표 3]에 정하고 있는 "의료폐기물 발생 의료기관 및 시험·검사기관"에 한하며, 그 외의 장소에서 발생한 폐기물은 의료폐기물에 해당하지 않습니다.

1-2-106 미개봉 주사기의 폐기물 종류(2009-05-18)

[질의] 병원에서 미사용한 포장이 뜯어지지 않은 주사기의 경우 사업장일반폐기물에 해당하는지, 아니면 의료폐기물에 해당하는지 여부?

[회신] 의료기관에서 발생한 것으로 유통기간이 경과한 폐주사기는 의료폐기물 중 손상성폐기물에 해당됩니다.

1-2-107 의료폐기물 중 생물화학, 손상성폐기물의 분류(2009-05-23)

[질의] 사용한 앰플병은 손상의 여지가 있는 경우 손상성폐기믈로, 사용 후 남은 주사제(항생제, 폐화학치료제, 항암제 등)는 생물화학폐기물로 따로 분리하여야 하는지 여부 및 앰플(남은 약제 포함)과 바이알, 주사기에 남은 약제를 한꺼번에 고두 생물화학폐기물로분류하여 합성수지류 용기에 넣어야 하는지 여부? 폐기물 보관장소가 컨테이너인데 하절기에 온도 상승문제가 야기됩니다. 4℃ 이하로 규정된 폐기물 외에 다른 폐기물에 대한 내부 온도 규제는 정해진 것이 있는지?

[회신] 가. 사용한 앰플병이 손상의 여지가 있을 경우에는 손상성폐기물로 분류하시고, 사용 후 남은 주사제(항생제, 폐화학치료제, 항암제 등)는 생물화학폐기물로 따로 분리하시기 바랍니다.

나. 생물·화학치료제 앰플(남은 약제 포함)과 바이알, 주사기에 남은 약제를 한꺼번에 처리할 경우에는 생물화학폐기물(액상)으로 분류하여 합성수지류 용기에 넣어야 합니다.

다. 폐기물을 보관함에 있어 4℃ 이하로 보관하여야 하는 조직물류 폐기물 외의 폐기물에 대해서는 내부 온도 유지에 대해서는 정하고 있는 사항이 없으나, 하절기에는 냉장시설에서 보관하는 것이 바람직할 것입니다.

1-2-108 격리의료폐기물 해당 여부(2009-05-27)

[질의] 격리환자의 의료행위에서 발생한 조직, 바늘, 처리탈지면, 솜, 장갑 등 모든 폐기물이 격리의료폐기물에 해당하는지 여부?

[회신] 격리의료환자로부터 발생하였거나 접촉하였다면 조직물, 바늘, 탈지면, 솜, 장갑 등 일체의 폐기물이 격리의료폐기물에 해당됩니다.

PART

2

폐기물의 배출과 처리

제 1 장 폐기물의 배출

제 2 장 폐기물의 처리

제 3 장 폐기물의 재활용

Chapter

01 폐기물의 배출

제 1 절 폐기물 배출원칙

Ⅰ. 무단투기 금지

누구든지 특별자치시장, 특별자치도지사, 시장·군수·구청장이나 공원·도로 등 시설의 관리자가 폐기물의 수집을 위하여 마련한 장소나 설비 외의 장소에 폐기물을 버려서는 아니된다.1)

Ⅱ. 폐기물처리시설 외 매립·소각 금지

누구든지 폐기물관리법에 따라 허가 또는 승인을 받거나 신고한 폐기물처리시설2)이 아닌 곳에서 폐기물을 매립하거나 소각하여서는 아니된다. 다만, 생활폐기물관리 제외지역3)에서 해당 특별자치시, 특별자치도, 시·군·구의 조례로 정하는 바에 따라 소각하는

1) 법 제8조 제1항

2) 참고판례: '법에 의하여 허가를 받은 매립시설'이라 함은 허가권자로부터 허가를 받은 위치 및 면적, 규모, 형태의 당해 시설을 의미하는 것이므로, 허가를 받은 매립시설이라도 변경허가를 받음이 없이 증·개축하거나 기타의 방법으로 매립면적을 확장하여 매립용량을 증가시켰다면, 그 확장된 부분은 위 법조항에서 말하는 적법한 매립시설에 포함될 수 없다 할 것이고, 폐기물 처리업자가 허가 없이 매립면적을 불법 확장하여 매립용량을 증가시키는 행위를 한 경우에는 그 행정절차 위반 자체를 이유로 처벌되는 것이 당연하고, 그와 같은 행위를 한 자가 더 나아가 그 확장된 부분 즉 허가받은 매립시설 외의 곳에 폐기물을 매립한 경우에는 법 제65조 제4호[변경허가를 받지 아니하고 폐기물처리업의 허가사항 변경]에 의해 처벌되는 죄 외에 법 제63조[불법 투기 또는 매립]에 의해 처벌되는 죄도 성립되어 양죄가 실체적 경합관계에 있는 것으로 보아야 할 것이다(대법원 2006.1.26. 선고 2005도7281 판결).

경우에는 그러하지 아니하다.[4)]

Ⅲ. 위반 시 제재

(1) 위와 같은 의무에 위반하여 사업장폐기물을 버리거나 매립하거나 소각한 자에 대해서는 7년 이하의 징역이나 7천만원 이하의 벌금에 처한다. 징역형과 벌금형은 병과할 수 있다.[5)] 폐기물관리법 위반행위에 대한 벌칙 중 법정형이 가장 높다. 상당수의 폐기물관리법 위반사건들이 이 조항에 따라 의율되고 있고, 환경범죄의 심각성에 대한 우려가 점증됨에 따라 선고형(宣告刑)도 높아지고 있는 추세이다.

(2) 위와 같은 의무에 위반하여 생활폐기물을 버리거나 매립 또는 소각한 자에 대해서는 100만원 이하의 과태료를 부과한다.[6)]

제 2 절 생활폐기물의 배출

Ⅰ. 자체처리 및 감량배출 의무

생활폐기물이 배출되는 토지나 건물의 소유자·점유자 또는 관리자는 관할 특별자치시, 특별자치도, 시·군·구의 조례로 정하는 바에 따라 생활환경 보전상 지장이 없는 방법으로 그 폐기물을 스스로 처리하거나 양을 줄여서 배출하여야 한다.[7)] 이에 위반한 자에 대하여는 100만원 이하의 과태료를 부과한다.[8)]

Ⅱ. 분리보관 의무

생활폐기물 배출자는 특별자치시, 특별자치도, 시·군·구의 조례로 정하는 바에 따라 스스로 처리할 수 없는 생활폐기물을 종류별, 성질·상태별로 분리하여 보관하여야 한

---

3) 가구 수가 50호 미만인 지역이나 산간·오지·섬지역 등으로서 차량의 출입 등이 어려워 생활폐기물을 수집·운반하는 것이 사실상 불가능한 지역 중 특별자치시장, 특별자치도지사 또는 시장·군수·구청장이 지정하는 지역(시행규칙 제15조 제1항 각호 참조)

4) 법 제8조 제2항 단서

5) 법 제63조

6) 법 제68조 제3항 제1호

7) 법 제15조 제1항

8) 법 제68조 제3항 제3호

다.[9] 이에 위반한 자에 대하여는 100만원 이하의 과태료를 부과한다.[10]

제 3 절 음식물류 폐기물 다량배출자의 의무

Ⅰ 개 요

(1) 음식물류 폐기물의 다량 배출로 인한 자원의 낭비와 처리비용의 증가는 국가적 과제가 되었다. 이에 음식물류 폐기물을 다량으로 배출하는 자에 대한 관리를 강화하고 음식물류 폐기물 처리의 효율성을 높이기 위하여 2013.7.16. 음식물류 폐기물 다량배출자의 의무규정이 신설되었다(2014.1.17. 시행, 법률 제11914호).

(2) 음식물류 폐기물 다량배출 사업자로 하여금 발생 억제 및 적정처리 계획을 신고하도록 하고, 직접 수집·운반·재활용하거나 위탁하여 수집·운반·재활용하도록 하는 것이 골자이다.

(3) 음식물류 폐기물 다량배출자의 경우 일평균 배출량이 300킬로그램을 넘는 경우에는 사업장폐기물을 배출하는 셈이 된다. 따라서 배출량에 따라 생활폐기물 배출자가 될 수도 있고, 사업장폐기물 배출자가 될 수도 있다.

Ⅱ. 음식물류 폐기물 다량배출자

1. 음식물류 폐기물 다량배출자의 의의

(1) 음식물류 폐기물을 다량으로 배출하는 자로서 대통령령으로 정하는 자를 말한다.[11]

(2) "대통령령으로 정하는 자"란 다음의 자를 말한다.[12]

- 「식품위생법」 제2조 제12호에 따른 집단급식소(「사회복지사업법」 제2조 제4호에 따른 사회복지시설의 집단급식소는 제외한다) 중 1일 평균 총 급식인원이 100명 이상인 집단급식소를 운영하는 자. 이 경우 1일 평균 총 급식인원의 구체적인 산출방법 등은 환경부장관이 정하여 고시한다.

9) 법 제15조 제2항
10) 법 제68조 제3항 제3호
11) 법 제15조의2 제1항
12) 시행령 제8조의4

- 「식품위생법」 제36조 제1항 제3호에 따른 식품접객업 중 사업장 규모가 200제곱미터 이상인 휴게음식점영업 또는 일반음식점영업을 하는 자. 다만, 특별자치시, 특별자치도 또는 시·군·구의 조례로 사업장 규모를 200제곱미터 이상으로 정하는 경우에는 그 조례에 따른다.
- 「유통산업발전법」 제2조 제3호에 따른 대규모 점포를 개설한 자
- 「농수산물 유통 및 가격안정에 관한 법률」 제2조 제2호·제5호 또는 제12호에 따른 농수산물도매시장·농수산물공판장 또는 농수산물종합유통센터를 개설·운영하는 자
- 「관광진흥법」 제3조 제1항 제2호에 따른 관광숙박업을 경영하는 자
- 그 밖에 음식물류 폐기물을 스스로 감량하거나 재활용하도록 할 필요가 있어 특별자치시, 특별자치도 또는 시·군·구의 조례로 정하는 자

2. 지방자치단체 조례의 준수의무

음식물류 폐기물 다량배출자는 음식물류 폐기물의 발생 억제 및 적정처리를 위하여 관할 특별자치시, 특별자치도, 시·군·구의 조례로 정하는 사항을 준수하여야 한다.[13] 이를 준수하지 아니한 자에 대하여는 100만원 이하의 과태료를 부과한다.[14]

3. 음식물류 폐기물 발생 억제 및 처리 계획 신고

(1) 음식물류 폐기물 배출자는 음식물류 폐기물의 발생 억제 및 처리 계획을 환경부령으로 정하는 바에 따라 특별자치시장, 특별자치도지사, 시장·군수·구청장에게 신고하여야 한다.[15] 이에 위반하여 음식물류 폐기물의 발생 억제 및 처리 계획을 신고하지 아니한 자에 대하여는 100만원 이하의 과태료를 부과한다.[16]

(2) 시행령 제8조의4 각 호의 어느 하나에 해당하는 자는 사업 개시일부터 1개월 이내에 시행규칙 별지 제4호의3 서식에 따른 신고를 하여야 한다.[17]

(3) 음식물류 폐기물 공동처리운영기구의 대표자는 사업 개시일부터 7일 이내에 시행규칙 별지 제4호의4 서식에 따른 신고를 하여야 한다.[18]

(4) 신고하여야 하는 자가 법 제15조의2 제3항에 따라 위탁하여 수집·운반 또는 재

13) 법 제15조의2 제1항
14) 법 제68조 제3항 제4호
15) 법 제15조의2 제2항
16) 법 제68조 제3항 제4호의2
17) 시행규칙 제16조의2 제1항 제1호
18) 시행규칙 제16조의2 제1항 제2호

활용하는 경우에는 그 위탁처리계약서 사본을 신고서에 첨부하여야 한다.[19]

(5) 특별자치시장, 특별자치도지사, 시장·군수·구청장은 위 신고를 받으면 음식물류 폐기물 발생 억제 및 처리 계획 신고증명서를 신고인에게 나주어야 한다.[20]

4. 음식물류 폐기물 발생 억제 및 처리 계획 변경신고

신고를 한 자는 다음의 어느 하나에 해당하는 사유가 발생하면 그 사유가 발생한 날부터 1개월 이내에 시행규칙 별지 제4호의3 서식 또는 별지 제4호의4 서식의 변경신고서에 변경사유를 증명하는 서류와 신고증명서를 첨부하여 특별자치시장, 특별자치도지사, 시장·군수·구청장에게 제출하여야 한다.[21]

- 상호 또는 사업장 소재지가 변경된 경우
- 음식물류 폐기물 발생 억제방법이나 음식물류 폐기물 처리자 또는 처리방법이 변경된 경우
- 음식물류 폐기물 공동처리운영기구의 대표자 또는 대상사업장 수가 변경된 경우 (음식물류 폐기물 공동처리의 경우만 해당한다)

5. 음식물류 폐기물의 재활용

(1) 음식물류 폐기물 다량배출자는 법 제14조 제1항 또는 제18조 제1항에도 불구하고[22] 발생하는 음식물류 폐기물을 스스로 수집·운반 또는 재활용하거나 다음의 어느 하나에 해당하는 자에게 위탁하여 수집·운반 또는 재활용하여야 한다.[23]

- 제4조나 제5조에 따른 폐기물처리시설을 설치·운영하는 자
- 제25조 제5항 제1호에 따른 폐기물 수집·운반업의 허가를 받은 자
- 제25조 제5항 제5호부터 제7호까지의 규정 중 어느 하나에 해당하는 폐기물 재활용업의 허가를 받은 자
- 폐기물처리 신고자(음식물류 폐기물을 재활용하기 위하여 신고한 자로 한정한다)

---

19) 시행규칙 제16조의2 제2항
20) 시행규칙 제16조의2 제3항
21) 시행규칙 제16조의2 제4항
22) 법 제14조 제1항에 의하면 생활폐기물로 분류되는 음식물류 폐기물에 대해서는 특별자치시장, 특별자치도지사, 시장·군수·구청장에게 그 처리책임이 부여되어 있지만, 본 조항에 의해 다량으로 배출되는 음식물류 폐기물에 대해서는 다량배출자에게 처리책임을 부여한 것으로 해석된다. 또한 법 제18조 제1항에 의하면 사업장폐기물로 분류되는 음식물류 폐기물에 대해서는 폐기물처리업 허가를 받은 자나 폐기물처리 신고자 등에게 위탁하여 처분 또는 재활용 처리할 수 있지만, 본 조항에 의해 폐기물수집·운반업자나 폐기물재활용업자, 그리고 음식물류 폐기물을 재활용한다고 신고한 폐기물처리 신고자 등을 통해 재활용(처분은 제외)할 것을 명한 것으로 해석된다.
23) 법 제15조의2 제3항

(2) 이 조항을 위반하여 사업장폐기물인 음식물류 폐기물을 처리한 자(예컨대, 사업장 폐기물인 음식물류 폐기물을 처분업자에게 처분을 위탁하는 경우)에 대해서는 3년 이하의 징역이나 2천만원 이하의 벌금에 처한다. 또한 징역형과 벌금형을 병과할 수 있다.[24] 이 조항을 위반하여 생활폐기물인 음식물류 폐기물을 처리한 자에 대하여는 1천만원 이하의 과태료를 부과한다.[25]

6. 음식물류 폐기물 다량배출자의 공동처리제도

(1) 음식물류 폐기물 다량배출자는 각각의 사업장에서 발생하는 음식물류 폐기물을 환경부령이 정하는 바에 따라 공동으로 수집·운반 또는 재활용할 수 있고, 폐기물처리시설을 공동으로 설치·운영할 수 있다. 이 경우 공동운영기구를 설치하고 그 대표자 1명을 선정하여야 한다.[26]

(2) 음식물류 폐기물 공동처리운영기구는 같은 특별자치시, 특별자치도, 시·군·구 내에 있는 둘 이상의 음식물류 폐기물 배출자가 설치할 수 있다.

(3) 운영기구의 대표자는 공동처리대상 사업장에 대한 다음의 업무를 대행할 수 있다.

- 법 제15조의2 제2항에 따른 음식물류 폐기물 발생 억제 및 처리 계획의 신고·변경 신고
- 시행규칙 제60조 제1항 제1호의2에 따른 음식물류 폐기물 발생 억제 및 처리 실적의 보고

제 4 절 사업장폐기물의 배출

Ⅰ. 사업장폐기물 배출자의 준수사항

1. 적정처리

사업장폐기물 배출자는 사업장에서 발생하는 모든 폐기물을 적정하게 처리하여야 한다.[27]

---

24) 법 제65조 제1의2호
25) 법 제68조 제1항 제1의2호
26) 법 제15조의2 제4항
27) 법 제17조 제1항 제1호

2. 폐기물 발생 억제

사업장폐기물 배출자는 생산공정(工程)에서는 폐기물감량화시설의 설치, 기술개발 및 재활용 등의 방법으로 사업장폐기물의 발생을 최대한으로 억제하여야 한다.[28]

3. 분리보관의무

(1) 폐기물을 배출하는 토지나 건물의 소유자·점유자 또는 관리자 중 사업활동에 수반하여 폐기물(지정폐기물은 제외한다)을 배출하는 자로서 폐기물을 1일 평균 300킬로그램 이상 배출하거나 일련의 공사·작업 등으로 폐기물을 5톤 이상 배출하는 토지의 소유자·점유자 또는 관리자는 그 토지나 건물에서 배출되는 폐기물 중 재활용할 수 있는 폐기물을 환경부령으로 정하는 기준에 따라 재활용하거나 종류·성질·상태별로 분리 보관하여 재활용될 수 있도록 하여야 한다.[29]

(2) 특별자치도지사·시장·군수·구청장은 기준을 지키지 아니하는 폐기물배출자에게 환경부령으로 정하는 바에 따라 필요한 조치를 명할 수 있다.[30]

Ⅱ. 사업장폐기물 배출자의 의무

1. 수탁처리능력 사전확인의무

가. 개 요

(1) 사업장폐기물 배출자가 법 제18조 제1항에 따라 폐기물의 처리를 위탁하는 경우, 수탁자가 폐기물의 처리 기준과 방법 또는 폐기물의 재활용 용도 또는 방법에 맞게 폐기물을 처리할 능력[31]이 있는지를 환경부령으로 정하는 바에 따라 확인한 후 위탁하여야 한다. 다만, 법 제4조나 제5조에 따른 폐기물처리시설을 설치·운영하는 자에게 위탁하는 경우에는 그러하지 아니하다.[32]

---

28) 법 제17조 제1항 제2호
29) 자원재활용법 제12조의3 제1항, 자원재활용법 시행령 제14조의6
30) 자원재활용법 제12조의3 제2항
31) 참고 판례 : 폐기물관리법령에서 말하는 '처리능력'이란, 물적 시설의 경우에 있어서는 '허가된 매립용량'을 의미하는 것이 아니라, '당해 매립시설 자체에 의하여 처리할 수 있는 능력'을 의미하는 것이라고 봄이 상당하다. 따라서, 예컨대 허가된 매립시설로써 허가된 매립용량만큼 매립할 수 없다면, 허가된 매립시설에 의하여 매립할 수 있는 용량만큼 매립할 수 있을 뿐이고, 허가된 매립시설에 대한 변경허가 등을 받지 않고도 당초 허가된 매립용량만큼 매립할 수 있는 것은 아니다(대법원 2002. 6.28. 선고 2000두8967 판결).
32) 법 제17조 제1항 제3호

(2) 위와 같은 확인을 하지 아니하고 위탁한 자에게는 300만원 이하의 과태료를 부과한다.33)

나. 수탁처리능력 사전확인 대상사업자

(1) 환경부령에 의하면, 다음에 해당하는 사업장폐기물 배출자는 수탁자로부터 폐기물처리업 허가증 또는 폐기물처리 신고 증명서 사본, 방치폐기물 처리이행보증을 확인할 수 있는 서류 사본(그 밖의 사업장폐기물 배출자는 폐기물처리업 허가증이나 폐기물처리 신고 증명서 사본)이 포함된 수탁처리능력 확인서를 제출받아야 한다.34)

(2) "환경부령에 의한 수탁처리능력 사전확인 대상사업자"는 다음과 같다.35)

(가) 건설공사로 인하여 폐기물을 10톤 이상 배출하는 자, 건설공사를 제외한 일련의 공사 또는 작업으로 인하여 폐기물을 10톤 이상 배출하는 자(폐기물의 양은 공사를 착공하거나 작업을 시작하는 때부터 완료하는 때까지 발생하는 모든 폐기물의 양을 말함)

(나) 지정폐기물이 아닌 다음의 사업장폐기물을 배출하는 자

- 오니(월 평균 2톤 이상 배출되는 경우에만 해당한다)
- 광재, 분진(粉塵), 폐사(폐주물사 및 샌드블라스트폐사를 말한다. 이하 같다), 도자기조각(폐내화물 및 재벌구이 전에 유약을 바른 도자기조각을 말한다. 이하 같다), 소각재, 안정화 또는 고형화처리물, 폐촉매, 폐흡착제 또는 폐흡수제(각각 월 평균 1톤 이상 배출되는 경우에만 해당한다)

(다) 다음의 지정폐기물을 배출하는 자

- 오니(월 평균 1톤 이상 배출되는 경우에만 해당한다)
- 폐농약, 광재, 분진, 폐주물사, 폐사, 폐내화물, 도자기조각, 소각재, 안정화 또는 고형화처리물, 폐촉매, 폐흡착제, 폐흡수제, 폐유기용제 또는 폐유(각각 월 평균 130킬로그램 또는 합계 월 평균 200킬로그램 이상 배출되는 경우에만 해당한다)
- 폐합성고분자화합물, 폐산, 폐알칼리, 폐페인트, 폐래커 또는 폐석면(각각 월 평균 200킬로그램 또는 합계 월 평균 400킬로그램 이상 배출되는 경우에만 해당한다)
- 폴리클로리네이티드비페닐 함유폐기물
- 폐유독물
- 「의료법」 제3조 제3항에 따른 종합병원에서 배출되는 의료폐기물
- 시행령 [별표 1] 제11호에 따라 고시된 지정폐기물(환경부장관이 정하여 고시하는

33) 법 제68조 제2항 제1호
34) 시행규칙 제17조 제1항
35) 시행규칙 제17조 제1항

양 이상으로 배출되는 경우에만 해당한다)

(라) 같은 법인의 사업자 및 「독점규제 및 공정거래에 관한 법률」 제2조 제2호에 따른 동일한 기업집단의 사업자, 같은 산업단지 등 사업장 밀집지역의 사업장을 운영하는 자에 해당하는 자(지정폐기물을 배출하는 경우에만 해당한다)

다. 수탁처리능력확인서 작성과 제출

(1) 수탁처리능력확인서 작성[36)]

(가) 수탁처리능력확인서는 사업장폐기물 배출자로부터 위탁의뢰를 받은 수집·운반자, 중간처분자, 최종처분자 및 중간재활용자, 최종재활용자가 각각 작성한다.

(나) 작성 시에는 해당 사업자별로 기재항목에 기재를 하되 방치폐기물처리이행보증란에 공제조합 가입자는 공제조합 가입 여부만을, 보증보험 가입자는 보증보험 가입 여부만을 기재하면 된다.

(다) 수탁자의 허가 또는 신고사항 중 폐기물 중간처분 또는 재활용시설 란에는, 수탁대상 폐기물의 처리방법에 따른 폐기물처리시설의 종류별(일반소각시설, 고온소각시설 등)로 처리능력을 산정한다(동종시설이 여러 기가 있는 경우에는 합산).

(라) 처리능력은 허용보관량을 기준으로 기재한다.

- 허용보관량은 폐기물 종류별로 허가받은 허용보관량을 기재한다.
- 1일 폐기물 반입량은 발급시점을 기준으로, 계약된 전체물량을 최근 1년간 가동일수로 나눈 량이다. 계약 예정물량은 제외하고, 계약기간이 1년을 초과할 경우에는 1년간 계약된 물량만 산정한다. 가동일수가 1년 미만인 경우에는 연간 예정 가동일수를 적용한다.
- 금회 폐기물 수탁(운반량)은, 수탁처리능력확인서 발급업체와 계약하는 양의 1일 평균 반입량을 기재한다.
- 전체 폐기물 보관량은, "현재의 폐기물 보관량+1일 평균 폐기물 반입량+금회 폐기물 수탁량−1일 폐기물 처리량"으로 계산한다. 산정결과 부(−)의 값이 나오더라도 그 값을 기재한다.
- 1일 폐기물 처리(운반)량은, 해당 업체가 허가받은 1일 처리물량을 기재한다. 보관장소를 승인받지 않은 수집·운반업자의 경우에는 금회 폐기물수탁(운반)량 및 1일 폐기물처리(운반)량을 기재한다.

---

36) 사업장폐기물 배출자신고 및 처리계획 확인업무 처리지침 VI. 2. 다.

(2) 수탁처리능력확인서 발급

발급 시에는 폐기물처분업 허가증 또는 폐기물재활용업 허가증 사본과 방치폐기물이행보증대상인 경우 방치폐기물이행보증 대상임을 확인할 수 있는 서류 사본을 제출한다.[37)]

(3) 수탁처리능력확인서 제출

수탁처리능력 사전확인 대상사업자는 법 제18조에 따른 사업장폐기물배출자 신고를 하거나 법 제18조의2에 따른 폐기물처리계획의 확인을 받으려면 수탁자가 발급한 수탁처리능력확인서 사본을 사업장폐기물배출자신고서나 폐기물처리계획서에 첨부하여 관할 특별자치시장, 특별자치도지사, 시장·군수·구청장 또는 지방환경관서의 장에게 제출하여야 한다.[38)]

라. 사업장폐기물 처리 위·수탁계약

(1) 사업장폐기물 배출자는 수탁처리능력확인서 등 제출받은 자료를 검토하여 수탁자가 해당 폐기물을 처리할 능력이 있는지를 확인한 후 계약을 체결하여야 한다.[39)]

(가) 위·수탁계약서에 명시하여야 할 사항[40)]

- 위·수탁 폐기물의 종류와 양(연간)
- 위·수탁기간과 금액
- 사업장폐기물 처리 위·수탁자의 상호·소재지·대표자
- 사업장폐기물의 종류별 처리장소, 처리방법, 처리단가(운반의 경우 운반단가)
- 폐기물의 성질과 상태 및 취급시 주의사항

(나) 위·수탁계약서 보관기간

서명 또는 날인한 사업장폐기물처리 위·수탁계약서는 서로 교부하여 3년간 보관한다.[41)]

(2) 하나의 계약으로 체결하는 경우

폐기물수집·운반업자와 중간처분업자, 최종처분업자, 재활용업자, 폐기물처리 신고자를 포함하여 위·수탁계약을 체결하고자 하는 경우 하나의 계약서로 그 계약을 체결하고, 운반단가와 처리단가를 기재한다. 배출자가 스스로 수집·운반하는 경우 또는 중간처

37) 사업장폐기물 배출자신고 및 처리계획 확인업무 처리지침 VI.
38) 시행규칙 제17조 제3항
39) 시행규칙 제17조 제2항
40) 사업장폐기물 배출자신고 및 처리계획 확인업무 처리지침 VI.5.나.
41) 사업장폐기물 배출자신고 및 처리계획 확인업무 처리지침 VI.5.다.

분업자, 최종처분업자, 재활용업자, 폐기물처리 신고자가 그 처리대상 폐기물을 스스로 수집·운반하는 경우에는 수집·운반업자란에 배출자 또는 중간처분업자, 최종처분업자, 재활용업자, 폐기물처리 신고자가 수집·운반하는 것으로 위·수탁 계약을 체결할 수 있다. 배출자가 2개 이상의 수집·운반업자 또는 중간처분업자, 최종처븐업자, 재활용업자, 폐기물처리 신고자에게 위탁하고자 하는 경우 위탁대상 폐기둩의 종류 및 의탁량을 명시하여 위·수탁계약을 체결할 수 있다.[42]

(3) 폐기물수집·운반업자가 배출자 및 처리업자와 계약을 체결하는 경우

폐기물수집·운반업자는 ① 폐기물공공처리시설(법 제4조 및 제5조에 따른 폐기물처리시설)의 설치·운영자가 배출자로부터 직접 폐기물의 처리를 수탁하지 아니하는 경우, ② 폐기물수집·운반업자와 공공처리시설의 설치·운영자 간에 폐기둩의 반입계약이 체결되어 있는 경우, ③ 폐기물수집·운반업자가 공공처리시설에 폐기물을 반입 후 1개월 이내에 그 처리비에 관하여 배출자와 사후 정산하는 경우 모두에 해당하는 경우, 폐기물의 수집·운반을 위탁한 자와 폐기물의 수집·운반 및 처리까지의 계약을 체결할 수 있으나, 이 경우 운반단가(또는 운반비) 및 처리단가(또는 처리비)를 구분하여 기재해야 한다.[43]

2. 사업장폐기물 배출신고의무

가. 신고의무 개요

(1) 환경부령으로 정하는 사업장폐기물 배출자는 사업장폐기물의 종류와 발생량 등을 환경부령으로 정하는 바에 따라 특별자치시장, 특별자치도지사, 시장·군수·구청장에게 신고하여야 한다. 신고한 사항 중 환경부령으로 정하는 사항을 변경할 때에도 또한 같다.[44]

(2) 신고의무자가 신고를 하지 아니하거나 거짓으로 신고할 경우 1천만원 이하의 과태료를 부과한다.[45]

나. 신고의무자

환경부령에 의한 신고의무가 있는 사업장폐기물 배출자는 지정피기물 외의 사업장폐기물[중간가공 폐기물 중 생활폐기물로 만든 중간가공 폐기물 외의 중간가공 폐기물, 폐지 및 고철(비철금속 포함)은 제외]을 배출하는 자로서 다음의 어느 하나에 해당하는 자를 말한다.[46]

---

42) 사업장폐기물 배출자신고 및 처리계획 확인업무 처리지침 VI.5.라.
43) 사업장폐기물 배출자신고 및 처리계획 확인업무 처리지침 VI.5.마.
44) 법 제17조 제2항
45) 법 제68조 제1항 제1호의3

- 「대기환경보전법」·「수질 및 수생태계 보전에 관한 법률」 또는 「소음·진동관리법」에 따른 배출시설(이하 "배출시설"이라 한다)을 설치·운영하는 자로서 폐기물을 1일 평균 100킬로그램 이상 배출하는 자
- 시행령 제2조 제1호부터 제5호까지의 시설(폐수종말 및 하수처리시설, 분뇨처리시설, 가축분뇨 공공처리시설, 폐기물처리시설)을 설치·운영하는 자로서 폐기물을 1일 평균 100킬로그램 이상 배출하는 자
- 폐기물을 1일 평균 300킬로그램 이상 배출하는 자
- 시행령 제2조 제8호의 건설공사 및 시행령 제2조 제9호의 일련의 공사 또는 작업 등으로 인하여 폐기물을 5톤 이상 배출하는 자(공사의 경우에는 발주자로부터 최초로 공사의 전부를 도급받은 자를 포함한다), 저장탱크의 정기적인 청소 등 일회성 공사로 인하여 발생되는 폐기물 포함
- 법 제18조 제5항에 따라 사업장폐기물을 공동처리(이하 "공동처리"라 한다)하는 경우 운영기구의 대표자(제21조 제1항 제7호 및 제8호에 해당하는 자는 제외한다)[47]

다. 신고방법

신고의무가 있는 사업장폐기물 배출자는 사업장폐기물의 발생지(공동처리의 경우에는 운영기구 대표자의 사업장 소재지)를 관할하는 특별자치시장, 특별자치도지사 또는 시장·군수·구청장에게 신고하여야 한다.[48]

라. 신고시기

(1) 사업 개시일 또는 폐기물을 배출한 날로부터 1월 이내에 신고해야 하는 자[49]

---

46) 시행규칙 제18조 제1항

47) 사업장폐기물을 공동으로 수집·운반·처리하는 자의 경우에는 당해 공동운영기구의 대표자가 공동처리하는 업소의 명단, 각 업소별 발생폐기물의 종류·양 및 처리방법 등을 첨부하여 공동운영기구 대표자 사업장 소재지의 관할 행정기관의 장에게 배출자 신고를 하며, 이 경우 개별업소는 별도의 배출자 신고를 할 필요가 없다.
공동처리업소 중 대표자 사업장 소재지의 관할 행정기관과 다른 소재지에 위치한 사업장이 있는 경우 배출자 신고를 수리한 기관에서 당해 업소의 관할 행정기관으로 배출자 신고에 관련된 서류사본을 첨부하여 통보한다.
사업장배출시설계 폐기물이라 함은 배출시설이 설치된 사업장에서 직·간접으로 배출되는 폐기물을 의미하는 것으로 사업장 내에 배출시설이 설치되어 있지 않은 단순 조립라인 등 시설운영으로 발생된 폐기물(P.P포대 등)을 포함한다.
사업장 폐기물 배출자 신고를 할 경우 사업장배출설계 폐기물 및 사업장 내 사무실·식당·기숙사 등에서 발생되는 사업장생활계폐기물을 포함하여야 한다.
이상은 「사업장폐기물 배출자 신고 및 처리계획 확인 업무처리지침」(환경부 예규 제462호, 2012. 8. 8. 일부 개정) 참조

48) 시행규칙 제18조 제2항

49) 시행규칙 제18조 제2항 제1호

- 「대기환경보전법」·「수질 및 수생태계 보전에 관한 법률」·「소음·진동관리법」에 따른 배출시설을 설치·운영하는 자로서 폐기물을 1일 평균 100kg 이상 배출하는 자
- 폐수종말 및 하수처리시설, 분뇨처리시설, 가축분뇨 공공처리시설, 폐기물처리시설을 설치·운영하는 사업장에서 폐기물을 1일 평균 100kg 이상 배출하는 자
- 폐기물을 1일 평균 300kg 이상 배출하는 자

(2) 폐기물의 배출예정일까지 신고해야 하는 자[50)]

- 시행령 제2조 제8호에 따른 건설공사 및 시행령 제2조 제9호에 따른 일련의 공사 또는 작업 등에 의하여 5톤(공사의 경우에는 착공에서부터 완료까지 발생하는 폐기물의 양을 말한다) 이상 배출하는 자

(3) 사업 개시일부터 7일 이내에 신고해야 하는 자[51)]

- 법 제18조 제5항에 따라 사업장폐기물을 공동처리(이하 "공동처리"라 한다)하는 경우 공동운영기구의 대표자(시행규칙 제21조 제1항 제7호 및 제8호에 해당하는 자 제외)

라. 신고서류

(1) 사업장폐기물 배출자 신고서류는 다음과 같다.

- 사업장폐기물 배출자 신고서
- 수탁처리능력확인서 사본(시행규칙 제17조 제1항에 해당되는 폐기둘배출자에 한함)
- 사업장폐기물 배출자 신고증명서(변경하는 경우에 한함)

(2) 사업장폐기물 배출자 신고는 올바로시스템을 이용하여 관할 행정기관에 접수 가능하다.

마. 업무처리절차

(1) 통상적인 경우

사업자		관할 행정기관의 장		사업자
-배출자신고서 작성 (별지 제6호, 제7호 또는 제8호 서식)	➜ 신고	-접수 -폐기물처리계획 등의 적정 여부 검토 -신고증명서 작성	➜ 신고증명서 교부	-신고증명서 수령

50) 시행규칙 제18조 제2항 제2호
51) 시행규칙 제18조 제2항 제3호

(2) 공동처리하는 경우

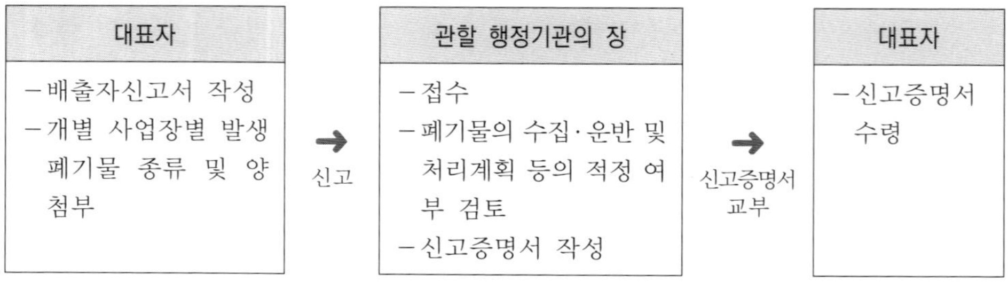

바. 배출자신고서 작성요령

(1) 신고인

(가) 시행규칙 제18조 제1항 제1호부터 제4호까지에 해당하는 사업장

사업장폐기물을 직접 배출하는 자가 신고한다. 다만, 시행령 제2조 제9호의 일련의 공사 또는 작업 등으로 폐기물을 5톤 이상 배출하는 경우 공사발주자로부터 최초로 공사의 전부를 도급 받은 자도 신고를 할 수 있다.

(나) 시행규칙 제18조 제1항 제5호에 해당하는 사업장

법 제18조 제5항에 따라 사업장폐기물을 공동으로 수집·운반·보관·처리하는 경우 당해 공동운영기구의 대표자가 신고한다. 단, 시행규칙 제21조 제1항 제7호[같은 법인 사업자 및 동일기업집단의 사업자] 및 제8호[의료폐기물 배출자]에 해당하는 자는 제외한다.

(2) 제조공정

원료의 저장 및 투입점으로부터 최종제품이 출하될 때까지의 전 공정을 작업단위별로 작성한다.

(3) 폐기물의 종류

당해 사업장에서 발생되는 지정폐기물 외의 모든 사업장폐기물을 기재하되, 폐기물의 종류별로 구체적으로 기재한다.

(4) 폐기물 발생주기 및 특성

비수기·성수기, 설비 등의 주기별 청소·교환 등으로 폐기물 배출량이 매월 일정치 않은 경우에도 이를 명확히 기재하도록 한다. 이와 같은 경우에는 100분의 50 이상 증감이 있는 경우라 하더라도 별도의 변경신고 대상으로 보지 않는다.

사. 변경신고

(1) 변경신고 사유[52]

(가) 신고한 사업장폐기물의 월 평균 배출량(시행규칙 제18조 제1항 제4호의 경우 총배출량)이 100분의 50 이상 증가한 경우

1) 월 평균 배출량은 전년도 1년간 배출량을 기준으로 산정한다. 전년도 1년간 총배출량을 12개월로 나눈 양으로 산정하되, 조업일수가 없는 날의 경우는 제외한다.

2) 일시적으로 폐기물이 발생되는 경우에는 실제 발생되는 월을 기준으로 평균 발생량을 산정한다.

3) 사업을 전년도 중간에 개시하여 폐기물이 발생한 경우 다음 해 1월부터 12월까지 배출량을 기준으로 월 평균 배출량을 산정한다.

(나) 신고 당시 배출되지 아니한 사업장폐기물이 1일 평균 300킬로그램(시행규칙 제18조 제1항 제1호 및 제2호의 경우에는 100킬로그램) 이상 새로 배출되는 경우(시행규칙 제18조 제1항 제4호의 경우는 제외)

(다) 상호 또는 사업장 소재지를 변경한 경우

1) 단순한 행정구역의 조정으로 변경되는 경우는 제외한다.

2) 폐기물 배출자의 변경으로 상호 또는 사업장의 소재지가 변경되는 경우 신규로 사업장폐기물 배출자신고를 하여야 한다. 단, 양도·양수 또는 임대 등으로 상호 또는 소재지 변경 없이 대표자만 변경되는 경우에는 변경신고 대상이 아니다.

3) 사업장 소재지 변경으로 관할 행정기관이 변경되는 경우 배출자는 변경되는 소재지의 관할 행정기관에 변경신고를 하여야 한다. 이 때 변경신고 수리기관은 기존의 관할기관으로부터 배출자신고 서류 일체를 이관받아야 한다.

(라) 사업장폐기물의 종류별 처리계획을 변경한 경우

1) 처리방법은 동일하고 단순히 위탁업소(처리업소)만을 변경하는 경우는 제외된다.

2) 위탁처리에서 자가처리, 자가처리에서 위탁처리 등의 경우에 변경신고하는 것이다.

(마) 대상 사업장의 수 및 대상폐기물의 종류가 변경된 경우(공동처리하는 경우에 한함)

(바) 폐기물이 발생되는 공사기간이 3개월 이상 연장되는 경우(시행규칙 제18조 제1항 제4호의 경우에 한함)

(사) 배출량 감소, 대표자 변경 등 변경신고 대상에 해당되지 아니한 경우 법적인 신고의무는 없으나, 배출자가 신고할 경우 변경신고를 수리할 수 있다.

---

52) 시행규칙 제18조 제4항 각 호

(2) 변경신고 시기

사업장폐기물 배출신고를 한 자는 변경신고 사유가 발생한 날부터 1월 이내에 변경신고 하여야 한다. 다만, 시행규칙 제18조 제1항 제4호에 해당하는 자는 처리하기 전까지 변경신고하여야 한다.[53)]

아. 신고증명서의 교부

특별자치시장, 특별자치도지사 또는 시장·군수·구청장은 사업장폐기물 배출자 신고서를 검토한 후 적정하다고 판단되는 경우 사업장폐기물 배출자 신고증명서를 신고인에게 내주어야 한다.[54)]

자. 폐기물 발생·처리에 관한 보고

사업장폐기물 배출자 신고를 한 자는 매년 폐기물의 발생·처리에 관한 보고서를 다음 연도 2월 말까지 해당 허가·승인·신고기관의 장에게 제출하여야 한다.[55)]

3. 지정폐기물처리계획 사전확인의무

가. 개 요

(1) 환경부령으로 정하는 지정폐기물을 배출하는 사업자는 그 지정폐기물을 법 제18조 제1항에 따라 처리하기 전에 환경부장관의 확인을 받아야 한다. 다만, 「자동차관리법」 제2조 제8호에 따른 자동차정비업을 하는 자 등 환경부령으로 정하는 자가 지정폐기물을 공동으로 수집·운반하는 경우에는 그 대표자가 환경부장관에게 확인을 받아야 한다.[56)]

(2) 사전확인 의무자가 환경부장관으로부터 확인·변경확인을 받지 아니하거나 확인·변경확인을 받은 내용과 다르게 지정폐기물을 배출·운반 또는 처리할 경우 2년 이하의 징역이나 2천만원 이하의 벌금에 처해진다.[57)]

나. 사전확인 대상

사전확인 대상은 폐기물 종류별로 다음에 정한 양 이상으로 배출하는 지정폐기물 배출사업자이다.[58)]

---

53) 시행규칙 제18조 제4항
54) 시행규칙 제18조 제3항
55) 법 제38조 제1항 제2호
56) 법 제17조 제3항
57) 법 제66조 제4호
58) 시행규칙 제18조의2 제1항

(1) 오니를 월 평균 500킬로그램 이상 배출하는 사업자

(2) 폐농약·광재·분진·폐주물사·폐사·폐내화물·도자기 조각·소각재·안정화 또는 고형화 처리물, 폐촉매·폐흡착제·폐흡수제·폐유기용제 또는 폐유를 각각 월 평균 50킬로그램 또는 합계 월 평균 130킬로그램 이상 배출하는 사업자

(3) 폐합성고분자화합물·폐산·폐알칼리·폐페인트·폐래커를 월 평균 100킬로그램 또는 합계 월 평균 200킬로그램 이상 배출하는 사업자

(4) 폐석면을 월 평균 20킬로그램 이상 배출하는 사업자. 이 경우 축사 등 환경부장관이 정하여 고시하는 시설물을 운영하는 사업자가 5톤 미만의 슬레이트 지붕 철거·제거 작업을 전부 도급한 경우에는 수급인(하수급인은 제외한다)이 사업자를 갈음하여 지정폐기물 처리계획의 확인을 받을 수 있다.

(5) 폴리클로리네이티드비페닐 함유폐기물을 배출하는 사업자

(6) 폐유독물을 배출하는 사업자

(7) 의료폐기물을 배출하는 사업자

(8) 시행령 [별표 1] 제11호[주변환경을 오염시킬 수 있는 유해한 물질로서 환경부장관이 정하여 고시하는 물질]에 따라 고시된 지정폐기물을 환경부장관이 정하여 고시하는 양 이상으로 배출하는 사업자

다. 확인시기 및 제출서류

(1) 확인시기

지정폐기물처리계획 사전확인은 폐기물을 처리하기 전에 해야 한다. 변경확인의 경우도 마찬가지이다.

(2) 제출서류

- 배출자의 폐기물처리(변경)계획서: 시행규칙 별지 제12호 서식
- 폐기물분석결과서: 시행규칙 별지 제13호 서식
- 폐기물처리자의 수탁확인서: 시행규칙 별지 제5호 서식
- 폐기물수탁처리능력확인서 사본(시행규칙 제17조 제1항 각호에 해당하는 폐기물배출자에 한하며 첨부서류를 포함한다)
- 폐기물처리계획(변경)확인증명서(변경확인의 경우만 해당한다)

라. 제출서류 작성

(1) 제출인

(가) 지정폐기물을 배출하는 자가 작성해서 제출한다.

(나) 건설공사장에서의 지정폐기물 배출자는 지정폐기물을 발생시키는 시설의 소유자(시설을 임대하여 사용하는 경우는 사용자)를 말한다. 다만, 축사 등 환경부장관이 정하여 고시하는 시설물 등을 운영하는 사업자로부터 폐석면의 배출량이 5톤 미만인 슬레이트 지붕의 철거·제거작업을 최초로 전부 도급받은 자도 포함한다. 고시대상 시설물은 농업·어업·축산업·임업을 하는 자의 주택, 창고시설 등 일련의 시설물이다.

(다) 공동처리하는 경우에는 공동운영기구의 대표자가 작성해서 제출한다.

(2) 폐기물처리계획서

(가) 폐기물 종류

폐기물 종류는 액상 또는 고상에 관계없이 시행령 [별표 1]에서 정하는 폐기물의 종류를 기재하되, 의료폐기물의 경우 시행령 [별표 2]의 종류를 함께 기재한다.

(나) 성 상

액상(수분함량이 85% 초과하는 것) 및 고상(고형물함량이 15% 이상인 것)으로 구분하여 기재하되, 지정폐기물을 함유한 폐용기류, 절연유를 함유한 폐변압기의 경우 절연유 액상 및 고상을 포함하고 있으므로 기타로 기재한다.

(다) 업 종

공동처리의 경우 대표적인 업종을 기재한다.

(라) 발생폐기물의 종류별 배출 및 처리계획

공동처리의 경우에는 공동운영기구 전체 폐기물의 배출 및 처리계획을 기재하고, 각 회원사별 배출 및 처리계획은 별도로 첨부

지정폐기물 중 폐유의 분류번호 구분기준

① 윤활유(06-01-01) : 예치금 대상인 자동차, 건설기계, 선박 및 어선, 농업기계 내연기관용 윤활유
② 연마유·절삭유(06-01-02) : 금속가공 과정에서 발생되는 폐윤활유로서 열처리용유, 비수용성 절삭유 등
③ 기계유·작동유(06-01-03) : 주로 공업용으로 사용되는 윤활유로서 기계유, 기어유, 냉동기유, 터어빈유, 베어링윤활유, 압축기유, 유압작동유, 열매체유, 프로세스유, 예치금 대상이 아닌 내연기관용 윤활유
④ 연료유(06-01-04) : 자동차용 휘발유, 등유, 경유, 중유
⑤ 폐오일필터(06-01-05) : 오일필터
⑥ 기타(06-01-05) : 아스팔트유, 전기절연유, 프로세스유, 그리스, 방청유, 달리 분류되지 않

은 30% 이상 수분이 함유되거나 20% 이상 이물질이 함유된 폐유, 고상폐우 등
⑦ 폐동·식물유(06-02-00)
⑧ 기타 달리 분류되지 아니하는 폐유(06-03-00)

(3) 폐기물분석결과서

(가) 폐기물분석 전문기관

- 한국환경공단
- 「보건환경연구원법」 제2조에 따른 보건환경연구원
- 국립환경과학원장이 폐기물의 분석능력이 있다고 인정하여 고시하는 기관(폐기물분석전문기관의 지정 등에 관한 규정)

(나) 폐기물분석 방법

1) 폐기물 배출자가 직접 시료채취한 후 폐기물분석 전문기관에 분석의뢰한다.
2) 분석방법은 폐기물공정시험 방법에서 정하는 바에 따라 분석한다.
3) 폐기물 배출자 지참시료로 시험분석을 하되, 분석결과에 대한 책임은 배출자에게 있다.

(다) 폐기물의 종류별 분석항목

1) 시행령 [별표 1] 제1호 나목 및 제3호는 시행규칙 [별표 1]에서 정하는 유해물질 함유량을 분석한다.
2) 폐유는 기름성분 함량분석을 한다. 해당 지정폐기물(폐유)로 처리하고자 하는 경우에는 성분분석을 하지 않아도 된다. 다만, 전기절연유의 경우에는 PCBs 성분이 1리터당 2밀리그램 미만인지의 여부를 확인하여야 한다.
3) 폐유기용제는 할로겐족(시행규칙 [별표 1의2]에서 정하는 물질) 및 기타 폐유기용제(할로겐족을 제외한 모든 폐유기용제)의 용제 함량을 분석한다.
4) PCBs 함유 폐기물은 PCB 함유량을 분석한다. PCBs 함유한 폐변압기 등의 폐기처리 시 각각의 기기별로 성분분석을 실시하되, 제품 구입 시 해당 제품의 PCBs 함유 분석결과서가 있는 경우에는 성분분석을 할 필요가 없다.
5) 공동처리하는 경우에는 공동운영기구에서 폐기물 종류별로 분석하여 분석결과서를 제출할 수 있다. 다만, 공동운영기구에서 탈퇴하여 개별처리하고자 하는 경우 당해 사업장에서 발생되는 폐기물에 대하여 새로이 성분분석을 실시하여야 한다.

6) 불가피한 사유로 분석이 불가하여 성분분석을 실시할 수 없는 경우 물질안전보건자료(MSDS) 등 해당 물질의 성분 및 유해성을 입증할 수 있는 자료를 첨부할 수 있다.

(4) 폐기물수탁확인서

(가) 위탁처리하고자 하는 처리업소가 2 이상인 경우에는 처리업소별로 작성한다.

(나) 수탁폐기물의 종류별 처리방법 중 수탁가능량은 위탁업소가 폐기물 종류별로 위탁하고자 하는 양 중 수탁 가능한 폐기물의 종류별 중량(톤/년)을 기재한다.

(다) 수탁가능량은 해당 업소의 시설능력, 가동일수 등을 고려한 처리가능량(톤/년) 중 실제 수탁할 수 있는 양(기 수탁확인서 발급량을 뺀 양)을 기재한다.

(라) 폐기물수탁확인서를 발급한 폐기물처리업자가 영업정지, 휴업, 폐업 또는 폐기물처리시설의 사용정지 등의 사유로 지정폐기물을 처리할 수 없는 경우 지체없이 시행규칙 별지 제15호 서식에 의하여 그 사실을 지정폐기물 처리를 위탁한 자에게 통보하여야 한다.[59)]

(5) 폐기물수탁처리능력확인서

마. 변경확인

위 서류 중 변경사항과 관련된 서류를 환경부장관에게 제출하여 변경확인을 받아야 한다.[60)] 변경확인을 받아야 되는 사유는 다음과 같다.[61)]

(1) 상호 또는 사업장 소재지를 변경하려는 경우

폐기물처리계획서를 변경하여 제출한다. 단순히 행정구역의 조정으로 변경되는 경우는 제외한다. 폐기물 배출자의 변경으로 상호 또는 소재지가 변경되는 경우 변경확인을 받아야 하나, 양도·양수 또는 임대 등으로 상호 또는 소재지 변경 없이 대표자만 변경되는 경우에는 변경확인 대상이 아니다. 사업장 소재지의 변경으로 관할 행정기관이 변경되는 경우 배출자는 변경되는 소재재의 관할 행정기관에 변경확인 신청을 하고, 변경확인기관은 기존의 관할 행정기관에 처리증명 서류 일체를 이관받은 후 변경확인을 하여야 한다.

(2) 확인받은 지정폐기물의 월 평균 배출량이 100분의 30 이상 증가한 경우

폐기물처리계획서와 수탁확인서를 변경하여 제출한다. 월 평균 배출량은 1년간 배출

---

59) 법 제19조 제2항
60) 법 제17조 제4항
61) 시행규칙 제18조의2 제7항

량을 기준으로 산정한다. 즉, 전년도 1년간 총 배출량을 12월로 나눈 양으로 산정하되, 조업일수가 없는 날의 경우는 제외한다. 일시적으로 폐기물이 발생되는 경우에는 실제 발생되는 월을 기준으로 평균 발생량을 산정하고, 사업을 전년도 중간에 개시하여 폐기물이 발생한 경우 다음 해 1월부터 12월까지의 배출량을 기준으로 월 평균 배출량을 산정한다.

(3) 확인받지 아니한 지정폐기물이 새로이 배출되는 경우

폐기물처리계획서에 새로이 배출되는 폐기물을 추가하고, 동 폐기물에 대한 분석결과서와 수탁확인서를 제출한다. 확인받지 않은 지정폐기물의 종류는 액상 또는 고상에 관계없이 지정폐기물의 종류별로 산정한다.

(4) 지정폐기물의 종류별 처분 또는 재활용방법이나 처리자를 변경하려는 경우

운반자가 변경된 경우 폐기물처리계획서를 변경하여 제출하고, 처리자가 변경된 경우 폐기물처리계획서와 수탁확인서를 변경하여 제출한다. 처리방법이 변경된 경우, 위탁처리에서 자가처리로 바뀐 경우에는 폐기물처리계획서를 변경하여 제출하고, 자가처리에서 위탁처리로 바뀐 경우 폐기물처리계획서 및 수탁확인서를 변경하여 제출하며, 자가처리 방법의 변경과 위탁처리 방법의 변경이 모두 포함된 경우에는 폐기물처리계획서와 수탁확인서를 변경하여 제출한다. 공동처리에서 자가처리 또는 위탁처리로 변경되는 경우 폐기물처리계획서, 폐기물분석결과서, 수탁확인서(위탁처리의 경우만 해당) 및 공동운영기구의 폐기물처리계획확인필증(공동운영기구를 통하여 공동처리하였음을 증명하는 서류) 사본을 제출한다. 공동운영기구의 폐기물처리계획 확인필증 사본을 제출하지 못하는 경우에는 최초 확인을 받아야 한다. 처리방법이 연중 일시적·정기적으로 변경되는 경우, 최초 처리계획 확인 서류 제출 시 발생폐기물의 종류별 배출 및 처리계획상 처리대상 폐기물 종류, 배출주기, 처리방법 사항을 기재하면 변경확인을 받을 필요가 없다.

(5) 대상사업장의 수 또는 대상폐기물의 종류가 변경된 경우(공동처리하는 경우만 해당)

공동처리 대상사업장의 수가 증가되거나 감소된 경우 폐기물처리계획서를 변경하여 제출한다. 회원수가 증가하여 기존 발생량을 기준으로 누적 증가된 발생량이 100분의 30 이상으로 증가하는 경우 폐기물 수탁확인서를 제출한다. 공동처리 대상폐기물 종류가 변경된 경우에는 폐기물처리계획서를 변경하고 추가된 폐기물 종류에 따라 분석결과서와 수탁확인서를 제출한다.

(6) 업종변경, 배출량 감소 등 법령에서 정하는 변경확인 대상에 해당되지 않는 변경이라 하더라도 배출자가 신청할 경우 변경확인을 해 줄 수 있다.

바. 확인기관

(1) 당해 지정폐기물 배출사업장을 관할하는 행정기관이 확인기관이 된다.

(2) 공동처리하는 경우에는 공동운영기구 대표자의 사업장 소재지 관할 행정기관이 확인기관이다.

(3) 종합병원에서 병원으로 변경, 인계서 작성대상 사업장에서 간이인계서 작성대상 사업장으로 변경 등의 사유로 인하여 관할 행정기관이 변경되는 경우, 변경되는 사업장의 관할 행정기관이 확인기관이 된다. 변경되는 사업장의 관할 행정기관이 변경증명 확인서류를 제출받으면 기존의 관할 행정기관에 처리증명 서류 일체에 대한 이관을 받은 후 변경확인을 하여야 한다.

사. 폐기물처리계획(변경)확인필증 교부

확인신청을 받은 행정기관은 5일 이내에 그 처리계획의 적정 여부를 확인하여 폐기물처리계획(변경)확인필증을 교부하여야 한다. 다만, 적용대상이 되는 폐기물이 추가되는 등의 사유로 5일 이내에 그 처리계획이 적정한지 확인하기 곤란하면 환경부장관이 정하여 고시하는 기준에 따라 그 처리계획의 적정성을 확인하여 폐기물 처리계획 확인증명서를 내줄 수 있는 시기를 조정할 수 있다.[62]

아. 지정폐기물 배출 및 처리실적 보고

지정폐기물처리계획 확인을 받은 자는 환경부령으로 정하는 바에 따라 매년 폐기물의 발생·처리에 관한 보고서를 다음 연도 2월 말까지 해당 허가·승인·신고기관 또는 확인기관의 장에게 제출하여야 한다.[63] 환경부장관, 시·도지사 또는 시장·군수·구청장은 보고서를 제출하여야 하는 자가 기한 내에 제출하지 아니하면 기간을 정하여 제출을 명할 수 있다.[64] 보고서를 제출하여야 하는 자는 사업장폐기물의 처리를 위탁한 자에게 보고서 작성에 필요한 자료를 매년 1월 15일까지 서면으로 요구할 수 있으며, 그 요구를 받은 자는 그 자료를 1월 31일까지 서면으로 제출하여야 한다.[65]

4. 사업장폐기물 인계·인수 내용 전자정보처리프로그램 입력의무

가. 개 요

(1) 환경부령으로 정하는 사업장폐기물을 배출하는 자는 그 폐기물을 배출할 때마다

62) 시행규칙 제18조의2 제6항
63) 법 제38조 제1항 제3호
64) 법 제38조 제2항
65) 법 제38조 제3항

폐기물의 인계·인수에 관한 내용을 환경부령으로 정하는 바에 따라 전자정보처리프로그램에 입력하여야 한다. 다만, 의료폐기물은 환경부령으로 정하는 바에 따라 무선주파수인식방법을 이용하여 그 내용을 전자정보처리프로그램에 입력하여야 한다.[66]

(2) 이에 위반하여 폐기물 인계·인수에 관한 내용을 입력하지 아니하거나 환경부령으로 정하는 방법에 따라 입력하지 아니한 자 또는 거짓으로 입력한 자에 대하여는 2년 이하의 징역이나 2천만원 이하의 벌금에 처한다.[67]

나. 전자인계서 작성대상[68]

(1) 시행규칙 제18조 제1항 각 호의 사업장폐기물(생활폐기물로 만든 중간가공 폐기물 외의 중간가공 폐기물 포함).

- 「대기환경보전법」·「수질 및 수생태계 보전에 관한 법률」 또는 「소음·진동관리법」에 따른 배출시설(이하 "배출시설"이라 한다)을 설치·운영하는 자로서 폐기물을 1일 평균 100킬로그램 이상 배출하는 자
- 시행령 제2조 제1호부터 제5호까지의 시설을 설치·운영하는 자로서 폐기물을 1일 평균 100킬로그램 이상 배출하는 자
- 폐기물을 1일 평균 300킬로그램 이상 배출하는 자
- 시행령 제2조 제8호의 건설공사 및 시행령 제2조 제9호의 일련의 공사 또는 작업 등으로 인하여 폐기물을 5톤 이상 배출하는 자(공사의 경우에는 발주자로부터 최초로 공사의 전부를 도급받은 자를 포함한다)
- 법 제18조 제5항에 따라 사업장폐기물을 공동처리(이하 "공동처리"라 한다)하는 경우 운영기구의 대표자(제21조 제1항 제7호 및 제8호에 해당하는 자는 제외한다)

(2) 시행규칙 제18조의2 제1항 각 호의 사업장폐기물(생활폐기물로 만든 중간가공 폐기물 외의 중간가공 폐기물 포함).

- 오니를 월 평균 500킬로그램 이상 배출하는 사업자
- 폐농약, 광재, 분진, 폐주물사, 폐사, 폐내화물, 도자기조각, 소각재, 안정화 또는 고형화처리물, 폐촉매, 폐흡착제, 폐흡수제, 폐유기용제 또는 폐유를 각각 월 평균 50킬로그램 또는 합계 월 평균 130킬로그램 이상 배출하는 사업자
- 폐합성고분자화합물, 폐산, 폐알칼리, 폐페인트 또는 폐래커를 각각 월 평균 100킬로그램 또는 합계 월 평균 200킬로그램 이상 배출하는 사업자

---

66) 법 제18조 제3항
67) 법 제66조 제5호
68) 법 제18조 제3항; 시행규칙 제20조

- 폐석면을 월 평균 20킬로그램 이상 배출하는 사업자. 이 경우 축사 등 환경부장관이 정하여 고시하는 시설물을 운영하는 사업자가 5톤 미만의 슬레이트 지붕 철거·제거 작업을 전부 도급한 경우에는 수급인(하수급인은 제외한다)이 사업자를 갈음하여 지정폐기물 처리계획의 확인을 받을 수 있다.
- 폴리클로리네이티드비페닐 함유폐기물을 배출하는 사업자
- 폐유독물을 배출하는 사업자
- 의료폐기물을 배출하는 사업자
- 시행령 [별표 1] 제11호에 따라 고시된 지정폐기물을 환경부장관이 정하여 고시하는 양 이상으로 배출하는 사업자

(3) 시행규칙 제21조 제1항 각 호의 자가 공동으로 처리하는 지정폐기물(생활폐기물로 만든 중간가공 폐기물 외의 중간가공 폐기물 포함).

- 「자동차관리법」 제2조 제8호에 따른 자동차정비업을 하는 자와 같은 법 시행규칙 제132조 각 호의 작업을 업으로 하는 자
- 「건설기계관리법」 제2조 제1항 제4호에 따른 건설기계정비업을 하는 자
- 「여객자동차 운수사업법」 제2조 제3호에 따른 여객자동차운송사업을 하는 자
- 「화물자동차 운수사업법」 제2조 제3호에 따른 화물자동차운송사업을 하는 자
- 「공중위생관리법」 제2조 제1항 제6호에 따른 세탁업을 하는 자
- 「인쇄문화산업 진흥법」 제2조 제3호의 인쇄사를 경영하는 자
- 같은 법인의 사업자 및 「독점규제 및 공정거래에 관한 법률」 제2조 제2호에 따른 동일한 기업집단의 사업자
- 같은 산업단지 등 사업장 밀집지역의 사업장을 운영하는 자
- 의료폐기물을 배출하는 자(「의료법」 제3조 제2항 제3호 마목의 종합병원은 제외한다)
- 사업장폐기물이 소량으로 발생하여 공동으로 수집·운반하는 것이 효율적이라고 시·도지사, 시장·군수·구청장 또는 지방환경관서의 장이 인정하는 사업장을 운영하는 자

다. 폐기물 인계·인수내용 입력방법과 절차[69]

(1) 배출자(법 제24조의2 제1항에 따라 수입신고를 한 자 포함)는 운반자에게 폐기물을 인계하기 전이나 컨테이너를 사용하여 수출폐기물 또는 수입폐기물을 스스로 운반하기 전에 폐기물의 종류 및 양 등을 전자정보처리프로그램에 확정 또는 예약입력하고, 예

69) 시행규칙 [별표 6]

약입력한 경우에는 처리자가 폐기물을 인수한 후 1일 이내에 확정입력하여야 한다.

(2) 운반자는 배출자로부터 폐기물을 인수받은 날부터 1일 이내에 전달받은 인계번호를 확인하여 전자정보처리프로그램에 입력해야 한다. 다만, 적재능력이 작은 차량으로 폐기물을 수집하여 적재능력이 큰 차량으로 옮겨 싣기 위하여 임시보관장소를 경유하는 경우에는 처리자에게 인계한 후 1일 이내에 입력하여야 한다.

(3) 처리자는 운반자로부터 폐기물을 인수한 때에는 인수한 날(법 제24조의2 제2항에 따라 수입신고를 한 자가 스스로 처리하는 경우에는 폐기물이 처리장소에 도착한 날)부터 1일 이내에 인계번호, 인계일자, 인수량 등을 전자정보프로그램에 입력하여야 한다. 다만, 수도권매립지관리공사에 반입되는 폐기물 중 「수도권매립지관리공사의 설립 및 운영에 관한 법률」에 따라 성분검사 등을 실시하는 폐기물에 대하여는 한국환경공단이 인정하는 경우에 한하여 입력기한을 30일로 연장할 수 있다.

(4) 처리자는 위 (3)에 따라 입력한 폐기물을 처리한 후 2일 이내에 처리량 및 처리일자 등을 전자정보처리프로그램에 입력하여야 한다. 이 경우 처리기간을 초과하여서는 아니된다.

(5) 그 밖에 전자정보처리프로그램에 입력하기 위한 구체적인 방법과 절차는 「폐기물 전자정보처리프로그램 운영 및 사용 등에 관한 고시」 참조.

라. 전자인계서 작성 제외대상

폐지 및 고철과 시행규칙 제20조 제1항 각 호 중 생활폐기물로 만든 중간가공 폐기물에 대해서는 전자인계서 작성이 필요 없다.[70]

5. 사업장폐기물 감량지침 준수의무

가. 개 요

(1) 일정한 업종 및 규모 이상의 사업장폐기물 배출자는 사업장폐기물의 발생 억제를 위하여 환경부장관과 관계 중앙행정기관의 장이 환경부령으로 정하는 기본 방침과 절차에 따라 통합하여 고시하는 지침을 지켜야 한다.[71]

(2) 위와 같이 고시된 지침의 준수의무를 이행하지 아니한 자에 대하여는 300만원 이하의 과태료를 부과한다.[72]

---

70) 시행규칙 제20조 제1항
71) 법 제17조 제5항
72) 법 제68조 제2항 제2호

나. 폐기물 감량

(1) 폐기물 감량이란 단위 생산량 당 또는 매출액 당 폐기물의 발생량 및 최종처리량을 줄이거나 유해성 등을 줄이는 것을 말한다.

(2) 감량의 방법은 ① 공정 및 설비 변경, 원료 변경 등의 방법으로 생산공정에서 발생되는 폐기물의 양을 줄이거나 유해성을 완화시키는 '발생예방'과 ② 사업장에서 발생되는 폐기물을 재사용·재생이용할 수 있는 상태로 만드는 활동 또는 폐기물로부터 시행규칙 제3조의 기준에 따라 「에너지기본법」 제2조 제1호에 따른 에너지를 회수하는 활동인 '재활용'이 있다.[73]

다. 적용대상 사업장

감량대상 사업장은 다음과 같다.[74]

폐기물 발생 억제 지침 준수의무 대상 배출자의 업종 및 규모(제9조 관련)

1. 업종 : 「통계법」 제22조에 따른 한국표준산업분류표의 중분류업종 중 다음 각 목의 업종
   가. 섬유제품 제조업(봉제 의복 제외)
   나. 코크스(cokes), 석유 정제품 및 핵연료 제조업
   다. 화합물 및 화학제품 제조업
   라. 고무 및 플라스틱제품 제조업
   마. 비금속 광물제품 제조업
   바. 제1차 금속산업
   사. 조립금속제품 제조업(기계와 가구 제외)
   아. 그 밖의 기계 및 장비 제조업
   자. 그 밖의 전기기계 및 전기 변환장치 제조업
   차. 전자부품, 영상, 음향 및 통신 장비 제조업
   카. 의료, 정밀광학기기 및 시계 제조업
   타. 자동차 및 트레일러 제조업
   파. 기타 운송장비 제조업
   하. 전기·가스업
2. 규 모
   가. 최근 3년간의 연평균 배출량을 기준으로 지정폐기물을 200톤 이상 배출하는 자

73) 사업장폐기물감량지침 제2조 제1호
74) 시행령 제9조

> 나. 최근 3년간의 연평균 배출량을 기준으로 지정폐기물 외의 폐기물을 1천톤 이상 배출하는 자
>
> 비고: 제2호 나목의 경우 2005년은 2004년 배출량, 2006년은 2004년 및 2005년 배출량의 평균을 기준으로 산정한다.

라. 폐기물 감량계획 수립 및 추진실적 평가

(1) 대상사업자는 규칙 제19조 제1호에 따른 폐기물 감량을 위한 자체계획을 3년마다 수립·시행하여야 한다. 폐기물 감량계획에는 ① 폐기물 감량 추진을 위한 조직체계, ② 폐기물 발생·처리 현황 및 전망, ③ 폐기물 감량 목표율, ④ 폐기물 감량 목표 달성을 위한 실천계획, ⑤ 폐기물 감량계획의 추진실적 자체평가방안, ⑥ 그 밖에 사업활동 현황(사용원료·연료, 생산제품, 사업목표 및 성과) 등 폐기물 감량 추진과 관련된 사항이 포함되어야 한다.[75]

(2) 대상사업자는 폐기물 감량계획(계획 수립연도만 해당)과 전년도 감량 추진실적을 전산프로그램 등을 이용하여 매년 2월 말까지 전산처리기구의 장에게 제출하여야 한다.[76]

(3) 전산처리기구의 장은 사업자가 감량계획 및 실적으로 제출하지 아니하거나 제출한 감량계획 및 실적내용에 보완이 필요한 경우에는 해당 사업자에게 관련 자료의 제출이나 보완을 요청할 수 있다.[77]

(4) 전산처리기구의 장은 폐기물 감량추진실적 심의 등을 의하여 폐기물 감량기술 및 관리경험이 있는 30인 이내의 전문가로 폐기물감량평가심의위원회(이하 "위원회"라 한다)를 환경부장관 및 산업통상자원부장관과 협의하여 구성·운영한다.[78]

마. 우수사업장 지정 및 기술진단·지도[79]

(1) 전산처리기구의 장은 폐기물 감량추진실적 평가결과 감량 추진실적이 우수한 사업장을 위원회의 평가를 거쳐 사업장폐기물 감량 우수사업장으로 선정할 수 있다. 전산처리기구의 장은 선정된 사업장을 우수사업장으로 지정해 줄 것을 환경부장관에게 요청할 수 있다. 환경부장관은 우수사업장으로 지정 요청을 받은 사업장에 대하여 관련 실·국과

---

75) 사업장폐기물 감량지침 제5조
76) 사업장폐기물 감량지침 제6조
77) 사업장폐기물 감량지침 제7조
78) 사업장폐기물 감량지침 제8조
79) 사업장폐기물 감량지침 제10조 내지 제14조

해당 사업장을 관할하는 시·도 또는 지방환경관서의 의견을 들어 해당 사업장을 우수사업장으로 지정할 수 있다. 우수사업장으로 지정된 사업장이 우수사업장으로 우대를 받는 기간은 지정된 날부터 3년으로 한다. 환경부장관은 해당 사업장을 우수사업장으로 지정하는 경우에는 우수사업장 지정서를 발급하여야 하며, 이를 산업통상자원부장관과 해당 사업장을 관할하는 시·도지사 또는 지방환경관서의 장에게 통보하여야 한다.

(2) 환경부장관과 산업통상자원부장관은 우수사업장에 정부 포상 시 우선순위를 적용하거나 폐기물감량화 기술개발 및 시설설치에 대한 재활용산업육성자금 등 정부 관련 자금을 우선지원할 수 있으며, 폐기물관리법 제39조에 따른 검사를 면제하거나 우수사업장 시상 및 홍보를 할 수 있다.

Ⅲ. 사업장폐기물 배출자의 권리·의무 승계

(1) 사업장폐기물 배출자가 그 사업을 양도하거나 사망한 경우 또는 법인이 합병한 경우에는 그 양수인·상속인 또는 합병 후 존속하는 법인이나 합병에 의하여 설립되는 법인은 그 사업장폐기물과 관련한 권리와 의무를 승계한다. 「민사집행법」에 따른 경매, 「채무자 회생 및 파산에 관한 법률」에 따른 환가(換價)나 「국세징수법」·「관세법」 또는 「지방세기본법」에 따른 압류재산의 매각, 그 밖에 이에 준하는 절차에 따라 사업장폐기물 배출자의 사업장 전부 또는 일부를 인수한 자는 그 사업장폐기물과 관련한 권리와 의무를 승계한다.[80]

(2) 민사집행법에 의한 경매, 파산법에 의한 환가나 국세징수법·관세법 또는 지방세법에 의한 압류재산의 매각 기타 이에 준하는 절차에 따라 사업장폐기물 배출자의 사업을 인수한 자가 당해 사업장폐기물과 관련한 권리·의무를 승계한다는 의미는, 위와 같은 인수자가 사업장폐기물 배출자의 공법상 권리·의무를 승계한다는 취지일 뿐이고, 이로써 사업장폐기물 배출자의 사법상 권리·의무까지 당연히 승계되는 것은 아니라고 보아야 한다.[81]

80) 법 제17조 제6항, 제7항
81) 대법원 2002.10.22. 선고 2002다46331 판결

Chapter

02 폐기물의 처리

Ⅰ. 폐기물 처리의 의의

폐기물관리법에서 말하는 폐기물 처리란 폐기물의 수집, 운반, 보관, 재활용, 처분하는 일련의 활동을 말한다.[1)]

1. 폐기물의 수집·운반·보관

수집이란 흩어져 있는 폐기물을 일정 장소로 모으는 것을 말하고, 운반이란 일정 장소에서 다른 장소로 이동시키는 것을 말하며, 보관이란 일정 기간 일정 장소에 보존하는 것을 말한다.

2. 폐기물의 재활용

(1) 폐기물관리법상 '재활용'이란, 폐기물을 재사용·재생이용하거나 재사용·재생이용할 수 있는 상태로 만드는 활동이나, 폐기물로부터 에너지를 회수하거나 회수할 수 있는 상태로 만들거나 폐기물을 연료로 사용하는 활동으로서 환경부령으로 정하는 활동을 말한다.[2)]

(2) 재사용이란 재활용가능자원을 그대로 또는 고쳐서 쓰거나 생산활동에 다시 사용할 수 있도록 하는 것을 말하고, 재생이용이란 재활용가능자원의 전부 또는 일부를 원료물질로 다시 사용하거나 다시 사용할 수 있도록 하는 것을 말한다.

(3) 환경부령에서 '에너지를 회수하거나 회수할 수 있는 상태로 만들거나 폐기물을

1) 법 제2조 제5의2호
2) 법 제2조 제7호

연료로 사용하는 활동'이란 아래와 같다.[3)]

(가) 가연성 고형폐기물로부터 다음 기준에 맞게 에너지를 회수하는 활동

- 다른 물질과 혼합하지 아니하고 해당 폐기물의 저위발열량이 킬로그램당 3천 킬로칼로리 이상일 것
- 에너지의 회수효율(회수에너지 총량을 투입에너지 총량으로 나눈 비율)이 75퍼센트 이상일 것
- 회수열을 모두 열원(熱源)으로 스스로 이용하거나 다른 사람에게 공급할 것
- 환경부장관이 정하여 고시하는 경우에는 폐기물의 30퍼센트 이상을 원료나 재료로 재활용하고 그 나머지 중에서 에너지의 회수에 이용할 것

(나) 폐기물을 에너지를 회수할 수 있는 상태로 만드는 활동으로서 다음에 해당하는 활동

- 가연성 고형폐기물을 「자원의 절약과 재활용촉진에 관한 법률 시행규칙」 [별표 7]에서 정한 기준에 적합한 고형연료제품으로 만드는 활동
- 폐기물을 혐기성 소화, 정제, 유화 등의 방법으로 에너지를 회수할 수 있는 상태로 만드는 활동

(다) 다음 어느 하나에 해당하는 폐기물(지정폐기물 제외)을 시멘트 소성로 및 환경부장관이 정하여 고시하는 시설에서 연료로 사용하는 활동

- 폐타이어
- 폐섬유
- 폐목재
- 폐합성수지
- 폐합성고무
- 분진(중유회, 코크스 분진만 해당한다)
- 그 밖에 환경부장관이 정하여 고시하는 폐기물

3. 폐기물의 처분

'처분'이란, 폐기물의 소각(燒却)·중화(中和)·파쇄(破碎)·고형화(固形化) 등의 중간처분과 매립하거나 해역(海域)으로 배출하는 등의 최종처분을 말한다.[4)]

---

3) 시행규칙 제3조 제1항
4) 법 제2조 제6호

Ⅱ. 폐기물의 처리기준

1. 폐기물 처리 일반기준

누구든지 폐기물을 처리하려는 자는 다음의 기준과 방법을 따라야 한다.5) 이러한 기준과 방법에 따르지 않고 폐기물을 처리한 자에 대하여는 1천만원 이하의 과태료를 부과한다.6)

가. 폐기물의 종류 등에 따른 수집·운반·보관의 구분

폐기물의 종류와 성질·상태별로 재활용 가능성 여부, 가연성이나 불연성 여부 등에 따라 구분하여 수집·운반·보관하여야 한다. 다만, 의료폐기물이 아닌 폐기물로서 다음 어느 하나에 해당하는 경우에는 그러하지 아니하다.7)

- 처리기준과 방법이 같은 폐기물로서 같은 폐기물 처분시설 또는 재활용시설이나 장소에서 처리하는 경우
- 폐기물의 발생 당시 두 종류 이상의 폐기물이 혼합되어 발생된 경우
- 특별자치시, 특별자치도 또는 시(특별시와 광역시는 제외)·군·구(자치구)의 분리수집 계획 또는 지역적 여건 등을 고려하여 특별자치시, 특별자치도 또는 시·군·구의 조례에 따라 그 구분을 다르게 정하는 경우

나. 유출·누출·침출수의 배제

수집·운반·보관의 과정에서 폐기물이 흩날리거나 누출되지 아니하도록 하고, 침출수(沈出水)가 유출되지 아니하도록 하며, 침출수가 생기는 경우에는 환경부령으로 정하는 바에 따라 처리하여야 한다.8) '환경부령으로 정하는 바에 따른 처리'라 함은, 시행규칙 [별표 11] 제1호 라목에 따른 침출수 배출허용기준 이하로 처리함을 의미한다.9)

다. 적정 처분·재활용·보관장소 외의 장소 운반 금지

(1) 해당 폐기물을 적정하게 처분, 재활용 또는 보관할 수 있는 장소 외의 장소로 운반하지 않아야 한다.10)

(2) 다만, 폐기물수집·운반업의 허가를 받은 자가 적재능력이 작은 차량으로 폐기물

5) 법 제13조 제1항 본문; 시행령 제7조 제1항
6) 법 제68조 제1항 제1호
7) 시행령 제7조 제1항 제1호
8) 시행령 제7조 제1항 제2호
9) 시행규칙 제8조
10) 시행령 제7조 제1항 제3호 본문

을 수집하여 적재능력이 큰 차량으로 옮겨 실어야 할 필요가 있을 때 환경부령으로 정하는 경우에는 그러하지 아니하다.[11] '환경부령으로 정하는 경우'라 함은, 폐기물 수집·운반업자가 적재능력이 작은 차량으로 폐기물을 수집하여 적재능력이 큰 차량으로 옮겨 싣기 위하여 시·도지사 또는 유역환경청장·지방환경청장(이하 "지방환경관서의 장"이라 한다)으로부터 승인받은 장소(이하 "임시보관장소"라 한다)로 운반하는 경우를 말한다.[12]

(3) 시·도지사 또는 지방환경관서의 장이 임시보관장소를 승인하는 경우에는, 폐기물수집·운반업자당 시·도별로 1개소로 제한하고, 임시보관장소에서 보관할 수 있는 허용량 및 기간은 의료폐기물의 경우 냉장보관할 수 있는 섭씨 4도 이하의 전용보관시설에서 보관하는 경우 5일 이내, 그 밖의 보관시설에서 보관하는 경우에는 2일 이내, 의료폐기물 외의 폐기물이 중량 450톤 이하이고 용적 300세제곱미터 이하인 경우에는 5일 이내로 제한하여야 한다.[13]

(4) 임시보관장소 승인을 받으려는 자는 '폐기물수집·운반업자의 임시보관장소 설치승인신청서'에 다음 서류를 첨부하여 임시보관장소 설치예정지를 관할하는 시·도지사 또는 지방환경관서의 장에게 제출하여야 하며, 시·도지사 또는 지방환경관서의 장은 임시보관장소의 설치를 승인하였을 때에는 '폐기물수집·운반업자의 임시보관장소 설치승인서'를 신청인에게 내주어야 한다.[14]

- 폐기물의 수집·운반계획서
- 보관장소의 규모를 확인할 수 있는 서류
- 보관장소에 보관할 수 있는 폐기물의 양과 그 산출근거를 확인할 수 있는 서류
- 폐기물의 보관과 관련하여 예상되는 환경오염에 대한 대책
- 해당 토지나 건축물 등에 대한 적법한 사용권이 있음을 확인할 수 있는 서류

(5) 임시보관장소 승인을 받은 자가 다음의 사유로 승인받은 사항을 변경하려면 미리 '폐기물수집·운반업자의 임시보관장소 변경승인신청서'에 설치승인서와 변경내용을 증명하는 서류를 첨부하여 승인받은 시·도지사 또는 지방환경관서의 장에게 제출하여야 하며, 시·도지사 또는 지방환경관서의 장은 임시보관장소의 변경승인을 하면 '폐기물수집·운반업자의 임시보관장소 설치승인서'에 변경사항을 적어 신청인에게 내주어야 한다.[15]

- 임시보관장소 소재지의 변경(승인받은 행정기관의 관할구역 안에서의 소재지 변경만 해

11) 시행령 제7조 제1항 제3호 단서
12) 시행규칙 제9조 제1항
13) 시행규칙 제9조 제3항
14) 시행규칙 제9조 제4항
15) 시행규칙 제9조 제5항

당한다)

- 보관대상 폐기물 종류의 변경
- 승인받은 허용량의 변경

(6) 임시보관장소를 승인하거나 변경승인한 시·도지사 또는 지방환경관서의 장은 승인하거나 변경승인한 내용을 즉시 해당 수집·운반업의 허가기관이나 폐기물처리 신고기관에 알려야 한다.16)

라. 중간처분 후 폐기물과 중간가공 후 폐기물의 처리방법

중간처분 후 발생하는 폐기물과 중간가공 폐기물은 새로 폐기물이 발생한 것으로 보아, 법 제17조 제2항에 따른 신고(사업장폐기물 배출자 신고) 또는 같은 조 제3항에 따른 확인(지정폐기물 처리계획 사전확인)을 받고, 해당 폐기물의 처리방법에 따라 적정하게 처리하여야 한다.17)

마. 폐기물의 처리장소

(1) 폐기물은 폐기물 처분시설 또는 재활용시설에서 처리하여야 한다. 다만, 생활폐기물 배출자가 법 제15조 제1항에 따라 처리하는 경우와 그 밖의 폐기물을 환경부령으로 정하는 바에 따라 폐기물을 생활환경 보전상 적정하게 처리하는 경우에는 그러하지 아니하다.18)

(2) "환경부령으로 정하는 바에 따라 폐기물을 생활환경 보전상 적정하게 처리하는 경우"란 다음의 경우를 말한다.19)

- 폐산·폐알칼리 등 수분함량이 85퍼센트를 초과하거나 고형물함량이 15퍼센트 미만인 액체상태(이하 "액상"이라 한다)의 폐기물을 「수질 및 수생태계 보전에 관한 법률」 제2조 제12호에 따른 수질오염방지시설에 직접 유입하여 처리하는 경우로서 그 배출시설의 설치허가권자 또는 신고수리권자가 그 처리를 인정하는 경우
- 법 제17조에 따른 사업장폐기물 배출자가 다음의 어느 하나에 해당하는 방법으로 스스로 재활용하는 경우
  - a. 동·식물성 잔재물, 유기성 오니, 음식물류 폐기물, 왕겨 또는 쌀겨를 자신의 농경지 퇴비나 자신의 가축 먹이로 사용
  - b. 지정폐기물을 제외한 폐지·고철·폐포장재(자원재활용법 시행령 제18조에 따른 재

16) 시행규칙 제9조 제6항
17) 시행령 제7조 제1항 제4호
18) 시행령 제7조 제1항 제5호
19) 시행규칙 제10조

활용 의무대상인 종이팩 · 금속캔 및 합성수지 재질의 포장재 중 용기류만 해당한다)를 선별 · 압축 · 감용(減容) · 절단

- 법 제46조에 따라 폐기물처리 신고를 한 자(이하 "폐기물처리 신고자"라 한다)가 폐기물처리시설에 해당하지 않는 시설을 이용하여 그 신고내용에 따라 재활용하는 경우
- 폐기물을 압축, 파쇄·분쇄, 절단, 용융 또는 소멸화의 방법으로 처분하는 경우로서 시행령 [별표 3] 제1호 나목 1)부터 4)까지 및 라목 1)에 따른 규모 미만의 시설에서 처분하는 경우
- 폐기물을 사료화·퇴비화·소멸화의 방법으로 재활용하는 경우로서 시행령 [별표 3] 제3호 가목 1)부터 4)까지 및 같은 호 다목 1)에 따른 규모 미만의 시설에서 재활용하는 경우. 다만, 음식물류 폐기물의 경우에는 해당 시설의 재활용과정을 거쳐 배출수와 함께 배출되는 고형물의 무게가 유입되는 고형물 무게의 100분의 20 미만인 경우로 한정한다.
- 호소·하천 또는 연안관리기관의 장이 장마나 홍수로 해당 관리지역으로 떠내려온 초목류를 거두어 건조시킨 후 관할 특별자치시장, 특별자치도지사 또는 시장·군수·구청장에게 통보하고 특별자치시장, 특별자치도지사 또는 시장·군수·구청장이 인정하는 시설에서 태우는 경우
- 다음의 목재류 중 폐목재류를 연료용(노천에서 태우는 것은 제외)으로 사용하는 경우
  a. 페인트 · 기름 · 방부제 등이 묻지 아니한 목재
  b. 산지개간 또는 건설공사 등으로 발생한 나무뿌리 · 줄기 · 가지
  c. 장마나 홍수, 산사태 등으로 산지에서 쓸려 내려온 나무뿌리 · 줄기 · 가지
  d. 연료 또는 목재 산업의 원료로 사용하기 위하여 산지에서 반출되었으나 해당 목적으로 사용되지 않고 배출되는 나무뿌리 · 줄기 · 가지
- 폐기물을 제3조 제1항 제1호에 따른 에너지 회수기준에 맞고, 태운 후 남아 있는 물질 중 태울 수 있는 부분의 중량 비율(이하 "강열감량"이라 한다)이 1퍼센트 이하가 되도록 재활용하는 경우
- 다음의 폐기물 외의 폐기물을 담았던 금속성 용기(폐드럼 등을 말한다)를 전기로에서 고온용융하여 재활용하는 경우
  a. 할로겐족 폐유기용제
  b. 폴리클로리네이티드비페닐 함유 폐기물
- 한국환경공단이 「검찰압수물사무규칙」 또는 그 밖의 다른 법령에 따른 압수물 또는 몰수물의 폐기를 위탁받아 직접 처리(소각 및 매립은 제외한다)하거나 다른 자에

게 처리를 대행(한국환경공단이 운영하는 폐기물처리시설에서 처리할 수 없는 경우만 해당한다)하게 하는 경우

- 제초작업으로 발생한 초본류(草本類)를 제초한 곳에서 주변지역의 환경오염 없이 녹비(綠肥)로 재활용하거나 잡초를 덮어 잡초의 발생을 억제하기 위한 용도로 재활용하는 경우
- 폐기물을 다음에서 정하는 재활용 용도 또는 방법으르 재활용하는 경우
  a. [별표 5의2] 제2호 가목의 폐기물을 같은 호 나목 및 다목의 용도와 방법에 따라 법 제13조 제1항에 따른 중간가공 폐기물(이하 "중간가공 폐기물"이라 한다)로 만드는 경우
  b. 폐자동차 또는 폐가전제품을 [별표 5의2] 제15호에 따라 수리·수선하여 다시 사용할 수 있는 상태로 만드는 경우
  c. 폐냉매물질을 [별표 5의2] 제16호의3에 따라 냉매물질로 그대로 재사용하는 경우
  d. 다른 사업장의 폐주물사를 별표 5의2 제26호에 따라 주물사로 다시 사용하거나 금속용융로에 첨가제·부원료 등으로 투입하는 경우
  e. 석산에서 채석 시 발생하는 폐석분 토사를 수분함량 30퍼센트 이하로 탈수·건조하여 채석지역 내 하부복구지나 저지대 등의 채움재로 사용하는 경우
  f. 그 밖에 환경부장관이 폐기물 재활용시설 외의 장소에서의 폐기물 재활용 용도 또는 방법으로 인정하여 고시하는 경우
- 그 밖에 환경부장관이 정하여 고시하는 방법에 따라 처리하는 경우

바. 폐기물 처분 또는 재활용자의 폐기물 보관장소

(1) 폐기물을 처분 또는 재활용하는 자가 폐기물을 보관하는 경우에는 그 폐기물 처분시설 또는 재활용시설과 같은 사업장에 있는 보관시설에 보관하여 한다. 다만, 법 제25조 제5항 제5호부터 제7호까지의 규정 중 어느 하나에 해당하는 폐기물 재활용업의 허가를 받은 자(이하 "폐기물 재활용업자"라 한다)가 사업장폐기물을 재활용하는 경우로서 환경부령으로 정하는 경우에는 그러하지 아니하다.[20)]

(2) "환경부령으로 정하는 경우"란 다음 각 호의 경우를 말한다.[21)]

- 폐기물 재활용업자가 시·도지사로부터 승인받은 임시보관시설에 폐전주(폐전주를 철거할 때 발생하는 폐애자·폐근가 및 폐합성수지제 커버류 등을 포함)를 보관하는 경우.

---

20) 시행령 제7조 제1항 제6호
21) 시행규칙 제11조 제1항

이 경우 시·도지사는 임시보관시설을 승인할 때에 다음의 기준을 따라야 한다.

a. 전주의 철거공사현장과 그 폐전주 재활용시설이 있는 사업장의 거리가 50킬로미터 이상일 것

b. 임시보관시설에서의 폐전주 보관 허용량은 50톤(12월부터 다음 해 2월까지 보관하는 경우에는 100톤) 미만일 것

c. 폐합성수지제 커버류는 별도로 보관할 것

- 폐기물 재활용업자가 시·도지사로부터 승인받은 보관시설에 태반을 보관하는 경우. 이 경우 시·도지사는 보관시설을 승인할 때에 다음의 기준을 따라야 한다.

a. 폐기물 재활용업자는 「약사법」 제31조에 따른 의약품제조업 허가를 받은 자일 것

b. 태반의 배출장소와 그 태반 재활용시설이 있는 사업장의 거리가 100킬로미터 이상일 것

c. 보관시설에서의 태반 보관 허용량은 5톤 미만일 것

d. 보관시설에서의 태반 보관기간은 태반이 보관시설에 도착한 날부터 5일 이내일 것

(3) 위 보관시설 승인을 받으려는 자는 폐기물 재활용업자의 임시보관시설 설치승인 신청서에 다음의 서류를 첨부하여 보관시설 설치예정지를 관할하는 시·도지사에게 제출하여야 하며, 시·도지사는 임시보관시설 설치를 승인하였을 때에는 폐기물 재활용업자의 임시보관시설 설치승인서를 신청인에게 내주어야 한다.[22)]

- 폐기물의 수집·운반 계획서
- 보관시설의 규모를 확인할 수 있는 서류
- 보관시설에 보관할 수 있는 폐기물의 양과 그 산출근거를 확인할 수 있는 서류
- 폐기물의 보관과 관련하여 예상되는 환경오염에 대한 대책
- 해당 토지나 건축물 등에 대한 적법한 사용권이 있음을 확인할 수 있는 서류

(4) 보관시설 승인받은 자가 다음의 사유로 승인받은 사항을 변경하려면 미리 시행규칙 별지 제3호 서식의 폐기물 재활용업자의 임시보관시설 변경승인신청서에 임시보관시설 설치승인서와 변경내용을 증명하는 서류를 첨부하여 승인받은 시·도지사에게 제출하여야 하며, 시·도지사가 임시보관시설 변경승인을 하였을 때에는 시행규칙 별지 제4호 서식의 폐기물 재활용업자의 임시보관시설 설치승인서에 변경사항을 적어 신청인에게 내주어야 한다.[23)]

---

22) 시행규칙 제11조 제2항

23) 시행규칙 제11조 제3항

• 폐기물보관시설 소재지의 변경(승인받은 행정기관의 관할구역 안에서의 소재지 변경만 해당)

• 승인받은 보관량의 변경

(5) 폐기물 보관시설의 설치 또는 변경설치를 승인한 시·도지사는 승인하거나 변경승인한 내용을 즉시 해당 폐기물 재활용업체를 관할하는 허가기관에 알려야 한다.[24]

사. 폐기물처리신고자 및 폐기물처리시설 설치·운영자의 폐기물 처리기간

(1) 폐기물처리 신고자와 법 제5조 제1항에 따른 광역 폐기물처리시설 설치·운영자(법 제5조 제2항에 따라 설치·운영을 위탁받은 자를 포함한다)는 환경부령으로 정하는 기간 이내에 폐기물을 처리하여야 한다. 다만, 화재, 중대한 사고, 노동쟁의, 방치 폐기물의 반입·보관 등 그 처리기간 이내에 처리하지 못할 부득이한 사유가 있는 경우로서 시·도지사 또는 유역환경청장·지방환경청장의 승인을 받은 때에는 그러하지 아니하다.[25]

(2) '환경부령으로 정하는 기간'이란 30일을 말한다. 다만, 폐기물처리 신고자가 고철을 재활용하는 경우에는 60일을 말한다.[26]

아. 혼합되어 있는 폐기물의 처리방법

두 종류 이상의 폐기물이 혼합되어 있어 분리가 어려우면 다음의 방법으로 처리하여야 한다.[27]

• 폐산(廢酸)이나 폐알카리와 다른 폐기물이 혼합된 경우에는 중화처리한 후 적정하게 처리할 것

• 일반소각대상 폐기물과 고온소각대상 폐기물이 혼합된 경우에는 고온소각할 것

자. 폐기물 매립시설의 조건

(1) 폐기물을 매립하는 경우에는 침출수와 가스의 유출로 인한 주변환경의 오염을 방지하기 위하여 차수시설(遮水施設), 집수시설(集水施設), 침출수 유량조정조(流量調整槽), 침출수 처리시설을 갖추고, 가스 소각시설이나 발전·연료화 처리시설을 갖춘 매립시설에서 처분하여야 한다. 다만, 침출수나 가스가 발생하지 아니하거나 침출수나 가스의 발생으로 인한 주변 환경오염의 우려가 없다고 인정되는 경우로서 환경부령으로 정하는 경우에는 위 시설의 전부 또는 일부를 갖추지 아니한 매립시설에서 이를 처분할 수 있다.[28]

---

24) 시행규칙 제11조 제4항
25) 시행령 제7조 제1항 제7호
26) 시행규칙 제12조
27) 시행령 제7조 제1항 제8호
28) 시행령 제7조 제1항 제9호

(2) '환경부령으로 정하는 경우'에 시설의 전부를 갖추지 아니한 매립시설에서 폐기물을 처분할 수 있는 경우는 다음의 폐기물을 처분하는 경우로 한다.29)

- 지정폐기물이 아닌 다음의 폐기물
  a. 연탄재, 유리, 연소재(폐기물의 소각처분과정에서 발생하는 소각재는 제외한다. 이하 같다), 도자기조각, 광재류, 수산가공잔재 패각류
  b. 비금속광물 제조업의 분쇄·세척·가공공정에서 발생하는 무기성 오니 등의 폐기물
- 건설폐기물(시행령 제2조 제8호에 따른 사업장에서 배출되는 사업장폐기물로서 지정폐기물과 성질·상태가 다른 폐기물을 말한다. 이하 같다) 중 건설폐재류(「건설폐기물의 재활용촉진에 관한 법률 시행령」 [별표 1] 제1호부터 제5호까지 및 제16호의 건설폐기물을 말한다. 이하 같다). 다만, 건설폐토석은 용출시험 결과 별표 1의 유해물질 함유기준 이내이고 유기성분 등이 일반토양에 준하는 경우만 해당한다.

차. 지정폐기물 아닌 분진·소각재·오니류의 매립

분진·소각재·오니류(汚泥類) 중 지정폐기물이 아닌 폐기물로서 수소이온농도지수가 12.5 이상이거나 2.0 이하인 것은 관리형 매립시설의 차수시설과 침출수 처리시설의 성능에 지장을 초래하지 아니하도록 하여 매립하여야 한다.30)

카. 재활용 가능 폐기물의 처리방법

재활용이 가능한 폐기물은 재활용하여야 한다.31)

타. 폐기물 처리의 완화된 기준

(1) 위에서 본 바와 같이 폐기물을 처리할 때에는 일반 처리기준을 준수하여야 하지만, 재활용의 용도 또는 방법에 따라 재활용을 하기 쉬운 상태로 만든 폐기물(중간가공 폐기물)에 대하여는 완화된 처리기준과 방법을 적용할 수 있다.32)

(2) ① 중간가공 폐기물을 운반하는 경우에는 폐기물수집·운반증을 붙이거나 가지고 있지 아니할 수 있고, ② 중간가공 폐기물을 보관하는 경우에는 그 보관기간을 연장할 수 있다.33)

---

29) 시행규칙 제13조 제1항
30) 시행령 제7조 제1항 제10호
31) 시행령 제7조 제1항 제11호
32) 법 제13조 제1항 단서
33) 시행령 제7조 제3항

Ⅲ. 생활폐기물의 처리

1. 생활폐기물 배출자의 자체 처리

(1) 생활폐기물이 배출되는 토지나 건물의 소유자·점유자 또는 관리자는 관할 특별자치시, 특별자치도, 시·군·구의 조례로 정하는 바에 따라 생활환경 보전상 지장이 없는 방법으로 그 폐기물을 스스로 처리하거나 양을 줄여서 배출하여야 한다.[34] 이에 위반한 사람에 대하여는 100만원 이하의 과태료를 부과한다.[35]

(2) 생활폐기물 배출자는 특별자치시, 특별자치도, 시·군·구의 조례로 정하는 바에 따라 스스로 처리할 수 없는 생활폐기물을 종류별, 성질·상태별로 분리하여 보관하여야 한다.[36] 이에 위반한 사람에 대하여는 100만원 이하의 과태료를 부과한다.[37]

(3) 생활폐기물 중에서 환경부령으로 정하는 음식물류 폐기물(농·수·축산물류 폐기물 포함) 배출자는 특별자치도지사, 시장·군수·구청장에게 음식물류 폐기물의 배출감량계획 및 처리실적을 제출하고, 발생량과 처리실적 등을 기록·보존하는 등 음식물류 폐기물의 배출량을 줄이기 위하여 관할 특별자치도, 시·군·구의 조례로 정하는 사항을 지켜야 한다.[38]

2. 폐기물처리 신고자의 생활폐기물 처리(수집·운반·재활용)

법 제46조 제1항에 따라 폐기물처리 신고를 한 자는 생활폐기물 중 폐지, 고철, 폐식용유(생활폐기물에 해당하는 폐식용유를 유출 우려가 없는 전용 탱크·용기로 수집·운반하는 경우만 해당) 등 환경부령으로 정하는 폐기물을 수집·운반 또는 재활용할 수 있다.[39] 폐기물처리 신고자는 일정한 시설·장비를 갖추고 동·식물성 잔재물 등의 폐기물을 자신의 농경지에서 퇴비로 사용하는 등의 방법으로 재활용하는 자, 폐지·고철 등의 폐기물을 수집·운반하거나 재활용하는 자 또는 폐타이어, 폐가전제품 등의 폐기물을 수집·운반하는 자를 말한다.[40]

34) 법 제15조 제1항
35) 법 제68조 제3항 제3호
36) 법 제15조 제2항
37) 법 제68조 제3항 제3호
38) 법 제15조 제3항
39) 법 제14조 제3항
40) 법 제46조 제1항

3. 지방자치단체장의 생활폐기물 처리

가. 관할구역 내 생활폐기물의 처리책임

특별자치시장, 특별자치도지사, 시장·군수·구청장은 관할 구역에서 배출되는 생활폐기물을 처리하여야 한다.[41] 생활폐기물 배출자가 할 수 있는 한 스스로 처리하되, 처리할 수 없는 것은 지방자치단체가 처리하도록 하였다. 사업장폐기물과 달리 생활폐기물은 사람의 일상생활에서 나오는 것이므로 수익자부담원칙을 적용하기도 어렵고, 도시를 삶의 근거로 삼는 대다수의 국민들이 제때 생활폐기물을 처리하기가 어렵다는 점을 감안한 것이다. 다만, 생활폐기물 배출자는 스스로 처리한 후에도 가능하다면 폐기물의 양을 줄여서 배출하여야 한다.[42]

나. 처리책임의 예외

(1) 환경부령으로 정하는 바에 따라 특별자치시장, 특별자치도지사, 시장·군수·구청장이 지정하는 생활폐기물 처리 제외지역은 지방자치단체의 생활폐기물 처리책임 지역에서 제외된다.[43]

(2) 특별자치시장, 특별자치도지사 또는 시장·군수·구청장은 생활폐기물관리 제외지역을 지정하는 경우에는 다음의 어느 하나에 해당하는 지역을 대상으로 하여야 한다.[44]

- 가구 수가 50호 미만인 지역
- 산간·오지·섬지역 등으로서 차량의 출입 등이 어려워 생활폐기물을 수집·운반하는 것이 사실상 불가능한 지역

(3) 특별자치시장, 특별자치도지사 또는 시장·군수·구청장은 생활폐기물관리 제외지역으로 지정된 지역 중 일정한 기간에만 다수인이 모이는 해수욕장·국립공원 등 관광지나 그 밖에 이에 준하는 지역에 대하여는 이용객의 수가 많은 기간에 한정하여 그 지정의 전부 또는 일부를 해제할 수 있다.[45]

다. 생활폐기물 대행처리

특별자치시장, 특별자치도지사, 시장·군수·구청장은 해당 지방자치단체의 조례로 정하는 바에 따라 대통령령으로 정하는 자에게 생활폐기물의 처리를 대행하게 할 수 있다.[46] 폐기물관리법은 생활폐기물에 대하여는 그 수집·운반·처리업무를 시장 등이 스스

---

41) 법 제14조 제1항
42) 법 제15조 제1항
43) 법 제14조 제1항 단서
44) 시행규칙 제15조 제1항
45) 시행규칙 제15조 제2항

로 처리하도록 하여 그 고유한 업무로 규정하면서도, 공익적 견지에서 해당 지방자치단체의 조례로 정하는 바에 따라 법 제25조 제3항에 따른 폐기물처리업의 허가를 받은 사람 등으로 하여금 이를 대행하게 할 수 있도록 정하고 있다.[47]

(1) 생활폐기물 대행처리자

생활폐기물의 대행처리를 할 수 있는 자는 다음과 같다.[48]

- 폐기물처리업의 허가를 받은 자(이하 "폐기물처리업자"라 한다)
- 폐기물처리 신고자
- 한국환경공단(농업활동으로 발생하는 폐플라스틱 필름·시트류를 재활용하거나 폐농약용기 등 폐농약포장재를 재활용 또는 소각하는 것만 해당한다)
- 가전제품 등을 제조·수입 또는 판매하는 자 중 가전제품 등의 폐기물을 재활용하기 위하여 스스로 회수·처리하는 체계를 갖춘 자로서 환경부장관이 고시하는 자
- 재활용센터를 운영하는 자(대형폐기물을 수집·운반 및 재활용하는 것만 해당한다)

※ 생활폐기물 중 폐가전제품 처리대행을 할 수 있는 자로는 (사)한국전자산업환경협회가 지정 고시되었다(환경부고시 제2012－117호, 2012.7.31).

(2) 생활폐기물 대행처리 시 준수사항

특별자치시장, 특별자치도지사, 시장·군수·구청장은 생활폐기물 수집·운반을 대행하게 할 경우에는 다음 사항을 준수하여야 한다.[49]

- 환경부령으로 정하는 기준에 따라 원가를 계산하여야 하며, 최초의 원가계산은 「지방자치단체를 당사자로 하는 계약에 관한 법률 시행규칙」 제9조에서 규정하는 원가계산용역기관에 원가계산을 의뢰하여야 한다.
- 생활폐기물 수집·운반 대행계약을 위한 원가계산에는 노무비, 경비, 일반관리비, 이윤, 그 밖의 필요한 사항을 포함시켜야 하고, 구체적인 산정방법 등 필요한 사항은 환경부장관이 정하여 고시한다. 대행용역 원가계산을 하는 때에는 원가계산서를 작성하고 산출근거를 명시한 기초계산서를 첨부하여야 한다. 다만, 원가계산 결과와 다르게 용역비용을 계상하여야 하는 특별한 사유가 있는 경우에는 그 산출내역, 원가계산 내역의 대비표 및 사유를 기초계산서에 명시하여야 한다.[50] 원가계산은 "생활폐기물 수집·운반 대행계약을 위한 원가계산 산정방법에 관한 규정"

---

46) 법 제14조 제2항
47) 대법원 2011.11.10. 선고 2011두12283 판결
48) 시행령 제8조
49) 법 제14조 제8항
50) 시행규칙 제15조의4

(환경부고시 제2011-147호, 2011.10.11, 제정)에 의한다.

- 생활폐기물 수집·운반 대행자에 대한 대행실적 평가기준(주민만족도와 환경미화원의 근로조건을 포함한다)을 해당 지방자치단체의 조례로 정하고, 평가기준에 따라 매년 1회 이상 평가를 실시하여야 한다. 이 경우 대행실적 평가는 민간전문가 등으로 평가단을 구성하여 실시하여야 한다.
- 대행실적을 평가한 경우 그 결과를 해당 지방자치단체 인터넷 홈페이지에 평가일부터 6개월 이상 공개하여야 하며, 평가결과 해당 지방자치단체의 조례로 정하는 기준에 미달되는 경우에는 환경부령으로 정하는 바에 따라 영업정지, 대행계약 해지 등의 조치를 하여야 한다.
- 특별자치시장, 특별자치도지사, 시장·군수·구청장은 생활폐기물 수집·운반 대행자가 법 제14조 제8항 제3호에 따른 영업정지를 2회 이상 받은 경우 대행계약을 해지할 수 있다.[51)]
- 생활폐기물 수집·운반 대행계약을 체결한 경우 그 계약내용을 계약일부터 6개월 이상 해당 지방자치단체 인터넷 홈페이지에 공개하여야 한다.
- 대행계약이 만료된 경우에는 계약만료 후 6개월 이내에 대행비용 지출내역을 6개월 이상 해당 지방자치단체 인터넷 홈페이지에 공개하여야 한다.
- 생활폐기물 수집·운반 대행자(법인의 대표자를 포함한다)가 생활폐기물 수집·운반 대행계약과 관련하여 뇌물 등 비리혐의로 700만원 이상의 벌금형을 선고받은 경우에는 지체없이 대행계약을 해지하여야 한다.
- 생활폐기물 수집·운반 대행계약 시 생활폐기물 수집·운반 대행계약과 관련하여 뇌물 등 비리혐의로 700만원 이상의 벌금형을 선고받은 후 3년이 지나지 아니한 자는 계약대상에서 제외하여야 한다.

(3) 환경부장관의 생활폐기물 대행처리 감독

환경부장관은 생활폐기물 수집·운반업무의 대행과 관련하여 필요하다고 인정하는 경우에는 해당 특별자치시장, 특별자치도지사, 시장·군수·구청장에 대하여 필요한 자료제출을 요구하거나 시정조치를 요구할 수 있으며, 생활폐기물 수집·운반에 관한 기준의 준수 여부 등을 점검·확인할 수 있다.[52)]

---

51) 시행규칙 제15조의5
52) 법 제14조 제9항

(4) 생활폐기물 수집·운반 대행자에 대한 영업정지 대체 과징금 부과

(가) 영업정지 대체 과징금

생활폐기물 수집·운반 대행자에게 영업의 정지를 명령하려는 때에는 그 영업의 정지로 인하여 생활폐기물이 적체되어 지역주민의 건강에 위해가 발생되거나 발생될 우려가 있는 경우에는 영업의 정지에 갈음하여 1억원 이하의 과징금을 부과할 수 있다.[53]

(나) 과징금 구분[54]

위반행위	영업정지 1개월	영업정지 3개월
법 제14조 제8항 제2호에 따른 평가결과가 대행실적 평가기준에 미달한 경우	2천만원	5천만원

(다) 과징금의 감경·가중

특별자치시장, 특별자치도지사, 시장·군수·구청장은 사업장의 사업규도, 사업지역의 특수성, 위반행위의 정도 및 횟수 등을 고려하여 과징금 금액의 2분의 1의 범위에서 가중하거나 감경할 수 있다. 다만, 가중하는 경우에는 과징금 총액이 1억원을 초과할 수 없다.[55]

(5) 생활폐기물 발생 억제 및 처리를 위한 협약의 체결

시·도지사나 시장·군수·구청장은 생활폐기물의 발생 억제 및 처리를 위하여 관할구역에서 폐기물을 배출하는 자 또는 이들로 구성된 단체와 협약을 체결할 수 있다.[56] 협약의 목표, 이행방법 및 절차 등에 필요한 사항은 해당 지방자치단체의 조례로 정한다.[57] 시·도지사 또는 시장·군수·구청장은 해당 지방자치단체와 협약을 체결한 자에게 그 협약의 이행에 필요한 지원을 할 수 있다.[58]

라. 생활폐기물 대행업체 선정절차

지방자치단체가 지출의 원인이 되는 계약을 체결할 때에는 「지방자치단체를 당사자로 하는 계약에 관한 법률」(이하 '지방자치계약법')에 따라 계약절차를 진행하여야 한다. 생활폐기물 대행업체 선정의 본질은 당해 지방자치단체가 생활폐기물 대행업체와 '지출의

53) 법 제14조의2 제1항
54) 시행령 제8조의2 제1항 [별표 4의2]
55) 시행령 제8조의2 제2항
56) 법 제16조 제1항
57) 법 제16조 제2항
58) 법 제16조 제3항

원인이 되는 계약'을 체결하는 것이므로 「폐기물관리법」에 따른 절차와는 별개로 지방자치계약법에 따른 계약체결절차를 밟아야 하는 것이다.

(1) 지방자치단체의 계약원칙: 일반경쟁입찰

지방자치단체의 장 또는 계약담당자는 계약을 체결하려는 경우 이를 공고하여 일반입찰에 부쳐야 한다. 다만, 계약의 목적·성질·규모 및 지역특수성 등을 고려하여 필요하다고 인정되면 참가자를 지명하여 입찰에 부치거나 수의계약을 할 수 있다.59)

(2) 입찰공고의 방법·시기

(가) 입찰공고: 지방자치단체의 장 또는 계약담당자는 입찰에 부치는 경우 입찰에 관한 사항을 공고하거나 통지하여야 한다.60)

(나) 입찰공고의 방법: 지방자치단체의 장 또는 계약담당자는 입찰에 부치려는 경우 특별한 규정이 있는 경우를 제외하고는 지정정보처리장치를 이용하여 공고하여야 한다. 다만, 필요한 경우 그 지방자치단체가 설치·운영하는 인터넷 홈페이지를 이용한 공고를 병행할 수 있다.61)

(다) 입찰공고의 시기: 입찰공고는 그 입찰서 제출 마감일의 전날부터 기산하여 7일 전에 하여야 한다.62)

(3) 입찰공고의 내용

- 입찰에 부치는 사항
- 입찰 또는 개찰의 장소 및 일시
- 공사입찰의 경우에는 현장설명의 장소·일시·참가자격 및 참가의무 여부에 관한 사항
- 입찰참가자의 자격에 관한 사항
- 입찰보증금의 납부 및 세입조치에 관한 사항
- 낙찰자 결정방법(제42조 제1항 본문 또는 같은 항 제1호에 따라 낙찰자를 결정하는 경우에는 낙찰자 결정에 필요한 서류의 제출일 및 낙찰자 통보예정일을 포함한다)
- 계약의 이행예정기간
- 계약하려는 조건을 공시하는 장소
- 지방자치법 시행령 제39조 제4항에 따른 입찰무효에 관한 사항

59) 지방자치계약법 제9조
60) 지방자치계약법 제10조
61) 지방자치계약법 시행령 제33조
62) 지방자치계약법 시행령 제35조 제1항

- 입찰에 관한 서류의 열람·교부 장소와 교부비용
- 추가정보를 입수할 수 있는 기관의 주소 등
- 우편입찰 등을 허용하는 경우에는 그 취지와 입찰서를 송부할 주소
- 지방자치법 시행령 제39조 제2항에 따라 지정정보처리장치를 이용하여 입찰서를 제출하도록 하는 경우에는 그 내용
- 지방자치법 제29조에 따른 공동계약을 허용하는 경우에는 공동계약이 가능하다는 뜻 및 공동계약의 이행방식(지방자치법 제29조 제2항 본문에 따른 공동계약인 경우에는 공동수급체구성원의 자격제한 사항 및 동법 시행령 제88조 제6항에 따른 지역 업체의 참여 비율을 포함한다)
- 지방자치법 시행령 제94조에 따른 입찰의 경우에는 대안입찰 또는 일괄입찰 등에 관한 사항
- 지방자치법 시행령 제43조에 따른 협상에 의한 계약체결의 경우로서 제안요청서에 대한 설명을 하는 경우에는 그 장소·일시 및 참가의무 여부에 관한 사항
- 입찰참가 등록 및 입찰 관련 서류에 관한 사항
- 입찰공고의 내용에 이의가 있는 경우의 이의신청 방법
- 그 밖에 입찰에 필요한 사항

(4) 낙찰자 결정

지방자치단체 재정지출의 부담이 되는 입찰에서는 다음 중 어느 하나에 해당하는 입찰자를 낙찰자로 한다.[63]

(가) 최저가격으로 입찰한 자. 다만, 최저가격으로 입찰한 자 중 계약이행능력 또는 입찰금액의 적정성을 심사하여 낙찰자를 결정할 수 있다.

(나) 입찰가격, 품질, 기술력, 제안서 내용, 계약기간 등을 종합적으로 고려하여 해당 지방자치단체에 가장 유리하게 입찰한 자

(다) 상징성, 기념성, 예술성 등의 창의성이 요구되는 설계용역을 할 때에는 설계공모에 당선된 자

(라) 그 밖에 계약의 성질·규모 등을 고려하여 대통령령으로 기준을 정한 경우에는 그 기준에 가장 맞게 입찰한 자

마. 생활폐기물 처리 수수료 징수

특별자치시장, 특별자치도지사, 시장·군수·구청장이 생활폐기물을 처리할 때에는 배

63) 지방자치계약법 제13조 제2항

출되는 생활폐기물의 종류, 양 등에 따라 수수료를 징수할 수 있다. 이 경우 수수료는 해당 지방자치단체의 조례로 정하는 바에 따라 폐기물 종량제(從量制) 봉투 또는 폐기물임을 표시하는 표지 등(이하 "종량제 봉투등"으로 한다)을 판매하는 방법으로 징수하되, 음식물류 폐기물의 경우에는 배출량에 따라 산출한 금액을 부과하는 방법으로 징수할 수 있다.[64] 특별자치시장, 특별자치도지사, 시장·군수·구청장은 조례로 정하는 바에 따라 종량제 봉투 등의 제작·유통·판매를 대행하게 할 수 있다.[65]

Ⅳ. 사업장폐기물의 처리

(1) 사업장폐기물 배출자는 그의 사업장에서 발생하는 폐기물을 스스로 처리하거나 법 제25조 제3항에 따른 폐기물처리업의 허가를 받은 자, 폐기물처리 신고자, 법 제4조나 제5조에 따른 폐기물처리시설을 설치·운영하는 자, 「건설폐기물의 재활용촉진에 관한 법률」 제21조에 따라 건설폐기물처리업의 허가를 받은 자 또는 「해양환경관리법」 제70조 제1항 제1호에 따라 폐기물 해양 배출업의 등록을 한 자에게 위탁하여 처리하여야 한다.[66]

(2) 폐기물관리법은, 생활폐기물과 마찬가지로 사업장폐기물 배출자 역시 스스로 자신이 배출하는 폐기물을 처리할 수 있지만, 스스로 처리하지 못하는 폐기물에 대해서는 그 처리를 지방자치단체에 맡기는 것이 아니라 처리능력 있는 폐기물처리업자 등에게 위탁하여 처리하도록 하고 있다.

(3) 이에 위반하여 사업장폐기물을 처리한 자에 대하여는 3년 이하의 징역이나 3천만원 이하의 벌금에 처한다.[67]

1. 사업장폐기물 배출자의 자체처리

(1) 사업장폐기물 배출자는 그의 사업장에서 발생하는 폐기물을 스스로 처리할 수 있다.[68] 이 때에도 폐기물의 처리기준에 따라 처리해야 함은 물론이다.

(2) 사업장폐기물 배출자가 그의 사업장에서 발생하는 폐기물을 스스로 처리하는 경우에는 사업장 내에 폐기물처리시설을 갖추어야 하는 경우가 대부분일 것이다. 폐기물처

64) 법 제14조 제5항
65) 법 제14조 제7항
66) 법 제18조 제1항
67) 법 제65조 제1항 제2호
68) 법 제18조 제1항 전단

리시설을 설치할 때에는 법령상 요건을 구비하여 승인을 받거나 신고를 하여야 한다(본서 제4편 '폐기물처리시설' 부분 참조).

2. 사업장폐기물 배출자의 위탁처리

가. 사업장폐기물 수탁처리자

사업장폐기물 배출자가 스스로 처리하지 않고 위탁처리하는 경우에는 폐기물처리업 허가를 받은 자, 폐기물처리 신고자, 폐기물처리시설을 설치·운영하는 자, 건설폐기물처리업의 허가를 받은 자 또는 폐기물 해양 배출업의 등록을 한 자 등 폐기물처리업자에게 위탁하여 처리하여야 한다.[69]

나. 사업장폐기물 위탁처리 시 준수사항

사업장폐기물을 폐기물처리업자에게 위탁하여 처리하려는 사업장폐기물 배출자는 환경부장관이 고시하는 폐기물 처리가격의 최저액보다 낮은 가격으로 폐기물 처리를 위탁하여서는 아니 된다.[70] 폐기물의 처리가격을 시장원리에 따를 경우 적정한 처리가 되지 않을 것을 염려하여 마련한 규정이긴 하나, 국가가 가격을 강제하는 것이 바람직한 것인가에 대한 의문이 있다. 실제로 환경부장관의 고시가 제정된 바 없다. 유명무실한 규정이라서 향후 개정 시 삭제될 가능성이 높다.

3. 사업장폐기물 배출자·처리자의 전자정보처리프로그램 입력의무

(1) 환경부령으로 정하는 사업장폐기물을 배출, 수집·운반, 재활용 또는 처분하는 자는 그 폐기물을 배출, 수집·운반, 재활용 또는 처분할 때마다 폐기물의 인계·인수에 관한 내용을 환경부령으로 정하는 바에 따라 전자정보처리프로그램에 입력하여야 한다. 다만, 의료폐기물은 환경부령으로 정하는 바에 따라 무선주파수인식방법을 이용하여 그 내용을 전자정보처리프로그램에 입력하여야 한다.[71]

(2) "환경부령으로 정하는 사업장폐기물"은 다음의 폐기물을 말한다. 다만, 폐지, 고철, 그 밖에 환경부장관이 정하여 고시하는 폐기물은 제외한다.[72]

- 시행규칙 제18조 제1항 각 호의 사업장폐기물(생활폐기물로 만든 중간가공 폐기물 외의 중간가공 폐기물을 포함한다)

---

69) 법 제18조 제1항 후단
70) 법 제18조 제2항
71) 법 제18조 제3항
72) 시행규칙 제20조 제1항

- 시행규칙 제18조의2 제1항 각 호의 지정폐기물(생활폐기물로 만든 중간가공 폐기물 외의 중간가공 폐기물을 포함한다)
- 시행규칙 제21조 제1항 각 호의 자가 공동으로 처리하는 지정폐기물(생활폐기물로 만든 중간가공 폐기물 외의 중간가공 폐기물을 포함한다)

(3) 환경부장관은 전자정보처리프로그램에 입력된 폐기물 인계·인수 내용을 해당 폐기물을 배출하는 자, 수집·운반하는 자, 재활용하는 자 또는 처분하는 자가 확인·출력할 수 있도록 하여야 하며, 그 폐기물을 배출하는 자, 수집·운반하는 자, 재활용하는 자 또는 처분하는 자를 관할하는 시장·군수·구청장 또는 시·도지사가 그 폐기물의 배출, 수집·운반, 재활용 및 처분 과정을 검색·확인할 수 있도록 하여야 한다.[73]

(4) 폐기물 인계·인수에 관한 내용을 입력하지 아니하거나 환경부령으로 정하는 방법에 따라 입력하지 아니한 자 또는 거짓으로 입력한 자에 대하여는 2년 이하의 징역이나 2천만원 이하의 벌금에 처한다.[74]

4. 복수의 사업장폐기물 배출자의 폐기물 공동처리

(1) 환경부령으로 정하는 둘 이상의 사업장폐기물 배출자는 각각의 사업장에서 발생하는 폐기물을 환경부령으로 정하는 바에 따라 공동으로 수집, 운반, 재활용 또는 처분할 수 있다.[75]

(2) "환경부령으로 정하는 둘 이상의 사업장폐기물 배출자"라 함은 다음과 같다.[76]

- 「자동차관리법」 제2조 제8호에 따른 자동차정비업을 하는 자와 같은 법 시행규칙 제132조 각 호의 작업을 업으로 하는 자
- 「건설기계관리법」 제2조 제1항 제4호에 따른 건설기계정비업을 하는 자
- 「여객자동차 운수사업법」 제2조 제3호에 따른 여객자동차운송사업을 하는 자
- 「화물자동차 운수사업법」 제2조 제3호에 따른 화물자동차운송사업을 하는 자
- 「공중위생관리법」 제2조 제1항 제6호에 따른 세탁업을 하는 자
- 「인쇄문화산업진흥법」 제2조 제3호의 인쇄사를 경영하는 자
- 같은 법인의 사업자 및 「독점규제 및 공정거래에 관한 법률」 제2조 제2호에 따른 동일한 기업집단의 사업자
- 같은 산업단지 등 사업장 밀집지역의 사업장을 운영하는 자

73) 법 제18조 제4항
74) 법 제66조 제5호
75) 법 제18조 제5항 전단
76) 시행규칙 제21조 제1항

- 의료폐기물을 배출하는 자(「의료법」 제3조 제2항 제3호 마목의 종합병원은 제외한다)
- 사업장폐기물이 소량으로 발생하여 공동으로 수집·운반하는 것이 효율적이라고 시·도지사, 시장·군수·구청장 또는 지방환경관서의 장이 인정하는 사업장을 운영하는 자

(3) 이 경우 사업장폐기물 배출자는 공동운영기구를 설치하고 그 중 1명을 공동운영기구의 대표자로 선정하여야 하며, 폐기물처리시설을 공동으로 설치·운영할 수 있다.[77]

(4) 공동운영기구의 대표자는 대상사업장(시행규칙 제21조 제1항 제7호 및 제7호의2에 따른 사업장은 제외한다)에 대한 다음의 업무를 대행할 수 있다.[78]

- 법 제17조 제2항에 따른 사업장폐기물 배출자의 신고·변경신고
- 법 제17조 제3항에 따른 서류의 제출
- 법 제18조 제3항에 따른 폐기물 인계·인수 내용의 입력
- 제60조 제1항 제2호에 따른 사업장폐기물의 배출 및 처리 실적 보고

5. 사업장폐기물 처리자의 의무

(1) 사업장폐기물을 운반하는 자는 그 폐기물을 운반하는 중에 전자정보처리프로그램에 입력된 폐기물 인계·인수 내용을 확인할 수 있도록 인계번호를 숙지하여야 하며, 관계 행정기관이나 그 소속 공무원이 요구하는 때에는 이를 알려주어야 한다.[79]

(2) 이에 위반하여 관계 행정기관이나 그 소속 공무원이 요구하여도 인계번호를 알려주지 아니한 자에 대하여는 300만원 이하의 과태료를 부과한다.[80]

(3) 폐기물을 수탁하여 처리하는 자는 영업정지·휴업·폐업 또는 폐기물처리시설의 사용정지 등의 사유로 환경부령으로 정하는 사업장폐기물을 처리할 수 없는 경우에는 환경부령으로 정하는 바에 따라 지체없이 그 사실을 사업장폐기물의 처리를 위탁한 배출자에게 통보하여야 한다.[81] 이를 통보하지 아니한 자에 대하여는 300만원 이하의 과태료를 부과한다.[82]

(4) "환경부령으로 정하는 사업장폐기물"이라 함은 다음의 폐기물을 말한다. 다만, 폐지, 고철, 그 밖에 환경부장관이 정하여 고시하는 폐기물은 제외한다.[83]

---

77) 법 제18조 제5항 후단
78) 시행규칙 제21조 제2항
79) 법 제19조 제1항
80) 법 제68조 제2항 제6호
81) 법 제19조 제2항
82) 법 제68조 제2항 제7호
83) 시행규칙 제25조 제1항 및 제20조 제1항

- 시행규칙 제18조 제1항 각 호의 사업장폐기물(생활폐기물로 만든 중간가공 폐기물 외의 중간가공 폐기물을 포함한다)
- 시행규칙 제18조의2 제1항 각 호의 지정폐기물(생활폐기물로 만든 중간가공 폐기물 외의 중간가공 폐기물을 포함한다)
- 시행규칙 제21조 제1항 각 호의 자가 공동으로 처리하는 지정폐기물(생활폐기물로 만든 중간가공 폐기물 외의 중간가공 폐기물을 포함한다)

6. 사업장폐기물 처리가격

(1) 환경부장관은 폐기물을 적정하게 처리하기 위하여 필요하다고 인정하면 환경부령으로 정하는 폐기물에 대하여 그 처리에 드는 비용 등을 고려하여 폐기물 처리가격의 최고액이나 최저액을 정하여 고시할 수 있다.[84)]

(2) "환경부령으로 정하는 사업장폐기물"이란 다음의 폐기물을 말한다. 다만, 폐지, 고철, 그 밖에 환경부장관이 정하여 고시하는 폐기물은 제외한다.[85)]

- 시행규칙 제18조 제1항 각 호의 사업장폐기물(생활폐기물로 만든 중간가공 폐기물 외의 중간가공 폐기물을 포함한다)
- 시행규칙 제18조의2 제1항 각 호의 지정폐기물(생활폐기물로 만든 중간가공 폐기물 외의 중간가공 폐기물을 포함한다)
- 시행규칙 제21조 제1항 각 호의 자가 공동으로 처리하는 지정폐기물(생활폐기물로 만든 중간가공 폐기물 외의 중간가공 폐기물을 포함한다)

7. 의료폐기물의 처리에 관한 특칙

(1) 의료폐기물은 환경부장관이 지정한 기관이나 단체가 환경부장관이 정하여 고시한 검사기준에 따라 검사한 전용용기만을 사용하여 처리하여야 한다.[86)] 이에 위반하여 의료폐기물을 매립한 자에 대하여는 3년 이하의 징역이나 3천만원 이하의 벌금에 처한다.[87)] 이에 위반하여 의료폐기물을 처리한 자에 대하여는 1천만원 이하의 과태료를 부과하고, 더 나아가 주변환경을 오염시킨 자에 대하여는 2년 이하의 징역이나 2천만원 이하의 벌금에 처한다.[88)]

---

84) 법 제24조
85) 시행규칙 제25조 제1항
86) 법 제13조 제2항
87) 법 제65조 제1호
88) 법 제66조 제1호

(2) '환경부장관이 지정한 기관이나 단체'는 다음과 같다[89]

- 한국환경공단
- 한국화학융합시험연구원
- 한국건설생활환경시험연구원
- 그 밖에 국립환경과학원장이 의료폐기물 전용용기에 대한 검사능력이 있다고 인정하여 고시하는 기관

8. 사업장폐기물 배출자에 대한 폐기물처리명령

(1) 환경부장관 또는 시·도지사는 사업장폐기물 배출자가 폐기물의 처리기준과 방법으로 정한 보관기간을 초과하여 폐기물을 보관하는 경우에는 사업장폐기믈 배출자에게 기간을 정하여 폐기물의 처리를 명할 수 있다.[90]

(2) 환경부장관 또는 시·도지사는 사업장폐기물 배출자에게 처리명령을 하였음에도 불구하고 처리되지 아니한 폐기물이 있으면 그 권리와 의무를 승계한 자에게 기간을 정하여 폐기물의 처리를 명할 수 있다.[91]

(3) 폐기물처리명령을 이행하지 아니하면 3년 이하의 징역이나 3천만원 이하의 벌금에 처한다.[92]

Ⅴ. 수입폐기물의 처리

1. 수입자 본인에 의한 처리 또는 위탁처리

(1) 폐기물 수입신고를 한 자와 「폐기물의 국가간 이동 및 그 처리에 관한 법률」에 따라 수입허가를 받은 자는 그 수입한 폐기물(이하 "수입폐기물"이라 한다)을 스스로 처리하거나 다음의 어느 하나에 해당하는 자에게 위탁하여 처리하여야 한다.[93]

- 폐기물처리시설을 설치·운영하는 자
- 폐기물처리업의 허가를 받은 자
- 폐기물처리 신고자

89) 시행규칙 제14조의2
90) 법 제39조의2 제1항
91) 법 제39조의2 제2항
92) 법 제65조 제8호의2
93) 법 제24조의3 제1항

(2) 이에 위반하여 수입폐기물을 처리한 자에 대하여는 3년 이하의 징역이나 3천만원 이하의 벌금에 처한다.[94)]

2. 전자정보처리프로그램 입력의무

(1) 폐기물 수입신고를 한 자나 그 수입한 폐기물을 운반, 재활용 또는 처분하는 자는 그 폐기물을 수입, 운반, 재활용 또는 처분할 때마다 폐기물의 인계·인수에 관한 내용을 환경부령으로 정하는 바에 따라 전자정보처리프로그램에 입력하여야 한다.[95)]

(2) 이에 위반하여 폐기물 인계·인수에 관한 내용을 입력하지 아니하거나 환경부령으로 정하는 방법에 따라 입력하지 아니한 자 또는 거짓으로 입력한 자에 대하여는 2년 이하의 징역이나 2천만원 이하의 벌금에 처한다.[96)]

3. 수입폐기물처리자의 의무

(1) 수입한 폐기물을 운반하는 자는 그 폐기물을 운반하는 중에 전자정보처리프로그램에 입력된 폐기물 인계·인수 내용을 확인할 수 있도록 인계번호를 숙지하여야 하며, 관계 행정기관이나 그 소속 공무원이 요구하는 때에는 이를 알려주어야 한다.[97)]

(2) 수입폐기물을 처리하는 자는 폐기물의 처리기준과 방법 중 사업장폐기물에 해당하는 기준과 방법 또는 폐기물의 재활용 용도 또는 방법에 따라 처리하여야 한다.[98)] 이에 위반하여 수입폐기물을 처리한 자에 대하여는 1천만원 이하의 과태료를 부과하고, 그로 인해 주변환경을 오염시킨 자에 대하여는 2년 이하의 징역이나 2천만원 이하의 벌금에 처한다.[99)]

4. 수입폐기물 수출의 제한

누구든지 수입폐기물을 수입할 당시의 성질과 상태 그대로 수출하여서는 아니 된다.[100)] 이에 위반하여 수입폐기물을 수입 당시의 성질과 상태 그대로 수출한 자에 대하여는 3년 이하의 징역이나 3천만원 이하의 벌금에 처한다.[101)]

---

94) 법 제65조 제2호
95) 법 제24조의3 제2항
96) 법 제66조 제5호
97) 법 제24조의3 제3항
98) 법 제24조의3 제4항
99) 법 제66조 제1호
100) 법 제24조의 3 제5항
101) 법 제65조 제3호

Ⅵ. 폐기물처리에 관한 구체적인 기준과 방법

가. 생활폐기물 처리의 기준 및 방법[102)]

(1) 공통사항

(가) 생활폐기물은 특별자치시장, 특별자치도지사 또는 시장·군수·구청장 또는 법 제14조 제2항에 따라 생활폐기물의 처리를 대행하는 자, 법 제46조 제1항에 따라 폐기물 처리 신고를 한 자(수집·운반 또는 재활용으로 한정)가 이를 처리하여야 한다. 다만, 생활폐기물 중 일련의 공사·작업 등으로 인하여 5톤 미만으로 발생되는 폐기물(공사장 생활폐기물)을 배출하는 자(최초로 공사의 전부를 도급받은 자 포함)는 특별자치시, 특별자치도 또는 시·군·구의 조례에서 정하는 바에 따라 그 폐기물의 처리를 대행하는 자나 폐기물 처분시설 또는 재활용시설의 설치·운영자에게 운반할 수 있다.

(나) 「건설폐기물의 재활용촉진에 관한 법률」 제21조 제3항에 따른 건설폐기물처리업자가 공사장 생활폐기물을 처리하는 경우에는 특별자치시, 특별자치도 또는 시·군·구의 조례에서 정하는 바에 따라 건설폐기물에 관한 기준과 방법으로 처리할 수 있다.

(다) 폐가전제품을 수집·운반·보관하는 과정에서 일부 또는 전부를 해체하거나 의도적으로 파손하지 않아야 하며, 파손·낙하·붕괴 등이 일어나지 아니하드록 필요한 조치를 하여야 한다.

(2) 보관의 경우

(가) 생활폐기물은 특별자치시, 특별자치도 또는 시·군·구의 조례에서 정하는 방법에 따라 보관하여야 한다.

(나) 생활폐기물은 특별자치시, 특별자치도 또는 시·군·구의 조례에서 정하는 바에 따라 분리수집이 쉬운 구조와 내구성이 있는 재질로 된 보관시설 또는 보관용기를 사용하여 보관하여야 한다.

(다) 생활폐기물의 보관장소는 악취가 나거나, 쥐·모기·파리 등 해충이 생기지 아니하도록 필요한 조치를 하여야 한다.

(라) 시행규칙 제66조 제6항 제5호에 따른 폐기물을 수집·은반하는 폐기물처리 신고자가 제9조 제3항에 따라 승인(변경승인 포함)받은 임시보관장소에서 폐기물을 보관하는 경우에는 기름성분 등이 흘러나올 우려가 없는 전용의 탱크·용기를 사용하고 흔들림 등으로 인한 위험이 없도록 하여야 하며, 내용물이 보관장소 밖으로 흘러나오지 않도록 바닥을 시멘트·아스팔트 등으로 포장하고 방류턱을 갖춘 시설로서 외부인의 출입을 방지할

102) 시행규칙 [별표 5] 제1호

수 있는 시설에 보관하여야 한다.

(3) 처리의 경우

(가) 재활용이 가능한 폐기물은 법 제13조의2에 따라 재활용하여야 한다.

(나) 매립되는 생활폐기물로 인하여 매립층 안에 공간이 생길 수 있는 건설폐재류·폐합성고분자화합물 및 폐고무류(가연성 제외)에 해당하는 생활폐기물은 매립 시 공간이 최소화되도록 해체·압축·파쇄·절단 또는 용융한 후 매립하여야 하며, 오니의 경우에는 탈수·건조 등에 의하여 수분함량 85퍼센트 이하로 사전처리를 한 후에 매립하여야 한다.

(다) 폐타이어, 폐가구류 및 폐가전제품은 매립공간이 최소화되도록 해체·압축·파쇄·절단 등을 한 후 매립하되, 그 잔재물 중 가연성폐기물은 소각하여야 한다.

(라) 사용이 끝난 폐가전제품 중에 염화불화탄소 등의 냉매물질(오존층 파괴지수가 0인 물질 제외)이 함유된 경우 이를 안전하게 회수하여야 한다.

(마) 폐의약품은 소각하여야 한다.

나. 음식물류 폐기물 처리의 기준 및 방법[103)]

(1) 수집·운반의 경우

(가) 음식물류 폐기물을 재활용하기 위하여 수집·운반하는 경우에는 악취가 나거나 오수가 흘러나오는 것을 방지하기 위하여 적재함이 밀폐된 전용 운반차량으로 수집·운반하거나 밀폐된 전용 수거용기에 담아 운반하여야 한다.

(나) 음식물류 폐기물의 전용 운반차량 및 전용 수거용기는 씻거나 소독하여 청결을 유지하여야 한다.

(다) 외국에서 들어오는 선박·항공기에서 발생하는 음식물류 폐기물은 방역을 위하여 소독을 철저히 하여야 한다.

(2) 보관의 경우

(가) 음식물류 폐기물은 특별자치시, 특별자치도 또는 시·군·구의 조례에서 정하는 바에 따라 전용봉투 또는 전용 수거용기에 분리하여 보관하여야 한다.

(나) 음식물류 폐기물을 재활용하는 자는 악취가 나거나 오수가 흘러나오지 아니하도록 밀폐된 보관용기 또는 보관시설에 보관하여야 한다.

(3) 처리의 경우

(가) 재활용이 가능한 폐기물은 법 제13조의2에 따라 재활용하여야 한다.

(나) 시행령 제8조의4 각 호의 어느 하나에 해당하는 자가 음식물류 폐기물을 스스로

---

103) 시행규칙 [별표 5] 제2호

감량하는 경우에는 단독이나 공동으로 다음의 어느 하나에 해당하는 방법으로 감량하여야 하며, 감량된 음식물류 폐기물은 법 제13조의2에 따라 재활용하여야 한다.

1) 가열에 의한 건조의 방법으로 부산물의 수분함량을 25퍼센트 미만으로 감량하여야 한다.

2) 발효 또는 발효건조에 따라 퇴비화·사료화 또는 소멸화하여 부산물의 수분함량을 40퍼센트 미만으로 하여야 한다.

(다) 외국에서 들어오는 선박·항공기에서 발생하는 음식물류 폐기물은 소각하여야 한다.

(라) 특별시·광역시·특별자치시·특별자치도 또는 시 지역에서 발생하는 음식물류 폐기물은 바로 매립하여서는 아니되며, 소각, 퇴비화, 사료화, 소멸화, 탄화, 소화 또는 부숙토 생산 등의 공정에서 발생하는 재활용 용도에 맞지 아니한 협잡물(挾雜物)과 잔재물만을 매립하여야 한다. 다만, 특별시·광역시·특별자치시·특별자치도 또는 시 지역 중 환경부장관이 고시하여 정하는 산간·오지 또는 도서 지역에서 발생하는 음식물류 폐기물은 그러하지 아니하다.

(마) 음식물류 폐기물 처분시설 또는 재활용시설을 설치·운영하는 경우에는 해당 시설에 유입된 음식물류에 포함된 고형물 중에서 무게 기준으로 2012년 12월 31일까지는 60퍼센트 이상, 2013년 1월 1일부터는 70퍼센트 이상을 동물 등의 먹이, 퇴비 등의 재활용제품의 원료로 사용(에너지 생산, 액비 생산 등을 위하여 다른 시설로 옮겨서 재활용하는 경우를 포함)하여야 한다.

다. 사업장 일반폐기물 처리의 기준 및 방법[104)]

(1) 공통사항

(가) 법 제2조 제3호에 따른 배출시설 또는 시행령 제2조 제1호부터 제5호까지의 규정에 따른 시설의 운영으로 배출되는 폐기물(사업장배출시설계 폐기물)은 해당 사업장에서 배출되는 사업장배출시설계 폐기물 외의 폐기물 및 시행령 제2조 제7호 및 제9호에 따른 사업장에서 배출되는 폐기물(사업장생활계 폐기물)과 혼합되지 아니하도록 하여야 한다.

(나) 사업장생활계 폐기물로서 생활폐기물과 성질과 상태가 비슷하여 생활폐기물의 기준 및 방법으로 처리할 수 있는 폐기물과 「자원의 절약과 재활용촉진에 관한 법률」 제16조에 따른 재활용의무 대상 포장재를 단순 선별하는 과정에서 발생하는 폐기물은 특별자치시, 특별자치도 또는 시·군·구의 조례에서 정하는 바에 따라 생활폐기물의 기준 및 방법으로 처리할 수 있다.

(다) 사업장일반폐기물 중 레미콘·콘크리트·아스팔트콘크리트 제품의 제조공정에서

104) 시행규칙 [별표 5] 제3호

발생하거나 건설현장 등에서 반품한 폐레미콘·폐콘크리트·폐아스팔트콘크리트 제품 및 시행령 제2조 제9호에 따른 일련의 공사 또는 작업으로 발생하는 폐콘크리트, 폐아스팔트콘크리트, 폐벽돌, 폐블록, 폐기와 및 건설폐토석은 건설폐기물의 기준 및 방법으로 처리할 수 있으며, 「건설폐기물의 재활용촉진에 관한 법률」 제21조 제3항에 따른 건설폐기물 처리업자에게 위탁하여 처리할 수 있다.

(2) 수집·운반의 경우

(가) 사업장배출시설계 폐기물은 사업장배출시설계 폐기물 수집·운반업자가 수집·운반하고, 사업장생활계 폐기물은 사업장생활계 폐기물 수집·운반업자가 수집·운반하여야 한다.

(나) 사업장생활계 폐기물로서 생활폐기물과 성질과 상태가 비슷하여 생활폐기물의 기준 및 방법으로 수집·운반할 수 있는 폐기물은 특별자치시, 특별자치도 또는 시·군·구의 조례로 정하는 바에 따라 생활폐기물 수집·운반업자가 수집·운반할 수 있다.

(다) 액상(수분함량이 85퍼센트를 초과하는 것)의 사업장 일반폐기물은 누출의 우려가 없는 전용의 탱크·용기·파이프 또는 이와 비슷한 설비를 사용하여야 한다.

(라) 폐기물을 수집·운반하는 과정에서 일부 또는 전부를 해체하거나 의도적으로 파손하지 않아야 하며, 파손·낙하·붕괴 등이 일어나지 아니하도록 필요한 조치를 하여야 한다.

(3) 보관의 경우

(가) 사업장 일반폐기물은 해당 폐기물에 의하여 부식되거나 파손되지 아니하는 재질로 된 보관용기에 보관하여야 한다.

(나) 자체하중 및 보관하려는 폐기물의 최대량 보관 시의 적재하중에 견딜 수 있고 물이 스며들지 아니하도록 시멘트·아스팔트 등의 재료로 바닥이 포장되고, 지붕과 벽면을 갖춘 보관창고에 보관하여야 한다. 다만, 다음의 경우는 그러하지 아니하다.

1) 광재·폐내화물(廢耐火物)·폐지·철강슬래그·고철·폐유리조각·폐목재·폐타이어 및 밀폐된 보관용기에 보관한 폐기물을 보관하는 경우
2) 폐합성수지·폐용기류·폐주물사(廢鑄物沙) 등으로서 침출수가 발생하지 아니하는 경우
3) 침출수의 발생으로 주변환경 오염의 우려가 없다고 시·도지사가 인정하는 경우

(다) 사업장일반폐기물배출자

1) 사업장 일반폐기물 배출자는 그의 사업장에서 발생하는 폐기물을 보관이 시작되는 날부터 90일(중간가공 폐기물의 경우는 120일)을 초과하여 보관하여서는 아니된다. 다만, 보관하는 사업장 일반폐기물의 양이 3톤 미만인 경우와 「자원의 절약과 재활용촉진에 관한 법률」 제25조에 따라 숙성방법을 지정하고 있는 철강슬래그, 「산

지관리법」 제25조에 따른 토석채취허가를 받아 자체 석산의 적지복구용으로 재활용하는 석분토 및 천재지변이나 그 밖의 부득이한 사유로 장기보관할 필요성이 있다고 시·도지사가 기간을 정하여 인정하는 경우에는 그러하지 아니하다.

2) 사업장 일반폐기물의 양 산정 시 2012년 11월 1일부터 2014년 12월 31일까지는 시행규칙 제2조의2에 따른 사업장폐기물의 분류번호에 해당하는 폐기물별로 각각 산정한다. 다만, 시행령 제7조 제1항 제1호(구분 수집·운반의 예외) 각 목의 어느 하나에 해당되어 혼합하여 보관하고 있는 경우에는 그 혼합하여 보관하고 있는 양으로 산정한다.

(라) 석면(뿜칠로 사용된 것은 제외)의 해체·제거작업에 사용된 비닐시트 중 바닥용으로 사용된 것이 아닌 것은 포대에 담아 보관하여야 한다.

(4) 처리의 경우

(가) 공통기준

1) 재활용하지 아니하는 소각 가능한 사업장 일반폐기물이 1일 평균 100킬로그램 이상 배출되는 경우에는 소각하여야 한다.

2) 재활용이 가능한 폐기물은 법 제13조의2에 따라 재활용하여야 한다.

(나) 사업장 일반폐기물의 종류별 처리기준 및 방법

1) 소각재

소각재는 다음의 어느 하나에 해당하는 방법으로 처분하여야 한다.

가) 관리형 매립시설에 매립하여야 한다.

나) 안정화 처분하여야 한다.

다) 시멘트·합성고분자화합물을 이용하거나 그 밖에 이와 비슷한 방법으로 고형화 처분하여야 한다.

2) 오니

가) 유기성 오니(고형물 중 유기성물질의 함량이 40퍼센트 이상인 것)

유기성 오니는 다음의 어느 하나에 해당하는 방법으로 처분하여야 한다.

① 소각하거나 시멘트·합성고분자화합물의 이용, 그 밖에 이와 비슷한 방법으로 고형화 또는 고화처분하여야 한다.

② 수분함량이 85퍼센트 이하로 탈수·건조한 후 관리형 매립시설에 매립하여야 한다. 다만, 물을 이용하여 폐기물을 운반한 후 침전처리하는 경우에는 탈수·건조처분을 하지 아니할 수 있다.

③ 「수질 및 수생태계 보전에 관한 법률」 제48조 제1항에 따른 1일 처리용량

1만 세제곱미터 이상인 폐수종말처리시설, 「하수도법」 제2조 제9호에 따른 1일 처리용량 1만 세제곱미터 이상인 공공하수처리시설과 「수질 및 수생태계 보전에 관한 법률」 제2조 제10호에 따른 1일 폐수배출량 2천 세제곱미터 이상인 폐수배출시설의 유기성 오니는 바로 매립하여서는 아니된다.

④ 축산폐수처리시설·분뇨처리시설 및 1일 폐수배출량 700세제곱미터 이상 2천 세제곱미터 미만인 배출업소의 유기성 오니도 바로 매립하여서는 아니된다.

⑤ 매립가스를 회수하여 재이용하는 시설이 설치된 매립시설의 경우에는 수분함량 75퍼센트 이하로 처리하여 매립할 수 있다. 다만, 1일 500톤 이상은 매립할 수 없다.

나) 무기성 오니(유기성 오니 외의 오니)

무기성 오니는 다음의 어느 하나에 해당하는 방법으로 처분하여야 한다.

① 소각하여야 한다.

② 수분함량이 85퍼센트 이하로 탈수·건조한 후 관리형 매립시설에 매립하여야 한다. 다만, 물을 이용하여 폐기물을 운반한 후 침전처리하는 경우에는 탈수·건조처분을 하지 아니할 수 있다.

다) 폐지류·폐목재류 및 폐섬유류

폐지류·폐목재류 및 폐섬유류는 소각하여야 한다.

라) 동물성 잔재물 및 동물의 사체

동물성 잔재물 및 동물의 사체는 소각하거나 관리형 매립시설에 매립하여야 한다. 다만, 「수도법」에 따른 상수원보호구역, 마을상수도 또는 소규모 급수시설의 취수원, 「자연공원법」에 따른 공원구역, 「지하수법」에 따른 지하수보전구역 및 하천·호수와 늪·바다의 경계로부터 500미터 이상 떨어진 지역으로서 특별자치시장, 특별자치도지사 또는 시장·군수·구청장이 인정하는 지역에서 「가축전염병예방법」 제22조부터 제24조까지의 규정에 따라 동물의 사체를 묻는 경우에는 그러하지 아니하다.

마) 폐고무류

폐고무류는 소각하여야 한다. 다만, 소각이 곤란한 경우에는 최대 지름 15센티미터 이하의 크기로 파쇄·절단한 후 관리형 매립시설에 매립할 수 있다.

바) 광재·폐금속류·폐토사·폐석고 및 폐석회

광재·폐금속류·폐토사·폐석고 및 폐석회는 관리형 매립시설에 매립하여야 한다.

사) 분진

분진은 폴리에틸렌이나 그 밖에 이와 비슷한 재질의 포대에 담아 관리형 매립시설에 매립하거나, 시멘트·합성고분자화합물을 이용하거나 이와 비슷한 방법으로 고형화한 후 관리형 매립시설에 매립하여야 한다.

아) 폐촉매·폐흡착제 및 폐흡수제

폐촉매·폐흡착제 및 폐흡수제는 가연성인 것은 소각하여야 하고, 가연성이 아닌 것은 관리형 매립시설에 매립하여야 한다.

자) 폐합성고분자화합물

폐합성고분자화합물은 다음의 어느 하나에 해당하는 방법으로 처분하여야 한다.

① 폐합성고분자화합물은 소각하여야 한다. 다만, 소각이 곤란한 경우에는 최대지름 15센티미터 이하의 크기로 파쇄·절단 또는 용융한 후 관리형 매립시설에 매립할 수 있다.

② 다음의 어느 하나에 해당하는 자는 배출하는 발포폴리스틸렌 폐기물을 스스로 또는 위탁하여 재활용하거나 용융에 따른 감량처리를 하여야 한다.

㉠ 「유통산업발전법」 제2조에 따른 대규모 점포를 개설한 자

㉡ 「농수산물유통 및 가격안정에 관한 법률」 제2조에 따른 농수산물도매시장·농수산물공판장을 개설·운영하는 자

차) 폐가전제품 및 폐가구류

폐가전제품 및 폐가구류는 다음의 어느 하나에 해당하는 방법으로 처분하여야 한다.

① 가연성 물질인 경우 소각하여야 한다.

② 불연성 물질은 최대직경 15센티미터 이하의 크기로 압축·파쇄·해체·절단 또는 용융한 후 관리형 매립시설에 매립하여야 한다.

③ 가연성과 불연성이 혼합된 재질의 것은 압축·파쇄 또는 절단 등으로 가연물과 불연물을 선별한 후 소각하거나 최대직경 15센티미터 이하의 크기로 압축·파쇄·해체·절단 또는 용융한 후 관리형 매립시설에 매립하여야 한다.

④ 사용이 끝난 폐가전제품 중에 염화불화탄소 등의 냉매물질(오존층파괴지수가 0인 물질은 제외)이 함유된 경우 이를 안전하게 회수하여야 한다.

카) 석면(뿜칠로 사용된 것은 제외)

석면의 해체·제거작업에 사용된 비닐시트 중 바닥용으로 사용된 것이 아닌 것은 포대에 담겨진 상태로 소각하여야 한다.

타) 폐주물사

폐주물사는 관리형 매립시설에 매립하여야 한다.

파) 폐냉매물질

폐냉매물질은 소각하거나 산화·환원 등의 반응을 이용하여 분해하되 폐냉매물질의 분해율이 99.9퍼센트 이상이 되도록 하여야 한다.

※ 분해율=[(폐냉매 투입량−폐냉매 배출량)/폐냉매 투입량]×100

※ 폐냉매 투입량=처분을 위해 시설에 투입한 냉매의 중량

※ 폐냉매 배출량=시설에서 배출되는 배출가스 중 냉매의 중량(배출가스 중의 폐냉매 농도와 건조 배출가스 유량으로부터 산출한다)

라. 지정폐기물(의료폐기물 제외) 처리의 기준 및 방법[105)]

(1) 수집·운반의 경우

(가) 분진·폐농약·폐석면 중 작은 알갱이 상태의 것

분진·폐농약·폐석면 중 작은 알갱이 상태의 것은 흩날리지 아니하도록 폴리에틸렌이나 그 밖에 이와 비슷한 재질의 포대(흩날릴 우려가 있는 폐석면의 경우는 습도 조절 등의 조치 후 견고한 용기에 밀봉하거나 고밀도 내수성 재질의 포대로 2중 포장)에 담아 수집·운반하여야 하고, 그 운반차량의 적재함에는 덮개를 덮어야 한다. 특히, 폐석면을 수집·운반하는 차량은 지정폐기물 수집·운반차량의 표시 외에 적재함 양측에 가로 100센티미터 이상, 세로 50센티미터 이상의 크기로 흰색 바탕에 붉은색 글자로 폐석면 운반차량임을 표시하거나 표지를 부착하여야 한다.

(나) 액체상태의 지정폐기물

액체상태의 지정폐기물을 수집·운반하는 경우에는 흘러나올 우려가 없는 전용의 탱크·용기·파이프 또는 이와 비슷한 설비를 사용하고, 혼합이나 유동으로 생기는 위험이 없도록 하여야 한다.

(다) 지정폐기물 수집·운반차량의 색깔

지정폐기물 수집·운반차량의 차체는 노란색으로 색칠하여야 한다. 다만, 임시로 사용하는 운반차량인 경우에는 그러하지 아니하다.

(라) 수집·운반차량의 표식

지정폐기물의 수집·운반차량 적재함의 양쪽 옆면에는 지정폐기물 수집·운반차량, 회사명 및 전화번호를 잘 알아 볼 수 있도록 붙이거나 표기하여야 한다. 이 경우 그 크기는 가로 100센티미터 이상, 세로 50센티미터 이상으로 하고, 검은색 글자로 하여 붙이거나 표

105) 시행규칙 [별표 5] 제4호

기하되, 폐기물수집·운반증을 발급하는 기관의 장이 인정하면 차량의 크기에 따라 붙이거나 표기하는 크기를 조정할 수 있다. 임시로 사용하는 운반차량의 경우에드 또한 같다.

(마) 도서지역의 특례

「도서개발촉진법」 제2조에 따른 도서 중 방파제나 다리 등으로 육지와 연결되지 아니한 도서지역(이하 "도서지역"이라 한다)에서 선박을 이용하여 지정폐기물을 수집·운반하는 경우에는 같은 선박에 지정폐기물 외의 폐기물을 함께 실을 수 있다. 이 경우 폐기물이 서로 혼합되지 아니하도록 구분하여 실어야 한다.

(2) 보관의 경우

(가) 지정폐기물의 구분보관: 지정폐기물은 지정폐기물 외의 폐기물과 구분하여 보관하여야 한다.

(나) 폐유기용제: 폐유기용제는 휘발되지 아니하도록 밀폐된 용기에 보관하여야 한다.

(다) 폐석면: 폐석면은 다음과 같이 보관한다.

1) 석면의 해체·제거작업에 사용된 바닥비닐시트(뿜칠로 사용된 석면의 해체·제거작업 시 사용된 비닐시트의 경우 모든 비닐시트), 방진마스크, 작업복 등 흩날릴 우려가 있는 폐석면은 습도 조절 등의 조치 후 고밀도 내수성 재질의 포대로 2중포장하거나 견고한 용기에 밀봉하여 흩날리지 아니하도록 보관하여야 한다.

2) 고형화 되어 있어 흩날릴 우려가 없는 폐석면은 폴리에틸렌, 그 밖에 이와 유사한 재질의 포대로 포장하여 보관하여야 한다.

(라) 지정폐기물 보관용기의 재질: 지정폐기물은 지정폐기물에 의하여 부식되거나 파손되지 아니하는 재질로 된 보관시설 또는 보관용기를 사용하여 보관하여야 한다.

(마) 지정폐기물의 보관장소

1) 지정폐기물의 보관장소는, 자체 무게 및 보관하려는 폐기물의 최대량 보관 시의 적재무게에 견딜 수 있고 물이 스며들지 아니하도록 시멘트·아스팔트 등의 재료로 바닥을 포장하고 지붕과 벽면을 갖춘 보관창고에 보관하여야 한다.

2) 다만, ① 침출수가 발생하지 아니한다고 관할 시·도지사나 지방환경관서의 장이 인정하는 경우, ② 침출수의 발생으로 주변 환경오염의 우려가 없다고 관할 시·도지사나 지방환경관서의 장이 인정하는 경우, ③ 드럼 등 보관용기에 보관하는 경우로서 내용물이 흘러나올 우려가 없고 용기 외부에 지정폐기물이 묻어 있지 아니한 경우(이 경우에는 폐기물의 최대량 보관 시의 적재무게에 견딜 수 있고 보관용기 취급과정에서 내용물이 외부에 흘러나오지 아니하도록 시멘트·아스팔트 등으로 바닥을 포장하고 방류턱을 갖춘 시설에 보관하여야 한다)에는 그러하지 아니하다.

(바) 지정폐기물 보관일수: 지정폐기물 배출자는 그의 사업장에서 발생하는 지정폐기물

중 폐산·폐알칼리·폐유·폐유기용제·폐촉매·폐흡착제·폐흡수제·폐농약, 폴리클로리네이티드비페닐 함유폐기물, 폐수처리 오니 중 유기성 오니는 보관이 시작된 날부터 45일을 초과하여 보관하여서는 아니되며, 그 밖의 지정폐기물은 60일을 초과하여 보관하여서는 아니된다. 다만, 천재지변이나 그 밖의 부득이한 사유로 장기보관할 필요성이 있다고 관할 시·도지사나 지방환경관서의 장이 인정하는 경우와, 1년간 배출하는 지정폐기물의 총량이 3톤(2013년 12월 31일까지는 4톤) 미만인 사업장의 경우에는 1년의 기간 내에서 보관할 수 있다.

(사) 폴리클로리네이티드비페닐 함유폐기물 배출자 및 처리업자에 대한 보관기간 특례

폴리클로리네이티드비페닐 함유폐기물을 보관하려는 배출자 및 처리업자는 시·도지사나 지방환경관서의 장의 승인을 받아 1년 단위로 보관기간을 연장할 수 있다. 보관기간을 연장받으려는 배출자 및 처리업자는 별지 제69호 서식에 따라 폐기물 보관기간 연장승인 신청서를 작성하여 제출하여야 하며, 시·도지사나 지방환경관서의 장이 폐기물의 보관기간 연장을 승인하는 경우에는 별지 제70호 서식의 폐기물 보관기간 연장승인서를 신청인에게 발급하여야 한다.

(아) 지정폐기물 보관장소의 표지판: 지정폐기물의 보관창고에는 보관 중인 지정폐기물의 종류, 보관가능 용량, 취급 시 주의사항 및 관리책임자 등을 적어 넣은 표지판을 다음과 같이 설치하여야 한다. 다만, 드럼 등 보관용기를 사용하여 보관하는 경우에는 용기별로 폐기물의 종류·양 및 배출업소 등을, 지정폐기물의 종류가 같은 용기가 여러 개 있는 경우에는 폐기물의 종류별로 폐기물의 종류·양 및 배출업소 등을 각각 알 수 있도록 표지판에 적어 넣어야 한다.

1) 보관창고에는 표지판을 사람이 쉽게 볼 수 있는 위치에 설치하여야 한다.
2) 표지의 규격: 가로 60센티미터 이상×세로 40센티미터 이상(드럼 등 소형용기에 붙이는 경우에는 가로 15센티미터 이상×세로 10센티미터 이상)
3) 표지의 색깔은 노란색 바탕에 검은색 선 및 검은색 글자
4) 표지판의 보기

지정폐기물 보관표지	
① 폐기물의 종류:	② 보관가능용량: 톤
③ 관리책임자:	④ 보관기간: ~ (일간)
⑤ 취급 시 주의사항 ㅇ보관 시: ㅇ운반 시: ㅇ처리 시:	
⑥ 운반(처리)예정장소:	

(3) 처리의 경우

(가) 공통기준

재활용이 가능한 폐기물은 법 제13조의2에 따라 재활용하여야 한다. 지정폐기물을 시멘트로 고형화하는 경우에는 시멘트의 양이 1세제곱미터당 150킬로그램 이상이어야 한다.

(나) 지정폐기물의 종류별 처리기준 및 방법

1) 폐산이나 폐알칼리의 경우

폐산이나 폐알칼리는 다음의 방법으로 처리하여야 한다.

가) 액체상태의 것은 ① 중화·산화·환원의 반응을 이용하여 처분한 후 응집·침전·여과·탈수의 방법으로 처분하거나, ② 증발·농축의 방법으로 처분하거나, ③ 분리·증류·추출·여과의 방법으로 정체처분하여야 한다. 다만, 처리 후 잔재물이 시행규칙 [별표 1]에 규정된 물질을 포함하는 경우에는 그 잔재물을 안정화 처분하거나 시멘트·합성고분자화합물의 이용 또는 이와 비슷한 방법으로 고형화 처분한 후 지정폐기물을 매립할 수 있는 관리형 매립시설에 매립하여야 한다.

나) 고체상태인 수산화칼륨 및 수산화나트륨은 위 가)의 방법으로 처분하거나 지정폐기물을 매립할 수 있는 관리형 매립시설의 차수시설 및 침출수 처리시설의 성능에 지장을 초래하지 아니하도록 하여 매립하여야 한다.

다) 폐산이나 폐알칼리와 폐유·폐유기용제 등 다른 폐기물이 혼합되어 있는 액체상태의 것은 소각시설에 지장이 생기지 아니하도록 중화 등으로 처분하여 소각(할로겐족 폐유기용제 등 고온소각 대상 폐기물이 혼합되어 있는 경우에는 고온소각)한 후 매립하여야 한다.

2) 폐유

폐유는 다음의 방법으로 처리하여야 한다.

가) 액체상태의 것은 ① 기름과 물을 분리하여 분리된 기름성분은 소각하여야 하고, 기름과 물을 분리한 후 남은 물은 「수질 및 수생태계 보전에 관한 법률」 제2조 제12호에 따른 수질오염방지시설에서 처리하거나, ② 증발·농축방법으로 처리한 후 그 잔재물은 소각하거나 안정화 처분하거나, ③ 응집·침전방법으로 처리한 후 그 잔재물을 소각하거나, ④ 분리·증류·추출·여과·열분해의 방법으로 정제처분하거나, ⑤ 소각하거나 안정화 처분하여야 한다.

나) 고체상태의 것은[타르·피치(pitch)류는 제외]은 소각하거나 안정화 처분하여야 한다.

다) 타르·피치류는 소각하거나 지정폐기물을 매립할 수 있는 관리형 매립시설에서 매립하여야 한다.

3) 폐유기용제

폐유기용제는 다음의 방법으로 처리하여야 한다.

가) 기름과 물 분리가 가능한 것은 기름과 물 분리방법으로 사전처분하여야 한다.

나) 할로겐족으로 액체상태의 것은 ① 고온소각하거나, ② 증발·농축방법으로 처분한 후 그 잔재물을 고온소각하거나, ③ 분리·증류·추출·여과의 방법으로 정제한 후 그 잔재물을 고온소각하거나, ④ 중화·산화·환원·중합·축합의 반응을 이용하여 처분한 후, 처분 후 발생하는 잔재물을 고온소각하거나, 응집·침전·여과·탈수의 방법으로 다시 처분한 후 그 잔재물을 고온소각하여야 한다.

다) 할로겐족으로 고체상태의 것은 고온소각하여야 한다.

라) 그 밖의 폐유기용제로서 액체상태의 것은 ① 소각하거나, ② 증발·농축방법으로 처분한 후 그 잔재물을 소각하거나, ③ 분리·증류·추출·여과의 방법으로 정제한 후 그 잔재물을 소각하거나, ④ 중화·산화·환원·중합·축합의 반응을 이용하여 처분한 후 발생하는 잔재물은 소각하거나, 응집·침전·여과·탈수의 방법으로 다시 처분한 후 소각하여야 한다.

마) 그 밖의 폐유기용제로서 고체상태의 것은 소각하여야 한다.

4) 폐합성고분자화합물

폐합성고분자화합물은 소각하여야 한다. 다만, 소각이 곤란한 경우에는 최대지름 15센티미터 이하의 크기로 파쇄·절단 또는 용융한 후 지정폐기물을 매립할 수 있는 관리형 매립시설에 매립할 수 있다.

5) 폐페인트와 폐래커

폐페인트와 폐래커는 고온소각하거나 유기용제 등 재활용 대상 물질을 회수한 후 그 잔재물은 고온소각하여야 한다.

6) 폐석면

폐석면은 다음의 방법으로 처리하여야 한다.

가) 분진이나 부스러기는 고온용융 처분하거나 고형화 처분하여야 한다.

나) 고형화되어 있어 흩날릴 우려가 없는 폐석면은 폴레에틸렌이나 그와 유사한 재질의 포대로 포장하여 지정폐기물 매립시설에 매립하되, 매립과정에서 석면 분진이 날리지 아니하도록 하고 충분히 물을 뿌리고 수시로 복토를 실시하여

야 하며, 장비 등을 이용한 다짐·압축작업은 복토 후에 하여야 한다. 이 경우 다짐·압축 작업과정에서 폐석면이 복토층 표면으로 노출되어서는 아니 된다.

다) 석면의 해체·제거작업에 사용된 바닥비닐시트(뿜칠로 사용된 석면의 해체·제거 작업 시 사용된 비닐시트의 경우 모든 비닐시트), 방진마스크, 작업복 등은 고밀도 내수성 재질의 포대에 2중으로 포장하거나 견고한 용기에 밀봉하여 지정폐기물 매립시설에 매립하거나 고온용융 처분 또는 고형화 처분하여야 한다.

라) 매립시설 내 일정구역을 정하여 매립하고, 매립구역임을 알리는 표지판을 다음과 같이 설치하여야 한다.

폐석면 매립 표지판	
폐석면 종류	
매립용량(m^3)	
매립면적(m^3)	
매립위치	
매립기간	
관리기관(전화번호)	

비고 1. 표지판은 사람이 쉽게 볼 수 있는 위치에 설치
2. 표지의 규격 : 가로 80센티미터 이상×세로 80센티미터 이상
3. 표지의 색깔 : 노란색 바탕에 검은색 선 및 검은색 글자

7) 광재·폐주물사·폐사·폐내화물·도자기조각·폐촉매

광재·폐주물사·폐사·폐내화물·도자기조각·폐촉매는 다음의 어느 하나에 해당하는 방법으로 처리하여야 한다.

가) 안정화 처분 또는 시멘트·합성고분자화합물의 이용 그 밖에 이와 비슷한 방법으로 고형화 처분하거나 지정폐기물을 매립할 수 있는 관리형 매립시설에 매립하여야 한다. 다만, 가연성 물질을 포함한 폐촉매는 소각할 수 있고, 할로겐족에 해당하는 물질을 포함한 폐촉매를 소각하는 경우에는 고온 소각하여야 한다.

나) 폐주물사를 가공하여 재생주물사로 재활용하는 경우, 과거에는 재생주물사의 성분에 대한 기준[106]을 지켜야 했으나, 2011. 9. 29.부터는 관계규정이 삭

106) 「환경분야 시험·검사 등에 관한 법률」 제6조에 따라 환경부장관이 지정·고시한 폐기물에 관한 공정시험기준이나 공정시험기준이 없는 경우에는 한국산업규격 시험방법 또는 국제적으로 통용되는 시험방법에 따른 시험결과가 다음의 기준에 맞아야 한다. 수소이온농도지수 : 6.0 이상 11.0 이하, 비

제되어 이러한 규제가 없어졌다.

8) 폐흡수제와 폐흡착제

폐흡수제와 폐흡착제는 다음의 어느 하나에 해당하는 방법으로 처리하여야 한다.

가) 고온소각 처분대상 물질을 흡수하거나 흡착한 것 중 가연성은 고온소각하여야 하고, 불연성은 지정폐기물을 매립할 수 있는 관리형 매립시설에 매립하여야 한다.

나) 일반소각 처분대상 물질을 흡수하거나 흡착한 것 중 가연성은 일반소각하여야 하고, 불연성은 지정폐기물을 매립할 수 있는 관리형 매립시설에 매립하여야 한다.

다) 안정화 처분하거나 시멘트·합성고분자화합물을 이용하여 고형화 처분하거나 이와 비슷한 방법으로 고형화 처분하여야 한다.

라) 광물유·동물유 또는 식물유가 포함된 것은 포함된 기름을 추출 등으로 재활용하여야 한다.

9) 분진

분진은 다음의 어느 하나에 해당하는 방법으로 처리하여야 한다.

가) 지정폐기물을 매립할 수 있는 관리형 매립시설에 매립하여야 한다.

나) 안정화 처분하여야 한다.

다) 시멘트·합성고분자화합물을 이용하여 고형화 처분하거나 이와 비슷한 방법으로 고형화 처분하여야 한다.

10) 소각재

소각재는 다음의 어느 하나에 해당하는 방법으로 처리하여야 한다.

가) 지정폐기물을 매립할 수 있는 관리형 매립시설에 매립하여야 한다.

나) 안정화 처분하여야 한다.

다) 시멘트·합성고분자화합물을 이용하여 고형화 처분하거나 이와 비슷한 방법으로 고형화 처분하여야 한다.

11) 폐농약

폐농약은, 액체상태의 것은 고온소각하거나 고온용융 처분하고, 고체상태의 것은 고온소각 또는 고온용융 처분하거나 차단형 매립시설에 매립하여야 한다.

12) 폴리클로리네이티드비페닐 함유 폐기물

중 : 2.3 이상 2.8 이하, 이물질 : 무게비율로 1.0퍼센트 이하, 납·구리·비소·수은·카드뮴 또는 그 화합물 및 6가크롬화합물 : 시행규칙 [별표 1]에 따른 지정폐기물에 함유된 유해물질 기준 이내

폴리클로리네이티드비페닐 함유 폐기물은 고온소각하거나 고온용융 처분하여야 한다.

13) 오니

오니는 다음의 어느 하나에 해당하는 방법으로 처리하여야 한다.

가) 소각하여야 한다.

나) 시멘트·합성고분자화합물을 이용하여 고형화 처분하거나 이와 비슷한 방법으로 고형화 처분하여야 한다.

다) 수분함량 85퍼센트 이하로 하여 안정화 처분하여야 한다.

라) 수분함량 85퍼센트 이하로 하여 지정폐기물을 매립할 수 있는 관리형 매립시설에 매립하여야 한다.

마) 폐수배출량 2,000㎥ 이상인 배출업소의 유기성 오니는 바로 매립하여서는 아니 되며, 소각하거나 시멘트·합성고분자화합물의 이용이나 그 밖에 이와 비슷한 방법으로 고형화 처분하여야 한다.

바) 1일 폐수배출량 700㎥ 이상 2,000㎥ 미만인 배출업소의 유기성 오니도 위 마)와 같이 처분하여야 한다.

14) 안정화·고형화·고화처리물

안정화·고형화·고화처리물은 다음의 방법으로 처리하여야 한다.

가) 지정폐기물을 매립할 수 있는 관리형 매립시설에 매립하여야 한다.

나) 석면을 1퍼센트 이상 함유한 고형화 처리물을 매립하는 경우에는 매립시설 내 일정 구역을 정하여 매립하고, 매립구역임을 알리는 표지판을 다음과 같이 설치하여야 한다.

폐석면 고형화 처리물 매립 표지판	
폐석면 종류	
매립용량(㎥)	
매립면적(㎥)	
매립위치	
매립기간	
관리기관(전화번호)	

비고 1. 표지판은 사람이 쉽게 볼 수 있는 위치에 설치

2. 표지의 규격 : 가로 80센티미터 이상×80센티미터 이상

3. 표지의 색깔 : 노란색 바탕에 검은색 선 및 글자

15) 폐유독물

폐유독물은 다음의 어느 하나에 해당하는 방법으로 처리하여야 한다.

가) 중화·가수분해·산화·환원으로 처분하여야 한다.

나) 고온소각하거나 고온용융 처분하여야 한다.

다) 고형화 처분하여야 한다.

16) 폐오일 필터

폐오일 필터는 다음의 어느 하나에 해당하는 방법으로 처리하여야 한다.

가) 소각하여야 한다.

나) 파쇄처분하여 재활용할 경우 고철·여과지·고무 및 폐윤활유를 각각 분리할 수 있도록 폐오일 필터를 파쇄처분한 후 폐유·고철은 별도로 회수·선별하여 재활용하고, 여과지·고무 등 재활용이 어려운 파쇄물은 소각하거나 매립하여야 한다.

다) 증류처분하여 재활용할 경우 증류시설에서 폐유와 고철을 분리·회수하여 각각 재활용하여야 한다.

마. 지정폐기물 중 의료폐기물 처리의 기준 및 방법[107)]

(1) 공통사항

(가) 의료폐기물(인체조직물과 동물의 사체만을 말함)은 본인(본인이 의사표시를 할 수 없는 경우에는 그 친권자[108)] 또는 후견인[109)]을 말한다)이나 그 동물의 주인이 요구하면 본인이나 그 동물의 주인에게 인도하여 다음 각 호의 구분에 따라 처리할 수 있다. 이 경우 의료폐기물을 인도한 자는 이를 상세히 기록하여 3년간 보존하여야 한다.

1) 인체조직물은 「장사 등에 관한 법률」 제17조에 따른 묘지 등의 설치제한지역이 아닌 곳으로서 같은 법 제13조 제1항에 따른 공설묘지 중 시·도지사가 인정한 장소에 1미터 이상의 깊이로 파묻거나 같은 법 제2조 제8호에 따른 화장시설에서 화장할 수 있다.

2) 동물의 사체는 「동물보호법」 제15조 제2항에 따른 동물장묘업의 등록을 한 자가

---

107) 시행규칙 [별표 5] 제5호

108) 미성년자의 친권자는 부모, 양자의 경우에는 양부모가 된다. 친권은 부모가 혼인 중인 때에는 공동으로 행사한다. 그러나 부모의 의견이 일치하지 아니하는 경우에는 당사자의 청구에 의하여 가정법원이 이를 정한다. 부모의 일방이 친권을 행사할 수 없을 때에는 다른 일방이 이를 행사한다(민법 제909조 제1항 내지 제3항). 보다 자세한 내용은 동법 909조 이하 참조

109) 미성년자에게 친권자가 없거나 친권자가 법률행위의 대리권과 재산관리권을 행사할 수 없는 경우에 미성년후견인을 둔다. 가정법원의 성년후견개시심판이 있는 경우에는 그 심판을 받은 사람의 성년후견인을 둔다(민법 제928조 이하 참조)

설치·운영하는 동물장묘시설에서 처리할 수 있다.

(나) 의료폐기물 중 태반을 재활용하기 위하여 배출자, 폐기물 수집·운반업자, 폐기물 재활용업자가 태반을 인계·인수하는 경우에는 시행규칙 [별표 5] 제5호 다목 1)의 규정에도 불구하고 전용용기를 풀어서 수량, 무게(g)를 확인한 후 그 내용을 전자정보처리프로그램에 입력하여야 한다.

(2) 의료폐기물 전용용기

(가) 한번 사용한 전용용기는 다시 사용하여서는 아니 된다.

(나) 의료폐기물은 발생한 때(해당 진찰·치료 및 시험·검사행위가 끝났을 때를 말함)부터 전용용기에 넣어 내용물이 새어 나오지 아니 하도록 보관하여야 하며, 의료폐기물의 투입이 끝난 전용용기는 밀폐 포장하여야 한다. 다만, 대형 조직물류 폐기물과 같이 전용용기에 넣기 어려운 의료폐기물은 내용물이 보이지 아니하도록 개별 포장하여 내용물이 새어 나오지 아니하도록 밀폐 포장하여야 한다.

(다) 전용용기는 봉투형 용기 및 상자형 용기로 구분하되, 봉투형 용기의 재질은 합성수지류로 하고 상자형 용기의 재질은 골판지류 또는 합성수지류로 한다.

(라) 의료폐기물의 종류별 전용용기는 다음의 구분에 따른다.

1) 격리의료폐기물, 위해의료폐기물 중 조직물류 폐기물(치아는 제외) 및 손상성폐기물과 액체상태의 폐기물: 합성수지류 상자형 용기

2) 그 밖의 의료폐기물: 봉투형 용기 또는 골판지류 상자형 용기

(마) 위 (라)에도 불구하고 전용용기에는 다른 종류의 의료폐기물을 혼합하여 보관할 수 있다. 다만, 봉투형 용기 또는 골판지류 상자형 용기에는 위 (라) 1)에 따라 합성수지류 상자형 용기를 사용하여야 하는 의료폐기물을 혼합하여 보관하여서는 아니 된다.

(바) 봉투형 용기에는 그 용량의 75퍼센트 미만으로 의료폐기물을 넣어야 한다.

(사) 의료폐기물을 넣은 봉투형 용기를 이동할 때에는 반드시 뚜껑이 있고 견고한 전용 운반구를 사용하여야 하며, 사용한 전용 운반구는 「감염병의 예방 및 관리에 관한 법률 시행규칙」 [별표 6] 제2호 라목에 따른 약물소독의 방법[110]으로 소독하여야 한다.

(아) 봉투형 용기에 담은 의료폐기물의 처리를 위탁하는 경우에는 상자형 용기에 다시 담아 위탁하여야 한다.

(자) 골판지류 상자형 용기의 내부에는 봉투형 용기 또는 내부 주머니를 붙이거나 넣

110) 다음의 약품을 소독대상 물건에 뿌리는 것을 말한다. ① 석탄산수(석탄산 3% 수용액), ② 크레졸수(크레졸 3% 수용액), ③ 승홍수(승홍 0.1%, 식염수 0.1%, 물 99.8% 혼합액), ④ 생석회(대한약전 규격품), ⑤ 크롤칼키수(크롤칼키 5% 수용액), ⑥ 포르마린(대한약전 규격품), ⑦ 그 밖의 소독약을 사용하려는 경우에는 석탄산 3% 수용액에 해당하는 소독력이 있는 약제를 사용하여야 한다.

어서 사용하여야 한다.

(차) 전용용기 및 위 (나) 단서에 따른 포자의 바깥쪽에는 의료폐기물임을 나타내는 다음의 도형 및 취급 시 주의사항을 표시하여야 한다.

1) 도형

의료폐기물의 종류	도형 색상	
격리의료폐기물	붉은색	
위해의료폐기물(재활용하는 태반은 제외한다) 및 일반의료폐기물	봉투형 용기	검정색
	상자형 용기	노란색
재활용하는 태반	녹색	

비고: 붉은색으로 표시하여야 하는 의료폐기물과 노란색 또는 검정색으로 표시하여야 하는 의료폐기물을 혼합보관할 때에는 붉은색으로 표시하여야 한다.

2) 취급 시 주의사항

이 폐기물은 감염의 위험성이 있으므로 주의하여 취급하시기 바랍니다.			
배출자		종류 및 성질과 상태	
사용개시 연월일		수거자	

비고: 사용개시 연월일은 의료폐기물을 전용용기에 최초로 넣은 날을 적어야 한다. 다만, 봉투형 용기에 담은 의료폐기물을 상자형 용기에 다시 담아 위탁하는 경우에는 봉투형 용기를 상자형 용기에 최초로 담은 날을 적을 수 있다.

(카) 재활용하는 태반은 발생한 때부터 흰색의 투명한 내부 주머니에 1개씩 포장하여 (라) 1)에 따라 합성수지류 상자형 용기에 넣어 보관하여야 하며, 내부 주머니에는 의료기관명, 중량(g), 발생일 및 담당의사의 이름을 적어야 한다.

(3) 보관의 경우

(가) 의료폐기물을 위탁처리하는 배출자는 의료폐기물의 종류별로 다음의 구분에 따른 보관기간을 초과하여 보관하여서는 아니 된다. 다만, 천재지변, 휴업, 시설의 보수, 그 밖에 부득이한 경우로서 시·도지사나 지방환경관서의 장이 인정하는 경우에는 그러하지 아니하다.

1) 격리의료폐기물 : 7일
2) 위해의료폐기물 중 조직물류 폐기물(치아는 제외), 병리계폐기물, 생물·화학폐기물 및 혈액오염 폐기물과 5)를 제외한 일반의료폐기물: 15일
3) 위해의료폐기물 중 손상성 폐기물: 30일
4) 위해의료폐기물 중 조직물류 폐기물(치아만 해당): 60일
5) 위 (2)(마)에 따라 혼합보관된 의료폐기물: 혼합 보관된 각각의 의료폐기물의 보관기간 중 가장 짧은 기간
6) 일반의료폐기물(「의료법」 제3조에 따른 의료기관 중 입원실이 없는 의원, 치과의원 및 한의원에서 발생하는 것으로서 섭씨 4도 이하로 냉장보관하는 것만 해당): 30일

(나) 의료폐기물의 종류별 보관시설

1) 격리의료폐기물 중 성질과 상태가 조직물류 폐기물과 같은 폐기물과 위해의료폐기물 중 조직물류 폐기물은 전용의 냉장시설에서 섭씨 4도 이하로 보관하여야 한다. 다만, 치아 및 방부제에 담근 폐기물은 그러하지 아니 하다.
2) 그 밖의 의료폐기물은 밀폐된 전용의 보관창고에 보관하여야 한다. 다만, 시행규칙 [별표 3] 제1호 중 의원, 제2호 중 보건지소, 제3호부터 제7호, 제9호부터 제14호까지의 기관은 밀폐된 전용의 보관창고가 아닌 별도의 보관장소에 보관할 수 있다.

(다) 의료폐기물 보관시설의 세부기준

1) 보관창고의 바닥과 안벽은 타일·콘크리트 등 물에 견디는 성질의 자재로 세척이 쉽게 설치하여야 하며, 항상 청결을 유지할 수 있도록 하여야 한다.
2) 보관창고에는 약물소독에 쓰이는 소독약품 및 분무기 등 소독장비와 이를 보관할 수 있는 시설을 갖추어야 하고, 냉장시설에는 내부 온도를 측정할 수 있는 온도계를 붙여야 한다.
3) 냉장시설은 섭씨 4도 이하의 설비를 갖추어야 하며, 보관 중에는 냉장설비를 항상 가동하여야 한다.
4) 보관창고, 보관장소 및 냉장시설은 주 1회 이상 약물소독의 방법으로 소독하여야

한다.

5) 보관창고와 냉장시설은 의료폐기물이 밖에서 보이지 않는 구조로 되어 있어야 하며, 외부인의 출입을 제한하여야 한다.

6) 보관창고, 보관장소 및 냉장시설에는 보관 중인 의료폐기물의 종류·양 및 보관기간 등을 확인할 수 있는 다음의 표지판을 설치하여야 한다.

(배출자용)

<table>
<tr><td rowspan="5"></td><td colspan="2">의료폐기물 보관표지</td></tr>
<tr><td>① 폐기물 종류:</td><td>② 총보관량: 킬로그램</td></tr>
<tr><td>③ 보관기간:</td><td>④ 관리책임자:</td></tr>
<tr><td colspan="2">⑤ 취급시 주의사항
○보관 시:
○운반 시:</td></tr>
<tr><td colspan="2">⑥ 운반장소:</td></tr>
</table>

(처리업자용)

<table>
<tr><td rowspan="8"></td><td colspan="3">의료폐기물 보관표지</td></tr>
<tr><td>① 폐기물 종류:</td><td colspan="2">② 총보관량: 킬로그램</td></tr>
<tr><td>③ 보관기간:</td><td colspan="2">④ 관리책임자:</td></tr>
<tr><td colspan="3">⑤ 업소별 수탁량</td></tr>
<tr><td>업소명</td><td>수탁일자</td><td>수탁량</td></tr>
<tr><td></td><td></td><td></td></tr>
<tr><td></td><td></td><td></td></tr>
<tr><td></td><td></td><td></td></tr>
</table>

(설치요령)

○보관창고와 냉장시설의 출입구 또는 출입문에 각각 붙여야 한다.

○표지판의 규격: 가로 60센티미터 이상×세로 40센티미터 이상(냉장시설에 보관하는 경우에는 가로 30센티미터 이상×세로 20센티미터 이상)

○표지의 색깔: 흰색 바탕에 녹색 선과 녹색 글자

(4) 수집·운반의 경우

(가) 의료폐기물은 전용용기에 넣어 밀폐포장된 상태로 의료폐기물 전용의 운반차량으로 수집·운반하여야 한다. 다만, 「도서개발촉진법」 제2조에 따른 도서 중 방파제나 다리 등으로 육지와 연결되지 아니하여 의료폐기물 수집·운반차량으로 수집·운반이 곤란한 도서지역의 경우 발생한 의료폐기물은 전용용기에 담아 다시 밀폐된 냉장용기에 담은 후 선박 등을 이용하여 수집·운반할 수 있다. 이 경우 운반용 냉장용기는 의료폐기물 수집·운반차량의 적재함 관리기준에 따라 관리하여야 한다.

(나) 의료폐기물의 수집·운반차량은 섭씨 4도 이하의 냉장설비가 설치되고, 운반 중에는 항상 냉장설비가 가동되어야 한다.

(다) 의료폐기물은 흩날림·유출 및 악취의 새어 나옴을 방지할 수 있는 밀폐된 적재함이 설치된 차량으로 운반하여야 한다.

(라) 적재함의 내부는 물에 견디는 성질의 자재로서 약물소독을 쉽게 할 수 있는 구조로 되어 있어야 하며, 그 안에는 온도계를 붙이고 약물소독에 쓰이는 소독약품 및 분무기 등 소독장비와 이를 보관할 수 있는 설비를 갖추어야 한다.

(마) 적재함은 사용할 때마다 약물소독의 방법으로 소독하여야 한다.

(바) 의료폐기물의 수집·운반차량의 차체는 흰색으로 색칠하여야 한다.

(사) 의료폐기물의 수집·운반차량의 적재함의 양쪽 옆면에는 의료폐기물의 도형, 업소명 및 전화번호를, 뒷면에는 의료폐기물의 도형을 붙이거나 표기하되, 그 크기는 가로 100센티미터 이상, 세로 50센티미터 이상(뒷면의 경우 가로·세로 각각 50센티미터 이상)이어야 하며, 글자의 색깔은 녹색으로 하여야 한다.

(5) 처리의 경우

(가) 재활용이 가능한 폐기물은 법 제13조의2에 따라 재활용하여야 한다.

(나) 의료폐기물 배출자가 설치하는 처분시설별 처분능력은 다음과 같다.

1) 소각시설: 시간당 처분능력 25킬로그램 이상의 시설

2) 멸균분쇄시설: 시간당 처분능력 100킬로그램 이상의 시설

(다) 멸균분쇄시설을 설치한 의료폐기물 배출자는 멸균 여부의 검사를 위하여 그 검사인력 및 시설·장비를 갖추어야 한다.

1) 검사인력: 임상병리사나 위생사 중 1명 이상

2) 시설·장비: 검사실, 멸균 여부를 확인할 수 있는 기구 및 장비

(라) 의료폐기물은 의료폐기물을 처분하기 위하여 설치한 소각시설이나 멸균·분쇄

시설에서 처분하여야 한다. 다만, 도시지역에서 발생한 의료폐기물은 특별자치시, 특별자치도 또는 시·군·구의 조례로 정하는 바에 따라 해당 도서지역 내에 설치된 생활폐기물 소각시설에서 소각처분할 수 있다.

(마) 다음의 의료폐기물은 소각하여야 한다.

1) 격리의료폐기물, 위해의료폐기물 중 조직물류폐기물 및 생물·화학폐기물

2) 보관 및 운반과정에서 혈액, 체액, 분비물, 배설물 등 흘러내릴 수 있는 물질을 포함한 의료폐기물

3) 폐기물 중간처분업자 또는 최종처분업자가 처분하는 의료폐기물

(바) 위 (마) 외의 의료폐기물은 소각 또는 멸균분쇄 처분하여야 한다.

(사) 의료폐기물을 소각시설이나 멸균분쇄시설에 넣기 전에 용기로부터 해체하여서는 아니 되며, 용기에 담은 상태로 넣어야 한다.

(아) 멸균분쇄하는 경우에는 원형이 파쇄되어 재사용할 수 없도록 분쇄하여야 한다.

(자) 멸균분쇄 처분 시 시행규칙 [별표 11] 제2호 가목 2)바)(2)에 따른 검사 결과 잔재물이 멸균되지 아니한 경우에는 다시 처분하여야 한다.

(차) 멸균분쇄한 후의 잔재물은 소각하여야 한다.

(카) 소각한 후의 잔재물은 매립하여야 한다.

바. 폐기물수집·운반증[111)]

(1) 폐기물수집·운반증 부착 또는 소지의무

폐기물을 수집·운반하는 자는 다음의 어느 하나에 해당하는 경우 폐기물을 수집·운반하는 차량(철도차량과 선박 포함)에 다음의 폐기물수집·운반증을 붙여야 한다. 다만, 폐기물을 철도차량이나 선박으로 운반하는 경우에는 폐기물수집·운반증을 가지고 있어야 한다.

(가) 법 제5조에 따른 광역 폐기물 처분시설 또는 재활용시설의 설치·운영자가 폐기물을 수집·운반하는 경우(생활폐기물을 수집·운반하는 경우는 제외)

(나) 법 제15조의2 제3항에 따른 음식물류 폐기물 배출자가 그 사업장에서 발생한 음식물류 폐기물을 사업장 밖으로 운반하는 경우

(다) 법 제15조의2 제4항에 따라 음식물류 폐기물을 공동으로 수집·운반 또는 재활용하는 자가 음식물류 폐기물을 수집·운반하는 경우

(라) 법 제17조에 따른 사업장폐기물 배출자가 그 사업장에서 발생한 폐기물을 사업

---

111) 시행규칙 [별표 5] 제6호

장 밖으로 운반하는 경우

(마) 법 제18조 제5항에 따라 사업장폐기물을 공동으로 수집·운반, 처분 또는 재활용하는 자가 수집·운반하는 경우

(바) 폐기물처리업자가 폐기물을 수집·운반하는 경우

(사) 폐기물처리 신고자가 재활용 대상 폐기물을 수집·운반하는 경우

(아) 폐기물을 수출하거나 수입하는 자가 그 폐기물을 운반하는 경우(컨테이너를 이용하여 운반하는 경우 포함)

(2) 폐기물수집·운반증의 규격 및 적어 넣는 방법

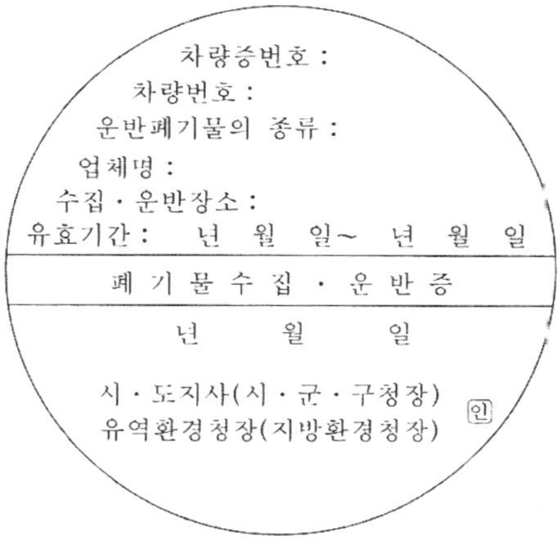
차량증번호 :
차량번호 :
운반폐기물의 종류 :
업체명 :
수집 · 운반장소 :
유효기간 : 년 월 일~ 년 월 일
폐 기 물 수 집 · 운 반 증
년 월 일
시 · 도지사(시 · 군 · 구청장)
유역환경청장(지방환경청장) 인

비고 1. 원의 지름: 100밀리미터
2. 바탕색: 노란색(임시차량의 경우 흰색)

(3) 폐기물수집·운반증 부착 및 소지의무 면제자

다음 어느 하나에 해당하는 경우에는 폐기물을 수집·운반하는 차량에 폐기물 수집·운반증을 붙이지 아니하거나 가지고 있지 아니할 수 있다.

(가) 「자원의 절약과 재활용촉진에 관한 법률」 제15조의2에 따른 빈용기보증금이 포함된 제품의 용기를 회수하여 재활용하는 경우

(나) 「자원의 절약과 재활용촉진에 관한 법률」 제16조에 따른 재활용의무생산자, 같은 법 제27조에 따른 재활용사업공제조합, 재활용의무생산자 드는 재활용사업공제조합으로부터 회수 및 재활용을 위탁받은 자가 해당 폐기물을 회수하여 재활용하는 경우

(다) 다음의 어느 하나에 해당하는 자가 폐전기·전자제품을 회수하여 재활용하는 경우

1) 「전기·전자제품 및 자동차의 자원순환에 관한 법률」 제9조에 따른 전기·전자제

품 제조·수입업자 또는 그 자로부터 전기·전자제품의 회수 및 재활용을 위탁받은 자

2) 「전기·전자제품 및 자동차의 자원순환에 관한 법률」 제20조에 따른 전기·전자제품의 판매업자

3) 「전기·전자제품 및 자동차의 자원순환에 관한 법률」 제21조에 따른 재활용사업공제조합 또는 재활용사업공제조합으로부터 전기·전자제품의 회수 및 재활용을 위탁받은 자

4) 시행규칙 제66조 제5항에 해당하는 자[112)]가 해당 폐기물을 수집·운반하는 경우

5) 전주철거 공사용 차량으로 철거된 폐전주를 법 제25조 제5항 제5호부터 제7호까지의 규정 중 어느 하나에 따른 재활용업을 하는 자의 사업장까지 운반하는 경우

6) 중간가공 폐기물을 수집·운반하는 경우

7) 시행규칙 제10조 제6호 나목부터 라목[113)]까지의 어느 하나에 해당하는 폐목재류나 천연상태의 목재를 물리적으로 가공하는 과정에서 이물질에 오염되지 아니한 상태로 발생된 톱밥·목피·나무조각 등의 폐기물을 재활용하기 위하여 해당 폐기물을 배출하는 자 또는 폐기물 재활용업자가 운반하는 경우

8) 폐기물을 수출 또는 수입하는 경우로서 폐기물을 컨테이너에 넣은 후 밀폐하여 운반하는 경우(해당 폐기물이 수출 또는 수입되는 폐기물임을 증명하는 제25조의2 제4항에 따른 폐기물수출 신고증명서나 폐기물 수입 신고증명서, 또는 「폐기물의 국가간 이동 및 그 처리에 관한 법률」 제7조에 다른 수출이동서류나 같은 법 제11조에 따른 수입이동서류를 가지고 있는 경우로 한정)

(4) 폐기물수집·운반증의 발급

(가) 폐기물수집·운반증의 발급신청

폐기물수집·운반증 부착 및 소지의무자는 폐기물의 수집·운반이 시작되기 3일 전까지 규칙 별지 제68호 서식에 따라 시·도지사나 지방환경관서의 장에게 폐기물 수집·운반증의 발급을 신청하여야 한다. 다만, 폐기물처리업자나 폐기물처리 신고자의 전용차량에 대하여는 법 제25조 제3항에 따른 허가(변경허가 포함)의 신청 또는 법 제46조에 따른 신고

---

112) 폐지·고철·폐포장재를 수집·운반하거나 선별·압축·감용·절단하는 방법으로 재활용하는 자로서, 특별시·광역시 지역 소재 사업장 규모가 1,000㎡ 이상인 자, 시·군 지역(광역시·군 지역 포함) 소재 사업장 규모가 2,000㎡ 이상인 자

113) 나목 : 산지개간 또는 건설공사 등으로 발생한 나무뿌리·줄기·가지, 다목 : 장마나 홍수, 산사태 등으로 산지에서 쓸려 내려온 나무뿌리·줄기·가지, 라목 : 연료 또는 목재산업의 원료로 사용하기 위하여 산지에서 반출되었으나 해당 목적으로 사용되지 않고 배출되는 나무뿌리·줄기·가지

를 폐기물수집·운반증의 발급신청으로 본다. 신청을 받은 시·도지사나 지방환경관서의 장은 폐기물의 수집·운반의 기준에 맞을 경우 폐기물수집·운반증을 발급하여야 한다.

(나) 전용차량과 임시차량의 구분발급

폐기물수집·운반증은 계속적으로 폐기물을 수집·운반하는 전용차량과 임시로 폐기물을 수집·운반하는 임시차량으로 구분하여 발급하되, 그 유효기간은 임시차량의 경우 6개월 이내로 한다.

(다) 폐기물수집·운반증의 차량명의자

폐기물수집·운반증의 발급대상이 되는 차량은 발급신청인 명의로 등록된 것이어야 한다. 따라서 타인명의의 차량을 임대하여 사용할 수 없다. 폐기물의 수집·운반과정에서 불법반출 또는 불법투기 등의 우려를 불식시키기 위한 장치로 이해된다. 다만, 다음의 어느 하나에 해당하는 경우에는 그러하지 아니하다.

1) 임시차량(영업용만 해당). 이 경우 주의할 점은, 법 제17조에 따른 사업장폐기물 배출자가 그 사업장에서 발생한 폐기물을 사업장 밖으로 운반하는 경우에는 임시차량을 사용하더라도 발급신청인 명의로 등록된 것이어야 하나, 도서지역에서 발생한 사업장폐기물을 육상에서 처리하기 위하여 수집·운반하는 경우에는 타인명의의 임시차량을 사용할 수 있다.
2) 철도차량이나 선박
3) 건설폐기물을 대상으로 하는 폐기물 수집·운반업의 공동대표자 각각의 명의로 등록된 차량

(5) 임시차량에 대한 폐기물 수집·운반증

임시차량은 위 (1)의 (가)(나)(라)(아), 시행규칙 가목 1)·2)·6), 시행규칙 제21조 제1항 제9호에 따른 경우, 건설폐기물을 대상으로 하는 폐기물처리업자가 건설폐기물을 수집·운반하는 경우만 해당하고, 건설폐기물의 경우에는 건설폐기물이 일시적으로 다량 발생하여 임시차량의 사용이 불가피하다고 해당 폐기물처리업자의 허가권자가 인정하는 경우로서 전용차량 대수의 2배수 범위로 한정한다.

Chapter

03 폐기물의 재활용

제 1 절 개 관

Ⅰ. 폐기물 재활용의 중요성

대부분의 폐기물은 재활용이 가능함에도 불구하고 그동안 관련 기술이 발달하지 못하였거나, 관련 기술이 개발되었더라도 경제성이 없어 재활용되지 못하는 경우가 많았다. 그러나 환경문제에 대한 사회적 관심이 많아지고 재활용을 통한 자원의 순환적 소비에 대한 정책적·제도적 지원이 증가하자, 그 중요성에 비해 상대적으로 소홀히 다루어져 왔던 폐기물의 재활용이 폐기물관리법의 중요한 화두가 되었다. 그리하여 폐기물의 재활용은 폐기물 처리의 하위개념이지만, 최근에는 별도로 규율해야 할 만큼 그 중요성이 높아지고 있다. 따라서 본서에서는 폐기물의 재활용을 폐기물의 처리와 별도의 독립된 장으로 다루고자 한다.

Ⅱ. 2010년 개정 폐기물관리법상 재활용 분야의 주요 변화

폐기물의 재활용 관련 규정은 2010년 개정 법률에서 제일 많이 변화한 부분 중 하나이다. 다음과 같은 부분이 주요 개정 사항이다.

1. 재활용 개념의 독립적 규정

이전에는 폐기물 처리의 개념을 중간처리와 최종처리로 구분한 후 중간처리에 재활용을 포함시켰으나, 개정 법률에서는 폐기물 처리를 수집·운반, 보관, 재활용, 처분으로 세분화함으로써,[1] 재활용이 폐기물 처리에 있어 별도의 독립적 개념임을 명확히 하였다. 또한 직접적 정의규정은 없지만, 법 제25조 제5항의 재활용업 정의를 통해, 재활용은 중간가공 폐기물을 만드는 '중간재활용'과 중간가공 폐기물을 재활용하는 '최종재활용'으로 구분되는 것으로 정리하였다. 이는 처분이 '중간처분'과 '최종처분'으로 구분되는 것과 대응된다.

2. 재활용업 허가제도의 신설

이전에는 재활용신고 및 재활용 전문 중간처리업 허가제도로 운용되었으나, 개정법률에서는 재활용업 허가제도로 통합되었다. 재활용업도 중간재활용업, 최종재활용업, 종합재활용업으로 세분화되었다.

3. 폐기물처리신고제도의 신설

기존 재활용 신고의 일부가 폐기물처리신고로 변경되었다. 재활용품 수집·선별자의 경우 사업장의 규모에 따라 폐기물처리신고 대상과 폐기물처리신고 간주로 구분되었다.

4. 중간가공 폐기물 개념의 신설

중간가공 폐기물이란 개념이 신설되었다. 중간가공 폐기물이란 재활용 용도 또는 방법에 따라 재활용하기 쉬운 상태로 만든 폐기물을 말하는데, 개정 법률에서는 이러한 '중간가공 폐기물'에 대해 완화된 처리기준과 방법을 적용할 수 있도록 하였다.[2] 재활용 목적으로 생산된 중간가공 폐기물에 대해서는 처리방법 등의 완화를 통해 폐기물 재활용을 촉진하고 기업의 부담을 완화하기 위한 것이다. 중간가공 폐기물 운반차량에 대해서는 수집운반증을 붙이지 않아도 되고,[3] 중간가공 폐기물 배출자의 경우 보관기간이 연장되며,[4] 사업장폐기물 배출자 신고 및 지정폐기물 처리계획 확인대상에서 면제되는[5] 등 폐기물처리기준이 완화되어 적용된다. 중간가공 폐기물은 새로이 발생된 사업장폐기물로 관리된다.[6]

---

1) 법 제2조 제5호의2 내지 제7호
2) 법 제13조 제1항 단서
3) 시행령 제7조 제3항
4) 시행규칙 [별표 5], 90일→120일로 연장
5) 시행규칙 제18조, 제18조의2. 다만, 배출자신고 등 절차만 면제되는 것이며, 인수인계서·기록보존·보고서 제출 등의 의무는 이행해야 한다.
6) 시행령 제7조 제1항 제4호

5. 폐기물 재활용 기준의 통합

폐기물 재활용 기준이 법 제13조의2로 통합되었다. 이에 따라 개정 전 시행규칙 [별표 5]에 따른 폐기물처리업자의 재활용방법과 시행규칙 [별표 16]에 따른 재활용 신고대상 재활용방법을 하나의 조항으로 통합하여 규정하였고,7) 폐기물을 재활용하는 모든 자에게 통일적으로 적용되도록 하였다. 이에 따라 폐기물의 재활용은 법 13조의2, 시행규칙 제14조의3 [별표 5의2]에 규정된 방법으로만 하여야 하고, 그 이외의 방법으로는 재활용이 불가하다.

6. 재활용 제품 또는 물질에 대한 유해성 기준 신설

재활용 제품에 대한 국민의 신뢰를 제고하고 인체에 미치는 위해를 사전 예방하기 위해 폐기물을 재활용한 제품이나 물질에 대한 유해성 기준을 설정하도록 하였다.8) 유해성 기준은 환경부장관이 별도로 정하여 고시한다.

7. 기 타

(1) 그 밖에도 폐기물을 연료·원료로 재활용함에 따라 시멘트에 포함될 수 있는 중금속 등 유해물질로 인한 인체 등에 대한 위해를 방지하고자 보조원료나 보조연료로 재활용될 수 있는 폐기물의 사용기준을 신설하였다.9) 또한 시멘트 소성로를 폐기물 재활용시설로 규정하되 별도의 설치 및 관리기준을 마련했으며, 주기적 검사·주변환경영향조사를 매 3년마다 실시하고, 허가 시에는 환경성조사서를 제출하도록 하는(폐기물을 연료로 사용하는 경우 한정) 등 관리를 강화하였다.

(2) 폐기물 재활용업 허가를 받고자 하는 자에 대하여 허가절차를 간소화하고 허가기간 단축을 통해 업계의 부담을 경감시켰다. 즉, 허가 절차 중 '사전검토절차(사업계획서 제출 및 적합 통보)'를 생략할 수 있도록 하였다.

(3) 생활폐기물은 재활용업 허가대상에서 제외되어 있었으나, 개정 법률에서는 음식물류 폐기물을 재활용하고자 하는 경우 재활용업 허가대상에 포함시켰다.10) 이는 음식물류 폐기물 다량배출자에게 직접 처리의무를 부여함에 따라 이를 수탁받아 처리할 수 있어야 하고, 지방자치단체도 상당량을 위탁처리함에 따라 음식물류에 대한 재활용업 신설 필

---

7) 시행규칙 [별표 5의2]
8) 법 제13조의3; 시행규칙 제14조의4
9) 시행규칙 [별표 5의2] 제30호(대체원료에 대한 납, 구리, 카드뮴, 비소, 수은 등 5종), 제31호(납, 구리, 카드뮴, 비소, 수은, 염소농도 및 저위 발열량 등 7종)
10) 법 제25조 제1항

요성이 대두됨에 따른 것이다.

Ⅲ. 현행 재활용 관련 규정의 문제점

여러 차례 법률 개정을 통해 재활용 관련 규정은 상당히 정비되었으나, 그럼에도 불구하고 여전히 재활용 기준의 복잡성과 모호성, 재활용 용도와 방법의 신규 적용에 대한 제도적 흠결 등의 문제가 제기되고 있어 추가적인 제도의 정비가 필요할 것으로 보인다.

1. 재활용 개념의 사실상 축소

법 제2조는 재활용을 "폐기물을 재사용·재생이용하거나 재사용·재생이용할 수 있는 상태로 만드는 활동"이라고 정의하였다. 포괄적인 개념으로서 재활용의 인정범위가 상당히 넓다. 그런데 법 제13조의2 제1항은 "누구든지 폐기물을 재활용하려는 자는 같은 조 제1항 각 호의 어느 하나에 해당하는 용도 또는 방법을 따라야 한다."고 규정하고 있다. 법 제2조의 재활용 개념이 법 제13조의2 제1항에 의해 대폭 축소되었다. 법 제13조의2 제1항 각 호의 어느 하나에 해당하는 용도 또는 방법을 따르지 않는 이상 재활용이 될 수 없는 것이다. 법 제13조의2는 2010년 개정법률에서 처음 등장하였다. 개정 전에는 이러한 제한이 없었으므로 재활용의 정의에 부합하는 한 누구든지 재활용업 허가를 받거나 재활용 신고를 하고 재활용을 할 수 있었다. 그런데 개정법률 제13조의2에 의해 재활용 활동이 대폭 축소되었다. 더구나 같은 조 제2항에 따라 재활용의 구체적인 방법이 환경부령에 위임되었고 이를 구체화한 환경부령 [별표 5의2]에 규정되지 않은 활동은 재활용 방법으로 인정될 수 없어 재활용업계에 일대 혼란이 초래되었다.

2. 재활용 용도와 방법의 불규칙적 나열

폐기물 재활용의 용도와 방법은 실질적으로 시행규칙 [별표 5의2]를 통해 정해져 있는 셈인데, 제1호부터 제45호까지의 조항들이 어떤 원칙과 기준에 입각하여 규정된 것인지 알기 어렵다. 폐기물의 종류든, 재활용 방법이든 일정한 기준과 원칙에 따라 규정함으로써 국민들의 이해 편의를 도모할 필요가 있다.

3. 열거주의에 따른 비탄력성

앞서 본 바와 같이 폐기물의 재활용은 시행규칙 [별표 5의2]에 정해진 용도와 방법에 따라 허용되고 있다. 재활용 기술의 개발 등으로 새로운 재활용 용도와 방법이 제시된 경우 이를 인정하려면 [별표 5의2]를 개정하거나 [별표 5의2] 제45호에 따른 환경부장관의 고시가 있어야 한다. 그런데, 이를 체계적으로 검토하는 절차나 제도가 미흡하여 규정의 개정이나 고시의 제정까지 장기간이 소요되고 있다. 더 큰 문제는 명확한 인정기준이 없으므로 새로운 재활용 용도와 방법으로 인정될 수 있을 것인지 여부 자체가 불확실하다는 데 있다. 따라서 폐기물의 재활용 용도 또는 방법이 새로이 개발되고 제시되었을 경우 이를 탄력적이고 신속히 수용할 수 있는 제도적 장치가 절실한 상황이다. 새로운 재활용 기술에 대한 환경성 평가·심사를 거쳐 유해성 및 환경오염 우려가 없는 경우에는 원칙적으로 재활용을 허용하는 방향으로 개정되어야 할 것이다.

4. 폐기물관리법(제13조의2 제1항)에 규정된 재활용 용도/방법과 동법 시행규칙(별표 5의2)에 규정된 재활용 용도/방법의 실무상 문제점

(1) 법은 제13조의2 제1항 각 호에서 재활용할 수 있는 용도와 방법을 규정하면서도, 제2항에서는 법 제13조의2 제1항 각 호에 따라 재활용하여야 할 폐기물의 종류, 구체적인 재활용 방법을 환경부령에 위임하고 있다. 그런데, 환경부령인 시행규칙 [별표 5의2]에서는 46가지의 재활용 용도와 방법을 규정하면서도 법 제13조의 2 제1항 제1호 내지 제5호에 따른 재활용 용도와 방법을 망라하고 있지 않다.

(2) 예컨대, 법 제13조의2 제1항 제1호는 폐지로 재생종이를 만드는 경우를 규정하고 있지만, [별표 5의2] 제40호에는 선별·압축·감용·절단하는 경우만을 규정하고 있을 뿐이다. 제13조의2 제1항 제1호는 「자원의 절약과 재활용촉진에 관한 법률」 제33조에 따라 품목별 규격과 품질기준에 적합하게 제조된 제품을 만드는 경우를 규정하고 있지만, [별표 5의2]에는 그러한 규정이 없다. 법 제13조의2 제1항 제1호는 「환경기술 및 환경지원법」 제17조에 따라 환경표지인증제품을 만드는 경우를 규정하고 있지만 [별표 5의2]에는 그러한 규정이 없다. 법 제13조의2 제1항 제2호는 「산업표준화법」 제15조에 따른 인증제품을 만드는 경우를 규정하고 있지만 [별표 5의2]에는 규정되어 있지 않다. 법 제13조의2 제1항 제3호는 「비료관리법」 제4조에 따라 공정규격이 설정된 비료 또는 부산물비료를 제조하는 경우와 「사료관리법」 제11조에 따라 사료고정이 설정된 사료를 제조하는 경우를 규정하고 있지만 [별표 5의2]에는 동·식물성 잔재물, 음식물류 폐기물, 유기성 오니, 폐식용유 및 음식료품의 제조·유통 및 사용과정에서 발생하는 잔재물을 '자신의 농경지의 퇴비나 자신의 가축의 먹이'로 재활용하는 경우만을 규정하고 있을 뿐이다. 환경부령 [별표 5의2]가 법 제13조의2 제1항 제1호 내지 제5호의 재활용 용도와 방법을 배제하려는 의도는 아닌 것으로 보인다.

(3) 법률이 허용하고 있는 재활용 용도와 방법을 환경부령이 망라하고 있지 않음으로써, 실무상 혼란이 초래되고 있다. 즉, 환경부령 [별표 5의2]에 열거되어 있는 재활용 용도와 방법이 재활용의 모든 용도와 방법을 규정한 것으로 인식되고 있어서, 일선 행정현장에서는 재활용업을 하고자 하는 자가 법에서 허용된 재활용 용도와 방법에 따라 재활용업 허가를 신청해도 환경부령에 규정이 없다는 이유로 거절당하는 경우도 있다. 그런가 하면 [별표 5의2]에 없음에도 불구하고 법 제13조의2 각 호를 근거로 허가가 이루어지는 경우도 있다. [별표 5의2]에 법 제13조의2 제1항 제1호 내지 제5호가 규정하고 있는 재활용 용도와 방법을 충실하게 보강하여야 할 것이다.

5. 재활용 제품과 타 제도에 의한 제품인증 기준 사이의 연계성 미흡

GR인증 및 환경표지 인증제품의 경우 재활용촉진법 시행규칙 [별표 1]에서 정하고 있는 재활용 제품 중 일부에 한정되어 있고, KS인증제품의 경우에도 폐기물을 원료로 사용할 경우에 대한 KS인증기준이 미흡하여 보완이 필요하다.[11]

6. 산재된 에너지 회수 관련 기준

재활용 용도 및 방법에 관한 구체적 기준은 법 제13조의2에서 규정하고 있지만, 에너지 회수기준은 법 제2조 제7호 나목에서 규정하고 있으며, 재활용촉진법의 재활용 제품의 기준에도 규정되어 있는 등 산재되어 있어 일관성이 부족하다.[12]

제 2 절 폐기물 재활용의 용도와 방법

Ⅰ. 개 설

폐기물의 재활용은, 폐기물을 재사용·재생이용하거나 재사용·재생이용할 수 있는 상태로 만드는 활동[13]과, 폐기물로부터 「에너지법」 제2조 제1호에 따른 에너지(연료, 열 및 전기)를 회수하거나 회수할 수 있는 상태로 만들거나 폐기물을 연료로 사용하는 활

11) 환경부, 『폐기물 재활용 선진화방안 마련을 위한 연구』, 2011, 58면
12) 위의 책, 58면
13) 법 제2조 제7호 가목

동[14]으로 구분된다. 폐기물을 재사용·재생이용하거나 재사용·재생이용할 수 있는 상태로 만드는 활동은, ① 환경부령으로 정하는 재활용 제품을 제조하거나, ② 산업표준 인증제품을 제조하거나, ③ 비료를 제조하거나, ④ 사료를 제조하는 경우로 다시 구분된다. 이를 도표로 하면 아래와 같다.

<table>
<tr><td rowspan="6">재활용</td><td rowspan="4">① 폐기물을 재사용·재생이용하거나, 폐기물을 재사용·재생이용할 수 있는 상태로 만드는 활동</td><td>㉮ 환경부령으로 정하는 재활용 제품의 제조(1호)</td></tr>
<tr><td>㉯ 산업표준 인증제품 제조(2호)</td></tr>
<tr><td>㉰ 비료 제조(3호)</td></tr>
<tr><td>㉱ 사료 제조(4호)</td></tr>
<tr><td>② 폐기물로부터 에너지를 회수하거나, 회수할 수 있는 상태로 만들거나, 폐기물을 연료로 만드는 활동</td><td>가연성 고형폐기물 또는 유기성 폐기물로부터 에너지 회수(5호)</td></tr>
<tr><td colspan="2">③ 그 밖에 환경부령으로 정하는 기준에 따른 재활용(6호)</td></tr>
</table>

Ⅱ. 환경부령으로 정하는 재활용 제품의 제조

1. 개 관

(1) 폐기물을 재활용하려는 자는 「자원의 절약과 재활용촉진에 관한 법률」(이하 '자원재활용법') 제2조 제9호에 따른 재활용제품 중 환경부령으로 정하는 제품을 제조하려는 경우라야 한다.[15]

(2) 환경부령으로 정하는 제품은 ① 자원재활용법 시행규칙 [별표 1] 제2호부터 제7호까지 및 제9호부터 제11호까지에 따른 제품, ② 자원재활용법 제33조에 따른 품목별 규격·품질기준에 적합하게 제조되었거나, ③ 「환경기술 및 환경산업지원법」 제17조에 따른 환경표지의 인증을 받은 제품으로서, 자원재활용법 시행규칙 [별표 1] 제1호 라목부터 차목, 타목 및 하목부터 너목까지의 자원을 주원료로 하여 제조한 제품이나 자원재활용법 시행규칙 [별표 1] 제1호 파목을 주원료로 사용하여 제조한 제품(전량을 벽돌·콘크리트관·전주 등의 제품으로 제조하는 경우로 한정)을 말한다. 이를 표로 정리하면 다음과 같다.

---

14) 법 제2조 제7호 나목
15) 법 제13조의2 제1항 제1호

구 분	방 법	근 거
재활용 제품의 제조	폐지를 사용하여 제조한 제품	자원재활용법 시행규칙 [별표 1] 제2호
	폐목재를 사용하여 제조한 제품	자원재활용법 시행규칙 [별표 1] 제3호
	폐플라스틱을 사용하여 제조한 제품	자원재활용법 시행규칙 [별표 1] 제4호
	폐고무를 사용하여 제조한 제품	자원재활용법 시행규칙 [별표 1] 제5호
	고로슬래그, 석탄재, 광재, 분진, 연소재, 석분오니, 소각잔재물, 폐주물사를 사용하여 제조한 제품	자원재활용법 시행규칙 [별표 1] 제6호
	폐유리를 사용하여 제조한 제품	자원재활용법 시행규칙 [별표 1] 제7호
	폐식용유를 사용하여 제조한 제품	자원재활용법 시행규칙 [별표 1] 제9호
	자원재활용법 시행규칙 [별표 7]에 따른 고형연료제품의 품질·등급기준에 적합하게 제조한 고형연료제품	자원재활용법 시행규칙 [별표 1] 제10호
GR 인증 제품의 제조	자원재활용법 제33조에 따른 품목별 규격·품질기준에 적합한 재활용제품의 제조	
환경 표지 인증 제품의 제조	폐섬유를 주원료로 제조한 제품	자원재활용법 시행규칙 [별표 1] 제1호 라목
	하수·폐수처리 오니를 주원료로 제조한 제품	자원재활용법 시행규칙 [별표 1] 제1호 마목
	공정오니를 주원료로 제조한 제품	자원재활용법 시행규칙 [별표 1] 제1호 바목
	육가공 잔재물을 주원료로 제조한 제품	자원재활용법 시행규칙 [별표 1] 제1호 사목
	수산물 가공 잔재물을 주원료로 제조한 제품	자원재활용법 시행규칙 [별표 1] 제1호 아목
	가죽 가공 잔재물을 주원료로 제조한 제품	자원재활용법 시행규칙 [별표 1] 제1호 자목
	식물성 잔재물을 주원료로 제조한 제품	자원재활용법 시행규칙 [별표 1] 제1호 차목
	폐내화물 및 도자기 편류를 주원료로 제조한 제품	자원재활용법 시행규칙 [별표 1] 제1호 타목
	폐전지류를 주원료로 제조한 제품	자원재활용법 시행규칙 [별표 1] 제1호 하목
	폐석고류를 주원료로 제조한 제품	자원재활용법 시행규칙 [별표 1] 제1호 거목
	폐석회류를 주원료로 제조한 제품	자원재활용법 시행규칙 [별표 1] 제1호 너목
	건설폐재류를 주원료로 제조한 제품	자원재활용법 시행규칙 [별표 1] 제1호 파목

2. 특정 재활용제품의 제조

사업장폐기물(지정폐기물 제외)을 이용하여 자원재활용법 시행규칙 [별표 1] 제2호부터 제7호까지 및 제9호부터 제11호까지에 따른 제품을 제조하는 경우를 말한다.[16)]

가. 폐 지

폐지를 재활용하려는 자는 아래 제품을 제조하는 경우라야 한다.

(1) 폐지를 일정 비율 이상 사용한 재생종이 또는 재생종이제품[17)]

(가) 폐지를 중량기준으로 원료의 40% 이상 사용한 신문용지 또는 전자복사용지

(나) 폐지를 중량기준으로 원료의 30% 이상 사용한 중질지(中質紙) 또는 백상지(白上紙)

(다) 폐지를 중량기준으로 원료의 10% 이상 사용한 아트지 또는 크라프트지

(라) 위 (가)부터 (다)까지의 재생종이를 사용한 재생종이제품

(2) 폐지를 일정 비율 이상 사용한 재생판지 또는 재생판지제품[18)]

(가) 폐지를 중량기준으로 원료의 90% 이상 사용한 골판지용 골심지

(나) 폐지를 중량기준으로 원료의 65% 이상 사용한 백판지

(다) 폐지를 중량기준으로 원료의 50% 이상 사용한 골판지용 라이너

(라) 위 (가)부터 (다)까지의 재생판지를 이용한 재생판지제품

(3) 폐지를 중량기준으로 원료의 100% 사용한 포장용 완충재[19)]

(4) 폐지를 중량기준으로 원료의 50% 이상 사용한 그 밖의 종이제품[20)]

(5) 유의사항

폐지의 경우 시행규칙 [별표 5의2] 제40호에 따라 선별·압축·감용·절단 가공과정을 거치면 재활용된 것으로 간주된다. 즉, 선별·압축·감용·절단의 가공과정을 거친 폐지는 더 이상 폐기물인 폐지가 아니라 재활용제품의 원료물질로 탈바꿈되는 것이다. 따라서, 이러한 가공과정을 거친 폐지를 공급 받는 제지회사 등은 폐기물재활용업 허가를 받을 필요가 없는 것이다. 그러나 가공과정을 거치지 않은 폐지로 위와 같은 최종제품을 제조하는 자는 폐기물재활용업 허가를 받아야 한다.[21)]

---

16) 시행규칙 제14조의3 제1항 제1호
17) 자원재활용법 시행규칙 [별표 1] 제2호 가목
18) 자원재활용법 시행규칙 [별표 1] 제2호 나목
19) 자원재활용법 시행규칙 [별표 1] 제2호 다목
20) 자원재활용법 시행규칙 [별표 1] 제2호 라목
21) 시행규칙 [별표 5의2] 각 호에는 폐지로 재생종이 등 최종제품을 직접 만드는 경우를 규정하고 있지 않다.

나. 폐목재

(1) 폐목재를 재활용하려는 자는, 폐목재를 중량기준으로 50% 이상 사용한 나무판제품을 제조하는 경우라야 한다.[22]

(2) 폐목재를 최종제품의 원료로 가공하는 자는, 중간가공 폐기물을 제조하는 자로서 중간재활용업 허가를 받아야 하고, 폐목재로 최종제품을 직접 제조하는 자는 종합재활용업 허가를 받아야 할 것이다.

다. 폐플라스틱

폐플라스틱을 재활용하려는 자는 다음에 해당하는 제품을 제조하려는 경우라야 한다.[23]

(1) 중량 기준으로 폐플라스틱을 50% 이상 사용한 성형제품

(2) 폐플라스틱 재생원료(펠릿, 플레이크 등)

(3) 폐플라스틱 재생원료를 중량기준으로 원료의 80%(건축자재용인 경우에는 60%, 필름인 경우에는 50%, 자동차용인 경우에는 25%) 이상 사용한 성형제품

(4) 폐플라스틱을 사용하여 제조한 유류(시행규칙 [별표 5] 제4호에 따른 폐유를 정제연료유로 재활용하는 경우의 기준에 적합한 것이어야 함)와 메탄올

(5) 유의사항

폐플라스틱의 경우 시행규칙 [별표 5의2] 제8호에 따르면 제품이 아닌 재생원료로 가공하더라도 재활용으로 인정되므로, 폐플라스틱을 재생원료로 가공하는 업체는 폐기물재활용업 허가를 받아야 할 것이고, 재생원료를 공급받아 최종제품을 제조하는 자는 별도의 폐기물재활용업 허가가 필요 없다. 그러나, 가공된 재생원료가 아니라 폐플라스틱으로 최종제품을 직접 제조하는 자는 폐기물재활용업 허가가 필요할 것이다. 최종제품의 중간가공 폐기물을 제조하는 자는 중간재활용업 허가를 받아야 한다. 한편, [별표 5의2] 제8호에 의하면 건축자재용·필름·자동차용 자재를 제외한 그 밖의 성형제품을 제조하는 경우에는 폐플라스틱 80퍼센트 이상을 사용하도록 되어 있으나, 재활용촉진법에서는 50퍼센트 이상을 사용하도록 하고 있어서 혼선이 생긴다. 규정의 정리가 필요한 부분이다.

라. 폐고무

폐고무를 재활용하려는 자는 다음에 해당하는 제품을 제조하려는 경우라야 한다.[24]

---

22) 자원재활용법 시행규칙 [별표 1] 제3호
23) 자원재활용법 시행규칙 [별표 1] 제4호
24) 자원재활용법 시행규칙 [별표 1] 제5호

(1) 재생타이어 및 폐타이어 단순가공제품

(2) 폐고무를 분쇄한 고무분말

(3) 폐고무를 중량기준으로 원료의 50% 이상 사용한 제품

(4) 폐고무를 사용하여 제조한 유류(시행규칙 [별표 5] 제4호에 따른 폐유를 정제연료유로 재활용하는 경우의 기준에 적합한 것이어야 함)

(5) 폐타이어 고무분말을 중량기준으로 15% 이상 사용한 고무아스팔트 제품

(6) 유의사항

폐고무의 경우 시행규칙 [별표 5의2] 제11호에 따라 활성탄 또는 고무제품의 제조원료로 가공한 후 일정한 규격의 용기 또는 상자(벌크백 포함)에 넣거나 포장하면 재활용이 된 것으로 간주된다. 즉, 파쇄·분쇄 등의 방법으로 가공한 후 포장하여 고무제품 원료로 공급할 수 있는 단계가 되면 이미 폐기물로서의 속성을 상실하고 최종제품의 원료물질로 탈바꿈하게 된다. 이런 방식으로 처리하는 자는 폐기물 종합재활용업 허가를 받으면 될 것이다. 폐고무를 가공하여 직접 최종제품을 만드는 자도 폐기물처리업 허가를 받아야 한다.

마. 고로슬래그, 석탄재, 광재, 분진, 연소재, 석분오니, 소각 잔재물 또는 폐주물사

고로슬래그, 석탄재, 광재, 분진, 연소재, 석분오니, 소각 잔재물 또는 폐주물사를 재활용하려는 자는 다음에 해당하는 제품을 제조하려는 경우라야 한다.[25]

(1) 고로슬래그를 중량기준으로 원료의 40% 이상 사용한 토목·건축자재

(2) 석탄재, 광재, 분진, 연소재, 석분오니 또는 소각 잔재물을 중량기준으로 원료의 40% 이상 사용한 요업제품

(3) 석탄재, 광재, 분진, 연소재, 석분오니 또는 소각 잔재물을 중량기준으로 원료의 50% 이상 사용한 토목·건축자재

(4) 폐주물사를 중량기준으로 원료의 60% 이상 사용한 건축자재

(5) 시멘트 대체재로서 석탄재, 고로슬래그를 중량기준으로 시멘트 소요량의 5% 이상 사용한 레미콘 및 건축자재(시멘트 대체재로 사용되는 석탄재는 KS L 5405 또는 KS L 5211에 적합한 것이어야 하며, 고로슬래그는 KS F 2563 또는 KS L 5211에 적합한 것이어야 함)

(6) 유의사항

고로슬래그, 석탄재, 광재, 분진, 연소재, 석분오니, 소각 잔재물 또는 폐주물사로 위의 최종제품을 제조하는 자는 종합재활용업 허가를 받아야 할 것이고, 최종제품의 중간가공 폐기물을 제조하는 자는 중간재활용업 허가를 받아야 하며, 이를 원료물질로 사용하는

---

25) 자원재활용법 시행규칙 [별표 1] 제6호

자는 최종재활용업 허가를 받아야 할 것이다.

바. 폐유리

폐유리를 재활용하려는 자는 다음에 해당하는 제품을 제조하려는 경우라야 한다.[26]

(1) 폐유리를 중량기준으로 원료의 50% 이상 사용한 유색병 및 원료의 40% 이상 사용한 무색병

(2) 폐유리를 중량기준으로 원료의 50% 이상 또는 부피기준으로 원료의 70% 이상 사용한 건축자재

(3) 유의사항

폐유리의 경우 시행규칙 [별표 5의2] 제9호에 따라 유리제품이나 건축·토목자재의 원료로 가공하는 경우 재활용된 것으로 보므로, 이렇게 가공하는 자는 폐기물재활용업 허가를 받아야 하나, 가공된 원료를 공급받아 최종제품을 제조하는 자는 별도의 폐기물재활용업 허가가 필요 없다. 다만, 직접 폐유리를 공급받아 최종제품을 제조하는 자는 종합재활용업 허가를 받아야 한다.

사. 폐식용유

폐식용유를 재활용하려는 자는 다음에 해당하는 제품을 제조하려는 경우라야 한다.[27]

(1) 폐식용유를 주원료로 한 비누제품

(2) 폐식용유를 사용하여 제조한 유류(「석유 및 석유대체연료 사업법」 제31조 제2항에 따라 고시된 바이오디젤 및 BD20 품질기준에 적합한 것이어야 함)

아. 폐기물을 재활용하여 고형연료제품을 제조하려는 자

폐기물을 재활용하여 아래의 고형연료제품을 제조하려는 자는 자원재활용법 시행규칙 [별표 7]에 따른 고형연료제품의 품질·등급기준에 적합하게 제조하여야 한다.[28]

(1) 일반 고형연료제품(SRF(Solid Refuse Fuel)」: 법 제2조 제4호의 지정폐기물이 아닌 다음의 가연성 고형폐기물을 사용(다음의 폐기물을 서로 혼합하거나 다음의 폐기물과 바이오 고형연료제품 제조에 사용되는 폐기물을 혼합하여 사용하는 경우를 포함)하여 제조한 것을 말한다.

- 생활폐기물(폐가구류 등 대형 가연성 고형폐기물을 포함하며, 음식물류 폐기물은 제외한다)
- 폐합성수지류(자동차 파쇄잔재물(ASR)은 제외한다)
- 폐합성섬유류

26) 자원재활용법 시행규칙 [별표 1] 제7호
27) 자원재활용법 시행규칙 [별표 1] 제9호
28) 자원재활용법 시행규칙 [별표 1] 제10호

- 폐고무류(합성고무류를 포함한다)
- 폐타이어
- 그 밖에 에너지로 사용이 가능하다고 환경부장관이 인정하여 고시하는 가연성 고형폐기물

(2) 바이오 고형연료제품(BIO－SRF(Biomass－Solid Refuse Fuel)): 법 제2조 제4호의 지정폐기물이 아닌 다음의 가연성 고형폐기물을 사용(다음의 폐기물을 서로 혼합하는 경우를 포함)하여 제조한 것을 말한다.

- 폐지류
- 농업폐기물(왕겨, 쌀겨, 옥수수대 등 농작물의 부산물을 말한다)
- 폐목재류(원목으로 된 폐가구류 및 제재부산물을 포함하며, 철도용으로 사용된 침목과 전신주로 사용된 것은 제외)
- 초본류 폐기물
- 그 밖에 에너지로 사용이 가능하다고 환경부장관이 인정하여 고시하는 바이오매스(Biomass) 폐기물

3. GR제품의 제조

폐기물을 재활용하려는 자는 자원재활용법 제33조에 따른 재활용제품의 품목별 규격·품질기준에 적합한 재활용품(GR제품)을 제조하려는 경우라야 한다.[29]

4. 환경표지 인증제품의 제조

「환경기술 및 환경산업 지원법」 제17조에 따른 환경표지의 인증을 받은 다음의 제품을 제조하려는 경우라야 한다.[30]

(1) 자원재활용법 시행규칙 [별표 1] 제1호 라목부터 차목(폐섬유, 하수·폐수처리오니, 공정오니, 육가공 잔재물, 수산물 가공 잔재물, 가축 가공 잔재물, 식물성 잔재물), 타목(폐내화물 및 도자기 편류) 및 하목부터 너목까지의 자원(폐전지류, 폐석고류, 폐석회류)을 주원료로 하여 제조한 제품[31]

(2) 자원재활용법 시행규칙 [별표 1] 제1호 파목(건설폐재류)을 주원료로 사용하여 제조한 제품(전량을 벽돌·콘크리트관·전주 등의 제품으로 제조하는 경우로 한정한다)[32]

---

29) 시행규칙 제14조의3 제1항 제2호 전단
30) 시행규칙 제14조의3 제1항 제2호 후단
31) 시행규칙 제14조의3 제1항 제2호 가목
32) 시행규칙 제14조의3 제1항 제2호 나목

Ⅲ. 산업표준화법에 따른 인증제품의 제조[33)]

산업통상자원부장관이 필요하다고 인정하여 심의회의 심의를 거쳐 지정한 광공업품을 제조하는 자는 공장 또는 사업장마다 산업통상자원부령으로 정하는 바에 따라 인증기관으로부터 그 제품의 인증을 받을 수 있는데, 이러한 인증제품을 제조하는 경우, 폐기물을 재활용할 수 있다. 이 경우 시행규칙 [별표 5의2]에 규정된 구체적인 용도와 방법을 따라야 한다.

Ⅳ. 비료의 제조[34)]

「비료관리법」 제4조에 따라 공정규격이 설정된 비료 또는 같은 조에 따라 지정된 부산물비료를 제조할 경우 폐기물을 재활용할 수 있다. 이 경우 시행규칙 [별표 5의2]에 규정된 구체적인 용도와 방법을 따라야 한다.

Ⅴ. 사료의 제조[35)]

「사료관리법」 제11조에 따라 사료공정이 설정된 사료를 제조할 경우 폐기물을 재활용할 수 있다. 이 경우 시행규칙 [별표 5의2]에 규정된 구체적인 용도와 방법을 따라야 한다.

Ⅵ. 에너지 회수 또는 에너지를 회수할 수 있는 상태로 만드는 활동 등[36)]

가연성 고형폐기물 또는 유기성 폐기물로부터 「에너지법」 제2조 제1호에 따른 에너지를 회수하거나 에너지를 회수할 수 있는 상태로 만드는 활동 또는 폐기물을 연료로 사용하는 활동으로서 환경부령으로 정하는 활동을 말한다.[37)] 이 경우 시행규칙 [별표 5의2]에 규정된 구체적인 용도와 방법을 따라야 한다.

---

33) 법 제13조의2 제1항 제2호
34) 법 제13조의2 제1항 제3호
35) 법 제13조의2 제1항 제4호
36) 법 제13조의2 제1항 제5호
37) 법 제13조의2 제1항 제5호 및 제2조 제7호 나목

(1) 가연성 고형폐기물로부터 다음 각 목에 따른 기준에 맞게 에너지를 회수하는 활동[38]

(가) 다른 물질과 혼합하지 아니하고 해당 폐기물의 저위발열량이 킬로그램당 3천 킬로칼로리 이상일 것

(나) 다른 물질과 혼합하지 아니하고 해당 폐기물의 저위발열량이 킬로그램당 3천 킬로칼로리 이상일 것

(다) 회수열을 모두 열원(熱源)으로 스스로 이용하거나 다른 사람에게 공급할 것

(라) 환경부장관이 정하여 고시하는 경우에는 폐기물의 30퍼센트 이상을 원료나 재료로 재활용하고 그 나머지 중에서 에너지의 회수에 이용할 것

(2) 폐기물을 에너지를 회수할 수 있는 상태로 만드는 활동으로서 다음의 어느 하나에 해당하는 활동[39]

(가) 가연성 고형폐기물을 자원재활용법 시행규칙 [별표 7]에서 정한 기준에 적합한 고형연료제품으로 만드는 활동

(나) 폐기물을 혐기성 소화, 정제, 유화 등의 방법으로 에너지를 회수할 수 있는 상태로 만드는 활동

(3) 다음의 어느 하나에 해당하는 폐기물(지정폐기물 제외)을 시멘트 소성로 및 환경부장관이 정하여 고시하는 시설에서 연료로 사용하는 활동[40]

(가) 폐타이어

(나) 폐섬유

(다) 폐목재

(라) 폐합성수지

(마) 폐합성고무

(바) 분진(중유회, 코크스 분진만 해당)

Ⅶ. 기타 환경부령으로 정하는 기준에 따른 재활용[41]

폐기물을 재활용할 경우, 재활용하여야 하는 폐기물의 종류, 구체적인 재활용 방법은 환경부령으로 정한다.[42] 따라서 앞서 본 총론적 재활용 방법은 환경부령을 통해 다시 개

38) 시행규칙 제3조 제1항 제1호
39) 시행규칙 제3조 제1항 제2호
40) 시행규칙 제3조 제1항 제3호
41) 법 제13조의2 제1항 제6호
42) 법 제13조의2 제2항

별적·구체적으로 살펴보아야 한다.

1. 법 제13조의2 제1항 제1호부터 제5호에 따른 제품을 제조하는 과정에서 사용되는 중간가공 폐기물을 제조하는 경우[43)]

모든 폐기물은, 법 제13조의2 제1항 제1호부터 제5호에 따른 제품을 제조하는 과정에서 사용되는 중간가공 폐기물을 제조하는 방법으로 재활용이 가능하다.[44)] 위 조항에 의하면, 어떤 제품이 산업표준 인증제품, 환경표지 인증제품, 「비료관리법」에 따른 비료, 「사료관리법」에 따른 사료의 규격 등을 만족시킨다면 그 제품을 제조하는 과정에서 사용되는 원료로서의 중간가공 폐기물을 제조하는 방법으로 모든 폐기물을 재활용할 수 있는 셈이다.

2. 시행규칙 [별표 5의2] 제1호부터 제42호에 따른 재활용기준 및 방법에 따라 제품을 제조하거나 재활용을 하기 위하여 사용되는 중간가공 폐기물을 제조하는 경우[45)]

(1) [별표 5의2] 제1호부터 제42호에 따른 재활용 기준 및 방법에 따라 제품을 제조하거나 재활용을 하기 위하여 사용되는 중간가공 폐기물을 제조하는 방법으로도 재활용이 가능하다.[46)] 예컨대, 시행규칙 [별표 5의2] 제24호에 따라 음식물류 폐기물을 탄화시켜 직접 흡착제를 제조하는 방법으로 재활용할 수도 있지만, 음식물류 폐기물의 탄화공정만을 거치는 경우 탄화된 음식물류 폐기물은 중간가공 폐기물이므로 음식물류 폐기물 탄화를 업으로 하는 자는 [별표 5의2] 제44호의 중간가공 폐기물 제조를 근거로 하여 중간재활용업 허가를 신청할 수 있는 것이다.

(2) 중간가공 폐기물을 제조하는 경우에는 중간재활용업 허가를 받아야 한다.[47)] 중간가공 폐기물은 비록 가공과정을 거쳤어도 여전히 폐기물이므로, 이를 원료로 하여 최종제품을 만드는 자는 최종재활용업 허가를 받아야 한다.[48)]

3. 폐가구류[49)]

자원재활용법 제2조 제13호에 따른 대형 폐기물[50)] 중 폐가구류는 환경부장관이 고시

43) 시행규칙 [별표 5의2] 제44호
44) 시행규칙 [별표 5의2] 제44호
45) 시행규칙 [별표 5의2] 제45호
46) 시행규칙 [별표 5의2] 제45호
47) 법 제25조 제5항 제5호
48) 법 제25조 제5항 제6호
49) 시행규칙 [별표 5의2] 제1호 가목
50) "대형폐기물"이란 가정이나 사업장 등에서 배출되는 가구·가전제품 등 개별적으로 계량(計量)을 할 수 있고 품명(品名)을 알아볼 수 있는 물질로서 대통령령으로 정하는 폐기물을 말한다(자원재활용법

하는 방법으로 재활용할 수 있다. 환경부 고시인 '폐목재의 분류 및 재활용기준'[51]에 의하면, 폐가구류는 생활계 폐목재로서 동 고시의 등급분류기준에 따른 재활용 용도와 방법에 따라 재활용하면 된다.

발생원	폐목재 종류		등 급
생활계 폐목재	폐가구류	순수목재	1등급
		파티클보드·합판류	2등급
		섬유판	2등급
		할로겐족 유기화합물로 코팅된 가구	3등급

비고 1. 발생원별 등급이 설정되지 않았거나 설정된 등급에도 불구하고 해당 폐목재의 유해물질 함유 정도가 높은 것으로 판단되는 경우 그 특성에 따라 낮은 등급으로 분류하여야 한다.
2. 등급이 서로 다른 폐목재가 혼합되어 있는 경우 낮은 등급으로 분류한다.

표 2-1 폐기물 등급별 재활용 기준

구 분	재활용 용도·방법
1등급	나무판 등 목재성형제품·톱밥·성형탄·산업용 활성탄·고형연료제품(WCF)·바이오에탄올(목질계 에탄올연료) 제조, 축사·제초·퇴비용 원료로 사용, 열분해·가스화 원료로 이용, 시행규칙 제3조에 따른 에너지회수기준에 적합하게 에너지회수 용도로 사용
2등급	1등급 폐목재의 재활용 용도·방법 중 톱밥·성형탄 제조 용도 및 축사·제초·퇴비용 원료로의 사용을 제외한 용도로 사용
3등급	열분해·가스화 원료로 이용하거나 시행규칙 제3조에 따른 에너지회수기준에 적합하게 에너지를 회수하는 용도로만 사용

4. 폐가전제품

가. 시행규칙 [별표 5의2] 제1호 나목에 따른 재활용

「전기·전자제품 및 자동차의 자원순환에 관한 법률 시행령」 제8조 제1항에 해당하는 폐가전제품은 동법 시행규칙 제5조[52]에 따라 재활용할 수 있다. 제품군별 재활용의 방법

제2조 제13호).

51) 환경부고시 제2012－117호

52) 2013. 12. 31. 개정에 따라 제5조 및 [별표 1]에서 전기·전자제품 재활용의무생산자와 그로부터 재활용을 위탁받은 자가 재활용할 때 따라야 할 제품군별 재활용의 방법과 기준을 정하고 있다.

과 기준은 아래 표[53]와 같다.

표 2-2 제품군별 재활용의 방법과 기준(제5조 관련)

제품군	재활용의 방법	재활용의 기준	
		공통 기준	제품군별 기준
1. 대형기기	해체·압축·파쇄·절단 등의 중간처리과정을 거쳐 재사용가능부품을 재사용하거나 소재별로 분리하여 재활용하여야 한다.	폐전기·폐전자제품 인쇄회로기판(PCBs)의 유가금속을 회수하는 등 안전하게 재활용하여야 한다.	가. 냉장고, 에어컨디셔너 및 자동판매기는 염화불화탄소(CFC) 등 기후·생태계변화 유발물질을 안전하게 따로 회수하여야 한다. 나. 재사용·재활용하는 비율이 대당 중량기준으로 텔레비전[리퀴드 크리스탈 디스플레이(LCD)텔레비전 및 플라즈마 디스플레이 패널(PDP)텔레비전은 제외한다]은 65퍼센트 이상, 냉장고 및 자동판매기는 70퍼센트 이상, 세탁기 및 에어컨디셔너는 80퍼센트 이상이어야 한다.
2. 통신·사무기기			재사용·재활용하는 비율이 대당 중량기준으로 개인용 컴퓨터는 65퍼센트 이상, 프린터, 복사기 및 팩시밀리는 75퍼센트 이상이어야 한다.
3. 중형기기			가. 전기정수기는 염화불화탄소 등 기후·생태계변화 유발물질을 안전하게 따로 회수하여야 한다 나. 재사용·재활용하는 비율이 대당 중량기준으로 75퍼센트 이상이어야 한다.
4. 소형기기			재사용·재활용하는 비율이 대당 중량기준으로 75퍼센트 이상이어야 한다.
5. 이동전화단말기			가. 이동전화단말기의 전지는 자원재활용법 시행규칙 [별표 6] 제7호의 전지류의 재활용의 방법 및 기준에 따른다. 나. 재사용·재활용하는 비율이 대당 중량기준으로 70퍼센트 이상이어야 한다.

53) 전기·전자제품 및 자동차의 자원순환에 관한 법률 시행규칙 [별표 1]

나. 시행규칙 [별표 5의2] 제16호의2에 따른 재활용

폐가전제품을 파쇄·추출·절단 및 분리 등의 방법으로 재사용 가능한 부품으로 해체하거나 폐가전제품에서 금속·플라스틱·유리 등을 회수하는 경우 또는 파쇄물을 열이용하고 남은 잔재물에서 유가금속을 회수하는 경우 재활용이 가능하다. 다음 사항을 유의해야 한다.

(가) 폐가전제품 중에 염화불화탄소(CFC) 등의 냉매물질이 포함된 경우에는 이를 안전하게 회수하여야 한다. 이 경우 회수량 및 보관량을 확인할 수 있는 장치가 부착된 설비를 이용하여 외부로 유출되지 아니하도록 회수 및 보관하여야 하며, 냉매압축기에 들어있는 폐유는 냉매물질과 분리하여 별도로 회수하여야 한다.

(나) 폐가전제품 중 텔레비전 및 컴퓨터의 모니터는 앞면 유리와 뒷면 유리를 분리하여야 한다. 이 경우 발생되는 형광물질은 밀폐된 장소에서 외부로 유출되지 아니하는 방법으로 회수하여 밀폐된 용기에 보관하여야 한다.

(다) 폐가전제품 중 냉장고에서 회수된 발포단열재는 파쇄·절단 등을 거쳐 발포단열재 등의 제품 원료로 재활용하여야 한다.

(라) 폐가전제품 중 인쇄회로기판이 포함된 경우에는 이를 별도로 분리하여야 한다.

다. 폐가전제품 등에서 회수된 폐냉매물질

폐가전제품 등에서 회수된 폐냉매물질을 정제 등을 거쳐 가전제품 등의 냉매물질 원료로 가공하거나 폐냉매물질을 그대로 냉매물질로 재사용하는 방법으로 재활용이 가능하다.[54]

라. 폐가전제품에서 분리된 인쇄회로기판

폐가전제품에서 분리된 인쇄회로기판에서 용융 등의 방법으로 유가금속을 회수하는 경우 재활용이 가능하다.[55]

5. 사업장폐기물(지정폐기물 제외)을 이용하여 건축·토목공사의 성토재·보조기층재·도로기층재와 매립시설의 복토용으로 이용하는 경우[56]

가. 재활용대상 폐기물

재활용대상 폐기물은 광재·분진·도자기조각·석탄재·연탄재·점토점결폐주물사·폐석

---

54) 시행규칙 [별표 5의2] 제16호의3
55) 시행규칙 [별표 5의2] 제16호의4
56) 시행규칙 [별표 5의2] 제2호

회·폐석고·폐콘크리트 전주(사업장 일반폐기물만 해당), 석재 가공과정이나 벤토나이트 제조공정에서 발생하는 폐석재, 레미콘 제조공정에서 발생하거나 건설현장에서 반품된 폐레미콘, 무기성 오니[하수준설토(고형물 중 유기성 물질의 함량이 7% 이하인 것만 해당), 토기·자기·내화물·시멘트·콘크리트·석제품의 제조 및 가공시설, 건설공사장의 세륜시설, 수도사업용 정수시설, 비금속광물 분쇄시설(굴착시설 포함) 또는 토사세척시설에서 발생하는 무기성 오니로서 수분함량 70% 이하로 탈수·건조한 것만 해당]이다. 위 대상폐기물은 생활폐기물이 아닌 사업장폐기물을 의미하고, 또한 지정폐기물이 아니어야 한다.

나. 재활용 용도

위 재활용대상 폐기물은, 관계 법령에 따라 인·허가된 건축·토목공사의 성토재·보조기층재·도로기층재 및 매립시설의 복토용 등으로만 재활용 가능하다. 다만, 농지·저지대·연약지반 등에 재활용할 때에는 시·도지사가 별도로 인정해야 한다.

폐석회·폐석고는 공유수면(바다만 해당)의 매립면허를 받은 지역(매립공사 준공인가를 받은 지역 포함, 매립면허나 매립공사 준공인가를 받은 지역으로 둘러싸인 지역 포함)의 성토재 또는 바다에 접한 매립시설의 복토재로만 재활용 가능하다.

다. 재활용 시 주의사항

(가) 위 재활용대상 폐기물을 재활용할 때에는 금속·목재·쓰레기 등 이물질을 제거하여야 한다.

(나) 철강슬래그·석탄재

철강슬래그·석탄재는 자원재활용법 제25조에 따른 지침[57]에 닿게 재활용하여야 한다.

(다) 석탄재·연탄재·점토점결 폐주물사·무기성 오니

석탄재·연탄재·점토점결 폐주물사·무기성 오니는 일반토사류나 건설폐재류를 재활용한 토사류를 부피기준으로 50% 이상 혼합하여 사용하여야 한다. 다만, 석탄재에 일반토사류나 건설폐재류를 재활용한 토사류를 혼합하여 사용하면 해당 건축·토목공사의 설계시공지침이나 도로공사 표준시방서의 품질기준에 부적합하게 되는 경우에는 혼합하지 아니할 수 있다.

(라) 폐석회·폐석고

1) 공유수면의 매립면허를 받은 지역에 사용하는 경우에는 국토부장관이 정하는 공

---

57) 환경부장관과 주무부장관이 대통령령으로 정하는 기본방침과 절차에 따라 통합하여 고시하는 지침을 말한다. '철강슬래그 및 석탄재 배출사업자의 재활용지침'(환경부고시 제2012-117호, 2012. 10. 31. 일부개정, 지식경제부고시 제2012-258호, 2012. 10. 31. 일부개정)

사표준시방기준 또는 개별 공사시방서를 지키고 최상층은 일반토사층으로 하되 그 두께가 150센티미터 이상이어야 한다.

2) 재활용대상 폐기물은 시행규칙 [별표 1] 유해물질 함유기준 이내여야 하며, 시험방법은 「환경분야 시험·검사 등에 관한 법률」 제6조 제1항에 따른 환경오염 공정시험기준에 따라야 한다.

3) 공유수면의 매립면허를 받은 지역의 성토재나 매립시설의 복토재 등으로 사용하는 경우에는 선별·파쇄 등의 중간처리 후 일반토사류 등과 혼합·중화하는 적절한 재활용공정을 거쳐야 한다.

가) 혼합·중화방법은 지형여건, 환경위해성 여부, 공사안전성 등을 종합적으로 고려하여 일반토사류 등과 섞어 사용하거나 일정 두께의 층별로 번갈아 사용하여야 한다.

나) 일반토사류 등과 혼합사용하는 경우 일반토사류 등의 비율을 부피기준으로 폐석회의 경우 80% 이상, 폐석고의 경우 70% 이상으로 하여야 한다.

다) 폐석회의 수소이온농도를 중성수준으로 낮추기 위한 선별·파쇄·혼합·중화 등의 재활용공정 시 새로운 부산물이 생성될 때에는 폐석회와 부산물의 환경영향을 검토한 후 사용하여야 한다.

라) 매월 1회 이상 침출수 수질, 지반안정도, 인근지역의 지하수 등을 측정하여 허가기관에 보고하여야 한다.

4) 재활용 시에는 침출수 수질로 인한 2차 환경오염이 없고, 지반안정도·성토재 유실 등의 영향이 없도록 하여야 한다.

5) 재활용 물량은 허가기관에서 정하는 물량으로 하되, 다)d)의 측정 결과 등을 고려하여 허가기관으로부터 승인을 받아 이를 조정할 수 있다.

(마) 매립시설의 복토용으로 사용하는 경우에는 시행규칙 [별표 11] 제2호 나목2)차)의 규정[58]에 적합하여야 한다.

라. 폐기물처리 신고

위 재활용대상 폐기물을 건축·토목공사의 성토재·보조기층재·도로기층재와 매립시설의 복토용 등으로 이용하는 자는 재활용업 허가 없이 폐기물처리 신고를 하고 재활용할 수 있다.[59] 또한 위 재활용대상 폐기물로 만들어진 중간가공 폐기물로 건축·토목공사의

58) 관리형 매립시설의 복토 기준
59) 시행규칙 [별표 16] 제1호

성토재·보조기층재·도로기층재와 매립시설의 복토용 등으로 이용하는 자도 재활용업 허가 없이 폐기물처리 신고를 하고 재활용할 수 있다.[60]

6. 폐타이어[61]

폐타이어는 매립시설의 차수재로 사용하는 방법으로 재활용이 가능하다. 폐타이어를 매립시설의 차수재로 사용하는 경우에는 시행규칙 [별표 11] 제2호 나목 2) 사)의 규정[62]에 적합해야 한다. 이 경우 재활용업 허가 없이 폐기물처리 신고를 하고 재활용할 수 있다.[63]

7. 태 반[64]

태반은, 「약사법」에 따라 의료폐기물 중 태반을 원료로 하는 의약품의 제조허가를 받은 자가 그 의약품의 원료로 이용하는 경우에 재활용이 가능하다.

8. 동·식물성 잔재물, 음식물류 폐기물, 유기성 오니, 폐식용유[65]

(1) 동·식물성 잔재물, 음식물류 폐기물, 유기성 오니, 폐식용유는, 자신의 농경지의 퇴비나 자신의 가축의 먹이로 이용하는 경우에는 재활용이 가능하다. 다만, 아래의 사항을 준수하여야 한다.

(가) 퇴비의 원료로 사용하는 동·식물성 잔재물, 음식물류 폐기물, 유기성 오니, 폐식용유, 왕겨 또는 쌀겨와 이들을 원료로 하여 생산된 퇴비는 「비료관리법」 제4조에 따라 설정 또는 지정된 보통비료의 공정규격 또는 부산물비료의 규격에 맞아야 한다.

(나) 가축의 먹이로 사용하고자 하는 경우 먹이는 「사료관리법 시행규칙」 제30조에 따른 검정방법에 따라 검정을 한 결과가 「사료관리법」 제11조 제1항에 따른 사료공정 및 같은 법 제14조 제3항에 따른 유해물질의 범위 및 허용기준에 맞아야 한다

---

60) 시행규칙 [별표 16] 제2호
61) 시행규칙 [별표 5의2] 제3호
62) 매립시설 측면의 토목합성수지 라이너를 보호하고 침출수를 원활하게 배제하기 위하여 토목합성수지 상부의 지오컴포지트·지오네트 또는 지오텍스타일 등의 위에 폴리프로필렌 재질의 자루에 모래, 폐주물사 또는 폐사를 채워 30센티미터 이상 높이로 쌓거나, 폐타이어에 모래·폐주물사 또는 폐사 등을 채워 쌓은 후 폐기물을 매립하여야 한다. 다만, 시행규칙 제41조 제3항 제2호에 따른 매립시설의 검사기관이 본문의 방법과 동등한 효과가 있다고 인정하는 공법이나 환경기술검증을 받은 매립시설의 설치공법으로 매립시설의 측면에 토목합성수지 라이너를 설치한 경우에는 그러하지 아니하다.
63) 시행규칙 [별표 16] 제3호
64) 시행규칙 [별표 5의2] 제4호
65) 시행규칙 [별표 5의2] 제5호

(2) 동·식물성 잔재물, 음식물류 폐기물, 유기성 오니, 왕겨 또는 쌀겨를 자신의 농경지의 퇴비나 자신의 가축의 먹이로 이용하는 자는 재활용업 허가 없이 폐기물처리 신고만으로도 가능하다.[66)]

9. 오니·분진·광재[67)]

(1) 오니·분진을 가공하여 원료로 제공하거나 분진·광재로부터 용융·추출 등의 방법으로 금속을 회수하는 경우 재활용이 가능하다.

(2) 오니·분진을 가공하여 원료로 제공하는 경우에는 원래의 오니·분진 배출자에게 전량을 원료로 제공하여야 한다. 가공되어 원료로 제공되는 오니·분진은 중간가공폐기물이 아니라 폐기물의 속성을 상실한 원료물질로 보아야 할 것이다.

(3) 분진·광재로부터 용융·추출 등의 방법으로 금속을 회수하는 경우, 회수된 금속은 덩어리·알갱이 등 고체의 형태로 가공하여야 한다.

10. 폐섬유[68)]

폐섬유를 선별·분쇄하여 섬유제품이나 플라스틱 제품의 원료로 가공하거나, 섬유제품 또는 플라스틱 제품의 제조에 직접 사용하는 방법으로 재활용이 가능하다. 섬유제품이나 플라스틱 제품의 원료로 가공하는 경우 일정한 규격의 용기 또는 상자에 넣거나 포장하여야 한다. 폐섬유를 선별·분쇄한 후 일정 규격의 용기에 넣거나 포장함으로써 새로운 원료물질로 되는 것이다. 그렇게 하지 않고 선별·분쇄된 폐섬유를 운반차량에 단순 적재하여 배출할 경우에는 중간가공 폐기물로 보아 폐기물관리법상의 관계규정이 적용될 것이다.

11. 폐플라스틱[69)]

폐플라스틱은 재생원료로 가공하거나, 폐플라스틱으로 성형제품을 제조하는 경우 재활용이 가능하다.

(1) 폐플라스틱을 재생원료로 가공하는 경우, 가공의 방법에는 제한이 없으나 가공된 재생원료는 일정한 규격의 용기 또는 상자에 넣거나 포장하여야 한다.

(2) 폐플라스틱으로 성형제품을 제조하는 경우, 제품의 용도에 따라 다음에서 정하는

---

66) 시행규칙 [별표 16] 제4호
67) 시행규칙 [별표 5의2] 제6호
68) 시행규칙 [별표 5의2] 제7호
69) 시행규칙 [별표 5의2] 제8호

양 이상을 사용하여 제품을 제조하여야 한다.

- 건축자재용: 무게 기준으로 60% 이상
- 필름: 무게 기준으로 50% 이상
- 자동차용 자재: 무게 기준으로 25% 이상
- 그 밖의 용도: 무게 기준으로 80% 이상

12. 폐가전제품의 재활용 과정에서 발생된 뒷면 유리[70]

폐가전제품의 재활용 과정에서 발생된 뒷면 유리는 용융 등의 방법으로 납 등 금속을 회수하는 경우 재활용이 가능하다.

13. 폐유리[71]

폐유리는 파쇄·분쇄하여 유리제품이나 건축·토목자재의 원료로 가공하는 경우 재활용이 가능하다. 이 때 가공된 원료는 일정한 규격의 용기 또는 상자(벌크백 포함)에 넣거나 포장하여야 한다.

14. 폐활성탄·폐촉매·폐흡착제·폐흡수제 및 안정화·고형화 처리물[72]

폐활성탄·폐촉매·폐흡착제·폐흡수제 및 안정화·고형화 처리물은 원래의 용도로 재활용하거나, 해당 제품의 제조원료로 가공하는 경우 재활용이 가능하다. 이 때 가공된 원료는 일정한 규격의 용기 또는 상자(벌크백 포함)에 넣거나 포장하여야 한다.

15. 폐고무[73]

폐타이어·폐고무벨트 등 폐고무(폐합성고무 포함)를 재생고무·고무바닥재 등의 고무제품을 제조하거나 활성탄 또는 고무제품의 제조원료로 가공하는 방법으로 재활용이 가능하다. 고무제품의 제조원료로 가공하는 경우에는 일정한 용기 또는 상자(벌크백 포함)에 넣거나 포장하여야 한다.

16. 폐목재류[74]

폐목재류를 환경부장관이 정하여 고시하는 기준에 적합하게 재활용하는 경우 재활용이

70) 시행규칙 [별표 5의2] 제8의 2호
71) 시행규칙 [별표 5의2] 제9호
72) 시행규칙 [별표 5의2] 제10호
73) 시행규칙 [별표 5의2] 제11호
74) 시행규칙 [별표 5의2] 제12호

가능하다. 환경부장관이 정하여 고시하는 기준은 '폐목재의 분류 및 재활용기준'(환경부고시 제2012-117호)이다. 동 고시에 의하면 폐목재의 발생원과 종류별 등급은 아래 표와 같다.

발생원	폐목재 종류		등 급
임목 폐기물	벌목 등 산림작업 과정에서 발생하는 잔재물(뿌리, 가지, 줄기 등)		1등급
생활계 폐목재	임목폐목재 (5톤 미만 발생)	임목폐기물 중 하천, 호소로 떠내려 온 폐목재	1등급
		농업폐목재(방부목재 이외의 것)	1등급
		농업폐목재(방부처리 목재)	3등급
		전지목(가로수, 정원수 등)	1등급
	목재포장재	과일·야채 등	1등급
	폐가구류	순수목재	1등급
		파티클보드·합판류	2등급
		섬유판	2등급
		할로겐족 유기화합물로 코팅된 가구	3등급
	실외 목재구조물	놀이터, 공원, 조경시설, 하천시설 등에 사용된 방부처리된 목재	3등급
건설 폐목재	신축 현장 폐목재	각재류(비계목, 받침목, 토류판 등)	1등급
		나무판제품(파티클보드·합판류)	2등급
		섬유판	2등급
	해체 현장 폐목재	순수목재	1등급
		건물 내장재(방부처리목재 제외)	2등급
		목조주택 및 건물 외장재(방부처리 목재)	3등급
		실내·외 목재구조물(계단, 울타리, 의자 등)에 사용된 방부처리 목재	3등급
	목재 파레트	순수목재	1등급
		파티클보드·합판	2등급
		섬유판	2등급
사업장 폐목재	임목폐목재 (5톤 이상 발생)	나무줄기, 가지, 뿌리 등	1등급

<table>
<tr><td>제재 부산물</td><td colspan="2">원목 가공과정에서 발생되는 톱밥, 수피 등</td><td>1등급</td></tr>
<tr><td rowspan="4">목재 가공공장 부산물</td><td colspan="2">원목상태의 깨끗한 목재 부스러기 및 분진</td><td>1등급</td></tr>
<tr><td colspan="2">2등급 폐목재로 가구, 악기 등 목재 성형제품을 제조하는 과정에서 배출되는 나무토막 등 목재 부산물 및 분진</td><td>2등급</td></tr>
<tr><td colspan="2">2등급 폐목재로 나무판제품(합판, 파티클보드, 섬유판 등)을 제조하는 과정에서 발생되는 목재 부산물 및 분진</td><td>2등급</td></tr>
<tr><td colspan="2">방부처리 목재 등 3등급 폐목재로 물건을 제조하는 공정에서 발생되는 목재 부산물 및 분진</td><td>3등급</td></tr>
<tr><td rowspan="7">목재 포장재</td><td rowspan="3">목재파레트</td><td>원목상태의 깨끗한 목재·부스러기</td><td>1등급</td></tr>
<tr><td>파티클보드·합판류</td><td>2등급</td></tr>
<tr><td>섬유판(MDF)</td><td>2등급</td></tr>
<tr><td rowspan="4">목재상자</td><td>원목상태의 깨끗한 목재·부스러기</td><td>1등급</td></tr>
<tr><td>파티클보드·합판류</td><td>2등급</td></tr>
<tr><td>섬유판(MDF)</td><td>2등급</td></tr>
<tr><td>기름·페인트·방부처리된 탄약상자</td><td>3등급</td></tr>
<tr><td rowspan="3">전선드럼</td><td colspan="2">원목 상태의 깨끗한 목재</td><td>1등급</td></tr>
<tr><td colspan="2">파티클보드·합판</td><td>2등급</td></tr>
<tr><td colspan="2">페인트 등으로 도색된 드럼 및 섬유판(MDF)</td><td>3등급</td></tr>
<tr><td rowspan="5">실외 목재구조물</td><td colspan="2">철도 침목</td><td rowspan="5">3등급</td></tr>
<tr><td colspan="2">전신주</td></tr>
<tr><td colspan="2">방음벽</td></tr>
<tr><td colspan="2">목조교량</td></tr>
<tr><td colspan="2">부두시설 및 시트파일 등 담수 및 해수와 접촉하는 구조물에 사용된 폐목재</td></tr>
<tr><td colspan="3">폐선박 및 차량에서 나오는 목재</td><td>3등급</td></tr>
<tr><td colspan="3">건축물의 화재 현장에서 발생한 폐목재</td><td>3등급</td></tr>
<tr><td>기타 산업시설</td><td colspan="2">냉각탑, 산업용 바닥재 등에 사용된 폐목재</td><td>3등급</td></tr>
</table>

비고 1. 발생원별 등급이 설정되지 않았거나 설정된 등급에도 불구하고 해당 폐목재의 유해물질 함유 정도가 높은 것으로 판단되는 경우, 그 특성에 따라 낮은 등급으로 분류하여야 한다.

2. 등급이 서로 다른 폐목재가 혼합되어 있는 경우 낮은 등급으로 분류한다.

폐목재의 등급 분류기준은 오염 여부와 그 정도에 따라 정해지는 것인데, 구체적인 분류기준은 아래 표와 같다.

구 분	분류 기준
1등급	원목상태 그대로이거나 원목을 기계적으로 가공·처리한 상태의 것으로서 가공·처리 과정에서 페인트·기름·방부제 등으로 오염되지 않은 폐목재
2등급	가공·처리·사용과정에서 접착제, 페인트, 기름, 콘크리트 등의 물질이 사용되었거나 이에 오염된 폐목재(할로겐족 유기화합물이나 방부제로 처리·오염된 폐목재는 제외)
3등급	가공·처리·사용과정에서 할로겐족 유기화합물이나 방부제가 사용되었거나 이에 오염된 폐목재와 자원재활용법 시행규칙 제20조의3 제2항의 고형연료제품의 품질·등급기준에 적합하지 않는 폐목재 칩 및 위의 1~2등급에 해당되지 않는 기타 폐목재

폐목재의 등급에 따른 재활용 용도는 다음과 같다.

구 분	재활용 용도·방법
1등급	나무판 등 목재성형제품·톱밥·성형탄·산업용 활성탄·고형연료제품(WCF)·바이오에탄올(목질계 에탄올연료) 제조, 축사·제초·퇴비용 원료로 사용, 열분해·가스화 원료로 이용, 시행규칙 제3조에 따른 에너지회수기준에 적합하게 에너지회수 용도로 사용
2등급	1등급 폐목재의 재활용 용도·방법 중 톱밥·성형탄 제조 용도 및 축사·제초·퇴비용 원료로의 사용을 제외한 용도로 사용
3등급	열분해·가스화 원료로 이용하거나 시행규칙 제3조에 따른 에너지회수기준에 적합하게 에너지를 회수하는 용도로만 사용

17. 유기성 오니, 음식물류 폐기물 또는 왕겨[75)]

유기성 오니, 음식물류 폐기물 또는 왕겨를 이용하여 부숙토나 지렁이 분변토를 만들어 매립시설 복토용 또는 토지개량제 등으로 사용하는 경우 재활용이 가능하다.

(1) 제조된 부숙토나 지렁이 분변토를 매립시설 복토용 또는 토지개량제 등으로 사용하는 경우에는 환경부장관이 정하여 고시하는 용도 및 방법에 적합하여야 한다.

(2) 음식물류 폐기물을 토지개량제로 사용하는 경우에는 환경부장관이 정하여 고시하는 바에 따라 그 제품명·원료 등을 표시하고, 제품의 제조에 관한 기록을 보존하여야

75) 시행규칙 [별표 5의2] 제13호

한다.

18. 폐산·폐알칼리[76)]

폐산·폐알칼리를 수처리제로 사용하는 경우 재활용이 가능하다. 수처리제란, 자연상태의 물을 정수(淨水) 또는 소독하거나 먹는 물 공급시설의 산화방지 등을 위하여 첨가하는 제제를 말한다.[77)] 다음 사항을 유의해야 한다.

(1) 수처리제 수요자와 계약이 된 경우에 한하여 사용할 수 있다.

(2) 수처리제로 사용하는 폐산·폐알칼리는 수소이온농도 외의 오염물질이 「수질 및 수생태계 보전에 관한 법률 시행규칙」 [별표 13]에 따른 청정지역[78)]의 오염물질 배출허용기준 이내인 것에 한한다.

(3) 폐산·폐알칼리를 수처리제로 사용할 수 있는 처리시설은 다음과 같다.

- 「하수도법」 제2조 제9호에 따른 공공하수처리시설
- 「수질 및 수생태계 보전에 관한 법률」 제2조 제12호에 따른 수질오염방지시설[79)]
- 「수질 및 수생태계 보전에 관한 법률」 제48조에 따른 폐수종말처리시설
- 「가축분뇨의 관리 및 이용에 관한 법률」 제2조 제8호에 따른 처리시설[80)]

19. 폐자동차 또는 폐가전제품[81)]

폐자동차의 범퍼·문짝·본넷 등 또는 폐가전제품(컴퓨터 포함)을 수리·수선하여 다시 사용할 수 있는 상태로 만드는 경우 재활용이 가능하다. 이 경우 재활용업 허가 없이 폐기물처리 신고만으로도 재활용이 가능하다. 다만, 수리·수선하는 과정에서 지정폐기물이나 특정 대기·수질오염 유해물질이 발생하지 아니하는 경우만 가능하다.[82)]

---

76) 시행규칙 [별표 5의2] 제14호

77) 「먹는물관리법」 제3조 제5호

78) 청정지역이란 「환경정책기본법 시행령」 [별표 1] 제3호에 따른 수질 및 수생태계 환경기준상 매우 좋음(Ia) 등급 정도의 수질을 보전하여야 한다고 인정되는 수역의 수질에 영향을 미치는 지역으로서 환경부장관이 정하여 고시하는 지역을 말한다.

79) '수질오염방지시설'이란 점오염원, 비점오염원 기타 수질오염원으로부터 배출되는 수질오염물질을 제거하거나 감소하게 하는 시설로서 환경부령으로 정하는 것을 말한다. 환경부령으로 정하는 수질오염방지시설은 물리적 처리시설, 화학적 처리시설, 생물화학적 처리시설로 구분된다.

80) 8. "처리시설"이라 함은 가축분뇨를 자원화 또는 정화하는 자원화 시설 또는 정화시설을 말한다.

81) 시행규칙 [별표 5의2] 제15호

82) 시행규칙 [별표 16] 제4호의2

20. 폐자동차, 폐형광등 또는 폐전지[83)]

폐자동차(폐자동차 파쇄물 포함), 폐형광등 또는 폐전지(이산화망간 리튬전지와 플루오르화탄소리튬전지는 제외)를 파쇄·용융·추출 등의 방법으로 금속·플라스틱·유리 등을 회수하는 경우 또는 파쇄물을 열이용하고 남은 잔재물에서 유가금속을 회수하는 경우 재활용이 가능하다.

21. 폐어망[84)]

폐어망을 「환경기술 및 환경산업지원법 시행규칙」 제2조 제2부터 제4호까지의 규정에 따른 환경시설[85)]의 미생물 담체로 사용하는 경우에 재활용이 가능하다. 이 경우 재활용업 허가 없이 폐기물처리 신고로 재활용이 가능하다.[86)]

22. 폐석회[87)]

폐석회에 고화제·토사 등을 혼합하여 다진 후 바다에 접한 매립시설의 차수 용도로 사용하는 경우에 재활용이 가능하다.

23. 철도용 폐침목[88)]

파손범위가 적은 철도용 폐침목(철도역사에서 배출된 폐침목은 제외)을 다음의 구분에 따라 적합하게 사용하는 경우 재활용이 가능하다.

(1) 원형 그대로 규격에 맞는 용도로 재활용하는 경우

(가) 목재인 경우

- 철도시설의 노반보강용
- 선박 제조시설의 받침용
- 시행규칙 [별표 5의2] 제1호 가목 및 제12호에 따라 환경부장관이 정하여 고시하는 기준 또는 방법[환경부 고시인 '폐목재의 분류 및 재활용기준'을 의미함]에 따라 재활용(크레오소트유 등 방부제 또는 약품 등으로 처리하지 아니하고 원목 그대로 사용되었던

83) 시행규칙 [별표 5의2] 제16호
84) 시행규칙 [별표 5의2] 제17호
85) 「하수도법」 제2조 제3호에 따른 하수도, 「수질 및 수생태계 보전에 관한 법률」 제48조에 따른 폐수종말처리시설, 「가축분뇨의 관리 및 이용에 관한 법률」 제2조 제8호 및 제9호에 따른 처리시설 및 공공처리시설
86) 시행규칙 [별표 16] 제5호
87) 시행규칙 [별표 5의2] 제18호
88) 시행규칙 [별표 5의2] 제19호

철도용 폐침목으로 한정)

(나) 콘크리트인 경우(육안 판정 시 표면에서 기름 등과 같은 이물질이 검게 묻어나지 않는 것으로 한정)

- 야외계단용 및 바닥재용
- 노반, 경사면 등 보강용
- 산업시설, 선박제조시설, 중장비 등의 받침용
- 기초석, 제방 및 인공어초용

(2) 절단, 세척 등의 방법으로 가공하여 재활용하는 경우

(가) 재활용 방법

가공한 철도용 폐침목은 다음의 어느 하나에 해당하는 방법으로 재활용하여야 한다.

- 나무판 등 목재성형제품, 산업용 활성탄, 고형연료제품(WCF), 또는 바이오에탄올(목질계 에탄올 연료) 제조용
- 열분해·가스화 원료용
- 에너지회수용(시행규칙 제3조 제1항 제1호에 따른 에너지 회수기준에 적합한 경우로 한정)

(나) 「환경분야 시험·검사 등에 관한 법률」 제6조에 따라 환경부장관이 지정·고시한 공정시험기준, 한국산업규격 시험방법 또는 국제적으로 통용되는 시험방법에 따라 시험한 결과 다음의 기준에 맞아야 한다.

- 벤조(a)안트라센: 킬로그램당 3.0밀리그램 미만
- 벤조(a)피렌: 킬로그램당 3.0밀리그램 미만
- 다이벤조(a,h) 안트라센: 킬로그램당 3.0 미만
- 기름성분: 중량비를 기준으로 0.35퍼센트 미만

24. 이산화규소나 산화알미늄을 주성분으로 하는 폐촉매[89)]

이산화규소나 산화알미늄을 주성분으로 하는 폐촉매를 파쇄하여 시멘트 보강재나 콘크리트 혼화재로 사용하는 경우 재활용이 가능하다.

25. 철강제조공정 중 열간압연공정, 연주공정 또는 단조공정에서 발생하는 산화철[90)]

철강제조 공정 중 열간압연공정, 연주공정 또는 단조공정에서 발생하는 산화철을 지름 25밀리미터 이하로 선별하여 철강제품 원료 등으로 사용하는 경으 재활용이 가능하다.

89) 시행규칙 [별표 5의2] 제20호
90) 시행규칙 [별표 5의2] 제21호

26. 지정폐기물이 아닌 동·식물성 잔재물, 음식물류 폐기물, 유기성 오니, 왕겨[91)]

지정폐기물이 아닌 동·식물성 잔재물, 음식물류 폐기물(음식물류 폐기물을 처리하는 과정에서 발생하는 액상의 물질 포함), 유기성 오니 또는 왕겨를 다음 어느 하나에 따르는 경우 재활용이 가능하다.

(1) 유기성 오니를 고형화하거나 고화처리하여 「산업표준화법」 제15조에 따른 제품의 인증을 받은 보도블륵 등 경량골재를 제조하는 경우

(2) 유기성 오니를 탄화시켜 재활용제품의 원료로 사용하는 경우

(3) 동·식물성 잔재물, 음식물류 폐기물, 유기성 오니 또는 왕겨를 생물학적 처리방법으로 처리하여 비료를 제조하는 경우

(4) 유기성 오니를 고화하여 생산한 고화처리물을 시행규칙 [별표 11] 제2호 나목 2) 차)의 규정에 적합하게 매립시설의 복토재로 이용하는 경우. 생산된 고화처리물은 「환경분야 시험·검사 등에 관한 법률」 제6조에 따라 환경부장관이 지정·고시한 폐기물에 관한 공정시험기준이나 토양오염물질에 관한 공정시험기준 또는 한국산업규격(KS F 2322, KS F 2314)에 따라 시험한 결과 다음의 기준에 맞아야 한다.

- 수소이온농도(pH): 12.4 이하
- 수분함량: 50퍼센트 이하
- 투수계수: 1.0×10−7㎝/sec 이상 1.0×10−3㎝/sec 이하
- 일축압축강도: 0.10MPa 이상
- 유해물질 함량: 「토양환경보전법 시행규칙」 제1조의5에 따른 토양오염우려기준 중 2지역 기준 이내

(5) 하수처리 오니를 가공하여 비탈면 녹화토의 원료로 사용하는 경우

비탈면 녹화토란 절·성토공사 등으로 발생한 비탈면의 낙석방지, 생태복원 또는 녹화에 사용하는 인공토양을 말한다. 가공된 비탈면 녹화토는 다음의 기준에 맞아야 한다.

(가) 하수처리 오니를 가공하는 경우 시행규칙 [별표 제5의2] 제13호에 따라 환경부장관이 정하여 고시한 용도 및 방법에 따른 부숙과정을 거쳐야 한다.

(나) 가공된 비탈면 녹화토는 「환경분야 시험·검사 등에 관한 법률」 제6조에 따라 환경부장관이 지정·고시한 토양오염물질에 관한 공정시험기준이나 공정시험기준이 없는 경우에는 국제적으로 통용되는 시험방법에 따라 시험한 결과가 다음의 기준에 맞아야 한다.

- 수소이온농도(pH): 5.5 이상 8.0 이하

91) 시행규칙 [별표 5의2] 제22호

• 비소, 카드뮴, 구리, 납, 니켈, 불소, 6가크롬, 시안, 페놀, 수은, 아연 및 석유계총탄화수소: 「토양환경보전법 시행규칙」 제1조의5에 따른 토양오염 우려기준 이내

27. 석산에서 채석 시 발생하는 폐석분 토사[92)]

석산에서 채석 시 발생하는 폐석분 토사를 채석 지역 내 하부복구지·저지대 등의 채움재로 사용하거나 토목·건축자재로 가공하는 경우 재활용이 가능하다. 다음의 요건을 갖추어야 한다.

(1) 재활용 가능한 폐석분 토사는 수분함량 30퍼센트 이하로 탈수·건조한 것에 한한다.

(2) 토목·건축자재로 가공하는 경우에는 무게 기준으로 원료의 40퍼센트 이상을 사용하여야 한다.

28. 음식물류 폐기물[93)]

음식물류 폐기물을 탄화시켜 흡착제를 제조하는 경우 재활용이 가능하다.

29. 폐기물 수리·수선 등[94)]

다른 사람의 폐기물을 수리·수선하거나 유리병 등 폐용기류를 세척하여 같은 용도로 다시 사용할 수 있는 상태로 만드는 경우 재활용이 가능하다. 다음의 요건을 갖추어야 한다. 재활용업 허가 없이 폐기물처리 신고만으로도 재활용이 가능하다.[95)]

(1) 수리·수선 또는 세척할 수 있는 폐기물은 일정한 형태를 갖추고 있는 물체로 한정한다. 따라서 액체나 기체상태의 폐기물은 해당되지 않는다.

(2) 수리·수선 또는 세척하는 과정에서 지정폐기물이나 특정 대기·수질오염 유해물질이 배출되지 아니하는 경우만 해당한다.

30. 폐주물사[96)]

폐주물사를 다음 어느 하나에 따라 사용하는 경우 재활용이 가능하다.

(1) 다른 사업장의 폐주물사를 주물사로 다시 사용하는 경우

---

92) 시행규칙 [별표 5의2] 제23호
93) 시행규칙 [별표 5의2] 제24호
94) 시행규칙 [별표 5의2] 제25호
95) 시행규칙 [별표 16] 제7호
96) 시행규칙 [별표 5의2] 제26호

(2) 다른 사업장의 폐주물사를 금속용융로에 첨가제·부원료 등으로 투입하는 경우

(3) 폐주물사를 가공하여 다음의 기준에 적합하게 재생주물사로 만드는 경우

가공된 재생주물사는 「환경분야 시험·검사 등에 관한 법률」 제6조에 따라 환경부장관이 지정·고시한 폐기물에 관한 공정시험기준이나 공정시험기준이 없는 경우에는 한국산업규격 시험방법 또는 국제적으로 통용되는 시험방법에 따른 시험결과가 다음의 기준에 맞아야 한다.

- 수소이온 농도(pH): 6.0 이상 11.0 이하
- 비중: 2.3 이상 2.8 이하
- 이물질: 무게 비율로 1.0퍼센트 이하
- 납·구리·비소·수은·카드뮴 또는 그 화합물 및 6가크롬화합물: 시행규칙 [별표 1]에 따른 지정폐기물에 함유된 유해물질 기준 이내

31. 폐석재[97]

석제품의 제조 및 가공시설에서 발생하는 폐석재를 골재로 가공하는 경우 재활용이 가능하다.

32. 폐아이소프로필알콜(프로판-2-올)[98]

폐유기용제 중 폐아이소프로필알콜(프로판-2-올)을 가공하여 정제아이소프로필알콜로 만드는 경우 재활용이 가능하다. 가공한 정제아이소프로필알콜은 한국산업규격 시험방법에 따른 시험결과가 다음의 기준에 맞아야 한다.

- 함량: 무게 비율로 70.0퍼센트 이상
- 수분: 무게 비율로 10.0퍼센트 이하
- 증발 찌꺼기: 무게 비율로 0.1퍼센트 이하

33. 음식물류 폐기물, 동·식물성 잔재물, 쌀겨 등의 사료 제조[99]

음식물류 폐기물, 동·식물성 잔재물, 쌀겨 등을 이용하여 「사료관리법」 제11조에 따라 사료공정이 설정된 사료를 제조하는 경우 재활용이 가능하다. 다음의 요건을 갖추어야 한다.

(1) 「사료관리법」 제2조 제1호에 따른 동물 중 반추(反芻)동물을 제외한 동물 등의 먹

---

97) 시행규칙 [별표 5의2] 제27호
98) 시행규칙 [별표 5의2] 제28호
99) 시행규칙 [별표 5의2] 제29호

이로 사용하려고 수거한 음식물류 폐기물을 농가에 공급하기 위하여는 「사료관리법」 제8조에 따른 사료제조업 등록을 한 음식물류 폐기물 재활용시설에서 재활용하여야 한다. 다만, 음식물류 폐기물을 수거하여 농림축산식품부장관이 정하여 고시한 유해 사료의 범위와 기준에 따라 가열 등의 방법으로 재활용한 후 동물 등의 먹이로 사용하는 경우는 제외한다.

(2) 음식물류 폐기물, 동·식물성 잔재물, 쌀겨를 가공하여 사료의 원료로 재활용하는 경우, 가공된 사료는 「사료관리법 시행규칙」 제30조에 따른 검정방법에 따라 검정을 한 결과가 「사료관리법」 제11조 제1항에 따른 사료공정 및 같은 법 제14조 제3항에 따른 유해물질의 범위 및 허용기준에 맞아야 한다.

34. 사업장폐기물의 대체원료 이용[100)]

지정폐기물이 아닌 사업장폐기물을 대체원료로 이용하여 「산업표준화법」 제15조 제1항에 따른 인증을 받은 시멘트(클링커 포함)를 제조하는 경우 재활용이 가능하다. 일반적인 재활용 방법이 아니라 시멘트 제조회사에 국한된 재활용 방법이라고 볼 수 있다. 다음의 요건을 갖추어야 한다.

(1) 아래의 기준에 적합한 폐기물만을 이용하여 시멘트 품질을 안정적으로 유지하여야 한다.

(2) 대체원료로 재활용하는 폐기물은 자원재활용법 시행규칙 제20조의5 제3항에 따라 환경부장관이 고시한 "고형연료제품의 품질 시험·분석방법"에 따른 시험결과가 다음의 기준에 적합하여야 한다.

(가) 철 대체원료의 경우
- 납: 킬로그램당 1,000밀리그램 미만
- 구리: 킬로그램당 3,000밀리그램 미만
- 카드뮴: 킬로그램당 60밀리그램 미만
- 비소: 킬로그램당 500밀리그램 미만
- 수은: 킬로그램당 2.0밀리그램 미만

(나) 철 외의 대체원료의 경우
- 납: 킬로그램당 150밀리그램 미만
- 구리: 킬로그램당 800밀리그램 미만
- 카드뮴: 킬로그램당 50밀리그램 미만

100) 시행규칙 [별표 5의2] 제30호

• 비소: 킬로그램당 50밀리그램 미만
• 수은: 킬로그램당 2.0밀리그램 미만

(3) 위 기준에 불구하고 철 대체원료 중 동 제련소에서 발생하는 슬래그 등에 대하여는 다음의 기준을 적용한다.

(가) 동 제련소에서 발생하는 슬래그

• 납: 킬로그램당 3,200밀리그램 미만
• 구리: 킬로그램당 10,000밀리그램 미만
• 카드뮴: 킬로그램당 100밀리그램 미만
• 비소: 킬로그램당 900밀리그램 미만
• 수은: 킬로그램당 2.0밀리그램 미만

(나) 아연 제련소에서 발생하는 슬래그

• 납: 킬로그램당 7,000밀리그램 미만
• 구리: 킬로그램당 14,000밀리그램 미만
• 카드뮴: 킬로그램당 60밀리그램 미만
• 비소: 킬로그램당 500밀리그램 미만
• 수은: 킬로그램당 2.0밀리그램 미만

(다) 제철소의 폐기물 중 대기오염 방지시설에서 포집된 분진(철 성분이 함유된 것에 한함) 및 오니(습식 방지시설에서 포집된 것으로서 철 성분이 함유된 것에 한함)

• 납: 킬로그램당 4,000밀리그램 미만
• 구리: 킬로그램당 3,000밀리그램 미만
• 카드뮴: 킬로그램당 100밀리그램 미만
• 비소: 킬로그램당 500밀리그램 미만
• 수은: 킬로그램당 2.0밀리그램 미만

35. 가연성 고형폐기물 또는 유기성 폐기물로부터의 에너지 회수[101)]

법 제2조 제7호 나목에 따라 가연성 고형폐기물 또는 유기성 폐기물로부터 에너지를 회수하거나, 회수할 수 있는 상태로 만들거나, 연료로 사용하는 경우 재활용이 가능하다. 구체적인 방법은 아래와 같다.

(1) 소각열회수시설을 이용하여 지정폐기물이 아닌 가연성 고형폐기물[폴리염화비닐(PVC)은 제외]에서 에너지회수기준에 맞게 에너지를 회수하는 경우

101) 시행규칙 [별표 5의2] 제31호

(2) 가연성 고형폐기물 또는 유기성 폐기물을 규칙 제3조 제1항 제2호 나목에 따라 에너지를 회수할 수 있는 상태로 만드는 경우

(가) 폐타이어를 이용하여 연료화 시설에서 가스·유류 등 연료를 뽑아내는 경우

(나) 폐고무 및 폐플라스틱을 이용하여 유류를 제조하는 경우

1) 폐고무 및 폐플라스틱을 이용하여 제조한 유류는 정지연료유의 기준에 적합하여야 한다.

2) 제조한 유류는 유류를 제조하는 자가 직접 사용자에게 판매하여야 한다.

(다) 「하수도법」 제2조 제9호에 따른 공공하수처리시설이나 같은 법 지2조 제10호에 따른 분뇨처리시설 또는 「수질 및 수생태계 보전에 관한 법률」 제2조 제12흐에 따른 수질오염 방지시설에서 발생하는 유기성 오니(지정폐기물이나 분뇨의 생물학적 처리공정 전 단계에서 발생되는 오니류는 제외)를 가공하여 연료를 제조하는 경우로서 다음의 기준에 모두 적합하여야 한다.

1) 제조된 연료는 다음의 구분에 따라 사용하여야 한다.

가) 공공하수처리시설이나 분뇨처리시설에서 발생된 유기성 오니를 가공하여 제조한 연료: 화력발전소 또는 열병합발전소에서 사용하되, 총 연료 사용량의 5퍼센트 이내로 사용하여야 한다.

나) 수질오염 방지시설에서 발생된 유기성 오니를 가공하여 제조한 연료: 화력발전소에서 사용하되, 총 연료사용량의 0.5퍼센트 이내로 사용하여야 한다.

2) 다른 물질과 혼합하지 아니하고, 유기성 오니 연료의 저위발열량이 킬로그램당 3,000킬로칼로리 이상일 것. 다만, 해당 유기성 오니에서 일부 에너지를 회수한 후 가공하는 경우에는 저위발열량이 킬로그램당 2,000킬로칼로리 이상이어야 한다.

3) 가공된 연료는 수분함유량 10퍼센트 이하, 회분함유량(건조된 상태 기준) 35퍼센트 이하, 황분함유량(건조된 상태 기준) 2퍼센트 이하, 길이(원형인 경으 지름) 40밀리미터 이하여야 한다. 다만, 회분함유량이 35퍼센트를 초과하더라도 이를 화력발전소에서 연료로 사용할 수 있는 경우에는 35퍼센트를 초과할 수 있다.

4) 연료로 재활용하는 유기성 오니는 자원재활용법 시헝규칙 제20조의5 제3항에 따라 환경부장관이 고시한 "고형연료제품의 품질 시험·분석방법"에 따른 시험결과(건조된 상태 기준)가 다음의 기준에 적합하여야 한다

- 수은: 킬로그램당 1.20밀리그램 이하
- 카드뮴: 킬로그램당 9.0밀리그램 이하
- 납: 킬로그램당 200.0밀리그램 이하

• 비소: 킬로그램당 13.0밀리그램 이하

(라) 음식물류 폐기물(음식물류 폐기물을 처리하는 과정에서 발생하는 액상의 물질 포함), 유기성 오니, 동·식물성 잔재물 및 동물의 사체를 혐기성 소화 등의 방법으로 「신에너지 및 재생에너지 개발·보급·이용 촉진법」 제2조 제2호에 따른 재생에너지를 생산하는 경우

(3) 시행규칙 제3조 제1항 제3호 각 목의 폐기물[폐타이어, 폐섬유, 폐목재, 폐합성수지, 폐합성고무, 분진(중유회, 코크스 분진만 해당), 그 밖에 환경부장관이 정하여 고시하는 폐기물]을 시멘트 소성로에서 보조연료로 재활용하는 경우

(가) 지정폐기물을 재활용하여서는 아니되며, 2) 및 3)에 따른 기준에 적합한 폐기물만을 재활용하여 시멘트 품질을 안정적으로 유지하여야 한다.

(나) 시멘트 소성로에서 보조연료로 재활용하는 폐기물은 자원재활용법 시행규칙 제20조의5 제3항에 따라 환경부장관이 고시한 "고형연료제품의 품질 시험·분석방법"에 따른 시험결과(건조된 상태 기준)가 다음의 기준에 적합하여야 한다.

• 납: 킬로그램당 200밀리그램 미만
• 구리: 킬로그램당 800밀리그램 미만
• 카드뮴: 킬로그램당 9밀리그램 미만
• 비소: 킬로그램당 13밀리그램 미만
• 수은: 킬로그램당 1.2밀리그램 미만
• 염소농도: 무게의 2퍼센트 미만
• 저위발열량: 킬로그램당 4,500킬로칼로리 이상

(다) 위 (나)의 기준에도 불구하고 폐목재에 대하여는 다음의 기준을 적용한다.

• 납: 킬로그램당 30밀리그램 미만
• 구리: 킬로그램당 800밀리그램 미만
• 카드뮴: 킬로그램당 2.0밀리그램 미만
• 비소: 킬로그램당 2.0밀리그램 미만
• 수은: 킬로그램당 1.0밀리그램 미만
• 염소농도: 무게의 2퍼센트 미만
• 저위발열량: 킬로그램당 3,500킬로칼로리 이상

36. 소각방식의 에너지 회수[102)]

모든 폐기물은 소각하는 방식으로 에너지를 회수할 경우 재활용이 가능하다. 이 때 규칙 제3조 제1항 제1호에 따른 에너지회수기준에 맞아야 할 뿐 아니라, 태운 후 남아 있는 물질 중 태울 수 있는 부분의 중량비율(강열감량)이 1퍼센트 이하가 되어야 한다.

에너지 회수기준
① 다른 물질과 혼합하지 아니하고 해당 폐기물의 저위발열량 킬로그램당 3,000킬로칼로리 이상이어야 함
② 회수에너지 총량을 투입에너지 총량으로 나눈 에너지 회수효율이 75퍼센트 이상이어야 함
③ 회수열을 모두 열원으로 스스로 이용하거나 다른 사람에게 공급하여야 함
④ 환경부장관이 정하여 고시하는 경우에는 폐기물의 30퍼센트 이상을 원료나 재료로 재활용하고 그 나머지를 에너지 회수에 이용하여야 함

37. 폐유 등을 에너지 회수 가능 상태로 만드는 활동[103)]

폐유 등을 정제, 유화(乳化) 등의 방법으로 에너지를 회수할 수 있는 상태로 만드는 경우 재활용이 가능하다. 이러한 방법으로 재활용할 수 있는 대상 폐기물은 ① 폐유, ② 폐유 아닌 지정폐기물 중 액체상태이거나 유동성이 있는 폐기물, ③ 폐유의 혼합물이다. 아래의 요건을 충족하여야 한다. 유화란, 어떤 액체 중에서 그것과 섞이지 아니하는 다른 액체가 미립자 상태로 균일하게 분산되는 것을 말한다.[104)] 유화정제연료유란 약품정제·감압증류·열분해, 그 밖의 방법으로 정제된 정제연료유에 유화제 등을 더 넣어 유화시키거나 폐유 중 중금속·회분 및 슬러지 등을 제거한 후 유화제 등을 더 넣어 유화시킨 것을 말한다.[105)]

(1) 폐유를 유화방법으로 재활용하는 경우

폐유를 다음의 기준에 모두 적합하게 유화방법으로 재활용하는 경우

(가) 유화방법: 정제연료유 등에 적당량의 물과 유화제(乳化劑) 등을 첨가·혼합하여 기계적·화학적·초음파 방법 또는 이상의 방법들을 함께 써서 유화시켜야 한다.

102) 시행규칙 [별표 5의2] 제42호 및 제10조 제7호
103) 시행규칙 [별표 5의2] 제31의2호
104) 시행규칙 [별표 5의2] 제31의2호 가목 비고 1
105) 시행규칙 [별표 5의2] 제31의2호 가목 비고 2

(나) 유화된 입자의 크기: 유화된 입자의 크기는 미세하고 균일하여야 한다.

(다) 안정성: 유화정제연료유는 안정성을 가지고 균일한 유화상태로 30일 이상 지속되어야 한다.

(라) 함수율: 유화정제연료유의 함수율은 부피비율로 15퍼센트 이하여야 한다.

(마) 유화제: 유해물질이 함유되어 있거나 악취를 발생시키거나 배관 등을 부식시키는 것이어서는 아니 된다.

(2) 폐유를 정제연료유로 재활용하는 경우

(가) 재활용한 정제연료유는 다음의 자에게만 공급할 수 있다.

1) 정제연료유를 직접 연료로 사용하는 자
2) 정제연료유를 원료로 사용하여 열분해 또는 감압증류 방법 등으로 고품질의 정제연료유를 생산하는 자
3) 정제연료유를 석유화학제품 제조시설의 밀폐·연속된 고온가스화 공정에서 순산소와 함께 납사 또는 중유의 대체원료로 사용하여 일산화탄소와 수소를 생산하는 자

(나) 재활용한 정제연료유는 「환경분야 시험·검사 등에 관한 법률」 제6조에 따라 환경부장관이 지정·고시한 폐기물에 관한 공정시험기준이나 공정시험기준이 없는 경우에는 한국산업규격 시험방법 또는 대기오염공정 시험기준에 따른 시험결과가 다음의 기준에 적합하여야 한다.

1) 남은 탄소: 무게 비율로 4퍼센트 이하(열분해나 감압증류 방법으로 재활용하는 경우에는 0.15퍼센트 이하)
2) 수분 및 침전물: 부피 비율로 2.0퍼센트 이하(열분해나 감압증류 방법으로 재활용하는 경우에는 0.5퍼센트 이하, 유화정제연료유로 재활용하는 경우에는 15퍼센트 이하)
3) 회분: 무게 비율로 1.0퍼센트 이하(열분해나 감압증류 방법으로 재활용하는 경우에는 0.05퍼센트 이하)
4) 황분: 무게 비율로 0.55퍼센트 이하(열분해나 감압증류 방법으로 재활용하는 경우에는 0.2퍼센트 이하)
5) 카드뮴 및 그 화합물: 리터당 1밀리그램 이하
6) 납 및 그 화합물: 리터당 30밀리그램 이하(열분해나 감압증류 방법으로 재활용하는 경우에는 리터당 1밀리그램 이하)
7) 크롬 및 그 화합물: 리터당 5밀리그램 이하(열분해나 감압증류 방법으로 재활용하는 경우에는 리터당 1밀리그램 이하)

8) 비소 및 그 화합물: 리터당 2밀리그램 이하(열분해나 감압증류 방법으로 재활용하는 경우에는 리터당 1밀리그램 이하)

9) 인화점: 섭씨 40도 이상(열분해 방법으로 재활용하는 경우에는 섭씨 30도 이상)

(3) 재생연료유로 재활용하는 경우

폐유나 폐유가 아닌 지정폐기물 중 액체상태이거나 유동성이 있는 폐기물과 폐유의 혼합물을 열원으로 사용할 수 있도록 균일화시킨 물질(재생연료유)로 재활용하는 경우

(가) 폐유가 아닌 지정폐기물 중 액체상태이거나 유동성이 있는 폐기물은 할로겐족을 제외한 폐유기용제, 폐페인트 및 폐래커로 한정한다.

(나) 재생연료유의 용도: 재활용한 재생연료유는 다음의 용도로만 사용할 수 있다.

1) 시멘트와 석고를 제조하기 위한 소성로에서 보조연료로 사용

2) 소각시설에서 고온소각용으로 사용

(다) 재활용한 재생연료유는「환경분야 시험·검사 등에 관한 법률」제6조에 따라 환경부장관이 지정·고시한 폐기물에 관한 공정시험기준이나 공정시험기준이 없는 경우에는 한국산업규격 시험방법 또는 대기오염공정 시험기준에 따른 시험결과가 다음의 기준에 적합하여야 한다.

- 저위발열량: 킬로그램당 3,500킬로칼로리 이상
- 황: 무게 비율로 2.5퍼센트 이하
- 납 및 그 화합물: 킬로그램당 100밀리그램 이하
- 카드뮴 및 그 화합물: 킬로그램당 1밀리그램 이하
- 비소 및 그 화합물: 킬로그램당 2밀리그램 이하
- 크롬 및 그 화합물: 킬로그램당 50밀리그램 이하
- 수은 및 그 화합물: 킬로그램당 1.0밀리그램 이하
- 염소 및 그 화합물: 킬로그램당 2,000밀리그램 이하

38. 폐여과사[106)]

정수장 여과사를 세척하는 과정에서 이물질이나 유해물질 유입 없이 발생하는 폐여과사를 모래 대체재로 사용하는 경우 재활용이 가능하다.

---

106) 시행규칙 [별표 5의2] 제32호

39. 제지슬러지 소각재 분말[107]

제지슬러지 소각재 분말을 중량 기준으로 40퍼센트 미만의 산화칼슘(CaO), 산화나트륨(Na_2O), 산화마그네슘(MgO) 등 알칼리성 분말과 혼합하여 수소이온농도지수(pH)가 12.5 이상이 되도록 하여 산성폐수 응집제로 제조하는 경우 재활용이 가능하다.

40. 전기·전자제품의 공정폐기물[108]

전기·전자제품 또는 그 부분품·부속품을 제조·가공하는 과정에서 발생하는 불량품과 부산물 및 잔재물(금속이 함유되어 있는 각종 스크랩 및 공정오니로 한정)인 폐기물을 공정폐기물이라고 하는데, 이러한 공정폐기물로부터 다음과 같은 방법으로 금속(금속화합물 포함)을 회수하는 경우 재활용이 가능하다.

(1) 공정폐기물로부터 회수한 금속은 고품위의 금속 생산원료로 다시 사용하거나, 합금 또는 제품 생산원료 등 산업소재 원료로 사용하여야 하고, 이 경우 산업소재 원료 등에 대한 품질기준이 있을 경우에는 이를 충족하여야 한다. 회수한 금속을 고품위의 금속 생산원료로 다시 사용한다는 의미는, 회수된 금속이 중·저품위 금속 또는 금속의 농축물인 경우로서 고품위의 금속정련·정제 등을 위하여 공급·사용하는 경우를 말한다.

(2) 공정폐기물로부터 금속을 회수·재활용할 때에는 탈수·건조·절단, 파쇄·분쇄 및 선별 등 전처리 공정에 필요한 기계적 처리시설과 금속의 추출 및 정련·회수 등에 필요한 용융·용해·고로시설 및 정련·정제·회수시설 등을 갖추어야 한다. 다만, 공정폐기물로부터 금속을 파쇄·선별하는 등 전처리만 하려면 이에 필요한 시설만 갖출 수 있다.

41. 소각시설 바닥재[109]

생활폐기물 소각시설에서 발생하는 바닥재를 요업제품(내화물, 벽돌, 시멘트로 한정)의 원료로 사용하거나, 또는 「골재채취법」에 따른 골재 및 「건설폐기물의 재활용촉진에 관한 법률」에 따른 순환골재를 대체하는 용도(도로·보조기층용으로 한정)로 사용하는 경우 재활용이 가능하다. 다음의 요건을 충족하여야 한다.

(1) 재활용대상 폐기물: 다음의 기준을 충족시키는 바닥재만을 재활용하여야 하고, 이를 충족시키지 못할 경우에는 해당 기준을 충족시키도록 처리한 후 재활용하여야 한다.

---

107) 시행규칙 [별표 5의2] 제33호
108) 시행규칙 [별표 5의2] 제34호
109) 시행규칙 [별표 5의2] 제35호

(가) 강열감량은 3.0퍼센트 이하여야 한다.

(나) 안정화 기준

(단위: mg/ℓ)

항 목	용출농도 또는 산성도
수소이온농도지수(pH)	7.0－10.0
납과 그 화합물	1.0 이내
구리와 그 화합물	1.0 이내
비소와 그 화합물	0.50 이내
수은과 그 화합물	0.0030 이내
카드뮴과 그 화합물	0.10 이내
6가크롬화합물	0.10 이내
시안화합물	0.20 이내
염소화합물	250.0 이내

비고: 염소화합물을 제외한 화합물 등의 용출농도는 폐기물공정시험기준(방법)에 따른 수소이온농도 시험방법 및 중금속 등의 용출시험방법에 따라 측정하고, 염소화합물의 용출농도는 폐기물공정시험기준(방법)에 따라 중금속 측정을 위한 용출조작을 한 후 해당 용출용액에 대하여 수질오염공정시험기준에 따라 측정된 염소이온 농도값으로 결정한다.

(2) 요업제품의 원료로 재활용하는 경우에는 해당 제품이 다음 기준과 한국산업규격 등 관련 규정이 정하는 요업제품의 규격 및 품질을 충족시키도록 바닥재 혼합비율을 조정하여 재활용하여야 한다. 다만, 다른 법령에서 정하는 별도의 용출 또는 함량 기준이 있을 경우에는 그 기준에 따른다.

(단위: mg/ℓ)

항 목	용출농도
납과 그 화합물	0.10 이내
구리와 그 화합물	0.50 이내
비소와 그 화합물	0.050 이내
수은과 그 화합물	0.0010 이내
카드뮴과 그 화합물	0.030 이내
6가크롬화합물	0.050 이내
시안화합물	0.050 이내

비고: 용출농도 측정은 폐기물공정시험기준(방법)에 의한 중금속 등의 용출시험 방법에 따라 측정한다.

(가) 용출기준

(나) 중금속 등 함량기준

(3) 골재를 대체하는 용도로 재활용하는 경우에는 한국산업규격, 도로공사 표준시방서 및 해당 공사의 설계시공지침 등 관련 규정이 정하는 골재의 규격과 품질을 충족시켜야 한다.

(단위 : mg/kg)

항 목	함량기준(바닥재 재활용제품 1㎏당)
카드뮴	12.0 이내
구리	200.0 이내
비소	20.0 이내
수은	16.0 이내
납	400.0 이내
6가크롬	12.0 이내
시안	120.0 이내

비고: 각 항목의 함량 측정은 토양오염공정시험기준에 따라 측정한다.

42. 슬래그[110)]

금속 또는 비금속 제련과정에서 발생하는 슬래그를 콘크리트용 골재 등의 용도로 사용하기 위하여 급랭, 수쇄를 통한 파쇄를 거쳐 입자상 또는 분말상으로 만드는 경우, 재활용이 가능하다. 아래의 규격 또는 품질에 적합하여야 한다.

(1) 시멘트 제조용으로 공급하는 경우

자원재활용법 시행규칙 제20조의5 제3항에 따라 환경부장관이 고시한 "고형연료제품의 품질 시험·분석방법"에 따른 시험결과가 다음의 기준에 적합하여야 한다.

(가) 동 제련과정에서 발생하는 경우

- 납: 킬로그램당 3,200밀리그램 미만
- 구리: 킬로그램당 10,000밀리그램 미만
- 카드뮴: 킬로그램당 100밀리그램 미만
- 비소: 킬로그램당 900밀리그램 미만
- 수은: 킬로그램당 2.0밀리그램 미만

110) 시행규칙 [별표 5의2] 제36호

(나) 아연 제련과정에서 발생하는 경우
- 납: 킬로그램당 1,000밀리그램 미만
- 구리: 킬로그램당 3,000밀리그램 미만
- 카드뮴: 킬로그램당 60밀리그램 미만
- 비소: 킬로그램당 500밀리그램 미만
- 수은: 킬로그램당 2.0밀리그램 미만

(2) 콘크리트 골재 등으로 공급하는 경우

한국산업규격에서 정한 용도별 규격 또는 품질에 적합하여야 한다. 다만, 입도는 그러하지 아니하며, 한국산업규격이 설정되어 있지 않은 경우에는 같은 용도에 대한 한국산업규격을 준용할 수 있다.

43. 폐오일필터[111)]

폐오일필터를 파쇄 또는 증류방법으로 가공하여 고철 및 폐유를 공급하는 경우, 재활용이 가능하다.

44. 동물성 잔재물[112)]

동물성 잔재물을 가공하여 유지로 만드는 경우, 재활용이 가능하다.

45. 철강슬래그·석탄재[113)]

철강슬래그·석탄재를 자원재활용법 제25조에 따른 지침에 맞게 가공하는 경우, 재활용이 가능하다.

46. 폐지·고철·폐포장재[114)]

폐지·고철·폐포장재를 선별·압축·감용·절단하는 경우, 재활용이 가능하다. 폐포장재는 자원재활용법 시행령 제18조에 따른 재활용의무 대상인 종이팩, 유리병, 금속캔, 합성수지 재질의 포장재 및 1회용 봉투·쇼핑백만 해당한다. 폐지·고철·폐포장재를 선별·압축·감용·절단만 하면 달리 이를 가공하지 않아도 재활용으로 인정된다. 다만, 아래 요건을 준수하여야 한다.

111) 시행규칙 [별표 5의2] 제37호
112) 시행규칙 [별표 5의2] 제38호
113) 시행규칙 [별표 5의2] 제39호
114) 시행규칙 [별표 5의2] 제40호

(1) 재활용 대상 폐지·고철 또는 폐포장재 외의 이물질이 혼합되지 않도록 이를 최대한 분리·제거하여야 한다.

(2) 폐유·폐유기용제·폐페인트·폐래커·폐농약·폐유독물·폐석면·폐폴리염화비닐(고철을 재활용하는 경우에 한정) 및 그 밖에 환경부장관이 정하여 고시하는 유해물질 또는 유해유발물질이 혼합되거나 이를 담았던 용기가 혼합된 경우 이를 분리·제거하여야 한다.

47. 식물성 잔재물[115)]

식물성 잔재물을 버섯배지용으로 가공하는 경우, 재활용이 가능하다.

48. 금속성 용기[116)]

폐기물을 담았던 금속성 용기(폐드럼 등을 말한다)를 전기로에서 고온용융하여 가공하는 경우, 재활용이 가능하다. 단, 할로겐족 폐유기용제나 폴리클로리네이티드비페닐 함유 폐기물을 담았던 금속성 용기는 대상에서 제외된다.

49. 초본류[117)]

제초작업으로 발생한 초본류를, 제초한 곳에서 주변지역의 환경오염 없이 녹비로 사용하거나 잡초를 덮어 잡초의 발생을 억제하기 위한 용도로 사용하는 경우, 별도의 가공 없이 재활용이 가능하다.

50. 폐타이어[118)]

폐타이어를 충돌에 의한 파손방지 등의 용도로 선박·선착장 및 자동차 경주장에서 원형 그대로 사용하는 경우, 재활용이 가능하다.

51. 폐석고[119)]

폐석고를 파쇄·건조·탈수 등의 방법으로 가공하여 다음 기준에 맞게 시멘트 응결지연제로 제조하는 경우 재활용이 가능하다. 단, 「환경분야 시험·검사 등에 관한 법률」 제6조에 따른 환경부장관이 지정·고시한 공정시험기준, 한국산업규격 시험방법에 따라 시험

115) 시행규칙 [별표 5의2] 제41호
116) 시행규칙 [별표 5의2] 제42호, 제10조 제8호
117) 시행규칙 [별표 5의2] 제42호, 제10조 제10호
118) 시행규칙 [별표 5의2] 제43호
119) 폐기물의 재활용 용도 및 방법에 관한 규정 제2조 제1호

한 결과 다음의 기준에 맞아야 한다.

- 무수황산: 무게 비율 38.0퍼센트 이상
- 수용성 인산: 무게 비율 0.1퍼센트 미만
- 시행규칙 [별표 1]의 유해물질 기준 이내

52. 폐촉매[120)]

폐촉매를 반응·분쇄·용해 등의 방법을 거쳐 산화물인 오산화바나듐(V2O5), 삼산화몰리브덴(MoO3)을 제조하는 경우 재활용이 가능하다. 단, 「환경분야 시험·검사 등에 관한 법률」 제6조에 따른 환경부장관이 지정·고시한 공정시험기준 또는 극제적으로 통용되는 시험방법에 따라 시험한 결과가 다음의 기준에 맞아야 한다.

(1) 산화물 중 오산화바나듐(V2O5)의 경우

- 바나듐: 무게 비율 15.0퍼센트 이상
- 기름성분: 불검출

(2) 산화물 중 삼산화몰리브덴(MoO3)의 경우

- 몰리브덴 : 무게 비율 30.0퍼센트 이상
- 기름성분 : 불검출

53. 동물성 잔재물 중 폐패각(패화석 포함)[121)]

동물성 잔재물 중 폐패각(패화석을 포함한다)을 「비료관리법」 제4조에 따라 설정 또는 지정된 보통비료의 공정규격 또는 부산물비료의 규격에 맞게 비료로 재활용하는 경우 재활용이 가능하다.

54. 폐식용유[122)]

폐식용유를 이용하여 비누제품을 제조하거나, 정제과정을 거쳐 다음의 어느 하나를 제조하는 경우 재활용이 가능하다.

(1) 「석유 및 석유대체연료사업법」 제2조 제11호에 따른 석유대체연료를 제조하는 경우: 제조된 석유대체연료는 「석유 및 석유대체연료사업법」 제31조 제2항에 따라 고시된 바이오디젤(BD100) 또는 바이오디젤연료유(BD20)의 품질기준에 적합하여야 한다.

---

120) 위 규정 제2조 제2호
121) 위 규정 제2조 제3호
122) 위 규정 제2조 제4호

(2) 공업용 유지를 제조하는 경우

(3) 이형제를 제조하는 경우

(4) 「사료관리법」 제11조에 따라 사료공정이 설정된 사료를 제조하는 경우: 제조된 사료는 「사료관리법 시행규칙」 제30조에 따른 검정방법에 따라 검정을 한 결과가 「사료관리법」 제11조 제1항에 따른 사료공정과 같은 법 제14조 제3항에 따른 유해물질의 범위 및 허용기준에 적합하여야 한다.

55. 폐윤활유[123)]

폐윤활유를 정제과정을 거쳐 재생윤활유로 재활용하는 경우 재활용이 가능하다. 재생윤활유는 「석유 및 석유대체연료사업법」 제24조에 따라 고시된 윤활유의 품질기준에 적합하여야 한다. 재생윤활유를 판매할 때에는 폐윤활유를 재활용한 제품임을 소비자가 알 수 있도록 표시하여야 한다.

56. 폐유기용제[124)]

폐유기용제(폐아아소프로필알콜을 제외한다)를 물리·화학적 방법으로 정제하여 공업용 재생유기용제로 재활용하는 경우 재활용이 가능하다. 재생유기용제는 한국산업규격 시험방법에 따른 시험결과가 다음의 기준에 적합하여야 한다.

- 납과 그 화합물: 리터당 1.0밀리그램 이하
- 비소와 그 화합물: 리터당 1.0밀리그램 이하
- 수은과 그 화합물: 리터당 1.0밀리그램 이하
- 카드뮴과 그 화합물: 리터당 1.0밀리그램 이하
- 크롬과 그 화합물: 리터당 1.0밀리그램 이하
- 증발찌꺼기: 무게 비율로 0.1퍼센트 이하

57. 폐페인트[125)]

폐페인트를 재생페인트나 재생유기용제로 재활용하는 경우 재활용이 가능하다. 재생페인트는 「대기환경보전법 시행규칙」 [별표 16의2] 제2호① 가2)의 건축용 도료 중 일반철재용(2015년부터는 같은 표 제2호②라의 공업용 도료를 포함한다.)으로 사용하여야 하며, 해

123) 위 규정 제2조 제5호
124) 위 규정 제2조 제6호
125) 위 규정 제2조 제7호

당 용도에 따른 휘발성 유기화합물 함유기준에 적합하여야 한다. 폐페인트로 제조된 재생유기용제는 위 재생유기용제의 기준에 적합하여야 한다.

제 3 절 재활용 제품 또는 물질에 관한 유해성기준[126)]

Ⅰ. 유해성기준 고시

환경부장관은 폐기물을 재활용하여 만든 제품 또는 물질이 사람의 건강이나 환경에 위해를 줄 수 있다고 판단되는 경우에는 관계 중앙행정기관의 장과 협의하여 그 재활용 제품 또는 물질에 대한 유해성기준(이하 "유해성기준"이라 한다)을 정하여 고시하여야 한다. 누구든지 유해성기준에 적합하지 아니하게 폐기물을 재활용한 제품 또는 물질을 제조하거나 유통하여서는 아니 된다.[127)]

Ⅱ. 시험·분석 및 제조/유통실태 조사

(1) 환경부장관은 폐기물을 재활용한 제품 또는 물질이 유해성기준을 준수하는지를 확인하기 위하여 시험·분석을 하거나 그 제품 또는 물질의 제조 또는 유통 실태를 조사할 수 있다.[128)] 시험·분석 또는 제조/유통실태 조사는 환경부령에 따라 지방환경관서의 장이 하도록 되어 있다.

(2) 지방환경관서의 장은 유해성기준 준수 여부의 검사를 위하여 국립환경과학원, 보건환경연구원, 유역환경청 또는 지방환경청, 한국환경공단, 「석유 및 석유대체연료사업법 시행령」 제45조 제1항 단서에 따라 석유제품의 품질검사를 목적으로 산업통상자원부장관의 허가를 받아 설립된 법인, 「비료관리법 시행규칙」 제3조 제2항에 따른 시험기관, 수도권매립지관리공사, 그 밖에 환경부장관이 재활용제품을 시험분석할 수 있다고 인정하여 고시하는 시험분석기관에 시험·분석을 하게 할 수 있다.[129)]

(3) 지방환경관서의 장은 폐기물을 재활용한 제품 또는 물질의 제조 및 유통 실태를

126) 법 제13조의3
127) 법 제13조의3 제1항, 제2항
128) 법 제13조의3 제3항
129) 시행규칙 제14조의4 제1항

조사 할 때에는 조사기간, 조사대상 제품 또는 물질, 조사방법 등이 포함된 조사계획을 수립하고, 유통량이나 폐기물 사용량이 많은 제품 등 유해성 우려가 높은 제품 또는 물질을 우선 조사하여야 한다.[130]

Ⅲ. 유해성기준 위반 제품 등에 대한 조치명령

(1) 환경부장관은 재활용제품 등에 대한 시험·분석 또는 실태조사 결과 유해성기준을 위반한 제품 또는 물질을 제조 또는 유통한 자에 대하여 해당 제품 또는 물질의 회수, 파기 등 필요한 조치를 명할 수 있다.[131] 필요조치명령을 할 때에는 다음의 사항을 명시하여야 한다.[132]

- 대상 제품 또는 물질명
- 대상 제품 또는 물질의 제조자 명칭
- 조치명령의 내용
- 조치명령의 사유
- 조치기간·방법
- 그 밖에 조치에 필요한 사항

(2) 조치명령을 받은 자는 5일 이내에 조치명령 이행계획을 수립하여 지방환경관서의 장에게 제출하여야 한다.[133]

Ⅳ. 재활용제품 등에 대한 정보공개

환경부장관은 유해성기준이 고시된 제품 또는 물질 중에서 재활용하는 폐기물의 관리가 필요하다고 인정되는 제품 또는 물질에 대하여는 관할 지방자치단체의 장 및 해당 제품 또는 물질을 제조하는 자 등과 협약을 체결하여 폐기물의 종류별 사용용도 및 사용량, 폐기물 중의 중금속 함유량 등의 정보를 공개하게 할 수 있다.[134]

130) 시행규칙 제14조의4 제2항
131) 법 제13조의3 제5항
132) 시행규칙 제14조의4 제3항
133) 시행규칙 제14조의4 제4항
134) 법 제13조의3 제6항

2-1 질의/응답 사례(법제처) : 폐기물의 배출과 처리

2-1-1 민원인 : 재활용하여야 하는 폐기물의 종류 또는 방법에서 규정한 폐기물에 해당하지 않는 폐기물을 폐기물처리업자가 재활용할 수 있는지 여부(폐기물관리법 제13조의2 등 관련)[안건번호 14-0284, 회신일자 2014-06-30]

1. 질의요지

폐기물관리법 제13조의2 제1항 각 호에서는 재활용의 용도 또는 방법에 대하여 규정하고 있고, 이에 따라 재활용하여야 하는 폐기물의 종류, 구체적인 재활용 방법에 관하여 폐기물관리법 제13조의2 제2항 및 같은 법 시행규칙 제14조의3 제2항, [별표 5의2]에서 규정하고 있는데, 폐기물처리업자가 A폐기물을 이용한 재활용이 폐기물관리법 제13조의2 제1항 각 호 중 어느 하나에 해당하는 재활용의 용도 또는 방법에는 해당하나, 폐기물관리법 제13조의2제2항 및 같은 법 시행규칙 제14조의3 제2항, [별표 5의2]에서 규정하고 있는 폐기물의 종류 및 구체적인 재활용 방법에는 해당하지 않는 경우, 폐기물관리법상 A폐기물의 재활용이 허용되는지?

2. 회 답

폐기물처리업자가 A폐기물을 이용한 재활용이 폐기물관리법 제13조의2 제1항 각 호 중 어느 하나에 해당하는 재활용의 용도 또는 방법에는 해당하나, 폐기물관리법 제13조의2 제2항 및 같은 법 시행규칙 제14조의3 제2항, [별표 5의2]에서 규정하고 있는 폐기물의 종류 및 구체적인 재활용 방법에는 해당하지 않는 경우, 폐기물관리법상 A폐기물의 재활용은 허용되지 않는다고 할 것입니다.

3. 이 유

폐기물관리법 제2조 제1호에 따르면 '폐기물'이란 쓰레기, 연소재, 오니, 폐유, 폐산,

폐알칼리 및 동물의 사체 등으로서 사람의 생활이나 사업활동에 필요하지 아니하게 된 물질을 말하고, 같은 조 제7호에 따르면 '재활용'이란 폐기물을 재사용·재생이용하거나 재사용·재생이용할 수 있는 상태로 만드는 활동(가목), 폐기물로부터 「에너지법」 제2조 제1호에 따른 에너지를 회수하거나 회수할 수 있는 상태로 만들거나 폐기물을 연료로 사용하는 활동으로서 환경부령으로 정하는 활동(나목)을 말합니다.

그리고 폐기물관리법 제13조의2 제1항에 따르면 누구든지 폐기물을 재활용하려는 자는 다음 각 호의 어느 하나에 해당하는 용도 또는 방법을 따라야 한다고 규정하면서, 각 호에서 「자원의 절약과 재활용촉진에 관한 법률」 제2조 제9호에 따른 재활용제품 중 환경부령으로 정하는 제품의 제조(제1호), 「산업표준화법」 제15조 제1항에 따른 인증을 받은 제품의 제조(제2호), 「비료관리법」 제4조에 따라 공정규격이 설정된 비료 또는 같은 조에 따라 지정된 부산물비료의 제조(제3호), 「사료관리법」 제11조에 따라 사료공정이 설정된 사료의 제조(제4호), 가연성 고형폐기물 또는 유기성 폐기물의 제2조 제7호 나목에 따른 재활용(제5호), 그 밖에 환경부령으로 정하는 기준에 따른 재활용을 규정하고 있는 한편, 폐기물관리법 제13조의2 제2항에서는 제1항 각 호에 따라 재활용하여야 하는 폐기물의 종류, 구체적인 재활용 방법은 환경부령으로 정한다고 규정하고 있고, 그 위임을 받은 같은 법 시행규칙 제14조의3 제2항에 따르면 법 제13조의2 제1항 및 제2항에 따른 재활용 기준, 재활용하여야 하는 폐기물의 종류 및 구체적인 재활용 방법은 [별표 5의2]와 같다고 규정하고 있는 바, 이 사안에서는 폐기물처리업자가 A폐기물을 이용한 재활용이 폐기물관리법 제13조의2 제1항 각 호 중 어느 하나에 해당하는 재활용의 용도 또는 방법에는 해당하나, 폐기물관리법 제13조의2 제2항 및 같은 법 시행규칙 제14조의3 제2항, [별표 5의2]에서 규정하고 있는 폐기물의 종류 및 구체적인 재활용 방법에는 해당하지 않는 경우, 폐기물관리법상 A폐기물의 재활용이 허용되는지가 문제될 수 있습니다.

먼저, 법령의 문언 자체가 비교적 명확한 개념으로 구성되어 있다면 원칙적으로 더 이상 다른 해석방법은 활용할 필요가 없거나 제한될 수밖에 없다고 할 것인 바(대법원 2009.4.23. 선고 2006다81035판결례 참조), 폐기물의 재활용 용도 또는 방법에 관하여 폐기물관리법 제13조의2 제1항에서는 "다음 각 호의 어느 하나에 해당하는 용도 또는 방법을 따라야 한다"고 규정하고 있고, 같은 조 제2항에서 "제1항 각 호에 따라 재활용하여야 하는 폐기물의 종류, 구체적인 재활용 방법은 환경부령으로 정한다"고 규정하고 있는 점을 살펴볼 때, '폐기물에 대한 재활용'은 폐기물관리법령상 규정된 용도와 방법으로만 허용된다고 할 수 있으므로, 이 사안에서와 같이 A폐기물의 재활용 용도 또는 방법에 대하여 폐기물관리법 제13조의2 제1항 각 호에 규정되어 있을 뿐 같은 조 제2항 및 같은 법 시행규칙

제14조의3 제2항, [별표 5의2]에 규정되어 있지 않은 경우, 폐기물관리법상 폐기물처리업자가 재활용하는 것은 허용되지 않는다고 할 것입니다.

또한, 폐기물관리법에서는 '폐기물재활용'을 신고대상에서 허가대상으로 변경하면서 폐기물관리법 제13조의2에서 "재활용 용도 또는 방법에 관한 기준"에 관한 규정을 신설하였는데, 이는 폐기물재활용 시멘트의 중금속 유해성에 대한 사회적 논란이 발생하자 국민의 건강과 환경에 위해를 가져올 우려가 있는 폐기물을 재활용한 제품에 대한 관리를 강화하기 위하여 개정하였는 바[폐기물관리법(2010.7.23. 법률 제10389호로 개정되어 2011.7.24. 시행된 것) 개정이유서 참조], 이러한 개정 취지에 비추어 볼 때에도 폐기물처리업자가 폐기물을 재활용하는 경우, 폐기물관리법 제13조의2 제1항 각 호에서 규정한 재활용의 용도 또는 방법에 따를 뿐만 아니라 같은 법 시행규칙 [별표 5의2]에 따른 폐기물의 종류 및 구체적인 재활용 방법에서 규정한 바에 따라야 한다고 할 것이므로, 같은 법 시행규칙 [별표 5의2]에서 규정하지 않은 폐기물의 종류 및 방법으로의 재활용은 허용되지 않는다고 할 것입니다.

따라서 폐기물처리업자가 A폐기물을 이용한 재활용이 폐기물관리법 제13조의2 제1항 각 호 중 어느 하나에 해당하는 재활용의 용도 또는 방법에는 해당하나, 폐기물관리법 제13조의2 제2항 및 같은 법 시행규칙 제14조의3 제2항, [별표 5의2]에서 규정하고 있는 폐기물의 종류 및 구체적인 재활용 방법에는 해당하지 않는 경우, 폐기물관리법상 A폐기물의 재활용은 허용되지 않는다고 할 것입니다.

◦ **관계법령**: 폐기물관리법 제13조의2, 폐기물관리법 시행규칙 제14조의3

2-1-2 광양시 : 소각이 가능한 사업장생활계 폐기물이 1일 평균 100킬로그램 이상 배출될 경우 처리 방법(폐기물관리법 시행규칙 [별표 5] 제3호 등 관련)[안건번호 13-0198, 회신일자 2013-07-16]

1. 질의요지

사업장생활계 폐기물로서 생활폐기물과 성질 및 상태가 비슷하고 소각 가능한 폐기물이 1일 평균 100킬로그램 이상 배출되는 경우, 해당 폐기물은 폐기물관리법 시행규칙 [별표 5] 제3호 가목 2)에 따라 특별자치도 또는 시·군·구의 조례에서 정하는 바에 따라 소각시설이 없는 폐기물처리시설에 반입하여 처리할 수 있는지, 아니면 같은 호 라목 1)

가)에 따라 소각하여야 하는지?

2. 회 답

사업장생활계 폐기물로서 생활폐기물과 성질 및 상태가 비슷하고 소각 가능한 폐기물이 1일 평균 100킬로그램 이상 배출되는 경우, 해당 폐기물은 폐기물관리법 시행규칙 [별표 5] 제3호 라목 1) 가)에 따라 소각하여야 한다고 할 것입니다.

3. 이 유

폐기물관리법 제2조 제2호에서 '생활폐기물'이란 사업장폐기물 외의 폐기물을 말하고, 같은 조 제3호에서 '사업장폐기물'이란 「대기환경보전법」 등에 따라 배출시설을 설치·운영하는 사업장이나 그 밖에 대통령령으로 정하는 사업장에서 발생하는 폐기물을 말하며, 같은 조 제5호의2에서 '처리'란 폐기물의 수집·운반·보관·재활용·처분을 말하고, 같은 조 제6호에서 '처분'이란 폐기물의 소각(燒却)·중화(中和)·파쇄(破碎)·고형화(固形化) 등의 중간처분과 매립하거나 해역(海域)으로 배출하는 등의 최종처분을 말하며, 같은 법 제13조 제1항 본문에 따르면 누구든지 폐기물을 처리하려는 자는 대통령령으로 정하는 기준과 방법을 따라야 하고, 이에 따라 같은 법 시행령 제7조 제1항에서 폐기물의 처리 기준 및 방법에 대해 정하면서, 같은 조 제2항에서는 같은 조 제1항에 따른 폐기물의 처리에 관한 구체적인 기준과 방법은 환경부령으로 정한다고 규정하고 있습니다.

이에 따라 폐기물관리법 시행규칙 제14조 및 [별표 5]에서 폐기물의 처리에 관한 구체적 기준 및 방법을 정하고 있는데, 같은 표 제3호의 사업장 일반폐기물(사업장폐기물로서 지정폐기물과 건설폐기물을 제외한 폐기물만 해당하며, 이하 같음)의 기준 및 방법을 살펴보면, 같은 호 가목 2)에서는 공통사항으로 사업장생활계 폐기물[폐기물관리법 제2조 제3호에 따른 배출시설 또는 같은 법 시행령 제2조 제1호부터 제5호까지의 규정에 따른 시설의 운영으로 배출되는 폐기물(이하 '사업장배출시설계 폐기물'이라 함) 외의 폐기물 및 같은 조 제7호 및 제9호에 따른 사업장에서 배출되는 폐기물을 말하며, 이하 같음]로서 생활폐기물과 성질 및 상태가 비슷하여 생활폐기물의 기준 및 방법으로 처리할 수 있는 폐기물 등은 특별자치도 또는 시·군·구의 조례에서 정하는 바에 따라 생활폐기물의 기준 및 방법으로 처리할 수 있다고 규정되어 있고, 같은 법 시행규칙 [별표 5] 제3호 라목 1) 가)에서는 처리의 경우의 공통기준으로 재활용하지 아니하는 소각 가능한 사업장 일반폐기물이 1일 평균 100킬로그램 이상 배출되는 경우에는 소각하여야 한다고 규정되어 있는 바, 이 사안에서는 사업장생활계 폐기물로서 생활폐기물과 성질 및 상태가 비슷하고 소각 가능한 폐기물이 1일 평균 100킬로그램 이상 배출되는 경우, 해당 폐기물은 폐기물관리법 시행규칙 [별표 5] 제3호 가목 2)에 따라 특별자치도 또는 시·군·구의 조례에서 정하는 바에 따라 소각시설이 없는 폐기물처리시설에 반입하여 처리할 수 있는지, 아니면 같은 호 라목 1) 가)에 따라 소각하여야 하는지가 문제될 수 있습니다.

먼저, 폐기물관리법 시행규칙 [별표 5] 제3호 가목 1)에서 사업장 일반폐기물은 사업장배출시설계 폐기물과 사업장생활계 폐기물로 구분되고, 같은 표 제3호 가목의 '공통사항'은 같은 호 나목부터 라목까지에서 각각 정하고 있는 사업장 일반폐기물의 수집·운반, 보관, 처리의 경우에 공통적이고 일반적으로 적용되는 사항을 규정하고 있으며, 같은 호 라목의 '처리의 경우'는 사업장폐기물을 처리하는 절차 중에서도 '처분' 또는 '재활용'에 대한 개별적인 기준을 정하고 있는데, 위 '처리의 경우'에도 별도의 '공통기준'을 두고 있는바, 같은 호 가목의 '공통사항'과 같은 호 라목 1)의 '공통기준'은 특별한 사정이 없는 한 어느 것이 우선한다고 단정할 수 없으므로 그 입법취지, 규정사항 및 적용범위 등을 종합적으로 검토하여 해석하여야 할 것입니다.

또한, 폐기물관리법령에서 사업장 일반폐기물은 생활폐기물과는 다른 처리 기준, 절차 및 방법 등을 정하고 있지만, 사업장 일반폐기물 중 사업장생활계 폐기물로서 생활폐기물과 성질 및 상태가 비슷한 폐기물은 그 폐기물의 특성상 예외적으로 조례로 정하는 바에 따라 생활폐기물과 같이 처리될 수 있으나, 사업장생활계 폐기물로서 생활폐기물과 성질 및 상태가 비슷한 폐기물도 원칙적으로는 사업장 일반폐기물이므로 사업장 일반폐기물의 처리 기준 등에 위반되지 않은 범위에서만 처리가 가능하다 할 것입니다.

그렇다면, 사업장생활계 폐기물로서 생활폐기물과 성질 및 상태가 비슷하고 소각 가능한 폐기물이 1일 평균 100킬로그램 이상 배출되는 경우에는, 해당 폐기물이 사업장생활계 폐기물로서 생활폐기물과 성질 및 상태가 비슷하다 하더라도, 사업장생활계 폐기물 처리기준의 공통사항과 별도로 사업장 일반폐기물의 처분기준을 정하고 있는 폐기물관리법 시행규칙 [별표 5] 제3호 라목 1) 가)의 '처리의 경우' 기준에서 소각 가능한 사업장 일반폐기물이 1일 평균 100킬로그램 이상 배출되면 "소각하여야 한다"고 '처분'의 기준을 명시하고 있는 이상(재활용이 가능한 폐기물은 재활용이 우선하는 것과 마찬가지임), 해당 폐기물의 '처분'은 같은 호 가목 2)가 아니라 같은 호 라목 1) 가)의 기준을 따라야 할 것입니다.

만약, 사업장생활계 폐기물로서 생활폐기물과 성질 및 상태가 비슷하여 조례로 정하는 바에 처리할 수 있는 경우에 해당하더라도, 그 배출되는 양이 1일 평균 100킬로그램 이상인 경우까지 조례로 정하기만 하면 소각이 아닌 매립의 방법으로도 처리할 수 있다고 한다면, 원래 사업장 일반폐기물은 폐기물관리법 제18조에 따라 스스로 처리하거나 위탁처리하여야 하는데도, 해당 폐기물을 생활폐기물과 같이 처리하게 되어 생활폐기물을 위한 매립장이 사업장 일반폐기물의 처리용도로 사용되게 되고, 그 처리량도 사업장마다 1일 평균 100킬로그램 이상이라면 생활폐기물을 위한 매립장의 사용연한 등에 상당한 지장을 초래할 것이 분명하여 폐기물관리법의 입법취지에 부합하지 않는다고 할 것입니다.

따라서 사업장생활계 폐기물로서 생활폐기물과 성질 및 상태가 비슷하고 소각 가능한 폐기물이 1일 평균 100킬로그램 이상 배출되는 경우, 해당 폐기물은 폐기물관리법 시행규칙 [별표 5] 제3호 라목 1) 가)에 따라 소각하여야 한다고 할 것입니다.

※ 법령정비 권고사항

폐기물관리법 시행규칙 [별표 5]의 폐기물의 처리기준 중 제3호 가목 2)에서는 사업장생활계 폐기물로서 생활폐기물과 성질 및 상태가 비슷한 경우 조례로 정하여 처리할 수 있다고 하고, 같은 호 라목 1) 가)에서는 소각 가능한 사업장 일반폐기물이 1일 평균 100킬로그램 이상이면 소각하여야 한다고 정하고 있어서 이 중 어느 기준이 우선하는지가 명확하지 않으므로, 정책적으로 우선적용되어야 할 것으로 판단하는 기준이 분명하게 나타나도록 정비해야 할 것임.

◦ **관계법령**: 폐기물관리법 시행규칙 [별표 5]

2-1-3 민원인 : 종전에 폐기물재활용 신고를 한 자에 대한 경과조치(폐기물관리법 (2010. 7. 23. 법률 10389호로 개정되어 2011. 7. 24. 시행된 것) 부칙 제2조 등 관련)

[안건번호 12-0438, 회신일자 2012-09-10]

1. 질의요지

다른 사람의 사업장폐기물을 재활용하는 자로서 유기성 오니(汚泥)를 이용하여 지렁이 분변토를 만드는 자가 구 폐기물관리법(2010.7.23. 법률 10389호로 개정되어 2011.7.24. 시행되기 전의 것을 말함) 제46조 제1항 제6호에 따라 폐기물 재활용 신고를 한 것을 폐기물관리법(2010.7.23. 법률 10389호로 개정되어 2011.7.24. 시행된 것을 말함) 부칙 경과조치에 따라 폐기물 재활용업 허가를 받은 것으로 보는지 아니면 폐기물처리 신고를 한 것으로 보는지?

2. 회 답

다른 사람의 사업장폐기물을 재활용하는 자로서 유기성 오니(汚泥)를 이용하여 지렁이 분변토를 만드는 자가 구 폐기물관리법(2010.7.23. 법률 10389호로 개정되어 2011.7.24. 시행되기 전의 것을 말함) 제46조 제1항 제6호에 따라 폐기물 재활용 신고를 한 것은 폐기물관리법(2010.7.23. 법률 10389호로 개정되어 2011.7.24. 시행된 것을 말함) 부칙 제2조 제3항에 따라 폐기물재활용업 허가를 받은 것으로 보아야 할 것입니다.

3. 이 유

구 폐기물관리법(2010.7.23. 법률 10389호로 개정되어 2011.7.24. 시행되기 전의 것을 말하며, 이하 「구폐기물관리법」이라 함) 제46조 제1항 제6호에 따르면 다른 사람의 사업장폐기물을 재활용하는 자로서 환경부령으로 정하는 사업장폐기물을 환경부령에 정한 용도 및 방법으로 재활용하는 자는 환경부령으로 정하는 바에 따라 시·도지사에게 신고하여야 하고, 이에 따른 구 폐기물관리법 시행규칙(2011.9.27. 환경부령 제422호로 개정·시행되기 전의 것을 말하며, 이하 「구폐기물관리법 시행규칙」이라 함) 제66조 제3항 및 [별표 16] 제13호에 따르면 폐기물의 재활용 용도 및 방법 중 하나로 "유기성 오니(汚泥)나 음식물류 폐기물을 이용하여 부숙토나 지렁이 분변토를 만드는 경우([별표 5] 제2호 다목 5)와 제3호 라목 2) 나) (1) (가)에 따른 고시에 적합하게 재활용하는 경우만 해당함)"를 규정하고 있습니다.

그런데, 국민의 건강과 환경에 위해(危害)를 가져올 우려가 있는 폐기물을 재활용한 제품에 대한 관리를 강화하기 위하여 원칙적으로 종전의 폐기물재활용 신고를 허가대상으로 전환하는 등의 내용으로 폐기물관리법(2010.7.23. 법률 10389호로 개정되어 2011.7.24. 시행된 것을 말하며, 이하 「개정폐기물관리법」이라 함)이 개정되고(「개정폐기물관리법」 제·개정이유서 참조), 같은 법 부칙 제2조 및 제4조에서 "폐기물처리업 허가에 관한 경과조치" 및 "폐기물처리 신고에 관한 경과조치"를 각각 두면서, "구 폐기물관리법 제46조 제1항 제6호에 따라 폐기물재활용 신고를 한 것"을 양 규정 모두 각각 경과조치 대상으로 포함하고 있는 바, 다른 사람의 사업장폐기물을 재활용하는 자로서 유기성 오니를 이용하여 지렁이 분변토를 만드는 자가 「구폐기물관리법」 제46조 제1항 제6호에 따라 신고를 한 것은 「개정폐기물관리법」 부칙 제2조 제3항 또는 제4조 제1항 중 어느 규정을 적용하여야 하는지가 문제됩니다.

먼저, 「개정폐기물관리법」 부칙 제2조 및 제4조에서 모두 「구폐기물관리법」 제46조 제1항 제6호에 따른 폐기물재활용 신고를 경과조치 대상으로 포함하고 있는 취지는 「구

폐기물관리법」 제46조 제1항 제6호, 같은 법 시행규칙 제66조 및 [별표 16]에 따라 폐기물재활용 신고를 한 것 중 유해성 등을 고려하여 관리를 강화할 필요가 있는 것은 「개정폐기물관리법」의 폐기물재활용업 허가대상으로 하고, 나머지는 폐기물처리 신고대상으로 하려는 취지로 보이는 바, 그렇다면 종전에 폐기물재활용 신고를 한 것이 「개정폐기물관리법」상 폐기물재활용업의 허가대상이라면 부칙 제2조의 폐기물처리업 허가에 관한 경과조치를, 폐기물처리 신고대상이라면 부칙 제4조의 폐기물처리 신고에 관한 경과조치를 적용하려는 것입니다.

살피건대, 「개정폐기물관리법」 제13조의2 제1항 제6호, 폐기물관리법 시행규칙(2011.9.27. 환경부령 제422호로 개정·시행된 것을 말하며, 이하 「개정폐기물관리법 시행규칙」이라 함) 제14조의3 제2항 및 [별표 5의2] 제13호에 따르면 폐기물의 재활용 용도 또는 방법 중 하나로서 "유기성 오니, 음식물류 폐기물 또는 왕겨를 이용하여 부숙토나 지렁이 분변토를 만들어 매립시설 복토용 또는 토지개량제 등으로 사용하는 경우"를 규정하고 있고, 같은 법 제25조 제5항 제6호 및 제7호에서 폐기물 최종재활용업이란 "폐기물재활용시설을 갖추고 중간가공 폐기물을 제13조의2에 따른 용도 또는 방법으로 재활용하는 영업"으로, 폐기물 종합재활용업이란 "폐기물재활용시설을 갖추고 중간재활용업과 최종재활용업을 함께 하는 영업"으로 각각 규정하고 있으며, 위 종합재활용업과 최종재활용업은 같은 법 제25조 제3항에 따라 환경부장관 또는 시·도지사의 허가를 받아야 하는 바, 이를 종합하면 다른 사람의 사업장폐기물을 재활용하는 자가 유기성 오니를 이용하여 지렁이 분변토를 만드는 것은 「개정폐기물관리법」에 따른 폐기물재활용업의 허가대상에 해당한다고 할 것입니다.

한편, 다른 사람의 사업장폐기물을 재활용하는 자가 유기성 오니를 이용하여 지렁이 분변토를 만드는 것이 「개정폐기물관리법」상 폐기물처리 신고대상이라는 의견이 있을 수 있으나, 같은 법 제46조 제1항 제1호에 따른 폐기물처리 신고의 대상은 "동·식물성 잔재물 등의 폐기물을 자신의 농경지에 퇴비로 사용하는 등의 방법으로 재활용하는 자로서 환경부령으로 정하는 자"이며, 이에 따라 같은 법 시행규칙 제66조 제2항 제1호에서는 "법 제46조 제1항 제1호에서 환경부령으로 정하는 자"를 다른 자의 폐기물을 재활용하는 자로서 "음식물류 폐기물, 동·식물성 잔재물, 유기성 오니 및 음·식료품의 제조·유통 및 사용과정에서 발생하는 잔재물을 자신의 농경지의 퇴비나 자신의 가축의 먹이로 재활용하는 자"로 규정하고 있는 바, 이는 유기성 오니를 직접 자신의 농경지의 퇴비나 자신의 가축의 먹이로 사용하는 것만이 폐기물처리 신고대상이라는 것이고, 이 사안은 지렁이가 유기성 오니를 섭취·소화한 후 배설한 지렁이 분변토를 재활용하는 것이므로 이에 해당하지 않는다 할 것입니다.

따라서 다른 사람의 사업장폐기물을 재활용하는 자로서 유기성 오니를 이용하여 지렁이 분변토를 만드는 자가 「구폐기물관리법」 제46조 제1항 제6호에 따라 폐기물재활용 신고를 한 것은 「개정폐기물관리법」 부칙 제2조 제3항에 따라 폐기믈재활용업의 허가를 받은 것으로 보아야 할 것입니다.

◦ **관계법령**: 폐기물관리법

2-1-4 울산광역시 울주군 : 건설공사 현장에서 발생한 뿌리, 가지를 제거한 줄기를 반입하여 목재성형제품을 생산하는 것이 폐기물관리법 제46조에 따른 폐기물재활용 신고의 대상이 되는지 여부(폐기물관리법 제46조 등 관련)[안건번호 11-0179, 회신일자 2011-06-23]

1. 질의요지

「건설산업기본법」 제2조 제4호에 따른 건설공사로 폐기굴을 5톤(공사를 착공할 때부터 마칠 때까지 발생되는 폐기물의 양을 말한다) 이상 배출하는 사업장에서 발생한 나무뿌리와 가지를 제거한 나무줄기 부분만 반입하여 목재성형제품을 제조하려는 자는 폐기물관리법 제46조 제1항 제6호에 따라 시·도지사에게 폐기물 재활용 신고를 하여야 하는지?

2. 회 답

「건설산업기본법」 제2조 제4호에 따른 건설공사로 폐기물을 5톤(공사를 착공할 때부터 마칠 때까지 발생되는 폐기물의 양을 말한다) 이상 배출하는 사업장에서 발생한 나무뿌리와 가지를 제거한 나무줄기 부분만 반입하여 목재성형제품을 제조하려는 자는 폐기물관리법 제46조 제1항 제6호에 따라 시·도지사에게 폐기물재활용 신고를 하여야 합니다.

3. 이 유

폐기물관리법 제46조 제1항 제6호에 따르면 환경부령으로 정하는 사업장폐기물을 환경부령에 정한 용도 및 방법으로 재활용하는 자는 보관시설 및 재활용시설을 갖추어 시·도지사에게 신고하도록 하고 있는 바, 이 사안의 건설공사 현장에서 발생한 나무뿌리와 가지를 제거한 나무줄기 부분이 환경부령으로 정하는 사업장폐기물에 해당되는지를 우선 살펴보아야 할 것입니다.

먼저, 폐기물관리법 제2조 제1호에서는 폐기물을 쓰레기, 연소재 등 사람의 생활이나 사업활동에 필요하지 아니하게 된 물질로 정의하고 있고, 같은 조 제3호 및 그 위임을 받은 같은 법 시행령 제2조 제8호에서는 사업장폐기물을「건설산업기본법」제2조 제4호에 따른 건설공사로 폐기물을 5톤 이상 배출하는 사업장에서 발생하는 폐기물로 정의하고 있으며, 폐기물관리법 시행규칙 [별표 16] 제12조 나목에서는 건설공사 등으로 발생한 나무뿌리, 줄기, 가지 등의 임목폐기물을 사업장폐기물로 보고 있는 바, 자연환경 및 생활환경에 중대한 영향을 미칠 우려가 있는 폐기물의 배출을 엄격히 규제하여 환경보전과 국민생활의 질적 향상을 도모하려는 폐기물관리법의 취지에 비추어 보면, 해당 사업장에서 배출되는 쓰레기, 연소재, 임목폐기물 등의 물질이 해당 사업장의 사업활동에 필요하지 않게 된 이상 그 물질은 폐기물로 보아야 하며, 해당 사업장에서 폐기된 물질이 재활용 원료로 공급된다고 해서 폐기물로서의 성질을 상실하는 것은 아니라 할 것이므로(대법원 2001.6.1. 선고 2001도70판결례 참조), 건설공사 등으로 발생한 나무뿌리와 가지를 제거한 나무줄기 부분이 해당 사업장의 사업활동에 필요하지 않게 된 것이라면 사업장폐기물에 해당한다고 볼 수밖에 없으며, 비록 나무뿌리와 가지를 제거한 줄기 부분만이 목재성형제품 등을 만드는 원료로 제공된다는 사실만으로 사업장폐기물로서의 성질을 상실하는 것은 아니라 할 것입니다.

다음으로 사업장폐기물로 목재성형제품을 제조하는 것이 환경부령에 정한 용도 및 방법으로 재활용하는 것에 해당하는지 살펴보면, 폐기물관리법 시행규칙 [별표 16] 제12호 및 그 위임을 받은「폐목재의 분류 및 재활용기준」(환경부고시 제2009-162호)에 따르면, 건설공사 등으로 발생한 나무뿌리, 줄기, 가지 등의 임목폐기물을 나무 등 목재성형제품을 제조하는 방법으로 재활용하는 경우에는 폐기물 재활용 신고를 하도록 하고 있는 바, 건설공사 현장에서 발생한 나무뿌리와 가지가 제거된 줄기 부분으로 나무 등 목재성형제품을 제조한다면, 환경부장관이 정하여 고시하는 기준에 적합하게 재활용하는 경우에 해당하므로 폐기물관리법 시행규칙 [별표 16] 제12호에 따라 재활용하는 경우에 해당한다고 할 것입니다.

따라서「건설산업기본법」제2조 제4호에 따른 건설공사로 폐기물을 5톤(공사를 착공할 때부터 마칠 때까지 발생되는 폐기물의 양을 말한다) 이상 배출하는 사업장에서 발생한 나무뿌리와 가지를 제거한 나무줄기 부분만 반입하여 목재성형제품을 제조하려는 자는 폐기물관리법 제46조 제1항 제6호에 따라 시·도지사에게 폐기물 재활용 신고를 하여야 할 것입니다.

※ 법령정비 권고

다만, 건설공사 현장에서 발생한 나무뿌리, 가지를 제거한 줄기를 반입하여 목재성형 제품을 생산하는 것과 같이 원목을 나무의 용도대로 재활용하는 경우를 폐기물 재활용 신고대상에서 제외할 필요가 있다면, 폐기물관리법 시행규칙 [별표 16] 및 「폐목재의 분류 및 재활용기준」에서 사업장폐기물과 관련된 규정을 입법적으로 보완하여야 할 것입니다.

◦ **관계법령**: 폐기물관리법 제46조

2-1-5 평택시 : 생활폐기물(의류)의 수집·운반·처리를 대행할 수 있는 자의 범위(「자원의 절약과 재활용촉진에 관한 법률」 제13조 제3항 등 관련)[안건번호 10-0384, 회신일자 2010-12-09]

1. 질의요지

특별자치도지사, 시장·군수·구청장은 폐기물관리법 시헝령 제8조에 따른 생활폐기물의 처리대행자가 아닌 자에 대하여 생활폐기물(의류)의 수집·운반 또는 처리를 대행하게 할 수 있는지?

2. 회 답

특별자치도지사, 시장·군수·구청장은 폐기물관리법 시행령 제8조에 따른 생활폐기물의 처리대행자가 아닌 자에 대하여 생활폐기물(의류)의 수집·운반 또는 처리를 대행하게 할 수 없습니다.

3. 이 유

「자원의 절약과 재활용촉진에 관한 법률」(이하 「자원재활용촉진법」이라 함) 제2조 제5호에 따르면 재활용이란 폐기물관리법 제2조 제7호에 따른 재활용을 말한다고 규정하고 있고, 같은 법 제3조에 따르면 자원의 절약, 폐기물의 발생 억제 및 재활용에 관하여 자원재활용촉진법에 규정되지 아니한 사항은 폐기물관리법을 적용한다고 규정하고 있는 바, 생활폐기물 재활용과 관련하여 「자원재활용촉진법」에서 규정을 두고 있지 않은 사항에 대하여는 폐기물관리법에서 정하는 바에 따라야 할 것입니다.

폐기물관리법 제2조 제6호에서 '처리'란 폐기물의 소각(燒却)·중화(中和)·파쇄(破碎)·고형화(固形化) 등의 중간처리(제7호에 따른 재활용을 포함함)와 매립하거나 해역(海域)으로 배출하는 등의 최종처리를 말한다고 규정하고 있고, 같은 조 제7호에서 재활용이란 폐기물을 재사용·재생이용하거나 재사용·재생이용할 수 있는 상태로 만드는 활동 또는 환경부령으로 정하는 기준에 따라 폐기물로부터 「에너지법」 제2조 제1호에 따른 에너지를 회수하는 활동을 말한다고 규정하고 있으므로, 결국 「자원재활용촉진법」에 따른 재활용이라 함은 폐기물관리법에 따른 폐기물의 '처리' 방법 중 하나라 할 것입니다.

그런데, 폐기물관리법 제14조 제1항·제2항에서는 원칙적으로 특별자치도지사·시장·군수·구청장(이하 '시장등'이라 함)이 직접 관할구역에서 배출되는 생활폐기물을 수집·운반·처리하도록 규정하면서, 해당 지방자치단체의 조례로 정하는 바에 따라 대통령령으로 정하는 자에게 생활폐기물의 수집·운반·처리를 대행하게 할 수 있도록 규정하고 있고, 같은 법의 위임에 따라 같은 법 시행령 제8조 각 호에서 같은 법 제25조 제3항에 따른 폐기물처리업의 허가를 받은 자 등에게 생활폐기물의 수집·운반·처리를 대행하게 할 수 있도록 열거하여 규정하고 그 중 어느 하나에 해당하는 자에게 생활폐기물(의류)의 수집·운반·처리를 대행할 수 있도록 규정하고 있는 한편, 「자원재활용촉진법」에서는 그와 달리 생활폐기물 처리의 대행에 관한 규정을 두고 있지 않으므로 폐기물관리법 시행령 제8조 각 호에 규정된 자 외의 자에게 생활폐기물(의류)의 수집·운반·처리를 대행하게 할 수 있다고 하기는 어렵습니다.

그리고 「자원재활용촉진법」 제13조 제1항에서 환경부장관은 재활용가능자원을 효율적으로 활용하기 위하여 폐기물의 발생량과 재활용 여건을 고려하여 재활용가능자원의 분리수거를 위한 분류·보관·수거 등에 대한 지침을 정할 수 있다고 규정하고 있고, 이에 따라 환경부 훈령인 「재활용가능자원의 분리수거 등에 관한 지침」(환경부훈령 제828호) 제7조 제1항에서 시장·군수·구청장은 분리배출된 재활용가능자원을 수거하는 데 필요한 위생적이고 적합한 차량을 확보하는 등 폐기물의 발생량, 지역별 주거형태, 도로사정, 주민편의 및 자동선별기 확보 여부 등을 종합적으로 고려하여 지역여건에 맞는 수거·운반 체계를 구축하여야 한다고 규정하고 있으나, 이는 지역여건을 고려하여 재활용가능자원의 보관 시설이나 용기 또는 분리배출된 재활용가능자원을 수거하는 데 필요한 위생적이고 적합한 차량의 확보 등에 관한 것이므로, 생활폐기물(의류)의 재활용을 포함한 수집·운반·처리 대행과 관련하여 법령에 명문의 규정이 있음에도 불구하고 위 지침 등을 근거로 폐기물관리법 시행령 제8조 각 호에 규정된 생활폐기물 처리 대행자 외의 자로 하여금 생활폐기물(의류)의 수집·운반·처리를 대행하게 할 수 있다고 하기는 어렵습니다.

따라서 특별자치도지사, 시장·군수·구청장은 폐기물관리법 시행령 제8조에 따른 생활폐기물의 처리 대행자가 아닌 자에 대하여 생활폐기물(의류)의 수집·운반 또는 처리를 대행하게 할 수 없습니다.

◦ **관계법령**: 자원의 절약과 재활용촉진에 관한 법률 제13조

2-1-6 고성군 : 화력발전소의 폐기물 중 골재 선별 등 재활용하고 남은 잔재물의 화력발전소 매립시설에의 매립 가능 여부(폐기물관리법 제46조 등 관련)[안건번호 10-0078, 회신일자 2010-04-30]

1. 질의요지

화력발전을 하는 사업자가 석탄을 연소시켜 전력을 생산한 후 발생하는 사업장폐기물인 석탄재를 스스로 처리하기 위하여 해당 석탄재를 매립하는 시설을 설치·운영하면서 해당 석탄재를 해수를 사용하여 매립시설로 이송하고 있는데, 다른 사업자가 폐기물관리법 제46조에 따라 폐기물의 재활용 신고를 하고 해당 매립시설의 부지 일부에 입자 크기별로 석탄재를 분류하는 시설을 설치하여 골재를 선별하는 경우에 해당 석탄재 중 골재로 선별되지 않고 남은 석탄재를 화력발전을 하는 사업자의 매립시설에 매립하는 것이 가능한지?

2. 회 답

화력발전을 하는 사업자가 석탄을 연소시켜 전력을 생산한 후 발생하는 사업장폐기물인 석탄재를 스스로 처리하기 위하여 해당 석탄재를 매립하는 시설을 설치·운영하면서 해당 석탄재를 해수를 사용하여 매립시설로 이송하고 있는데, 다른 사업자가 폐기물관리법 제46조에 따라 폐기물의 재활용 신고를 하고 해당 매립시설의 부지 일부에 입자 크기별로 석탄재를 분류하는 시설을 설치하여 골재를 선별하는 경우에 해당 석탄재 중 골재로 선별되지 않고 남은 석탄재를 화력발전을 하는 사업자의 매립시설에 매립하는 것이 가능합니다.

3. 이 유

폐기물관리법 제2조 제7호에 따르면 재활용은 폐기물을 재사용·재생이용하거나 재사용·재생이용할 수 있는 상태로 만드는 활동 또는 환경부령으로 정하는 기준에 따라 폐기물로부터 「에너지법」 제2조 제1호에 따른 에너지를 회수하는 활동으로, 재활용을 하는 과정에서 폐기물의 소각(燒却)·중화(中和)·파쇄(破碎)·고형화(固形化) 등의 중간처리가 필요한 경우도 있지만 이러한 중간처리를 필요로 하지 않는 단순한 과정의 재활용도 있을 수 있고 단순히 재사용하는 경우도 있는데, 단순히 재사용하는 경우에는 중간처리 자체가 있을 수 없습니다.

또한, 폐기물관리법 제2조 제8호, 같은 법 시행령 제5조 및 [별표 3], 같은 법 시행규칙 [별표 17]에 따르면 단순히 폐기물을 선별하는 선별시설은 폐기물재활용 신고자가 갖추어야 할 재활용시설 중 하나로 규정되어 있을 뿐 폐기물처리시설 중 중간처리시설에는 선별시설은 규정되어 있지도 않고, 폐기물관리법 제25조 제5항에 따르면 폐기물 중간처리업도 폐기물 중간처리시설을 갖추고 폐기물을 소각처리, 기계적 처리, 화학적 처리, 생물학적 처리 등의 방법으로 중간처리하는 영업으로 규정되어 있어 사업장폐기물에서 골재를 선별하는 것은 중간처리의 방법에도 해당되지 않습니다.

그러므로 화력발전을 하는 사업자가 석탄을 연소시켜 전력을 생산한 후 발생하는 사업장폐기물인 석탄재를 스스로 처리하기 위하여 설치·운영 중인 매립시설의 일부에 다른 사업자가 폐기물관리법 제46조에 따라 폐기물의 재활용 신고를 하고 입자 크기별로 석탄재를 분류하는 시설을 설치하여 골재를 선별하는 경우 그 재활용 신고를 한 사업자(이하 '골재선별업자'라 함)가 하는 사업은 입자 크기별로 석탄재를 분류하는 시설을 설치하여 골재를 선별하는 것으로서 화력발전을 하는 사업자가 발생시킨 석탄재에 어떠한 기계적·화학적·생물학적 처리 등 중간처리를 하는 것이 아니고, 단순히 입자 크기별로 분류만 하는 것이므로, 그 과정에서 분류되지 않고 남은 석탄재는 새로 생산된 폐기물이라고 볼 수 없다 할 것이고, 그 남은 석탄재는 화력발전을 하는 사업자의 폐기물로서 단지 폐기물의 양만 줄어든 상태라 할 것입니다.

더구나, 만약 화력발전을 하는 사업자가 석탄을 연소시켜 전력을 생산한 후 발생하는 사업장폐기물인 석탄재를 다른 사업자가 골재로 재활용하지 않게 되면 해당 석탄재는 모두 화력발전을 하는 사업자의 매립시설에 모두 매립되어 처리될 것입니다. 그런데 폐기물의 발생을 최대한 억제하고 발생한 폐기물을 적정하게 처리하여 환경보전과 국민생활의 질적 향상에 이바지하고자 하는 폐기물관리법의 목적과 재활용이 가능한 폐기물은 재활용하도록 의무화하고 있는 폐기물관리법 시행령 제7조 제1항 제11호의 폐기물 처리기준 등에 비추어 보면, 석탄재 중 골재를 선별하여 재활용하고 남은 석탄재를 해당 매립시설에 매립할 수 있게 하여 해당 폐기물재활용 신고자에게 새로운 폐기물처리라는 추가적인 규제를 부가하지 않고 해당 재활용이 원활하게 이루어지도록 하는 것이 그 규정취지에 부합한다고 할 것입니다.

따라서 화력발전을 하는 사업자가 석탄을 연소시켜 전력을 생산한 후 발생하는 사업장폐기물인 석탄재를 스스로 처리하기 위하여 해당 석탄재를 매립하는 시설을 설치·운영하면서 해당 석탄재를 해수를 사용하여 매립시설로 이송하고 있는데, 다른 사업자가 폐기물관리법 제46조에 따라 폐기물의 재활용 신고를 하고 해당 매립시설의 부지 일부에 매립되어 있는 입자 크기별로 석탄재를 분류하는 시설을 설치하여 골재를 선별하는 경우에 해당 석탄재 중 골재로 선별되지 않고 남은 석탄재를 화력발전을 하는 사업자의 매립시설에 매립하는 것이 가능합니다.

2-1-7 환경부 : 음식물류 생활폐기물 처리를 대행하기 위하여 폐기물처리시설을 설치하고자 하는 경우 폐기물처리업의 허가나 폐기물재활용 신고 없이 폐기물처리시설 설치신고만으로 할 수 있는지 여부(폐기물관리법 시행령 제8조 제2호 관련)[안건번호 10-0014, 회신일자 2010-04-02]

1. 질의요지

생활폐기물 중 음식물류 폐기물 처리를 대행하려는 목적으로 폐기물처리시설을 설치하고자 하는 경우 폐기물관리법에 따른 폐기물처리업의 허가나 폐기물재활용 신고 없이 폐기물처리시설 설치신고만으로 폐기물처리시설을 설치할 수 있는지?

2. 회 답

생활폐기물 중 음식물류 폐기물 처리를 대행하려는 목적으로 폐기물처리시설을 설치하고자 하는 경우 폐기물관리법에 따른 폐기물처리업의 허가나 폐기물 재활용신고 없이 폐기물처리시설 설치신고만으로 폐기물처리시설을 설치할 수 있습니다.

3. 이 유

폐기물관리법 제14조에 따르면, 특별자치도지사 및 시장·군수·구청장은 관할구역에서 배출되는 생활폐기물을 수집·운반·처리하여야 하고(제1항), 특별자치도지사 및 시장·군수·구청장은 조례로 정하는 바에 따라 대통령령으로 정하는 자에게 수집·운반 또는 처리를 대행하게 할 수 있다고 규정하고 있으며(제2항), 이에 따라 같은 법 시행령 제8조에서는 이러한 지방자치단체의 생활폐기물을 대행할 수 있는 자로 폐기물처리업의 허가를 받은 자(제1호), 법 제29조 제2항에 따른 폐기물설치시설의 설치자로서 음식물류 및 농·축·수산물류 폐기물(이하 '음식물류 폐기물'이라 한다)을 재활용하는 자(제2호), 폐기물재활용 신고자(제3호) 등을 규정하고 있습니다.

한편, 폐기물관리법 제29조 제2항은 폐기물처리업의 허가를 받았거나 받으려는 자 외의 자가 폐기물처리시설을 설치하려면 환경부장관의 승인을 받아야 하나, 환경부령으로 정하는 규모의 폐기물처리시설을 설치하는 경우에는 환경부장관에게 신고하는 것으로 정하고 있고, 같은 법 시행규칙 제38조에 따르면, 설치신고대상 폐기물처리시설은 일반소각시설로서 1일 처리능력이 100톤 미만인 시설, 기계적 처리시설 중 압축·파쇄·분쇄·절단·용융 또는 연료화시설로서 1일 처리능력이 100톤 미만인 시설 등이 이에 해당합니다.

먼저, 폐기물처리시설 설치신고자가 시·군·구 등의 생활폐기물 중 음식물류 폐기물 처리를 대행함에 있어 음식물류 폐기물을 재활용하는 자라는 요건 외에 별도의 요건을 필요로 하는지에 대하여 살펴보면, 폐기물관리법 시행령 제8조는 폐기물처리업의 허가를 받은 자(제1호), 폐기물재활용 신고를 한 자(제3호)와 별도로 폐기물처리시설 설치자로서 음식물류 폐기물을 재활용하는 자(제2호)를 규정하고 있는 바, 동 시행령은 명문으로 각각의 주체를 구분하여 독립적으로 기술하고 있고, 같은 조 제2호에서는 법 제29조 '제2항에 따른' '폐기물처리시설의 설치자'로서 음식물류 폐기물을 재활용하는 자라고만 규정하여, 일정규모 미만의 폐기물처리시설로서 환경부장관에게 설치신고를 한다는 요건 외에 별도의 조건을 요구하고 있지 아니하므로, 지방자치단체의 생활폐기물 중 음식물류 폐기물의 처리를 대행하기 위하여 폐기물처리업 허가나 폐기물재활용 신고와 같은 요건이 필요하다고 할 것은 아닙니다.

또한, 폐기물관리법 제29조 제2항 제2호는 신고만으로 폐기물처리시설을 설치할 수 있는 경우로 환경부령으로 정하는 규모의 폐기물처리시설이라는 요건만 규정하고 있을 뿐, 동 폐기물처리시설이 설치한 자 본인의 폐기물을 처리하기 위하여서만 사용되어야 한다는 별도의 제한을 두고 있지 아니한 바, 신고로 설치할 수 있는 폐기물처리시설의 사용목적에 따른 별도의 제약이나 요건 또한 없다고 할 것입니다.

한편, 구 폐기물관리법(1999.2.8. 법률 제5865호로 일부개정되어 1999.8.9. 시행되기 전의 것) 제13조에서는 폐기물처리업자만이 생활폐기물의 처리를 대행할 수 있도록 규정되어 있었으나, 1999년 개정된 구 폐기물관리법(1999.2.8. 법률 제5865호로 일부개정되어 1999.8.9. 시행된 것) 제13조 제2항에서는 생활폐기물의 처리대행자를 대통령령에서 정하도록 하였고, 이에 따라 구 폐기물관리법 시행령(1999.8.6. 대통령령 제16506호로 일부개정되어 1999.8.9. 시행된 것) 제6조의2에서는 기존부터 대행이 가능하였던 폐기물처리업자 외에 음식물류 폐기물을 재활용하는 폐기물처리시설의 설치신고자와 폐기물재활용 신고자 등을 추가하였는바, 이와 같은 법령 개정에서도 생활폐기물의 처리대행자가 확대되었다는 사실 외에 처리대행자에 대하여 영업을 위한 별도의 '허가' 등을 명시적으로 요구한 내용은 찾아볼 수 없고, 규정형식 역시 폐기물처리업허가를 받거나 폐기물재활용신고를 한 자와 폐기물처리시설 설치신고만 한 폐기물처리시설 설치자를 시·군·구 등의 생활폐기물 처리대행에 있어 구별한 것으로 보기도 어렵습니다.

그 밖에, 폐기물관리법 제29조 제2항 단서에 따라 폐기물처리시설의 신고를 수리할 때는 그 시설 설치의 적정성 여부를 판단하기 위하여 폐기물관리법 시행규칙 제40조 제1항에 따라 환경성조사서, 배출시설 설치허가 관련 서류 등을 제출하여 검토하도록 하고 있고, 폐기물처리시설의 관리와 관련하여 폐기물관리법에서는 폐기물처리시설을 설치하는 자는 그 시설을 사용하려는 때 별도의 신고를 하도록 하고(법 제29조 제4항), 폐기물처리시설에 대한 검사를 받도록 하며(법 제30조), 폐기물처리시설을 환경부령이 정하는 기준에 따라 유지·관리하도록 하고(법 제31조), 폐기물의 처리상황 등을 기록하고 보존하도록 하며(법 제36조), 이를 위반하였을 경우에는 개선명령이나 폐쇄명령(법 제31조)을 하거나 벌칙이나 과태료를 부과하도록 하는 등(법 제65조, 제66조 및 제68조) 폐기물처리시설에 대한 관리와 감독에 관하여 자세한 규정을 두고 있는 바, 시·군·구 등의 생활폐기물을 폐기물처리허가업자가 아닌 폐기물처리시설 설치신고자가 대행한다고 하여 특별히 환경오염의 가능성이 증가한다거나 폐기물관리체계에 혼란을 초래한다고 보기는 어렵습니다. 만약, 폐기물처리시설 설치신고자가 생활폐기물 중 음식물류 폐기물을 처리하는 것이 위와 같은 위험성을 증가시킬 가능성이 있어 생활폐기물 처리대행자를 폐기물처리업 허가를 받은 자나 폐기물재활용 신고를 한 자 등으로만 한정할 필요성이 있다면 폐기물관리법령에 이를 명시적으로 규정해야 할 것입니다.

따라서 폐기물처리시설이 폐기물관리법령상의 신고요건에 부합해야 함은 별론으로 하고, 생활폐기물 중 음식물류 폐기물 처리를 대행하려는 목적으로 폐기물처리시설을 설치하고자 하는 경우 폐기물관리법에 따른 폐기물처리업의 허가나 폐기물재활용 신고 없이 폐기물처리시설 설치신고만으로 폐기물처리시설을 설치할 수 있습니다.

註) 위 법령해석은 더 이상 유효하지 않다. 2011년 9월 7일 시행된 개정 폐기물관리법 시행령 제8조는 제2호 "법 제29조 제2항에 따른 폐기물설치시설의 설치자로서 음식물류 및 농·축·수산물류 폐기물(이하 '음식물류 폐기물'이라 한다)을 재활용하는 자"를 삭제하였다. 따라서 음식물류 폐기물 처리를 대행하려면 반드시 폐기물처리업 허가를 받거나 폐기물처리 신고를 하여야 한다.

2-1-8 부산광역시 기장군 : 생활폐기물 배출자가 폐기물처리업자 등과 직접 위탁계약을 체결하여 생활폐기물을 수집·운반·처리할 수 있는지 여부(폐기물관리법 제14조 및 제15조 관련)[안건번호 09-0175, 회신일자 2009-06-26]

1. 질의요지

폐기물관리법 시행규칙 제15조에 해당하지 않은 지역에서 생활폐기물을 1일 평균 300킬로그램 미만 배출하는 사업장 중 생활폐기물을 다량 배출하는 사업자(학교, 소규모 점포, 병원 등)가 폐기물처리업자 등과 직접 위탁계약을 체결하여 해당 사업장에서 발생하는 생활폐기물(공사장 생활폐기물 및 음식물류 폐기물 제외)을 수집·운반·처리할 수 있는지?

2. 회 답

폐기물관리법 시행규칙 제15조에 해당하지 않은 지역에서 생활폐기물을 1일 평균 300킬로그램 미만 배출하는 사업장은, 비록 해당 사업자가 생활폐기물을 다량 배출하는 사업자(학교, 소규모 점포, 병원 등)라 하더라도, 폐기물처리업자 등과 직접 위탁계약을 체결하여 해당 사업장에서 발생하는 생활폐기물(공사장 생활폐기물 및 음식물류 폐기물 제외)을 수집·운반·처리할 수는 없습니다.

3. 이 유

폐기물관리법 제2조 제3호에서는 '사업장폐기물'이란 「대기환경보전법」, 「수질 및 수생태계보전에 관한 법률」 등에 따라 배출시설을 설치·운영하는 사업장, 폐기물을 1일 평균 300킬로그램 이상 배출하는 사업장 또는 건설공사로 폐기물을 5톤 이상 배출하는 사업장 등에서 발생하는 폐기물을 말한다고 하고 있고, 같은 조 제2호에서는 '생활폐기물'이란 사업장폐기물 외의 폐기물을 말한다고 하고 있으므로, '생활폐기물'이란 폐기물을 1일 평균 300킬로그램 미만 배출하는 사업장 또는 건설공사로 폐기물을 5톤 미만 배출하는 사업장 등에서 발생하는 폐기물을 말한다 할 것인 바, 이 사안에서는 폐기물관리법 시행규칙 제15조에 해당하지 않은 지역에서 생활폐기물을 1일 평균 300킬로그램 미만 배출하는 사업장 중 생활폐기물을 다량 배출하는 사업자(학교, 소규모 점포, 병원 등)가 폐기물처리업자 등과 직접 위탁계약을 체결하여 해당 사업장에서 발생하는 생활폐기물(공사장 생활폐기물 및 음식물류 폐기물 제외)을 수집·운반·처리할 수 있는지가 문제됩니다.

생활폐기물의 처리에 대하여 규정하고 있는 폐기물관리법 제14조 제1항에서는 특별자치도지사, 시장·군수·구청장이 관할구역에서 배출되는 생활폐기물을 수집·운반·처리하도록 하되, 같은 법 시행규칙 제15조에서 정한 지역(가구 수가 50호 미만인 지역이나 산간·오지·섬지역 등으로서 차량의 출입 등이 어려워 생활폐기물을 수집·운반하는 것이 사실상 불가능한 지역으로서 특별자치도지사, 시장·군수·구청장이 지정하는 지역)은 제외하도록 하고 있고, 같은 법 제14조 제2항 및 같은 법 시행령 제8조에서는 특별자치도지사, 시장·군수·구청장은 해당 지방자치단체의 조례로 정하는 바에 따라 폐기물처리업자, 음식물류 폐기물을 재활용하는 자, 폐기물재활용 신고자 등으로 하여금 생활폐기물의 수집·운반·처리를 대행하게 할 수 있도록 규정하고 있습니다.

한편, 생활폐기물 배출자의 처리 협조 등에 관하여 규정하고 있는 폐기물관리법 제15조 제1항에서는 생활폐기물 배출자는 관할 특별자치도, 시·군·구의 조례로 정하는 바에 따라 생활환경 보전상 지장이 없는 방법으로 그 폐기물을 스스로 처리하거나 양을 줄여서 배출하도록 하고 있는 바, 해당 규정에서 폐기물을 '스스로 처리'하는 방법에 생활폐기물 배출자가 직접 폐기물처리업자 등과 위탁계약을 체결하여 생활폐기물을 처리할 수 있는지를 검토해야 할 것입니다.

우선, 폐기물관리법 제18조 제1항 및 제24조의3 제1항에서는 사업장폐기물 배출자 또는 수입폐기물 배출자는 그의 사업장에서 발생하는 폐기물 또는 수입한 폐기물을 '스스로 처리'하거나 폐기물처리업자 등에게 '위탁하여 처리'하도록 규정함으로써, '스스로 처리'하는 것과 '위탁하여 처리'하는 것을 별개로 규정하고 있고, 같은 법 제17조 제1항 제3호 및 같은 법 시행규칙 제17조에서는 사업장폐기물을 위탁처리하고자 하는 경우에 수탁자가 폐기물을 수집·운반·처리할 능력이 있는지를 확인하여 계약을 체결하고 해당 수탁처리능력 확인서를 관할관청에 제출하도록 하고 있으며, 같은 법 제18조에서는 사업장폐기물을 위탁받을 수 있는 업체를 제한하고, 해당 위탁처리가격의 최저액을 제한하고 있습니다. 그런데 생활폐기물의 처리 등에 관하여는 위와 같은 위탁처리에 관한 사항을 별도로 규정하고 있지 않으므로, 해당 생활폐기물의 처리에 관한 규정인 같은 법 제15조 제1

항에서 생활폐기물배출자가 생활폐기물을 '스스로 처리'하는 것에는 원칙적으로 '위탁하여 처리'하는 것은 포함되지 않는다 할 것입니다.

다만, 폐기물관리법 제13조 및 같은 법 시행령 제7조 제2항의 위임에 따라 폐기물의 수집·운반·보관·처리에 관한 기준과 방법을 정하고 있는 같은 법 시행규칙 [별표 5] 제1호 및 제2호에서는 생활폐기물 중 공사·작업 등으로 인하여 5톤 미만으로 발생되는 공사장 생활폐기물을 배출하는 자는 조례에서 정하는 바에 따라 그 폐기물의 수집·운반 또는 처리를 대행하는 자나 폐기물처리시설의 설치·운영자에게 운반하게 할 수 있도록 하고 있고, 음식물류의 경우 같은 법 시행규칙 제16조에 해당하는 자(대규모 집단급식소, 대규모 점포, 관광숙박업 등)는 음식물류 폐기물을 스스로 감량·재활용하거나 폐기물처리업자 등에게 위탁하여 재활용하도록 하고 있으므로, 5톤 미만의 공사장 생활폐기물과 같은 법 시행규칙 제16조에 해당하는 자의 음식물류 폐기물의 경우에는 운반 및 재활용에 있어 예외적으로 위탁처리를 허용하고 있음을 알 수 있습니다.

위 관련 규정을 종합하면, 5톤 미만의 공사장 생활폐기물과 폐기물관리법 시행규칙 제16조에 해당하는 자의 음식물류 폐기물을 제외한 생활폐기물로서, 같은 법 시행규칙 제15조에 해당하지 않은 지역에서 발생하는 생활폐기물은 특별자치도지사 또는 시장·군수·구청장 또는 같은 법 제14조 제2항에 따라 생활폐기물의 수집·운반 또는 처리를 대행하는 자만이 해당 생활폐기물을 수집·운반 또는 처리할 수 있다 할 것입니다.

따라서 폐기물관리법 시행규칙 제15조에 해당하지 않은 지역에서 생활폐기물을 1일 평균 300킬로그램 미만 배출하는 사업장은, 비록 해당 사업자가 생활폐기물을 다량 배출하는 사업자(학교, 소규모 점포, 병원 등)라 하더라도, 폐기물처리업자 등과 직접 위탁계약을 체결하여 해당 사업장에서 발생하는 생활폐기물(공사장 생활폐기물 및 음식물류 폐기물 제외)을 수집·운반·처리할 수 없다 할 것입니다.

2-1-9 해양경찰청 : 「해양환경관리법 시행규칙」 제13조, 제14조 제1항, 제15조(폐기물배출해역으로 추가 지정받으려는 경우 신청 방식) 관련 [안건번호 08-0432, 회신일자 2009-03-12]

1. 질의요지

「해양환경관리법 시행규칙」 제14조 제1항에 따라 같은 법 시행규칙 [별표 7]의 폐기물배출해역 중 어느 한 해역을 폐기물배출해역으로 지정받은 자가 그 지정받은 배출해역 외의 해역을 배출해역으로 추가하여 지정받으려는 경우, 같은 법 시행규칙 제13조에 따른 지정신청과 제15조에 따른 변경신청 중 어느 것을 해야 하는지?

2. 회 답

「해양환경관리법 시행규칙」 제14조 제1항에 따라 같은 법 시행규칙 [별표 7]의 폐기물배출해역 중 어느 하나의 해역을 폐기물배출해역으로 지정받은 자가 그 지정받은 배출해역 외의 해역을 배출해역으로 추가하여 지정받으려는 경우에는 같은 법 시행규칙 제13조에 따른 지정신청을 해야 합니다.

3. 이 유

「해양환경관리법」 제23조 제1항에서는 누구든지 육상에서 발생한 폐기물을 해양에 배출할 수 없는 것을 원칙으로 하되, 다만 예외적으로 국토해양부장관은 해양환경의 보전·관리에 영향을 미치지 아니하는 범위 안에서 육상에서 처리가 곤란한 폐기물로서 국토해양부령이 정하는 폐기물에 한하여 국토해양부령이 정하는 해역에서 국토해양부령이 정하는 처리기준 및 방법에 따라 배출하게 할 수 있도록 규정하고 있고, 같은 법 제23조 제5항에서는 이에 따른 폐기물배출해역의 신청 및 지정절차 그 밖에 필요한 사항은 국토해양부령으로 정하도록 규정하고 있으며, 같은 법 제129조에서는 같은 법 제23조 제1항을 위반하여 지정해역 외에서 폐기물을 해양에 배출한 자는 1년 이하의 징역 또는 1천만원 이하의 벌금에 처하도록 규정하고 있습니다.

그리고 「해양환경관리법 시행규칙」 제12조 제1항에 따라 [별표 6]에서는 육상에서 발생한 폐기물 중 해양에 배출 가능한 폐기물을 규정하고 있고, 같은 법 시행규칙 [별표 7]에서는 육상에서 발생한 폐기물의 배출해역 및 처리방법과 관련하여 해역을 갑해역, 병해역, 정해역, 무해역으로 나누고, 배출해역은 갑해역은 갑해역 전역으로, 병해역은 동해 병해역과 서해 병해역으로, 정해역은 동해 정해역과 동해 정해역을 제외한 정해역으로, 무해역은 해양경찰서장이 해역관리청과 협의하여 지정하는 해역으로 구분하며, 이러한 배출해역별로 배출가능폐기물의 종류와 처리방법을 구분하여 규정하고 있습니다.

또한, 「해양환경관리법 시행규칙」 제13조에서는 같은 법 제23조 제5항에 따라 폐기물배출해역의 지정을 신청하려는 자는 별지 제9호 서식의 폐기물배출해역지정신청서에 폐기물의 특성, 성분 및 양, 폐기물의 수집·운반 및 해양배출방법 등이 기재된 사업계획서 등의 서류를 첨부하여 해양경찰서장에게 첨부하도록 규정하고 있고, 위 폐기물배출해역지정신청서의 ⑪ 신청해역란에서는 같은 법 시행규칙 [별표 7]의 해역 중 하나를 선택하고, 그 해역 안의 구역을 '좌표'로 표시하도록 하고 있으며(같은 서식 비고란), 같은 법 시행규칙 제14조에서는 해양경찰서장은 위 신청에 따라 폐기물배출해역을 지정하는 경우 지정해역의 이용제한 등 필요한 조건을 붙일 수 있고, 해양경찰서장이 폐기물배출해역을 지정한 경우에는 별지 제10호 서식의 폐기물배출해역 지정서를 신청인에게 발급해야 하는 것으로 규정하고 있으며, 위 지정서의 ⑤ 지정해역란에서는 같은 법 시행규칙 [별표 7]의 해역 중 하나를 선택하고, 그 해역 안의 구역을 '좌표'로 표시하여 기재하는 것으로 하고 있습니다.

한편, 「해양환경관리법 시행규칙」 제15조에서는 이러한 폐기물배출해역지정서를 발급받은 자는 변경사항이 지정해역인 경우에는 변경하기 30일 전까지 별지 제11호 서식의 폐기물배출해역 지정사항 변경신청서에 변경의 필요성을 설명하는 서류, 해양환경에 미치게 될 영향을 분석한 서류 및 폐기물배출해역지정서를 첨부하여 해양경찰서장에게 제출해야 하는 것으로 규정하고 있습니다.

위에서 살펴본 바와 같이, 「해양환경관리법」은 해양환경의 훼손 또는 해양오염으로 인한 위해를 예방하고 깨끗하고 안전한 해양환경을 조성하는 것에 그 입법목적이 있는바, 육상에서 발생한 폐기물을 해양에 배출할 수 없는 것을 원칙으로 하되, 다만 예외적으로 같은 법 시행규칙으로 정하는 배출가능폐기물의 종류, 배출가능해역, 처리기준 및 배출방법 등의 요건을 충족하는 경우에 한하여 육상폐기물의 배출을 제한적으로 인정하고 있고, 이를 위반한 경우에 대한 형사상의 벌칙을 규정하고 있는 점에 비추어 보면, 같은 법 시행규칙에서 육상폐기물의 배출허용요건으로 정하는 위 요건들은 엄격하게 해석해야 한다고 할 것입니다.

그런데, 「해양환경관리법 시행규칙」 [별표 7]에서는 배출해역으로 구분하여 규정하고 있는 각 해역별로 배출가능폐기물의 종류와 그 처리방법을 각각 달리 정하고 있는 점, 같은 법 시행규칙 별지 제9호 서식의 폐기물배출해역지정신청서의 비고에 따르면, 같은 서식의 ⑪ 신청해역란에서는 같은 법 시행규칙 [별표 7]의 해역 중 하나를 선택하고 그 해역 안의 구역을 '좌표'로 표시하도록 하고 있어 1개의 해역구역을 지정하는 경우에는 1개의 지정서가 발급하도록 되어 있는 점, 같은 법 시행규칙 별지 제10호 서식의 폐기물배출해역지정서에 따르면 지정해역(구역), 폐기물 종류, 폐기물 형태, 배출 방법을 각각 구분하여 기재하도록 하고 있는 점, 아울러 종전의 지정받은 해역이 아닌 다른 해역을 폐기물배출해역으로 추가하거나 새로 지정받으려는 경우 그 해역에서 투기될 폐기물이 해양환경에 미치는 영향을 분석할 필요가 있는 것으로 보이는 점 등에 비추어 보면, 해양경찰청장은 신청인이 위 구분된 배출해역을 달리 하여 배출해역을 지정받으려는 경우에는 폐기물의 특성, 성분 및 양, 폐기물의 수집·운반 및 해양배출방법 등을 새로이 검토하여 지정 여부를 다시 결정해야 할 것입니다.

따라서 「해양환경관리법 시행규칙」 제14조 제1항에 따라 같은 법 시행규칙 [별표 7]의 폐기물배출해역 중 어느 한 해역을 배출해역으로 지정받은 자가 그 지정받은 해역 외의 해역을 배출해역으로 추가하여 지정받으려는 경우에는 같은 법 시행규칙 제13조에 따른 지정신청을 해야 합니다.

2-2 질의/응답 사례(환경부) : 폐기물의 배출과 처리

1. 폐기물의 배출

2-2-1 금속분진의 폐기물인계서 작성대상 여부(2008-02-11)

[질의] 금속분진의 폐기물인계서 작성대상 해당 여부?

[회신] 철이나 폐지는 폐기물관리법 시행규칙 제18조 및 제20조의 규정에 의거 사업장폐기물 배출자 신고나 폐기물인계서 작성대상에서 제외되나, 분진은 제외대상이 아님을 알려드립니다.

2-2-2 골프장 내 음식물쓰레기 처리시 배출자 신고 주체(2008-03-04)

[질의] 골프장은 클럽하우스 내 레스토랑과 사업장내 직원식당을 외부업체에 각각 위탁운영을 맡겼는데, 건물과 시설물은 저희가 제공한 상태이며 운영부분만을 위탁한 경우 음식물쓰레기에 대해 사장폐기물 배출자 신고의 주체는 누구인지?

[회신] 가. 사업장폐기물 배출자의 신고는 폐기물을 배출하는 자가 하여야 하며, 식당을 위탁하여 운영하는 경우에 배출자가 누구인지의 여부는 위탁운영계약의 내용에 따라 달라질 수 있습니다. 즉 식당의 운영으로 발생하는 음식물류 폐기물의 처리비용까지 포함하여 계약을 하였다면 위탁운영자(음식물을 조리하여 제공하는 자)에게 있다 할 것이며, 음식물류 폐기물 처리비용을 감안하지 않고 순수하게 음식조리비용과 인건비 등만을 계산하여 계약을 한 경우에는 위탁사에 있을 것입니다.

나. 기숙사의 경우 자체 운영규정 등에 따라 달라질 수 있을 것이나, 음식물류 폐기물을 포함한 폐기물 총발생량이 1일 평균 300킬로그램 이상 발생할 경우 별도의 사업장폐기물 배출자 신고를 하여야 할 것이며, 300킬로그램 미만 발생되는 경우에는 생활폐기물에 해당합니다.

2-2-3 신규 사업장 임대시 폐기물배출자 신고대상 여부(2008-04-30)

[질의] 일반폐기물 배출자로 신고된 사업장에서 사업의 확장으로 타 공장을 임대하여 운영할 계획인 경우 새로이 임대한 사업장에 대한 일반폐기물 배출자 신고를 하여야 하는지 여부?

[회신] 사업장폐기물 배출자 신고는 사업장폐기물을 배출하는 사업장 단위별로 신고하여야 합니다. 즉, 새로이 추가되는 사업장이 기존 사업장의 부지경계선 밖에 위치한 경우 각각 배출자 신고 및 보관장을 설치하여야 합니다.

2-2-4 사업장폐기물 배출자 신고대상 여부(2008-05-23)

[질의] 사업장폐기물 배출자 신고시 재활용품으로 분류되는 양도 폐기물 발생량으로 보아야 하는지 여부?

[회신] 일반적으로 1일 평균 폐기물 발생량에 따른 사업장폐기물 배출자 신고대상 여부는 재활용품을 포함하여 그 사업장에서 발생한 폐기물의 총발생량으로 판단하여야 합니다(단, 고철 및 파지 제외).

2-2-5 사업장폐기물 배출자 신고대상 여부(2008-08-07)

[질의] 대기·수질 등 배출시설 설치사업장의 경우 1일 100kg 이상 발생될 때 사업장폐기물 배출자 신고를 하도록 되어 있는데, 이 경우 1일 100kg의 기준에 제외되는 폐기물은 폐지, 고철, 비철과 지정폐기물 외에 폐타이어도 제외할 수 있는지? 폐기물 발생량을 조업일수로 나눌 때 전체인력이 근무하지 않고 당직근무자만 근무하는 토요일의 경우 조업일수에 포함하여야 하는지?

[회신] 가. 배출자 신고대상 배출량 산정시 폐지, 고철, 지정폐기물은 제외하여야 하나, 폐타이어는 포함됩니다.

나. 실제 조업을 하지 않고 당직자만 근무하는 날은 조업일수에서 제외하여야 할 것입니다.

2-2-6 사업장폐기물 배출시 변경신고 대상 여부(2008-09-22)

[질의] 사업장에서 폐기물 배출량이 100분의 50 이상 감소한 경우 변경신고 대상인지 여부 및 재활용시설의 용량이 변경된 경우 변경신고 대상인지 여부?

[회신] 가. 폐기물관리법 시행규칙 제18조 제4항의 규정에 따라 의 구정에 따라 신고한 사

업장폐기물의 월평균 배출량(최근 6개월간 배출량을 기준으로 산정한다)이 100분의 50 이상 증가한 경우에는 변경신고 사항에 해당하나, 100분의 50 이상 감소한 경우에는 변경신고 사항에 해당되지 않습니다.

나. 폐기물재활용 변경신고 사항 중 재활용시설의 용량의 경우 폐기물관리법 시행규칙 제67조 제3항 및 폐기물재활용신고 업무처리지침의 재활용 변경신고서의 검토 규정에서 처리용량의 30퍼센트 이상의 변경 여부(보관시설 또는 보관용기의 용량 부분도 확인)를 검토하여야 하며, 처리용량의 감소 시에는 변경신고 사항에 해당하지 않습니다.

2-2-7 폐탄약의 폐기물배출자 신고대상 여부(2008-11-11)

[질의] 육군부대가 자가처리시설(소각시설)로 폐탄약을 처리하려는 경우 별도의 배출자 신고를 해야 하는지 여부?

[회신] 가. 폐기물관리법 제17조에 따른 사업장폐기물 배출자 신고는, 법인 또는 개인별로 신고하는 것이 아니라, 사업장별로 신고를 하여야 합니다.

나. 따라서 폐탄약을 자가처리하더라도 사업장폐기물 배출자 신고는 각 부대별로 신고를 하여야 함을 알려드리며, 처리시설은 폐기물공동처리시설로 설치승인을 받아야 할 것입니다.

註) 폐탄약에 대해서는 폐기물관리법이 적용되지 않는다(법 제3조 제1항 제8호).

2-2-8 두 개의 사업장이 동일 법인 내에 존재할 경우 배출시설 인·허가 방법(2009-01-12)

[질의] A와 B사업장은 동일 법인이나 사업자등록번호가 각기 부여되어 있으며, 공장등록대장은 A와 B사업장을 통합하여 ○○○번지 외 4필지(A사업장은 ○○○번지 외 3필지에 해당하며, B사업장은 나머지 1필지에 해당)로 공장승인을 완료하였는데, 환경인·허가 해당 사항인 배출시설 인·허가(대기, 소음·진동, 수질 등) 사항에 대하여 사업장 별로 구분하여 인·허가 신고를 하여야 하는지, 아니면 공장등록대장상 하나의 사업장으로 구분하여 인·허가 신고를 하여야 하는지 여부?

[회신] 가. 동일 지번에 하나의 공장으로 등록이 되어 있을 경우에는 하나의 폐기물 발생사업장으로 관리할 수 있을 것입니다.

나. 「대기환경보전법」 제23조에 따라 배출시설을 설치하려는 자는 허가를 받거나 신고를 하여야 하며, 동법 시행규칙 별지 제1호 서식 대기배출시설 설치허가신

청서(신고서) 중 신청인 란에 상호(사업장 명칭)를 기록하여야 합니다. 따라서 상호(사업장 명칭)가 다른 경우에는 별도로 허가를 받거나 신고를 하는 것이 바람직할 것이나, 질의내용과 같이 두 개의 사업장이 하나의 공장으로 등록되어 있으면서 배출시설을 설치하려는 자(법인)가 동일한 경우에는 두 사업장을 통합하여 하나의 배출시설설치허가증(신고증명서)으로 관리할 수 있을 것입니다.

다. 「수질 및 수생태계보전에 관한 법률」 제33조에 의한 폐수배출시설설치허가(신고)는 사업자등록별로 득하지 않아도 가능하나, 허가(신고)권자인 지자체장이 폐수관리의 통합 여부 등을 종합적으로 판단하여 결정하여야 합니다. 기타 자세한 것은 허가권자와 협의하시기 바랍니다.

2-2-9 사업장생활계 폐기물의 올바로시스템 입력대상 여부(2009-01-13)

[질의] 병원에서 발생하는 사업장생활계 폐기물도 올바로시스템을 통해 배출신고를 해야 하는지 여부?

[회신] 가. 사업장 일반폐기물로서 오니(월평균 1톤 이상 배출), 광재, 분진, 폐사, 폐도자기 조각, 폐촉매, 폐흡착제 및 폐흡수제(월평균 500킬로그램 이상 배출)이거나 공동으로 처리할 경우에는 전자정보프로그램에 입력하여야 하나, 그 외의 사업장일반폐기물은 전자정보처리프로그램 입력대상에 해당되지 않습니다.

나. 따라서 폐지, 음식물쓰레기, 일반생활폐기물은 전자정보처리프로그램(올바로시스템) 입력대상에 해당되지 않습니다.

2-2-10 사업장폐기물관리대장 작성 방법(2009-01-14)

[질의] 배출자가 사업장 내에서 발생된 일반폐기물에 대한 관리대장을 작성할 때 폐기물이 발생시마다 작성하여야 하는지 여부?

[회신] 폐기물관리법 시행규칙 별지 제36호 서식 "사업장폐기물관리대장" 작성요령에 폐기물의 발생 및 처리시마다 일자별로 작성하도록 하고 있습니다.

2-2-11 운반자의 올바로시스템 입력 가능 여부(2009-01-21)

[질의] 올바로시스템 사용과 관련하여 소규모 업소에서 배출자가 컴퓨터 사용능력이 부족하여 직접 입력할 수 없는 경우 운반자가 대신 일회성 배출인계서를 작성해도 되는지 여부?

[회신] 폐기물관리법 시행규칙 [별표 6]에 배출자는 운반자에게 폐기물을 인계하기 전에 전자정보처리프로그램에 입력하도록 하고 있습니다. 따라서 배출자가 전자정보처리프로그램에 입력하여야 하며 운반자는 입력에 도움을 줄 수는 있을 것입니다.

2-2-12 폐납의 유상판매 시 전자인계서 작성대상 여부(2009-01-22)

[질의] 폐납 발생량은 연 1톤 규모로 사업장 일반폐기물로 신고되어 폐납 재활용업체에 유상판매하고 있는데, 현재와 같이 발생되는 폐납을 유상판매 처리시 전자인계서를 작성하여야 하는지 여부?

[회신] 가. 고형화되어 있는지 또는 비산될 우려가 있는지가 명확하지 아니하여 정확한 판단을 할 수 없으나, 고형화되어 비산할 위험이 없는 납은 비철금속으로서 고철에 포함됩니다. 참고로 고철도 폐기물에 해당하나 폐기물관리법 시행규칙 제18조에서 배출자 신고의무를 면제하고 있습니다.

나. 만약 발생되는 폐기물이 입자상태로 배출되어 비산될 우려가 있는 경우에는 성분분석 결과가 폐기물관리법 시행규칙 [별표 1]에서 정한 유해물질이 함유되어 있는 경우 지정폐기물로 분류하고 유해물질 함유 기준 이내인 경우에는 사업장 일반폐기물로 분류하시면 됩니다.

다. 고철에 해당될 경우에는 전자정보처리프로그램에 입력할 필요가 없습니다.

2-2-13 공동운영기구 탈퇴시 행정절차(2009-02-04)

[질의] 기존에 폐기물을 공동으로 신고하던 것을 개별로 바꾸려는 경우 폐기물 변경신고 대상인지 여부?

[회신] 공동운영기구에서 탈퇴하고 개별 사업장에서 직접 폐기물을 처리하고자 할 경우에는 새로이 사업장폐기물 배출자 신고 또는 지정폐기물처리계획 확인증명을 받아야 합니다. 참고로 탈퇴한 공동운영기구에서는 변경 신고·증명을 받아야 합니다.

2-2-14 참기름을 짜고 남은 깻묵의 사업장폐기물 배출자 신고대상 여부(2009-02-12)

[질의] 참기름을 짜고 남은 깻묵의 사업장폐기물 배출자 신고대상 여부?

[회신] 가. 참기름을 제조하고 남은 깻묵은 폐기물로서의 성질을 가지고 있으므로 이를 사료제조업체에 판매를 한다 하여도 폐기물로 관리하여야 할 것입니다.

나. 폐기물관리법 시행규칙 제18조에 「대기환경보전법」 등에 따른 배출시설을 설치·

운영하는 사업장에서 폐기물을 1일 평균 100킬로그램 이상 배출하는 등의 경우에는 사업장폐기물 배출자 신고를 하도록 하고 있습니다. 따라서 1일 평균 폐기물 총배출량이 100킬로그램 미만인 경우에는 사업장폐기물 배출자 신고를 하지 않아도 됩니다.

2-2-15 인계번호 전달의 구체적인 방법(2009-02-12)

[질의] 폐기물 운반자가 인계내역서를 출력하지 않고, 인계번호가 등록된 계량표만 소지하고 운반이 가능한지 여부?

[회신] 가. 폐기물관리법 제19조, 환경부 고시(2008-121호)에 따라 사업장폐기물을 운반하는 자는 운반 중에 폐기물 인계·인수 내용을 출력한 서류를 지니고 다니거나, 인계번호를 전달하도록 하고 있습니다.

나. 인계번호 전달에 대한 구체적인 방법에 정하고 있지는 않으나 운반자는 이를 기록하거나 숙지하고 있어야 합니다.

2-2-16 폐기물처리실적 보고에 관한 질의(2009-02-12)

[질의] 1개 부서에서 발급받은 "폐기물처리계획 확인필증"을 배출 사업장의 조직 개편으로 1개 부서가 4개 부서로 분리됨으로 인하여 폐기물처리실적 보고를 4개 부서에서 분리 신고 가능 여부(4개 부서의 폐기물처리 총량, 폐기물 종류, 처리업체는 조직개편 이전의 1개 부서와 동일함)?

[회신] 서면으로 폐기물처리실적 보고를 할 수 있으며, 사업장폐기물 배출자 신고를 한 자, 지정폐기물처리계획 확인증명을 받은 자가 처리실적 보고를 하여야 합니다. 따라서 하나의 사업장으로 신고되어 있을 경우에는 처리실적 보고도 하나의 사업장에서 하여야 합니다.

2-2-17 폐기물 간이인계서 작성에 관한 사항(2009-02-16)

[질의] 전자정보처리프로그램 입력시 관리대장을 따로 작성하지 않아도 되는지 여부?

[회신] 가. 폐기물관리법 개정(2007.8.3)으로 기존의 종이 인계서 대신에 전자정보처리프로그램에 입력을 의무화하는 제도로 변경·시행(2008.8.4)되었습니다.

나. 사업장폐기물의 인계·인수대상 폐기물은 폐기물관리법 시행규칙 제20조에 규정하고 있습니다.

다. 사업장폐기물관리대장, 중간처리시설 운영·관리대장 등은 전자정보처리프로그램을 이용하여 입력한 경우에는 대장을 작성한 것으로 볼 수 있습니다. 전자정보처리프로그램을 이용하지 않을 경우에는 현행과 같이 대장을 기록·유지하여야 합니다.

2-2-18 청소 위탁처리시 발생하는 사업장생활계 폐기물(쓰레기) 신고주체(2009-03-03)

[질의] 사업장내 청소 관련 업무(청소 및 발생쓰레기 분리, 재활용품과 쓰레기의 매각 및 처리 등)에 대하여 일괄위탁 중인 경우, 사업장생활계 폐기물(쓰레기)의 신고주체는 누구인지?

[회신] 가. 폐기물관리법 제17조에 사업장폐기물을 배출하는 사업자는 사업장에서 발생하는 모든 폐기물을 적정하게 처리하여야 한다고 규정하고 있습니다.

나. 폐기물 청소 업무를 타 업체에 위탁하고 있다 하여도 폐기물 처리의무는 폐기물을 배출하는 자, 즉 발생시키는 자에게 있으므로 사업장폐기물 배출자 신고는 해당 폐기물 배출자가 하여야 합니다.

다. 다만, 건설공사에서 발생하는 건설폐기물 등에 해당될 경우에는 공사의 전부를 최초로 도급을 받은 자가 배출자 신고를 할 수 있도록 예외적으로 허용하고 있습니다.

2-2-19 기업내 식당을 기업내 노동조합이 위탁운영시 사업장폐기물 배출자 신고주체(2009-03-23)

[질의] 기업으로부터 기업내 노동조합이 식당운영을 위탁받아 영업신고 후 운영 중인데 운영에 필요한 모든 비용은 기업이 지불하며 노동조합은 이윤 없이 순수하게 운영만 하는 경우 사업장폐기물 배출자 신고의 주체는?

[회신] 건물주 "갑"으로부터 "을"이 건물을 임차하여 사업장폐기물을 배출하는 영업을 할 경우에는 "을"이 사업장폐기물 배출자 신고를 하도록 하고 있습니다. 따라서 영업신고를 한 노동조합에서 사업장폐기물 배출자 신고를 하여야 할 것으로 판단됩니다.

2-2-20 침전조 내 저장 중인 오니의 폐기물 배출 해당 여부(2009-03-24)

[질의] 수질오염방지시설에서 침전조에 오니를 저장하고 있는 경우 폐기물을 배출한 것으로 보아야 하는지 여부?

[회신] 수질오염방지시설로 배출시설설치허가증에 기재되어 있는 침전조에 오니를 저장하고 있는 경우에는 폐기물을 배출한 것으로 보지 않습니다.

2-2-21 사업장내 발생되는 음식물류 폐기물 배출자 신고주체(2009-03-26)

[질의] 사업장내 입주해 있는 식당에서 발생되는 음식물류 폐기물의 신고주체는 누구이며, 이를 사업장폐기물로 보아야 하는지 여부?

[회신] 폐기물관리법 제2조 제3호 및 동법 시행령 제2조 규정에 해당되는 사업장(감량의무사업장)의 경우 발생되는 음식물류 폐기물은 사업장폐기물에 해당하며, 사업장을 운영(집단급식소를 개설)하는 자가 배출자(사업장폐기물 배출자) 신고를 하여야 할 것입니다.

2-2-22 사업장배출시설계 폐기물 처리업체 변경에 따른 행정절차(2009-03-31)

[질의] 사업장배출시설계 폐기물(폐목재) 처리업체를 변경하고자 하는 경우 필요한 절차는?

[회신] 가. 폐기물 처리 방법이 변경되는 경우에는 사업장폐기물 배출자 변경신고를 하여야 하나, 폐기물 처리 방법이 같은 경우로서 단순히 폐기물처리업체 변경은 사업장폐기물 배출자 변경신고 대상에 해당하지 않습니다.

나. 폐기물관리법 시행규칙 제17조에 사업장폐기물 배출자는 폐기물처리업자가 해당 폐기물을 처리할 수 있는지 여부를 확인한 후 계약을 체결하도록 하고 있습니다. 따라서 변경하고자 하는 수탁자로부터 폐기물처리업 허가증, 재활용신고필증 또는 폐기물 수탁처리능력확인서를 제출받아 폐기물을 처리할 수 있는지를 확인한 후 계약을 체결하여야 합니다.

2-2-23 전자인계서 운영 관련 질의(2009-03-31)

[질의] 폐기물 전자정보처리프로그램 운영과 관련하여 사업장시스템과 올바로시스템 간의 데이터 연동시 운반자·처리자 인계내역서 출력 없이 인계번호만 알아도 법적 효력이 인정되는지 여부 및 관련 서류의 휴대 여부?

[회신] 가. 「폐기물 전자정보처리프로그램 운영 및 사용 등에 관한 고시」(환경부고시 제2008-121호) 제11조 제4항에 폐기물배출자는 부여받은 인계번호를 당해 폐기물을 수집·운반하는 자에게 전달하여야 한다고 규정하고 있습니다. 따라서 배출자는 폐기물을 인계할 때에 인계번호를 전달할 수 있습니다.

나. 인계번호 전달은 전달자(운반자 등)가 계량표 등에 기록하거나 숙지하고 있어야 하나, 인계·인수 내용을 출력한 서류를 반드시 휴대하고 있어야 하는 의무사항은 아닙니다.

다. 출력물 또는 인계번호 등을 휴대하지 않았을 경우에는 폐기물 배출자, 운반자, 처리자 모두 처벌을 받을 수 있습니다.

2-2-24 사업장배출시설계 및 지정폐기물의 시료분석 의무 여부(2009-03-31)

[질의] 사업장배출시설계 폐기물과 지정폐기물의 경우 시료분석을 의무적으로 해야 하는지 여부?

[회신] 가. 폐기물의 성질과 상태에 따라 지정폐기물로 분류될 가능성이 있는 폐기물에 대해서는 폐기물성분검사를 실시하여야 합니다.

나. 폐합성고분자화합물, 폐페인트, 의료폐기물 등과 같이 성분분석 결과에 관계없이 사업장 일반폐기물 또는 지정폐기물로 분류되는 것은 성분분석을 하지 않아도 되나, 오니 등과 같이 성분분석 결과에 따라 사업장 일반폐기물 또는 지정폐기물로 분류될 수 있는 폐기물은 성분검사를 실시하고 그 결과에 따라 분류, 관리하여야 합니다.

2-2-25 음식물소멸기 설치 가능 여부(2009-04-10)

[질의] 학교에서 1일 음식물처리량이 90kg 이하인 경우 1일 처리능력이 99kg 이하인 미생물에 의한 소화분해 소멸성 액상방식 음식물쓰레기 소멸기를 구매하여 사용하는 것이 가능한지 여부 및 감량의무방법 변경신고가 가능한지 여부?

[회신] 폐기물관리법 시행규칙 제16조에서 정한 감량의무사업장에서 발생된 음식물류 폐기물을 스스로 감량하고자 할 경우 폐기물관리법 시행규칙 [별표 5] 제2호 다항2)에서 규정한 바에 따라 ① 가열에 따른 건조에 따라 부산물의 수분함량을 25% 미만으로 감량하거나, ② 발효 또는 발효건조에 따라 퇴비화·사료화 또는 소멸화하여 부산물의 수분함량을 40% 미만으로 처리하도록 규정하고 있으므로, 동 기준과 방법에 적합하지 않은 미생물액상발효소멸방식의 기기는 사용할 수 없음을 알려드립니다.

2-2-26 성능검사를 위해 중간처리업자의 배출업소로부터 폐기물 위탁 가능성 및 전자인계서 발행 여부(2009-04-10)

[질의] 소각전문 중간처리업자가 성능검사를 위해 폐기물을 처리업체에서 재위탁하는 방법만이 가능한지, 배출업소로부터 위탁받는 것이 가능한지 여부? 적법처리인증과 관련하여 배출업소와 처리업체 간 재위탁시 전자인계서를 발행하여야 하는지 여부?

[회신] 가. 폐기물처리시설의 성능검사를 위한 경우에는 폐기물 배출자로부터 폐기물을 위

탁받거나, 처리업자로부터 폐기물을 재위탁받을 수 있습니다.

나. 처리시설의 성능검사를 위한 경우에도 전자정보처리프로그램에 입력하여야 하는 폐기물의 처리를 위탁 또는 재위탁받는 경우이는 전자정보처리프로그램에 입력하여야 합니다.

2-2-27 배출시설 신고필증이 없는 경우 배출시설사업장 해당 여부(2009-04-14)

[질의] 농공단지나 산업단지의 경우 소음·진동배출신고가 면제되어 배출시설 신고필증이 없는데, 이 경우에도 배출시설사업장으로 볼 수 있는지?

[회신] 사업장에 배출시설을 설치, 운영하고 있을 경우에는 배출시설 설치신고 여부와 관계없이 배출시설 설치 사업장으로 보아야 합니다.

2-2-28 폐내화물의 전자정보처리프로그램 입력대상 여부(2009-04-14)

[질의] 지정폐기물이 아닌 사업장폐기물인 폐내화물의 전자정보처리프로그램 입력대상 해당 여부?

[회신] 폐내화물이 폐기물관리법 시행령 제2조 제8호 및 제9호에 따른 사업장이 아닌 일반사업장에서 발생한 것으로서 사업장 일반폐기물에 해당될 경우에는 전자정보처리프로그램에 입력하지 않아도 됩니다.

註) 일평균 300킬로그램 이상 폐내화물을 배출하는 자는 올바로시스템 입력대상이다.

2-2-29 폐타이어의 사업장폐기물 배출자 신고대상 여부(2009-04-15)

[질의] 폐타이어가 사업장폐기물 배출자 신고대상인지 여부?

[회신] 폐타이어의 분류는 폐기물관리법 시행규칙 [별표 4] "사업장폐기물의 분류번호"에 따라 폐타이어(51-15-00)로 분류되며, 폐타이어 발생량이 폐기물관리법 시행규칙 제18조에 해당될 경우에는 사업장폐기물 배출자 신고를 하여야 합니다.

2-2-30 폐타이어의 인계서 작성대상 여부(2009-04-15)

[질의] 폐타이어가 전자정보처리프로그램 입력대상인지 여부?

[회신] 폐기물관리법 시행령 제2조 제8호 및 제9호에 따른 건설공사 또는 일련의 작업에서 발생한 것이 아닌 일반 사업장에서 발생한 폐타이어, 폐합성수지, 폐합성고무는 폐기물관리법 시행규칙 제20조에 의한 전자정보처리프로그램 입력대상에 해당되지

않습니다. 만약, 건설공사, 또는 일련의 작업으로 폐기물이 5톤 이상 발생하였을 경우에는 전자정보처리프로그램 입력대상에 해당됩니다.

2-2-31 연간 발생하는 폐기물 15톤을 한 번에 배출할 때 배출신고 대상 여부(2009-04-17)

[질의] 연평균 15톤~20톤을 배출하는 업체로서 폐기물 발생량이 1일 평균 300kg 이하이나, 연간 발생하는 15톤 가량의 폐기물을 일시에 배출할 때는 배출 신고를 하여야 하는지 여부?

[회신] 가. 사업장 일반폐기물을 건설공사 또는 일련의 작업 등으로 폐기물을 5톤 이상 배출할 경우에는 폐기물관리법 시행규칙 제18조 제1항 제4호에 따라 사업장폐기물 배출자 신고를 하여야 합니다.

나. 참고로 1일 평균 배출량은 총배출량을 조업일수로 나누어 산정합니다.

2-2-32 집단급식소 위탁운영시 사업장폐기물 배출자 신고의 주체(2009-04-20)

[질의] A회사의 명의로 집단급식소를 설치신고 하였고 급식운영은 전문급식회사인 B회사에 위탁운영(1일 급식인원 약 700명)하고 있으며, B사는 위탁급식영업신고와 당사 주소지를 소재지로 별도 사업자등록을 신고한 경우, 음식물폐기물에 대한 사업장폐기물 배출자 신고의 주체는 누구인지?

[회신] 가.「식품위생법」제2조 제9호의 규정에 의한 집단급식소(평균 100인/일 이상)를 개설(설치신고)한 자는 폐기물관리법 시행규칙 제16조의 규정에 의한 배출자에 해당하며, 동 사업장이 폐기물관리법 시행규칙 제18조의 규정에 의한 사업장폐기물 배출자 신고에 해당하는 경우 사업장내 위탁급식소에서 발생되는 음식물류 폐기물도 사업장폐기물에 해당하므로 신고주체는 사업주(설치신고자)가 될 것입니다.

나. 아울러, 사업장폐기물 배출자 신고를 하는 경우 별도의 감량의무계획(폐기물관리법 시행규칙 제16조) 신고는 할 필요가 없음을 알려드립니다.

註) 급식운영을 B회사가 하면서 위탁급식 영업신고와 사업자등록도 하였다면, 당해 음식물폐기물은 B사가 배출하는 것으로 보아야 할 것이다. 규칙 제16조(현행 대통령령 제8조의4) 제1호에 음식물류 폐기물 배출자는 "집단급식소를 운영하는 자"라고 되어 있는 바, A회사는 집단급식소 설치신고만 하였지 실제 운영은 B회사가 운영하고 있으며 집단급식소에 대한 영업이익을 향수하는 사업자도 B회사이기 때문이

다. 폐기물관리법에는 '사업장'과 '사업자'에 대한 고유의 정의규정이 없고 관계법령에서 정의하고 있는 의미로 해석해야 하는데, 현행법에서는 부가가치세법이 규정하고 있다. 동법에 의하면 '사업자'란 사업목적이 영리이든 비영리이든 관계없이 독립적으로 재화 또는 용역을 공급하는 자를 의미한다. 이렇게 해석한다면 위 사례에서 사업자는 B회사이고 사업장은 위탁받아 운영하고 있는 A회사의 집단급식소가 될 것이다.

2-2-33 임시 사용승인받은 사업장의 전자정보처리프로그램 입력대상 여부(2009-04-20)

[질의] 산업단지가 완료되지 않은 상태에서 임시 사용승인을 받아 공장을 일부 가동해야 되는 상황에서 사업장폐기물 및 지정폐기물이 발생 될 경우 어떻게 처리를 해야 되는지, 그리고 공장 이전이 폐기물관리법 시행규칙 [별표 5]에 나와 있는 천재지변이나 부득이한 사유에 해당되는지 여부?

[회신] 가. 임시 사용승인을 받은 사업장일지라도 사업장폐기물이 발생할 경우에는 폐기물관리법에 따라 처리하여야 하며, 폐기물관리법 시행규칙 제20조에 정하고 있는 폐기물을 인계·인수할 경우에는 전자정보처리프로그램에 입력하여야 합니다.

나. 폐기물은 발생사업장별로 관리하여야 하며, 이를 다른 사업장으로 운반하여 보관 또는 처리할 수는 없습니다.

다. 공장 이전은 부득이한 사유에 해당되지 않으며, 1년간 배출하는 지정폐기물 총량이 3톤 미만인 사업장의 경우에는 1년의 기간 내에서 보관할 수 있습니다.

2-2-34 전자인계서 작성 방법(2009-05-14)

[질의] 재활용에 적합하도록 선별, 분류한 석탄재(매립 석탄재)를 새로운 폐기물로 봐야 하는지 여부 및 현재 전자인계서(올바로시스템)상 1개 처리업체만 입력이 가능한데, 당 발전소와 계약체결한 중간처리업체까지만 처리내용을 입력해야하는지, 아니면 중간처리업체와 계약체결한 운반 및 최종처리업체의 처리내용으로 입력해야 하는지? 당 발전소에서 중간처리업체와 계약체결한 재활용업체를 처리업체로 입력할 경우, 중간처리업체와 상기 업체 간 폐기물처리 및 전자인계서상 문제 발생시 책임소재는 어떻게 되는지?

[회신] 가. 석탄재를 재활용하기 위해 매립시설에서 굴착한 석탄재는 폐기물이 새로이 발생한 것으로 보아야 합니다.

나. 석탄재를 선별, 분류하는 행위는 폐기물처리 방법으로 볼 수 없으며, 폐기물 위탁처리하고자 할 경우에는 폐기물배출자가 폐기물처리업자 또는 재활용자와 직접 계약을 체결하여야 합니다.

다. 따라서 질의와 같은 경우에는 배출자가 재활용자와 폐기물처리계약을 체결하여야 하며, 폐기물배출자는 발전소이며, 전자정보처리프로그램 입력도 발전소가 직접 하여야 합니다.

註) 재활용에 적합하도록 선별·분류한 석탄재는 객관적 성상의 변화가 없는 것이므로 여전히 폐기물인 것이지 새로운 폐기물이 아니다.

2-2-35 폐기물 공동배출업체 변경의 건(2009-05-20)

[질의] 폐기물을 처리하기 위하여 A라는 공동배출업체에 가입되어 있다가 구두상으로 탈퇴를 하고 B라는 공동배출업체에 가입을 한 후 관할구청에서 기본적 처리증명이 적정 통보되었고, 올바로시스템에서도 B라는 공동배출업체에 소속되어서 수집·운반을 하고 전자인계서를 발행한 경우 불법인지 여부?

[회신] 기존 공동운영기구를 탈퇴하고 새로운 공동운영기구에 가입하여 지정폐기물처리계획 확인증명을 받았다면, 새로 가입한 공동운영기구를 통해 폐기물을 처리하는 행위에 대해 위법이라고 할 수 없습니다.

2-2-36 하수처리장에서 협잡물 발생시 폐기물배출자 신고대상 여부(2009-05-29)

[질의] 하수종말처리장으로 유입되는 중계펌프장에서 하수 중에 유입된 고상의 찌꺼기(협잡물)를 걸러 주는 설비에서 매월 1톤 정도의 협잡물이 발생되는 경우 폐기물배출자 신고대상인지 여부 및 처리 방법은?

[회신] 가. 중계펌프장에서 발생하는 협잡물이 1일 평균 300킬로그램 미만 발생할 경우에는 생활폐기물에 해당됩니다.

나. 다만, 협잡물이 오니 형태로 존재하고, 오니의 성분분석 결과가 폐기물관리법 시행규칙 [별표 1] "지정폐기물에 함유된 유해물질" 기준 이상 함유하고 있을 경우에는 지정폐기물로 분류하여야 합니다.

2-2-37 본사와 개별 공장의 사업자등록증 통합시 변경신고 해당 여부(2009-05-29)

[질의] 1개의 본사와 개별 공장으로 이루어져 있으며 각각의 사업자등록증을 보유하고 있

는데, 개별 사업장의 사업자등록증을 폐쇄하고 본사 사업자등록증으로 통합할 경우 변경신고 해당 여부?

[회신] 상호 또는 소재지의 변경이 없는 경우에는 사업장폐기물배출자신고서, 지정폐기물(의료폐기물 포함)처리계획 확인증명을 변경하지 않아도 됩니다.

2-2-38 하·폐수처리 오니의 무기성 슬러지로의 배출 가능성(2009-05-31)

[질의] 하·폐수처리 오니를 유기물 함량 40% 이하로 저하시킬 경우 무기성 슬러지로 배출이 가능한지 여부?

[회신] 가. 폐기물관리법 시행령 제7조 제1항 제4호의 규정에 따라 중간처리 후 발생하는 폐기물은 새로 폐기물이 발생한 것으로 보아 동법 제17조 제2항에 따른 신고 또는 제17조 제3항에 따른 확인을 받고 해당 폐기물의 처리 방법에 따라 적정하게 처리하여야 합니다.

나. 따라서 유기성 오니를 고형물 중 유기성물질의 함량이 40퍼센트 미만으로 중간처리한 경우 무기성 오니로 배출 가능합니다.

2-2-39 감량의무대상사업장 해당 여부(2009-07-07)

[질의] 술을 파는 주점, 호텔내 유흥주점 및 룸살롱의 경우 음식물폐기물 감량의무대상사업장에 해당하는지 여부?

[회신] 폐기물관리법 시행규칙 제16조 제2호의 규정에 따라「식품위생법」제21조 제1항 제3호에 따른 식품접객업 중 휴게음식점영업 및 일반음식점영업을 하는 자 중 특별자치도 또는 시·군·구의 조례로 정하는 자에 대하여 감량의무사업장을 지정하므로 자세한 사항은 해당 시·군·구청(환경과 또는 청소과)에 문의하여 주시기 바랍니다.

2-2-40 폐스크랩 파쇄시 폐기물배출 신고 및 인계서 작성대상 여부(2009-07-14)

[질의] 폐스크랩을 파쇄(분쇄)하여 중간처리 전의 성질 및 상태와 동일한 경우 폐기물배출 신고 및 인계서 작성을 하지 않아도 되는지 여부?

[회신] 가. 폐기물관리법 시행령 제7조 제1항 제4호 단서조항에 "… 기계적 처리시설에서 중간처리한 후 새로 발생되는 폐기물 중 그 성질과 상태가 중간처리하기 전의 폐기물과 동일한 폐기물은 중간처리하기 전의 폐기물로 보아 해당 폐기물의 처리 방법과 기준에 따라 처리하여야 한다고 규정하고 있습니다.

나. 이는 사업장폐기물 배출자 신고, 폐기물인 계·인수를 하지 않아도 된다는 내용이 아니며, 중간처리한 후 발생한 폐기물의 처리 방법과 기준을 "중간처리하기 전의 폐기물의 처리 방법과 기준"에 따라 처리하여야 한다는 것입니다. 따라서 사업장폐기물 배출자 신고, 폐기물 인계·인수 대상에 해당될 경우에는 신고 및 인계·인수를 하여야 합니다.

2-2-41 다수의 사업자가 있는 대형건물에서 발생된 폐기물의 배출자 신고대상 여부(2009-07-16)

[질의] 대형건물에 사업자(마트, 영화관, 유통매장)가 서로 다르며 대형건물의 총폐기물이 1일 300kg 이상 발생시 사업장폐기물 배출자 신고대상 여부?

[회신] 가. 각각의 사업장에서 발생하는 폐기물이 1일 300kg 미만인 경우는 생활폐기물로서 지방자치단체의 조례로 정하는 바에 따라 처리하여야 합니다.

나. 다만, 주상복합건물 또는 오피스텔에서 발생하는 폐기물을 공동으로 처리하기로 약정하고 법인격을 갖춘 대표자를 선정하였다면 본 대표자가 사업장폐기물 배출자 신고를 하여 공동으로 처리할 수 있습니다.

2-2-42 사업장생활계 폐기물 배출시 종량제봉투 사용 여부(2009-07-22)

[질의] 사업장생활계 폐기물 배출량이 1일 평균 300kg 이상인 사업장에서 사업장폐기물 배출자 신고를 하고 폐기물처리업자를 통하여 위탁하여 처리하는 경우 종량제 봉투를 사용하여 배출해야 하는지 여부?

[회신] 사업장생활계 폐기물을 폐기물처리업자에게 위탁처리할 경우 반드시 종량제 봉투를 사용할 필요는 없습니다. 다만, 폐기물관리법 시행규칙 [별표 5]에 의하여 사업장생활계 폐기물로서 생활폐기물과 성질 및 상태가 비슷하여 생활폐기물의 기준 및 방법으로 수집·운반·보관·처리할 수 있는 폐기물은 해당 자치단체의 조례에서 정하는 바에 따라 생활폐기물의 기준 및 방법으로 처리할 수 있습니다.

2-2-43 백화점 등이 감량의무계획서 제출대상 여부(2009-08-07)

[질의] 백화점, 인천공항 등에 입점이 되어 있는 매장의 경우 영업면적이 125㎡ 이상이라면 감량의무계획서 제출대상 여부?

[회신] 백화점 등에서 발생되는 음식물류 폐기물을 포함한 폐기물이 폐기물관리법 시행령 제2조의 규정에 따라 사업장범위에 속하는 경우 백화점 등 개설자가 폐기물관리법

시행규칙 제18조의 규정에 따라 사업장폐기물 배출자 신고를 하여야 하며, 별도의 감량의무계획신고는 하실 필요는 없습니다.

2-2-44 택지개발현장 내의 타 현장 발주공사의 폐기물배출자 신고 관련 질의(2009-09-28)

[질의] 택지개발지구 건설폐기물처리계획신고를 함에 있어 이미 택지조성 공사를 하면서 나오는 폐기물에 대하여는 신고가 되어 있는 상태이나 택지개발지구내 타 공사(하천정비공사-발주자는 택지조성 공사와 동일함)를 하면서 나오는 폐기물에 대하여 따로 폐기물처리계획신고를 하여야 하는지(택지개발조성 공사와 하천정비 공사의 발주자는 동일하고 동시에 공사가 진행 중임)?

[회신] 택지조성 공사와 하천정비 공사가 함께 동일 건으로 발주(발주자 동일함)된 경우에는 건설폐기물처리계획신고를 1건으로 하면 됩니다.

2-2-45 사용 가능한 음식물쓰레기 탈수기 및 탈리액의 배출기준(2009-10-16)

[질의] 가정 및 소규모(규제대상 이하)의 음식물쓰레기 처리 중 시중에 많이 유통되는 탈수기에 관하여, 음식물쓰레기를 그대로 탈수만하는 장치와 분쇄 후 탈수하는 장치가 있는데, 각 장치의 법적 규제 여부 및 탈수기 탈리액의 배출규제기준(고형물의 함량, 크기 등)은 무엇인지?

[회신] 가. 가정 등에서 발생하는 음식물류 폐기물(폐기물관리법 시행규칙 제16조 각 호의 배출자 제외)을 동 규칙 제10조 제3호의 규정에 따라 규모 미만의 음식물류 폐기물 처리시설(압축, 파쇄·분쇄 등)을 설치·운영하는 경우 당해 시설의 처리과정을 거쳐 배출수와 함께 배출되는 고형물의 무게가 유입되는 고형물 무게의 100분의 20 미만으로 규정하고 있습니다.

나. 아울러, 탈수기는 폐기물관리법 시행령 제5조 [별표 3]에서 규정한 폐기물처리시설에 해당될 수 있으며, 가정 등에서 발생되는 음식물류 폐기물을 포함한 생활폐기물은 자치단체의 조례로 정한 방법 및 기준에 따라 배출하여야 할 것입니다.

2-2-46 폐식용유에 대한 폐기물 배출자 변경신고 문의

[질의] 1일 평균 급식인원이 100인을 초과하는 식당을 17개 운영하고 있으며, 식당은 위탁운영하는 업체에서 운영하고 있는데, 식당에서 발생하는 폐식용유에 대한 사업장폐기물 변경신고를 하려는 경우, 당사와 위탁운영업체로 구분하여 16개 식당에서 발

생하는 폐식용유는 위탁운영업체 폐기물 배출자 신고를 하고, 1개 식당에서 발생하는 폐식용유는 당사 폐기물 배출자 신고를 하는 것이 가능한지?

[회신] 가. 식당을 운영하는 주체가 다르고, 사업주와 식당 운영주의 협의로 식당에서 발생하는 폐식용유를 포함한 모든 폐기물을 식당 운영주의 책임하에 처리하기로 약정을 체결하였을 경우에는 식당 개별적으로 사업장폐기물 배출자 신고를 하고 폐기물을 처리할 수 있을 것입니다.

나. 식당에서 발생하는 모든 폐기물이 아닌 폐식용유만을 개별적으로 처리하고자 하는 것은 불가능합니다.

2. 폐기물의 수집·운반

2-2-47 고형연료제품(TDF) 운송 관련 질의(2008-05-16)

[질의] 폐타이어를 이용하여 생산된 고형연료제품(TDF)의 운송을 폐기물전용차량으로 운송하여야 하는지, 아니면 일반차량으로 운송이 가능한지 여부?

[회신] 폐기물관리법 제46조 제1항 제4호 및 동법 시행규칙 제66조 제1항 제2호의 규정에 따라 고형연료제품(TDF)을 생산하는 것으로 폐기물재활용 신고를 한 경우 생산된 고형연료제품(TDF)은 일반차량으로 운반이 가능합니다.

註) 고형연료제품은 폐기물 속성이 종료된 새로운 물질(제품)이다.

2-2-48 폐기물재활용 신고필 업체의 수집·운반차량 도색 및 표기방법(2008-08-14)

[질의] 폐축전지 및 폐변압기(손상되지 아니한 상태로서 폐황산이나 폐절연유가 유출되지 아니하는 경우만 해당한다)를 수집·운반하고자 하는 차량에 대하여 차량 자체의 도색이나 표기방법을 별도로 규정하고 있는지, 그리고 구체적으로 지정폐기물의 수집·운반차량에 준한 방법으로 노란색으로 도색해야 하는지, 아니면 일반폐기물을 운반하는 일반차량으로도 가능한지 여부?

[회신] 가. 사업장폐기물을 폐기물관리법 제46조 제1항 제5호 및 동법 시행규칙 제66조 제2항 제4호 규정에 의거 폐축전지 및 폐변압기(손상되지 아니한 상태로서 폐황산이나 폐절연유가 유출되지 아니하는 경우만 해당)를 수집·운반하는 것으로 재활용 신고를 한 경우 수집·운반차량에 대한 표시의 규정은 없습니다.

나. 다만, 수소이온농도지수 2.0 이하의 황산액이 함유된 폐배터리는 지정폐기물에

분류되어 황색으로 도색된 차량으로 수집·운반하여야 하며, 수소이온농도가 2.0 이상이거나 산을 완전히 분리·제거한 폐배터리는 사업장 일반폐기물로 분류되어 황색으로 도색된 차량이 아닌 차량으로 수집·운반하여도 됩니다.

2-2-49 비위생매립지 정비사업 현장내 폐기물 운반차량에 대한 질의(2008-10-02)

[질의] 기존 매립장에서 신규 매립장으로 폐기물 운반시 폐기물수집·운반증을 발급받은 업체에 의뢰하여야 하는지 여부?

[회신] 가. 기존 매립장과 신규 매립장이 인접하고 있고 같은 사업장일 경우에는 폐기물수집·운반증을 발급받지 않은 차량으로 운반할 수 있습니다.

나. 기존 매립장과 신규 매립장이 인접하고 있지 않거나, 같은 사업장으로 볼 수 없는 경우에는 폐기물수집·운반증을 발급받은 차량으로 운반하여야 합니다.

다. 또한 굴착 폐기물이 사업장생활계 폐기물로서 성질과 상태가 생활폐기물과 비슷하여 생활폐기물의 기준 및 방법으로 수집·운반·처리할 수 있는 것은 지방자치단체의 조례에 따라 처리할 수 있습니다.

2-2-50 폐기물의 수집·운반증 발급(2008-11-21)

[질의] 폐기물수입업자와 운반계약을 체결하고 임시로 폐기물을 수집·운반할 경우 폐기물수집·운반증 발급신청에 대한 문의?

[회신] 가. 폐기물관리법 시행규칙 [별표 5] 제6호 가목 6)에 따라 폐기물을 수입하는 자가 컨테이너를 사용하여 그 수입폐기물을 운반하는 경우에는 제6호 바목 및 라목에 따라 임시차량 폐기물수집·운반증을 발급받아야 합니다.

나. 폐기물관리법 시행규칙 [별표 5] 제6호에서 임시로 폐기물을 수집·운반하는 차량의 임차계약서에 대해서는 별도의 규정을 정하고 있지 않음을 알려드립니다.

註) 폐기물을 수출 또는 수입하는 자가 그 폐기물을 운반하는 경우에는 수집·운반증을 차량에 붙여야 한다. 이 경우 임시차량 수집·운반증을 발급받을 수 있다. 폐기물을 컨테이너에 넣은 후 밀폐하여 운반하는 경우(수출입신고증명서를 소지해야 함)에는 수집·운반증이 필요 없다.

2-2-51 사업장 일반폐기물을 연구소에 샘플로 보낼 때 운반 방법(2008-12-15)

[질의] 사업장 일반폐기물로 폐테이프(합성수지류)가 발생하는데 현재 RDF로 처리되고 있

으나, 다른 방법으로 재활용 가능한지 여부를 확인하기 위해 연구소에 샘플로 폐기물을 보내려고 합니다. 이 경우 연구소(사업사증록증 있음)는 폐기물처리업/폐기물처리시설을 득하거나 보유해야하는지 여부 및 폐기물 샘플의 운반시 운반차량도 폐기물수집허가차량으로 해야 하는지 여부?

[회신] 가. 폐기물관리법 시행규칙 제37조 제1항에 해당하는 연구기관에서 시험·연구 목적으로 폐기물처리시설을 설치·운영하고자 할 경우에는 폐기물처리시설 설치·운영계획서를 제출하도록 하고 있으며, 이를 제출받은 시·도지사, 지방환경관서의 장은 이를 확인하도록 하고 있습니다.

나. 따라서 해당 연구소가 행정기관으로부터 확인 받은 폐기물처리시설 설치·운영계획서를 확인하시기 바랍니다.

다. 샘플을 운반하는 경우에는 폐기물수집·운반증을 발급받지 않은 차량으로 운반할 수 있으나, 연구목적으로 제공할 경우에는 수집·운반증으로 발급받은 차량으로 운반하여야 합니다.

2-2-52 사업장생활계 폐기물 수집·운반업체의 타 지역 사업장생활계 폐기물 수집·운반 가능성(2009-01-02)

[질의] 생활폐기물 및 사업장생활계 폐기물로 허가받은 업체가 타 지자체에서도 사업장생활계 폐기물을 계약하여 수집·운반할 수 있는지 여부?

[회신] 폐기물관리법 제25조 제7항에 의하여 영업구역 제한 조건은 생활폐기물 수집·운반업 허가시 붙일 수 있는 조건입니다.

2-2-53 사업장배출시설계 폐기물 수집·운반차량으로 파지나 고철 운반 가능성(2009-01-12)

[질의] 폐기물수집·운반허가를 득한 회사의 수집·운반 전용차량으로 사업장배출시설계 폐기물을 운반시 폐기물 품목이 아닌 파지나 고철 등을 운반하는 것이 가능한지?

[회신] 사업장배출시설계 폐기물 수집·운반차량증을 발급받은 차량으로 배출시설계 폐기물과 다른 종류의 폐기물 또는 물품을 같이 수집·운반할 수는 없으나, 배출시설계 폐기물을 싣지 않았을 경우에는 고철, 폐지 또는 물품 등을 운반할 수 있습니다.

2-2-54 폐기물수집·운반차량으로 폐기물외 물품운반 가능성(2009-01-20)

[질의] 사업장배출시설계 폐기물 수집·운반 허가차량으로 폐기물을 매립장에 하차 후 물품(골재)의 운반이 가능한지 여부?

[회신] 폐기물수집·운반차량으로 폐기물과 물품을 함께 실을 수는 없으나, 질의와 같이 폐

기물과 물품을 따로 운반할 수는 있습니다.

2-2-55 폐식용유 수집·운반 방법(2009-02-03)

[질의] 폐식용유를 재활용하고자 하는 경우 수집·운반 방법은?

[회신] 생활폐기물인 폐식용유를 수집·운반하여 재활용하고자 하는 경우 폐기물관리법 시행규칙 제14조 [별표 5] 제3호의 규정에 의거 지방자치단체의 조례가 정하는 바에 따라 생활폐기물의 기준 및 방법으로 수집·운반·보관·처리할 수 있습니다.

2-2-56 탱크로리 차량 1대를 폐기물수집·운반업, 가축분뇨수집·운반업에서 사용 가능성(2009-02-11)

[질의] 탱크로리 차량 1대를 폐기물수집·운반업과 가축분뇨수집·운반업에서 동시에 사용이 가능한지 여부?

[회신] 폐기물수집·운반업과 가축분뇨수집·운반업의 허가 요건인 시설, 장비는 각각 유지·관리하여야 합니다.

2-2-57 공동처리배출자가 타 사업장으로 폐기물의 수집·운반 가능성(2009-02-11)

[질의] 전 사업장에 공동처리배출자로 신고가 되어 있는 업체가 읍·면 지번이 다른 사업장으로 폐기물을 수집·운반하고자 할 경우 무허가 차량으로 수집·운반 행위가 가능한지 여부?

[회신] 가. 공동운영기구에서 폐기물을 공동·처리하기 위하여 폐기물처리시설이 있는 장소로 운반을 할 수 있으나, 폐기물처리시설이 없는 사업장으로는 운반할 수 없음을 알려드립니다.

나. 폐기물을 폐기물처리시설 설치사업장으로 운반할 경우에는 폐기물수집·운반증을 발급받은 차량으로만 폐기물을 운반할 수 있습니다.

다. 폐기물관리법 제13조를 위반하여 폐기물을 수집·운반(환경오염이 없는 경우)하였을 경우에는 1천만원 이하의 과태료를 부과하도록 하고 있습니다.

2-2-58 폐기물수집·운반시 경유지 보관 한계일(2009-02-19)

[질의] 폐기물 수집·운반시 거래처 발생량이 적어 현재 1번 운반시 25톤차량에 3톤씩(주 3~4회) 운반하고 있어 중간저장소(폐기물저장·운반 허가를 득하여)를 운용하고자 합니다. 최초저장일로부터 며칠 내에 처리장소로 운반해야 되는 것인지?

[회신] 폐기물관리법 시행규칙」제31조에 따라 폐기물수집·운반업자는 폐기물 임시보관장소에서 폐기물을 5일 이내 보관한 할 수 있으므로 5일 이내 처리장소로 운반하여야 합니다.

2-2-59 사업장생활계 폐기물 수집·운반업 연락사무실의 임대차계약서가 공증대상인지 여부(2009-02-25)

[질의] 사업장생활계 폐기물 수집·운반업에 있어서 "장비와 연락장소 또는 사무실"의 구비 요건에 따라 장비구비를 마치고 사무실의 경우 3년 이상 임대차계약을 체결하였는데, 사무실의 대차계약도 폐기물관리법 시행규칙 [별표 7]의 비고 제4호에 의거 소정의 공증을 받아야 하는 사업장부지에 해당하는지 여부?

[회신] 사업장생활계 폐기물 수집·운반업의 연락장소 또는 사무실을 임차할 경우에는 공증을 받지 아니하여도 됩니다.

2-2-60 차량 1대로 2개의 사업장으로부터 성상이 같은 폐기물의 수집·운반 가능성(2009-03-03)

[질의] 사업장배출시설계 폐기물 수집·운반업자로 성상과 폐기물처리 방법이 같은 폐기물을 차량 1대로 2개 사업장폐기물 운송이 가능한지 여부?

[회신] 처리기준과 방법이 같은 폐기물로서 같은 처리시설에서 처리하는 경우에는 2개 이상의 사업장에서 수집·운반이 가능합니다.

2-2-61 사업장생활계 폐기물수집·운반업자의 아파트 음식물쓰레기 수집·운반 가능성(2009-03-10)

[질의] 사업장생활계 폐기물 수집·운반업 허가를 득한 자가 음식물재활용업체, 배출자, 수집·운반업자와 3자계약을 통해 운반이 가능한지 여부 및 아파트에서 배출되는 음식물을 관리사무소와 계약을 통해 운반하여 음식물처리업체로 처리가 가능한지 여부?

[회신] 가. 사업장에서 발생되는 음식물류 폐기물을 수집·운반하기 위해 사업장생활계(음식물류 폐기물) 수집·운반업허기를 득한 경우 3자(배출자+수집·운반업자+재활용신고자) 간의 계약을 통해 수집·운반은 가능하나, 식당·아파트 등에서 발생되는 음식물류 폐기물을 포함한 생활폐기물은 폐기물관리법 제14조의 규정에 따라 수집·운반·처리책무가 관할 시장·군수·구청장에게 있으므로 생활폐기물의 수집·운반을 할 수 없습니다.

나. 다만, 폐기물관리법 시행령 제8조의 규정에서 정하는 바와 같이 생활폐기물 처리대행자의 경우는 가능할 것입니다.

2-2-62 감량의무사업장의 음식물류 폐기물을 재활용 중간처리업체로 수집·운반 가능성(2009-03-17)

[질의] 감량의무사업장에서 발생하는 음식물류 폐기물을 폐기물관리법 제25조에 의거 폐기물수집·운반업[영업대상폐기물: 사업장생활계(음식물류)] 허가를 받은 업체가 사료나 퇴비로 재활용하는 중간처리업체로 수집·운반이 가능한지 여부?

[회신] 가. 폐기물을 배출하는 사업장이 폐기물관리법 시행령 제2조의 규정에서 정한 사업장에 해당하는 경우에는 음식물류 폐기물이 사업장폐기물에 해당되고, 그러하지 않은 경우에는 생활폐기물에 해당됩니다.

나. 사업장폐기물에 해당될 경우에는 사업장생활계 폐기물 수집·운반업을 득한 자가 운반할 수 있으며, 또한 지자체에서 조례로 생활폐기물 수집·운반업자가 운반할 수 있다고 정하고 있는 경우에는 생활폐기물 수집·운반업자가 운반할 수 있습니다.

다. 생활폐기물에 해당하는 경우에는 생활폐기물수집·운반업을 득한 자가 운반하여야 함을 알려드립니다.

2-2-63 생활폐기물 수집·운반업자가 사업장생활계 폐기물의 수집·운반 가능성(2009-03-18)

[질의] 생활폐기물수집·운반업 허가를 받은 자가 동일 자치단체 내에서 발생되는 사업장생활계 폐기물의 수집·운반이 가능한지 여부 및 변경허가 대상인지 여부?

[회신] 가. 폐기물관리법 시행규칙 [별표 5]에 사업장생활계 폐기물로서 성질 및 상태가 생활폐기물과 비슷하여 생활폐기물의 기준 및 방법으로 수집·운반할 수 있는 폐기물은 시·군·구의 조례로 정하는 바에 따라 생활폐기물 수집·운반업자가 운반할 수 있다고 규정하고 있습니다. 따라서 생활폐기물 수집·운반업자가 사업장생활계 폐기물을 수집·운반할 수 있는지는 해당 지자체로 문의하시기 바랍니다.

나. 사업장생활계 폐기물을 생활폐기물의 처리기준 및 방법이 아닌 사업장폐기물 처리기준 및 방법에 따라 처리하고자 할 경우에는 사업장생활계 폐기물 수집·운반업의 허가를 받아야 합니다.

다. 생활폐기물수집·운반업 허가를 받은 자가 사업장생활계 폐기물의 수집·운반업의 허가를 받고자 할 경우에는 변경허가가 아닌 신규 허가를 받아야 합니다.

2-2-64 재활용폐기물 수집·운반에 대한 질의(2009-03-19)

[질의] 단순 수집·운반업체에서 재활용폐기물 수집·운반시 수집해 온 재활용 물품을 보

관할 수 있는 기간이 정해져 있는지 여부 및 재활용폐기물 수집·운반 업체에서 압축·파쇄시설을 설치하면 중간처리업 허가를 득해야 하는지 여부?

[회신] 가. 폐기물관리법 시행규칙 제32조 [별표 8] 제2호 라목의 규정에 따라 폐기물수집·운반업자는 위탁받은 폐기물을 배출자가 지정한 적절한 처리장소로 운반하지 아니하고 다른 장소에 보관을 하여서는 아니됩니다.

나. 폐기물처리시설을 설치하여 폐기물을 중간처리하고자 할 경우, 폐기물관리법 제25조 제3항의 규정에 의한 폐기물중간처리업 허가대상입니다.

2-2-65 사업장배출시설계 폐기물 수집·운반업자의 생활폐기물 수집·운반 가능성(2009-03-20)

[질의] 사업장배출시설계 폐기물 수집·운반업 허가를 받아 A사업장과 계약하여 영업을 하던 중 추가로 사업장배출시설계 폐기물 100톤과 생활폐기물 20톤을 각각 분리배출하는 B사업장과 계약하려는 경우, 계약 이전에 B사업장용 운반차량을 추가로 확보하여야 하는지 및 분리배출되는 생활폐기물을 배출시설계 차량으로 운반하여도 되는지 여부?

[회신] 가. 폐기물관리법 시행규칙 [별표 8] "폐기물처리업자의 준수사항"에 "처리업자가 폐기물의 수집·운반 또는 처리를 위탁받은 때에는 시행규칙 제17조 제1항에 따른 위탁자별로 수탁처리능력확인서 등을 보내야 하며, 위탁받고자 하는 폐기물이 자신의 처리시설에서 처리가 어렵거나 수탁능력을 초과하는 경우에는 그 폐기물을 위탁받아서는 아니된다"고 규정하고 있습니다.

나. 따라서 추가로 수집·운반하고자 하는 사업장배출시설계 폐기물로 인해 수탁능력을 초과할 경우에는 사전에 폐기물처리업의 변경허가를 받아 수집·운반차량을 확보하여야 합니다.

다. 수집·운반차량증을 발급받지 않은 차량으로 폐기물을 운반하였을 경우에는 폐기물수집·운반기준 위반, 폐기물처리업자 준수사항 위반으로 처벌을 받게 됩니다.

라. 생활폐기물, 사업장생활계 폐기물은 사업장배출시설계 폐기물 수집·운반업자가 운반할 수 없습니다. 이를 위반하였을 경우에는 무허가처리업 등으로 처벌을 받을 수 있습니다.

註) 사업장배출시설계 폐기물은 사업장배출시설계 폐기물 수집·운반업자가 수집·운반하고, 사업장생활계 폐기물은 사업장생활계 폐기물 수집·운반업자가 수집·운반하여야 한다(시행규칙 [별표 5] 제3호 나목1)).

2-2-66 폐기물수집·운반업에 대한 질의(2009-03-31)

[질의] 사업장의 음식물류 폐기물도 사업장생활계 폐기물 운반업으로 허가를 받으면 영업할 수 있는지? 장비 중 밀폐식 운반차량 1대 이상(적재능력 합계 15세제곱미터 이상)을 구비해야 하는데, 이때 적재능력 합계 15세제곱미터 이상이라는 것의 의미는 무엇인지?

[회신] 가. 음식물제조 사업장의 배출시설 설치·운영으로 발생한 것이 아닌 경우에는 음식물류 폐기물이 사업장생활계 폐기물에 해당될 것이므로, 사업장생활계 폐기물 수집·운반업자가 운반할 수 있습니다.

나. "적재능력 15세제곱미터"는 적재 가능한 용적(부피)을 말하는 것으로서 차량 적재함의 크기를 말합니다.

2-2-67 생활계폐기물 수집·운반을 위한 밀폐식 운반차량 해당 여부(2009-03-31)

[질의] 사업장생활계 폐기물 수집·운반업을 허가받고자 하는 경우 암롤트럭의 적재함(사각박스) 상부에 자동덮개 설비를 설치할 경우 밀폐식 운반차량으로 인정되는지?

[회신] 폐기물수집·운반업의 장비 중 밀폐식 운반차량이란 폐기물을 적재할 수 있는 공간이 외부와 샐 틈이 없이 막혀 있거나 닫혀 있는 구조를 가진 차량을 말합니다. 적재함에 덮개(뒷부분이 열리는 구조인 경우는 뒷문)가 설치된 차량으로서 덮개가 닫혀 있는 상태에서 적재함의 폐기물이 외부로 비산이나 유출 우려가 없다면 밀폐식 차량으로 볼 수 있을 것입니다.

2-2-68 차량 도색 및 규정(2009-03-31)

[질의] 폐기물수집·운반차량은 환경처 지정 도색을 해야 하는데 사업장일반생활계 폐기물 차량은 색상 구분이 있는지 여부?

[회신] 지정폐기물의 경우에는 수집·운반차량을 노란색으로 도색하도록 하고 있으나, 사업장 일반폐기물, 건설폐기물 수집·운반차량은 도색에 대한 규정이 없습니다.

2-2-69 폐기물수집·운반업자의 일괄수탁금지 조항 관련(2009-03-31)

[질의] 배출자는 수집·운반업자가 폐기물 중간(또는 최종)처리업자와 처리계약을 맺더라도 수집·운반업자와는 처리계약이 불가능한지?

[회신] 가. 폐기물수집·운반업자는 폐기물 중간 또는 최종처리업자가 아니므로 폐기물처

리에 관한 계약을 체결할 수 없습니다.

나. 폐기물수집 · 운반업자 및 처리업자가 배출자와 하나의 계약서로 동시에 폐기물의 수집 · 운반 및 처리에 관한 계약을 체결하는 경우에는 운반단가와 처리단가를 구분하여 기재하여야 합니다.

2-2-70 콩비지(사료용) 관련 폐기물 수집 · 운반 관련 질의(2009-04-05)

[질의] 두부공장(경기도 소재)에서 나오는 콩비지를 수거해서 사료업체에 팔려는 경우 폐기물 수집 · 운반에 필요한 자격요건은 무엇인지?

[회신] 가. 두부공장에서 발생하는 콩비지는 폐기물에 해당되므로 이를 수집 · 운반하고자 할 경우에는 사업장배출시설계 폐기물 수집 · 운반업의 허가를 받아야 합니다. 두부공장은 「수질 및 수생태계보전에 관한 법률」에 의한 배출시설이 설치되어 있을 것으로 판단되므로 콩비지는 사업장배출시설계 폐기물로 구분됩니다.

나. 두부공장에 배출시설이 없는 경우에는 1일 평균 폐기물 발생량이 300킬로그램 이상 발생하면 사업장생활계 폐기물에 해당되고, 300킬로그램 미만 발생하면 생활폐기물에 해당됩니다.

다. 사업장배출시설계 폐기물 수집 · 운반업의 허가를 받고자 할 경우에는 폐기물관리법 시행규칙 [별표 7]에 정하고 있는 장비(차량 2대 이상)를 구비하여야 합니다.

라. 사업장폐기물을 배출하는 자가 폐기물처리를 위탁하고자 할 경우에는 폐기물수집 · 운반업자, 처리업자가 적법하게 처리할 능력이 있는지 여부를 확인하고 계약을 체결한 이후 폐기물을 위탁하도록 하고 있습니다. 따라서 폐기물의 처리방법, 처리업자 선정은 배출자가 결정하며, 폐기물수집·운반업자가 이를 결정할 수 없습니다.

2-2-71 폐유리를 중간처리 후 수집 · 운반 방법(2009-04-16)

[질의] 폐기물 중간처리업체에서 중간처리된 폐유리의 수집 · 운반 방법?

[회신] 가. 폐기물관리법 시행령 제7조 제1항 제4호의 규정에 의하면 폐기물을 중간처리 후 발생되는 물질(또는 것)은 폐기물로 보고 있습니다.

나. 따라서 폐기물관리법 제25조 제3항의 규정에 의한 폐기물 중간처리업체에서 중간처리된 폐유리는 폐기물수집 · 운반차량으로 수집 · 운반하여야 합니다.

2-2-72 공동명의로 재활용 신고시 수집·운반증 발급 가능성(2009-04-16)

[질의] A와 B가 공동으로 사업자등록증을 내고 농장은 A소유이고 수집·운반차량은 B소유인데, 음식물 잔반을 수거해 농장에서 재활용(사료화)하고자 하는 경우 폐기물재활용 신고 대상인지 여부 및 B가 A에게 농장임대계약을 맺고 B가 재활용 신고 후 B소유 차량에 대해 운반증 발급이 가능한지 여부? 공동명의로 재활용 신고 후 행정처분을 받는 경우 책임의 분담비율은?

[회신] 가. 폐기물관리법 시행규칙 제14조 [별표 5] 제6호 ㅂ-목의 규정에 따라 폐기물수집·운반증의 발급대상이 되는 차량은 발급신청인 명의로 등록된 것이어야 합니다.

나. 폐기물관리법 제46조 제1항의 규정에 따라 B가 폐기물재활용 신고를 한 경우, B소유 차량에 대해 폐기물관리법 시행규칙 제14조 [별표 5] 제6호 바목의 규정에 따라 폐기물수집·운반증 발급이 가능합니다.

다. 폐기물관리법 제46조 제1항의 규정에 의한 폐기물재활용 신고자가 과태료 부과처분 등의 행정처분을 받을 경우, 책임의 분담비율에 대해서는 폐기물관리법에 규정되어 있지 않습니다.

2-2-73 사업장의 생활계폐기물과 배출시설계 폐기물의 혼합보관 여부 및 배출시설계 차량으로 수집·운반 가능성(2009-04-16)

[질의] 사업장생활계 폐기물과 사업장배출시설계 폐기물의 혼합보관이 가능한지 여부 및 혼합보관된 사업장생활계 폐기물과 사업장배출시설계 폐기물을 사업장배출시설계 수집·운반차량으로 운반이 가능한지 여부?

[회신] 가. 사업장생활계 폐기물과 사업장배출시설계 폐기물의 처리기준과 방법이 같은 폐기물로서 같은 폐기물처리시설이나 장소에서 처리하는 경우에는 혼합보관할 수 있으나, 사업장생활계 폐기물과 사업장배출시설계 폐기물이 혼합되어 있을 경우에는 사업장생활계 폐기물 수집·운반업자 또는 사업장배출시설계 폐기물 수집·운반업자는 운반할 수 없습니다.

나. 혼합된 폐기물을 운반하고자 할 경우에는 폐기물수집·운반증을 발급받은 배출자 또는 중간처리업자 등의 폐기물수집·운반차량으로 운반하여야 합니다.

2-2-74 카고트럭의 사업장배출시설계 폐기물 수집·운반차량 등록 가능성(2009-04-21)

[질의] 사업장배출시설계 폐기물 수집·운반업 허가업체가 사업 확대로 카고트럭(11톤)을 증차하여 기계식 상차장치 없이 고체상태의 폐기물운반차량으로 등록이 가능한지 여부?

[회신] 폐기물수집·운반업자가 추가로 확보하고자 하는 카고차량이 고체상태의 폐기물을 적법하게 수집·운반할 수 있는 경우에는 사업장배출시설계 폐기물 수집·운반업의 차량으로 등록이 가능합니다.

2-2-75 석탄재의 수집·운반 방법(2009-04-28)

[질의] 화력발전소에서 나오는 석탄재를 화력발전소와 건설회사 간에 계약하고 시청에서 허가를 받아 지정된 매립지나 반출장소로 운반하려는 경우 적절한 수집·운반 방법은?

[회신] 석탄재는 폐기물로 분류·관리하여야 합니다. 따라서 석탄재는 일반 운송차량으로 운반할 수 없으며, 폐기물 배출자 또는 재활용자가 폐기물수집·운반증을 발급받은 차량으로 운반하거나, 폐기물수집·운반업자의 폐기물수집·운반차량으로 운반하여야 합니다.

2-2-76 사업장생활계 폐기물 수집·운반업의 영업구역 제한 여부(2009-04-29)

[질의] A지자체에서 사업장생활계 폐기물 허가(전국)를 취득하고 있는 업체인데 B지자체의 사업장생활계 폐기물 다량 배출업소와 계약을 하여 폐기물 처리를 할 수 있는지 여부?

[회신] 사업장생활계 폐기물 수집·운반업은 영업구역의 제한이 없으므로 폐기물 발생지역에 관계없이 사업장생활계 폐기물을 수집·운반할 수 있습니다.

2-2-77 사업장생활계 폐기물 수집·운반업자의 대형마트 음식물쓰레기 수집·운반 가능성(2009-05-07)

[질의] 사업장생활계 폐기물 수집·운반업자가 대형마트 내의 식당에서 발생한 음식물쓰레기의 수집·운반이 가능한지 여부?

[회신] 가. 사업장에서 발생되는 음식물류 폐기물을 수집·운반하기 위해 사업장생활계 폐기물(영업대상 폐기물에 음식물류 폐기물 포함) 수집·운반업허가를 득한 경우 배출자, 수집·운반업자 및 처리업자의 3자간 계약을 통해 수집·운반할 수 있

을 것입니다.

나. 아울러, 음식물류 폐기물을 수집·운반하고자 할 경우 폐기물관리법 시행규칙 제14조 [별표 5] 제2호 가목에서 정한 기준 및 방법(음식물류 폐기물을 재활용하기 위하여 수집·운반하는 경우에는 악취가 나거나 오수가 흘러나오는 것을 방지하기 위하여 적재함이 밀폐된 전용 운반차량으로 수집·운반하거나 밀폐된 전용 수거용기에 담아 운반하여야 한다)을 규정하고 있으므로 이를 준수할 수 있는 차량으로 운반하여야 합니다.

2-2-78 수산가공 잔재물 수집·운반 방법(2009-05-15)

[질의] 폐수배출시설허가(신고)증상에 기재된 업종 중 수산물가공업체에서 명태를 원료로 하여 가공제조 중 발생된 수산가공 잔재물(명태 애 또는 명태 기름)을 수거하여 「자원의 절약과 재활용촉진에 관한 법률」에 따라 재활용제품(화장품 원료)을 생산하는 업체에 보낼 경우, 폐기물수집·운반차량으로 등록된 차량으로 운반하여야 하는지 여부 및 위반시 처벌 내용은?

[회신] 가. 다른 사람의 사업장폐기물을 수집하여 처리하는 장소까지 운반하고자 하는 자는 폐기물관리법 제25조의 규정에 따라 폐기물수집·운반업 허가를 득하여야 합니다.

나. 폐기물관리법 제64조 제1호의 규정에 따라 폐기물수집·운반업 허가를 받지 아니하고 폐기물수집·운반업을 한 자는 5년 이하의 징역이나 3천만원 이하의 벌금에 처하도록 규정되어 있습니다.

다. 폐기물관리법 시행규칙 [별표 5] 제3호 나목 3)의 규정에 따라 액상(수분함량이 85퍼센트를 초과하는 경우)의 사업장 일반폐기물은 누출의 우려가 없는 전용용기를 사용하여 수집·운반할 수 있습니다.

註) 무허가 폐기물수집·운반업에 대해서는 5년 이하의 징역이나 5천만원 이하의 벌금에 처해진다(법 제64조 제1호).

2-2-79 생활폐기물 수집·운반업자의 영업구역 초과 가능성(2009-05-31)

[질의] A자치구에서 허가를 받아 생활폐기물 수집·운반업을 영위하고 있는데, B자치구의 생활폐기물 수집·운반업을 하고자 하는 경우, 영업구역 초과시 수집·운반의 영업구역 협의 절차를 통해 수집·운반이 가능한지 여부?

[회신] 가. 폐기물처리업 허가업무처리지침(환경부 예규 제255호)에 의거 생활폐기물수집·운반업을 하고자 하는 자가 허가권자의 관할구역(시·군·구)을 초과하는 지역을 영업구역으로 하고자 사업계획서를 제출한 경우 허가권자간의 협의를 통하여 영업구역으로 할 수 있도록 규정하고 있습니다.

나. 따라서 허가권자가 관할구역 외의 지역을 영업구역으로 하여 허가하고자 하는 경우에는 당해 지역의 허가권자와 협의를 거쳐 영업구역으로 포함이 가능함을 알려 드립니다.

2-2-80 폐기물수집·운반업의 사무실 공동사용 가능성(2009-06-30)

[질의] 폐기물관리법상 수집·운반 허가시 사무실 또는 연락장소가 필요한데, 3개 업체가 공동으로 사무실을 사용한다고 할 경우 허가가 가능한지 여부?

[회신] 폐기물관리법에 의한 수집·운반업 허가규정에 사무실 공동사용에 대해서는 따로 제한을 두고 있지는 않습니다.

2-2-81 재활용신고자의 신고 외의 폐기물(고철, 비철) 수집·운반의 적법 여부(2009-08-13)

[질의] 폐배터리 및 폐변압기의 절연유를 영업대상 폐기물로 신고한 재활용 신고자가 동일 차량에 고철이나 비철 등을 수집·운반하는 것이 가능한지 여부?

[회신] 가. 폐기물관리법 시행령 제7조 제1항의 규정에 따라 폐기물의 종류와 성질·상태별로 재활용 가능성 여부, 가연성이나 불연성 여부 등에 따라 구분하여 수집·운반하여야 합니다.

나. 따라서 폐축전지 및 폐변압기와 혼합하여 비철·고철 등을 수집·운반하여서는 아니됩니다.

2-2-82 사업장에서 자가처리한 성토재의 수집·운반 방법(2009-09-25)

[질의] 비금속광물 분쇄시설에서 발생하는 무기성 오니를 사업장폐기물 배출자가 자가처리로 재활용 과정을 거쳐 성토재화한 경우, 재활용지인 성토지로 운반시 일반차량으로 수집·운반이 가능한지 여부?

[회신] 비금속광물 분쇄시설에서 발생한 무기성 오니를 사업장폐기물 배출자가 스스로 재활용하고자 성토대상지역까지 신고한 경우, 폐기물관리법 시행규칙 [별표 16] 제2호의 규정에 따라 재활용 과정을 거쳐 관계법령에 따라 인·허가된 건축·토목공사

의 성토재 등으로 재활용하기 위해 사업장폐기물 배출자가 운반하는 경우, 일반차량으로 수집·운반이 가능할 것으로 판단됩니다.

2-2-83 폐기물 수집·운반시 관련 절차(2009-10-30)

[질의] 컨테이너 차량으로 수출폐기물을 수집·운반시 관련 절차 및 필요한 서류?

[회신] 폐기물관리법 시행규칙 [별표 5] 제6호 가목 6)에 따라 폐기물을 수출하는 자가 컨테이너를 사용하여 그 수출폐기물을 운반하는 경우에는 제6호 바목 및 라목에 따라 관할 유역·지방환경청에 임시차량 폐기물수집·운반증을 발급받아야 합니다.

2-2-84 폐가구류를 재활용처리업체로 운반하는 방법(2009-11-04)

[질의] 대형폐기물 및 폐가구류를 재활용센터에서 파쇄하여 재활용처리업체로 보낼 시 적절한 수집·운반 방법은?

[회신] 가. 폐기물관리법 시행령 제7조 제1항 제4호의 규정에 따라 중간처리한 후 발생하는 폐기물은 새로 폐기물이 발생한 것으로 보도록 규정되어 있으며, 기계적 처리시설에서 중간처리한 후 새로 발생되는 폐기물 중 그 성질과 상태가 중간처리하기 전의 폐기물과 동일한 폐기물은 중간처리하기 전의 폐기물로 보아 해당 폐기물의 처리 방법과 기준에 따라 처리하여야 합니다.

나. 폐기물관리법 시행규칙 [별표 5] 제6호 가목의 규정에 따라 사업장폐기물 배출자는 그 사업장에서 발생한 폐기물을 사업장 밖으로 운반하는 경우 폐기물 수집·운반차량으로 운반하도록 규정하고 있습니다. 따라서 폐가구류를 중간처리한 자는 폐기물수집·운반 전용차량 또는 임시차량을 이용하여 해당 폐기물을 운반할 수 있습니다.

3. 폐기물의 보관 및 처리기준

2-2-85 유통기간 지난 화장품 원료의 처리 방법(2007-12-31)

[질의] 화장품 원료가 보존 연한(6개월)을 초과하여 미생물 오염을 우려하여 폐기하고자 하는 경우 어떻게 처리하여야 하는지?

[회신] 화장품의 원료를 더 이상 사용할 수 없어 폐기할 경우 폐기물에 해당됩니다. 폐기된 화장품 원료에 함유된 물질이 「유해화학물질관리법」에서 규정하고 있는 유독물인 경우 지정폐기물에 해당되며, 그 외에는 사업장 일반폐기물로서 폐기물처리업허가

또는 재활용신고를 한 자에게 위탁처리하여야 합니다. 또한 가연성물질인 경우에는 소각처리하여야 하며 불연성물질은 매립하여 처리할 수 있습니다.

2-2-86 제철소에서 발생한 산화철의 처리 방법(2008-01-01)

[질의] 산세공정에서 발생하는 폐산을 재생하는 산회수공정에서 부산물로 발생하는 '산화철'의 처리 방법은?

[회신] 고철이 아닌 산화철은 사업장폐기물로서 폐기물관리법 제18조에 의거 배출자 스스로 처리하거나 폐기물처리업 허가를 받은 자 또는 재활용신고를 한 자 등에게 위탁처리하여야 하며 일반 고철업자가 처리할 수 없습니다. 다만, 녹이 슨 상태의 고철은 고물수집상 등 폐기물처리업 허가를 받지 않은 업체에서 수집·처리할 수 있습니다.

2-2-87 Sand Paper 처리 방법(2008-01-21)

[질의] SUS 외관 및 내면 연마시 Sand Paper가 사용되는데, 사용된 Sand Paper의 처리 방법은?

[회신] 개별 사업장에 대한 폐기물 종류는 발생과정, 성분, 발생량, 배출시설설치 여부 등에 따라 폐기물의 분류가 달라지며, 연삭 등의 공정에서 발생하는 철가루에 연마석가루, 먼지 등이 혼합된 경우 폐기물에 해당되므로 폐기물관리법 시행규칙 제18조의 규정에 따라 사업장폐기물 배출자 신고를 하여야 하며, 폐기물관리법의 관련 규정을 준수하여야 합니다.

2-2-88 감량의무대상사업장 범위 및 음식물류 폐기물 처리 방법(2008-01-23)

[질의] 「식품위생법」 제2조 제9호 규정에 의한 집단급식소 중 1일 평균 연 급식인원이 100인 이상인 집단급식소 중 사업장(회사) 내에 있는 구내식당은 감량의무대상사업장에 포함되는지 여부 및 사업장폐기물에 포함되면 음식물류 폐기물은 폐기물재활용신고자이기는 하지만 사료를 제조하지 않는 가축의 먹이용으로 농장 등으로 배출하는 일이 적절한 방법인지?

[회신] 가. 폐기물관리법 시행규칙 제16조 제1호 규정에 의한 집단급식소는 음식물류 폐기물 감량의무사업장에 해당되며, 동 사업장이 폐기물관리법 제2조 제3호 및 동법 시행령 제2조 규정에 해당될 경우 발생되는 음식물류 폐기물은 사업장폐기물에

해당될 것입니다.

나. 폐기물관리법 제2조 제3호 및 동법 시행령 제2조 규정에 해당되는 사업장(감량의무사업장)의 경우 발생되는 음식물류 폐기물은 사업장폐기물로 처리(사업장폐기물 배출자신고 기준 등)하여야 합니다.

다. 동 폐기물에 대한 수집·운반은 사업장폐기물 수집·운반업 허가를 득한 자가 하거나, 폐기물관리법 제46조 규정에 의한 폐기물재활용 신고자 또는 동법 제25조 제5항 규정에 의한 폐기물처리업 허가를 받은 자가 수탁받은 폐기물을 직접 자가 차량(처리대상 폐기물을 직접 운반하는 것으로 허가를 받거나 신고를 한 경우에 한함)으로 수집·운반하는 것도 가능할 것입니다.

2-2-89 동·식물성 잔재물 퇴비화업체에서 포장김치 폐기물 처리 가능성(2008-01-25)

[질의] 동·식물성 잔재물, 유기성 오니 등의 대상폐기물을 가지고 부산물비료(퇴비)로 재활용하는 업체에서 포장김치 폐기물 처리가 가능한지 여부(참고로 파쇄기, 파봉기 등의 전처리 기계가 없음)?

[회신] 포장김치 폐기물은 음식물류 폐기물로 동·식물성 잔재물, 유기성 오니 등을 대상폐기물로 처리하는 귀하의 업체에서는 처리할 수 없을 것으로 판단됩니다. 또한 폐기물관리법 시행규칙 제32조 [별표 8] 제3호 가목의 규정에 의거 폐기물처리업자는 위탁받은 폐기물을 성상 그대로 재위탁하거나 재위탁받아서는 아니되며(불가피한 사유로 관할 지자체장의 승인을 받은 경우 제외) 이의 위반시 행정처분 기준은 폐기물관리법 시행규칙 [별표 21] 제2호 12)를 참고하시기 바랍니다.

2-2-90 폐컨베이어벨트 처리 방법(2008-01-28)

[질의] 배출자가 폐컨베이어벨트를 재활용 중간처리업자에게 위탁할 시에, 허가대상 폐기물이 폐고무(폐컨베이어벨트)라고 명시된 업체에게만 처리가 가능한지 여부?

[회신] 폐고무벨트도 폐기물 분류상 폐고무에 해당하므로 위탁처리가 가능할 것으로 판단됩니다. 다만, 폐기물의 처리를 위탁하는 자는 당해 폐기물을 적정 처리할 수 있는 업체에 위탁해야 하며, 폐기물관리법 제17조 제1항 제3호의 규정에 의거하여 동법 시행규칙 제17조 제1항 각호에 해당하는 사업장폐기물 배출자는 수탁처리능력 확인서를 검토하여 수탁자의 처리능력을 확인한 후 위탁처리하여야 합니다.

2-2-91 가정에서 나오는 대형폐기물을 관리사무소에서 사전 처리시에 대한 질의(2008-02-20)

[질의] 아파트 관리사무소장이 아파트 주민들이 배출해 놓은 대형폐기물 중 값어치가 있는 부분(예: 쇠, 구리 등)은 현장에서 해체해서 고물상에 별도로 팔아 수익을 남기고, 나머지 부분은 대형폐기물 수거대행업체에 연락해서 아파트 주민들이 지불한 수수료로 처리하고 있습니다. 이 경우, 아파트 관리사무소에서 하는 행위는 폐기물관리법 등 제반 환경법령에 위반되는 사항인지? 위반된다면 어떤 규정에 위반이고 처벌 조항은 무엇인지?

[회신] 아파트 단지의 경우 공동주택관리규약, 주민 동의 등에 따라 대형폐기물을 관리사무소에서 분리하여 배출하는 행위는 「폐기물관리법」 제15조에 따라 생활환경 보전상 지장이 없는 방법으로 그 폐기물을 스스로 처리하거나 양을 줄여서 배출한 것으로 볼 수 있음을 알려드립니다.

2-2-92 분뇨협잡물 처리 방법(2008-02-20)

[질의] 분뇨처리장에서 탈수 및 물리적 처리(협잡물처리기) 과정에서 발생하는 슬러지(협잡물) 폐기물은 생활계폐기물로 분류되어 지자체에서 운영하는 생활폐기물 매립시설에서 소각 및 매립처리가 가능한지 여부?

[회신] 하수 또는 분뇨처리시설이 폐기물관리법 제2조 제3호 및 동법 시행령 제2조 제2호 내지 제5호의 규정에 해당되는 경우 동 사업장에서 발생되는 폐기물은 동법 시행규칙 제14조 [별표 5] 제3호 가목의 규정에 따라 사업장배출시설계 폐기물에 해당되며, 폐기물을 1일 평균 100킬로그램 이상 배출하는 경우 사업장폐기물 배출자 신고를 하여야 하며, 동법 시행규칙 [별표 5]의 규정에 적합하게 처리하여야 할 것입니다.

2-2-93 난로에 종이류를 소각하는 행위에 대한 질의(2008-03-01)

[질의] 식품접객업소에서 난로의 연료로 갈탄을 사용하면서 파지(책 또는 신문지)를 같이 소각하는 행위가 불법소각에 해당하는지 여부?

[회신] 재활용가능자원인 종이류는 폐기물관리법 제13조 및 제15조에 따라 시·군·구의 분리수집 계획 또는 지역적 여건 등을 고려하여 조례에서 정하는 방법으로 폐기물을 배출 및 처리하도록 정하고 있습니다. 따라서 조례에서 정한 방법이 아닌 다른 방법으로 소각처리할 경우에는 불법 소각에 해당할 수 있습니다.

2-2-94 연탄공장 외부에 방치되어 있는 무연탄의 처리 방법(2008-03-10)

[질의] 공장뿐만 아니라 공장 외부에도 다량의 무연탄 및 무연탄과 토사가 섞여 있는 혼합물이 있는데, 이를 폐기물로 처리해야 하는지 여부?

[회신] 폐기물이라 함은 사람의 생활이나 사업활동에 필요하지 아니하게 된 물질을 말하는 바, 무연탄 또는 토사와 혼합된 무연탄이 재활용 과정 없이 동일한 목적으로 사용이 불가한 경우에는 폐기물로 처리하여야 합니다.

2-2-95 얼음팩의 처리 방법(2008-03-19)

[질의] 냉동식품 구입시 스티로폼 상자에 얼음팩이 들어있는 경우, 얼음팩의 처리 방법은?

[회신] 가. 농·축·수산물 포장재로 사용된 스티로폼은 생산자책임재활용제도(EPR) 대상품목으로 재활용의무대상이며, 상자 안의 얼음팩(냉매 포장팩)의 대부분은 폴리에틸렌(PE) 재질로서 폐기물부담금 대상으로 관리되고 있고, 분리배출 표시가 있는 포장재인 경우 분리배출하여 재활용이 가능할 것입니다.

나. 다만, 냉매 포장팩 내용물은 물(99.5~99.9%)과 고흡수성수지(0.01~0.05%) 혼합물질로 유해성이 없어 하수도 배출이 가능할 것입니다.

2-2-96 단무지 처리 방법(2008-03-21)

[질의] 단무지 생산과정에서 발생하는 단무지찌꺼기를 식물성 잔재물로 신고 후 매립하는 것이 맞는지 여부?

[회신] 식품공장에서 발생하는 단무지는 음식료품 잔재물로서 폐기물관리법 시행규칙 [별표 17] 폐기물의 재활용 용도 및 방법에 따라 농경지의 퇴비 또는 가축의 먹이 등의 방법으로 재활용하여야 하며, 재활용이 불가한 경우 소각처리하여야 합니다.

註) 폐기물관리법(2013.7.16. 법률 제11914호로 개정된 것) 제15조의2에 의하면, 음식물류 폐기물을 다량으로 배출하는 자로서 대통령령으로 정하는 자는 생활폐기물이든 사업장폐기물이든 발생하는 음식물류 폐기물을 스스로 수집·운반 또는 재활용하거나 폐기물재활용업자에게 위탁하여 수집·운반 또는 재활용하여야 한다. 즉, 대통령령으로 정하는 음식물류 폐기물 다량배출사업자의 경우 자체적으로 수집·운반·재활용하거나, 위탁하여 수집·운반·재활용하도록 하였고, 처분(매립)은 제외된 것이다. 이에 따라 폐기물관리법 시행규칙 [별표 5] 제2호(음식물류 폐기물의 처리기준 및 방법) 다목(처리의 경우)에서도 "1) 재활용이 가능한 폐기물은 법 제13

조의2에 따라 재활용하여야 한다"고 규정하고 있고, 5) 특별시·광역시·특별자치시·특별자치도 또는 시 지역에서 발생하는 음식물류 폐기물은 바로 매립하여서는 아니되며, 소각·퇴비화·사료화·소멸화·탄화·소화 또는 부숙토 생산 등의 공정에서 발생하는 재활용 용도에 맞지 아니한 협잡물과 잔재물만을 매립하여야 한다. 다만, 특별시·광역시·특별자치시·특별자치도 또는 시 지역 중 환경부장관이 고시하여 정하는 산간·오지 또는 도서지역에서 발생하는 음식물류 폐기물은 그러하지 아니하다"고 규정하였다.

2-2-97 화재로 발생한 잔재물 처리 방법(2008-03-21)

[질의] 모델하우스에서 화재가 발생하여 화재 잔재물 중 소각재가 60톤이 발생하였는데 소방서에서 화재증명서를 발급받아 이를 시험성적서로 갈음해도 되는지 여부?

[회신] 화재로 인하여 발생된 소각재는 폐기물관리법 시행규칙 [별표 1]의 유해물질 함량에 대한 시험분석을 하지 않아도 될 것이나, 소각 가능한 폐기물은 소각하여야 합니다.

2-2-98 불법 매립처리 해당 여부(2008-04-01)

[질의] 폐기물 중간처리업체에서 소각하고 나온 잔재물(소각재)을 매립장으로 배출하기 전 중간처리업체에서 충분히 고철을 선별하고, 매립장으로 반입하던 중 소각재에 고철이 일부 섞여 매립이 된 경우 불법 매립으로 보아야 하는지 여부 및 폐유리의 매립이 가능한지 여부?

[회신] 폐기물최종처리업 허가시 폐유리를 매립대상 폐기물로 허가를 받은 경우 재활용이 불가한 폐유리는 수탁하여 매립처리할 수 있을 것이며, 또한 질의내용과 같이 소각 잔재물 중 더 이상 분리되지 않는 고철(병두껑 등)을 소각 잔재물과 함께 매립하는 경우 폐기물의 불법 처리에 해당하지 않습니다.

2-2-99 가구 등에 사용하는 폐목재(보드류: MDF, PB 등)의 처리 방법(2008-04-11)

[질의] 접착제, 도색 및 코팅된 폐목재(MDF, PB 등)를 폐목재류를 위탁받아 톱밥으로 가공하는 설비를 갖춘 폐기물중간처리업자(재활용 전문-폐목재류)에게 위탁처리가 가능한지 여부?

[회신] MDF, PB 등 나무가루(톱밥)에 접착제를 섞어 압착하여 만드는 폐목재류의 경우에

는 폐기물관리법 시행규칙 제66조 제3항 [별표 17] 제12호에는 폐목재(페인트, 기름, 방부재 등이 묻어 있는 폐목재는 제외한다)로 숯, 활성탄, 톱밥 등을 제조 또는 나무 제품의 원료로 가공하거나 파쇄하여 제초용·축사용·퇴비원료용 등으로 사용하는 용도에는 적합하지 않으며, 또한 가연성 고형폐기물로 가공하여 폐기물관리법 시행규칙 제3조에 따른 에너지회수기준에 맞게 연료로 이용하는 경우 폐기물재활용 신고가 가능합니다.

2-2-100 폐오일필터 여과지 처리 방법(2008-04-14)

[질의] 폐오일필터 여과지를 압축 후 유분을 분리하여 유분함유량이 5% 미만으로 된 경우 폐기물 종류는?

[회신] 폐오일필터에서 파쇄한 후 발생하는 폐여과지를 기름성분을 5% 미만으로 함유되도록 재활용이 가능하다면 그 여과지는 지정폐기물이 아닌 사업장폐기물 또는 생활폐기물로 보아야 하며, 일반폐기물의 경우에는 폐기물관리법 시행규칙 제2조 제4항의 분류번호에 해당하지 않습니다.

2-2-101 RDF 소각재 처리 방법(2008-04-30)

[질의] RDF를 연료로 사용한 후 발생하는 소각재의 처리와 관련된 근거 법규는?

[회신] RDF 연소 또는 RDF와 다른 연료를 혼소 후 발생되는 소각재(비산재 및 바닥재)는 폐기물관리법 시행규칙 [별표 5]의 제3호 다목에 의한 사업장 일반폐기물의 처리 방법에 따라야 하며, 특히 동법 시행규칙 [별표 1] 제1호 가목부터 사목까지의 규정에 따른 유해물질을 함유한 소각재에 해당할 경우 지정폐기물로 분류되어, 동법 시행규칙 [별표 5]에 의한 지정폐기물 처리 방법 및 기준에 따라 처리하여야 합니다.

2-2-102 정제연료유 제조시 재위탁 행위 해당 여부(2008-05-21)

[질의] 지정폐기물 중간처리업(재활용전문)을 득하여 현재 감압정제연료유제조로 등록되어 있는 A사업장에서 타사에서 제조된 부산물을 사입하여 A사의 폐유(감압정제유)를 혼합·제조 후 산업용보일러 연료유로 판매하는 것이 가능한지 여부? 참고로 부산물과 폐유혼합 시료를 석유품질검사소에 의뢰한 결과(연료유 재활용시 [별표 5] 제4호 다목 2) 나) (4)에서 정한 한국산업규격 시험방법 시험 결과 9가지 항목) 기준치 이내로 분석되었습니다.

[회신] 폐기물관리법 시행규칙 제32조 [별표 8] 제3호의 규정에 의거 폐기물 중간처리업자는 위탁받은 폐기물을 위탁받은 성질과 상태 그대로의 재위탁 행위를 금지하고 있습니다. 따라서 타사(폐기물 중간처리업체)에서 정상적으로 처리되지 않은 부산물(폐기물)을 반입하여 귀하께서 이를 혼합하여 제품(연료유)을 제조한 경우 폐기물 재위탁에 해당됩니다.

2-2-103 이주보상지역에서 발생한 생활폐기물의 처리 주체(2008-05-27)

[질의] 토지 및 이전비를 보상한 가옥에 대해서 가옥의 소유주가 이전하면서 남기고 간 생활폐기물의 처리 주체가 누구이며, 만약에 처리하고 가지 않을 경우 보상을 시행하여 토지의 소유주로 되어 있는 시행청이 처리를 해야 하는지 여부?

[회신] 이주보상지역 가옥에 방치된 폐비닐, 폐가구 등 생활폐기물은 전 소유주가 처리하여야 하나, 전 소유주의 이주로 처리가 어려울 경우에는 폐기물관리법 제14조 제1항의 규정에 따라 생활폐기물의 처리책무가 있는 지방자치단체와 협의하여 지방자치단체 또는 사업시행자가 처리할 수 있다고 판단됩니다.

2-2-104 하수슬러지의 매립 가능성(2008-06-16)

[질의] 1만톤 이상 도시하수처리장에서 발생된 하수슬러지를 민간업체에서 중간처리하여 매립이 가능한지 여부?

[회신] 폐기물관리법 시행령 제7조 제1항 제4호 규정에 따라 폐기물 중간처리업에서 중간처리 후 발생하는 폐기물은 새로 발생한 폐기물로 봅니다. 또한 1만톤 이상 도시하수처리장에서 발생된 하수슬러지를 민간업체에서 중간처리(건조)한 경우 관리형 매립시설에 매립이 불가능합니다.

2-2-105 FRP 소재의 재활용품 분리수거함 처리에 관한 질의(2008-06-26)

[질의] FRP소재의 재활용품 분리수거함의 폐기물 종류 및 처리 방법은 무엇인지?

[회신] 가. 폐기물관리법 제2조 제2호 및 동법 시행령 제2조 제9호의 규정에 따라 일련의 공사 또는 작업으로 인하여 폐기물이 5톤 이하로 발생되는 폐기물은 생활폐기물에 해당되며, 따라서 본 수거함은 지정폐기물에 해당되지 않으며, 처리 방법은 관할 읍·면·동사무소에서 폐기물배출 스티커를 구매 후 폐기물에 부착하여 지정장소에 배출하시면 될 것으로 판단됩니다.

나. FRP 소재는 난연성으로 소각이 어려우므로 매립하여야 할 것으로 판단됩니다.

2-2-106 동물성 잔재물인 혈의 처리 방법(2008-07-01)

[질의] 도축장에서 발생하는 채혈한 피, 잔혈, 수분이 함유된 혈의 폐수 또는 폐기물 해당 여부? 잔혈이나 지육 세척과정에서 발생되는 수분이 함유된 혈을 동일 사업장의 폐수처리장으로 유입처리가 가능한지 여부 및 식용이 가능한 소 · 돼지 피를 일반식당이나 순대공장에 판매시 문제가 되는지 여부?

[회신] 가. 일반적으로 도축장은 「수질 및 수생태보전에 관한 법률」에 의한 폐수배출시설에 해당하는 시설에서 도축행위가 이루어질 것으로 판단되는 바, 해당 시설에서 발생한 채혈한 피, 잔혈, 세척수가 함유된 혈은 폐수에 해당됩니다.

나. 잔혈, 세척수가 함유된 혈을 폐수처리장에 유입처리하기 위해서는 폐수배출시설 설치허가권자 또는 신고수리권자의 허가를 받아야 합니다.

다. 육가공시 발생되는 혈 등이 공장등록증이나 사업자등록증에 제품으로 등록되어 식용으로 판매하는 경우 폐기물에 해당하지 않는다 할 것이나, 이를 식용 외의 방법으로 사용할 경우에는 폐기물에 해당됩니다.

2-2-107 폐파렛트 처리 방법(2008-07-15)

[질의] 제조업체에서 발생하는 폐파렛트의 처리 방법은?

[회신] 폐파렛트는 사업장 일반폐기물에 해당함으로 폐기물관리법 시행규칙 제14조 [별표 5] 제3호의 규정에 따라 소각하여야 하나, 폐기물관리법 제45조의 규정에 의한 재활용신고자(동법 시행규칙 제66조 제3항 [별표 17] 제12호)에게 위탁처리할 수 있습니다.

2-2-108 낙엽 처리 방법(2008-07-20)

[질의] 낙엽의 처리 방법은?

[회신] 낙엽은 종량제봉투에 담아 배출하거나, 종량제봉투에 담기 어려운 경우에는 자치단체에서 제작·판매하는 별도의 전용 PP포대, 마대 등에 담아 배출해야 합니다. 다만, 전용 포대, 마대가 없는 자치단체는 대형폐기물 배출방법에 의하여 일반 마대에 담은 후 마대전용 배출 스티커를 구입·부착 후 배출하셔야 됩니다.

2-2-109 고철 및 폐주물사 혼합폐기물의 처리 방법(2008-08-22)

[질의] 주조공장에서 쇼트블라스트 및 그라인더 작업 중 발생된 철분 중 일부 폐사(주물사)

가 혼합되어 있는 경우 일반 고철로 처리가 가능한지 여부?

[회신] 폐기물관리법 제46조 제3항 및 동법 시행규칙 제66조 제4항의 규정에 의거 폐지, 고철(비철금속 포함), 폐포장재의 경우 재활용신고를 한 것으로 봅니다. 따라서 고철과 폐사(폐주물사)는 분리하여 처리하여야 하나, 고철과 사업장폐기물인 폐사(폐주물사)를 분리할 수 없는 혼합폐기물은 사업장폐기물로 처리하여야 합니다.

2-2-110 나무, PVC 등 가연성 물질의 처리 방법(2008-08-31)

[질의] 가구제조회사에서 원자재(PB. MDF)를 재단하여 PVC에찌를 접착하고, 가공 후 조립하여 제품출고를 하고 있는데, 재단 후 남은 자재의 처리 방법은?

[회신] MDF 가구 제조공정에서 발생하는 폐기물은 순수 목재로 볼 수 없어 재활용할 수 없습니다. 따라서 해당 폐기물은 소각처리하여야 할 것입니다.

2-2-111 음식물류 폐기물의 탈리액 처리 방법(2008-09-18)

[질의] 저장 및 탈수시 발생하는 탈리액(수분함량 90%)을 공정오니로 볼 수 있다면 탈리액을 혼합제와 혼합하여 폐기물재활용 신고가 된 비료제조업체에 사업장폐기물로 위탁처리하여도 되는지 여부? 본 탈리액을 폐수로 본다면 물리적 처리시설인 탈수시설(데칸트)을 설치하여 고액분리 후 발생되는 오니가 폐수처리장 슬러지오니에 해당되어 혼합제과 혼합하여 폐기물재활용 신고가 된 비료제조업체에 사업장폐기물로 위탁처리하여도 되는지 여부?

[회신] 가. 음식물류 폐기물 처리과정에서 발생되는 탈리액은 폐수에 해당하며, 음폐수의 해양배출 기준 준수를 위하여 고액분리한 오니와 탈수케익을 혼합하여 퇴비제조업체의 원료로 제공할 경우 「비료관리법」 공정규격에 적합한 제품의 생산이 가능할 경우 위탁처리가 가능할 것입니다.

나. 아울러 음식물류 폐기물을 수거하여 탈수 등 기계적 처리과정에서 발생되는 폐수를 해양배출하는 중간처리업체에 대하여는 「해양환경관리법」에 따라 발생된 폐수의 해양배출을 규제하고 있으며, 2013년부터는 해양배출이 금지됨을 알려드립니다.

2-2-112 이온정제유를 감압정제유의 원료로 판매 가능성(2008-09-30)

[질의] 이온정제유를 감압정제유의 원료로 판매가 가능한지 여부?

[회신] 폐기물관리법 시행규칙 제14조 [별표 5]의 규정에 따라 재생연료유의 경우 시멘트와 석고를 제조하기 위한 소성로에서 보조연료로 사용하거나 소각로에서 고온소각용으로 사용하여야 함으로 다른 용도로 사용하는 것은 불가합니다.

2-2-113 씽크공장의 부산물 처리 방법(2008-10-15)

[질의] 씽크공장에서 발생하는 부산물(폐목재 조각)을 처리하려면 사업장폐기물로 분류하여 위탁처리하여야 하는지, 아니면 사업장생활계 폐기물로 분류하여 지자체의 매립장에 처리하여야 하는지 여부?

[회신] 폐가구공장에서 발생하는 폐목재는 폐기물관리법 시행규칙 제14조 [별표 5] 제3호 라목 2) 다)의 규정에 따라 소각하거나 동법 시행규칙 제66조 제3항 [별표 16] 제12호의 규정에 따라 재활용할 수 있으며, 매립대상에는 해당되지 아니합니다.

2-2-114 폐플라스틱의 보관기간(2008-10-22)

[질의] 폐기물재활용 신고필한 업체로 처리대상 폐기물로 폐합성수지(폐플라스틱)를 원료로 입고하여 재활용제품을 생산하고자 하는 경우 보관기간은?

[회신] 폐합성수지(플라스틱)를 야적하는 경우 폐기물관리법 시행규칙 제14조 [별표 5] 제3호 다목의 규정에 따라 침출수의 발생으로 주변 환경오염의 우려가 없다고 시·도지사가 인정하는 경우 보관시설에 보관하지 아니할 수 있습니다. 또한 동법 시행규칙 제12조 제2호의 규정에 따라 폐플라스틱을 재활용하는 경우 보관기간은 60일에 해당합니다.

2-2-115 사업장폐기물 표지 부착 대상 여부(2008-10-22)

[질의] 사업장폐기물인 폐타이어, 폐합성수지를 운반자를 통하여 배출하기 전까지 작업장에서 보관하고 있는 경우, 폐타이어·폐합성수지 등 보관장소에도 폐기물보관 표지판을 부착하여야 하는지 여부?

[회신] 폐타이어, 폐합성수지 등을 보관하는 장소에는 폐기물보관 표지판을 부착하지 않아도 무방합니다.

2-2-116 폐수 슬러지 및 폐활성탄 등 처리 방법(2008-10-22)

[질의] 폐수 슬러지 및 폐활성탄 폐기물의 종류 및 폐유고상과 폐페인트 고상을 혼재하여

배출할 수 있는지 여부?

[회신] 오니, 활성탄, 폐유에 대해서는 성분검사를 실시하고, 그 결과에 따라 지정폐기물 또는 사업장 일반폐기물로 분류하여 처리하야 합니다. 폐유(일반소각)와 폐페인트(고온소각 등)는 처리 방법이 다르므로 분리, 보관하여야 합니다.

2-2-117 염화나트륨을 담은 용기의 처리 방법(2008-11-13)

[질의] 염화나트륨(소금)을 담은 통을 현재는 고상폐기물로 처리를 하고 있는데, 염화나트륨(소금)을 담은 용기(통)를 재활용업체에 위탁하여 처리할 수 있는지?

[회신] 염화나트륨을 담았던 용기 내부에 염화나트륨 등의 이물질이 함유되어 있지 않을 경우에는 재활용자에게 위탁처리할 수 있을 것입니다.

2-2-118 굴껍데기의 농지 매립처리 가능성(2008-11-17)

[질의] 구렁지 논바닥을 파내고, 파낸 자리에 굴껍데기를 50센치 이상으로 매립하여 다시 흙을 깔고 복토한 후 벼농사를 짓는 것이 가능한지?

[회신] 가. 폐각류의 발생원에 따라 폐기물관리법에서 규정하는 일정규모 이상의 사업장에서 발생하는 경우는 사업장생활계 폐기물에 속하고 그 외의 장소(가정, 소규모 사업장)에서 발생할 경우 생활폐기물에 해당하므로 관할 지제체의 조례에서 정하는 바에 따라 처리하여야 합니다.

나. 또한 단순 파쇄한 굴껍데기는 폐기물관리법 제46조 제1항 제6호 동법 시행규칙 [별표 16] 제2호의 규정에 따라 농지의 성토재로 재활용할 수 있는 대상폐기물에 해당하지 않습니다.

註) 폐패각은 공유수면매립지의 성토재로 재활용할 수 있다[폐기물의 재활용 용도 및 방법에 관한 규정(환경부고시 2014-105호) 제2조 제8호].

2-2-119 액화염소가스(Cl_2) 폐용기 처리 방법(2008-11-24)

[질의] 하수처리과정의 최종 방류과정에서 염소 소독처리를 위해 설치된 액화염소가스(Cl_2) 폐용기의 처리 방법은?

[회신] 액화염소가스 폐용기 내부에 염소가스가 완전히 사용한 경우에는 고철로 처리할 수 있습니다.

2-2-120 재활용업체에서 고로슬래그 보관기간(2008-12-16)

[질의] 일반폐기물의 광재류 중 고로슬래그를 재활용하는 업체에 입고시켜 고로슬래그를 보관할 수 있는 기간은?

[회신] 폐기물관리법 시행규칙 제14조 [별표 5] 제3항 다목 3)의 규정에 따라 사업장 일반폐기물 배출자는 그의 사업장에서 발생하는 폐기물을 보관이 시작된 날부터 90일을 초과하여 보관하여서는 아니됩니다. 다만, 「철강슬래그 및 석탄재 배출사업자의 재활용지침」(환경부고시 제2007-25호, 2007.3.29) [별표 2]의 규정에 따라 슬래그 크기에 따라 1개월에서 3개월 이상 숙성을 하여야 함으로 철강슬래그가 100㎜ 이상인 경우에 대하여는 3개월 이상의 보관이 가능합니다.

2-2-121 동물성 잔재물의 처리 방법(2008-12-31)

[질의] 돈태반의 부산물이 폐기물로 발생되어 사업장 일반폐기물 관리형 대립의 방식으로 처리하는 것이 가능한지?

[회신] 가. 폐기물관리법 시행규칙 [별표 3]에 정하고 있는 의료폐기물발생기관에 해당되지 않는 사업장에서 발생하는 동물성 잔재물은 90일간 보관할 수 있으며, 보관온도에 대하여 별도로 규정하고 있는 사항이 없으나 악취 등이 발생하지 아니하도록 보관하여야 할 것입니다.

나. 동물성 잔재물은 소각처리하거나 관리형 매립시설에 매립할 수 있습니다.

2-2-122 돼지털 폐기물 처리 방법(2008-12-31)

[질의] 사업장에서 발생되는 돼지털 폐기물의 처리 방법은 무엇인지?

[회신] 폐기물관리법 제2조 제3호에 정하고 있는 사업장에서 발생한 폐기물(돼지털)은 사업장 일반폐기물(동물성 잔재물)에 해당되며, 이는 소각처리할 수 있습니다.

2-2-123 사업장폐기물과 건설폐기물의 성상이 같을 시 동시처리 가능성(2008-12-31)

[질의] 폐기물처리시설인 용융시설을 설치하여 폐합성수지 및 폐플라스틱, 폐비닐 등을 이용해 우수받이 등을 제조할 계획인데, 사업장생활계 폐기물(폐합성수지, 폐플라스틱, 폐비닐, 폐고무), 사업장배출시설계 폐기물(폐합성수지, 폐플라스틱, 폐비닐, 폐고무), 건설폐기물(폐합성수지) 등 사업장 폐기물과 건설폐기물을 동시에 처리할 수 있는지 여부?

[회신] 폐기물 중간처리업(재활용전문)에서 사업장폐기물 및 건설폐기물의 폐합성수지, 폐플라스틱, 폐비닐, 폐고무를 대상폐기물로 하여 수집·운반 및 재활용하는 경우 사업장폐기물과 건설폐기물을 동시에 처리가 가능합니다. 단 폐기물관리법 제25조에 따른 폐기물처리업 허가를 받은 자가 건설폐기물처리업 허가를 받으려는 경우에는 사무실, 기술인력 및 계량시설을 중복하여 갖추지 아니할 수 있습니다.

2-2-124 음식물쓰레기 감량기기의 가정내 사용 가능성(2009-01-05)

[질의] 음식물쓰레기 등을 분쇄하여 오수와 함께 배출하는 주방용 오물분쇄기를 가정내 설치가 가능한지 여부?

[회신] 가. 분쇄기를 주방에 직접 연결하여 사용할 경우 「하수도법」 제33조 및 동법 시행령 제23조(환경부 고시 제2008-134호)에서 규정하고 있는 주방용 오물분쇄기(디스포져)에 해당될 것으로 판단됩니다.

나. 다만, 동 분쇄기가 주방용 오물분쇄기에 해당되지 않을 경우 폐기물관리법 시행규칙 제10조 제3호의 규정에 따라 처리과정에서 배출수와 함께 배출되는 고형물의 무게가 투입되는 고형물 무게의 100분의 20 미만인 경우 폐기물관리법 시행규칙 제16조 각호에 해당하는 음식물류 폐기물 배출자를 제외한 가정 등에 설치가 가능함을 알려드립니다.

※ 고형물 유출률(%) = (배출수에 포함된 고형물 무게 / 당해 시설에 투입된 고형물 무게)×100(고형물: 수분을 제외한 물질임)

2-2-125 두부 제조 후 부산물인 콩깍지의 가축농가 제공(처리) 가능성(2009-01-15)

[질의] 두부를 생산·판매하는 소규모업체에서 두부제품 생산과정에서 부산물인 콩 찌꺼기가 발생하는데, 이를 폐기물재활용 신고를 하지 않은 채 가축농가에 소의 사료로 공급하는 것이 가능한지 여부?

[회신] 가. 부산물인 콩 찌꺼기가 사업장폐기물 또는 생활폐기물에 해당되느냐에 따라 처리기준이 달라질 수 있습니다. 사업장폐기물에 해당될 경우에는 이를 가축용 사료로 사용하고자 하는 자가 폐기물재활용 신고를 하여야 합니다. 생활폐기물에 해당될 경우에는 지자체의 조례에 따라 처리하여야 합니다.

나. 사업장폐기물은 「수질 및 수생태보전에 관한 법률」 등에 의한 배출시설을 설치·운영하는 사업장이거나, 폐기물을 1일 평균 300킬로그램 이상 배출하는 사

업장, 지정폐기물을 발생하는 사업장 등 폐기물관리법 제2조 동법 시행령 제2조에서 정하고 있는 사업장에서 발생하는 폐기물을 말합니다.

2-2-126 침출수가 발생하지 않는 폐기물의 보관 방법(2009-01-16)

[질의] 폐기물관리법 시행규칙 제14조 [별표 5] 제3호 (나)항에 따라 당사의 사정(공사예정)으로 보관창고의 폐합성수지를 반복적으로 콘크리트가 타설된 보관창고 앞 마당에 임시보관을 하면서, 덮개를 설치하여 흩날림 등을 완벽히 방지한 후 처리기간을 초과하지 않은 상태에서 처리를 하면서 일시적으로 보관할 경우 법 위반 여부?

[회신] 사업장폐기물 배출자는 폐합성수지 등으로서 침출수가 발생하지 아니하는 경우에는 보관창고가 아닌 장소에서 보관할 수 있습니다.

2-2-127 폐기물 중간처리업자의 폐합성수지 사업장부지내 보관 가능성(2009-01-19)

[질의] 소각전문 폐기물중간처리업을 하면서, 보관창고의 공사 등 부득이한 사정으로 보관창고의 앞 마당에 폐합성수지를 천막으로 완벽하게 덮개를 설치한 후 일시적으로 보관을 하면서 처리를 할 경우 보관기준 위반 여부?

[회신] 가. 폐기물 중간처리업자는 보관창고 공사 등으로 인하여 폐합성수지를 사업장부지에 보관할 수 없습니다. 위반사항 확인은 여러 여건을 고려하여 판단할 사항이나, 보관창고 공사로 인해 보관시설로서 기능을 상실하였거나 폐합성수지를 보관창고 외의 장소에 보관하는 것은 폐기물처리업의 시설, 장비 및 기술능력을 유지하지 않은 행위, 처리업자의 준수사항을 위반한 것으로 볼 수 있습니다.

나. 폐기물처리기간을 설정하고 있는 것은 폐기물의 부식, 부패 등으로 인한 환경오염 예방을 위해 폐기물 장기보관을 금지하는 것이 그 취지라고 할 수 있습니다. 따라서 각각의 폐기물은 처리기간 이내에 처리하여야 합니다.

2-2-128 소각 불가능한 식물성 잔재물 처리 방법(2009-01-28)

[질의] 소각이 불가능하고 재활용도 안되는 식물성 잔재물(51-07-03)의 경우 사업장폐기물 처리업체인 일반관리형 매립장에 위탁매립이 가능한지 여부?

[회신] 소각이 불가능한 식물성 잔재물은 관리형 매립시설에 매립할 수 있습니다.

2-2-129 침출수 발생 가능한 폐기물의 보관 방법(2009-02-02)

[질의] 폐기물관리법 시행규칙 제14조 관련 [별표 5]의 '폐기물의 수집·운반·보관·처리에 관한 구체적 기준 및 방법' 중 제3항(사업장 일반폐기물의 기준 및 방법) "다"호(보관의 경우) 2)의 나)항에 의하면 폐합성수지 등으로서 침출수가 발생하지 아니하는 경우 지붕 및 벽면을 갖춘 보관창고에 보관하지 않아도 된다고 하였는데, 이 조항이 창고 외부의 부지 내에 침출수가 발생되지 아니 하도록 천막 등으로 포장 조치하여 보관하여도 된다는 것을 의미하는지?

[회신] 사업장 일반폐기물 중 폐합성수지 등으로서 침출수가 발생하지 아니하는 폐기물은 보관창고가 아닌 사업장부지에 보관할 수 있으나, 침출수가 발생할 우려가 있는 폐기물은 보관창고에 보관하여야 함을 의미합니다.

2-2-130 사업장생활계 폐기물의 사업장배출시설계 폐기물로 처리 가능성(2009-02-03)

[질의] 사업장배출시설계 폐기물 폐합성수지를 소각처리업체에 위탁처리하는 사업장에서 작업장 및 사무실에서 발생되는 잡쓰레기, 비닐, 종이컵 등 사업장생활계 폐기물이 1일 300kg 미만으로 발생하는 경우 사업장배출시설계 폐기물과 함께 소각처리업체에 위탁처리하여도 되는지 여부?

[회신] 가. 폐기물관리법 제2조에 정하고 있는 사업장폐기물 발생 사업장에 해당될 경우에는 사업장에 발생하는 모든 폐기물을 사업장폐기물로 분류, 관리하여야 합니다.

나. 배출시설의 설치·운영으로 발생하는 사업배출시설계 폐기물이 아닌 사업장생활계 폐기물의 경우 해당 지자체 조례에서 생활폐기물의 처리기준으로 처리할 수 있다고 정하고 있는 경우에는 조례에 따라 처리할 수 있습니다.

2-2-131 병원에서 발생된 스프린트, 게스프 등의 처리 방법(2009-02-04)

[질의] 병원에서 환자 치료 후에 발생되는 스프린트, 게스프(깁스) 등에 혈액이나 소독약이 묻지 않는 경우 사업장생활계 폐기물과 함께 쓰레기 종량제봉투에 담아 처리해도 되는지 여부?

[회신] 가. 혈액 등 의료폐기물이 묻어 있지 않은 게스프는 사업장 일반폐기물(사업장생활계 폐기물)에 해당됩니다. 사업장생활계 폐기물은 해당 지자체 조례로 생활폐기물의 처리기준으로 처리할 수 있다고 정하고 있은 경우에는 조례규정에 따라 처리할 수 있다고 폐기물관리법 시행규칙 [별표 5]에 규정하고 있습니다.

나. 따라서 해당 지자체의 조례에 게스프 등을 생활폐기물의 처리기준으로 처리 할 수 있도록 규정하고 있는지 여부를 확인하시기 바랍니다.

2-2-132 PS슬러지(PS소각재) 처리 방법(2009-02-04)

[질의] 제지공장에서 배출되는 PS슬러지(PS소각재)의 처리 방법은?

[회신] 제지공장에서 배출되는 슬러지는 사업장폐기물에 해당되며 이를 스스로 처리하고자할 경우에는 폐기물처리시설 설치승인을 받아야 하며, 위탁처리하고자 할 경우에는 폐기물처리업자에게 위탁처리하여야 합니다.

2-2-133 폐슬러지의 판매 가능성(2009-02-10)

[질의] 폐기되는 슬러지를 당사에서 유·무상으로 매입하여 원·부자재로 사용하고자 할 경우, 폐기물처리업체에서 슬러지를 공장등록증이나 사업자 등록증상에 제품으로 등록하여 제품으로써 당사로 판매 가능한지 여부?

[회신] 가. 슬러지는 당해 사업장의 사업활동에 필요하지 않게 된 물질이므로 제품으로의 등록 여부와 관계없이 폐기물로 관리하여야 합니다.

나. 참고로 해당 사업장에서 필요하지 아니하게 된 물질이 타 사업장의 원료로 공급된다 하여 폐기물로서의 성질을 상실하지 않는다는 대법원의 판례도 있습니다.

2-2-134 가축분뇨의 위탁수거처리의 가능성(2009-02-11)

[질의] 폐기물 중간처리업체로서 허가증에는 유기성 오니, 동·식물 잔재물, 하수오니, 연소재가 영업대상 폐기물로 명기되어 있는 경우, 해당 업체가 가축븐뇨(양계(육계)분뇨)의 위탁수거 처리가 가능한지 여부?

[회신] 폐기물관리법 제3조에 「가축분뇨의 관리 및 이용에 관한 법률」에 따른 가축분뇨는 적용하지 아니한다고 규정하고 있습니다. 따라서 가축분뇨는 「가측분뇨의 관리 및 이용에 관한 법률」에 따라 처리하여야 합니다.

2-2-135 폐변압기 매각처리 가능성(2009-02-12)

[질의] 변압기를 용도변경 없이 매각을 하고자 하는 경우, FCBs 농도가 2ppm 이하인 경우에만 매각이 가능한지 여부 및 PCBs 농도가 2ppm 이하인 경우 내부 절연유는 재활용업체나 폐유로 처리하고 변압기 케이스는 고철로 처리가 가능한지 여부?

[회신] 가. 변압기를 원형 그대로 재사용하고자 하는 업체에게 매각할 수 있으나, 변압기를 구입한 업체가 동일한 목적으로 사용하는 지 여부를 판매자가 확인하여야 할 것입니다. 만약, 구매자가 변압기를 분해하여 고철 판매하는 등 제품으로 사용하지 아니하거나 폐기물로 관리, 처리하였을 경우에는 판매자 또한 변압기를 폐기물로 처리한 행위로 볼 수 있으며 폐기물처리기준 위반으로 처벌을 받을 수 있습니다.

나. PCBs를 1리터에 2밀리그램 미만 함유하고 있는 액상의 것은 재활용업자에게 위탁처리할 수 있습니다.

다. 변압기 용기에 절연유가 묻어 있지 않고, 용출액 1리터에 PCBs 0.003밀리그램 미만 함유하고 있을 경우에는 변압기 용기를 고철로 처리할 수 있습니다.

2-2-136 사업장 폐합성수지(배출계/생활계) 처리 방법(2009-02-16)

[질의] 사업장에서 발생되는 폐합성수지 폐기물을 소각처리하고 있는 사업장에서 원가절감 차원에서 사업장내 공장에서 발생되는 폐합성수지와 사무실에서 발생되는 폐합성수지를 이원화하여 처리하여 소각처리와 재활용(RPF)으로 각각 처리가 가능한지 여부?

[회신] 가. 폐기물처리 방법을 2가지 이상으로 구분하여 처리할 수 있으며, 폐기물의 처리방법이 변경되는 경우에는 사업장폐기물 배출자 변경신고를 하여야 합니다. 캔, 병은 이를 재활용하는 자에게 위탁할 수 있습니다.

나. 사업장배출시설계 폐기물과 사업장생활계폐기물은 혼합되지 않도록 구분하여 보관하여야 합니다. 폐기물보관기준에 관한 구체적인 사항은 폐기물관리법 시행규칙 [별표 5]에 정하고 있으니 참고하시기 바랍니다.

2-2-137 도로에서 발생한 폐합성수지의 처리 방법(2009-02-17)

[질의] 도로청소 중 폐합성수지가 많이 발생되는데 사업장 일반폐기물 처리 방법 중 폐합성고분자화합물에 의해 처리하는 것이 적절한지 여부 및 폐합성수지를 소각전문중간처리업체나 종합처리업체뿐만 아니라 재활용전문 중간처리업체에 위탁처리가 가능한지 여부?

[회신] 가. 물질의 성분이 합성고분자화합물인 경우에는 해당 폐기물을 폐합성고분자화합물질로 분류할 수 있으며, 성분이 합성고분자화합물이 아닌 경우에는 이를 폐합성고분자화합물질로 분류할 수 없습니다.

나. 재활용이 가능한 폐합성수지는 재활용하는 것이 바람직하나, 소각이 가능한 것은 소각처리하고, 소각이 불가능한 것은 매립하여야 합니다.

2-2-138 플라스틱(특히 멜라민) 처리 방법(2009-02-17)

[질의] 멜라민 소재 플라스틱의 적절한 처리 방법은?

[회신] 가. 폐합성고분자화합물 대부분 소각처리(열 이용·회수 재활용 포함)하고 있으며, 소각으로 인하여 발생하는 오염물질을 저감하기 위해 고온(출구온도 850도) 소각하고 있으며, 이 외에 대기오염방지시설을 설치·운영하고 있습니다.

나. 폐기물처리시설 설치기준 및 관리기준은 폐기물관리법 시행규칙 [별표 9], [별표 11]에서 정하고 있습니다.

2-2-139 하수슬러지의 분뇨처리시설 유입처리 가능성(2009-02-17)

[질의] 마을 하수처리장에서 발생하는 함수율 95%인 농축슬러지를 분뇨종말처리시설에 유입하여 처리가 가능한지 여부?

[회신] 폐기물관리법에 하수처리 오니를 분뇨처리시설에 유입·처리하는 것을 허용하고 있지 않습니다.

2-2-140 전자제품 생산 후 남은 폐납 처리에 관한 문의(2009-02-18)

[질의] 폐납이 월 80kg~90kg 정도 발생되어 이 폐납은 지정된 장소에 모아서 고체화(상온 보관시 납 특성상 굳어서 고체화됨)한 후 전량을 재활용업체에 보내서 30% 정도는 다시 새로운 납으로 공급을 받아 사용하고 있는 경우, 사업장폐기물 배출자 신고를 해야 하는지 여부?

[회신] 폐납이 미세하여 흩날릴 정도의 오니일 경우에는 공정오니로 분류하여, 성분분석 결과에 따라 사업장폐기물 배출자 신고 또는 지정폐기물처리계획 확인증명을 받아야 하나, 흩날리지 아니하는 고철로 볼 수 있을 경우에는 사업장 일반폐기물(고철)에 해당되며, 사업장폐기물 배출자 신고를 하지 아니하고 고철 재활용자에게 처리할 수 있습니다.

2-2-141 폐기물의 매각처리 가능성(2009-02-21)

[질의] Cr이 제거된 Quartz Plate를 제3의 업체에 매각이 가능한지 여부?

[회신] 가. 폐기물관리법에 사람의 생활이나 사업활동에 필요하지 아니하게 된 물질을 폐기물로 정의하고 있습니다.

나. 따라서 더 이상 사용할 수 없게 된 Quartz Plate는 폐기물로 보아야 할 것이며, 폐기물 해당되는 경우에는 판매를 금지하고 있지 않으나, 이를 사용하고자 하는 자는 폐기물 재활용신고 또는 폐기물처리업의 허가를 받아야 합니다.

2-2-142 유품의 소각처리 가능성(2009-02-23)

[질의] 망자가 되신 분의 유품을 개인적으로 소각하는 것이 가능한지 여부?

[회신] 가. 폐기물관리법을 개정하여 누구든지 허가·승인·신고 받은 폐기물처리시설이 아닌 곳에서 폐기물을 소각하지 못하도록 규정하고 있습니다. 하지만, 가구 수가 50호 미만 지역 또는 산간·오지·섬 지역 내에서 생활폐기물 수집·운반이 어려운 지역에 대해서는 시·군·구 조례로 정하는 바에 따라 소각하는 경우에는 예외로 인정하고 있습니다.

나. 따라서 유품을 소각하는 경우에는 환경오염 및 산불방지 등을 위해 이러한 법적 사항을 준수하여야 함을 이해하여 주시기 바랍니다.

2-2-143 회사분할시 신규 법인의 폐기물 처리 방법(2009-02-27)

[질의] A회사의 일부 공정이 별도 법인을 설립하고, 별도로 설립한 법인에서 발생되는 폐기물을 본사 이전과 같이 A회사의 폐기물 보관장고에 보관하고 A회사와 거래하던 폐기물처리업체가 수집·운반을 하면 그 비용만 분할된 법인에 청구하는 방식의 폐기물 처리가 가능한지 여부?

[회신] 회사의 분할 등으로 2 이상의 사업장으로 변경될 경우 신규 법인은 폐기물을 새로이 배출하는 것이므로, 사업장폐기물 배출자 신고, 처리업체와의 계약 등을 새로이 하여야 하며, 폐기물보관도 신규 사업장부지 내에 보관하여야 합니다.

2-2-144 원료와 폐기물의 동일장소 보관 가능성(2009-02-28)

[질의] 지정 및 일반폐기물 보관을 위한 창고를 여유 있게 큰 용량으로 만들었는데, 원료를 폐기물창고에 보관하여도 되는지?

[회신] 폐기물과 제품을 분리·보관할 경우에는 제품을 폐기물 보관창고에 보관할 수 있습니다.

2-2-145 슬러지 처리시설 파일롯트 제작에 따른 행정절차(2009-02-28)

[질의] 각종 폐기물(슬러지)을 당사가 개발한 "슬러지 건조 및 발효 설비"의 PILOT를 공장에 설치하는데 있어서 인·허가 절차와 실험운전 후 배출되는 슬러지의 처리 절차?

[회신] 가. 학교, 연구기관, 「환경친화적 산업구조로의 전환촉진에 관한 법률」 제6조에 따른 기관 및 단체 등 폐기물관리법 시행규칙 제37조 제1항에 정하고 있는 자가 시험·연구목적으로 폐기물처리시설을 설치·운영하고자 할 경우에는 설치·운영하고자 하는 자는 폐기물처리시설 설치·운영계획서(별지 제22호 서식)에 처리시 설명, 처리대상 폐기물, 폐기물반입계획 등을 기재하여 시·도지사나 지방환경관서의 장에게 제출하여야 하며, 시·도지사나 지방환경관서의 장은 환경오염방지시설을 설치하였는지 여부, 시험·연구 목적을 확인하고 그 결과를 통보하도록 하고 있습니다.

나. 실험·운전 후 발생하는 오니에 대한 성분분석 결과가 폐기물관리법 시행규칙 [별표 1]에 정하고 있는 유해물질 함유기준 이상인 경우에는 지정폐기물로, 함유기준 이내인 경우에는 사업장 일반폐기물로 관리, 처리하여야 합니다.

2-2-146 콩비지 처리시 행정 절차(2009-02-18)

[질의] 두부공장에서 부산물로 나오는 콩비지를 축산농가에 판매하려는 경우 어떤 인·허가를 득하여야 하는지?

[회신] 가. 폐기물이란 사람의 활동이나 사업활동에 필요하지 아니하게 된 물질을 말함으로 두부공장에서 발생하는 콩비지는 동·식물성 잔재물인 사업장폐기물에 해당하며, 폐기물관리법 시행규칙 제66조 제3항 [별표 16] 제5호의 규정에 따라 재활용하는 자의 농경지의 퇴비나 가축의 먹이로 사용하는 경우만 폐기물재활용 신고대상에 해당하며, 비용을 받는 경우는 제외됩니다. 따라서 두부공장에서 발생하는 콩비지는 폐기물처리업자나 상기의 폐기물재활용 신고자에게 위탁처리하여야 합니다.

나. 또한 폐기물관리법 시행규칙 [별표 8]의 폐기물처리업자의 준수사항에서 폐기물배출자와 수집·운반자, 폐기물처리자가 폐기물의(수)탁운반(처리)계약서를 작성·체결하도록 규정되어 있으므로 폐기물수집·운반업 허가를 득하지 않은 경우 폐기물배출자와 폐기물처리의 계약이 불가능합니다.

註) 폐기물관리법 시행규칙 별[표 5의2] 제29호에 의하면, 음식물류 폐기물, 동·식물

성 잔재물, 쌀겨 등을 이용하여 「사료관리법」 제11조에 따라 사료공정이 설정된 사료를 제조하는 방법으로 재활용이 가능하다. 따라서 위 사례에서는, 「사료관리법」에 따른 단미사료 제조업 등록 등 관계요건을 갖춘다면 콩비지로 만든 사료를 축산농가에 판매할 수 있다. 이 때 두부공장에서 발생하는 콩비지로 스스로 사료로 만들 경우 콩비지가 외부로 배출되는 것이 아닐 뿐만 아니라, 사료원료인 콩비지를 사업활동에 필요하지 아니하게 된 물질이라고 볼 수 없으므로 사료제조업 등록 외에 별도로 폐기물재활용업 허가를 받을 필요는 없을 것으로 생각된다.

2-2-147 대형 사업장의 사업장 일반폐기물을 수집·운반업체에 위탁처리 가능성(2009-03-03)

[질의] 학교, 백화점, 관공서 대형사업장에서 발생되는 사업장 일반폐기물을 사업장생활계 폐기물 수집·운반허가를 취득한 업체에 위탁처리가 가능한지 여부?

[회신] 사업장생활계 폐기물 수집·운반업자는 사업장생활계 폐기물 발생장소에서 처리장소로 운반에 관해서 위탁 할 수는 있으나, 폐기물의 처리는 할 수 없습니다. 따라서 소각 또는 재활용 등의 중간처리에 관해서는 폐기물 중간처리업자 또는 재활용자와 계약을 체결하고 처리를 위탁하여야 합니다.

2-2-148 사업장생활계 폐기물을 폐기물중간처리(기타 재활용전문)업체에 위탁처리 가능성(2009-03-03)

[질의] 사업장생활계 폐기물(폐합성수지류, 폐종이류, 컵라면 용기 등)은 반드시 소각하여야 하는지, 아니면 분쇄 및 파쇄하여 시멘트공장에 납품하는 중간처리업체(재활용전문)에 위탁처리하여도 되는지 여부?

[회신] 가. 배출자가 위탁처리하고자 폐기물을 수탁자가 처리할 수 있는지 여부는 처리업자가 발급한 수탁처리능력 확인서 또는 폐기물처리업 허가증, 재활용신고필증의 영업대상폐기물 기재 여부로 알 수 있습니다.

나. 중간처리업자(재활용 또는 파쇄·분쇄 전문)가 발급한 폐기물 수탁처리능력 확인서 내용 또는 허가증에 해당 폐기물 영업대상폐기물로 기재되어 있을 경우에는 처리가 가능합니다.

다. 폐기물 중간처리업(파쇄·분쇄 전문)은 파쇄·분쇄하는 폐기물만을 처리할 수 있는 처리업을 말합니다.

2-2-149 슬러지의 발생시점과 보관기간(2009-03-04)

[질의] 폐알칼리 중간처리업에서 탈수기에서 발생하는 슬러지의 폐기물 발생시점은 언제이며, 폐기물 발생량이 3톤 미만인 경우 90일을 초과하여 보관이 가능한지 여부?

[회신] 가. 탈수기에서 발생하는 슬러지는 탈수기에서 탈착되었을 때를 폐기물 발생시점으로 보아야 할 것이며, 사업장 일반폐기물은 90일을 보관할 수 있습니다. 폐기물 성분분석은 발생과정에 있는 것이 아닌 폐기물로 발생하였을 경우에 시료를 채취하여 시험하여야 할 것입니다.

나. 보관하는 사업장 일반폐기물의 양이 3톤 미만인 경우에는 90일을 초과하여 보관할 수 있습니다.

2-2-150 가정에서 의료폐기물 발생 가능성(2009-03-05)

[질의] 가정에서 발생하는 의료 관련 폐기물을 의료폐기물로 볼 수 있는지 여부?

[회신] 폐기물관리법 시행규칙 [별표 3] "의료폐기물 발생 의료기관 및 시험·검사기관"에 해당하지 않는 장소에서 발생한 폐기물은 의료폐기물에 해당하지 않습니다. 따라서 재활용할 수 있는 용기 등은 재활용할 수 있습니다.

2-2-151 동일 부지(토지)에 건설폐기물 중간처리업과 사업장 일반폐기굴 중간처리업 가능성(2009-03-05)

[질의] 건설폐기물 중간처리업을 운영하고 있는 자가 동일 부지 내에 사업장 일반폐기물 중간처리업(재활용 전문: 폐합성수지, 폐고무류)의 허가를 득하고자 하는 경우 허가 신청이 가능한지 여부?

[회신] 폐기물 중간처리업(재활용 전문) 허가기준 중 사업장 부지에 대해 폐기물관리법에서 별도로 규정하고 있지 않으며, 사무실·실험실·시설 및 장비·기술능력을 중복하여 갖추지 아니할 수 있습니다.

2-2-152 플라스틱 용기 처리 방법(2009-03-10)

[질의] 플라스틱 용기의 경우 원형 그대로 사용하고 세척 정도만 실시할 경우는 폐기물에 해당되는지 여부 및 재활용업체로 보내져 파쇄하여 칩 등을 만드는데 사용한다면 폐기물에 해당되는지 여부?

[회신] 가. 원료, 약품을 담았던 용기를 당초 목적과 같이 용기로 재사용할 경우에는 폐기물에 해당되지 않습니다.

나. 이를 파쇄하여 칩을 제조하는 것은 당초 목적과 같이 사용하는 것이 아니므로 폐기물로 분류·관리하여야 하며, 재질이 합성수지인 경우에는 폐합성수지로 분류합니다.

註) 플라스틱 용기가 폐기물인지의 여부는, 그 플라스틱 용기가 사람의 생활이나 사업활동에 필요하지 아니하게 된 것인지 여부에 따라 결정되는 것이지, 그것을 어떻게 가공할 것인지에 따라 결정되는 것이 아니다. 폐기물의 재활용에는 당초 목적과 동일하게 재사용하는 경우도 포함되므로, 위 가.항의 답변처럼 당초 목적과 같이 용기로 재사용할 경우에는 폐기물에 해당되지 않는다는 답변은 잘못된 것으로 생각된다.

2-2-153 혼합폐기물의 처리 방법(2009-03-10)

[질의] 폐합성수지라는 항목으로 폐기물을 소각하고 있는데, 실제 폐기물 성상은 책상 상판, 죽은 식물, 석고보드, 헤어져 못 쓰는 의류 등 종류가 다양한 경우 적절한 처리 방법은 무엇인지?

[회신] 폐기물은 성질과 성상에 따라 구분하여 사업장폐기물 배출자 신고를 하여야 하며, 폐기물처리실적 보고도 구분하여 보고하여야 합니다.

2-2-154 해양폐기물 성상에 따른 처리업체 선정(2009-03-10)

[질의] 해양폐기물 중 바닷가 육지에 쌓여 있는 여러 종류(플라스틱, 나무류, 로프, 어망, 폐가전제품, 스티로폼, 고무, 섬유류, 비닐류, 기타) 폐기물을 처리하려는 경우 소각전문 폐기물중간처리업과 재활용전문 폐기물중간처리업이 있는데 어느 업체와 계약을 해야 하는지?

[회신] 가. 폐기물중간처리업(재활용전문)은 재활용이 가능한 폐기물만을 위탁받을 수 있으며, 폐기물중간처리업(소각전문)은 소각이 가능한 폐기물을 위탁받을 수 있습니다.

나. 폐기물중간처리업 허가증의 영업대상폐기물 기재란 등을 확인하고, 위탁처리하고자 하는 폐기물의 종류에 따라 처리하시기 바랍니다.

2-2-155 폐변압기 보관장소 변경 가능성 및 적절한 수집·운반 차량(2009-03-11)

[질의] 전력회사에서 폐변압기를 한 곳에 일괄관리하고자 하는 경우 폐변압기의 이동이 가

능한지 여부와 이동시 수집·운반차량은 지정폐기물처리업을 허가받은 차량으로 하여야 하는지 여부?

[회신] 가. 폐변압기를 이동·보관하고자 할 경우에는 이동하고자 하는 장소를 보관장소로 하여 "폐기물 보관기간 연장승인"을 받은 경우에는 가능할 것입니다.

나. 이를 운반하고자 할 경우에는 임시 폐기물수집·운반증을 발급받은 차량으로 운반할 수 있습니다.

2-2-156 선별된 금속류 고재(고철)의 처리 방법(2009-03-12)

[질의] 자치단체에서 운영하고 있는 비위생매립지를 굴착, 선별, 운반하여 구내의 위생매립장으로 폐기물을 재매립하는 시공을 하고 있는데, 이 중 선별과정에서 선별된 고철의 처리 방법은?

[회신] 매립지에서 굴착한 고철(고재) 등의 폐기물은 고철처리업자에게 처리를 위탁할 수 있습니다.

2-2-157 복사기, 폐토너통, 폐카트리지 처리 방법(2009-03-12)

[질의] 복사기, 폐토너통이나 폐카트리지의 처리 방법은?

[회신] 토너 및 카트리지 재생·재활용업체에서는 폐토너통 및 폐카트리지를 유가로 매입하여 제품을 생산하고 있으므로 동 업체에 매각이 가능하지만, 재생·재활용업체를 통해 처리가 불가능한 경우에는 폐기물관리법에서 정하고 있는 생활폐기물 또는 사업장 일반폐기물 배출기준에 따라 처리하여야 합니다.

2-2-158 단체급식소의 음식물쓰레기의 가축먹이로 처리 가능성(2009-03-12)

[질의] 단체급식소에서 발생하는 음식물쓰레기를 가축을 사육하는 곳에 위탁처리가 가능한지 여부 및 관련 근거 법규는?

[회신] 폐기물관리법 제15조 제3항 및 동법 시행규칙 제16조의 규정에서 정한 집단급식소(「식품위생법」 제2조 제9호)가 생활폐기물에 해당하는 경우 폐기물관리법 시행규칙 제10조 제4호의 규정에 따라 「사료관리법」 제2조 제1호에 따른 동물(소, 양, 염소 등 반추동물 제외) 등의 먹이로 재활용하는 자에게 위탁처리가 가능하며(배출자로부터 비용을 받는 경우 제외), 다만 집단급식소에서 발생되는 폐기물이 폐기물관리법 제2조 제3호에 의한 사업장폐기물에 해당하는 경우 폐기물관리법 시행규칙 제14조 [별

표 5] 제2호 다목 1) 다)의 단서에서 동물 등의 먹이로 사용할 수 없도록 규정하고 있습니다.

2-2-159 폐기물처리시설 외의 장소에서 폐기물 처리(2009-03-12)

[질의] 폐기물관리법 시행령 제7조 제1항 제5호 "폐기물은 폐기물처리시설에서 처리할 것. 다만, 생활폐기물 배출자가 법 제15조 제1항에 따라 처리하는 경우와 그 밖의 폐기물을 환경부령으로 정하는 방법에 따라 처리하는 경우에는 그러하지 아니하다"에서 그 밖의 폐기물이란 어떤 폐기물을 지칭하는 것인지? 동법 시행규칙 제10조 제3호에 "폐기물을 압축, 파쇄·분쇄, 절단, 용융 또는 사료화·퇴비화·소멸화의 방법으로 처리하는 경우로서 영 [별표 3] 제1호 나목 1)부터 4)까지 및 라목 1)에 따른 규모 미만의 시설에서 처리하는 경우"는 폐기물처리시설 외의 장소에서 폐기물 처리가 가능하다고 명시되어 있는데 자체 처리를 말하는 것인지?

[회신] 가. 시행령 제7조 제1항 제5호의 "그 밖의 폐기물"은 사업장 일반폐기물, 지정폐기물이 포함됩니다.

나. 폐기물관리법 제18조 제1항에 사업장폐기물 배출자는 그 사업장에서 발생하는 폐기물을 스스로 처리하거나 폐기물처리업의 허가를 받은 자, 재활용하는 자, 해양배출을 등록한 자에게 위탁하여 처리하여야 한다고 규정하고 있습니다.

다. 따라서 시행규칙 제10조 제3호에 따라 규모 미만의 처리시설에서 폐기물을 처리하는 것은 배출자가 자체적으로 처리하는 행위로 한정된다 하겠습니다.

2-2-160 석탄재 정제 및 잔사회 처리 방법(2009-03-13)

[질의] 석탄화력발전소에서 발생하는 Fly ash(이하 '석탄재'라 칭함)를 이용하여 원심분리기 등의 공정을 거쳐 정제회를 생산한 후 발생하는 잔사회(reject ash)를 처리함에 있어 "철강슬래그 및 석탄재배출사업자의 재활용지침"에서 규정용도 중 "레미콘 등 콘크리트 혼화재"로 재활용하고자 하는 재활용자에게 매각하려고 계획 중인데, 잔사회와 석분 등 다른 분말체를 혼합하여 정제회를 생산하는 것이 가능한지 여부?

[회신] 잔사회를 타 제품 또는 미연탄소가 낮거나 높은 석탄재와 혼합하는 경우는 폐기물관리법 제46조 제1항에서 규정하고 있는 폐기물의 재활용 방법 및 용도에 해당되지 않습니다.

2-2-161 CO_2 소화약제 실린더 처리 방법(2009-03-16)

[질의] CO_2 소화설비약제로 사용한 실린더를 폐기 시 실린더 내 액화 CO_2가 남아 있을 경우 실린더의 처리 방법?

[회신] 폐기물관리법에 액화 CO_2의 처리기준·방법을 정하고 있지 않습니다. CO_2를 방출한 용기는 고철로 처리할 수 있습니다.

2-2-162 차피 처리 방법(2009-03-17)

[질의] 「전기·전자제품 및 자동차의 자원순환에 관한 법률」 제25조 규정에 보면 폐차업자는 폐자동차를 최대한 재활용한 후에 남은 폐자동차의 잔여부분을 파쇄재활용업자에게 인계하도록 되어있는데, 고물상에게 매각해도 되는지 여부?

[회신] 가. 「전기·전자제품 및 자동차의 자원순환에 관한 법률」 제25조 제2항에 따라 자동차폐차업자는 동법 시행령 제23조에 따른 재활용비율을 준수하기 위하여 폐자동차를 최대한 재활용하고 남은 폐자동차의 잔여부분(폐압)은 동법 제32조에 따른 파쇄재활용업자 등에게 인계하여 적정하게 재활용되도록 하여야 합니다. 즉, 폐압은 파쇄재활용업자에게 인계하도록 규정되어 있으므로 파쇄재활용업을 득하지 않은 고물상 등에는 폐압을 매각할 수 없습니다.

나. 폐압을 고철로 매도하는 경우 인수자(폐자동차재활용업 등록 없이 폐자동차재활용업을 한자)에게는 「전기·전자제품 및 자동차의 자원순환에 관한 법률」 제45조 제2항 제5호의 규정에 따라 2천만원 이하의 과태료가 부과됩니다.

2-2-163 폐형광등 처리 방법(2009-03-18)

[질의] 사업장에서 발생하는 약 3000개/년의 폐형광등을 위탁하여 재활용시 사업장폐기물 변경신고를 해야 하는지 여부 및 전자정보처리프로그램에 입력하여야 하는지 여부?

[회신] 가. 폐기물관리법 제17조 제2항 및 동법 시행규칙 제18조 제4항 제4호에 따라 사업장폐기물의 종류별 처리계획을 변경(예시: 소각·매립 → 재활용)하는 경우에는 변경신고 대상에 해당되며, 동법 시행규칙 제17조 제2항에 따라 사업장폐기물 배출자는 수탁처리능력 확인서 등의 자료를 검토·확인하여 수탁자와 계약을 체결하여야 함을 알려드립니다.

나. 또한, 폐기물관리법 시행규칙 제20조에서 정한 사업장폐기물은 그 폐기물을 배출·운반 또는 처리할 때마다 폐기물의 인계·인수에 관한 내용을 전자정보처리

프로그램에 입력하여야 하나, 형광등의 경우 동 규정에서 정한 입력대상 사업장폐기물에 해당되지 않음을 알려드립니다.

2-2-164 품질확인용 섬유원단 처리 방법(2009-03-20)

[질의] 섬유염색회사에서 섬유의 품질을 확인하기 위해 1m×2m 정도의 원단을 잘라서 체크 후 체크한 원단을 섬유원단 재활용업 허가를 가진 자에게 판매해도 되는지 여부?

[회신] 폐기물이란 사람의 생활이나 사업 활동에 필요하지 아니하게 된 물질로, 제품을 생산하기 위해 품질 등을 확인하는 과정에서 발생하는 섬유는 사업장폐기물에 해당하며, 사업장폐기물은 폐기물처리업자 또는 폐기물재활용 신고자에게 위탁처리하여야 합니다.

註) 위 섬유염색회사가 폐기물관리법 제2조의 배출시설 등을 설치·운영하는 사업장이거나 일평균 300킬로그램 이상 체크한 원단을 배출하는 사업장이라면, 그 체크한 원단은 사업장폐기물에 해당될 것이다. 그렇지 않다면 생활계폐기물에 해당될 수도 있을 것이다.

2-2-165 폐소화기 처리 방법(2009-03-23)

[질의] 사업장 내에 매해 발생하는 폐소화기는 보통 50~200개 정도가 되는데 분말만 빼내고 고철로 처리가 가능한지 여부?

[회신] 분말을 제거한 소화기는 고철로 처리할 수 있으며, 분말을 재사용할 수 없을 경우에는 폐기물로 관리하여야 합니다.

2-2-166 동일 법인내 2개 사업장이 있는 경우 폐기물 처리 절차(2009-03-23)

[질의] 동일 법인 내에 소재지가 다른 사업장이 있는 경우에 사업장폐기물 배출자 신고 및 지정폐기물처리계획 확인증명 등을 지점별로 각각 진행하여야 하는지 여부?

[회신] 동일 법인이라도 사업장소재지가 다른 경우에는 사업장폐기 물배출자 신고, 지정폐기물처리계획 확인증명은 각각 받아야 하며, 폐기물의 수집·운반·처리도 사업장별로 하여야 합니다. 그리고 대기배출시설 설치 허가(신고)도 각 사업장별로 받아야 합니다.

2-2-167 동일 법인인 경우 폐기물 공동처리 가능성(2009-03-23)

[질의] 국가산업단지 내의 사업장(A)에 폐기물처리시설(소각로)을 보유하고 있는데, 5km 정도 떨어진 곳에 있는 지방산업단지 내의 동일 법인 소속 작업장(B)에서 발생하는 사업장폐기물을 등록된 적법한 운반차량을 이용하여 국가산업단지 내 사업장(A)으로 수거/이동하여 폐기물처리시설에서 처리하는 것이 가능한지 여부?

[회신] 동일 법인인 경우에는 폐기물을 공동으로 처리할 수 있으며, 이때 폐기물처리시설의 공동 설치·운영에 관한 내부 규약을 정하고 폐기물처리시설 설치(변경)승인을 받아야 합니다.

2-2-168 중간처리업에서 발생한 잔재물 처리 방법(2009-03-25)

[질의] 재활용전문 중간처리업체에서 처리과정 중 발생되는 잔재폐기물에 대하여 가연성의 경우 소각전문 중간처리업체에 위탁처리, 불연성의 경우 최종처리업체에 매립처리가 가능한지 여부?

[회신] 가. 재활용전문 중간처리업체는 재활용하는 폐기물만을 수탁하여 처리하여야 함을 알려드립니다.

나. 폐기물관리법 시행령 제7조 제1항 제4호에 "중간처리 후 발생하는 폐기물은 새로 폐기물이 발생한 것으로 보아, 법 제17조 제2항에 따른 신고 또는 법 제17조 제3항에 따른 확인을 받고, 해당폐기물의 처리 방법에 따라 처리할 것. 다만, [별표 3] 제1호 나목에 따른 기계적 처리시설에서 중간처리한 후 새로 발생되는 폐기물 중 그 성질과 상태가 중간처리하기 전의 폐기물과 동일한 폐기물은 중간처리하기 전의 폐기물로 보아 해당 폐기물의 처리 방법과 기준에 따라 처리하여야 한다"고 규정하고 있음을 알려드립니다.

2-2-169 부적합 한약재의 처리 방법(2009-03-26)

[질의] 부적합 한약재를 사료나 거름으로 재활용하고자 할 경우 처리 방법은?

[회신] 가. 사업장폐기물 배출자는 폐기물관리법 제18조의 규정에 다라, 사업장에서 발생하는 폐기물을 스스로 처리하거나, 폐기물처리업의 허가를 받은 자, 폐기물을 재활용하는 자에게 위탁처리하여야 합니다.

나. 한약재로서 부적합품이 식물성 잔재물에 해당할 경우, 폐기물관리법 제25조 제3항의 규정에 의한 폐기물중간처리업 허가를 득한 자 또는 폐기물관리법 제46

조 제1항의 규정에 의한 폐기물재활용 신고자에게 위탁처리할 수 있습니다.

2-2-170 고속도로 노선 쓰레기 처리 방법(2009-03-26)

[질의] 고속도로 노선 청소시 발생하는 폐합성수지 및 폐타이어의 폐기물 종류 및 처리 방법?

[회신] 폐기물관리법 시행령 제2조 제7호 및 제9호에 따른 사업장에서 배출되는 폐기물은 사업장생활계 폐기물에 해당되며, 생활폐기물과 성질과 상태가 비슷한 폐기물은 지자체의 조례에서 정하는 바에 따라 생활폐기물의 기준 및 방법으로 수집·운반·처리가 가능함을 알려 드립니다.

2-2-171 재위탁 해당 여부(2009-03-26)

[질의] 수처리 과정에서 발생된 오니류와 타 사업장에서 반입된 연소재를 비슷한 비율로 혼합하여 A라는 생성물을 만들어 낸 경우 이를 제품으로 분류할 수 있는지 여부 및 폐기물처리업체에 위탁처리할 경우 폐기물 재위탁 행위에 해당하는지 여부?

[회신] 가. 폐기물을 혼합하는 것은 폐기물의 처리 방법에 해당되지 않습니다. 폐기물을 혼합하였다 하여 폐기물의 성질을 상실한 것이 아니므로 혼합된 것도 폐기물에 해당됩니다. 혼합된 폐기물은 혼합하기 이전의 폐기물로 각각 분류하여야 합니다.

나. 오니와 연소재를 혼합한 폐기물은 당초의 폐기물과 같은 폐기물이므로, 이를 타 처리업체에게 위탁하는 것은 재위탁에 해당될 것입니다.

2-2-172 재활용업체에서 재활용 후 발생한 부산물의 위탁소각처리시 재위탁 해당 여부(2009-03-27)

[질의] 폐기물재활용 신고를 득한 후 배출업소로부터 폐합성수지를 받아 펠렛 및 RPF를 생산하고 있는 업체로써 재활용 제품 생산공정상에서 발생되는 부산물(가연성 고형폐기물)을 폐기물관리법 제46조에 의거 재활용신고를 득한 시멘트회사 소성로나, 제지회사 소각로로 위탁처리 할 경우 폐기물관리법 시행규칙 [별표 17의2] 제3항 위탁받은 폐기물을 재위탁하거나 재위탁하는 행위에 해당되는지 여부?

[회신] 폐기물재활용 하고자가 위탁처리하고자 하는 폐기물이 사업장폐기물 배출자로부터 위탁받은 폐기물에 해당되지 아니할 경우, 폐기물관리법 시행규칙 제67조의2 [별표 17의2] 제3호의 규정에 의한 폐기물을 재위탁하는 행위에 해당되지 아니함을 알려 드립니다.

2-2-173 사업장 일반폐기물 보관기준(2009-03-28)

[질의] 폐기물 수집·보관 사업장에서 폐지, 폐플라스틱, 폐비닐 등을 보관하고 있으나 보관시설에 보관하지 않고 야적보관하고 있으며 폐기물이 흩날리도록 방치하고 있는 경우 폐기물관리법 위반에 해당되는지 여부? 사업장에서 폐지, 폐비닐(일반 비닐 종류) 폐플라스틱, 폐전선 등을 혼합 보관해도 되는지 여부?

[회신] 가. 1) 폐기물관리법 시행령 제7조 제2호에 폐기물의 수집·운반·보관 과정에서 폐기물이 흩날리거나 누출되지 아니하도록 하고 있으며, 동법 시행규칙 [별표 5] 제3호 다목에 사업장 일반폐기물의 보관기준에 대해 아래와 같이 규정하고 있습니다.

2) 자체하중 및 보관하려는 폐기물의 최대량 보관 시의 적재하중에 견딜 수 있고 물이 스며들지 아니하도록 시멘트·아스팔트 등의 재료로 바닥이 포장되고, 지붕과 벽면을 갖춘 보관창고에 보관하여야 한다. 다만, 다음의 경우는 그러하지 아니하다.

가) 광재·폐내화물(廢耐火物)·폐지·철강슬래그·고철·폐유리 조각·폐목재·폐타이어 및 밀폐된 보관용기에 보관한 폐기물을 보관하는 경우

나) 폐합성수지·폐용기류·폐주물사(廢鑄物沙) 등으로서 침출수가 발생하지 아니하는 경우

다) 침출수의 발생으로 주변환경 오염의 우려가 없다고 시·도지사가 인정하는 경우

나. 폐기물이 흩날릴 경우에는 폐기물 보관기준을 위반한 것입니다.

다. 폐기물의 처리기준과 방법이 같은 폐기물로서 같은 폐기물처리시설이나 장소에서 처리하는 경우에는 폐기물 종류별로 구분하지 아니하고 보관할 수 있으나, 처리기준 등이 다른 경우에는 구분하여 보관하여야 합니다.

2-2-174 조개껍데기류 폐기물 처리(2009-03-31)

[질의] 공사 시행 중에 조개(따개비류)들이 붙어 있는 것을 제거하였는데 살아 있는 조개류와 패각류의 처리 방법은? 인공적으로 가공 발생된 패각류가 혼합된 경우와 배출량에 관계없이 자연적으로 형성된 패각류와 혼합된 경우 폐기물 적용 여부?

[회신] 가. 바다에서 생존할 수 있는 조개는 바다에 방생할 수 있습니다. 조개껍데기는 사업장 일반폐기물(동물성 잔재물)에 해당합니다.

나. 일반적으로 연안지역의 터파기 공사를 할 경우 조개껍데기가 포함된 뻘(원지반)이 배출될 수 있습니다. 이 경우의 뻘(원지반)은 자연상태로 보아 건설폐기물에 해당되지 않으나, 인공적인 가공 패각류(조개껍데기 등) 또는 조개양식장에서 배출되는 조개껍데기와 혼합되어 배출되는 경우에는 폐기물로 처리하여야 됩니다.

2-2-175 폐기물 중간처리 후 발생하는 고철의 처리 방법(2009-03-31)

[질의] 폐기물 중간처리 후 발생하는 고철(폐콘크리트 등) 등의 보관시 보관 표시만 설치 여부 및 고물상에로의 처리에 앞서 위수탁계약서 및 고철 관리대상을 작성해야 하는지 여부?

[회신] 사업장폐기물 배출자가 고철을 처리하고자 할 경우에는 위탁계약서를 작성하여야 하나, 보관표지판을 설치하지 않을 수 있으며, 폐기물관리대장 또한 작성하지 않아도 됩니다.

2-2-176 대형 할인마트 생활계 폐기물처리에 대한 질의(2009-04-01)

[질의] 대형 할인마트에서 발생된 사업장생활계 폐기물 중 재활용 가능한 폐기물은 분리·선별하여 재활용 전문업체로 보내 처리하고 있으며, 재활용이 어려운 폐기물은 업체에서 수집·운반·(압축, 파쇄, 분쇄)처리를 하여 제지회사로 보내어 소각하고 있는데 이러한 방법이 적법한지?

[회신] 사업장폐기물을 배출하는 사업자는 사업장에서 발생하는 폐기물을 적정처리하거나 제18조 제1항에 따라 폐기물의 수집·운반·처리를 위탁하려면 사업장폐기물 배출자는 수탁자가 제13조에 따른 기준에 맞게 폐기물을 수집·운반·처리할 능력이 있는지를 동법 시행규칙 제17조에 의거하여 확인한 후 위탁처리하여야 함을 알려 드립니다.

2-2-177 음식물쓰레기를 건조 후 발생 찌꺼기에 EM을 첨가하여 텃밭 퇴비로 사용 가능성(2009-04-01)

[질의] 음식물쓰레기 감량의무사업장에서 음식물쓰레기의 자가 처리를 위하여 건조기를 구입한 경우, 건조한 후 발생되는 찌꺼기에 EM발효액을 첨가하여 수일 동안 발효시킨 후 텃밭에 퇴비로 사용이 가능한지 여부?

[회신] 가. 폐기물관리법 시행규칙 제16조 각호의 배출자는 동법 시행규칙 제14조 [별표 5] 제2호 다목 2)의 규정에 따라 음식물류 폐기물을 스스로 감량하고자 할 경우 ①

가열에 의한 건조의 방법으로 부산물의 수분함량을 25퍼센트 미만으로 하거나, ② 발효 또는 발효건조에 따라 사료화·퇴비화 또는 소멸화하여 부산물의 수분함량을 40퍼센트 미만으로 처리하는 방법 중 어느 하나의 방법으로 처리하도록 규정하고 있습니다.

나. 감량의무사업장에서 발생된 음식물류 폐기물을 EM미생물처리 방법으로 처리한 결과 위 기준에 충족한다면 동 방법으로 처리한 후 자가 사용 목적으로(타인에게 공급하는 경우에는 「비료관리법」에 따른 규정 준수 필요) 사용할 수는 있을 것입니다.

다. 그러나 EM미생물을 이용한 발효결과물은 경작면적의 범위 내에서 적정량만 사용하여야 할 것이며, 자가사용이란 사유로 다량의 처리물을 무단방치하거나 투기 등을 통해 주변지역 오염을 유발하여서는 안 될 것입니다.

2-2-178 폐기물 이송의 처리기한에 포함 여부(2009-04-03)

[질의] 폐기물 보관장에서 이송되어 처리설비로 들어가면 처리기한에 포함되는지 여부?

[회신] 폐기물 처리가 완료되지 않은 폐기물은 보관상태에 있는 것이므르, 보관시설에서 처리시설로 이송되었다 하여도 처리기간에 포함하여야 할 것입니다.

2-2-179 폐기물처리의 3자계약 이후 폐기물처리 불분명의 건(2009-04-04)

[질의] 사업장배출시설계 또는 사업장생활계 폐기물을 폐기물운반허가를 득한 업체와 폐기물중간처리업(압축) 허가를 득한 업체에 3자계약을 하여 처리 중 폐기물중간처리업체(압축)가 폐기물을 적법하게 처리하지 않은 경우 그 책임의 주체는 누구인지?

[회신] 가. 폐기물의 처리기준에 재활용이 가능한 폐기물은 재활용하고, 재활용하지 않는 폐기물 중 소각이 가능한 것은 소각하고 소각이 불가능한 것은 매립하도록 하고 있습니다. 폐기물의 파쇄는 궁극적인 처리 방법에 해당하지 않습니다.

나. 따라서 폐기물을 중간처리(파쇄)업자에게 폐기물 처리를 위탁할 경우에는 중간처리(파쇄)업자가 폐기물을 파쇄 처리한 후 재활용자, 소각처리업자 또는 매립업자에게 해당 폐기물을 적법하게 처리할 것인지 여부를 중간처리(파쇄)업자와 재활용자, 소각·매립처리업자의 계약서 등을 통해 확인하여야 할 것입니다.

다. 폐기물을 재활용, 소각 또는 매립하기 위해서 해당 폐기물을 파쇄하여야 하는 폐기물만을 폐기물중간처리(파쇄)업자가 위탁받을 수 있습니다. 중간처리(파쇄)업자의 영업대상 폐기물에 포함되어 있지 않거나, 파쇄가 필요하지 않은 폐기물은 중간처리(파쇄)업자에게 위탁할 수 없습니다.

라. 폐기물관리법 제48조에 폐기물이 제13조의 기준에 맞지 아니하게 수집·운반·보관·처리되었을 경우 "폐기물의 수집·운반·보관 또는 처리를 한 자", "제17조 제1항 제3호에 따른 확인을 하지 아니하고 위탁한 자", "폐기물을 직접 처리하거나 다른 사람에게 자기 소유의 토지 사용을 허용한 경우 폐기물이 버려지거나 매립된 토지의 소유자"에게 필요한 조치를 명할 수 있다고 규정하고 있습니다.

마. 따라서 방치폐기물 처리는 폐기물을 방치한 자가 처리를 하여야 할 것이나, 폐기물을 방치한 자가 처리할 능력이 없을 경우에는 폐기물관리법 제17조 제1항 제3호에 따른 확인을 하지 아니하고 위탁한 자에게 책임을 물을 수 있습니다.

바. 폐기물처리업자가 위탁받은 폐기물을 처리하지 아니하고 위탁받은 성질과 상태 그대로 다른 처리업자에게 처리를 위탁하는 것을 재위탁으로 볼 수 있을 것입니다.

사. 폐기물중간처리(파쇄)업자가 파쇄처리하여야 할 폐기물을 파쇄처리하지 아니하고, 다른 파쇄처리업자에게 이를 위탁하였을 경우에는 재위탁에 해당되며, 파쇄처리가 필요하지 아니한 폐기물을 중간처리(파쇄)처리업자가 수탁받아 재활용 신고자, 소각처리업자 또는 매립업자에게 위탁처리하였을 경우에는 폐기물관리법 제25조 제5항에 따른 폐기물처리업의 업종 구분과 영업내용의 범위에 벗어난 행위에 해당될 것입니다.

2-2-180 동물사체의 발효처리 가능성(2009-04-10)

[질의] 동물사체의 처리는 소각이나 매립이 일반적인데 발효방법으로 처리하는 것이 가능한지 여부?

[회신] 폐기물관리법 시행규칙 [별표 5] "폐기물의 수집·운반·보관·처리에 관한 구체적 기준 및 방법"에 동물의 사체는 소각하거나 관리형 매립시설에 매립하도록 하고 있습니다. 따라서 동물사체를 발효시켜 처리할 수 없습니다.

2-2-181 동물사체(쥐)의 폐기물처리 방법(2009-04-10)

[질의] 실험동물(쥐)을 사육하는 사업장에서 발생하는 동물사체를 음식물처리기(미생물에 의한 발효)로 처리 후 퇴비화하여 사용할 수 있는지 여부 및 관련 절차는?

[회신] 가. 폐기물관리법 외의 타법에 저촉되지 않을 경우로서 폐기물관리법 시행규칙 [별표 16] "폐기물의 재활용용도 및 방법" 제5호에 따라 동·식물성 잔재물을 재활용하고자 할 경우에는 사업장폐기물 재활용 신고를 하여야 합니다.

나. 폐기물관리법 시행규칙 [별표 5] 제3호 라목 2) 라)에 동물성 잔재물, 동물의 사체는 소각하거나 관리형 매립시설에 매립하여야 한다고 규정하고 있습니다. 따라서 재활용 방법 외의 방법으로 동물사체를 처리하기 위해서는 소각하거나 매립하여야 하며 이를 퇴비화하여 처리할 수 없습니다.

2-2-182 고물상에서 구입한 고철의 야적 문제에 대한 질의(2009-04-13)

[질의] 고물상에서 고철을 야적하는 것은 가능하고 재활용신고업체에서는 고철을 야적하는 것은 안되는 이유?

[회신] 가. 폐기물관리법 제13조의 규정에 따라 폐기물을 수집·운반·보관하려는 자(고물상, 재활용신고자)는 폐기물관리법 시행규칙 제14조 [별표 5] 폐기물의 수집·운반·보관·처리에 관한 구체적 기준 및 방법을 준수하여야 합니다.

나. 폐기물관리법 시행규칙 제14조 [별표 5] 제3호 다목 2) 가)의 규정에 따라 고철은 지붕과 벽면을 갖춘 보관창고가 아닌 보관시설에 보관할 수 있습니다.

2-2-183 FRP 용기의 처리 방법 및 위반시 제재조치(2009-04-13)

[질의] 유리섬유강화플라스틱(Fiberglass Reinforced Plastic, FRP)이라 지칭되는 용기의 처리 방법은?

[회신] 가. 석면이 함유되어 있지 않은 유리섬유 등의 고체상태의 폐합성고분자화합물은 사업장 일반폐기물에 해당됩니다. 따라서 F.R.P에 이물질이 묻어 있지 않을 경우에는 사업장 일반폐기물(폐합성고분자화합물질)로 분류하여 이를 위탁처리하고자 할 경우에는 사업장폐기물처리업자에게 위탁처리하여야 합니다. 석면을 함유(1퍼센트 이상)하고 있을 경우에는 지정폐기물로 관리하여야 합니다.

나. 폐기물관리법 제13조를 위반하여 폐기물을 수집·운반·보관 또는 처리를 하였을 경우에는 위반내용에 따라 3년 이하의 징역이나 2천만원 이하의 벌금에 처하거나 1천만원 이하의 과태료에 처할 수 있습니다.

2-2-184 임목폐기물 현장 파쇄 가능성(2009-04-13)

[질의] 건설현장에서 발생되는 임목폐기물을 파쇄장비를 임대하여 현장에서 파쇄가 가능한지 여부?

[회신] 폐기물처리시설의 임차를 폐기물관리법에서 금지하고 있지 아니합니다. 따라서 임목폐기물 배출자는 파쇄시설 장비를 임차하여 사용할 수 있습니다.

2-2-185 병원에서 발생되는 음식물류 폐기물의 구분 및 감량의무사업장 해당 여부(2009-04-14)

[질의] 병원에서 발생되는 음식물류 폐기물(80kg/일)은 사업장생활계 폐기물에 해당되는지 여부? 폐기물관리법 시행규칙 제16조에 따라 감량의무이행계획 신고 대당인지 여부 및 병원내 구내식당의 경우 병원사업자와 별개인 경우 감량의무이행계획 신고대상인지 여부?

[회신] 가. 폐기물관리법 시행령 제2조 제6호에 따라 지정폐기물을 배출하는 사업장에서 발생하는 폐기물은 양에 관계없이 사업장폐기물에 해당됩니다.

나. 지정폐기물이 발생하는 사업장에서 폐기물관리법 제2조 제3호에 따른 배출시설 또는 동법 시행령 제1호 내지 제5호의 규정에 따른 시설의 운영으로 배출되는 폐기물은 사업장배출시설계 폐기물에 해당되며, 그 외의 폐기물은 사업장생활계 폐기물에 해당됩니다.

다. 병원 구내식당의 위탁운영 여부에 관계없이 폐기물관리법 시행규칙 제16조에 해당될 경우에는 음식물류 폐기물 감량의무이행계획 신고를 하여야 합니다.

2-2-186 동일 법인내 소재지가 다른 사업장의 폐기물을 한 곳에 모아 처리가 가능한지 여부(2009-04-15)

[질의] 하나의 사업자등록번호로 두 곳에 공장을 소유하고 있는 경우 A사업장에서 발생된 폐기물을 B사업장으로 이동시켜서 폐기물위탁처리를 해도 되는지 여부?

[회신] 동일 법인일지라도 사업장이 다를 경우에는 폐기물을 사업장별로 각각 보관·관리하여야 하며, 폐기물을 운반하여 공동으로 보관할 수 없습니다.

2-2-187 본사와 자회사의 폐기물을 공동수집 후 위탁처리 가능성(2009-04-15)

[질의] 회사A에 자회사B가 있는데, 회사A의 경우 폐기물 발생량이 많아 사업장폐기물 배출자 신고가 되어 있으나 자회사B는 월 50kg 정도여서 업무 편의상 자회사B의 폐합성수지 등의 폐기물을 회사A의 폐기물보관시설에 공동보관 후 A사의 명의로 위탁처리가 가능한지 여부?

[회신] 사업장폐기물 배출자 신고는 사업장별로 하여야 하며, 폐기물의 보관·처리도 각 사업장별로 하여야 합니다. 이를 위반하였을 경우에는 폐기물 수집·운반·처리기준 위반 및 사업장폐기물 배출자 허위신고 등으로 양사 모두 처벌을 받을 수 있습니다.

2-2-188 상가건물의 재활용가능자원 분리·보관 책임주체(2009-04-16)

[질의] 지하철 역사 내의 임대매장에서 분리배출 재활용가능자원 수거 책임의 주체는 누구인지?

[회신] 가. 「자원의 절약과 재활용촉진에 관한 법률」 제12조의2 및 동법 시행령 제14조의3에 따라 폐기물을 배출하는 일정규모(연면적 1천제곱미터, 1일평균 300킬로그램 이상 등) 이상 토지·건물의 소유자·점유자 또는 관리자는 배출되는 폐기물 중 재활용할 수 있는 폐기물을 스스로 재활용하거나 종류·성상별르 분리수거하여 재활용될 수 있도록 정하고 있습니다.

나. 따라서 지하철 역사가 상기 규모에 해당되는 경우 동 시설의 소유자·점유자 또는 관리자가 폐기물 배출자에 해당되며, 그 시설에서 배출되는 폐기물 중 재활용가능자원을 분리·보관하여 재활용될 수 있도록 하여야 함을 알려드립니다.

2-2-189 밀스케일 및 절단슬래그의 처리 방법(2009-04-20)

[질의] 압연공장에서 발생하는 밀스케일(철근을 뽑고 난 뒤 떨어지는 얇은 막 형태의 가루) 및 절단슬래그의 처리 방법?

[회신] 가. 밀스케일이 폐기물관리법 시행령 제3조 [별표 1] 지정폐기물의 종류에 해당되지 않을 경우 사업장 일반폐기물에 해당합니다.

나. 폐기물관리법 시행규칙 제18조의 규정에 따라 사업장 일반폐기물 배출자는 관할 지방자치단체에 밀스케일 및 절단슬래그를 폐기물로 신고를 하여야 합니다.

다. 폐기물 위탁처리비용에 대해서 폐기물관리법에서 별도로 규정하고 있지 아니합니다.

라. 폐기물관리법 시행령 제7조 제1항 제4호의 규정에 의하면 폐기물을 중간처리 후 발생되는 물질은 폐기물로 보고 있습니다.

마. 폐기물관리법 제18조 제1항의 규정에 따라 사업장폐기물 배출자는 그의 사업장에서 발생하는 폐기물을 폐기물관리법 제46조의 규정에 의한 폐기물재활용 신고자에게 위탁 처리할 수 있습니다.

2-2-190 PVC 코팅된 폐목의 소각 가능성(2009-04-21)

[질의] 표면에 PVC가 일부 코팅된 PB나 MDF를 사용하고 있는데, 절단 및 가공 공정시 발생하는 조각자재가 폐기물분류상 폐목재류인지 폐합성수지류인지 여부?

[회신] PVC가 코팅된 폐목은 폐합성수지류로 분류하여야 하며, 폐목재 소각시설에서 소각하여 처리할 수 없습니다.

2-2-191 정수장 오니 처리 방법(2009-04-30)

[질의] 정수장 오니의 처리 방법은?

[회신] 가. 고형물 중 유기성물질의 함량이 40퍼센트 이상인 것을 유기성 오니로, 40퍼센트 미만인 것은 무기성 오니로 분류하고 있으며, 유기성 오니 또는 무기성 오니의 배출기준에 대해서는 기준을 설정하고 있지 않으나, 이를 처리하고자 할 경우에는 수분함량이 75퍼센트 또는 85퍼센트 이하로 탈수·건조 후 처리하도록 폐기물관리법 시행규칙 [별표 5]에 규정하고 있습니다.

나. 정수처리 오니가 유기성이고, 정수시설의 1일 폐수 배출량이 700세제곱미터 이상인 경우에는 수분함량을 75퍼센트 이하로 탈수·건조하여, 매립가스를 회수하여 재이용하는 시설이 설치된 매립시설에 매립하여야 합니다.

다. 또한 정수처리 오니가 무기성이거나, 정수시설의 1일 폐수 배출량이 700세제곱미터 미만인 경우에는 정수 오니가 유기성 및 무기성과 관련 없이 수분함량 85퍼센트 이하로 탈수·건조하여 매립할 수 있습니다.

2-2-192 동일 사업장 내 폐기물 관리 및 처리 주체(2009-04-30)

[질의] 상위회사(토지소유주)와 협력업체가 동일한 사업장(부지) 내에 위치할 때 협력업체에서 발생하는 폐기물의 관리 및 처리 주체는 누구인지?

[회신] 가. 폐기물관리는 폐기물이 발생하는 사업장별로 관리하여야 합니다. 따라서 협력회사에 발생한 폐기물은 협력회사에서 관리·처리하여야 하며, 폐기물관리법을 위반하였을 경우에는 이에 대한 책임도 협력회사에게 있습니다.

나. 참고로 협력회사와 주 회사는 폐기물의 보관, 수집·운반, 처리를 각 사업장별로 구분하여야 합니다.

2-2-193 폐기물처리이행보증보험 관련 질의(2009-04-30)

[질의] 사업장 일반폐기물인 폐석고를 운반하려고 하는데 폐기물수집·운반업체도 방치폐기물처리이행보증금에 대한 공제조합 또는 보증보험, 예치 등의 가입을 해야 하는지 여부?

[회신] 가. 폐기물처리이행보증보험의 산출기준은 폐기물관리법 제25조 제9항에 따른 양

(허용 보관량 등)에 처리단가를 곱한 금액으로 산출합니다.

나. 따라서 폐기물관리법 제25조 제9항에 따른 폐기물량이 없을 경우에는 폐기물처리이행보증보험에 가입하지 않아도 됩니다. 즉, 폐기물을 브관하지 아니하고 처리시설에 바로 투입할 경우에는 보험에 가입하지 않아도 무방합니다.

2-2-194 사업장폐기물 수집·운반업자의 임시보관장소에 관한 문의(2008-05-02)

[질의] 사업장배출시설계 폐기물 수집·운반업자의 임시보관량 및 보관일수는 어떻게 되는지?

[회신] 가. 폐기물수집·운반업자가 적재능력이 적은 차량을 수집하여 적재능력이 큰 차량으로 옮겨 실어야 할 필요가 있는 경우로서 미리 시·도지사 또는 지방환경관서의 장의 승인을 얻은 경우에는 임시보관장소의 설치가 가능하며, 보관기간은 5일, 보관량은 450톤을 초과할 수 없습니다.

나. 또한, 사업장폐기물을 보관할 시에는 자체하중 및 보관하고자 하는 폐기물의 최대량 보관시의 적재하중에 견딜 수 있고, 물이 스며들지 아니하도록 시멘트·아스팔트 등의 재료로 바닥이 포장되고, 지붕과 벽면을 갖춘 보관창고에 보관하여야 할 것입니다.

2-2-195 농약 처리 방법(2009-05-04)

[질의] 가정에서 사용하고 남은 농약의 적절한 처리 방법은?

[회신] 가정에서 사용한 농약은 폐기물관리법상 생활폐기물로 분류되며 쓰레기수수료 종량제 시행지침 중 생활계 유해폐기물 관리종합대책의 수립 및 시행 전까지는 종량제 적용대상 폐기물로 분류되어 종량제 봉투에 담아 배출하여야 함을 알려 드립니다.

2-2-196 해수 방류 후 준설토사의 처리 방법(2009-05-05)

[질의] 침전토사를 준설하여, 건조 후 현장 내 지정된 사토장에 사토하는 것이 가능한지 여부?

[회신] 유입된 해수를 배수한 지역에 침전된 물질이 뻘 등 자연 상태의 토양인 경우에는 폐기물에 해당하지 않으므로 일반토양으로 볼 수 있습니다. 따라서 다른 법률에서 사용을 제한하고 있지 않다면 사토장에 처리할 수 있을 것입니다.

2-2-197 유기성 건조 오니의 직매립 가능성(2009-05-06)

[질의] 하수처리 오니를 건조시설을 이용하여 수분함량 75% 이하로 건조하여 최종처리업체에 매립 시 최종처리업체에 매립가스 소각설비가 갖추어져 있다면 직매립이 가능한지 여부?

[회신] 폐기물관리법 시행규칙 [별표 5] 제3호 라목 2) 나) (1)에 따라 매립가스를 회수하여 재이용하는 시설이 설치된 매립시설의 경우에는 유기성인 하수처리 오니를 수분함량 75퍼센트 이하로 처리하여 매립할 수 있습니다. 다만, 1일 500톤 이상은 처리할 수 없습니다.

2-2-198 임대차계약 만료시 임시보관장소 자동폐쇄 여부(2009-05-07)

[질의] 임대차계약을 하고 임시보관장소로 사용을 하다가 계약기간이 만료되어 재계약을 하지 않고 땅소유주가 수집·운반허가를 득하여 그 땅에 임시보관장소설치신청서를 제출하게 되면 이전의 수집·운반업체 임시보관장소는 자동으로 폐쇄되는 것인지 여부?

[회신] 폐기물 임시보관장소의 임대차 계약기간이 만료될 경우에는 임시보관장소 설치승인 효력이 만료되어 임시보관장소로 사용할 수 없으며, 별도의 폐쇄신고는 하지 않아도 됩니다.

2-2-199 폐기물처리비 부담 주체(2009-05-14)

[질의] A(배출자)사는 B사(폐기물처리 및 청소, 쓰레기장관리용역을 하도계약)에게 청소용역비 및 폐기물처리비를 통합지급하고, B사에서 C사(운반자, 처리자)로 폐기물처리비가 결제되는 경우 법위반 여부?

[회신] 가. 폐기물관리법 시행규칙 제17조 제2항에 사업장폐기물을 배출하는 자는 수탁자가 폐기물을 적정하게 처리할 수 있는지를 확인한 후 계약을 체결하도록 규정하고 있습니다.

나. 폐기물 처리에 관한 계약을 체결하도록 한 것은 폐기물처리비용을 처리업자에게 직접 지불하도록 한 취지이므로, 관리용역업자가 처리업자에게 처리비용을 지불하여서는 아니 됩니다.

2-2-200 폐비닐 세척 후 남은 토사의 처리 방법(2009-05-18)

[질의] 농가에서 폐비닐 수거 후 세척하여 나오는 토사의 처리 방법은? 폐기물 종류는 무엇으로 하며 성토재활용이나 일반복토용으로 처리가 가능한지 여부?

[회신] 가. 토사세척시설에서 발생하는 무기성 오니인 경우에는 폐기물관리법 시행규칙 [별표16] 제2호에 정하고 있는 방법과 같이 성토재, 복토용으로 사용할 수 있습니다.

나. 토사세척시설이 「수질 및 수생태계보전에 관한 법률」에 의한 폐수배출시설에 해당될 경우에는 폐수처리 오니로, 그러하지 않을 경우에는 폐토사로 분류할 수 있습니다.

2-2-201 중고 변압기 매각처리 가능성(2009-05-18)

[질의] 전기용량 증설로 사용 중인 변압기를 떼어내 매각하려는 경으 일단 중고물품처럼 매각처리가 가능한지 여부 및 폐기물처리업체를 통한 매각을 해야 한다면 처리 절차는?

[회신] 가. 변압기 내부 물질을 보충하거나 수리 등의 과정을 거치지 아니하고, 원형 그대로 재사용할 경우에는 이를 재사용하고자 하는 업체에게 매각할 수 있으나, 변압기를 구입한 업체가 동일한 목적으로 사용하는지 여부를 판매자가 확인하여야 할 것입니다.

나. 만약, 구매자가 제품으로 사용하지 아니하거나, 변압기를 분해하여 고철로 판매하는 등 폐기물로 관리, 처리하였을 경우에는 판매자는 무허가 폐기물처리업자에게 폐기물(변압기)을 위탁처리한 행위에 해당됩니다.

다. 변압기 내부 물질의 PCBs 농도가 불검출되었을 경우에도 절연유는 기름성분을 5퍼센트 이상 함유하고 있으므로 지정폐기물(폐유)로 분류·관리하여 합니다. 이를 위탁처리하고자 할 경우에는 폐유처리업자에게 위탁하여야 합니다.

2-2-202 분진의 처리 방법(2009-05-19)

[질의] 폐합성수지(ABS수지) 분쇄기 방지시설에서 발생하는 분진의 처리 방법 및 폐기물처리계획 변경에 따른 변경신고 대상 여부?

[회신] 가. 폐기물관리법 시행규칙 제2조의2 [별표 4] 사업장폐기물의 분류번호에 의하면 대기오염방지시설에서 포집된 것은 분진(소각시설에서 발생되는 것은 제외)으로

분류가 되며, 대기오염방지시설에서 발생된 분진에 대해 사업장폐기물 배출자는 분진을 재활용하는 폐기물중간처리업체 또는 폐기물재활용 신고자에게 위탁처리할 수 있습니다.

나. 사업장폐기물 배출자는 폐기물의 처리계획을 변경한 경우, 폐기물관리법 시행규칙 제18조 제4항 및 제18조의2 제7항의 규정에 따라 관할 지방자치단체와 지방환경관서의 장에게 변경신고를 하여야 합니다.

2-2-203 동일 법인 내에 있는 사업장에서 발생된 폐기물의 공동처리 가능성(2009-05-21)

[질의] A, B 두 곳의 하수처리장을 동일 법인으로 운영관리 중에 있는데, 폐기물관리법 제21조 제2항에서 "제1항 제7호(동일법인)에 따른 사업장은 제외한다"의 정확한 의미는 무엇이며, B하수처리장에서 발생된 하수 오니를 A하수처리장 내에 설치된 슬러지처리시설로 운반하여 처리할 수 있는 방법(허가 또는 신고)은?

[회신] 가. 폐기물관리법 시행규칙 제21조 제2항에서 "제1항 제7호에 따른 사업장은 제외한다"는 것은 동일 법인인 경우에는 사업장폐기물을 공동으로 수집·운반 또는 처리를 할 수 있으나, 사업장폐기물 배출자 신고, 폐기물의 인계·인수내용 입력, 처리실적 보고 등은 각 사업장별로 하여야 한다는 의미입니다. 따라서 사업장 소재지가 다른 경우에는 동일 법인이더라도 사업장폐기물 배출자 신고를 각각 하여야 합니다.

나. 참고로 사업장폐기물 배출자는 하수처리시설을 설치·운영하고 있는 자이며, 시설 위탁운영하는 자는 사업장폐기물 배출자가 될 수 없습니다.

2-2-204 유리슬러지 처리 방법(2009-05-25)

[질의] 거울 등 유리제품을 연마, 가공하는 업체에서 발생하는 연간 14톤의 유리슬러지를 처리하는 방법은?

[회신] 가. 유리슬러지를 폐기물분석 전문기관에서 분석한 결과 폐기물관리법 시행규칙 [별표 1] "폐기물의 유해물질"을 초과한 경우에는 지정폐기물(공정오니)에 해당되므로 이를 처리하고자 할 경우에는 지정폐기물처리계획 확인증명을 받아 지정폐기물(공정오니)처리업자에게 위탁처리하여야 합니다.

나. 성분분석 결과가 유해물질 기준 이내인 경우로서 해당 사업장에서 지정폐기물이 발생하거나, 폐기물이 1일 평균 100킬로그램 이상 발생하는 경우에는 유리

슬러지(공정오니)는 사업장 일반폐기물에 해당되며, 사업장에서 지정폐기물이 발생하지 아니하고, 폐기물이 1일 평균 100킬로그램 미만 발생하는 때에는 생활폐기물에 해당됩니다.

다. 사업장 일반폐기물에 해당될 경우에는 사업장일반폐기물처리업자 또는 재활용자에게 위탁처리할 수 있으며, 생활폐기물에 해당될 경우에는 지자체의 조례에 따라 처리하여야 합니다.

註) 폐기물을 1일 평균 300킬로그램 이상 배출하는 사업장에서 배출되는 폐기물이 사업장폐기물이다.

2-2-205 사업장폐기물 중간처리업체에서 폐목재를 파쇄 후 소각장 이송처리 가능성 등(2009-05-25)

[질의] 사업장폐기물 중간처리업체(기계적 처리)에서 영업대상 중 폐목재를 파쇄 후 소각장으로 이송처리하는 것이 가능한지 여부 및 기계적 처리 허가를 재활용전문업으로 변경이 가능한지 여부?

[회신] 가. 폐기물처리업의 영업대상 폐기물에 포함되어 있을 경우에는 폐목재를 소각처리하기 위해 파쇄처리할 수 있습니다.

나. 폐목재를 파쇄처리하는 행위는 재활용으로 볼 수 없으므로 재활용전문처리업에 해당하지 않습니다.

2-2-206 폐자동차 해체 후 보관 방법(2009-05-27)

[질의] 폐자동차 해체시 적절한 시설기준 및 해체부품의 보관 방법은?

[회신] 가. "유류의 누출 등 환경오염에 영향을 미치는 경우"는 해체부품의 상태, 작업방식 및 현장상황 등에 따라 오염 여부가 달라질 수 있어 모든 상황을 법에 명문화하기는 곤란하지만, 금번 「자동차 폐차업자 특별점검」('09.5.4~5.29)에서는 점검방식의 표준화를 통해 공정성 및 객관성을 확보하고 폐차업자의 불편을 최소화하기 위하여 실내작업장 인정기준과 실내보관 대상제품 등을 정한 바 있습니다.

나. 이에, 배수로는 3면에만 벽을 설치하는 경우 벽이 없는 쪽에서 빗물 등이 유입되어 공공수역(하천, 농업용수로, 지하수로 등)에 유류성분 등 오염물질이 유출되는 것을 최소화하기 위하여 설치하여야 하는 최소 시설로 정한 것이며, 유류에 노출된 해체부품[지정폐기물(배터리, 액상폐기물 등), 엔진류, 미션(기어)류, 연료통(휘발유, 경유)]은 최소한 실내보관하도록 정한 바 있습니다.

2-2-207 자동차 폐배터리 처리 방법(2008-05-27)

[질의] 자동차용 폐배터리의 처리 방법은?

[회신] 카센터나 자동차정비소에서 발생하는 배터리에는 통상 폐산이 함유되어 있어 지정폐기물로 관리하고, 폐산을 처리할 수 있는 처리업체에 위탁처리하고 있습니다.

2-2-208 사업장폐기물 중 공병 및 재활용품 처리(2009-05-27)

[질의] 폐기물중간처리업체 반입 폐기물 중 파쇄기에 부담을 주는 폐기물을 선별하여 보관하고 있는데, 이를 다른 재활용업체에 위탁처리가 가능한지 여부 및 이 경우 위탁처리량(무게)을 중간처리업체가 위탁받은 물량(보관량)에서 차감할 수 있는지 여부?

[회신] 가. 폐기물관리법 제32조 [별표 8] 제1호 라목의 규정에 따라 폐기물중간처리업자는 배출자로부터 위탁받고자 하는 폐기물이 자신의 처리시설에서 처리가 어려운 경우 그 폐기물을 위탁받아서는 아니됩니다.

나. 다만, 중간처리 시 발생하는 소량의 이물질은 당해 사업장에서 배출되는 폐기물로 위탁처리가 가능하며 동 이물질은 위탁받은 폐기물의 양에서 제외할 폐기물에 해당되지 않을 것으로 판단됩니다.

2-2-209 소각시설 바닥재와 비산재의 처리 방법(2009-05-29)

[질의] 소각시설(폐합성수지 등)에서 발생되는 바닥재 및 비산재는 성상이 동일하고 처리방법도 관리형 매립으로 동일한 경우 혼합보관 및 처리가 가능한지 여부?

[회신] 폐기물의 처리기준 및 방법이 같은 폐기물로서 같은 처리시설에서 처리를 할 경우에는 구분하여 보관·처리하지 않아도 됩니다.

2-2-210 정수용 모래의 처리 방법(2009-05-29)

[질의] 상하수도 사업소에서 물 정화를 위해 사용한 모래의 폐기물 종류 및 처리 방법?

[회신] 상하수도 사업소의 정수처리 또는 하수처리 과정에서 발생한 폐기물은 사업장폐기물에 해당되며, 오니를 함유하고 있는 경우에는 정수처리 오니 또는 하수처리 오니로 분류하여야 합니다.

2-2-211 분진성분이 기준치 이하로 검출될 경우 매립 가능성(2009-06-03)

[질의] 폐열보일러와 대기방지시설에서 발생하는 분진은 모두 지정폐기물로 처리(매립)하

고 있는데, 폐열보일러와 일부 대기방지시설(사이클론)에서 발생되는 분진의 성분이 폐기물관리법 시행규칙 [별표 1]에 지정폐기물 유해물질이 기준 이하로 검출된다면 사업장 일반폐기물(매립)로 처리해도 되는지?

[회신] 분진의 용출시험 결과 폐기물관리법 시행규칙 [별표 1]에서 정한 유해물질 함유기준 이내이면 사업장 일반폐기물에 해당하며, 매립처리할 수 있습니다.

2-2-212 양변기 폐기물 처리 방법(2009-06-03)

[질의] 양변기 제조업체에서 제품 완성 후 하자로 인해 폐기처분하려는 경우 양변기의 폐기물 종류 및 처리 방법은?

[회신] 가. 폐기물로 발생된 양변기는 도자기 조각에 해당하며, 용출시험 결과 폐기물관리법 시행규칙 [별표 1]에서 정한 유해물질 함유량을 초과하면 지정폐기물로, 유해물질 함유량 이내이면 사업장 일반폐기물 중 사업장생활계 폐기물로 분류하여야 합니다.

나. 동 폐기물이 사업장 일반폐기물인 경우 폐기물관리법 시행규칙 별지 제6호 서식을 작성하여 사업장폐기물 배출자 신고를 하여야 하며, 지정폐기물인 경우에는 동 규칙 별지 제12호 서식을 작성하여 지정폐기물처리계획 확인을 받아야 합니다.

2-2-213 재위탁 해당 여부(2009-06-03)

[질의] 폐기물중간처리업(기타재활용-100hp처리시설)을 운영하는 자가 내부사정으로 1차 파쇄된 가공파쇄품을 동종업종으로 폐기물중간처리업자(기계적 처리 전문파쇄-400hp)에게 위탁처리할 경우 폐기물관리법 시행규칙 [별표 8]의 제3항에 규정한 폐기물은 위탁받은 성질과 상태 그대로 재위탁하거나 재위탁을 받아서는 아니된다라는 규정에 해당되는지 여부?

[회신] 폐기물관리법 시행규칙 [별표 8]의 규정에 의거 폐기물처리업자는 위탁받은 폐기물을 위탁받은 성질과 상태 그대로 재위탁하거나 재위탁을 받을 수 없으며, 또한 위탁받고자 하는 폐기물이 자신의 처리시설에서 처리가 어려운 경우에도 그 폐기물을 위탁받아서는 아니됩니다.

2-2-214 사업장에서 발생하는 음식물쓰레기 처리 방법(2009-06-04)

[질의] 사업장폐기물 대상 사업장의 직원식당에서 발생하는 약 10kg에 해당하는 음식물쓰

레기의 처리 방법은?

[회신] 음식물류 폐기물이 사업장폐기물에 해당하는 경우 폐기물관리법 시행규칙 [별표 5] 제3호 가목 2)의 규정에서 정한 바와 같이 사업장생활계 폐기물로서 생활폐기물과 성질과 상태가 비슷하여 생활폐기물의 기준 및 방법으로 처리할 수 있도록 특별자치도 또는 시·군·구의 조례로 정한 경우 생활폐기물 수집·운반·보관·처리할 수 있음을 알려드립니다.

2-2-215 생활폐기물 소각시설에서 발생되는 소각재 중 비산재의 처리 방법 및 기준(2009-06-04)

[질의] 생활폐기물 소각과정 중 발생되는 비산재의 처리 방법은? 비산재 중간처리업체의 부도로 방치폐기물이 대량 발생한 경우 그 책임 주체는 누구인지?

[회신] 가. 지정폐기물인 소각재는 폐기물관리법 시행규칙 제14조 [별표 5] 제4호 다목 2) 차)의 규정에 따라 처리하거나 소각재를 재활용하는 지정폐기물 중간처리업체에 위탁처리할 수 있습니다.

나. 폐기물관리법 제40조 제2항의 규정에 따라 방치폐기물을 발생한 폐기물처리업자나 재활용 신고자에게 처리명령을 하였음에도 불구하고 처리되지 아니한 방치폐기물이 있을 경우, 그 방치폐기물이 발생한 사업장을 승계한 자, 「민사집행법」에 의한 경매, 「채무자회생 및 파산에 관한 법률」에 따른 환가나 「국세징수법」·「관세법」 또는 「지방세법」에 의한 압류재산의 매각, 그 밖에 이에 준하는 절차에 따라 폐기물처리업자의 사업장을 인수한 자에게 처리명령을 할 수 있습니다.

다. 또한 방치폐기물을 발생한 폐기물처리업자, 폐기물재활용 신고자나 인계자가 가입한 폐기물처리공제조합에게 처리명령을 하거나, 보험회사의 보험금으로 처리할 수 있음을 알려드립니다.

2-2-216 유동층소각로에서 발생되는 폐유동사 처리 방법(2009-06-10)

[질의] 유동층소각로에서 소각시 발생하는 폐유동사의 처리 방법?

[회신] 소각재는 폐기물관리법 제25조 제3항의 규정에 따라 소각재를 재활용하는 폐기물 중간처리업체 또는 폐기물관리법 제46조 제1항의 규정에 따라 폐기물재활용 신고를 득한 업체에서 재활용이 가능합니다.

2-2-217 폐식용유 처리 방법(2009-06-11)

[질의] 학교에서 발생하는 폐식용유의 처리 방법?

[회신] 가. 폐식용유가 폐기물관리법 제2조 제2호의 규정에 의한 생활폐기물에 해당될 경우, 폐기물관리법 제14조 제1항의 규정에 따라 해당 지방자치단체의 장이 수집·운반·처리하거나 동법 제14조 제2항의 규정에 의하여 지방자치단체의 조례로 정하는 바에 따라 폐기물처리업자 또는 폐기물재활용 신고자 등에게 수집·운반·처리를 대행하게 할 수 있습니다.

나. 폐식용유가 폐기물관리법 제2조 제3호의 규정에 의한 사업장폐기물에 해당될 경우, 폐기물관리법 제25조 제3항의 규정에 의한 폐기물수집·운반업자가 수집·운반하여야 하며 폐식용유를 처리하는 폐기물중간처리업자 또는 폐기물재활용 신고자 스스로 수집·운반할 수 있습니다.

2-2-218 우드칩의 보관기간 및 방법(2009-06-15)

[질의] 임목폐기물을 파쇄해서 현장조경퇴비로 재활용하려는 경우 우드칩으로 중간처리된 날로부터 얼마 동안 보관이 가능한지와 적절한 보관시설은 무엇인지?

[회신] 가. 폐기물관리법 시행규칙 제14조 [별표 5] 제3호 다목 3)의 규정에 따라 사업장폐기물 배출자가 중간처리한 임목폐기물은 보관이 시작되는 날부터 90일을 초과하여 보관하여서는 아니됩니다. 다만, 보관하는 사업장 일반폐기물의 양이 3톤 미만인 경우에는 그러하지 않습니다.

나. 폐기물관리법 시행규칙 제14조 [별표 5] 제3호 다목 2)의 규정에 따라 폐목재는 시멘트·아스팔트 등의 재료로 바닥이 포장되고, 지붕과 벽면을 갖춘 보관창고 외의 보관시설에서 보관할 수 있습니다.

2-2-219 철분의 처리 방법(2009-06-15)

[질의] 쇼트블라스트 공정에서 발생한 분진 및 철분(60% 이상 함유)의 처리 방법은?

[회신] 비산 우려가 있는 철분, 철 스케일은 사업장폐기물로서 고철에 해당되지 않을 것으로 판단되며, 폐기물관리법 제18조 제1항의 규정에 다라 사업장폐기물 배출자 스스로 처리하거나 폐기물처리업 허가를 득한 자 또는 폐기물재활용 신고자 등에게 위탁처리하여야 합니다.

2-2-220 유통기간 경과 식음료의 소각 가능성(2009-06-25)

[질의] 식음료 유통과정 중 액상상품을 제외 한 고상상품(예: 소시지, 햄, 튀김가루, 햇반 등)이 훼손, 유통기간 경과 등으로 회수조치가 필요한 상품을 불법유통 및 식품위생사고를 예방을 위해 전량 소각하는 것이 가능한지 여부?

[회신] 가. 폐기물관리법 제18조 제1항의 규정에 따라 사업장폐기물 배출자는 제3호의 규정에 의한 사업장폐기물 배출자는 스스로 처리하거나, 폐기물처리업 허가를 득한 자 또는 폐기물 재활용 신고자에게 위탁처리하여야 합니다.

나. 음식료품의 유통과정에서 발생된 폐기물은 폐기물관리법 제46조 제1항의 규정에 의한 폐기물재활용 신고자(사료 또는 비료 제조)에게 위탁처리하거나, 폐기물관리법 제25조 제3항의 규정에 의한 폐기물중간처리업자에게 위탁처리할 수 있습니다.

2-2-221 대규모 돈사의 사체 처리에 대한 질의(2009-06-30)

[질의] 마을의 대규모 돈사에서 나오는 300kg 상당의 돼지 사체(자연사한 사체)를 생활폐기물로 보아야 하는지, 아니면 사업장폐기물로 보아야 하는지 여부, 그리고 돈사 내 퇴비화시설(돼지 분뇨 저장시설 포함) 등에 혼합하여 퇴비로 처리가 가능한지 여부? 만약 생활폐기물로 볼 경우 많은 양의 사체를 종량제 봉투에 담아 마을 입구에 두게 되면 혐오감은 물론 부패로 인한 악취, 오수 유출 등으로 주변환경에 악영향을 미칠 것으로 판단됩니다.

[회신] 가. 사업장 내에서 발생하는 폐기물이 일일 평균 300kg 이상 배출되는 경우 폐기물관리법 제2조 및 동법 시행령 제2조 제7호에 따라 사업장폐기물에 해당되며, 그 외는 생활폐기물에 해당됩니다.

나. 생활폐기물에 해당되는 경우 폐기물관리법 제15조 제1항에 의하여 자치단체의 조례로 정하는 바에 따라 생활환경 보전상 지장이 없는 방법으로 그 폐기물을 스스로 처리할 수 있도록 되어 있는 바, 자세한 사항은 해당 자치단체에 문의하시기 바랍니다.

2-2-222 감귤박의 소각 가능 여부 및 소각재 처리 방법(2009-07-14)

[질의] 감귤박(주스 제조 후 남은 찌꺼기)을 건조 후(함수율 10~20%) 소각하여 에너지를 회수하려는 경우, 소각이 가능한지 여부 및 감귤박에 타 물질(톱밥 또는 석회)을 혼합

해서 펠렛화하여 소각이 가능한지 여부? 소각재를 퇴비로 사용이 가능한지 여부?

[회신] 음식물쓰레기가 폐기물관리법에 따른 사업장폐기물에 해당할 경우 폐기물처리시설에서 처리하여야 하며, 소각재는 관리형 매립시설에 매립하거나 안정화처리, 시멘트·합성고분자화합물을 이용하거나, 그 밖의 이와 비슷한 방법으로 고형화처리하여야 합니다.

2-2-223 수산물공동작업장 폐슬러지 처리 가능성(2009-07-15)

[질의] 수산물공동작업장에서 발생하는 액상폐슬러지 2천톤을 하수처리장으로 이송하여 하수슬러지와 혼합 후 탈수처리가 가능한지 여부?

[회신] 가. 폐기물관리법 제25조 제3항의 규정에 의한 폐기물 중간처리업 허가를 득한 후 다른 사람의 사업장폐기물을 중간처리하여야 합니다.

나. 따라서 하수처리사무소가 폐기물중간처리업 허가를 득하지 않은 경우, 수산물공동작업장의 폐기물을 위탁받아서는 아니 됩니다.

2-2-224 농촌 폐비닐 보관 방법(2009-07-27)

[질의] 농촌에서 발생하는 폐비닐이 폐기물인지 여부 및 폐비닐 보관방법은 무엇인지? 농촌 폐비닐을 절단 후(플러프 상태) 세척이 완료된 상태가 폐기물인지 아니면 상품인지?

[회신] 가. 폐기물관리법 제2조 제1호의 규정에 의하면 "폐기물이란 사람의 생활이나 사업활동에 필요하지 아니하게 된 물질을 말한다"라고 규정하고 있습니다.

나. 따라서 영농과정에서 발생하는 폐비닐은 폐기물에 해당되며, 동법 제2조 제3호의 규정에 해당될 경우 사업장폐기물에 해당되며, 그 외의 경우에는 생활폐기물로 분류됩니다.

다. 폐기물관리법 시행규칙 [별표 5] 제1호 나목 또는 제3호 다목의 규정에 따라 농촌폐비닐을 보관하여야 합니다.

라. 중간처리된 플러프 상태의 농촌 폐비닐은 폐기물에 해당되며, 해당 폐기물을 재활용하는 폐기물재활용 신고자에게 위탁처리하여야 합니다.

2-2-225 음식물류 폐기물 감량의무사업장 신고대상 및 동물 등의 먹이 제공 가능성(2009-07-29)

[질의] 음식물류 폐기물의 위탁사가 사업장폐기물 배출자 신고가 되어 있다면 급식점을 운영하는 당사는 따로 감량의무이행 신고를 하지 않아도 되는지 여부? 이때 음식물쓰

레기를 처리하는 업자는 가축을 기르는 농가로 당사와 무상계약을 체결하여 음식물을 처리하는 것이 가능한지 여부?

[회신] 가. 폐기물관리법 시행령 제2조의 규정에서 정한 사업장에서 집단급식소를 위탁운영하는 경우 집단급식소를 개설한 자가 감량의무계획 신고를 하여야 할 것이며, 폐기물관리법 제17조 제2항 및 동법 시행규칙 제18조의 규정에 의한 사업장폐기물 배출자 신고(음식물류 폐기물 포함)를 한 경우라면 별도의 감량의무계획 신고를 할 필요는 없습니다.

나. 사업장에서 발생되는 음식물류 폐기물은 폐기물관리법 제18조의 규정에 따라 스스로 처리하거나, 동법 제25조 제3항에 따른 폐기물처리업 허가를 받은 자, 동법 제46조의 규정에 따른 재활용 신고자에게 위탁처리할 수 있습니다.

다. 아울러, 폐기물관리법 제15조 제3항 및 동법 시행규칙 제16조의 규정에서 정한 집단급식소(「식품위생법」 제2조 제9호)가 생활폐기물에 해당하는 경우 폐기물관리법 제10조 제4호의 규정에 따라 「사료관리법」 제2조 제1호에 따른 동물(소·양·염소 등 반추동물 제외) 등의 먹이로 재활용하는 자에게 위탁처리가 가능하며, 이 경우 배출자로부터 비용을 받을 수 없도록 규정하고 있습니다.

라. 다만, 집단급식소에서 발생되는 폐기물이 폐기물관리법 제2조에 의한 사업장폐기물에 해당하는 경우 폐기물관리법 시행규칙 제14조 [별표 5] 제2호 다목 1) 다)의 단서에서 동물 등의 먹이로 사용할 수 없도록 규정하고 있음을 알려드립니다.

2-2-226 음식물쓰레기의 가축 먹이 제공 가능성(2009-07-31)

[질의] 음식물쓰레기를 바로 가축에게 먹이는 것이 가능한지 여부?

[회신] 가. 폐기물관리법 시행규칙 제10조 제4호의 규정에 따라 음식물류 폐기물(단, 생활폐기물에 한함)을 수거하여 「사료관리법」 제2조 제1호에 따른 동물 등의 먹이로 재활용(소·양 등 반추동물 제외)할 수 있으며, 이때 동법 시행규칙 제16조에 해당하는 배출자(감량의무사업자)에게서 가져오는 경우는 비용을 받을 수 없습니다.

나. 또한, 동법 시행규칙 제16조에 해당하는 배출자가 폐기물관리법 제2조에 의한 사업장폐기물 배출자에 해당하는 경우 동법 시행규칙 제14조 [별표 5] 제2호 다목1)다)의 단서에서 동물 등의 먹이로 사용할 수 없도록 규정(단, 폐기물관리법 제46조에 따라 재활용 신고한 경우는 무상으로 사용 가능)하고 있음을 알려드립니다.

다. 아울러, 「사료관리법」에서 정한 유해사료의 범위와 기준(농림수산식품부 고시 2007-83호)에서 음식물류 폐기물을 돼지사료로 사용할 경우 80℃ 이상(심부온도 기준) 30분 이상 가열·처리하도록 규정하고 있습니다.

2-2-227 폐기물 허용보관량 산정(2009-08-04)

[질의] 폐PET를 재활용하는 업체에서 폐기물 보관시설의 용량산정의 방법은?

[회신] 가. 폐기물관리법 제46조 제1항의 규정에 의한 폐기물 재활용 신고자의 1일 처리능력은 폐PET병을 분쇄 → 용융 → 성형 → 재활용제품 생산 → 포장(재생원료) 등의 일련의 재활용 공정을 거쳐 처리할 수 있는 폐기물의 양(8시간 기준)을 의미합니다.

나. 따라서 분쇄 → 성형 등의 일련의 과정을 거쳐 처리할 수 있는 폐기물의 양(8시간 기준)이 폐기물재활용 신고자의 1일 처리능력으로 동 처리능력의 10일분 이상의 폐기물 보관시설을 갖추어야 합니다.

2-2-228 폐휴대폰 처리 방법(2009-08-04)

[질의] 휴대폰을 새로 산 후 폐휴대폰 처리 방법은?

[회신] 「전기·전자제품 및 자동차의 자원순환에 관한 법률」 제20조에 의하면 전기·전자제품 판매업자는 구매자가 신제품을 구입하면서 폐기물이 된 같은 종류의 제품(다른 전기·전자제품 제조·수입업자가 공급한 같은 종류의 제품을 포함한다)을 무상으로 회수하도록 규정하고 있으며, 판매업자가 회수의무를 이행하지 않을 경우 동법 제45조 제4항의 규정에 의거 300만원 이하의 과태료가 부과됩니다.

2-2-229 동물성유지 처리 방법(2009-08-06)

[질의] 도축장에서 우 내장지방 제거시 발생하는 동물성유지 폐기물의 처리 방법은?

[회신] 가. 폐기물관리법 시행규칙 제18조 제1항의 규정에 의한 사업장폐기물 배출자에 해당될 경우, 관할 지방자치단체에 사업장폐기물 배출자 신고를 하여야 합니다.

나. 사업장폐기물 배출자는 그의 사업장에서 발생하는 동물성유지를 폐기물관리법 제46조 제1항의 규정에 의하여 동물성유지를 재활용하는 폐기물재활용 신고자에게 위탁처리할 수 있습니다.

2-2-230 오수와 음식물쓰레기의 함께 처리 가능성(2009-08-25)

[질의] 대형마트에서 오수처리시설을 보강하여 음식물쓰레기를 탈수 후 고형물은 외부반출 처리하고 탈리액을 오수처리장에 투입하여 폐수와 함께 처리하는 것이 가능한지 여부? 음식물 소멸화기기나 감량화기기의 사용이 가능한지 여부?

[회신] 「유통산업발전법」 제2조 제3호에 따른 대규모 점포를 개설한 자 등 폐기물관리법 시행규칙 제16조 각호의 자가 배출하는 음식물류 폐기물은 동 규칙 제14조 [별표 5] 제2목의 규정에 따라 스스로 감량하고자 할 경우 ① 가열에 의한 건조의 방법으로 부산물의 수분함량을 25% 미만으로 감량하거나, ② 발효 또는 발효건조에 따라 퇴비화·사료화 또는 소멸화하여 부산물의 수분함량을 40% 미만으로 하도록 규정하고 있으며, 동 기준과 방법에 적합하지 아니한 기기(시설)는 사용할 수 없음을 알려드립니다.

2-2-231 치아 보철물 처리 주체(2009-08-27)

[질의] 치과에서 발생한 치아 보철물의 처리 주체는?

[회신] 가. 치과 보철물이 생활폐기물에 해당될 경우 폐기물관리법 제14조 제1항의 규정에 따라 시장·군수·구청장은 관할구역에서 배출되는 생활폐기물을 수집·운반·처리하여야 합니다.

나. 동법 제14조 제2항의 규정에 따라 시장·군수·구청장은 해당 지방자치단체의 조례로 정하는 바에 따라 폐기물처리업의 허가를 받은 자, 폐기물재활용 신고자 등에게 생활폐기물의 수집·운반 또는 처리를 대행하게 할 수 있습니다.

2-2-232 부숙토 보관 방법(2009-08-29)

[질의] 유기성 오니를 환경부고시 유기성 오니 등을 토지개량제 및 매립시설복토 용도로의 재활용 방법에 관한 규정에 의하여 발효공정을 거쳐 부숙토를 생산하였을 때 이 부숙토를 폐기물관리법에서 규정하는 지붕과 벽면을 갖춘 보관장소에 보관하여야 하는지 여부?

[회신] 가. 폐기물관리법 시행규칙 제66조 제3항 [별표 16] 제13호 및 유기성 오니 등을 토지개량제 및 매립시설복토 용도로의 재활용 방법에 관한 규정(환경부고시 제2007-105호, 2007.7.6)에 따라 폐기물재활용 신고자가 유기성 오니나 음식물류 폐기물을 이용하여 부숙토 제품기준에 적합한 부숙토를 생산한 경우, 동 부숙토

는 폐기물에 해당되지 않습니다.

나. 따라서 부숙토의 보관시설에 대해서는 폐기물관리법에서 규정하고 있지 아니합니다. 다만, 부숙토를 야적하여 부숙토(또는 침출수)의 유출로 인하여 주변환경이 오염될 경우, 「수질 및 수생태계보전에 관한 법률」 등 타 법률에 저촉될 수 있음을 알려드립니다.

2-2-233 B/P장 폐기물 처리 절차(2009-08-31)

[질의] B/P장(Batch Plant)에서 배출되는 폐기물의 처리 절차?

[회신] 건설현장과 별도로 구분된 레미콘 생산시설(하나의 단위사업장인 경우)에서 배출되는 폐기물은 사업장폐기물로서 사업장폐기물 배출자가 배출자신고, 폐기물관리, 적정처리하여야 됩니다.

2-2-234 가정에서 발생하는 폐의약품의 처리 방법(2009-09-05)

[질의] 가정에서 유통기한 경과로 발생하는 폐의약품의 적절한 처리 방법은?

[회신] 가. 2009년 4월 1일부터 광역시, 도청소재지, 수도권지역 등을 대상으로 동네 약국에 폐의약품 수거함을 비치하여 가정에서 발생하는 폐의약품을 회수하여 처리하는 사업을 추진하고 있으므로, 가정에서 유통기한이 지난 약이 있는 경우 동네에 있는 약국으로 가져다 주시면 됩니다.

나. 아울러, 폐의약품 회수·처리 시범사업은 가정에서 먹지 않고 버려지는 의약품들로 인한 환경오염 등을 예방하기 위하여 추진하는 사항으로, 먹다 남은 약을 동네 약국으로 가져가시면 폐의약품의 수거뿐만이 아니라 약사의 복약안내를 통해 가져가신 의약품의 올바른 사용방법을 안내받으실 수 있습니다.

2-2-235 슬러지와 비산재를 혼합하여 시멘트 제조시 폐기물 보관시설의 기준(2009-09-14)

[질의] 염색공단 폐수처리장에서 발생하는 슬러지와 열병합발전소에서 발생하는 비산재를 혼합하여 시멘트회사의 시멘트 제조시 부원료로 재활용하고자 하는 경우 폐기물재활용 신고대상 여부 및 폐기물 보관시설의 기준은?

[회신] 가. 다른 사람의 사업장폐기물을 처리(재활용)하고자 할 경우, 폐기물관리법 제25조의 규정에 의한 폐기물처리업 허가를 득하거나, 동법 제46조 제1항의 규정에 의한 폐기물재활용 신고를 하여야 합니다.

나. 폐기물관리법 시행규칙 [별표 7] 제2호의 규정에 따라 폐기물처리업자는 1일처

리능력의 10일분 이상 30일분 이하의 폐기물을 보관할 수 있는 시설을 갖추어야 합니다.

다. 폐기물관리법 시행규칙 [별표 17] 제1호의 규정에 따라 폐기물재활용 신고자는 1일처리능력의 10일분 이상 30일분 이하의 폐기물을 보관할 수 있는 시설([별표 16] 제4호의 경우 1일처리능력의 3일분 이상 7일분 이하의 냉동시설, 제12조 단서에 따른 처리기간이 60일 이내인 폐기물에 대해서는 10일분 이상 60일분 이하)을 갖추어야 합니다. 다만, 시·도지사의 인정을 받아 위탁받은 폐기물을 보관하지 아니하고 곧바로 재활용시설로 운반하는 경우에는 보관시설을 갖추지 아니할 수 있습니다.

2-2-236 고철 및 파지의 고물상 판매 가능성(2009-09-16)

[질의] 사업장에서 발생하는 고철 및 파지를 일반 고물상에 판매하여도 되는지 여부? 폐기물의 재활용 위탁시 계약서 보관기간은?

[회신] 가. 폐기물관리법 제46조 제4항에 따라 폐지, 고철을 재활용하는 자는 동법 제46조 제1항에 따른 폐기물재활용 신고를 한 것으로 보고 있으므로, 폐기물재활용 신고 간주자는 별도의 폐기물재활용 신고 없이 폐지, 고철을 재활용할 수 있습니다. 따라서 폐기물재활용 신고 간주자에게 폐지 및 고철을 위탁처리할 수 있습니다.

나. 폐기물관리법 시행규칙 [별표 17의2] 제2호의 규정에 따라 폐기물재활용 신고자는 폐기물의 재활용을 위탁한 자와 폐기물 위탁재활용계약서를 작성하고 그 계약서를 3년간 보관하여야 합니다.

다. 따라서 폐기물재활용 신고 간주자도 폐기물의 재활용을 위탁한 자와 폐기물위탁재활용계약서를 작성하고 그 계약서를 3년간 보관하여야 할 것으로 판단됩니다.

2-2-237 PCBs 오염 대형 폐변압기 현장처리 가능성(2009-09-17)

[질의] 25톤을 초과하여 운반이 불가한 대형 폐변압기 고상폐기물을 현장에서 처리가 가능한지 여부 및 그 절차?

[회신] 가. PCBs를 함유한 대형 폐변압기의 처리시설을 현장에서 설치하고자 하는 경우 폐기물관리법 제29조 제2항에 의거하여 폐기물처리시설 설치 승인 후 폐변압기를 처리할 수 있습니다(단, 자가처리시설에 한하여 폐기물처리시설을 설치할 수 있음).

나. 아울러, 폐기물처리시설의 설치 승인절차와 관련하여 동법 시행규칙 제39조 규정을 참고하시기 바랍니다.

2-2-238 농작물 잔여물 소각의 불법 여부(2009-09-17)

[질의] 농작물 수확철에 깨를 타작하고 남은 잔여물의 소각에 대한 불법 여부?

[회신] 가. 폐기물관리법 제8조 제2항에 "폐기물처리시설이 아닌 곳에서 폐기물을 매립하거나 소각하여서는 아니 된다. 다만, 생활폐기물관리제외지역에서 해당 자치단체의 조례로 정하는 바에 따라 소각하는 경우에는 그러하지 아니하다"라고 규정하고 있습니다. 또한, 동법 제15조에 해당 자치단체의 조례로 정하는 바에 따라 생활환경보전상 지장이 없는 방법으로 그 폐기물을 스스로 처리할 수 있다고 명시되어 있습니다.

나. 따라서 농작물 잔여물의 소각행위 등은 해당 자치단체 조례에 따라 가능 여부를 판단할 사안입니다.

2-2-239 대형 폐가구 소각처리 가능성(2009-09-24)

[질의] 대형 폐가구를 환경부고시에서 명시하는 재활용기준 외에 소각처리업체(에너지회수 불가한 소각업체)에서 처리가 가능한지?

[회신] 가. 폐기물관리법 시행규칙 [별표 5] 제1호 다목 2)의 규정에 따라 생활폐기물인 폐가구류는 매립공간이 최소화되도록 해체·압축·파쇄·절단 등을 한 후 매립하되, 그 잔재물 중 가연성 폐기물은 소각하여야 합니다.

나. 다만, 「자원의 절약과 재활용촉진에 관한 법률」 제2조 제8호의2에 따른 대형 폐기물로 배출되어 수거된 폐가구류는 폐목재의 분류 및 재활용기준(환경부고시 제2008-147호, 2008.10.21)에 따라 재활용하여야 합니다.

2-2-240 3등급 폐목재(MDF) 처리 관련(2009-10-30)

[질의] 폐목재(MDF)는 환경부고시 3등급 재활용기준에 의해 열분해, 가스화원료로 이용하거나 폐기물관리법 시행규칙 제3조에 따른 에너지회수기준에 적합하게 에너지를 회수하는 용도로만 사용(톱밥, 퇴비 사용 불가)이라고 되어 있는데, 에너지회수시설이 없는 폐기물 중간처리업체(재활용전문)와 계약을 하여 중간처리(파쇄)만 한 다음 에너지회수시설이 있는 제지회사, 시멘트소성로 등의 업체에게 나머지 처리를 위탁할 수 있는지?

[회신] 가. 다른 사람의 사업장폐기물을 재활용하고자 할 경우, 폐기물관리법 제25조 제3항의 규정에 의한 폐기물처리업 허가를 받거나 동법 제46조 제1항의 규정에 따라

폐기물재활용 신고를 하여야 합니다.

나. 따라서 폐목재를 처리할 수 있는 폐기물 중간처리업자는 해당 폐기물을 위탁받아 처리할 수 있습니다.

다. 또한 폐기물관리법 시행령 제7조 제1항 제4호의 규정에 따라 기계적 처리시설에서 중간처리 한 후 새로 발생되는 폐기물 중 그 성질과 상태가 중간처리하기 전의 폐기물과 동일한 폐기물은 중간처리하기 전의 폐기물로 보아 해당 폐기물의 처리방법과 기준에 따라 처리하여야 합니다.

라. 따라서 3등급 폐목재를 파쇄하여 폐목재의 분류 및 재활용기준(환경부고시 제2008-147호, 2008.10.21)에 따라 폐기물관리법 시행규칙 [별표 16] 제1호의 규정에 의한 폐기물재활용 신고자에게 위탁처리할 수 있습니다.

2-2-241 동물성 기름 처리 방법(2009-11-03)

[질의] 곱창집에서 곱창을 삶고 난 후 발생하는 동물성 기름을 처리하는 방법은?

[회신] 가. 각 가정 등에서 배출하는 생활폐기물(음식물류 폐기물 포함)은 폐기물관리법 제14조의 규정에 따라 시장·군수·구청장에게 처리 책무를 부여하고, 자치단체의 조례가 정하는 바에 따라 배출하도록 하고 있습니다.

나. 참고로, 곱창 등 동물성 물질을 삶은 후 상온에서 지방과 단백질 등이 고형물질로 변할 경우 음식물류 폐기물로 배출이 가능할 것입니다. 또한 유동성이 있는 기름일 경우 자치구에서 조례로 정한 방법에 따라 배출이 가능하며, 조리과정에서 발생되는 기름성분은 종이 등을 이용하여 처리한 후 종량제 봉투에 넣어 배출하면 가능할 것입니다.

2-2-242 음식물쓰레기 살균건조 후 발생물의 처리 방법(2009-11-05)

[질의] 음식물을 음식물쓰레기처리기를 사용하여 처리한 후 발생된 살균건조물(음식물 잔반을 살균건조로 약 90% 감량)의 처리 방법은?

[회신] 가. 폐기물관리법 시행규칙 제16조 각호의 배출자가 규모 미만의 감량기기를 이용하여 감량 후 배출된 부산물은 스스로 처리하거나 재활용신고자, 폐기물처리업자, 폐기물처리시설 설치·운영자에게 위탁처리하여야 합니다.

2-2-243 리튬 이차전지(Battery) 재활용시 발생하는 폐수처리 방법(2009-11-23)

[질의] 전자폐기물로부터 귀금속을 추출하는 재활용업체에서 생산업체로부터 전자폐기물을 수거하려는 경우 신규로 신고 및 허가가 필요한지 여부? 전자폐기물을 처리함에 있어서 염처리 후에 전자폐기물을 담궈야 하는데 이 과정에서 발생하는 폐수의 처리 방법은?

[회신] 가. 다른 사람의 사업장폐기물을 재활용하고자 할 경우, 폐기물관리법 제25조 제3항의 규정에 의한 폐기물처리업 허가를 받거나 동법 제46조 제1항의 규정에 따라 폐기물재활용 신고를 하여야 합니다.

나. 폐기물재활용업체에서 작업공정상 사용하는 용수가 원료, 제품 등과 접촉하여 「수질 및 수생태계보전에 관한 법률 시행규칙」 [별표 2]의 수질오염물질을 포함하는 경우에는 폐수로 관리하여야 하며, 1일 최대폐수량이 일정량 이상(특정 수질유해물질·중금속이 포함된 폐수 0.01m³ 이상, 특정 수질유해물질·중금속이 포함되지 않은 폐수 0.1m³ 이상)인 경우에는 폐수배출시설로 분류하며, 동 시설에서 배출되는 폐수가 배출허용기준 이하로 배출되도록 수질오염방지시설을 설치·운영하거나, 폐수처리업자에게 위탁하여 처리할 수 있습니다.

2-2-244 생활폐기물 중 폐가구의 고형연료제품(WCF)인증업체에 위탁처리 가능성(2009-12-10)

[질의] 고형연료제품(Wood Chip Fuel, WCF)으로 인증받은 업체에서 지방자치단체(시·군)에서 발생하는 폐가구류를 위탁받아 고형연료제품(WCF)을 생산하여 열병합발전소에 공급하는 것이 가능한지 여부?

[회신] 폐기물관리법 제14조 제2항 및 동법 시행령 제8조에 따라 생활폐기물은 폐기물처리업 허가 및 폐기물재활용 신고자 등에게 수집·운반 또는 처리대행이 가능합니다.

2-2-245 대형 생활폐가구의 파쇄 후 매립처리 가능성(2009-12-16)

[질의] 지자체에서는 대형 생활폐가구를 수거하여 자체 파쇄한 후 매립처리하는 것이 적법한지 여부?

[회신] 가. 「자원의 절약과 재활용촉진에 관한 법률」 제2조 제13호에 따른 대형 폐기물로 배출되어 수거된 폐가구류는 폐목재의 분류 및 재활용기준(환경부고시 제2008-147호, 2008.10.21)에 따라 재활용하여야 하며, 그 외의 폐가구류는 매립공간이 최소화되도록 해체·압축·파쇄·절단 등을 한 후 매립하되, 그 잔재물 중 가연성 폐

기물은 소각하여야 합니다.

나. 위반시 그 사안에 따라 폐기물관리법 제65조 제1호, 제66조 제1호, 제68조 제1항 제1호의 규정에 의거하여 처분을 받게 됩니다.

2-2-246 폐기물처리시 제3자계약 가능 여부(2009-12-29)

[질의] 당사(A)는 반도체 제조업체(B)에서 발생한 규격 미달 Chip을 당사에서 TEST후 제품화할 수 있는 Chip은 반도체 완제품으로 만들어 판매하고자 하는데, 당사(A)와 반도체 제조업체(B)·폐기물처리업체(C)가 제3자계약을 맺어 당사(A)가 폐기물처리업체(C)에 처리한 폐기물 매각비용을 폐기물처리업체(C)에서 반도체 제조업체(B)에 지불하도록 하는 것이 가능한지 여부?

[회신] 가. 폐기물관리법 제18조 제1항의 규정에 따라 사업장폐기물 배출자는 그의 사업장에서 발생하는 폐기물을 스스로 처리하거나 동법 제25조 제3항에 따른 폐기물처리업의 허가를 받은 자, 동법 제46조 제1항의 규정에 의한 폐기물재활용 신고자 등에게 위탁처리하도록 규정하고 있습니다.

나. 폐기물관리법에서는 폐기물처리업자 등이 위탁받은 폐기물에 대하여 비용을 지불할 수 없다는 관련 규정이 없으므로 폐기물처리업자(또는 폐기물재활용 신고자)는 폐기물 배출자에게 비용을 지불할 수 있습니다.

2-2-247 폐오일필터에서 나온 고철의 처리 방법

[질의] 폐오일필터를 처리하고 나온 고철은 일반 고철로 분류해도 되는지?

[회신] 폐오일필터를 처리한 것이 기름, 합성수지 등의 이물질과 완전히 분리되어 있을 경우에는 고철로 분류할 수 있으며, 이는 일반 고철과 같이 보관할 수 있습니다.

4. 지정폐기물의 배출 및 수집·운반

2-2-248 폐윤활유 처리시 폐기물 배출자 신고대상 여부(2008-07-02)

[질의] 사업장에서 발생하는 폐윤활유가 한 달에 20kg, 1년에 250kg 정도 되는데 폐기물배출자 신고대상인지 여부?

[회신] 폐유발생량이 월평균 50킬로그램 미만이면 지정폐기물처리계획 확인증명을 받지 않아도 되며, 사업장폐기물관리대장 작성은 폐기물 발생, 위탁처리시마다 기재하여야 합니다.

2-2-249 법인 분리에 따른 폐기물배출자 신고 관련(2008-09-02)

[질의] 사업장폐기물 배출자 허가를 받은 업체가 기존 법인에서 특정 사업부문을 별도로 법인화할 계획인데, 기존 법인에서 인·허가를 득하여 처리하고 있던 품목을 신규 법인의 지정폐기물 배출자 신고시 폐기물분석결과서를 첨부하여야 하는지요?

[회신] 가. 생산시설을 그대로 사용하여 제조공정, 원료 등의 변경이 없는 경우로서 발생폐기물의 변화(종류, 성상 등)가 없으면 계속하여 성분분석을 할 필요가 없습니다.

나. 지정폐기물처리계획 확인증명을 위한 폐기물성분분석은 폐산, 폐알카리는 배출자가 제시한 수소이온농도를 인정하고 있으나, 폐유는 성분분석을 실시하여야 합니다.

2-2-250 절연유 배출방법(2009-01-15)

[질의] 폐유 윤활유와 절연유 PCBs 2ppm 이하의 폐유(액상)를 배출시 처리업체와 처리방법(정제)이 동일한 경우 하나의 차량에 혼합하여 운반이 가능한지 여부? 절연유의 PCBs 2ppm 이상인 변압기의 절연유를 교체한 경우 분석의뢰 및 변경신고 방법은 어떻게 되며, 절연유의 PCBs가 2ppm 이상일 경우 지정폐기물 분류번호를 06-01-06으로 하는 것이 맞는지?

[회신] 가. 처리기준과 방법이 같은 폐기물로서 같은 폐기물처리시설이나 장소에서 처리하는 경우에는 구분하여 수집·운반하지 않아도 됩니다.

나. 액체상태의 것으로 PCBs가 1리터당 2밀리그램 이상일 경우(액체상태 외의 것: 용출액 1리터당 0.003밀리그램 이상 함유한 것)에는 지정폐기물 분류번호를 08-00-00(성상에 따라 08-01-00~08-04-00)으로 기재하여야 합니다.

다. 「잔류성 유기오염물질관리법」 제24조 제2항과 동법 시행규칙 제21조 제3항 및 제4항에 따라 PCBs 2ppm 이상의 절연유를 교체한 경우에는 주입한 절연유를 채취하여 PCBs 농도분석을 하여야 하며, 채취시기는 별도 규정하지 않고 있습니다. 절연유 교체에 대한 PCBs 농도분석 결과의 변경신고는 30일 이내에 신고하여야 함을 알려드립니다.

2-2-251 동일 폐기물에 대해 동시에 지정폐기물 및 일반폐기물 신고의 가능성(2009-02-18)

[질의] 소각시설에서 소각재의 유해물질 함량이 월별로 달라 일반폐기물 또는 지정폐기물로 잦은 변경신고를 하여야 하는데, 동일 폐기물에 대하여 일반폐기물과 지정폐기

물 두 가지로 신고가 가능한지?

[회신] 가. 동일한 폐기물에 대해 동시에 지정폐기물 및 사업장 일반폐기물로 신고를 할 수는 없습니다. 폐기물의 유해물질 함유량이 수시로 변경될 경우에는 지정폐기물로 처리하는 것이 바람직할 것으로 판단됩니다.

나. 참고로 폐기물성분분석 및 처리책임은 배출자에게 있습니다.

2-2-252 지정폐기물 배출자 실적보고 처리기간(2009-03-05)

[질의] 공사 중에 발생된 지정폐기물(폐석면)은 지정폐기물 배출자 신고를 하여 적법처리하고 난 후에 정확히 언제 관할 지자체에 실적보고를 해야 하는지?

[회신] 건설공사 등으로 폐기물관리법 시행규칙 제18조 제1항 제4호에 따른 사업장폐기물 배출자 신고를 한 경우에는 폐기물 배출이 끝난 날부터 15일 이내에 실적보고를 하여야 하나, 지정폐기물처리계획 확인증명을 받은 폐기물의 경우에는 다음 연도 2월 말까지 처리실적보고를 하시면 됩니다.

2-2-253 지정폐기물 변경신고 대상 여부(2009-03-31)

[질의] 지정폐기물의 신고량이 4.8톤/년인데, 폐기물량이 일시적으로 80톤 정도 발생하는 경우 변경신고 대상인지 여부?

[회신] 가. 건설공사 또는 일련의 작업으로 발생한 경우에도 폐유는 건설폐기물이 아닌 지정폐기물에 해당됩니다.

나. 지정폐기물은 배출자가 스스로 처리하거나, 폐기물처리업자 또는 재활용자와 배출자가 계약을 체결하고 위탁처리하여야 하며, 최근 6개월간 지정폐기물 월평균 배출량이 100분의 30 이상 증가한 경우에는 지정폐기물처리변경 계획서를 제출하여야 합니다.

2-2-254 지정폐기물 배출자 변경신고 관련(2009-03-31)

[질의] 폐기물처리업자가 업체명을 법인사업자에서 개인사업자로 변경하여('ABC(주)'에서 'ABC'로 변경) 사업자등록번호가 변경된 경우, 상호와 처리자가 바뀐 것으로 간주하여 사업장폐기물 배출자 변경신고를 해야 하는지 여부?

[회신] 사업장폐기물 배출자가 아닌 폐기물처리업자(또는 재활용자)의 상호변경은 폐기물관리법 시행규칙 제18조 제4항에 따른 사업장폐기물배출자 변경신고 대상에 해당되지 않습니다.

2-2-255 지정폐기물 공동운영기구 회원 탈퇴시에 관한 질의(2009-05-29)

[질의] 공동운영기구에 가입한 폐기물 배출자가 기존 공동운영기구가 아닌 다른 공동운영기구에 가입하여 폐기물을 처리하고자 할 경우, 선 탈퇴 후 필증 교부를 하여야 하는 것인지 아니면 2중으로 필증을 우선 교부받은 후 30일 이내에 처리계획변경계획서를 제출하면 아무런 문제가 없는지?

[회신] 사업장폐기물 배출자 신고를 한 자가 변경신고 사유가 발생하였을 경우에는 사유가 발생한 날로부터 1개월 이내(건설공사 또는 일련의 작업에 의한 폐기물은 제외)에 변경신고를 하여야 하나, 지정폐기물처리계획 확인증명을 새로이 받고자 할 경우에는 폐기물을 처리하기 이전에 확인증명을 받아야 합니다.

2-2-256 지정폐기물의 운반방법 관련 질의(2008-04-16)

[질의] 가루형태의 지정폐기물을 톤백으로 포장하여 운반할 때 일반차량을 사용해도 되는지?

[회신] 지정폐기물을 운반하고자 할 경우에는 지정폐기물 수집·운반차량으로 수집·운반하여야 하나, 폐기물을 수출하는 경우로서 폐기물을 컨테이너에 넣은 후 밀폐하여 운반하기 위하여 해당 폐기물이 수출되는 폐기물임을 증명하는 서류를 지닌 경우와, 폐기물을 수출하거나 수입하는 자가 컨테이너를 사용하여 그 수출입폐기물을 운반하기 위하여 임시 폐기물수집·운반증을 발급받아 차량 앞면에 부착하고 운반할 수 있습니다. 또한 수집·운반차량 양쪽 옆면에 지정폐기물 수집·운반차량, 회사명 및 전화번호 등을 기재하여야 합니다.

2-2-257 지정폐기물 수집·운반차량으로 정제연료유 납품 가능성(2008-12-17)

[질의] 지정폐기물 수집·운반차량으로 정제연료유 제품의 운반이 가능한지 여부?

[회신] 폐기물중간처리업(재활용전문)을 득하여 폐기물관리법 제13조 및 동법 시행규칙 제14조 [별표 5]의 규정에 따라 폐유를 정제하여 정제연료유를 생산한 경우 정제유의 납품 시 사용하는 차량에 대하여는 규정하고 있지 않습니다. 다만, 지정폐기물 운반차량은 제품(정제연료유)의 운반이 불가합니다.

2-2-258 지정폐기물 수집·운반차량 확보기준 관련(2009-01-29)

[질의] 고상 및 액상을 병행하여 운영하고 있는 8.5톤 카고트럭은 고상 및 액상을 병행하기 때문에 지정폐기물 운반차량으로 등록하여 운행할 수는 있으나 고상 또는 액상 어느

한쪽 허가기준 장비에 포함할 수는 없다고 하여 수집·운반 차량을 필요 이상으로 확보하여 운영하고 있습니다. 8.5톤 카고트럭을 고상 및 액상을 병행하여 운반하고 있을 경우 고상 및 액상 폐기물 허가기준에 각각 포함시키는 것이 가능한지 여부?

[회신] 가. 폐기물관리법 시행규칙 [별표 7] "폐기물처리업의 시설·장비·기술능력의 기준"에 지정폐기물을 수집·운반업자는 갖춰야 할 장비로 액상의 경우에는 2대 이상(적재능력 합계 9톤 이상), 고상의 경우에는 3대 이상(적재능력 13톤 이상)의 차량을 보유하도록 규정하고 있습니다.

나. 이는 액상 또는 고상 폐기물 수집·운반업이 갖추어야 할 최소한의 요건으로서 공용으로 사용하는 것을 허용하고 있지 않으므로 해당 장비를 각각 갖추어야 할 것입니다.

2-2-259 지정폐기물 수집·운반업 장비 적정 여부(2009-02-07)

[질의] 지정폐기물 수집·운반업을 함에 있어서 갖추어야 할 장비의 적정 여부?

[회신] 가. 지정폐기물 수집·운반업의 차량은 액체상태의 폐기물을 운반할 경우에는 2대 이상(적재능력 합계 9톤 이상), 고체상태의 폐기물을 운반할 경우에는 3대 이상(적재능력 합계 13.5톤 이상)을 각각 구비하여야 합니다.

나. [별표 7] "폐기물처리업의 시설·장비·기술능력의 기준" 비고 8의 "영업대상 폐기물 및 운반방법을 고려하여 차량 수량의 2분의 1의 범위에서 다른 차량으로 대체할 수 있다" 규정은 차량의 종류를 변경할 수 있다는 의미이며 기준에 정하고 있는 차량의 수, 적재능력이 미달되어도 된다는 것은 아닙니다.

2-2-260 수집·운반업자의 휴업 가능 기간(2009-03-13)

[질의] 지정폐기물 수집·운반업자가 일시적 휴업 후 다시 영업행위를 하려는 경우 가능한 휴업기간은?

[회신] 가. 휴업기간을 특별히 규정하고 있지는 않으나 폐기물관리법 제27조에 정당한 사유 없이 계속하여 1년 이상 휴업한 경우에는 허가취소 사유에 해당됩니다.

나. 휴업기간에는 차량을 보유하고 있지 않아도 될 것이나 재개업을 하고자 할 경우에는 사전에 수집·운반차량을 확보하고 있어야 합니다.

2-2-261 지정폐기물 폐유 액·고상 운반 허가차량의 수집·운반 관련 질의(2009-03-31)

[질의] 폐유 액상은 재활용처리(중간처리), 폐유 고상은 고온소각처리(중간처리)하는 경우 폐유 액상과 고상을 모두 수집·운반할 수 있도록 허가받은 차량은 폐유 액상과 고상을 동시에 수집·운반이 가능한지 여부?

[회신] 가. 지정폐기물 수집·운반업자는 폐기물관리법 시행규칙 [별표 7]에 정하고 있는 허가요건을 충족하고 있어야 하며, 허가요건 외의 차량을 추가로 확보하는 경우에 액체상태의 폐기물과 고체상태의 폐기물을 수집·운반할 수 있는 차량을 증차할 수 있습니다.

나. 폐기물의 종류와 성질·상태별로 재활용 가능성 여부, 가연성이나 불연성 여부 등에 따라 구분하여 수집·운반·보관하도록 하고 있습니다.

다. 폐기물관리법 시행령 제7조에 폐기물처리기준과 방법이 다른 경우에는 구분하여 수집·운반하여야 하며, 해당 폐기물을 적정하게 처리 또는 보관할 수 있는 장소 외의 장소로 운반하지 못하도록 하고 있습니다.

라. 따라서 처리기준 및 방법이 다르거나, 처리시설 또는 장소가 다른 경우에는 폐기물을 구분하여 수집·운반하여야 합니다.

2-2-262 일반폐기물과 폐배터리의 동일 수집·운반차량 사용 가능성(2009-05-06)

[질의] 일반폐기물과 폐배터리를 동일 차량의 동일 공간에 수집·운반이 가능한지 여부?

[회신] 폐배터리는 지정폐기물(폐산)에 해당하며 지정폐기물과 사업장 일반폐기물은 구분하여 수집·운반하여야 하고, 사업장 일반폐기물과 폐배터리를 동시에 운반할 수 없습니다.

2-2-263 폐축전지 수집·운반시 차량 도색에 대한 질의(2009-05-18)

[질의] 폐축전지(폐황산)를 재활용신고를 득한 후 수집·운반할 때, 차량 색상을 황색으로 도색해야 하는지 여부?

[회신] 폐축전지(폐황산)는 지정폐기물에 해당되므로 이를 재활용하는 자가 수집·운반하고자 할 경우에는 지정폐기물(폐산) 수집·운반차량증을 발급받아야 하며, 차량은 노란색으로 도색하여야 합니다.

2-2-264 지정폐기물 차량 운전자에 대한 규정 여부(2009-05-22)

[질의] 지정폐기물(폐배터리) 수집·운반 허가를 받은 차량의 운행시 운전자에 대한 규제가 있는지?

[회신] 폐기물관리법에는 폐기물수집·운반차량 운행 인력에 대하여 별도로 규정하고 있는 사항이 없습니다.

2-2-265 일반 및 지정폐기물 수집·운반시 수집·운반장비 공동사용 가능성(2009-05-26)

[질의] 지정폐기물 중간처리업자가 일반폐기물처리업 허가를 신청하여 지정폐기물의 수집·운반장비로 일반폐기물 수집·운반이 가능한지 여부?

[회신] 영업대상 폐기물이 처리기준 및 처리방법이 같은 폐기물로서 같은 처리시설에서 처리할 경우, 폐기물중간처리업자(일반, 지정)는 수집·운반차량증을 발급받은 차량으로 지정폐기물(의료폐기물 제외)과 사업장 일반폐기물을 수집·운반할 수 있습니다. 이 경우 관할 행정관청으로부터 수집·운반증을 각각 발급받아야 합니다.

5. 지정폐기물의 보관 및 처리기준

2-2-266 페인트 묻은 자재의 처리 방법(2008-01-17)

[질의] 페인트를 사용하는 작업과정에서 페인트가 묻은 자재의 처리 방법은?

[회신] 페인트 도장작업 등 페인트를 사용하는 작업과정에서 배출되는 페인트가 묻은 자재 등 페인트 함유 폐기물을 페인트가 묻은 상태로 처리한다면 지정폐기물로 처리하여야 합니다.

2-2-267 공동운영기구에서 보관이 안되는 이유(2008-01-23)

[질의] 공동운영기구에서 혼합된 소량의 폐기물들을 공동으로 수집·분류해 재활용할 것은 재활용하고 나머지는 각각의 처리방법에 맞게 배출하려 하는데, 폐기물관리법상 수집·운반·처리는 가능하지만 보관은 안되는 이유?

[회신] 지정폐기물 배출자가 공동운영기구를 구성하여 공동으로 수집·운반·처리하는 경우라 하더라도 공동으로 보관할 수는 없으므로 지정폐기물의 보관기간은 개별 배출자별로 적용됨을 알려드립니다.

2-2-268 유해물질 함유기준을 초과한 소각재의 매립처리 가능성(2008-03-05)

[질의] 석탄이나 무연탄을 태운 소각재가 유해물질 함유기준을 초과한 경우 예외적 매립시설에서 매립처리가 가능한지 여부?

[회신] 소각재는 소각시설을 이용한 폐기물의 소각처리 과정에서 발생하는 것을 말하며, 그 외의 시설이나 장소에서 석탄, 무연탄 등을 사용한 후 발생되는 폐기물(연탄재 등)은 연소재에 해당된다 할 것입니다. 소각재의 경우 폐기물관리법 시행규칙 [별표 1]에서 규정하고 있는 유해물질 함유기준을 초과하는 경우에는 예외적 매립시설에서 매립처리할 수 없습니다.

2-2-269 매립된 폐석면 처리 방법(2008-04-07)

[질의] 철거공 후 터파기를 하던 도중 발견한 매립된 폐석면의 처리 방법은?

[회신] 가. 매립된 폐석면을 처리하고자 할 경우에는 지정폐기물(석면)처리업체와 계약을 체결하고, 관할기관에서 지정폐기물처리계획 확인증명을 받아, 처리업체에 위탁처리하여야 합니다. 이때 위탁처리계약은 반드시 중간 또는 최종처리업자가 포함되어 있어야 합니다.

나. 수집·운반업자는 수집·운반만을 할 수 있으며, 폐기물의 처리는 폐기물중간(최종)처리업자가 하여야 합니다.

2-2-270 자동차 폐배터리 처리 방법(2008-05-27)

[질의] 자동차용 배터리의 처리 방법은?

[회신] 카센터나 자동차정비소에서 발생하는 배터리에는 통상 폐산이 함유되어 있어 지정폐기물로 관리하고, 폐산을 처리할 수 있는 처리업체에 위탁처리하고 있습니다.

2-2-271 할로겐족의 종류 및 처리 방법(2008-07-18)

[질의] TCE 또는 PCE가 함유된 폐유기용제가 할로겐족에 해당하는지 여부 및 할로겐족 유기용제의 처리 방법은?

[회신] 가. 유기용제 중 할로겐족에 해당하는 물질을 함유하고 있는 것을 할로겐족 유기용제로 분류하고 있으며, 할로겐족은 17족 원소르 플루오린(F)·염소(Cl)·브로민(Br)·아이오딘(I)·아스타틴(At)을 모두 일컫는다. 할로겐은 비금속 원소이며 전자를 얻기 쉬워 강력한 산화작용을 나타낸다. 반응성이 매우 세며 자연상태에서

는 유리상태로 존재하지 않으며 금속염의 상태로 존재한다.

나. “폐유기용제 중 할로겐족에 해당하는 물질”은 폐기물관리법 시행규칙 제2조 제2항 [별표 2]에 규정하고 있습니다.

다. TCE, PCE는 할로겐족 유기용제에 포함되어 있습니다.

라. 할로겐족은 일반 소각으로는 처리가 미흡하여 고온으로 소각하도록 하고 있습니다.

2-2-272 폐농약의 처리 방법(2008-08-14)

[질의] 소각전문 폐기물중간처리업체에서 고온소각 대상 물질인 폐농약을 허가받은 품목인 기타 고온소각 가능한 물질로 보아 반입 후 처리가 가능한지 여부?

[회신] 폐농약은 고온소각 또는 고온용융처리, 폐수처리 오니는 소각·고형화·매립 등의 방법으로 처리하도록 하고 있으므로, 소각이 가능한 폐농약, 폐수처리 오니는 위탁처리할 수 있습니다.

2-2-273 건설현장에서 발생하는 폐석면 보관장소 관련(2008-10-17)

[질의] 폐석면 등 지정폐기물의 보관방법은?

[회신] 가. 지정폐기물은 지붕, 벽면 등을 갖춘 보관창고에 보관하여야 합니다. 다만, 침출수가 발생하지 않는다고 인정하는 등의 경우에는 보관창고에 보관하지 않을 수 있습니다. 자세한 사항은 폐기물관리법 시행규칙 [별표 5]를 참고하시기 바랍니다.

나. 참고로 흩날릴 우려가 있는 폐석면은 고밀도 내수성재질의 포대로 2중 포장하거나 견고한 용기에 밀봉하여 흩날리지 아니하도록 보관하여야 하며, 고형화되어 있어 흩날릴 우려가 없는 폐석면은 폴리에틸렌, 그 밖에 유사한 재질의 포대로 포장하여 보관하여야 합니다.

2-2-274 폐잉크 처리 방법(2008-12-01)

[질의] 무한잉크 사용시 발생하는 폐잉크의 처리 방법은?

[회신] 가. 사업장에서 발생하는 폐잉크에 함유된 유해물질 성분분석 결과 유기용제 성분이 함유된 경우에는 당해 유기용제 성분에 따라 지정폐기물인 폐유기용제로 관리하여야 합니다. 이를 처리하고자 할 경우에는 지정폐기물처리업자에게 위탁처리하여야 합니다.

나. 유기용제 성분이 함유되어 있지 않은 경우에는 사업장 일반폐기물로 관리 및 처리하여야 합니다.

2-2-275 선박 폐유 처리 방법(2008-12-28)

[질의] 선박 폐유는 지정폐기물의 폐유에 속하는지 여부?

[회신] 선박 폐유를 육상에 처리하고자 할 경우에는 폐기물관리법을 적용하며, 선박 폐유가 기름 성분을 5퍼센트 이상 함유하고 있는 경우에는 지정폐기물로 관리하여야 합니다.

2-2-276 지정폐기물(폐촉매) 보관기간 관련 건(2009-01-14)

[질의] 현재 30일로 정해져 있는 지정폐기물 보관기간을 연장할 수 있는 방법은 있는지?

[회신] 폐기물관리법 시행규칙 제31조 제2항에 폐기물을 보관기간 이상 보관하여야 할 부득이한 사유가 있는 경우로서 시·도지사나 지방환경관서의 장의 승인을 받았을 경우에는 그러하지 아니하다고 규정하고 있습니다.

2-2-277 고정식 변압기 처리 방법(2009-01-30)

[질의] 지정폐기물 수집·운반업체가 이동이 불가한 변합기를 현장에서 기름을 회수하여 폐기물 처리 후 변압기를 분해할 수 있는지 여부?

[회신] 가. 폐기물배출 사업장에서의 폐기물의 보관, 분리의 책임은 배출자에게 있으므로 수집·운반업자가 이를 할 수는 없습니다.

나. 참고로 변압기에 PCBs를 1리터에 2밀리그램 미만 함유하고 있는 액상, 용출액 1리터에 0.003밀리그램 미만 함유하고 있어 폐기물관리법 시행령 [별표 1] 제6호(폐유)에 해당되는 것은 배출자가 분리할 수 있을 것이나, 그 외의 것(PCBs 폐기물)은 「잔류성 유기오염물질관리법」에서 정하고 있는 시설을 갖춘 처리업체에 처리하여야 합니다.

2-2-278 지정폐기물 처리시 신고시기에 대한 질의(2009-01-31)

[질의] 지정폐기물 신고시 구청장, 시·군수, 도지사, 환경부장관 등 어디에 신고를 하여야 하는지? 지정폐기물 신고시기는 공사착공일인지 아니면 지정폐기물 발생시 처리일인지와 사업장폐기물 신고시에 지정폐기물과 같이 신고를 할 수 있는지 여부?

[회신] 가. 지정폐기물처리계획의 확인증명 업무는 폐기물관리법 제62조에 따라 「대기환경보전법」, 「수질 및 수생태계보전에 관한 법률」, 「소음·진동규제법」에 따른 배출시설을 설치·운영하는 사업장(「산업집적활성화 및 공장설립에 관한 법률」에 따른 공장으로 한정) 외에서 배출하는 지정폐기물에 관한 업무는 시·도지사에게 위임되어 있으며, 그 외 사업장은 유역(지방)환경청장에게 위임되어 있습니다. 또한 시·도지사는 해당 시·군으로 대부분 재위임하고 있습니다.

나. 지정폐기물처리계획 확인증명은 폐기물관리법 제17조 제3항에 지정폐기물을 처리하기 이전에 지정폐기물처리계획 확인증명을 받도록 하고 있으며, 또한 시행규칙 제18조의2 제3항에 사업개시일 또는 폐기물이 발생한 날부터 1개월 이내에 지정폐기물 처리계획서를 제출하도록 하고 있습니다. 따라서 지정폐기물 처리일자, 폐기물 발생일자 중 빠른 시일 내에 처리증명을 받아야 합니다.

다. 사업장폐기물 배출자 신고와 지정폐기물처리계획서는 각각 작성하여 제출하여야 하나, 동시에 제출할 수는 있을 것입니다.

2-2-279 전기절연유 처리 방법(2009-01-31)

[질의] 연간 1회 전기절연유 교체 작업이 예정되어 있고, 1회 배출량이 200kg 정도(월 배출량으로 계산하면 약 17kg 정도)되는데, 처리증명을 받는 대상이 폐유 월 50kg 이상이므로 처리증명을 받지 않고 허가된 처리업체에 처리를 의뢰해도 무방한지?

[회신] 지정폐기물인 폐유가 연 1회 200킬로그램 발생하는 경우에는 지정폐기물이 발생하는 월을 기준으로 월평균 50킬로그램 이상 배출하는 것으로 보아야 할 것이므로, 지정폐기물처리계획 확인증명을 받아야 합니다.

2-2-280 잔류성 유기오염물질 함유폐기물 처리 건(2009-02-04)

[질의] 잔류성 유기오염물질함유 폐기물(다이옥신함유)은 「잔류성 유기오염물질관리법 시행규칙」 [별표 8]의1호]에 의거하여 폐기물관리법 시행규칙 [별표 5] 제4호(지정폐기물의 기준 및 방법)에 따라 처리하게 되어 있습니다. 만약, 폐수처리 오니가 「잔류성 유기오염물질관리법」의 다이옥신 함유기준을 초과할 경우 잔류성 유기오염물질 함유 폐기물에 해당하여 지정폐기물로 처리해야 하는지 여부?

[회신] 가. 「잔류성 유기오염물질관리법」 제21조에 잔류성 유기오염물질함유 폐기물은 폐기물관리법 제2조 제4호에 따른 지정폐기물로 본다고 규정하고 있으므로, 폐수처리 오니가 동법 시행규칙 [별표 2]의 잔류성 유기오염물질 함유량의 다이옥

신 함유기준을 초과할 경우에는 지정폐기물로 처리하여야 합니다.

나. 폐수처리 오니가 다이옥신 함유기준 미만일 경우에는 잔류성 유기오염물질함유 폐기물이 아니므로 폐기물관리법 시행규칙 제2조의2에 따라 사업장폐기물에 해당되며, 유해물질 성분분석 결과 폐기물관리법 시행규칙 [별표 1] "지정폐기물에 함유된 유해물질" 기준 이내인 경우에는 사업장 일반폐기물에 해당됩니다.

2-2-281 지정폐기물 보관 및 처리 관련 문의(2009-02-04)

[질의] 지정폐기물 중 폐유고상의 일종인 폐오일필터가 20kg/월 이하로 소량 발생 예정일 때, 처리기준과 방법이 같은 폐기물로서 같은 폐기물처리시설이나 장소에서 소각처리한다면 폐오일필터를 폐유고상의 일종인 기타 폐광물류와 한 구획 안에 혼합보관 후 소각처리해도 상관없는지? 폐산이나 폐알카리가 함유되어 있는 폐배터리를 소각(할로겐족 폐유기용제 등 고온소각대상 폐기물이 혼합되어 있지 않은 경우)처리할 경우 폐산이나 폐알카리가 20kg/월 이하로 소량 발생 예정일 때, 처리기준과 방법이 같은 폐기물로서 같은 폐기물처리시설이나 장소에서 소각처리한다면 폐배터리(폐산, 폐알카리 함유)를 폐유고상의 일종인 기타 폐광물류와 한 구획 안에 혼합보관 후 소각처리해도 상관없는지? 폐유기용제가 10kg/월 이하 소량 발생 예정일 때, 처리기준과 방법이 같은 폐기물로서 같은 폐기물처리시설이나 장소에서 소각처리한다면 폐유기용제를 폐유고상의 일종인 기타 폐광물류와 한 구획 안에 혼합보관 후 소각처리해도 상관없는지? 혼합 보관 및 처리가 가능하다면 지정폐기물 보관표지판의 폐기물 종류를 기타 폐광물류만 적어도 상관없는지?

[회신] 가. 폐기물관리법 시행령 제7조에 처리기준과 방법이 같은 폐기물로서 같은 폐기물처리시설이나 장소에서 처리하는 경우에는 혼합보관할 수 있도록 하고 있습니다.

나. 폐오일필터를 파쇄, 압축하지 아니하고 폐광물류와 같이 소각처리할 경우에는 구분·보관하지 않아도 되나, 원활한 소각을 위하여 파쇄, 압축을 할 경우에는 처리방법이 다르므로 구분·보관하여야 합니다.

다. 지정폐기물처리계획 확인증명 대상자가 폐오일필터의 처리방법 또는 수집·운반, 처리자를 변경하려는 경우에는 지정폐기물처리계획 확인증명을 변경하여야 합니다.

라. [별표 5]에 "폐산이나 폐알칼리와 폐유·폐유기용제 등 다른 폐기물이 혼합되어 있는 액체상태의 것은 소각시설에 지장이 생기지 아니하도록 중화 등으로 처리하여 소각(할로겐족 폐유기용제 등 고온소각 대상 폐기물이 혼합되어 있는 경우에

는 고온소각)한 후 매립하여야 한다"라고 규정하고 있습니다.

마. 폐배터리 발생시에 폐유 등 다른 폐기물과는 혼합되어 있지 않았을 것이므로 이를 처리하고자 할 경우에는 중화, 증발·농축, 정제처리하여야 하며 소각처리 하여서는 아니 됩니다.

바. 폐유기용제(할로겐족 제외)를 폐유와 같은 시설에서 소각처리할 경우에는 폐유와 구분하여 보관하지 않아도 됩니다.

사. 지정폐기물 보관표지판에는 폐기물 종류별로 구분하여 기재하여야 하며, 처리증명 인계서도 구분하여야 합니다.

2-2-282 폐슬레이트 처리 방법(2009-02-12)

[질의] 건물의 지붕 교체공사시 발생한 슬레이트의 처리 방법은?

[회신] 가. 슬레이트는 석면이 다량 함유되어 있으므로 지정폐기물(폐석면)로 관리, 처리하여야 합니다. 부서진 슬레이트, 분진, 작업복 등은 성질에 따라 처리방법이 다르므로 폐기물관리법 시행규칙 [별표 4]에 정하고 있는 세부 분류번호로 구분하여야 합니다.

나. 폐슬레이트를 지정폐기물로 처리하고자 할 경우에는 성분분석을 하지 않아도 됩니다.

다. 폐석면은 아래와 같이 처리하도록 하고 있으며 고형화되어 있어 흩날릴 우려가 없는 것은 매립하도록 하고 있습니다.

(1) 분진이나 부스러기 또는 성인의 손아귀로 쥐는 힘에 의하여 부스러지는 것은 고온용융처리하거나 고형화처리하여야 한다.

(2) 고형화되어 있어 흩날릴 우려가 없는 것은 폴리에틸렌 그 밖에 이와 유사한 재질의 포대로 포장하여 지정폐기물 매립시설에 매립하되, 석면분진이 날리지 아니하도록 충분히 물을 뿌리거나 수시로 복토 등을 실시하여야 한다.

(3) 석면의 해체·제거작업에 사용된 바닥비닐시트(뿜칠로 사용된 석면의 해체·제거작업 시 사용된 비닐시트의 경우 모든 비닐시트), 방진마스크, 작업복 등은 고밀도 내수성재질의 포대에 2중으로 포장하여 지정폐기물 매립시설에 매립하거나 고온용융처리 또는 고형화처리하여야 한다.

라. 폐슬레이트가 발생하였을 경우에는 배출자는 다른 폐기물과 구분하여 보관·처리하여야 하며, 폐석면 처리업의 허가를 받지 아니한 처리자는 이를 위탁받아서는 아니 됩니다.

2-2-283 철재드럼통의 고철재활용자에게 처리 가능성(2009-02-16)

[질의] 기름, 연료, 폐유, 화학물질 등을 담아 두었던 용기(철재드럼통)를 폐기처분할 때 폐기물처리업체가 아닌 일반 고물상 등에 넘겨도 법적 문제가 없는지?

[회신] 가. 폐용기에 잔류한 물질의 종류와 양에 따라 사업장폐기물의 분류가 지정폐기물, 사업장 일반폐기물(폐합성수지, 고철 등)로 달라질 것입니다. 예로 용기에 고체상태의 폐합성수지가 잔존하는 경우 사업장 일반폐기물에 해당되며, 액체상태의 폐합성수지와 폐유기용제, 폐산, 폐알칼리가 흘러내릴 정도로 잔존하는 경우 지정폐기물에 해당됩니다.

나. 드럼통이 지정폐기물, 사업장 일반폐기물(폐합성수지 등)에 해당될 경우에는 폐기물처리업자에게 위탁처리하여야 하며, 사업장 일반폐기물(고철)에 해당될 경우에는 고철 재활용자에게 처리할 수 있습니다.

다. 지정폐기물, 사업장폐기물(고철 제외)을 폐기물처리업의 허가를 받지 않은 자가 처리하였을 경우에는 폐기물처리기준 위반으로 처분을 받게 됩니다.

2-2-284 폐유처리 관련 질의(2009-02-23)

[질의] 폐유가 월 130kg 미만 발생하는 사업장의 경우, 전자정보처리프로그램(올바로시스템)에 입력하여야 하는지 여부 및 폐기물처리업체 변경으로 인한 지정폐기물 변경신고시 기존업체와 신규업체 등 2개 이상의 업체를 복수 신고가 가능한지 여부?

[회신] 가. 폐유를 월 평균 50킬로그램 이상 배출하는 경우에는 지정폐기물처리계획 확인증명을 받아야 하며, 이를 처리하고자 할 경우에는 전자정보처리프로그램(올바로시스템)에 입력하여야 합니다.

나. 폐기물처리실적보고는 보고하여야 할 내용을 빠짐없이 전자정보처리프로그램에 입력하였을 경우에는 별도로 보고하지 않아도 됩니다.

다. 처리업체를 2개 이상의 업체를 선정하여 지정폐기물처리계획 확인증명을 받을 수 있습니다.

2-2-285 페인트(액상)폐기물 처리시 신고 절차(2009-02-26)

[질의] 조업시 발생하는 페인트(액상)를 처리하기 위한 폐기물처리 신고 절차는?

[회신] 가. 폐페인트가 월평균 100킬로그램 이상 배출될 경우에는 폐기물을 처리하기 이전에 폐기물관리법 시행규칙 별지 제12호 서식의 폐기물처리계획서(폐기물수탁확

인서 첨부, 폐기물분석결과서는 불필요)를 관할 기관에 제출하여 지정폐기물처리계획 확인증명을 받아야 합니다.

나. 또한 배출자는 폐페인트를 위탁처리하고자 하는 지정폐기물처리업자가 폐기물관리법 제13조에 따른 기준에 맞게 폐기물을 수집·운반·처리할 능력이 있는지를 확인한 후 계약을 체결하여야 합니다.

다. 확인증명을 받은 폐기물을 배출, 수집·운반, 처리하고자 할 경우에는 전자정보처리프로그램에 입력하여야 합니다.

2-2-286 처리업체의 대표자, 상호 등 변경시 관련 질의(2009-02-27)

[질의] 폐유(액상)를 처리하는 업체의 대표자, 상호, 사업자등록번호가 변경된 경우(권리·의무승계), 지정폐기물처리계획 확인증명서를 변경하여야 하는지?

[회신] 폐기물처리업의 권리·의무승계에 따라 처리업체의 상호, 대표자 등의 변경은 폐기물관리법 시행규칙 제18조의2 제7항에 따른 지정폐기물처리계획 확인증명의 변경사유에 해당되지 않습니다.

2-2-287 지정폐기물 처리 단가에 대한 질의(2009-02-28)

[질의] 지정폐기물(폐석면)을 처리하기 위하여 용역발주 중에 지정폐기물 처리비용을 '최저가 낙찰제'를 적용하여 발주하려고 하는데 계약상 또는 폐기물관리법에 위배되는 사항은 없는지?

[회신] 폐기물의 적정하게 처리하기 위하여 필요하다고 인정하면 환경부령으로 폐기물 처리가격의 최고액이나 최저액을 정하여 고시할 수 있도록 폐기물관리법 제24조에 규정하고 있으나, 현재 고시하고 있지 않으므로 최저가 낙찰제로 계약을 체결할 수 있습니다.

2-2-288 폐세정액 처리 방법(2009-03-02)

[질의] 당사가 폐변압기에서 분해·분리된 비가연성 물질인 금속류를 세정 처리함에 있어 발생된 PCBs 함유 폐세정액(PCBs 함량 2ppm 미만 포함)을 폐기물관리법 시행령 [별표 1](지정폐기물의 종류)에 의해서 PCBs 함유 폐기물로 간주하고, 동법 시행규칙 [별표 5](폐기물의 구체적인 처리방법)에 따라 지정폐기물처리증명을 득한 후, PCBs 함유 폐기물 소각처리 허가를 득한 고온소각처리업체에 위탁처리할 수 있는지 여부?

[회신] 폐기물관리법 시행규칙 [별표 5] "폐기물의 구체적인 처리방법"에 따라 지정폐기물 처리증명을 득한 후에 지정폐기물 중간처리업체인 PCBs 함유 폐기물 고온소각처리 업체에 위탁처리할 수 있으나, 현재 지정폐기물 중간처리업체인 PCBs 함유폐기물 고온소각처리 업체는 PCBs 고온소각 실증사업을 시행 중에 있으며, 본 사업에 참여하는 지정폐기물 중간처리업체와 PCBs를 적정·안전하게 처리된 것을 확인 후에 PCBs 고온소각 처리하기로 협의함에 따라 현재는 PCBs 함유폐기물을 고온소각처리로 위탁처리할 수 없음을 알려드립니다.

2-2-289 관리대상 기기 폐기시 처리 절차 (2009-03-03)

[질의] 「잔류성 유기오염물질관리법」 내의 관리대상 기기의 폐기처분시 분석결과에 따라 PCBs가 불검출로 나온 경우 지정폐기물인 폐유로 처리가 가능한지 여부 및 지정폐기물인 폐유로 처리시 폐기물관리법상의 폐유 발생량에 따라 '지정폐기물처리계획서'를 제출하지 않아도 되는지 여부?

[회신] 가. 폐기물관리법 시행규칙 제18조의2 제3항에 정하고 있는 폐기물분석 전문기관에서 해당 폐기물의 성분을 분석한 결과 액체상태의 것으로 1리터당 PCBs 2밀리그램 미만(고체 상태의 것은 용출액 1리터당 0.003밀리그램 미만)인 경우로서 기름성분을 5퍼센트 이상 함유한 것은 폐유로 처리할 수 있습니다.

나. 사업장의 폐유 발생량이 월평균 50킬로그램 미만이거나 폐유, 폐유기용제 등의 지정폐기물 합계 월평균 130킬로그램 미만인 경우에는 지정폐기물처리계획 확인증명을 받지 않아도 됩니다.

2-2-290 철거된 변압기의 처리 방법(2009-03-11)

[질의] 유입식 변압기의 폐처리 및 PCBs 신고시 관련 절차 및 방법은?

[회신] 가. 폐변압기를 폐기하고자 하는 경우에는 폐기물관리법 시행규칙 제18조의2 제3항에 정하고 있는 폐기물분석 전문기관에서 폐변압기 내부 물질의 성분을 분석한 결과가 액체상태의 것으로 1리터당 PCBs 2밀리그램 이상(고체상태의 것은 용출액 1리터당 0.003밀리그램 이상)인 경우에는 지정폐기물(폴리크로리네이티드비페닐)에 해당되며, 액체상태의 것으로 1리터당 PCBs 2밀리그램 미만(고체상태의 것은 용출액 1리터당 0.003밀리그램 미만)인 경우로서 기름성분을 5퍼센트 이상 함유한 것은 지정폐기물(폐유)에 해당됩니다.

나. 폴리크로리네이티드비페닐에 해당될 경우에는 수집·운반·보관은 폐기물관리

법을 따르고, 처리는 「잔류성 유기오염물질관리법」에 정하고 있는 처리기준에 따라야 합니다.

다. 「잔류성 유기오염물질관리법」 제24조 제2항과 동법 시행규칙 제21조 제3항 및 제4항에 따라 PCBs 2ppm 이상의 절연유를 교체한 경우에는 주입한 절연유를 채취하여 PCBs 농도분석을 하여야 하며, 채취시기는 별도 규정하지 않고 있으나 절연유 교체에 대한 PCBs 농도분석 결과의 변경신고는 30일 이내에 신고하여야 함을 알려드립니다.

라. 폐유 발생량이 월평균 50킬로그램 이상이거나, 폴리크로리네이티드비페닐 폐기물이 발생하였을 경우에는 폐기물처리계획서(별지 제12호 서식)를 제출하여 지정폐기물처리계획 확인증명을 받아야 하며, 이를 배출·운반·처리하고자 할 경우에는 전자정보처리프로그램에 입력하여야 합니다.

2-2-291 지정폐기물 처리를 위한 샘플 발송 가능성(2009-03-11)

[질의] 지정폐기물(폐유기용제, 액상)을 신규 처리방법으로 재활용하고자 가능성 TEST를 진행하려는 경우 샘플의 양에 관계없이 수령하는 업체가 지정폐기물 처리 관련 허가를 득하여야 하는지 여부?

[회신] 가. 지정폐기물의 재활용 가능성 여부를 확인하기 위한 테스트 처리도 폐기물의 처리행위로 보아야 할 것이므로, 처리량에 관계없이 처리업체 변경에 따른 지정폐기물처리계획 변경 확인증명을 받아야 합니다.

나. 학교, 연구기관 등 폐기물관리법 시행규칙 제37조 제1항에 정하고 있는 자가 시험·연구 목적으로 폐기물처리시설을 설치하고자 할 경우에는 폐기물처리업의 허가를 받지 않아도 되나, 폐기물처리시설 설치·운영계획서를 제출하여야 합니다.

2-2-292 폐페인트 및 폐래커 처리(2009-03-12)

[질의] 폐페인트 및 폐래커를 동일한 업체를 통해 동일한 방법으로 폐기물을 처리하는 경우 각각 지정폐기물처리계획 확인증명을 받아야 하는지 여부?

[회신] 지정폐기물처리계획서는 폐기물 종류별 처리방법 등을 기재하도록 하고 있습니다. 따라서 폐페인트 및 폐래커의 처리방법, 처리업체가 같다하여도 이를 구분하여 지정폐기물처리계획 확인증명을 받아야 합니다.

2-2-293 지정폐기물 보관장소에 대한 질의(2009-03-13)

[질의] 현재 지정폐기물(폐유, 폐페인트) 보관을 시멘트 재료로 바닥을 포장하고 지붕과 벽면을 갖춘 보관창고에 보관하고 있습니다. 다만, 보관창고의 출입문(셔터)이 설치되어 있지 않은데 이와 같은 경우(출입문 설치 여부)는 폐기물 보관기준에 위배되는지 여부?

[회신] 폐기물관리법 시행규칙 [별표 5]에 지정폐기물은 지붕과 벽면을 갖춘 보관창고에 보관하도록 하고 있으나, 출입문에는 구체적으로 정하고 있는 사항이 없습니다. 따라서 출입문(셔터) 미설치가 폐기물의 보관기준에 위반된다고는 할 수 없습니다. 다만, 처리업의 경우에는 허가조건 등에 따라 달라질 수 있습니다.

2-2-294 동·식물성 폐유 처리 방법 질의(2009-03-16)

[질의] 돼지갈비를 오븐기에 구워서 관련 레스토랑에 공급하는 업체에서 생갈비를 오븐기에 굽는 과정 중에 돼지갈비에서 동·식물성 폐유가 발생하여 전량 지정폐기물로 위탁처리하고 있는데, 유수분리 후 처리가 가능한지 여부 및 일반 재활용업체에 위탁처리가 가능한지 여부?

[회신] 가. 사업장에서 발생하는 폐기물을 스스로 처리하기 위해서는 폐기물처리시설 설치승인(신고)을 받아야 합니다. 다만, 배출시설의 설치 허가권자 또는 신고수리권자가 인정하는 경우에는 액상(수분함량이 85퍼센트를 초과하거나 고형물 함량이 15퍼센트 미만인 액체상태)의 폐기물을 수질오염방지시설에 직접 유입하여 처리할 수 있습니다.

나. 폐기물처리시설은 폐기물관리법 시행규칙 [별표 9] "폐기물처리시설의 설치기준"에 따라 설치하여야 합니다.

다. 동·식물성유는 지정폐기물에 해당되므로 지정폐기물(폐유) 재활용자가 아닌 사업장 일반폐기물 재활용자에게 처리를 위탁할 수는 없습니다.

2-2-295 석면 함유 텍스의 처리 방법(2009-03-17)

[질의] 공사시행 중 당초 폐기물 성상에 없던 텍스(석면 함유)가 발생된 경우 처리 방법은?

[회신] 텍스에 지정폐기물인 석면이 함유되어 경우에는 배출자가 지정폐기물처리업자와 계약을 체결하고 처리하여야 합니다.

2-2-296 폐석면 폐기물처리계획서 제출 주체 및 폐업 후 신규 개설시 재교육 대상 여부(2009-03-17)

[질의] 사업장 이전 공사를 하면서 폐석면 처리로 폐기물처리계획서를 제출하려고 하는데 공사업체와 계약을 한 경우 폐기물처리계획시 제출인을 공사업체로 해도 되는지 여부 및 사업장을 이전하면서 이전 병원을 폐업신고하고 새로 개설신고를 하려는 경우, 병원 폐기물처리계획서를 다시 제출하고 교육도 다시 받아야 하는지 여부?

[회신] 가. 지정폐기물처리계획 확인증명을 받은 사업장에서 폐기물관리법 시행규칙 제18조의2 제1항에 정하고 있는 지정폐기물(폐석면 등)을 새로이 배출하거나, 상호 또는 사업장 소재지를 변경하려는 경우에는 지정폐기물을 배출하는 자(발주자)가 지정폐기물처리계획 변경확인 증명을 받으면 됩니다.

나. 폐기물관리법 제17조 제3항의 따른 지정폐기물처리계획 확인증명을 최초로 받은 경우에는 교육을 받아야 하며, 그 이후에는 3년마다 교육을 받아야 합니다.

다. 폐기물처리 공동운영기구를 구성·운영할 경우에는 공동운영기구의 대표자가 지정폐기물처리계획 확인증명을 받아야 합니다.

2-2-297 지게차배터리 처리에 대한 질의(2009-03-18)

[질의] 화학물질 제조업체에서 제품의 운반을 위해 지게차를 사용하는데, 지게차 배터리의 교체가 필요한 경우 일반적으로 지게차(배터리리)수리업체와 계약을 통해 수리업체에서 본 회사를 방문하여 폐배터리를 수거 후 새 배터리로 교체해 주는 작업을 진행합니다. 이 경우 본 회사가 폐배터리(폐산)의 배출자로서 지정폐기물처리증명원을 득해야 하는지 여부? 폐배터리 수거시 지게차수리업체는 지정폐기물수집·운반업을 득해야 하는지 여부?

[회신] 가. 배터리를 교체한 이후 발생한 폐배터리를 지게차 소유자가 직접 처리하기로 배터리 수리업자와 계약 또는 협의를 하였을 경우에는 폐배터리 처리의무가 지게차 소유자에게 있을 것이나, 통상적인 관례에 따라 배터리 수리업자가 신규 배터리 교체 및 폐배터리를 처리하기로 하였을 경우에는 폐배터리 처리의무는 수리업자에게 있다 할 것입니다.

나. 배터리 수리업자가 출장지에서 발생한 폐배터리를 수거하는 것은 폐기물 처리를 위한 수집·운반이라기보다는 폐기물 수거과정으로 볼 수 있을 것이므로 폐기물수집·운반업의 허가를 받지 않아도 됩니다.

2-2-298 폐알칼리의 위탁처리 가능성(2009-03-18)

[질의] 폐기물배출 신고의 주체는 누구이며, pH8~11의 폐알칼리 물질을 위탁처리가 가능한지 여부?

[회신] 가. 폐기물관리법 제17조에 사업장폐기물을 배출하는 사업자는 사업장 일반폐기물의 종류와 발생량 등에 따라 사업장폐기물 배출자 신고를 하여야 하고, 지정폐기물을 배출하는 사업자는 지정폐기물처리계획 확인증명을 받도록 하고 있습니다. 따라서 지정폐기물처리계획 확인증명, 사업장폐기물 배출자 신고, 적정처리 의무는 폐기물을 배출하는 자에게 있습니다.

나. 다만, 동법 시행령 제2조 제8호의 건설공사 및 제2조 제9호의 일련의 공사로 폐기물(지정폐기물 제외)을 5톤 이상 배출하는 경우에 한하여 발주자로부터 최초의 공사의 전부를 도급받은 자가 사업장폐기물 배출자 신고를 할 수 있도록 허용하고 있습니다.

다. 폐기물관리법 시행규칙 제10조에 폐산, 폐알카리 등 수분함량이 85퍼센트를 초과하거나 고형물함량이 15퍼센트 미만인 액체상태의 폐기물을 수질오염방지시설에 직접 유입하여 처리하는 경우로서 그 배출시설의 설치허가권자 또는 신고수리권자가 그 처리를 인정하는 경우에는 폐기물처리시설 외의 장소에서 폐기물을 처리할 수 있다고 규정하고 있습니다.

2-2-299 2ppm 미만 변압기의 처리 절차(2009-03-23)

[질의] 2ppm 미만 불검출 변압기를 처분할 때 지정폐기물확인을 받지 않을 경우 처분 절차는?

[회신] 가. 폐변압기를 폐기하고자 하는 경우에는 폐기물관리법 시행규칙 제18조의2 제3항에 정하고 있는 폐기물분석 전문기관에서 폐변압기 내부 물질의 성분을 분석할 결과가

- 액체상태의 것으로 1리터당 PCBs 2밀리그램 이상(고체상태의 것은 용출액 1리터당 0.003밀리그램 이상)인 경우에는 지정폐기물(폴리크로리네이티드비페닐)에 해당되며
- 액체상태의 것으로 1리터당 PCBs 2밀리그램 미만(고체 상태의 것은 용출액 1리터당 0.003밀리그램 미만)인 경우로서 기름성분을 5퍼센트 이상 함유한 것은 지정폐기물(폐유)에 해당됩니다.

- 변압기에 함유된 절연유에 대한 성분분석 결과가 리터당 PCBs 2밀리그램 미만인 경우에도 기름성분을 5퍼센트 이상 함유한 것은 지정폐기물(폐유)로 분류하여 관리하여야 합니다.

나. 변압기를 폐기하고자 할 경우에는 지정폐기물처리계획 확인증명을 받아야 하며, 이를 처리하고자 할 경우에는 지정폐기물(절연유)처리업자에게 위탁처리하여야 하며, 배출·운반·처리시에는 전자정보처리프로그램에 그 내용을 입력하여야 합니다.

2-2-300 폐기름 사업장폐기물 신고 여부(2009-03-23)

[질의] 식품판매장에서 조리 후 발생하는 동·식물성 기름(폐기름)이 월 40~150ℓ 가량 발생하여 폐기물재활용신고업체에게 처리하고 있는데, 이 동·식물성 기름(폐기름)을 위탁처리하는 경우 월 몇 리터 이상일 때 신고대상에 해당하는지 여부?

[회신] 폐동·식물성유는 지정폐기물(폐유)에 해당되므로 월 평균 50킬로그램 이상 배출하는 경우에는 지정폐기물처리계획 확인증명을 받아야 합니다. 지정폐기물처리계획 확인증명을 받지 않은 경우에는 2년 이하의 징역이나 1천만원 이하의 벌금에 처하도록 하고 있습니다.

2-2-301 자동차정비업소 폐기물과 관련한 질의(2009-03-24)

[질의] 자동차 부분정비업소에서 배출되는 폐기물과 관련하여, 폐타이어의 경우 비에 노출 보관되면 안되는지, 보관장소와 보관기준은 무엇이며 부동액 재생기를 사용할 경우 부동액 재생기에 폐부동액 지정폐기물 보관표지판을 부착하여야 하는지 여부? 창고에 지정폐기물을 보관할 경우 성분이 다른 지정폐기물마다 지정폐기물 보관표지판을 따로 부착시켜야 하는지 여부 및 자동차정비 후 교체한 부품은 모두 사업장폐기물로 분류되는지 여부?

[회신] 가. 폐타이어, 폐합성수지(폐범퍼) 등 침출수가 발생하지 않는 사업장 일반폐기물은 보관창고가 아닌 장소에 보관할 수 있습니다.

나. 폐기물처리시설에는 보관표지판을 부착하지 않아도 되나, 폐부동액을 보관하고 있는 시설에는 지정폐기물 보관표지판을 부착하여야 합니다.

다. 지정폐기물의 보관창고에는 보관 중인 지정폐기물의 종류, 보관가능용량 등을 기재한 표지판을 부착하여야 합니다. 다만, 드럼 등 보관용기를 사용하여 보관하는 경우에는 용기별로 폐기물의 종류 및 양 등을 기재한 표지판을 부착하고,

지정폐기물의 종류가 같은 용기가 여러 개 있는 경우에는 폐기물의 종류별로 종류 및 양 등을 기재한 표지판을 부착하여야 합니다.

라. 지정폐기물을 드럼 등 보관용기에 보관하는 경우로서 내용물이 흘러 나올 우려가 없고 용기 외부에 지정폐기물이 묻어 있지 아니한 경우에는 바닥이 폐기물 적재 무게에 견딜 수 있고, 취급과정에서 외부에 흘러나오지 아니하도록 시멘트·아스팔트 등으로 바닥을 포장하고 방류턱을 갖춘 시설에서 보관할 수 있습니다. 따라서 지정폐기물 보관 중에 강수로 외부로 유출될 경우에는 폐기물 보관기준을 위반한 것입니다.

마. 정비 후 발생한 부품은 제품으로서의 기능을 상실한 것으로 보아야 할 것이므로 폐기물로 관리하여야 합니다.

2-2-302 지정폐기물 보관기일(2009-03-24)

[질의] 지정폐기물 3톤 미만은 폐기물이 발생하게 되면 1년을 보관할 수 있다고 알고 있는데, 이 보관기일이 산업체에만 해당이 되는지 아니면 카센터나 정비센터에도 해당이 되는지 여부?

[회신] 폐유기용제를 포함하여 1년간 배출하는 지정폐기물의 총량이 3톤 미만인 경우에는 사업장의 종류에 관계없이 1년의 기간 내에서 보관할 수 있습니다. 폐유기용제를 보관할 경우에는 휘발되지 않도록 밀폐된 용기에 보관하여야 합니다.

2-2-303 폐유리섬유 처리 방법(2009-03-24)

[질의] 폐유리섬유의 처리 방법은?

[회신] 가. 석면이 1퍼센트 이상 함유된 제품·설비 등의 해체·철거 시 발생되는 것 등 폐기물관리법 시행령 제3조 [별표 1] 제7호의 규정에 해당되는 폐석면의 경우, 지정폐기물로서 폐기물관리법 시행규칙 제14조 [별표 5] 제4호 다목 2) 바)의 규정에 따라, 고온용융처리 또는 고형화, 지정폐기물매립시설에 매립 등의 방법으로 처리하여야 합니다.

나. 석면이 함유되지 아니한 유리섬유는 지정폐기물에 해당되지 않으며, 「건설산업기본법」 제2조 제4호에 해당하는 건설공사로 인하여 발생하는 경우, 건설폐기물에 해당합니다.

2-2-304 지정폐기물 보관 방법(2009-03-31)

[질의] 저희 회사에서 발생되는 지정폐기물은 노란 봉지와 지정폐기물 함에 보관 후 지정폐기물 보관장으로 이동하여 지정폐기물업체에 운반·처리를 하고 있는데, 현장에서 발생되는 지정폐기물을 담는 노란 봉지에 표식을 붙여서 지정폐기물 보관장까지 옮겨 놓아야 하는지 여부?

[회신] 지정폐기물의 보관창고에는 보관 중인 지정폐기물에 대한 표지판을 설치하여야 하나, 지정폐기물이 발생하는 작업장에서 사용하고 있는 봉투에 대해서는 표지판을 부착하지 않아도 됩니다.

2-2-305 자연 파손 슬레이트 처리 관련(2009-03-31)

[질의] 사업장 내의 슬레이트 지붕이 자연현상(태풍 등)에 의해 소량(10~50kg/월) 파손될 경우 지정폐기물로 처리해야 하는지 여부?

[회신] 가. 석면이 1퍼센트 이상 함유되어 있는 슬레이트가 파손되었을 경우에는 발생량에 관계없이 지정폐기물로 분류, 관리하여야 합니다.

나. 폐합성고분자화합물, 폐산, 폐알카리, 폐페인트, 폐래커 및 폐석면이 각각 월평균 100킬로그램 또는 합계 월평균 200킬로그램 이상 배출되는 경우에는 지정폐기물처리변경계획서를 제출하여야 하고, 이를 배출·운반·처리할 때에는 전자정보처리프로그램(올바로시스템)에 입력하여야 합니다.

2-2-306 지정폐기물처리계획 확인증명의 변경사항에 대한 신고시기(2009-03-31)

[질의] 지정폐기물처리계획 확인증명의 변경사항(처리량 30% 이상 증가)에 대한 변경신고 시기는?

[회신] 가. 폐기물관리법 제17조 제3항에 지정폐기물을 배출하는 자는 지정폐기물을 처리하기 전에 서류를 제출하여 확인을 받도록 하고 있습니다. 따라서 확인증명을 변경할 사유가 있을 경우에는 지정폐기물을 처리하기 이전에 변경하여야 할 것입니다.

나. 폐기물관리법 시행규칙 제18조의2 제7항에 지정폐기물처리계획 확인증명을 받은 자의 지정폐기물의 월평균배출량(최근 6개월간의 배출량을 기준으로 산정한다)이 100분의 30 이상 증가하는 경우에는 지정폐기물처리계획서의 변경사항을 기재하여 제출하도록 하고 있습니다.

2-2-307 폐페인트(고상) 시멘트 소성로 보조연료 사용 여부(2009-04-01)

[질의] 자동차공장 폐수처리과정 중 여과과정에서 분리, 발생하는 지정폐기물 폐페인트(고상)를 시멘트 소성로의 보조연료로 사용할 수 있는지 여부?

[회신] 시멘트 소성로 논란을 해소하기 위하여 환경부장관, 지자체장, 시멘트업계와 "폐기물 사용·관리기준에 관한 자발적 협약"을 체결하고 폐페인트 등 지정폐기물은 사용을 금지하도록 하였습니다.

2-2-308 비산재 묻은 백필터 및 방진복의 지정폐기물 여부 및 처리 절차(2009-04-20)

[질의] 폐백필터를 비산재와 함께 처리할 시 작성해야 할 서류가 있는지 여부 및 작업자의 방진복에 비산재가 묻은 경우 방진복도 지정폐기물로 처리해야 하는지 여부?

[회신] 가. 분진(비산재)에 대한 폐기물 성분분석 결과가 폐기물관리법 시행규칙 [별표 1] "지정폐기물에 함유된 유해물질" 이내인 경우에는 사업장 일반폐기물에 해당되고, 유해물질 기준 이상인 경우에는 지정폐기물로 분류됩니다.

나. 분진이 지정폐기물에 해당될 경우에는 분진이 묻어 있는 벅필터, 방진복도 지정폐기물로 분류됩니다.

다. 백필터, 작업복도 분진처리절차와 같이 지정폐기물처리계획 확인증명, 전자정보처리프로그램 입력 등 지정폐기물의 처리절차에 따라 처리하여야 합니다.

2-2-309 폐기물처리 변경시 분석의뢰서 제출의 건(2009-04-21)

[질의] 지정폐기물 배출업체가 공동처리를 통해 폐기물을 배출하다가 탈퇴하여 폐기물처리(변경)계획서를 제출하려는 경우 폐기물분석의뢰서를 제출해야 하는지 여부?

[회신] 지정폐기물 배출자가 공동운영기구에서 처리할 때에 폐기물 성분분석을 개별적으로 하지 않았다면, 공동운영기구에서 탈퇴하여 개별적으로 처리하고자 할 경우에는 폐기물 성분분석을 하여야 합니다.

2-2-310 석면 해체시 사용된 장비의 처리 방법(2009-04-21)

[질의] 석면 해체·제거시에 사용된 음압기 및 청소기에 사용된 필터의 처리 방법은?

[회신] 석면제품의 해체·제거작업에 사용된 음압기, 청소기의 필터에는 폐석면 분진이 포집되어 있을 것이므로 고형화처리하여야 합니다.

2-2-311 폐석면 처리 방법(2009-04-22)

[질의] 폐석면을 철거하면 원형형태의 폐기물과 분진, 부스러기, 방진복, 비닐시트 등 종류별로 폐기물이 발생하는데, 분진이나 부스러기도 고형화 또는 고온용융처리해야 되는 것인지 여부?

[회신] 석면제품의 해체·제거작업 과정에서 청소기 등으로 포집한 폐석면 분진은 고형화하여야 합니다. 다만, 석면의 해체·제거작업에 사용된 비닐시트에 떨어진 부스러기, 가루 등은 바닥비닐과 같이 고밀도 내수성재질의 포대에 2중으로 포장하여 지정폐기물(폐석면)매립시설에 매립하거나, 고온용융처리 또는 고형화처리할 수 있습니다.

2-2-312 자동차정비업체에서 배출되는 지정폐기물 보관기간(2009-04-23)

[질의] 공동처리운영기구의 조합원인 개개 업체에서 배출되는 지정폐기물의 종류는 폐유, 기름걸레류, 오일휠터, 폐배터리, 폐부동액, 윤활유 용기 등인데 각 업체에서 연간 배출되는 폐기물량이 2톤 미만인 경우 폐기물 보관기간은?

[회신] 가. 폐기물관리법 시행규칙 [별표 5]에 "지정폐기물 배출자는 그의 사업장에서 발생하는 지정폐기물 중 폐산·폐알칼리·폐유·폐유기용제 등은 보관이 시작된 날부터 45일을 초과하여 보관하여서는 아니된다. 다만, 1년간 배출하는 지정폐기물의 총량이 3톤 미만인 사업장의 경우에는 1년의 기간 내에서 보관할 수 있다"라고 규정하고 있습니다.

나. 따라서 개별 사업장에서 연간 발생하는 지정폐기물 총량이 3톤 미만인 경우에는 1년간의 기간 내에서 보관할 수 있으며, 개별 사업장에서 연간 발생하는 지정폐기물 총량이 3톤 이상인 경우로서, 폐산(배터리), 폐유(기름걸레, 오일필터, 윤활유 용기 등), 폐유기용제(부동액 등) 폐기물은 45일 이내로 보관하여야 합니다.

2-2-313 공사를 위한 장비에서 발생하는 지정폐기물 신고주체(2009-04-29)

[질의] 공사현장 협력업체의 장비 운영시 발생되는 지정폐기물의 신고주체는 발주처인지, 아니면 발생자(협력업체)인지?

[회신] 건물 또는 구조물의 철거로 발생하는 지정폐기물의 처리의무는 공사 발주자에게 있으나, 건설공사를 위한 장비·차량에서 발생하는 지정폐기물(폐유)에 대한 처리의무는 장비·차량의 소유·관리자에게 있습니다.

2-2-314 변압기제조 공정 중 발생하는 절연유 함침 권선, 변압기 처리전 PCBs 분석 관련(2009-04-30)

[질의] 절연유가 묻어 있는 폐동선(절연지가 권선되어 있는 경우)을 지정폐기물처리업체에 위탁처리 하고자 할 경우 처리전 PCBs 함유 여부를 분석 후 의탁처리하여야 하는지, 아니면 절연유 공급사로부터 받은 PCBs 함유 여부 공인시험성적서를 첨부하여 위탁처리가 가능한지 여부? 수주 취소, 제조공정 중 블량으로 인하여 제품으로 판매를 하지 못한 장기 보관품인 경우 변압기별 PCBs 함유 여부를 분석 후 폐기물로 처리하여야 하는지, 아니면 절연유 공급사로부터 받은 PCBs 함유 여부 공인시험성적서를 첨부하여 처리가 가능한지 여부?

[회신] 가. 폐기물관리법 시행규칙 제18조의2 제1항에 정하고 있는 지정폐기물을 배출하는 자는 폐기물처리계획서, 폐기물분석 전문기관의 폐기물분석결과서 등을 제출하도록 폐기물관리법 제17조 제3항에 규정하고 있습니다.

나. 사업개시일 또는 지정폐기물이 발생한 날로부터 1개월 이내에 폐기물분석 전문기관의 폐기물분석 서류를 첨부하여 폐기물처티계획서를 제출 및 확인받도록 하고 있습니다. 따라서 폐동선 또는 불량품이 발생한 날로부터 1개월 이내에 폐기물분석결과서를 첨부하여 지정폐기물처리계획서를 제출하여야 합니다.

다. 제조공정, 원료 등의 변경이 없는 경우로서 발생 폐기물의 변화(종류, 성상)에 변경이 없는 경우에는 계속하여 성분분석을 할 필요가 없을 것이나, 제조공정, 원료 농도의 변경이 있는 경우에는 성분분석을 하여야 하며, 폐기물성분분석 결과에 대한 책임은 배출자에게 있습니다.

2-2-315 폐기물의 적법 처리 방법(2009-04-30)

[질의] 자동차 흠집 제거 및 광택을 겸한 작업을 할 때 폐기물이 발생하는데 폐기물의 분리보관 방법 및 처리 방법?

[회신] 가. 폐기물의 수집·운반·보관 및 처리에 관한 구체적인 기준은 폐기물관리법 시행규칙 [별표 5]에 정하고 있음을 알려드리며, 지정폐기물은 지정폐기물에 의하여 부식되거나 파손되지 아니하는 재질로 된 보관시설 또는 보관용기를 사용하여 보관하여야 합니다.

나. 자체 무게 및 보관하려는 폐기물의 최대량 보관 시의 적재무게에 견딜 수 있고, 물이 스며들지 아니하도록 시멘트·아스팔트 등의 재료로 바닥을 포장하고 지붕과 벽면을 갖춘 보관창고에 보관하여야 하나, 다음의 어느 하나에 해당하는

경우에는 그러하지 아니합니다. 침출수가 발생하지 아니한다고 관할 시·도지사나 지방환경관서의 장이 인정하는 경우, 침출수의 발생으로 주변환경 오염의 우려가 없다고 관할 시·도지사나 지방환경관서의 장이 인정하는 경우, 드럼 등 보관용기에 보관하는 경우로서 내용물이 흘러 나올 우려가 없고 용기 외부에 지정폐기물이 묻어 있지 아니한 경우(이 경우에는 폐기물의 최대량 보관 시의 적재무게에 견딜 수 있고 보관용기 취급과정에서 내용물이 외부에 흘러 나오지 아니하도록 시멘트·아스팔트 등으로 바닥을 포장하고 방류턱을 갖춘 시설에 보관하여야 한다)

다. 지정폐기물 배출자는 그의 사업장에서 발생하는 지정폐기물 중 폐산·폐알칼리·폐유·폐유기용제·폐촉매·폐흡착제·폐흡수제·폐농약, 폴리클로리네이티드비페닐 함유폐기물은 보관이 시작된 날부터 45일을 초과하여 보관하여서는 아니되며, 그 밖의 지정폐기물은 60일을 초과하여 보관하여서는 아니 된다. 다만, 1년간 배출하는 지정폐기물의 총량이 3톤 미만인 사업장의 경우에는 1년의 기간내에서 보관할 수 있습니다.

라. 폐페인트, 폐래커가 월평균 100킬로그램 이상 배출하는 경우에는 전자정보처리프로그램(올바로시스템)에 입력하여야 합니다.

마. 지정폐기물 등 사업장폐기물을 배출하는 자는 수탁자가 해당폐기물을 수집·운반·처리할 능력이 있는지를 확인한 후 계약을 체결하도록 하고 있습니다. 폐기물처리계약에 있어서 폐기물 종류별 운반장소 및 운반단가 또는 운반비에 관한 사항은 폐기물을 수집·운반하는 자와, 폐기물 종류별 처리장소 및 처리단가 또는 처리비에 관한 사항은 폐기물 중간처리업자 또는 최종처리업자와 계약을 체결하여야 합니다.

바. 폐기물보관기준을 위반하거나, 폐기물전자정보처리시스템(올바로시스템)에 입력하지 아니하거나, 폐기물위탁처리에 관한 계약을 체결하지 아니하였을 경우에는 위반 정도에 따라서 고발되거나 과태료를 부과받게 됩니다

2-2-316 지정보관용기 처리에 관한 질의(2009-05-11)

[질의] 사업장내 발생 지정폐기물인 기름걸레 등의 폐유고상을 처리하고자 드럼용기에 보관하여 수집·운반·보관의 여건상 지정중간소각업체에 드럼체 위탁하고자 하는 경우, 전자인계시 드럼의 무게를 제외 후 운반·처리할 수 있는지 여부?

[회신] 드럼 등 용기의 무게를 알 수 있을 경우에는 용기의 무게를 제외한 내용물만의 무게를 전자정보프로그램에 입력할 수 있습니다.

2-2-317 연축전지의 처리 방법(2009-05-12)

[질의] 주 성분이 납이며 비중 약 1.2의 묽은 황산으로 구성된 배터리(연축전지)가 지정폐기물에 해당하는지 여부 및 배터리 처리시 필요한 행정서류는?

[회신] 가. 수소이온농도가 2.0 이하인 폐기물은 지정폐기물(폐산)에 해당되며, 폐산을 월평균 100킬로그램 이상 배출하는 경우에는 폐기처리계획서, 폐기물분석결과서, 수탁확인서를 제출하여야 합니다.

나. 지정폐기물처리계획 확인증명을 받은 자는 폐기물관리대장의 기록·보관, 폐기물처리실적보고를 하여야 합니다.

2-2-318 지정폐기물 처리증명 방법(2009-05-13)

[질의] "지정폐기물처리계획 확인증명"이란 무엇이며, 폐산·폐알칼리의 경우 지정폐기물 처리증명 확인을 받으면 분석결과서 없이 처리가 가능한지 여부?

[회신] 가. "지정폐기물처리계획 확인증명"은 폐기물관리법 시행규칙 제18조의2에 정하고 있는 지정폐기물을 배출하는 자가 그 지정폐기물을 처리하기 이전에 지정폐기물 종류, 배출량, 처리계획 등에 폐기물처리계획서 등을 제출하여 확인을 받도록 하고 있는 제도입니다.

나. 폐산, 폐알카리가 각각 월평균 100킬로그램 이상 발생하거나, 합계 월평균 200킬로그램 이상 발생하는 경우에는 지정폐기물처리계획 확인증명을 받아야 합니다.

다. 지정폐기물처리계획 확인증명을 받기 위해서는 폐기물처리계획서, 폐기물분석전문기관의 폐기물분석결과서, 폐기물수탁확인서를 제출하여야 합니다. 다만, 폐산·폐알카리의 경우에는 폐기물분석 전문기관의 폐기물분석결과서 대신에 배출자가 제시한 수소이온농도를 인정하고 있습니다.

2-2-319 그리스 통의 고철 처리 가능성(2009-05-15)

[질의] 사용을 다한 그리스(grease) 18L 말통을 고철로 처리가 가능한지?

[회신] 가. 그리스가 기름성분을 5퍼센트 이상 함유하고 있는 경우에는 폐기물관리법 시행령 [별표 1]에 따라 지정폐기물에 해당되므로 그리스가 잔존하고 있는 용기는 지정폐기물로 관리하여야 합니다.

나. 그리스와 용기를 분리하여 용기에 그리스가 잔존하고 있지 않을 경우에는 용기를 고철로 처리할 수 있으나, 그러하지 않을 경우에는 지정폐기물로 관리하여야 합니다.

2-2-320 지정폐기물 원도급자 처리 가능성(2009-05-20)

[질의] 지정폐기물 철거작업에 있어 발주자가 원도급사와 계약체결하여 원도급사가 시행할 수 있는지 여부?

[회신] 지정폐기물(폐석면)을 위탁처리할 경우에는 배출자(발주자)가 직접 처리업자와 계약을 체결하여야 하며, 이를 원도급자가 대행할 수 없습니다.

2-2-321 지정폐기물처리증명(2009-05-20)

[질의] 지정폐기물을 처리하고자 하는 경우 수집·운반업자와 폐기물중간처리업자의 수탁확인서를 각각 받아야하는지 여부?

[회신] 폐기물수탁확인서는 폐기물수집·운반업자, 중간처리업자 모두에게서 받아야 합니다.

2-2-322 폐유와 폐페인트의 보관방법(2009-05-26)

[질의] 폐수배출시설이 있는 사업장에서 폐페인트가 소량 발생하는 경우의 행정절차는 무엇이며, 폐유와 폐페인트의 보관방법은 무엇인지?

[회신] 가. 지정폐기물 발생량이 폐기물관리법 시행규칙 제18조의2에 해당하지 않을 경우에는 지정폐기물처리계획 확인증명, 소량배출 확인, 폐기물관리대장을 작성하지 않아도 됩니다. 폐기물 인계·인수시에 전자정보처리프로그램(올바로시스템)을 이용하고자 할 경우에는 소량배출확인을 받아야 합니다.

나. 지정폐기물 보관창고에는 폐기물 종류별로 보관표지판을 설치하여야 합니다. 질의와 같이 보관용기별로 표지판을 부착하는 경우에는 보관창고 표지판을 부착하지 않아도 됩니다.

2-2-323 지정폐기물 처리 단가적용 관련 질의(2009-06-02)

[질의] 지정폐기물 공공처리시설 반입수수료와 방치폐기물 처리이행보증금 산출을 위한 폐기물의 종류별 처리단가의 차이점 및 폐기물 처리단가 산정근거는?

[회신] 가. "지정폐기물 공공처리시설 반입수수료"는 지정폐기물 공공처리시설을 운영하는 기관에서 반입되는 폐기물의 처리를 위하여 필요한 비용에 대하여 고시하고 있는 사항이며, "방치폐기물처리이행보증금 산출을 위한 폐기물의 종류별 처리단가"는 폐기물처리업자 또는 재활용업자가 폐기물을 방치하였을 경우에 대비하

여 처리이행보증금을 사전에 예치하도록 하고 있는 제도입니다.

나. 폐기물배출 사업장에서 발생하는 폐기물의 처리단가에 대해서는 별도로 정하고 있는 사항이 없으므로, 폐기물 처리단가는 견적 또는 입찰에 따라 결정되고 있음을 알려드립니다.

2-2-324 폐유 처리 방법(2009-06-03)

[질의] 당사에서 일정량의 폐유가 발생하여 위탁처리하고자 할 경우 폐유에 대한 처리계획 확인을 받아야 하는지 여부?

[회신] 가. 폐기물관리법 시행규칙 제18조의2 규정에 의거 폐유 및 폐유기용제가 각각 월평균 50킬로그램 또는 합계 월평균 130킬로그램 이상 배출되는 경우 지정폐기물처리계획 확인을 받아야 하며, 이 외의 경우에는 지정폐기물처리계획 확인을 받지 않아도 됩니다.

나. 지정폐기물 보관장에는 폐기물 보관과정에서 내용물이 외부에 흘러나오지 아니하도록 방류턱을 설치하여야 하며, 이와 동등한 효과가 있는 시설로 대체하여 설치할 수 있습니다.

다. 폐기물은 종류와 성상별로 재활용 가능성 여부 등에 따라 구분하여 보관하여야 합니다. 다만, 처리기준 및 방법이 동일한 폐기물로서 동일한 폐기물처리시설 또는 장소에서 처리하는 경우에는 혼합보관이 가능합니다.

6. 의료폐기물의 배출 및 수집·운반

2-2-325 RFID 기반 소량용기 의료폐기물 처리 방법(2008-05-13)

[질의] 대형병원에서는 1ℓ 손상성폐기물이 다량 배출되는 바, 실제 일일이 태그를 부착하면 경제적, 인력 낭비가 심한데 개별 소형전용용기마다 사용개시 연월일을 기록하여 배출시 전용용기 오렌지 비닐에 한꺼번에 넣어서 태그 1장을 붙여 배출해도 되는지?

[회신] 소형의 손상성폐기물 용기 다수를 골판지 용기 등에 담아 태그 1매를 부착하여 보관·운반하는 것은 가능하나, 소형인 손상성폐기물 외의 폐기물 용기와 손상성폐기물 용기를 대형 용기에 보관하는 것은 불가능합니다. 또한 소형용기를 비닐에 담아 보관·운반하는 것도 불가능합니다.

2-2-326 용기 사용 문의(2008-08-21)

[질의] 의료시설에서 봉투형 용기는 그 자체만으로 사용하기 어려워 외부 용기에 봉투형 용기를 씌워 사용을 하여야 합니다. 그런데 외부 용기를 어떤 것으로 사용해야 되는지에 대해 일반 쓰레기통을 구입하여 봉투형 용기를 씌워 사용해야 하는지, 의료폐기물 골판지류 전용용기에 봉투형 용기를 씌워 사용해도 가능한지? 골판지류 전용용기에 봉투형 용기를 씌워 사용할 경우 사용개시 연월일은 기록하지 않고 계속 재사용해도 되는지?

[회신] 가. 봉투형 용기를 사용하기 위한 외부 용기의 종류에 대해 구체적으로 정하고 있지는 않습니다. 다만, 혐오감을 주지 않도록 하고, 내용물이 외부로 흘러 내리지 않도록 형태를 유지할 수 있는 용기를 사용하는 것이 바람직할 것입니다.

나. 봉투형 용기에 사용일자를 기재할 경우에는 외부 용기에 사용일자를 기재할 필요가 없으나, 봉투형 용기를 위탁처리시에는 골판지(또는 합성수지류) 용기에 담아 위탁하여야 하며, 이때 골판지(또는 합성수지류) 용기에는 최초 사용일자 등을 기재하여야 합니다. 봉투형 용기에는 배출자명, 운반자명 등을 기재할 필요가 없습니다.

2-2-327 RFID 시스템 사용 문의(2008-11-06)

[질의] 전용용기에 RFID 태그를 부착하는 시점은 언제인지?

[회신] 가. RFID 태그는 고정형 리더기를 설치한 배출자인 경우에는 의료폐기물 전용용기를 보관창고에 입고하기 이전에 부착하고, 고정형 리더기가 설치되어 있지 않는 배출자인 경우에는 의료폐기물 수집·운반업자 또는 중간처리업자에게 위탁하기 이전에 부착하여야 합니다.

나. 태그의 부착은 배출자가 하여야 합니다.

2-2-328 의료폐기물 자체처리 後 종량제 봉투 사용 가능성(2009-01-13)

[질의] 의료폐기물 처리비용 절감을 위해 자체적으로 중간처리시설(고온, 멸균방식)을 설치하여 일반폐기물로 성상을 안정화시킨 후 분쇄처리시설을 거쳐 일반폐기물로 배출(종량제 봉투 이용 등)이 가능한지 여부?

[회신] 가. 의료폐기물을 자체적으로 처리하기 위해 멸균분쇄시설을 설치하고자 할 경우에는 폐기물처리시설 설치신고를 하여야 하며, 처리시설은 폐기물관리법 시행규

칙 [별표 9]에 정하고 있는 폐기물처리시설의 설치기준에 적합하여야 합니다.

나. 폐기물처리시설(멸균분쇄시설) 운영에서 발생하는 폐기물은 사업장배출시설계 폐기물에 해당되므로 종량제 봉투를 사용하여 처리할 수 없으며, 사업장폐기물 처리업체에 위탁처리하여야 합니다.

2-2-329 대표자 변경시 폐기물배출자 신규 신고 여부(2009-01-22)

[질의] 의료폐기물을 배출하는 기존 의료기관이 법인인 경우 대표자만 변경될 시 폐기물관리법에 의거 지정폐기물처리계획 확인증명, 폐기물배출자 신고 등을 신규로 신고해야 하는지 여부?

[회신] 상호 변경 없이 대표자만 변경되는 경우에는 지정폐기물처리계획 확인증명, 사업장폐기물 배출자 변경신고 대상에 해당되지 않습니다.

2-2-330 폐기물배출자(병·의원)사업자 관리대장 작성 여부(2009-03-04)

[질의] 올바로시스템상에 장부에 기재할 내용을 빠짐없이 기록한 경우에도 사업자관리대장(배출자), 목록형 대장(수집·운반자)을 다시 기록하여야 하는지 여부?

[회신] 사업장폐기물관리대장, 폐기물수집·운반관리대장 등의 장부에 기재할 내용을 빠짐없이 올바로시스템에 입력하였을 경우에는 별도로 수기 관리대장을 작성하지 않아도 됩니다. 참고로 올바로시스템에 입력하였을 경우에는 연도별로 대장을 출력하여 보관하여야 합니다.

2-2-331 의료폐기물 수집·운반 기준(2008-01-04)

[질의] 병원 곳곳에서 발생된 감염성 폐기물을 지하 3층에 수집하여 전용용기에 담아 보관하다가 지상 1층으로 옮겨 수집·운반업체 차량에 상차하는데, 이 경우 폐기물운반전용차량을 사용하여야 하는지?

[회신] 의료폐기물(구 감염성 폐기물)을 수집·운반업자에게 인계하기 위하여 의료폐기물을 동일 병원 내에서 이동하고자 할 경우, 전용운반구 사용에 관한 강제조항은 없으나, 폐기물 이동·운반과정에서 불의의 사고로 인한 보건·환경의 위해에 대비하기 위해서 병원소유 차량 등을 이용하는 것이 바람직합니다.

2-2-332 의료폐기물 수집·운반 일정에 관한 문의(2009-01-15)

[질의] 명절 연휴로 인하여 휴진하는 병·의원들 때문에 수집·운반 일정을 맞추기 어려워 폐기물 보관일수를 초과하는 병·의원이 발생할 위험이 있는데, 보관기간 중에 공휴일은 제외하는 것인지 여부?

[회신] 의료폐기물 보관기한의 마감일이 공휴일인 경우에는 공휴일 다음날에 수거하는 것은 가능하나, 보관기간 중에 공휴일은 산정하여야 합니다.

7. 의료폐기물의 보관 및 처리기준

2-2-333 수술로 발생한 조직물류 폐기물의 적절한 보관용기(2008-06-30)

[질의] 수술실과 같이 조직물류, 손상성류 일반의료폐기물이 발생할 경우에는 혼합보관을 허용한다고 되어 있는데, 위해폐기물(조직물, 손상성)을 골판지 상자에 혼합보관하여도 되는지?

[회신] 수술실과 같이 발생 당시부터 혼합되어 발생한 조직물류, 손상성폐기물을 혼합보관하고자 할 경우에는 합성수지 용기에 보관하여야 합니다.

2-2-334 동일 법인내 타 사업장 폐기물 처리 가능성(2008-07-22)

[질의] A병원과 B병원은 동일 법인 내에 있는데, A병원에 설치된 의료폐기물처리시설(멸균분쇄시설)을 이용하여 B병원의 감염성폐기물을 처리하여도 무방한지 여부?

[회신] 동일 법인이라 하더라도 사업장이 다른 경우로서 타 사업장의 폐기물을 처리하고자 할 경우에는 폐기물관리법 제25조의 규정에 따라 폐기물처리업의 허가를 받아야 합니다.

2-2-335 의료폐기물의 변기 투입 가능성(2008-10-24)

[질의] 병원에서 감염환자에게 나온 분비물(혈액, 가래 등)을 폐수처리장치가 되어 있지 않은 병실 화장실 변기에 버리는 것이 가능한지?

[회신] 혈액, 가래 등 분비물은 화장실 변기에 버릴 수 없습니다. 이는 의료폐기물처리업자에게 위탁하거나, 허가받은 폐수처리시설에 유입하여 처리하여야 합니다.

2-2-336 의료기관 발생 폐기물의 처리 방법(2009-01-22)

[질의] 의료기관에서 잔량이 남아 있는 수액병(팩) 및 영양제병을 생활폐기물로 혼합처리가 가능한지 여부 및 항암제병 및 백신병의 처리 방법은 무엇인지?

[회신] 가. 수액병(팩) 또는 앰플병에 포도당 등과 같은 의약품을 사용하였을 경우에는 의료폐기물에 해당되지 않으나, 백신·항암제 또는 화학치료제를 사용하여 용기에 잔재물이 남아 있거나 의료폐기물과 접촉되거나 혼합된 경우에는 의료폐기물로 관리하여야 합니다.

나. 의료폐기물에 해당되지 않는 경우에는 사업장 일반폐기물에 해당됩니다. 폐기물관리법 시행규칙 [별표 5]에 사업장생활계 폐기물로서 성질과 상태가 생활폐기물과 비슷하여 생활폐기물의 기준 및 방법으로 수집·운반·처리할 수 있는 폐기물은 시·군·구의 조례에서 정하는 바에 따라 처리할 수 있다고 규정하고 있습니다.

2-2-337 감염성폐기물 용기 비치 방법(2009-01-23)

[질의] 감염성폐기물 전용용기와 일반 휴지통을 나란히 두어도 되는지 여부 및 감염성폐기물 전용용기의 적절한 비치 방법은?

[회신] 폐기물관리법 시행규칙 [별표 5]에 의원, 보건지소 등의 경우에는 격리의료폐기물 중 성질과 상태가 조직물류 폐기물과 같은 폐기물 및 위해의료폐기물 중 조직물류 폐기물을 제외한 의료폐기물은 밀폐된 전용의 보관창고 아닌 별도의 보관장소에 보관할 수 있다고 규정하고 있음을 알려드리며, 의료폐기물은 발생한 때부터 보관창고 또는 별도의 보관장소에 보관하여야 합니다.

2-2-338 전용용기 와 내부 비닐 사용 방법(2009-02-02)

[질의] 골판지 전용용기에 봉투형 전용용기를 사용한다면 글판지에 너부 주머니를 필히 사용해야 하는지 여부?

[회신] 의료폐기물을 봉투형 전용용기를 사용하여 골판지 용기에 담아 보관할 경우에는 내부 주머니를 사용하지 않아도 됩니다.

2-2-339 병원내 의료폐기물 보관창고로 컨테이너 사용 가능성(2009-02-03)

[질의] 대형병원 영내에 의료폐기물 수집·보관창고로 20ft 컨테이너(운반구 장착)를 장치하

여 보관하고 일정한 날에 전체 출고의 형식으로 운반하여 처리하고자 하는 경우 법에 위반되는지 여부?

[회신] 가. 폐기물관리법 시행규칙 [별표 5]에 의료폐기물은 밀폐된 전용의 보관창고에 보관하도록 하고 있으나 컨테이너는 보관창고로 부적절 합니다. 창고는 물건이나 자재를 보관하는 건물을 말하므로 컨테이너는 창고로 볼 수 없고, 출고를 위한 운반 중에는 의료폐기물을 보관할 창고로서 기능을 상실하게 될 것이므로 의료폐기물 보관창고로 사용할 수 없을 것입니다.

나. 의료폐기물 수집·운반차량으로 활용하고자 할 경우에는 냉장시설 등을 갖추고 폐기물수집·운반증을 발급받아야 합니다.

2-2-340 법 개정에 따른 기존의 용기 사용 가능성(2009-02-05)

[질의] 일반의료폐기물 용기의 마크가 노란색인데, 기존에 사용하던 검은색 및 오렌지색 용기의 재고가 많이 남은 경우 사용 가능성?

[회신] 폐기물관리법 시행규칙(환경부령 제266호) 시행일 이전(2008.6.30까지)에 검사에 합격한 전용용기는 아래와 같이 전용용기로 사용이 가능합니다.

- 녹색: 인체조직물 중 재활용하는 태반, 붉은 색: 격리의료폐기물, 노란색: 위해의료폐기물, 오렌지색: 일반의료폐기물

2-2-341 임시보관장소 추가 설치 가능 여부(2009-02-05)

[질의] A지역에서 의료폐기물수집·운반업을 하고 있는 업체가 B지역에 소재하고 있는 운반업체에 양도하여 B지역 소재 운반업체의 명의로 하고 A지역 운반업체는 폐업을 한 경우, A지역 소재 운반업체의 기존 허가받은 임시보관장소를 B지역 소재 운반업체가 양도받아 지방환경청에 다시 임시보관장소로 승인을 받아 사용이 가능한지 여부(B지역 소재 운반업체는 현재 B지역에 임시보관장소가 1개소 있으며, A지역에 임시보관장소를 1개소 추가하는 경우임)?

[회신] 폐기물수집·운반업의 임시보관장소는 시·도별 1개소로 제한하고 있으므로, 타 수집·운반업을 인수·합병하였다 하더라도 임시보관장소는 시·도별 1개소만이 가능합니다.

2-2-342 병원에서 발생하는 폐기물의 폐기물 구분 및 생활폐기물과의 혼입보관 가능성(2009-02-25)

[질의] 의료폐기물에서 액상의 정의는 무엇이며, 부러진 앰플병 및 슬라이드, 커버글라스의 폐기물 구분은? 의료폐기물과 생활폐기물의 혼입보관 가능성은?

[회신] 가. 함수율이 85% 이상이거나 미만일 경우 흘러 내리거나 유출될 가능성이 있는 것은 액상으로 분류하여야 합니다. 이는 폐기물의 수집·운반·보관·처리하고자 할 경우 폐기물이 흘러 내리거나 유출로 인한 환경오염을 예방함에 그 목적이 있습니다.

나. 따라서 용기 내부에 담겨 있는 폐기물이 액상일 경우는 전체를 액상으로 분류하여야 하며, 액체를 다른 용기에 옮겨 담아 당초 보관용기에서 액상이 존재하지 않을 경우에는 고상으로 관리할 수 있습니다.

다. 앰플에 내용물이 담겨 있을 경우에는 내용물은 분리하여 생물·화학폐기물로 관리하고, 부러진 앰플병은 손상성폐기물로 관리하여야 할 것입니다. 슬라이드, 커버글라스는 병리계폐기물에 해당됩니다.

라. 의료폐기물과 생활폐기물은 별도로 보관하여야 합니다.

2-2-343 입찰참가 자격 문의(공동수급체 구성시)(2009-02-26)

[질의] 병원성·감염성 폐기물 처리건으로 입찰공고를 내고자 하는 경우 의료폐기물 수집·운반업자와 처리계약 체결이 가능한지 여부?

[회신] 가. 폐기물관리법 제17조 및 동법 시행규칙 제17조에 사업장폐기물을 배출하는 자는 위탁처리하고자 하는 폐기물을 수탁자가 동법 제13조의 규정에 따라 적법하게 처리할 수 있는지를 확인한 후 계약을 체결하고 폐기물을 위탁처리하도록 하고 있습니다.

나. 의료폐기물(구 감염성폐기물) 수집·운반업자는 의료폐기물을 수집·운반하는 업에 해당될 뿐, 소각 등 중간처리할 수 없는 자이므로, 소각처리와 관련해서는 중간처리업자와 계약을 체결하고 위탁처리하여야 합니다.

다. 폐기물관리법에는 폐기물처리용역 입찰과 관련해서 별도로 규정하고 있는 사항이 없으므로 폐기물 처리 방법이 폐기물관리법에 적법할 경우에는 처리용역 입찰 방법은 발주자의 의지에 달려 있다고 하겠습니다.

2-2-344 의료폐기물의 냉장고 보관 가능성(2009-03-12)

[질의] 병원에서 발생한 의료폐기물을 냉장고에 보관하는 것이 가능한지?

[회신] 폐기물관리법 시행규칙 [별표 5]에 조직물류 폐기물은 밀폐된 전용의 보관창고에 보관하도록 하고 있습니다. 냉장고는 전용의 보관창고로 볼 수 없을 것으로 판단됩니다.

2-2-345 액체상태 의료폐기물의 수질오염방지시설에서의 처리 가능성(2009-03-26)

[질의] 백신, 항암제, 화학치료제들의 혈액오염폐기물의 성상은 액상으로, 병원 자체 폐수처리시설(허가증에 의료폐기물처리 허가를 득한 경우)로 유입하여 처리할 수 있는지 여부?

[회신] 폐기물관리법 시행규칙 제10조에 폐산·폐알칼리 등 수분함량이 85퍼센트를 초과하거나 고형물함량이 15퍼센트 미만인 액체상태(이하 "액상"이라 한다)의 폐기물을 「수질 및 수생태계보전에 관한 법률」 제2조 제12호에 따른 수질오염방지시설에 직접 유입하여 처리하는 행위를 그 배출시설의 설치허가권자 또는 신고수리권자가 그 처리를 인정하는 경우에는 수질오염방지시설에서 처리할 수 있습니다.

2-2-346 의료폐기물의 봉투형 용기 사용 관련(2009-03-30)

[질의] 의료폐기물에 대하여 봉투형(비닐) 용기를 사용하고자 할 때 박스형(골판지) 용기를 단순히 봉투형 용기의 케이스로 사용해도 되는지 여부?

[회신] 봉투형 용기를 박스형 용기 내부에 넣어서 사용할 수 있으며, 봉투형 용기를 위탁처리할 경우에는 골판지 또는 합성수지류 용기에 담아 배출하여야 합니다.

2-2-347 의료폐기물 전용용기 사용 및 치아의 일반의료폐기물과 혼합보관 가능성(2009-03-30)

[질의] 병원에서 발생하는 일반폐기물의 경우 검은색 용기에 보관하는 것이 원칙이나 노란색 용기에 보관이 가능한지 여부 및 치아를 일반의료폐기물과 혼합보관이 가능한지 여부?

[회신] 가. 일반의료폐기물은 검은색 용기에 보관하는 것이 원칙이나, 의료폐기물 관련 지침에 일반의료폐기물과 위해의료폐기물을 혼합보관할 경우에는 노란색 용기에 보관하는 것을 허용하고 있습니다.

나. 조직물류 폐기물인 치아는 일반의료폐기물과 혼합보관할 수 있으며, 이때 치아는 일반의료폐기물 처리기준에 준하여 15일 이내에 처리하여야 합니다.

2-2-348 조직물류 폐기물과 혈액오염폐기물의 구분 및 보관 방법(2009-04-10)

[질의] 기타 혈액이 유출될 정도로 포함되어 특별한 관리가 필요한 폐기물을 혈액오염폐기물로 분류하는 것이 맞는지 여부 및 만약 혈청, 혈장, 혈액제제가 유출될 정도로 포함되어 특별한 관리가 필요한 것이면 용기를 포함하여 전부 조직물루 폐기물로 분류하여야 하는지 여부? 조직물류 폐기물의 보관방법은?

[회신] 가. 폐기물관리법 시행령 [별표 2]에 "조직물류폐기물"은 "인체 또는 동물의 조직·장기·기관·신체의 일부, 동물의 사체, 혈액·고름 및 혈액생성물(혈청, 혈장, 혈액제제)"로 "혈액오염폐기물"은 "폐혈액백, 혈액투석시 사용된 폐기물, 그 밖에 혈액이 유출될 정도로 포함되어 특별한 관리가 필요한 폐기물"로 규정하고 있습니다.

나. 위해의료폐기물 중 조직물류 폐기물에 한하여 섭씨 4도 이하로 보관하도록 하고 있는 법의 취지를 감안할 때, 혈액오염폐기물은 혈액백 또는 이와 유사한 용기에 혈액이 일부 포함되어 있는 경우에 한한다고 할 수 있으며, 혈청·혈장·혈액제제가 유출될 정도로 포함되어 있을 경우에는 용기를 포함하여 조직물류 폐기물로 분류하여야 할 것입니다.

다. 조직물류 폐기물은 합성수지류 전용용기에 담아 전용의 보관시설에서 섭씨 4도 이하로 보관하여야 합니다.

2-2-349 병원검사시 발생한 소변의 처리 방법(2009-04-14)

[질의] 병원에서 소변검사에 사용된 후 발생되는 소변의 처리 방법?

[회신] 의료검사에 사용된 소변은 의료폐기물로, 검사에 사용되지 않은 소변은 사업장 일반폐기물로 분류됩니다.

2-2-350 의료폐기물의 봉투형 용기 사용 가능성(2009-04-16)

[질의] 폐기물관리법 시행규칙에 봉투형 용기에 담은 의료폐기물을 위탁처리하는 경우 상자형 용기에 담아 위탁처리하도록 규정하고 있는데, 작은 전용용기의 내부 주머니만 수거하여 큰 전용용기에 담아 배출해도 되는지 여부 및 만약 적법하다면 전용용기 표시방법은 무엇인지? 의료폐기물 배출기관에서 상자형 용기를 사용하지 않고 합격판정된 봉투형 용기를 사용해도 되는지 여부?

[회신] 가. 봉투형 용기 여러 개를 하나의 상자형 용기에 담아 보관할 수 있으나, 의료폐기

물을 배출, 운반하고자 할 경우에는 반드시 상자형 용기에 담아서 배출, 운반하여야 합니다.

나. 보관용기의 사용개시 연월일 등은 반드시 기재하여야 하며, 전용용기는 봉투형 용기, 상자형 용기에 관계없이 검사에 합격한 용기만을 사용하여야 합니다.

2-2-351 의료폐기물의 냉장보관 온도에 관한 질의(2009-04-20)

[질의] 격리의료폐기물 중 성상이 조직물일 경우 냉장보관 방법은 무엇이며, 격리의료폐기물을 보관함에 있어 조직물류가 포함되지 않았을 경우 전용보관시설(4℃ 이하)이 아닌 전용보관창고에 보관하여도 무방한지 여부?

[회신] 가. 격리의료폐기물 중 성질과 상태가 조직물류 폐기물과 같은 폐기물, 위해의료폐기물 중 조직물류 폐기물은 발생한 때부터 전용용기에 넣어 전용의 보관시설에 섭씨 4도 이하로 보관하도록 하고 있습니다.

나. 보관시설 온도는 섭씨 0도 이하로 유지할 수 있으며, 조직물류 폐기물과 같은 것이 아닌 격리의료폐기물의 경우에는 전용의 보관시설(섭씨 4도 이하)이 아닌 밀폐된 전용의 창고에서 보관할 수 있습니다.

2-2-352 제약회사에서 발생된 조직물 및 병리계 폐기물의 처리(2009-04-20)

[질의] 제약회사에서 발생된 조직물(동물 사체)과 병리계(폐배지, 용기 등)의 폐기물 종류 및 처리 방법은?

[회신] 가. 제약회사에서 학술연구나 제품의 제조·발명에 관한 시험·연구를 하는 연구소(의학, 치과의학, 한의학, 약학 및 수의학에 관한 연구소)를 설치·운영하고 있을 경우에는 연구소가 의료폐기물 발생기관에 해당되므로 조직물류, 병리계 폐기물은 의료폐기물에 해당됩니다.

나. 만약, 폐기물관리법 시행규칙 제2조 제3항 [별표 3] "의료폐기물 발생 의료기관 및 시험·검사기관"에 해당하지 않을 경우에는 제약회사에서 발생하는 조직물류, 병리계 폐기물은 사업장 일반폐기물로 분류, 관리하여야 합니다.

2-2-353 의료폐기물 수탁처리시 필요한 서류(2009-04-27)

[질의] 의료폐기물처리업자에게 수탁처리시 의료기관의 규모에 따라 필요한 서류는?

[회신] 가. 폐기물관리법 시행규칙 제18조2 제1항에 해당하는 지정폐기물을 배출하는 자는

폐기물처리계획서, 폐기물분석결과서, 수탁확인서를 제출하도록 하고 있습니다. 따라서 종합병원 해당 여부와 관계없이 의료폐기물을 배출하는 자는 폐기물처리계획서, 폐기물분석결과서, 수탁확인서를 제출하여야 합니다.

나. 수탁처리능력확인서는 위탁하고자 하는 처리업자가 해당 폐기물을 처리할 수 있는지 여부를 확인하는 서류이며, 수탁확인서는 해당 폐기물을 처리업자에게 수탁하겠다는 의사를 나타낸 서류로 볼 수 있습니다.

다. 종합병원 등의 지정폐기물배출 사업장에서 발생하는 폐기물을 처리업자가 폐기물관리법 제13조에 따른 기준에 맞게 해당 폐기물을 수집·운반·처리할 능력이 있는지를 사전에 확인하도록 하기 위해 수탁처리능력확인서를 제출받도록 하고 있습니다.

2-2-354 의료기관에서 격리환자의 잔반 처리 방법(2009-05-05)

[질의] 의료기관에서 격리환자의 급식 후 남은 잔반의 처리 방법은?

[회신] 전염성으로 인하여 격리된 환자가 먹다 남은 음식물도 격리의료폐기물로 처리하는 것이 바람직합니다.

2-2-355 의료폐기물 보관시 가정용 냉장고 사용 가능성(2009-05-07)

[질의] 의료폐기물 중 조직물류 등 부패나 변질의 우려가 있는 폐기물은 전용용기에 넣어 전용의 냉장시설에 보관해야 한다고 했는데, 가정용 냉장고를 활용해도 되는지 여부?

[회신] 의료폐기물 보관시설 내에 냉장고를 설치하여 냉장시설로 사용하고자 할 경우에는 가능합니다.

2-2-356 의료폐기물 보관방법 및 봉투형 용기 거치대로 골판지 용기 재사용 가능성(2009-05-12)

[질의] 의료폐기물 보관용기의 사용개시 연월일 표시방법 및 의료폐기물 위탁처리를 위해 봉투형 용기 배출시 골판지 및 합성수지 용기에 담아 배출하여야 한다고 되어 있는데, 봉투형 용기 거치대를 골판지 용기를 사용할 시 골판지 용기 거치대로 계속 재사용이 가능한지 여부?

[회신] 가. 의료폐기물 보관용기 사용개시 연월일은 의료폐기물 발생일자가 가장 빠른 것을 기준으로 표기하여야 합니다.

나. 골판지 용기가 의료폐기물과 혼합되거나 접촉되었을 경우에는 재사용할 수 없으며, 의료폐기물과 혼합되거나 접촉되지 않은 경우로서 골판지 용기에 보관할 수 있는 의료폐기물의 경우에는 골판지 용기를 봉투형 용기의 거치대로 사용할 수 있을 것이나, 합성수지 용기에 보관하여야 할 의료폐기물의 경우에는 골판지 용기를 봉투형용기의 거치대로 사용할 수 없습니다.

2-2-357 애완동물 사체 처리 방법(2009-05-12)

[질의] 가정에서 발생하는 애완동물 사체의 처리 방법은?

[회신] 가. 가정에서 발생한 애완동물 사체는 폐기물관리법 제2조 제2항에 따른 생활폐기물에 해당됩니다.

나. 「수의사법」 제2조 제4호에 따른 동물병원 등 폐기물관리법 시행규칙 [별표 3] "의료폐기물 발생 의료기관 및 시험·검사기관"에서 발생한 동물의 사체는 지정폐기물(의료폐기물)에 해당되며, 이를 위탁처리하고자 할 경우에는 의료폐기물 처리업자에게 위탁처리하여야 합니다.

2-2-358 검사 혈액의 보관 방법 및 화학약품 용기의 처리 방법(2009-05-21)

[질의] 병원에서 검사에 사용된 혈액의 보관방법 및 유리용기에 담겨 있던 일반화학약품(예: NaOH. NaCl, 염산, 황산, 아세톤, 메탄올, 에탄올 등) 용기의 처리 방법은?

[회신] 가. 용기에 담겨 있는 혈액이 액체형태로 존재할 경우에는 합성수지류 용기에 보관하여야 합니다.

나. 의료폐기물과 접촉되거나 혼합하지 아니하였으나 NaOH. NaCl, 염산, 황산, 아세톤 등이 용기에 남아 있는 경우에는 용기를 지정폐기물로 관리하여야 하며, 용기에 화학약품이 묻어 있지 않은 경우에는 사업장 일반폐기물에 해당됩니다.

다. 수소이온농도가 2.0 이하 또는 12.5 이상인 경우에는 폐산 또는 폐알카리로, 아세톤은 유기용제에 해당됩니다.

2-2-359 냉동 의료폐기물의 성상과 보관 및 운반 방법(2009-05-25)

[질의] 혈액오염폐기물 등 냉장보관된 액상의 폐기물을 냉장보관 후(딱딱하게 얼려진 상태) 배출할 때, 성상은 고상인지 아니면 액상인지 여부? 봉투형 용기 사용 시 봉투형 용기에 배출자명, 사용개시 연월일을 기재하여야 하는지, 사용 종료된 봉투형 용기를

담은 전용용기(골판지류)에 배출자명, 사용개시 연월일을 기재하여야 하는지 여부? 의료폐기물의 수집·운반 시, 차량의 냉동기를 가동하여야 하는 시점은?

[회신] 가. 의료기관에서 시험·검사 등에 사용된 용기는 병리계폐기물에 해당되며, 폐기물의 액상 또는 고상의 구분은 냉장 여부, 용기보관 여부에 관계없이 내용물의 수분함량이 85퍼센트를 초과하거나 고형물함량이 15퍼센트 미만인 것을 액체상태로 구분합니다.

나. 의료폐기물 사용개시 연월일 기재는 골판지류 또는 합성수지류 용기에 기재합니다.

다. 의료폐기물을 운반차량에 상차하는 시점부터 최종적으로 하차하는 때까지 냉장설비를 가동하여야 합니다.

2-2-360 치과 폐아말감 처리 관련(2009-06-01)

[질의] 치아 폐아말감의 폐기물 종류 및 처리 방법과 폐기물관리대장 필요 여부?

[회신] 가. 폐아말감은 일반의료폐기물에 해당되며, 다른 일반의료폐기물과 혼합하여 처리할 수 있습니다. 의료폐기물과 같이 이를 배출하거나 위탁처리하고자 할 때마다 폐기물관리대장(별도의 폐아말감 관리대장은 불필요)에 기록하여야 합니다.

나. 다만, RFID 및 올바로시스템에 이용하여 기재내용을 빠짐없이 입력하였을 경우에는 별도의 관리대장을 작성하지 않아도 됩니다.

2-2-361 자가치료에 사용되는 수액팩의 처리 방법(2009-09-03)

[질의] 가정에서 신장투석으로 자가치료시 발생하는 수액세트의 적절한 처리 방법 및 재활용 가능성 여부?

[회신] 가정에서 자가치료 시 발생하는 생활폐기물은 일반적으로 의료폐기물에 준해서 소각하는 것이 바람직할 것으로 판단되며, 만약 재활용한다면 위생적으로 문제가 발생되지 않는 범위 내에서 하여야 할 것입니다.

2-2-362 신종플루 관련 의료폐기물 처리 방법(2009-11-04)

[질의] 의료폐기물 전용용기 중 격리의료폐기물은 빨간색 도형의 용기를 사용하도록 되어 있는데, 신종플루 거점병원의 경우 신종플루 진료실에서 발생되는 모든 의료폐기물은 격리의료폐기물에 해당하는지, 그리고 사용하는 폐기물 전용용기는 격리의료폐

기물 용기를 사용해야 하는지 여부?

[회신] 폐기물관리법 시행령 [별표 2] 규정에 의거하여 격리의료폐기물이란 「전염병예방법」 제2조 제1항에 따른 전염병으로부터 타인을 보호하기 위하여 격리된 사람에 대한 의료행위에서 발생한 일체의 폐기물로 규정되어 있는 바, 진료실에서 발생한 모든 폐기물이 아니라, 신종플루에 의해 격리입원된 환자에 대한 의료행위에서 발생한 일체의 폐기물로 보는 것이 타당하며, 아울러 격리의료폐기물은 플라스틱 전용용기를 사용해야 합니다.

8. 일반폐기물의 재활용(변경)신고

2-2-363 폐용기 재활용시 재활용신고 대상 여부(2008-01-23)

[질의] 폐합성수지(폐용기)를 고압분사 세척기로 세척하여 업체에 납품하고자 하는 경우 재활용 신고를 해야 하는지 여부?

[회신] 폐기물관리법 제46조 제3항 및 동법 시행규칙 제66조 제2항 및 제4항 규정에 의거하여 폐포장재(「자원의 절약과 재활용촉진에 관한 법률 시행령」 제18조에 따른 재활용의무대상인 종이팩·유리병·금속캔 및 합성수지 재질의 포장재 중 용기류만 해당)를 재활용하는 자는 재활용 신고를 한 것으로 봅니다.

2-2-364 폐기물재활용 신고자가 영업대상 이외 폐기물 처리 가능성(2008-03-21)

[질의] 폐기물재활용 신고자가 신고필증상에 중간처리 등 1차공정을 거친 연료를 납품받아 소각을 해서 스팀을 생산했는데, 연료 개념이 아닌 공장에서 발생되는 폐합성수지를 가져와 소각이 가능한지 여부?

[회신] 폐기물관리법 제46조 및 동법 시행규칙 제67조 제3항, 제1항, 제2항, 제5항의 규정에 의하여 재활용대상 폐기물, 재활용의 용도 및 방법, 재활용시설의 용량이나 재활용폐기물의 수집예상량(50퍼센트 이상 변경하는 경우만 해당된다) 등의 사유에 해당될 경우 변경신고에 해당됩니다.

2-2-365 연소로에 일부 폐가스를 유입하여 소각시 행정절차(2008-09-05)

[질의] 폐가연성물질을 원료로 에너지를 주로 회수하는 시설에서 부가적으로 연소로에 다른 공정에서 발생하는 일부 폐가스를 함께 유입시켜 소각시키고자 하는 경우 관련 행정절차는 무엇인지?

[회신] 재활용 신고를 득한 후 기존 공정에 폐가스를 이용하는 공정으로 변경될 경우 폐기물재활용신고 업무처리지침(환경부예규 제334호)에 따라 재활용 변경신고를 하여야 합니다.

2-2-366 대기오염방지시설 등록 대상 여부 및 슬러지 재활용 가능성(2008-12-10)

[질의] 매립가스를 이용하여 발전시설을 가동 중인데, 매립가스 내 황화수소를 제거하기 위하여 scrubber+미생물반응조+후단 침전조를 설치하고자 합니다. 이 경우 대기오염방지시설로 등록을 해야 하는지 여부? 현재 이 시설에서 하루 약 10톤의 황을 함유한 슬러지가 발생하는데 슬러지를 비료화하여 사용이 가능한지 여부?

[회신] 가. 「대기환경보전법」에 따르면 대기방지시설에 대하여 별도로 등록하도록 하는 규정은 없으며, 대기배출시설 설치허가 또는 신고시에 대기배출시설에서 발생되는 대기오염물질을 항상 배출허용기준 이하로 조정 처리하도록 적정한 대기방지시설을 설치하도록 하고 있습니다.

나. 한국표준산업분류에 의한 제조업종이 화합물 및 화학제품 제조시설에 해당되는 경우에는 대기배출시설(용적 1㎥ 이상의 반응시설 또는 흡수시설)에 해당될 것이며, 매립가스를 처리(정제)하여 스팀터빈을 돌려 발전(50MW)하는 설비의 경우에도 대기배출시설(120KW 이상 발전용 매립가스 사용시설)로서 대기배출시설에 해당될 것입니다.

다. 동 시설에서 발생하는 폐기물은 오니에 해당하며, 성분검사 시 유기성 오니에 해당하는 경우 폐기물관리법 시행규칙 제66조 제3항 [별표 16] 제5호의 규정에 따라 농경지의 퇴비(「비료관리법」 제4조에 따른 공정규격에 맞는 원료 또는 제품인 경우만 해당한다)로 재활용이 가능하며, 관할 지자체에 폐기물관리법 제46조의 규정에 따라 폐기물재활용 신고를 하여야 합니다.

2-2-367 임목폐기물 재활용시 설치승인 및 재활용 신고대상 여부(2008-12-31)

[질의] 임목폐기물을 주위 저소득계층(농가)에서 화목보일러의 원료로 쓰고자 할 경우, 임목폐기물을 수집·운반·처리하고자 하는 저소득계층의 농가에서 폐기물처리시설 설치 승인(신고) 및 재활용신고를 득하여야 하는지 여부?

[회신] 폐기물관리법 시행규칙 제10조에 페인트·기름·방부제 등이 묻지 아니한 목재, 나무뿌리·가지를 연료용(노천에서 태우는 것은 제외)으로 사용이 가능하도록 규정하고 있습니다. 또한 폐기물처리시설 설치승인, 재활용신고를 하지 않아도 됩니다.

2-2-368 동·식물성 관련 시설(농업용시설)에서의 폐기물재활용시 관련 절차(2009-01-05)

[질의] 농업용시설인 동·식물성 관련 시설을 갖추고 있으면서 자체 농장용 퇴(액)비를 만들어 사용하려는데, 인근 농장의 가축분뇨 및 동·식물성 폐기물(음식물류 폐기물 포함)을 재활용하려는 경우 관련 절차는?

[회신] 다른 사람의 사업장폐기물인 음식물폐기물로서 판매목적이 아닌 농장 자체 사용하고자 퇴비를 생산하고자 하는 경우 폐기물관리법 제46조 및 동법 시행규칙 제66조 제3항 [별표 16] 제5호의 규정에 따라 다른 사람의 사업장폐기물인 동물성 잔재물, 유기성 오니 등을 이용하여 농경지의 퇴비나 가축의 먹이로 사용(재활용하는 자의 농경지 및 가축에 사용하는 경우만 해당하며, 비용을 받는 경우 제외)하는 행위에 해당되어 폐기물 재활용 신고에 해당하며, 폐기물관리법 제67조의 규정에 따라 관할 지자체에 신고하시기 바랍니다.

2-2-369 무기성 오니의 재활용시 재활용 신고대상 여부(2009-01-07)

[질의] 석산 채석과정에서 발생되는 무기성 오니를 석산 개발 후 석산 원상복구용 성토재로 재사용하고자 할 경우 재활용신고를 해야 하는지 여부?

[회신] 가. 환경부예규 제334호(2008.9.5)의 폐기물 재활용신고 업무처리지침에서 자체사업장 발생폐기물을 스스로 재활용하는 경우 재활용 신고대상에서는 제외되나, 재활용 신고자에 준하여 재활용되어야 하는 것으로 규정하고 있으므로 자체 사업장에서 발생하는 사업장폐기물인 무기성 오니를 폐기물관리법 시행규칙 [별표 16] 제22호의 규정에 따라 자체 석산 원상복구용 성토재로 사용하는 것은 재활용 신고대상에 해당하지 않으나 재활용 신고자에 준하여 재활용하여야 합니다.

나. 또한 동법 시행규칙 제18조의 규정에 따라 폐수배출시설 설치신고가 되어 있는 사업장에서 1일 평균 100킬로그램 이상을 배출하는 경우 사업장폐기물 배출자 신고대상에 해당합니다.

2-2-370 폐가전제품에서 금속 등을 회수시 폐기물재활용 신고대상 여부(2009-01-16)

[질의] 가전제품회사 등에서 발생하는 폐가전제품을 수거·분리·선별한 후 폐합성수지류는 분쇄하여 중간처리를 하고, 발생하는 폐기물(인쇄회로기판, 고철 등)은 처리할 수 있는 업체에 위탁처리하는 경우에도 폐기물재활용 신고대상에 해당하는지 여부?

[회신] 가. 폐기물관리법 시행규칙 제66조 제3항 [별표 16] 제15호 규정의 폐가전제품을 파

쇄·용융·추출 등의 방법으로 금속, 플라스틱 등을 회수하는 행위에 해당하는 경우 폐기물관리법 제46조의 폐기물재활용 신고대상에 해당합니다.

나. 상기의 폐기물에서 유가금속을 추출하고 난 후 발생하는 폐기물을 사업장 일반폐기물로 폐기물관리법 제18조의 규정에 따라 폐기물처리업의 허가를 받은 자, 재활용신고한 자 등에게 적법하게 위탁처리하여야 합니다.

2-2-371 폐기물의 자체 재활용시 폐기물재활용 신고대상 여부(2009-01-19)

[질의] 제1차 철강산업에서 발생하는 각 공장별 분진(집진기) 및 슬러지(처리장)를 이용하여 자체처리(펠렛화, 브릭화) 후 재사용 및 처리(매립)할 경우, 폐기물재활용 신고대상인지 여부?

[회신] 환경부예규 제334호 폐기물재활용신고 업무처리지침에 따라 스스로 재활용하는 경우 재활용신고대상에서는 제외되고 재활용 신고에 준하여 폐기물의 재활용이 가능합니다. 다만, 폐기물처리시설에 대하여는 폐기물관리법 제29조에 따라 관할 지자체에 폐기물처리시설 설치 승인(신고)을 받아야 합니다.

2-2-372 폐석분토사의 재활용시 폐기물재활용 신고대상 여부(2009-01-22)

[질의] 폐수배출시설에서 발생된 무기성 오니를 폐석분토사로 볼 수 있는지 및 무기성 오니를 석산개발 후 석산 원상복구용 성토재로 사용이 가능한지? 가능할 시 폐기물재활용 신고대상 여부?

[회신] 석산 개발 시 골재채취시설의 골재세척시설에서 발생하는 무기성 오니는 폐석분토사에 해당하며, 폐기물관리법 제46조 및 동법 시행규칙 제66조 제3항 [별표 16] 제22조의 규정에 따라 석산에서 채석 시 발생하는 비금속광물 분쇄시설 및 토사세척시설에서 발생하는 무기성 오니(폐석분토사)를 수분함량 30퍼센트 이하로 탈수·건조하여 채석지역 내 하부복구지·저지대 등의 채움재로 사용하는 경우 폐기물재활용 신고대상에 해당합니다.

2-2-373 고형연료 생산공장 인·허가 관련 질의(2009-01-28)

[질의] 플라스틱 및 폐비닐을 원료로 고형연료제품을 생산하는 공장을 운영하려는 경우 인·허가 사항은 무엇인지?

[회신] 폐합성수지를 이용하여 RPF를 생산하고자 하는 경우 폐기물관리법 제46조 제1항

및 동법 시행규칙 제66조 제1항 제2호, 「자원의 절약과 재활용촉진에 관한 법률」 [별표 1] 제4항 마목의 규정에 따라 폐기물재활용 신고를 하여야 하며, 「자원의 절약과 재활용촉진에 관한 법률 시행규칙」 제20조의3에서 규정하고 있는 규모 이상의 시멘트 소성로, 발전시설, 지역난방시설, 산업용보일러, 제철소 로(爐), 고형연료제품 전용보일러에서 고형연료제품 사용이 가능합니다.

2-2-374 택지개발구역 내 임목폐기물처리시설 설치기준에 대한 질의(2009-01-29)

[질의] 침출수가 나오지 않는 우드칩의 보관시설 설치기준과 우드칩을 공급받는 업체의 폐기물 재활용 신고 해당 여부?

[회신] 가. 침출수가 나올 우려가 없는 목재는 시멘트, 아스팔트 등의 재료로 포장이 되지 않은 부지에 보관할 수 있습니다.

나. 우드칩을 생산하여 공급하는 경우 공급받는 사람은 폐기물관리법 시행규칙 [별표 16] 및 동법 시행규칙 제67조의 규정에 따라 폐기물재활용 신고를 하여야 합니다.

2-2-375 폐흑연전극봉을 재가공하여 판매시 재활용 신고대상 여부(2009-01-30)

[질의] 폐흑연전극봉을 수거 후 재가공하여 전극봉으로 판매할 경우, 재활용 신고대상에 해당하는지 여부?

[회신] 폐흑연전극봉을 제철소에서 폐기물로 배출하는 경우 폐기물처리업 또는 재활용 신고자에게 위탁처리하는 경우에 해당하므로 귀하께서 폐흑연전극봉을 매입하여 재활용하고자 하는 경우라도 폐기물관리법 제46조의 폐기물재활용 신고 대상에 해당합니다.

2-2-376 폐기물처리시설 공정 변경시 변경신고 대상 여부(2009-02-02)

[질의] 폐기물처리시설(음식물류 폐기물) 설치승인을 받은 시설의 공정은 다음과 같습니다. 투입호퍼-파쇄·선별-탈수-[퇴비화 179톤(석회처리 퇴비)/사료화 21톤(습식사료)]. 위의 공정에서 사료화 공정을 없애고 퇴비화 공정으로만 전체물량을 처리하고자 할 경우, 폐기물관리법 시행규칙 제39조 제3항에 의하여 폐기물처리시설 변경승인을 득할 수 있는지 여부?

[회신] 음식물류 폐기물 재활용시설 공정 일부를 변경(석회처리비료 179톤/습식사료 21톤→

석회처리비료 200톤)하고자 할 경우 폐기물관리법 제46조 및 동법 시행규칙 제67조 제3항의 규정에 따라 변경신고를 하여야 할 것입니다.

2-2-377 일반 폐주물사의 재활용 시 재활용 신고대상 여부(2009-02-03)

[질의] 폐기물 중간처리업체에서 가공·처리된 일반 폐주물사를 가져와서 레미콘 제조의 원료로 사용하고자 할 시 폐기물재활용 신고를 득하여야 하는지 여부?

[회신] 폐기물중간처리업(기타 재활용)에서 가공한 폐주물사는 폐기물에 해당하며, 동 폐기물은 폐기물재활용 신고를 한 레미콘회사가 사용할 수 있습니다.

2-2-378 폐기물 중간처리업자가 RPF 제조시 폐기물재활용 신고대상 여부(2009-02-03)

[질의] 폐기물중간처리업(재활용전문) 허가를 득한 자가 RPF 제품을 제조하고자 할 시 별도의 폐기물재활용 신고를 해야 하는지 여부 및 별도 신고가 필요할 시 시설과 장비를 별도로 갖추어야 하는지 여부?

[회신] 폐합성수지를 이용하여 RPF를 생산하고자 하는 경우 폐기물관리법 제46조 제1항 및 동법 시행규칙 제66조 제1항 제2호, 「자원의 절약과 재활용촉진에 관한 법률 시행규칙 [별표 1] 제4항 마목의 규정에 따라 폐기물재활용 신고대상에 해당하므로 귀사에서 폐기물중간처리업(재활용전문) 허가를 득하여 관련 시설 및 장비를 사용하는 경우 중복하여 갖추지 아니할 수 있습니다.

2-2-379 자치단체 재활용선별장 수탁·운영시 폐기물재활용 신고대상 여부(2009-02-06)

[질의] 지방자치단체의 재활용선별장을 수탁·운영하면서 최종 선별한 물품의 적정 처리를 위해 폐기물재활용 신고필증이 필요한데 가능한지?

[회신] 폐기물관리법 제46조의 규정에 따라 폐기물재활용 신고대상 폐기물은 다른 사람의 사업장폐기물입니다. 따라서 지자체에서 운영하고 있는 폐기물선별장의 생활폐기물은 폐기물재활용 신고대상이 아님을 알려드립니다.

2-2-380 에어크리너를 분리·압출하여 재활용시 폐기물재활용 신고대상 여부(2009-02-23)

[질의] 일반사업장폐기물인 에어크리너를 수거하여 고철과 파지로 분리 후, 압축기로 압축하여 재활용하려는 경우 폐기물재활용 신고대상 여부?

[회신] 폐기물관리법 제46조 및 동법 시행규칙 [별표 16] 제15호에서 폐자동차의 범퍼·문

짝·본넷 등(폐자동차 파쇄물을 포함한다)을 파쇄·용융·추출 등의 방법으로 금속, 플라스틱, 유리 등을 회수하는 경우 재활용 신고대상에 해당함으로 폐자동차 부품인 에어크리너를 파쇄·분리·압축하여 고철과 파지 등으로 분리하는 것은 폐기물 재활용 신고 대상에 해당합니다.

2-2-381 성토재의 재활용시 재활용 신고 주체 (2009-02-27)

[질의] A업체가 성토재를 생산하여 건축토목공사의 성토재를 토지소유자 B에게 판매할 경우 재활용 신고 주체는 누구인지?

[회신] 성토재를 생산하는 업체에서 성토재로 직접 이용하는 공사의 발주자 또는 토지소유자의 동의서를 첨부하여 관할 지방자치단체에 재활용 신고를 하여야 함을 알려드립니다.

2-2-382 석탄재 재활용시 폐기물재활용 신고대상 여부(2009-03-05)

[질의] 발전소 석탄재(바텀애쉬)를 재활용함에 있어 발전소측과 별도 계약을 통해 발전소 매립지 내에 작업장을 설치하고 제품생산 공정을 진행하는 것이 가능한지? 플라이애쉬 재활용업체가 플라이애쉬를 정제하고 남은 리젝트애쉬가 있는데, 만약 이 리젝트애쉬를 이용해 다른 제품을 개발하고자 한다면 이 리젝트애쉬를 원자재로 사용하기 위해 별도로 폐기물재활용 신고를 받아야 하나요?

[회신] 가. 귀사와 발전소 간에 부지임대차계약 등을 체결한 경우, 발전소 부지 내에 폐기물재활용시설 설치가 가능합니다.

나. 아울러, 플라이애쉬를 재활용하는 과정에서 발생한 다른 사람의 사업장폐기물(리젝트애쉬)을 폐기물관리법 제46조 제1항에서 정한 방법으로 재활용하고자 할 경우, 관할 지방자치단체에 폐기물재활용 신고를 하여야 합니다.

2-2-383 재활용용도 변경시 폐기물재활용 변경신고 대상 여부(2009-03-07)

[질의] 폐기물재활용 신고필증을 득한 후 1등급 폐목재를 반입하여 MDF 제작용 우드칩 및 톱밥을 생산하는 사업장에서 2등급 폐목재가 추가로 반입되는 경우와 MDF 제작용 우드칩 생산에서 연료용 우드칩 생산이 추가되는 경우 폐기물재활용 변경신고 대상 여부? 또한 폐목재의 분류 및 재활용 기준은 무엇인지?

[회신] 가. 재활용대상 폐기물 및 재활용 용도를 변경할 경우 폐기물관리법 시행규칙 제67

조 제3항의 규정에 따라 폐기물재활용 변경신고 대상입니다.

나. 폐목재의 분류 및 재활용기준(환경부고시 제2008－147호, 2008.10.21) 폐목재의 재활용 활성화를 위하여 폐목재 등급별 재활용 용도 및 방법을 세부적으로 규정하고 있으며, 동 기준에 따라 2등급으로 분류된 폐목재는 폐기물관리법 시행규칙 제3조에 따른 에너지회수기준에 적합하게 에너지 회수 용도로 사용이 가능합니다.

2－2－384 재활용공장 임대 가능성(2009－03－10)

[질의] 재활용 신고를 득한 부산물퇴비공장의 임대가 가능한지 여부?

[회신] 폐기물관리법 제46조 제1항의 규정에 따라 폐기물재활용 신고를 득한 자가 재활용 사업장을 다른 사람에게 임대를 하고자 할 경우, 폐기물관리법 제37조 및 동법 시행규칙 제59조에 따라 폐업신고를 하거나 폐기물관리법 시행규칙 제67조 제3항의 규정에 따라 권리 · 의무 승계 및 양도 · 양수 사항에 대한 증빙서류를 첨부하여 변경신고를 하여야 합니다.

2－2－385 고물상 업체의 유리병 재활용시 재활용 신고대상 여부(2009－04－06)

[질의] 고물상에서 유리병을 수집 후 파쇄하여 재활용(판매)하는 경우 폐기물재활용 신고대상인지? 고물상에서 폐가전 및 폐사무용품 등을 수거하여 재활용하는 경우 폐기물재활용 신고대상인지?

[회신] 가. 폐기물관리법 시행규칙 제66조 제3항 [별표 16] 제9호의 규정에 따라 폐유리를 파쇄 · 분해하여 유리제품이나 건축 · 토목자재의 원료(일정한 규격의 용기 또는 상자에 넣거나 포장하여야 한다)로 가공하는 경우 폐기물관리법 제46조 제1항의 규정에 의한 폐기물재활용 신고 대상입니다.

나. 폐기물관리법 시행규칙 제66조 제3항 [별표 16] 제15호의 규정에 따라 폐가전제품을 수리 · 수선하여 다시 사용할 수 있는 상태로 만들거나, 파쇄 · 용융 · 추출 등의 방법으로 금속 · 플라스틱 · 유리 등을 회수하는 경우 드는 파쇄물을 열이용하고 남은 잔재물에서 유가금속을 회수하는 경우 폐기물관리법 제46조 제1항의 규정에 의한 폐기물재활용 신고대상입니다.

2－2－386 타사의 홍삼박을 수집 · 운반 후 재활용하기 위한 절차(2009－04－16)

[질의] 사업장폐기물 배출자 신고를 한 사업장에서 타 사업장에서 발생되는 사업장폐기물

(홍삼박)을 수집·운반하여 폐기물재활용시설로 건조하여 활용(사료 등의 원료로 판매 또는 자사의 제품으로 만들 경우)하고자 하는 경우 관련 신고절차는?

[회신] 가. 사업장에서 발생한 홍삼박을 사료 등의 원료로 판매를 하거나 무상공급을 한다 하여도 폐기물로서의 성질을 상실한 것이 아니므로 홍삼박은 폐기물에 해당됩니다.

나. 또한, 폐기물은 스스로 처리하거나, 재활용신고자 또는 폐기물처리업자에게 위탁처리하도록 하고 있으므로, 재활용신고 또는 폐기물처리업의 허가를 받지 아니하고는 다른 사업장에서 발생하는 폐기물은 수집·운반, 처리를 할 수 없습니다.

다. 홍삼박을 판매하고자 할 경우에도 홍삼박을 배출하는 사업장에서 이를 재활용하는 자, 처리업자에게 폐기물로서 직접 판매할 수 있을 것이나, 배출자 또는 재활용자, 처리업자가 아닌 경우에는 이를 위탁받아 처리할 수 없습니다.

라. 따라서 타사의 홍삼박을 이용하여 폐기물관리법 시행규칙 제66조에 정하고 있는 "폐기물의 재활용 용도 및 방법"에 따라 재활용하고자 할 경우에는 재활용신고를 하여야 합니다.

2-2-387 미파쇄분 폐기물 파쇄 후 소각시 재활용 변경신고 대상 여부(2009-04-24)

[질의] 외부 폐기물(폐합성수지류 등) 반입시 파쇄분과 미파쇄분이 반입되는데, 중간처리업허가 없이 미파쇄분을 반입 후 자체적으로 파쇄기로 처리하여 소각시 재활용 변경신고 대상 여부?

[회신] 가. 폐기물관리법 시행규칙 제63조 제3항의 규정에 따라 기 신고된 재활용 방법에 파쇄공정을 추가하고자 할 경우 폐기물재활용 변경신고 대상입니다.

나. 폐기물관리법 시행령 제5조의 규정에 의한 폐기물처리시설을 설치하고자 할 경우, 폐기물관리법 제29조의 규정에 의한 폐기물처리시설 설치신고 대상입니다.

2-2-388 폐합성수지를 구입해 재활용시 폐기물재활용 신고대상 여부(2009-05-14)

[질의] 폐합성수지(폐중화제)를 제품으로 등록하여 판매하려는 경우 폐합성수지(폐중화제)를 구입해가는 업체는 폐기물재활용 신고를 해야 하는지 여부?

[회신] 가. 폐기물관리법 제18조 제1항의 규정에 따라 사업장폐기물 배출자는 그의 사업장에서 발생하는 폐기물을 스스로 처리하거나 폐기물처리업자, 폐기물재활용 신고자에게 위탁처리하여야 합니다.

나. 따라서 폐기물을 위탁받아 처리하고자 하는 자는 폐기물관리법 제25조의 규정에 의한 폐기물처리업 허가 또는 폐기물관리법 제46조의 규정에 의한 폐기물재활용 신고를 득하여야 합니다.

2-2-389 인산암모늄 재활용시 폐기물 재활용 신고대상 여부(2009-05-20)

[질의] 반도체 공정에서 발생되는 폐수 중 암모니아 가스를 다른 시설에서 유입시킨 후 인산으로 중화시켜 인산암모늄으로 폐기되는 물질을 회수하여 재활용하고자 하는 경우, 폐기물재활용 신고대상인지 여부?

[회신] 인산만을 사용하여 암모니아 가스를 중화처리한 후 배출되는 인산암모늄은 폐기물에 해당되며, 동 인산암모늄을 재활용하여 「산업표준화법」 제15조에 따른 인증제품을 제조하는 경우에는 폐기물관리법 제46조 제1항의 규정에 의한 폐기물재활용 신고대상입니다.

2-2-390 분진 및 분철의 재활용시 재활용 신고대상 해당 여부(2009-05-25)

[질의] 조선소 철판 녹 제거 목적으로 브라스팅 과정 중 발생하는 분진, 분철을 수거하여 재활용하고자 하는데, 폐기물을 선별 후 철분은 재활용하고 철분을 선별 후에 나머지 잔재물은 시멘트 혼화제 및 골재 용도로 재활용하는 것이 가능한지 여부? 철판 쇼트업체에서 쇼트 작업시 발생된 산화철 분진(사업장 일반폐기물)을 재활용하고자 하는 경우 관련 허가절차는?

[회신] 가. 폐기물관리법 시행규칙 [별표16] 제6호의 규정에 따라 분진을 용융·추출 등의 방법으로 금속을 회수하는 경우(덩어리·알갱이 등의 형태로 가공하는 경우만 해당) 동법 제46조 제1항의 폐기물재활용 신고대상입니다.

나. 분진(대기오염방지시설에서 포집된 것에 한정)을 이용하여 「자원의 절약과 재활용촉진에 관한 법률 시행규칙」 제6호의 규정에 다라 재활용제품을 제조하거나, 「산업표준화법」 제15조에 따라 인증받은 제품을 제조하는 경으 또는 폐기물관리법 시행규칙 [별표 16] 제2호의 규정에 따라 성토재 등으로 재활용하는 경우 폐기물관리법 제46조 제1항의 규정에 의한 폐기물재활용 신고대상입니다.

다. 사업장 일반폐기물인 분진을 재활용하고자 할 경우, 폐기물관리법 제25조 제3항의 규정에 따라 폐기물중간처리업 허가를 득하여야 합니다.

2-2-391 정수슬러지 재활용 절차 및 방법(2009-05-31)

[질의] 폐기물중간처리업 허가를 득한 자가 정수슬러지를 원료로 하여 녹화비료를 생산하고자 하는 경우와 정수슬러지를 활용하여 성토복화토나 자연녹화토를 생산하는 경우 행정절차는 무엇인지?

[회신] 가. 다른 사람의 사업장폐기물을 이용하여 「비료관리법」 제4조에 따라 공정규격이 설정된 비료 또는 같은 조에 따라 지정된 부산물비료를 제조하고자 할 경우, 폐기물관리법 제46조 제1항의 규정에 의한 폐기물재활용 신고대상입니다.

나. 정수슬러지를 재활용하여 성토복화토, 자연녹화토를 생산하고자 할 경우, 폐기물관리법 시행규칙 제28조 제4항 [별표 7] 제2호 가목 4) 나)의 규정에 따른 시설·장비 및 기술능력을 갖추고 폐기물관리법 제25조 제3항에 의한 폐기물중간처리업 허가를 득하여야 합니다.

2-2-392 폐목재 이용시 에너지회수기준 적용 시설 해당 여부(2009-06-02)

[질의] 열병합발전시설에 외부 폐목재(가연성 고형폐기물)를 에너지회수기준에 적합하게 연료로 이용하고자 할 경우 에너지회수 재활용 대상에 해당되는지 여부? 외부 폐목재를 에너지 회수기준에 적합하게 연료로 이용하고자 할 경우 폐기물재활용(에너지회수) 신고만 하면 되는지, 아니면 폐기물처리시설 설치신고 등의 별도의 다른 절차를 수행하여야 하는지 여부?

[회신] 가. 「자원의 절약과 재활용촉진에 관한 법률 시행규칙」 제20조의3에 의한 고형연료제품 전용 발전시설은 폐기물관리법 시행령 제5조에 의한 폐기물처리시설에 해당하지 않습니다.

나. 아울러, 폐기물관리법 시행규칙 제3조 에너지회수기준은 폐기물을 처리하는 시설 중 에너지회수를 목적으로 하는 폐기물처리시설에 적용됨에 따라 귀사의 시설은 에너지회수기준 적용 시설에 해당되지 않음을 알려드립니다.

다. 폐기물관리법 시행규칙 제66조 제3항 [별표 16] 제1호의 규정에 따라 다른 사람의 사업장폐기물인 가연성 고형폐기물을 동법 시행규칙 제3조에 의한 에너지회수기준에 맞게 연료로 이용하는 경우 폐기물관리법 제46조 제1항의 규정에 의한 폐기물재활용 신고대상입니다.

라. 따라서 폐기물관리법 제29조의 규정에 따라 폐기물처리시설 설치신고 후 동법 시행규칙 제3조의 에너지회수기준을 준수하여 폐기물재활용 신고를 하여야 합니다.

2-2-393 폐주물사 등 재생골재로 사용시 폐기물재활용 신고대상 여부(2009-06-12)

[질의] 폐기물중간처리(재활용전문)업 허가를 득하고 폐주물사(화학사, 점토사 등)를 재활용 처리(파쇄, 선별, 분리) 후 재생된 골재를 벽돌공장에 납품하여 벽돌생산 골재로 사용할 수 있는지 여부 및 폐기물재활용 신고대상인지 여부?

[회신] 가. 폐기물관리법 시행령 제7조 제1항 제4호의 규정에 따라 중간처리 후 발생되는 폐기물은 새로 폐기물이 발생된 것으로 보고 있으며, 기계적 처리시설에서 중간처리한 후 생로 발생되는 폐기물 중 그 성질과 상태가 중간처리하기 전의 폐기물과 동일한 폐기물은 중간처리하기 전의 폐기물로 보아 해당 폐기물의 처리방법과 기준에 따라 처리하여야 합니다.

나. 중간처리된 폐주물사는 폐기물로서 동 폐주물사를 이용하여 국가기관의 인증(KS인증, GR인증 등)을 득한 제품(벽돌 등)을 제조하고자 할 경우에는 폐기물관리법 제46조 제1항의 규정에 의한 폐기물재활용 신고를 하고 재활용할 수 있습니다.

2-2-394 폐고무를 재활용하여 제조원료로 공급시 폐기물재활용 신고대상 여부(2009-06-24)

[질의] 폐고무를 파쇄하여 생산된 2mm 정도의 고무칩을 고무제품(자동차고무링, 방진고무, 자동차 흙받이 등)을 생산하는 제조업체에 제조원료로 공급하는 경우 당 사업장은 폐기물재활용 신고를 해야 하는지 여부?

[회신] 가. 폐기물관리법 시행규칙 제66조 제3항 [별표 16] 제11호의 규정에 따라 폐타이어·폐고무밸트 등 폐고무(폐합성고무를 포함)를 활성탄 또는 고무제품의 제조원료(일정한 규격의 용기 또는 상자에 넣거나 포장하여야 한다)로 가공하는 경우, 폐기물관리법 제46조 제1항의 규정에 의한 폐기물재활용 신고대상입니다.

나. 다만, 귀사에서 생산한 고무칩이 세척·성형·열처리 등 추가 가공공정을 거쳐야만 고무제품의 최종원료로 사용이 가능할 경우, 폐기물관리법 제25조 제3항의 규정에 의한 폐기물중간처리업 허가대상입니다.

2-2-395 플라스틱재생칩 성형시 폐기물재활용 신고대상 여부(2009-06-30)

[질의] 플라스틱을 일정 크기로 분쇄 후 플라스틱재생칩을 생산하는 폐기물재활용 신고업체의 생산품을 원료로 공급받아 성형기로 성형 후 알갱이 형태의 플라스틱칩을 생산하고자 하는 경우, 폐기물재활용 신고 및 폐기물처리시설 설치신고를 득하여야

하는지 여부?

[회신] 가. 폐기물관리법 시행규칙 제66조 제3항 [별표 16] 제8호의 규정에 따라 폐플라스틱을 재생원료(일정한 규격의 용기 또는 상자에 넣거나 포장하여야 한다)로 가공하는 폐기물재활용 신고자가 생산한 재생원료는 폐기물관리법 적용을 받지 아니합니다.

나. 따라서 귀하는 폐기물재활용 신고 없이 동 재생원료를 사용할 수 있으나 폐기물중간처리업체에서 분쇄된 플라스틱칩을 공급받는 경우, 폐기물관리법 제46조 제1항의 규정에 의한 폐기물재활용 신고대상입니다.

다. 참고로 폐기물재활용신고 업무처리지침(환경부예규 제334호, 2008.9.5) Ⅰ. 2호 다목의 규정에 재생원료란 "파쇄 · 분쇄 · 세척 · 성형 · 열처리 등의 일련의 공정을 거쳐 더 이상 가공이 필요치 않은 원료(최종원료)로 제조하여 일정한 규격의 용기 또는 상자에 넣거나 포장된 것"으로 규정되어 있음을 알려드립니다.

2-2-396 반도체폐기물을 수리·수선 후 재활용시 폐기물재활용 신고대상 여부(2009-07-01)

[질의] 반도체를 꽂아 두는 플라스틱판인 트레이를 A사업장으로부터 폐기물로 입고하여 코팅, 선별 및 저항력을 회복시켜 에어세정 후 다시 A사업장에 동일용도 사용을 목적으로 납품하고자 하는 경우 폐기물재활용 신고대상인지 여부?

[회신] 가. 폐기물관리법 시행규칙 제66조 제3항 [별표 16] 제24호의 규정에 따라 다른 사람의 사업장폐기물(일정한 형태를 갖추고 있는 물체만 해당)을 수리 · 수선하여 같은 용도로 다시 사용할 수 있는 상태로 만드는 경우(수리 · 수선하는 과정에서 지정폐기물이나 특정 대기 · 수질유해물질이 배출되지 아니하는 경우만 해당) 폐기물관리법 제46조 제1항의 규정에 의한 폐기물재활용 신고대상입니다.

나. 따라서 귀사에서 재활용하고자 하는 폐기물을 수리 · 수선하는 과정에서 지정폐기물이나 특정 대기 · 수질유해물질이 배출되지 아니할 경우, 폐기물재활용 신고대상에 해당될 것으로 판단됩니다.

2-2-397 수거된 골프공을 동일 용도로 재사용시 폐기물재활용 신고대상 여부(2009-07-02)

[질의] 골프장 및 골프연습장에서 골프공을 수거한 후 골프공을 세척하여 다시 납품하는 경우 수거된 골프공이 폐기물인지 여부 및 세척한 골프공 재납품시 폐기물재활용 신고대상인지 여부?

[회신] 가. 수거된 골프공을 동일용도로 사용하는 경우, 폐기물관리법 제2조의 규정에 의한 폐기물에 해당되지 않을 것으로 판단됩니다.

나. 따라서 귀사에서 세척한 골프공을 골프장 또는 골프연습장에서 동일용도로 사용하는 경우, 귀사는 폐기물재활용 신고대상에 해당되지 않을 것으로 판단됩니다.

다. 골프공을 폐기처리하는 경우에는 폐기물에 해당되므로 폐기물처리업자 또는 폐기물재활용 신고자에게 위탁처리하여야 할 것입니다.

2-2-398 폐목재로 고형연료제품 제조시 폐기물재활용 신고대상 여부(2009-07-02)

[질의] 재활용 대상 폐기물 중 폐목재 및 임목폐기물을 재활용하여 톱밥 및 우드칩 원료로 만들시 폐기물재활용 신고대상인지, 아니면 폐기물중간처리업 허가대상인지 여부?

[회신] 가. 「자원의 절약과 재활용촉진에 관한 법률 시행규칙」 [별표 1] 제3호 나목의 규정에 따라 폐목재를 이용하여 고형연료제품을 제조하고자 할 경우, 폐기물관리법 제46조 제1항의 규정에 의한 폐기물재활용 신고대상입니다.

나. 폐목재를 중간처리하여 고형연료제품(WCF)의 원료로 가공하고자 할 경우, 폐기물관리법 제25조 제3항의 규정에 의한 폐기물중간처리업 허가대상입니다.

2-2-399 반도체공정 발생 폐기물재활용시 폐기물재활용 신고대상 여부(2009-07-07)

[질의] 반도체 제조공정에서 발생하는 폐웨이퍼, 폐슬러리를 Si 및 SiC로 재활용하고자 하는 경우 폐기물재활용 신고대상 여부?

[회신] 가. 반도체 제조과정에서 발생되는 폐웨이퍼, 폐연마제 등의 공정오니를 이용하여 폐기물의 재활용 용도 및 방법에 관한 규정(환경부고시 제2009-89호, 2009.6.24)에 따라 금속을 회수하여 재활용하는 경우, 폐기물관리법 제46조 제1항의 규정에 의한 폐기물재활용 신고대상입니다.

나. 실리콘(Si)은 반도체 제조 등에 사용되는 희유금속으로서 폐기물재활용 신고대상에 해당될 것으로 판단됩니다.

2-2-400 폐골프공 재활용시 재활용 신고대상 여부(2009-07-10)

[질의] 폐골프공을 세척, 광택, 페인트 팀플재생, 표면처리 재활용품 표시, 코팅, 탈피 재생, 포장 및 수리·수선하여 골프공으로 재생 후 환경복원업에 다시 사용할 수 있도록 하는 경우 폐기물재활용 신고대상인지 여부?

[회신] 가. 폐기물관리법 시행규칙 제66조 제3항 [별표 16] 제24호의 규정에 따라 다른 사

람의 사업장폐기물(일정한 형태를 갖추고 있는 물체만 해당)을 수리·수선하여 같은 용도로 다시 사용할 수 있는 상태로 만드는 경우(수리·수선하는 과정에서 지정폐기물이나 특정 대기·수질유해물질이 배출되지 아니하는 경우만 해당), 폐기물관리법 제46조 제1항의 규정에 의한 폐기물재활용 신고대상입니다.

나. 따라서 폐골프공의 세척, 코팅, 탈피 재생 등의 과정에서 지정폐기물이나 특정 대기·수질유해물질이 배출되지 아니할 경우, 폐기물관리법 제46조 제1항의 규정에 의한 폐기물재활용 신고대상에 해당될 것으로 판단됩니다.

2-2-401 음식물류 폐기물 퇴비화시 재활용 신고대상 여부(2009-07-14)

[질의] 음식물류 폐기물로 퇴비를 생산하는 경우 폐기물재활용 신고대상인지 여부 및 재활용시설로 볼 수 있는지 여부?

[회신] 가. 음식물류 폐기물을 이용하여 「비료관리법」 제4조에 따라 공정규격이 설정된 비료 또는 같은 조에 따라 지정된 부산물비료를 제조하고자 할 경우, 폐기물관리법 제46조 제1항의 규정에 의한 폐기물재활용 신고대상입니다.

나. 「자원의 절약과 재활용촉진에 관한 법률 시행규칙」 제3조 제6호의 규정에 따라 폐기물관리법 제46조에 따른 폐기물재활용 신고자가 폐기물의 재활용에 사용하는 시설 및 장비는 재활용시설에 해당됩니다.

2-2-402 자활공동체의 재활용시설 위탁운영 가능성(2009-07-27)

[질의] 자활공동체가 폐기물재활용시설을 위탁운영하고자 하는 경우 폐기물관리법상의 조건을 갖추지 않아도 사업장폐기물의 위탁운영이 가능한지 여부?

[회신] 폐기물관리법 제46조 제1항의 규정에 따라 다른 사람의 사업장폐기물을 재활용하고자 할 경우 「기초생활수급자법」에 의한 자활공동체일지라도 폐기물관리법 제46조의 규정에 따라 폐기물 보관시설 및 재활용시설을 갖추고 관할 지방자치단체의 장에게 폐기물재활용 신고를 하여야 합니다.

2-2-403 무기성 오니 재활용시 재활용 신고 해당 지자체(2009-08-03)

[질의] 골재 선별 및 파쇄업은 A지자체에서, 산림골재채취업은 B지자체에서 영위하고 있는 사업장이 자갈과 모래 생산과정에서 발생된 무기성 오니(진흙)를 탈수·건조하여 산림골재채취업을 하고 있는 B지자체로 이동시켜 적지복구 뒤채움재로 재활용하고

자 하는 경우 폐기물재활용 신고는 A와 B지자체 중 어디에 하여야 하는지?

[회신] 폐기물관리법 제46조 제1항의 규정에 의한 폐기물재활용 신고는 폐기물재활용시설이 설치된 소재지 및 성토재로 이용되는 지역을 관할하는 지방자치단체에 하여야 합니다. 따라서 폐기물재활용 신고는 B지자체에 하여야 합니다.

2-2-404 재활용사업장 이전시 폐기물재활용 변경신고 대상 여부(2009-08-07)

[질의] 재활용시설을 갖추고 재활용 신고 후 재활용사업을 영위하던 중 재활용 목적사업이 완료되어 현재 사용하던 재활용시설을 인근지역으로 이동·설치하려는 경우 폐기물재활용 변경신고 대상인지 여부?

[회신] 가. 폐기물관리법 제46조 제3항 및 동법 시행규칙 제67조 제3항의 규정에 따라 재활용사업장 소재지를 변경하고자 할 경우, 관할 지방자치단체에 폐기물재활용 변경신고를 하여야 합니다.

나. 재활용시설이 폐기물처리시설에 해당될 경우, 폐기물관리법 제29조 제3항의 규정에 따라 폐기물처리시설 설치변경 승인을 득하거나 변경신고를 하여야 합니다.

2-2-405 에너지 회수에 따른 재활용 신고 가능성(2009-08-13)

[질의] 「에너지회수기준의 검사방법 및 절차 등에 관한 규정」(환경부고시 제2009-66호)에 의거 에너지회수효율 측정 및 산정방법(제4조 관련)의 투입에너지 측정(검사항목 2)에서 외부 반입폐기물은 혼합하지 아니하고 각각의 저위발열량이 3,000㎉/kg 이상이고, 내부 폐기물과 혼소 시 혼합폐기물의 발열량이 3,000㎉/kg 이상일 경우 두 항목 모두 만족할 경우 에너지회수 재활용 신고가 가능한지 여부?

[회신] 폐기물관리법 시행규칙 제3조 및 환경부고시 제2009-66호에 따라 에너지회수대상 폐기물은 다른 폐기물과 혼합하지 아니하고 각각의 폐기물의 저위발열량이 3,000kcal/kg 이상, 에너지회수효율이 75% 이상으로 규정되어 있습니다. 따라서 에너지회수대상 폐기물의 저위발열량 기준은 내·외부 반입폐기물과 관계없이 각각 최소 3,000kcal/kg 이상이어야 하며, 또한 폐기물관리법 시행규칙 제3조에 따른 에너지회수기준을 모두 만족하여야 합니다.

2-2-406 음식물류 폐기물의 사료화시 관련 절차(2009-08-16)

[질의] 폐기물처리시설 설치신고 및 재활용신고를 모두 득하였고 폐기물처리시설 정기검사도 매년 받아온 음식물류 폐기물 재활용업체로서 음식물쓰레기를 이용하여 습식사료 생산 및 자가사료로 이용하고 있는 경우에도 단미사료제조업등록을 해야 하는지 여부?

[회신] 「사료관리법」 제11조에 따라 성분등록을 한 사료를 제조하는 자로서 폐기물관리법 제46조 제1항 제3호의 규정에 따라 폐기물재활용 신고를 한 자는 사료제조업 허가를 받아야 할 것으로 판단되나, 폐기물관리법 시행규칙 [별표 16] 제5호의 규정에 따라 동·식물성 잔재물, 유기성 오니 및 음식료품의 제조·유통 및 사용과정에서 발생하는 잔재물을 농경지의 퇴비(「비료관리법」 제4조에 따른 공정규격에 맞는 원료 또는 제품인 경우만 해당)나 가축의 먹이로 사용하는 경우(다만, 재활용하는 자의 농경지 및 가축에 재활용하는 경우만 해당되며, 비용을 받는 경우는 제외) 사료제조업 허가를 받지 아니하여도 동법 제46조 제1항의 규정에 의한 폐기물재활용 신고가 가능할 것으로 판단됩니다.

2-2-407 폐필터로부터 알루미늄괴 생산시 재활용 신고대상 여부(2008-08-18)

[질의] 알루미늄이 포함된 폐필터를 수거 및 재활용 후 알루미늄괴를 추출하여 자원으로 사용하고자 하는 경우 재활용 신고대상에 해당하는지 여부?

[회신] 폐기물관리법 제46조 제3항 및 동법 시행규칙 제66조 제4항의 규정에 의거 폐지, 고철(비철금속 포함), 폐포장재의 경우 재활용 신고를 한 것으로 봅니다. 따라서 알루미늄이 다량 포함된 폐필터를 수거하여 다시 알루미늄괴를 생산할 경우 폐기물재활용 신고가 면제됩니다.

2-2-408 폐합성고무로 고무분말 생산시 재활용 신고대상 여부(2009-08-18)

[질의] 수집된 폐합성고무를 1차, 2차 분쇄 후 고무분말을 생산하여 납품할 계획인 경우 폐기물재활용 신고를 하여야 하는지 여부?

[회신] 「자원의 절약과 재활용촉진에 관한 법률 시행규칙」 [별표 1] 제5호 나목의 규정에 따라 폐고무를 분쇄하여 국가기관의 인증(GR인증, 환경마크 등)의 인증을 득한 제품(고무분말)을 제조하고자 할 경우, 폐기물관리법 제46조 제1항의 규정에 따라 관할 지방자치단체의 장에게 폐기물재활용 신고를 하여야 합니다.

2-2-409 폐타이어로 연료추출시 폐기물재활용 신고대상 여부(2009-08-25)

[질의] 열분해처리 후 사용 가능한 정제연료유를 생산하여 유통하고자 하는 경우 관련 행정절차는?

[회신] 폐기물관리법 시행규칙 [별표 16] 제3호의 규정에 따라 폐타이어를 이용하여 열분해시설에서 가스·유류 등 연료를 뽑아내는 경우 폐기물관리법 제46조 제1항의 규정에 의한 폐기물재활용 신고대상입니다.

2-2-410 폐석탄재 재활용시 재활용 신고대상 여부(2009-08-31)

[질의] '갑'이라는 업체가 A시(군)에 소재하고 있는 화력발전소에서 발전연료 사용 후 폐기되는 석탄재를 제3의 장소로 운반하여 담수로 세척한 다음, 크기별로 단순 선별하여 B시(군)에 소재한 '을'이라는 업체에 유상판매하고, '을'업체는 석탄재를 제품의 원료로 사용하려는 경우, 행정절차는?

[회신] 가. 다른 사람의 사업장폐기물을 재활용하고자 할 경우, 폐기물관리법 제25조 제3항의 규정에 의한 폐기물처리업 허가를 득하거나, 동법 제46조 제1항의 규정에 의한 폐기물재활용 신고를 하여야 합니다.

나. 폐기물재활용 신고대상은 폐기물관리법 제46조 제1항 각호에서 규정하고 있는 방법으로 재활용하는 경우에 한합니다.

2-2-411 하수슬러지 재활용시 폐기물재활용 신고대상 여부(2009-09-01)

[질의] 하수슬러지를 재활용하고자 하는 경우 폐기물재활용 신고대상인지 여부?

[회신] 가. 다른 사람의 사업장폐기물을 재활용하고자 할 경우, 폐기물관리법 제25조 제3항의 규정에 의한 폐기물처리업 허가를 득하거나, 동법 제46조 제1항의 규정에 의한 폐기물재활용 신고를 하여야 합니다.

나. 하수슬러지를 이용하여 「산업표준화법」 제15조에 따라 인증받은 제품을 제조하거나, 폐기물관리법 시행규칙 [별표 16] 제21호의 규정에 따라 유기성 오니(지정폐기물 제외)를 탄화시켜 재활용제품의 원료로 사용하거나, 「자원의 절약과 재활용촉진에 관한 법률 시행규칙」 [별표 1] 제1호의 규정에 따라 하수처리 오니(지정폐기물 제외)를 주원료로 사용하여 국가기관의 인증(GR인증, 환경마크 등)을 득하여 제품을 제조하는 경우, 폐기물관리법 제46조 제1항의 규정에 의한 폐기물재활용 신고대상입니다.

2-2-412 골재 생산 사업장에서 발생된 석분 도로공사 성토재 활용시 절차(2009-09-01)

[질의] 인근 레미콘공장(석산)에서 발생된 골재생산과정에서 분쇄 후 발생된 석분에 대하여 도로공사의 성토재로 활용하고자 하는 경우, 스크리닝스(석분)가 사업장폐기물로서 레미콘공장에서 폐기물배출자 신고를 해야 하는지와 도로공사 현장에서 성토재로 재활용시 관련 절차는 무엇인지?

[회신] 가. 사업장폐기물 배출자가 폐기물관리법 시행규칙 제18조 제1항의 규정에 해당될 경우 사업장폐기물 배출자 신고를 하여야 합니다.

나. 비금속광물 분쇄시설에서 발생된 다른 사람의 사업장폐기물인 무기성 오니를 폐기물관리법 시행규칙 [별표 16] 제2호의 규정에 따라 성토재 등으로 재활용하고자 할 경우, 동법 제46조 제1항의 규정에 따라 관할 지자체에 폐기물재활용 신고를 하여야 합니다.

2-2-413 닭 내장 재활용시 재활용 신고대상 여부(2009-09-07)

[질의] 닭 내장을 가축의 먹이로 재활용하고자 하는 경우 폐기물재활용 신고대상에 해당하는지 여부?

[회신] 폐기물관리법 시행규칙 [별표 16] 제5호의 규정에 따라 닭 내장을 가축의 먹이로 재활용하고자 하는 경우, 동법 제46조 제1항의 규정에 의한 폐기물재활용 신고대상입니다.

2-2-414 폐유리를 제품이나 제품의 원료로 가공하는 경우 폐기물재활용 신고대상 여부(2009-09-10)

[질의] 폐유리를 파쇄하여 건축·토목자재의 원료로 가공하고자 하며, 톤백에 포장하여 납품하려는 경우, 폐기물중간처리업에 해당되는지 아니면 폐기물재활용 신고대상에 해당되는지?

[회신] 폐기물관리법 시행규칙 [별표 16] 제9호의 규정에 따라 폐유리를 파쇄·분해하여 유리제품이나 건축·토목자재의 원료(일정한 규격의 용기 또는 상자에 넣거나 포장하여야 한다)로 가공하는 경우, 폐기물관리법 제46조 제1항의 규정에 의한 폐기물재활용 신고대상입니다.

2-2-415 음식물류 폐기물 사료화시 재활용 신고대상 여부(2009-09-10)

[질의] 음식물류 폐기물 사료화시 폐기물재활용 신고대상인지 여부?

[회신] 가. 음식물류 폐기물을 이용하여「사료관리법」제11조에 따라 성분등록을 한 사료

를 제조하고자 하는 경우 폐기물관리법 제46조 제1항의 규정에 의한 폐기물재활용 신고대상입니다.

나. 설치하고자 하는 음식물류 처리시설이 폐기물관리법 시행령 [별표 3] 사료화시설(1일 처리능력이 100킬로그램 이상인 시설로 한정하며, 건조에 의한 사료화시설을 포함)에 해당되는 경우 동법 제29조 제2항의 규정에 따라 폐기물처리시설 설치승인을 받거나 신고를 하여야 합니다.

2-2-416 폐기물재활용 신고자가 재활용 대상 폐기물 변경시 변경신고 대상 여부(2009-09-11)

[질의] 재활용신고증명과 폐기물처리시설 승인을 득한 자가 사업장폐기물 중 재활용이 가능한 철스케일(단조 및 절단) 및 산화철을 재활용신고증명서에 추가로 할 수 있는지 여부?

[회신] 가. 폐기물관리법 시행규칙 [별표 16] 제20호의 규정에 따라 철강지조공정 중 열간압연공정, 연주공정 또는 단조공성에서 발생하는 산화철을 철강제품 원료 등으로 사용하기 위하여 지름 25밀리미터 이하로 선별하는 경우 동법 제46조 제1항의 규정에 의한 폐기물재활용 신고대상입니다.

나. 폐기물관리법 시행규칙 제67조 제3항의 규정에 따라 폐기물재활용 신고자는 재활용 대상 폐기물을 변경하고자 할 경우 폐기물재활용 변경신고를 하여야 합니다.

2-2-417 폐플라스틱으로 펠렛 제작시 폐기물재활용 신고대상 여부(2009-09-14)

[질의] 폐플라스틱을 이용하여 펠렛을 만드는 경우 폐기물재활용 신고대상인지 여부?

[회신] 폐플라스틱을 이용하여 「자원의 절약과 재활용촉진에 관한 법률 시행규칙」 [별표 1] 제4호 나목의 규정에 의한 폐플라스틱 재생원료(펠렛, 플레이크 등)를 제조하고자 할 경우 폐기물관리법 제46조 제1항의 규정에 의한 폐기물재활용 신고대상입니다.

2-2-418 폐가전제품 수집 후 수선하여 납품하는 경우 재활용 신고대상 여부(2009-09-14)

[질의] 폐가전제품을 수집·운반하여 폐플라스틱, TV 브라운관, 컴퓨터모니터로 해체·선별한 후 폐플라스틱은 분쇄·포장하여 납품하고, TV 브라운관, 컴퓨터모니터는 수리·수선하여 납품하고자 하는 경우 폐기물처리시설 설치신고 및 폐기물재활용 신고를 득해야 하는지 여부?

[회신] 가. 폐기물관리법 시행규칙 [별표 16] 제15호의 규정에 따라 폐가전제품을 파쇄·용융·추출 등의 방법으로 금속·플라스틱·유리 등을 회수하는 경우, 동법 제46조 제1항의 규정에 의한 폐기물재활용 신고대상입니다.

나. 폐기물재활용시설이 폐기물관리법 시행령 [별표 3]에서 규정하고 있는 폐기물처리시설에 해당될 경우, 동법 제29조 제2항의 규정에 따라 폐기물처리시설 설치승인을 받거나 설치신고를 하여야 합니다.

2-2-419 매립장 운영자가 폐기물을 복토재로 재활용시 재활용 신고대상 여부(2009-09-16)

[질의] 폐기물최종처리업 허가를 득하여 매립장 운영 중 폐기물관리법에서 정한 요건을 갖춘 폐기물을 복토재로 재활용하고자 하는 경우 별도로 폐기물재활용 신고를 하여야 하는지 여부?

[회신] 폐기물관리법 시행규칙 [별표 16] 제2호 가목의 규정에 의한 재활용 대상 폐기물을 나목 및 다목의 규정에 따라 재활용하고자 할 경우 동법 제46조 제1항의 규정에 의한 폐기물재활용 신고대상입니다.

2-2-420 폐전선을 분리 판매할시 폐기물재활용 신고대상 여부(2009-10-13)

[질의] 폐전선을 철거현장 또는 사업장폐기물 배출현장이 아닌 고물상에서 10여 톤을 유상매입, 소형 폐전선탈피기 1대를 설치하여 구리선과 폐전선피복을 분리 판매하고자 하는 경우 폐기물재활용 신고대상인지 여부?

[회신] 가. 폐전선이 사업장폐기물에 해당될 경우, 폐전선을 재활용하기 위해서는 폐기물관리법 제25조 제3항의 규정에 의한 폐기물처리업 허가를 받거나 동법 제46조 제1항의 규정에 따라 폐기물재활용 신고를 하여야 합니다.

나. 폐전선이 생활폐기물에 해당될 경우, 폐기물관리법 제14조 제1항의 규정에 따라 지자체 장이 수집·운반·처리하여야 하나 동법 제14조 제2항의 규정에 의거 해당 지방자치단체의 조례가 정하는 바에 따라 폐기물처리업자 또는 폐기물재활용 신고자에게 생활폐기물의 수집·운반·처리를 대행하게 할 수 있습니다.

2-2-421 폐PC침목 재활용시 폐기물재활용 신고대상 여부(2009-10-15)

[질의] 폐PC침목(콘크리트침목)을 재활용하여 인공어초를 제작하는 경우 폐기물재활용 신고대상인지 여부?

[회신] 가. 다른 사람의 사업장폐기물을 재활용하고자 할 경우, 폐기물관리법 제25조 제3항의 규정에 의한 폐기물처리업 허가를 받거나 동법 제46조 제1항의 규정에 따라 폐기물재활용 신고를 하여야 합니다.

나. 폐콘크리트를 이용하여 「산업표준화법」 제15조에 따라 인증받은 제품을 제조하거나, 또는 「자원의 절약과 재활용촉진에 관한 법률 시행규칙」 [별표 1] 제1호 파목의 규정에 따라 건설폐자재를 이용하여 국가기관의 인증(GR 인증, 환경표지 인증 등)을 득한 제품을 제조(전량을 벽돌·콘크리트관·전주 등의 제품으로 제조하는 경우만 해당)하고자 할 경우, 폐기물관리법 제46조 제1항의 규정에 의한 폐기물재활용 신고상입니다.

2-2-422 슬러지로 주물용규사 첨가물 제조시 폐기물재활용 신고대상 여부(2009-10-20)

[질의] 니켈을 제조 후 나오는 슬러지를 재활용하여 주물용규사 첨가물을 만들고자 할 경우, 폐기물처리업 허가를 득해야 하는지, 폐기물재활용 신고를 해야 하는지 여부?

[회신] 가. 다른 사람의 사업장폐기물을 재활용하고자 할 경우, 폐기물관리법 제25조 제3항의 규정에 의한 폐기물처리업 허가를 받거나 동법 제46조 제1항의 규정에 따라 폐기물재활용 신고를 하여야 합니다.

나. 이 경우 폐기물관리법 제46조 제1항의 규정에 따라 폐기물을 재활용하는 경우, 폐기물재활용 신고대상입니다.

2-2-423 폐아스콘 재활용시 재활용 신고대상 해당 여부(2009-10-27)

[질의] 아스콘을 제조하는 회사에서 아스콘을 생산하는 시설에 폐아스콘을 재사용하려는 경우 폐기물재활용시설로 보아야 하는지?

[회신] 가. 다른 사람의 사업장폐기물을 재활용하고자 할 경우, 폐기물관리법 제25조 제3항의 규정에 의한 폐기물처리업 허가를 받거나 동법 제46조 제1항의 규정에 따라 폐기물재활용 신고를 하여야 합니다.

나. 폐아스콘을 이용하여 「산업표준화법」 제15조에 따른 인증을 받은 제품을 제조하거나 국가기관의 인증을 득하여 「자원의 절약과 재활용촉진에 관한 법률 시행규칙」 [별표 1]에 의한 재활용제품을 제조하는 경우, 폐기물관리법 제46조 제1항의 규정에 의한 폐기물재활용 신고대상입니다.

다. 폐기물재활용 신고자가 설치한 재생아스콘 생산시설은 폐기물관리법 시행규칙 [별표 17] 제2호의 규정에 의한 재활용시설에 해당됩니다.

2-2-424 감귤박을 사료로 재활용시 관련 신고 사항(2009-11-01)

[질의] 감귤을 가공하는 과정에서 감귤박이 부산물로 발생되는데, 감귤박은 사료로서 높은 가치가 있어 재활용하고자 합니다. 단미사료제조업 등록을 하여 일반농가나 사료제조업체에 원료로 공급하려는 경우 감귤박에 대해 단미사료제조업 등록을 하면 농가 및 사료제조업체에 공급이 가능 한지?

[회신] 가. 다른 사람의 사업장폐기물을 재활용하고자 할 경우, 폐기물관리법 제25조 제3항의 규정에 의한 폐기물처리업 허가를 받거나 동법 제46조 제1항의 규정에 따라 폐기물재활용 신고를 하여야 합니다.

나. 「사료관리법」 제11조에 따라 성분등록을 한 사료를 제조하는 경우 폐기물관리법 제46조 제1항의 규정에 의한 폐기물재활용 신고대상입니다.

2-2-425 폐석재를 이용한 재활용골재 생산시 재활용 신고대상 여부(2009-11-03)

[질의] 대리석 가공공장에서 발생하는 폐석재를 입고하여, 파쇄·선별과정을 거쳐 재활용골재를 생산 후 당사에서 필요한 골재의 10~20%를 재활용골재로 사용하여 보도블록을 생산하고자 합니다. 재활용골재만 생산하여 납품하지 않고 재활용골재를 일부 사용한 제품을 생산할 때도 재활용 신고대상인지?

[회신] 가. 다른 사람의 사업장폐기물을 재활용하고자 할 경우, 폐기물관리법 제25조 제3항의 규정에 의한 폐기물처리업 허가를 받거나 동법 제46조 제1항의 규정에 따라 폐기물재활용 신고를 하여야 합니다.

나. 폐석재를 이용하여 「산업표준화법」 제15조에 따라 인증받은 제품을 제조하거나, 폐기물관리법 시행규칙 [별표 16] 제26호의 규정에 따라 재활용하는 경우, 폐기물재활용 신고대상입니다.

2-2-426 폐플라스틱 재활용시 재활용 신고대상 여부(2008-11-05)

[질의] 폐플라스틱을 재생원료로 가공할 경우 폐기물재활용 신고대상에 해당하는지, 아니면 폐기물중간처리업(재활용전문)에 해당하는지 여부?

[회신] 폐기물관리법 제46조 및 동법 시행규칙 제66조 제3항에 의한 [별표 16] 제8호의 규정에 따라 폐플라스틱(폐합성수지)을 재생원료(일정한 규격의 용기 또는 상자에 넣거나 포장하여야 한다)로 가공할 경우 폐기물재활용 신고대상에 해당합니다.

2-2-427 고형연료제품(WCF) 생산 시 재활용 신고대상 여부(2009-11-25)

[질의] 고형연료제품(WCF)를 제품으로 생산하려고 할 경우 재활용 신고대상에 해당하는지 여부?

[회신] 「자원의 절약과 재활용촉진에 관한 법률 시행규칙」 [별표 1]에 따라 WCF(폐목재 고형연료제품)은 재활용제품에 해당되며, 다른 사업장의 폐기물을 이용하여 재활용제품을 생산하고자 할 경우 재활용 신고대상에 해당됩니다.

2-2-428 폐가우징봉의 재활용시 재활용 신고대상 여부(2008-11-27)

[질의] 광재와 섞여 있는 폐가우징봉(구리 15%+탄소 85%)을 수거하여 폐가우징만 분리 재활용하고 광재부분은 수집·운반업체에 위탁처리가 가능한지 여부? 수거한 폐가우징봉을 탄소봉과 구리 부분으로 분리하여 재활용하는 경우 폐기물재활용 신고를 해야 하는지 여부?

[회신] 가. 폐기물관리법 시행령 제7조 제1항 제1호의 규정에 따라 폐기물의 종류와 성질·상태별로 재활용 가능성 여부, 가연성이나 불가연성 여부 등에 따라 구분하여 수집·보관하여야 하므로 귀사에서 재활용하고자 하는 폐기물을 구분하여 수집하여야 합니다.

나. 다만, 폐기물관리법 제46조 제3항 및 동법 시행규칙 제66조 제4항의 규정에 의거 고철(비철금속 포함)의 경우 재활용 신고를 한 것으로 간주함으로 폐가우징을 구리와 탄소봉으로 각각 분리하여 구리제품을 생산하는 경우 폐기물재활용 신고가 면제됩니다.

9. 재활용 가능성 및 방법 등

2-2-429 폐슬러지를 고형화하여 유연탄과 혼합연소 가능성(2008-01-07)

[질의] 유연탄을 연료로 사용하고 있는 발전설비 보일러에 폐슬러지를 고형화하여 유연탄과 혼합하여 사용할 수 있는지 여부?

[회신] 「자원의 절약과 재활용촉진에 관한 법률」 제25조의3 및 동법 시행규칙 제20조의3의 규정에 따라 재활용제품 중 폐기물을 이용하여 만든 고형연료제품은 생활폐기물 고형연료제품(RDF), 폐플라스틱 고형연료제품(RPF) 및 폐타이어 고형연료제품(TDF)으로 정하고 고형연료제품의 품질·등급 인증절차 및 사용시설 등을 제한하여 사용하

도록 하고 있으므로, 귀하께서 문의하신 폐슬러지(하수슬러지)는 현재 고형연료제품으로 사용할 수 없음을 알려드립니다.

2-2-430 합판·PB·MDF 등의 땔감 사용 가능성(2008-02-19)

[질의] 폐기물중간처리 과정 중 발생된 폐목재를 연료용, 즉 화목보일러에 화목 사용이 가능한지 여부?

[회신] 가. 방부재, 페페인트, 필름 등 이물질이 묻어 있지 아니한 순수목재인 경우 화목보일러의 연료로 사용할 수 있으나, 합판·PB(Paticle Board)·MDF 등은 순수목재가 아니므로 땔감 등으로 사용할 수 없으며, 폐기물처리업 허가를 받은 자 또는 폐기물재활용 신고를 한 자에게 위탁처리하여야 합니다.

나. 동 폐기물의 처리방법이 위탁처리에서 자가처리로 변경되는 경우 사업장 일반폐기물은 배출자 변경신고를 하여야 하며, 처리방법 변경 후에도 사업장폐기물관리대장을 작성하여야 합니다.

2-2-431 철강슬래그 재활용 가능성(2008-03-07)

[질의] 제강공장에서 발생한 철강슬래그를 재활용업체에 위탁하여 파쇄 후 생산된 골재를 공유수면매립지 뒤채움재 또는 매립토로 사용할 수 있는지 여부? 다른 현장에서 재활용하고자 하는 경우 관련 행정절차는?

[회신] 가. 철강슬래그를 재활용함에 있어서 철강슬래그 및 석탄재배출사업자의 재활용지침(2007.3) 제2장 제8조 [별표 1]의 철강슬래그 및 석탄재의 재활용용도 규정에 따라 호안공사용 골재, 공유수면매립지 뒤채움재, 옹벽 및 뒷채움재, 기초잡석용 등으로 사용할 수 있으며, 당해 공사의 인·허가를 받은 자가 재활용 신고를 한 후 사용하여야 할 것입니다.

나. 철강슬래그를 호안공사용골재 또는 공유수면매립지 뒷채움재, 옹벽 및 뒷채움재, 기초잡석용으로 재활용하는 경우에는 파쇄하지 아니하고 위탁할 수 있으므로, 최초 폐기물재활용 신고한 지역에서 공사가 끝난 뒤 다른 현장에 재활용하고자 할 경우 폐기물관리법 시행규칙 제67조 제3항의 규정에 따라 폐기물재활용 변경신고를 하여야 합니다.

2-2-432 폐플라스틱 재활용의 절차 및 방법(2008-03-21)

[질의] 폐플라스틱을 이용하여 만든 연료를 사용 시 관련 행정절차 및 사용방법은 무엇인지?

[회신] 가. 버너에 사용하는 플라스틱연료가 폐기물을 이용하여 생산된 경우 「자원의 절약과 재활용촉진에 관한 법률」 제25조의3에 따른 고형연료 제품(RPF) 인증을 거친 후 사용이 가능하며, 인증을 받지 아니하고 사용할 경우 버너 등 연소시설은 일반소각시설에 해당하여 폐기물관리법 제25조 및 제29조에 의한 폐기물처리업 허가 및 폐기물처리시설 설치승인 절차를 거쳐야 합니다.

나. 또한, 폐기물 중 플라스틱을 사용하여 제조한 폐플라스틱 재생원료(펠렛, 플레이크 등)는 「자원의 절약과 재활용촉진에 관한 법률 시행규칙」 [별표 1]에 의한 재활용제품으로 사출공장의 원료로 사용 가능합니다.

2-2-433 유기용제 용기의 재활용 가능성(2008-04-13)

[질의] 유기용제나 화학약품을 담았던 20ℓ의 빈 플라스틱 용기를 내부의 용제나 약품을 완전 제거하고 실온상태에서 증발되도록 한 뒤, 재활용업체에 위탁처리가 가능한지 여부?

[회신] 사용 중이던 플라스틱 용기의 내부 이물질을 완전히 제거한 후에는 폐기물관리법 시행규칙 제66조 제3항 [별표 17] 제8호의 규정에 의거 폐플라스틱을 재생원료(일정한 규격의 용기 또는 상자에 넣거나 포장하여야 한다)로 가공하는 경우는 폐기물관리법 제46조의 규정에 의한 폐기물재활용 신고대상에 해당됩니다.

2-2-434 폐여과제 재활용 가능성(2008-04-29)

[질의] 폐흡착제(폐여과사)를 성토재나 복토용으로 사용이 가능한지 여부?

[회신] 폐여과사는 폐기물관리법 시행규칙 제66조 제3항 및 [별표 17]의 규정에 의한 인·허가된 건축·토목공사의 성토재 등으로 사용할 수 있는 대상 폐기물로 규정되어 있지 않음을 알려드립니다.

2-2-435 화학점결주물사의 재활용 가능성(2008-05-02)

[질의] 알루미늄 중자시 나오는 폐주물사 및 샌드블라스트 폐사(화학점결주물사)의 재활용이 가능한지 여부?

[회신] 폐기물관리법 시행규칙 제66조 제3항 [별표 17] 제2호의 규정에 의거 화학점결폐주

물사는 중금속 등이 함유되어 있어 인·허가된 건축토목공사의 성토재로 재활용이 불가능합니다. 만약, 화학점결폐주물사 배출자가 화학점결폐주물사를 성토재로 재활용하는 자(폐기물재활용 신고자)에게 위탁처리하였을 경우 폐기물관리법 제18조 제1항을 위반한 것입니다.

2-2-436 유리제품 성형과정시 발생하는 오니의 폐기물 종류 및 재활용 가능성(2008-05-06)

[질의] 1차 유리제조업체(분류번호: 26112)로서, 판유리를 로딩-절단-연마-세척-프린트-건조-성형을 거쳐, 유리제품을 생산하는 과정에서 폐수처리 오니의 무기성함량(97.11%), 유기성함량(2.89%), 수분함유량(37.78%)이 발생되는데 이것이 무기성 오니에 해당되는지 여부와 무기성 오니를 재활용신고업체(성토재)와 계약하여 처리할 수 있는지 여부?

[회신] 유리제품 제조시설에서 유리 평면을 갈아내는 과정에서 발생하는 폐기물(폐수처리 오니 중 무기성 오니)은 폐기물관리법 시행규칙 제66조 제3항 [별표 17] 제2호 규정의 비금속광물 분쇄시설에 해당되지 않으므로 재활용 용도 및 방법에 포함되지 않습니다.

2-2-437 소각로 바닥재의 매립장 복토용으로 사용 가능성(2008-05-13)

[질의] 소각시설에서 배출되는 소각재 중 바닥재(일반폐기물)를 폐기물매립장의 복토용으로 사용이 가능한지 여부?

[회신] 폐기물처리시설인 소각시설에서 발생하는 소각재는 성토용, 복토용 등으로 재활용할 수 없음을 알려드립니다.

2-2-438 하수슬러지의 고형연료화와 관련된 법규(2008-05-23)

[질의] 함수율 10%로 건조한 하수슬러지를 기계적 전처리 시설을 거친 생활폐기물과 함께 성형하여 RDF(고형연료)를 만들고자 할 경우(하수슬러지 양은 전체 양의 약 20%) 관련 법규는?

[회신] RDF는 「자원의 절약과 재활용촉진에 관한 법률 시행규칙」 [별표 1]에 따른 가연성 생활폐기물을 사용하여 시행규칙 [별표 7]에 따른 고형연료제품의 품질·등급기준에 적합하게 제조된 고형연료제품을 말하며, 사업장폐기물에 해당하는 하수슬러지는 RDF 대상이 아닙니다.

2-2-439 폐촉매를 이용한 중간제품의 재활용 가능성(2008-05-26)

[질의] 석유화학공정에서 발생되는 폐촉매를 재활용하여 바나듐, 몰리브덴을 제조하는 지정폐기물처리업(재활용)을 하고 있는데, 당사의 중간제품을 폐기물이 아닌 일반제품으로 인정받을 수 있는지 여부?

[회신] 폐기물관리법 제46조 제1항 제6호 및 동법 시행규칙 제66조 제3항 [별표 17] 제10호의 규정에 의거 폐촉매를 원래의 용도로 재활용하거나 해당 제품의 원료(일정한 규격의 용기 또는 상자에 넣거나 포장하여야 한다)로 가공하는 경우 재활용 신고의 대상에 해당되므로, 귀사에서 사용하고자 하는 폐촉매를 원래의 용도로 재활용하거나 해당 제품의 원료로 가공하는 것으로 상기 법령의 규정에 맞게 재활용할 수 있을 것입니다.

2-2-440 벙커씨유 재활용 가능성(2008-06-25)

[질의] 아파트 난방설비를 중앙집중식에서 개별 난방으로 전환 공사 실시 중 현재 사용연료인 벙커씨유가 약 20,000리터 정도 잔량이 있는데, 이것을 인근 중앙집중식 아파트에 그대로 이송하여 재사용이 가능한지 여부?

[회신] 아파트에서 난방공사 중 발생한 벙카씨유를 인근의 동일한 아파트에서 동일한 난방설비에 재이용하고자 하는 경우에는 폐기물관리법에 해당되지 않습니다. 다만, 벙커씨유를 폐기물로 처리할 경우 폐기물처리업허가를 득한 업체에서 적정하게 처리하거나 재활용하여야 합니다.

2-2-441 발생폐액 중 원자재 회수 가능 여부(2008-06-25)

[질의] 공정 중에 동(Cu)함유량이 높은 폐액(지정폐기물)이 일부 발생(40톤/월)하는데, 공장 내에 앞의 폐액 중 동(Cu)을 회수하는 장치를 설치하여 회수한 동(Cu)을 도금원료로 공정에 재투입하는 것이 가능한지 여부?

[회신] 가. 폐기물관리법 제17조 제2항의 규정에 따라 사업장폐기물을 배출하는 사업자는 생산공정에서 폐기물감량화시설의 설치, 기술개발 및 재활용 등의 방법으로 사업장폐기물의 발생을 최대한으로 억제하여야 합니다.

나. 귀 사업장에서 발생하는 폐액(지정폐기물) 중에 함유되어 있는 동(Cu)을 공정에 대한 폐수배출시설 변경신고 등을 한 후 회수장치를 설치하면 회수가 가능하며, 스스로 재활용하는 것으로 재활용 신고대상에서는 제외되나, 재활용 신고에 준하여 폐기물을 재활용하시면 됩니다.

2-2-442 비위생매립지에서 나온 폐토사의 재활용 가능성(2008-06-30)

[질의] 비위생매립지에 매립되어 있던 폐기물을 분리·선별하여 나온 선별토사가 폐기물관리법상 지정폐기물이 아니고, 자연상태의 것이라 볼 수 있는지 여부? 순환골재 기준치 이하의 선별토사를 재활용 신고 없이 성토재로 재사용이 가능한지 여부?

[회신] 가. 과거 비위생매립지에 매립된 폐기물을 분리·선별하여 나온 폐토사는 그 성분이 지정폐기물이 아니고, 「토양환경보전법」상 토양오염도 우려기준 '가'지역 이내일 경우라 하더라도 이는 폐기물을 선별한 토사이므로 폐기물에 해당합니다.

나. 비위생매립지에서 분리·선별된 폐토사는 폐기물관리법 시행규칙 제66조 제3항 [별표 17] 규정의 재활용대상 폐기물에 해당되지 않으므로 인·허가된 건축토목공사의 성토재, 보조기층재, 도로기층재 및 매립시설의 복토용 등의 용도로 사용할 수 없습니다.

다. 또한 동 폐기물의 폐토사의 경우 건설폐기물 중 건설폐토석에 해당되므로 「건설폐기물의 재활용촉진에 관한 법률 시행규칙」 [별표 1]에서 규정하는 중간처리기준(최대지름 100mm 이하, 유기이물질 함유량 부피기준 1% 이하) 및 재활용 용도별 순환골재 품질기준에 적합하게 중간처리하여야 합니다.

2-2-443 화산석 가공 슬러지 재활용 방법(2008-07-25)

[질의] 현무암 석가공 공정에서 나오는 무기성 슬러지를 보관시설에 탈수·보관하였다가 재활용하려고 할 때, 토석채취 허가를 받은 장소에 복구시 토사와 50:50 비율로 혼합하여 성토재로 사용할 수 있는지 여부?

[회신] 석제품의 가공공장에서 발생하는 무기성 오니는 폐기물관리법 시행규칙 제66조 제3항 [별표 17] 제2호의 규정에 따라 인·허가된 건축토목공사의 성토재, 보조기층재, 도로기층재 및 매립시설의 복토용 등의 용도로 사용할 수 있습니다.

2-2-444 철강슬래그로 콘크리트제품 제조시 재활용시설 해당 여부(2008-08-13)

[질의] 지정부산물인 철강슬래그를 가공(파쇄)하여 콘크리트제품을 제조하는 경우 재활용시설에 해당하는지 여부?

[회신] 재활용시설은 재활용가능자원 또는 재활용품을 제조·가공 등을 하는데 사용되는 장치·장비·설비를 의미함으로, 지정부산물인 철장슬래그를 가공하여 재활용제품인 콘크리트제품을 제조하는 시설은 「자원의 절약과 재활용촉진에 관한 법률」 제2

조 제6호 및 동법 시행규칙 제3조에 따른 재활용시설에 해당됩니다.

2-2-445 사업장 가연성폐기물 연료(RPF)화 가능성(2008-08-25)

[질의] 사업장에서 발생하는 가연성폐기물을 RPF 제조업체에서 위탁받아 재활용 연료(RPF) 제조가 가능한지 여부 및 불가한 경우 RPF 제조(재활용)업체가 타 사업장의 폐플라스틱을 위탁받아 혼합하여 폐플라스틱 함유량을 60% 이상 사용할 경우 재활용 연료(RPF)제조가 가능한지 여부?

[회신] 가. 고형연료제품(RPF 등)은 「자원의 절약과 재활용촉진에 관한 법률 시행규칙」 [별표 1]에 따라 폐플라스틱을 중량기준 60% 이상 사용하여 [별표 7]에 따른 품질기준에 적합하여야 합니다.

나. 폐기물관리법 제46조에 따른 재활용 신고를 득한 고형연료 제조업체에서 사업장들로부터 위탁받은 폐기물을 혼합하여 상기 기준에 적합하게 제조 및 품질인증을 득할 경우 고형연료제품으로 사용이 가능합니다.

2-2-446 폐침목 재활용 가능성(2008-09-04)

[질의] 철도 폐침목을 옥외 계단용이나 옥외 바닥재용 또는 노반보강용 등, 원형 그대로 사용이 가능한지 여부?

[회신] 철도 폐침목은 폐기물관리법 시행규칙 제66조 제3항 [별표 16] 제18호에 따라 옥외 계단용, 옥외 바닥재용 또는 노반보강용 등으로 원형 그대로 재활용할 수 있었습니다. 그러나 지난해 폐침목으로 인한 토양오염 등의 문제가 부각되어, 환경부에서는 「폐침목관리대책(2007.12)」을 수립하였고, 동 대책에 따라 폐침목 이용실태 및 위해성 조사 등을 거쳐 관리방안을 도출할 예정인 바, 동 방안이 마련되기 전까지는 발생되는 폐침목에 대하여 새로이 사용하는 것을 자제해 주시기 바랍니다.

2-2-447 오니류의 고형연료 제조 가능성(2008-09-05)

[질의] 사업장배출시설계 폐기물 중 오니류를 고형연료로 제조할 수 있는지 여부?

[회신] 가. RDF는 「자원의 절약과 재활용촉진에 관한 법률 시행규칙」 [별표 7]에 따라 가연성 생활폐기물을 이용하여 제조한 고형연료제품으로 사업장배출시설계 폐기물 중 오니류는 대상 폐기물에 해당되지 않습니다.

나. 참고로 사업장배출시설계 폐기물 중 하수슬러지는 건조하여 석탄화력발전소의

보조연료로 사용 가능 여부에 대한 연구용역을 실시 중에 있으며, 용역 후 관련 법령 개정을 검토 중에 있으니 참고하시기 바랍니다.

2-2-448 하수슬러지 소각시설에서 고형연료제품 사용 가능성(2008-09-11)

[질의] 시간당 200킬로그램 이상 연속사용, 폐기물관리법 시행규칙 [별표 9], [별표 10]에 적합시설, 출구온도 800℃ 이상, 자동주입장치를 설치할 경우, 하수슬러지 소각시설에서 폐기물 고형연료제품(RDF, RPF) 사용 가능 여부?

[회신] 가. 하수슬러지 소각시설은 폐기물관리법 시행령 제5조에 의한 폐기물처리시설(소각시설)에 해당하며, 고형연료제품은 폐기물처리시설이 아닌「자원의 절약과 재활용촉진에 관한 법률 시행규칙」제20조의3에 의한 고형연료제품 사용시설에서만 사용이 가능합니다.

나. 또한, 고형연료제품 전용보일러는「대기환경보전법 시행규칙」[별표 8]에 따라 해당 시설의 연료사용량 중 고형연료제품 사용비율이 30% 이상인 시설임을 알려드립니다.

2-2-449 정수슬러지 자원화를 위한 기준(2008-09-28)

[질의] 정수슬러지를 탈취제로 자원화하려는 경우 관련 제품기준이 있는지 여부?

[회신] 정수장 슬러지를 이용하여 흡착제, 탈취제로 재활용하고자 하는 경우 폐기물관리법 제46조 제1항의 규정에 따라 국가공인기관으로부터 인증(한국규격표시(KS), 우수재활용제품(GR), 환경마크 등)을 받은 제품을 제조하여야 합니다.

2-2-450 도금업체에서 발생되는 폐수처리 오니(일반) 재활용 방법(2008-09-30)

[질의] 도금업체에서 발생되는 폐수처리 오니의 재활용 방법은?

[회신] 폐수처리 오니(일반)를 가공처리하여 폐기물관리법 제46조 제1항 제1호의 규정에 따라「산업표준화법」제15조에 따라 인증을 받은 제품을 제조하는 폐기물재활용 신고자인 시멘트 제조업자에게 위탁처리하는 경우 가능합니다.

2-2-451 폐목재류 에너지회수기준 관련 질의(2008-10-15)

[질의] 폐목재류를 재활용 신고 후 사용하기 위한 에너지회수 조건?

[회신] 가. 폐기물소각시설에서 타 사업장의 폐목재류를 재활용 신고 후 사용하기 위해서는,

폐기물관리법 시행규칙 제3조의 에너지회수기준인 에너지회수효율이 75%이상이고, 다른 물질과 혼합하지 아니하고 해당 폐기물의 저위발열량이 3,000kcal/kg 이상일 경우에만 재활용 신고가 가능합니다.

나. 또한, 고형연료제품은 「자원의 절약과 재활용촉진에 관한 법률 시행규칙」 제20조의3에 의한 시설에서 사용이 가능합니다.

2-2-452 무기성 오니 및 폐석고의 복토재로 재활용 가능성(2008-10-24)

[질의] 무기성 오니 및 폐석고 등은 흙과 혼합하여 복토재로 재활용이 가능한지 여부?

[회신] 폐기물재활용 신고된 무기성 오니 및 폐석고 등을 흙과 혼합하여 매립장의 복토재로 재활용할 경우 매립장 내부에 임시작업장을 설치하여 그 안에서 흙과 혼합하여 복토재로 재활용하는 것은 가능할 것으로 판단됩니다. 또한, 당해 매립시설을 운영하기 위한 장비를 설치하여 매립장의 안전상 위험이 발생하지 않도록 운영하는 경우 가능할 것으로 판단됩니다.

2-2-453 녹생토의 재활용 가능성(2008-11-03)

[질의] 녹생토의 매립시설 복토용으로 재활용 가능성?

[회신] 가. 부숙토(녹생토)와 관련하여 폐기물관리법 제46조 제1항 제2호 및 유기성 오니 등을 토지개량제 및 매립시설 복토 용도로의 재활용 방법에 관한 규정(환경부 고시 제2007-105호, 2007.7.6)의 규정에 따라 폐기물재활용 신고를 한 경우 동법 시행규칙 제67조 제2항 제2호의 폐기물의 재활용 용도 및 방법에 따라 재활용하여야 합니다.

나. 동 사항을 지키지 않은 경우 동법 제46조 제3항 및 동법 시행규칙 제67조의2의 폐기물재활용 신고자 준수사항 위반에 해당합니다.

2-2-454 폐유기용제를 정제유기용제로 판매시 관련 행정절차(2008-11-14)

[질의] 폐기물처리시설 설치승인을 득한 후 정제시설을 운영하는 시설에서 폐유기용제를 정제하여 정제유기용제로 판매하고자 하는 경우 관련 행정절차는 무엇인지? 정제유기용제 공급계약서상에 내용이 변경될 경우 변경신고 대상인지 여부?

[회신] 가. 폐유기용제를 정제하여 정제유기용제로 판매하는 하고자 하는 경우 폐기물관리법 제25조의 규정에 따라 폐기물처리업(재활용전문) 허가를 득한 후 정제유기용

제 공급계획서(사용시설 · 공급량 · 공급기간을 포함되어야 함)를 관할 유역(지방) 지방환경청에 제출하여야 합니다.

나. 정제유기용제를 공급 시 변경되는 사항에 대하여는 변경승인을 득한 후 공급하여야 합니다. 다만, 공급기간 등 사업자와 계약상의 자동연장 부분은 계약상의 관계이며, 이로 인한 공급계획서의 변경하여야 할 사안은 변경신고를 하여야 합니다.

2-2-455 폐기물수탁재활용관리대장 기재요령(2008-11-18)

[질의] '폐기물수탁재활용 관리대장<별지 제45호 서식>' 작성 방법은?

[회신] 폐기물재활용 신고자의 폐기물수탁재활용 관리대장의 작성은 폐기물의 종류별로 분리하여 작성하여야 함으로 반입되는 폐기물의 종류별(폐합성수지 중 사업장생활계, 배출시설계, 건설폐기물 등)로 작성하여야 합니다. 또한 수탁받아 재활용하는 경우 수탁폐기물보관량만 작성하시면 됩니다.

2-2-456 사업장폐기물의 에너지회수기준(2008-11-20)

[질의] 소각시설에서 에너지회수기준과 관련하여 재활용(소각)신고필증상에 기재되어 있는 소각량만 에너지회수기준에 맞으면 되는지, 아니면 자체에서 발생되어 소각하고 있는 폐기물의 경우도 에너지회수기준을 준수하여야 하는지 여부? 폐기물관리법 에너지회수기준에 의하면 '폐기물의 저위발열량 3천키로칼로리 이상'으로 규정하고 있는데, 3가지의 폐기물이 혼합되어 있는 경우 각각의 저위발열량을 테스트하여야 하는지 여부?

[회신] 가. 다른 사람의 사업장폐기물을 에너지회수기준에 맞게 회수할 경우 폐기물관리법 제46조 및 동법 시행규칙 제3조에 따라 재활용신고가 가능하며, 해당 시설에 투입되는 폐기물은 에너지회수기준을 만족하여야 합니다.

나. 폐기물관리법 시행규칙 제3조에 따라 대상 폐기물은 다른 물질과 혼합하지 아니하고 해당 폐기물의 저위발열량이 킬로그램당 3천킬로칼로리 이상이어야 하며, 2가지 이상의 가연성폐기물을 소각할 경우 각각의 폐기물 저위발열량이 킬로그램당 3천킬로칼로리 이상이어야 합니다.

2-2-457 건조슬러지 에너지회수기준 관련 질의 (2008-12-02)

[질의] '에너지회수효율 측정검사성적서'의 ⑧ 에너지회수대상 폐기물 종류 및 저위발열량, ⑨ 에너지회수효율 두 항목 모두 적합일 경우 「폐기물관리법시행규칙」 제3조 제1항 제1호(저위발열량) 및 제2호(에너지회수효율) 모두를 만족한다고 보아야 하는지 여부? 하수슬러지를 건조하여 생산된 건조슬러지를 에너지회수기준에 맞게 활용이 가능한지 여부?

[회신] 가. 폐기물관리법 시행규칙 제3조 및 환경부고시 제2009-66호에 따라 에너지회수대상 폐기물은 다른 폐기물과 혼합하지 아니하고 각각의 폐기물의 저위발열량이 3,000kcal/kg 이상, 에너지회수효율이 75% 이상으로 구정되어 있으며, 에너지회수대상 폐기물의 저위발열량 기준은 내·외브 반입폐기물과 관계없이 최소 3,000kcal/kg 이상이어야 합니다.

나. 하수처리장의 건조시설에서 생산된 건조슬러지의 경우 1차 가공된 폐기물로서 단일재질 폐기물에 해당되어 에너지회수기준 대상 폐기물에 해당합니다.

2-2-458 무기성 오니의 골재야적장 원상복구시 사용 가능성(2008-12-12)

[질의] 석분(5mm 이하)을 세척하여 골재(모래)를 생산하는 과정에서 함수율 70% 이하로 탈수된 무기성 오니가 발생되며, 일부 저지대 및 경사면을 원상복구하기 위해 상기 내용의 일반 무기성 오니의 사용이 가능한지 여부?

[회신] 폐기물관리법 제46조 및 동법 시행규칙 제66조 제3항 [별표 15] 제2조의 규정에 따라 석산에서 채석 후 비금속광물 분쇄시설 및 토사세척시설에서 발생하는 무기성 오니(폐석분토사)를 수분함량 70퍼센트 이하로 탈수·건조하여 일반 토사류나 건설폐재류를 부피기준으로 50퍼센트 이상 혼합하여 관계법령에 따라 인·허가된 건축토목공사의 성토재, 복토재 등으로 사용하는 경우 폐기물재활용 신고대상에 해당합니다.

2-2-459 폐수종말처리장 슬러지의 지렁이를 위한 퇴비화 방법(2008-12-13)

[질의] 폐수종말처리장에서 발생하는 슬러지를 지렁이 사육을 위한 토지개량제 및 매립시설 복토용도로의 재활용이 가능한지 여부?

[회신] 가. 유기성 오니를 이용하여 지렁이를 사육하기 위하여 유기성 오니 등을 토지개량제 및 매립시설 복토 용도로의 재활용 방법에 관한 규정(환경부고시 제2007-105호, 2007.7.6) [별표 3]의 규정에 따른 부숙토 원료기준에 적합한 폐기물과 유기

성 오니를 원료로 사용하고자 할 때에는 [별표 2]의 부숙토 원료로 사용 가능한 폐기물에 적합한 유기성 오니를 사용하여야 합니다.

나. 또한, 슬러지 중 유기성 오니를 퇴비로 사용하는 방법은 폐기물관리법 시행규칙 제66조 제3항 [별표 16] 제5호, 제13호의 규정을 참고하시기 바랍니다.

2-2-460 음식물처리업체에서 음식물폐기물을 사료로 재활용시 사료제조증 필요 여부(2008-12-15)

[질의] 재활용 신고를 하고 농장에서 음식물폐기물을 음식물사료로 자가 소비하는 경우 사료제조등록증이 필요한지 여부?

[회신] 폐기물관리법 시행규칙 제66조 제3항 [별표 16] 제5호의 규정에 따라 다른 사람의 사업장폐기물인 동·식물성 잔재물, 유기성 오니, 음식료품의 제조·유통 및 사용과정에서 발생하는 잔재물을 농경지의 퇴비나 가축의 먹이로 사용하는 경우(다만, 재활용하는 자의 농경지 및 가축에 사용하는 경우만 해당하며, 비용을 받는 경우는 제외한다) 폐기물재활용 신고에 해당합니다. 따라서 다른 사람의 음식물폐기물을 자가 소비하는 농장(농가)에서 재활용 신고하는 경우에는 사료제조업등록증이 필요하지 않습니다.

2-2-461 포장용 플라스틱 및 스폰지 사업장 간 이동하여 재활용 가능 여부(2008-12-22)

[질의] 국내에 1, 2공장을 가진 업체가 1공장에서 발생한 플라스틱 보호 케이스와 스폰지를 폐기물로 처리하지 않고 2공장으로 이동하여 동일한 용도로 재활용이 가능한지 여부?

[회신] 동일한 법인과 사업자등록번호 및 대표자가 동일한 경우 동일한 회사의 공장에서 사용하고 남은 보호상자, 스폰지 등을 동일한 회사의 다른 공장에서 재사용하는 경우에는 폐기물의 재사용에 해당하지 않습니다.

2-2-462 재활용된 제강슬래그 파쇄골재의 공유수면 현장 사용 가능성(2008-12-31)

[질의] 철강사에서 발생되는 제강슬래그에 대하여 재활용 신고를 필하고 환경표지 인증을 득한 업체가 생산한 한국공업규격 KSF2535 규격에 적합한 제강슬래그 파쇄골재를 공유수면 현장에 가도용 및 매립 토사용 등 건설자재로 이용이 가능한지 여부?

[회신] 철강슬래그를 폐기물관리법 시행규칙 제66조 제3항 [별표 16] 제2호 및 철강슬래그 및 석탄재 배출사업자의 재활용지침의 규정에 따라 한국산업규격 KSF2535 규격에 적합한 골재를 생산한 것은 재활용제품에 해당함으로 사용이 가능합니다.

2-2-463 3등급 폐목재 재활용 방법(2008-12-31)

[질의] 지장물해체 과정에서 발생하는 3등급의 폐목재 및 부두에서 발생한 방역처리된 3등급 폐목재의 처리 방법은?

[회신] 가. 폐기물관리법 시행규칙 [별표 16] 제12호, 폐목재의 분류 및 재활용기준(환경부고시 제2008-147호)에 따라 3등급의 폐목재를 에너지회수기준에 적합하게 재활용하고자 할 경우, 동법 시행규칙 제3조 제1항 각 호를 모두 충족하여야 합니다.

나. 하천시설 등에서 사용된 방부처리된 목재의 경우 3등급으로 분류되어 열분해·가스화 연료, 에너지회수 등으로 재활용이 가능합니다.

다. 폐기물관리법 시행규칙 [별표 5] 제3호 라목 2) 가)의 규정에 따라 폐목재류는 소각처리할 수 있습니다.

2-2-464 유기성 오니(하수슬러지+음식물폐기물)의 복토재 사용 가능성(2009-01-02)

[질의] 부숙공정 없이 고화처리한 하수슬러지+음식물폐기물을 매립장 복토재로 사용이 가능한지 여부 및 건조처리 후(함수율 40%) 매립장 복토재로 활용이 가능한지 여부?

[회신] 가. 폐기물관리법 시행규칙 [별표 5] 제2호 다목 5)에 음식물류 폐기물을 환경부장관이 정하여 고시하는 용도 및 방법에 따라 매립시설 복토용 또는 토지개량제로 사용할 수 있다고 규정하고 있습니다. 따라서 보다 구체적으로 정하고 있는 음식물류 폐기물의 처리기준을 따라야 할 것입니다.

나. 하수슬러지 등 유기성 오니나 음식물류 폐기물을 폐기물관리법 시행규칙 제66조 제3항 [별표 16] 제13호 및 유기성 오니 등을 토지개량제 및 매립시설의 복토용도로의 재활용 방법에 관한 규정(환경부고시 제2007-105호)에 따라 부숙토를 생산하여 매립시설의 복토용으로 사용하는 경우 폐기물재활용 신고대상에 해당합니다.

2-2-465 방수재가 묻어 있는 깡통의 재활용 여부(2009-01-06)

[질의] 방수재를 담았던 깡통 내부에 방수재가 묻어 있는 경우 고철로서 재활용이 가능한지 여부?

[회신] 사업장폐기물이 발생시부터 2개 종류 이상의 폐기물이 혼합되어 있을 경우에는 처리가 어려운 폐기물의 분류에 따라야 합니다. 우레탄 성분의 방수재가 혼합되어 있는 용기는 폐합성수지류 폐기물로 분류하여야 합니다.

2-2-466 폐기물관리법상 에너지회수기준(2009-01-13)

[질의] 에너지회수율을 산정하는 기준은?

[회신] 가. 폐기물관리법 시행규칙 제3조 제1항 제2호 및 환경부고시 제2005-85호(에너지 회수기준의 검사방법 및 절차 등에 관한 규정)에 따라 열회수효율을 검사하면 되며, 손실에너지는 전체 투입에너지에서 회수되는 에너지를 제외한 부분임에 따라 별도로 계산이 필요치 않습니다.

나. 열회수효율은 투입에너지 대비 얼마만큼 완전연소를 하여 에너지를 회수하느냐 하는 것이며, 강열감량 면제사업장 여부와 관계없이 고시에 명시된 산출식에 따라 회수효율을 산정하면 됩니다.

2-2-467 하수슬러지 고화처리 후 복토재로 사용 가능성(2009-01-15)

[질의] 하수슬러지를 부숙공정이 아닌 단순 고화처리 후 매립처리장 중간 또는 최종 복토재로 사용이 가능한지?

[회신] 하수슬러지를 고화처리한 폐기물은 폐기물관리법 시행규칙 제66조 제3항 [별표 16] 제2호의 성토재 또는 복토재로서 재활용용도 및 방법에 해당하지 않으므로 매립장의 중간 또는 최종 복토재로 사용이 불가합니다.

2-2-468 고형연료제품(WCF, 폐목재 고형연료제품) 사용시설에 대한 질의(2009-01-19)

[질의] 폐목재 고형연료제품(WCF)을 연료로 사용이 가능한 보일러시설은?

[회신] 폐목재의 고형연료제품(WCF)을 사용하여 연료로 이용하고자 하는 경우 「자원의 절약과 재활용촉진에 관한 법률」 제25조의2 및 동법 시행규칙 제20조의3에서 규정하고 있는 규모 이상의 시멘트 소성로, 발전시설, 지역난방시설, 산업용보일러, 제철소 로(爐), 고형연료제품 전용보일러에서 고형연료제품 사용이 가능합니다.

2-2-469 임목폐기물, 폐목재 재활용(2009-01-30)

[질의] 다른 사람의 사업장폐기물에 대하여 폐기물재활용 신고가 가능한지 여부 및 고형연료 제품의 재활용 가능성은? 골프장에서 가지 치기한 나뭇가지를 재활용 신고 안한 인근 농장에 땔감으로 줄 수 있는지 여부?

[회신] 가. 폐기물관리법 제46조의 규정에 따라 다른 사람의 사업장폐기물에 대하여 폐기물재활용 신고가 가능하며, 폐목재를 이용하여 만든 고형연료(WCF)제품은 폐목

재의 1, 2등급의 경우 재활용이 가능합니다. 또한 폐목재의 재활용 신고 시 폐목재의 등급별 분류기준은 환경부고시 제2008-147호(2008.10.21)의 폐목재 발생원·종류별 등급분류표를 참고하여 관할 지자체에서 판단하시면 됩니다.

나. 폐기물관리법 시행규칙 제10조에 페인트, 기름, 방부제 등이 묻어 있지 않은 나뭇가지는 연료용(노천에서 소각하는 경우는 제외)으로 사용할 수 있도록 규정하고 있습니다. 따라서 재활용 신고를 하지 않은 농가 등에서 연료용으로 사용할 경우에는 이를 처리할 수 있습니다.

2-2-470 사업장에서 발생한 폐목재의 사업장내 연료용 사용 가능성(2009-01-31)

[질의] 사업장에서 발생하는 사업장배출시설계 폐기물인 폐목(원목으로 본드 등이 묻어 있지 않음)을 사업장내 나무보일러에서 태울 수 있는지 여부?

[회신] 페인트, 기름, 방부제 등이 묻지 아니한 목재는 연료용으로 사용할 수 있으나, 래커 등이 묻어 있는 경우에는 보일러에 사용할 수 없습니다.

2-2-471 폐식용유 재활용 절차(2009-02-03)

[질의] 폐식용유를 수집·운반하여 재활용하려는 경우 관련 행정절차는?

[회신] 생활폐기물인 폐식용유를 수집·운반하여 재활용하고자 하는 경우, 폐기물관리법 시행령 제8조 규정의 생활폐기물처리 대행자(폐기물처리업자, 폐기물재활용 신고자)로 지정되는 경우 재활용이 가능합니다.

2-2-472 폐기물재활용 실적보고서 작성 방법(2009-02-04)

[질의] 상호가 변경된 경우 폐기물재활용 실적보고시 상호 변경 전후의 상호 중 어느 것으로 보고해야 하는지?

[회신] 폐기물관리법의 규정에 따라 폐기물재활용 실적보고를 작성하는 경우 현재의 폐기물재활용 신고증상의 사업장 이름으로 작성하여야 합니다.

2-2-473 폐플라스틱 및 폐비닐류를 이용한 재생유 판매시 관련 행정절차(2009-02-11)

[질의] 폐플라스틱 및 폐비닐류 등을 이용한 재생유 생산설비를 가동하여 여기에서 추출된 재생유를 판매(법인이나 기타 단체, 개인 등) 하려고 계획 중인 경우 관련 행정절차는 무엇인지?

[회신] 폐플라스틱을 열분해시켜 생산하고자 하는 유류는 「자원의 절약과 재활용촉진에 관한 법률 시행규칙」 [별표 1] 제4호에서 폐플라스틱을 사용하여 제조한 유류(폐기물관리법 시행규칙 [별표 5] 제4호의 규정에 의한 폐유를 정제연료유로 재활용하는 경우 기준에 적합한 것이어야 한다)에 해당하며, 폐기물관리법 시행규칙 제32조 [별표 8] 및 「정제연료유 등의 공급계획서작성 및 제출방법」(환경부고시 제2007－36호)의 규정에 의거 "폐유를 정제연료유로 재활용하는 자가 직접 사용자에게 정제연료유를 판매하여야 하며, 폐유를 정제연료유로 재활용하는 자, 폐유기용제를 정제유기용제로 재활용하는 자, 폐유 등을 재생연료유로 재활용하는 자, 폐오일필터를 파쇄·정제(증류)하여 고철로 재활용하는 자가 각각 정제연료유, 정제유기용제, 재생연료유, 고철을 사용시설에 공급하고자 할 때에는 각각의 별지 서식의 계획서를 작성하여 폐기물처리업의 허가를 받은 지방 환경관서의 장에게 제출 후 공급하여야 한다. 계획서를 변경하고자 하는 때에도 또한 같다"로 규정하고 있습니다.

2－2－474 폐잔디 복토용·성토용으로 재활용 가능성(2009－02－17)

[질의] 공사현장에서 발생하는 폐잔디를 복토용 또는 성토용으로 재활용이 가능한지 여부?

[회신] 폐기물이 1일 300kg 이상 발생하는 경우 토목공사에서 발생하는 잔디예초물(식물성 잔재물)은 사업장폐기물에 해당하며, 폐기물관리법 제46조 제1항 제6호 및 동법 시행규칙 제66조 제3항 [별표 16] 제5호의 규정에 의거 잔디예초물(식물성 잔재물)을 농경지의 퇴비로 농민이 직접 사용하고자 하는 경우 폐기물재활용 신고대상에 해당되나, 잔디예치물은 성토·복토재의 재활용대상 폐기물에 해당하지 않습니다.

2－2－475 고형연료제품의 품질기준 및 사용처(2009－02－19)

[질의] 유기성폐기물을 이용한 고형연료제품에 대한 연료기준이 있는지 여부 및 고형연료제품의 사용처는?

[회신] 가. 「자원의 절약과 재활용촉진에 관한 법률」 제25조의2, 3 및 동법 시행규칙 제20조의3 [별표 7]의 규정에 고형연료제품의 품질·등급기준을 규정하고 있습니다. 다만, 폐기물관리법 시행규칙 제66조 제1항 제1호 및 「자원의 절약과 재활용촉진에 관한 법률」 제2조 제5호, 동법 시행규칙 제2조에 의한 재활용제품 중 국가공인기관으로부터 제품인증(한국산업규격표시(KS), 우수재활용제품(GR). 환경마크 등)을 받은 경우 고형연료로서 사용이 가능합니다.

나. 또한 「자원의 절약과 재활용촉진에 관한 법률 시행규칙」 제20조의3 규정에 따라

폐기물의 고형연료제품은 시멘트 소성로, 고형연료제품 전용발전시설 및 10MW 이상인 화력발전소 등으로 제한하고 있습니다.

2-2-476 정제유의 판매처(2009-02-23)

[질의] 정제유의 판매처 또는 공급처?

[회신] 폐기물관리법 시행규칙 [별표 8] 제3호 다목의 규정에 따라 폐유를 정제연료유로 재활용하는 자는 이를 직접 연료로 사용하는 자 또는 정제연료유를 원료로 사용하여 열분해 또는 감압증류 방법 등으로 고품질의 정제연료유를 생산하는 자에게 공급하여야 합니다.

2-2-477 고형연료제품 전용보일러(2009-03-03)

[질의] 고형연료제품 전용보일러에서 고형연료제품 사용량의 법적 기준은?

[회신] 가. 고형연료제품을 사용하는 업체의 경우 「대기환경보전법」 제23조에 따라 사용하는 연료가 변경되었을 경우 배출시설의 변경허가 또는 신고를 득하여야 하며, 변경 시 관련 인·허가는 지자체 조례 등에 따라 변경허가 및 신고가 가능합니다. 또한, 관련 인·허가에 따라 고형연료제품 사용신고 변경도 가능합니다.

나. 「대기환경보전법 시행규칙」 제5조에 의한 대기오염물질 배출시설 중 공통시설로 시간당 증발량이 0.5톤이거나 열량이 309,500kcal인 보일러시설을 규정하고 있음을 알려드립니다.

다. 「자원의 절약과 재활용촉진에 관한 법률 시행규칙」 제20조의3에 의한 고형연료제품 전용보일러는 스팀 사용량이 아닌 고형연료제품 사용량이 400kg/h 이상 또는 연속가동 시 200kg/h 이상인 시설로 규정하고 있습니다.

라. 참고로 고형연료제품을 제조하는 경우 산업분류 코드는 비금속원료 재생업(38302)에 해당합니다.

2-2-478 폐비닐류의 재활용 방법 및 절차(2009-03-04)

[질의] 투명·불투명(필름류는 아님) 비닐류를 단순압축 후 가공회사에 납품하고자 합니다. 폐비닐을 제공하는 회사에서 사업장폐기물에 해당하기 때문에 재활용신고필증을 요구하는데, 해당 구청에서 단순압축은 가공과정이 아니므로 재활용신고필증을 해줄 수 없다고 하는 경우 폐비닐을 수거·운반하기 위한 방법은 무엇인지?

[회신] 폐기물관리법 제25조 제1항 및 동법 시행규칙 제28조 제1항에 따라 폐기물중간처리업 허가를 득한 후 폐비닐을 수집·운반 및 중간처리 후 가공회사에 원료로 납품이 가능합니다.

2-2-479 음식물류 폐기물의 동물먹이로 재활용 가능성(2009-03-05)

[질의] 위탁급식영업 사업장에서 발생하는 음식물쓰레기를 동물의 먹이로 재활용이 가능한지 여부?

[회신] 폐기물관리법 제46조 제1항의 규정에 의한 방법으로 재활용 하는 폐기물재활용 신고자에게 위탁처리가 가능하며, 사업장생활계 폐기물인 음식물류 폐기물을 재활용 과정을 거치지 아니하고 동물에게 먹이로 공급하여서는 아니됩니다.

2-2-480 대기집진기(백필터)에서 발생되는 비산분진의 자가 재이용 가능성(2009-03-05)

[질의] 석회석을 소성할 때 발생되는 비산분진을 100% 연료로 재이용하는 경우 사업장폐기물 신고대상에 해당하는지 여부?

[회신] 가. 비산분진이 생산라인 외부로 배출되지 아니하고 관로 등에 의하여 연속라인으로 생산공정에 투입될 경우에는 폐기물로 보지 않을 수 있으나, 외부로 배출되었을 경우에는 폐기물로 관리하여야 합니다.

나. 폐기물을 자체적으로 재사용하고자 할 경우에는 사업장폐기물 배출자 신고서에 처리방법을 자가 재활용으로 신고하고 사업장폐기물관리대장을 작성하여야 합니다.

2-2-481 고체연료제품 전용보일러의 환경영향평가 대상 여부(2009-03-06)

[질의] 고체연료를 시간당 5톤을 사용하는 전용보일러를 설치 시 환경영향평가 실시대상인지 여부 및 WCF의 경우 공급자가 고체연료시험성적서가 없는 경우 사용자가 고체연료 시험을 수행하여 사용할 수 있는지 여부?

[회신] 가. 「자원의 절약과 재활용촉진에 관한 법률 시행규칙」 제20조의3에 의한 고형연료제품 전용보일러의 경우 폐기물관리법 시행령 제5조에 의한 폐기물처리시설에 해당되지 않으며, 「환경·교통재해 등에 관한 영향평가법 시행령」 [별표 1]에 의한 환경영향평가 대상에 해당되지 않습니다.

나. 폐목재 고형연료제품(WCF)은 「자원의 절약과 재활용촉진에 관한 법률」 제25조

의3에 따라 제조하여 공급하려는 자가 인증기관으로부터 품질등급인증을 받아야 제품으로서 사용이 가능함을 알려드립니다.

다. 폐목재 고형연료제품(WCF)은 「자원의 절약과 재활용촉진에 관한 법률」 제25조의2에 따른 시설에서 사용 가능함을 알려드립니다

2-2-482 폐자동차의 재활용 방법과 기준(2009-03-11)

[질의] 폐자동차의 재활용 방법과 기준을 준수하기 위하여 사업장 전체면적을 차단하여 옥내시설을 갖추어야 하는지, 아니면 일정면적(작업장)만 옥내시설을 갖추어도 되는지 여부 및 시설기준을 준수하지 못하는 경우 행정처분 대상인지 여부?

[회신] 가. 「전기·전자제품 및 자동차의 자원순환에 관한 법률 시행령」 [별표 7]에 따라 자동차 폐차업자는 폐차의 해체, 부품의 회수, 회수한 부품의 수리·세척 및 보관은 지붕과 벽으로 차단된 실내에서 하도록 정하고 있습니다. 즉, 해체작업 및 부품 재활용 등이 이루어지는 지역과 해체된 부품을 저장하는 지역을 의미합니다.

나. 「전기·전자제품 및 자동차의 자원순환에 관한 법률 시행령」에 따른 시설기준을 준수하지 못하는 경우에는 동법 제45조 제2항 제4호에 따라 과태료가 부과됩니다.

2-2-483 도자기 편류(폐타일)의 재활용 가능성(2009-03-19)

[질의] 타일을 생산하는 업체에서 생산과정 중 발생하는 도자기 편류(3급품)를 수입대체 원료로 재활용하는 업체로 판매하고자 하는데, 허가가 없는 재활용 업체도 재활용이 가능한지?

[회신] 사업장폐기물 배출자는 폐기물관리법 제25조 제3항의 규정에 의한 폐기물처리업 허가를 받은 자 또는 동법 제46조 제1항의 규정에 의한 폐기물재활용 신고자에게 폐기물을 위탁처리하여야 합니다.

2-2-484 슬러지 및 석탄재를 시멘트 원료로 재활용에 대한 질의(2009-03-19)

[질의] 타 사업장의 슬러지를 운반해 와서 혼합시설을 이용하여 플라이애쉬와 혼합하여 시멘트 원료로 재활용하고자 하는데 폐기물재활용 신고대상이 되는지 여부? 유기성 오니를 규격표시인증을 받은 보도블럭 등 경량골재를 제조하거나 또는 시멘트공장의 원료로 사용하거나 탄화시켜 재활용제품의 원료로 사용하는 경우에 유기성 오니를 꼭 고형화하거나 고화처리해야 하는지 여부?

[회신] 가. 사업장폐기물인 오니와 석탄재를 시멘트 원료로 사용할 경우, 폐기물관리법에 동 폐기물의 혼합 사용 금지에 관한 규정이 없습니다.

나. 폐기물관리법 제46조 제1항의 규정에 의한 폐기물재활용 신고자는 폐기물관리법 시행규칙 제66조 제3항 [별표 16] 제21호의 규정에 따라 유기성 오니(지정폐기물은 제외)를 고형화 또는 고화처리 없이 시멘트 원료로 사용할 수 있습니다.

다. 석탄재를 이용「산업표준화법」제15조에 따라 인증 받은 제품을 제조하고자 할 경우, 폐기물관리법 제46조 제1항의 규정에 따라 폐기물재활용 신고대상입니다.

2-2-485 폐자동차의 재활용 방법과 기준(2009-03-24)

[질의] 폐자동차의 재활용 방법과 기준은 무엇이며, 해체작업장이 꼭 지붕으로 덮여 있으면서 사면이 벽으로 둘러쌓여야 하는지 여부?

[회신] 가.「전기·전자제품 및 자동차의 자원순환에 관한 법률」제26조 및 동법 시행령 [별표 7]에서는 폐자동차의 재활용 방법과 기준을 정하고 있으나, 옥내시설의 규모는 따로 정하고 있지 않습니다.

나. 따라서 회수한 부품의 수리·세척 공정이 없는 경우 따로 수리·세척을 위한 공간을 확보할 필요는 없으나, 폐차의 해체, 부품의 회수 등 일련의 폐차과정이 이루어지는 작업장은 바닥에 고여 있는 기름성분 등이 우수와 함께 외부로 유출되지 않도록 빗물 등의 유출·입을 차단할 수 있는 시설을 갖추어야 합니다.

다. 또한, 비가 오는 경우 해체작업을 진행하지 않는다 하더라도 토양에 유출된 오염물질은 빗물과 함께 외부로 유출될 수 있으므로 해체작업을 야외공간에서 진행하는 것을 단서조항에 해당하는 것으로 볼 수 없습니다.

2-2-486 폐전선의 재활용 가능성(2009-03-26)

[질의] 폐전선은 폐합성수지계열로 분류되고 있는데, 폐합성수지의 경우 중간처리업의 허가를 득하고, 영업대상폐기물 신고가 된 위탁처리업체로 위탁하여야 하는지?

[회신] 폐기물관리법 시행규칙 [별표 16] "폐기물의 재활용 방법 및 기준"에는 폐전선을 재활용하는 방법이 없으므로, 폐전선을 중간 처리할 수 있는 처리업자에게 위탁처리하여야 할 것입니다.

2-2-487 가연성폐기물 소각 후 발생하는 열에너지의 재활용시 행정절차(2009-03-26)

[질의] 가연성폐기물을 소형 소각시설에 소각을 한 후, 소각로에서 소각 시 발생되는 열에너지를 온수 및 스팀 공장 생산라인에 연결하여 재활용하고자 할 때, 인·허가 또는 신고사항의 절차는?

[회신] 가. 사업장폐기물 배출자가 그의 사업장에서 발생하는 폐기물을 스스로 재활용하는 경우 재활용 신고대상에서는 제외되나, 재활용신고자에 준하여 재활용되어야 합니다.

나. 따라서 폐기물관리법 시행규칙 제66조 제3항 [별표 16] 제1호의 규정에 따라 가연성 고형폐기물을 동법 시행규칙 제3조에 따른 에너지회수기준에 맞게 사업장폐기물 배출자 스스로 재활용할 수 있습니다.

2-2-488 수입제품의 목재 받침목을 재활용하기 위한 절차 및 방법(2009-03-31)

[질의] 철제품 수입시 사용되어진 목재 받침목이 전량 사업장폐기물 배출자 신고를 거쳐 폐기물로 처리되고 있는데, 기존에 폐기되고 있는 목재 받침목을 재활용하고자 하는 경우 절차 및 방법은?

[회신] 가. 폐기물관리법 제2조 제1호의 규정에 따라, 사람의 생활이나 사업활동에 필요하지 아니하게 된 물질이 폐기물에 해당합니다. 따라서 목재 받침목을 원형 그대로 목재 받침목으로 다시 활용되는 경우에는 폐기물에 해당되지 않습니다.

나. 다만, 목재 받침목으로 활용할 필요가 없어 폐기물로 처리하고자 하는 경우, 폐기물관리법 제18조 제1항의 규정에 따라 사업장폐기물 배출자는 폐목재를 스스로 처리하거나, 폐기물처리업의 허가를 받은 자 또는 폐기물을 재활용하는 자에게 위탁처리하여야 합니다.

2-2-489 분진과 슬러지의 혼합 재활용 가능성(2009-04-03)

[질의] 금속제조업에서 발생하는 각 공장별 집진기 분진 및 처리장 슬러지를 함철과 비함철로 구분한 후 혼합(분진+슬러지)하여 자체처리(고형화) 후 제철 및 제강 제품의 원료(함철) 및 사업장내 투기장 투입용 블럭(비함철)으로 재활용하려고 하는데, 분진과 슬러지를 혼합처리하는 것이 가능한지 여부?

[회신] 가. 사업장폐기물 배출자가 그의 사업장에서 발생하는 분진을 스스로 재활용하는 경우, 폐기물관리법 시행규칙 제66조 제3항 [별표 16] 제6호의 규정에 따라 가

공하여 사용할 수 있습니다.

나. 반면, 폐수처리시설에서 발생하는 오니를 금속제품의 원료 등으로 재활용하는 방법은 폐기물관리법 시행규칙 [별표 16]의 규정에 의한 재활용 용도 및 방법에 해당하지 않으므로 폐기물처리업자 등에게 위탁처리하여야 합니다.

2-2-490 과자봉지 등 비닐봉지의 재활용 가능성(2009-04-13)

[질의] 과자봉지, 라면봉지 등 비닐(PP)류가 재활용품에 해당하는지 여부?

[회신] 과자봉지 등 필름류 포장재는 「자원의 절약과 재활용촉진에 관한 법률」 제16조 및 동법 시행령 제18조에 따라 2004년부터 재활용의무대상 포장재에 포함되어 지자체에서 분리수거하고 있으며, 고형연료제품(RPF) 및 재생원료 등으로 재활용되고 있습니다.

2-2-491 RPF 전용보일러시설에서의 고체연료 혼소 가능성(2009-04-16)

[질의] 고형연료 전용시설에서 사업장에서 발생하는 순수 나무의 파쇄 공정의 "우드칩" 및 순수나무의 톱질공정의 "나무분진"을 고형연료 전용시설에 혼소가 가능한지 여부?

[회신] 가. 「자원의 절약과 재활용촉진에 관한 법률 시행규칙」 제20조의3에 의한 시설에서 사용이 가능하나, 고형연료제품이외 연료는 「대기환경보전법」에서 규정한 고체연료 사용 금지 및 청정연료사용의무화지역에서는 혼소가 불가합니다.

나. 폐목재의 경우 폐기물처리시설 또는 재활용시설로 설치 승인을 받은 시설에서 처리해야 하며, 고형연료제품 사용시설에서 폐목재를 사용하고자 할 경우 「자원의 절약과 재활용촉진에 관한 법률 시행규칙」 [별표 7]의 품질기준을 만족하는 고형연료제품(WCF)으로 인증받은 후 사용 가능합니다.

다. 고형연료제품(RDF, RPF) 전용시설은 「대기환경보전법시행규칙」 [별표 8]에 따라 해당 시설의 연료사용량 중 고형연료제품 비율이 30% 이상인 시설이므로 고형연료제품 외 연료는 전체 연료사용량의 70% 미만까지 사용이 가능합니다.

2-2-492 중고 복사기·프린터의 수출시 재활용실적 인정 가능성(2009-04-16)

[질의] 중고 복사기 유통·수입업자가 사용이 끝난 장비를 중고 복사기/프린터 수출업자에게 판매하는 경우 중고 복사기 유통·수입업자가 재활용실적으로 인정받아 환경부담금 부과를 면제받을 수 있는지 여부?

[회신] 「전기 · 전자제품 및 자동차의 자원순환에 관한 법률」 제12조 제1항 및 동법 시행령 제12조 제5항에 따른 고시(환경부고시 제2008-43호)에서 재사용목적의 수출은 개인용 컴퓨터모니터로 한정하고 있어 재활용실적으로 인정하기 곤란합니다.

2-2-493 폐석분의 채석지역 적지복구용 채움재로 사용 가능성(2009-04-17)

[질의] 석분오니(무기성 오니)를 고효율 탈수처리시설을 운영하여 수분함수율 30% 이하로 탈수 · 배출하는데, 폐석분(무기성오니)을 폐기물관리법 시행규칙 [별표 16] 제22호에 의한 채석지역의 적지 복구용 채움재로 재활용이 가능한지 여부?

[회신] 폐기물관리법 시행규칙 제66조 제3항 [별표 16] 제22호의 규정에 따라 석산에서 채석시 발생한 폐석분 토사(수분함량 30퍼센트 이하로 탈수 · 건조한 것만 해당)를 채석지역내 하부복구지 · 저지대 등의 채움재로 사용이 가능합니다.

2-2-494 재활용제품 생산 후 국가기관인증을 득한 경우 재활용제품 인정 가능성(2009-04-17)

[질의] 하 · 폐수처리 오니를 주원료로 사용하여 재활용 신고 후 재활용제품을 생산할 경우 환경마크, GR마크, KS 또는 신기술 인증 등을 득할 경우 재활용제품에 해당되는지 여부?

[회신] 가. 폐기물관리법 시행규칙 제66조 제1항의 규정에 의한 재활용제품은 국가기관의 인증(KS 인증, GR 마크, 환경마크)을 받은 제품을 의미합니다.

나. 「환경기술 개발 및 지원에 관한 법률」에 의한 환경신기술인증의 경우, 기존 기술 대비 신규성(신규 · 진보성, 차별성, 기존 기술과의 유사성, 후속연구의 필요성, 파급성) 및 우수성(기술성능, 현장 적용성, 환경 관련 법규 준수 여부)을 평가하고 있으나, 폐기물을 재활용하여 생산한 재활용제품의 환경유해성, 품질기준 등에 대해서는 평가를 실시하지 않고 있습니다.

다. 따라서 신기술 인증을 받아 생산된 제품에 대해 국가기관의 품질인증을 득한 경우 재활용제품으로 인정이 가능할 것으로 판단됩니다.

2-2-495 감압증류 방식의 정제연료유의 공급 가능성(2009-04-20)

[질의] 감압증류 정제연료유를 박리제(콘크리트이형제) 및 방청제(철의 녹방지 윤활유) 윤활유 원료로 공급하는 것이 가능한지 여부?

[회신] 폐기물관리법 시행규칙 제32조 [별표 8] 제3호 다목의 규정에 따라 폐유를 정제연

료유로 재활용하는 자는 이를 직접 연료로 사용하는 자 또는 정제연료유를 사용하여 열분해 또는 감압증류방법 등으로 고품질의 정제연료유를 생산하는 자에게만 공급하여야 합니다.

2-2-496 불용 컴퓨터 수거 및 재활용시 관련 절차(2009-04-23)

[질의] 불용 컴퓨터 수거 및 재활용(수출)사업을 하려는 경우 관련 인·허가 절차는?

[회신] 가. 폐기물로 배출되지 아니하고 중고품으로 유통되는 것은 폐기물에 해당하지 않으므로 중고품을 직접 사용하는 경우 및 중고품 판매장에 판매하는 경우 폐기물관리법 적용대상에 해당하지 않습니다. 따라서 중고 컴퓨터를 구입하는 행위는 폐기물관리법 제46조 제1항의 규정에 의한 폐기물재활용 신고대상에 해당되지 아니합니다.

나. 다만, 폐기물관리법 시행규칙 제66조 제3항 [별표 16] 제15호의 규정에 따라 사업장폐기물 배출자가 폐기물로 배출한 폐가전제품(컴퓨터 포함)을 수리·수선하여 다시 사용할 수 있는 상태로 만드는 경우 폐기물관리법 제46조 제1항의 규정에 따라 관할 지방자치단체에 폐기물재활용 신고를 하여야 합니다.

2-2-497 폐유기용제 재활용 관련 절차(2009-04-27)

[질의] 폐유기용제인 부동액(에틸렌글리콜)을 카센터 등에서 수거하여 정제유기용제를 생산한 후 자체 시설에서 사용하고자 하는 경우에도 정제유기용제공급계획서를 작성하여 관할 환경청에 제출하여야 하는지 여부?

[회신] 가. 폐기물관리법 시행규칙 제32조 [별표 8] 제3호 라목의 규정에 따라 폐유기용제로 정제유기용제를 생산하는 자는 정제유기용제에 대한 공급계획서(사용시설·공급량·공급기간 포함)를 작성하여 관할 지방환경관서의 장에게 제출한 후 공급하여야 합니다. 제출한 사항을 변경하고자 할 경우에도 또한 같습니다.

나. 참고로, 폐기물관리법 제25조 제1항의 규정에 의한 폐기물처리계획서에는 정제연료유 공급계획에 대한 내용이 포함되어 있지 않습니다.

2-2-498 구리함유 폐기물의 복토용으로 사용 가능성(2009-05-04)

[질의] 불연성폐기물 중 구리함유 폐기물에서 토사를 선별 후 양질의 토사와 혼합하여 복토용으로 사용이 가능한지 여부?

[회신] 가. 유리 및 금속류는 폐기물관리법 시행규칙 제66조 제3항 [별표 16] 제2호의 규정

에 의한 재활용대상 폐기물에 해당되지 않아 성토용으로 사용할 수 없습니다.

나. 과거 매립지에 매립된 폐기물을 분리·선별하여 배출된 폐토사는 폐기물관리법 시행규칙 제66조 제3항 [별표 16] 제2호의 규정에 의한 재활용대상 폐기물에 해당되지 않으므로 인·허가된 건축토목공사의 성토재, 보조기층재, 도로기층재 및 매립시설의 복토용 등의 용도로 사용할 수 없습니다.

다. 폐기물관리법 시행규칙 제14조 [별표 5] 제3호 다목 3)의 규정에 따라 사업장폐기물 배출자는 그의 사업장에서 발생하는 폐기물을 보관이 시작되는 날부터 90일을 초과하여 보관(보관하는 사업장 일반폐기물의 양이 3톤 미만인 경우 제외)하여서는 아니됩니다.

2-2-499 액상비료 잔재물과 혼합된 폐토사의 성토재로의 사용 가능성(2009-05-06)

[질의] 액상비료 잔재물과 혼합된 폐토사를 성토재로 사용이 가능한지 여부?

[회신] 액상비료 잔재물과 혼합된 폐토사는 폐기물관리법 시행규칙 제66조 제3항 [별표 16] 제2호의 규정에 의한 재활용대상 폐기물에 해당되지 않으므로 인·허가된 건축·토목공사의 성토재 등의 용도로 사용할 수 없습니다.

2-2-500 농촌 폐비닐로 만들어진 플러프 및 펠릿의 폐플라스틱 재생원료 해당 여부(2009-05-12)

[질의] 농촌 폐비닐을 저장·파쇄·분쇄·세척·탈수·압축·포장 등의 공정을 거쳐 플러프(fluff) 및 펠릿(pellet)을 수탁생산하고 있으며, 최종 생산된 생산품은 플라스틱 제품 제조공장이나 원료생산공장 등에 원료로서 공급하고 있는데, 이 경우 플러프 및 펠릿이 재활용제품(폐플라스틱 재생원료)에 해당하는지 여부?

[회신] 폐기물재활용 신고자가 폐플라스틱(폐비닐)을 사용하여 제조한 펠릿, 플레이크 등은「자원의 절약과 재활용촉진에 관한 법률 시행규칙」제2조 [별표 1] 제4호 나목의 규정에 의한 폐플라스틱 재생원료에 해당합니다.

2-2-501 하수슬러지 처리시 고화물에 대한 질의(2009-05-14)

[질의] 슬러지 고화로 처리하여 생성된 고화물을 재활용품으로 처리 또는 매립이 가능한지 여부?

[회신] 가. 하수처리 오니 등 유기성 오니를 고화하여 생성된 고화처리물은 폐기물에 해당하며, 동 고화처리물은 폐기물관리법 시행규칙 [별표 5]의 기준에 따라 처리하

여야 합니다.

나. 다만, 하수슬러지를 고화처리한 경우 동법 시행규칙 [별표 11]의 규정에 의거 매립시설의 복토재로 활용할 수 있음을 알려드립니다.

2-2-502 탈사시설의 shot분진 적용기준 및 재활용 가능성(2009-05-22)

[질의] 대기오염방지시설에서 포집된 알루미늄 가루를 분진으로 처리가 가능한지 여부 및 재활용 방법은?

[회신] 대기오염방지시설에서 포집된 것은 분진으로 분류하여야 합니다. 이를 재활용자에게 위탁 처리하고자 할 경우에는 재활용자의 처리대상 폐기물에 분진이 포함되어 있어야 합니다.

2-2-503 음식물류 폐기물의 사료화 기준 및 재활용 방법(2009-05-25)

[질의] 음식물류 폐기물을 사료화할 때 구체적인 처리기준은 어떻게 되며 폐기물관리법 시행규칙 제14조 [별표 5]에서 '음식물류 폐기물을 환경부장관이 정하여 고시하는 용도 및 방법'이란 무엇인지?

[회신] 가. 사료화시설을 이용하여 생산된 사료는 「사료관리법」에서 정하는 사료제품기준을 만족하여야 합니다.

나. 폐기물관리법 시행규칙 제14조 [별표 5] 제2호 다목 5)의 규정에서 음식물류 폐기물을 환경부장관이 정하여 고시하는 용도 및 방법이란 유기성 오니 등을 토지개량제 및 매립시설 복토 용도로의 재활용 방법에 관한 규정(환경부고시 제2007-105호, 2007.7.6)을 의미합니다.

2-2-504 석탄재 재활용 관련 절차(2009-06-26)

[질의] A(석탄재 판매·공급회사)회사가 B회사로부터 건축토목공사용 성토재 또는 매립시설의 복토용 석탄재를 공급받아 C회사에 석탄재를 납품하는 것이 가능한지 여부 및 B회사가 중간업자의 역할을 하는 A회사와 직접 위·수탁계약을 체결하여 재활용이 가능한지 여부?

[회신] 가. 폐기물관리법 시행규칙 제66조 제3항 [별표 16] 제2호의 규정에 따라 재활용하는 경우, A회사는 C회사(공사발주자 또는 토지소유자)의 동의서를 첨부하여 폐기물재활용 변경신고를 한 후 C회사에 성토재로 납품이 가능합니다.

나. 귀사에서 폐기물관리법 제46조 제1항의 규정에 의한 폐기물재활용 신고자인 A 회사에게 폐기물을 위탁처리할 수 있습니다.

2-2-505 수산가공 잔재물 재활용 가능성(2009-07-06)

[질의] 생선을 가공하고 난 뒤 생선머리, 꼬리, 내장 등의 잔재물을 첨가물 없이 분쇄하여 빈깡통(가다, 형틸)에 담아, 급속 동결하여 깡통을 제거한 후 냉동보관하다 축양장이나 가두리 양식장, 바다고기 사료를 판매하고자 할 때 「사료관리법」 허가를 받으면 폐기물관리법상의 문제점은 없는지?

[회신] 가. 다른 사람의 사업장폐기물을 이용하여 「사료관리법」 제11조에 따라 성분등록을 한 사료를 제조할 경우, 폐기물관리법 제46조 제1항의 규정에 의한 폐기물재활용 신고대상입니다

나. 참고로 동물성 잔재물을 냉동보관 후 어류의 먹이로 사용할 수 있도록 폐기물관리법에 규정되어 있지 아니함을 알려드립니다.

2-2-506 바텀애쉬의 재활용에 대한 질의(2009-07-12)

[질의] 화력발전소에서 발생하는 바텀애쉬를 A라는 사업자가 폐기물재활용 신고를 득하여 파쇄·분쇄·선별 과정을 거쳐 호안벽돌 및 원료(골재)를 생산하고 B사업자에게 판매하는데, A사업장에서 생산된 골재의 폐기물 해당 여부 및 A사업장에서 B사업장으로 골재 운반시 폐기물수집·운반 허가를 득한 업체가 해야 하는지 여부?

[회신] 폐기물재활용 신고자가 생산한 골재가 국가기관의 인증(KS인증, GR인증 등)을 득한 제품일 경우, 동 골재는 폐기물에 해당되지 아니합니다. 따라서 동 골재의 운반 및 사용에 대해서는 폐기물관리법을 적용받지 아니합니다.

2-2-507 음식물류 폐기물 및 가축분뇨 혼합물의 퇴비화로 재활용 가능성(2009-07-14)

[질의] 음식물류 폐기물 및 가축분뇨를 병합처리시설(혐기성소화)에서 퇴비화할 경우 이들 물질들이 「자원의 절약과 재활용촉진에 관한 법률」에서 규정하고 있는 재활용가능자원으로 볼 수 있는지의 여부?

[회신] 가. 「자원의 절약과 재활용촉진에 관한 법률」 제2조 제9호에서 재활용제품이란 재활용가능자원을 이용하여 만든 제품으로서 환경부령이 정하는 제품으로 규정하고 있으며, 동법 시행규칙 [별표 1] 제9호의 규정에 따라 유기성 폐기물을 이용

하여 제조한 퇴비는 재활용제품으로 규정되어 있습니다. 따라서 유기성 폐기물인 음식물류 폐기물은 재활용가능자원에 해당될 것으로 판단됩니다.

나. 반면, 폐기물관리법 제3조 제1항 제4호의 규정에 따라 가축분뇨는 폐기물관리법 적용대상에 해당되지 아니함을 알려드립니다.

2-2-508 재활용 신고자가 폐기물 수탁시 관련 절차(2009-07-15)

[질의] 사업장 일반폐기물의 재활용 신고자가 폐기물을 수탁받으려는 경우 관련 절차는?

[회신] 가. 폐기물수집·운반업자는 사업장폐기물 배출자가 지정하는 처리장소로 폐기물을 수집·운반하는 자로서 폐기물재활용 신고자와 폐기물 위탁계약 당사자에 해당되지 아니합니다.

나. 다만, 폐기물관리법 시행규칙 [별표 17의2] 제2호의 규정에 따라 폐기물 재활용 신고자가 폐기물수집·운반업자와 함께 폐기물의 재활용을 위탁한 자와 하나의 계약서로 동시에 폐기물 위탁재활용(운반)계약을 할 수 있습니다.

다. 폐기물관리법 시행규칙 [별표 17의2] 제11호의 규정에 따라 폐기물재활용 신고자는 폐기물 배출자에게 수탁처리능력확인서, 폐기물재활용 신고증명서 사본 및 방치폐기물처리이행보증을 확인할 수 있는 서류 사본을 제출하여야 합니다.

2-2-509 동물성 잔재물의 어류먹이로 재활용 가능성(2009-07-23)

[질의] 어류 양식장에 동물성 생사료(어류 머리와 내장 부분)를 투입해도 되는지 여부?

[회신] 폐기물관리법 시행규칙 [별표 16] 제5호의 규정에 의한 가축의 범위에 어류는 포함되지 아니합니다. 따라서 동물성 잔재물은 어류의 먹이로 재활용할 수 없습니다.

2-2-510 비닐류의 재활용 방법(2009-08-02)

[질의] 비닐류의 재활용 방법은 무엇인지?

[회신] 폐기물관리법 시행규칙 [별표 16] 제8호의 규정에 따라 폐플라스틱의 재생원료 또는 폐플라스틱을 이용한 성형제품을 제조하거나, 「자원의 절약과 재활용촉진에 관한 법률 시행규칙」 [별표 1] 제4호의 규정에 따라 고형연료제품 또는 유류 제조 등에 재활용할 수 있습니다.

2-2-511 성토재로 재활용시 이물질 함유량 기준 및 재활용제품 인정 시점(2009-08-06)

[질의] 사업장폐기물 재활용 신고(무기성 오니, 분진, 광재, 준토사 등)를 득한 업체가 사업장폐기물 재활용시설을 거쳐 이물질 제거 후 양질의 토사와 50% 혼합 후 인·허가된 성토·복토장으로 반출하고자 합니다. 이 경우 이물질 함유량 기준이 있는지? 또한, 양질의 토사와 50% 혼합 후에 성토장에 반출되어 성토 전까지 사업장에 보관된 재활용토사는 폐기물로 분류되는지, 아니면 재활용제품으로 분류되는지?

[회신] 가. 폐기물관리법 시행규칙 [별표 16] 제2호 다목 1)의 규정에 따라 재활용대상 폐기물을 성토재 등으로 재활용하고자 할 경우, 금속·목재·쓰레기 등 이물질을 제거하여야 합니다.

나. 폐기물관리법 시행규칙 [별표 16] 제2호의 규정에 의하면 재활용대상 폐기물을 관계법령에 의하여 인·허가된 건축토목공사의 성토재 등으로 이용할 수 있도록 규정하고 있습니다.

다. 따라서 재활용대상 폐기물은 인·허가된 건축토목공사 현장에서 성토의 용도로 사용되기 전까지는 재활용이 완료된 것이 아니므로 폐기물로 관리되어야 합니다.

2-2-512 철강슬래그에 대한 질의(2009-08-06)

[질의] 철강슬래그의 의미 및 철강슬래그를 재활용한 제품의 철 함량 기준은?

[회신] 가. 철강슬래그 및 석탄재 배출사업자의 재활용지침(환경부고시 제2007-52호, 2007. 3.29) 제3조의 규정에 따라 철강슬래그는 원광석을 이용하여 고로에서 선철을 제조하는 과정에서 발생되는 고로슬래그와 전로 또는 전기로에서 고철 또는 선철을 이용하여 철강·합금철을 제조하는 과정에서 발생되는 제강슬래그를 의미합니다.

나. 철강슬래그의 철 함량 및 철강슬래그를 재활용한 제품의 철 함량에 대해 폐기물관리법에서 별도로 규정하고 있지 아니합니다.

2-2-513 음식물류 폐기물 혐기성소화 후 잔류 고형물의 퇴비화에 대한 질의(2009-08-12)

[질의] 국내의 퇴비화와 관련된 고시(환경부고시 제2008-222호)에 따르면, 퇴비화 공정 후 부숙기간(21일)을 거쳐야 하며 3일분 이상 보관할 수 있는 저장공간을 확보하여 퇴비기준(농진청고시 제2009-13호)을 만족하도록 지정하고 있는데, 본 시설은 완전소화 후 발생되는 슬러지로서, 단순한 고온건조만으로도 상기의 고시에서 지정한

퇴비의 기준을 만족시킬 수 있는 바, 부숙공정을 생략할 경우에도 적합한 퇴비 이용이 가능한지 여부?

[회신] 가. 음식물류 폐기물 혐기성소화시설은 연료화·퇴비화시설로, 주공정은 투입→선별·파쇄→산/메탄발효→가스저장→가스이용시설과 산/메탄발효시설에서 발생되는 소화액은 소화액저장→탈수시설→퇴비부숙시설 등으로 구성되며, 메탄발효시설에서 발생하는 가스는 에너지로 활용하고, 탈수하여 발생한 고형물은 호기성퇴비화 방법으로 퇴비를 생산하는 시설로서 음식물류 폐기물에는 메탄이 약 60㎥/톤, 부숙퇴비는 투입량 대비 약 10%로 알려져 있습니다.

나. 음식물류 폐기물 소화처리 후 최종부산물인 소화액을 퇴비로 재활용하도록 하고 있으며, 이때 안정성을 도모하기 위해 고액분리 및 부숙공정을 거치도록 하고 있으며, 설치검사 및 정기검사에서 후부숙시설 및 체류시간을 검사하도록 하고 있습니다(환경부고시 제2008-222호).

다. 아울러, 폐기물관리법 시행규칙 [별표 9] 제1호 마목의 규정에서 퇴비화시설은 「비료관리법 시행령」 제12조 제1항에 따른 비료생산업의 시설기준에 맞는 시설을 갖추도록 규정하고 있으므로, 「비료관리법」에 따른 적합한 시설을 설치하여야만 검사에 합격할 수 있으며, 생산된 퇴비를 사용자에게 공급하고자 할 경우 「비료관리법」에서 정하는 공정규격에 적합한 경우에 사용 또는 공급할 수 있습니다.

2-2-514 재생 폐주물사(재생사)의 재활용 가능성(2009-08-18)

[질의] 사업장폐기물 중간처리업(재활용전문)에서 분리·선별 가공의 공정을 거쳐 중간처리하여 생산한 재생 폐주물사(재생사)를 시멘트 2차가공물(벽돌, 인터로킹) 제조업체에 납품할 때, 원료의 40% 미만으로 재생사를 혼합하여 가공물을 생산할 경우에는 별도의 재활용 신고를 하지 않아도 되는지 여부?

[회신] 가. 폐기물관리법 제18조 제1항의 규정에 따라 사업장폐기물 배출자는 그의 사업장에서 발생하는 폐기물을 스스로 처리하거나 폐기물처리업의 허가를 받은 자, 폐기물재활용 신고자 등에게 위탁처리하여야 합니다.

나. 따라서 다른 사람의 사업장폐기물을 처리(재활용)하고자 할 경우, 폐기물관리법 제25조 제3항의 규정에 의한 폐기물처리업 허가를 득하거나 동법 제46조 제1항의 규정에 의한 폐기물재활용 신고를 하여야 합니다.

다. 「산업표준화법」 제15조에 따라 인증받은 제품(벽돌)을 제조하거나, 「자원의 절약과 재활용촉진에 관한 법률 시행규칙」 [별표 1] 제6호 라목의 구정에 따라 폐주물사를 중량기준으로 원료의 60퍼센트 이상 사용하여 국가기관의 인증(GR인증 등)을 득한 제품(벽돌)을 제조하고자 할 경우, 폐기물관리법 제46조 제1항의 규정에 의한 폐기물재활용 신고대상입니다.

라. 폐주물사를 원료의 20% 미만으로 벽돌 등 건축자재를 생산하는 경우, 폐기물관리법 시행규칙 제46조 제1항에서 규정한 폐기물의 재활용 용도 및 방법에 해당되지 않습니다.

2-2-515 성토재 사용시 특정 품목을 지정한 허가 가능성(2009-08-31)

[질의] 재활용 신고(주물사, 분진, 광재, 오니)를 득한 업체가 폐기물관리법 시행규칙 [별표 16의2] 규정에 적정하게 처리시설을 거친 후 인·허가된 건축토목공사장으로 성토재를 납품하고자 하는데, 성토지의 관할지청으로부터 주물사단을 성토재로 납품하라는 제한허가를 받았습니다. 위 4가지 품목은 이미 재활용하여 성토재로 사용 할 수 있게 폐기물관리법에도 명시가 되어 있는 바, 관할지청의 특정 품목만의 지정허가가 가능한지 여부?

[회신] 점토점결패주물사, 광재, 분진, 무기성 오니가 폐기물관리법 시행규칙 [별표 16] 제2호의 규정에 적합하게 재활용될 경우, 다른 법령에 의반되지 아니하는 한 동 규칙 [별표16] 제2호 가목에서 규정하는 재활용대상 폐기물의 종루를 관할 지자체에서 규제할 수 없음을 알려드립니다.

2-2-516 음식물 처리 후 부산물을 사료나 퇴비 목적으로 무상공급 가능성(2009-08-31)

[질의] 사업장에서 음식물처리기(건조식 감량기)를 사용하여 감량된 부산물을 음식물쓰레기 봉투를 사용하여 자체처리하고 있으나, 이를 농장(사료)이나 농가(퇴비)에서 원할 경우 무상공급이 가능한지 여부와 음식물류 폐기물 처리기를 제조하는 회사에서 비료 및 퇴비화를 위한 시험용으로 사용이 가능한지 여부?

[회신] 가. 건조한 음식물류 폐기물은 다른 생활폐기물과 별도 분리하여 배출하여야 하며, 생활폐기물 종량제 봉투에 다른 생활폐기물과 함께 혼합하여 배출하여서는 아니됩니다.

나. 건조한 음식물류 폐기물은 스스로 처리하거나, 폐기물재활용 신고자, 폐기물처리업자에게 위탁처리하여야 하며, 음식물류 폐기물이 사업장(생활계)폐기물에 해당할 경우 폐기물관리법 시행규칙 제14조 [별표 5] 제2호 다목 1) 다)의 단서

규정에서 동법 제16조 각호의 배출자가 사업장폐기물에 해당할 경우 동법 시행규칙 제10조 제4호의 규정에서 정한 「사료관리법」 제2조 제1호에 따른 동물(반추동물 제외) 등의 먹이 또는 퇴비로 재활용할 수 없습니다.

다. 다만, 폐기물관리법 시행규칙 제16조 각호의 배출자가 생활폐기물에 해당하는 경우에는 동물(반추동물 제외)의 먹이 등으로 사용은 가능하나 농가(사용자)에서 비용을 받을 수 없음을 알려드립니다.

라. 아울러, 음식물류 폐기물 처리기를 제조하는 회사에서 건조한 음식물류 폐기물을 시험용으로 공급받고자 하는 경우 폐기물처리시설 설치신고 또는 폐기물관리법 제29조 제2항 및 동법 시행규칙 제37조의 규정에 의한 학교·연구기관 등 시험·연구목적으로 폐기물처리시설을 설치·운영하는 경우에는 가능할 것입니다.

2-2-517 하수슬러지를 열병합발전시설에서 연료화 가능성(2009-09-01)

[질의] 열병합발전시설에서 하수슬러지 연료를 사용하는 경우 폐기물관리법 시행규칙 [별표 16] "폐기물의 재활용 용도 및 방법"에서 명시한 하수오니 연료 재활용 용도 및 방법으로 인정될 수 있는지 여부?

[회신] 폐기물관리법 시행규칙 [별표 16] "폐기물의 재활용 용도 및 방법" 신설조항은 「하수도법」 제2조 제9호에 따른 공공하수처리시설에서 발생하는 유기성 오니(지정폐기물을 제외한다)를 화력발전소에서 연료로 사용하는 것입니다. 이는 하수처리 오니를 국내 화력발전소에서 연료로 사용한 실증실험(2008.10, 환경관리공단) 등 검증과정을 거쳐 선정한 것으로 열병합발전시설은 이에 해당되지 않으므로 하수슬러지를 연료로 사용할 수 없습니다.

2-2-518 Palm Kernel 고형연료 사용가능 여부(2009-09-16)

[질의] 고형물(고형연료)인 Palm Kernel(팜유 추출 후 남은 씨앗 및 껍질 등의 물질)을 수입하여 열병합발전시설(용량: 500톤/시, 119Mw/형식: 순환유동층보일러)의 연료로 사용할 수 있는지 여부?

[회신] Palm Kernel은 「자원의 절약과 재활용촉진에 관한 법률」 제25조의2 및 동법 시행규칙 제20조의3에 따라 '고형연료제품'이 아니므로 귀 시설에서 사용할 수 없음을 알려드립니다.

2-2-519 폐자동차 재활용업법 시설기준(2009-09-22)

[질의] 「전기·전자제품 및 자동차의 자원순환에 관한 법률 시행규칙」 [별표 3] 폐자동차 재활용법의 시설기준(제16조 관련) 중 투입시설의 구체적인 시설기준 및 투입방법에 대하여 정해진 규정이 있는지 여부 및 투입시설의 구조상 부득이 압축된 폐자동차를 구부려서 투입시, 잔존 폐유나 먼지 비산이 없을 경우(「자동차관리법」상 특정 폐기물을 제거한 상태)에도 현행법 시설기준에 위배되는지 여부?

[회신] 가. 「전기·전자제품 및 자동차의 자원순환에 관한 법률」(이하 「자원순환법」) 시행규칙 제16조 [별표 3]에 따르면 파쇄재활용업이 갖춰야 할 시설 중, 투입시설의 경우 구체적인 시설기준과 투입방법에 대해 규정하고 있지 않습니다.

나. 압축차피를 투입시설에 쉽게 투입하기 위해 압축차피를 구부리는 등 그 형태를 변경함에 있어, 망치·공구 등과 같은 도구를 인위적으로 이용하여 변경하는 것은 시설기준에 위배되지 않으나, 「자원순환법 시행규칙」 제16조 [별표 3]이 규정하고 있는 시설 이외의 시설을 별도로 설치하고, 그 별도의 시설에서 변경하는 것은 시설기준에 위배된다고 판단됩니다.

2-2-520 폐플라스틱(재활용선별장 잔재물)을 RPF 원료로 재활용 가능성(2009-10-22)

[질의] 재활용선별장에서 선별 후 남는 잔재물(비닐류 50% 이상)을 RPF 등의 원료로 재활용이 가능한지 여부 및 근거법률은?

[회신] RPF는 「자원의 절약과 재활용촉진에 관한 법률 시행규칙」 [별표 1] 및 [별표 7]에 따라 폐플라스틱을 중량기준 60% 이상 사용하여 고형연료제품 품질·등급기준에 적합하게 제조 및 인증을 득할 경우 재활용제품으로 사용 가능하며, 이 경우 사전에 고형연료제품 제조를 위한 재활용신고 등의 인·허가를 거쳐야 합니다.

2-2-521 폐기물을 스스로 감량 또는 재활용하고자 하는 경우 적절한 방법(2009-10-28)

[질의] 집단급식소로서 음식물류 폐기물 감량의무사업자가 발생되는 음식물쓰레기가 10kg 정도로 소량이어서 위탁처리가 어려운 상황이라, 폐기물을 스스로 감량 또는 재활용하고자 하는 경우 적절한 방법은?

[회신] 폐기물관리법 시행규칙 제16조의 규정에서 정한 감량의무사업자는 발생된 음식물류 폐기물을 스스로 감량 또는 재활용하고자 할 경우 동법 시행규칙 제14조 [별표 5] 2다2)에 의한 방법(① 가열에 의한 건조의 방법으로 부산물의 수분함량을 25% 미만

으로 감량, ② 발효 또는 발효건조에 따라 퇴비화·사료화 또는 소멸화하여 부산물의 수분함량을 40% 미만으로 하는 경우)만 가능하며, 동 기준에 적합하지 아니한 방법으로 감량을 하여서는 아니 됩니다.

10. 지정폐기물의 재활용(변경)신고 및 자원순환 관련

2-2-522 폐주물사 등을 재생골재로 사용시 폐기물재활용 신고대상 여부(2009-06-12)

[질의] 폐기물중간처리(재활용전문)업 허가를 득하고 폐주물사(화학사, 점토사 등)를 재활용처리(파쇄, 선별, 분리) 후 재생된 골재를 벽돌공장에 납품하여 벽돌생산 골재로 사용할 수 있는지 여부 및 폐기물재활용 신고대상인지 여부?

[회신] 가. 폐기물관리법 시행령 제7조 제1항 제4호의 규정에 따라 중간처리 후 발생되는 폐기물은 새로 폐기물이 발생된 것으로 보고 있으며, 기계적 처리시설에서 중간처리한 후 생로 발생되는 폐기물 중 그 성질과 상태가 중간처리하기 전의 폐기물과 동일한 폐기물은 중간처리하기 전의 폐기물로 보아 해당 폐기물의 처리방법과 기준에 따라 처리하여야 합니다.

나. 중간처리된 폐주물사는 폐기물로서 동 폐주물사를 이용하여 국가기관의 인증(KS인증, GR인증 등)을 득한 제품(벽돌 등)을 제조하고자 할 경우에는 폐기물관리법 제46조 제1항의 규정에 의한 폐기물재활용 신고를 하고 재활용할 수 있습니다.

2-2-523 재생 폐주물사(재생사)의 재활용 가능성(2009-08-18)

[질의] 사업장폐기물 중간처리업(재활용전문)에서 분리·선별 가공의 공정을 거쳐 중간처리하여 생산한 재생 폐주물사(재생사)를 시멘트 2차가공물(벽돌, 인터로킹) 제조업체에 납품할 때, 원료의 40% 미만으로 재생사를 혼합하여 가공물을 생산할 경우에는 별도의 재활용 신고를 하지 않아도 되는지 여부?

[회신] 가. 폐기물관리법 제18조 제1항의 규정에 따라 사업장폐기물 배출자는 그의 사업장에서 발생하는 폐기물을 스스로 처리하거나 폐기물처리업의 허가를 받은 자, 폐기물재활용 신고자 등에게 위탁처리하여야 합니다.

나. 따라서 다른 사람의 사업장폐기물을 처리(재활용)하고자 할 경우, 폐기물관리법 제25조 제3항의 규정에 의한 폐기물처리업 허가를 득하거나 동법 제46조 제1항의 규정에 의한 폐기물재활용 신고를 하여야 합니다.

다. 「산업표준화법」 제15조에 따라 인증받은 제품(벽돌)을 제조하거나, 「자원의 절약과 재활용촉진에 관한 법률 시행규칙」 [별표 1] 제6호 라목의 규정에 따라 폐주물사를 중량기준으로 원료의 60퍼센트 이상 사용하여 국가기관의 인증(GR 인증 등)을 득한 제품(벽돌)을 제조하고자 할 경우, 폐기물관리법 제46조 제1항의 규정에 의한 폐기물재활용 신고대상입니다.

라. 폐주물사를 원료의 20% 미만으로 벽돌 등 건축자재를 생산하는 경우, 폐기물관리법 제46조 제1항에서 규정한 폐기물의 재활용 용도 및 방법에 해당되지 않습니다.

2-2-524 정제슬러지의 보일러 연료 사용 가능성(2009-03-13)

[질의] 지정폐기물(폐유) 처리시설 중 감압정체, 열분해정제시설에서 나오는 바탕유인 정제슬러지를 산업체 보일러 연료로 사용이 가능한지 여부?

[회신] 정제슬러지는 폐기물에 해당되므로 보일러 연료로 사용할 수 없습니다.

2-2-525 소각재의 재활용 가능성(2009-03-31)

[질의] 사업장폐기물을 소각하는 소각로에서 나오는 지정폐기물 소각재(바닥재)의 경우 폐기물관리법상 재활용이 가능한 지와 가능하다면 재활용할 수 있는 법적 기준이나 행정절차는 무엇인지?

[회신] 가. 폐기물관리법 시행규칙 제66조 제3항 [별표 16] 폐기물의 재활용 용도 및 방법에 소각재(지정폐기물)의 재활용 용도 및 방법이 규정되어 있지 아니합니다.

나. 폐기물관리법 시행규칙 제14조 [별표 5] 제4호 다목 2) 차)의 규정에 따라 소각재(지정폐기물)는 지정폐기물을 매립할 수 있는 관리형 매립시설에 매립하거나, 안정화처리 또는 시멘트·합성고분자화합물을 이용하여 고형화처리하거나 이와 비슷한 방법으로 고형화처리하여야 합니다.

2-2-526 화학점결주물사의 재활용 가능성(2008-05-02)

[질의] 알루미늄 중자시 나오는 폐주물사 및 샌드블라스트 폐사(화학점결폐주물사)의 재활용 가능한지 여부?

[회신] 폐기물관리법 시행규칙 제66조 제3항 제2호의 규정에 의거 화학점결폐주물사는 중금속 등이 함유되어 있어 인·허가된 건축·토목공사의 성토재로 재활용이 불가능

합니다. 만약, 화학점결폐주물사 배출자가 화학점결폐주물사를 성토재로 재활용하는 자(폐기물재활용 신고자)에게 위탁처리하였을 경우 폐기물관리법 제18조 제1항을 위반한 것입니다.

2-2-527 지정폐기물중간처리업 재활용대장관리에 대한 질의(2009-05-27)

[질의] 재활용대장 작성시 폐유기용제와 폐유를 구분 없이 작성해도 되는지 여부?

[회신] 폐기물관리법 제58조 제1항 제3호 다목의 규정에 따라 재활용을 위한 폐기물중간처리업자는 별지 제45호 서식의 폐기물 수탁재활용 관리대장을 기록·보존하여야 하며, 폐유기용제와 폐유는 구분하여 기재하여야 합니다.

11. 폐기물 수출·수입 관련

2-2-528 분진의 수출 가능성(2008-01-01)

[질의] 제철소의 전기로에서 발생되는 분진의 분류코드는 무엇인지? 분진의 수출가능성 및 그 절차는?

[회신] 가. 분진의 지정폐기물 분류번호는 03-02-00임을 알려드립니다.

나. 제철소의 전기로에서 발생되는 분진은 「폐기물의 국가간 이동 및 그 처리에 관한 법률 적용대상 폐기물의 품목」(환경부고시 제2007-188호)에 해당되므로 수출하기 위해서는 관할 지방(유역)환경청장의 수출허가 및 수입국의 수입허가 등 관련절차를 거쳐야 하고, 위탁업체로부터 수출하고자 할 때도 동일한 절차를 거쳐야 함을 알려드립니다.

2-2-529 시멘트 가마용 연료(Burning Oil) 수입절차(2008-01-07)

[질의] 자동차용 폐엔진오일을 정제하여 만든 연료를 수입하고자 할 때 그 절차는?

[회신] 자동차용 폐엔진오일은 「폐기물의 국가간 이동 및 그 처리에 관한 법률 적용대상 폐기물의 품목」(환경부고시 제2007-188호)에 해당되어, 수입하기 위해서는 관할 지방(유역)환경청장의 수입허가 및 수출국의 수출허가 등 관련절차를 거쳐야 합니다.

2-2-530 하수슬러지(폐수오니)의 수출 가능성(2008-01-19)

[질의] 탄화시설에서 발생하는 하수슬러지탄화물을 국외로 유상판매하는 것이 가능한지 여부? 수출이 불가능할 경우 가능한 처리방법은?

[회신] 가. 하수슬러지는 「폐기물의 국가간 이동 및 그 처리에 관한 법률」(환경부고시 제2007-188호)에 해당되어, 관할 지방(유역)환경청장의 수출입허가 및 수입국의 수출입허가 등 관련 절차를 거쳐서 허가를 받으면 수출입이 가능합니다.

나. 하수찌꺼기(슬러지)는 공공하수도관리청이 지역특성에 적합한 재활용방법 채택 등 자체적으로 처리대책을 수립하여 추진할 사항입니다.

2-2-531 수입폐기물허가신청시 하역항구 지정(2008-01-22)

[질의] 인천항으로 지정되어 수입허가서가 교부되었을지라도 수리 또는 연료보충 등을 이유로 다른 항구에 정박하게 되는 문제가 발생하게 되는데, 수입허가 신청시 하역항구를 여러 곳으로 지정이 가능한지 여부?

[회신] 「폐기물의 국가간 이동 및 그 처리에 관한 법률 시행령」 제11조에 의하여 국내통관지 세관 또는 국내도착항을 변경할 경우는 관할 지방(유역)환경청장의 변경허가를 받아야 하고, 국내도착항별로 수입허가를 받아야 함을 알려드립니다.

2-2-532 유해물질이 함유된 폐플라스틱의 수입 가능성(2008-01-23)

[질의] 폐플라스틱이 브롬계 난연제인 PPB와 PBDE 계열 난연 폐플라스틱인 경우 및 납, 수은, 카드뮴, 6가크롬 등의 중금속 성분이 포함된 폐플라스틱인 경우 수입 가능 여부? 유독물질의 함유 여부를 판단하는 방법은?

[회신] 가. PBB, PBDE, 납, 수은, 카드뮴, 6가크롬 등 인체에 유해한 물질이 포함된 폐플라스틱은 「폐기물의 국가간 이동 및 그 처리에 관한 법률 적용대상 폐기물의 품목」(환경부고시 제2007-188호)에 해당되어, 수입하기 위해서는 관할 유역·지방환경청장의 수입허가 및 수출국의 수출허가 등 관련 절차를 거쳐야 합니다.

나. 「폐기물의 국가간 이동 및 그 처리에 관한 법률 시행령」 제9조에 의하여 폐기물의 수입허가를 받고자 하는 자는 폐기물수입허가신청서(별지 제4호 서식)에 수입폐기물의 특성과 용도를 표시하는 서류를 첨부하여 관할 유역·지방환경청장에게 제출하여야 합니다.

2-2-533 수입폐기물의 재활용기간(2008-02-29)

[질의] 폐기물을 수입하여 재활용하고자 할 경우 재활용기간이 시작되는 시점은 언제인지?

[회신] 폐기물재활용 신고자가 직접 수입한 경우에는 「폐기물의 국가간 이동 및 그 처리에 관한 법률」 제11조 및 동법 시행령 제12조에 따라 수입이동서류를 작성하여 보세구

역 및 자유무역지역에서 당해 폐기물을 반출하는 시점으로부터 30일 이내에 처리하여야 하며, 수입이동서류를 양수받았을 경우에는 양수시점으로부터 재활용기간이 적용됩니다.

2-2-534 폐기물의 수입절차 및 처리(2008-03-12)

[질의] 폐기물을 수입함에 있어 중간판매상들이 폐기물이 아닌 상품으로 수입하여 중간처리업자에게 판매(인계)하는 경우, 중간처리업을 영위하는 자가 해당 상품을 매입하여 중간처리시설을 가동하는 것이 가능한지 여부? 폐기물(원료) 확보가 어려워 상품(제품)을 매입(수입 포함)하여 중간처리시설의 가동이 가능한지 여부?

[회신] 가. 「폐기물의 국가간 이동 및 그 처리에 관한 법률 적용대상 폐기물」(환경부고시 제2007-188호)에 해당되는 폐기물을 수입하기 위해서는 관할 유역·지방환경청장의 수입허가 및 수출국의 수출허가 등 관련 절차를 거쳐야 함을 알려드립니다. 만약 허가대상 폐기물을 허가를 받지 아니하고 수입할 경우에는 「폐기물의 국가간 이동 및 그 처리에 관한 법률」 제28조에 의거 5년 이하의 징역 및 3천만원 이하의 벌금에 처하게 됩니다.

나. 제품으로 수입되었다 하더라도 폐기물관리법상 폐기물에 해당될 경우에는 폐기물관리법에 따라 적법한 절차에 따라 처리해야 하며, 폐기물이 아닌 원료를 중간처리시설에서 처리하는 것에 관한 규정은 없음을 알려드립니다.

2-2-535 무역업자에 의한 폐기물 수출입의 대행 및 절차(2008-03-24)

[질의] 무역업자가 배출자로부터 폐절삭유(액상), 폐유기용제(액상, 비할로겐족) 등의 폐기물을 받아 수출할 수 있는지 여부? 가능할 시 관련 법과 수출 폐기물의 보관 및 수집·운반 등 그 절차는?

[회신] 가. 폐기물의 수출은 배출자 또는 배출자에게 폐기물처리를 수탁받은 폐기물취급자(폐기물처리업자, 폐기물재활용 신고자, 폐기물처리시설 설치자)만이 할 수 있으며, 배출자가 폐기물을 수출하여 처리하고자 하는 경우에는 배출자 신고시 관할 행정기관으로부터 당해 폐기물을 수출하여 처리함을 확인 받아야 합니다. 단, 무역업자는 배출자를 대신하여 수출을 대행할 수는 있으나 이때에도 수출자는 배출자가 되며, 무역업자는 대리자로 명시하여 수출하여야 합니다.

나. 폐절삭유와 폐유기용제(비할로겐족)는 폐기물관리법 시행규칙 제14조 및 [별표 5]에 따라 지정폐기물의 기준 및 방법에 따라 보관하여야 합니다. 또한 폐절삭

유와 폐유기용제(비할로겐족)은 「폐기물의 국가간 이동 및 그 처리에 관한 법률 적용대상 폐기물의 품목」(환경부고시 제2007-188호)에 해당되어 수출하기 위해서는 관할 유역·지방환경청장의 수출허가 및 수입국의 수입허가 등 관련절차를 거쳐야 합니다.

다. 「폐기물의 국가간 이동 및 그 처리에 관한 법률 시행령」 제3조에 따라 폐기물수출허가신청서 제출시 당해 폐기물을 환경적으로 건전하게 관리한다는 내용과 수출가격이 본선인도가격(F.O.B)으로 명시된 수출계약서 또는 주문서를 첨부하여 제출해야 합니다.

라. 폐기물을 수출하는 경우로서 폐기물을 컨테이너에 넣은 후 밀폐하여 운반하는 경우로서 해당 폐기물이 수출되는 폐기물임을 증명하는 서류를 지닌 경우에는 폐기물수집·운반증을 부착하지 아니하여도 됩니다.

2-2-536 폐기물의 수출처리 가능성(2008-03-28)

[질의] 배출자가 수출로 폐기물을 처리할 수 있는지 여부 및 이를 위탁처리로 볼 수 있는지? 처리업자나 재활용신고, 처리시설 설치자의 경우 폐기물을 수출할 수 있는지 여부 및 폐기물을 수출하는 방법으로 폐기물처리업 허가나 재활용 신고를 받을 수 있는지 여부?

[회신] 가. 폐기물관리법 제18조 및 동법 시행규칙 제18조에 의하여 배출자는 수출로 폐기물을 처리할 수 있으며, 수출은 위탁처리의 방법으로 볼 수 없음을 알려드립니다.

나. 폐기물관리법 제18조 및 「폐기물의 국가간 이동 및 그 처리에 관한 법률 시행령」 제3조 제1항에 따라 폐기물처리업자, 폐기물재활용 신고자, 폐기물처리시설 설치자는 배출자로부터 폐기물을 위탁받아 수출대행계약을 체결하여 수출을 할 수 있습니다. 한편, 폐기물관리법 제25조 및 동법 시행규칙 제66조에 따라 수출방법으로 폐기물처리업 허가를 받거나 재활용 신고를 할 수 없습니다.

2-2-537 폐기물의 수출시 적용되는 법령(2008-04-04)

[질의] 생활폐기물 중 재활용품은 압축이나 벌크상태로 수출되는 경우가 많은데 어떤 법령이 적용되는지? 「폐기물의 국가간 이동 및 그 처리에 관한 법률 적용대상 폐기물의 품목」(환경부고시 제2007-188호)에 해당하지 않는 폐기물의 수출시에 적용되는 법률은?

[회신] 가. 생활폐기물 중 재활용이 가능한 폐기물이 「폐기물의 국가간 이동 및 그 처리에

관한 법률 적용대상 폐기물의 품목」(환경부고시 제2007－188호)에 해당될 경우에 수출하기 위해서는 관할 유역·지방환경청장의 수출허가 및 수입국의 수입허가 등 관련절차를 거쳐야 합니다. 이 경우 수집·운반·처리는 폐기물관리법에 따라야 합니다.

나. 「폐기물의 국가간 이동 및 그 처리에 관한 법률 적용대상 폐기물의 품목」(환경부고시 제2007－188호)에 해당되지 않을 경우에는 수출입 허가 없이 수출이 가능하며, 이 경우에도 수집·운반·처리는 폐기물관리법에 따라야 합니다.

2－2－538 폐변압기 수출 가능성(2008－05－14)

[질의] 폐변압기의 수출 가능 여부 및 PCBs가 함유된 폐변압기의 수출 가능 여부?

[회신] PCB를 함유하거나 이로 오염된 폐변압기는 「폐기물의 국가간 이동 및 그 처리에 관한 법률 적용대상 폐기물의 품목」(환경부고시 제2007－188호)에 해당되므로 관할 유역·지방환경청장의 허가를 받아야 하며, 「폐기물의 국가간 이동 및 그 처리에 관한 법률」 제19조에 따라 폐변압기의 적정한 처리능력이 없는 국가에 대해서는 수출할 수 없습니다.

2－2－539 이온정제유(폐엔진오일정제품) 수입 절차(2008－05－15)

[질의] 이온정제유(폐엔진오일정제품)의 수입에 관한 절차는?

[회신] 폐유는 「폐기물의 국가간 이동 및 그 처리에 관한 법률 적용대상 폐기물의 품목」(환경부고시 제2007－188호)에 해당되므로 수입시 관할 유역·지방환경청장의 허가를 받아야 합니다. 다만, 「자원의 절약과 재활용촉진에 관한 법률」 제2조 제5호 및 동법 시행규칙 제2조에 의한 재활용제품 중 국가공인기관으로부터 제품인증(한국산업규격표시(KS), 우수재활용제품(GR), 환경마크 등)을 받은 경우에는 수출입 허가대상에 해당되지 않음을 알려드립니다.

2－2－540 수출국에서 수입금지품의 수출 가능성(2008－06－02)

[질의] 수출 대상국이 해당 폐기물을 수입금지 항목으로 정해 놓은 경우 수출 가능 여부?

[회신] 수입국에서 수입금지 품목으로 정하고 있다면 수출할 수 없습니다.

2-2-541 RPF 폐기물 수입 가능성(2008-06-04)

[질의] RPF 폐기물을 해외로부터 수입하는 것이 법적으로 가능한지 여부?

[회신] 폐기물에 해당되는 RPF는 고형플라스틱 폐기물(단, 다른 폐기물과 혼합되지 않고 명세서에 적합하게 준비된 것)에 해당되어 「폐기물의 국가간 이동 및 그 처리에 관한 법률」에 따른 수출입 허가대상에 해당되지 않음을 알려드립니다.

2-2-542 폐플라스틱 수출 절차(2008-06-04)

[질의] 폐기물 중간처리업체에서 발생하는 재활용 가능한 플라스틱 폐기물을 수출하고자 할 때 그 절차는?

[회신] 가. 바젤협약 폐기물 목록 B3010에 해당되는 고형플라스틱 폐기물(다른 폐기물과 혼합되지 않고 명세서에 적합하게 준비된 것)을 제외한 플라스틱 폐기물은 「폐기물의 국가간 이동 및 그 처리에 관한 법률」 적용대상 품목에 해당되어, 수출하기 위해서는 관할 유역·지방환경청장의 수출허가 및 수입국의 수입허가 등 관련 절차를 거쳐야 합니다.

나. 폐기물 중간처리업체를 통하여 직접 수출이 가능하나, 운반·보관·처리 등에 있어 폐기물관리법의 관련 규정을 준수하여야 합니다.

2-2-543 폐금속류의 수출입 신고대상 여부(2008-06-12)

[질의] 폐합성고분자화합물에 고체상태의 폐합성수지가 해당되는지 여부 및 폐금속류가 폐기물관리법 시행규칙 제18조 중의 고철(비철금속을 포함)에 해당되는지 여부?

[회신] 가. 고체상태의 폐합성수지는 폐합성고분자화합물에 해당되며, 폐기물관리법 시행규칙 제18조 제1항 중의 고철(비철금속을 포함)은 수출입 신고대상 폐기물에 해당되지 않습니다.

나. 자세한 사항은 폐기물관리법 제24조의2 제1항에 따른 '수출입 신고대상 폐기물(환경부고시 제2010-57호)'을 참조하시기 바랍니다.

2-2-544 폐자동차 수입 절차(2008-06-17)

[질의] 엔진과 미숀 그리고 타이어, 의자, 유리, 플라스틱은 제거가 된 상태로 프레스로 눌러 놓은 고철인 폐자동차를 수입하는 경우 절차는?

[회신] 「폐기물의 국가간 이동 및 그 처리에 관한 법률 적용대상 폐기물의 품목」(환경부고

시 제2007-188호)에 따라 액체를 제거한 자동차 잔해(GC040)는 수출입 허가대상에 해당되지 않으므로 일반상품과 같은 절차에 의하여 수출입이 가능함을 알려드립니다.

2-2-545 자동차 도료 관련 폐기물의 수입 절차(2008-06-26)

[질의] 자동차의 외관을 도색할 때 도료와 세척용제 혼합물이 다량 발생하는데, 우리나라는 발생하는 자동차 도료 폐기물의 양이 모자라 BRIC으로부터 동일한 폐기물을 수입, 재활용하고자 할 경우 수입절차는 무엇인지?

[회신] 도료와 세척용제는 각각 「폐기물의 국가간 이동 및 그 처리에 관한 법률 적용대상 폐기물의 품목(환경부고시 제2007-188호)」에 따라 수출입 허가대상에 해당되므로 그 혼합물을 수입하기 위해서는 관할 유역·지방환경청장의 수입허가 및 수출국의 수출허가 등 관련 절차를 거쳐야 합니다.

2-2-546 재생용 폐수지의 수출 절차(2008-07-10)

[질의] 공장에서 발생하는 재생용 수지폐기물을 수출하려고 할 때 폐기물관리법 제24조 제2항의 신고절차는?

[회신] 「폐기물의 국가간 이동 및 그 처리에 관한 법률 적용대상 폐기물의 품목」(환경부고시 제2007-188호)에 따른 수출입 허가대상에 해당되므로 수출하기 위해서는 관할 유역·지방환경청장의 수출허가 및 수입국의 수입허가 등 관련 절차를 거쳐야 합니다.

2-2-547 전이금속을 함유한 폐촉매의 수출입 신고대상 여부(2008-07-15)

[질의] 전이금속(Mo, V)을 함유한 폐촉매[Spent Catalyst(분류번호: GC053, B1120)]가 폐기물 수출입 신고대상인지 여부? 수입폐기물의 수집·운반시 필요한 서류는?

[회신] 가. 전이금속(Mo, V)을 함유한 폐촉매는 폐기물관리법 제24조의2 제1항에 따른 「수출입신고대상폐기물」(환경부고시 제2010-57호)에 해당되어 수출입을 하려는 자는 사전에 관할 유역·지방환경청장에게 신고하여야 합니다.

나. 폐기물의 임시수집·운반증은 폐기물관리법 시행규칙 별지 제68호 서식을 작성하여 해당 기관에 제출하여야 합니다.

2-2-548 폐기물수입신고제에 따른 구비 서류(2008-08-01)

[질의] 폐촉매를 수입신고시 구비서류 중에 선적가격(CIF)으로 명시된 수입계약서 또는 주문서 사본을 제출하여야 하는데, CIF가 아닌 CNF로 계약이 체결된 경우 처리 절차는?

[회신] 폐기물관리법 시행규칙 제25조의2 제2항 제1호에서 수입가격이 선적가격(CIF)으로 명시된 수입계약서 또는 주문서 사본을 제출하도록 규정하고 있으므로, 개정된 폐기물관리법 시행일(2008.8.4) 이전에 CNF로 계약이 체결되었을 경우에는 선적가격을 확인할 수 있는 자료를 첨부하여 제출하여야 합니다.

2-2-549 원재료로 재사용되는 글라스 조각의 수출입 신고대상 여부(2008-08-04)

[질의] LCD용 유리기판 제조시 발생하는 글라스 조각을 수입하여 원재료로 사용하거나, 반대로 제조 및 가공 중 발생한 글라스 조각을 수입국의 원재료로 사용하기 위해 수출하는 경우 「수출입신고대상폐기물」(환경부고시 제2010-57호) 중 폐유리의 범주에 포함되는지 여부?

[회신] LCD용 유리기판 제조, 가공공정 중에 발생한 글라스 조각이 사업장폐기물로 배출되지 않고 원재료로 유리제조에 사용되는 경우에는 폐기물관리법 제24조의2에 따른 수출입 신고대상에 해당되지 않습니다.

2-2-550 폐합성수지의 수출 가능성(2008-08-13)

[질의] 공정 중 발생되는 폐합성수지 압축묶음을 중국, 동남아 등으로 합성수지 원료로서 수출이 가능한지 여부? 사업장폐기물 배출자로 신고할 때 처리자의 적법처리 증빙서류로 사업자등록증, 폐기물재활용신고필증 등을 첨부하였는데, 재활용 수출시 수출허가증을 첨부하면 되는지 여부?

[회신] 가. 폐합성수지 압축묶음의 중국, 동남아 등으로 수출 가능 여부는 해당 국의 관련 법에 따라 다를 수 있습니다.

나. 「폐기물의 국가간 이동 및 그 처리에 관한 법률 적용대상 폐기물의 품목」(환경부고시 제2007-188호)에 따른 수출입 허가대상에 해당될 경우에는 관할 유역·지방환경청장의 수출허가증을, 폐기물관리법 제24조의2에 따른 「수출입신고대상폐기물」(환경부고시 제2010-57호)에 해당될 경우에는 관할 유역·지방환경청의 수출신고증명서를 첨부하여야 합니다.

2-2-551 처리를 위탁받은 폐기물의 수출 가능성(2008-08-27)

[질의] 폐기물을 위탁하여 이를 재활용업체 또는 중간처리업체에서 처리시 위탁받은 성상 그대로 해외로 수출 가능 여부?

[회신] 폐기물관리법 시행규칙 제32조([별표8]) 및 제67조의2([별표17의2])에 따라 위탁받은 폐기물은 재위탁할 수 없으므로 위탁받은 성질과 상태 그대로 수출할 수 없으며, 배출자는 폐기물관리법 제17조 및 제18조를 위반시 처벌받을 수 있습니다.

2-2-552 자투리 및 규격미달 제품의 수출입 신고대상 여부(2008-08-28)

[질의] 국내외에 사업장을 가진 경우 해외 지사에서 사용하고 남은 자투리 및 규격미달 제품을 국내 사업장으로 회수하여 매각하려고 할 때 폐기물 수입신고를 해야 하는지 여부?

[회신] 자투리 및 규격미달 제품은 관세를 납부하고 폐기하는 시점에서 폐기물관리법 제18조에 따라 사업장폐기물 배출자 신고를 해야 하며, 폐기물관리법 제24조의2 제1항에 따른 「수출입신고대상폐기물」(환경부고시 제2010-57호)에 해당되지 않음을 알려드립니다.

2-2-553 폐기물 수입시 신고와 허가의 기준(2008-08-28)

[질의] 폐기물 수입시 신고 또는 허가를 하도록 규정하고 있는데 각각의 기준은 무엇이며, 폐기물 분석결과서에 포함되어야 하는 항목은 무엇인지?

[회신] 가. 「폐기물의 국가간 이동 및 그 처리에 관한 법률 적용대상 폐기물의 품목」(환경부고시 제2007-188호)에 해당되는 폐기물은 수입허가대상이며, 「수출입신고대상폐기물」(환경부고시 제2010-57호)에 해당되는 폐기물은 수입 신고대상입니다. 다만, 수입 허가대상 폐기물은 신고대상 폐기물로 보지 아니합니다.

나. 폐기물 분석결과서는 수입되는 폐기물의 유해특성을 표시해야 하며, 지정폐기물 해당 여부를 판별할 수 있는 항목들이 포함되어야 합니다.

2-2-554 중간처리된 폐유리의 수출 등(2008-09-11)

[질의] 중간처리된 폐유리는 제품으로 보아야 하는지 여부? 중간처리된 폐유리의 수출시 신고절차 및 수출품 하자시 그 책임주체는?

[회신] 가. 중간처리된 폐유리는 폐기물관리법 시행령 제7조 제1항 제4호에 따라 새로 폐기물이 발생한 것으로 보아 제품으로 볼 수 없습니다.

나. 중간처리된 폐유리는 폐기물관리법 제24조의2에 따른 「수출입신고대상폐기물」(환경부고시 제2010-57호)에 해당되어 수출하기 위해서는 관할 유역·지방환경

청에 수출신고 등의 관련 절차를 거쳐야 합니다.

다. 수출된 폐기물에 대한 책임은 수출신고자에게 있으며, 다만 배출자도 폐기물관리법 제17조 및 제18조 위반시 처벌을 받을 수 있습니다.

2-2-555 폐카트리지의 수출입 허가대상 여부(2008-09-25)

[질의] 폐카트리지가 「폐기물의 국가간 이동 및 그 처리에 관한 법률」 적용대상 폐기물 품목인지 여부?

[회신] 폐카트리지는 「폐기물의 국가간 이동 및 그 처리에 관한 법률 적용대상 폐기물의 품목」(환경부고시 제2007-188호)에 해당되어 관할 유역·지방환경청장의 수출입허가 등의 관련 절차를 거쳐야 합니다.

2-2-556 폐기물 수출 신고자의 주체(2008-10-01)

[질의] 각 사업장에서 배출되는 폐기물을 단순 수집·운반하여 수출하려고 할 경우 수출신고자가 될 수 있는 주체는? 폐기물의 수출을 목적으로 폐기물 수집·운반업 허가를 득할 수 있는지 여부?

[회신] 가. 폐기물관리법 제18조에 따라 폐기물 배출자는 폐기물을 스스로 처리하거나 폐기물처리업자에게 위탁하여 처리하여야 합니다. 따라서 배출자, 중간처리업자 등이 수출신고자가 될 수 있습니다.

나. 폐기물관리법 제25조에 따라 수출은 수집·운반업 허가대상에 해당되지 않음을 알려드립니다.

2-2-557 PVC Core의 폐기물 수출입 신고대상 여부(2008-10-27)

[질의] PVC Core에 감겨 있는 상태로 출고되는 필름(roll 형태)을 국내로 회수하여 재사용 후 다시 제품에 넣어 수출하는 경우 폐기물 수입신고를 득하여야 하는지 여부?

[회신] 필름을 감는 PVC Core를 별도의 수선이나 성상 및 형태의 변화 없이 원형 그대로 동일한 용도로 재사용하는 경우에는 폐기물관리법 제24조의2에 따른 「수출입신고대상폐기물」(환경부고시 제2010-57호)에 해당되지 않습니다.

2-2-558 폐기물 수출입 관련 질의(2008-11-04)

[질의] 폐기물수출시 수출폐기물의 시험성적서를 교부받아야 하는지 여부? 수출절차 도해

에 따라 운반차량과 컨테이너의 경우 물품상차 당일이 되어야 배차를 받고 현장으로 투입되는데, 수출허가신청의 경우 허가가 나올 때까지 최대 12일을 기다려야 하는지 여부? 국내 운반계약서는 해상운송업체와 육상내륙운송업체 2곳을 다 작성해야 하는지 여부?

[회신] 가. 폐기물의 수출허가를 받고자 하는 자는 폐기물관리법 시행규칙 제63조에 따른 시험·분석기관이 발행한 시험성적서를 제출하여야 합니다.

나. 폐기물의 수출허가 신청에 대한 법정 처리기간은 12일로, 수입 동의 및 경유기간은 법정 처리기간에서 제외됩니다.

다. 국내 운반계약서는 수출항까지의 해상 및 육상운송 모두를 포함하며, 수출폐기물의 운반경로·운반수단·운반업자를 기재하여야 합니다.

2-2-559 석유화학사에서 나오는 부산물의 수입·판매 가능성(2008-11-07)

[질의] 석유화학사에서 나오는 부산물을 수입하여 재활용을 통해 정제연료유로 재생산 후 시중 판매가 가능한지 여부?

[회신] 석유화학사에서 나오는 부산물은 「폐기물의 국가간 이동 및 그 처리에 관한 법률 적용대상 폐기물의 품목」(환경부고시 제2007-188호) 중 폐유에 해당되어 관할 유역·지방환경청에 수입허가 및 수출국의 수출허가 등의 관련 절차를 거쳐야 하나, 현재 국내 석유 수급상 불가피한 경우가 아니면 수입을 불허하고 있음을 알려드립니다.

2-2-560 수입폐기물의 배출자신고 의무(2008-11-10)

[질의] 수입폐기물에 대하여 수입자가 폐기물배출자 신고를 하여야 하는지 여부?

[회신] 가. 폐기물관리법 제24조의2에 따라 수입신고를 한 자는 동법 제17조 및 시행규칙 제18조에 따른 사업장폐기물배출자 신고를 하여야 합니다.

나. 사업장폐기물배출자 신고는 폐기물관리법 제24조의3 제2항 및 동법 시행규칙 제25조의3에 따라 운반자에게 폐기물을 인계하기 전에 폐기물의 종류 및 양 등을 전자정보처리프로그램(폐기물적법처리시스템)에 확정 또는 예약 입력하여야 합니다.

2-2-561 금속 관련 폐기물의 수출입 허가대상 여부(2008-11-12)

[질의] 금속 관련 폐기물의 철과 철강 제조시 발생되는 불순물, Scalings, 기타 폐기물 등이

수출허가 대상 폐기물에 속하는지 여부?

[회신] 「폐기물의 국가간 이동 및 그 처리에 관한 법률 적용대상 폐기물의 품목」(환경부고시 제2007-188호) 중 "철과 철강 제조시 발생되는 불순물, Scalings, 기타 폐기물"에 해당될 경우에는 수출입 허가대상이며, 불순물이 포함되지 않은 "철 및 강철 제조에서 발생하는 밀 스케일링"은 국내 사업장폐기물의 폐금속류(51-29-00)로 분류되어 「수출입신고대상폐기물」(환경부고시 제2010-57호)에 해당됩니다.

2-2-562 초경연삭슬러지가 수출입 허가대상인지 여부 및 절차(2008-11-17)

[질의] 초경연삭슬러지(초경공구를 연삭하는 과정에서 나오는 슬러지, 즉 연삭된 초경공구의 가루와 연삭유의 혼합물을 건조하여 탈수 한 것. 수분율은 약 2% 정도임)의 수출시 허가를 받아야 하는지 여부? 폐기물 분류코드 및 포장·표지부착 방법 등에 대한 설명?

[회신] 가. 연삭유을 함유하고 있는 초경연삭슬러지는 「폐기물의 국가간 이동 및 그 처리에 관한 법률 적용대상 폐기물의 품목」(환경부고시 제2007-188호)에 따라 수출허가대상에 해당하므로, 수출하기 위해서는 관할 유역·지방환경청의 수출허가 및 수입국의 수입허가 등 관련 절차를 거쳐야 합니다.

나. 폐기물 분류코드와 H번호는 환경부장관이 고시한 「국제폐기물분류코드(IWIC) 작성방법」(환경부고시 제1999-99호)에 의하여 기재하여야 하며, Y번호는 「유해폐기물의 국가간 이동 및 그 처리의 통제에 관한 바젤협약」 부속서 I 의 목록 중 해당하는 것을 기재하여야 합니다.

다. 폐기물의 수출허가를 받고자 하는 자는 폐기물관리법 시행규칙 제63조에 따른 시험·분석기관이 발행한 시험성적서를 제출하여야 합니다.

라. 포장·표지부착 방법은 「폐기물의 국가간 이동 및 그 처리에 관한 법률 시행령」 제17조 [별표 1]의 기준에 따라야 합니다.

2-2-563 폐기물 재활용업자의 가죽폐기물 수입 가능성(2009-01-13)

[질의] 가죽공장에서 배출되는 가죽 폐기물을 이용하여 폐기물재활용업을 영위하는 자가 원료인 가죽폐기물이 부족할 경우 가죽폐기물 수입이 가능한지 여부?

[회신] "가죽물품 제조에 부적합한 가죽이나 합성가죽 폐기물(6가크롬 또는 생체독성물질을 함유한 것)" 등 「폐기물의 국가간 이동 및 그 처리에 관한 법률 적용대상 폐기물의 품목」(환경부고시 제2007-188호)에 해당되는 경우에는 관할 유역·지방환경청의 수

입허가 및 수출국의 수출허가 등 관련 절차를 거쳐야 하며, 상기 고시에서 규정하고 있지 않더라도 "동·식물성잔재물" 등 폐기물관리법의 「수출입신고대상폐기물」(환경부고시 제2010-57호)에 해당되는 경우에는 관할 유역·지방환경청의 수입신고 등의 관련 절차를 거쳐야 합니다.

2-2-564 개인의 전자폐기물 수입 가능성 여부(2009-01-21)

[질의] 개인이 전자폐기물을 외국으로부터 수입이 가능한지 여부?

[회신] 가. 우리나라는 유해폐기물의 국가간 이동으로 인한 환경오염을 방지하고자 1994년에 바젤협약에 가입하고, 유해폐기물의 교역을 최소화하는 등 수출입을 엄격하게 통제하고 있습니다.

나. 「폐기물의 국가간 이동 및 그 처리에 관한 법률 적용대상 폐기물의 품목」(환경부고시 제2007-188호)에 따라 "바젤협약 목록A에 포함된 축전지 및 기타 배터리, 수은 스위치, 브라운관의 유리폐기물 및 기타 활성유리, PCB-축전기 등을 포함하거나, 바젤협약 부속서 Ⅲ의 특성을 지닐 정도로 바젤협약 부속서 Ⅰ의 성분(예: 카드뮴, 수은, 납, PCB)에 오염된 폐전기·전자 조립품 또는 스크랩(A1180)"은 관할 유역·지방환경청의 수입허가 및 수출국의 수출허가 등 관련 절차를 거쳐야 합니다.

2-2-565 폐기물 수입시 필요한 서류(2009-02-13)

[질의] 수입폐기물에 대하여 화학성분 분석 과정을 통해 환경기준에 적합하다는 시험성적서를 받았음에도 불구하고 수요처가 없으면 수입이 불가능한지 여부?

[회신] 「폐기물의 국가간 이동 및 그 처리에 관한 법률 시행령」 제9조에 따라 수입허가신청 혹은 폐기물관리법 시행규칙 제25조의2 제2항에 따라 수입신고 하려는 자는 수입폐기물의 처리 또는 재활용계획서(수입폐기물을 처리 또는 재활용하고자 하는 자의 폐기물처리업허가증 또는 재활용신고필증 사본 등) 등의 서류를 첨부하여 관할 유역·지방환경청장에게 제출하여야 합니다. 해당 폐기물의 허가(또는 신고) 가능 여부는 적정 처리 또는 재활용계획서 등의 첨부서류가 구비되어야 검토가 가능합니다.

2-2-566 폐전기·전자제품 및 부품의 수출입 가능성(2009-02-23)

[질의] 폐전기·전자제품 및 부품을 수출하고 그 중 일부를 다시 수입하고자 할 때 수입가

능성 여부 및 그 절차는?

[회신] 폐전기·전자 제품류는 「폐기물의 국가간 이동 및 그 처리에 관한 법률 적용대상 폐기물의 품목」(환경부고시 제2007-188호) 중 A1180에 해당되어 관할 유역·지방환경청의 수입허가 및 수출국의 수출허가 등 관련 절차를 거쳐야 합니다.

2-2-567 수출대행업체를 통한 폐기물 수출 가능성(2009-03-05)

[질의] 동물성 잔재물(일명: 수구레)을 수출하고자 할 경우 수출대행업체를 통해 폐기물을 수출할 수 있는지 여부?

[회신] 가. 수구레가 사업장폐기물에 해당하는 경우에는 폐기물관리법 제17조에 따라 사업장폐기물 배출자는 수탁자의 수집·운반·처리할 능력을 확인한 후 위탁하여야 하며, 사업장폐기물의 종류와 발생량 등을 관할 관청에 신고하여야 합니다.

나. 폐기물이 「가축전염예방법」 제31조에 따른 수출을 위한 지정검역물에 해당될 경우에는 동법 제41조 내지 제42조에 따라 검역시행장에서 수출을 위한 검역을 받을 수 있습니다.

다. 폐기물의 수출자는 해당 폐기물의 배출자, 폐기물처리업자 등이 해당됩니다. 무역업자는 폐기물의 수출자를 대신하여 수출업무를 대행할 수 있습니다.

2-2-568 자가매립장에 매립한 유황 굴착에 관한 질의(2009-04-13)

[질의] 자가매립장에 매립한 유황을 판매, 수출을 목적으로 굴착이 가능한지 여부 및 폐기물관리법 시행규칙 제46조(폐기물재활용 신고)에 대해 '다른 사람의 폐기물을 재활용하는 자'가 아닌 자가매립장에 매립한 유황 혹은 폐기물을 재활용하는 것에 관한 신고 절차?

[회신] 가. 매립된 사업장 일반폐기물을 굴착하여 사용하고자 할 경우에는 사업장폐기물 배출자 신고(지정폐기물인 경우에는 지정폐기물처리계획서 제출)를 하여야 합니다. 아울러 굴착공사로 인하여 폐기물관리법 시행규칙 제39조 제3항에 따른 폐기물처리시설 변경승인을 받아야 할 사항이 있을 경우에는 변경승인을 받아야 합니다.

나. 고체 유황이 「폐기물의 국가간 이동 및 그 처리에 관한 법률 적용대상품목(환경부고시 제2007-188호)」에 따른 허가대상 폐기물과 혼재되거나 오염되어 있는 경우에는 수출 허가대상에 해당되어 관할 유역·환경청장의 수출허가 등의 관련 절차를 거처야 합니다.

다. 허가대상이 아니더라도 고체 유황은 「수출입신고대상폐기물」(환경부고시 제2008-105호) 중 오니류에 해당되어 관할 유역·지방환경청의 수출신고 등의 관련 절차를 거쳐야 함을 알려드립니다

2-2-569 폐기물 수출입 관련(2009-04-22)

[질의] 폐합성수지인 XL PE불량품(가교)을 재활용업체에 위탁처리하고 있으며 재활용업체에서는 '폐기물재활용신고필증'을 받아 필증 내 재활용 공정도 부분에 분쇄-혼합-용융-압출-제품(원료) 등으로 한다는 전제하에 폐기물을 수거하고 있는데, 위 공정과 같이 제품을 재활용하지 않고 압축하여 수출할 경우 적법 여부?

[회신] 가. 폐기물관리법 제46조 제6항 및 같은 법 시행규칙 제67조의2 [별표 17의2] 제1호의 규정에 따라 폐기물재활용 신고자는 신고한 재활용 용도 및 방법에 따라 재활용하여야 합니다. 폐기물재활용 신고자가 상기 규정을 위반할 경우 폐기물관리법 시행규칙 제83조 제1항 [별표 21] 행정처분기준에 따라 사업정지 1개월과 폐기물관리법 제68조 제2항 제11호의 규정에 의한 300만원 이하의 과태료 부과대상입니다.

나. 또한 폐기물을 수출하는 경우는 폐기물관리법에 의거하여 폐기물의 종류에 따라 수출허가나 신고절차를 거쳐야 하며, 허가나 신고절차를 거치지 않을 때는 「폐기물의 국가간 이동 및 그 처리에 관한 법률」 제28조에 따라 5년 이하의 징역 또는 3천만원 이하의 벌금에 처하거나, 폐기물관리법 제66조에 따라 2년 이하의 징역 또는 1천만원 이하의 벌금에 처함을 알려드립니다.

2-2-570 폐배터리 수입 절차(2009-04-25)

[질의] 폐배터리를 수입하고자 하는 경우 신고대상인지 아니면 허가대상인지 여부?

[회신] 가. 폐배터리는 「폐기물의 국가간 이동 및 그 처리에 관한 법률 적용대상 폐기물의 품목」(환경부고시 제2007-188호)에 따라 수입허가대상에 해당되므로, 수입하기 위해서는 관할 유역·지방환경청의 수입허가 및 수출국의 수출허가 등 관련 절차를 거쳐야 합니다.

나. 수입과 관련된 세부 절차는 수입폐기물의 처리시설이 설치된 장소를 관할하는 유역·지방환경청에 문의하여 주시기 바랍니다.

2-2-571 Zinc-Skimming 폐기물 수입시 신고 또는 허가대상 여부(2009-06-11)

[질의] 기준치 이하인 일반폐기물(납, 수은 등)이면서 바젤협약 폐기물 목록B, OECD녹색폐기물 목록에 있는 Zinc-Skimming의 수입은 신고 또는 허가대상 여부?

[회신] 납, 수은 등을 함유한 금속 관련 폐기물은 「폐기물의 국가간 이동 및 그 처리에 관한 법률 적용대상 폐기물의 품목」(환경부고시 제2007-188호)에 해당되어 수입하고자 하는 경우에는 관할 유역·지방환경청의 수입허가 및 수출국의 수출허가 등의 관련 절차를 거쳐야 합니다. 수출입 허가 및 신고대상 여부는 해당 고시의 품목분류에 따라 유역·지방환경청장이 당해 폐기물의 발생공정, 성분 등을 종합적으로 검토하여 판단합니다.

2-2-572 폐식용유의 수입 가능 여부 및 절차(2009-07-06)

[질의] 폐식용유 수입이 가능한지 여부 및 어떤 절차를 취하야 하는지 여부?

[회신] 가. 바젤협약 부속서 III의 유해특성(폭발성, 인화성, 자연발화성, 산화성, 유독성, 독성, 생태독성 등)을 나타내는 동식물성 식용유지 폐기물은 「폐기물의 국가간 이동 및 그 처리에 관한 법률 적용대상 폐기물의 품목」(환경부고시 제2007-188호)에 해당되어 관할 유역·지방환경청에 수입허가 및 수출국의 수출허가 등의 관련 절차를 거쳐야 하며, 동 유해특성을 나태내지 않더라도 폐기물관리법 제24조의2에 따른 「수출입신고대상폐기물」(환경부고시 제2010-57호)에 해당되어 관할 유역·지방환경청에 신고하여야 합니다.

나. 국내에서 발생하는 동식물성유지 폐기물을 전문업체(폐식용유 재활용업체)에 판매할 경우에는 폐기물관리법 제25조 및 동법 시행규칙 제28조에 따라 폐기물 수집·운반업의 허가를 관할 시·도지사 또는 유역·지방환경청에서 받아야 합니다.

2-2-573 폐전선 내 구리선의 수출시 허가 또는 신고대상 여부(2009-08-17)

[질의] 폐전선 안의 구리선 수출시, 구리선을 황색폐기물로 보아 폐기물관리법에 의한 허가 또는 신고대상인지 여부 및 구리선이 「폐기물의 국가간 이동 및 그 처리에 관한 법률」 적용대상 폐기물에 해당하는지 여부?

[회신] 콜타르, PCB, 납, 카드뮴, 기타 유기할로겐화합물이나 바젤협약 부속서 Ⅲ의 특성(폭발성, 유독성, 감염성, 독성, 생태독성 등 기타)을 나타낼 정도의 부속서 Ⅰ의 성분(금속카보닐, 베릴륨, 6가크롬, 구리화합물 등 기타)으로 오염되었거나 이를 함유한

플라스틱으로 코팅 또는 절연된 폐전선은「폐기물의 국가간 이동 및 그 처리에 관한 법률」적용대상 품목에 해당되어 바젤협약에 가입된 국가에 수출하기 위해서는 관할 유역·지방환경청장의 허가를 받아야 합니다. 다만, 상기 오염물질과 코팅된 플라스틱이 제거된 구리 스크랩은 수출입 허가나 신고대상에 해당되지 않습니다.

2-2-574 인쇄회로기판이 폐기물 수출입 신고대상인지 여부(2009-08-21)

[질의] 인쇄회로기판제조업에서 발생한 불량제품 및 인쇄회로기판 스크랩 또는 라우터 공정에서 발생한 엑폭시 가루를 해외로 수출할 경우 수출입 허가 또는 신고대상인지 여부 및 위반시 처벌 내용은?

[회신] 가. 인쇄회로기판 불량제품 및 스크랩, 에폭시 가루 등의 성분 등을 알 수 없어 판단하기 어려우나 폐기물 수출입 허가나 신고대상에 해당됩니다.

나. 수출입 허가대상 폐기물을 허가받지 아니하고 수출한 경우에는「폐기물의 국가간 이동 및 그 처리에 관한 법률」제28조에 따라 5년 이하의 징역 또는 3천만원 이하의 벌금에 처하며, 신고대상 폐기물을 신고하지 아니하고 수출한 경우에는 폐기물관리법 제66조에 따라 2년 이하의 징역이나 1천만원 이하의 벌금에 처합니다.

다. 배출자도 폐기물관리법 제17조 및 제18조를 위반시 처벌받을 수 있음을 알려드립니다.

2-2-575 폐유의 수입 가능성(2009-09-14)

[질의] 폐유(waste oils / A4060)의 수입이 가능한지 여부?

[회신] 폐유는「폐기물의 국가간 이동 및 그 처리에 관한 법률 적용대상 폐기물의 품목」(환경부고시 제2007-188호)에 해당되어 수입을 위해서는 관할 유역·지방환경청의 수입허가 및 수출국의 수출허가 등의 관련 절차가 필요하나, 현재 국내 석유 수급상 불가피한 경우가 아니면 수입을 불허하고 있습니다.

2-2-576 Palm Kernel 수입 가능성(2009-09-16)

[질의] 고형물(고형연료)인 Palm Kernel(팜유 추출 후 남은 씨앗 및 껍질 등의 물질)의 수입이 가능한지 여부?

[회신] Palm Kernel은 폐기물관리법 시행규칙 제2조의2 및 [별표 4]에 따라 폐기물(식물성

잔재물)에 해당되어 폐기물관리법 제24조의2에 따른 「수출입신고대상폐기물」(환경부고시 제2010-57호)에 해당됩니다.

2-2-577 금속 스크랩 수출입의 절차(2009-09-23)

[질의] 개성공단에 수출한 스텐레스판, 황동판을 수출국에서 사용 후 일정기간 동안 축적된 금속(스텐레스, 황동) 스크랩을 국내로 재수입하여 고철수집업자 및 재활용업자에게 넘기려고 하는데, 수입시 그 절차와 재활용 가능한 금속 스크랩이 폐기물에 해당되는지 여부 및 유해성분검사를 받아야 하는지 여부?

[회신] 가. 폐기물관리법 제2조에서 "폐기물이란 쓰레기, 연소재, 오니, 폐유, 폐산, 폐알카리 및 동물의 사체 등으로서 사람의 생활이나 사업활동에 필요하지 아니하게 된 물질을 말한다"라고 규정하고 있습니다. 따라서 금속 스크랩의 재활용(유용성 등) 여부와 관계없이 폐기물에 해당됩니다.

나. 폐기물관리법 시행규칙 제2조 제1항 및 [별표 1]에 해당되는 지정폐기물이 폐기물공정 시험방법 대상이며 금속 스크랩은 이에 해당하지 않습니다.

다. 재활용 가능한 금속 스크랩은 「개성공업지구 폐기물 국내반입 처리 절차 등에 관한 업무처리지침」(통일부 예규 제23호, '09.4.10)'에 따른 재생이용 폐기폐설물에 해당되어 「남북교류협력에 관한 법률」에 의거 통일부장관의 물품 반·출입 승인을 받아야 합니다.

2-2-578 무역업 영위자의 폐촉매 수입시 허가 절차(2009-10-14)

[질의] 무역업을 영위하는 자가 폐촉매를 수입하여 니켈을 추출한 후 니켈수출업체에 납품하려는 경우 거쳐야 하는 허가 절차는?

[회신] 가. 정유공장 중질유 탈황공정에서 발생하는 것과 같이 바나디움, 몰리브덴, 니켈 등의 전이금속을 함유하고 있는 폐촉매는 폐기물관리법 제24조의2에 따른 「수출입신고대상폐기물」(환경부고시 제2008-105호)에 해당되어 관할 유역·지방환경청의 수출신고 등의 관련 절차를 거쳐야 합니다.

나. 그 외의 폐촉매는 「폐기물의 국가간 이동 및 그 처리에 관한 법률 적용대상 폐기물의 품목」(환경부고시 제2007-188호) 중 폐촉매(A2030)에 해당되어 관할 유역·지방환경청의 수입허가 및 수출국의 수출허가 등의 관련 절차를 거쳐야 합니다.

2-2-579 재생원료의 폐기물 수출입 대상 여부(2009-10-21)

[질의] 외국에서 비닐을 세척, 분쇄, 건조, 수입하여 그 상태 바로 방수제로 쓰이는 물품을 만드는 원재료로 사용할 경우 및 파이프를 분쇄 후 수입하여 국내에서 파이프를 만드는 재생원료로 사용하는 경우 폐기물 수입신고대상인지 여부? 폐기물의 물리적 처리(세척, 분쇄, 건조) 또는 화학적 처리(용융을 통해 펠렛 상태의 것) 등에 따라 수입절차상 차이가 있는지 여부?

[회신] 가. 혼재 또는 오염 되지 않은 폐플라스틱은 폐기물관리법 제24조의2에 따른「수출입신고대상 폐기물」(환경부고시 제2008-105호)에 해당되어 수출입하기 전에 관할 유역·지방환경청의 수출입신고 등의 관련 절차를 거쳐야 합니다.

나. 다만,「자원의 절약과 재활용촉진에 관한 법률」제2조 제9호 및 동법 시행규칙 [별표 1]의 제4호 나목에 해당되는 폐플라스틱 재생원료(펠릿, 플레이크 등)는 재활용제품에 해당됩니다. 따라서 해외의 적정 재활용업체에서 재생원료 형태로 가공되어 별도의 가공 없이 제조회사의 제품 생산원료로 사용되는 경우에는 수입신고 대상에 해당되지 않습니다.

2-2-580 비상업적 목적으로 수입시 환경성보장제 의무대상 해당 여부(2009-11-04)

[질의] 극히 소량의 프린터와 모니터, 키보드가 제품의 판매목적이 아닌 반도체 생산시 고객의 요구에 의해 수입되어졌고 수입된 제품들은 사용 후 고객에게 다시 반납되어져야 하는 물품들인 경우 환경성보장제도를 의무적으로 이행해야 하는 대상에 해당하는지 여부?

[회신] 환경성보장제 의무대상 수입업자는 정상적인 상업행위를 목적으로 수입해 시장에 제품을 공급하는 경우를 말하는 것으로, 비상업적인 목적으로 수입해 자체 사무실, 생산공정의 연구개발용 등으로 사용하는 제품은 해당 증빙자료를 제시할 경우에는 환경성보장제 의무대상에서 제외하고 있습니다.

2-2-581 니켈 폐기물 수출시 수출입 신고대상 여부(2009-12-17)

[질의] 100% 니켈 스크랩을 수출 시 폐기물관리법상 수출입 신고대상인지 여부?

[회신] 폐기물관리법 시행규칙 제18조 제1항에 따른 고철에 해당되는 100% 니켈 스크랩은 폐기물관리법 제24조의2 제1항에 따른 폐기물 수출입 신고대상에 해당되지 않음을 알려드립니다. 다만,「폐기물의 국가간 이동 및 그 처리에 관한 법률 적용대상 폐기

물의 품목」(환경부고시 제2007-188호) 중 A1010, A1030, A1040에 해당되는 경우에는 수출을 위해서는 관할 유역·지방환경청의 수출허가 및 수입국의 수입허가 등의 관련 절차를 거쳐야 합니다.

2-2-582 폐유리의 수출입 신고 대상 여부

[질의] 재활용처리업자가 폐유리 재활용 공정을 거쳐 생산된 유리원료를 제품으로 타 업자에게 판매를 하고, 타 업자는 제품으로 받은 유리원료를 수출하는 경우 신고대상에 해당되는지 여부?

[회신] 폐기물관리법 제2조 제1항에 따른 폐기물에 해당되지 않을 경우에는 동법 제24조의2에 따른 수출입시 신고대상 폐기물(환경부고시 제2008-105호)에 해당되지 않습니다.

PART

3

폐기물처리업

Chapter

01 개 관

제 1 절 폐기물처리업의 의의

(1) 폐기물처리업이란 폐기물의 수집·운반, 재활용 또는 처분을 업으로 하는 것을 말한다.[1] 영리이든 비영리이든 관계없이 독립적으로 폐기물의 수집·운반, 재활용 또는 처분이라는 역무(役務)를 공급하거나, 그러한 역무를 통해 산출되는 재화를 공급하는 활동을 말한다. 폐기물처리업의 대부분은 영리 목적이겠지만, 비영리 목적의 경우도 있을 수 있다.

(2) 폐기물처리업을 하려는 자는 환경부령으로 정하는 기준에 따른 시설·장비 및 기술능력을 갖추어 환경부장관 또는 시·도지사로부터 허가를 받아야 한다. 다만, 음식물류 폐기물을 제외한 생활폐기물을 재활용하려는 자와 폐기물처리 신고자는 허가를 받지 않아도 된다.[2]

(3) 개정 전 폐기물수집·운반업, 폐기물 중간처리업, 폐기물 최종처리업, 폐기물 종합처리업의 4가지로 구분되어 있던 것을 폐기물수집·운반업, 폐기물 중간처분업, 폐기물 최종처분업, 폐기물 종합처분업, 폐기물 중간재활용업, 폐기물 최종재활용업, 폐기물 종합재활용업의 7가지로 세분하였다. 개정 전 폐기물 처리의 개념에 '수집'·'운반'·'보관'·'처분'으로 되어 있었는데, '재활용'을 신규로 추가하면서 폐기물처리업에도 그에 대응하는 '재활용업'을 추가하여 구분한 것이다.

(4) 개정 전에는 폐기물 재활용 허가제와 신고제로 이원화되어 있었으나, 개정 이후

1) 법 제25조 제1항
2) 법 제25조 제1항 괄호 부분

에는 허가제로 일원화되어 체계적인 관리가 가능하게 되었다. 다만, 일부 폐기물처리 신고대상 폐기물의 경우에는 여전히 신고제로 규율된다.

제 2 절 폐기물처리업의 종류

Ⅰ. 폐기물관리법상 처리업의 종류

1. 폐기물수집·운반업

폐기물을 수집하여 재활용 또는 처분장소로 운반하거나 폐기물을 수출하기 위하여 수집·운반하는 영업을 말한다.[3] 폐기물처분업과 재활용업 허가를 받은 자는 폐기물수집·운반업 허가를 별도로 받지 않아도 그 처리대상 폐기물을 스스로 수집·운반할 수 있다.[4]

2. 폐기물 중간처분업

폐기물 중간처분시설을 갖추고 폐기물을 소각 처분, 기계적 처분, 화학적 처분, 생물학적 처분, 그 밖에 환경부장관이 폐기물을 안전하게 중간처분할 수 있다고 인정하여 고시하는 방법으로 중간처분하는 영업을 말한다.[5]

3. 폐기물 최종처분업

폐기물 최종처분시설을 갖추고 폐기물을 매립 등(해역 배출은 제외)의 방법으로 최종처분하는 영업을 말한다.[6]

4. 폐기물 종합처분업

폐기물 중간처분시설 및 최종처분시설을 갖추고 폐기물의 중간처분과 최종처분을 함께 하는 영업을 말한다.[7]

---

3) 법 제25조 제5항 제1호
4) 법 제25조 제6항
5) 법 제25조 제5항 제2호
6) 법 제25조 제5항 제3호
7) 법 제25조 제5항 제4호

5. 폐기물 중간재활용업

폐기물 재활용시설을 갖추고 중간가공 폐기물을 만드는 영업을 말한다.[8)9)]

6. 폐기물 최종재활용업

폐기물 재활용시설을 갖추고 중간가공 폐기물을 법 제13조의2에 따른 용도 또는 방법으로 재활용하는 영업을 말한다.[10)]

7. 폐기물 종합재활용업

폐기물 재활용시설을 갖추고 중간재활용업과 최종재활용업을 함께 하는 영업을 말한다.[11)]

Ⅱ. 건설폐기물 재활용촉진에 관한 법률상 처리업의 종류

1. 건설폐기물 수집·운반업

건설폐기물을 수집하여 처리장소로 운반하는 영업을 말한다.[12)]

2. 건설폐기물 중간처리업

건설폐기물을 분리, 선별, 파쇄하는 영업을 말한다.[13)] 소각·중화·파쇄·고형화 등 다양한 처분방식을 인정하는 「폐기물관리법」상의 중간처분과 달리, 건설폐기물 중간처리업에서는 '분리, 선별, 파쇄'하는 처분방식만을 규정하고 있다.

---

8) 법 제25조 제5항 제5호

9) 그런데, '사람의 생활이나 사업활동에 필요하지 아니하게 된 물질'이라는 폐기물의 정의에 비추어 볼 때, 폐기물을 가공하여 재활용을 하기 쉬운 상태로 만든 물질을 과연 '폐기물'이라고 할 수 있을지 의문이다. '사람의 생활이나 사업활동에 필요하게 된 물질'이라고 볼 여지가 크기 때문이다. 폐기물이 가공되어 다른 제품의 원료물질로 사용된다면, 그때부터 그 폐기물은 더 이상 폐기물이 아니라고 보아야 할 것이다.

10) 법 제25조 제5항 제6호

11) 법 제25조 제5항 제7호

12) 건설폐기물재활용촉진법 제2조 제3호

13) 건설폐기물재활용촉진법 제2조 제4호

Ⅲ. 폐기물재활용업 분류의 문제점

1. 재활용 용도와 방법의 제한에 따른 법의 공백 발생

2010년 개정 법률은 개정 전 중간처리업(재활용 전문)과 재활용신고제도를 합하여 '재활용업'으로 통합하였지만, 세부적으로 이를 다시 중간/최종/종합재활용업으로 구분하였다. 그런데, 이처럼 중간/최종/종합재활용업으로 세분한 이유는, 재활용 용도와 방법을 법률로 제한하였기 때문이다. 즉, 재활용을 하려는 자는 법 제13조의2에 규정된 용도와 방법을 따라야 하는데 재활용 용도와 방법에 미치지 못하는 가공단계의 사업자에 대해서는 법적용의 공백이 발생하였다. 예컨대, 폐기물로 KS인증제품을 만드는 자는 재활용업 허가를 받을 수 있지만, KS인증제품이 아니라 그 제품의 원료물질을 만드는 자는 재활용업 허가를 받을 수 없게 된다. 마찬가지로 폐기물로 환경표지인증제품을 만드는 자는 재활용업 허가를 받을 수 있지만 그 제품의 원료물질을 만드는 자는 재활용업 허가를 받을 수 없다. 위와 같은 원료물질을 만드는 것은 법 제13조의2에 규정된 용도와 방법에 없기 때문이다. 그런데, 이러한 자들은 2010년 개정 전 법률에 의하면 이론상 재활용업 허가를 받을 수 있던 자들이었다. 이처럼 2010년 개정법률에 따라 재활용업 허가를 받을 수 없는 법의 공백이 생기자 도입한 것이 중가가공 폐기물이라는 개념이었다.

2. 중간가공 폐기물과 중간재활용업

2010년 개정법률에 의하면, 폐기물재활용시설을 갖추고 중간가공 폐기물을 만드는 영업을 중간재활용업이라고 정의하였다. 재활용 용도와 방법에 미치지 못하는 가공단계의 사업자는 재활용업 허가를 받을 수 없게 되자, 중간가공 단계의 물질을 중가가공 폐기물이라고 명명하면서 이를 만드는 사업을 중간재활용업이라고 한 것이다. 그런데 중간가공 폐기물도 폐기물이므로 중간재활용업은 영업의 주된 목적이 '폐기물'을 생산하는 것이 된다. 그러나 이는 폐기물의 정의에 정면으로 배치된다. 사람의 생활이나 사업활동에 필요하지 아니하게 된 물질을 폐기물이라고 하는데, 중간가공 폐기물은 사람의 생활이나 사업활동에 필요한 물질로 볼 수 있기 때문이다. 사람의 생활이나 사업활동에 필요하기 때문에 생산하는 것인데 이를 폐기물이라고 보는 것은 논리의 모순이다. 배출자(중간재활용업자)의 주관적 의사에 비추어 폐기물이라 보기 어렵고, 객관적 성상의 측면에서도 폐기물이라고 보기 어려운 경우가 많다. 중간가공 폐기물을 원료의 일부로 사용하는 제조업체는 모두 최종재활용업가 되고 최종재활용업 허가를 받아야 한다. 중간가공 폐기물과 중간재활용업이라는 개념은 이론상 문제가 클 뿐 아니라, 실무상으로도 현실에 맞지 않는 것이다. 폐기물재활용시설에 의해 가공된 폐기물은, 폐기물의 속성을 상실하는 한 더 이상 폐기물이 아니라 새로운 원료물질이라고 보아야 한다.

3. 최종재활용업

2010년 개정법률은 최종재활용업을, 폐기물재활용시설을 갖추고 중간가공 폐기물을 법 제13조의2에 따른 용도와 방법으로 재활용하는 영업이라고 정의하고 있다. 중간가공 폐기물과 중간재활용업의 개념이 잘못된 것이라면 그 연장선상에 있는 최종재활용업은 제도상 존재하기 어렵다.

4. 종합재활용업

2010년 개정법률은 종합재활용업을, 폐기물재활용시설을 갖추고 중간재활용업과 최종재활용업을 함께 하는 영업이라고 정의하고 있다. 마찬가지로 중간가공 폐기물과 중간재활용업의 개념이 잘못된 것이라면 그 연장선상에 있는 종합재활용업도 제도상 존재하기 어렵다.

5. 결 론

법령은 재활용의 정의와 기준만 제시하고 이에 부합하는 영업을 그냥 재활용업으로 분류하는 것이 타당할 것이다.

Ⅳ. 폐기물처리업 허가제도 변경 비교

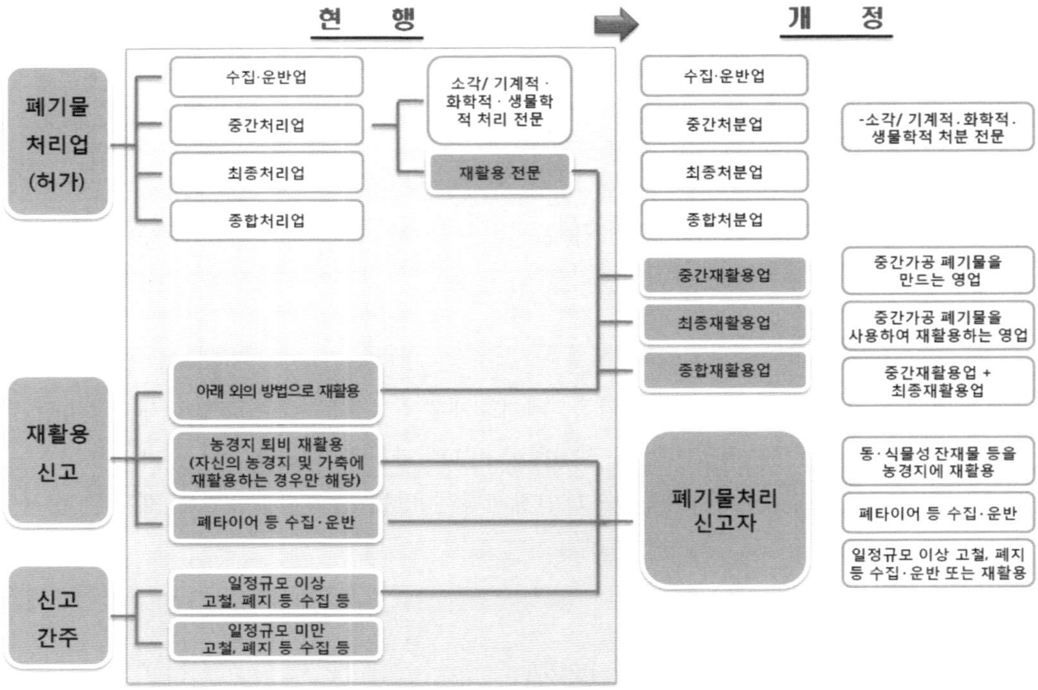

Chapter

02 폐기물처리업의 허가

제1절 개 관

폐기물처리업 허가는 폐기물 처리를 위한 시설·장비 및 기술능력 등 객관적 요소를 주된 대상으로 하는 대물적 허가 내지는 대물적 요소가 강한 혼합적 허가로서, 그 영업장의 소재지 및 시설·장비 등은 폐기물처리업 허가의 대상을 이루는 중요한 요소이다.[1)]

---

1) 대법원 2008.4.11. 선고 2007두17113 판결
"법 제1조, 제26조, 제28조, 제32조, 제42조, 제60조, 시행규칙 제17조, 제18조, 제43조의 각 규정에 의하면, 폐기물의 발생을 최대한 억제하고 발생된 폐기물을 적정하게 처리함으로써 환경보전과 국민생활의 질적 향상에 이바지하기 위하여 폐기물중간처리업을 하고자 하는 자는 환경부령이 정하는 기준에 의한 소각시설, 보관시설 및 장비와 기술능력을 갖추어 허가를 받아야 하고, 폐기물처리시설을 신설·변경하거나 소재지를 변경하는 경우에는 폐기물중간처리업의 변경허가를 받아야 하며, 이러한 허가를 받지 아니한 자에 대하여는 벌칙을 두고 있고, 환경부령이 정하는 기준에 의한 시설·장비 및 기술능력에 미달하게 된 때에는 그 허가를 취소하도록 하고 있으며, 폐기물중간처리업자가 그 영업을 휴업·폐업 또는 재개업하는 때에는 20일 이내에 신고하게 하는 등 행정통지를 엄격하게 하고 있고, 폐기물중간처리업을 양도한 경우 등에는 폐기물중간처리업자의 지위를 승계하도록 하고 있는바, 위 각 규정을 종합하면, 폐기물중간처리업 허가는 폐기물처리를 위한 시설·장비 및 기술능력 등 객관적 요소를 주된 대상으로 하는 대물적 허가 내지는 대물적 요소가 강한 혼합적 허가(대인적 요소로는, 법 제27조에서 법에 위반하여 형을 받거나 폐기물중간처리업의 허가가 취소된 후 2년이 경과되지 아니한 자 등에 대하여 허가를 금하고 있는 것 등을 들 수 있다)로서, 그 영업장의 소재지 및 시설·장비 등은 폐기물중간처리업 허가의 대상을 이루는 중요한 요소라 할 것이다"(대법원 1986.9.23. 선고 85누577 판결 등 참조).

제 2 절 폐기물처리업 허가절차

폐기물처리업 허가절차는 사업계획의 적정성 검토단계와 허가단계로 나뉜다.

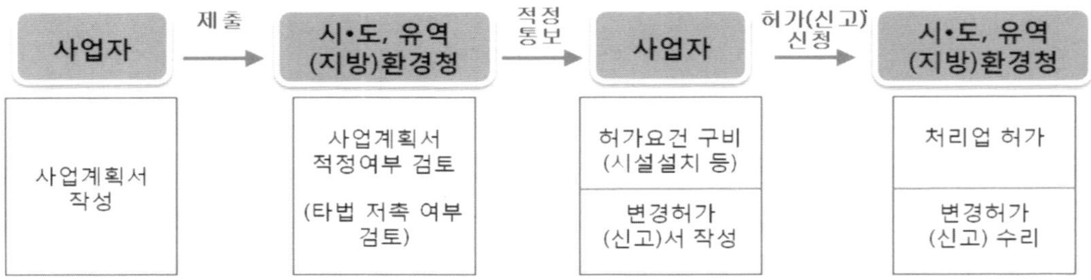

Ⅰ. 폐기물처리업 신청 전 검토사항

1. 「국토의 이용 및 계획에 관한 법률」에 따른 입지제한

폐기물처리업을 하기 위해서는 폐기물처리시설을 갖추어야 하는데, 폐기물처리시설은 아무 지역에 설치할 수 있는 것이 아니다. 「국토의 계획 및 이용에 관한 법률」(이하 '국토계획법')에 따라 일정한 용도로 지정된 지역/지구에만 설치가 가능하다. 구체적인 설치 가능 여부를 지방자치단체에 위임한 경우가 있으므로 해당 지방자치단체의 조례도 살펴보아야 한다. 국토계획법상 도시·군계획으로 용도지역, 용도지구, 용도구역을 지정할 수 있다. 건축법상 폐기물처리시설은 자원순환 관련 시설로 분류되어 있다.[2)]

가. 용도지역

국토계획법 제36조에 의하면 국토교통부장관, 시·도지사 또는 대도시 시장은 도시·군관리계획을 수립할 때 토지를 도시지역·관리지역·농림지역·자연환경보전지역으로 구분하여 지정하도록 하고 있고, 같은 법 제76조는 이와 같이 지정된 용도지역 내에 건축할 수 있는 건축물이나 그 밖의 시설을 엄격히 제한하고 있다. 이처럼 지정된 용도에 부합하는 건물 또는 시설물이라야 해당 부지 내 건축 또는 설치가 가능하다. 용도지역의 종류는 다음과 같다.

2) 건축법 시행령 [별표 1] 제22호 자원순환 관련시설 : 가. 하수 등 처리시설, 나. 고물상, 다. 폐기물재활용시설, 라. 폐기물처분시설, 마. 폐기물감량화시설

(1) 용도지역의 종류

용도지역의 종류는 아래와 같다.

용도지역 구분		지정 목적
도시지역	주거지역	거주의 안녕과 건전한 생활환경의 보호를 위하여 필요한 지역
	상업지역	상업이나 그 밖의 업무의 편익을 증진하기 위하여 필요한 지역
	공업지역	공업의 편익을 증진하기 위하여 필요한 지역
	녹지지역	자연환경·농지 및 산림의 보호, 보건위생, 보안과 도시의 무질서한 확산을 방지하기 위하여 녹지의 보전이 필요한 지역
관리지역	보전관리지역	자연환경 보호, 산림 보호, 수질오염 방지, 녹지공간 확보 및 생태계 보전 등을 위하여 보전이 필요하나, 주변 용도지역과의 관계 등을 고려할 때 자연환경보전지역으로 지정하여 관리하기가 곤란한 지역
	생산관리지역	농업·임업·어업 생산 등을 위하여 관리가 필요하나, 주변 용도지역과의 관계 등을 고려할 때 농림지역으로 지정하여 관리하기가 곤란한 지역
	계획관리지역	도시지역으로의 편입이 예상되는 지역이나 자연환경을 고려하여 제한적인 이용·개발을 하려는 지역으로서 계획적·체계적인 관리가 필요한 지역
농림지역		
자연환경보전지역		

(2) 용도지역 안에서의 입지제한

지정된 용도지역 내에서의 건축물이나 그 밖의 시설의 용도·종류 및 규모 등의 제한에 관한 사항은 국토계획법 시행령 제71조 및 [별표 2] 내지 [별표 22]에 자세히 규정되어 있다.[3] 이에 따르면 폐기물처리시설은 공업지역이나 자연녹지지역, 그리고 계획관리지역에 들어 설 수 있고, 주거지역이나 상업지역에는 들어 설 수 없다. 다만, 도시·군계획시설로 설치되는 폐기물처리시설에 대하여는 이미 관계부서의 광범위한 검토를 거쳐 수립하는 시설이므로 용도지역 안에서의 건축제한 규정을 적용하지 않는다.[4] 국토계획법 시행령 [별표 2] 내지 [별표 22]에 따라 폐기물처리시설이 들어설 수 있는 용도지역은 다음 표와 같다.

3) 국토계획법 시행령 제71조 제1항
4) 국토계획법 시행령 제83조 제1항

용도지역 안에서의 건축제한	
폐기물처리시설이 들어설 수 없는 지역	주거지역, 상업지역, 준주거지역, 보전녹지지역, 보전관리지역, 자연환경보전지역
폐기물처리시설이 들어설 수 있는 지역	(전용/일반/준)공업지역, 자연녹지지역, 계획관리지역
도시·군계획 조례가 정하는 바에 의하여 폐기물처리시설이 들어설 수 있는 지역	생산녹지지역(4층 이하), 생산관리지역(4층 이하), 농림지역

나. 용도지구

국토계획법 제37조에 의하면 국토교통부장관, 시·도지사 또는 대도시 시장은 도시·군관리계획을 수립할 때 용도지구를 지정 또는 변경하도록 되어 있는데, 이처럼 지정된 용도에 부합하는 건물 또는 시설물이라야 해당 부지 내 건축 또는 설치가 가능하다.

(1) 용도지구의 종류[5)]

구 분	지정목적
경관지구	경관을 보호·형성하기 위하여 필요한 지구
미관지구	미관을 유지하기 위하여 필요한 지구
고도지구	쾌적한 환경 조성 및 토지의 효율적 이용을 위하여 건축물 높이의 최저한도 또는 최고한도를 규제할 필요가 있는 지구
방화지구	화재의 위험을 예방하기 위하여 필요한 지구
방재지구	풍수해, 산사태, 지반의 붕괴, 그 밖의 재해를 예방하기 위하여 필요한 지구
보존지구	문화재, 중요 시설물 및 문화적·생태적으로 보존가치가 큰 지역의 보호와 보존을 위하여 필요한 지구
시설보호지구	학교시설·공용시설·항만 또는 공항의 보호, 업무기능의 효율화, 항공기의 안전운항 등을 위하여 필요한 지구
취락지구	녹지지역·관리지역·농림지역·자연환경보전지역·개발제한구역 또는 도시자연공원구역의 취락을 정비하기 위한 지구
개발진흥지구	주거기능·상업기능·공업기능·유통물류기능·관광기능·휴양기능 등을 집중적으로 개발·정비할 필요가 있는 지구
특정용도제한지구	주거기능 보호나 청소년 보호 등의 목적으로 청소년 유해시설 등 특정 시설의 입지를 제한할 필요가 있는 지구
기타 지구	그 밖에 대통령령으로 정하는 지구

5) 국토계획법 제37조

(2) 용도지구 안에서의 입지제한[6)]

용도지구 안에서의 건축제한에 대해서는 아래에서 보는 바와 같다. 다만, 도시·군계획시설에 대하여는 이미 관계부서의 광범위한 검토를 거쳐 수립하는 시설이므로 용도지구 안에서의 제한 규정을 적용하지 않는다.[7)] 경관지구·미관지구 또는 고도지구 안에서의 「건축법 시행령」 제6조 제1항 제6호의 규정에 의한 리모델링이 필요한 건축물에 대하여는 국토계획법 시행령 제72조 내지 제74조의 규정에 불구하고 「건축법 시행령」 제6조 제1항 제5호의 규정에 의하여 건축물의 높이·규모 등의 제한을 완화하여 제한할 수 있다.[8)]

구 분	건축제한 내용
경관지구	경관지구 안에서는 그 지구의 경관의 보호·형성에 장애가 된다고 인정하여 도시·군계획 조례가 정하는 건축물을 건축할 수 없다. 다만, 특별시장·광역시장·특별자치시장·특별자치도지사·시장 또는 군수가 지구의 지정목적에 위배되지 아니하는 범위 안에서 도시·군계획 조례가 정하는 기준에 적합하다고 인정하여 당해 지방자치단체에 설치된 도시계획위원회의 심의를 거친 경우에는 그러하지 아니하다.[9)]
미관지구	미관지구 안에서는 그 지구의 위치·환경 그 밖의 특성에 따른 미관의 유지에 장애가 된다고 인정하여 도시·군계획 조례가 정하는 건축물을 건축할 수 없다. 다만, 특별시장·광역시장·특별자치시장·특별자치도지사·시장 또는 군수가 지구의 지정목적에 위배되지 아니하는 범위 안에서 도시·군계획 조례가 정하는 기준에 적합하다고 인정하여 당해 지방자치단체에 설치된 도시계획위원회의 심의를 거친 경우에는 그러하지 아니하다.[10)]
고도지구	고도지구 안에서는 도시·군관리계획으로 정하는 높이를 초과하거나 미달하는 건축물을 건축할 수 없다.[11)]
방화지구	
방재지구	방재지구 안에서는 풍수해·산사태·지반붕괴·지진 그 밖에 재해예방에 장애가 된다고 인정하여 도시·군계획 조례가 정하는 건축물을 건축할 수 없다. 다만, 특별시장·광역시장·특별자치시장·특별자치도지사·시장 드는 군수가 지구의 지정목적에 위배되지 아니하는 범위 안에서 도시·군계획 조례가 정하는 기준에 적합하다고 인정하여 당해 지방자치단체에 설치된 도시계획위원회의 심의를 거친 경우에는 그러하지 아니하다.[12)]

6) 국토계획법 제76조 제2항
7) 국토계획법 시행령 제83조 제1항
8) 국토계획법 시행령 제83조 제2항
9) 국토계획법 시행령 제72조 제1항
10) 국토계획법 시행령 제73조 제1항
11) 국토계획법 시행령 제74조

보존지구	보존지구 안에서는 다음의 구분에 따른 건축물에 한하여 건축할 수 있다. 다만, 특별시장·광역시장·특별자치시장·특별자치도지사·시장 또는 군수가 지구의 지정목적에 위배되지 아니하는 범위 안에서 도시·군계획 조례가 정하는 기준에 적합하다고 인정하여 관계 행정기관의 장과의 협의 및 당해 지방자치단체에 설치된 도시계획위원회의 심의를 거친 경우에는 그러하지 아니하다.[13] 1) 역사문화환경 보존지구: 「문화재보호법」의 적용을 받는 문화재를 직접 관리·보호하기 위한 건축물과 문화적으로 보존가치가 큰 지역의 보호 및 보존을 저해하지 아니하는 건축물로서 도시·군계획 조례가 정하는 것 2) 중요시설물보존지구: 국방상 또는 안보상 중요한 시설물의 보호 및 보존을 저해하지 아니하는 건축물로서 도시·군계획 조례가 정하는 것 3) 생태계보존지구: 생태적으로 보존가치가 큰 지역의 보호 및 보존을 저해하지 아니하는 건축물로서 도시·군계획 조례가 정하는 것
시설보호지구	학교시설보호지구·공용시설보호지구 및 항만시설보호지구 안에서는 학교·공용시설 또는 항만의 기능수행에 장애가 된다고 인정하여 도시·군계획 조례가 정하는 건축물을 건축할 수 없다. 다만, 특별시장·광역시장·특별자치시장·특별자치도지사·시장 또는 군수가 지구의 지정목적에 위배되지 아니하는 범위 안에서 도시·군계획 조례가 정하는 기준에 적합하다고 인정하여 관계 행정기관의 장과의 협의 및 당해 지방자치단체에 설치된 도시계획위원회의 심의를 거친 경우에는 그러하지 아니하다.[14] 공항시설보호지구 안에서의 건축제한에 관하여는 「항공법」이 정하는 바에 의하되, 건축물의 용도 및 형태 등에 관한 그 밖의 제한에 관하여는 공항시설의 보호와 항공기의 이·착륙에 장애가 되지 아니하는 범위 안에서 도시·군계획 조례로 정한다.[15]
취락지구	자연취락지구 안에서 건축할 수 있는 건축물은 「국토계획법 시행령」 별표 23과 같다. 집단취락지구 안에서의 건축제한에 관하여는 「개발제한구역의 지정 및 관리에 관한 특별조치법」이 정하는 바에 의한다.[16]
개발진흥지구	개발진흥지구 안에서는 지구단위계획 또는 관계 법률에 의한 개발계획에 위반하여 건축물을 건축할 수 없으며, 지구단위계획 또는 개발계획이 수립되기 전에는 개발진흥지구의 계획적 개발에 위배되지 아니하는 범위 안에서 도시·군계획 조례가 정하는 건축물을 건축할 수 있다.[17]

12) 국토계획법 시행령 제75조
13) 국토계획법 시행령 제76조
14) 국토계획법 시행령 제77조 제1항
15) 국토계획법 시행령 제71조 제2항
16) 국토계획법 시행령 제78조
17) 국토계획법 시행령 제79조

특정용도제한 지구	특정용도제한지구 안에서는 주거기능을 훼손하거나 청소년 정서에 유해하다고 인정하여 도시·군계획 조례가 정하는 건축물을 건축할 수 없다.[18]
기타 지구	위 용도지구 외의 용도지구 안에서의 건축제한에 관하여는 그 용도지구 지정의 목적달성에 필요한 범위 안에서 특별시·광역시·특별자치시·특별자치도·시 또는 군의 도시·군계획 조례로 정한다.[19]

다. 용도구역

용도구역은 국토계획법에서 개별적으로 규정되어 있는데, 개발제한구역,[20] 도시자연공원구역,[21] 시가화조정구역,[22] 수산자원보호구역[23]으로 구분된다.

(1) 용도구역의 종류

구 분	지정요건
개발제한구역	도시의 무질서한 확산을 방지하고 도시 주변의 자연환경을 보전하며 도시민의 건전한 생활환경을 확보하기 위하여 도시의 개발을 지한할 필요가 있거나 국방부장관의 요청이 있어 보안상 도시의 개발을 제한할 필요가 있다고 인정되는 경우
도시자연공원구역	도시의 자연환경 및 경관을 보호하고 도시민에게 건전한 여가·휴식공간을 제공하기 위하여 도시지역 안에서 식생이 양호한 산지의 개발을 제한할 필요가 있다고 인정되는 경우
시가화조정구역	도시지역과 그 주변지역의 무질서한 시가화를 방지하고 계획적·단계적인 개발을 도모하기 위하여 대통령령으로 정하는 기간 동안 시가화를 유보할 필요가 있다고 인정되는 경우
수산자원보호구역	수산자원을 보호·육성하기 위하여 필요한 경우

18) 국토계획법 시행령 제80조
19) 국토계획법 시행령 제82조
20) 국토계획법 제38조
21) 국토계획법 제38조의2
22) 국토계획법 제39조
23) 국토계획법 제40조

(2) 용도구역에서의 입지제한

구 분	건축제한 등
개발제한구역	「개발제한구역의 지정 및 관리에 관한 특별조치법」이 정하는 바에 의함
도시자연공원구역	
시가화조정구역	시가화조정구역에서의 도시·군계획사업은 대통령령으로 정하는 사업만 시행할 수 있다. "대통령령이 정하는 사업"이라 함은 국방상 또는 공익상 시가화조정구역 안에서의 사업시행이 불가피한 것으로서 관계 중앙행정기관의 장의 요청에 의하여 국토교통부장관이 시가화조정구역의 지정목적 달성에 지장이 없다고 인정하는 도시·군계획사업을 말한다. 시가화조정구역 안에서 특별시장·광역시장·특별자치시장·특별자치도지사·시장 또는 군수의 허가를 받아 할 수 있는 행위는 국토계획법 시행령 별표 24와 같다. 특별시장·광역시장·특별자치시장·특별자치도지사·시장 또는 군수는 시가화조정구역의 지정목적 달성에 지장이 있거나 당해 토지 또는 주변토지의 합리적인 이용에 지장이 있다고 인정되는 경우에는 국토계획법 제81조 제2항의 규정에 의한 허가를 하여서는 아니 된다. 시가화조정구역 안에 있는 산림 안에서의 입목의 벌채, 조림 및 육림의 허가기준에 관하여는 「산림자원의 조성 및 관리에 관한 법률」의 규정에 의한다. 특별시장·광역시장·특별자치시장·특별자치도지사·시장 또는 군수는 국토계획법 시행령 별표 25에 규정된 행위에 대하여는 특별한 사유가 없는 한 법 제81조 제2항의 규정에 의한 허가를 거부하여서는 아니 된다. 특별시장·광역시장·특별자치시장·특별자치도지사·시장 또는 군수는 법 제81조 제2항의 규정에 의한 허가를 함에 있어서 시가화조정구역의 지정목적상 필요하다고 인정되는 경우에는 조경 등 필요한 조치를 할 것을 조건으로 허가할 수 있다.
수산자원보호구역	「수산자원관리법」에서 정하는 바에 의함

라. 국토계획법상 입지제한 규정의 문제점

폐기물관리법은 폐기물처리'시설'을 처분 방식이나 재활용 방식으로만 분류하고 있고 건축물과 공작물을 구분하고 있지 않지만, 동법의 전반적 취지와 폐기물 관리의 체계 등에 비추어 보면 건축물[24]과 공작물을 모두 포함하는 것으로 해석되고 있고, 실무상으로도

24) 「건축법」은 '건축물'에 대해, "토지에 정착하는 공작물 중 지붕과 기둥 또는 벽이 있는 것과 이에 딸린 시설물, 지하나 고가(高架)의 공작물에 설치하는 사무소·공연장·점포·차고, 그 밖에 대통령령으로 정하는 것을 말한다."고 규정하고 있다. 이에 따르면, 건축물의 개념요소로는 ① 토지에 정착하는 공작물이어야 하고, ② 지붕과 기둥 또는 벽이 있어서 일정한 공간(space)이 있어야 하는 것이다.

그렇게 운용되고 있다. 그런데 국토계획법 시행령 제71조는 용도지역 안에 들어설 수 있는 '건축물'의 용도·종류 및 규모 등의 제한에 관해서는 구체적으로 규정을 하면서, 건축물이 아닌 시설의 용도·종류 및 규모 등의 제한에 관해서는 구체적인 규정을 두고 있지 않다. 다만, 시행령 제83조 제4항에서 "용도지역·용도지구 또는 용도구역 안에서의 건축물이 아닌 시설의 용도·종류 및 규모 등의 제한에 관하여는 [별표 2] 내지 [별표 27], 제72조 내지 제77조 및 제79조 내지 제82조의 규정에 의한 건축물에 관한 사항을 적용한다."고 규정하고 있을 뿐이다. 이렇게 되면 건축물인 폐기물처리시설이나 공작물인 폐기물처리시설 모두 규모와는 상관없이, 예컨대 상업지역에는 들어설 수 없게 된다. 문제는 국토계획법상 폐기물처리시설에 대한 고유의 정의 규정이 없는 상황에서 폐기물관리법상의 폐기물처리시설이면 건축물이든 공작물이든 모두 제한 없이 입지제한 규정이 적용되는 것이다. 즉, 아무리 작은 규모의 폐기물처리시설(공작물)이라 할지라도 폐기물관리법상 폐기물처리시설이면 모두 국토계획법상 입지제한 규정의 적용을 받는 것이다. 건축물이 아니라 기계장치에 불과한 폐기물처리시설 중에는 상업지역이나 주거지역 내에 설치 필요성이 있는 경우도 있다. 국토의 이용·개발과 보전을 위한 계획의 수립 및 집행 등에 필요한 사항을 정하여 공공복리를 증진시키고 국민의 삶의 질을 향상시키는 것을 목적으로 하는 국토계획법이 폐기물처리시설에 대해 이처럼 광범위한 제한을 가할 필요가 있는지 의문이다. 효율적 폐기물관리 차원에서 사업장폐기물 배출자로 하여금 되도록 자체 처리하거나 감량 후 배출토록 유도할 필요가 있음에도 현행법상으로 상업지역에는 폐기물감량시설이나 처리시설의 반입 및 설치가 불가능하여 어쩔 수 없이 위탁처리하고 있는 실정이다. 국토계획법상 폐기물처리시설에 대한 일률적인 입지제한은 탄력적으로 조정할 필요가 있다. 국토계획법뿐만 아니라 다른 법률에 의한 입지제한 규정도 마찬가지이다.[25)]

2. 농지법에 따른 입지제한

농지법에서는 농지를 효율적으로 이용하고 보존하기 위하여 농업진흥지역을 지정할 수 있는데, 농업진흥구역과 농업보호구역으로 나뉜다. 농업진흥지역에 폐기물처리시설을 설치할 수 없다.

25) 현행법상 '시설'에 대한 일반적 정의가 없다. 사전적 의미로는 "도구, 기계, 장치 따위를 베풀어 설비함"이라고 정의되어 있는데, 어느 정도 체계적인 구조를 갖춘 인공조성물을 뜻하는 것으로 이해된다. 건축물이 많지만 건축물 아닌 공작물을 의미하는 경우도 있고, 둑이나 제방처럼 인공적 조성물을 의미하는 경우도 있다. 조그만 기계(공작물)를 시설이라고 보기에는 상식적으로 어려운 경우가 있음에도 폐기물관리법상으로는 모두 '시설'로 간주되므로 입지제한 규정의 문제점이 발생하는 것이다.

가. 농업진흥지역의 종류[26)]

구 분	지정목적
농업진흥구역	농업의 진흥을 도모하여야 하는 다음의 어느 하나에 해당하는 지역으로서 농림축산식품부장관이 정하는 규모로 농지가 집단화되어 농업 목적으로 이용할 필요가 있는 지역 가. 농지조성사업 또는 농업기반정비사업이 시행되었거나 시행 중인 지역으로서 농업용으로 이용하고 있거나 이용할 토지가 집단화되어 있는 지역 나. 가목에 해당하는 지역 외의 지역으로서 농업용으로 이용하고 있는 토지가 집단화되어 있는 지역
농업보호구역	농업진흥구역의 용수원 확보, 수질 보전 등 농업 환경을 보호하기 위하여 필요한 지역

나. 농업진흥지역에서의 입지제한[27)]

구 분	행위제한 내용
농업진흥구역	농업진흥구역에서는 농업 생산 또는 농지 개량과 직접적으로 관련되지 아니한 토지이용행위를 할 수 없다. 다만, 다음의 토지이용행위는 그러하지 아니하다. 1. 대통령령으로 정하는 농수산물(농산물·임산물·축산물·수산물을 말한다. 이하 같다)의 가공·처리 시설의 설치 및 농수산업(농업·임업·축산업·수산업을 말한다. 이하 같다) 관련 시험·연구 시설의 설치 2. 어린이놀이터, 마을회관, 그 밖에 대통령령으로 정하는 농업인의 공동생활에 필요한 편의 시설 및 이용 시설의 설치 3. 농업인 주택, 어업인 주택이나 그 밖에 대통령령으로 정하는 농업용 시설, 축산업용 시설 또는 어업용 시설의 설치 4. 국방·군사 시설의 설치 5. 하천, 제방, 그 밖에 이에 준하는 국토 보존 시설의 설치 6. 문화재의 보수·복원·이전, 매장 문화재의 발굴, 비석이나 기념탑, 그 밖에 이와 비슷한 공작물의 설치 7. 도로, 철도, 그 밖에 대통령령으로 정하는 공공시설의 설치 8. 지하자원 개발을 위한 탐사 또는 지하광물 채광(採鑛)과 광석의 선별 및 적치(積置)를 위한 장소로 사용하는 행위 9. 농어촌 소득원 개발 등 농어촌 발전에 필요한 시설로서 대통령령으로 정하는 시설의 설치
농업보호구역	농업보호구역에서는 다음 외의 토지이용행위를 할 수 없다.

26) 농지법 제28조

	1. 농업진흥구역에서 할 수 있는 토지이용행위 2. 농업인 소득 증대에 필요한 시설로서 대통령령으로 정하는 건축물·공작물, 그 밖의 시설의 설치 3. 농업인의 생활 여건을 개선하기 위하여 필요한 시설로서 대통령령으로 정하는 건축물·공작물, 그 밖의 시설의 설치

3. 「산지관리법」에 따른 입지제한

산지관리법에서는 산지를 합리적으로 보전하고 이용하기 위하여 전국의 산지를 보전산지와 준보전산지로 구분하는데, 보전산지에 대해서는 일정한 행위제한이 따른다.[28] 현행법에 의하면 보전산지에는 폐기물처리시설이 들어설 수 없다. 유일한 예외는 공익용 사업을 위하여 필요한 경우로서 국가 또는 지방자치단체가 설치하는 폐기물처리시설이다.[29]

* 산지의 구분[30]

구 분		내 용
보전산지	임업용 산지	산림자원의 조성과 임업경영기반의 구축 등 임업생산 기능의 증진을 위하여 필요한 산지로서 다음의 산지를 대상으로 산림청장이 지정하는 산지
	공익용 산지	임업생산과 함께 재해 방지, 수원 보호, 자연생태계 보전, 자연경관 보전, 국민보건휴양 증진 등의 공익 기능을 위하여 필요한 산지로서 다음의 산지를 대상으로 산림청장이 지정하는 산지
준보전산지		보전산지 외의 산지

4. 「초지법」에 따른 입지제한

초지법에 따라 조성된 초지의 전용은 제한된다. 초지에는 원칙적으로 폐기물처리시설이 들어 설 수 없다. 초지를 전용하려면 다음의 경우로 제한된다.[31]

27) 농지법 제32조
28) 산지관리법 제9조
29) 산지관리법 제12조 제2항 제5호, 동법 시행령 제13조 제3항 제2호
30) 산지관리법 제4조
31) 초지법 제23조

초지의 전용이 가능한 경우
1. 중요 산업시설, 공익시설, 주거시설 또는 관광시설의 용지로 전용하는 경우
2. 「농지법」 제2조 제2호에 따른 농업인이 건축하는 주택의 용지로 전용하는 경우
3. 농수산물의 처리·가공·보관시설 및 농수산시설의 용지로 전용하는 경우
4. 농작물재배용지로 전용하는 경우. 다만, 과수용지 외의 용지로 전용하는 경우에는 경사도 15도 이내의 초지만 해당한다.
5. 「제주특별자치도 설치 및 국제자유도시 조성을 위한 특별법」 제217조에 따라 제주투자진흥지구로 지정하기 위하여 전용하는 경우
6. 「경제자유구역의 지정 및 운영에 관한 특별법」 제4조에 따라 경제자유구역으로 지정하기 위하여 전용하는 경우
7. 「지역특화발전특구에 대한 규제특례법」 제9조 제1항에 따라 지역특화발전특구로 지정하기 위하여 전용하는 경우
8. 「중소기업창업 지원법」 제2조 제1호에 따른 창업을 위하여 전용하는 경우
9. 그 밖에 시장·군수·구청장(특별자치시장 및 특별자치도지사는 제외한다)이 특별시장·광역시장·도지사와의 협의를 거쳐 특히 필요하다고 인정하는 시설의 용지로 전용하는 경우 또는 특별자치시장·특별자치도지사가 특히 필요하다고 인정하는 시설의 용지로 전용하는 경우

5. 「개발제한구역의 지정 및 관리에 관한 특별조치법」에 따른 입지제한

개발제한구역법에 의하면, 도시의 무질서한 확산을 방지하고 도시 주변의 자연환경을 보전하여 도시민의 건전한 생활환경을 확보하기 위하여 도시의 개발을 제한할 필요가 있거나, 국방부장관의 요청으로 보안상 도시의 개발을 제한할 필요가 있다고 인정되면 개발제한구역의 지정 및 해제를 도시·군관리계획으로 결정할 수 있다.

가. 개발제한구역에서의 입지제한

개발제한구역에서는 건축물의 건축 및 용도변경, 공작물의 설치, 토지의 형질변경, 죽목(竹木)의 벌채, 토지의 분할, 물건을 쌓아놓는 행위 또는 국토계획법 제2조 제11호에 따른 도시·군계획사업의 시행을 할 수 없다.[32]

나. 입지제한의 예외

다만, 개발제한구역이 아닌 지역에 입지가 곤란하여 개발제한구역 내에 입지하여야

32) 개발제한구역법 제12조 제1항 본문

만 그 기능과 목적이 달성되는 시설의 건축 또는 공작물의 설치와 이에 따르는 토지의 형질변경은 예외적으로 가능하다.[33]

다. 개발제한구역 내 폐기물처리시설의 설치

「폐기물관리법」 제2조 제8호에 따른 시설로서, 도시·군계획시설로 설치하는 경우에 한정한다. 「건설폐기물의 재활용촉진에 관한 법률」에 따른 폐기물 중간처리시설은 다음의 기준에 따라 설치하여야 한다.[34]

- 토사, 콘크리트덩이와 아스팔트콘크리트 등의 건설폐기물을 선별·파쇄·소각처리 및 일시 보관하는 시설일 것
- 시장·군수·구청장이 설치·운영하여야 한다. 다만, 「건설폐기물의 재활용촉진에 관한 법률」 제21조에 따른 건설폐기물 중간처리업 허가를 받은 자 또는 허가를 받으려는 자가 대지화되어 있는 토지 또는 폐천부지에 설치하는 경우에는 시·군·구당 3개소 이내로 해당 토지를 소유하고 도시·군계획시설로 설치하여야 한다.
- 시설부지의 면적은 1만제곱미터 이상, 관리실 및 부대시설은 건축 연면적 66제곱미터 이하일 것. 다만, 경비실은 조립식 공작물로 필요 최소한 규모로 별도로 설치할 수 있다.
- 시설을 폐지하는 경우에는 지체없이 이를 철거하고 원상복구할 것

6. 「건축법」에 따른 제한

건축법상 건축물의 용도변경은 용도의 건축기준에 맞게 하여야 하는데,[35] 사용승인을 받은 기존 건물을 폐기물처리시설 용도로 변경하려면 허가를 받거나 신고를 하여야 한다.[36] 이 때 어느 하나의 시설군에 속하는 건축물의 용도를 상위군에 해당하는 용도로 변경하는 경우에는 허가를 받아야 하고, 어느 하나에 해당하는 시설군에 속하는 건축물의 용도를 하위군에 해당하는 용도로 변경하는 경우에는 신고를 하여야 한다.[37] 같은 시설군 안에서 용도를 변경하려는 자는 국토교통부령으로 정하는 바에 따라 특별자치시장·특별자치도지사 또는 시장·군수·구청장에게 건축물대장 기재내용의 변경을 신청하여야 한다.[38]

---

33) 개발제한구역법 제12조 제1항 제1호 다목
34) 개발제한구역법 시행령 [별표 1] 제3호 아목
35) 건축법 제19조 제1항
36) 건축법 제19조 제2항
37) 건축법 제19조 제2항
38) 건축법 제29조 제3항

7. 「수도법」에 따른 입지제한

수도법 제7조는 환경부장관으로 하여금 상수원보호구역을 지정할 수 있도록 하고 있는데, 지정·공고된 상수원보호구역에서는 일정한 행위가 금지된다.[39]

가. 상수원보호구역에서의 금지행위

상수원보호구역에서의 금지행위
1. 「수질 및 수생태계 보전에 관한 법률」 제2조 제7호 및 제8호에 따른 수질오염물질·특정수질유해물질, 「유해화학물질 관리법」 제2조 제8호에 따른 유해화학물질, 「농약관리법」 제2조 제1호에 따른 농약, 「폐기물관리법」 제2조 제1호에 따른 폐기물, 「하수도법」 제2조 제1호·제2호에 따른 오수·분뇨 또는 「가축분뇨의 관리 및 이용에 관한 법률」 제2조 제2호에 따른 가축분뇨를 사용하거나 버리는 행위
2. 가축을 놓아 기르는 행위
3. 수영·목욕·세탁·선박운항(수질정화활동, 수질 및 수생태계 조사 등 환경부령으로 정하는 바에 따라 선박을 운항하는 경우는 제외한다) 또는 수면을 이용한 레저행위
4. 행락·야영 또는 야외 취사행위
5. 어패류를 잡거나 양식하는 행위. 다만, 환경부령으로 정하는 자가 하는 환경부령으로 정하는 어로행위는 제외한다.
6. 자동차를 세차하는 행위
7. 「하천법」 제2조 제2호에 따른 하천구역에 해당하는 지역에서 농작물을 경작하는 행위. 다만, 「친환경농어업 육성 및 유기식품 등의 관리·지원에 관한 법률」 제2조 제2호에 따른 친환경농축산물(수산물은 제외)을 같은 법 제19조 제2항 또는 제34조 제2항에 따른 인증기준에 따라 생산하는 행위는 제외한다.

나. 상수원보호구역에서의 입지제한

지정·공고된 상수원보호구역에서 ① 건축물, 그 밖의 공작물의 신축·증축·개축·재축(再築)·이전·용도변경 또는 제거, ② 입목(立木) 및 대나무의 재배 또는 벌채, ③ 토지의 굴착·성토(盛土), 그 밖에 토지의 형질변경 행위를 하려는 자는 특별자치시장·특별자치도지사·시장·군수·구청장의 허가를 받아야 한다. 다만, 대통령령으로 정하는 경미한 행위인 경우에는 신고하여야 한다.[40] 행정기관이 상수원보호구역에서 위에서 정한 행위를 허가할 때에는 상수원보호구역의 지정목적에 지장이 없다고 대통령령 및 환경부령으로 인정되는 경우에만 허가할 수 있는데, 폐기물처리시설은 허가대상에 규정되어 있지 않다.

39) 수도법 제7조 제1항, 제3항
40) 수도법 제7조 제3항

다. 상수원보호구역 외의 지역에서의 공장설립의 제한

상수원보호구역의 상류지역이나 취수시설(광역상수도 및 지방상수도의 취수시설만을 말한다)의 상류·하류 일정지역으로서 대통령령으로 정하는 지역에서는 「산업집적활성화 및 공장설립에 관한 법률」 제2조 제1호에 따른 공장을 설립할 수 없다.[41] 폐기물처리업의 허가내용이 공장설립에 해당할 때에는 위 규정도 유념해야 한다.

8. 기 타

그 밖에도 건설산업기본법, 공유수면매립법, 공유수면관리법, 하천법, 문화재보호법, 산림기본법, 수산업법, 수도권정비계획법, 산업집적활성화 및 공장설립에 관한 법률, 지하수법, 산림자원의 조성 및 관리에 관한 법률, 자연환경보전법, 환경정책기본법 등 관련법규를 개별적으로 검토하여야 한다.

Ⅱ. 폐기물처리 사업계획 신청에 대한 적합 여부 검토

1. 사업계획 적정성 검토제도의 취지

(1) 폐기물처리업의 허가에 앞서 사업계획에 대하여 적합 여부를 통보하는 제도를 두고 있는 취지는 폐기물처리업을 하고자 하는 이가 스스로 시설 등을 설치하여 허가신청을 하였다가 허가단계에서 그 사업계획이 부적합하다고 판단되어 불허가 되면 막대한 경제적·시간적 손실을 입게 되므로 이를 방지하는 동시에, 허가관청으로 하여금 미리 사업계획을 심사하여 그 적합 여부의 통보처분을 하도록 하고 나중에 허가단계에서는 나머지 허가요건만을 심사하여 신속하게 허가업무를 처리하도록 하려는 데 있다.

(2) 사업계획의 적합 여부를 심사하는 단계에서 장차 적합통보에 따른 시설이나 장비, 기술능력 등을 갖추더라도 폐기물처리업의 허가를 하기 곤란할 중대한 공익상 필요가 있다면 이러한 사정까지도 고려하여 사업계획의 적합 여부를 판단하도록 하는 것이 위 제도의 취지에 부합할 뿐만 아니라 행정에 대한 신뢰를 제고하는 길이기도 하다.

(3) 폐기물처리업의 허가에 앞서 사업계획의 적합 여부를 통보하는 데 있어서 검토하여야 할 사항으로 정하여진 법 제25조 제2항 각 호의 사유는 재량권 행사의 범위와 기준을 보다 구체적이고 명확하게 정함으로써, 폐기물처리업 허가의 사전결정절차로서 중요한 의미를 가지는 폐기물처리 사업계획 적합 여부의 통보에 관한 행정작용의 투명성과 적

---

41) 수도법 제7조의2 제1항

법성을 제고하기 위한 것이라고 할 수 있다.[42]

2. 사업계획서 작성[43]

가. 처리사업계획서

사업계획서를 작성할 때에는 시행규칙 별지 제17호 서식의 폐기물처리 사업계획서상의 ①항부터 ⑬항까지 기재되어야 할 사항이 빠짐없이 기재하여야 한다.

(1) 대표자: 처리업을 운영할 대표자 명칭을 기재한다. 허가권자는 대표자(법인의 경우 임원 포함)가 법 제26조에 따른 결격사유에 해당되는지 여부를 신원조회 등을 통하여 확인한다.

(2) 상호: 처리업의 상호를 기재한다. 허가권자는 상호가 기존의 처리업체 상호와 동일하거나 유사한지의 여부를 확인한다.

(3) 업종: 수집·운반업, 중간처분업, 최종처분업, 종합처분업, 중간재활용업, 최종재활용업, 종합재활용업 등 단일 업종으로서 시행규칙 [별표 7]에 따른 처리업으로 기재해야 한다. 동일인이 2 이상의 업종에 대한 허가를 받고자 하는 경우에는 사업계획서를 각각 작성해야 한다. 중간처분업 및 중간재활용업의 경우에는 괄호 안에 전문 처리분야(소각전문, 기계적 처분전문, 화학적 처분전문, 생물학적 처분전문 등)를 병기해야 한다.

(4) 영업대상 폐기물: 영업대상 폐기물은 폐기물의 분류기준에 따라 기재하여야 한다. 괄호 안에 폐기물의 종류 및 성상(성상이 단일한 폐기물인 경우 생략 가능)을 구체적으로 기재 한다.

- 수집·운반업
  - Ex 1: 사업장배출시설계 폐기물(동물성 잔재물, 폐수처리 오니, 폐목재류 등)
  - Ex 2: 지정폐기물[폐염산, 폐유(고상), 폐유(액상), 폐농약, 폐질산, 폐황산 등]
- 수집·운반업 외의 업종
  - Ex 3: 지정폐기물[폐염산, 폐유(고상), 폐유(액상), 폐농약 , 폐질산, 폐황산 등]
  - Ex 4: 사업장 일반폐기물(폐합성수지류, 폐목재류 등)

(5) 영업구역 : 생활폐기물 수집·운반업에 한하여 시·군·구(특별자치도·시 포함) 단위로 기재한다. 생활폐기물 수집·운반업의 영업구역은 시·군·구 미만으로 제한할 수 없다.

(6) 시설·장비 설치예정지: 시설·장비가 설치될 장소를 모두 기재하되 수집·운반업의 경우, 지정폐기물의 수집·운반업은 주차장 소재지를, 지정폐기물 외의 수집·운반업은 연락

42) 대법원 2011.11.10. 선고 2011두12283 판결

43) 이하 내용은 폐기물처리업 허가업무처리지침, 환경부예규 제465호 참조

장소 또는 사무실 소재지를 기재한다. 사업장이 인접된 경우 외에는 사업장별로 폐기물처리사업계획서를 제출하여야 한다. 다만, 허가권자가 같을 경우에는 그러하지 아니할 수 있다.

(7) 처리업 허가신청 예정일 : 처리업 허가신청 예정일이 법 제25조 제3항에 따른 기간이내로 기재해야 하고, 시설·장비 등을 허가신청 예정일까지 확보 가능해야 한다.

(8) 시설·장비 설치내용: 시설·장비 설치내역이 업종과 영업대상폐기물을 감안하여 시행규칙 [별표 7]의 허가요건상 갖추어야 할 시설과 장비를 모두 포함하여 기재해야 한다. 동일법인 또는 개인이 2 이상의 다른 종류의 처리업 허가를 받고자 하는 경우, 동일 폐기물처리업으로서 2 이상의 다른 분야(소각전문, 기계적 처리전문 등)의 허가를 받고자 하는 경우에는 사무실·실험실·시설 및 장비·기술능력을 중복하여 갖추지 아니할 수 있다. 다만, 폐기물 수집·운반업의 장비 및 기술능력과 의료폐기물을 대상으로 하는 폐기물처리업의 사무실·실험실·시설 및 장비·기술능력은 그러하지 아니한다.

나. 처리대상 폐기물의 수집·운반 또는 처리계획서(시설설치, 장비 및 기술능력 확보계획 포함)

(1) 수집·운반 또는 처리계획서

수집·운반 또는 처리계획서는 폐기물배출업체 등에서 발생되는 각종 폐기물의 종류별·성상별 수집·운반·보관·처리계획이 시행규칙 [별표 5]에 따른 폐기물의 수집·운반·보관·처리기준 및 방법에 맞게 기재하여야 한다. 폐기물 종류별 수집·운반 또는 처리계획 폐기물량이 폐기물 보관시설 및 중간처리시설 용량에 비하여 과다하게 계획되지 않도록 주의한다. 폐기물 처리과정에서 발생되는 폐기물의 종류·발생량·성상·발생주기 등을 적정하게 기재해야 한다.

(2) 시설배치 및 장비확보 계획서

폐기물처리시설별로 기본설계도면, 설명서 및 처리시설 배치도 등이 모두 적정하게 작성되어야 한다. 매립시설을 구획하여 단계적으로 설치하는 경우에 단계별 매립계획과 매립·복토장비, 침출수처리시설의 확보 또는 설치(증설) 계획이 적정해야 한다. 시설·장비별 능력과 1일 작업량 등을 고려하여 시설, 장비가 적정해야 한다.

(3) 시행규칙 [별표 7]에 따라 갖추어야 할 계량시설, 실험기기

수집·운반차량 계량시설이 수집·운반차량의 최대적재량을 적재한 경우에도 계량이 가능해야 하고, 실제로 사용 가능한 위치(출입문 등)에 설계되어 있어야 한다. 계량시설의 용량은 수집·운반차량 중량 및 최대적재폐기물 중량을 감안하여야 한다. 참고로 중간처분업 중 소각전문의 경우 30톤 이상이면 적당할 것이다. 처리대상 폐기물을 실험하는데 충분한 종류 및 수량의 실험기기 및 기구가 구비되어 있어야 한다.

(4) 기술능력 확보계획서

처리대상 폐기물의 종류, 설치하고자 하는 폐기물처리시설의 종류 등을 고려하여 기술능력 확보계획이 시행규칙 [별표 7]에 따른 허가요건에 적정해야 한다. 기사는 동종의 산업기사 자격을 소지하고 당해 분야에 2년 이상 종사한 자로 대체할 수 있으며, 산업기사는 환경기능사 자격을 소지하고 당해 분야에 2년 이상 종사한 자로 대체할 수 있다.

다. 배출시설의 설치허가 신청 또는 신고 시의 첨부서류(배출시설에 해당하는 폐기물처리시설을 설치하는 경우만 해당)

배출시설 설치허가 또는 신고대상에 해당되는 경우에는 대기, 수질, 소음·진동 등 분야별로 서류를 작성토록 한다.

3. 사업계획서의 제출

가. 폐기물처리 사업계획서

폐기물처리업을 하려는 자는 시행규칙 별지 제17호 서식의 폐기물처리 사업계획서를 제출하여야 한다. 지정폐기물을 처리대상으로 하려는 자는 환경부장관에게, 그 밖의 폐기물을 처리대상으로 하려는 자는 시·도지사에게 사업계획서를 제출해야 한다.[44)]

나. 사업계획서 첨부서류

폐기물처리업을 하려는 자는 폐기물처리 사업계획서에 다음의 구분에 따른 서류를 첨부하여 폐기물 처분시설 또는 재활용시설 설치예정지(지정폐기물 수집·운반업의 경우에는 주차장 소재지, 지정폐기물 외 폐기물 수집·운반업의 경우에는 연락장소 또는 사무실 소재지)를 관할하는 시·도지사 또는 지방환경관서의 장에게 제출하여야 한다.[45)]

(1) 폐기물 수집·운반업

수집·운반대상 폐기물의 수집·운반계획서(시설 설치, 장비 및 기술능력의 확보계획 포함)

(2) 폐기물 중간처분업, 폐기물 최종처분업 및 폐기물 종합처분업

- 처분대상 폐기물의 처분계획서(시설 설치, 장비 및 기술능력의 확보계획을 포함)
- 배출시설의 설치허가 신청 또는 신고 시의 첨부서류(배출시설에 해당하는 폐기물 처분시설을 설치하는 경우만 제출하며, 가목의 서류와 중복되면 그에 해당하는 서류는 제출하지 아니할 수 있다)

44) 법 제25조 제1항
45) 시행규칙 제28조 제1항

- 환경부장관이 정하여 고시하는 사항을 포함하는 환경성조사서(소각시설과 매립시설로 한정하되, 「환경영향평가법」에 따른 소규모 환경영향평가 대상사업 또는 환경영향평가 대상사업인 경우에는 소규모 환경영향평가서나 환경영향평가서로 대체할 수 있다)

(3) 폐기물 중간재활용업, 폐기물 최종재활용업 및 폐기물 종합재활용업

- 재활용대상 폐기물의 재활용계획서(시설 설치, 장비 및 기술능력의 확보계획 포함)
- 배출시설의 설치허가 신청 또는 신고 시의 첨부서류(배출시설에 해당하는 폐기물 재활용시설을 설치하는 경우만 제출하며, 가목의 서류와 중복되면 그에 해당하는 서류는 제출하지 아니할 수 있다)
- 환경부장관이 정하여 고시하는 사항을 포함하는 환경성조사서(폐기물을 연료로 사용하는 시멘트 소성로로 한정하되, 「환경영향평가법」에 따른 소규모 환경영향평가 대상사업 또는 환경영향평가 대상사업인 경우에는 소규모 환경영향평가서나 환경영향평가서로 대체할 수 있다)

1개의 폐기물 처분시설 또는 재활용시설에 대하여 2개 이상의 사업자로 나누어 사업계획을 제출하면 아니 된다.[46]

4. 사업계획서 검토

환경부장관이나 시·도지사는 제출된 폐기물처리 사업계획서를 아래 네 가지 사항에 관하여 검토하여야 한다.

가. 허가결격사유 해당 여부

환경부장관이나 시·도지사는 폐기물처리업 허가를 받으려는 자가 허가결격사유에 해당하는지 여부를 검토한다. 허가를 받으려는 자가 법인인 경우에는 임원을 포함한다. 허가결격사유는 다음과 같다.

(1) 미성년자, 금치산자 또는 한정치산자

미성년자란 만 19세에 이르지 않은 자를 말한다.[47] 금치산자와 한정치산자는 민법 개정 전에 사용되던 용어인데, 금치산자는 심신상실의 상태에 있는 자로서 가정법원으로부터 금치산선고를 받은 자를 말하고,[48] 한정치산자는 심신이 박약한 자 또는 재산의 낭비로 자기나 가족의 생활을 궁박하게 할 염려가 있는 자로서 가정법원으로부터 한정치산

46) 시행규칙 제28조 제2항

47) 민법 제4조. 개정 전 민법 제4조에서는 만 20세에 달하지 않은 자를 미성년자로 보았으나, 2013년 개정민법부터 19세 미만자가 미성년자이다.

48) 개정 전 민법(2013.4.5. 법률 제11728호로 개정되기 전의 것) 제12조

의 선고를 받은 자를 말한다.[49]

개정 민법에 의하면, 금치산제도와 한정치산제도는 피성년후견인과 피한정후견인이라는 제도로 변경되었다. 2015.1.20. 개정된 폐기물관리법(법률 제13038호)부터는 이러한 민법의 변화를 반영하여 그 용어를 피성년후견인과 피한정후견인으로 바꾸었다. 피성년후견인은 질병, 장애, 노령, 그 밖의 사유로 인한 정신적 제약으로 사무를 처리할 능력이 지속적으로 결여된 사람에 대하여 가정법원이 성년후견개시의 심판을 한 자를 말한다.[50] 피한정후견인은 질병, 장애, 노령, 그 밖의 사유로 인한 정신적 제약으로 사무를 처리할 능력이 부족한 사람에 대하여 가정법원이 한정후견개시의 심판을 한 자를 말한다.[51] 미성년자, 피성년후견인과 피한정후견인의 법률행위능력이 제한되어 폐기물처리업을 정상적으로 영위하기 어렵기 때문에 금치산자나 한정치산자와 마찬가지로 이들에 대해서는 허가 결격 사유로 규정하여야 할 것이다.

(2) 파산선고를 받고 복권되지 아니한 자

채무가 채권을 초과하여 채무자가 채권자에게 지급을 할 수 없는 때에 법원의 결정으로 파산을 선고한다.[52] 이를 허가결격사유로 한 이유는, 파산선고를 받은 채무자가 파산선고 후 파산재단에 속하는 재산에 관하여 한 법률행위는 파산채권자에게 대항할 수 없으므로[53] 복권되지 않는 한 정상적으로 폐기물처리업을 영위할 수 없기 때문이다.

(3) 폐기물관리법을 위반하여 징역 이상의 형을 선고받고 그 형의 집행이 끝나거나 집행을 받지 아니하기로 확정된 후 2년이 지나지 아니한 자

폐기물관리법 위반죄로 실형을 선고받아 복역을 마친 후 2년이 지나거나, 징역형의 집행유예를 받아 확정된 후 2년이 지나야 폐기물처리업 허가를 할 수 있다.

(4) 폐기물처리업의 허가가 취소된 자로서 그 허가가 취소된 날부터 2년이 지나지 아니한 자

(5) 임원 중에 위 (가) 내지 (라)까지 규정의 어느 하나에 해당하는 자가 있는 법인

나. 폐기물처리시설의 입지 등이 다른 법률에 저촉되는지 여부

앞서 본 바와 같이, 폐기물처리시설은 아무 지역에나 설치할 수 있는 것이 아니라, 관련법규의 제한에 따라야 한다. 대표적인 것인 「국토계획법」인데, 용도지역과 용도지구 그리고 용도구역에 따라 설치할 수 있는 건축물이나 시설이 다르므로 면밀히 검토하여야

49) 개정 전 민법(2013.4.5. 법률 제11728호로 개정되기 전의 것) 제9조
50) 민법 제9조
51) 민법 제12조
52) 채무자회생 및 파산에 관한 법률 제305조 제1항
53) 채무자회생 및 파산에 관한 법률 제330조 제1항

한다. 그 밖에도 「수도법」이나 「개발제한구역법」 등 폐기물처리시설의 예정입지에 관한 관련 법률의 저촉 여부를 살펴보아야 한다.

다른 법령 저촉 여부 등에 대하여는 관할 시·도지사 또는 시장·군수·구청장에게 의견조회를 통하여 확인하며, 이 때 필요한 경우에는 관계 중앙행정기관의 장에게 의견조회를 통하여 확인할 수 있다. 다만, 의견조회를 완료한 후 경미한 사업계획의 내용을 변경하거나 의견조회를 할 필요성이 없다고 판단되는 때에는 이를 생략할 수 있다.[54]

다. 폐기물처리사업계획서상의 시설·장비와 기술능력이 허가기준에 맞는지 여부

폐기물처리업을 하고자 하는 자는 사업계획서상 환경부령으로 정하는 기준에 따른 시설·장비 및 기술능력을 갖출 것을 전제로 하여 환경부장관 또는 시·도지사로부터 사업계획의 적합성 여부를 검토 받아야 한다. 따라서 사업계획서는 폐기물처리업 허가기준에 맞도록 구성되어야 한다.

(1) 폐기물수집·운반업 기준

1) 생활폐기물 또는 사업장생활계 폐기물을 수집·운반하는 경우

가) 장비

① 밀폐식 운반차량 1대 이상(적재능력 합계 15세제곱미터 이상)

② 운반용 압축차량 또는 압착차량 1대 이상

③ 기계식 상차장치가 부착된 차량 1대 이상(특별시·광역시에 한하되, 광역시의 경우 군지역은 제외한다)

나) 연락장소 또는 사무실

2) 사업장배출시설계 폐기물을 수집·운반하는 경우

가) 장비

① 액체상태 폐기물을 수집·운반하는 경우: 탱크로리 또는 카고트럭 2대 이상

② 고체상태 폐기물을 수집·운반하는 경우: 암롤트럭, 컨테이너트럭, 덤프트럭, 밀폐식 운반차량, 운반용 압착차량·압축차량 또는 기계식 상차장치가 부착된 차량 2대 이상

나) 연락장소 또는 사무실

3) 지정폐기물(의료폐기물은 제외한다)을 수집·운반하는 경우

가) 장비

① 액체상태 폐기물을 수집·운반하는 경우: 탱크로리 또는 카고트럭 2대 이

54) 폐기물처리업 허가업무처리지침, 환경부예규 제465호

상(적재능력 합계 9톤 이상)

② 고체상태 폐기물을 수집·운반하는 경우: 암롤트럭, 컨테이너트럭 또는 덤프트럭 3대 이상(적재능력 합계 13.5톤 이상)

나) 시설

① 주차장: 모든 차량을 주차할 수 있는 규모

② 세차시설: 20제곱미터 이상

다) 기술능력: 폐기물처리산업기사·대기환경산업기사·수질환경산업기사 또는 공업화학산업기사 중 1명 이상

라) 연락장소 또는 사무실

4) 지정폐기물 중 의료폐기물을 수집·운반하는 경우

가) 장비

① 적재능력 0.45톤 이상의 냉장차량(섭씨 4도 이하인 것을 말한다. 이하 같다) 5대(제주특별자치도의 경우에는 3대) 이상

② 소독장비 1식 이상

나) 주차장: 모든 차량을 주차할 수 있는 규모

다) 연락장소 또는 사무실

(2) 폐기물 중간처분업의 기준

1) 지정폐기물 외의 폐기물(건설폐기물은 제외)을 중간처분하는 경우

가) 소각전문의 경우

① 실험실

② 시설 및 장비

㉠ 소각시설: 시간당 처분능력 2톤 이상

㉡ 보관시설: 1일 처분능력의 10일분 이상 30일분 이하의 폐기물을 보관할 수 있는 규모의 시설

㉢ 계량시설 1식 이상

㉣ 배출가스의 오염물질 중 아황산가스·염화수소·질소산화물·일산화탄소 및 분진을 측정·분석할 수 있는 실험기기

㉤ 수집·운반차량 1대 이상(처분대상 폐기물을 스스로 수집·운반하는 경우만 해당한다)

③ 기술능력: 폐기물처리산업기사 또는 대기환경산업기사 중 1명 이상

나) 기계적 처분전문의 경우

① 시설 및 장비

㉠ 처분시설: 시간당 처분능력 200킬로그램 이상

㉡ 보관시설: 1일 처분능력의 10일분 이상 30일분 이하의 폐기물을 보관할 수 있는 규모의 시설

㉢ 계량시설 1식 이상

㉣ 수집·운반차량 1대 이상(처분대상 폐기물을 스스로 수집·운반하는 경우만 해당한다)

② 기술능력: 폐기물처리산업기사·대기환경산업기사·수질환경산업기사·소음진동산업기사 또는 환경기능사 중 1명 이상

다) 화학적 처분 또는 생물학적 처분전문의 경우

① 시설 및 장비

㉠ 처분시설: 1일 처분능력 5톤 이상

㉡ 보관시설: 1일 처분능력의 10일분 이상 30일분 이하의 폐기물을 보관할 수 있는 규모의 시설(부패와 악취발생의 방지를 위하여 수집·운반 즉시 처분하는 생물학적 처분시설을 갖춘 경우 보관시설을 설치하지 아니할 수 있다)

㉢ 계량시설 1식 이상

㉣ 수집·운반차량 1대 이상(처분대상 폐기물을 스스로 수집·운반하는 경우만 해당한다)

② 기술능력: 폐기물처리산업기사·대기환경산업기사·수질환경산업기사 또는 공업화학산업기사 중 1명 이상

2) 지정폐기물(의료폐기물은 제외)을 중간처분하는 경우

가) 시설 및 장비

① 공통시설 및 장비

㉠ 실험실

㉡ 실험기기: 수소이온농도·생물화학적 산소요구량·화학적 산소요구량·부유물질량 및 폐기물공정시험기준(방법)의 용출시험에 따른 시행규칙 [별표 1]에 규정된 유해물질을 측정할 수 있는 실험기기

㉢ 보관시설: 1일 처분능력의 10일분 이상 30일분 이하의 폐기물을 보관할 수 있는 보관창고

㉣ 주차장: 모든 차량을 주차할 수 있는 규모(처분대상 폐기물을 스스로 수집·운반하는 경우만 해당한다)

㉤ 세차시설: 20제곱미터 이상

㉥ 계량시설 1식 이상

㉦ 수집·운반차량 1대 이상(처분대상 폐기물을 스스로 수집·운반하는 경우만 해당한다)

② 개별시설

㉠ 고온소각·고온용융 처분대상 폐기물: 시간당 처분능력 200킬로그램 이상의 고온소각시설 또는 고온용융시설

㉡ 일반소각대상 폐기물: 시간당 처분능력 2톤 이상의 소각시설

㉢ 기계적·화학적 또는 생물학적 처분대상 폐기물: 1일 처분능력 5톤 이상의 시설

나) 기술능력: 폐기물처리기사·대기환경기사·수질환경기사 또는 화공기사 중 1명 이상

3) 지정폐기물 중 의료폐기물을 중간처분하는 경우

가) 시설 및 장비

① 공통시설 및 장비

㉠ 보관창고 및 냉장시설: 1일 처분능력의 3일분 이상 5일분 이하의 폐기물을 보관할 수 있는 보관창고 및 냉장시설

㉡ 주차장: 모든 차량을 주차할 수 있는 규모(처분대상 폐기물을 스스로 수집·운반하는 경우만 해당한다)

㉢ 소독시설

㉣ 수집·운반차량: 적재능력 0.45톤 이상의 냉장차량 1대 이상(처분대상 폐기물을 스스로 수집·운반하는 경우만 해당한다)

② 개별시설: 시간당 처분능력 1톤 이상의 소각시설

나) 기술능력: 폐기물처리산업기사·임상병리사 또는 위생사 중 1명 이상

(3) 폐기물 최종처분업의 기준

1) 지정폐기물 외의 폐기물을 최종처분 하는 경우

가) 실험실

나) 시설 및 장비

① 면적 3천3백 제곱미터 이상 또는 매립가능용적 1만 세제곱미터 이상의

매립시설

② 시행규칙 [별표 11]에 따른 침출수배출허용기준의 항목을 측정·분석할 수 있는 실험기기

③ 바켓용량 0.6세제곱미터 이상으로서 다짐작업이 가능한 굴삭기 1대 이상

④ 세차시설: 30제곱미터 이상

⑤ 수집·운반차량의 계량시설 1식 이상

⑥ 수집·운반차량 1대 이상(처분대상 폐기물을 스스로 수집·운반하는 경우만 해당한다)

다) 기술능력

① 폐기물처리산업기사 또는 수질환경산업기사 중 1명 이상

② 토목산업기사 또는 폐기물처리산업기사 중 1명 이상

2) 지정폐기물을 최종처분하는 경우

가) 실험실

나) 실험기기·기구: [별표 11]에 따른 침출수 배출허용기준의 항목을 측정·분석할 수 있는 실험기기

다) 시설 및 장비

① 면적 1만 제곱미터 이상 또는 매립가능용적 3만 세제곱미터 이상 매립시설

② 주차장: 모든 차량을 주차할 수 있는 규모(처분대상 폐기물을 스스로 수집·운반하는 경우만 해당한다)

③ 세차시설: 30제곱미터 이상

④ 수집·운반차량의 계량시설 1식 이상

⑤ 수집·운반차량 1대 이상(처분대상 폐기물을 스스로 수집·운반하는 경우만 해당한다)

⑥ 바켓용량 0.6세제곱미터 이상으로서 다짐작업이 가능한 굴삭기 1대 이상

⑦ 레벨·표척 등 매립고 측정기기 1식 이상

라) 기술능력

① 폐기물처리산업기사·수질환경산업기사 또는 화공기사 중 1명 이상

② 폐기물처리기사 1명 이상

(4) 폐기물 종합처분업의 기준

1) 실험실

2) 실험기기·기구: 폐기물을 중간처분하는 경우와 최종처분하는 경우 갖추어야 할

실험기기 및 기구

3) 장비

가) 바켓용량 0.6세제곱미터 이상으로서 다짐작업이 가능한 굴삭기 1대 이상

나) 레벨·표척 등 매립고 측정기기 1식 이상

다) 수집·운반차량 1대 이상(처분대상 폐기물을 스스로 수집·운반하는 경우만 해당한다)

4) 시설

가) 보관시설: 1일 처분능력 10일분 이상 30일분 이하의 폐기물을 보관할 수 있는 규모의 시설

나) 주차장: 모든 차량을 주차할 수 있는 규모(처분대상 폐기물을 스스로 수집·운반하는 경우만 해당한다)

다) 세차시설: 30제곱미터 이상

라) 수집·운반차량의 계량시설 1식 이상

마) 1일 처분능력 500톤 이상인 파쇄시설(건설폐기물 및 불연성 폐기물을 처리하는 경우만 해당한다) 또는 압축시설

바) 시간당 처분능력 2톤 이상인 소각시설

사) 1일 처분능력 5톤 이상인 고형화·고화 또는 안정화 시설

아) 1일 처분능력 5톤 이상인 반응·증발·농축·응집·침전시설 등의 화학적 처분시설

자) 면적 1만 제곱미터 이상 또는 매립가능용적 3만 세제곱미터 이상 매립시설

(5) 폐기물 중간재활용업, 최종재활용업 및 종합재활용업의 기준

1) 지정폐기물 외의 폐기물(건설폐기물 제외)을 재활용하는 경우

가) 공통기준

① 시설 및 장비

㉠ 보관시설: 1일 재활용능력의 10일분 이상 30일분 이하의 폐기물을 보관할 수 있는 규모의 시설(시행규칙 제31조 제1항 제3호 각 목의 폐기물을 재활용하는 경우에는 10일분 이상 60일분 이하의 보관시설). 다만, 물이 스며들지 아니하는 바닥시설과 우천 시 빗물이 흘러들지 못하도록 지붕 또는 덮개를 갖춘 시설로 대체할 수 있다.

㉡ 재활용시설 1식 이상

㉢ 수집·운반차량 1대 이상(재활용대상 폐기물을 스스로 수집·운반하는 경우만 해당)

② 기술능력: 폐기물처리산업기사·대기환경산업기사·수질환경산업기사·공업화학산업기사 또는 환경기능사 중 1명 이상

나) 재활용대상 폐기물 및 방법에 따른 구체적 기준

① 동물성 잔재물을 사료원료 또는 유지로 재활용하는 경우

㉠ 공통시설 및 장비

ⓐ 보관시설: 옥외에 설치하는 경우에는 폐기물전용 밀폐보관시설을 설치하여야 한다.

ⓑ 세차시설: 20제곱미터 이상

㉡ 개별시설 및 장비

ⓐ 사료원료로 재활용하는 경우: 사료화시설 1식 이상

ⓑ 유지로 재활용하는 경우

시 설	기 준
용해시설	동물성 잔재물을 열원으로 가열하여 용해시키는 시설로서 내부용적의 합계가 20세제곱미터 이상인 시설
분리시설	용해 후 배출되는 고형분 또는 기름성분을 분리하는 시설로서 내부용적의 합계가 20세제곱미터 이상인 시설
원심분리시설	유지 중 불순물을 원심력으로 제거하는 시설로서 동력 합계 20마력 이상인 것 1식 이상

② 폐가전제품을 재활용하는 경우

㉠ 공통시설 및 장비

ⓐ 보관시설: 폐기물의 파쇄·분리 등 재활용 과정에서 발생되는 폐기물을 법 제13조에서 정하는 보관기준에 적합하게 보관할 수 있는 시설

ⓑ 계량시설 1식 이상

㉡ 개별시설 및 장비

ⓐ 냉장고 및 에어컨디셔너를 재활용하는 경우

- 분리시설: 냉매물질과 폐유를 분리할 수 있는 시설(냉매물질의 회수량을 확인할 수 있는 장치를 갖추어야 한다)
- 파쇄시설: 50밀리미터 이하로 파쇄할 수 있는 시설
- 선별시설: 철과 비철을 90퍼센트 이상 선별할 수 있는 시설
- 냉매물질 보관시설: 보관량을 확인할 수 있는 장치를 갖춘 시설

(냉장고와 에어컨디셔너를 함께 재활용하는 경우에는 냉장고와 에어컨디셔너에서 회수되는 냉매물질을 각각 보관할 수 있는 시설을 갖추어야 한다)

ⓑ 세탁기를 재활용하는 경우
- 파쇄시설: 50밀리미터 이하로 파쇄할 수 있는 시설

ⓒ 텔레비전 및 컴퓨터 모니터를 재활용하는 경우
- 분리시설: 앞면 유리와 뒷면 유리를 분리할 수 있는 시설로서 형광물질을 회수할 수 있는 집진시설을 갖춘 밀폐시설
- 형광물질 보관시설: 형광물질이 외부로 유출되지 아니하는 밀폐용기

ⓓ 휴대폰을 재활용하는 경우
- 파쇄시설: 휴대폰과 휴대폰에서 분리한 인쇄회로기판 등을 재사용할 수 없도록 파쇄할 수 있는 시설

ⓔ 프린터 및 복사기, 팩시밀리를 재활용하는 경우
- 분리시설: 카트리지를 해체하는 과정에서 토너물질을 회수할 수 있는 집진설비를 갖춘 시설

2) 지정폐기물(의료폐기물 제외)을 재활용하는 경우

가) 공통기준

① 시설 및 장비

㉠ 보관시설

ⓐ 1일 재활용능력의 10일분 이상 30일분 이하의 폐기물을 보관할 수 있는 규모의 시설

ⓑ 폐오일필터를 재활용하는 경우에는 폐오일필터에서 새는 폐유를 수거할 수 있는 구조의 시설이어야 한다.

㉡ 재활용시설 1식 이상

㉢ 수집·운반차량 1대 이상(재활용대상 폐기물을 스스로 수집·운반하는 경우만 해당)

② 기술능력: 폐기물처리산업기사·대기환경산업기사·수질환경산업기사·공업화학산업기사 또는 환경기능사 중 1명 이상

나) 재활용대상 폐기물 및 방법에 따른 구체적 기준

① 폐오일필터를 재활용하는 경우

㉠ 파쇄방법으로 재활용하는 경우

ⓐ 파쇄시설: 시간당 재활용능력 200킬로그램 이상 재활용할 수 있는 능력을 가진 시설 1식 이상

ⓑ 압축시설: 폐종이를 15마력 이상으로 압축하여 폐유를 분리할 수 있는 시설 1식 이상

㉡ 증류방법으로 재활용하는 경우

ⓐ 증류시설: 내부용적 5.0세제곱미터 이상 시설 1식 이상

ⓑ 응축시설: 내부용적의 합계 3.0제곱미터 이상

② 폐유를 정제연료유로 재활용하는 경우

㉠ 열분해 또는 감압증류방법으로 재활용하는 경우

ⓐ 유량계측시설: 보관시설별 각 1식 이상

ⓑ 폐유를 1일 20킬로리터 이상 재활용할 수 있는 시설

㉡ 약품정제 방법 그 밖의 방법으로 재활용하는 경우

ⓐ 유량계측시설: 보관시설별 각 1식 이상

ⓑ 폐유를 1일 20킬로리터 이상 재활용할 수 있는 시설로서 다음의 기준에 적합한 시설

시 설	기 준
보일러	시간당 증발량 2톤 이상 또는 발열량 800,000킬로칼로리 이상의 보일러
반응조	교반장치가 설치된 내부용적 합계 5세제곱미터 이상 1기 이상
약품저장조	내부용적의 합계 4세제곱미터 이상 1기 이상
유량조정조	내부용적의 합계 3세제곱미터 이상 2기 이상
전처리여과장치	시간당 재활용능력 7.5세제곱미터 이상 1기 이상
원심분리기	시간당 재활용능력 5세제곱미터 이상 1기 이상
증발장치	응축 또는 폐가스소각장치가 부착된 것으로 시간당 3세제곱미터 이상의 폐유를 섭씨 100도 이상 가열하여 잔류수분을 뽑아낼 수 있는 시설
그 밖의 시설	폐유이송장치 및 부속시설

㉢ 유화정제연료유로 재활용하는 경우

ⓐ 유량계측시설: 보관시설별 각 1식 이상

ⓑ 폐유를 1일 20킬로리터 이상 재활용할 수 있는 시설로서 다음의

기준에 맞는 시설(약품정제·감압증류·열분해 그 밖의 방법에 따라 유화정제연료유로 재활용하는 시설인 경우에는 혼합장치·폐유이송장치 및 부속시설만 설치할 것)

시 설	기 준
유량계측시설	보관시설별 각 1식 이상
보일러	시간당 증발량 2톤 이상 또는 발열량 800,000킬로칼로리 이상의 보일러
반응조	교반장치가 설치된 내부용적 합계 5세제곱미터 이상 1기 이상
약품저장조	내부용적 합계 4세제곱미터 이상 1기 이상
유량조정조	내부용적 합계 3세제곱미터 이상 1기 이상
전처리여과장치	시간당 재활용능력 7.5세제곱미터 이상 1기 이상
원심분리기	시간당 재활용능력 5세제곱미터 이상 1기 이상
혼합장치	교반장치가 설치된 내부용적 합계 3세제곱미터 이상 1기 이상
그 밖의 시설	폐유이송장치 및 부속시설

③ 폐유기용제를 정제유기용제로 재활용하는 경우
  ㉠ 실험실: 다음 항목을 측정·분석할 수 있는 실험기기 및 기구
    ⓐ 수소이온농도(pH)
    ⓑ 화학적산소요구량(COD)
    ⓒ 부유물질(SS)
    ⓓ 폐유기용제에 함유된 특정 수질유해물질
  ㉡ 보관시설별 유량계측설비 각 1식 이상
④ 폐유 등을 재생연료유로 재활용하는 경우
  ㉠ 공통시설 및 장비
    ⓐ 유량 계측시설: 보관시설별 각 1식 이상
    ⓑ 여과(정제)시설: 시간당 재활용능력 7.5세제곱미터 이상 1식 이상
  ㉡ 개별 시설: 원료를 1일 20킬로리터 이상 처리할 수 있는 시설로서 다음의 기준에 적합한 시설
    ⓐ 혼합시설: 혼합장치가 설치된 내부용적 30세제곱미터 이상 1식 이상(폐유와 다른 폐기물을 혼합하는 경우만 해당한다)
    ⓑ 유수분리(油水分離)시설: 폐수이동장치 및 부속시설을 포함한 시설로 시간당 재활용능력 3세제곱미터 이상 1식 이상(증류를 통한 유수

분리가 필요한 경우만 해당한다)

3) 지정폐기물 중 의료폐기물을 재활용하는 경우

가) 시설 및 장비

① 보관시설: 1일 재활용능력의 3일분 이상 7일분 이하 폐기물을 보관할 수 있는 냉동시설

② 재활용시설 1식 이상

③ 수집·운반차량: 1대 이상(재활용대상 폐기물을 스스로 수집·운반하는 경우만 해당한다)

나) 기술능력: 폐기물처리산업기사·임상병리사 또는 위생사 중 1명 이상

4) 그 밖에 재활용대상 폐기물의 종류(의료폐기물은 제외) 및 방법에 따라 필요한 시설·장비 및 기술능력을 환경부장관이 정하여 고시하는 기준

(6) 비 고

1) 동일 법인 또는 개인이 둘 이상의 다른 종류의 폐기물처리업 허가를 받으려는 경우, 동일 폐기물처리업으로서 둘 이상의 다른 분야의 허가를 받고자 하는 경우에는 사무실·실험실·시설 및 장비·기술능력을 중복하여 갖추지 아니할 수 있다. 다만, 폐기물수집·운반업의 장비 및 기술능력과 의료폐기물을 대상으로 하는 폐기물처리업의 사무실·실험실·시설 및 장비·기술능력은 그러하지 아니하다.

2) 기술능력 중 기사는 같은 종류의 산업기사 자격을 가지고 해당 분야에 2년 이상 종사한 자로 대체할 수 있으며, 산업기사는 환경기능사 자격을 가지고 해당 분야에서 2년 이상 종사한 자로 대체할 수 있다.

3) 실험기기·기구에 관한 허가요건 중 시·도지사 또는 지방환경관서의 장이 해당 업종 또는 영업대상 폐기물을 고려하여 필요하지 아니하다고 인정하면 그 실험기기 및 기구의 일부를 갖추지 아니하게 할 수 있다.

4) 수집·운반차량 외의 장비, 세차시설 및 사업장 부지는 임차(임차계약서는 임차기간을 3년 이상으로 하여 공증을 받아야 한다)하여 사용할 수 있으며, 실험실·실험기구에 관한 허가요건 중 측정항목 각각에 대하여 「환경분야 시험·검사 등에 관한 법률」 제16조에 따른 측정대행업자가 갖추어야 할 시설·장비 등을 갖춘 측정대행자 또는 국가공인시험기관과 대행계약을 한 경우에는 해당 항목의 측정에 필요한 실험기기·실험기구·장비를 갖추지 아니할 수 있으며, 전체 항목에 대하여 대행계약을 한 경우에는 실험실 및 실험기기·기구·장비를 갖추지 아니할 수 있다.

5) 허가요건 중 1일 처리능력은 연속식 시설의 경우에는 24시간, 준연속식 시설의

경우에는 16시간, 회분식 시설의 경우에는 8시간을 기준으로 산정한다. 다만, 파쇄시설의 경우에는 8시간을 기준으로 산정한다.

6) 허가요건 중 폐기물배출사업장으로부터 밀폐된 배관을 통하여 폐기물을 폐기물처리시설로 이송하는 경우와 시·도지사나 지방환경관서의 장의 인정을 받아 위탁받은 폐기물을 보관하지 아니하고 곧바로 폐기물 재활용시설로 운반하는 경우에는 보관시설을 갖추지 아니할 수 있다.

7) 고온소각 처분대상 폐기물의 중간처분업을 하기 위하여 고온소각시설을 갖춘 자는 그 시설을 이용하여 일반소각 처분대상 폐기물을 처분할 수 있다.

8) 장비요건 중 운반차량에 대하여는 해당 허가권자가 다음 각 목의 기준에 따라 다른 차량으로 대체하게 하거나 차량의 일부를 갖추게 하지 아니할 수 있다.

가) 영업대상 폐기물 및 운반방법을 고려하여 차량 수량의 2분의 1의 범위에서 다른 차량으로 대체하게 할 수 있다. 다만, 생활폐기물 또는 사업장생활계 폐기물을 수집·운반하는 경우에는 밀폐식 운반차량을 제외한 차량의 전부를 다른 차량으로 대체하게 할 수 있다.

나) 생활폐기물을 수집·운반하는 경우에는 밀폐식 운반차량을 제외한 차량의 전부를 갖추게 하지 아니할 수 있다.

다) 생활폐기물 또는 사업장생활계 폐기물 중 폐목재류(페인트, 기름, 방부제 등으로 오염되지 않은 것만 해당한다)나 자원재활용법 제2조 제13호에 따른 대형 폐기물만을 수집·운반하는 경우에는 밀폐식 운반차량을 다른 차량으로 대체하게 할 수 있다.

9) 「건설폐기물의 재활용촉진에 관한 법률 시행규칙」 [별표 2]에 따른 건설폐기물의 처리를 위한 시설·장비 등을 갖춘 자는 비고란 제1호 단서의 규정에도 불구하고 공사장 생활폐기물의 처리를 위한 시설·장비 등을 갖춘 자로 본다.

10) 시행령 제2조 각 호에 따른 사업장에서 발생하는 폐기물로서 사업장생활계 폐기물과 성질과 상태가 비슷하여 생활폐기물의 기준 및 방법으로 수집·운반할 수 있는 경우에는 시·군·구의 조례가 정하는 바에 따라 생활폐기물 수집·운반업자가 수집·운반할 수 있다.

11) 폐기물을 재활용하는 자 중 시행규칙 제10조에 따라 재활용시설이 필요하지 아니하다고 시·도지사가 인정하는 경우에는 재활용시설을 갖추지 아니할 수 있다.

라. 폐기물처리시설의 설치·운영으로 사람의 건강이나 주변환경에 영향을 미치는지 여부

폐기물처리시설이 허가기준에 맞다 하더라도, 사람의 건강이나 주변환경에 부정적

영향을 미치는 경우가 있을 수 있다. 종합적으로 비교형량하였을 때, 폐기물처리시설의 설치·운영으로 인한 부정적 영향이 허가로 인한 개인적 편익보다 훨씬 큰 경우에는 부적정 통보를 할 수 있을 것이다. 사견으로는, 규정형식상 사람의 건강이나 주변환경에 미치는 영향이 얼마 이상일 때 부적정 통보할 수 있는지 계량화되어 있지 않아 허가권자의 재량적 판단이 개입될 소지가 있다. 실험적 분석과 통계 등을 통해 부정적 영향이 확연히 크다고 제시할 수 있을 때 비로소 이 요건을 근거로 부적정 통보를 할 수 있다고 생각한다.

마. 사업계획서의 기술적 검토[55)]

(1) 검토방법

1) 시설·장비: 시설·장비 등에 관한 기술검토는 대기·수질·토양오염·폐기물 등을 관리하는 부서와 협의를 하거나, 관계 전문지식을 가진 4인 이상으로 구성된 기술검토위원회의 심의를 거쳐 실시한다. 다만, 수집·운반업과 변경허가의 경우 등 기술검토가 불필요하다고 판단되는 경우에는 관계부서 협의, 기술검토위원회의 심의, 관계기관의 자문 등을 거치지 아니할 수 있다.

2) 소각시설·매립시설: 필요한 경우 소각시설·매립시설에 대하여는 시행규칙 제41조 제3항의 검사기관, 관계 전문기관 또는 관련분야 전문가 등의 자문을 받을 수 있다.

3) 중간재활용업: 중간재활용업의 경우 기존 재활용 방법과 다른 방법으로 재활용하거나, 재활용하는 과정에서 환경오염을 야기할 우려가 있는 경우에는 이에 대한 관계 전문기관 또는 관련분야 전문가 등의 자문을 받을 수 있다.

(2) 기술검토에 포함되어야 할 사항

1) 수집·운반업

가) 수집·운반차량이 시행규칙 [별표 5]에 따른 수집·운반기준 및 방법에 적합하게 수집·운반 가능한지 여부를 검토한다. 운반차량은 당해 허가권자가 영업대상 폐기물 및 운반방법 등을 고려하여 다른 차량으로 대체할 수 있음을 유의해야 한다.

나) 세차시설에서 배출되는 폐수를 적정하게 처리할 수 있는 방지시설의 설치 또는 폐수를 적정하게 위탁처리할 수 있는지 여부를 검토해야 한다.

다) 수집·운반업자가 시행규칙 제9조에 따라 보관장소 설치승인 신청을 할 경우에는 적재능력이 작은 차량으로 폐기물을 수집하여 적재능력이 큰 차량으로

55) 이하는 폐기물처리업 허가업무처리지침, 환경부예규 제465호 참조

옮겨 실을 필요가 있는지 여부, 시행규칙 제31조 제1항 제1호 및 제2호에 따른 양 및 기간을 초과하지 않는지 여부, 보관시설의 규모 및 시행규칙 [별표 5]의 폐기물 보관기준에 적합한지 여부 등을 검토해야 한다.

라) 보관장소(차량 대기장소 포함)는 소형차량에서 대형차량으로 옮겨 싣는 상·하차 개념으로서 그 장소는 고정되어 있어야 하며, 위 [별표 5]의 폐기물 보관기준을 준수하고, 폐기물유출 방지대책이 수립되어 있어야 한다. 다만, 동 시설이 허가기관의 관할구역 범위를 초과하는 지역에 설치하고자 하는 경우에는 처리업허가를 받은 후 당해 구역을 관할하는 허가권자에게 임시보관장소 설치승인을 신청해야 한다.

마) 임시차량증의 발급기관은, 발급신청인이 폐기물처리업자인 경우에는 허가기관이, 발급신청인이 배출자나 수출입업자인 경우에는 사업장 폐기물배출자 신고 수리기관이나 지정폐기물 최초 처리증명 확인기관이다.

2) 중간처분업·최종처분업·종합처분업 또는 중간재활용업·최종재활용업·종합재활용업

가) 보관시설의 규격 등이 시행규칙 [별표 5]의 보관기준 및 방법에 따라 적정하게 보관할 수 있는지 여부를 검토한다.

나) 세차시설에서 배출되는 폐수를 적정하게 처리할 수 있는 방지시설의 설치 또는 폐수를 적정하게 위탁처리할 수 있는지 여부를 검토한다.

다) 처리대상 폐기물의 종류 및 성상 등을 종합적으로 고려할 때 설치하고자 하는 처리시설을 이용하여 시행규칙 [별표 5] 및 [별표 5의2]에 따른 처리기준 및 방법에 따라 적정하게 처리할 수 있는지 여부와 시행규칙 [별표 9] 및 [별표 11]에 따른 처리시설의 설치기준과 관리기준을 만족시킬 수 있는지 여부를 검토한다.

라) 폐기물 처리과정에서 배출되는 가스·악취 및 폐수를 적정하게 처리할 수 있는 방지시설을 갖추고 있는지 여부를 검토한다.

마) 동일 처리시설로서 2종류의 처리업을 받고자 하는 경우(예: 사업장 일반폐기물처리업, 지정폐기물처리업) 각각의 사업계획량이 처리시설 용량의 범위 내인지 여부를 검토한다.

바) 중간재활용업의 경우 폐기물에 함유된 중금속 등 유해물질을 적정 처리할 수 있는지 여부 등을 검토한다.

바. 현지조사

허가권자는 필요시 사무실 또는 시설·장비 설치예정지를 방문하여 진입도로, 상수원과의 거리 등을 위한 현지조사를 실시할 수 있다.

사. 사업계획서 보완

사업계획서 등의 서류검토와 현지조사 실시 후 보완이 필요한 경우에는 기간을 정하여 서류의 보완·보정을 요구할 수 있다.

5. 사업계획 적정 여부 통보

가. 사업계획서 반려

허가권자는 다음 어느 하나에 해당하는 경우에는 그 사유를 명기하여 사업계획서를 반려하여야 한다.[56]

(1) 「민원사무처리에 관한 법률」 시행령 제15조에 따라 2차에 거쳐 서류의 보완·보정을 요구하였으나 이에 응하지 아니한 경우

(2) 민원인으로부터 사업계획서의 반려 요구가 있는 경우

(3) 그 밖에 사업계획서의 전면적인 재작성이 불가피하다고 판단되는 경우

나. 사업계획서 부적정 통보

(1) 허가권자는 사업계획서의 검토 결과 다음의 어느 하나에 해당하는 경우에는 그 사유를 명기하여 부적정 통보하여야 한다.[57] 단순히 폐기물처리시설 설치 반대 등 민원을 이유로 반려 또는 부적정 통보는 불가하다.

1) 처리업 허가를 받고자 하는 자(법인인 경우에는 임원을 포함)가 법 제26조에 따른 결격사유에 해당하는 경우

2) 다른 법령에 저촉되는 경우(폐기물처리시설의 설치를 제한하는 경우에 한함)

3) 배출시설 설치허가기관에서 배출시설 설치허가 및 신고 관련 부군에 대한 검토 결과 허가 또는 신고수리 불가판정이 있는 경우

(2) 단순히 폐기물처리시설 설치 반대 등 민원을 이유로 반려 또는 부적정 통보는 불가하다.

(3) 폐기물처리사업계획서가 적합한지를 심사하면서 법 제25조 제2항 각 호에서 열거한 사항 외의 사유로 부적정 통보를 할 수 있는가?

---

56) 폐기물처리업 허가업무처리지침 II. 8, 가, 환경부예규 제465호
57) 폐기물처리업 허가업무처리지침 II. 8, 나, 환경부예규 제465호

대법원은 원칙적으로, 폐기물관리법의 입법목적과 규정사항, 폐기물처리업 허가의 성격, 사업계획서 적합통보제도의 취지와 함께 폐기물의 원활하고 적정한 처리라는 공익을 책임지고 실현하기 위한 행정의 합목적성 등을 종합하여 볼 때, 폐기물처리사업계획서의 적합 여부를 심사함에 있어서 법 제25조 제2항 각 호에서 열거된 사항을 검토한 결과 이에 저촉되거나 문제되는 사항이 없다고 하더라도 폐기물의 수집·운반·처리에 관한 안정적이고 효율적인 책임행정의 이행 등 공익을 해칠 우려가 있다고 인정되는 경우에는 이를 이유로 사업계획서의 부적합 통보를 할 수 있다고 한다.[58]

다. 사업계획의 조정

허가권자는 사업계획서 검토 결과 발생되는 폐기물의 종류 및 양, 영업구역 등을 고려하여 당해 사업계획을 조정하여야 할 필요가 있다고 판단되는 경우에는 사전에 신청인의 의견을 들어 이를 조정할 수 있다.[59]

라. 사업계획의 적정 통보

(1) 허가권자는 사업계획서의 검토 결과 그 내용이 적정하다고 인정하는 경우에는 법 제25조 제2항에 따라 신청인에게 사업계획이 적정함을 통보하여야 한다.[60]

(2) 적정통보 내용

사업계획의 적정 통보 시, 폐기물처리시설 중 소각시설에 대하여는 설치검사 시 참고될 수 있도록 소각대상 폐기물의 종류, 발열량과 사업계획상의 주요 내용을 기재하여야 한다. 소각시설, 매립시설에 대하여는 사용개시 신고 이전에 검사기관으로부터 설치검사를 받도록 안내하여야 한다.

(3) 다른 법령에서 폐기물처리시설의 설치·운영을 근본적으로 제한하는 경우가 아닌 단순 경미한 사항(절차 미이행 등)에 대하여는 이를 이행하는 조건으로 사업계획 적정 통보를 할 수 있다.

---

58) 대법원 2011.11.10. 선고 2011두12283 판결. 그러나 본 판결에서 대법원은, 관할 구청장이 신규로 생활폐기물수집·운반업을 허가한다면 일시적으로 시설의 공급과잉현상이 나타나 기존 업체에 어느 정도의 손해 발생이 예상되나 이로 인하여 업체 난립 및 과당경쟁으로 기존 생활폐기물수집·운반 질서가 파괴될 정도에 이른다고 할 수 없고, 처분 당시 기존 업체의 1일 생활폐기물수집·운반능력이 대상 영업구역의 1일 생활폐기물배출량을 훨씬 능가하게 된 데에는 기존 업체가 폐기물의 수집·운반차량을 대폭 늘린 데에도 원인이 있으므로 이를 고려하지 않은 채 기존 업체의 생활폐기물수집·운반능력이 생활폐기물배출량보다 많다며 신규 업체의 시장진입을 허용하지 아니하는 것은 사실상 기존 업체에 독점적 대행권을 유지하는 결과가 된다는 등의 이유로 위 처분이 재량권을 일탈·남용하여 위법하다고 판시하였다.

59) 폐기물처리업 허가업무처리지침 II. 9, 가, 환경부예규 제465호

60) 폐기물처리업 허가업무처리지침 II. 9, 나, 환경부예규 제465호

6. 사업계획의 변경[61)]

환경부령으로 정하는 중요사항을 변경하려는 때에는 사업변경계획서를 제출해야 한다.[62)]

가. 폐기물처리사업 변경계획서 제출시기

(1) 폐기물처리 사업계획 변경은 허가요건에 관련되는 내용을 변경하고자 하는 경우에 제출한다. 단, 사업계획서가 검토 중이거나 사업계획 적정 통보 후 허가신청 이전에 제출해야 한다.

(2) 사업변경계획서를 작성할 때에는 시행규칙 별지 제17호 서식의 ①항부터 ⑦항까지, ⑭항 및 ⑮항이 변경된 내용을 토대로 기재되어야 한다. 이 경우 변경된 내용으로 인하여 허가요건에 미달되어서는 아니된다.

(3) 변경사항으로 인하여 관계 행정기관의 재협의가 필요하다고 판단되는 경우에는 해당 행정기관과 재협의를 하여야 한다.

(4) 사업계획의 변경내용으로 보아 구비서류의 내용이 변경되지 아니하는 경우에는 구비서류의 제출을 생략할 수 있다.

나. 사업변경계획서를 제출해야 하는 사항

구 분	사 항
폐기물 수집·운반업	• 대표자 또는 상호의 변경 • 연락장소 또는 사무실 소재지(지정폐기물 수집·운반업의 경우에는 주차장 소재지 변경을 포함한다) 변경 • 영업구역 변경(생활폐기물의 수집·운반업만 해당한다) • 수집·운반 폐기물의 종류 변경 • 운반차량의 수 또는 종류 변경
폐기물 중간처분업, 폐기물 최종처분업, 폐기물 종합처분업	• 대표자 또는 상호 변경 • 폐기물 처분시설 설치 예정지 변경 • 폐기물 처분시설의 수 변경(증가하는 경우에만 해당한다) • 폐기물 처분시설의 구조 및 규모 변경[별표 9 제1호나목2)가)(1)·(2), 나)(1)·(2), 다)(2)·(3), 라)(1)·(2)에 따른 기준을 변경하는 경우, 차수시설·침출수처리시설을 변경하는 경우 및 「대기환경보전법」 또는 「수질 및 수생태계 보전에 관한 법률」에 따른 배출시설의 변경허가 또는 변경신고 사유에 해당하는 경우로 한정한다]

61) 이하는 폐기물처리업 허가업무처리지침 II. 10 환경부예규 제465호 참조
62) 법 제25조 제1항 단서

	• 폐기물 처분시설의 처분용량 변경(처분용량의 변경으로 다른 법령에 따른 인·허가를 받아야 하는 경우와 처분용량이 100분의 30 이상 증감하는 경우만 해당한다) • 허용보관량 변경 • 매립시설의 제방의 규모 변경(증가하는 경우에만 해당한다)
폐기물 중간재활용업, 폐기물 최종재활용업, 폐기물 종합재활용업	• 대표자 또는 상호 변경 • 폐기물 재활용시설의 설치 예정지 변경 • 폐기물 재활용시설의 수 변경(증가하는 경우만 해당한다) • 폐기물 재활용시설의 구조 및 규모 변경([별표 9] 제3호 마목13)·14) 또는 사목11)·12)에 따른 기준을 변경하는 경우, 「대기환경보전법」 또는 「수질 및 수생태계 보전에 관한 법률」에 따른 배출시설의 변경허가 또는 변경신고 사유에 해당하는 경우로 한정한다) • 폐기물 재활용시설의 재활용용량 변경(재활용용량의 변경으로 다른 법령에 따른 인·허가를 받아야 하는 경우와 재활용용량이 100분의 30 이상 증감하는 경우로 한정한다) • 허용보관량 변경

Ⅲ. 허가신청서류 제출 및 허가

1. 개 요

(1) 폐기물처리 사업계획의 적합 통보를 받은 자는 그 통보를 받은 날부터 2년(폐기물수집·운반업의 경우에는 6개월, 폐기물처리업 중 소각시설과 매립시설의 설치가 필요한 경우에는 3년) 이내에 환경부령으로 정하는 기준에 따른 시설·장비 및 기술능력을 갖추어 업종, 영업대상 폐기물 및 처리분야별로 지정폐기물을 대상으로 하는 경우에는 환경부장관에게, 그 밖의 폐기물을 대상으로 하는 경우에는 시·도지사에게 폐기물처리업 허가신청을 해야 한다.[63]

(2) 천재지변이나 그 밖의 부득이한 사유로 신청기간 내에 허가신청을 하지 못한 자에 대하여는 신청에 따라 총 연장기간 1년(폐기물수집·운반업의 경우에는 총 연장기간 6개월, 폐기물 최종처분업과 폐기물 종합처분업의 경우에는 총 연장기간 2년)의 범위에서 허가신청기간을 연장할 수 있다.[64] 사업계획의 제출이 면제되는 경우에는 허가요건을 갖추어 곧바로 신청할 수 있다.

63) 법 제25조 제3항
64) 법 제25조 제4항

2. 허가신청서류

폐기물처리업 허가신청 시 제출서류
• 처리업 허가신청서(시행규칙 별지 제18호 서식) • 시설 및 장비명세서 • 처리시설 설치명세서 및 그 도면과 처리공정도(폐기물수집·운반업의 경우는 제외) • 처리대상 폐기물의 처리공정도(폐기물수집·운반업의 경우에는 수집·운반계획서를 말함) • 기술능력의 보유현황 및 그 자격을 증명하는 서류 • 보관시설의 용량 및 그 산출근거를 확인할 수 있는 서류(폐기물수집·운반업의 경우는 제외) • 폐기물처리시설의 사후관리계획서(매립시설의 경우만 제출) • 재활용대상 폐기물의 재활용공정도(음식물류 폐기물을 재활용하는 경우에는 물질수지도를 포함하며, 시행규칙 제14조의3 제2항 관련 [별표 5] 제2호 가목의 폐기물을 같은 표의 용도 및 방법으로 재활용하고자 하는 경우에는 성토재·보조기층재 등으로 직접 이용하는 공사의 발주자 또는 토지소유자의 동의서)

3. 허가신청서류의 작성[65]

가. 처리업 허가신청서

(1) 허가신청서를 작성할 때에는 허가신청서상의 ①항부터 ⑮항까지 빠짐없이 기재해야 한다. 다만, 기재내역이 많을 경우 항목별로 대표적인 것만 기재하고 나머지는 별첨으로 처리한다.

(2) 허가신청서상의 기재내용은 적정 통보한 사업계획서와 같아야 한다. 다만, 사업계획 변경대상에 해당되지 않는 경미한 사항은 그러하지 아니 하다.

나. 시설 및 장비명세서

(1) 시설 및 장비명세서에는 폐기물처리시설 및 보관창고 등 부대시설, 수집·운반차량 및 중장비, 실험실 및 실험장비별로 시설·장비명, 시설위치(지적도 또는 위성사진 등을 통한 확인), 시설·장비의 규모 등이 기재되어야 한다.

(2) 시행규칙 [별표 5] 제6호 나목 단서에 따른 자가 신청한 수집·운반 전용차량에 대하여는 시행규칙 별지 제68호 서식에 따른 폐기물 운반차량의 개요 및 그 구비서류가 첨부되어야 한다. 중장비 및 수집·운반차량에 대하여는 차량번호(등록번호)가 기재되어야 한다.

65) 이하는 폐기물처리업 허가업무처리지침 III. 허가신청서류 검토 및 허가 부분 중 1. 내지 3. 참조

다. 처분시설 또는 재활용시설 설치명세서 및 그 도면과 처리공정도(폐기물수집·운반업의 경우는 제외)

각 시설별로 시설명, 시설규모(방지시설 포함) 등 설치내역을 기재한다(부대시설 포함). 처분 또는 재활용 시설 설계도면, 처분 또는 재활용공정도, 처분 또는 재활용 과정을 설명한다.

라. 처분 또는 재활용 대상폐기물의 처분공정도(수집·운반업의 경우에는 수집·운반계획서)

폐기물의 수집·운반, 처분 및 재활용 과정을 상세히 기재한다. 재활용대상 폐기물의 종류는 재활용하고자 하는 폐기물의 종류를 기재하되 괄호에서는 종류를 구체적으로 기재해야 한다. 액상, 고상 등 재활용대상 폐기물의 상태도 기재한다.

마. 기술능력의 보유현황 및 그 자격을 증명하는 서류

기술능력 보유현황은 확보된 기술능력의 성명, 주소, 자격증소지 현황이 기재되어야 한다. 구비서류는 자격증 소지자의 자격증 사본, 경력증명서(대체인력의 경우만 해당)를 제출한다.

바. 폐기물재활용업 허가대상임을 증명하는 서류

한국산업규격인증서, 비료생산업등록증, 사료제조업등록증, 고형연료제품품질규격인증서, 우수재활용제품 품질인증서(GR마크), 환경마크, 에너지회수기준 시험성적서 등을 말한다.

사. 보관시설의 용량 및 그 산출근거 자료(폐기물수집·운반업의 경우는 제외)

(1) 산출근거에 포함되어야 할 사항

1) 보관창고의 규격

가로×세로×높이 또는 밑면적(치수 표시)×높이

2) 폐기물 보관량 및 표시

가) 보관시설은 해당 보관창고 또는 보관시설에서 최대한 보관 가능한 용량을 산정한다. 가급적 확인이 용이하도록 산정한다.

나) 허용보관량에 대한 밑면적(가로×세로 등 치수표시)과 높이를 제시한다. 이 때 허용보관량 초과 여부를 확인할 수 있는 경계지점 및 적재고를 확인할 수 있는 표시를 설치한다.

다) 보관탱크의 경우 보관량을 확인할 수 있는 유량계를 설치한다. 드럼에 보관

하는 경우에는 용기의 수로 보관량을 산출할 수 있도록 가득 채워 보관한다.

라) 지도·점검 시 줄자만으로 보관량 확인이 가능하도록 보관시설 배치도는 가능한 한 축척 1/1,000로 표시하고, 보관시설의 규격 및 보관 형태에 대하여는 입면도 및 평면도(축척 1/100 이하) 등으로 알기 쉽게 표시한다.

3) 폐기물의 비중

적재 시 실제 비중을 측정하여 제시한다.

(2) 증빙방법

폐기물의 보관용적과 비중을 곱한 값, 드럼 보관의 경우 드럼 수와 드럼당 보관량을 곱한 값 등이 허용보관량 이내임을 명시한다.

아. 폐기물처리시설의 사후관리계획서(매립시설만 해당)

4. 허가신청서류의 검토[66]

가. 처리업 허가신청서

(1) 허가신청서를 작성할 때에는 허가신청서상의 ①항부터 ⑮항까지 빠짐없이 기재되어 있는지 확인한다.

(2) 허가신청서의 검토는 사업계획서 검토요령과 같은 방법으로 한다

나. 시설 및 장비명세서

(1) 장비 및 실험기기·기구에 관한 사항

1) 수집·운반업의 경우 차량등록증의 확인을 통하여 수집·운반차량이 신청인 명의로 등록이 되어 있는지의 여부와 허가요건에 적합한지 여부를 확인한다.

2) 중간처분업, 최종처분업, 종합처분업, 중간재활용업, 최종재활용업, 종합재활용업의 경우 수집·운반차량 계량시설이 허가요건에 적합한지 여부와 실험기기·기구가 허가요건에 적합한지 여부를 확인한다. 다만, 허가권자가 당해 업종 또는 영업대상 폐기물을 고려하여 필요하지 아니하다고 인정하는 경우에는 그 실험기기 및 기구 일부를 구비하지 아니하게 할 수 있다.

3) 실험실·실험기구에 관한 허가요건 중 측정항목 각각에 대하여 「환경분야 시험·검사 등에 관한 법률」 제16조 제1항에 따른 측정대행자가 갖추어야 할 시설·장비 등을 갖추어 측정대행자의 등록을 받은 자 또는 국가공인시험기관과 대행계약을 한 경우에는

66) 이하는 폐기물처리업 허가업무처리지침 III. 허가신청서류 검토 및 허가 부분 중 1. 내지 3. 참조

동 항목의 측정에 필요한 실험기기·기구·장비를 갖추지 아니할 수 있으며, 전체항목에 대하여 대행계약을 한 경우에는 실험실 및 실험기기·기구·장비 등을 갖추지 아니할 수 있다.

4) 최종처분업의 경우, 불도저·굴삭기가 허가요건에 적합한지의 여부를 확인하되, 장비별 작업능력과 1일 작업량을 고려하여 필요하다고 판단되는 경우에는 추가로 확보하도록 하여야 한다.

5) 불도저, 굴삭기는 임차하여 사용이 가능하다.

(2) 시설에 관한 사항

1) 수집·운반업

가) 주차장, 세차시설이 위치한 토지의 등기부등본 확인을 통하여 신청인의 소유로 되어 있는지 여부와 허가요건에 적합한지 여부를 확인한다. 다만, 주차장, 세차시설 및 보관시설(임시보관장소)이 신청인의 소유가 아닌 경우에는 주차장, 세차시설 및 보관시설(임시보관장소)의 소유자와 3년 이상으로 임대차계약을 체결하고 임차계약서는 공증을 받아 첨부 여부를 확인한다.

나) 세차시설은 주차시설(의료폐기물 외의 지정폐기물 수집·운반업에 한함) 내부이거나 아주 가까운 거리의 근접한 곳에 위치하여야 한다.

2) 중간처분업, 최종처분업, 종합처분업, 중간재활용업, 최종재활용업, 종합재활용업

가) 세차시설의 경우에는 수집·운반업의 세차시설(의료폐기물 외의 지정폐기물만 해당)의 경우와 같은 방법으로 확인한다. 세차시설은 폐기물중간처분 또는 중간재활용 시설 등이 설치된 사업장 내부이거나 그 사업장과 아주 가까운 거리의 근접한 곳에 위치하여야 한다.

나) 보관시설은 처분 또는 재활용대상 폐기물의 허용보관량을 보관하기에 적정한지와 폐기물의 보관기준을 준수할 수 있는지 여부, 폐기물 보관 시 주변 환경오염을 일으킬 우려가 없는지 여부를 확인한다.

다) 중간처분 또는 중간재활용 시설과 최종처분 또는 최종재활용 시설의 경우에는 준공도면 및 서류 등에 따라 처분 또는 재활용 시설의 처분용량 또는 재활용 용량이 허가요건에 적합한지 여부를 확인한다.

라) 지정폐기물에 대한 중간처분업·최종처분업 또는 종합처분업을 하고자 하는 자가 지정폐기물을 수집·운반하는 차량을 운영하는 경우에는 주차시설의 확보 여부를 확인한다.

마) 세차시설·장비 및 사업장부지가 신청인의 소유가 아닌 경우에는 토지 등의

소유자와 체결한 임대차계약서(임차기간을 3년 이상으로 하여 공증을 받아야 함)를 첨부하여야 한다.

다. 처분시설 또는 재활용시설 설치명세서 및 그 도면과 처리공정도(폐기물수집·운반업의 경우는 제외)

(1) 폐기물처분 또는 재활용 시설의 설계도면 및 설명서, 처분 또는 재활용 시설배치도 등이 사업계획서상의 시설설치계획과 동일한지 여부를 확인한다.

(2) 폐석면을 매립하고자 하는 경우에는 매립시설 내에 폐석면 매립의 위치·넓이·깊이 등 구역을 확인하여 안전하게 매립 가능 여부를 검토하고, 필요한 경우에는 관계 전문기관 또는 관련분야 전문가 등의 자문을 받을 수 있다.

라. 처분 또는 재활용대상 폐기물의 처분공정도(수집·운반업의 경우에는 수집·운반계획서)

(1) 폐기물의 처리에 관한 구체적 기준 및 방법 또는 폐기물의 재활용 기준 및 구체적인 재활용방법 등에 적정한지 여부 확인한다.

마. 기술능력의 보유현황 및 그 자격을 증명하는 서류

(1) 허가신청서 ⑭항의 기술능력 확보내역에 기재한 내용과 동일한지를 검토한다.

(2) 구비서류를 통하여 기술능력이 허가요건에 적합한지 여부를 확인한다.

바. 폐기물재활용업 허가대상임을 증명하는 서류

(1) 한국산업규격인증서, 비료생산업등록증, 사료제조업등록증, 고형연료제품품질규격인증서, 우수재활용제품 품질인증서(GR마크), 환경마크, 에너지회수기준 시험성적서 등을 확인하여 재활용신고대상 적합 여부를 검토한다.

(2) 재활용대상 폐기물을 한국산업규격표시인증(KS) 제품, 비료제품, 사료제품 등의 재활용제품으로 제조하고자 하는 경우 단순히 폐기물처리가 목적이 아닌 주원료, 부원료로서 재활용가능자원의 효율적 재활용 목적과 부합하지 여부 검토

5. 현지조사

(1) 서류검토 결과 적합한 경우에는 현지조사를 실시하여 서류상의 기재내용이 사실인지 여부를 확인한다.

(2) 현지 조사 시에는 처리시설, 장비 등의 시험가동을 명할 수 있으며, 현지조사 일정과 시험가동의 범위 등 현지조사에 관한 사항은 현지조사를 실시하기 최소 3일 전까지 신청인에게 서면 또는 구두로 통보한다.

(3) 현지조사를 통하여 확인하여야 할 사항은 다음과 같다(해당되는 경우만 해당).

현지조사 확인사항
• 실험실: 위치 · 면적 등 • 수집 · 운반차량: 차종 · 적재능력 · 차량번호 · 도색 여부 • 주차장: 위치 · 면적 · 대형차량 출입 가능 여부 등 • 보관시설: 위치, 면적, 재질, 허용보관량을 확인할 수 있도록 적재고 확인표시 적정여부 등 • 유량 계측시설: 설치 위치, 정상작동 여부(폐유를 정제연료유로 재생 처리하는 경우 등) • 침출수위 측정시설: 매립시설 바닥에 설치한 차수시설의 가장 낮은 지점에 설치하였는지 여부 등 • 세차시설: 위치 · 면적 · 형태 · 세차시설 정상작동 여부, 세차 폐수 처리시설의 적정성 등 • 계량시설: 위치, 1회 최대계량 톤수의 적정 여부, 계량시설의 정상작동 여부(시험 계량), 기록 방법 등 • 실험기기 · 기구: 품목 · 성능 · 수량 등 • 불도저 · 굴삭기: 종류 · 제원 · 등록번호 등 • 매립고 측정기기: 종류 · 제원 등 • 기술능력: 기술인력의 의료보험 가입 서류 등을 제출받아 실제 근무 여부 확인 • 중간, 최종처분 및 재활용 시설: 허가신청서대로 폐기물처리시설이 설치되어 있는지와 허가신청서에 기재되어 있지 않은 시설이 있는지 여부 확인 • 시멘트 소성로에서 폐기물을 재활용하는 경우 시멘트 제조원료, 부원료 등 재활용 목적에 적합한지 여부를 확인하고, 필요시 전문가 검토 및 자문 등을 통하여 시설과 재활용 방법의 적정성 여부 검토

6. 허가신청 서류의 보완

허가신청서상의 서류검토 및 현지조사 실시 후 보완이 필요한 경우에는 기간을 정하여 보완을 요구할 수 있으며, 보완이 완료된 사실을 접수한 후 필요한 경우에는 서류검토 및 현지조사를 다시 실시하고 그 조사결과에 따라 허가 여부를 결정한다. 다만, 서류검토만으로 가능한 경우에는 현지조사를 생략할 수 있다.

7. 허가신청 서류의 반려 등

다음 어느 하나에 해당하는 경우에는 그 사유를 명기하여 허가신청서를 반려할 수 있다.

- 「민원사무처리에 관한 법률」 시행령 제15조에 따라 2차에 걸쳐 서류의 보완·보정 요구를 하였으나 이에 응하지 아니한 경우
- 민원인으로부터 허가신청서 반려 요구가 있는 경우
- 허가신청이 법 제25조 제3항 및 제4항에서 정한 기간 이후에 이루어진 경우

8. 불허가 통보

허가신청서에 대한 검토결과 다음의 어느 하나에 해당하는 경우에는 그 사유를 명기하여 불허가 통보를 하여야 한다.

현지조사 확인사항
• 처리업 허가를 받고자 하는 자(법인인 경우에는 임원을 포함)가 법 제26조에 따른 결격사유에 해당하는 경우 • 다른 법령에 저촉되는 경우 • 허가신청서상의 시설·장비 중 주요시설·장비 등이 허가요건에 크게 미달하는 경우로서 단시일 내에 확보가 불가능하다고 판단되는 경우 • 확보된 시설·장비 등의 성능이 크게 미흡하여 영업대상 폐기물을 적정처리할 수 없다고 판단되는 경우로서 시설·장비 등의 전면적인 재시공 등이 필요한 경우 • 단순히 폐기물처리시설 설치 반대 등 민원을 이유로 반려 또는 불허가 통보는 불가 • 재활용대상 폐기물이 재활용허가대상 폐기물에 해당되지 않는 경우 • 완제품이 법 제13조의2 제1항 제1호 내지 제6호의 규정에서 정한 KS제품. 비료, 사료, 재활용제품 등에 해당되지 않는 경우 • 시행규칙 제14조의3 제2항의 규정에 의한 폐기물의 종류 및 구체적인 재활용 방법에 적합하지 않는 경우

9. 허가신청기간의 연장

천재·지변·기타 부득이한 사유로 인하여 기간 내에 허가신청을 하지 못한 자에 대하여는 신청에 따라 총 연장기간 1년(폐기물 수집·운반업의 경우에는 6월, 폐기물 최종처분업과 폐기물 종합처분업의 경우에는 2년)의 범위 내에서 시설·장비의 설치 또는 확보에 소요되는 기간을 고려하여 그 기간을 연장해 줄 수 있다.

10. 처리업의 허가

가. 개 요

폐기물처리업 허가신청을 받은 환경부장관 또는 시·도지사는 허가기준에 맞는지 여부를 검토한 후 허가 여부를 결정한다. 폐기물처리업 허가기준 등은 폐기물처리업 허가를 받기 위한 최소한도의 요건을 정하고 있을 뿐 그 허가 여부에 대하여 일률적·확정적으로 규정하는 형식을 취하지 아니하여 재량의 여지를 남겨두고 있다.[67] 환경부장관 또는 시·도지사는 폐기물처리 사업계획의 적합 통보를 받은 자가 그 적합 통보를 받은 사업계획에 따라 시설·장비 및 기술인력 등의 요건을 갖추어 폐기물처리업 허가신청을 한 때에는 지체 없이 허가하여야 한다.[68]

환경부장관 또는 시·도지사는 폐기물처리업 허가를 할 때에는 주민생활의 편익, 주변 환경보호 및 폐기물처리업의 효율적 관리 등을 위하여 필요한 조건을 붙일 수 있다. 다만, 영업구역을 제한하는 조건은 생활폐기물의 수집·운반업에 대하여 붙일 수 있으며, 이 경우 시·도지사는 시·군·구 단위 미만으로 제한하여서는 아니 된다.[69]

나. 허가기준

허가기준은 사업계획 적합 검토에서 본 바와 같다.

다. 허가증 교부

허가신청서류 검토 및 현지조사 결과 적합한 경우 허가권자는 시행규칙 제28조 제6항에 따라 별지 제19호 또는 제20호 서식의 허가증을 교부한다.

(1) 허가증 기재방법

1) 업종: 수집·운반업, 중간처분업, 최종처분업, 종합처분업, 중간재활용, 최종재활용업, 종합재활용업 등으로 기재하고 중간처분업 또는 중간재활용업의 경우에는 괄호 안에 전문처리분야(소각전문, 기계적 처분전문, 화학적 처분전문, 생물학적 처분전문 등)를 병기한다. 예) 중간처분업(소각전문)

2) 영업대상 폐기물: 폐기물의 분류기준[생활폐기물, 사업장 일반폐기물(수집·운반업의 경우에는 사업장생활계 폐기물과 사업장배출시설계 폐기물로 분리), 지정폐기물, 의료폐기물]에 따라 기재하되 당해 시설에서 처리할 수 있는 폐기물인지 여부를 검토하여 괄호안에 폐기물의 종류 및 성상(성상이 단일한 폐기물인 경우 생략 가능)을 구체적으로 기재한다.

---

67) 대법원 2011.11.10. 선고 2011두12283 판결
68) 법 제25조 제3항
69) 법 제25조 제7항

(2) 기재방법 예시

1) 수집·운반업

예시 1) 사업장배출시설계 폐기물(동물성 잔재물, 폐수처리 오니, 폐목재류 등)

예시 2) 지정폐기물(폐염산, 폐유(고상), 폐유(액상), 폐농약, 폐질산, 폐황산 등)

2) 수집·운반업 외의 업종

예시 1) 지정폐기물(폐염산, 폐유(고상), 폐유(액상), 폐농약, 폐질산, 폐황산 등)

예시 2) 사업장 일반폐기물(폐합성수지류, 폐목재류 등)

라. 영업구역의 제한(생활계폐기물 수집·운반업에 한한다)

생활계폐기물 수집·운반업의 허가를 부여할 경우 영업구역을 제한할 수 있는데, 그 경우에도 시·군·구(자치구를 말한다) 단위 미만으로 영업구역을 제한할 수 없다.

마. 허가조건의 부여

허가권자는 허가할 시 다음의 조건을 부여한다. 단, 사업자가 부담할 수 없는 등 부적정 또는 과도한 조건인지를 검토하여 필요한 사항만 부여한다.

(1) 허용보관량 및 그 산출기준에 관한 증빙자료에서 제시한 보관 형태(밑면적, 높이 등을 포함한다. 이하 같다)대로 폐기물을 보관하여야 하고, 보관 형태를 변경하여 보관하고 있어 감독기관이 증빙한 보관 형태대로 변경을 명하는 경우 이에 따라야 하며, 보관형태를 변경하고자 할 때는 변경에 따른 산출기준에 관한 증빙자료를 다시 제출하여 확인을 받도록 하는 사항

(2) 폐기물처리업 영업개시 이전까지(임시보관장소를 설치하는 경우 폐기물 보관 이전까지) 법 제40조에 따른 방치폐기물 처리이행보증을 완료하는 사항

(3) 부적정 또는 과도한 허가조건 부여 사례

부적정 또는 과도한 허가조건 부여 사례

○ 부적정한 허가조건

- 폐기물처리업 입지로 인한 환경오염으로 주민 다수의 민원 소지가 있으므로 집단민원이 발생하지 않도록 사업장의 운영관리에 철저를 기하시기 바라며, 다수인 관련 민원은 책임지고 해결할 것
- 여름철 해충 발생 및 냄새의 발생으로 주변환경 피해가 발생하지 않도록 정기적인 소독을 실시할 것

○ 과도한 허가조건
- 폐기물처리시설의 설치공사 전에 인근 농가와 합의 후 공사 시행
- 작업시간은 4월~9월 사이에는 07:00~20:00까지, 10월~3월 사이에는 08:00~19:00까지로 제한함

○ 부적정 및 과도한 허가조건
- 군 작전 수행 중 발생하는 소음에 대한 민원 발생 소지가 있음에 따라 소음방지대책을 강구하고, 군 항공기 소음에 이의제기를 하지 않음

○ 폐기물처리업 허가와 무관한 사항의 허가조건
- 346번 지방도로(검단사거리~오류동 간) 통행 금지
- ○○ 시가지내 통행시 교통체증과 교통사고 발생 방지를 위하여 폐기물 운반차량 운행시 ○○ 시가지 통행을 지양

바. 경쟁제도의 도입(생활폐기물 수집·운반업에 한정)

생활폐기물 수집·운반업허가 및 대행업체 선정시 경쟁입찰을 원칙으로 한다. 다만 공익을 위해 시급하게 업체 선정이 필요한 경우 등 지방자치단체의 장이 수의계약이 필요하다고 인정하는 경우에는 수의계약을 할 수 있다.

11. 폐기물처리업 허가절차의 일부면제

폐기물처리업을 하려는 자 중 다음 어느 하나에 해당하는 자는 폐기물처리 사업계획서의 제출절차를 거치지 아니하고 폐기물처리업 허가신청을 바로 할 수 있다.[70)]

- 「산업입지 및 개발에 관한 법률」 제2조 제5호에 따른 산업단지에서 폐기물처리업을 하려는 자
- 「자원의 절약과 재활용촉진에 관한 법률」 제34조에 따른 재활용단지에서 폐기물처리업을 하려는 자
- 폐기물 중간재활용업·최종재활용업·종합재활용업을 하려는 자

다만, 이 경우에도 법 제25조 제2항에 규정된 폐기물처리 사업계획의 적합성 여부(폐기물처리업 허가를 받으려는 자가 허가결격사유에 해당하는 지 여부, 폐기물처리시설의 입지 등이 다른 법률에 저촉되는지 여부, 폐기물처리 사업계획서상의 시설·장비와 기술능력이 허가기준에 맞는지 여부, 폐기물처리시설의 설치·운영으로 사람의 건강이나 주변환경에 영향을 미치는지 여부)

70) 법 제25조 제15항

는 검토하여야 한다.[71)]

12. 지정폐기물과 지정폐기물 외의 폐기물을 동일한 폐기물처리시설에서 처리하는 경우의 특칙(적합 통보, 허가, 변경허가, 변경신고의 의제)

지정폐기물과 지정폐기물 외의 폐기물을 동일한 폐기물처리시설에서 처리하려는 자가 지정폐기물과 관련하여 다음의 어느 하나에 해당하면 지정폐기물 외의 폐기물과 관련하여 각각 그에 해당하는 시·도지사의 적합 통보, 허가 또는 변경허가를 받거나 시·도지사에게 변경신고를 한 것으로 본다.[72)]

- 환경부장관으로부터 폐기물처리 사업계획서의 적합 통보를 받은 경우
- 환경부장관으로부터 폐기물처리업 허가를 받은 경우
- 환경부장관으로부터 폐기물처리업의 변경허가를 받거나 환경부장관에게 변경신고를 한 경우

지정폐기물 외의 폐기물과 관련하여 시·도지사의 적합 통보, 허가, 변경허가, 변경신고의 의제를 받으려는 자는 환경부장관에게 폐기물처리 사업계획서의 제출, 폐기물처리업의 허가신청, 변경허가신청 또는 변경신고를 할 때에 환경부령으로 정하는 관련서류를 함께 제출하여야 한다.[73)] 환경부장관은 관련서류를 제출받으면 관할 시·도지사의 의견을 들어야 하며, 적합 통보, 허가, 변경허가를 하거나 변경신고를 받으면 관할 시·도지사에게 그 내용을 알려야 한다.[74)]

13. 다른 법령에 따른 허가·신고 등의 의제

폐기물처리시설을 설치하려는 자가 승인을 받거나 신고를 한 경우, 시험·연구목적으로 폐기물처리시설을 설치·운영하려는 경우 및 폐기물처리업의 허가를 받은 경우에는 그 폐기물처리시설과 관련한 다음의 허가를 받거나 신고를 한 것으로 본다.[75)]

- 「대기환경보전법」 제23조 제1항 및 제2항에 따른 배출시설의 설치허가 또는 신고
- 「수질 및 수생태계 보전에 관한 법률」 제33조 제1항과 제2항에 따른 배출시설의 설치허가 또는 신고

---

71) 시행규칙 제28조 제5항
72) 법 제25조 제12항
73) 법 제25조 제13항
74) 법 제25조 제14항
75) 법 제32조 제1항

- 「소음·진동관리법」 제8조 제1항 및 제2항에 따른 배출시설의 설치허가 또는 신고

음식물류 폐기물과 가축분뇨를 함께 처리하기 위한 환경부령으로 정하는 폐기물처리시설을 설치하려는 자가 폐기물처리업의 허가를 받은 경우 및 폐기물처리시설을 설치하려는 자가 승인을 받거나 신고를 한 경우, 시험·연구목적으로 폐기물처리시설을 설치·운영하려는 경우에는 다음의 승인 또는 허가를 받은 것으로 본다.[76)]

- 「가축분뇨의 관리 및 이용에 관한 법률」 제24조 제3항에 따른 공공처리시설 설치승인
- 「가축분뇨의 관리 및 이용에 관한 법률」 제28조에 따른 가축분뇨처리업 허가

폐기물처리시설을 설치하는 자가 법 제29조 제4항에 따른 폐기물처리시설 사용신고를 하면 다음의 신고를 한 것으로 본다.[77)]

- 「대기환경보전법」 제30조에 따른 배출시설의 가동 개시 신고
- 「수질 및 수생태계 보전에 관한 법률」 제37조에 따른 배출시설의 가동 개시 신고

환경부장관 또는 시·도지사는 다른 법령에 따른 허가·신고 등의 의제에 해당하는 사항이 포함되어 있는 폐기물처리시설의 설치승인 또는 폐기물처리업의 허가를 하려면 관계 행정기관의 장과 협의하여야 한다.[78)] 환경부장관은 의제되는 허가나 신고의 처리기준을 정하여 고시하여야 한다.[79)]

제 3 절 폐기물처리업 변경허가 및 변경신고

폐기물처리업 허가를 받은 자가 허가받은 사항 중 환경부령으로 정하는 중요사항을 변경하려면 변경허가를 받아야 하고, 그 밖의 사항 중 환경부령으로 정하는 사항을 변경하려면 변경신고를 하여야 한다.[80)]

---

76) 법 제32조 제2항[2013. 6. 2.부터 시행]
77) 법 제32조 제2항
78) 법 제32조 제3항
79) 법 제32조 제4항
80) 법 제25조 제11항

1. 변경허가[81)]

가. 제출서류

- 허가증
- 변경내용을 확인할 수 있는 서류
- 배출시설의 설치허가 신청 또는 신고 시의 첨부서류(배출시설에 해당하는 폐기물처리시설을 신설하는 경우에만 제출)
- 배출시설의 변경허가 신청 또는 변경신고 시의 첨부서류(처분용량 또는 재활용용량이나 주요 설비의 변경으로 인하여 배출시설의 변경허가 또는 변경신고를 받아야 될 경우만 제출)

나. 변경허가 대상

변경허가 대상은 아래 표에서 보는 바와 같다.

폐기물처리업 변경허가 사항

1. 폐기물수집·운반업
   가. 수집·운반대상 폐기물의 변경
   나. 영업구역의 변경
   다. 주차장 소재지의 변경(지정폐기물을 대상으로 하는 수집·운반업만 해당한다)
   라. 운반차량(임시차량은 제외한다)의 증차
2. 폐기물 중간처분업, 폐기물 최종처분업 및 폐기물 종합처분업
   가. 처분대상 폐기물의 변경
   나. 폐기물처분시설 소재지나 영업구역의 변경
   다. 운반차량(임시차량은 제외한다)의 증차
   라. 폐기물처분시설의 신설
   마. 처분용량의 100분의 30 이상의 변경(허가 또는 변경허가를 받은 후 변경되는 누계를 말한다)
   바. 주요 설비의 변경. 다만, 다음 1)부터 4)까지의 경우만 해당한다.
      1) 폐기물처분시설의 구조 변경으로 인하여 [별표 9] 제1호 나목 2) 가)의 (1)·(2), 나)의 (1)·(2), 다)의 (2)·(3), 라)의 (1)·(2)의 기준이 변경되는 경우
      2) 차수시설, 침출수처리시설이 변경되는 경우
      3) [별표 9] 제2호 나목 2) 바)에 따른 가스처리시설 또는 가스활용시설이 설치되거나

81) 이하는 폐기물처리업 허가업무처리지침 IV. 변경허가신청서 검토 부분 참조

변경되는 경우
4) 배출시설의 변경허가 또는 변경신고의 대상이 되는 경우
사. 매립시설 제방의 증·개축
아. 허용보관량의 변경
3. 폐기물 중간재활용업, 폐기물 최종재활용업 및 폐기물 종합재활용업
가. 재활용대상 폐기물의 변경
나. 재활용 용도 또는 방법의 변경
다. 폐기물 재활용시설 소재지나 영업구역의 변경
라. 운반차량(임시차량은 제외한다)의 증차
마. 폐기물 재활용시설의 신설
바. 허가 또는 변경허가를 받은 재활용 용량의 100분의 30 이상의 변경(허가 또는 변경허가를 받은 후 변경되는 누계를 말한다)
사. 주요 설비의 변경. 다만, 다음 1) 및 2)의 경우만 해당한다.
1) 폐기물 재활용시설의 구조 변경으로 인하여 [별표 9] 제3호 마목 13)·14)에 따른 기준이 변경되는 경우
2) 배출시설의 변경허가 또는 변경신고의 대상이 되는 경우
아. 허용보관량의 변경

다. 구체적 검토

(1) 수집·운반·처리대상 폐기물의 변경

(가) 제출서류: 변경하고자 하는 수집·운반 또는 처리대상 폐기물의 상세내역을 제출한다.

(나) 검토사항

1) 변경하고자 하는 수집·운반대상 폐기물이 허가받은 차량으로 수집·운반이 가능한지 여부를 검토한다.

2) 변경하고자 하는 처리대상 폐기물이 허가받은 시설로 처리가 가능한지 여부를 검토한다. 이 경우 시행규칙 [별표 7] '폐기물처리업의 시설·장비·기술능력의 기준'에 따른 각각의 허가요건에 충족되어야 한다.

(다) 유의사항

1) 동일한 폐기물에 대해 수집·운반 또는 처리량을 증가하고자 하는 경우는 해당되지 않는다.

2) 사업장일반 폐기물 또는 지정폐기물처리업자가 동일 처리시설에서 처리용량 변

경 없이 허가받지 아니한 사업장 일반폐기물 또는 지정폐기물을 추가하여 처리하고자 하는 경우 "수집·운반 또는 처리대상 폐기물의 변경"에 해당한다. 이 경우 변경허가신청서는 유역(지방)환경청에 제출한다.

3) 폐석면을 매립하고자 하는 경우에는 기존 매립시설 내에 폐석면 매립 위치·넓이·깊이 등 구역을 확인하여 안전하게 매립 가능 여부를 검토하고, 필요한 경우에는 관계 전문기관 또는 관련분야 전문가 등의 자문을 받을 수 있다.

(2) 폐기물처분시설(또는 폐기물 재활용시설)의 소재지 또는 주차장 소재지(지정폐기물을 대상으로 하는 수집·운반업만 해당)의 변경

(가) 제출서류: 제출서류는 토지의 소유권을 확인할 수 있는 서류이다. 토지를 임차하는 경우 임대차 계약서 사본을 제출하면 된다. 다만, 임대차계약서는 임차기간을 3년 이상으로 하여 공증을 받아야 한다.

(나) 검토사항

1) 폐기물처분시설(또는 폐기물 재활용시설)의 소재지 또는 주차장 소재지의 변경 여부는 현장방문을 통하여 확인한다.

2) 사업장 소재지를 관할기관이 다른 장소로 이전할 경우에는 이전하고자 하는 소재지 관할기관에서 변경허가서를 접수받아 기존 업소 소재지 관할기관으로부터 관련서류 일체를 이관받은 후 변경허가 수리를 통보한다.

(3) 영업구역의 변경(생활폐기물 수집·운반업만 해당)

연락장소 또는 사무실 소재지 관할 허가권자의 관할구역의 범위를 초과하는 지역을 영업구역으로 하고자 영업구역 변경 신청을 한 경우에는 당해 변경지역을 관할하는 허가권자와 사전협의를 거쳐 결정한다.

(4) 운반차량의 증차(임시차량 제외)

(가) 제출서류: 운반차량의 증차계획서를 제출한다.

(나) 검토사항

1) 운반차량 증차의 경우 수집·운반기준을 준수할 수 있는 구조인지 여부를 확인한다.

2) 운반차량을 증차하고자 하는 경우 변경허가와 함께 전용차량증을 발급한다.

3) 임시차량의 증차 또는 운반차량의 감차는 폐기물처리업 변경신고 사항이다.

(5) 폐기물처분시설 또는 폐기물 재활용시설의 신설

(가) 제출서류

1) 처분시설 또는 재활용시설 설치내역서 및 그 도면과 처리공정도

2) 폐기물처리시설의 사후관리계획서(매립시설만 해당)

(나) 검토사항: 변경허가 대상은 소각 전문, 기계적 처리 전문, 화학적 처리 전문, 생물학적 처리 전문 등 세부시설을 신설하는 경우만 해당하며, 업종이 다른 경우에는 신규허가 대상이다. 다만, 업종이 달라도 일련의 처리를 위한 시설(즉, 전처리시설)인 경우는 변경허가 대상이다.

(6) 허가 또는 변경허가를 받은 처분용량 또는 재활용용량의 100분의 30 이상의 변경(허가 또는 변경허가를 받은 후 시설별로 변경되는 누계를 말한다)

(가) 제출서류: 처분시설 또는 재활용시설 변경내역서

(나) 검토사항

1) 시설 구조변경의 적정 여부를 검토한다.

2) 처분용량 또는 재활용용량의 100분의 30 이상 변경 여부를 검토한다. 허가 또는 변경허가를 받은 처분용량 또는 재활용용량의 100분의 30 미만 변경 시 변경허가를 받아야 할 법적 요건에는 해당되지 않으나, 처리업 허가를 받은 자가 요청하는 경우에는 접수하여 변경허가 절차에 따라 변경허가가 가능하다.

3) 하나의 처분시설 또는 재활용시설로 지정 및 사업장 일반폐기물을 함께 처분 또는 재활용하는 것으로 허가를 받은 시설에서 총 처리능력 변경 없이 허가받은 처분 또는 재활용대상 폐기물의 종류 범위 내에서 처리량 비율만 변경(사업장 일반폐기물 및 지정폐기물로 구분하여 100분의 30 이상 변경되는 경우만 해당)하여 처리하는 경우 “수집·운반·처분(또는 재활용)대상 폐기물의 변경”에 해당한다. 이 경우 변경허가 신청서는 유역(지방)환경청에 제출한다.

(7) 주요 설비의 변경

(가) 제출서류: 처분 또는 재활용시설 변경내역서

(나) 검토사항: 시설구조 변경의 적정 여부 및 시설의 안전성 등을 검토한다. 사용개시 신고 시에는 설치검사 성적서를 첨부하고, 필요하다고 인정되는 경우 관계 전문기관을 통한 시설의 안전성을 검토한다.

(8) 매립시설 제방의 증·개축

(가) 제출서류: 매립시설 제방의 변경내역서

(나) 검토사항: 시설구조 변경의 적정 여부를 검토한다. 필요하다고 인정되는 경우 관계 전문기관을 통한 시설의 안전성을 검토한다.

(9) 허용보관량의 변경

(가) 제출서류: 변경되는 허용보관량 및 그 산출근거에 관한 증빙자료

(나) 검토사항: 허용보관량 변경의 필요성 및 적정 여부

(10) 재활용대상 폐기물 변경

(가) 제출서류: 재활용대상 폐기물의 변경내역서

(나) 변경하고자 하는 재활용 대상폐기물이 신고한 보관시설·재활용시설로 보관, 수집·운반·재활용이 가능한지 여부를 검토한다.

(11) 재활용 용도 및 방법의 변경

(가) 제출서류: 재활용대상 폐기물의 용도 또는 방법의 변경내역서

(나) 검토사항: 법 제13조 및 시행규칙 제14조의3 폐기물 재활용의 기준 및 구체적인 재활용 방법을 검토한다.

(12) 법 제13조의2 제1항 및 제2항의 각 호의 적용대상의 변경

(가) 제출서류: 한국산업규격표시 인증서, 비료생산업 등록증, 사료제조업 등록증, 우수재활용제품 품질인증서(GR마크), 사업장폐기물배출자신고서, 재활용 용도 및 방법설명서 등 적용대상 확인시 필요서류

(나) 검토사항: 재활용대상 폐기물, 재활용 용도 및 방법의 변경 등이 시행규칙 제14조의3 제2항에 적합한지 여부를 검토한다.

관련 판례

서울행정법원 2004.3.5. 선고 2003구합19593 판결

이미 적정하다고 통보받은 사업계획에 기하여 전국을 영업구역으로 하는 사업장생활계폐기물수집·운반업허가를 받은 신청인으로부터 단순히 사무실 주소지만을 신청인 관할 구역 내로 이전하는 내용의 변경허가신청을 받은 경우, 관할관청은 신청인으로부터 새로이 이전하려는 사무실 소재지의 임대차계약서를 제출받고, 현장방문 등을 통하여 신청인이 진실로 사무실 소재지를 이전하려는 것인지 여부를 파악한 다음 그 변경허가 여부를 결정하면 되고, 사무실 소재지 변경허가신청의 허부를 판단함에 있어서 기존 사업계획의 적정 여부까지 고려하여야 하는 것은 아니라고 봄이 타당하므로, 관할관청이 관할 구역 내의 폐기물처리업체들의 폐기물처리능력이 폐기물배출량을 초과하고 있는 상황을 감안하여 관할 구역 내에서 폐기물사업을 하려는 신청인의 사업계획이 적정하지 아니하다는 이유로 폐기물처리업 변경허가 반려처분을 한 것은 재량의 범위를 일탈·남용한 것으로서 위법하다.

3. 변경신고[82]

가. 제출서류

변경신고 시 제출해야 하는 서류는 허가증과 변경내용을 확인할 수 있는 서류이다.

나. 변경신고 대상

변경신고 대상은 다음 표와 같다.

- 상호의 변경
- 대표자 변경(법 제33조에 따라 권리·의무를 승계하는 경우는 제외)
- 연락장소나 사무실 소재지의 변경
- 임시차량의 증차 또는 운반차량의 감차(수집·운반차량을 대차하는 경우 포함)

(1) 상호의 변경 및 대표자 변경

(가) 제출서류: 법인의 경우 법인등기부등본, 개인의 경우 사업자등록증 사본

(나) 검토사항

1) 변경되는 대표자 및 임원에 대한 신원조회를 한다.

2) 처분업 또는 재활용업의 허가를 받은 자가 폐기물처분업 또는 폐기물재활용업을 양도하거나 사망한 경우 또는 법인의 합병이 있는 경우로서 상호가 변경되는 경우에는 상호의 변경신고신청 및 법 제33조 제3항에 따른 권리·의무 승계신고를, 상호의 변경 없이 대표자 변경만 있는 경우에는 권리·의무 승계신고만 하면 된다.

3) 권리·의무 승계에 따른 상호변경 시에는 상호의 변경신고서 및 시행규칙 별지 제35호 서식에 의한 권리·의무 승계신고서를 함께 제출하여야 하며, 권리·의무 승계에 따른 대표자 변경만 있는 경우에는 권리·의무 승계신고서를 제출하면 허가증에 변경사항을 기재하게 된다.

(2) 연락장소나 사무실 소재지의 변경

(가) 제출서류: 사무실의 소유권을 확인할 수 있는 서류(사무실을 임차한 경우에는 임대차계약서 사본)

(나) 검토사항

1) 사무실 이전 여부를 현장 방문하여 확인한다.

2) 연락장소 또는 사무실 소재지를 관할기관이 다른 장소로 이전할 경우에는, 이전

82) 이하는 폐기물처리업 허가업무처리지침 V. 폐기물처리업 변경신고 부분 참조

하고자 하는 소재지 관할기관에 변경신고서를 제출하면 그 기관이 기존 소재지 관할기관으로부터 관련서류 일체를 이관받은 후 변경신고 수리 및 통보를 하게 된다.

(3) 임시차량의 증차 또는 운반차량의 감차

(가) 임시차량 증차의 경우 수집·운반기준을 준수할 수 있는 구조인지 여부를 확인한다.

(나) 임시차량을 증차하고자 하는 경우 변경신고와 함께 임시차량증 발급 신청을 한다.

(다) 운반차량의 감차 시에는 변경신고서에 수집·운반증을 첨부하여 반납한다.

(라) 임시차량증 발급 및 감차내역을 허가증에 기재한다.

(마) 운반차량의 감차로 인하여 허가요건에 미달되지 않는지 여부를 확인한다.

Chapter

03 폐기물처리업의 운영

제 1 절 폐기물처리업자의 준수사항1)

폐기물처리업자는 환경부령으로 정하는 준수사항을 지켜야 한다. 만일 준수사항을 위반하면 그 허가를 취소하거나 6개월 이내의 기간을 정하여 영업의 전부 또는 일부의 정지명령을 받을 수 있다.2)

1. 공통기준

가. 수집·운반

폐기물처리업자는 폐기물수집·운반 전용차량 및 임시차량 외의 차량으로 폐기물을 수집·운반하여서는 아니되며, 같은 차량에 폐기물과 폐기물 외의 물건을 함께 실어서는 아니 된다. 다만, 폐기물의 수집·운반에 필요한 장비 등은 그러하지 아니하다.

나. 계약서의 작성 및 보관

폐기물처리업자는 폐기물의 처리를 위탁한 자와 상호·소재지·대표자 및 위탁계약기간, 폐기물의 종류별 수량, 폐기물의 성질과 상태 및 취급 시 주의사항, 폐기물의 종류별 운반장소(출발지 및 도착지) 및 운반단가 또는 운반비(운반의 경우만 해당한다), 폐기물의 종류별 처분 또는 재활용장소와 처분 또는 재활용방법 및 처분 또는 재활용단가나 처분 또는 재활용비(처분 또는 재활용의 경우만 해당한다) 등의 내용을 기재한 폐기물 위(수)탁운반

1) 시행규칙 제32조 [별표 8]
2) 법 제27조 제2항 제8호

(처리)계약서를 작성·체결하여야 하고, 그 계약서를 3년간 보관하여야 한다. 다만, 폐기물처리업자가 배출자와 하나의 계약서로 동시에 폐기물의 처리의 위탁계약을 체결하는 경우에는 운반단가와 처분단가 또는 재활용단가를 구분하여 기재하여야 한다.

다. 환경오염 발생 방지

폐기물처리업자는 위탁받은 폐기물을 처리하는 경우 환경오염이 발생하지 아니하도록 하여야 한다.

라. 처리능력 초과 수탁 금지 등

폐기물처리업자가 폐기물의 처리를 위탁받은 때에는 시행규칙 제17조 제1항에 따른 위탁자별로 수탁처리능력확인서 등을 보내야 하며, 위탁받고자 하는 폐기물이 자신의 처리시설에서 처리가 어렵거나 처리능력을 초과하는 경우에는 그 폐기물을 위탁받아서는 아니된다.

마. 서류제출 거부 및 허위 제출 금지

폐기물처리업자는 수탁처리능력확인서, 폐기물처리업허가증 사본 및 방치폐기물처리 이행보증을 확인할 수 있는 서류 사본의 제출을 거부하거나 허위로 제출하여서는 아니 된다.

바. 수집·운반증 반납

허가취소·영업정지·휴업 또는 폐업 등으로 폐기물을 수집·운반하지 못할 때에는 발급받은 폐기물수집·운반증을 허가기관에 반납하여야 한다.

사. 수탁거부 금지

폐기물처리업자는 휴업, 폐업, 처리능력의 초과 등 정당한 사유 없이 배출자가 요청한 폐기물의 위탁을 거부하여서는 아니된다.

아. 시설·장비·기술능력 유지

폐기물처리업자는 시행규칙 [별표 7]에 따른 시설, 장비 및 기술능력을 유지하여야 한다. 폐기물처리업자가 시설·장비·기술능력의 기준을 충족하지 못하게 된 경우에는 그 밖의 준수사항을 위반한 경우에 비해 행정제재가 더 중하다.[3)]

3) 시행규칙 [별표 21] 제2호 가목 12) 나) (1) 참조

2. 폐기물수집·운반업자의 경우

가. 처분 또는 재활용 계약체결 요건

폐기물수집·운반업자는 다음의 모두에 해당하는 경우에 폐기물의 수집·운반을 위탁한 자와 폐기물의 수집·운반 및 처분 또는 재활용까지의 계약을 체결할 수 있으며, 이 경우 운반단가(또는 운반비) 및 처분단가나 재활용단가(또는 처분비나 재활용비)를 구분하여 기재하여야 한다.

(1) 법 제4조와 제5조에 따른 폐기물처분시설 또는 재활용시설(이하 "공공처리시설")의 설치·운영자가 배출자로부터 직접 폐기물의 처리를 수탁하지 아니하는 경우

(2) 폐기물수집·운반업자와 공공처리시설의 설치·운영자 간에 폐기물의 반입계약이 체결되어 있는 경우

(3) 폐기물수집·운반업자가 공공처리시설에 폐기물을 반입한 후 1개월 이내에 그 처분비 또는 재활용비에 관하여 배출자와 사후정산하는 경우

나. 재위(수)탁 금지

위탁받은 폐기물의 운반을 재위탁하거나 재위탁을 받아서는 아니 된다. 다만, 영업정지, 허가취소 등으로 법 제39조의3에 따른 폐기물 처리명령 사유가 발생한 경우 시·도지사나 지방환경관서의 장의 승인을 받아 재위탁할 수 있다.

다. 능력초과 수탁 금지

수집·운반능력을 초과하여 폐기물의 수집·운반을 위탁받아서는 아니된다.

라. 수탁폐기물 임의보관 금지

위탁받은 폐기물을 배출자가 지정한 적절한 처분장소 또는 재활용장소(수출자의 경우에는 배출자가 지정한 선적장소)로 운반하지 아니하고 다른 장소에 보관하여서는 아니된다.

마. 의료폐기물의 수집·운반업자에 대한 특칙

의료폐기물의 수집·운반을 업(業)으로 하려는 자는 다른 폐기물과 분리하여 별도로 수집·운반 또는 처분하는 시설·장비 및 사업장을 설치·운영하여야 한다.[4] 위반할 경우 그 허가를 취소하거나 6개월 이내의 기간을 정하여 영업의 전부 또는 일부의 정지명령을 받을 수 있다.[5]

---

4) 법 제25조 제10항
5) 법 제27조 제2항 제9호

3. 폐기물 중간처분업자·최종처분업자·종합처분업자의 경우

가. 성상 그대로의 재위(수)탁 금지

위탁받은 폐기물을 위탁받은 성질과 상태 그대로 재위탁하거나 재위탁을 받아서는 아니된다. 다만, 천재지변·폐업 등 폐기물을 처분할 수 없는 사유가 발생한 경우에 시·도지사나 지방환경관서의 장의 승인을 받아 재위탁할 수 있으며, 폐기물처분시설의 설치검사 또는 정기검사를 위한 검사용 폐기물의 확보가 곤란하여 시·도지사나 지방환경관서의 장의 승인을 받은 경우 검사용만 재위탁을 받을 수 있다.

나. 공정 임의변경 금지

허가받은 처분공정을 임의로 변경하여 위탁받은 폐기물을 처분하거나, 처분공정의 전부 또는 일부를 거치지 아니하고 그 처분를 종료하여서는 아니된다.

다. 의료폐기물의 처분업자에 대한 특칙

의료폐기물의 처분을 업(業)으로 하려는 자는 다른 폐기물과 분리하여 별도로 처분하는 시설·장비 및 사업장을 설치·운영하여야 한다.[6] 위반할 경우 그 허가를 취소하거나 6개월 이내의 기간을 정하여 영업의 전부 또는 일부의 정지명령을 받을 수 있다.[7]

4. 폐기물 재활용업자의 경우

가. 성상 그대로의 재위(수)탁 금지

위탁받은 폐기물을 위탁받은 성질과 상태 그대로 재위탁하거나 재위탁을 받아서는 아니된다. 다만, 천재지변, 영업정지, 휴업, 폐업 등 정당한 사유가 있거나, 재활용시설의 검사를 받기 위한 폐기물의 확보가 곤란한 경우에는 시·도지사나 지방환경관서의 장의 승인을 받아 재위탁하거나 재위탁받을 수 있다.

나. 공정 임의변경 금지

허가받은 재활용 공정을 임의로 변경하여 위탁받은 폐기물을 재활용하거나, 재활용 공정의 전부 또는 일부를 거치지 아니하고 그 재활용을 종료하여서는 아니된다.

다. 수리·수선자 명의 표시

제품의 본래의 용도로 다시 사용할 수 있도록 수리·수선하여 제품을 판매할 때에는

6) 법 제25조 제10항
7) 법 제27조 제2항 제9호

수리·수선한 업체명, 소재지, 전화번호 및 수리·수선한 제품임을 소비자가 알 수 있도록 표시하여야 한다.

라. 유기성 오니 연료 발열량 등 측정 및 제출

유기성 오니를 화력발전소에서 연료로 사용하기 위하여 가공하는 자는 유기성 오니 연료의 저위발열량, 수분 함유량, 회분 함유량, 황분 함유량, 길이 및 금속성분을 매 분기당 1회 이상 측정하여 그 결과를 시·도지사에게 제출하여야 한다.

마. 폐유기용제 재활용업자의 준수사항

폐유기용제를 정제유기용제로 재활용하는 자는 폐유기용제 배출공정의 변경, 폐유기용제 수집·배출업소의 변경 등으로 인하여 폐유기용제의 성질과 상태가 변경될 때에는 그 성분을 분석하고 그 분석결과를 3년간 갖추어 두어야 한다.

바. 폐유 재활용업자의 준수사항

폐유를 정제연료유로 재활용하는 자는 시행규칙 [별표 5의2] 제31호 나목 5)에서 정한 기준항목을 분기 1회 이상 측정하고 그 결과를 기록한 후 3년 동안 보관하여야 한다.

사. 폐유기용제, 폐페인트 및 폐래커 재활용업자의 준수사항

위 [별표 5의2] 제31호 나목 6)에 따라 폐유, 할로겐족을 제외한 폐유기용제, 폐페인트 및 폐래커를 재생연료유로 재활용하는 자는 같은 목 6)다)에서 정한 기준항목을 분기 1회 이상 측정하고 그 결과를 기록한 후 3년 동안 보관하여야 한다.

아. 폐유 등 재활용업자의 공급 준수사항

폐유로 정제연료유를 생산하는 자, 폐유기용제로 정제유기용제를 생산하는 자, 폐유 등으로 재생연료유를 생산하는 자 또는 폐오일필터를 파쇄·증류하여 고철 및 폐유를 공급하는 자는 환경부장관이 정하여 고시하는 바에 따라 정제연료유·정제유기용제·재생연료유·고철에 대한 공급계획서(사용시설·공급량·공급기간이 포함되어야 한다)를 관할 지방환경관서의 장에게 제출하여 적합 통보를 받은 후 공급하여야 한다. 제출한 사항을 변경하려는 때에도 또한 같다.

자. 폐플라스틱 및 폐고무 재활용업자의 준수사항

폐플라스틱 및 폐고무를 사용하여 위 [별표 5의2] 제31호 나목 5)에 따른 정제연료유의 기준에 맞는 유류를 제조하는 자의 경우 공급계획서를 작성하여 시·도지사에게 제출하여 적합 통보를 받은 후 공급하여야 한다. 제출한 사항을 변경하려는 때에도 또한 같다.

차. 음식물류 폐기물로 사료·퇴비 등 제품생산자의 준수사항

음식물류 폐기물을 재활용하여 사료·퇴비 등의 제품을 생산하는 자는 생산한 사료·퇴비 등의 제품을 빗물 등으로 인한 유출 등 주변환경을 오염시키지 않도록 적정하게 보관하여야 한다.

카. 음식물류 폐기물로 토지개량제로 사용하는 자의 준수사항

음식물류 폐기물을 부숙토나 지렁이 분변토를 만들어 토지개량제로 사용하는 자는 환경부장관이 정하여 고시하는 바에 따라 그 제품명·원료 등을 표시하고, 제품의 제조에 관한 기록을 보존하여야 한다.

타. 폐기물로 시멘트를 제조하는 자의 준수사항

폐기물을 이용하여 「산업표준화법」 제15조 제1항에 따른 인증을 받은 시멘트(클링커를 포함한다)를 제조하는 자는 다음 사항을 준수하여야 한다.

(1) 폐기물을 운반·보관·투입할 경우 외부 유출 및 비산 방지를 위하여 밀폐시설, 덮개설치 등의 조치를 취하여야 한다.

(2) 대체원료, 보조연료로 사용한 폐기물(수입폐기물을 포함한다) 및 폐기물을 재활용하여 제조한 제품 사용량을 매 반기 종료 후 15일 이내에 시행규칙 별지 제57호의2 서식에 따라 작성하여 해당 특별자치시장, 특별자치도지사 또는 시장·군수·구청장에게 보고하여야 한다. 이 경우 전자정보처리프로그램에 보고내용을 입력한 경우에는 보고한 것으로 본다.

(3) 폐기물 배출자 및 폐기물 중간재활용업자로부터 수탁받은 폐기물의 성질 및 상태와 유통 흐름을 명확히 파악하고 정보를 공개하여야 한다.

(가) 폐기물 배출자 또는 폐기물 중간재활용업자(이하 "폐기물 공급자"라 한다)와 위·수탁계약을 체결하기 전에 해당 폐기물에 대한 배출공정 및 중금속 함량 등의 특성을 조사하고 관할 행정기관에 보고 후 재활용하여야 한다.

(나) 재활용하고자 하는 폐기물에 대하여 조사된 중금속 함량 등의 자료는 전산화하고, 관련 정보(폐기물 공급자, 폐기물의 종류와 양, 중금속 함량 등)를 당해 사업자 인터넷 홈페이지 등을 통하여 공개하고 관련 정보를 매 반기 1회 이상 갱신하여야 한다.

(다) 재활용대상 폐기물을 당해 사업장에 반입하기 전에 중금속 함량 등을 분석하여 재활용기준에 적합한 폐기물만을 반입하여야 한다. 다만, 폐기물 공급자와 폐기물의 종류가 변경이 없는 경우에는 반입 전 중금속 함량 등의 분석주기를 분기 1회로 조정할 수 있다.

1) 재활용대상 폐기물에 대한 중금속 함량 등의 분석 결과 재활용기준을 초과하는

경우에는 폐기물 공급자를 통하여 정확한 원인을 파악하고, 재사용 가능 여부가 결정되기 전까지는 반입하여서는 아니된다.

2) 재활용기준을 초과하여 폐기물 반입이 중단된 폐기물 공급자에 대한 폐기물 재반입은 재활용기준을 안정적으로 준수할 수 있다고 판단되는 경우에만 관할 행정기관에 보고한 후 다시 반입할 수 있다.

(4) 관할 행정기관에서 폐기물 재활용의 적정성 여부 평가 등을 위하여 필요한 자료나 정보를 요청할 경우 특별한 사유가 없으면 요청에 따라야 한다.

제 2 절 폐기물처리업자의 금지사항

1. 명의대여 금지

폐기물처리업의 허가를 받은 자는 다른 사람에게 자기의 성명이나 상호를 사용하여 폐기물을 처리하게 하거나 그 허가증을 다른 사람에게 빌려주어서는 아니된다.[8] 위반할 경우 2년 이하의 징역이나 1천만원 이하의 벌금에 처한다.[9]

2. 고시가격 범위 외 수탁금지

폐기물처리업자는 환경부장관이 고시하는 폐기물처리가격의 최고액보다 높거나 최저액보다 낮은 가격으로 수탁할 수 없다.[10] 현재 고시된 가격이 없으므로 실효성 없는 규정이다. 2015년 개정 법률에서 이 조항은 삭제되었다.

3. 폐기물 초과보관 금지

폐기물처리업자는 환경부령으로 정하는 양 또는 기간을 초과하여 폐기물을 보관할 수 없다.[11] 또한 허가나 승인을 받은 보관량 및 보관기간을 초과하여 폐기물을 보관할 수 없다. 다만, 화재 등 중대한 사고, 방치폐기물의 반입·보관 등으로 그 기간 이상 보관하여야 할 부득이한 사유가 있는 경우로서 시·도지사나 지방환경관서의 장의 승인을 받았을

8) 법 제25조 제8항
9) 법 제66조 제8호
10) 법 제25조 제9항
11) 법 제25조 제9항

때에는 그러하지 아니하다.[12] 보관량 또는 보관기간을 초과하여 보관한 경우 허가를 취소하거나 6개월 이내의 기간을 정하여 영업의 전부 또는 일부의 정지를 명령할 수 있다.[13]

"환경부령으로 정하는 양 및 기간"이란 다음과 같다.[14]

가. 폐기물수집·운반업자가 임시보관장소에 폐기물을 보관하는 경우

(1) 의료폐기물: 냉장 보관할 수 있는 섭씨 4도 이하의 전용보관시설에서 보관하는 경우 5일 이내, 그 밖의 보관시설에서 보관하는 경우에는 2일 이내

(2) 의료폐기물 외의 폐기물: 중량 450톤 이하이고 용적이 300세제곱미터 이하, 5일 이내

나. 폐기물 재활용업자가 임시보관장소에 폐기물(폐전주로 한정한다)을 보관하는 경우

(1) 3월부터 11월까지: 중량 50톤 미만

(2) 12월부터 다음 해 2월까지: 중량 100톤 미만

다. 폐기물 재활용업자가 다음의 폐기물을 재활용하기 위하여 보관하는 경우: 1일 재활용량의 60일분 보관량 이하, 60일 이내

(1) 폐석고(도자기 제조시설에서 발생하는 것으로 한정한다), 폐고무, 광재(鑛滓), 폐내화물, 폐도자기조각, 폐플라스틱, 폐금속류, 폐지, 폐목재, 폐유리, 폐콘크리트전주, 폐석재, 폐레미콘 또는 폐촉매

(2) 토기·자기·내화물·시멘트·콘크리트·석제품의 제조 및 가공시설, 건설공사장의 세륜시설, 수도사업용 정수시설, 비금속광물 분쇄시설(굴착시설을 포함한다) 또는 토사세척시설에서 발생되는 무기성 오니(汚泥)

라. 폐기물 재활용업자·중간처분업자·종합처분업자가 폐기물을 보관(의료폐기물 또는 제2호 및 제3호에 따라 폐기물을 보관하는 경우는 제외)하는 경우

1일 처리용량의 30일분 보관량 이하, 30일 이내(매립시설의 일정 구역을 구획하여 폐석면을 매립하기 위한 경우에는 6개월 이내)

마. 폐기물 재활용업자가 의료폐기물(태반으로 한정)을 보관하는 경우

(1) 폐기물 임시보관시설에 보관하는 경우: 중량 5톤 미간, 5일 이내

(2) 그 밖의 경우: 1일 재활용량의 7일분 보관량 이하, 7일 이내

---

12) 시행규칙 제31조 제2항

13) 법 제27조 제2항 제8호

14) 시행규칙 제31조 제1항

바. 폐기물 중간처분업자가 의료폐기물을 보관하는 경우

1일 처분용량의 5일분 보관량 이하, 5일 이내

제 3 절 폐기물처리업자에 대한 행정제재

1. 허가의 취소

폐기물처리업자가 받은 허가는 다음과 같은 사유로 취소될 수 있다. 필요적 허가취소와 재량적 허가취소 사유로 구분된다.

가. 필요적 허가취소

(1) 환경부장관이나 시·도지사는 폐기물처리업자가 다음의 어느 하나에 해당하면 그 허가를 취소하여야 한다.[15)]

(가) 속임수나 그 밖의 부정한 방법으로 허가를 받은 경우

(나) 폐기물처리업 허가결격사유(법 제26조 제1호부터 제4호까지 또는 제6호) 중 어느 하나에 해당되는 경우. 다만, 법인의 임원 중 법 제26조 제6호에 해당하는 자가 있는 경우 2개월 이내에 그 임원을 바꾸어 임명하면 그러하지 아니하다.

(다) 허가를 받은 후 영업 시작 전까지 폐기물처리공제조합에 분담금을 납부하지 않았거나 폐기물의 처리를 보증하는 보험에 가입하지 아니한 경우

(라) 처리이행보증보험의 계약갱신명령을 이행하지 아니한 경우

(마) 영업정지기간 중 영업행위를 한 경우

(2) 폐기물처리업의 허가취소사유 중 위 (나)항에서 결격사유 있는 임원의 개임기한에 관하여는, '법인이 임원의 결격사유를 확인하여 임원을 개임할 수 있는 때' 등으로 볼 경우에는 그 기산점이 불명확하여 신속하고 획일적인 행정처리가 곤란하게 되고 그 결과 임원의 결격사유를 허가취소사유로 정한 입법취지가 몰각될 우려가 있는 점 등에 비추어 볼 때 결격사유 있는 임원의 개임기한은 법인이 책임질 수 없는 사유로 말미암아 임원의 개임기한을 지킬 수 없었다는 등의 특별한 사정이 없는 한 "임원이 결격사유에 해당하는 때로부터 2월 이내"라 할 것이고, 특별한 사정에 대한 입증책임은 이를 주장하는 측에서

15) 법 제27조 제1항

부담한다고 할 것이다.[16)]

나. 재량적 허가취소 또는 영업정지

(1) 환경부장관이나 시·도지사는 폐기물처리업자가 다음 각 호의 어느 하나에 해당하면 그 허가를 취소하거나 6개월 이내의 기간을 정하여 영업의 전부 또는 일부의 정지를 명령할 수 있다.[17)]

(가) 법 제8조 제1항 또는 제2항을 위반하여 사업장폐기물을 버리거나 매립 또는 소각한 경우

(나) 법 제13조 또는 제13조의2를 위반하여 폐기물을 처리한 경우

(다) 법 제13조의3 제5항에 따른 조치명령을 이행하지 아니한 경우

(라) 법 제18조 제3항을 위반하여 폐기물의 인계·인수에 관한 내용을 전자정보처리프로그램에 입력하지 아니한 경우

(마) 법 제19조 제1항을 위반하여 운반 중에 서류 등을 지니지 아니하거나 관계 행정기관이나 그 소속 공무원이 요구하여도 인계번호를 알려주지 아니한 경우

(바) 법 제25조 제5항에 따른 업종 구분과 영업 내용의 범위를 벗어나는 영업을 한 경우

(사) 법 제25조 제7항에 따른 조건을 위반한 경우

(아) 법 제25조 제8항을 위반하여 다른 사람에게 자기의 성명이나 상호를 사용하여 폐기물을 처리하게 하거나 그 허가증을 다른 사람에게 빌려 준 경우

(자) 법 제25조 제9항을 위반하여 폐기물을 보관하거나 준수사항을 위반한 경우

(차) 법 제25조 제10항을 위반하여 별도로 수집·운반·처분하는 시설·장비 및 사업장을 설치·운영하지 아니한 경우

---

16) 대법원 2005.7.14. 선고 2003두14666 판결: "폐기물관리법 제27조 제6호, 제4호는 폐기물처리업의 허가를 받을 수 없는 사유로 "임원 중에 '이 법을 위반하여 징역 이상의 형의 집행유예의 선고를 받고 그 집행유예기간이 경과하지 아니한 자'에 해당하는 자가 있는 법인'을 규정하고 있고, 같은 법 제28조 제1호는 폐기물처리업의 허가취소사유로 "제27조 제1호 내지 제4호 또는 제6호에 해당된 경우. 다만, 법인의 임원 중 제27조 제6호에 해당하는 자가 있는 경우 2월 이내에 그 임원을 개임한 때에는 그러하지 아니하다."고 규정하고 있는바, 같은 법 제28조 제1호에서 '법인의 임원 중 제27조 제6호에 해당하는 자가 있는 경우 2월 이내에'라고 규정한 문언의 내용, 결격사유 있는 임원의 개임기한의 기산점을 원칙적으로 '임원이 결격사유에 해당하는 때'로 보지 아니하고 '법인이 임원의 결격사유를 확인하여 임원을 개임할 수 있는 때' 등으로 볼 경우에는 그 기산점이 불명확하여 신속하고 획일적인 행정처리가 곤란하게 되고 그 결과 임원의 결격사유를 허가취소사유로 정한 입법 취지가 몰각될 우려가 있는 점 등에 비추어 볼 때, 결격사유 있는 임원의 개임기한은 법인이 책임질 수 없는 사유로 말미암아 임원의 개임기한을 지킬 수 없었다는 등의 특별한 사정이 없는 한 '임원이 결격사유에 해당하는 때로부터 2월 이내'라 할 것이고, 특별한 사정에 대한 입증책임은 이를 주장하는 측에서 부담한다고 할 것이다."

17) 법 제27조 제2항

(카) 법 제25조 제11항에 따른 변경허가를 받거나 변경신고를 하지 아니하고 허가사항이나 신고사항을 변경한 경우

(타) 법 제30조 제1항·제2항을 위반하여 검사를 받지 아니하거나 같은 조 제3항을 위반하여 적합 판정을 받지 아니한 폐기물처리시설을 사용한 경우

관련판례

법 제30조 제1항, 제2항을 위반하여 폐기물처리시설에 대한 검사를 받지 않은 이상 영업정지 등 행정처분의 대상이 될 수 있고, 위 행정처분을 위하여 검사를 받지 않은 폐기물처리시설을 사용할 것까지 요건으로 하는 것은 아니다.[18)]

(파) 법 제31조 제1항에 따른 관리기준에 맞지 아니하게 폐기물처리시설을 운영한 경우

(하) 법 제31조 제4항에 따른 개선명령이나 사용중지명령을 이행하지 아니한 경우

(거) 법 제31조 제5항에 따른 폐쇄명령을 이행하지 아니한 경우

(너) 법 제31조 제6항에 따른 측정명령이나 조사명령을 이행하지 아니한 경우

(더) 법 제33조 제3항에 따른 권리·의무의 승계신고를 하지 아니한 경우

(러) 법 제36조 제1항을 위반하여 장부를 기록·보존하지 아니한 경우

(머) 법 제39조의3, 제40조 제2항·제3항 또는 제48조에 따른 명령을 이행하지 아니한

---

18) 대법원 2010.11.11. 선고 2010두14794 판결

[1] 폐기물관리법 제30조 제1항, 제2항, 제3항, 같은 법 제27조 제2항, 제3항 조항들의 문언 내용, 위 법 제30조 제1항, 제2항은 폐기물처리시설 설치 당시의 검사의무 내지 정기 검사의무를 규정한 것이고, 위 법 제30조 제3항은 검사를 받았지만 적합 판정을 받지 않은 폐기물처리시설의 사용을 금지한 것으로서 명백히 다른 성격의 규정인 점, 위 법 제30조 제1항, 제2항을 위반하여 폐기물처리시설의 검사를 받지 않았을 뿐만 아니라 이를 사용한 경우에만 위 법 제27조 제2항 제11호에 따른 영업정지 등 행정처분의 대상이 될 수 있다고 본다면, 위 법 제30조 제1항, 제2항에서 규정하는 검사의무를 위반한 경우에도 그 자체로는 아무런 행정처분을 내릴 수 없게 되어 부당한 점 등을 종합하여 보면, 위 법 제30조 제1항, 제2항을 위반하여 폐기물처리시설에 대한 검사를 받지 않은 이상 위 법 제27조 제2항 제11호에 따른 영업정지 등 행정처분의 대상이 될 수 있고,위 행정처분을 위하여 검사를 받지 않은 폐기물처리시설을 사용할 것까지 요건으로 하는 것은 아니다.

[2] 음식물 폐기물처리시설 중 사료화시설에 대하여 설치 및 정기검사를 받지 않은 폐기물중간처리업자에게 영업정지 처분을 한 사안에서, 폐기물관리법 제30조 제1항·제2항을 위반하여 폐기물처리시설에 대한 검사를 받지 않은 이상 그 시설을 사용하지 않았다고 하더라도 위 법 제27조 제2항 제11호에 따른 영업정지 등 행정처분의 대상이 될 수 있음에도,사료화시설에 대하여 검사를 받지 않은 것만으로는 폐기물관리법 제27조 제2항 제11호에 따른 영업정지 등 행정처분의 대상이 될 수 없고 그 시설을 사용하였어야 영업정지 등 행정처분의 대상이 될 수 있다고 전제한 후, 폐기물중간처리업자가 사료화시설을 사용하였음을 인정할 증거가 부족하다고 보아 위 처분이 위법하다고 본 원심판결에 법리를 오해한 위법이 있다고 한 사례.

경우

(버) 법 제52조 제1항에 따라 사후관리이행보증금을 사전에 적립하지 아니한 경우

(서) 허가를 받은 후 1년 이내에 영업을 시작하지 아니하거나 정당한 사유 없이 계속하여 1년 이상 휴업한 경우

2. 과징금 부과

가. 과징금 부과요건

환경부장관이나 시·도지사는 폐기물처리업자에게 영업의 정지를 명령하려는 때 그 영업의 정지가 다음의 어느 하나에 해당한다고 인정되면 그 영업의 정지에 갈음하여 1억원 이하의 과징금을 부과할 수 있다.[19)]

(1) 해당 영업의 정지로 인하여 그 영업의 이용자가 폐기물을 위탁처리하지 못하여 폐기물이 사업장 안에 적체(積滯)됨으로써 이용자의 사업활동에 막대한 지장을 줄 우려가 있는 경우

(2) 해당 폐기물처리업자가 보관 중인 폐기물이나 그 영업의 이용자가 보관 중인 폐기물의 적체에 따른 환경오염으로 인하여 인근지역 주민의 건강에 위해가 발생되거나 발생될 우려가 있는 경우

(3) 천재지변이나 그 밖의 부득이한 사유로 해당 영업을 계속하도록 할 필요가 있다고 인정되는 경우

나. 과징금을 부과할 위반행위별 과징금의 금액[20)]

폐기물처리업자의 위반행위에 따른 과징금의 금액

위반행위	영업정지 1개월	영업정지 3개월	영업정지 6개월
1. 법 제13조 또는 제13조의2를 위반하여 폐기물을 처리한 경우	2천만원	5천만원	1억원
2. 법 제18조 제3항을 위반하여 폐기물 인계·인수에 관한 내용을 법 제45조의 전자정보처리프로그램에 입력하지 아니한 경우	2천만원	5천만원	1억원
3. 법 제25조 제7항에 따른 조건을 위반한 경우	2천만원	5천만원	1억원

19) 법 제28조 제1항

20) 시행령 제11조 [별표 6]

4. 법 제25조 제8항을 위반하여 다른 사람에게 자기의 성명 또는 상호를 사용하여 폐기물을 처리하게 하거나 그 허가증을 다른 사람에게 빌려준 경우	–	5천만원	1억원
5. 법 제25조 제9항을 위반하여 폐기물을 보관하거나 준수사항을 위반한 경우	2천만원	5천만원	1억원
6. 법 제25조 제11항에 따른 변경허가를 받지 아니하거나 변경신고를 하지 아니하고 허가사항이나 신고사항을 변경한 경우	2천만원	5천만원	1억원
7. 법 제31조 제1항에 따른 관리기준에 맞지 아니하게 폐기물처리시설을 운영한 경우	2천만원	5천만원	1억원
8. 법 제33조 제3항에 따른 권리·의무 승계의 신고를 하지 아니한 경우	2천만원	–	–
9. 법 제36조 제1항을 위반하여 장부를 기록하지 아니하거나 이를 보존하지 아니한 경우	2천만원	5천만원	1억원

다. 과징금의 감경

환경부장관이나 시·도지사는 사업장의 사업규모, 사업지역의 특수성, 위반행위의 정도 및 횟수 등을 고려하여 제1항에 따른 과징금 금액의 2분의 1 범위에서 가중하거나 감경할 수 있다. 다만, 가중하는 경우에는 과징금 총액이 1억원을 초과할 수 없다.

라. 과징금의 부과 및 납부

환경부장관이나 시·도지사는 과징금을 부과하려는 때에는 그 위반행위의 종별과 해당 과징금의 금액을 구체적으로 밝혀 이를 납부할 것을 서면으로 통지하여야 한다.[21] 과징금 부과통지를 받은 자는 통지를 받은 날부터 20일 이내에 과징금을 부과권자가 정하는 수납기관에 납부하여야 한다.[22] 과징금의 납부를 받은 수납기관은 그 납부자에게 영수증을 발급하고, 지체 없이 그 사실을 환경부장관이나 시·도지사에게 알려야 한다.[23] 과징금을 내지 아니하면 환경부장관은 국세 체납처분의 예에 따라서, 시·도지사는 지방세 체납처분의 예에 따라서 각각 징수한다.[24] 과징금은 분할하여 납부할 수 없다.[25]

21) 시행령 제11조의2 제1항
22) 시행령 제11조의2 제2항
23) 시행령 제11조의2 제3항
24) 법 제28조 제3항
25) 시행령 제11조의2 제4항

마. 과징금의 사용용도

과징금으로 징수한 금액은 징수 주체가 사용하되, 아래의 용도로 사용하여야 한다.[26)]

(1) 광역 폐기물처리시설(지정폐기물 공공처리시설을 포함한다)의 확충

(2) 공공 재활용기반시설의 확충

(3) 법 제13조(폐기물처리기준과 방법) 또는 제13조의2(폐기물 재활용 용도 및 방법)를 위반하여 처리한 폐기물 중 그 폐기물을 처리한 자나 그 폐기물의 처리를 위탁한 자를 확인할 수 없는 폐기물로 인하여 예상되는 환경상 위해(危害)를 제거하기 위한 처리

(4) 폐기물처리업자나 폐기물처리시설의 지도·점검에 필요한 시설·장비의 구입 및 운영

3. 폐기물 처리명령

환경부장관 또는 시·도지사는 폐기물처리업자에 대하여 허가취소 또는 영업정지를 명하는 경우에는 폐기물처리업자에게 기간을 정하여 보관하는 폐기물의 처리를 명하여야 한다.[27)]

제 4 절 폐기물 교육

1. 폐기물 교육의 종류

가. 정기교육

폐기물처리 담당자는 3년마다 의무적으로 폐기물처리 관련 교육을 받아야 한다.[28)] 교육을 받아야 하는 자는 다음과 같다.

(1) 폐기물처리업에 종사하는 기술요원

(2) 폐기물처리시설의 기술관리인

(3) 법 제2조에 따른 폐기물처리시설(법 제34조 제1항에 따라 기술관리인을 임명한 폐기물처리시설은 제외한다)의 설치·운영자나 그가 고용한 기술담당자

---

26) 법 제28조 제4항, 시행령 제12조
27) 법 제39조의 3
28) 법 제35조 제1항

(4) 법 제17조 제2항에 따른 사업장폐기물 배출자 신고를 한 자나 그가 고용한 기술담당자

(5) 법 제17조 제3항에 따른 확인을 받아야 하는 지정폐기물을 배출하는 사업자나 그가 고용한 기술담당자

(6) 위 ④항과 ⑤항에 따른 자 외의 사업장폐기물을 배출하는 사업자나 그가 고용한 기술담당자로서 환경부령으로 정하는 자

(7) 법 제25조 제3항에 따라 폐기물수집·운반업의 허가를 받은 자나 그가 고용한 기술담당자

(8) 폐기물처리 신고자나 그가 고용한 기술담당자

나. 수시교육

위와 같은 정기교육 외에 법 제17조 제2항에 따른 사업장폐기물 배출자 신고를 한 자 및 법 제17조 제3항에 따른 서류를 제출한 자 또는 그가 고용한 기술담당자와 폐기물처리 신고자 또는 그가 고용한 기술담당자(시행규칙 제18조 제1항 제4호에 해당하는 자는 제외)는 다음의 어느 하나에 해당하면 교육을 받아야 한다.[29]

(1) 법 제17조 제2항에 따른 사업장폐기물배출자의 신고(변경신고는 제외)를 한 경우

(2) 법 제17조 제3항에 따른 서류를 제출한 경우(최초로 제출한 경우만 교육을 받는다)

(3) 법 제25조 제3항에 따른 폐기물처리업 허가(변경허가는 제외)를 받은 경우

(4) 법의 규정을 위반한 경우

2. 교육기관별 교육대상자

교육을 하는 기관 및 그 교육기관에서 교육을 받아야 할 자는 다음 같다.[30]

가. 국립환경인력개발원, 한국환경공단 또는 한국폐기물협회

(1) 폐기물 처분시설 또는 재활용시설의 기술관리인이나 폐기물 처분시설 또는 재활용시설의 설치자로서 스스로 기술관리를 하는 자

(2) 법 제2조 제8호에 따른 폐기물처리시설(법 제29조에 따라 설치 승인을 받은 폐기물처리시설만 해당하며, 시행령 제15조 각 호에 해당하는 폐기물처리시설은 제외)의 설치·운영자 또는 그가 고용한 기술담당자

29) 시행규칙 제50조 제1항
30) 시행규칙 제50조 제2항

나. 「환경정책기본법」에 따른 환경보전협회 또는 한국폐기물협회

(1) 법 제17조 제2항에 따른 사업장폐기물 배출자 신고를 한 자 및 제17조 제3항에 따른 서류를 제출한 자 또는 그가 고용한 기술담당자(시행규칙 제50조 제2항 제2호 다목, 제1호 가목·나목에 해당하는 자와 제3호에서 정하는 자는 제외한다)

(2) 폐기물처리업자(폐기물수집·운반업자는 제외한다)가 고용한 기술요원

(3) 폐기물처리시설(법 제29조에 따라 설치신고를 한 폐기물처리시설만 해당되며, 시행령 제15조 각 호에 해당하는 폐기물처리시설은 제외)의 설치·운영자 또는 그가 고용한 기술담당자

(4) 폐기물수집·운반업자 또는 그가 고용한 기술담당자

(5) 폐기물처리 신고자 또는 그가 고용한 기술담당자

다. 그 밖에 환경부장관이 지정하는 기관

위 가.항과 나.항에 따른 교육대상자 중 환경부장관이 정하는 자

3. 교육과정 등

가. 교육과정

폐기물처리 담당자 등이 받아야 할 교육과정은 다음과 같다. 이 경우 (2)항부터 (4)항까지의 규정 중 어느 하나의 교육과정을 마친 자는 (1)항의 교육과정을 마친 것으로 본다.[31]

(1) 사업장폐기물 배출자 과정

(2) 폐기물처리업 기술요원 과정

(3) 폐기물처리 신고자 과정

(4) 폐기물 처분시설 또는 재활용시설 기술담당자 과정

나. 교육계획

교육기관의 장은 매년 11월 30일까지 교육과정별로 다음 해의 교육계획을 환경부장관에게 제출하여야 한다.[32] 교육계획에는 다음 각 호의 사항이 포함되어야 한다.[33]

(1) 교육의 기본 방향

(2) 교육수요조사의 결과 및 교육수요의 장기추계

(3) 교육과정의 설치계획

---

31) 시행규칙 제51조
32) 시행규칙 제52조 제1항
33) 시행규칙 제52조 제2항

(4) 교육과정별 교육의 목표·과목·기간 및 인원

(5) 교육대상자의 선발기준 및 선발계획

(6) 교재편찬계획

(7) 교육성적의 평가방법

(8) 그 밖에 교육을 위하여 필요한 사항

다. 교육대상자의 선발 및 등록

환경부장관은 제출된 교육계획을 매년 1월 31일까지 시·도지사나 지방환경관서의 장에게 알려야 한다. 시·도지사나 지방환경관서의 장은 관할구역의 교육대상자를 선발하여 그 명단을 해당 교육과정이 시작되기 15일 전까지 교육기관의 장에게 알려야 한다. 시·도지사나 지방환경관서의 장은 교육대상자를 선발하면 그 교육대상자를 고용한 자에게 지체 없이 알려야 한다. 교육대상자로 선발된 자는 해당 교육기관에 교육이 시작되기 전까지 등록을 하여야 한다.[34]

라. 교육결과 보고

교육기관의 장은 교육을 하면 매 분기의 교육실적을 그 분기가 끝난 후 15일 이내에 환경부장관에게 보고하여야 하며, 매 교육과정 종료 후 7일 이내에 교육결과를 교육대상자를 선발하여 통보한 기관의 장에게 알려야 한다.[35]

마. 교육지도

환경부장관은 필요하면 교육기관의 장에게 교육실시에 관한 보고를 하게 하거나 관련 자료를 제출하게 할 수 있으며, 소속 공무원에게 교육기관의 교육상황·시설 및 그 밖의 교육에 관계되는 사항에 관한 지도를 하게 할 수 있다.[36]

바. 자료제출 협조

시·도지사나 지방환경관서의 장은 교육의 효과적인 수행을 위하여 필요하면 폐기물처리업자나 폐기물배출자 등에게 다음의 자료 제출을 요청할 수 있다.[37]

(1) 소속 기술요원 또는 폐기물처리 담당자의 명단

(2) 교육이수자의 실태

(3) 그 밖에 교육에 필요한 자료

---

34) 시행규칙 제53조
35) 시행규칙 제54조
36) 시행규칙 제55조
37) 시행규칙 제56조

사. 교육경비

교육기관은 교육을 하는 데에 드는 비용을 환경부장관이 정하여 고시하는 금액의 범위에서 교육을 받은 자로부터 징수할 수 있다. 다만, 교육을 받은 자가 기술요원, 기술관리인, 그 밖의 폐기물 처리 담당자이면 그를 고용한 자로부터 징수할 수 있다.[38]

제 5 절 휴업과 폐업 등의 신고

폐기물처리업자는 그 영업을 휴업·폐업 또는 재개업한 경우에는 그 사실을 허가 또는 신고관청에 신고하여야 한다.[39] 휴업이란 사업자가 일정한 사유에 기하여 그 영업을 일시 중지하는 것을 말하므로, 영업장 소재지 및 영업시설이 모두 양도되어 영업 자체가 불가능하게 되고 그것이 영업허가 취소의 사유가 되는 때에는 휴업신고를 할 수 없다.[40] 휴업 또는 폐업의 신고를 하려는 자는 보관하는 폐기물의 처리계획을 수립하여 처리하고 그 결과에 대해 관할 시·도지사 또는 지방환경관서의 장으로부터 확인·점검을 받아야 한다.[41]

제 6 절 폐기물처리업자 등에 대한 지도와 감독

1. 장부의 기록과 보존

가. 개 요

폐기물과 관련된 다음의 어느 하나에 해당하는 자는 장부를 갖추어 두고 폐기물의 발생·배출·처리상황 등을 기록하고, 마지막으로 기록한 날부터 3년간 보존하여야 한다. 다만, 전자정보처리프로그램을 이용하는 경우에는 그러하지 아니하다.[42]

- 법 제17조 제2항에 따른 신고(사업장폐기물 배출 신고)를 하여야 하는 자

38) 법 제35조 제3항; 시행규칙 제57조
39) 법 제37조 제1항
40) 대법원 2008.4.11. 선고 2007두17113 판결
41) 법 제37조 제2항; 시행규칙 제59조의2
42) 법 제36조 제1항

- 법 제17조 제3항에 따라 확인(지정폐기물 배출 확인)을 받아야 하는 자
- 법 제18조 제5항에 따라 사업장폐기물을 공동으로 수집, 운반, 재활용 또는 처분하는 공동운영기구의 대표자
- 법 제24조의2 제1항에 따라 수입신고(폐기물 수입신고)를 한 자
- 폐기물처리업자
- 폐기물처리시설을 설치·운영하는 자
- 폐기물처리 신고자
- 법 제47조 제2항에 따른 제조업자나 수입업자

사업장폐기물 배출신고자와 사업장폐기물을 공동으로 수집·운반·재활용 또는 처분하는 공동운영기구의 대표자의 경우에는 폐기물의 발생량·재활용상황·처리실적 등을, 법 제47조 제2항에 따른 제조업자나 수입업자의 경우에는 제품과 용기 등의 생산·수입·판매량과 회수·처리량 등을 말한다.

나. 기록 및 보존하여야 할 장부의 종류

(1) 법 제17조 제2항에 따른 사업장폐기물 배출자 신고를 한 자 및 법 제17조 제3항에 따른 확인을 받은 자(법 제18조 제5항에 따른 공동운영기구에 가입한 자와 중간가공 폐기물을 배출하는 자를 포함한다): 사업장폐기물 관리대장

(2) 위 (1)항의 자 중 자기가 배출한 폐기물을 법 제13조의2에 따른 재활용 기준 또는 방법으로 자체 재활용하는 자: 폐기물 자가 재활용 관리대장

(3) 공동처리의 운영기구 대표자: 공동처리 사업장폐기물 관리대장

(4) 법 제24조의2 제1항에 따른 수입신고를 한 자: 수입폐기물 관리대장

(5) 폐기물처리업자

- 폐기물수집·운반업자의 경우: 폐기물수집·운반 관리대장
- 폐기물 중간처분업자의 경우: 폐기물 중간처분대장 및 폐기물 중간처분시설 운영·관리대장
- 폐기물 재활용업자의 경우: 폐기물 수탁 재활용 관리대장
- 폐기물 최종처분업자의 경우: 폐기물 최종처분대장 및 폐기물 최종처분시설 운영·관리대장
- 폐기물 종합처분업자의 경우: 폐기물 중간처분시설 운영·관리대장, 폐기물 최종처분시설 운영·관리대장 및 폐기물 종합처분대장

(6) 폐기물 처분시설 또는 재활용시설의 설치·관리자(국가, 시·도지사 또는 시장·군수·구청장이 설치·운영하는 경우를 포함한다)

- 폐기물 중간처분시설 설치·관리자의 경우: 폐기물 중간처분시설 운영·관리대장
- 폐기물 최종처분시설 설치·관리자의 경우: 폐기물 최종처분시설 운영·관리대장
- 폐기물 재활용시설 설치·관리자의 경우: 폐기물 재활용시설 운영·관리대장

(7) 폐기물처리 신고자의 경우: 폐기물 수탁 재활용 관리대장

(8) 폐기물을 회수·처리하여야 하는 제품의 제조업자 또는 수입업자의 경우

- 제품제조·수입 관리대장
- 폐기물 회수·처리 관리대장

2. 보고서 제출

다음의 어느 하나에 해당하는 자는 매년 폐기물의 발생 처리에 관한 보고서를 다음 연도 2월 말일까지 해당 허가·승인·신고기관 또는 확인기관의 장에게 제출하여야 한다.[43)]

(1) 법 제4조나 제5조에 따른 폐기물처리시설을 설치·운영하는 자: 폐기물 중간처분 또는 재활용 실적보고서 또는 폐기물 최종처분 실적보고서

(2) 법 제17조 제2항에 따라 사업장폐기물 배출자 신고를 한 자: 폐기물배출 및 처리 실적보고서

(3) 법 제17조 제3항에 따라 확인(지정폐기물 배출 확인)을 받은 자: 폐기물배출 및 처리 실적보고서

(4) 법 제24조의2 제1항에 따라 폐기물 수출신고나 폐기물 수입신고를 한 자: 폐기물 수출 실적보고서 또는 폐기물 수입 실적보고서

(5) 폐기물처리업자

- 폐기물수집·운반업자: 폐기물수집·운반 실적보고서
- 폐기물 중간처분업자: 폐기물 중간처분 실적보고서
- 폐기물 최종처분업자: 폐기물 최종처분 실적보고서
- 폐기물 종합처분업자: 폐기물수집·운반 실적보고서, 폐기물 중간처분 실적보고서, 폐기물 최종처분 실적보고서
- 폐기물재활용업자: 폐기물재활용 실적보고서

(6) 폐기물처리 신고자: 폐기물처리 실적보고서

---

43) 법 제38조 제1항; 시행규칙 제60조 제1항

사업장폐기물 배출자는 폐기물 배출이 끝난 날부터 15일 이내에 특별자치시장, 특별자치도지사 또는 시장·군수·구청장에게 폐기물처리 실적을 보고하여야 한다. 다만, 배출기간이 2개 연도 이상에 걸치는 경우, 매 연도의 폐기물처리 실적은 다음 연도 2월 말까지, 배출이 끝나는 연도의 폐기물처리 실적은 폐기물 배출이 끝난 날부터 15일 이내에 보고하여야 한다.[44)]

환경부장관은 보고서를 제출하여야 하는 자가 기한 내에 제출하지 아니하면 기간을 정하여 제출을 명할 수 있다.[45)]

보고서를 제출하여야 하는 자는 사업장폐기물의 처리를 위탁한 자에게 보고서 작성에 필요한 자료를 매년 1월 15일까지 서면으로 요구할 수 있으며, 그 요구를 받은 자는 그 자료를 1월 31일까지 서면으로 제출하여야 한다.[46)]

3. 자료제출 요구 및 검사

환경부장관, 시·도지사 또는 시장·군수·구청장은 「폐기물관리법」의 시행에 필요한 범위에서 관계인에게 보고하게 하거나 자료를 제출하게 할 수 있으며, 관계 공무원에게 사무소나 사업장, 「관세법」 제154조에 따른 보세구역 등에 출입하여 관계 서류나 시설 또는 장비 등을 검사하게 할 수 있다.[47)]

출입·검사를 하는 공무원은 그 권한을 표시하는 증표를 지니고 이를 관계인에게 내보여야 하고,[48)] 출입·검사의 목적, 인적사항, 검사 결과 등을 적은 서면을 관계인에게 내주어야 한다.[49)]

검사를 하려는 경우에는 검사 7일 전까지 검사일시, 검사목적 및 검사내용 등을 포함한 검사계획을 검사대상 사업자에게 통지하여야 한다. 다만, 긴급히 검사할 필요가 있거나 사전에 알리면 검사목적을 달성할 수 없다고 인정하는 경우에는 그러하지 아니하다.[50)]

환경부장관, 시·도지사, 시장·군수·구청장 또는 지방환경관서의 장은 관계인에 대한 출입·검사를 할 때에 출입·검사의 대상 사무소 또는 사업장 등이 아래에 기재된 출입·검사의 대상 사무소 또는 사업장 등과 같으면 출입·검사를 통합하여 실시하여야 한다. 다만 민원, 환경오염사고, 광역감시활동 또는 기술인력·장비운영상 통합검사가 곤란

44) 시행규칙 제60조 제2항
45) 법 제38조 제2항
46) 법 제38조 제3항
47) 법 제39조 제1항
48) 법 제39조 제2항
49) 시행규칙 제61조 제1항
50) 법 제39조 제3항

하다고 인정되는 경우에는 그러하지 아니하다.[51)]

- 「대기환경보전법」 제82조 제1항
- 「소음·진동관리법」 제47조 제1항
- 「수질 및 수생태계 보전에 관한 법률」 제68조 제1항
- 「하수도법」 제69조 제1항 또는 제2항
- 「유해화학물질 관리법」 제45조 제1항
- 「낙동강수계 물관리 및 주민지원 등에 관한 법률」 제19조 제5항
- 「금강수계 물관리 및 주민지원 등에 관한 법률」 제18조 제5항
- 「영산강·섬진강수계 물관리 및 주민지원 등에 관한 법률」 제18조 제5항
- 「한강수계 상수원 수질개선 및 주민지원 등에 관한 법률」 제15조의2 제5항

시·도지사, 시장·군수·구청장 또는 지방환경관서의 장은 관계 공무원이 사업장 등에 출입하여 검사할 때에 배출되는 폐기물이나 재활용한 제품의 성분, 유해물질 함유 여부의 검사를 위한 시험분석이 필요하면 다음 시험분석기관으로 하여금 시험분석하게 할 수 있다.

- 국립환경과학원
- 보건환경연구원
- 유역환경청 또는 지방환경청
- 한국환경공단
- 「석유 및 석유대체연료사업법 시행령」 제45조 제1항 단서에 따라 석유제품의 품질검사를 목적으로 산업통상자원부장관의 허가를 받아 설립된 법인
- 「비료관리법 시행규칙」 제3조 제2항에 따른 시험기관
- 수도권매립지관리공사
- 그 밖에 환경부장관이 재활용제품을 시험분석할 수 있다고 인정하여 고시하는 시험분석기관

폐기물관련사업장에 대한 행정기관의 감사의 근거인 법 제39조(구 「폐기물관리법」 제43조 제1항)가 감사의 주체를 환경부장관, 시·도지사, 시장·군수·구청장으로 규정하고 있을 뿐, 감사의 횟수나 시기·방법 등 감사의 구체적인 내용에 대하여는 별다른 제한을 두고 있지 아니 한 결과 과다감사 및 중복감사로 인하여 국민들의 영업의 자유를 침해할 소

---

51) 시행규칙 제61조 제2항

지가 있으므로 헌법에 위반되는지 여부가 헌법재판소에서 문제되었다.

이에 대해 헌법재판소는, "폐기물관련업체에 대한 감사는 폐기물의 수집, 운반, 보관, 처리가 적법·적정하게 행하여지고 있는지를 철저하게 감독함으로써 국민의 쾌적한 환경에서 생활할 권리 및 환경보전이라는 공익을 위한 것으로 그 입법목적이 정당하다고 할 것이고 환경오염피해의 중대성과 사전예방의 중요성 등에 비추어 볼 때, 감사의 실효성을 확보하기 위해서는 수시감사 및 감사주체를 다원화할 필요성이 있으며 그와 같은 방법이 입법목적 달성에 효과적인 수단이라 할 것인바, 위 법률조항이 청구인들의 영업활동의 자유를 제한하기는 하나, 그 보다는 폐기물을 적정하게 처리하도록 유도·감독함으로써 환경오염을 미연에 방지하고 쾌적한 생활환경을 조성할 수 있다는 공익이 훨씬 크다고 할 것이어서 법익의 균형성도 있다고 할 것이다. 그렇다면, 이 사건 법률조항이 비록 감사의 주체를 여럿으로 하고, 횟수를 제한하지 아니하여 청구인들의 영업의 자유를 제한할 소지는 있지만, 이는 환경보전이라는 공익을 위한 것으로 그 입법목적이 정당하고 목적과 수단 사이에 적정한 비례관계가 유지되어 있으며 직업의 자유의 본질적 내용을 침해하는 것도 아니어서 헌법에 위반되는 규정이라고는 볼 수 없다"고 결정하였다.[52)]

4. 방치폐기물

가. 방치폐기물의 의의

사업장폐기물을 대상으로 하는 폐기물처리업자나 폐기물처리 신고자가 일정한 기간을 초과하여 휴업을 하거나 폐업 등으로 조업을 중단함으로써 보관하고 있는 폐기물을 "방치폐기물"이라 한다.[53)]

나. 방치폐기물의 요건

(1) 사업장폐기물을 대상으로 하는 폐기물처리업자나 폐기물처리 신고자

영업대상 폐기물이 사업장폐기물이어야 한다. 생활폐기물은 제외된다. 사견으로는 생활폐기물을 대상으로 하는 폐기물처리업자와 폐기물처리 신고자의 경우에도 폐기물의 방치가 예상되므로 본조에 포함시키는 것이 타당하다고 생각한다.

(2) 조업중단

폐기물처리업자나 폐기물처리 신고자가 일정기간 초과하여 휴업(허가취소, 영업정지 또는 폐쇄명령, 처리금지명령에 따른 조업 중단은 제외)을 하거나 폐업 등으로 조업을 중단하

52) 헌법재판소 2003.12.18. 자 2001헌마754 결정
53) 방치폐기물 처리이행보증 업무처리지침, I.3.가., 환경부예규 제461호

는 경우이다. 휴업으로 인한 조업중단 기간은 다음과 같다.[54)]

① 동물성 잔재물(殘滓物)과 의료폐기물 중 조직물류 폐기물 등 부패나 변질의 우려가 있는 폐기물인 경우: 15일

② 폐기물의 방치로 생활환경 보전상 중대한 위해가 발생하거나 발생할 우려가 있는 경우: 폐기물의 처리를 명할 수 있는 권한을 가진 자가 3일 이상 1개월 이내에서 정하는 기간

③ 위 ①항과 ②항 외의 경우: 1개월

(3) 폐기물처리명령

조업을 중단하고 있는 폐기물처리업자나 폐기물처리 신고자(권리·의무 승계자 포함)에 대하여 환경부장관 또는 시·도지사가 기간을 정하여 그가 보관하고 있는 폐기물의 처리를 명하는 경우이다.[55)] 환경부장관이나 시·도지사는 폐기물처리업자나 폐기물처리 신고자가 주민의 민원, 노사관계 등 불가피한 사유로 조업을 중단한 경우에는 폐기물처리업자나 폐기물처리 신고자의 신청에 따라 위 기간 내에서 한 차례만 폐기물의 처리명령을 연기할 수 있다.[56)]

(4) 폐기물처리명령에 대한 불이행

환경부장관 또는 시·도지사로부터 폐기물처리명령을 받았음에도 불구하고 그 명령을 받은 자가 이행하지 아니하는 경우이다.[57)] 폐기물처리명령에도 불구하고 불이행으로 인해 보관되어 있는 폐기물을 방치폐기물이라고 하는 것이다.

다. 방치폐기물 이행보증제도

(1) 개 요

사업장폐기물을 대상으로 하는 폐기물처리업자와 폐기물처리 신고자는 폐기물의 방치를 방지하기 위하여 허가를 받거나 신고를 한 후 영업 시작 전까지 폐기물처리공제조합에 분담금을 납부하거나 폐기물의 처리를 보증하는 보험에 가입하여야 한다.[58)]

(2) 이행보증 대상자

(가) 폐기물처리업자

법 제25조 제3항의 규정에 의하여 허가 받은 폐기물수집·운반업자(임시보관장소 설치

---

54) 시행령 제20조 제1항
55) 법 제40조 제2항
56) 시행령 제20조 제2항
57) 법 제40조 제4항
58) 법 제40조 제1항

승인을 받은 경우에 한함), 폐기물 중간처분업자·최종처분업자·종합처분업자·중간재활용업자·최종재활용업자·종합재활용업자이다.

(나) 폐기물처리 신고자

법 제46조 제1항의 규정에 의한 폐기물처리 신고자이다.

(다) 제외자

보관시설을 설치하지 아니한 폐기물 최종처분업자, 임시보관장소 설치승인을 받지 아니한 폐기물수집·운반업자, 시행규칙 [별표 7] 비고 6에 해당하여 폐기물을 보관하지 않고 직접 폐기물처리시설로 운반(재활용하는 경우에 한한다)하는 폐기물처리업자와 시행규칙 [별표 17] 2호에 해당하여 보관시설을 갖추지 않는 것으로 폐기물처리 신고를 한 자 그리고 영업대상 폐기물이 폐지, 고철, 폐포장재만 해당되는 경우에는 방치폐기물처리 이행보증 대상에서 제외된다.

(3) 이행보증 시기 및 범위

(가) 이행보증 시기

1) 폐기물처리업자(폐기물수집·운반업자 제외) 및 폐기물처리 신고자는 영업시작 전까지 이행보증을 하여야 한다.

2) 폐기물수집·운반업자(임시보관장소 또는 임시보관시설 설치승인을 얻은 자에 한한다)는 승인받은 시설에 폐기물을 보관하기 전까지 이행보증을 하여야 한다.

3) 폐기물처리업자 및 폐기물처리 신고자가 영업정지 또는 휴업을 한 경우에도 이행보증 대상에 해당되므로 이행보증을 하도록 조치하여야 한다.

(나) 이행보증을 하지 아니한 자에 대한 조치

1) 폐기물처리업자가 영업을 개시하기 전까지 이행보증 조치를 하지 아니한 경우 허가기관 등은 법 제7조 제1항 제3호에 의하여 폐기물처리업 허가를 취소하여야 한다.

2) 허가기관 등은 폐기물수집·운반업자 및 폐기물처리 신고자에게 임시보관장소 또는 임시보관시설 설치승인을 하는 경우 이행보증을 한 후 폐기물을 보관하도록 승인조건을 부여하는 등의 조치를 통해 이행보증 없이 폐기물을 보관할 수 없도록 하여야 한다.

(다) 이행보증의 범위

1) 허용보관량: 대법원 판례에 따르면, 조합에 분담금을 납부한 폐기물처리업자가 관할 행정청의 처리명령을 이행하지 않음으로써 조합에게 처리명령을 내리는 경우에 다른 방치폐기물 처리이행 제도에 관하여 법이 예정하고 있는 처리책임 제한에 준하여 조합의 처리책임이 제한되는 것으로 해석함이 상당하다고 한다. 그리고 이 경우 조합의 처리책임은 다른 방치폐기물 처리이행 제도에 관한 책임제한 한도인 허용보관량의 1.5배 이내

의 폐기물에 한정되는 것으로 보는 것이 타당하다고 판시한 바 있다.[59] 이러한 판례의 취지에 따라 폐기물처리공제조합에 처리를 명할 수 있는 방치폐기물의 처리량은 다음과 같이 규정되어 있다.[60]

가) 폐기물처리업자(폐기물수집·운반업자 제외): 허가받은 허가보관량의 1.5배

나) 폐기물처리 신고자: 신고된 보관시설 또는 보관용기의 용량(보관량)의 1.5배

다) 폐기물수집·운반업자(임시보관장소 또는 임시보관시설 설치승인을 얻은 자에 한함): 승인받은 보관장소 또는 보관시설의 허용보관량의 1.5배

라) 이행보증 대상 보관량의 산정: 보관량은 해당 업체에서 보관하고자 하는 용량이 아니라 해당 업체의 보관시설 또는 보관용기의 보관 가능한 최대용량을 허용보관량으로 하여야 한다. 보관시설 중 창고나 용기가 아닌 장소에 보관하는 경우 보관장소 면적과 동 면적에서 보관 가능한 높이를 고려한 보관용적을 허용보관량으로 한다.

---

59) 대법원 2006.6.16. 선고 2004두1445 판결: "구 폐기물관리법(2003. 5. 29. 법률 제6912호로 개정되기 전의 것, 이하 '법'이라 한다) 제43조의2 제1항, 제3항, 제4항, 제43조의3 제1항, 제43조의5, 법 시행령(2003. 6. 30. 대통령령 제18039호로 개정되기 전의 것, 이하 같다) 제26조의2, 3, 제26조의5 등의 규정에 의하여 보면, 폐기물처리공제조합(이하 '조합'이라 한다)에 분담금을 납부하는 방식에 따라 폐기물을 처리하는 경우 관할 행정청의 처리명령의 대상을 방치폐기물이라고만 규정하고 있어서 그 경우 처리할 방치폐기물의 범위가 문언상 명확하지는 않지만, 조합 분담금 납부방식 외의 다른 방치폐기물 처리이행 제도인 보증보험금과 이행보증금의 경우에는 법 시행령에서 보험금 또는 보증금을 폐기물의 종류별 처리단가에 허용보관량을 곱한 금액의 1.5배로 함을 원칙으로 하면서 방치폐기물이 발생한 경우 관할 행정청은 보증보험금이나 이행보증금의 범위 내에서만 처리할 책임을 지도록 하고 있는바, 조합분담금 납부방식에 따라 폐기물을 처리하는 경우 조합원의 방치폐기물에 대하여 조합이 그 전량을 처리할 책임을 지도록 하는 것은 비례의 원칙에 반하는 것으로 보이는 점, 조합에 대하여 조합원이 방치한 폐기물 전량을 처리하도록 하기 위하여는 조합원이 허용보관량을 초과하여 폐기물을 보관하면 조합이 이를 단속하고 제지할 수 있는 권한도 함께 주어지는 것이 상당한데도 법상 조합에 대하여 이러한 권한이 부여되어 있지 않은 점, 위와 같은 사정하에서 조합원이 방치한 폐기물 전량을 조합이 처리하여야 한다는 명문의 규정이 없음에도 조합에게 전량처리 의무를 부과하는 것은 부당한 것으로 보이는 점 등에 비추어 본다면, 위 보증보험제도나 이행보증금 예치제도와 그 목적 및 기능이 동일한 것으로서 선택적인 관계에 있는 조합 분담금 납부제도를 운영하는 조합에 대하여도 조합원의 방치폐기물을 일정한 범위 내에서 처리하도록 하는 것이 타당하므로, 조합에 분담금을 납부한 폐기물처리업자가 관할 행정청의 처리명령을 이행하지 않음으로써 조합에게 처리명령을 내리는 경우에도 다른 방치폐기물 처리이행 제도에 관하여 법이 예정하고 있는 처리책임 제한에 준하여 조합의 처리책임이 제한되는 것으로 해석함이 상당하다. 그리고 이 경우 조합의 처리책임은 다른 방치폐기물 처리이행 제도에 관한 책임제한 한도인 허용보관량의 1.5배 이내의 폐기물에 한정되는 것으로 보아야 한다(대법원 2006.5.26. 선고 2004두4574 판결 참조)."

60) 시행령 제23조 제1항

그림 3-1 허용보관량 범위 내에서의 이행보증절차

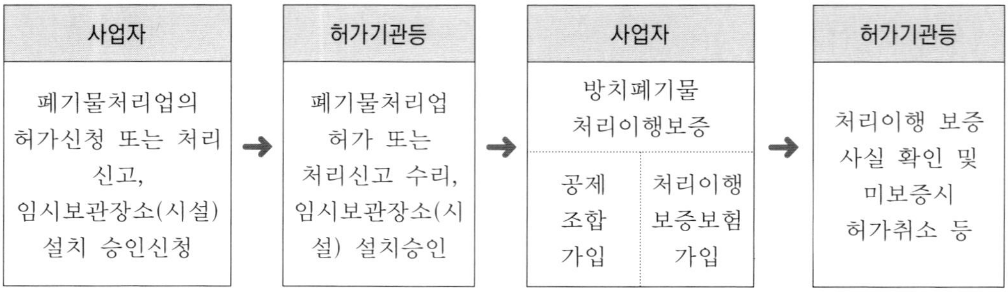

2) 초과보관량(허용보관량을 초과한 경우)

가) 해당 업체의 허용보관량의 1.5배와 초과보관량의 3배

그림 3-2 초과보관량에 대한 이해보증절차(폐기물처리업자에 한함)

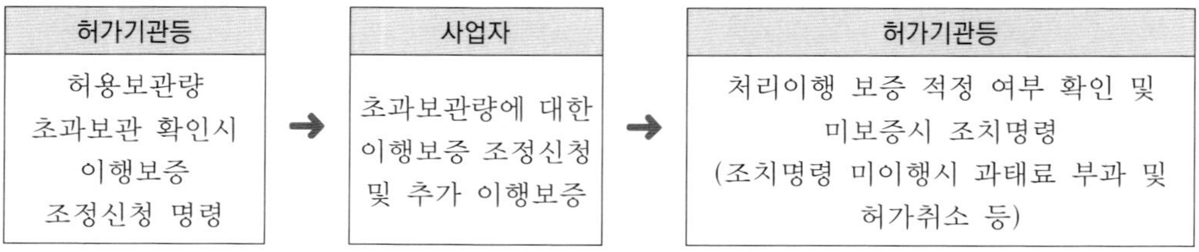

(4) 이행보증 내용

대상자는 폐기물처리공제조합에 가입하여 분담금을 납부하거나, 폐기물처리이행보증보험에 가입하여야 한다. 분담금 납부와 보증보험 가입 중 어느 하나를 다른 것으로 변경하려는 자는 그 조치를 취한 후 지체 없이 환경부장관 또는 시·도지사에게 그 사실을 알려야 한다.[61]

(가) 폐기물처리공제조합 가입[62]

1) 이행보증 대상자가 업종별로 폐기물처리업자 또는 폐기물처리 신고자가 결성한 공제조합에 분담금을 납부한 경우 공제조합에 분담금을 납부한 자(공제조합 가입자)와 공제조합은 분담금 납부사실을 허가기관 등에 통보하여야 한다. 허가기관 등은 공제조합 가

61) 법 제40조 제10항

62) 방치폐기물 처리이행보증 업무처리지침, II.2

입자가 공제조합에 탈퇴신청을 하거나 제명대상에 해당하는 경우에는 미리, 탈퇴 또는 제명된 경우에는 즉시 그 사실을 해당 허가기관 등에 통보토록 공제조합에 요청한다. 공제조합이 이를 통보하지 아니 하는 경우 허가기관 등은 공제조합에 자료의 제출을 요청할 수 있다.

2) 공제조합에서 탈퇴하거나 제명된 자는 지체 없이 다른 이행보증방법에 의한 이행보증을 한 후 관할 허가기관 등에 보증보험증서 등 증빙자료를 제출하여야 한다. 관할 허가기관 등은 탈퇴하거나 제명된 자가 통보될 경우 해당자의 폐기물 반입 및 보관 현황 등을 점검하여 허용보관량을 초과하여 보관하는 경우 허용보관량 초과에 다른 처분과 함께 초과보관량을 포함하여 이행보증을 하도록 조치하여야 한다.

3) 허가기관 등은 공제조합 가입자가 허용보관량을 초과하여 폐기물을 보관한 사실이 확인될 경우, 허용보관량 초과에 따른 조치와 함께 공제조합에 그 사실을 통보하여야 한다. 허용보관량을 초과한 폐기물처리업자 또는 폐기물처리 신고자에 대하여는 초과보관량에 대한 추가 이행보증을 하도록 조치하여야 한다.

(나) 폐기물처리 이행보증보험 가입[63]

1) 보험의 가입기간

가) 보험가입기간은 1년 이상으로 하되 회계연도 단위로 가입하여야 하며, 보증기간은 보험계약 종료일에 60일을 가산한 기간으로 하여야 한다. 이 경우 보증보험증권상의 보험기간은 보험가입기간과 보증기간(60일)을 합한 기간으로 하여야 한다. 최초 가입일자가 회계연도 중일 경우에는 다음 연도 말일까지를 가입기간으로 하고, 동 가입기간에 60일의 보증기간을 가산한다.

예시) 2011. 11. 20. 영업개시일로 1년 기간으로 보험가입 시
가입기간: 2011. 11. 20.~2012. 12. 31.
보증기간: 2011. 11. 20.~2013. 3. 1.

나) 보증보험에 가입한 이행보증 대상자는 보험가입일로부터 15일 이내에 보험증서 원본을 관할 허가기관 등에 제출하여야 한다.

다) 보험가입자는 보험계약기간이 종료되어 보험계약을 갱신하는 경우에도 1년 이상의 회계연도 단위로 하고, 보험계약 종료일에 60일의 보증기간을 가산한 기간을 보험기간으로 하여야 한다.

2) 보험금액의 산출기준

가) 폐기물처리업자: 폐기물의 종류별 처리단가에 법 제25조 제9항에 따른 양(이

63) 방치폐기물 처리이행보증 업무처리지침, II.3

하 "허용보관량")을 곱한 금액의 1.5배(허용보관량을 초과한 초과보관량의 경우에는 폐기물의 종류별 처리단가에 초과보관량을 곱한 금액의 3배)

나) 폐기물처리 신고자: 폐기물의 종류별 처리단가에 법 제46조 제1항에 따른 시설 중 보관시설에서 보관 가능한 양(이하 "보관량")을 곱한 금액의 1.5배

보험금액 산출기준
○ 허용보관량: 허용보관량×처리단가×1.5 ○ 허용보관량 초과: 초과보관량×처리단가×3.0 ○ 보험금액=허용보관량 이내 분+허용보관량 초과분

3) 보험가입 시 보험금 수령인 지정: 이행보증 대상자가 보험에 가입하는 경우 피보험자를 허가기관 등으로 하여 보험에 가입하여야 한다. 즉, 보험에 실제로 가입하는 이행보증 대상자가 피보험자가 되어서는 아니된다.

4) 보험금액의 조정 또는 보험계약 갱신

가) 다음의 경우 보험가입자는 보험금액을 조정하여 보험계약을 갱신하거나 재계약을 체결하고 보험계약 갱신일 또는 재계약일부터 15일 이내에 보험증서 원본을 관할 허가기관 등에 제출하여야 한다.[64]

- 처리이행보증보험의 가입기간이 종료되는 경우
- 지도점검 시 허용보관량을 초과하여 폐기물을 보관하는 경우
- 처리대상 폐기물의 종류(변경허가 대상) 또는 처리이행보증금 산출기준 단가 변경(관련 고시 개정)
- 허용보관량의 변경(변경허가 대상)
- 방치폐기물을 처리이행보증보험으로 처리하였으나, 폐기물처리업 또는 폐기물처리 신고업을 계속하고자 하는 경우

나) 허가기관 등은 방치폐기물처리이행보증금의 조정사유가 발생한 경우로서 그 사유가 발생한 날부터 15일 이내에 보험계약을 갱신하지 아니한 보험가입자에 대하여는 법 제40조 제8항에 의거 보증보험 계약갱신 조치를 명하여야 한다.[65] 허가기관 등은 보증보험계약의 갱신을 이행하지 아니한 자에 대하여 법 제68조의 규정에 의한 과태료 처분과 함께 폐기물처리업자는 허가 취소를, 폐기물처리 신고자는 시설폐쇄를 명령하거나 폐기물처리 금지를 명하

64) 법 제40조 제7항
65) 법 제40조 제8항

여야 한다.

다) 보험가입자는 보험가입기간(보증기간이 아님) 종료일로부터 30일 이전에 보험계약을 갱신하고[66] 계약갱신일로부터 15일 이내에 보험증서 원본을 관할 허가기관 등에 제출하여야 한다.[67] 보험가입자가 보험증서를 제출하지 아니한 경우 허가기관 등은 보증보험계약을 갱신하지 아니한 것으로 보고 법 제40조 제8항에 의하여 보증보험계약 갱신을 명한 후 기한 내에 이를 이행하지 아니한 경우 법 제68조의 규정에 의한 처분과 함께 폐기물처리업자는 허가취소를, 폐기물처리 신고자는 시설폐쇄를 명령하거나 폐기물처리 금지를 명하여야 한다. 보험가입자가 계약갱신 기한 내에 보험계약을 갱신하였으나, 보험증서를 제출하지 아니한 경우에는 법 제68조에 의하여 과태료 처분을 하여야 한다. 보험가입자가 처리이행보증보험을 갱신하지 아니한 경우 허가기관 등은 보험가입기간이 종료되기 전까지 보험을 갱신하도록 조치하여야 하며, 허가기관 등은 필요한 경우 보증보험사로 계약갱신 여부를 확인하여야 한다.

라) 허가기관 등은 보증보험에 가입한 이행보증 대상자가 허용보관량을 초과한 경우 초과보관량에 대한 보증보험갱신계약 시 보험계약을 갱신하도록 조치하여야 한다. 초과보관량에 대한 보증보험계약 갱신 시 보험기간은 당초 계약된 보험기간 종료 시(보험가입기간에 보증기간을 가산한 기간)까지 보험에 가입하도록 조치하여야 한다. 초과보관량이 전량 처리되지 아니하고 당해 보험가입기간이 종료되어 보험계약을 갱신하는 경우 갱신계약 대상에 초과보관량을 포함하도록 하여야 한다.

마) 보험가입자가 보험가입기간 종료일까지 보험계약을 갱신하지 아니하거나 다른 방법으로 이행보증을 변경하지 아니한 경우에는 방치폐기물처리 이행보증을 하지 않은 것으로 본다.

5) 보험약관 심사방법

가) 허가기관 등은 보험약관 등에서 보험금 인출조건을 지나치게 까다롭게 하는 등 방치폐기물의 신속·원활한 처리에 지장을 초래하는 경우 보험가입자에게 보험약관을 변경하도록 요구할 수 있다.

나) 허가기관 등은 방치폐기물의 신속·원활한 처리에 지장을 초래하는 보험약관

66) 시행령 제22조 제1항
67) 시행령 제22조 제3항

의 경우 보험가입을 인정하기 어렵다는 내용을 미리 이행보증 대상자에게 안내·홍보하여야 한다.

(5) 산출내역서 작성요령

(가) 폐기물 종류별로 허용보관량을 각각 산출한다.

(나) 폐기물처리단가는 환경부장관이 고시하는 폐기물 종류별 처리단가를 적용하되, 고시된 품목에 해당 품목이 없을 경우에는 폐기물 종류와 처리방법을 고려하여 유사한 폐기물처리단가를 적용한다.

예시 1) 폐기물 중간처분업자의 허용보관량이 폐유 50톤, 할로겐족 폐유기용제 100톤, 폐페인트 300톤인 경우의 이행보증금 산출내역

폐기물의 종류	허용보관량	처리단가(예시)	안전률	산출금액
폐유	50톤 ×	271,000원/톤	× 1.5	= 20,325,000원
할로겐족 폐유기용제	100톤 ×	526,000원/톤	× 1.5	= 78,900,000원
폐페인트	300톤 ×	305,000원/톤	× 1.5	=137,250,000원
			계	236,475,000원

예시 2) 폐기물 중간처분업자가 허용보관량을 초과하여 폐유 20톤, 할로겐족 폐유기용제 10톤을 보관하는 경우 초과보관량 처리이행보증금 산출내역

폐기물의 종류	허용보관량	처리단가(예시)	안전률	산출금액
폐유	20톤 ×	271,000원/톤	× 3	= 16,260,000원
할로겐족 폐유기용제	10톤 ×	526,000원/톤	× 3	= 15,780,000원
			계	32,040,000원

(6) 이행보증의 적정 여부 검토

(가) 최초 이행보증 및 조정사유 발생 시

1) 허용보관량: 폐기물처리업 허가증 또는 폐기물처리 신고필증, 보관시설 설치승인서의 허용보관량과 일치 여부를 확인한다.

2) 폐기물 종류별 처리단가: 환경부 고시에 적합하게 적용하였는지 여부를 확인한다.

3) 현장 확인

가) 허가·승인 또는 신고(이하 "허가 등"으로 한다) 시 제출한 허용보관량 및 보관

형태, 그 산출근거에 대한 증빙자료와 일치하는지 확인한다.

나) 허용보관량 준수 여부 확인

① 허가 등을 위해 제출한 폐기물 보관형태대로 보관하고 있는지 여부를 확인하여야 한다.

② 보관중인 폐기물더미의 밑면적과 높이 등이 허가 등을 위해 제출한 면적 및 높이 이내인지 확인한다(필요한 경우 계측을 실시한다).

③ 보관대상 폐기물의 종류별 용적을 계산한 후 폐기물 종류별 비중을 곱하여 허용보관량을 산정한 후 초과보관 여부를 확인한다.

④ 폐기물 종류별 비중은 폐기물처리업자 또는 폐기물처리 신고자가 제시한 값을 사용하되 실제 비중과 현저하게 차이가 나는 경우에는 분석기관에 분석의뢰 등을 거쳐 확인한다.

다) 당초 제출된 보관시설 등의 보관형태와 다르게 보관하고 있는 경우 허가기관 등은 당초 보관형태대로 변경하여 보관토록 조치한 후 조치명령 이행여부를 확인하여야 한다.

(나) 지도점검 시

1) 허용보관량 준수 여부 확인: 최초 이행보증 시와 동일한 절차에 따라 확인한다. 이행보증 대상자가 제시한 허용보관량 산출근거에 관한 증빙자료를 기초로 실제로 보관 중인 폐기물량(보관용적×비중)을 확인 또는 계측하여 허용보관량 초과 여부를 확인한다. 필요시 실제 보관량에 대한 측량 등을 통해 허용보관량 초과 여부 및 초과보관량을 확인하여야 한다.

2) 보관장소 또는 보관시설을 설치하지 아니한 경우 폐기물 보관 여부를 확인한다. 보관시설을 설치하지 않는 것으로 폐기물처리업 허가를 받거나 폐기물처리 신고를 한 경우 반입폐기물을 바로 처리시설에 투입하여야 하며, 허가 기관 등은 사업장 내에 폐기물을 보관하지 못하도록 관리하여야 한다.

라. 방치폐기물 처리절차

사업자		허가기관 등		사업자		허가기관 등
일정기간 이상 조업중단	➜	기간을 정하여 폐기물처리 명령	➜	처리명령 이행기간 내 처리 불이행	➜	이행보증 방법에 따른 방치폐기물 처리 조치명령

(1) 조업정지 시의 폐기물처리명령

(가) 방치폐기물처리 이행보증을 한 자가 일정기간 이상 조업을 중단(법 제27조에 따른 허가취소·영업정지 또는 제46조 제7항에 따른 폐쇄명령·처리금지명령에 따른 조업 중단은 제외)한 경우

조업중단 기간의 산정시점은 실제 조업중단일을 기준으로 하되 조업중단일을 확인할 수 없는 경우에는 조업중단 사실을 확인한 날을 기준으로 한다.

1) 동물성 잔재물 및 의료폐기물 중 조직물류 등 부패·변질의 우려가 있는 폐기물의 경우: 15일

부패·변질의 우려가 있는 폐기물이란 동물성 잔재물, 의료폐기물 중 조직물류, 음식물류 폐기물, 농·수·축산물류 폐기물, 그 밖에 쉽게 부패·변질되는 폐기물을 말한다.

2) 폐기물의 방치로 인하여 생활환경 보전상 중대한 위해가 발생하거나 발생할 우려가 있는 경우: 폐기물의 처리를 명할 수 있는 권한을 가진 자가 3일 이상 1개월 이내에서 정하는 기간

생활환경 보전상 중대한 위해 발생의 판단기준은 보관용기 부식 등으로 폐기물이 누출되어 환경오염을 일으키고 있는 경우, 폐기물의 부패 등으로 악취가 발생하여 민원이 발생하는 경우, 폐기물에서 침출수가 유출되어 환경오염을 일으키고 있는 경우 등이다.

3) 위 1)과 2)에 동시에 해당하는 경우: 3일 이상 14일 이내에서 처리기간을 정해 처리명령 가능

4) 위 1) 및 2) 외의 경우 : 1월

(나) 폐기물 처리명령 기간 지정

1) 허가기관 등은 폐기물량과 환경오염 정도를 감안하여 처리명령 기간을 1월 이내로 정하여야 한다. 다만, 허가기관 등은 1월의 기간이내에 방치된 폐기물의 처리가 어렵다고 판단되는 경우 처리명령 기간을 3월의 범위 내에서 정할 수 있다. 다만, 방치폐기물처리 이행보증을 한 자가 주민의 민원, 노사관계 등 불가피한 사유로 조업을 중단한 경우에는 방치폐기물처리 이행보증을 한 자의 신청에 의하여 1차에 한하여 1월의 범위 내에서 폐기물의 처리명령을 연기할 수 있다.

2) 방치폐기물처리 이행보증을 한 자가 처리명령 기간 내에 자체처리가 곤란하여 재위탁 승인신청이 있을 경우 허가기관 등은 위탁처리의 필요성 등을 검토한 후 필요하다고 인정되는 경우 재위탁을 승인할 수 있다.

(다) 허가취소·영업정지 또는 폐쇄명령·처리금지명령에 따른 조업중단의 경우

폐기물처리 공제조합에 방치폐기물의 처리를 명령할 수 있는 요건은 의에서 본 바와 같이 휴업이나 폐업으로 인한 조업중단이고, 허가취소·영업정지 또는 폐쇄명령·처리금지명령에 따른 조업중단은 제외한다고 되어 있으나,[68] 폐기물처리업자에 대하여 영업정지가 아닌 영업허가를 취소하는 경우에는 폐기물처리업자로서는 당연히 1월을 초과하여 그 조업을 중단할 수밖에 없는 때에 해당한다고 보아야 할 것이고, 아울러 영업취소의 경우 조업이 중단된 때에 비하여 방치폐기물이 발생할 가능성이 더 많을 뿐만 아니라 이를 처리하여야 할 긴급한 필요성도 더 높은 점 등을 고려하여 보면, 법 제40조 제4항[폐기물처리공제조합에 대한 방치폐기물의 처리명령, 방치폐기물의 처리와 보험금 수령]은 휴업이나 폐업으로 인한 조업중단의 경우뿐만 아니라 허가취소 등으로 인해 방치폐기물이 발생할 경우에도 당연히 적용되는 것으로 해석하여야 할 것이다.[69]

(2) 이행보증 방법별 방치폐기물 처리를 위한 조치

(가) 방치폐기물처리 조치명령 대상

방치폐기물처리 이행보증을 한 자가 일정기간 조업을 중단하여 보관 중인 폐기물에 대해 처리를 명령하여도 처리명령 기간 동안 이를 처리하지 아니하고 보관 중일 경우 허가기관 등은 다음의 방법으로 방치폐기물 처리를 위한 조치를 하여야 한다.

(나) 처리이행보증 방법별 조치절차

1) 공제조합 가입 경우의 조치사항: 폐기물처리업자 등이 폐기물처리공제조합에 분

68) 법 제40조 제2항

69) 대법원 2006.5.26. 선고 2004두4574 판결: "원심은 채택 증거를 종합하여, 피고는 원고의 조합원인 유한회사 미산환경개발(이하 '미산환경'이라 한다)이 영업정지기간 중에 영업을 하였다는 이유로 구 폐기물관리법(2003.5.29. 법률 제6912호로 개정되기 전의 것, 이하 '법'이라 한다) 제28조 제5호 등에 따라 폐기물중간처리업허가를 취소하면서 미산환경에 대하여 법 제43조의2, 제45조에 기하여 처리시설 내에 있는 폐기물의 처리를 명하였음에도 미산환경이 위 기한까지 폐기물을 처리하지 아니하자, 2002.9.17. 원고 조합에 대하여 미산환경의 방치폐기물에 대한 적정한 처리를 명하는 이 사건 처분을 한 사실을 인정한 다음, 법 제43조의2 제2, 3항 및 법 시행령(2003.6.30. 대통령령 제18039호로 개정되기 전의 것, 이하 같다) 제26조의4 제1항 제3호는 폐기물처리업자가 조업을 1월 이상 중단하는 경우에 폐기물의 처리를 명할 수 있음을 전제로 규정하고 있으나, 이 사건에서와 같이 폐기물처리업자에 대하여 영업정지가 아닌 영업허가를 취소하는 경우에는 폐기물처리업자로서는 당연히 1월을 초과하여 그 조업을 중단할 수밖에 없는 때에 해당한다고 보아야 할 것이고, 아울러 영업취소의 경우 조업이 중단된 때에 비하여 방치폐기물이 발생할 가능성이 더 많을 뿐만 아니라 이를 처리하여야 할 긴급한 필요성도 더 높은 점 등을 고려하여 보면, 법 제43조의2 제2, 3항은 조업중단의 경우뿐만 아니라 영업취소로 인한 방치폐기물이 발생할 경우에도 당연히 적용되는 것으로 해석하여야 하므로, 피고가 미산환경에 대하여 법 제43조의2 제2항에 따라 방치폐기물의 처리를 명한 후 미산환경이 이를 이행하지 아니하자 원고에 대하여 같은 조 제3항에 기해 방치폐기물의 처리를 명한 것은 법적 근거가 있는 유효한 것이라고 판단하였다. 관계 법령에 비추어 살펴보건, 원심의 위와 같은 판단은 정당하고, 거기에 상고이유와 같은 이 사건 처분에 대한 법적 근거 결여 여부의 점에 대한 법리오해의 위법이 없다."

담금을 낸 경우에는 폐기물처리공제조합에 대해 방치폐기물의 처리를 명할 수 있다.[70)]

가) 허가기관 등이 공제조합에 대한 방치폐기물 처리를 명령하는 때에는 주변환경의 오염우려 정도와 방치폐기물의 처리량 등을 고려하여 2월의 범위 안에서 처리기간을 정하여야 한다. 다만, 부득이한 사유로 인하여 처리기한 내에 방치폐기물을 처리하기 곤란하다고 허가기관 등이 인정하는 경우에는 1월의 범위 안에서 1회에 한하여 그 기간을 연장할 수 있다.[71)]

나) 공제조합은 공제조합 가입자가 납부한 분담금을 초과하여 폐기물을 처리한 경우 초과비용에 대하여 폐기물처리업자, 폐기물처리 신고자 또는 법 제33조 제1항 또는 제2항에 따른 권리·의무를 승계한 자에게 구상권을 행사할 수 있다.[72)]

다) 공제조합은 처리명령 기한 내에 방치폐기물 처리를 완료한 후 관할 허가기관 등에 처리 결과를 보고하여야 하며, 보고를 받은 허가기관 등은 반드시 현장 확인을 통해 처리완료 여부를 확인하여야 한다.

라) 허가기관 등은 공제조합이 방치폐기물처리 조치명령 기간 내에 처리를 완료하지 않을 경우 추가 조치명령과 함께 동법 제68조에 의하여 조치명령 미 이행에 따른 과태료 처분을 하여야 한다.

마) 공제조합에 가입한 자가 공제조합에 탈퇴 또는 제명되는 경우 허가기관 등은 그 시점에서 폐기물보관량을 확인하여 공제조합에 통보하고, 방치폐기물이 발생될 경우 즉시 공제조합에게 방치폐기물을 처리할 것을 명하여야 한다.

2) 보증보험에 가입한 경우 조치사항

가) 허가기관 등은 방치폐기물이 발생되는 때에는 보험금 지급사유와 이행보증금액 등을 보증보험사에 통보하여야 한다. 특히, 보험가입자가 보험가입기간 종료일까지 보험을 갱신하지 않을 경우 허가기관 등은 즉시 보관폐기물량을 조사하여 이행보증 대상자에게 처리를 명하는 한편, 그 사실을 보증보험사에 통보하고, 이행보증 대상자가 폐기물을 방치할 경우 즉시 보험을 청구하는 등 보험기간이 경과하지 아니하도록 조치하여야 한다.

나) 「국가를 당사자로 한 계약에 관한 법률」에서 규정하는 방법에 의하여 처리업체를 선정한다. 보험금은 허가기관 등에서 수령한 후 방치폐기물을 위탁받

---

70) 법 제40조 제4항 제1호
71) 시행령 제23조 제2항
72) 법 제40조 제12항

은 처리업자(이하 "위탁처리업자"라 한다)에게 지급하거나 허가기관 등이 위탁처리업자에게 보험금 수령을 위임하여 보험금을 수령하도록 할 수 있다.

다) 처리비용의 확인·지급절차: 실제 처리한 양을 정확히 확인하고, 처리량에 따른 처리비용을 확정한다. 위탁처리업자가 방치폐기물 처리완료 후 허가기관 등에 보고하는 경우 허가기관 등은 현장조사 등을 통해 처리완료 여부를 확인하여야 한다. 위탁처리업자에게 보험금 수령을 위임하는 경우 허가기관 등은 위임장을 발급하고, 보험회사에 위임장 소지자에게 정해진 처리비용을 지불하도록 통보한다.

3) 처리이행보증금을 예치한 경우 조치사항

가) 방치폐기물 발생 시 예치된 처리이행보증금의 범위 내에서 예산 재배정: 허가기관 등에서 방치폐기물 발생 및 처리계획 등 관련 자료를 첨부하여 예치된 처리이행보증금의 범위 내에서 환경부장관에게 방치폐기물처리 예산 재배정을 요청하여야 한다. 허가기관 등은 예산 재배정 시 국고예산(환경개선특별회계)을 집행할 수 있도록 회계직공무원(분임재무관 및 분임지출관) 선임 등 필요한 조치를 하여야 한다.

나) 허가기관 등은 방치폐기물처리 소요예산을 재배정받은 후 위탁처리업자 선정 등 방치폐기물 처리를 추진하여야 한다.

다) 처리비용의 확인·지급절차: 허가기관 등은 위탁처리업자가 실제 처리한 폐기물량을 정확히 확인하고, 처리량에 따른 처리비용을 확정 및 지급한다. 허가기관 등은 방치폐기물 처리를 완료한 후 10일 이내에 방치폐기물 처리량, 예산집행내역 등 처리 결과를 환경부장관에게 보고하여야 한다.

4) 이행보증조치로 미처리된 폐기물의 처리

가) 허가기관 등은 조업정지 등에 따른 처리명령 시 해당업체에 대한 점검을 통해 폐기물의 보관량과 함께 수탁관련 자료(반입 관련 자료 등)를 확보하는 한편, 폐기물 반입 정지 등 필요한 조치를 하여야 한다.

나) 방치폐기물을 이행보증 방법으로 처리하였으나, 미처리된 방치폐기물이 있을 경우 허가기관 등은 법 제48조에 따라 폐기물처리 조치명령을 하는 등 방치폐기물이 처리완료될 때까지 계속 관리하여야 한다.

제 7 절 폐기물처리업의 양도 등에 따른 권리·의무 승계

1. 개 관

영업이나 재산의 양도 및 권리보유자의 사망이나 합병 등에 따른 사법(私法)적 권리 의무의 승계 여부 및 그 범위에 대해서는 민법 또는 상법 등의 규정 및 해석에 따르면 되지만, 공법상 권리·의무의 승계 여부 등에 대해서는 불분명한 경우가 많다.

원래 공법상 권리와 의무의 승계 여부는 일신전속적인가 아니면 대체성이 있는가에 좌우된다. 일신전속적 권리와 의무는 이전과 승계가 인정되지 않고, 대체성이 있는 권리와 의무는 원칙상 승계가 가능하다.[73]

폐기물처리업 허가는 폐기물 처리를 위한 시설·장비 및 기술능력 등 객관적 요소를 주된 대상으로 하는 대물적 허가 내지 대물적 요소가 강한 혼합적 허가의 성격이 크므로 대체성이 있으며, 허가와 같은 수익적 행정행위의 효과는 승계가 가능한 것으로 보는데 이견이 없다. 「폐기물관리법」도 폐기물처리업 등의 물적 요소가 이전되는 경우 그에 따른 권리·의무도 승계되는 것으로 규정하고 있다.[74]

2. 권리·의무의 승계유형

가. 폐기물처리업 양도에 의한 권리·의무 승계

(1) 개 관

상법상 영업양도는 일정한 영업목적에 의하여 조직화된 유기적 일체로서의 기능적 재산인 영업재산을 그 동일성을 유지시키면서 일체로서 이전하는 채권계약을 말한다.[75] 영업이란 일정한 영업목적에 의하여 조직화된 유기적 일체로서의 기능적 재산을 말하고, 유기적 일체로서의 기능적 재산이란 영업을 구성하는 유형·무형의 재산과 경제적 가치를 갖는 사실관계가 서로 유기적으로 결합하여 수익의 원천으로 기능한다는 것과 이와 같이 유기적으로 결합한 수익의 원천으로서의 기능적 재산이 마치 하나의 재화와 같이 거래의 객체가 된다는 것을 뜻한다.[76] 영업양도에 의해 양도인의 양도재산에 관한 사법상 권리·의무는 포괄적으로 이전된다.

73) 박균성·함태성, 『환경법』, 박영사, 2012, 80면
74) 법 제33조
75) 대법원 2005.7.22. 선고 2005다602 판결
76) 위 판결

(2) 권리·의무의 승계

폐기물처리업자가 폐기물처리업을 양도하는 경우, 폐기물처리시설 등 폐기물처리업자의 조직화된 유기적 일체로서의 영업재산은 양수인에게 포괄적으로 이전된다. 폐기물처리업 허가 등 공법상 권리·의무는 어떻게 되는가? 폐기물처리업 허가는 폐기물 처리를 위한 시설·장비 및 기술능력 등 객관적 요소를 주된 대상으로 하는 대물적 허가 내지는 대물적 요소가 강한 혼합적 허가이므로 폐기물처리업을 양도하는 경우 특별한 사정이 없는 한 그 허가와 관련된 권리·의무는 양수인에게 이전되는 것으로 보아야 할 것이다. 폐기물관리법도 폐기물처리업자, 제29조에 따른 폐기물처리시설의 설치승인을 받거나 신고를 한 자 또는 폐기물처리 신고자가 폐기물처리업을 양도한 경우에는 그 양수인은 허가·승인 또는 신고에 따른 권리·의무를 승계한다고 규정하고 있다.[77]

문제는 폐기물처리업 양도로 승계되는 양도인의 권리·의무에 양도인의 위법행위로 인한 제재처분의 효과 또는 제재사유(허가취소 또는 정지사유)가 포함되는가 하는 것이다.

(가) 폐기물처리업의 양도와 제재처분의 효과의 승계

양도인의 불법행위로 양도인에게 이미 제재처분이 내려진 경우에 그 제재처분(ex. 허가취소, 영업정지처분 또는 과징금 처분 등)의 효과는 이미 양도인의 영업자의 지위에 포함된 것이고 물적 상태이므로 양수인에게 당연히 이전된다. 영업허가가 취소되었거나 정지된 사실을 모르고 영업을 양수한 자는 양도인에게 민사책임을 물을 수 있을 뿐 제재처분의 효과를 부인할 수 없다.[78] 과징금부과처분의 경우 과징금납부의무는 일신전속적인 의무가 아니고 양도인의 지위에는 제재처분의 효과인 과징금납부의무가 포함되므로 영업양도시 과징금납부의무도 양수인에게 승계된다고 보는 것이 타당하다.[79]

(나) 폐기물처리업의 양도와 제재사유의 승계

폐기물처리업의 양도인이 위법행위를 한 후 제재를 피하기 위하여 영업을 양도하는 경우가 있는데, 양수인에게 그 제재사유를 이유로 제재처분을 할 수 있는가? 「폐기물관리법」에는 이에 대한 명문의 규정이 없다.

1) 긍정설: 이 견해는 양도인의 법령위반 사실을 이유로 양수인에게 제재처분을 할 수 있다는 견해이다. 그 논거는 다음과 같다. ① 영업허가의 양도로 양도인의 법적 지위는 양수인에게 승계되는데, 제재사유는 승계되는 양도인의 지위에 포함된다. ② 제재사유의 승계를 부정하면 영업허가의 양도가 제재처분의 회피수단으로 이용될 수 있다. 따라서 양

77) 법 제33조 제1항
78) 박균성·함태성, 앞의 책, 235면
79) 同旨; 위의 책, 236면

수인에 대한 제재처분을 통하여 법령위반의 방지라는 행정목적을 실현할 수 있도록 하여야 한다.

2) 부정설: 이 견해는 양도인의 법령위반 사실을 이유로 양수인에게 제재처분을 할 수 없다는 견해이다. 그 논거는 다음과 같다. ① 양도인의 법령위반으로 인한 제재사유는 인적 사유이므로 명문의 규정이 없는 한 양수인에게 이전될 수 없다. ② 양도인의 위법행위로 인한 제재는 경찰행정법상 행위책임에 속하는 문제이므로 양도인의 위법행위로 인한 제재사유는 명문의 규정이 없는 한 양수인에게 승계되지 않는다고 보아야 한다.

3) 절충설: 이 견해는 허가의 이전가능성과 제재사유의 이전가능성은 별개의 문제라고 하면서 제재사유가 설비 등 물적 사정에 관련되는 경우에는 양수인에게 승계되지만, 제재사유가 양도인의 자격상실이나 부정영업 등 인적 사유인 경우에는 원칙적으로 그 사유가 승계되지 않는다고 본다.

4) 판례(긍정설): 판례는 긍정설을 취하고 있다. 그 논거는 다음과 같다. ① 영업양도의 효과로 양수인에게 승계되는 '양도인의 지위'에는 양도인의 위법행위로 인한 제재사유가 포함된다.[80] ② 양수인에 의한 양도인의 영업자의 지위의 승계에 관한 규정이 있는 경우 이 규정은 제재사유의 승계에 관한 근거규정으로 볼 수 있다.[81] ③ 제재처분은 대물적 처분이므로 양도인의 지위를 승계한 자에 대하여 양도인이 위법행위를 하였다는 이유로 양수인에게 사업정지 등 제재처분을 취할 수 있다.[82]

(3) 폐기물처리업 양도의 신고

영업양도의 경우에는 통상 법령상 행정청의 인가를 받거나 영업양수도를 신고하도록 규정하고 있다. 폐기물처리업의 양도 역시 환경부령으로 정하는 바에 따라 환경부장관 또는 시·도지사에게 신고하여야 한다.[83] 폐기물처리업 양도·양수 신고는 그 신고로 영업양도의 법적 효과가 발생하므로 수리를 요하는 신고에 해당한다.[84] 폐기물처리업 허가 양도의 신고 수리는 허가자 명의변경 내지 양도인에 대한 허가의 철회와 양수인에 대한 허가부여의 성질을 갖는다.

80) 대법원 1986.7.22. 선고 86누203 판결
81) 대법원 2010.4.8. 선고 2009두17018 판결
82) 대법원 2003.10.23. 선고 2003두8005 판결
83) 법 제33조 제3항
84) 박균성·함태성, 앞의 책, 234면

나. 폐기물처리시설의 양도로 인한 권리·의무의 승계

(1) 개 관

「폐기물관리법」은 폐기물처리업자, 법 제29조에 따른 폐기물처리시설의 설치승인을 받거나 신고를 한 자 또는 폐기물처리 신고자가 폐기물처리시설 또는 법 제46조 제1항에 따른 시설(폐기물처리 신고자가 갖추어야 하는 시설)을 양도한 경우에 그 양수인은 허가·승인 또는 신고에 따른 권리·의무를 승계한다고 규정하고 있다.[85]

(2) 폐기물처리시설 양도의 주체

폐기물처리시설의 양도로 권리·의무가 이전되는 양도주체는 폐기물처리업자, 폐기물처리시설의 설치승인을 받거나 신고를 한 자 또는 폐기물처리 신고자이다.

(3) 권리의무의 승계

폐기물처리시설의 양수인은, 양도인이 폐기물처리시설과 관련하여 득한 승인 또는 신고에 따른 권리·의무를 승계한다. 폐기물처리업 양도가 아니므로, 폐기물처리업 허가에 따른 권리·의무를 승계하는 것은 아니라고 보아야 할 것이다. 폐기물처리시설을 양수한 자가 폐기물처리업을 하려면 별도로 허가를 받아야 하는 것이다.

다. 폐기물처리시설의 경매 등으로 인한 권리·의무의 승계

(1) 문제의 소재

앞에서 본 바와 같이, 폐기물처리시설을 양도한 경우에는 그 양수인이 허가 등에 따른 권리·의무를 승계하는 것으로 보지만, 「민사집행법」에 따른 경매 등으로 이를 인수한 경우에는 어떻게 되는가?

「폐기물관리법」이 2010년 7월 23일 법률 제10389호로 개정되기 전에는 이에 관한 명문 규정이 없어 실무상 혼선을 초래하였다. 폐기물처리시설의 양도 시에는 양수인이 폐기물처리시설의 인수에 따른 위험성을 사전에 충분히 계산하였다고 볼 여지가 있으므로, 허가 등에 따른 권리·의무를 양수인에게 승계시켜도 크게 무리가 없다. 그러나 경매 등의 절차로 인수하는 경우에는 양수인이 그런 위험성을 알 수 있는 방법이 없으므로, 권리뿐만 아니라 의무도 승계시키는 것은 문제가 있는 것 아니냐는 논란이 일었다.

(2) 입법적 해결

폐기물처리시설의 허가 등으로 인한 권리·의무는 공익성이 강하므로, 민사집행법에 따른 경매 등으로 폐기물처리시설을 인수한 자라 하더라도, 인수자에게 허가 등에 따른

---

85) 법 제33조 제1항

권리·의무를 승계시키는 것이 필요하다고 판단되어 위 문제는 입법적으로 해결되었다. 즉, 위 개정법률은 제33조 제2항에서 "「민사집행법」에 따른 경매, 「채무자 회생 및 파산에 관한 법률」에 따른 환가(換價)나 「국세징수법」·「관세법」 또는 「지방세기본법」에 따른 압류재산의 매각, 그 밖에 이에 준하는 절차에 따라 폐기물처리업자, 제29조에 따른 폐기물처리시설의 설치승인을 받거나 신고를 한 자 또는 폐기물처리 신고자로부터 폐기물처리시설 등을 인수한 자는 허가·승인 또는 신고에 따른 권리·의무를 승계한다. 이 경우 종전의 폐기물처리업자, 폐기물처리시설 설치자에 대한 허가, 승인 또는 폐기물처리 신고자의 신고는 그 효력을 잃는다."는 규정을 신설하여 이러한 문제점을 입법적으로 해결하였다.

(3) 권리·의무의 승계

폐기물처리시설 등을 인수한 자는 승인 또는 신고에 따른 권리의무를 승계한다. 종전 영업을 인수한 것으로 볼 수 있을 정도의 폐기물처리시설이라면 폐기물처리업 허가에 따른 권리·의무를 승계한다고 볼 수 있을 것이다. 단순히 개별적 폐기물처리시설만을 인수하여 종전 영업을 인수한 것으로 볼 수 없다면 폐기물처리시설의 승인 또는 신고에 따른 권리의무만 승계한다. 종전의 폐기물처리업자, 폐기물처리설 설치자에 대한 허가·승인 또는 폐기물처리 신고자의 신고는 효력을 잃는다.[86]

라. 상속 또는 합병으로 인한 권리·의무 승계

(1) 개 관

상속이나 합병으로 사법상 권리·의무는 포괄적으로 승계된다. 즉, 상속인은 상속 개시된 때로부터 피상속인의 재산에 관한 포괄적 권리·의무를 승계하고,[87] 합병 후 존속한 회사 또는 합병으로 인하여 설립된 회사는 합병으로 인하여 소멸된 회사의 권리·의무를 승계한다.[88] 폐기물처리업자가 사망하거나 폐기물처리업을 영위하는 회사가 합병되었을 경우 폐기물처리업 허가 등에 따른 공법상 권리·의무는 어떠한가?

(2) 권리·의무 승계

(가) 일신전속적인 권리·의무가 아니면 상속 또는 합병으로 이전과 승계가 인정되는 것이 원칙이다. 회사합병이 있는 경우 피합병회사의 권리·의무는 사법상의 관계나 공법상의 관계를 불문하고 그의 성질상 이전을 허용하지 않는 것을 제외하고는 모두 합병으로 인하여 존속한 회사에게 승계되는 것을 보아야 한다는 것이 판례의 입장이다.

86) 법 제33조 제2항 단서
87) 민법 제1005조
88) 상법 제235조

관련 판례

대법원 2006.12.8. 선고 2006마470 판결(건축법위반이의)

이행강제금 납부의무는 상속인 기타의 사람에게 승계될 수 없는 일신전속적인 성질의 것이므로 이미 사망한 사람에게 이행강제금을 부과하는 내용의 처분이나 결정은 당연무효이고, 이행강제금을 부과 받은 사람의 이의에 의하여 비송사건절차법에 의한 재판절차가 개시된 이후 그 이의한 사람이 사망한 때에는 사건 자체가 목적을 잃고 절차가 종료한다.

(나) 폐기물처리업 허가·승인·신고는 대물적 처분으로서의 성격이 강하고 일신전속적 성질은 약하므로 상속이나 합병으로 허가 등에 따른 권리 의무는 승계된다고 보아야 할 것이다. 「폐기물관리법」도 제33조 제1항에서 "폐기물처리업자, 법 제29조에 따른 폐기물처리시설의 설치승인을 받거나 신고를 한 자 또는 폐기물처리 신고자가 사망한 경우 또는 법인이 합병한 경우에는 그 상속인 또는 합병 후 존속하는 법인이나 합병으로 설립되는 법인이 허가·승인 또는 신고에 따른 권리·의무를 승계한다."고 규정하였다.

3. 권리·의무 승계효과

가. 개 관

양수인, 상속인, 합병 후 존속법인, 합병 후 신설법인, 폐기물처리시설 등 인수인은 허가·승인 또는 신고에 따른 권리·의무를 승계한다. 권리·의무 승계는 법에 따른 효과이므로 양수인이 그 효과를 부인할 수 없다.

나. 종전 권리·의무자의 면책 여부

(1) 상속이나 합병과 같이 종전의 권리·의무자가 더 이상 존재하지 않는 경우에는 새로이 승계하는 자만이 허가 등에 따른 권리·의무를 누리고 부담한다. 그러나 영업양도나 폐기물처리시설의 양도, 「민사집행법」에 따른 경매절차 등에 의한 경우처럼 종전의 권리·의무자가 여전히 존재하는 경우 그들의 권리·의무는 어떻게 되는가? 현행법상으로는 명확하지 않다.

(2) 이에 대해서는 ① 종전의 폐기물처리업자, 폐기물처리시설 설치자 또는 폐기물처리신고자의 허가 등에 따른 권리는 효력을 잃고, 그들이 허가 등에 따라 부담하던 의무 역시 소멸한다는 견해, ② 종전의 폐기물처리업자, 폐기물처리시설 설치자 또는 폐기물처리신고자의 허가 등에 따른 권리는 효력을 잃지만, 그들이 허가 등에 따라 부담하던 의무는 존속한다는 견해, ③ 종전의 폐기물처리업자, 폐기물처리시설 설치자 또는 폐기물처리

신고자의 허가 등에 따른 권리는 효력을 잃지만, 그들이 허가 등에 따라 부담하던 의무 중 공익성이 강한 의무(예컨대, 방치폐기물 처리의무 등)는 존속한다는 견해가 있을 수 있다.

(3) 종전 권리·의무자가 양도 등으로 권리를 상실하는 것에는 이견이 없다. 그러나 이전에 부담하던 의무에 대해서는 논란이 있을 수 있고, 특히 공익성 강한 의무에 대해서는 여전히 존속한다고 보는 것이 타당할 것이다.

4. 권리·의무 승계절차

경매 등 인수	→	권리·의무 승계신고	→ 30일 이내	신고서 접수·검토	→ 7일 이내	허가증 교부
– 시설물 인수 *기존 처리업자 허가 등의 효력 자동 상실		– 신고서 제출 – 첨부 • 허가증 • 방치폐기물 처리 증명 서류 • 인수증명서류		– 인수자 적정 여부 – 방치폐기물 처리 여부 등 *결격사유, 허가요건 등 검토는 필요		*사후관리 필요 (결격사유, 허가요건 충족 여부 등)

가. 권리·의무 승계신고서 제출

(1) 권리·의무를 승계한 자는 시행규칙 제35호 서식에 따른 승계신고서를 관할관청에 제출한다.[89)]

(2) 폐기물처리시설을 합병·상속하는 경우에는 상속인 또는 합병법인이 승계신고를 해야 한다. 2인 이상이 폐기물처리시설을 양수 또는 인수한 경우 공동인수자의 대표자가 승계신고서를 제출해야 한다.

나. 승계신고에 대한 적정 여부 확인

(1) 환경부장관 또는 시·도지사는 승계신고가 있는 경우 신고사항의 적정 여부를 확인하여야 한다.[90)]

(2) 환경부장관 또는 시·도지사는 승계신고에 따른 적정 여부 확인을 위하여 범죄경력·가족관계 증명 관련 전산망 또는 자료를 이용하려는 경우에는 관계기관의 장에게 협조를 요청할 수 있으며, 관계기관의 장은 정당한 사유가 없으면 이에 응하여야 한다.[91)]

89) 법 제33조 제3항
90) 법 제33조 제4항

다. 허가증 등의 발급

(1) 폐기물처리시설의 양수·인수·상속 등 권리·의무 승계대상은 허가권이 자동으로 승계되므로, 권리·의무 승계신고 시 허가증 등을 발급해 주어야 한다.[92]

(2) 양수·인수자 등이 결격사유에 해당하거나 허가요건에 충족하지 않더라도 허가자로 인정하되, 결격사유에 해당되거나 폐기물처리업 허가요건에 미달하는 경우에는 법률에서 정하는 바에 따라 즉시 행정처분 등 필요한 조치를 하여야 한다.[93]

(3) 폐기물처리시설이 명확하게 구분되고 폐기물처리업 또는 폐기물처리 신고자의 인·허가 조건을 만족할 경우에는 각각에게 권리의무가 승계된다. 예컨대, 폐기물종합처분업의 폐기물처리시설을 폐기물 중간처분업과 폐기물 최종처분업 인·허가 요건에 충족될 수 있도록 폐기물 중간처분시설과 폐기물 최종처분시설로 명확히 구분하여 2인이 승계하는 경우, 각각에게 권리·의무가 승계되는 것이다.

유의할 점은, 폐기물처리시설 부지는 허가요건에는 해당되지 않으므로 부지확보 여부가 권리·의무 승계의 기준은 아니나, 부지에 대한 임대차계약서(3년 이상, 공증)의 제출은 필요하다.[94]

91) 법 제33조 제4항
92) 폐기물처리업 허가업무처리지침, XI. 권리의무승계신고 5. 가.
93) 폐기물처리업 허가업무처리지침, XI. 권리의무승계신고 5. 가.
94) 폐기물처리업 허가업무처리지침, XI. 권리의무승계신고 5. 나.

3-1 질의/응답 사례(법제처) : 폐기물처리업

3-1-1 태백시 : 「민사집행법」에 따른 경매에 따라 건설폐기물처리시설을 인수할 경우 허가에 따른 권리·의무를 승계하는지 여부(「건설폐기물의 재활용촉진에 관한 법률」 제31조 등 관련)[안건번호 14-0452, 회신일자 2014-09-30]

1. 질의요지

「건설폐기물의 재활용촉진에 관한 법률」 제31조 제1항에서는 건설폐기물처리업자가 건설폐기물 처리시설을 양도한 경우 그 양수인은 허가·승인 또는 신고에 따른 권리·의무를 승계한다고 규정하고 있고, 같은 법 제3조 제1항에서는 이 법 중 건설폐기물의 친환경적인 처리와 재활용 촉진에 관한 사항은 이 법을 다른 법률에 우선하여 적용하고, 이 법에 규정되지 아니한 사항은 관계 법률의 규정을 적용한다고 규정하고 있으며, 폐기물관리법 제33조 제2항에서는 「민사집행법」에 따른 경매에 따라 폐기물처리업자로부터 폐기물처리시설 등을 인수한 자는 허가·승인 또는 신고에 따른 권리·의무를 승계한다고 규정하고 있는 바, 「민사집행법」에 따른 경매에 따라 건설폐기물 중간처리업자로부터 건설폐기물 처리시설을 인수한 자가 건설폐기물 중간처리업 허가에 따른 권리·의무를 승계하는지?

※ 질의배경

◦ 「민사집행법」에 따른 경매에 따라 건설폐기물 중간처리업자로부터 건설폐기물 처리시설을 인수한 자가 허가에 따른 권리·의무를 승계함을 전제로 승계에 관한 신고를 하자, 태백시에서는 승계신고를 수리하기에 앞서 환경부에 권리·의무의 승계 여부에 대하여 질의하였음.

◦ 환경부에서 이 경우 허가에 따른 권리·의무를 승계하지 않는다고 회신하자, 태백시에서 이견을 제시하며 법제처에 법령해석을 요청한 사안임.

2. 회 답

「민사집행법」에 따른 경매에 따라 건설폐기물 중간처리업자로부터 건설폐기물 처리시설을 인수한 자는 건설폐기물중간처리업 허가에 따른 권리·의무를 승계하지 않습니다.

3. 이 유

「건설폐기물의 재활용촉진에 관한 법률」(이하 「건설폐기물법」이라 함) 제31조 제1항에서는 건설폐기물처리업자가 건설폐기물 처리시설을 양도하거나 사망한 경우 또는 법인의 합병이 있는 경우에는 그 양수인·상속인 또는 합병 후 존치하는 법인이나 합병에 의하여 설립되는 법인은 허가·승인 또는 신고에 따른 권리·의무를 승계한다고 규정하고 있고, 같은 법 제3조 제1항에서는 이 법 중 건설폐기물의 친환경적인 처리와 재활용 촉진에 관한 사항은 이 법을 다른 법률에 우선하여 적용하고, 이 법에 규정되지 아니한 사항은 관계법률의 규정을 적용한다고 규정하고 있습니다.

한편, 폐기물관리법 제33조 제2항에서는 「민사집행법」에 따른 경매에 따라 폐기물처리업자로부터 폐기물처리시설 등을 인수한 자는 허가·승인 또는 신고에 따른 권리·의무를 승계한다고 규정하고 있는 바, 이 사안은 「민사집행법」에 따른 경매에 따라 건설폐기물중간처리업자로부터 건설폐기물 처리시설을 인수한 자가 건설폐기물중간처리업 허가에 따른 권리·의무를 승계하는지에 관한 것이라 하겠습니다.

먼저, 건설폐기물중간처리업자로부터 건설폐기물 처리시설을 인수한 자에 대해서도 폐기물관리법 제33조 제2항이 적용되는지 여부를 파악하기 위해서는 「건설폐기물법」과 폐기물관리법의 적용관계를 살펴보아야 할 것입니다. 그런데 「건설폐기물법」에 따른 건설폐기물처리업 허가를 받기 위해서는 폐기물관리법에 따른 요건을 갖출 것을 요하지 아니합니다. 즉, 「건설폐기물법」 제21조 제1항 및 같은 법 시행규칙 제12조 제2항에 따르면 건설폐기물처리업을 하려는 자는 건설폐기물 처리 사업계획서에 건설폐기물의 수집·운반 또는 중간처리계획서 및 배출시설의 설치 허가신청 또는 신고시의 첨부서류를 첨부하여 건설폐기물 처리시설 설치예정지를 관할하는 시·도지사에게 제출하면 된다고 규정하고 있으며, 그 밖에 폐기물관리법에 따른 별도의 요건을 갖출 것을 요하지 아니합니다. 뿐만 아니라, 「건설폐기물법」 제30조 제1항에서는 건설폐기물 처리시설을 설치하려는 자가 같은 법 제21조에 따른 허가를 받은 경우 그 건설폐기물 처리시설과 관련하여 다른 법령에 따른 허가나 신고를 받은 것으로 의제하고 있는데, 여기에 폐기물관리법에 따른 허가 또는 신고는 규정하고 있지 아니한 점에 비추어 볼 때, 건설폐기물중간처리업 허가와 관련하여서는 「건설폐기물법」에서 완결적으로 규정하고 있음을 알 수 있고, 따라서 건설폐기물중간처리업의 허가와 관련해 다른 법률이 적용될 여지는 없는 것으로 보입니다.

다음으로, 「건설폐기물법」에는 경매절차에 의하여 건설폐기물 처리시설을 취득한 경우에 대하여 별도의 승계규정이 없으므로, 같은 법 제31조 제1항을 경매에 따라 건설폐기물 처리시설을 인수한 경우에도 적용할 수 있는지를 검토하기 위해서는 양도·양수의 개념과 경매의 개념을 살펴 보아야 할 것입니다. 그런데 양도·양수는 계약상·법률상 원인에 따라 유상으로 소유권이 이전되는 것을 가리키는 반면, 「민사집행법」에 따른 경매는 채무자 소유의 부동산을 압류, 현금화하여 그 매각대금을 가지고 채권자의 금전채권의 만족을 얻음을 목적으로 하는 강제집행절차(강제경매) 혹은 이에 대응하여 실행에 집행권원을 요하지 아니하는 경매절차(임의경매)를 가리키므로, 양자는 구별되는 개념이라고 할 것이며, 이는 폐기물관리법 제33조 제1항에서 양도·양수의 경우 권리·의무의 승계에 대하여 규정하고 있음에도 불구하고, 같은 조 제2항에서 「민사집행법」에 따른 경매의 경우 권리·의무의 승계에 대하여 별도로 규정하고 있는 점에서도 드러난다고 할 것입니다.

아울러, 「건설폐기물법」 제3조 제1항에서는 이 법 중 건설폐기물의 친환경적인 처리와 재활용 촉진에 관한 사항은 이 법을 다른 법률에 우선하여 적용하고, 이 법에 규정되지 아니한 사항은 관계 법률의 규정을 적용한다고 규정하고 있는 바, 「건설폐기물법」이 폐기물관리법에 대한 특별법이라고 할 것인데, 「건설폐기물법」 제31조에서 권리·의무의 승계원인으로 양도·양수, 상속, 합병만을 규정한 것은 반대해석상 「민사집행법」에 의한 경매를 승계원인에서 제외하는 취지라고 할 것입니다.

이상과 같은 점을 종합해 볼 때, 「민사집행법」에 따른 경매에 따라 건설폐기물중간처리업자로부터 건설폐기물 처리시설을 인수한 자는 건설폐기물중간처리업 허가에 따른 권리·의무를 승계하지 않습니다.

3-1-2 함안군 : 산업단지에서 폐기물처리업을 하려는 자에 대하여 폐기물처리사업계획서의 제출 및 검토 절차를 생략할 수 있는지(폐기물관리법 제25조 제15항 등 관련)[안건번호 13-0516, 회신일자 2013-11-13]

1. 질의요지

「산업입지 및 개발에 관한 법률」 제2조 제8호에 따른 산업단지에서 폐기물처리업을 하려는 자가 폐기물처리업 허가를 받으려는 경우, 폐기물관리법 제25조 제1항에 따른 폐기물처리사업계획서의 제출과 같은 조 제2항에 따른 폐기물처리사업계획서의 검토 및 적합 여부 통보 절차를 반드시 거쳐야 하는지?

2. 회 답

「산업입지 및 개발에 관한 법률」 제2조 제8호에 따른 산업단지에서 폐기물처리업을 하려는 자가 폐기물처리업 허가를 받으려는 경우, 폐기물관리법 제25조 제1항에 따른 폐기물처리사업계획서의 제출과 같은 조 제2항에 따른 폐기물처리사업계획서의 검토 및 적합 여부 통보 절차를 거칠 필요는 없다고 할 것입니다.

3. 이 유

폐기물관리법 제25조 제1항에서는 폐기물의 수집·운반, 재활용 또는 처분을 업(이하 '폐기물처리업'이라 함)으로 하려는 자는 환경부령으로 정하는 바에 따라 지정폐기물을 대상으로 하는 경우에는 폐기물처리사업계획서(이하 '사업계획서'라 함)를 환경부장관에게 제출하고, 그 밖의 폐기물을 대상으로 하는 경우에는 시·도지사에게 제출하여야 한다고 규정하고 있고, 같은 조 제2항에서는 환경부장관이나 시·도지사는 같은 조 제1항에 따라 제출된 사업계획서를 다음 각 호의 사항에 관하여 검토한 후 그 적합 여부를 사업계획서를 제출한 자에게 통보하여야 한다고 규정하면서, 같은 항 제1호에서 폐기물처리업 허가를 받으려는 자가 같은 법 제26조에 따른 결격사유에 해당하는지 여부를, 같은 항 제2호에서 폐기물처리시설의 입지 등이 다른 법률에 저촉되는지 여부를, 같은 항 제3호에서 사업계획서상의 시설·장비와 기술능력이 같은 조 제3항에 따른 허가기준에 맞는지 여부를, 같은 항 제4호에서 폐기물처리시설의 설치·운영으로 사람의 건강이나 주변환경에 영향을 미치는지 여부를 규정하고 있으며, 같은 조 제3항에서는 같은 조 제2항에 따라 적합통보를 받은 자는 그 통보를 받은 날부터 2년 이내에 환경부령으로 정하는 기준에 따른 시설·장비 및 기술능력을 갖추어 업종, 영업대상 폐기물 및 처리분야별로 지정폐기물을 대상으로 하는 경우에는 환경부장관의, 그 밖의 폐기물을 대상으로 하는 경우에는 시·도지사의 허가를 받아야 한다고 규정하고 있고, 같은 조 제15항에서는 폐기물처리업을 하려는 자 중 다음 각 호의 어느 하나에 해당하는 자는 같은 조 제1항 및 제2항에 따른 절차를 거치지 아니하고 같은 조 제3항에 따른 허가를 신청할 수 있다고 규정하면서 같은 조 제15항 제1호에서 「산업입지 및 개발에 관한 법률」(이하 「산입법」이라 함) 제2조 제8호에 따른 산업단지에서 폐기물처리업을 하려는 자를 규정하고 있는 바, 이 사안에서는 「산입법」 제2조 제8호에 따른 산업단지에서 폐기물처리업을 하려는 자가 폐기물처리업 허가를 받으려는 경우, 폐기물관리법 제25조 제1항에 따른 사업계획서의 제출과 같은 조 제2항에 따른 사업계획서의 검토 및 적합 여부 통보 절차를 반드시 거쳐야 하는지가 문제될 수 있습니다.

살피건대, 법률의 문언 자체가 비교적 명확한 개념으로 구성되어 있다면 원칙적으로 더 이상 다른 해석방법은 활용할 필요가 없거나 제한될 수밖에 없다고 할 것인 바(대법원 2009.4.23. 선고 2006다81035 판결 참조), 폐기물관리법 제25조 제15항 제1호에서는 「산입법」 제2조 제8호에 따른 산업단지에서 폐기물처리업을 하려는 자의 경우 폐기물관리법 제25조 제1항 및 제2항에 따른 절차를 거치지 아니하고 같은 조 제3항에 따른 폐기물처리업 허가를 신청할 수 있도록 규정하고 있는 바, 이는 산업단지에서 폐기물처리업을 하려는 자에 대해서는 예외적으로 사업계획서의 제출(제1항)과 사업계획서의 검토 및 적합통보(제2항)를 생략하고 그 허가신청을 할 수 있도록 하려는 것임이 법률 문언상 명백하다고 할 것입니다.

그리고 「산입법」 제2조 제8호에 따른 산업단지에서 폐기물처리업을 하려는 자에게 폐기물관리법 제25조 제1항 및 제2항에 따른 절차를 거치지 아니하고 폐기물처리업 허가를 신청할 수 있도록 한 폐기물관리법 제25조 제15항은 산업단지의 경우 산업단지개발사업 실시계획 단계에서 환경영향 검토를 받는 점과 산업단지에 입주하는 폐기물처리업자에 대하여는 예외적으로 사업계획서에 대한 사전 적합성 검토를 거치지 아니할 수 있도록 함으로써 폐기물처리업을 산업단지로 유도하려는 정책적 견지에서 2010. 7. 23일 신설된 점에 비추어 볼 때(「폐기물관리법 일부개정법률안 심사보고서」 발췌 참조), 「산입법」 제2조 제8호에 따른 사업단지에서 폐기물처리업을 하려는 자는 폐기물관리법 제25조 제1항 및 제2항에 따른 사전 적합성 통보를 받지 아니하더라도 같은 조 제3항에 따라 환경부령으로 정하는 기준에 따른 시설·장비 및 기술능력을 갖춘 경우에는 폐기물처리업 허가를 받을 수 있다고 할 것입니다.

따라서 「산입법」 제2조 제8호에 따른 산업단지에서 폐기물처리업을 하려는 자가 폐기물처리업 허가를 받으려는 경우, 폐기물관리법 제25조 제1항에 따른 사업계획서의 제출과 같은 조 제2항에 따른 사업계획서의 검토 및 적합 여부 통보 절차를 거칠 필요는 없다고 할 것입니다.

◦ **관계법령**: 폐기물관리법 제25조

3-1-3 인천광역시 부평구 : 생활폐기물 중 차량범퍼만을 수집·운반하는 경우 폐기물 수집·운반업의 허가를 받아야 하는지(폐기물관리법 제25조 등 관련)[안건번호 13-0439, 회신일자 2013-10-25]

1. 질의요지

폐기물관리법 제2조 제2호에 따른 생활폐기물에 해당하는 폐범퍼를 판매 등의 목적으로 자동차정비업소로부터 소량(일주일에 100킬로그램 정도) 수집·운반하는 경우, 폐기물관리법 제25조에 따른 폐기물수집·운반업의 허가를 받아야 하는지?

2. 회 답

폐기물관리법 제2조 제2호에 따른 생활폐기물에 해당하는 폐범퍼를 판매 등의 목적으로 자동차정비업소로부터 소량(일주일에 100킬로그램 정도) 수집·운반하는 경우, 폐기물관리법 제25조에 따른 폐기물수집·운반업의 허가를 받아야 한다고 할 것입니다.

3. 이 유

폐기물관리법 제2조 제1호에 따르면 '폐기물'이란 쓰레기, 연소재(燃燒滓), 오니(汚泥), 폐유(廢油), 폐산(廢酸), 폐알칼리 및 동물의 사체(死體) 등으로서 사람의 생활이나 사업활동에 필요하지 아니하게 된 물질을 말하고, 같은 조 제2호 및 제3호에 따르면 '생활폐기물'이란 사업장폐기물 외의 폐기물을 말하며, '사업장폐기물'이란 「대기환경보전법」, 「수질 및 수생태계보전에 관한 법률」 또는 「소음·진동관리법」에 따라 배출시설을 설치·운영하는 사업장이나 그 밖에 대통령령으로 정하는 사업장에서 발생하는 폐기물을 말하며, 같은 법 시행령 제2조에 따르면 "그 밖에 대통령령으로 정하는 사업장"을 폐기물관리법 제2조 제4호에 따른 지정폐기물을 배출하는 사업장, 폐기물을 1일 평균 300킬로그램 이상 배출하는 사업장 등으로 규정하고 있습니다.

한편, 폐기물관리법 제25조 제1항에 따르면 폐기물의 수집·운반, 재활용 또는 처분을 업(이하 '폐기물처리업'이라 함)으로 하려는 자(음식물류 폐기물을 제외한 생활폐기물을 재활용하려는 자와 폐기물처리 신고자는 제외함)는 환경부령으로 정하는 바에 다라 지정폐기물을 대상으로 하는 경우에는 폐기물처리사업계획서를 환경부장관에게, 그 밖의 폐기물을 대상으로 하는 경우에는 시·도지사에게 제출하여야 하고, 같은 조 제2항에 따르면 환경부장관이나 시·도지사는 같은 조 제1항에 따라 제출된 폐기물처리사업계획서를 폐기물처리시설의 설치·운영으로 사람의 건강이나 주변환경에 영향을 미치는지 여부 등에 관하여 검토한 후 그 적합 여부를 폐기물처리사업계획서를 제출한 자에게 통보하여야 하며, 같은 조 제3항에 따르면 같은 조 제2항에 따라 적합통보를 받은 자는 그 통보를 받은 날부터 2년(같은 조 제5항 제1호에 따른 폐기물수집·운반업의 경우에는 6개월, 폐기물처리업 중 소각시설과 매립시설의 설치가 필요한 경우에는 3년) 이내에 환경부령으로 정하는 기준에 따른 시설·장비 및 기술능력을 갖추어 업종, 영업대상 폐기물 및 처리분야별로 지정폐기물을 대상으로 하는 경우에는 환경부장관, 그 밖의 폐기물을 대상으로 하는 경우에는 시·도지사의 허가를 받아야 하고, 같은 조 제5항 제1호에 따르면 폐기물을 수집하여 재활용 또는 처분 장소로 운반하거나 폐기물을 수출하기 위하여 수집·운반하는 영업을 폐기물수집·운반업으로 규정하고 있는 바, 이 사안에서는 폐기물관리법 제2조 제2호에 따른 생활폐기물에 해당하는 폐범퍼를 판매 등의 목적으로 자동차정비업소로부터 소량(일주일에 100킬로그램 정도) 수집·운반하는 경우, 폐기물관리법 제25조에 따른 폐기물수집·운반업의 허가를 받아야 하는지가 문제될 수 있습니다.

살피건대, 법령의 문언 자체가 비교적 명확한 개념으로 구성되어 있다면 원칙적으로 더 이상 다른 해석방법은 활용할 필요가 없거나 제한될 수밖에 없다 할 것인 바, 폐기물관리법 제25조 제1항 및 제3항을 보면, 폐기물의 수집·운반의 허가절차에 관하여 규정하고 있는데, 수집·운반업의 대상인 폐기물을 생활폐기물과 사업장폐기물로 구별하여 규정하고 있지 않으므로, 생활폐기물이든 사업장폐기물이든 그 수집·운반업을 하려면 관계기관의 허가를 받아야 하는 것이 문언상 명백하다 할 것입니다.

한편, 폐범퍼를 배출하는 자동차정비업소로부터 소량(일주일 평균 100킬로그램 정도) 수집·운송하여 판매 등을 하는 경우에는 폐기물수집·운반업의 허가를 받지 않아도 된다는 의견이 있을 수 있으나, 폐기물관리법령에 수집·운반하는 폐기물의 규모가 일정 이하인 경우에는 폐기물수집·운반업의 허가를 받지 않아도 된다는 등 별도의 규정이 없으므로, 이러한 의견은 타당하지 않다고 할 것입니다.

따라서 폐기물관리법 제2조 제2호에 따른 생활폐기물에 해당하는 폐범퍼를 판매 등의 목적으로 자동차정비업소로부터 소량(일주일에 100킬로그램 정도) 수집·운반하는 경우, 폐기물관리법 제25조에 따른 폐기물수집·운반업의 허가를 받아야 한다고 할 것입니다.

◦ **관계법령**: 폐기물관리법 제14조·제2조; 동법 시행규칙 제28조, 폐기물관리법 제25조; 동법 시행령 제3조

3-1-4 환경부 : 건설폐기물처리업 허가를 받은 자가 건설폐기물을 불법매립한 경우 건설폐기물 처리업 허가 취소 여부(「건설폐기물의 재활용 촉진에 관한 법률」 제3조 등 관련)[안건번호 12-0697, 회신일자 2013-01-22]

1. 질의요지

「건설폐기물의 재활용촉진에 관한 법률」(이하 「건설폐기물법」이라 함) 제21조 제3항에 따라 건설폐기물중간처리업 허가를 받은 자가 중간처리를 위하여 반입한 건설폐기물을 무단으로 매립한 행위를 「건설폐기물법」이 아닌 폐기물관리법에 따른 사업장폐기물 매립금지 의무를 위반한 것으로 보아 「건설폐기물법」상 건설폐기물중간처리업 허가를 취소할 수 있는지?

2. 회 답

「건설폐기물법」 제21조 제3항에 따라 건설폐기물중간처리업 허가를 받은 자가 중간처리를 위하여 반입한 건설폐기물을 무단으로 매립한 행위를 폐기물관리법에 따른 사업장폐기물 매립금지 의무를 위반한 것으로 보아 「건설폐기물법」상 건설폐기물중간처리업 허가를 취소할 수는 없다고 할 것입니다.

3. 이 유

「건설폐기물법」 제21조 제1항 및 제3항에 따르면 건설폐기물처리업을 하려는 자는 건설폐기물처리사업계획서를 시·도지사에게 제출하고, 사업계획이 적절하다는 통보를 받은 자는 환경부령으로 정하는 시설, 장비, 기술능력, 자본금 및 사업장 부지 등을 갖추어 시·도지사의 허가를 받아야 하며, 같은 법 시행규칙 [별표 1의2]에서 건설폐기물의 중간처리기준 및 방법에 관하여 구체적으로 규정하고 있습니다.

한편, 폐기물관리법 제2조 제3호 및 같은 법 시행령 제2조 제8호에서는 사업장폐기물의 한 종류로 건설폐기물(「건설산업기본법」 제2조 제4호에 따른 건설공사로 폐기물을 5톤 이상 배출하는 사업장에서 발생하는 폐기물)을 예정하고 있고, 같은 법 제25조 제1항 및 제3항에서는 폐기물의 수집·운반, 재활용 또는 처분을 업(이하 '폐기물처리업'이라 함)으로 하려는 자는 폐기물처리사업계획서를 환경부장관 또는 시·도지사에게 제출하고, 사업계획서의 적합통보를 받은 자는 환경부령으로 정하는 기준에 따른 시설·장비 및 기술능력을 갖추어 환경부장관 또는 시·도지사의 허가를 받아야 한다고 규정하고 있습니다.

그런데, 폐기물관리법 제8조 제2항에 따르면 누구든지 이 법에 따라 허가 또는 승인을 받거나 신고한 폐기물처리시설이 아닌 곳에서 폐기물을 매립하거나 소각하여서는 아니 되고, 같은 법 시행규칙 [별표 21] 제2호 가목 3)에서는 폐기물처리업자가 폐기물관리법 제8조 제2항을 위반하여 사업장폐기물을 매립 또는 소각한 경우 제1차 행정처분으로서 허가취소를 한다고 되어 있는 바, 「건설폐기물법」 제21조 제3항에 따라 건설폐기물중간처리업 허가를 받은 자가 중간처리를 위하여 반입한 건설폐기물을 중간처리기준에 따라 중간처리하지 아니하고 무단으로 매립한 행위를 「건설폐기물법」이 아닌 폐기물관리법에 따른 사업장폐기물 매립금지 의무를 위반한 것으로 보아 「건설폐기물법」상 건설폐기물중간처리업 허가를 취소할 수 있는지가 문제됩니다.

먼저, 「건설폐기물법」 제3조 제1항에서는 "이 법 중 건설폐기물의 친환경적인 처리와 재활용 촉진에 관한 사항은 이 법을 다른 법률에 우선하여 적용하고, 이 법에 규정되지 아니한 사항은 관계법률의 규정을 적용한다"고 규정하고 있는 바, 「건설폐기물법」은 건설공사 등으로 인하여 발생한 건설폐기물을 친환경적으로 적정처리하고 재활용을 촉진하여 국가자원의 효율적 이용을 도모하고자 2003년 12월 31일 법률 제7043호로 제정되어 종전의 폐기물관리법령에서 규율되던 건설폐기물에 관한 사항을 규정한 것이므로(법제처 2012.4.10. 회신 12-0075 해석례 참조), 폐기물관리법은 「건설폐기물법」의 관계법률에 해당한다고 볼 수 있을 것입니다.

그런데, 건설폐기물처리업 허가 취소행위는 허가권자의 권리나 이익을 박탈하거나 제재를 가하는 침익적 처분에 해당하고, 침익적 처분의 근거가 되는 행정법규는 엄격하게 해석·적용하여야 하며 행정처분의 상대방에게 불리한 방향으로 지나치게 확장해석하거나 유추해석하여서는 안 될 것인 바(대법원 2008.2.28. 선고 2007두13791판결례 참조), 「건설폐기물법」에서는 건설폐기물처리업의 허가 및 허가취소 등의 규정을 별도로 두면서 허가취소 사유에 폐기물관리법의 위반을 규정하고 있지 않고, 폐기물관리법에서도 폐기물처리업자에 「건설폐기물법」상의 건설폐기물처리업자를 포함한다는 규정을 두고 있지 않으므로, 「건설폐기물법」 제3조 제1항의 규정만으로는 건설폐기물중간처리업자에게 폐기물관리법상 폐기물사업자에 대한 행정처분 근거규정인 폐기물관리법 시행규칙 [별표 21] 제2호 가목 3)을 적용하여 「건설폐기물법」상 건설폐기물중간처리업자의 허가를 취소할 수 없다고 할 것입니다.

한편, 「건설폐기물법」상 건설폐기물중간처리업자도 폐기물을 무단 매립하면 폐기물관리법 제8조 제2항 위반으로 같은 법 제63조에 따라 7년 이하의 징역이나 5천만원 이하의 벌금에 처해진다는 이유로 폐기물관리법이 「건설폐기물법」상 건설폐기물중간처리업자에게도 적용된다는 주장이 있을 수 있으나, 폐기물관리법 제8조 제2항 위반으로 「건설폐기물법」상 건설폐기물중간처리업자가 처벌을 받게 되는 것은 위 규정상 의무주체가 "누구든지"로 되어 있고 폐기물처리업자에 한정되어 있지 아니한 것에 기인한 것일 뿐이고, 따라서 위와 같은 이유로 형사처벌 외에 폐기물관리법상 행정처분의 근거규정이 「건설폐기물법」상 건설폐기물중간처리업자에게 적용된다는 주장은 타당하지 않다고 할 것입니다.

따라서 「건설폐기물법」 제21조 제3항에 따라 건설폐기물중간처리업 허가를 받은 자가 중간처리를 위하여 반입한 건설폐기물을 무단으로 매립한 행위를 폐기물관리법에 따른 사업장폐기물 매립금지 의무를 위반한 것으로 보아 「건설폐기물법」상 건설폐기물중간처리업 허가를 취소할 수는 없다고 할 것입니다.

◦ **관계법령**: 건설폐기물의 재활용촉진에 관한 법률 제3조, 폐기물관리법 제27조

3-1-5 농림수산식품부 : 동물장묘업을 하기 위하여 폐기물처리업의 허가를 받아야 하는지(「동물보호법 시행규칙」 제37조 제1항 제4호 등 관련)[안건번호 12-0655, 회신일자 2012-12-10]

1. 질의요지

동물장묘업을 하려는 자가 「동물보호법」 제33조 제1항에 따른 동물장묘업의 등록을 하기 위하여 폐기물관리법 제25조 제3항에 따른 폐기물처리업의 허가를 받아야 하는지?

2. 회 답

동물장묘업을 하려는 자는 「동물보호법」 제33조 제1항에 따른 동물장묘업의 등록을 하기 위하여 폐기물관리법 제25조 제3항에 따른 폐기물처리업의 허가를 받을 필요는 없다고 할 것입니다.

3. 이 유

「동물보호법」 제32조 제1항 제1호 및 「동물보호법 시행규칙」 제35조 제1항에서는 가정에서 반려(伴侶)의 목적으로 사육하는 개 · 고양이 · 토끼 · 페럿 · 기니피그 · 햄스터와 관련

된 동물장묘업을 하려는 자는 농림수산식품부령으로 정하는 기준에 맞는 시설과 인력을 갖추어야 한다고 규정하고 있고, 「동물보호법」 제33조 제1항에서는 동물장묘업을 하려는 자는 농림수산식품부령으로 정하는 바에 따라 시장·군수·구청장에게 등록하여야 한다고 규정하고 있으며, 같은 법 시행규칙 제37조 제1항 제4호에서는 같은 법 제33조 제1항에 따라 동물장묘업의 등록을 하려는 자는 영업등록신청서에 폐기물관리법 제29조 제2항에 따른 폐기물처리시설 설치승인서·설치신고증명서 사본 또는 해당 시설을 적법하게 설치하여 운영할 수 있음을 증명하는 자료를 첨부하여 관할 시장·군수·구청장에게 제출하여야 한다고 규정하고 있습니다.

그리고 폐기물관리법 제25조 제3항에서는 폐기물처리업을 하려는 자로서 폐기물처리사업계획서의 적합통보를 받은 자는 환경부령으로 정하는 기준에 따른 시설·장비 및 기술능력을 갖추어 지정폐기물을 대상으로 하는 경우에는 환경부장관의, 그 밖의 폐기물을 대상으로 하는 경우에는 시·도지사의 허가를 받아야 한다고 규정하고 있고, 같은 법 제29조 제2항에서는 같은 법 제25조 제3항에 따른 폐기물처리업의 허가를 받았거나 받으려는 자 외의 자가 폐기물처리시설을 설치하려면 그 시설의 규모에 따라 환경부장관의 승인을 받거나 신고하여야 한다고 규정하고 있는데, 이 사안에서는 동물장묘업을 하려는 자가 「동물보호법」 제33조 제1항에 따른 동물장묘업의 등록을 하기 위하여 폐기물관리법 제25조 제3항에 따른 폐기물처리업의 허가를 받아야 하는지가 문제됩니다.

살피건대, 「동물보호법」에서 동물장묘업을 규정한 것은 반려동물의 소유자가 반려동물에 대하여 가지는 가족애 등의 정서를 고려하여 장례의 방식으로 반려동물의 사체를 처리함으로써 동물의 생명존중 등 국민의 정서를 함양하는 데에 이바지하려는 취지로 보이는 바, 동물장묘업은 동물 전용의 장례식장·화장장 및 납골시설을 설치·운영하는 영업으로서 그 대상을 반려(伴侶)의 목적으로 사육하는 개·고양이·토끼·페럿·기니피그·햄스터로 제한하고 있는 점, 같은 법 시행규칙 [별표 9]에서 동물장묘업에 필요한 시설 및 인력 기준을 구체적으로 정하고 있는 점, 화장된 반려동물의 잔존물은 폐기물관리법에 따라 매립 또는 배출하는 것이 아니라 납골시설에 안치되거나 소유자가 보관하는 방식으로 처리되는 점 등에 비추어 볼 때, 동물장묘업에 관하여 동물보호법령에서 「장사 등에 관한 법률」에 규정된 화장과 유사한 정도의 완결적 규정을 두었다고 할 것이므로, 동물장묘업은 폐기물관리법에 따른 폐기물처리업이 아니라 반려동물의 사체를 화장의 방식으로 처리하는 「동물보호법」상의 독자적인 영업에 해당한다고 할 것입니다.

그리고 「동물보호법 시행규칙」 제37조 제1항에서 동물장묘업을 하기 위하여 폐기물관리법 제29조 제2항에 따른 폐기물처리시설 설치승인서 또는 설치신고증명서를 구비하도록 한 것은 반려동물의 사체를 처리하는 과정에서 발생할 수 있는 환경적 영향을 최소화하기 위하여 폐기물관리법에 따른 폐기물처리시설의 설치를 동물장묘업의 등록요건으로 규정하는 한편, 동물장묘업을 폐기물관리법령에서 정하고 있는 폐기물처리의 대행 또는 위탁의 예외로 인정하여 폐기물처리시설의 설치승인 또는 신고만으로 동물장묘업을 수행할 수 있는 근거를 마련한 것으로 볼 수 있을 것입니다.

또한, 폐기물관리법 시행규칙 [별표 7] 제2호에서는 폐기물중간처분업을 하기 위하여 시간당 처분능력이 2톤 이상인 소각시설, 1일 처분능력이 10일분 이상 30일분 이하의 폐기물 보관시설 등 대량의 폐기물을 지속적으로 적정하게 처리할 수 있는 시설을 갖추도록 하고 있음에 비해, 반려동물의 소유자로부터 의뢰가 있을 때에만 수시로 화장시설을 가동하는 동물장묘업의 경우 그 영업대상 동물의 중량과 처리빈도에 비추어 폐기물처리업을 하기 위한 대용량의 시설을 갖출 필요가 없다고 할 것인데, 만일 동물장묘업을 하기 위하여 폐기물처리업의 허가를 받아야 한다고 하게 되면 사실상 동물장묘업의 등록을 막는 결과가 초래될 것인 바, 이는 동물의 생명존중 등 국민정서를 함양하기 위하여 동물장묘업을 규정한 「동물보호법」의 입법취지에 부합한다고 할 수 없을 것입니다.

따라서 동물장묘업을 하려는 자는 「동물보호법」 제33조 제1항에 따른 동물장묘업의 등록을 하기 위하여 폐기물관리법 제25조 제3항에 따른 폐기물처리업의 허가를 받아야 할 필요는 없다고 할 것입니다.

※ 법령정비 의견

폐기물관리법에 따르면 동물의 사체는 폐기물에 해당하고, 폐기물의 처리를 업으로 하려면 같은 법에 따른 폐기물처리업의 허가를 받도록 하고 있는바, 「동물보호법」에 따른 동물장묘업의 영업대상도 동물(반려동물)의 사체라는 점에서 폐기물관리법과의 관계가 명확하지 않아 논란의 여지가 있으므로, 「동물보호법」에서 동물장묘업의 영업대상을 폐기물과 구별하거나 폐기물처리업에 해당하지 아니한다는 규정을 두는 등으로 폐기물관리법과의 관계를 명확히 규정하는 입법조치가 필요할 것으로 보입니다.

◦ **관계법령**: 「동물보호법 시행규칙」 제37조

3-1-6 경상남도 고성군 : 폐기물관리법 제33조에 따른 권리·의무 승계범위(폐기물관리법 제33조 등 관련)[안건번호 12-0382, 회신일자 2012-08-10]

1. 질의요지

폐기물관리법 제25조 제3항에 따른 폐기물처리업 허가를 받은 폐기물처리업자가 사업장 인근 주민들과 "시설 운영방법을 개선하고 이후 악취가 발생할 경우 폐기물처리업을 폐업하겠다"고 합의한 후 폐기물처리업을 양도할 경우, 이를 같은 법 제33조에 따른 권리·의무 승계범위에 포함된다고 볼 수 있는지?

2. 회 답

폐기물관리법 제25조 제3항에 따른 폐기물처리업 허가를 받은 폐기물처리업자가 사업장 인근 주민들과 "시설 운영방법을 개선하고 이후 악취가 발생할 경우 폐기물처리업을 폐업하겠다"고 합의한 후 폐기물처리업을 양도할 경우, 이는 같은 법 제33조에 따른 권리·의무 승계범위에 포함되지 않는다고 할 것입니다.

3. 이 유

폐기물관리법 제33조 제1항에 따르면 폐기물처리업자, 같은 법 제29조에 따른 폐기물처리시설의 설치승인을 받거나 신고를 한 자 또는 폐기물처리 신고자가 폐기물처리업, 폐기물처리시설 또는 같은 법 제46조 제1항에 따른 시설을 양도하거나 사망한 경우 또는 법인이 합병한 경우에는 그 양수인이나 상속인 또는 합병 후 존속하는 법인이나 합병으로 설립되는 법인은 허가·승인 또는 신고에 따른 권리·의무를 승계한다고 규정하고 있는바, 여기에서 승계되는 권리·의무의 범위가 문제될 수 있습니다.

먼저, 위 규정에서 '승계되는 권리·의무'는 ① 같은 법 제25조에 따라 폐기물처리업 허가를 받으려는 자가 시설·장비 및 기술능력을 갖추어 업종, 영업대상 폐기물 및 처리 분야별로 허가를 받은 경우 그 허가에 따른 권리·의무, ② 같은 법 제29조에 따라 폐기물처리시설의 설치승인을 받거나 신고를 한 경우 그 승인 또는 신고에 따른 권리·의무, ③ 같은 법 제46조 제1항에 따라 폐기물처리 신고를 한 경우 그 신고에 따른 권리·의무를 각각 뜻하는 것으로, 문언상 폐기물관리법상 허가·승인·신고에 따라 발생하는 권리·의무를 뜻한다고 할 것입니다.

또한, 폐기물관리법은 폐기물의 발생을 최대한 억제하고 발생한 폐기물을 친환경적으로 처리함으로써 환경보전과 국민생활의 질적 향상에 이바지함을 목적으로 제정되어(제1조), 폐기물의 배출과 처리기준 마련 및 폐기물처리업의 허가, 폐기물처리시설 설치 승인·신고나 폐기물처리 신고를 통한 폐기물처리업·폐기물처리시설·폐기물처리의 관리나 지도·감독 등을 그 내용으로 하고 있음을 감안하여 볼 때, 같은 법 제33조 제1항에서 허가·승인 또는 신고에 따른 권리·의무를 승계한다는 규정을 둔 것은, 이미 폐기물관리법상 적법한 폐기물처리업 허가 또는 폐기물처리시설 설치에 대한 승인을 받았거나 같은 법 제46조에 따라 폐기물처리 신고 등을 마친 이상, 종전의 허가나 승인을 받은 자 또는 신고를 한 자로부터 폐기물처리업, 폐기물처리시설 등을 양수 또는 상속받은 사람이 별도로 신규의 허가·승인·신고절차를 거치지 아니하더라도 그 양수인에 대하여 종전의 폐기물처리업 허가 등을 받은 자의 폐기물관리법상의 권리·의무를 승계한다는 뜻이지, 폐기물관리법상 허가 등을 받은 자의 제3자에 대한 일반 사법상의 권리·의무까지 포괄적으로 승계하는 것이라고는 볼 수 없다 할 것입니다(대법원 2002.10.22. 선고 2002다46331 판결례; 대법원 1999.6.8. 선고 97다30028 판결례; 대법원 1989.9.12. 선고 88다카28327 판결례 참조).

그렇다면, 폐기물관리법 제25조 제7항에서 환경부장관 등이 폐기물처리업 허가를 할 때에는 주민생활의 편익, 주변환경 보호 및 폐기물처리업의 효율적 관리 등을 위하여 필요한 조건을 붙일 수 있다고 규정하고 있는 바, 폐기물처리업자의 사업장 인근 주민들과의 합의가 같은 항에 근거하여 조건으로 부과된 것이라는 등의 특별한 사정이 없는 한, 같은 법 제25조 제3항에 따른 폐기물처리업 허가를 받은 후 인근 주민들과 합의를 한 것만으로 같은 법에 따른 어떠한 권리·의무가 발생하였다고는 볼 수 없다 할 것이어서, 위 합의사항이 같은 법 제33조에 따른 권리·의무 승계범위에 포함되는 것은 아닙니다.

따라서 폐기물관리법 제25조 제3항에 따른 폐기물처리업 허가를 받은 폐기물처리업자가 사업장 인근 주민들과 "시설 운영방법을 개선하고 이후 악취가 발생할 경우 폐기물처리업을 폐업하겠다"고 합의한 후 폐기물처리업을 양도할 경우, 이는 같은 법 제33조에 따른 권리·의무 승계범위에 포함되지 않는다고 할 것입니다.

◦ **관계법령**: 폐기물관리법 제33조, 제25조

3-1-7 농림수산식품부 : 폐기물관리법에 따라 폐기물중간처리업자가 폐기물재활용신고업자에게 위탁하여 처리한 폐기물이 사료로 사용되었을 경우, 폐기물중간처리업자는 「사료관리법」 제8조에 따라 사료제조업으로 등록해야 하는지 (「사료관리법」 제8조 등 관련)[안건번호 12-0163, 회신일자 2012-05-18]

1. 질의요지

폐기물관리법에 따른 폐기물중간처리업자가 사업장폐기물 배출자로서 폐기물인 어류 잔재물을 수거하여 분쇄·포장·냉동한 후, 폐기물재활용신고업자에게 위탁하여 처리하였고, 폐기물재활용신고업자는 이를 자신의 양식장 물고기의 사료로 사용하였는 바, 폐기물관리법에 따라 폐기물중간처리업자가 폐기물재활용신고업자에게 위탁하여 처리한 폐기물이 사료로 사용되었을 경우, 폐기물중간처리업자는 「사료관리법」 제8조에 따라 사료제조업으로 등록해야 하는지?

2. 회 답

폐기물관리법에 따라 폐기물중간처리업자가 폐기물재활용신고업자에게 위탁하여 처리한 폐기물이 사료로 사용되었을 경우, 실질적으로는 「사료관리법」에 따른 사료를 제조하여 판매 또는 공급하려는 목적으로 이루어진 경우가 아닌 한, 폐기물중간처리업자는 「사료관리법」 제8조에 따라 사료제조업으로 등록할 필요가 없다고 할 것입니다.

3. 이 유

「사료관리법」 제2조 제1호에 따르면, '사료'란 「축산법」에 따른 가축이나 그 밖에 농림수산식품부장관이 정하여 고시하는 동물·어류 등에 영양이 되거나 그 건강유지 또는 성장에 필요한 것으로서 단미사료(單味飼料)·배합사료(配合飼料) 및 보조사료(補助飼料)를 말하고, 농림수산식품부 고시인 「사료공정서」 제3조 제4호에 따르면 「사료관리법」 제2조 제1호에서의 "그 밖에 농림수산식품부장관이 정하여 고시하는 동물·어류 등"에는 양식하는 어류·갑각류·자라·거북이·관상용 어류 및 패류(전복·이매패류·달팽이·우렁이에 한함)가 포함되며, 「사료관리법」 제2조 제2호에 따르면, '단미사료'란 식물성·동물성 또는 광물성 물질로서 사료로 직접 사용되거나 배합사료의 원료로 사용되는 것으로서 농림수산식품부장관이 정하여 고시하는 것을 말하고, 「사료공정서」 제4조 및 [별표 1]에 따르면 단미사료의 범위에는 동물성 단백질류의 하나로 어류의 가공품 및 부산물이 포함되어 있습니다.

그리고 「사료관리법」 제2조 제5호에 따르면 '제조업'이란 사료를 제조(혼합·배합·화합 또는 가공하는 경우를 포함하며, 이하 같음)하여 판매 또는 공급하는 업을 말하고, 같은 법 제8조 제1항에 따르면 제조업을 영위하려는 자는 농림수산식품부령으로 정하는 바에 따라 특별시장·광역시장·도지사 또는 특별자치도지사(이하 '시·도지사'라 함)에게 등록하여야 하며, 같은 조 제2항에 따르면 제조업 등록을 하려는 자는 농림수산식품부령으로 정하는 시설기준에 적합한 제조시설을 갖추어야 하고, 같은 법 시행규칙 제6조 및 [별표 5]에 따르면 어류의 가공품 및 부산물의 경우에는 삶는 시설, 압착시설 등을 갖추도록 규정되어 있습니다.

한편, 폐기물관리법 제2조 제1호에 따르면, '폐기물'이란 쓰레기, 연소재(燃燒滓), 오니(汚泥), 폐유(廢油), 폐산(廢酸), 폐알칼리 및 동물의 사체(死體) 등으로서 사람의 생활이나 사업활동에 필요하지 아니하게 된 물질을 말하고, 같은 조 제5호의2에 따르면, '처리'란 폐기물의 수집, 운반, 보관, 재활용, 처분을 말하며, 같은 조 제6호에 따르면, '처분'이란 폐기물의 소각(燒却)·중화(中和)·파쇄(破碎)·고형화(固形化) 등의 중간처분과 매립하거나 해역(海域)으로 배출하는 등의 최종처분을 말한다고 되어 있고, 같은 법 제18조 제1항에 따르면, 사업장폐기물 배출자는 그의 사업장에서 발생하는 폐기물을 스스로 처리하거나 제25조 제3항에 따른 폐기물처리업의 허가를 받은 자, 폐기물처리 신고자 등에게 위탁하여 처리하여야 한다고 되어 있습니다.

그리고 폐기물관리법 제25조 제3항 및 제5항 제2호에 따르면 폐기물중간처분업을 하려는 자는 시·도지사의 허가를 받아 폐기물 중간처분시설을 갖추고 폐기물을 소각처분, 기계적 처분, 화학적 처분, 생물학적 처분, 그 밖에 환경부장관이 폐기물을 안전하게 중간처분할 수 있다고 인정하여 고시하는 방법으로 중간처분하는 영업을 할 수 있고, 같은 법 제46조 제1항 제1호 및 같은 법 시행규칙 제66조 제2항 제1호에 따르면, 동·식물성 잔재물 등의 폐기물을 자신의 가축의 먹이로 재활용하는 자는 환경부령으로 정하는 기준에 따른 시설·장비를 갖추어 시·도지사에게 신고하여야 합니다.

그렇다면, 폐기물관리법에 따라 폐기물중간처리업으로 허가를 받은 폐기물중간처리업자가 폐기물인 어류 잔재물을 수거하여 분쇄·냉동·포장하는 등 폐기물관리법에 따른 처리를 한 후, 이러한 처리를 한 어류 잔재물인 폐기물을 양식장 물고기의 사료로 재활용하려는 용도로 폐기물처리 신고를 한 폐기물재활용신고업자에게 위탁하여 처리하였고, 그 폐기물재활용신고업자가 이를 자신의 양식장 물고기의 사료로 사용하였을 경우에 폐기물중간처리업자가 「사료관리법」에 따른 사료제조업으로 등록해야 하는지가 문제가 된다고 할 것입니다.

그런데, 폐기물관리법 제25조 제3항에 따라 허가를 받은 폐기물중간처리업자가 폐기물인 어류 잔재물을 수거하여 분쇄·냉동·포장 등을 한 행위는 같은 조 제5항 제2호에 따라 폐기물을 처리한 행위이고, 같은 사업자가 사업장폐기물 배출자로서 이를 폐기물재활용신고업자에게 위탁하여 처리한 것 또한 같은 법 제18조 제1항에 따른 행위로서 폐기물관리법에 따라 적법하게 완결적으로 이루어진 행위이므로, 이러한 행위들에 대하여 반드시 「사료관리법」으로 중복하여 규율할 것은 아니라고 할 것입니다.

그리고 폐기물관리법 제13조의2 제1항에 따르면 누구든지 폐기물을 재활용하려는 자는 다음 각 호의 어느 하나에 해당하는 용도 또는 방법을 따라야 한다고 하면서, 제4호에서 「사료관리법」 제11조에 따라 사료공정이 설정된 사료의 제조를 규정하고 있고, 폐기물관리법 제13조의2 제2항 및 같은 법 시행규칙 제14조의3 제2항에 따르면 재활용 기준, 재활용하여야 하는 폐기물의 종류 및 구체적인 재활용 방법은 [별표 5의2]와 같다고 규정하고 있으며, [별표 5의2] 제5호 나목에 따르면 동식물성 잔재물, 음식물류 폐기물, 유기성 오니, 폐식용유 및 음식료품의 제조·유통 및 사용과정에서 발생하는 잔재물을 자신의 가축의 먹이로 재활용하고자 하는 경우 「사료관리법 시행규칙」 제30조에 따른 검정방법에 따라 검정을 한 결과가 「사료관리법」 제11조 제1항에 따른 사료공정 및 같은 법 제14조 제3항에 따른 유해물질의 범위 및 허용기준에 맞아야 한다고 규정하고 있는 바, 폐기물중간처리업자로부터 폐기물 처리를 위탁받은 폐기물재활용신고업자가 폐기물관리법 제13조의2 제1항에 따른 폐기물재활용의 방법들 중에서 해당 폐기물을 사료로 사용하는 방법을 선택하였다고 하여 당연히 폐기물중간처리업자가 「사료관리법」에 따른 사료제조 행위를 하는 것으로 보아 같은 법에 따른 사료제조업 등록을 하여야 한다고 볼 수는 없다고 할 것입니다.

또한, 폐기물관리법 시행규칙 [별표 5의2] 제5호에서는 폐기물재활용신고업자가 폐기물을 가축의 먹이로 재활용하려는 경우에는 「사료관리법」에 따른 사료공정이나 기준에 맞는 사료를 사용하도록 규정하고 있으므로, 폐기물재활용신고업자가 이러한 기준에 따라 해당 폐기물을 가축의 먹이로 재활용하였다면 폐기물 처리를 위탁한 폐기물중간처리업자의 사료제조업 등록 여부와 관계없이 사료의 수급안정·품질관리 및 안전성을 확보하여 사료의 안정적인 생산과 품질향상을 통하여 축산업의 발전에 이바지하고자 하는 「사료관리법」의 입법취지는 달성될 수 있다고 할 것입니다.

한편, 두 법률이 상호 모순·저촉되는 것이 아니라면 양 법이 모두 적용되어야 한다는 주장이 있을 수 있으나, 폐기물 처리에 관한 일련의 과정을 폐기물관리법에서 완결적으로 규율하고 있는데 그 과정에서 일부 사료와 유사한 산출물이 발생되었다고 해서 「사료관리법」을 함께 적용하여 별도의 사료제조시설을 갖추도록 하는 것은 업자에게 예상치 않은 부담을 초래한다고 할 것이고, 「사료관리법」상 사료제조업은 처음부터 사료 제조를 목적으로 하는 것이고 폐기물 처리과정에서 발생한 산출물이 우연히 사료와 유사하다고 하여 「사료관리법」을 적용하는 것은 「사료관리법」의 적용범위를 넘어서는 것이라고 할 것입니다.

다만, 폐기물중간처리업자가 어류 잔재물을 분쇄·냉동·포장하고 폐기물재활용신고업자에게 위탁하여 처리한 일련의 행위가 실질적으로는 「사료관리법」에 따른 사료를 제조하여 판매 또는 공급하려는 목적으로 이루어진 경우에는 「사료관리법」에 따른 사료제조업으로 등록하여야 할 것입니다.

따라서 폐기물관리법에 따라 폐기물중간처리업자가 폐기물재활용신고업자에게 위탁하여 처리한 폐기물이 사료로 사용되었을 경우, 실질적으로는 「사료관리법」에 따른 사료를 제조하여 판매 또는 공급하려는 목적으로 이루어진 경우가 아닌 한, 폐기물중간처리업자는 「사료관리법」 제8조에 따라 사료제조업으로 등록할 필요가 없다고 할 것입니다.

◦ **관계법령**: 「사료관리법」 제8조, 제2조

3-1-8 국토해양부 : 건축물 용도가 폐기물처리시설과 공장으로 중첩될 경우의 건축물 종류(「건축법 시행령」 [별표 1] 등 관련)[안건번호 12-0127, 회신일자 2012-04-03]

1. 질의요지

폐기물관리법 제2조 제8호에 따른 폐기물처리시설로서 동(구리)광재를 용융·추출하는 방법으로 회수하여 동괴를 제조하는 데 계속적으로 이용되는 건축물이 「건축법 시행령」 [별표 1] 제17호의 공장에 해당하는지 혹은 제22호의 분뇨 및 쓰레기 처리시설에 해당하는지?

2. 회 답

폐기물관리법 제2조 제8호에 따른 폐기물처리시설로서 동(구리)광재를 용융·추출하는 방법으로 회수하여 동괴를 제조하는 데 계속적으로 이용되는 건축물은 「건축법 시행령」 [별표 1] 제22호의 분뇨 및 쓰레기 처리시설에 해당한다고 할 것입니다.

3. 이 유

「건축법」 제2조 제2항, 같은 법 시행령 제3조의4 및 [별표 1]에서는 건축물의 용도에 따라 그 종류를 규정하고 있는 바, 각 호를 달리하여 '공장'과 '뇨 및 쓰레기처리시설'을 구분하여 규정하고 있습니다.

즉, 「건축법」 제2조 제2항 제17호 및 같은 법 시행령 [별표 1] 제17호에 따르면, 공장은 "물품의 제조·가공[염색·도장(塗裝)·표백·재봉·건조·인쇄 등을 포함한다] 또는 수리에 계속적으로 이용되는 건축물로서 제1종 근린생활시설, 제2종 근린생활시설, 위험물저장 및 처리시설, 자동차 관련 시설, 분뇨 및 쓰레기처리시설 등으로 따로 분류되지 아니한 것"으로 규정하고 있고, 「건축법」 제2조 제2항 제22호 및 같은 법 시행령 [별표 1] 제22호에 따르면, 분뇨 및 쓰레기 처리시설은 그 세부 용도를 분뇨처리시설(가목), 고물상(나목), 폐기물처리시설 및 폐기물감량화시설(다목)으로 나누어 규정하고 있습니다.

그러므로 「건축법 시행령」 [별표 1] 제17호의 공장으로 분류되기 위해서는, 같은 별표 제22호에 따른 분뇨 및 쓰레기 처리시설로 분류되지 않은 경우에 해당하여야 하므로, 폐기물관리법 제2조 제8호에 따른 폐기물처리시설이 「건축법 시행령」 [별표 1] 제22호의 분뇨 및 쓰레기 처리시설에 해당하는지 여부를 우선적으로 검토하여야 할 것입니다.

그런데, [별표 1] 제22호의 분뇨 및 쓰레기 처리시설의 세부 용도로 규정되어 있는 폐기물처리시설에 관하여는 「건축법」 및 같은 법 시행령에 특별한 정의규정을 두고 있지 아니한 바, 법은 원칙적으로 불특정 다수인에 대하여 동일한 구속력을 갖는 사회의 보편타당한 규범이므로 이를 해석함에 있어서는 법의 표준적 의미를 밝혀 객관적 타당성이 있도록 하여야 하고, 가급적 모든 사람이 수긍할 수 있는 일관성을 유지함으로써 법적 안정성이 손상되지 않도록 하여야 하는 바, 그 과정에서 가능한 한 법률에 사용된 문언의 통상적인 의미에 충실하게 해석하는 것을 원칙으로 하고, 나아가 법률의 입법 취지와 목적, 제·개정 연혁, 법질서 전체와의 조화, 다른 법령과의 관계 등을 고려하는 체계적·논리적 해석방법을 추가적으로 동원함으로써 법해석의 요청에 부응하는 타당한 해석이 되도록 하여야 합니다.

이 경우 당해 법령 자체에 그 법령에서 사용하는 용어의 정의나 포섭의 구체적인 범위가 명확히 규정되어 있지 아니한 경우 법령상 용어의 해석은 그 법령의 전반적인 체계와 취지·목적, 당해 조항의 규정형식과 내용 및 관련 법령을 종합적으로 고려하여 해석하여야 하므로(대법원 2005.2.18. 선고 2004도7807 판결; 대법원 2006.5.26. 선고 2006도826 판결 참조), 「건축법 시행령」 [별표 1] 제22호 다목의 폐기물처리시설은 폐기물처리시설 관련 법령에 따라 해석할 수 있다고 할 것이고, 일응 폐기물관리법 제2조 제8호에 따른 폐기물처리시설을 의미한다고 볼 수 있는 바, 법률의 문언 자체가 비교적 명확한 개념으로 구성되어 있다면 원칙적으로 더 이상 다른 해석방법은 활용할 필요가 없거나 제한되므로(대법원 2009.4.23. 선고 2006다81035 판결), 폐기물처리시설이 분뇨 및 쓰레기 처리시설의 세부 용도로 규정되어 있는 이상, 비록 해당 시설이 동(구리)광재를 용융·추출하는 방법으로 회수하여 동괴를 제조하는 데 계속적으로 이용되는 건축물에 해당한다고 하더라도, 「건축법 시행령」 제3조의4 및 [별표 1] 제22호의 분뇨 및 쓰레기 처리시설로 분류되는 경우에는, [별표 1] 제17호의 공장에서 제외된다고 할 것입니다.

따라서 폐기물관리법 제2조 제8호에 따른 폐기물처리시설로서 동(구리)광재를 용융·추출하는 방법으로 회수하여 동괴를 제조하는 데 계속적으로 이용되는 건축물은 「건축법 시행령」 [별표 1] 제22호의 분뇨 및 쓰레기 처리시설에 해당한다고 할 것입니다.

◦ **관계법령**: 「건축법 시행령」 제3조의4, [별표 1]

3-1-9 민원인 : 개발제한구역으로 지정되기 전부터 존치한 공장에 개발제한구역 지정 이후 도시계획시설이 아닌 폐기물처리시설을 설치할 수 있는지 여부(「개발제한구역의 지정 및 관리에 관한 특별조치법 시행령」 [별표 1] 등 관련)[안건번호 11-0788, 회신일자 2012-01-12]

1. 질의요지

개발제한구역으로 지정되기 전 공장이 설립되어 개발제한구역으로 지정된 이후에도 계속하여 물품제조공장으로 사용되어 온 공장건물 및 부지에 업종을 변경하여 파쇄·분쇄 관련 영업을 영위하기 위하여 도시계획시설로 설치되지 아니한 폐기물관리법 시행규칙 제38조 각 호의 시설을 설치하는 것이 「개발제한구역의 지정 및 관리에 관한 특별조치법」(이하 「개발제한구역법」이라 함) 제13조에 따라 허용되는지?

2. 회 답

개발제한구역으로 지정되기 전 공장이 설립되어 개발제한구역으로 지정된 이후에도 계속하여 물품제조공장으로 사용되어 온 공장건물 및 부지에 업종을 변경하여 파쇄·분쇄 관련 영업을 영위하기 위하여 도시계획시설로 설치되지 아니한 폐기물관리법 시행규칙 제38조 각 호의 시설을 설치하는 것은 「개발제한구역법」 제13조에 따라 허용되는 것으로 볼 수 없다고 할 것입니다.

3. 이 유

「개발제한구역법」 제12조 및 같은 법 시행령 제13조에 따르면 개발제한구역에서는 원칙적으로 건축물의 건축 및 용도변경, 공작물의 설치, 토지의 형질변경 등의 행위를 금지하면서 예외적으로 개발제한구역 내에 입지하여야만 그 기능과 목적이 달성되는 시설 등의 경우에는 특별자치도지사·시장·군수·구청장(이하 '시장·군수·구청장'이라 함)의 허가를 받아 건축물의 건축 또는 공작물의 설치와 이에 따르는 토지의 형질변경을 할 수 있도록 하고 있고, 그 구체적인 범위에 대해서는 같은 법 시행령 [별표 1]에서 정하고 있는데, [별표 1] 제3호 아목 가)에서는 개발제한구역 내에 입지하여야만 기능과 목적이 달성되는 시설로서 폐기물처리시설을 설치할 때에는 폐기물관리법 제2조 제8호에 따른 시설로서 도시계획시설로 설치하는 경우로 한정한다고 되어 있습니다.

여기서, 도시계획시설이란 「국토의 계획 및 이용에 관한 법률」(이하 「국토계획법」이라 함) 제2조 제7호에 따라 기반시설 중 도시관리계획으로 결정된 시설을 말하고, 이러한 도시계획시설의 설치 등에 관한 기준을 정하고 있는 「도시계획시설의 결정·구조 및 설치기준에 관한 규칙」(이하 「도시계획시설결정규칙」이라 함) 제156조 각 호에서는 도시계획시설로 설치하는 폐기물처리시설을 구체적으로 열거하면서, 같은 조 각 호 외의 부분 단서에서 폐기물관리법 시행규칙 제38조 각 호의 시설은 「도시계획시설결정규칙」에 따른 폐기물처리시설의 대상 자체에서 제외하고 있는 바, 결국 폐기물관리법 시행규칙 제38조 각 호의 시설은 도시계획시설로 설치하는 대상에 포함되지 않는 시설이라고 할 것입니다.

그러므로 「도시계획시설결정규칙」 제156조 각 호 외의 부분 단서에 따라 폐기물관리법 시행규칙 제38조 각 호의 시설은 도시계획시설로서 설치하는 대상에 포함되지 않는 시설에 해당하고, 「개발제한구역법 시행령」 [별표 1] 제3호 아목 가)에서는 개발제한구역 내에서 폐기물처리시설은 폐기물관리법 제2조 제8호에 따른 시설 중 도시계획시설로 설치되는 시설만 설치할 수 있도록 하고 있으므로, 결국 개발제한구역 내에서는 원칙적으로 도시계획시설로 설치되지 않는 폐기물관리법 시행규칙 제38조 각 호의 시설을 설치할 수 없다 할 것입니다(법제처 2011.2.10. 회신 11-0002 해석례 참조).

다만, 「개발제한구역법」 제13조에서 "존속 중인 건축물 등에 대한 특례"를 규정하고 있고, 이 건 질의의 경우 개발제한구역으로 지정되기 전에 공장이 설립되어 있으므로 위 특례 규정의 적용 여부가 문제될 수 있습니다.

「개발제한구역법」 제13조는 시장·군수·구청장은 법령의 개정·폐지나 그 밖에 같은 법 시행령 제23조 제1항에 따른 도시관리계획 결정 등의 사유로 인하여 그 사유가 발생할 당시에 이미 존재하고 있던 대지·건축물 또는 공작물이 이 법에 적합하지 아니하게 된 경우에는 대통령령으로 정하는 바에 따라 건축물의 건축이나 공작물의 설치를 허가할 수 있다고 되어 있고, 같은 법 시행령 제23조 제2항에서 이 경우 허용되는 행위로서 제1호에서 "건축물의 재축 · 개축 또는 대수선", 제2호에서 "증축하려는 부분이 건폐율 · 용적률 등 법 또는 이 영의 규정에 적합한 경우의 증축. 이 경우 토지의 형질변경을 수반하는 증축은 별표 3에 따른 시설만 해당한다"고 하여, 도시관리계획의 결정(이 건 질의의 경우 개발제한구역 지정) 등에 따라 개발제한구역으로 지정될 당시에 이미 존재하고 있던 대지 · 건축물 또는 공작물이 이 법에 적합하지 아니하게 되더라도, 예외적으로 「개발제한구역법」의 취지에 반하지 않는 일부 행위의 경우 허가를 받아 가능하도록 하였습니다.

그러나 앞에서 살펴본 바와 같이 같은 법 시행령 제23조 제2항에서 허용되는 행위로서 "건축물의 재축 · 개축 또는 대수선" 및 "증축하려는 부분이 건폐율 · 용적률 등 법 또는 이 영의 규정에 적합한 경우의 증축(이 경우 토지의 형질변경을 수반하는 증축은 [별표 3]에 따른 시설만 해당함)"만이 규정되어 있고, 이 건 질의와 같이 폐기물관리법 시행규칙 제38조 각 호의 시설을 설치하는 행위는 허용되는 것으로 규정되어 있지 아니하며, 비록 같은 법 시행령 [별표 3]에서 개발제한구역 지정 전에 설치된 공장의 증축과 그 부대시설의 설치가 허용되는 것으로 규정되어 있으나, 「개발제한구역법」의 입법취지가 개발제한구역을 효율적으로 관리하는 데에 필요한 사항을 정함으로써 도시의 무질서한 확산을 방지하고 도시 주변의 자연환경을 보전하여 도시민의 건전한 생활환경을 확보하는 것을 목적으로 한다는 점, 이에 따라 원칙적으로 개발제한구역 내에서의 공작물의 설치 등의 행위는 같은 법 제12조 등에 따라 금지되고, 예외적으로 같은 법 제13조에 따라 존속 중인 건축물 등에 대하여는 일부 행위가 허용되나, 이는 해당 대지 · 건축물 또는 공작물의 현상 유지 등 필요성을 감안하여 예외적으로 같은 법 시행령 제23조에서 정하여진 행위에 한하여 허가를 받는 경우 해당 행위를 허용하겠다는 것으로 보이는 점 등을 고려할 때, 현상유지 이상의 행위, 즉 기존 업종을 계속하여 영위하는 것이 아닌 업종 변경을 통하여 새로운 업종을 수행하기 위하여 이 건 질의와 같이 폐기물관리법 시행규칙 제38조 각 호에 따른 새로운 시설물을 설치하는 것은 공장의 증축에 따른 부대시설의 설치에 해당하는 것으로 보기는 어렵습니다.

따라서 개발제한구역으로 지정되기 전 공장이 설립되어 개발제한구역으로 지정된 이후에도 계속하여 물품제조공장으로 사용되어 온 공장건물 및 부지에 업종을 변경하여 파쇄 · 분쇄 관련 영업을 영위하기 위하여 도시계획시설로 설치되지 아니한 폐기물관리법 시행규칙 제38조 각 호의 시설을 설치하는 것은 「개발제한구역법」 제13조에 따라 허용되는 것으로 볼 수 없다고 할 것입니다.

◦ **관계법령**: 「개발제한구역의 지정 및 관리에 관한 특별조치법」 제13조

3-1-10 교육과학기술부 : 폐지 및 고철 등을 수집·운반하는 자가 폐기물관리법에 따라 신고를 하고 폐지 및 고철 등을 수집·운반하여 보관하는 장소가 「학교보건법」 제6조 제1항 제6호에 따른 폐기물수집장소에 해당하는지 여부 (「학교보건법」 제6조 제1항 등 관련)[안건번호 11-0716, 회신일자 2012-01-12]

1. 질의요지

폐지 및 고철 등을 수집·운반하는 자가 폐기물관리법(2010.7.23. 법률 제10389호로 일부개정되어 2011.7.24.부터 시행된 것을 말함) 제46조에 따라 신고를 하고 폐지 및 고철 등을 수집·운반하여 보관하는 장소가 「학교보건법」 제6조 제1항 제6호에 따른 "폐기물수집장소"에 해당하는지?

2. 회 답

폐지 및 고철 등을 수집·운반하는 자가 폐기물관리법(2010.7.23. 법률 제10389호로 일부개정되어 2011.7.24.부터 시행된 것을 말함) 제46조에 따라 신고를 하고 폐지 및 고철 등을 수집·운반하여 보관하는 장소는, 교육감이나 교육감이 위임한 자가 학교환경위생정화위원회의 심의를 거쳐 학습과 학교보건위생에 나쁜 영향을 주지 아니한다고 인정할 경우 학교환경위생 상대정화구역 내에서의 행위 및 시설이 가능함은 별론으로 하고, 「학교보건법」 제6조 제1항 제6호에 따른 "폐기물수집장소"에 해당한다고 할 것입니다.

3. 이 유

「학교보건법」 제1조에 따르면 이 법은 학교의 보건관리와 환경위생 정화에 필요한 사항을 규정하여 학생과 교직원의 건강을 보호·증진함을 목적으로 한다고 규정하고 있고, 같은 법 제6조 제1항에 따르면 누구든지 학교환경위생 정화구역에서는 다음 각 호의 어느 하나에 해당하는 행위 및 시설을 하여서는 아니 되나, 다만 대통령령으로 정하는 구역에서는 제2호, 제3호, 제6호, 제10호, 제12호부터 제18호까지와 제20호에 규정된 행위 및 시설 중 교육감이나 교육감이 위임한 자가 학교환경위생정화위원회의 심의를 거쳐 학습과 학교보건위생에 나쁜 영향을 주지 아니한다고 인정하는 행위 및 시설은 제외한다고 규정하고 있으며, 같은 항 제6호에서는 학교환경위생 정화구역 안에서 금지되는 시설로서 '폐기물수집장소'를 규정하고 있습니다.

한편, 폐기물관리법(2010.7.23. 법률 제10389호로 일부개정되어 2011.7.24.부터 시행된 것을 말하며, 이하 같음) 제1조에서는 이 법은 폐기물의 발생을 최대한 억제하고 발생한 폐기물을 적정하게 처리하여 환경보전과 국민생활의 질적 향상에 이바지하는 것을 목적으로 한다고 규정하고 있고, 같은 법 제2조 제1호에서는 '폐기물'을 쓰레기, 연소재(燃燒滓), 오니(汚泥), 폐유(廢油), 폐산(廢酸), 폐알칼리 및 동물의 사체(死體) 등으로서 사람의 생활이나 사업활동에 필요하지 아니하게 된 물질로 정의하고 있으며, 그 외 '폐기물수집장소'에 대한 별도의 정의규정을 두고 있지 않고, 더 나아가 폐기물관리법에서는 '폐기물수집장소'라는 용어를 사용하지 않고 있습니다.

위와 같이 「학교보건법」과 폐기물관리법은 서로 목적을 달리하는 법으로, 「학교보건법」 제6조 제1항 제6호에서 '폐기물수집장소'에 대한 정의를 하지 않은 채 '폐기물수집장소'라는 용어를 사용하고 있으므로 「학교보건법」상 '폐기물수집장소'가 어떠한 장소를 의미하는지 여부를 판단함에 있어 법체계의 통일적인 해석을 위하여 폐기물관리법을 고려하여 해석하여야 할 것인데, '폐기물'의 경우에는 폐기물관리법이 정의하고 있으나, '수집장소'의 경우에는 폐기물관리법에 따로 명시적으로 정의한 것이 없는 바, 폐기물 수집·처리에 관한 일반적인 사항을 정한 폐기물관리법과 달리, 「학교보건법」에서는 학교의 보건·위생 및 학습 환경의 측면을 고려하여 '폐기물수집장소'에 대하여 규정한 것이므로, 「학교보건법」상 '폐기물수집장소'의 개념은 「학교보건법」의 입법취지와 학교환경위생 정화구역 설정 취지, 정화구역 내에서의 행위 및 시설을 제한하는 취지 등을 종합적으로 고려하여 판단하여야 할 것입니다.

그렇다면, 학교의 보건관리와 환경위생 정화에 필요한 사항을 규정하여 학생과 교직원의 건강을 보호·증진하고자 하는 「학교보건법」의 입법목적과 학교에서 교육을 받는 학생으로 하여금 건전한 교육환경을 침해할 우려가 있는 행위 및 시설로부터 차단되도록 함으로써 학생의 정신적·육체적 건강을 보호, 증진하여 학교교육의 능률화를 기하기 위해 학교로부터 일정한 거리 이내의 지역을 학교환경위생 정화구역으로 설정하여 위 구역 내에서의 일정한 행위와 시설을 하지 못하도록 규제하고자 하는 같은 법 제6조 제1항의 입법취지(서울고법 1995.8.31. 선고 94구27634 판결 참조)를 고려하여 볼 때, 「학교보건법」상 '폐기물수집장소'란 폐기물관리법 제2조에서 정의한 폐기물을 수집하는 장소, 즉 쓰레기, 연소재, 오니, 폐유, 폐산, 폐알칼리 및 동물의 사체 등으로서 사람의 생활이나 사업활동에 필요하지 아니하게 된 물질을 거두어 모으는 장소로서 학교환경위생 정화구역에 설치될 경우 학생과 교직원의 건강이나 학습과 학교보건위생에 나쁜 영향을 줄 수 있는 곳이라 할 것입니다.

이에 따라 이 사안 폐지 및 고철 등을 수집·운반하는 자가 폐기물관리법에 따라 신고를 하고 폐지 및 고철 등을 수집·운반하여 보관하는 장소가「학교보건법」제6조 제1항 제6호의 "폐기물수집장소"에 해당하는지 여부에 대하여 살펴보면, 폐지 및 고철 등을 수집·운반하여 보관하는 장소는 폐기물관리법 제2조에서 정의한 폐기물을 수집, 즉 거두어 모으는 장소라 할 것이고, 수집한 폐지 및 고철 등을 운반하거나 보관하는 과정에서 진동, 소음, 악취, 분진 등을 발생시킬 수 있어 학교환경위생 정화구역에 설치될 경우 학생과 교직원의 건강이나 학습과 학교보건위생에 나쁜 영향을 줄 수 있는 시설이라 할 것입니다.

한편, 폐기물관리법에서 폐지 및 고철 등의 폐기물을 수집·운반·재활용하는 대규모 사업자에 대해 신고제를 도입한 취지는 종전에 신고한 것으로 간주하던 폐지 및 고철 등의 폐기물을 수집·운반·재활용하는 대규모 사업자에 대해 규제목적이 아닌 재활용산업에 대한 지원을 위한 것이라고는 하지만, 폐기물관리법과「학교보건법」은 그 입법목적과 규제대상 등을 달리한다고 할 것이어서 폐기물관리법에서 재활용산업에 대한 지원을 위해 신고제를 도입했다고 하더라도「학교보건법」에서도 규제를 완화하겠다는 취지는 아니라고 할 것인바, 폐기물관리법상 폐지 및 고철 등이 폐기물에 해당함이 명백하므로 이를 사실상 '수집하는 장소'는 문언해석상 '폐기물수집장소'에 포함된다고 할 것입니다.

다만, 폐기물관리법 제46조에 따라 폐기물처리 신고를 하고 폐지 및 고철 등을 수집·운반하여 보관하는 장소가「학교보건법」제6조 제1항 제6호에 따른 '폐기물수집장소'에 해당한다고 하더라도, '폐기물수집장소'의 행위 및 시설이 절대적으로 제한되는 것은 아니므로,「학교보건법 시행령」제3조 제1항 및 제5조에 따라 학교경계선 또는 학교설립예정지 경계선으로부터 직선거리로 200미터까지인 지역 중 절대정화구역을 제외한 지역인 학교환경위생 상대정화구역에서는「학교보건법」제6조 제1항 단서에 따라 교육감이나 교육감이 위임한 자가 학교환경위생정화위원회의 심의를 거쳐 학습과 학교보건위생에 나쁜 영향을 주지 아니한다고 인정할 경우 폐지 및 고철 등을 수집·운반하여 보관하는 장소의 행위 및 시설은 가능하다고 할 것입니다.

따라서 폐지 및 고철 등을 수집·운반하는 자가 폐기물관리법 제46조에 따라 신고를 하고 폐지 및 고철 등을 수집·운반하여 보관하는 장소는, 교육감이나 교육감이 위임한 자가 학교환경위생정화위원회의 심의를 거쳐 학습과 학교보건위생에 나쁜 영향을 주지 아니한다고 인정할 경우 학교환경위생 상대정화구역 내에서의 행위 및 시설이 가능함은 별론으로 하고,「학교보건법」제6조 제1항 제6호에 따른 '폐기물수집장소'에 해당한다고 할 것입니다.

※ 법령정비 권고의견

「학교보건법」 제6조 제1항 제6조에서는 학교환경위생 정화구역에서 행위 및 시설을 하여서는 아니되는 대상으로 '폐기물수집장소'를 규정하고 있는데, 「학교보건법」에서는 '폐기물수집장소'에 대한 정의규정이나 해석규정을 두고 있지 않고, '폐기물수집장소'는 폐기물관리법상 용어가 아니어서 '폐기물수집장소'의 범위에 대해 다툼이 있을 수 있으므로 '폐기물수집장소'의 범위를 명확히 하는 입법적 조치가 필요하다고 할 것입니다.

◦ **관계법령**: 폐기물관리법 시행규칙 제66조, 폐기물관리법 제46조 · 제25조 · 제2조 · 제1조; 학교보건법 제6조 · 제5조

3-1-11 광주광역시 : 개발제한구역 내 폐기물처리시설 설치와 관련한 '건축물 연면적'의 의미(「개발제한구역의 지정 및 관리에 관한 특별조치법」 제11조 등 관련)[안건번호 11-0561, 회신일자 2011-11-04]

1. 질의요지

개발제한구역 안의 폐기물처리시설의 건축과 관련하여, 「개발제한구역의 지정 및 관리에 관한 특별조치법」(2008.3.21. 법률 제8975호로 전부개정되어 시행된 것을 말함) 제12조, 같은 법 시행령(2009.6.9. 대통령령 제21528호로 개정되어 시행된 것을 말함) 제13조 및 [별표 1] 제9호에 따르면 "기반시설에 해당하는 경우로서 건축물의 연면적이 1천 500제곱미터 이상인 경우"에는 도시계획시설로 설치하여야 하는데, 하나의 토지를 분할하여 각각의 대지를 조성한 후 해당 대지에 처리하는 폐기물의 종류가 다르고 시설물(건축물)의 소유자도 다른 폐기물처리시설들을 설치하고자 할 때, 위의 규정에 따라 도시계획시설로 설치하여야 하는지를 판단하기 위한 '건축물의 연면적'은 시설물 각각의 연면적을 의미하는 것인지, 아니면 각 시설물의 연면적을 합한 연면적을 의미하는 것인지?

2. 회 답

「개발제한구역의 지정 및 관리에 관한 특별조치법」(2008.3.21. 법률 제8975호로 전부개정되어 시행된 것을 말함) 제12조, 같은 법 시행령(2009.6.9. 대통령령 제21528호로 개정되어 시행된 것을 말함) 제13조 및 [별표 1] 제9호에 따르면 "기반시설에 해당하는 경우로서 건축물의 연면적이 1천 500제곱미터 이상인 경우"에는 도시계획시설로 설치하여야 하는데, 하나

의 토지를 분할하여 각각의 대지를 조성한 후 해당 대지에 처리하는 폐기물의 종류가 다르고 시설물(건축물)의 소유자도 다른 폐기물처리시설들을 설치하고자 할 때, 위의 규정에 따라 도시계획시설로 설치하여야 하는지를 판단하기 위한 '건축물의 연면적'은 시설물 각각의 연면적을 의미한다고 할 것입니다.

3. 이 유

「개발제한구역의 지정 및 관리에 관한 특별조치법」(2008.3.21. 법률 제8975호로 전부개정되어 시행된 것을 말함. 이하 「개발제한구역법」이라고 함) 제12조 제1항에서는 개발제한구역에서는 건축물의 건축 및 용도변경 등을 할 수 없도록 하면서, 다만 다음 각 호의 어느 하나에 해당하는 행위를 하려는 자는 특별자치도지사·시장·군수 또는 구청장(이하 '관할청'이라고 함)의 허가를 받아 그 행위를 할 수 있다고 규정하고 있고, 같은 항 제1호 아목에서 대통령령으로 정하는 바에 따라 건축물의 건축이 가능한 경우로서 폐기물처리시설을 규정하고 있습니다.

이에 따라, 「개발제한구역법 시행령」(2009.6.9. 대통령령 제21528호로 개정되어 시행된 것을 말함. 이하 같음) 제13조 제1항 및 [별표 1] 제9호에서는 법 제12조 제1항 제1호에 따른 건축물의 종류와 건축범위 등을 정하면서 [별표 1] 제9호에서 기반시설에 해당하는 경우로서 건축물의 연면적이 1천 500제곱미터 이상인 경우에는 도시계획시설로 설치하여야 한다고 규정하고 있는 바, 기반시설인 폐기물처리시설과 관련하여 하나의 토지를 분할하여 각각의 대지를 조성한 후 해당 대지에 처리하는 폐기물의 종류가 다르고 시설물의 소유자도 다른 폐기물처리시설을 설치하는 경우에도 위의 규정에 따라 도시계획시설로 설치하여야 하는지가 문제될 수 있고, 결국 이는 위 규정에서 '건축물의 연면적'이 시설물 각각의 연면적을 의미하는 것인지, 아니면 각 시설물의 연면적을 합한 연면적을 의미하는 것인지에 관한 해석 문제로 귀결된다고 할 것입니다.

그런데, 「개발제한구역법 시행령」 [별표 1] 제9호에서는 '건축물의 연면적'이라고만 규정하고 있을 뿐 같은 법 시행령 제10조 제1항 제1호에서와 같이 연면적 산정에 대한 별도의 규정을 두고 있지 않은 바, 이처럼 연면적 산정방식에 대하여 명시적인 규정이 없는 경우에는 건축물의 연면적 산정방식에 대하여 일반적으로 규율하고 있는 「건축법」이 적용된다고 할 수 있을 것인데, 「건축법」 제84조 및 같은 법 시행령 제119조 제1항 제4호에서는 연면적을 "하나의 건축물 각 층의 바닥면적의 합계"로 규정하고 있으므로, 「개발제한구역법」 시행령 제13조 제1항 및 [별표 1] 제9호에서의 도시계획시설로 설치해야 하는 기반시설인지 여부를 판단함에 있어서의 건축물의 '연면적'은 각각의 건축물별로 산정해야 할 것입니다.

더욱이 당초 「개발제한구역법」 제12조 제1항 단서와 같은 법 시행령 제13조 제1항 및 [별표 1]은 개발제한구역 내 "특정 용도의 건축물", 즉 개별 건축행위에 대한 허용규모를 정하기 위한 규정으로서 개발제한구역에서의 지나친 행위제한에 따라 국민의 불편이 가중되는 것을 방지하고자 하는 취지임을 감안하여 볼 때, 해당 규정에서의 '건축물의 연면적'은 각각의 건축물의 연면적을 의미한다고 보는 것이 타당할 것입니다.

즉, 개발제한구역에서 건축행위 등을 하기 위하여 허가를 받으려는 자는 「개발제한구역법 시행규칙」 제4조에 따라 「건축법 시행규칙」에 따른 신청서에 의치도와 사업계획도서 등의 서류를 첨부하도록 되어 있는데, 신청서에 기재하는 사항이나 첨부하는 서류는 하나의 대지에 있는 각 건축물에 대한 것이므로, 통상 관할청이 신청서와 첨부된 서류를 바탕으로 허가 여부를 결정한다는 것을 감안하면 건축물 등의 허용규모에서 규정된 건축물의 연면적은 각 건축물의 연면적이라고 보는 것이 합리적이라고 할 것입니다.

한편, 「개발제한구역법 시행령」 [별표 1]에서 '건축물의 연면적'을 산정하는 방식에 대한 별도의 규정은 없지만 「개발제한구역법」의 전체 취지를 고려하여 볼 때 같은 법 시행령 제10조 제1항 제1호의 규정을 유추적용해야 한다는 주장이 있을 수 있으나, 국민의 권리를 제한하는 법령의 규정을 해석함에 있어서는 특별한 사정이 없는 한 법문대로 해석해야 할 것이고, 명시적인 근거 없이 같은 법 시행령 [별표 1] 제9호에 따른 건축물의 연면적을 같은 법 시행령 제10조 제1항 제1호에 따른 연면적과 동일한 의미로 확대해석할 수는 없을 것입니다.

그리고 「개발제한구역법 시행령」 [별표 1] 제2호의 규정을 보면 "퇴비사 및 발표퇴비장"에 대해서 "기존 면적을 포함하여 300제곱미터(퇴비사 및 발효퇴비장의 합산면적을 말함) 이하로 설치"한다고 규정하고 있고, 제4호의 규정을 보면 "휴게음식점 및 일반음식점"에 대해서 "건축물의 연면적은 300제곱미터 이하여야 하며, 인접한 토지를 이용하여 200제곱미터 이하의 주차장을 설치할 수 있되"라는 문구를 사용하고 있는 등, 전반적으로 같은 법 시행령 [별표 1]의 규정이 면적(연면적)에 대하여 비교적 자세히 규정하고 있는 바, 제9호의 도시계획시설로 설치하여야 하는 '건축물의 연면적'도 일반적인 연면적 산정방식과 다르게 정하려는 입법의도가 있었다면 법문상 이러한 의도가 반영되었어야 할 것입니다.

한편, 하나의 토지를 분할하여 각각의 대지를 구성하고 각각의 대지에 폐기물처리시설을 건축한 경우라면 사실상 도시계획시설로 설치할 의무를 회피하기 위한 목적이 있었을 소지가 높은데도 불구하고 해당 규정의 연면적을 분할된 대지에 있는 각 시설의 연면적만을 의미한다고 해석한다면 「개발제한구역법 시행령」 [별표 1]의 규정취지가 몰각될 것이라는 의견도 있을 수 있으나, 이는 「개발제한구역법」 제30조 제1항의 법령위반자에 대한 행정처분, 같은 법 제31조의 벌칙 등 제재수단을 활용하거나 별도의 입법조치를 통해 해결할 문제이지 이러한 이유만으로 「개발제한구역법 시행령」 [별표 1]에서 도시계획시설로 설치하여야 하는 건축물의 연면적을 분할된 필지마다 건축하는 건축물의 연면적을 합한 연면적이라고 보기는 어렵다고 할 것입니다.

또한, 「개발제한구역법」 제12조 제4항 본문 및 같은 법 시행령 제20조 제1항에 따라 연면적이 1천 500제곱미터 이상인 건축물의 건축은 주민의 의견 청취 등을 거쳐야 하는데, 이 때의 연면적은 하나의 필지를 분할하여 각각의 필지에 건축물을 건축하는 경우에도 연접한 각 필지에 건축하는 건축물의 연면적을 합한 연면적을 의미(법제처 2009.8.21. 회신 09-0226 해석례)한다고 볼 수 있으나, 이 경우는 도시계획시설로 설치하지 않는 건축물의 건축행위를 허가할 때 종합적인 관점에서 합리적인 허가를 하도록 하기 위하여 주민의견 청취 등의 절차를 거치도록 하려는 경우로서 개별 건축물의 허용규모를 정하는 데 있어서의 건축물의 연면적을 산정하는 경우와는 다른 것이며, 비록 이 사안에서의 해당 폐기물처리시설을 도시계획시설로 설치하지 않는다고 하더라도 「개발제한구역법」 제12조 제4항 본문 및 같은 법 시행령 제20조 제1항에 따른 주민의견 청취 등의 절차를 거치지 않는 것은 아니라고 할 것이므로 개발제한구역법령의 취지를 과도하게 훼손한다고 볼 수는 없습니다.

따라서 「개발제한구역법」 제12조, 같은 법 시행령 제13조 및 [별표 1] 제9호에 따르면 "기반시설에 해당하는 경우로서 건축물의 연면적이 1천 500제곱미터 이상인 경우"에는 도시계획시설로 설치하여야 하는데, 하나의 토지를 분할하여 각각의 대지를 조성한 후 해당 대지에 처리하는 폐기물의 종류가 다르고 시설물(건축물)의 소유자도 다른 폐기물처리시설들을 설치하고자 할 때, 위의 규정에 따라 도시계획시설로 설치하여야 하는지를 판단하기 위한 '건축물의 연면적'은 시설물 각각의 연면적을 의미한다고 할 것입니다.

3-1-12 국토해양부 : 개발제한구역에서 도시계획시설이 아닌 폐기물처리시설을 설치할 수 있는지 여부(「개발제한구역의 지정 및 관리에 관한 특별조치법 시행령」 [별표 1] 등 관련)[안건번호 11-0002, 회신일자 2011-02-10]

1. 질의요지

개발제한구역에서 도시계획시설이 아닌 폐기물관리법 시행규칙 제38조 각 호의 시설을 설치할 수 있는지?

2. 회 답

개발제한구역에서 도시계획시설이 아닌 폐기물관리법 시행규칙 제38조 각 호의 시설은 설치할 수 없습니다.

3. 이 유

「개발제한구역의 지정 및 관리에 관한 특별조치법」(이하 「개발제한구역법」이라 함) 제12조 및 같은 법 시행령 제13조에 따르면 개발제한구역에서는 원칙적으로 건축물의 건축 및 용도변경, 공작물의 설치, 토지의 형질변경 등의 행위를 금지하면서 예외적으로 개발제한구역 내에 입지하여야만 그 기능과 목적이 달성되는 시설 등의 경우에는 특별자치도지사·시장·군수·구청장의 허가를 받아 건축물의 건축 또는 공작물의 설치와 이에 따르는 토지의 형질변경을 할 수 있도록 하고 있으며, 그 구체적인 범위에 대해서는 같은 법 시행령 [별표 1]에서 정하고 있는데, 같은 법 시행령 [별표 1] 제3호 아목 가)에서는 개발제한구역 내에 입지하여야만 기능과 목적이 달성되는 시설로서 폐기물처리시설을 설치할 때에는 폐기물관리법 제2조 제8호에 따른 시설로서 도시계획시설로 설치하는 경우로 한정한다고 하여, 개발제한구역 안에서 폐기물처리시설을 설치할 때에는 [별표 1] 제3호 아목가)에 따라 도시계획시설로 설치된 폐기물관리법 제2조 제8호에 따른 시설만이 설치가 가능한 것으로 되어 있습니다.

그런데 도시계획시설이란 「국토의 계획 및 이용에 관한 법률」(이하 「국토계획법」이라 함) 제2조 제7호에 따라 기반시설 중 도시관리계획으로 결정된 시설을 말하는데, 「국토계획법」에서는 도로나 공원처럼 도시의 형성이나 시민의 생활에 있어서 필수적이고, 그 입지나 규모에 따라 도시의 기능과 발전방향에 많은 영향을 미치거나 공공성이 강한 기반시설을 계획적으로 배치하기 위하여 그 입지 및 규모에 관한 기준을 정하고 도시관리계획에 따라 도시계획시설로 설치하도록 하고 있으며, 이에 따라 도시계획시설의 설치 등에 관한 기준을 정하고 있는 「도시계획시설의 결정·구조 및 설치기준에 관한 규칙」(이하 「도시계획시설결정규칙」이라 함) 제156조 각 호에서는 도시계획시설로 설치하는 폐기물처리시설을 구체적으로 열거하면서, 같은 조 각 호 외의 부분 단서에서 폐기물관리법 시행규칙 제38조 각 호의 시설은 「도시계획시설결정규칙」에 따른 폐기물처리시설의 대상 자체에서 제외하고 있는바, 결국 폐기물관리법 시행규칙 제38조 각 호의 시설은 도시계획시설로 설치하는 대상에 포함되지 않는 시설이라고 할 것입니다.

그런데 「개발제한구역법 시행령」 [별표 1] 제3호 아목 가)와 같이 도시계획시설로 설치된 시설만 개발제한구역 안에 설치하도록 한 취지는, 개발제한구역 제도 자체가 도시의 무질서한 확산을 방지하고 도시 주변의 자연환경을 보전하기 위하여, 개발제한구역 안에서는 원칙적으로 건축물의 건축이나 토지의 형질변경 등의 행위를 엄격히 금지하되, 제도의 취지와 목적에 위배되지 않는 시설 등에 한하여 「개발제한구역법」 제12조 제1항 단서에 따라 일정한 행위를 제한적으로 허용하도록 하고 있고, 이러한 제한적인 허용 역시 「개발제한구역법 시행령」 [별표 1]에 따라 지역주민의 공익적 목적을 위한 필수적인 시설 등만을 엄격하게 허용하도록 한 것으로서, 특히 폐기물처리시설과 같은 일부 시설에 대해서는 반드시 도시관리계획에 따라 계획적으로 배치된 도시계획시설만 입지할 수 있도록 하여 무분별한 시설의 입지로 인한 개발제한구역의 훼손을 방지하기 위한 것입니다.

만약, 개발제한구역 안에 「도시계획시설결정규칙」 제156조 각 호 외의 부분 단서의 시설과 같이 도시계획시설로 설치되지 않는 폐기물처리시설을 설치할 수 있다고 본다면 소규모 폐기물처리시설이 개발제한구역에 난립하는 것을 막을 수 없게 되어, 일정한 절차에 따라 계획적으로 배치된 도시계획시설만 입지하도록 하여 소규모 시설 등의 무분별한 입지를 방지하고 개발제한구역 안에 입지하는 시설을 엄격히 제한하여 개발제한구역을 보호하려는 「개발제한구역법」 [별표 1] 제3호 아목 가)의 취지에 어긋난다고 할 것입니다.

따라서 「도시계획시설결정규칙」 제156조 각 호 외의 부분 단서에 따라 폐기물관리법 시행규칙 제38조 각 호의 시설은 도시계획시설로서 설치하는 대상에 포함되지 않는 시설이고, 「개발제한구역법 시행령」 [별표 1] 제3호 아목 가)에서는 개발제한구역 내에서 폐기물처리시설은 폐기물관리법 제2조 제8호에 따른 시설 중 도시계획시설로 설치되는 시설만 설치할 수 있도록 하고 있으므로, 결국 개발제한구역 내에서는 도시계획시설로 설치되지 않는 폐기물관리법 시행규칙 제38조 각 호의 시설을 설치할 수 없다 할 것입니다.

◦ **관계법령**: 개발제한구역의 지정 및 관리에 관한 특별조치법 시행령 [별표 1]

3-1-13 경기도 파주시 : 택지 내에 폐기물처리시설을 설치하는 경우 주변영향지역을 결정·고시하여야 하는지의 여부(「폐기물처리시설 설치촉진 및 주변지역지원 등에 관한 법률」 제17조 등 관련)[안건번호 10-0345, 회신일자 2010-11-26]

1. 질의요지

지방자치단체와 지방자치단체 외의 자가 공동으로 개발하는 조성면적 30만제곱미터 이상인 택지에서 「폐기물처리시설 설치촉진 및 주변지역지원 등에 관한 법률」(이하 「폐기물처리시설법」이라 함) 제6조 제1항에 따라 그 택지에서 발생하는 폐기물을 처리하기 위하여 해당 택지에 하루 처리능력 50톤 이상인 폐기물소각시설을 설치하는 경우로서 같은 법 제9조 제1항 제2호에 해당하는 경우에 같은 법 제17조 제1항에 다른 주변영향지역을 결정·고시하여야 하는지?

2. 회 답

지방자치단체와 지방자치단체 외의 자가 공동으로 개발하는 조성면적 30만제곱미터 이상인 택지에서 「폐기물처리시설법」 제6조 제1항에 따라 그 택지에서 발생하는 폐기물을 처리하기 위하여 해당 택지에 하루 처리능력 50톤 이상인 폐기물소각시설을 설치하는 경우로서 같은 법 제9조 제1항 제2호에 해당하는 경우에는 같은 법 제17조 제1항에 따른 주변영향지역을 결정·고시하여야 하는 것은 아닙니다.

3. 이 유

우선 「폐기물처리시설법」 제6조 제1항 및 같은 법 시행령 제4조 제1항·제2항에 따르면, 조성면적이 30만제곱미터 이상인 공동주택단지 또는 택지를 개발하려는 자는 그 공동주택단지나 택지에서 발생하는 폐기물을 처리하기 위하여 소각시설과 음식물류 폐기물처리시설을 설치하거나 그 설치비용에 해당하는 금액을 해당 지역을 관할하는 특별자치도지사·시장·군수·구청장에게 내도록 하고 있고, 같은 법 제9조 제1항 각 호 외의 부분 단서 및 제2호에 따르면, 폐기물처리시설 설치기관은 폐기물처리시설을 설치·운영하려는 경우에는 그 입지선정계획을 결정·공고하여야 하되, 다만 같은 법 제6조 제1항에 따라 폐기물처리시설을 설치하는 경우로서 해당 공동주택단지 또는 택지 외의 지역에서 발생하는 폐기물을 반입하여 처리하려는 양이 그 폐기물처리시설 처리능력의 100분의 50을 초과하지 아니하는 경우에는 그 입지선정계획을 결정·공고하지 않아도 되도록 하고 있습니다.

그리고 「폐기물처리시설법」 제9조 · 제10조 · 제11조의3 · 제17조 및 같은 법 시행령 제17조 등에 따르면, 폐기물처리시설 설치기관이 같은 법 제9조 제1항에 따른 입지선정계획을 공고한 경우에는 지체 없이 입지선정위원회를 설치하여 해당 폐기물처리시설의 입지를 선정하도록 하고 있고(제9조 제3항), 이와 같이 폐기물처리시설의 입지를 선정한 경우에는 이를 결정 · 고시하도록 하고 있으며(제10조 제1항), 폐기물처리시설 설치기관은 이와 같이 폐기물처리시설의 입지를 고시한 경우에는 폐기물처리시설 설치계획을 수립하도록 하고 있고(제11조의3), 폐기물처리시설 설치기관은 그 폐기물처리시설의 설치계획이 공고된 날로부터 2년 이내에 그 폐기물처리시설의 설치 · 운영으로 인하여 환경상 영향을 받게 되는 주변지역을 결정 · 고시하도록 하고 있습니다(제17조).

즉, 「폐기물처리시설법」 제9조 제3항에 따른 폐기물처리시설의 입지선정, 같은 법 제10조 제1항에 따른 입지선정의 결정 · 고시, 같은 법 제11조의3에 따른 폐기물처리시설 설치계획의 수립 및 같은 법 제17조에 따른 주변영향지역의 결정 · 고시 등은 같은 법 제9조 제1항 본문에 따른 입지선정계획의 결정 · 공고를 전제로 하고 있습니다.

그렇다면 「폐기물처리시설법」 제9조 제1항 제2호에 해당되어 같은 항 단서에 따라 폐기물처리시설 설치기관인 해당 지방자치단체가 폐기물처리시설의 입지선정계획을 결정 · 공고하지 않아도 되는 경우에는 그 입지선정계획의 결정 · 공고가 있는 것을 전제로 규율하고 있는 규정인 「폐기물처리시설법」 제10조 · 제11조의3 · 제17조 등의 규정은 적용되지 않는다 할 것입니다.

한편, 택지개발지구 내에 폐기물처리시설을 설치하는 경우로서 「폐기물처리시설법」 제9조 제1항 단서에 따라 폐기물처리시설의 입지선정계획을 결정 · 공고하지 않아도 되는 경우라 하더라도, 해당 폐기물처리시설을 해당 택지의 경계 부근에 설치하려는 경우로서 그 폐기물처리시설의 주변영향지역이 해당 택지 외의 지역까지 될 수 있어 해당 지역 주민과의 마찰이 예상되는 경우에는 폐기물처리시설 주변지역 주민에 대한 지원을 통하여 폐기물처리시설의 설치를 원활히 하고 주변지역 주민의 복지를 증진하고자 하는 「폐기물처리시설법」의 입법취지에 비추어 볼 때, 같은 법 제17조 제1항에 따른 주변영향지역을 결정 · 고시하도록 하는 것이 바람직할 수는 있으나, 같은 법에서 해당 규정의 규율대상을 명확하게 규정하고 있는 이상, 입법의 필요성은 별론으로 하더라도 해석으로는 타당하지 않다 할 것입니다.

따라서 지방자치단체와 지방자치단체 외의 자가 공동으로 개발하는 조성면적 30만제곱미터 이상인 택지에서 「폐기물처리시설법」 제6조 제1항에 따라 그 택지에서 발생하는 폐기물을 처리하기 위하여 해당 택지에 하루 처리능력 50톤 이상인 폐기물소각시설을 설치하는 경우로서 같은 법 제9조 제1항 제2호에 해당하는 경우에는 같은 법 제17조 제1항에 따른 주변영향지역을 결정·고시하여야 하는 것은 아닙니다.

3-1-14 환경부 : 중간처리시설인 음식물류 폐기물처리시설의 예상입지 거주 세대주의 동의를 받는 지역적 범위(「폐기물처리시설 설치촉진 및 주변지역지원 등에 관한 법률」 제9조 제5항 등 관련)[안건번호 10-0136, 회신일자 2010-05-31]

1. 질의요지

「폐기물처리시설 설치촉진 및 주변지역지원 등에 관한 법률」 제2조 제2호 가목 (3)에 따라 지방자치단체의 조례로 정하는 시설로서, 중간처리시설(소각시설 아님)인 음식물류 폐기물처리시설의 설치에 관하여 같은 법 제9조 제5항에 따라 세대주의 동의를 받는 지역적 범위가 폐기물처리시설 예상입지의 경계로부터 2킬로미터 이내인지, 아니면 300미터 이내인지?

2. 회 답

「폐기물처리시설 설치촉진 및 주변지역지원 등에 관한 법률」 제2조 제2호 가목 (3)에 따라 지방자치단체의 조례로 정하는 시설로서, 중간처리시설(소각시설 아님)인 음식물류 폐기물처리시설의 설치에 관하여 같은 법 제9조 제5항에 따라 세대주의 동의를 받는 지역적 범위는 폐기물처리시설 예상입지의 경계로부터 300미터 이내입니다.

3. 이 유

「폐기물처리시설 설치촉진 및 주변지역지원 등에 관한 법률」(이하 「폐촉법」이라 한다) 제2조 제1호에서는 '폐기물처리시설'이란 폐기물관리법 제2조에 따른 폐기물처리시설을 말한다고 하고 있고, 같은 조 제2호에서는 '폐기물처리시설 설치기관'이란 하루 매립량 300톤 이상으로 조성면적 15만제곱미터 이상인 폐기물매립시설, 하루 처리능력 50톤 이상인 폐기물소각시설 또는 그 밖의 폐기물처리시설로서 주변지역의 환경에 미칠 영향을 고려하여 환경부장관이 정하여 고시하는 시설이나 지방자치단체의 조례로 정하는 시설을 설치·운영하려는 환경부장관 또는 지방자치단체의 장 등을 말한다고 하고 있으며, 폐기물관리법 시행령 [별표 3]에서는 폐기물처리시설의 종류를 소각시설·기계적 처리시설·

화학적 처리시설 · 생물학적 처리시설인 중간처리시설과 매립시설인 최종처리시설로 분류하고 있습니다.

한편, 「폐촉법」 제9조 제5항에서는 폐기물처리시설 설치기관이 폐기물처리시설을 설치 · 운영하려는 경우에 그 입지선정을 위한 입지선정위원회는 대통령령으로 정하는 지역에 거주하는 세대주의 과반수가 입지선정계획에 따라 그 지역에 폐기물처리시설의 설치를 원하는 경우에는 그 지역에 대하여만 입지 후보지 타당성 조사를 실시할 수 있도록 하고 있으며, 「폐촉법 시행령」 제10조 제2항에서는 「폐촉법」 제9조 제5항에서 "대통령령으로 정하는 지역"이란 폐기물처리시설의 예상 입지의 경계로부터 2킬로미터(소각시설의 경우에는 300미터) 이내의 지역을 말한다고 하고 있습니다.

우선, 「폐촉법 시행령」 제10조 제2항을 문리적으로 해석하면, 해당 규정에서는 "폐기물처리시설의 예상 입지의 경계로부터 2킬로미터(소각시설의 경우에는 300미터) 이내의 지역"으로 규정하고 있으므로, 소각시설을 제외한 폐기물매립시설과 기계적 처리시설 · 화학적 처리시설 · 생물학적 처리시설인 중간처리시설은 모두 2킬로미터를 적용해야 한다고 일응 볼 수 있습니다.

그러나 법령의 규정을 해석함에 있어서 입법 당시의 배경이나 취지를 고려하지 않고 단지 그 결과물로서의 조문에 대한 문언해석만을 할 경우 해당 규정과 관련된 현실에 동떨어진 것으로서 경우에 따라서는 규정에의 순응을 담보하기 어려운 비현실적인 규정이 될 수 있으므로, 조문의 문리적인 의미는 물론 해당 규정의 입법취지를 충분히 고려한 해석이 되어야 할 것입니다.

「폐촉법」 제9조 제5항의 입법취지는 폐기물처리시설이 주변환경에 미치는 영향이 크므로 해당 폐기물처리시설로 인하여 영향을 받을 수 있는 주변지역 주민의 동의가 있는 경우에 우선적으로 입지 후보지 타당성 조사를 하도록 한 것이므로, 해당 규정에 따라 세대주의 동의를 받는 지역적 범위는 해당 폐기물처리시설이 주변환경에 미치는 영향에 따라 판단하여야 할 것인 바, 이 사안에서 문제되는 음식물류 폐기물처리시설(이하 '폐기물매립시설 · 폐기물소각시설이 아닌 폐기물처리시설'이라 한다)이 '폐기물매립시설' 또는 '폐기물소각시설'과 비교하여 환경에 미치는 영향이 어떠한지의 여부에 대하여 살펴보아야 할 것입니다.

먼저, 「폐촉법」 제17조 및 같은 법 시행령 제20조에서는 폐기물처리시설의 설치 · 운영으로 인하여 환경상 영향을 받게 되는 주변지역(이하 '주변영향지역'이라 한다) 중 간접 영향권의 범위는 '폐기물매립시설'의 부지 경계선으로부터 2킬로미터 이내 또는 '폐기물소각시설'의 부지 경계선으로부터 300미터 이내를 말한다고 하고 있고, 같은 법 제18조 · 제19

조 및 제26조에서는 일정 규모 이상 폐기물매립시설의 설치시 이주대책을 수립·시행하며, 폐기물매립시설의 주변영향지역에 대한 지역개발촉진을 위한 사항을 지역개발계획에 반영하도록 하고, 폐기물매립시설의 설치·운영으로 인하여 주변영향지역에 미치는 영향을 정기적으로 조사·공개하도록 하고 있습니다.

또한, 폐기물관리법 제31조 제2항에서는 폐기물매립시설을 설치·운영하려는 자는 그 처리시설에서 배출되는 오염물질을 측정하여 환경부장관에게 제출하도록 하고, 같은 법 제31조 제3항에서는 일정 규모 이상의 폐기물소각시설 또는 폐기물매립시설을 설치·운영하는 자는 그 폐기물처리시설의 설치·운영이 주변 지역에 미치는 영향을 3년마다 조사하여 환경부장관에게 제출하도록 하고 있으며, 같은 법 제50조 제2항에서는 일정 규모 이상의 폐기물매립시설을 사용종료하거나 폐쇄한 자는 그 시설로 인한 주민의 건강·재산 또는 주변환경의 피해를 방지하기 위하여 사후관리를 하도록 하고 있습니다.

위 규정을 종합해 보면, 폐기물매립시설의 경우 폐기물을 매립한 데 따른 주변환경에의 영향이 크므로 주변환경의 피해를 방지하고 주변영향지역 주민에 대한 지원을 강화하기 위하여 많은 규제를 하고 있음을 알 수 있고, 그 다음으로 폐기물소각시설에 대하여 일정 부분 규제를 하고 있음을 알 수 있는 바, 폐기물매립시설·폐기물소각시설이 아닌 폐기물처리시설의 경우 폐기물매립시설 또는 폐기물소각시설보다 환경에 미치는 영향이 적다고 할 것입니다.

그렇다면, 「폐촉법 시행령」 제10조 제2항에 폐기물처리시설 예상입지의 경계 내에 거주하는 세대주의 동의를 받는 범위는 폐기물매립시설의 경우 2킬로미터를 적용하고, 폐기물소각시설의 경우 300미터를 적용하며, 폐기물매립시설·폐기물소각시설이 아닌 폐기물처리시설의 경우 300미터의 범위 내에서 적용하는 것이 타당하다 할 것인 바, 만약, 폐기물매립시설·폐기물소각시설이 아닌 폐기물처리시설에 대하여 2킬로미터의 기준을 적용한다면 폐기물매립시설과 폐기물소각시설에 비하여 주변환경에 미치는 영향이 적음에도 불구하고, 환경에 미치는 영향이 가장 큰 폐기물매립시설과 동일한 입지 선정 규제를 하게 됨으로써, 해당 폐기물처리시설의 입지선정을 현저히 제약하는 결과를 초래한다 할 것입니다.

따라서 「폐촉법」 제2조 제2호 가목 (3)에 따라 지방자치단체의 조례로 정하는 시설로서, 중간처리시설(소각시설 아님)인 음식물류 폐기물처리시설의 설치에 관하여 같은 법 제9조 제5항에 따라 세대주의 동의를 받는 지역적 범위는 폐기물처리시설 예상입지의 경계로부터 300미터 이내입니다.

3-1-15 여수시 : 주민이 거주하고 있지 않은 지역도 「폐기물처리시설 설치촉진 및 주변지역지원 등에 관한 법률」 제17조 제3항 제1호에 따른 직접영향권으로 결정·고시될 수 있는지(「폐기물처리시설 설치촉진 및 주변지역지원 등에 관한 법률」 제17조 제3항 제1호 등 관련)[안건번호 10-0123, 회신일자 2010-05-31]

1. 질의요지

주민이 거주하고 있지 않은 지역도 「폐기물처리시설 설치촉진 및 주변지역지원 등에 관한 법률」 제17조 제3항 제1호에 따른 직접영향권으로 결정·고시될 수 있는지?

2. 회 답

주민이 거주하고 있지 않은 지역도 「폐기물처리시설 설치촉진 및 주변지역지원 등에 관한 법률」 제17조 제3항 제1호에 따른 직접영향권으로 결정·고시될 수 있습니다.

3. 이 유

「폐기물처리시설 설치촉진 및 주변지역지원 등에 관한 법률」(이하 「폐촉법」이라 한다) 제17조 제1항에서 폐기물처리시설 설치기관은 폐기물처리시설 설치계획이 공고된 날부터 2년 이내에 주변영향지역을 결정·고시하여야 한다고 규정하고 있고, 같은 조 제2항에서는 주변영향지역을 결정·고시하려면 같은 법 제17조의2에 따라 구성된 주민지원협의체가 선정한 전문연구기관으로 하여금 환경상 영향을 조사하게 하고 그 결과를 수렴하여야 한다고 규정하고 있으며, 같은 조 제3항에서는 주변영향지역을 환경상 영향을 조사한 결과 인체·동물의 활동, 농·축산물, 임산물 또는 수산물에 직접적으로 환경상 영향을 미칠 것으로 예상되어 지역주민을 이주시킬 필요가 있다고 인정되는 직접영향권(제1호)과 대통령령으로 정하는 범위의 지역으로서 환경상 영향을 조사한 결과 환경상 영향이 미칠 것으로 예상되는 직접영향권 외의 지역인 간접영향권(제2호)으로 구분하고 있고, 같은 조 제4항에서는 직접영향권으로 결정된 지역의 토지 등을 소유한 자는 해당 폐기물처리시설 설치기관에 그 토지 등의 매수를 청구할 수 있다고 규정하고 있습니다. 그리고 「폐촉법 시행령」 제21조 제1항에서는 같은 법 제17조 제4항에 따라 토지 등의 매수를 청구하려는 자는 본인의 소유임을 증명할 수 있는 서류를 첨부하여 청구하도록 하고 있습니다.

우선, 「폐촉법」 제17조 제4항 및 같은 법 시행령 제21조 제1항에서 직접영향권으로 결정된 지역의 토지 등을 소유한 자는 폐기물처리시설 설치기관에 그 토지 등의 매수를 청구할 수 있고, 토지 등의 매수를 청구하려는 자로 하여금 본인 소유임을 증명할 수 있는 서류 등을 첨부하도록 하고 있을 뿐 직접영향권에서 거주하고 있을 것을 요구하고 있지 않다는 점에 비추어 보면, 주민이 실제로 거주하고 있는지의 여부가 폐기물처리시설 설치에 따른 직접영향권 결정의 요건이 되는 것은 아니라고 할 것입니다.

그리고 「폐촉법 시행령」 [별표 2] 비고에서는 주변영향지역(주변영향지역이 결정·고시되지 아니한 경우에는 폐기물매립시설의 경우 부지 경계선으로부터 2킬로미터 이내, 폐기물소각시설의 경우 부지 경계선으로부터 300미터 이내)에 주민이 거주하지 아니하는 경우에는 주민대표를 위촉하지 아니하고, 주민대표 대신 해당 특별자치도·시·군·구의회 의원 각 4명과 특별자치도·시·군·구의회에서 추천한 전문가 2명으로 지원협의체를 구성한다고 규정하고 있는 점을 볼 때에도, 주변영향지역을 지정·고시하는 데에 있어서 주민이 거주하고 있는 지역일 것이라는 전제가 반드시 필요하다고 하기 어렵습니다.

나아가, 「폐촉법」 제17조 제3항 제1호에서 직접영향권을 사실상 "지역주민을 이주시킬 필요가 있다고 인정되는 지역"으로 규정하고 있어 주민이 거주하고 있는지 여부가 직접영향권을 결정하는 요건이 된다는 견해가 있을 수 있으나, 같은 호에서 규정하고 있는 직접영향권의 기준으로서 "지역주민을 이주시킬 필요"는 해당 폐기물처리시설 설치지역에 지역주민이 있다면 이주시킬 필요가 있을 정도로 폐기물처리시설 설치로 인한 환경상 영향이 심각하게 우려되는 지역을 의미하는 것이지, 동일한 정도의 환경상 영향이 인정된다고 하더라도 주민이 실제로 거주하고 있는지에 따라 직접영향권으로 결정할 수 있는지 여부가 좌우되는 것은 아니라고 보는 것이 합리적입니다.

따라서 주민이 거주하고 있지 않은 지역도 「폐촉법」 제17조 제3항 제1호에 따른 직접영향권으로 결정·고시될 수 있습니다.

3-1-16 경기도교육청 : 「학교보건법」 제6조 제1항 제6호(쓰레기자동수거시설이 폐기물수집장소에 해당하는지 여부) 관련 [안건번호 08-0280, 회신일자 2008-10-17]

1. 질의요지

각 가정에서 발생하는 생활쓰레기를 옥내외 투입구를 통해 진공압을 이용하여 지하에 매설된 파이프를 거쳐 집하장까지 이송하여 보관하는 쓰레기자동수거시설이 「학교보건법」 제6조 제1항 제6호의 "폐기물수집장소"에 해당하는지?

2. 회 답

쓰레기자동수거시설은 폐기물관리법 제2조에서 정의한 폐기물을 수집, 즉 거두어 모으는 장소로서 학교환경위생 정화구역에 설치될 경우 학생과 교직원의 건강이나 학습과 학교보건위생에 나쁜 영향을 줄 수 있는 시설이므로 「학교보건법」 제6조 제1항 제6호의 "폐기물수집장소"에 해당됩니다.

3. 이 유

「학교보건법」 제1조는 이 법은 학교의 보건관리와 환경위생 정화에 필요한 사항을 규정하여 학생과 교직원의 건강을 보호·증진함을 목적으로 한다고 규정하고 있고, 같은 법 제6조 제1항은 누구든지 학교환경위생 정화구역에서는 다음 각 호(제1호부터 제20호까지의 규정)의 어느 하나에 해당하는 행위 및 시설을 하여서는 안 되나, 다만 대통령령으로 정하는 구역에서는 제2호, 제3호, 제6호, 제10호, 제12호부터 제18호까지와 제20호에 규정된 행위 및 시설 중 교육감이나 교육감이 위임한 자가 학교환경위생정화위원회의 심의를 거쳐 학습과 학교보건위생에 나쁜 영향을 주지 아니한다고 인정하는 행위 및 시설은 제외한다고 규정하고 있고, 같은 항 제6호에서는 학교환경위생 정화구역 안에서 금지되는 시설로서 폐기물수집장소를 규정하고 있습니다.

한편 폐기물관리법 제1조에서는 이 법은 폐기물의 발생을 최대한 억제하고 발생한 폐기물을 적정하게 처리하여 환경보전과 국민생활의 질적 향상에 이바지하는 것을 목적으로 한다고 규정하고 있고, 제2조에서는 그 사용하는 용어를 정의하면서 '폐기물'이란 쓰레기, 연소재(燃燒滓), 오니(汚泥), 폐유(廢油), 폐산(廢酸), 폐알칼리 및 동물의 사체(死體) 등으로서 사람의 생활이나 사업활동에 필요하지 아니하게 된 물질을 말한다고 규정하고 있고, '처리', '폐기물처리시설', '폐기물감량화시설' 등에 대한 정의를 하고 있을 뿐 '수집'이나 '폐기물수집장소'에 대한 별도의 정의를 하고 있지 않으며, 더 나아가 폐기물관리법에서는 '폐기물수집장소'라는 용어를 사용하지 않고 있습니다.

위와 같이 「학교보건법」과 「폐기물관리법」은 서로 목적을 달리하는 법으로, 「학교보건법」에서 규정하고 있는 용어에 대해 폐기물관리법이 명확히 정하고 있는 경우라면 법체계의 통일적인 해석을 위하여 폐기물관리법상의 개념과 일치하여 해석하고 이해하여야 할 것이지만, 폐기물관리법이 명확히 정하고 있지 않은 경우라면 「학교보건법」의 목적과 해당 조문의 입법취지에 따라 그 용어를 해석하고 이해하여야 할 것입니다.

「학교보건법」은 같은 법 제6조 제1항 제6호에서 '폐기물수집장소'에 대한 정의를 하지 않은 채 '폐기물수집장소'라는 용어를 사용하고 있는 바, 「학교보건법」상 '폐기물수집장소'가 어떠한 장소를 의미하는지 여부를 판단함에 있어 '폐기물' 개념의 경우에는 폐기물관리법이 폐기물에 대하여 정의하고 있으므로 폐기물관리법의 정의에 따라 판단하여야 할 것이지만, '수집장소' 개념의 경우에는 폐기물관리법에 따로 명시적으로 정한 것이 없고, 폐기물수집·처리에 관한 일반적인 사항을 정한 폐기물관리법과 달리, 「학교보건법」에서는 학교의 보건·위생 및 학습 환경의 측면을 고려하여 '폐기물수집장소'에 대하여 규정한 것이므로, 「학교보건법」상 '폐기물수집장소'의 개념을 반드시 폐기물관리법에 따른 폐기물수집·운반업 허가를 전제로 하는 것으로 한정하여 폐기물처리업자가 폐기물을 수집·보관하는 장소로만 보아야 하는 것은 아니고, 「학교보건법」의 입법취지와 해당 조문의 규정 등을 종합적으로 고려하여 「학교보건법」상 '폐기물수집장소'의 개념을 별도로 판단하여야 할 것입니다.

그렇다면 학교의 보건관리와 환경위생 정화에 필요한 사항을 규정하여 학생과 교직원의 건강을 보호·증진하고자 하는 「학교보건법」의 목적과 학교환경위생 정화구역에서 학습과 학교보건위생에 나쁜 영향을 줄 가능성이 있는 행위 및 시설을 규제하고자 하는 같은 법 제6조 제1항의 입법취지를 고려하여 볼 때, 「학교보건법」상 '폐기물수집장소'란 폐기물관리법 제2조에서 정의한 폐기물을 수집하는 장소, 즉 쓰레기, 연소재(燃燒滓), 오니(汚泥), 폐유(廢油), 폐산(廢酸), 폐알칼리 및 동물의 사체(死體) 등으로서 사람의 생활이나 사업활동에 필요하지 아니하게 된 물질을 거두어 모으는 장소로서 학교환경위생 정화구역에 설치될 경우 학생과 교직원의 건강이나 학습과 학교보건위생에 나쁜 영향을 줄 수 있는 곳이라 할 것입니다.

이 사안 쓰레기자동수거시설이 「학교보건법」 제6조 제1항 제6호의 "폐기물수집장소"에 해당하는지 여부에 대하여 살펴보면, 이 사안 쓰레기자동수거시설의 경우 각 가정에서 발생하는 생활쓰레기를 옥내외 투입구를 통해 진공압을 이용하여 지하에 매설된 파이프를 거쳐 집하장까지 이송하여 보관하는 장소로서, 폐기물관리법 제2조에서 정의한 폐기물을 수집, 즉 거두어 모으는 장소라 할 것이고, 생활쓰레기를 이송하고 보관하는 과정에서 진동, 소음, 악취, 분진 등을 발생시킬 수 있어 학교환경위생 정화구역에 설치될 경우 학생과 교직원의 건강이나 학습과 학교보건위생에 나쁜 영향을 줄 수 있는 시설이라 할 것입니다.

따라서 쓰레기자동수거시설은 폐기물관리법 제2조에서 정의한 폐기물을 수집, 즉 거두어 모으는 장소로서, 학교환경위생 정화구역에 설치될 경우 학생과 교직원의 건강이나 학습과 학교보건위생에 나쁜 영향을 줄 수 있는 시설이므로 「학교보건법」 제6조 제1항 제6호의 "폐기물수집장소"에 해당됩니다.

3-1-17 충청북도 진천군 : 폐기물관리법 시행규칙 [별표 7] 제2호 나목(세차시설을 임차하여 사용할 수 있는지 여부 등) 관련[안건번호 08-0147, 회신일자 2008-08-22]

1. 질의요지

폐기물관리법 제25조 제3항, 같은 법 시행규칙 제28조 제4항 및 [별표 7] 제2호 나목에 따르면 지정폐기물(의료폐기물은 제외함. 이하 같음)을 중간처리(재활용하는 경우는 제외함. 이하 같음)하는 폐기물중간처리업의 허가를 받고자 하는 경우에는 20제곱미터 이상의 세차시설을 갖추어야 하는데,

가. 폐기물중간처리업의 허가를 받고자 하는 자가 세차시설의 소유자와 세차시설을 전용으로 사용하기로 하는 임대차계약을 체결한 경우에 폐기물관리법 시행규칙 [별표 7] 제2호 나목에 따른 세차시설을 갖춘 것으로 볼 수 있는지?

나. 폐기물관리법 시행규칙 [별표 7] 제2호 나목의 세차시설은 중간폐기물처리시설이 설치되어 있는 사업장 부지 안에 설치해야 하는지?

2. 회 답

가. 질의 가에 대하여

폐기물중간처리업의 허가를 받고자 하는 자가 폐기물중간처리시설이 설치되어 있는 사업장과 인접한 곳에 위치한 세차시설을 그 소유자와 전용으로 사용하기로 하는 임대차계약을 체결한 경우에는 폐기물관리법 시행규칙 [별표 7] 제2호 나목에 따른 세차시설을 갖춘 것으로 볼 수 있습니다.

나. 질의 나에 대하여

폐기물중간처리업의 허가를 받고자 하는 자가 갖추어야 하는 폐기물관리법 시행규칙 [별표 7] 제2호 나목의 세차시설은 폐기물중간처리시설이 설치되어 있는 사업장 부지 안에 갖추어야 하고, 다른 사람이 소유한 세차시설을 전용으로 임차하여 사용하는 경우라 하더라도 그 세차시설은 폐기물중간처리시설 등이 설치된 사업장 안이거나 그 사업장과 아주 가까운 거리에 근접한 곳에 위치하고 있어야 할 것입니다.

3. 이 유

가. 질의 가 및 나의 공통사항

폐기물관리법 제25조 제3항, 같은 법 시행규칙 제28조 제4항 및 [별표 7]에서는 폐기

물의 수집·운반 또는 처리를 업(이하 '폐기물처리업'이라 함)으로 하려는 자가 갖추어야 할 시설·장비 및 기술능력에 관하여 규정하고 있는데, 같은 법 시행규칙 [별표 7] 제2호 나목에서 지정폐기물을 중간처리하려는 경우에 갖추어야 하는 공통시설 및 장비로서 실험실, 실험기기, 보관시설, 세차시설, 계량시설은 필수적으로 갖추도록 하되, 주차장과 수집·운반차량은 처리대상 폐기물을 스스로 수집·운반하는 경우만 갖추도록 하고 있고, 같은 법 시행규칙 [별표 7]의 비고 제4호에서는 수집·운반차량 외의 장비 및 사업장 부지는 임차(임차계약서는 임차기간을 3년 이상으로 하여 공증을 받아야 함)하여 사용할 수 있다고 규정하고 있습니다.

나. 질의 가에 대하여

폐기물관리법 시행규칙 [별표 7]의 비고 제4호에서 사업장 부지를 임차할 수 있다고 규정하고 있는 바, 임차할 수 있는 사업장 부지에는 폐기물중간처리시설뿐만 아니라 보관시설, 주차장 또는 세차시설 등을 설치하기 위한 사업장 부지도 포함된 것이라고 할 수 있으므로 세차시설을 임차하는 것도 세차시설용 사업장 부지를 임차하는 것에 포함하는 것이 합리적이라고 할 것입니다.

다만, 폐기물처리업자가 갖추어야 하는 세차시설은 「수질 및 수생태계보전에 관한 법률」 제2조 제10호에 따른 폐수배출시설에 해당하는데, 폐기물관리법 제32조 제1항에 따라 폐기물처리업의 허가를 받은 경우에는 「수질 및 수생태계보전에 관한 법률」에 따른 배출시설의 설치허가나 신고를 한 것으로 의제되므로 세차시설은 폐기물처리업자의 소유에 속하거나 다른 사람이 소유한 경우에도 폐기물중간처리시설이 설치되어 있는 사업장과 인접한 곳에 위치하여야 하고, 폐기물처리업자가 전용으로 사용하는 경우여야 할 것입니다.

그렇다면, 폐기물중간처리업의 허가를 받고자 하는 자가 폐기물중간처리시설이 설치되어 있는 사업장과 인접한 곳에 위치한 세차시설을 그 소유자와 전용으로 사용하기로 하는 임대차계약을 체결한 경우에는 폐기물관리법 시행규칙 [별표 7] 제2호 나목에 따른 세차시설을 갖춘 것으로 볼 수 있습니다.

다. 질의 나에 대하여

폐기물관리법에 따라 폐기물처리업자가 갖추어야 하는 세차시설은 「수질 및 수생태계보전에 관한 법률」 제2조 제10호에 따른 폐수배출시설에 해당하므로 같은 법에 정해져 있는 기준을 갖추어야 하고, 같은 법에 따라 배출시설의 설치허가 등을 받아야 하지만, 폐기물관리법 제32조 제1항에서 폐기물처리업의 허가를 받으면 「수질 및 수생태계보전에 관한 법률」에 따른 배출시설의 설치허가나 신고를 한 것으로 의제하도록 규정하고 있습니다.

따라서 폐기물처리업자가 갖추어야 하는 세차시설은 「수질 및 수생태계보전에 관한 법률」에 정해져 있는 배출시설의 설치기준을 갖추어야 하는 동시에 폐기물관리법 시행규칙에 따라 수집·운반차량의 대수에 따라 20제곱미터 이상(10대 미만인 경우) 또는 30제곱미터 이상(10대 이상인 경우)의 면적기준을 충족하여야 합니다.

그런데, 폐기물처리업에 있어서 세차시설을 갖추도록 규정한 것은 폐기물을 발생장소에서 처리장소까지 수집·운반한 차량은 처리장소에 폐기물을 운반한 뒤 그 차량에 남아 있는 환경오염물질을 세차시설에서 세차하여 제거하도록 함으로써 폐기물로 인한 환경오염 등을 방지하고자 하는 취지라 할 것이므로, 세차시설은 폐기물중간처리시설 등이 설치된 사업장과 동일한 장소이거나 가까운 곳에 두어야 할 것이고, 폐기물처리업자가 다른 사람이 소유한 세차시설을 전용으로 임차하여 사용하는 경우라 하더라도 그 세차시설은 폐기물중간처리시설 등이 설치된 사업장 안이거나, 그 사업장과 아주 가까운 거리에 근접한 곳에 위치하고 있어야 폐기물관리법에서 세차시설을 갖추도록 하는 목적을 달성할 수 있다고 할 것입니다.

따라서 폐기물중간처리업의 허가를 받고자 하는 자가 갖추어야 하는 폐기물관리법 시행규칙 [별표 7] 제2호 나목의 세차시설은 폐기물중간처리시설이 설치되어 있는 사업장 부지 안에 갖추어야 하고, 다른 사람이 소유한 세차시설을 전용으로 임차하여 사용하는 경우라 하더라도 그 세차시설은 폐기물중간처리시설 등이 설치된 사업장 안이거나 그 사업장과 아주 가까운 거리에 근접한 곳에 위치하고 있어야 할 것입니다.

3-2 질의/응답 사례(환경부) : 폐기물처리업

1. 일반폐기물처리업

[수집·운반업 허가 및 (변경)신고 등]

3-2-1 사업장 소재지 이전시 변경신고 절차(2008-03-31)

[질의] 사업장생활계 폐기물 수집·운반업 영업장소를 타 시로 이전할 시 관련 절차는?

[회신] 폐기물수집·운반업 허가를 받은 자가 연락장소 또는 사무실 소재지(지정폐기물 수집·운반업의 경우에는 주차장 소재지)를 이전할 경우에는 이전하고자 하는 지역의 관할기관에 변경신고(지정폐기물 수집·운반업의 경우에는 변경허가)를 하여야 합니다. 이전하고자 하는 소재지 관할기관에서 변경신고(허가)서를 접수받아 기존업소 소재지 관할기관으로부터 관련 서류 일체를 이관받은 후 변경신고수리 또는 변경허가를 하고 있습니다.

3-2-2 비닐, 포장지, 스티로폼 등을 수집하기 위한 인·허가 관련 질의(2008-08-31)

[질의] 가전제품을 배달하고 나오는 비닐, 포장지, 스티로폼 등을 모아서 월 또는 일단위로 처리업체에 운반하는 업을 하려는 경우 재활용 신고대상 또는 폐기물수집·운반업 신고대상에 해당하는지 여부?

[회신] 비닐, 포장지, 스티로폼 등의 폐기물은 생활폐기물로서 폐기물관리법 제14조 및 동법 시행규칙 제8조 [별표 5] 제1호의 규정에 의거 생활폐기물은 시·군·구청장 또는 생활폐기물의 수집·운반 또는 처리를 대행하는 자가 이를 처리토록 규정하고 있어 생활폐기물의 처리(재활용) 및 수집·운반과 관련하여 지자체 조례에서 정하는 바에 따라야 할 것입니다.

3-2-3 하수슬러지 수집·운반업 허가에 대한 질의(2009-02-25)

[질의] 하수슬러지(액상) 수집·운반하는 업을 하고자 할 경우 득하여야 하는 허가 종류는?

[회신] 하수슬러지(액상)를 수집·운반하는 업을 하고자 할 경우에는 사업장배출시설계 폐기물 수집·운반업의 허가를 득하여야 합니다.

3-2-4 사업장에서 폐타이어 수거시 수집·운반업 허가에 대한 질의(2009-03-20)

[질의] 카센터를 돌면서 폐타이어를 수집·운반(조합 또는 소각업체에 가져다 줌)하려고 하는데, 사업장배출시설계, 사업장생활계, 생활폐기물 중 어떤 수집·운반업 허가를 받아야 하는지?

[회신] 가. 다른 사람의 사업장폐기물을 수집·운반하고자 할 경우, 폐기물관리법 제25조 제3항의 규정에 따라 폐기물수집·운반업 허가 대상입니다.

나. 사업장 일반폐기물인 폐타이어를 수집·운반하고자 할 경우, 폐기물관리법 시행규칙 제28조 제4항 [별표 7] 제1호에 의한 사업장생활계 폐기물 수집·운반업 허가대상입니다.

3-2-5 사업장생활계 폐기물 수집·운반 허가 절차(2009-03-31)

[질의] 사업장생활계 폐기물의 수집·운반 허가를 득하기 위한 절차는?

[회신] 가. 사업장생활계 폐기물 수집·운반업의 허가를 받고자 할 경우에는 폐기물관리법 시행규칙 [별표 7] "폐기물처리업의 시설·장비·기술능력의 기준"을 충족하고 있어야 합니다.

나. 서울특별시에서 사업장생활계 폐기물 수집·운반업을 하고자 할 경우에는 밀폐식 운반차량 1대 이상(적재능력 합계 15세제곱미터 이상), 운반용 압축차량 또는 압착차량 1대 이상 기계식 상차장치가 부착된 차량 1대 이상을 확보하여야 합니다. 운반차량은 허가권자가 영업대상 폐기물 및 운반방법을 고려하여 밀폐식 차량을 제외한 차량을 다른 차량으로 대체하게 할 수 도 있습니다.

다. 사업장생활계 폐기물 수집·운반업의 허가절차는 사업장배출시설계 폐기물 수집·운반업의 허가절차와 같으며, 폐기물처리업의 허가를 득하기 위해서는 사전에 폐기물처리사업계획서를 제출하여 적합통보를 받은 이후에 장비 등을 갖추어 허가를 신청하여야 합니다.

3-2-6 폐기물수집·운반업 휴업 중 감차에 대한 변경허가 가능성(2009-04-13)

[질의] 폐기물수집·운반업을 하다가 휴업 중인데, 차량을 휴업 후에 다른 용도로 사용하거

나 매각을 할 생각입니다. 휴업신고 후에 차량을 줄이기 위해 변경허가 신청이 가능한지?

[회신] 가. 폐기물처리업 휴업을 하고자 할 경우에는 허가증 및 폐기물수집·운반증 등을 모두 반납하여야 합니다. 휴업 중에 수집·운반차량 감차에 대한 변경허가 신청은 의미가 없을 것으로 판단됩니다.

나. 휴업기간 동안 수집·운반차량을 다른 용도로 전용할 수 있으나, 재개업시에는 처리업의 시설·장비요건을 갖추어야 합니다.

3-2-7 생활폐기물 수집·운반업 신규 허가 및 대행계약이 가능성(2009-06-02)

[질의] 폐기물관리법 제25조에 의한 폐기물처리업 신규 허가 시 대행공고 및 사업계획서의 적격심사를 통하여 선정한 업체에 생활폐기물 수집·운탄업 신규 허가 및 대행계약이 가능한지 여부?

[회신] 생활폐기물 수집·운반업 허가는 폐기물관리법 제25조데 의거 해당 자치단체에서 폐기물처리사업계획서, 결격사유, 시설·장비 등을 종합검토하여 처리되며, 대행계약은 폐기물관리법 제14조 제2항에 의거 동법 시행령 제8조에 구정된 자(폐기물처리업을 허가 받은 자 등)와 계약이 가능함을 알려 드립니다.

[중간처리업 허가 및 (변경)신고 등]

3-2-8 보관시설의 변경허가(2008-03-29)

[질의] 폐기물 허용보관량은 허가시보다 얼마나 증가시 변경허가를 받는 것인지?

[회신] 허가받은 폐기물 허용보관량의 변경이 있는 경우 증·감량에 관계없이 폐기물관리법 시행규칙 제29조의 규정에 따라 폐기물처리업 변경허가를 받아야 합니다.

3-2-9 매립지 용적 변경 시 변경허가 대상 여부(2008-05-06)

[질의] 지정폐기물 매립지에서 최초 허가 시 상부 제방 3단을 설치하는 것으로 관할 환경청으로부터 허가를 득하였으나, 관할 지자체와의 허가를 득하기 위해 협의하는 중에 경관성의 이유로 상부 제방 높이를 조정하였습니다. 따라서 상부 제방 3단에서 2단으로 변경 예정이며 이에 매립용적이 변경허가요건인 허가용량의 30%는 넘지 않은 범위에서 변경된 경우, 변경허가 대상인지 여부?

[회신] 기 허가받은 폐기물매립시설의 제방 높이를 낮추기 위해, 설치 예정 중에 있던 매립

시설 제방 중 최상단(3단)의 설치계획 취소 외에 제방 하단부에 대한 설계변경 등 증·개축 사항이 없는 경우에는 폐기물관리법 시행규칙 제29조에 의한 변경허가 대상에 해당되지 않습니다.

3-2-10 파쇄량 변경에 따른 변경허가 대상 여부(2008-05-07)

[질의] 파쇄시설(400HP)(1일 8시간 기준 처리능력: 20톤/일)에서 조업(가동)시간을 8시간/일에서 16시간/일로 변경하여 처리량을 40톤/일로 변경하는 경우 변경허가 대상인지 여부?

[회신] 폐기물중간처리업(재활용전문) 허가를 득할 시 폐기물관리법 시행규칙 제28조 제4항 [별표 7] 비고 5의 규정에 의거 파쇄시설에 대하여 일 8시간 기준으로 20톤/일 처리용량으로 인·허가를 득한 후, 일 조업시간을 16시간으로 연장하여 일 처리용량이 40톤/일로 변경될 경우에는 처리능력 변경에 따른 변경허가에 해당되지 않으나, 다만 작업시간의 변경으로 인하여 허용보관량의 변경시에는 동법 시행규칙 제29조 제1항 제9호의 규정에 의거 폐기물처리업 변경허가사항에 해당됩니다.

3-2-11 MBT시설의 폐기물처리업 인·허가 가능성(2008-05-20)

[질의] 폐기물 전처리시설(Mechanical Biological Treatment, MBT)의 경우 폐기물처리업 인·허가를 득할 수 있는지 여부?

[회신] 가. 폐기물관리법 제25조에 따라 생활폐기물을 재활용하는 경우는 폐기물중간처리업 대상에서 제외되나, 다른 사람의 폐기물을 이용할 경우에는 폐기물중간처리업 허가를 득하여야 합니다.

나. 또한, 전처리(MBT)시설은 폐기물관리법 시행령 [별표 3]에 의한 폐기물처리시설의 종류 중 파쇄, 선별 및 성형을 위주로 하는 기계적 처리시설에 해당하여 폐기물처리시설 설치신고를 하여야 합니다.

3-2-12 공드럼 재활용시 관련 인·허가 절차(2008-06-24)

[질의] 공드럼을 수리·수선하여 재사용할 수 있는 상태로 만드는 과정에서 유해물질이 배출되는 경우 폐기물중간처리업에 해당하는지 여부?

[회신] 폐기물관리법 시행규칙 제66조 제3항 [별표 17] 제24호의 규정에 따라 다른 사람의 사업장폐기물을 수리·수선하여 같은 용도로 다시 사용할 수 있는 상태로 만드는

경우 중, 수리·수선하는 과정에서 지정폐기물이나 특정 대기·수질유해물질이 배출되지 아니하는 경우에만 해당함으로 공드럼을 수리·수선하는 과정에서 PCBs 등 특정 대기·수질유해물질이 발생할 경우 폐기물재활용 신고대상에 해당되지 않으며, 폐기물중간처리업(재활용전문)에 해당될 것으로 판단됩니다.

3-2-13 폐기물처리업 해당 여부(2008-07-14)

[질의] 폐기물관리법 제2조(정의) 제7호 "재활용"의 범위에 폐기물관리법 제25조의 규정에 의한 폐기물처리업 허가(폐기물중간처리업-생물학적 처리 음식물폐기물처리시설)가 재활용시설에 해당되는지 여부?

[회신] 폐기물중간처리업(생물학적 처리, 음식물폐기물처리시설)은 폐기물관리법 제25조의 규정에 의거 폐기물중간처리업은 동법 시행규칙 제28조 제4항 [별표 7] 제2호 4)규정의 재활용전문의 경우에 따라 시설 및 장비 등을 갖추고 동법 시행규칙 제35조 [별표 9] 제1호 마목(생물학적 처리시설)의 폐기물처리시설 설치기준에 맞게 재활용하는 경우 폐기물중간처리업(재활용전문)에 해당합니다. 또한, 폐기물중간처리업(재활용전문)은 폐기물관리법 제2조(정의) 제7호 "재활용"의 범위에 해당합니다.

3-2-14 폐기물 처리 방법 변경시 변경신고 대상 여부(2008-08-31)

[질의] 최초 신고시 전량 재활용으로 신고하였으나 폐기물에 수분이나 슬러지가 70~80% 함유되어 재활용(20~30%) 및 소각(70~80%)처리하고 있는 경우 변경신고 대상에 해당하는지 여부?

[회신] 최초 신고 시 폐기물의 전량을 재활용 신고하였으나 재활용률이 20~30%로 변경되었을 경우 폐기물관리법 시행규칙 제67조 제3항 제1항 및 제2항의 재활용대상 폐기물 변경사항에 해당되므로 관련 법령에 따라 변경신고하시기 바랍니다.

3-2-15 정제연료유 생산 및 공급에 관한 질의(2008-09-30)

[질의] 이온정제방법으로 생산한 정제연료유가 시험기준을 초과하지만 재생연료유의 시험기준을 만족할 경우 재생연료유로 판매가 가능한지 여부?

[회신] 가. 폐기물중간처리업(재활용전문)을 폐유를 이온정제방법으로 정제연료유를 생산하는 것으로 허가를 득하였다면, 이온정제 방법으로 생산한 정제연료유가 시험기준을 초과하고 재생연료유의 시험기준을 만족할지라도 재생연료유로 판매는 불가합니다.

나. 다만, 재생연료유의 대상폐기물은 폐유 또는 폐유가 아닌 지정폐기물 중 액체상태이거나 유동성(流動性)이 있는 폐기물(할로겐족을 제외한 폐유기용제, 폐페인트 및 폐락카의 경우에 한한다)과 폐유의 혼합물이므로 처리대상 폐기물을 변경하는 등 재생연료유를 생산하는 것으로 폐기물처리업 변경허가를 득한 후 판매가 가능할 것으로 판단됩니다.

3-2-16 폐타이어 재활용시 관련 인·허가 절차(2009-01-19)

[질의] 폐타이어를 가공하여 타이어칩을 생산하는 경우, 타이어칩이 폐기물인지 여부 및 폐기물재활용 신고대상인지, 아니면 중간처리업 허가대상인지 여부?

[회신] 폐타이어를 가공하여 타이어칩으로 생산한 것은 폐기물에 해당하며, 타이어칩을 폐기물관리법 시행규칙 제66조 제3항 [별표 16] 제3호의 규정에 의하여 폐타이어를 이용하여 열분해시설에서 가스·유류 등 연료를 뽑아 내거나 폐타이어를 매립시설의 차수재로 사용하는 경우 및 제11호의 규정에 의하여 폐타이어·폐고무벨트 등 폐고무(폐합성고무를 포함한다)를 재활용하여 재생고무·고무바닥재 등의 고무제품을 제조하거나, 활성탄 또는 고무제품의 제조원료(일정한 규격의 용기 또는 상자에 넣거나 포장하여야 한다)를 가공하는 폐기물재활용 신고자에게 판매하는 경우 폐기물중간처리업에 해당합니다.

3-2-17 폐전선 재활용시 관련 행정절차(2009-01-19)

[질의] 사업장 및 건설현장 또는 폐선박에서 발생된 폐전선을 수집·운반하여 폐전선의 피복을 탈피하여 재활용하고자 하는 경우 관련 행정절차는 무엇인지?

[회신] 폐전선은 폐합성수지로 분류되며, 다른 사람의 폐전선을 입고하여 절단, 탈피하는 경우는 폐기물재활용 신고가 아닌 폐기물중간처리업(재활용전문) 대상입니다.

3-2-18 폐기물처리업의 변경허가 대상 여부(2009-01-29)

[질의] 폐기물최종처리업(매립시설)의 허가를 받아 운영 중에 있는 사업장에서 허가용량의 30% 이내의 매립용량을 증가시키고 차수시설·침출수처리시설이 변경되며 매립시설 제방의 증·개축이 되는 경우 변경허가 대상에 포함되는지 여부?

[회신] 매립용량에 변경이 없다하여도 제방의 증·개축 또는 차수시설, 침출수처리시설이 변경되는 경우에는 폐기물처리업의 변경허가를 받아야 합니다.

3-2-19 폐기물중간처리업자의 제품생산 가능성(2009-01-31)

[질의] 폐기물중간처리업 허가를 보유한 사업장에서 폐기물이 아닌 일반제품을 공정에 투입하여 바나듐 등 합금철을 추출하여도 되는지 여부 및 일반폐기물을 첨부하여 바나듐 등 합금철을 추출하여도 되는지 여부?

[회신] 가. 합금철을 추출하는 폐기물처리시설에서 폐기물이 아닌 물질의 처리에 대해 제한을 두고 있지는 않습니다. 따라서 원료 등을 투입하여 제품을 생산할 수 있습니다.

나. 다만, 폐기물처리시설 설치기준, 폐기물처리시설 관리기준에 따라 해당시설을 유지하여야 하며, 폐기물을 폐기물처리시설이 아닌 시설에서 처리하고자 할 경우에는 폐기물처리업의 변경허가 또는 폐기물처리시설 설치 승인을 받아야 합니다.

3-2-20 폐식용유를 정제하여 원료로 납품하고자 할 시 절차 및 방법(2009-02-17)

[질의] 폐식용유를 정제하여 원료를 바이오디젤을 만드는 허가 업체에 납픔하고자 할 경우, 현재 취득한 재활용신고필증만으로 납품이 가능한지 여부?

[회신] 폐기물관리법 제46조 제1항 제4호 및 동법 시행규칙 제66조 제1항 제2호, 「자원의 절약과 재활용촉진에 관한 법률 시행규칙」 [별표 1] 제9호의 규정에 따라 폐식용유를 이용하여 제조한 유류(「석유 및 석유대체연료사업법」 제31조 제2항에 따라 고시된 바이오디젤 및 BD20 품질기준에 적합한 것이어야 함)를 제조할 경우 재활용 신고대상에 해당하나, 바이오디젤 제조업자에게 폐식용유를 정제하여 납품하는 것은 폐기물중간처리업(재활용전문)에 해당합니다.

3-2-21 폐자원 재생유 제조·판매시 인·허가 절차(2009-02-18)

[질의] 폐자원 재생유 제조 및 판매시 관련 인·허가 절차는?

[회신] 가. 폐유를 이용하여 정제연료유를 제조하는 경우 폐기물관리법 제25조의 폐기물중간처리업(재활용전문) 허가를 득하여야 합니다.

나. 폐기물관리법 시행규칙 제32조 [별표 8] 및 「정제연료유 등의 공급계획서작성 및 제출방법」(환경부고시 제2007-36호)의 규정에 의거 "폐유를 정제연료유로 재활용하는 자가 직접 사용자에게 정제연료유를 판매하여야 하며, 폐유를 정제연료유로 재활용하는 자, 폐유기용제를 정제유기용제로 재활용하는 자, 폐유 등

을 재생연료유로 재활용하는 자, 폐오일필터를 파쇄·정제(증류)하여 고철로 재활용하는 자가 각각 정제연료유, 정제유기용제, 재생연료유, 고철을 사용시설에 공급하고자 할 때에는 각각의 별지 서식의 계획서를 작성하여 폐기물처리업의 허가를 받은 지방환경관서의 장에게 제출 후 공급하여야 한다. 계획서를 변경하고자 하는 때에도 또한 같다"로 규정하고 있습니다.

다. 또한 「청정연료류 등의 사용에 관한 고시」(환경부고시 제2007-180호) [별표 2]의 규정에 의거 경유, 보일러등유 등의 대용으로 고온열분해유, 감압정제유를 사용 가능토록 규정하고 있습니다. 다만, 정제연료유에 관한 세제는 폐기물관리법에서 규정하고 있지 않습니다.

3-2-22 소각전문 중간처리업자의 재활용중간처리업 신설시 신규 허가대상 여부(2009-02-19)

[질의] 폐기물중간처리업(소각전문)을 영위하고 동 부지에 폐유정제시설을 설치하고자 하는 경우 폐기물처리시설의 신설로 보아 폐기물처리업 변경허가 대상에 해당하는지, 아니면 폐기물중간처리업(재활용)이므로 신규 폐기물처리업 허가 절차를 따라야 하는지 여부?

[회신] 폐기물중간처리업(소각전문)의 허가를 받은 자가 폐기물중간처리업(재활용)을 영위하기 위해서는 새로이 허가를 받아야 합니다.

3-2-23 폐기물처리업 허가 필요 유무(2009-02-25)

[질의] 제품생산을 위해 사용했던 폐슬러리(폐기물명: 폐유기용제, 현재는 폐기처리)를 재활용하여 사용하고자, 슬러리 재생설비(탈수기, 필터 등)를 설치하여 재생된 슬러리 및 슬러지는 당사 공정에 재사용하고, 나머지는 폐기하고자 합니다. 이를 위한 슬러리 회수설비를 당사에서 직접 설치·운영할 경우 필요한 허가가 있는지 여부 및 슬러리 회수 전문업체가 당사 내에 설비설치 및 운영권을 갖고 운영(아웃소싱)할 경우 필요한 허가가 있는지 여부?

[회신] 가. 사업장에서 발생한 폐유기용제를 재사용하기 위해 탈수시설, 여과시설 등 폐기물관리법 시행령 [별표 3]에 정하고 있는 폐기물처리시설을 설치하기 위해서는 폐기물처리시설 설치승인(신고)을 받아야 합니다.

나. 시설을 임대하여 사용하는 것은 관계가 없으나, 타인이 처리시설의 설치·운영권을 가지고 있을 경우에는 폐기물처리업의 허가를 받아야 합니다.

3-2-24 영업대상 폐기물 추가에 대한 행정절차(2009-02-28)

[질의] 영업대상 폐기물에 지정폐기물 외의 사업장폐기물-재활용전문(기타 재활용-준설토)항목을 추가하여 시설·장비 등을 갖추고 변경허가를 득할 수 있는지 여부?

[회신] 지정폐기물 외의 사업장 폐기물중간처리업은 폐기물관리법 시행규칙 제28조 제4항 [별표 7] 제2호 가목의 규정에 따라 소각·기계적 처리·화학적 처리·생물학적 처리·재활용전문처리업으로 구분되며, 준설토를 재활용 처리 하고자 할 경우, 파쇄전문 중간처리업 외에 재활용전문 중간처리업 허가를 별도로 득하여야 함을 알려드립니다.

3-2-25 소각시설에서 중화시설 설치 시 변경허가 대상 여부(2009-03-12)

[질의] 소각시설에서 폐산, 폐알칼리 처리를 위한 전처리 중화설비를 설치할 경우 폐기물처리업 변경허가 대상에 해당하는지 여부?

[회신] 가. 폐기물소각처리업자가 소각대상 폐기물의 중화처리를 위한 시설을 설치하고자 할 경우에는 폐기물처리업의 변경허가를 받아야 합니다.

나. 폐기물처리업자가 아닌 경우에는 폐기물처리시설 설치승인(신고)을 받아야 합니다.

3-2-26 폐공드럼 회수 및 세척 후 재활용시 중간처리업 허가대상 여브(2009-03-17)

[질의] 수용성수지 제품을 PVC드럼에 포장하여 납품하고 있는데, 납품한 PVC드럼을 회수 후, 물로 세척하여 수거한 PVC드럼에 제품을 다시 포장하여 납품하고자 하는 경우 관련 절차?

[회신] 용기를 재활용하기 위하여 중간처리하고자 할 경우, 폐기물관리법 제25조 제3항의 규정에 따라 폐기물중간처리업 허가대상입니다.

3-2-27 폐기물처리업 허가시 개인 또는 법인 명의 가능성(2009-03-18)

[질의] 폐기물중간처리업 및 수집·운반을 신청함에 있어서 법인사업자로 등록하여야만 신청할 수 있는 것인지?

[회신] 개인 또는 법인 명의로 폐기물처리업의 허가를 받을 수 있습니다.

3-2-28 중간처리업 변경신고 대상 여부 (2009-03-19)

[질의] 중간처리업을 득하고 운영 중 시설 노후로 인하여 폐쇄하고 신규로 처리업 변경을

받아 시간당 1.85톤의 소각시설로 설치 중인데, 영업상의 어려움으로 인하여 중간처리업 기본요건인 시간당 2톤으로 변경하고자 할 경우 중간처리업 변경허가 대상인지 여부?

[회신] 가. 「대기환경보전법 시행규칙」 [별표 3] "대기오염물질 배출시설" 비고 8에 배출시설의 규모는 그 시설의 최대용량을 말한다고 규정하고 있습니다.

나. 따라서 당초 폐기물처리업의 허가 및 배출시설 설치허가 당시에 소각시설의 최대용량으로 허가를 받았을 것이므로, 시설의 변경이 없는 경우에는 처리용량 변경이 곤란할 것으로 판단됩니다.

3-2-29 폐기물중간처리업 영업대상 폐기물 중 폐합성고무류에 대한 문의(2009-04-04)

[질의] 폐합성고무류에서 폐타이어를 폐합성고무류에 속하는 것으로 보고 당사의 파쇄·분쇄시설에서 처리가 가능한지 여부 및 폐타이어를 파쇄·분쇄하여 재활용을 하려고 한다면 폐기물중간처리업이 아닌 폐기물재활용신고필증을 득해야 하는 것인지?

[회신] 가. 폐기물관리법 시행규칙 제2조의2 [별표 4] 제2호의 규정에 의하면 폐타이어는 폐합성고무류와 구분되어 있습니다. 따라서 폐타이어를 처리대상 폐기물로 추가하고자 할 경우, 폐기물중간처리업자는 폐기물관리법 시행규칙 제29조 제1항의 규정에 따라 폐기물처리업 변경허가를 득하여야 합니다.

나. 폐기물관리법 제46조 제1항 제4호, 「자원의 절약과 재활용촉진에 관한 법률 시행규칙」 제2조 [별표 1] 제5호 및 동법 시행규칙 제20조의3 제2항 [별표 7] 제1호 가목 3)의 규정에 따라 폐타이어를 선별·파쇄·절단 등의 방법으로 가공하되, 가공품의 가장 긴 단면의 길이를 120밀리미터 이하로 하여 고형연료제품을 생산하는 경우, 폐기물관리법 시행규칙 [별표 16] 제11호의 방법에 따라 폐타이어를 재활용하는 경우에는 폐기물관리법 제46조 제1항에 따라 폐기물재활용 신고를 득하고 폐타이어를 재활용할 수 있습니다.

3-2-30 폐기물 최종처리업자의 폐기물중간처리업 허가 신청 가능성(2009-04-20)

[질의] 폐기물최종처리업과 동일한 소재지(매립부지 외 여유 부지)에 동일 법인으로 폐기물중간처리업 허가를 득하고자 할 경우 가능한지 여부?

[회신] 폐기물매립시설의 관리에 영향이 없을 경우에는 중간처리업의 허가를 득할 수 있을 것입니다. 다만, 「건축법」 등 타법에 저촉되지 않아야 합니다.

3-2-31 1, 2등급 폐목재의 재활용 절차(2009-04-22)

[질의] 조업 중에 발생하는 폐기물(폐섬유, 폐비닐, 폐목재)을 소형 소각로에서 소각시키는데, 폐기물량이 부족하여 특정 오염물질 배출이 없는 1, 2등급 폐목재를 100~200kg/day 반입하여 폐기물을 재활용하려는 경우 필요한 절차는 무엇인지?

[회신] 가. 다른 사람의 사업장폐기물인 폐목재를 위탁받아 소각처리하는 경우 폐기물관리법 제25조 제3항의 규정에 의한 폐기물중간처리업 허가대상입니다.

나. 폐목재를 폐기물관리법 제3조에 따른 에너지회수기준에 적합하게 에너지회수용으로 사용하는 경우 폐기물관리법 제46조 제1항의 규정에 의한 폐기물재활용 신고대상입니다.

3-2-32 폐기물중간처리업 변경허가 대상 여부(2009-04-22)

[질의] 일반폐기물을 처리하기 위하여 폐기물사업계획서를 제출하여 관할 자치단체에 사업계획 적합통보를 받은 업체로서 일부 폐기물처리시설은 추후에 설치하려고 합니다. 이 경우 폐기물중간처리업 허가신청시 사업계획서 적합통보서상의 모든 시설에 대하여 중간처리업 허가신청을 하여야 하는지, 아니면 설치하는 시설에 대하여만 중간처리업 허가신청을 하고 추후 폐기물처리시설 설치시 중간처리업 변경허가를 신청하여야 하는지 여부?

[회신] 가. 폐기물처리업의 허가신청서는 적정 통보한 사업계획서와 같아야 하나, 사업계획 변경대상에 해당되지 않는 경미한 사항은 그러하지 않을 수 있습니다.

나. 폐기물처리업의 허가를 받은 자가 추가로 폐기물처리시설을 설치하고자 할 경우에는 변경허가를 받아야 합니다.

3-2-33 폐기물중간처리업 휴업기간 중 철거 후 재설치시 변경허가 대상 여부(2009-04-24)

[질의] 폐기물중간처리업(소각전문)을 휴업 중, 소각시설을 철거했다가 재개업을 할 경우 폐기물처리업 변경허가를 받아야 하는지 여부? 폐기물중간처리업의 소재지를 다른 관내 소재지로 옮길 경우 변경허가 대상인지?

[회신] 가. 폐기물처리업의 휴업기간 중에 폐기물처리시설을 철거하는 것은 허가취소 대상에 해당되지 않으나, 처리업을 재개하고자 할 경우에는 폐기물처리업의 허가요건을 충족하고 있어야 합니다. 폐기물처리시설을 철거 후 재설치하고자 할 경우에는 폐기물처리업의 변경허가를 받아야 합니다.

나. 폐기물처리시설의 처리용량은 1일 폐기물을 처리할 수 있는 최대의 양을 말하여, 허용보관량은 폐기물 종류별로 보관할 수 있는 최대의 보관량을 말하며, 처리용량과 허용보관량은 허가를 받을 당시에 결정되는 사항입니다.

다. 폐기물처리시설의 소재지 변경은 폐기물처리업의 변경허가 대상에 해당됩니다.

3-2-34 일반 및 지정폐기물 중간처리업자가 폐필름 처리를 위한 행정절차(2009-04-29)

[질의] 일반폐기물중간처리업 및 지정폐기물중간처리업 허가를 받은 업체에서 허가서상 영업대상 폐기물로 기재되어 있지 않은 병원에서 발생된 폐필름을 처리하기 위한 관련 행정절차는?

[회신] 가. 폐기물처리업의 영업대상 폐기물에 해당되지 않는 폐기물은 처리업자가 이를 처리할 수 없습니다.

나. 영업대상 폐기물을 추가하고자 할 경우에는 폐기물관리법 제25조 제11항에 따라 폐기물처리업의 변경허가를 받아야 합니다.

3-2-35 폐기물중간처리업 허가 및 폐기물재활용 신고대상 여부(2009-05-07)

[질의] 내화물 제조업체에서 A공장과 B공장을 운영 중인데, 폐기물재활용 신고를 득한 A공장에서 애자편류, 도자기파, 폐내화물을 분쇄한(1차가공) 후 B공장에서 재활용할 경우, A공장은 중간처리업 신고를 해야 하는지?

[회신] 가. A공장에서 폐기물을 중간처리하고자 할 경우 폐기물관리법 제25조의 규정에 의한 폐기물중간처리업 허가를 받아야 합니다.

나. B공장에서 중간처리된 폐기물(폐내화물 및 도자기편류)을 폐기물관리법 제46조 제1항의 규정에 의한 방법으로 재활용하고자 할 경우, 관할 지방자치단체에 폐기물재활용 신고를 하여야 합니다.

3-2-36 영업대상 폐기물 추가시 소각시설 성능검사 결과서 제출 여부(2009-05-11)

[질의] 폐기물중간처리업(소각전문)을 영위하고 있는 사업장에서 허가상에 있는 영업대상 폐기물 중 성상(액상, 고상)만 변경하여 신청할 경우(즉, 허가상에는 액상만 있었는데 비율을 5:5로 나누어 고상을 추가할 경우)에도 소각시설 성능검사를 받고 검사결과서를 첨부해야 하는지 여부?

[회신] 폐기물(고상)을 추가하는 경우도 영업대상 폐기물이 추가되는 것으로 보아야 할 것입니다. 따라서 성능검사를 받아 검사결과서를 제출하여야 합니다.

3-2-37 소각전문 폐기물처리시설 변경허가(폐쇄 후 신설) 후 법적 휴업가능 기간(2009-05-12)

[질의] 설비 노후로 인한 변경허가를 득한 후 기존 설비폐쇄 및 신설 시설의 변경허가를 득한 후의 공사 등으로 인한 휴업기간과 이에 따른 업무처리 절차는?

[회신] 폐기물관리법 제37조에 폐기물처리업자가 그 영업을 휴업·폐업 또는 재개업을 한 경우에는 그 사실을 허가기관에 신고하도록 규정하도록 하고 있습니다. 처리업자의 휴업기간은 1년 이내여야 합니다.

3-2-38 폐기물최종처리업 재허가 신청대상 여부(2009-05-18)

[질의] 허가받은 5년이 경과(6월 초과)한 시점에서 준공한 경우에도 허가신청이 가능한지? 불가하다면, 처음부터 폐기물최종처리업 사업계획서를 다시 제출하여야 하는지?

[회신] 폐기물관리법 제25조 제3항 및 제4항에 폐기물최종처리업의 경우에는 폐기물처리 사업계획의 적합통보를 받은 날로부터 최대 5년 이내에 시설·장비 및 기술능력을 갖추어 허가를 받도록 규정하고 있으나, 이에 대한 예외조항을 두고 있지 않으므로 적합통보를 받은 날로부터 5년이 경과하였다면 새로이 폐기물처리사업계획서를 제출하여야 합니다.

3-2-39 소각시설로 폐기물중간처리업과 재활용 허가 동시 취득 가능성(2009-06-01)

[질의] 폐기물중간처리업(소각)을 하고 있는 소각장에서 폐열을 이용하여 발전시설을 가동할 경우 폐기물관리법 시행규칙 제3조에 에너지회수기준을 충족한다면 같은 소각시설로 폐기물중간처리업과 재활용허가를 동시에 받을 수 있는지? 올바로시스템 사용이 의무인 폐기물을 수집·운반할 경우 전자인계서를 운반업체에서 가지고 있어야 하는지 여부?

[회신] 가. 하나의 처리시설로는 폐기물소각전문중간처리업, 폐기물재활용처리업 또는 재활용 신고자가 될 수 없습니다.

나. "폐기물 전자정보처리프로그램 운영 및 사용 등에 관한 고시"(환경부고시 제2008-121호) 제11조 내지 제13조에 폐기물은 인계·인수하는 때에는 인계번호를 전달하도록 하고 있습니다. 인계번호 전달은 전달자(운반자 등)가 계량표 등에 기록하거나 숙지하고 있어야 하나, 인계·인수 내용을 출력한 서류를 반드시 휴대하고 있어야 하는 의무사항은 아닙니다.

3-2-40 임목폐기물로 우드칩 생산시 중간처리업 허가대상 여부(2009-06-13)

[질의] 임목폐기물을 이용하여 우드칩을 생산하려고 할 때 사무실과 처리시설의 소재지가 다른 경우 어느 지자체에 허가 신청을 하여야 하는지 여부?

[회신] 가. 임목폐기물을 이용하여 우드칩을 생산할 경우, 폐기물관리법 제25조 제3항의 규정에 의한 폐기물중간처리업 허가대상입니다.

나. 폐기물처리시설이 설치된 사업장을 관할하는 지방자치단체에 폐기물중간처리업 허가를 신청하여야 합니다.

3-2-41 생활폐기물 위탁처리업체가 파쇄기 설치시 폐기물중간처리업 해당 여부(2009-07-15)

[질의] 자치단체로부터 생활폐기물 중 대형 폐기물의 처리를 위탁받아 생활폐기물인 대형폐기물의 처리 시 사용하는 파쇄기가 동력 75마력 이상인 경우 폐기물처리시설일 것이며, 이에 대한 설치신고 등을 완료하였으나 폐기물중간처리업 허가를 득하여야 하는지 여부?

[회신] 동력 75마력의 파쇄기는 폐기물관리법 시행령 [별표 3]에 의하여 중간처리시설 중 기계적 처리시설(파쇄·분쇄시설은 동력 20마력 이상)에 해당되며, 당해 시설을 사용하여 생활폐기물 처리대행을 받기위해서는 폐기물중간처리업을 득하여야 합니다.

3-2-42 폐비닐, 폐어망, 폐합성수지를 압축해서 수출 및 납품할 시 관련 인·허가 절차(2009-07-17)

[질의] 폐비닐, 폐어망, 폐합성수지를 압축해서 수출 및 재활용업체에 납품하려는 경우 관련 인·허가 절차는?

[회신] 폐비닐, 폐어망, 폐합성수지를 압축하여 폐기물재활용 신고자에게 위탁처리하고자 할 경우, 폐기물관리법 제25조 제3항의 규정에 의한 폐기물중간처리업 허가대상입니다.

3-2-43 음식물폐기물 및 축산분뇨 오니의 생물학적 처리시 인·허가 대상 여부(2009-08-27)

[질의] 음식물폐기물, 축산분뇨 유기성 오니를 이용하여 생물학적(혐기성) 처리시 발생되는 바이오가스를 통해 전기를 생산하는 시설을 갖출 시, 폐기물처리업을 득하여야 하는지?

[회신] 음식물폐기물 및 축산분뇨 오니를 생물학적 처리시설에서 처리하여 전기를 생산하고자 할 경우, 폐기물관리법 제25조 제3항의 규정에 의한 폐기물중간처리업 허가대상에 해당될 것으로 판단됩니다.

3-2-44 냉장고 재활용시 관련 절차(2009-08-31)

[질의] TV를 전문으로 재활용하는 업체에서 냉장고를 수거하여 수선별하려는 경우 기존 폐전자제품 재활용 허가에 우레탄을 포함한 제품처리(냉장고 처리)를 포함시킬 수 있는지 아니면 중간처리업 허가를 득하여야 하는지 여부?

[회신] 가. 폐기물관리법 시행규칙 [별표 7] 제2호의 규정에 따라 폐기물처리업자는 폐기물처리시설을 갖추어야 합니다.

나. 폐가전제품 처리시 동 폐기물 중 염화불화탄소 등의 냉매물질(오존층 파괴지수가 0인 물질은 제외)이 함유된 경우 이를 안전하게 회수하여야 합니다.

3-2-45 폐차로부터 유가금속 추출 후 수출시 폐기물처리업 허가대상 여부(2009-09-14)

[질의] 자동차 배기정화장치를 폐차장으로부터 매입하여 유가금속(백금족)을 저품위 상태로 1차 추출하여 외국에 수출하는 사업을 할 경우 재활용 신고대상인지?

[회신] 가. 다른 사람의 사업장폐기물을 재활용하고자 할 경우 폐기물관리법 제25조 제3항의 규정에 의한 폐기물처리업 허가를 득하거나 동법 제46조 제1항의 규정에 의한 폐기물재활용 신고를 하여야 합니다.

나. 자동차 배기정화장치에서 유가금속을 회수하는 경우, 폐기물관리법 제25조 제3항의 규정에 의한 폐기물처리업 허가를 득하여야 합니다.

다. 폐기물중간처리업과 폐기물재활용신고업의 업종에 대해 폐기물관리법에서 별도로 규정하고 있지 아니합니다.

3-2-46 폐황산 판매업체의 인·허가증 확인 방법(2009-09-18)

[질의] 폐수방지시설에서 사용 중인 중화제인 황산을 폐황산을 정제한 제품으로 구입하여 사용하려고 합니다. 폐황산을 정제하여 판매하려는 업체(A업체)는 타 사업장(B업체)에서 공정 중 배출되는 폐황산을 구매하여 여과공정 및 함량을 조절하여 황산 30%의 제품을 제조하여 공급하는데, 이 경우 A업체에서 폐기물관리법과 「유해화학물질관리법」상 적법하게 인·허가를 받았는지 여부를 확인하는 방법은?

[회신] 가. 다른 사람의 사업장폐기물을 처리(재활용)하고자 할 경우, 폐기물관리법 제25조의 규정에 의한 폐기물처리업 허가를 득하거나, 동법 제46조 제1항의 규정에 의한 폐기물재활용 신고를 하여야 합니다.

3-2-47 RPF 생산시설의 폐기물중간처리업 유형 및 인·허가 관련 질의(2009-09-30)

[질의] 폐기물중간처리업 허가를 득한 후 RPF연료 생산시설을 신설하여 운영하고자 할 경우 득하여야 하는 허가의 종류는?

[회신] 가. RPF를 제조하는 것으로 폐기물중간처리업 허가를 득하고자 할 경우 폐기물관리법 시행규칙 제28조 관련 별지 제18호 서식에 따라 업종란에 재활용(RPF 제조)으로 명기하여 인·허가를 득하여야 하며, 폐기물중간처리업(재활용전문)으로 인·허가를 득한 업체는 RPF를 제조할 경우 별도의 인·허가 절차를 거치지 않아도 제조 및 사용이 가능합니다.

나. 다만, RPF를 제조·공급하고자 할 경우 「자원의 절약과 재활용촉진에 관한 법률」 제25조의3에 따라 인증기관에서 품질인증을 거친 후 공급이 가능하며, 인증받지 못한 경우 폐기물에 해당됩니다.

3-2-48 부지 및 시설장비 일체를 경락받은 자의 신규 폐기물처리업 허가 취득 가능성(2009-10-13)

[질의] A가 경매를 통하여 음식물류 폐기물 중간처리업 부지와 시설장비 일체를 경락받았으나 부도업체와 B가 부지와 시설·장비에 대하여 임대계약을 체결하고 이를 근거로 인·허가권 일체가 B에게 권리·의무 승계되어 있는 경우, B가 부지와 시설·장비 없이 폐기물처리업 인·허가를 이전 또는 휴업할 수 있는지 여부 및 B가 휴업할 시 A가 신규허가를 받을 수 있는지 여부?

[회신] 가. 시설·장비가 타인에게 경락된 경우 임대차계약의 효력은 없으므로 행정처분 기준에 따라 처분을 실시할 수 있으며, 폐기물처리시설 소재지를 변경하는 것은 변경허가 사항에 해당됩니다.

나. 아울러 "갑"의 행정처분기간, 휴업에 관계없이 시설·장비를 경락받은 자는 폐기물처리업의 허가절차를 거쳐 새로이 허가를 받을 수 있음을 알려드립니다.

3-2-49 생석회를 이용한 음식물류 폐기물 처리의 경우 폐기물중간처리업의 분류(2009-10-28)

[질의] 음식물류 폐기물을 폐기물중간처리업을 득하여 음식물폐기물처리시설의 검사기준의 분류인 '기타시설(생석회처리)'을 이용하여 퇴비원료를 생산하고자 하는 경우 폐기물중간처리업의 분류를 '그 밖의 재활용의 경우'로 분류해도 되는지 여부?

[회신] 폐기물관리법 제25조 및 동법 시행규칙 제28조 제5항의 규정에 따라 폐기물중간처리업의 경우 소각전문, 기계적 처리 전문, 화학적 또는 생물학적 처리 전문, 재활용

전문(동물성 잔재물을 사료원료 또는 유지로 재활용하는 경우, 그 밖의 재활용하는 경우) 등으로 기준을 정하고 있으며, 재활용을 목적으로 생석회를 이용하여 음식물류 폐기물을 중간처리하는 경우 그 밖의 재활용(생석회처리)으로 볼 수 있을 것입니다.

3-2-50 농촌 폐비닐 선별, 파쇄시설의 인·허가에 대한 질의(2009-11-03)

[질의] 수거된 농촌 폐비닐을 선별, 파쇄시설을 갖춘 업체에서 선별·파쇄·압축한 폐비닐을 시멘트회사의 연료로 납품하는 경우 선별, 파쇄업체는 폐기물재활용 신고의 대상인지, 아니면 폐기물중간처리업 허가대상인지?

[회신] 가. 다른 사람의 사업장폐기물을 재활용하고자 할 경우, 폐기물관리법 제25조 제3항의 규정에 의한 폐기물처리업 허가를 받거나, 동법 제46조 제1항의 규정에 따라 폐기물재활용 신고를 하여야 합니다.

나. 파쇄 및 압축시설을 이용하여 위탁받은 폐기물을 중간처리하는 경우, 폐기물관리법 제25조 제3항의 규정에 의한 폐기물처리업 허가대상입니다.

3-2-51 중간처리업체(기계적 처리 전문)에서 RPF 생산시 관련 인·허가 절차(2009-12-16)

[질의] 사업장배출시설계 폐기물 및 사업장생활계 폐기물 중간처리업(기계적 처리 전문)을 운영하는 업체에서 RPF(폐플라스틱 고형연료) 생산시 관련 인·허가 절차는?

[회신] 가. 폐기물관리법 제25조 및 동법 시행규칙 제28조에 다른 폐기물 중간처리업(기계적 처리 전문) 허가를 득한 업체에서 설비를 증설하여 「자원의 절약과 재활용촉진에 관한 법률 시행규칙」 [별표 7]의 품질기준을 만족하는 RPF를 제조할 경우 폐기물중간처리업(재활용전문) 허가를 추가로 득하여야 합니다.

나. 재활용전문으로 허가를 득하고자 할 경우 사업계획서 및 허가신청서에 허가받으려는 업종을 정확히 기재(재활용-폐플라스틱 고형연료제품(RPF) 제조)하여야 합니다.

2. 지정폐기물처리업

[수집·운반업 허가 및 (변경)신고 등]

3-2-52 지게차 배터리 처리에 대한 질의(2009-03-18)

[질의] 화학물질 제조업체에서 제품의 운반을 위해 지게차를 사용하는데, 지게차 배터리의 교체가 필요한 경우 일반적으로 지게차(배터리)수리업체와 계약을 통해 수리업체에

서 본 회사를 방문하여 폐배터리를 수거 후 새 배터리로 교체해 주는 작업을 진행하는데, 이 경우 본 회사가 폐배터리(폐산)의 배출자로서 지정폐기물처리증명원을 득해야 하는지 여부? 본 회사에서 폐배터리 수거시 지게차수리업체는 지정폐기물수집·운반업을 득해야 하는지 여부?

[회신] 가. 배터리를 교체한 이후 발생한 폐배터리를 지게차 소유자가 직접 처리하기로 배터리수리업자와 계약 또는 협의를 하였을 경우에는 폐배터리 처리의무가 지게차 소유자에게 있을 것이나, 통상적인 관례에 따라 배터리수리업자가 신규 배터리 교체 및 폐배터리를 처리하기로 하였을 경우에는 폐배터리 처리의무는 수리업자에게 있다 할 것입니다.

나. 배터리수리업자가 출장지에서 발생한 폐배터리를 수거하는 것은 폐기물 처리를 위한 수집·운반이라기보다는 폐기물 수거과정으로 볼 수 있을 것이므로 폐기물수집·운반업의 허가를 받지 않아도 됩니다.

3-2-53 중간처리시설 위탁운영시 폐기물 운반 및 처리 신고의 주체에 대한 질의(2009-04-06)

[질의] 관공서의 중간처리시설(소각시설)을 위탁운영하는 경우 중간처리시설(소각시설)에서 발생하는 지정폐기물 운반 및 처리, 신고, 처리계약 체결시 관공서의 이름으로 계약 및 신고를 해야 하는지, 아니면 위탁운영계약 대상업체의 이름으로 계약 및 신고를 해야 하는지 여부?

[회신] 가. 중간처리시설의 운영, 유지를 위탁한다 하여도 폐기물처리시설의 설치·운영 주체가 변경되는 것이 아니므로 변경허가 대상이 아닙니다.

나. 폐기물의 중간처리 과정에서 발생하는 폐기물의 배출자는 처리시설의 운영을 위탁한 자이므로, 질의와 같은 경우에는 관공서에서 지정폐기물처리계획 확인증명, 폐기물의 처리의 계약 등을 이행하여야 합니다.

[중간처리업 허가 및 (변경)신고 등]

3-2-54 중간처리업체의 영업대상 폐기물 변경시 관련 절차(2009-01-06)

[질의] 지정폐기물중간처리업체(소각전문)에서 소각시설 설치검사를 득하고 현재 영업 중에 있는데, 영업대상 폐기물을 변경하여 추가(공정오니)하게 되면 소각시설 성능검사를 다시 받고 그 결과서를 첨부하여 변경허가신청서를 제출해야 하는지 여부?

[회신] 가. 수집·운반·처리대상 폐기물의 변경은 폐기물관리법 시행규칙 제29조에 의한

폐기물처리업의 변경허가 대상에 해당됩니다.

나. 이때 동법 시행규칙 제41조에 처리대상 폐기물 변경에 따른 변경허가를 득하였을 경우에는 사용개시신고서에 검사기관에서 발행한 검사결과서를 첨부하도록 하고 있습니다.

3-2-55 지정폐기물 소각능력 확대시 처리용량 변경대상 여부(2009-01-15)

[질의] 지정폐기물 소각시설을 시간당 2톤으로 허가받고 운영하고 있는데, 운영 중 계절적·기후적 요인이나 폐기물의 성상, 종류 및 운전자의 운전습관 등에 따라 실제 소각이 허가보다 5~10% 증가 혹은 감소하여 처리되고 있습니다. 폐기물관리법 시행규칙 제39조 제3항 제4호에 의하면 처리용량이 30% 범위 내에서 증가될 경우 승인을 받도록 되어 있는데, 이와 같이 30% 범위 내에서 증가·감소할 경우 별도의 승인·신고 없이 가동해도 폐기물관리법, 「대기환경보전법」 등 관계법규에 위반되는지 여부? RFID상의 중량이 정확해야 하나 소량 배출되는 배출자의 경우 일일이 계근치 않고 입력하는 경우가 종종 발생하여 실지 중량과 차이가 발생되는 경우 대처방법은?

[회신] 가. 폐기물관리법 시행규칙 제29조의 “처리용량”은 처리시설이 최대한 처리할 수 있는 용량을 말하는 바, 처리용량의 100분의 30 이내를 초과하여 처리할 수는 없습니다.

나. 「대기환경보전법 시행규칙」 [별표 3] “대기오염물질 배출시설” 비고 8에 배출시설의 규모는 그 시설의 최대용량을 말한다고 규정하고 있으며, Ⅵ. 2.에 “1일 폐기물 처리량은 해당 업체가 허가받은 1일 처리물량”을 말하고, 폐기물관리법 시행규칙 제29조의 “처리용량”은 처리시설이 최대한 처리할 수 있는 용량을 말합니다.

다. 따라서 소각시설 처리용량(소각능력) 이상의 폐기물을 소각하였을 경우에는 배출시설설치허가, 폐기물처리업의 허가를 허위로 받은 행위에 해당될 수 있으며, 소각시설 설비에 변경이 없어도 소각능력을 확대하고자 할 경우에는 「대기환경보전법」에 의한 변경신고 대상에 해당됩니다. 이 경우에는 폐기물처리업도 변경허가에 준하여 처리용량을 변경하여야 할 것입니다.

라. 허가 또는 변경허가를 받은 처리용량의 100분의 30 미만의 변경시 변경허가를 받아야 할 법적 요건에는 해당하지 않으나, 처리업 허가를 받은 자의 요청이 있는 경우에는 이를 접수하여 변경허가 절차에 따라 변경허가가 가능합니다.

마. 전자정보처리프로그램에 폐기물 중량 등 자료를 잘못 입력한 경우 24시간 이내

에 전자정보처리프로그램을 통하여 수정하여야 합니다.

3-2-56 폐기물중간처리업자가 영업대상 폐기물 추가시 관련 절차(2009-02-19)

[질의] 폐기물중간처리업허가를 득하고 있으며 지정폐기물 중간처리업으로 영업대상 폐기물 중 폐유(폐광물류)액상을 처리하고 있는데, 지정폐기물인 폐동·식물유(06-02-00)를 추가하고자 하는 경우 관련 행정절차는?

[회신] 허가 시 영업대상 폐기물인 폐유(폐광물류)액상에서 폐유(동·식물류)를 추가하는 경우 폐기물관리법 시행규칙 제29조의 규정에 따라 처리대상 폐기물의 변경에 해당하므로 변경허가를 득하여야 할 것으로 판단됩니다.

3-2-57 폐기물재활용 신고 및 폐기물중간처리업 신고대상 여부(2009-05-07)

[질의] 내화물 제조업체에서 A공장과 B공장을 운영 중인데, 폐기물재활용 신고를 득한 A공장에서 애자편류, 도자기파, 폐내화물을 분쇄한(1차 가공) 후 B공장에서 재활용할 경우, A공장은 중간처리업 신고를 해야 하는지?

[회신] 가. A공장에서 폐기물을 중간처리하고자 할 경우 폐기물관리법 제25조의 규정에 의한 폐기물중간처리업 허가를 받아야 합니다.

나. B공장에서 중간처리된 폐기물(폐내화물 및 도자기편류)을 폐기물관리법 제46조 제1항의 규정에 의한 방법으로 재활용하고자 할 경우, 관할 지방자치단체에 폐기물 재활용 신고를 하여야 합니다.

3-2-58 폐염산 재활용 시 관련 행정절차(2009-05-28)

[질의] 폐기물최종처리업(매립시설)을 하는 사업장에서 타 공장에서 발생하는 폐염산을 화학적 처리시설의 중화제와 펜톤산화시설의 산화제로 재활용하는 연구과제를 수행하는 경우, 지정폐기물인 폐염산을 재활용함에 있어 지정폐기물중간처리업 허가를 득하여야 하는지 여부?

[회신] 가. 폐염산을 침출수처리시설의 중화제 및 산화제로 재활용하는 방법이 폐기물관리법 제46조 제1항에 규정되어 있지 아니하며, 폐기물관리법 제25조 제3항의 규정에 따라 폐기물중간처리업 허가를 득한 후 폐염산을 재활용하여야 합니다.

나. 지정폐기물 중간처리업(재활용)의 시설 및 장비, 기술능력의 기준은 폐기물관리법 시행규칙 제28조 제4항 [별표 7] 제2호 라목 5)의 규정을 참고하시기 바랍니다.

다. 지정폐기물을 대상으로 하는 폐기물처리업을 하려는 자는 폐기물관리법 제25조 제1항의 규정에 따라 폐기물처리사업계획서를 지방환경관서의 장에게 제출하여야 하며,

라. 폐기물처리사업계획서에 대해 적합통보를 받은 자는 폐기물관리법 제25조 제3항의 규정에 따라 2년 이내에 시설·장비 및 기술능력을 갖추어 지방환경관서의 허가를 받아야 합니다.

3-2-59 폐황산 판매업체의 인·허가증 확인 방법(2009-09-18)

[질의] 폐수방지시설에서 중화제로 황산을 사용 중인데, 황산 대신에 폐황산을 정제한 제품으로 구입하여 사용하려고 합니다. 폐황산을 정제하여 판매하려는 업체(A업체)는 타 사업장(B업체)에서 공정 중 배출되는 폐황산을 구대하여 여과공정 및 함량을 조절하여 황산 30%의 제품을 제조하여 공급하는데, 이 경우 A업체에서 폐기물관리법과 「유해화학물질관리법」상 적법하게 인·허가를 받았는지 여부를 확인하는 방법은?

[회신] 가. 다른 사람의 사업장폐기물을 처리(재활용)하고자 할 경우, 폐기물관리법 제25조의 규정에 의한 폐기물처리업 허가를 득하거나, 동법 제46조 제1항의 규정에 의한 폐기물재활용 신고를 하여야 합니다.

나. 따라서 폐기물처리업 허가증상의 영업대상 폐기물 드는 폐기물재활용 신고증명서상의 재활용대상 폐기물의 종류에 폐산(폐황산)이 포함되어 있는지 여부를 확인하시기 바랍니다.

다. 유독물의 경우 「유해화학물질관리법 시행규칙」 제20조 별지 제17호 서식에 의거하여 지자체에서 발급한 유독물영업등록증을 확인하시면 됩니다.

3. 의료폐기물처리업

3-2-60 의료폐기물 수집·운반업자의 사무실 이전시 변경확인증경 대상 여부(2009-04-06)

[질의] 의료폐기물 수집·운반업자가 사무실을 이전하는 경우 변경확인증명을 받아야 하는지 여부?

[회신] 의료폐기물 배출자가 의료폐기물 수집·운반업자, 처리업자를 변경하고자 할 경우에는 지정폐기물처리계획 변경확인증명을 받아야 하나, 수집·운반업자의 사무실 이전은 수집·운반업자의 변경으로 볼 수 없으므로 지정폐기물처리계획 변경확인증

명을 받지 않아도 됩니다.

3-2-61 의료폐기물 수집·운반업체의 주차장 추가에 대한 질의(2009-08-11)

[질의] 의료폐기물 수집·운반업체에서 현재 허가를 받아서 사용하고 있는 주차장을 그대로 유지한 상태에서 임시보관장소만 변경하여 변경된 임시보관장소에 소재한 주차장을 추가하는 것이 가능한지 여부?

[회신] 가. 폐기물관리법 시행규칙 제28조에 의거하여 지정폐기물 수집·운반업의 경우에는 주차장 소재지에 허가를 받도록 하고 있는 바, 사실상 하나의 주차장에 대해서만 허가하도록 규정되어 있어 추가적인 주차장 설치는 불가합니다.

나. 두 개의 주차장을 하고자 할 경우에는 사무실·실험실·시설 및 장비·기술능력 등을 갖추어 추가로 의료폐기물 수집·운반업 허가를 별도로 득하여야 가능합니다.

4. 방치폐기물 및 권리·의무 승계

3-2-62 방치폐기물 처리단가 변경시 처리보증보험의 갱신 여부(2008-02-04)

[질의] 방치폐기물처리이행보증금 산출을 위한 폐기물의 종류별 처리단가의 변경에 따른 처리보증보험의 갱신을 해야 하는지 여부? 방치폐기물처리이행보증 보험가입 시 가입기간에 60일을 가산한 기간을 보증기간으로 산정하는 이유와 갱신전 처리이행보증의 보증책임이 종료된 경우 확인절차 및 보증책임이 종료된 내용을 확인할 수 있는 서류는 무엇인지?

[회신] 가. 폐기물관리법 제40조 제7항 제2호에 처리대상 폐기물의 처리단가가 변경되는 경우에는 보험계약을 갱신하도록 하고 있습니다.

나. 방치폐기물처리이행보증보험 가입 시 가입기간에 60일을 가산한 기간을 보증기간으로 산정하는 사유는 방치폐기물의 발생확인이나 처리를 위한 행정절차 등에 필요한 소요기간을 감안한 것입니다.

다. 1년 단위로 방치폐기물처리이행보증보험에 가입한 경우 동 보험의 보증기간은 가입기간에 60일을 가산한 기간이 됩니다.

라. 폐기물관리법에서는 처리이행보증보험 가입의 보증기간 종료를 확인하는 별도의 서류 등을 규정하고 있지 않으나, 보험증서에 의한 보증기간의 종료가 내용을 확인할 수 있는 자료가 될 수 있을 것으로 판단됩니다. 참고로 보험사에서 보

증기간의 만료에 대하여 보험사에서 발급한 서류로도 확인이 가능할 것입니다.

3-2-63 음식물재활용업체의 방치폐기물처리이행보증 대상 여부(2008-08-29)

[질의] 음식물쓰레기를 퇴비로 만드는 재활용업체에서 음식물쓰레기가 들어오면 바로 처리기계에 넣어 처리하는 경우 방치폐기물처리이행보증을 하지 않아도 되는지 여부?

[회신] 폐기물 보관시설 없이 반입된 폐기물을 처리시설에 바로 투입하여 처리하는 것으로 폐기물재활용 신고를 한 경우 방치폐기물처리이행보증을 하지 않아도 됩니다.

3-2-64 방치폐기물 방지를 위한 조치대상 해당 여부(2008-12-22)

[질의] 현장에서 발생하는 무기성 오니를 동일현장 내 성토재로 재활용 신고를 한 경우에도 방치폐기물 방지를 위한 조치를 취해야 하는지 여부?

[회신] 폐기물관리법 제46조의 규정에 따라 보관시설 및 폐기물재활용시설을 갖추어 폐기물재활용 신고를 한 자는 폐기물관리법 제40조의 규정에 의거 폐기물처리공제조합에 분담금을 납부하거나 폐기물의 처리를 보증하는 보험에 가입하는 등 폐기물의 방치를 방지하기 위한 조치를 취하여야 합니다.

3-2-65 폐기물처리 허가법인의 자산 및 허가권 양수시 기존 계약의 변경 가능성(2009-01-02)

[질의] 폐기물 관련 업종을 영위하지 아니한 법인이 중간처리업, 최종처리업 및 동법 제46조에 따른 폐기물재활용 신고를 한 법인의 자산(토지 및 건물 시설물 일체: 허가에 관련된 모든 자산포함) 및 허가권을 양수했을 때 폐기물처리허가 법인의 자산 및 허가권의 양수(기존 납품잔여계약물량 포함)에 의한 기존 납품잔여계약물량의 계약변경이 가능한지 여부?

[회신] 폐기물처리업의 권리·의무를 승계하였을 경우에 폐기물관리법 제17조에 따른 사업장폐기물 배출자 변경신고, 지정폐기물처리계획 변경확인 증명 대상에 해당되지 않으나, 폐기물 배출자와 처리업자 간의 계약물량 등의 변경에 대하여 구체적으로 정하고 있지 않으므로, 해당 당사자 간에 협의에 따라 처리할 사항입니다.

3-2-66 무단방치 폐기물의 과태료 납부 주체(2009-01-12)

[질의] 현재 토지임차인(C)는 토지주(A)로부터 공장을 임차하여 가동하려고 하는데, 구 임차인(B)가 부도 전 폐기물을 적법하게 처리하지 않고 무단방치하여 해당 구청으로

부터 과태료를 고지받았는데 납부하지 않았고, 현 토지임차인(C)이 폐기물배출자 신고를 하려고 하자 해당 구청에서는 구 임차인(B)과 현 임차인(C)이 같은 사업장이라 구 임차인(B)의 의무가 현 임차인(C)에게 승계되어 과태료 납부의무가 현 임차인(C)에게 있다고 판단, 고지서를 발부한 상태입니다. 구 임차인(B)과 현 임차인(C)은 전혀 무관한 상태고, 현 임차인(C)이 임대차계약을 하기 전에 받은 행정처분이 새로운 임차인에게 승계되는지 여부?

[회신] 폐기물처리시설을 양도·양수한 경우에는 처리시설에 대한 권리·의무를 승계하나, 신규로 사업장폐기물 배출자 신고를 한 경우에는 새로운 폐기물 배출자로 보아야 할 것이므로 과태료 납부의무가 승계되지 않는다 할 것입니다.

3-2-67 업체간 합병 후 단일 상호로 사업장 이전시 필요한 행정절차(2009-01-30)

[질의] 폐기물중간처리업체인 A업체와 B업체가 합병한 후 B업체를 폐업신고한 경우, A업체 상호로 사업장을 이전하여 영업을 하기 위한 행정절차는?

[회신] 가. 폐기물처리시설 소재지를 변경하는 경우에는 폐기물처리업의 변경허가를 받아야 하며, 법인의 합병으로 상호가 변경되는 경우에는 폐기물처리업의 변경신고와 권리·의무의 승계신고를 하여야 합니다.

나. 폐기물처리시설을 이전하였을 경우에는 폐기물처리시설의 신설로 볼 수 있으므로 시설 및 장비 명세서, 도면, 처리공정도, 보관시설의 용량 및 산출근거 등의 자료와 합병에 따른 변경내역을 알 수 있는 법인 등기부등본, 주주총회 회의록, 사업자등록증 등을 구비하여야 할 것으로 판단됩니다.

3-2-68 방치폐기물 처리 주체(2009-02-02)

[질의] 용지 주인과 관련 있는 조경업자가 용지 주인과 협의 후 소나무를 채굴하여 가져가는 중 나무줄기 및 뿌리 등은 현장에 방치되어 있는 바 처리 주체는 누구인지?

[회신] 가. 폐기물의 처리책임은 원인자 책임주의에 입각하여 당초 폐기물을 방치한 자에게 있으며, 원인자가 불분명하거나 무능력하여 처리책임을 다하지 못할 경우에는 폐기물이 방치된 토지의 소유자에게 그 책임이 있습니다.

나. 따라서 용지 주인과 조경업자 간의 계약내용 등에 따라 방치폐기물의 처리 책임이 용지 주인 또는 조경업자에게 있다 할 것입니다.

3-2-69 아연드로스의 방치폐기물처리이행보증보험 가입 대상 여부(2009-02-19)

[질의] 아연 제조공정에서 발생하는 아연드로스의 폐기물 해당 여부 및 방치폐기물처리이행보증보험 가입대상인지 여부?

[회신] 가. 아연 제조공정에서 발생한 것으로 판단되는 아연드로스는 폐기물에 해당될 것이며, 이는 고철로 분류됩니다. 고철을 재활용할 경우에는 재활용 신고를 하지 않아도 되며, 방치폐기물처리이행보증보험 가입대상에 해당되지 않습니다.

나. 폐기물관리법 시행령 [별표 3]에 정하고 있는 폐기물처리시설을 설치하고자 할 경우에는 폐기물처리시설 설치승인을 받아야 합니다.

3-2-70 폐기물업체 경매 낙찰시 폐기물처리업 허가 권리·의무 승계 여부(2009-02-23)

[질의] B사에서 A라는 음식물폐기물처리업체의 공장 및 부지를 경매로 낙찰받은 경우, 권리·의무가 자동 승계되는지, 아니면 B사가 별도로 인·허가를 득하여야 하는 것인지 여부?

[회신] 가. 폐기물처리업의 권리·의무 승계는 처리시설, 사업부지 등을 법원의 경매로 낙찰을 받았다는 사실만으로 권리·의무가 승계되지 않습니다.

나. 처리업의 양도·양수 또는 상속하였을 경우에 양수인 또는 상속인 등 권리·의무를 승계한 자가 처리시설이 소재하고 있는 지역의 관할관청에 승계신고를 하여야 합니다.

3-2-71 폐기물처리시설 허가권의 권리·의무 승계 가능 여부(2009-03-24)

[질의] A라는 업체가 폐기물처리시설 설치 및 폐기물재활용 신고를 필하고 영업하던 중 부도로 인하여 법원에서 경매가 진행되어 B라는 법인에서 토지, 시설물(건축물 포함)을 경락받은 후 C라는 법인이 B라는 법인으로부터 토지, 시설물(건축물 포함)에 대하여 3년 이상의 임차계약(공증)을 하여 사용권을 확보하고, 기존 A라는 업체로부터 폐기물처리시설 설치승인 및 인·허가사항을 양도받아 폐기물처리시설을 운영하는 것이 가능한지 여부?

[회신] 법원 경매로 A법인은 폐기물처리시설에 대한 소유권을 상실한 것이므로 A법인은 폐기물처리시설의 권리·의무를 양도할 수 없을 것으로 판단됩니다.

3-2-72 석면 1% 미만 함유시 처리 방법(2009-03-31)

[질의] 토양시료분석 결과 석면이 1% 미만으로 나와 일반폐기물로 분류하고자 하는데, 분석기관에서 석면함유폐기물로 처리를 요청시 폐석면으로 분류하여 지정폐기물로 처리가 가능한지 여부 및 지정폐기물로 분류된다면 처리방법은 관리형 매립으로 하여야 하는지, 아니면 고용화처리를 하여야 하는지?

[회신] 가. 건조고형물의 함량을 기준으로 석면이 1% 이상 함유된 제품·설비 등의 해체·제거로 발생된 지정폐기물이 토양에 포함되어 있을 경우에는 토양을 지정폐기물로 분류, 관리하여야 합니다. 폐석면은 매립하거나 고온용융처리할 수 있으나, 현재는 고온용융처리할 수 있는 처리업체가 없으므로 폐석면을 처리할 수 있는 지정폐기물처리업자에게 위탁처리하여야 합니다.

나. 건조고형물의 함량을 기준으로 석면이 1% 미만 함유된 제품·설비 등의 해체·제거로 발생된 사업장 일반폐기물에 해당하는 물질이 토양에 포함되어 있을 경우에는 토양은 사업장 일반폐기물에 해당되므로 사업장 일반폐기물 관리형 매립시설에 매립하여야 할 것입니다.

3-2-73 불법매립 폐기물의 처리 주체(2009-04-12)

[질의] 고물상을 운영하는 자에게 20년간 토지를 임대하였는데, 임차인이 폐업하면서 폐기물을 불법매립한 경우 처리 주체는?

[회신] 폐기물관리법 제48조에 폐기물이 제13조의 기준에 맞지 아니하게 수집·운반·보관·처리되었을 경우 "폐기물의 수집·운반·보관 또는 처리를 한 자", "제17조 제1항 제3호에 따른 확인을 하지 아니하고 위탁한 자", "폐기물을 직접 처리하거나 다른 사람에게 자기 소유의 토지 사용을 허용한 경우 폐기물이 버려지거나 매립된 토지의 소유자"에게 필요한 조치를 명할 수 있다고 규정하고 있습니다. 즉, 폐기물을 매립한 자가 처리할 능력이 없을 경우에는 토지의 소유자에게 폐기물처리의 의무를 물을 수 있습니다.

3-2-74 매립폐기물 굴착시 발생한 폐기물의 처리 방법(2009-06-01)

[질의] 사업장 내에 매립하였던 폐기물(슬러지케익, 잡쓰레기 등)을 처리하여야 할 경우 비닐, 나무조각 등 골라 낼 수 있는 것은 골라 내고 슬러지와 오염된 흙은 햇볕에 말려(햇볕에 말릴 경우 흙처럼 변함. 폐기물분석시 중금속 검출은 없음) 다시 매립 할 경

우 적법한 처리가 되는지? 흙 속에 슬레이트트 조각(석면)이 간혹 섞여 있을 경우 어떻게 처리해야 하는지?

[회신] 매립되어 있던 폐기물을 굴착하였을 경우에는 폐기물이 새로이 발생한 것으로 여기고 처리하여야 합니다. 오니(슬러지)와 토양이 혼합되어 있을 경우에는 폐기물로 관리하여야 하며, 이를 매립하고자 할 경우에는 폐기물매립시설에 매립하여야 합니다. 굴착한 폐기물 중 슬레이트 등의 폐석면은 지정폐기물로 처리하여야 합니다.

5. 기술관리(대행)인 및 담당자 교육

3-2-75 동일 법인내 둘 이상의 폐기물처리업 허가를 득할 시 기술관리인 선임 방법(2008-01-29)

[질의] 동일 법인회사에 지정폐기물 수집·운반과 일반폐기물 중간처리업 두 가지 허가를 받아 영업을 할 경우 각각의 기술인력 2인을 선임해야 하는지 또는 1인이 겸할 수 있는지 여부?

[회신] 가. 동일 법인 또는 개인이 둘 이상의 다른 종류의 폐기물처리업 허가를 득하고자 하는 경우 기술능력을 중복하여 갖추지 않아도 되나, 폐기물수집·운반업의 경우에는 별도로 갖추어야 하며, 동일 법인회사라 하더라도 2개의 사업장이 별도로 분리되어 있는 경우 기술능력을 각각 보유하여야 합니다.

나. 폐기물중간처리업 허가 이후 기술인력 변경시 이에 대한 변경신고 등은 하지 않아도 될 것이나, 당해 회사 내에서는 기술능력의 자격을 가진 자를 내부적으로 임명해야 하고, 실제로 폐기물중간처리업 운영에 따른 기술업무를 수행하여야 합니다.

3-2-76 음식물처리업체에서 기술관리인 고용 여부(2009-02-24)

[질의] 1일 50톤을 처리하는 음식물처리업체에서 기술관리인을 두어야 하는지 여부?

[회신] 폐기물관리법 제25조의 규정에 의한 폐기물처리업을 하고자하는 자는 동법 시행규칙 제28조 제5항 [별표 7] 제2호의 기준에 따라 기술능력을 갖추도록 규정하고 있으며, 폐기물중간처리업 중 화학적 처리 또는 생물학적 처리전문에 해당하는 경우 폐기물산업기사, 대기환경산업기사, 수질환경산업기사 또는 공업화학산업기사 중 1명 이상의 기술능력을 갖추도록 하고 있습니다.

3-2-77 환경관리인의 중복 선임 가능성(2009-04-03)

[질의] 폐기물중간처리업(소각)을 운영할 시 대기1종사업장이기 때문에 대기관리인으로 대기환경기사를 선임하여야 하며, 폐기물중간처리시설과 관련하여 대기환경기사 또는 폐기물처리기사를 선임하여야 하는데, 대기환경기사 1인이 겸임이 가능한지 여부? 또, 폐기물중간처리업(소각)에 선임된 대기환경기사가 동 사업자에 등록되어 있는 또 다른 폐기물중간처리시설(건설폐기물처리시설)환경기사에 중복 선임될 수 있는지 여부?

[회신] 가. 「대기환경보전법」에 의하여 선임된 환경관리인은 폐기물처리업의 허가요건으로 등록된 기술능력과는 겸임할 수 없습니다.

나. 동일 법인이라도 2개의 사업장이 별도로 분리되어 있는 경우 기술능력을 각각 보유하여야 합니다.

3-2-78 음식물폐기물처리시설 기술관리인 자격요건(2009-09-16)

[질의] 1일처리능력 5톤 이상인 음식물폐기물처리시설 기술관리인 자격요건은 무엇인지?

[회신] 폐기물관리법 제34조 및 동법 시행령 제15조 제4호(사료화·퇴비화 또는 연료화 시설로서 1일처리능력 5톤 이상안 시설)의 규정에 따라 기술관리인을 두거나 기술관리대행계약을 체결하도록 하고 있으며, 기술관리인의 자격기준에 관한 자세한 사항은 폐기물관리법 시행규칙 제48조 [별표 14]를 참고하시기 바랍니다.

PART

4

폐기물처리시설

Chapter

01 개 관

1. 폐기물처리시설의 의의

"폐기물처리시설"이란 폐기물을 수집, 운반, 보관, 재활용, 처분하는 시설을 말한다. 처분시설은 중간처분시설, 최종처분시설로 구분되나 재활용시설은 그러한 구분이 없다.[1] 폐기물처리시설은 폐기물처리업을 영위하는 자가 설치하는 경우가 많지만, 배출되는 폐기물을 처리하기 위해 제조업체 등이 설치하는 경우도 많다.

2. 폐기물처리시설의 종류

가. 수집·운반·보관시설

폐기물처리시설 중 수집·운반·보관시설에 대해 「폐기물관리법」이 별도로 정하고 있는 기준은 없다. 다만, 폐기물처리업을 하고자 하는 경우에는 폐기물처리업의 시설·장비기준(시행규칙 [별표 7])을 충족하여야 하므로 해당 기준에 맞는 수집·운반·보관시설을 갖추어야 한다. 폐기물처리업을 하지 않는 제조업체 등이 수집·운반·보관시설을 갖추려고 하는 경우에는 폐기물처리업의 시설·장비기준을 준용해야 할 것이다.

나. 중간처분시설

(1) 소각시설

1) 일반 소각시설

2) 고온 소각시설

3) 열 분해시설(가스화시설을 포함한다)

---

1) 법 제2조 제8호

4) 고온용융시설

5) 열처리조합시설 [1)에서 4)까지의 시설 중 둘 이상의 시설이 조합된 시설]

(2) 기계적 처분시설

1) 압축시설(동력 10마력 이상인 시설로 한정한다)

2) 파쇄·분쇄시설(동력 20마력 이상인 시설로 한정한다)

3) 절단시설(동력 10마력 이상인 시설로 한정한다)

4) 용융시설(동력 10마력 이상인 시설로 한정한다)

5) 증발·농축시설

6) 정제시설(분리·증류·추출·여과 등의 시설을 이용하여 폐기물을 처분하는 단위시설을 포함한다)

7) 유수분리시설

8) 탈수·건조시설

9) 멸균분쇄시설

(3) 화학적 처분시설

1) 고형화·고화·안정화 시설

2) 반응시설(중화·산화·환원·중합·축합·치환 등의 화학반응을 이용하여 폐기물을 처분하는 단위시설을 포함한다)

3) 응집·침전시설

(4) 생물학적 처분시설

1) 소멸화 시설(1일 처분능력 100킬로그램 이상인 시설로 한정한다)

2) 호기성·혐기성 분해시설

(5) 그 밖에 환경부장관이 폐기물을 안전하게 중간처분할 수 있다고 인정하여 고시하는 시설

다. 최종처분시설

(1) 매립시설

1) 차단형 매립시설

2) 관리형 매립시설(침출수 처리시설, 가스 소각·발전·연료화 시설 등 부대시설을 포함한다)

(2) 그 밖에 환경부장관이 폐기물을 안전하게 최종처분할 수 있다고 인정하여 고시하는 시설

라. 재활용시설

(1) 기계적 재활용시설

1) 압축·압출·성형·주조시설(동력 10마력 이상인 시설로 한정한다)

2) 파쇄·분쇄·탈피시설(동력 20마력 이상인 시설로 한정한다)

3) 절단시설(동력 10마력 이상인 시설로 한정한다)

4) 용융·용해시설(동력 10마력 이상인 시설로 한정한다)

5) 연료화시설

6) 증발·농축시설

7) 정제시설(분리·증류·추출·여과 등의 시설을 이용하여 폐기물을 재활용하는 단위시설을 포함한다)

8) 유수분리시설

9) 탈수·건조시설

10) 세척시설(철도용 폐목재 침목을 재활용하는 경우로 한정한다)

(2) 화학적 재활용시설

1) 고형화·고화시설

2) 반응시설(중화·산화·환원·중합·축합·치환 등의 화학반응을 이용하여 폐기물을 재활용하는 단위시설을 포함한다)

3) 응집·침전시설

(3) 생물학적 재활용시설

1) 사료화·퇴비화(지렁이분변토 생산시설 및 생석회 처리시설을 포함)·소멸화·부숙토 생산시설(1일 재활용능력 100킬로그램 이상인 시설로 한정하며, 건조에 의한 사료화·퇴비화 시설 포함)

2) 호기성·혐기성 분해시설

3) 버섯재배시설

(4) 시멘트 소성로

(5) 용해로(폐기물에서 비철금속을 추출하는 경우로 한정한다)

(6) 소성(시멘트 소성로는 제외)·탄화시설

(7) 골재가공시설

(8) 의약품 제조시설

(9) 그 밖에 환경부장관이 폐기물을 안전하게 재활용할 수 있다고 인정하여 고시하는 시설

Chapter

02 폐기물처리시설의 설치

제 1 절 개 관

폐기물처리시설은 기준에 맞게 설치하여야 한다. 폐기물처리업의 허가를 받았거나 받으려는 자는 폐기물처리업 허가절차 내에서 폐기물처리시설에 대한 승인 또는 신고절차를 이행한다. 그 외의 자가 폐기물처리시설을 설치하려면 대상시설에 따라 승인을 받거나 신고를 하여야 한다.

1. 업무절차

폐기물처리시설 설치 승인 또는 신고는 다음과 같이 진행된다.

사업자		시·도 유역(지방)환경청		사업자		시·도 유역(지방)환경청
폐기물처리시설 설치 승인·신고	➜	적정 여부 검토 (타법 저촉 여부 검토)	승인 ➜ 수리	시설설치 (성능검사 등)	사용개시 신고 ➜ 수리	신고 수리

2. 설치승인·신고대상 시설

구 분	대 상 시 설
설치승인	1. 일반소각시설로서 1일 처리능력이 100톤(지정폐기물의 경우 10톤) 이상인 시설 2. 고온소각시설, 열분해시설, 고온용융시설, 열처리조합시설로서 시간당 처리능력이 100킬로그램 이상인 시설 3. 기계적 처분시설 또는 재활용시설 중 증발·농축, 정제, 또는 유수분리시설로서 시간당 처분능력 또는 재활용능력이 125킬로그램 이상인 시설 4. 기계적 처분시설 또는 재활용시설 중 압축·압출·성형·주조·파쇄·분쇄·탈피·절단·용융·용해·연료화·소성(시멘트 소성로는 제외한다) 또는 탄화시설로서 1일 처분능력 또는 재활용능력이 100톤 이상인 시설 5. 생물학적 처분시설 또는 재활용시설로서 1일 처분능력 또는 재활용 능력이 100톤 이상인 시설 6. 매립시설 7. 시멘트 소성로 8. 시행령 [별표 3]의 제1호 중간처분시설 중 마목의 시설, 제2호 최종처분시설 중 나목의 시설 또는 제3호 재활용시설 자목의 시설로서 환경부장관이 고시하는 규모 이상인 시설
설치신고	1. 설치승인 대상 시설란 중 제1호 내지 제5호 및 제8호의 규모 미만인 시설. 다만, 시행령 [별표3] 제1호 라목, 제3호 다목에 따른 시설을 포함한다. 2. 기계적 처분시설 또는 재활용시설 중 탈수·건조시설, 멸균·분쇄시설 및 화학적 처분시설 또는 재활용시설
설치승인·신고제외	1. 학교·연구기관 등 다음 각 호에서 정하는 자가 시험·연구목적으로 설치·운영하는 폐기물처리시설 가. 「환경기술개발 및 지원에 관한 법률」 제5조 제1항의 규정에 의한 기관 나. 「고등교육법」 제2조의 규정에 의한 대학·산업대학·전문대학 및 기술대학과 그 부설연구기관 다. 국·공립연구기관 라. 「기초연구진흥 및 기술개발지원에 관한 법률」 제14조 제1항 제2호에 따른 기업부설연구소 마. 「산업기술연구조합 육성법」에 의한 산업기술연구조합 바. 「환경친화적 기업구조로의 전환촉진에 관한 법률」 제6조의 규정에 의한 기관 및 단체 사. 그 밖에 환경부장관이 정하여 고시하는 자 ※ 다만, 위의 시설을 설치하고자 하는 자는 동법 시행규칙 제37조 제2항의 규정에 따라 폐기물처분시설 또는 재활용시설 설치·운영계획서를 시·도지사 또는 지방환경관서의 장에게 제출하여야 하며, 이를 제출받은 시·도지사 또는 지방환경관서의 장은 폐기물처분시설 또는 재활용시설 설치·운영계획서를 검토한 후 적정 여부를 통보하여야 함

3. 설치승인·신고 제출기관

유역(지방)환경청	시·도지사
○ 광역폐기물처리시설 – 2 이상의 시·도 및 2 이상의 시·도의 시·군·구가 공동으로 설치하는 시설 – 시·도가 설치하는 시설 ○ 지정폐기물(의료폐기물을 제외한다)을 대상으로 하는 폐기물처리시설(동일 폐기물처리시설에서 지정폐기물과 지정폐기물 외의 폐기물을 함께 처리하는 시설을 포함한다) ○ 종합병원에서 발생되는 의료폐기물을 대상으로 하는 폐기물처리시설	○ 유역(지방)환경청장의 권한 외의 폐기물처리시설 ※ 동일 시·도의 2개 이상의 시·군·구가 설치하는 시설의 경우에는 시·도지사 소관임.

제 2 절 폐기물처리시설의 설치 승인

1. 제출서류

승인대상 폐기물처리시설을 설치하려는 자는 시행규칙 별지 제23호 서식의 폐기물 처분시설 또는 재활용시설 설치승인신청서에 다음의 서류를 첨부하여 그 시설의 소재지를 관할하는 시·도지사나 지방환경관서의 장에게 제출하여야 한다.[1)]

제출서류	비 고
1. 폐기물 처분시설 또는 재활용시설 설치 승인신청서	시행규칙 별지 제23호 서식
2. 처분 또는 재활용대상 폐기물배출업체의 제조공정도 및 폐기물배출내역서	사업장폐기물 배출자가 설치하는 경우
3. 폐기물의 종류, 성질·상태 및 예상배출량 내역서	사업장폐기물 배출자가 설치하는 경우
4. 처분 또는 재활용 후에 발생하는 폐기물의 처리계획서	

1) 시행규칙 제39조

5. 폐기물처분시설 또는 재활용시설의 설치 및 장비확보계획서	
6. 폐기물처분시설 또는 재활용시설의 설계도서	
7. 공동폐기물처리시설의 설치·운영에 소요되는 비용부담 등에 관한 협약	법 제18조 제5항의 규정에 의하여 폐기물처리시설을 공동으로 설치·운영하는 경우
8. 폐기물매립시설의 사후관리계획서	매립시설에 한함
9. 환경부장관이 고시하는 사항을 포함한 시설설치의 환경성조사서	면적이 1만 제곱미터 이상이거나 매립용적이 3만 세제곱미터 이상인 매립시설과 1일 처분능력 또는 재활용능력이 100톤 이상(지정폐기물의 경우에는 10톤 이상)인 소각시설, 폐기물을 연료로 사용하는 시멘트 소성로의 경우만 제출
10. 배출시설의 설치허가 신청 또는 신고 시의 첨부서류	배출시설에 해당하는 폐기물 처분시설 또는 재활용시설을 설치하는 경우만 제출하며, 제1호부터 제5호까지의 서류와 중복되는 서류는 제출하지 아니할 수 있음

2. 승인신청서 작성 및 제출

가. 승인신청서 작성요령2)

(1) 폐기물처분시설 또는 재활용시설 설치승인신청서

(가) 기재되어야 할 사항이 빠짐없이 기재되어 있는지 여부와 구비서류가 모두 첨부되어야 한다.

(나) 공동으로 폐기물처리시설을 설치하는 경우에는 대표업체의 상호·대표자·사무실 주소 등을 기재한 업소현황을 첨부한다.

(다) 처리시설 종류별로 시간당 처리능력 및 1일 평균가동시간, 처리대상 폐기물의 종류별 연간처리예상량, 방지시설명이 각각 기재되어 있는지 확인한다.

(라) 처리시설 및 방지시설 설치 예상소요비용을 기재한다.

(2) 처분 또는 재활용대상 폐기물 배출자의 제조공정도 및 배출내역서

(가) 폐기물배출업체에서 발생되는 각종 폐기물의 처리계획을 자가처리와 위탁처리

2) 이하는 폐기물처리시설 설치승인·신고업무 처리지침(환경부예규) II. 폐기물처리시설 설치승인 참조

로 구분하여 기재하여야 한다.

(나) 자가처리 대상 폐기물의 처리방법, 처리량 등의 처리계획이 설치하고자 하는 폐기물처리시설 종류·처리능력 등을 고려할 때 폐기물처리에 관한 구체적 기준 및 방법에 적합하여야 한다.

(3) 폐기물처분시설 또는 재활용시설의 설치 및 장비확보계획서

(가) 폐기물처분시설 또는 재활용시설의 설치계획이 폐기물처분시설 또는 재활용시설의 설치기준에 적합하여야 하고, 폐기물처분시설 또는 재활용시설의 관리기준에 적합하게 운영할 수 있어야 하며, 처리시설이 발생된 폐기물의 처리에 적정하게 설계되어야 하고, 관련 장비 및 예비부품의 확보계획이 적정하여야 한다.

(나) 매립시설을 구획하여 단계적으로 설치하는 경우에 단계별 설치계획에 처리계획 폐기물량과 매립시설 용량을 고려할 때 적정하여야 하며, 단계별 매립계획과 매립·복토장비, 침출수 처리시설의 확보 또는 설치계획이 적정하여야 한다.

(다) 일반소각시설, 고온소각시설, 열분해시설, 고온용융시설 등의 경우 발생되는 폐기물 발열량, 소각부하량이 처리시설의 소각(열분해) 부하량 범위 내에 있어야 한다.

(라) 멸균분쇄시설의 경우 검사인력(임상병리사 또는 위생사 중 1인 이상)과 검사실, 멸균 여부를 확인할 수 있는 기구 및 장비확보계획이 적정하여야 한다.

(마) 승인대상 시설의 규모는 단위시설의 규모를 기준으로 하고, 2개 이상의 시설용량을 합하여 산정하는 것이 아님을 유의하여야 한다.

(4) 폐기물처분시설 또는 재활용시설의 설계도서

(가) 폐기물처분시설 또는 재활용시설의 설계도면 및 설명서, 처리시설 배치도 등이 모두 적정하게 작성되어야 한다.

(나) 행정의 간소화 및 제출자의 부담을 줄이기 위해 가급적 상세도면을 배제하고, 시설의 외형 크기·처리구조 등을 확인할 수 있는 일반도서를 제출한다.

(5) 처분 또는 재활용 후에 발생하는 폐기물의 처리계획서

폐기물을 처리하는 과정에서 발생되는 폐기물의 종류·발생량·성상·발생주기 등이 적정하게 기재되어야 하고, 이의 처리계획이 적정하여야 한다.

(6) 공동폐기물처리시설의 설치·운영에 소요되는 비용부담 등에 관한 규약

(가) 법 제18조 제5항의 규정에 의하여 폐기물처리시설을 공동으로 설치·운영하는 경우에 제출한다.

(나) 폐기물의 공동처리에 참여하는 사업자 간의 규약서로서 공동처리시설 설치비용

및 운영비용 등을 공동으로 부담하는 내용이 포함되어야 한다.

(7) 폐기물매립시설 사후관리계획서

매립시설을 사용종료한 후에 최종복토 및 초목식재, 발생되는 침출수 및 가스 등 오염물질의 처리, 사후관리 방법 및 기간, 토지이용계획 등이 적정하여야 한다.

(8) 환경성조사서

(가) 면적이 1만 제곱미터 이상이거나 매립용적이 3만 세제곱미터 이상인 매립시설과 1일 처분능력 또는 재활용 능력이 100톤 이상(지정폐기물의 경우 10톤 이상)인 소각시설, 폐기물을 연료로 사용하는 시멘트 소성로의 경우에는 환경성조사서를 제출하여야 한다.

(나) 환경성 조사내용이 적정하여야 한다(조사내용의 충실성, 조사항목의 누락 여부, 처리시설 주변에 미치는 환경영향 및 저감대책의 적정성 등)

(다) 「환경정책기본법」에 의한 사전환경성검토 대상사업 또는 「환경영향평가법」에 의한 환경영향평가 대상사업의 경우에는 사전환경성검토서 또는 환경영향평가서로 대체할 수 있다.

(9) 배출시설 설치허가 신청 또는 신고 시의 첨부서류

(가) 배출시설에 해당하는 폐기물처분시설 또는 재활용시설을 설치하는 경우에만 해당한다.

(나) 배출시설 설치허가 또는 신고 대상에 해당하는 경우에는 대기, 수질, 소음·진동 등 분야별로 서류를 작성해야 한다.

나. 승인신청서 제출

(1) 제출기관

2 이상의 시·도 및 2 이상의 시·도의 시·군·구가 공동으로 설치하는 시설과 시·도가 설치하는 광역폐기물처리시설은 유역(지방)환경청에 설치승인신청서를 제출하고, 나머지의 경우에는 해당 지자체에 제출한다.[3)]

(2) 승인기관의 주요 검토사항

승인기관은 다음 사항을 중점적으로 검토하게 된다.

(가) 처리대상 폐기물의 종류, 성질·상태별 적정처리 가능 여부

(나) 폐기물처분시설 또는 재활용시설의 설치기준 및 관리기준 충족 여부

(다) 처분 또는 재활용 후에 발생하는 폐기물의 처리계획에 대한 적정성

---

3) 폐기물처리시설 설치승인·신고업무처리지침, 환경부예규 제464호

(라) 폐기물 매립시설의 사후관리 내용이 적정성
(마) 관계 행정기관과의 협의(타법 저촉 여부 등)
(바) 기술검토(필요 시 현지조사)
(사) 환경성조사서 내용(제출대상 시설에 한함)

3. 관계행정기관과의 협의

검토되어야 할 관계법령	
「국토의 계획 및 이용에 관한 법률」	「문화재보호법」
「건축법」	「농지법」
「수도권정비계획법」	「산림기본법」
「공유수면매립법」	「수산업법」
「공유수면관리법」	「산업집적활성화 및 공장설립에 관한 법률」
「하천법」	「환경정책기본법」 등 환경관계 법령

(1) 타법 저촉 여부 등에 대하여는 관할 시·도지사 또는 시장·군수·구청장에게 의견조회를 통하여 확인한다. 다만, 의견조회를 완료한 후 경미한 설치승인 내용을 변경하거나 의견조회의 필요성이 없다고 판단되는 경우에는 이를 생략할 수 있다.

(2) 타법 저촉 여부 검토의뢰를 받은 관할 시·도지사 또는 시장·군수·구청장은 개별법에 저촉되는 사항이 있는지 여부를 관련법 조항을 명시하여 명확하게 승인기관에 회신하여야 한다(예: 농지법 제 ○○조 ○○항 규정에 의거 대기 3종 이상 또는 특정 대기유해물질을 배출하는 시설은 배출시설 설치허가를 할 수 없음).

(3) 국가 또는 지방자치단체의 장이 일정규모 이상의 폐기물처리시설을 설치·운영하고자 하는 경우에는 「폐기물처리시설 설치촉진 및 주변지역지원 등에 관한 법률」이 정하는 바에 따라 입지선정계획 결정·공고, 폐기물처리시설 설치계획의 결정·고시 등의 절차를 거쳐야 한다.

4. 기술검토 및 현지조사 확인

가. 기술검토

(1) 시설·장비 등에 관한 기술검토는 대기오염·수질오염·토양오염·폐기물 등을 관

리하는 부서와 협의를 하거나 관계 전문지식을 가진 공무원 4인 이상으로 구성된 기술검토위원의 심의를 거쳐 실시한다. 다만, 경미한 사항의 변경 또는 기술검토가 불필요하다고 판단되는 경우에는 관계부서 협의, 기술검토위원회의 심의나 자문을 거치지 아니할 수 있다.

(2) 일반소각시설, 고온소각시설, 열분해시설, 고온용융시설, 열처리 조합시설, 시멘트 소성로, 멸균분쇄시설 및 매립시설에 대하여는 필요한 경우 환경부령이 정하는 검사기관 등 관계 전문기관 또는 외부전문가(관련분야 대학교수 등)의 자문을 받을 수 있다.

나. 현지조사 확인

(1) 서류상의 기술검토 결과 필요한 경우에는 진입도로, 상수원과의 거리, 주변지역에 미치는 환경영향의 검토·확인 등을 위한 현지조사를 실시할 수 있으며, 주민의견을 청취할 수 있다.

(2) 환경성조사 대상사업은 현지조사 시 환경성조사 내용의 진위 여부, 충실성 등을 확인한다.

다. 설치승인신청서의 보완

필요시에는 설치승인신청서를 보완하거나 참고자료를 일괄 요구한다.

5. 설치승인

폐기물처리시설이 설치기준에 부합하고 기타 필요한 요건을 갖춘 경우에는 설치신청에 대해 승인한다.

가. 폐기물처리시설 또는 재활용시설의 설치기준[4)]

1. 중간처분시설의 경우
   가. 공통기준
      1) 소각시설은 자체 무게와 적재 무게, 그 밖의 무게에 견딜 수 있어야 하고, 처분에 사용하는 처리약품과 처분과정에서 발생하는 열·습기·배기가스·배출수 및 충격 등에 견딜 수 있는 재질을 사용하여야 한다.
      2) 폐기물이 흩날리거나 흘러나오는 것을 방지하는 데에 필요한 설비를 하여야 한다.
      3) 폐기물의 처분과정에서 발생하는 대기오염물질·수질오염물질 등을 처분할 수 있는 시설을 갖추어야 한다. 다만, 「수질환경보전법 시행규칙」 [별표 2] 및 [별표 3]에 따른 수질오염물질 또는 특정 수질유해물질을 「수질 및 수생태계 보전에 관한 법률」 제62조에

4) 시행규칙 제35조 [별표 9]

따른 폐수처리업자에게 위탁처리하는 경우와 매립시설의 침출수 처리시설, 「수질 및 수생태계 보전에 관한 법률」 제2조 제12호에 따른 수질오염방지시설(자가수질오염방지시설만 해당한다), 「수질 및 수생태계 보전에 관한 법률」 제48조에 따른 폐수종말처리시설, 「하수도법」 제2조 제9호에 따른 공공하수처리시설 또는 「하수도법」 제2조 제10호에 따른 분뇨처리시설에서 처리하는 오염물질을 그 시설에 옮겨 처리하는 경우와 시행령 제5조에 따른 폐기물 재활용시설 중 혐기성분해시설에 유입하여 에너지를 생산(음식물류 폐기물을 재활용하는 과정에서 발생되는 경우만 해당한다)하는 경우에는 수질오염물질 처리시설의 일부 또는 전부를 갖추지 아니할 수 있다.

4) 처분시설의 바닥은 시멘트·아스팔트 등 물이 스며들지 아니하는 재료로 포장하여야 한다.

5) 음식물류 폐기물 처분시설을 설치하는 때에는 음식물류 폐기물의 저장·투입·이송 및 처리 등의 과정에서 발생하는 악취가 외부로 새어 나가지 아니하도록 밀폐된 구조로 설치하여야 하며, 발생되는 악취물질을 저감할 수 있는 별도의 시설을 갖추어야 한다.

나. 소각시설

1) 공통기준

가) 연소실·열분해실(가스화실을 포함한다. 이하 이 목에서 같다) 및 고온용융실의 예열 및 온도를 조절할 수 있도록 보조버너 등 충분한 용량의 보조연소장치를 설치하여야 한다.

나) 연소실·열분해실 및 고온용융실의 연소용 공기 또는 산소 등이 안정적으로 공급될 수 있는 장치(공급량을 조절할 수 있는 기능을 갖는 것만 해당한다)를 설치하여야 한다.

다) 굴뚝을 설치하는 경우에는 통풍력과 배기가스의 대기확산을 고려한 높이와 구조를 가져야 한다.

라) 폭발사고와 화재 등에 대비한 안전한 구조여야 하며, 소화기 등 필요한 장비를 갖추어야 한다.

마) 시설규모, 처분대상 폐기물의 종류, 소각방식, 설계·시공자명 및 연락처 등 필요한 사항을 지워지지 아니하고 파손되지 아니하는 방법으로 표시한 표지를 붙여야 한다.

바) 연소실·열분해실 및 고온용융실에는 시설 내의 압력변화를 감지할 수 있는 압력측정계를 설치하여야 한다. 다만, 지정폐기물 외의 폐기물을 처분하는 시설로서 시간당 처분능력이 200킬로그램 미만인 시설의 경우에는 그러하지 아니하다.

사) 시간당 처분능력이 2톤 이상인 경우에는 반입되는 폐기물의 무게를 측정할 수 있는 계량시설을 설치하여야 한다. 다만, 시·도지사나 지방환경관서의 장이 인정하는 경우와 다른 곳의 계량시설을 이용하여 반입되는 폐기물의 무게를 측정할 수

있는 경우에는 그러하지 아니하다.

아) 연소실·열분해실 및 고온용융실의 최종 출구에는 출구온도 측정공을 설치하고, 각 시설의 출구온도 기준보다 섭씨 300도 이상까지, 대기오염 방지시설 중 최초 집진시설의 입구에는 섭씨 600도 이상(시간당 처분능력이 2톤 이상인 시설만 해당한다) 측정할 수 있는 온도지시계 및 온도변화를 연속적으로 기록할 수 있는 자동온도기록계를 붙여야 한다.

자) 연소실·열분해실 및 고온용융실의 외부를 철판으로 덮은 경우에는 본체의 고온부위를 내열도료로 색칠 또는 단열처리하거나 내화단열벽돌, 캐스터블내화물 등으로 시공하여 그 외부표면온도를 섭씨 80도 이하(시간당 처분능력이 200킬로그램 미만인 시설의 경우에는 섭씨 120도 이하)로 유지할 수 있는 구조여야 한다. 다만, 회전식소각시설 등 구조상 단열을 충분히 할 수 없는 경우는 그러하지 아니하다.

차) 대기오염 방지시설 중 최초 집진시설(전기·여과집진시설이 설치되어 있는 경우에는 전기·여과집진시설을 최초 집진시설로 본다)에 흘러 들어오는 연소가스를 섭씨 200도 이하(시간당 처분능력이 2톤 미만인 시설의 경우에는 섭씨 250도 이하)로 냉각시키기 위한 냉각시설이나 폐열회수시설을 설치하여야 한다. 다만, 시간당 처분능력이 200킬로그램 미만인 시설로서 대기오염 방지시설의 처리공정상 연소가스의 냉각이 필요하지 아니하는 경우에는 그러하지 아니한다.

카) 「대기환경보전법 시행령」 제17조에 따른 굴뚝 자동측정기기 부착하여야 하는 소각시설은 같은 법 시행령 제17조 및 같은 법 시행규칙 제37조에 따라 굴뚝 자동측정기기를 설치하고 운영·관리하여야 하며, 대기오염 방지시설의 입·출구 및 굴뚝에는 배출가스의 온도, 대기오염물질의 농도 등을 측정할 수 있는 측정공을 대기오염공정 시험방법에 맞게 설치하여야 한다.

타) 폐기물 투입구 및 청소구는 고온에 견딜 수 있는 재질로 만들어야 하며, 외부공기가 흘러 들어오거나 연소가스가 새어 나가는 것을 방지할 수 있는 구조여야 한다.

파) 내부의 연소상태를 볼 수 있는 구조여야 하며, 소각재의 제거 시 재의 흩날림을 방지할 수 있는 구조여야 한다.

하) 폐기물반입장·저장조 등에서 발생하는 악취가 처분시설의 외부로 새어 나가는 것을 방지할 수 있는 시설을 설치하여야 한다. 다만, 시간당 처분능력이 2톤 미만인 시설인 경우에는 공기차단시설 등 간이시설을 설치할 수 있다.

거) 시간당 처분능력이 25킬로그램 이상인 소각시설은 「잔류성유기오염물질 관리법 시행규칙」 [별표 3] 제1호가목·제2호가목·제4호가목에 따른 다이옥신 배출기준을 지킬 수 있는 시설을 설치하여야 한다.

너) 허가·승인을 받거나 신고한 시간당 처분능력을 초과하여 설치하여서는 아니된다.

더) 폐냉매물질 등 기체상 폐기물을 처분하는 경우에는 기체상 폐기물이 외부로 새어 나가지 아니하고 연소실·열분해실·고온용융실로 직접 투입할 수 있는 설비를 갖추어야 한다.

2) 개별기준

가) 일반소각시설

(1) 연소실(연소실이 둘 이상인 경우에는 최종 연소실)의 출구온도는 섭씨 850도 이상(의료폐기물을 대상으로 하는 소각시설 외의 시설로서 시간당 처분능력이 200킬로그램 미만인 경우에는 섭씨 800도 이상)이어야 한다. 다만, 종이·목재류만을 소각하는 경우에는 섭씨 450도 이상이어야 한다.

(2) 연소실은 연소가스가 2초 이상(의료폐기물을 대상으로 하는 소각시설 외의 시설로서 시간당 처분능력이 200킬로그램 미만의 경우에는 0.5초 이상. 시간당 처분능력이 200킬로그램 이상 2톤 미만인 경우에는 1초 이상) 체류할 수 있고, 충분하게 혼합될 수 있는 구조여야 한다. 이 경우 체류시간은 섭씨 850도(의료폐기물을 대상으로 하는 소각시설 외의 시설로서 시간당 처분능력이 200킬로그램 미만인 경우에는 섭씨 800도, 종이·목재류 및 마늘피 등 초근목피류를 소각하는 경우에는 섭씨 450도)에서의 부피로 환산한 연소가스의 체적으로 계산한다.

(3) 바닥재의 강열감량(强熱減量)이 10퍼센트 이하(지정폐기물 외의 폐기물을 소각하는 시설로서 시간당 처분능력이 200킬로그램 미만인 소각시설의 경우에는 15퍼센트 이하)가 될 수 있는 소각 성능을 갖추어야 한다. 다만, 2008년 1월 1일 이후 가동 개시되는 생활폐기물 소각 시설은 강열감량이 5퍼센트(시간당 처분능력이 200킬로그램 미만의 경우에는 10퍼센트) 이하가 될 수 있는 소각 성능을 갖추어야 한다.

(4) 2차 연소실이 없는 연소방식 중 연속투입방식의 경우에는 폐기물을 투입할 연소실과 외부공기가 차단되도록 이중문 등의 구조여야 하며, 이 경우의 연소실은 출구기준 온도 이상이 유지될 수 있는 구조여야 한다.

(5) 폐기물을 일괄 투입하여 연소하는 방식의 경우에는 소량의 공기로 가스화시키는 가스화실과 이에 접속된 연소실을 가진 구조이어야 하며, 이 경우 가스화실은 연소가스체류시간을 산정할 때에 연소실로 보지 아니한다.

(6) 의료폐기물을 대상으로 하는 소각시설(시간당 처분능력이 200킬로그램 이상인 시설만 해당한다)에는 폐기물을 자동으로 투입하는 장치와 투입되는 폐기물의 양을 자동계측하는 장치를 갖추어야 한다.

나) 고온소각시설

(1) 2차 연소실의 출구온도는 섭씨 1,100도 이상이어야 한다.

(2) 2차 연소실은 연소가스가 2초 이상 체류할 수 있고, 충분하게 혼합될 수 있는 구조이어야 한다. 이 경우 체류시간은 섭씨 1,100도에서의 부피로 환산한 연소가스의 체적으로 계산한다.

(3) 고온소각시설에서 배출되는 바닥재의 강열감량이 5퍼센트 이하가 될 수 있는

소각 성능을 갖추어야 한다.

(4) 1차 연소실에 접속된 2차 연소실을 갖춘 구조여야 한다.

다) 열분해시설

(1) 폐기물투입장치, 열분해실(가스화실을 포함한다), 가스연소실(열분해가스를 연소시키는 경우만 해당한다) 및 열회수장치가 설치되어야 한다.

(2) 열분해가스를 연소시키는 경우에는 가스연소실의 출구온도는 섭씨 850도 이상이 되어야 한다.

(3) 열분해가스를 연소시키는 경우에는 가스연소실은 가스가 2초 이상(시간당 처분능력이 200킬로그램 미만인 시설의 경우에는 1초 이상) 체류할 수 있고 충분하게 혼합될 수 있는 구조이어야 한다. 이 경우 체류시간은 섭씨 850도에서 부피로 환산한 연소가스의 체적으로 계산한다.

(4) 열분해실(가스화실을 포함한다)에서 배출되는 바닥재의 강열감량이 10퍼센트 이하(시간당 처분능력이 200킬로그램 미만인 시설의 경우에는 15퍼센트 이하)가 될 수 있는 성능을 갖추어야 한다. 다만, 열분해 시 발생하는 탄화물을 재활용하는 경우에는 그러하지 아니하다.

라) 고온용융시설

(1) 고온용융시설의 출구온도는 섭씨 1,200도 이상이 되어야 한다.

(2) 고온용융시설에서 연소가스의 체류시간은 1초 이상이어야 하고 충분하게 혼합될 수 있는 구조여야 한다. 이 경우 체류시간은 섭씨 1,200도에서의 부피로 환산한 연소가스의 체적으로 계산한다.

(3) 고온용융시설에서 배출되는 잔재물의 강열감량은 1퍼센트 이하가 될 수 있는 성능을 갖추어야 한다.

다. 기계적 처분시설

1) 파쇄·분쇄·절단시설

가) 파쇄·분쇄·절단조각의 크기는 최대직경 15센티미터 이하로 각각 파쇄·분쇄·절단할 수 있는 시설이어야 한다.

나) 파쇄·분쇄·절단조각의 크기를 조절할 수 있는 장치를 설치하여야 한다.

다) 파쇄·분쇄·절단으로 발생하는 분진의 흩날림을 방지할 수 있는 시설을 갖추어야 한다.

라) 반입공급장치, 파쇄·분쇄·절단 장치 및 반출장치 등을 설치하여야 한다.

2) 용융시설

용융과정에서 발생하는 악취 등을 처리할 수 있는 설비를 갖추어야 한다.

3) 증발·농축 시설

가) 증발·농축조는 폐기물로 부식되거나 파손되지 아니하는 재질로 만들어야 한다.

나) 연소가스로 증발·농축하는 시설에는 온도를 조절할 수 있는 장치 및 온도지시계를 설치하여야 하며, 진공증발로 증발·농축을 하는 시설에는 안전밸브를 추가 설치하여야 한다.

다) 증발·농축처분량을 조절할 수 있는 장치를 설치하여야 한다.

라) 증발·농축시 발생하는 유해가스를 처리할 수 있는 설비를 갖추어야 한다.

마) 외부공기가 흘러 들어오거나 증발·농축시설의 가스가 새어 나가는 것을 방지할 수 있는 구조여야 한다.

4) 정제시설

가) 정제과정에서 발생하는 유해가스를 처리할 수 있는 설비를 갖추어야 한다.

나) 폐기물의 투입량을 조절할 수 있는 장치를 설치하여야 한다.

5) 유수분리시설

가) 시설의 외부로 폐유가 흘러 나가지 아니하는 구조여야 한다.

나) 분리수의 역류를 방지할 수 있는 장치를 설치하여야 한다.

다) 회수유저장조 용적은 3세제곱미터 이상이어야 한다.

라) 회수유저장조 등은 부식 또는 파손되지 아니하는 재질로 폐유가 흘러 나가지 아니하는 구조로 만들어야 한다.

마) 흡입부에 폐유 중의 이물질을 제거할 수 있는 제거망을 설치하여야 한다.

바) 폐유투입량을 조절할 수 있는 장치를 설치하여야 한다.

6) 탈수시설

가) 수분함량을 85퍼센트 이하로 탈수할 수 있는 시설이어야 한다.

나) 탈수과정에서 발생하는 폐수가 폐수처리시설로 흘러들 수 있는 시설을 갖추어야 한다.

다) 탈수량을 조절할 수 있는 장치를 설치하여야 한다.

라) 시설의 외부로 액체상태 폐기물이나 탈수과정에서 발생하는 폐수가 흘러 나가지 아니하는 구조여야 한다.

7) 건조시설

가) 진공식이나 가열식인 경우에는 건조온도를 조절할 수 있는 장치를 설치하여야 한다.

나) 자연식의 경우 비가 올 때 빗물이 흘러드는 것을 방지하기 위한 덮개 등을 갖추어야 한다.

다) 건조과정에서 발생하는 유해가스를 처리할 수 있는 설비를 갖추어야 한다.

8) 멸균분쇄시설

가) 밀폐형으로 된 자동제어에 의한 처분방식이어야 하며, 처분일자·처분온도·처분입력 및 처분시간 등의 운전내용과 투입되는 폐기물의 양이 연속적으로 함께 자

동기록되는 장치를 갖추어야 한다.

나) 폭발사고와 화재 등에 대비하여 안전한 구조여야 하며, 소화기 등 필요한 장비를 갖추어야 한다.

다) 악취를 방지할 수 있는 시설과 수분함량이 50퍼센트 이하가 되도록 처리할 수 있는 건조장치를 갖추어야 한다.

라) 원형이 파쇄되어 재사용할 수 없도록 분쇄할 수 있는 시설을 갖추어야 한다.

마) 다음의 성능을 유지할 수 있는 시설을 갖추어야 한다.

(1) 증기로 수분을 침투시킨 후 고온으로 가열하는 시설(이하 "증기멸균분쇄시설"이라 한다)은 멸균실이 섭씨 121도 이상, 계기압으로 1기압 이상인 상태에서 폐기물이 30분 이상 체류하여야 한다.

(2) 증기로 수분을 침투시킨 후 나선형 열관에서 고온으로 가열하는 시설(이하 "열관멸균분쇄시설"이라 한다)은 섭씨 100도의 증기로 수분침투 후 나선형 열관에서 분당 4회 이상의 회전속도와 섭씨 165±5도의 고온으로 가열하여 멸균실이 섭씨 100도 이상인 상태에서 40분 이상 체류하여야 한다.

(3) 증기로 수분을 침투시킨 후 마이크로웨이브를 조사하는 시설(이하 "마이크로웨이브멸균분쇄시설"이라 한다)은 섭씨 160도의 고온증기로 수분침투 후 4개 이상의 마이크로파 발생기에서 각각 2천4백50㎒의 주파수와 출력 1천2백와트의 마이크로파를 조사(照射)하여 섭씨 95도 이상인 상태에서 25분 이상 체류하여야 한다.

바) 폐기물을 자동으로 투입하는 장치와 투입되는 폐기물의 양을 자동계측하는 장치를 갖추어야 한다.

라. 화학적 처분시설

1) 고형화·고화 시설

가) 시멘트·물·용출방지제·합성고분자화합물 등을 고르게 혼합할 수 있는 장치 및 배합비율을 조절할 수 있는 장치를 갖추어야 한다.

나) 혼합물을 양생할 수 있는 시설 등을 갖추어야 한다. 다만, 합성고분자화합물을 고화제로 이용하는 경우에는 그러하지 아니한다.

2) 안정화시설

가) 폐기물을 화학물질이나 생물 등을 이용하여 화학적·생물학적으로 안정된 상태의 물질로 만드는 시설을 갖추어야 한다.

나) 안정화과정에서 발생하는 유해가스를 처리할 수 있는 설비를 갖추어야 한다.

3) 반응시설

가) 반응조, 폐기물공급량 조절장치, 교반장치 및 약품투입장치 등을 설치하여야 한다.

나) 반응조는 폐기물로 부식되거나 파손되지 아니하는 재질로 만들어야 한다.

다) 반응과정에서 발생하는 유해가스를 처리할 수 있는 설비를 갖추어야 한다.

라) 폐냉매물질 등 기체상 폐기물을 처분하는 경우 기체상 폐기물이 외부로 새어 나가지 아니하도록 밀폐되는 구조로 설치하여야 한다.

4) 응집·침전시설

가) 응집·침전조는 적절한 체류시간이 유지될 수 있는 용량이어야 한다.

나) 응집·침전조, 교반(攪拌)장치 및 약품투입장치를 설치하여야 한다.

다) 교반장치는 회전속도를 조절할 수 있는 것이어야 한다.

라) 응집·침전된 오니류를 배출할 수 있는 구조여야 한다.

마) 옥외에 설치된 경우 비가 올 때 빗물이 흘러드는 것을 방지할 수 있는 덮개를 갖추어야 한다.

마. 생물학적 처분시설

1) 소멸화 시설

폐기물을 선별·파쇄·혼합·발효·건조·소멸·소화 등의 공정을 거쳐 물리적·생물학적으로 안정된 상태의 물질로 만드는 시설을 갖추어야 한다.

2) 호기성·혐기성 분해시설

가) 미생물을 이용하여 생물학적으로 안정된 물질을 만드는 시설을 갖추어야 한다.

나) 분해과정에서 발생하는 가스를 처리하는 시설을 갖추어야 한다.

2. 최종처분시설의 경우

가. 매립시설의 공통기준

1) 매립시설의 주위에 사람이나 가축 등의 출입을 방지할 수 있는 철망 등의 외곽시설을 지상 1.5미터 이상의 높이로 설치하여야 한다. 다만, 매립시설이 사람 등이 무단으로 출입할 수 없는 사업장 안에 있는 경우와 그 주위가 사람 등의 출입이 곤란한 해변·하천·절벽 등의 지형인 경우에는 그러하지 아니하다.

2) 매립시설 입구에 폐기물매립시설임을 표시하는 가로 100센티미터 이상, 세로 50센티미터 이상의 표지판을 지상 100센티미터 이상의 높이에 설치하여야 한다. 이 경우 표지판에는 매립시설명, 매립대상폐기물의 종류, 관리자의 주소·성명·전화번호·설계·시공·감리자명 등을 적어야 한다.

3) 폐기물의 흘러 나감을 방지할 수 있는 축대벽 및 둑은 매립되는 폐기물의 무게, 매립단면 및 침출수위 등을 고려하여 안전하게 설치하여야 한다. 이 경우 축대벽은 저면(底面)활동에 대한 안전율이 1.5 이상, 쓰러짐에 대한 안전율이 2.0 이상, 지지력에 대한 안전율이 3.0 이상이어야 하며, 둑은 사면(斜面)활동에 대한 안전율이 1.3 이상이어야 한다.

4) 매립시설의 기초지반이 연약한 경우에는 지반침하 등의 우려가 없도록 지반보강을

위한 필요한 조치를 하여야 하며, 암반이 드러난 경우 암반의 요철 등으로 차수시설이 손상되지 아니하도록 적절한 조치를 하여야 한다.

5) 매립시설의 외부에서 빗물이 흘러들지 아니하고 매립시설의 내부에 떨어진 빗물이 폐기물을 매립 중인 구역에 흘러들지 아니하도록 빗물배제시설을 갖추어야 한다. 다만, 빗물이 매립시설로 흘러들거나 떨어지는 것을 방지할 수 있는 시설을 설치하는 경우에는 그러하지 아니하다.

6) 반입되는 폐기물의 무게를 측정할 수 있는 계량시설을 설치하여야 한다. 다만, 시·도지사나 지방환경관서의 장이 필요하지 아니하다고 인정하는 경우와 다른 곳의 계량시설을 이용하여 반입되는 폐기물의 무게를 측정할 수 있는 경우에는 그러하지 아니하다.

7) 폐기물운반차량의 세륜·세차시설을 갖추어야 한다. 다만, 시·도지사나 지방환경관서의 장이 처분대상 폐기물을 고려하여 필요하지 아니하다고 인정하는 경우에는 그러하지 아니하다.

8) 폐기물의 매립으로 인하여 침출수가 발생하는 경우에는 지하수오염 여부를 확인할 수 있는 지하수 검사정을 사용시작 신고일 2개월 전까지 매립시설의 주변 지하수흐름층 상류에 1개소 이상, 하류에 2개소 이상 설치하여야 한다. 이 경우 지하수 검사정은 직경이 10센티미터 이상이고, 재질은 테프론·스테인레스강 또는 합성수지관을 사용하여야 하며, 지하수 검사정의 지표면으로부터 오염물질이 흘러들지 아니하는 구조로 설치하여야 한다. 다만, 매립시설의 경계선이 해수면과 가까이 있어 지하수 검사정 설치가 어려운 시설로서 해수면 가까운 지역에 지하수 검사정 대신 해수수질검사를 할 수 있는 일정한 지점을 2개소 이상 선정한 시설의 경우에는 그러하지 아니하다.

9) 조성면적이 15만제곱미터 이상인 매립시설은 지진에 대한 안전성을 고려하여야 하고, 조성면적이 15만제곱미터 미만인 매립시설은 해당 매립시설을 설치하려는 자가 매립시설 지반의 연약정도, 매립높이 등을 고려하여 필요하다고 인정하면 지진에 대한 안전성을 고려할 수 있다.

나. 매립시설의 개별기준

1) 차단형 매립시설

가) 바닥과 외벽은 한국산업규격 F2405(콘크리트의 압축강드 시험방법)에 따라 측정한 압축강도(이하 "압축강도"라 한다)가 210kg/㎠이상인 철근콘크리트로서 두께가 15센티미터 이상 또는 이와 같은 차단효력을 가진 구조물로 설치하되 방수처리하여야 한다.

나) 내부막의 1개 구획의 면적은 매립가능면적 50제곱미터 이하 또는 매립가능용적 250세제곱미터 이하가 되도록 하고, 내부막의 두께는 10센티미터 이상으로 하되, 압축강도 210kg/㎠ 이상의 콘크리트로 설치하여야 한다.

다) 매립시설 주변에 떨어진 빗물이 흘러드는 것을 방지할 수 있는 시설과 빗물을 차

단할 수 있는 덮개를 설치하여야 한다.

2) 관리형 매립시설

가) 침출수가 매립시설에서 흘러 나가는 것을 방지하기 위하여 매립시설의 바닥과 측면은 폐기물의 성질·상태, 매립 높이, 지형조건 등을 고려하여 점토·점토광물혼합토 등 점토류 라이너, 고밀도폴리에틸렌 또는 이에 준하는 재질의 토목합성수지 라이너를 사용하여 다음의 방법에 따라 차수시설을 설치하여야 하며, 고밀도폴리에틸렌이나 이에 준하는 재질의 토목합성수지 라이너를 사용하는 경우에는 폐기물의 무게 등에 대한 안정성을 검토하여 항복인장강도(降伏引張强度)의 안전율이 2.0이상이 되도록 설계·시공하여야 한다. 다만, 매립시설의 바닥 및 측면이 점토류 라이너를 사용하여 차수시설을 설치한 것과 같은 수준 이상의 차수효과를 가지는 경우 또는 「환경기술 개발 및 지원에 관한 법률 시행령」 제18조 제1항 제2호에 따른 기술검증(이하 "환경기술검증"이라 한다)을 받은 매립시설의 설치공법으로 토목합성수지 라이너, 점토류 라이너를 사용하여 차수시설을 설치한 것과 같은 수준 이상의 침출수유출 방지효과가 있는 경우로서 시·도지사나 지방환경관서의 장이 인정하는 경우에는 그러하지 아니하다.

(1) 고밀도폴리에틸렌이나 이에 준하는 재질의 토목합성수지 라이너를 사용하는 경우

ㄱ. 두께 2.0밀리미터(지정폐기물을 매립하는 경우에는 2.5밀리미터) 이상의 것을 1겹 이상 포설(鋪設)할 것

ㄴ. 토목합성수지 라이너 하부에는 점토·점토광물혼합토 등 점토류를 다져 투수(透水)계수가 1초당 1천만분의 1센티미터 이하이고 두께가 50센티미터 이상(지정폐기물을 매립하는 경우에는 1미터 이상)인 라이너를 설치할 것. 다만, 매립시설 측면 및 내부 진입도로의 경사가 급하여 토목합성수지 라이너 하부에 점토류 라이너를 설치하는 것이 불가능하면 토목합성수지 라이너 하부에 같은 수준 이상의 차수효과를 가지는 토목합성수지 점토라이너 등으로 포설할 수 있다.

ㄷ. 고밀도폴리에틸렌라이너 중 매끄러운 고밀도폴리에틸렌라이너를 사용하는 경우에는 아래 표(고밀도폴리에틸렌 라이너 기준)의 기준에 적합한 것을 사용할 것

(2) 점토·점토광물혼합토 등 점토류를 사용하는 경우 투수계수가 1초당 1천만분의 1센티미터 이하이고 두께가 1미터 이상(지정폐기물을 매립하는 경우에는 1.5미터 이상)인 라이너를 설치할 것

(3) 그 밖의 차수재료를 사용하는 경우 (1)이나 (2)와 동등한 차수효과를 가지도록 차수시설을 설치할 것

<고밀도폴리에틸렌라이너의 기준>

항 목		단 위	기 준	비 고
용융지수		g/10min	1.0 미만	
밀도		g/㎤	0.940 이상	
카본블랙함량		%	2.0~3.0	
카본블랙분산도		급	모두 1급·2급 또는 3급에 해당되고, 그 중 80% 이상이 1급이나 2급에 해당되어야 함	
인장성능	항복인장강도	kgf/㎠	150 이상	
	파단인장강도	kgf/㎠	270 이상	
	항복인장변형률	%	12 이상	
	파단인장변형률	%	700 이상	
인열강도		kgf/cm	130 이상	
꿰뚫림강도		kgf/cm	320 이상	
저온취약성		−	−40℃에서 파괴되지 않음	
치수안정성		%	각 방향 ±2 이하	
내환경응력균열성		hr	1,500 이상	
산화유도시간(OIT)	표준조건	min	100 이상	표준·가압조건 중 택일
	가압조건	min	400 이상	
열노화후OIT 유지율	표준조건	%	55 이상	표준·가압조건 중 택일
	가압조건	%	80 이상	
자외선처리 후OIT유지율	가압조건	%	60 이상	
접합부강도	전단강도	kgf/㎠	135 이상	
	박리강도	kgf/㎠	97 이상	

비고 1. 이 기준은 매끄러운 고밀도폴리에틸렌라이너에 적용한다.

2. 고밀도폴리에틸렌라이너의 시험은 고밀도폴리에틸렌차수막 단체표준(KPS M6000)의 시험방법에 따른다.

3. 내환경응력균열성은 내하중응력균열성 시험으로 대신할 수 있으며, 이 때 기준은 시험편 5개 중 4개 이상이 200시간 내에 파단(破斷)되지 아니하여야 한다.

나) 그 밖에 다음의 기준에 적합하여야 한다.

(1) 매립시설 바닥의 차수시설 위(토목합성수지 라이너를 차수시설로 사용하는 경우에는 토목합성수지 라이너 위에 지오컴포지트·지오텍스타일 등을 설치한 후 그 위를 말한다)에는 침출수 집배수층(투수계수가 1초당 1백분의 1센티미터 이상이고 두께가 30센티미터 이상이어야 한다), 집배수관로 등 수평 집배수시설 및 수직집수정 등의 침출수 집배수시설을 설치할 것

(2) 매립시설 측면에 토목합성수지 라이너로 차수시설을 설치한 경우에는 토목합성수지 라이너 위에 매립무게 상태에서 투과능(透過能)계수가 1초당 3만분의 1제곱미터 이상(빗물이 매립시설로 흘러들거나 떨어지는 것을 방지할 수 있는 시설을 설치한 경우는 제외한다)인 지오컴포지트·지오네트 또는 지오텍스타일 등 토목합성수지 배수층을 설치할 것

(3) 매립시설 측면에 점토류 라이너로 차수시설을 설치한 경우에는 점토류 라이너 위에 투수계수(透水係數)가 1초당 1백분의 1센티미터 이상이고 두께가 30센티미터 이상인 모래 등을 포설할 것

(4) 집배수관로의 주변에는 집배수관로가 막히지 아니하도록 충분한 공극(空隙)을 가지는 골재(골재의 최대치수는 50밀리미터 이하여야 하며, 최소치수는 5밀리미터 체의 통과량이 5퍼센트 이하여야 한다) 등을 설치할 것

(5) 침출수집 배수시설의 바닥기울기는 2퍼센트 이상(침출수집 배수시설이 매립지 내외부의 침출수 이송시설과 연결되어 있어 침출수의 수위를 저감할 수 있는 경우에는 적용하지 아니한다)이 되도록 할 것

(6) 환경기술검증을 받은 매립시설의 설치공법으로 토목합성수지 배수층 등을 설치할 필요가 없는 구조로 매립시설을 설치하는 경우에는 (1)부터 (5)까지의 규정을 적용하지 아니한다.

다) 매립시설 바닥과 측면의 라이너 밑에는 주변에서 집수된 빗물 또는 지하수를 배제할 수 있는 시설을 설치하여야 한다. 다만, 빗물이 흘러들지 아니하거나 지하수가 발생하지 아니하는 지역에 매립시설을 설치하거나 빗물 또는 지하수배제시설을 설치할 필요가 없는 구조로 매립시설을 설치하는 경우에는 그러하지 아니하다.

라) 침출수량 등의 변동에 대응하기 위하여 침출수유량조정조를 설치하여야 하며, 침출수유량조정조는 최근 10년간 1일 강우량이 10밀리미터 이상인 강우일수 중 최다빈도의 1일 강우량의 7배 이상에 해당하는 침출수를 저장할 수 있는 규모로 설치하되, 유량조정조 내부를 방수처리하고 유량조정조 유입구에는 유량계를 설치하여야 한다.

마) 침출수를 [별표 11] 제2호 나목2)의 가)에서 규정하는 침출수배출허용기준 이하로 처리할 수 있는 시설을 설치하여야 하며, 침출수 처리시설 배출구에는 유량계를

설치하여야 한다. 다만, 다른 매립시설의 침출수 처리시설 및 「수질 및 수생태계 보전에 관한 법률」 제2조 제12호에 따른 수질오염방지시설(자가수질오염방지시설만 해당한다)에서 처리하는 오염물질을 해당 시설에 옮겨 처리하거나 「수질 및 수생태계 보전에 관한 법률」 제62조에 따른 폐수처리업자에게 위탁처리하는 경우 또는 가까운 이웃에 「수질 및 수생태계 보전에 관한 법률」 제48조에 따른 폐수종말처리시설, 「하수도법」 제2조 제9호에 따른 공공하수처리시설 및 「하수도법」 제2조 제10호에 따른 분뇨처리시설이 위치하여 폐수종말처리시설, 하수종말처리시설 및 분뇨처리시설에서 처리하는 오염물질을 해당 시설에 옮겨 처리하는 경우에는 침출수 처리시설의 일부 또는 전부를 갖추지 아니할 수 있다. 이 경우 인근에 「수질 및 수생태계 보전에 관한 법률」 제48조에 따른 폐수종말처리시설 또는 「하수도법」 제2조 제9호에 따른 공공하수처리시설이 위치하는 경우에는 침출수를 그 처리시설로 옮겨 처리하는 것을 원칙으로 한다.

바) 유기성폐기물을 매립하여 가스가 발생하는 경우에는 매립시설에서 발생하는 가스를 모아 소각하는 등 처리시설을 설치하거나 발전·연료화처리시설 등의 활용시설을 설치하여야 한다.

사) 폐기물의 반입과정에서 차수시설 등의 손상을 방지할 수 있는 구조로 내부 진입도로를 설치하여야 한다. 다만, 물 등을 이용하여 폐기물을 운반하는 경우에는 그러하지 아니하다.

아) 침출수의 수위를 측정할 수 있는 시설은 매립시설 바닥에 설치한 차수시설 위의 가장 낮은 지점에 설치하여야 한다.

자) 매립시설 중 일부구역을 정하여 폐석면을 매립할 때에는 다른 폐기물과 혼합되지 아니하도록 제방 등 적절한 구조나 설비를 갖추어야 한다.

3. 재활용시설의 경우

가. 공통기준

1) 폐기물이 흩날리거나 흘러 나오는 것을 방지하는 데에 필요한 설비를 하여야 한다.

2) 폐기물의 재활용과정에서 발생하는 대기오염물질·수질오염물질 등을 처리할 수 있는 시설을 갖추어야 한다. 다만, 「수질환경보전법 시행규칙」 [별표 2] 및 [별표 3]에 따른 수질오염물질 또는 특정 수질유해물질을 「수질 및 수생태계 보전에 관한 법률」 제62조에 따른 폐수처리업자에게 위탁 처리하는 경우와 매립시설의 침출수 처리시설, 「수질 및 수생태계 보전에 관한 법률」 제2조 제12호에 따른 수질오염방지시설(자가수질오염 방지시설만 해당한다), 「수질 및 수생태계 보전에 관한 법률」 제48조에 따른 폐수종말처리시설, 「하수도법」 제2조 제9호에 따른 공공하수처리시설 또는 「하수도법」 제2조 제10호에 따른 분뇨처리시설에서 처리하는 오염물질을 그 시설에 옮겨 처리하는 경우와 시행령 제5조에 따른 폐기물 재활용시설 중 혐기성분해시설에 유입

하여 에너지를 생산(음식물류 폐기물을 재활용하는 과정에서 발생되는 경우만 해당)하는 경우에는 수질오염물질 처리시설의 일부 또는 전부를 갖추지 아니할 수 있다.

3) 재활용시설의 바닥은 시멘트, 아스팔트 등 물이 스며들지 아니하는 재료로 포장하여야 한다.

4) 음식물류 폐기물 재활용시설을 설치하는 때에는 음식물류 폐기물의 저장·투입·이송 및 재활용 등의 과정에서 발생하는 악취가 외부로 새어 나가지 아니하도록 밀폐된 구조로 설치하여야 하며, 발생되는 악취물질을 저감할 수 있는 별도의 시설을 갖추어야 한다.

5) 폐가전제품을 재활용하는 경우 다음 가)부터 라)까지의 규정에 적합한 시설을 갖추어야 한다.

가) 재활용시설은 지붕과 벽면이 있고 집진설비를 갖춘 장소에 설치하여야 한다.

나) 폐가전제품 중에 포함된 염화불화탄소 등의 냉매물질이 외부로 유출되지 아니하고 안전하게 회수될 수 있도록 회수량 및 보관량을 알 수 있는 장치가 부착된 설비를 갖추어야 한다.

다) 텔레비전 및 컴퓨터 모니터를 재활용하는 경우 앞면 유리와 뒷면 유리를 분리 시 발생하는 형광물질을 회수할 수 있는 집진시설을 갖춘 밀폐시설을 갖추어야 한다.

라) 폐기물의 파쇄·분리 등 재활용 과정에서 발생되는 폐기물을 보관하는 시설은 지붕과 벽면을 갖추고, 바닥은 시멘트·아스팔트 등의 재료로 포장되어야 한다.

나. 기계적 재활용시설

1) 파쇄·분쇄·절단시설

가) 파쇄·분쇄·절단조각의 크기는 최대직경 15센티미터 이하로 각각 파쇄·분쇄·절단할 수 있는 시설이어야 한다. 다만, 폐목재 침목을 재활용하기 위하여 절단하는 경우에는 그러하지 아니하다.

나) 파쇄·분쇄·절단조각의 크기를 조절할 수 있는 장치를 설치하여야 한다.

다) 파쇄·분쇄·절단으로 발생하는 분진의 흩날림을 방지할 수 있는 시설을 갖추어야 한다.

라) 반입 공급장치, 파쇄·분쇄·절단 장치 및 반출장치 등을 설치하여야 한다.

2) 용융·용해시설은 용융·용해과정에서 발생하는 악취 등을 처리할 수 있는 설비를 갖추어야 한다.

3) 증발·농축 시설

가) 증발·농축조는 폐기물로 부식되거나 파손되지 아니하는 재질로 만들어야 한다.

나) 연소가스로 증발·농축하는 시설에는 온도를 조절할 수 있는 장치 및 온도 지시계를 설치하여야 하며, 진공증발로 증발·농축을 하는 시설에는 안전밸브를 추가 설치하여야 한다.

다) 증발·농축재활용량을 조절할 수 있는 장치를 설치하여야 한다.

라) 증발·농축시 발생하는 유해가스를 처리할 수 있는 설비를 갖추어야 한다.

마) 외부공기가 흘러 들어오거나 증발·농축시설의 가스가 새어 나가는 것을 방지할 수 있는 구조여야 한다.

4) 정제시설

가) 정제과정에서 발생하는 유해가스를 처리할 수 있는 설비를 갖추어야 한다.

나) 폐기물의 투입량을 조절할 수 있는 장치를 설치하여야 한다.

5) 유수분리시설

가) 시설의 외부로 폐유가 흘러 나가지 아니하는 구조여야 한다.

나) 분리수의 역류를 방지할 수 있는 장치를 설치하여야 한다.

다) 회수유저장조 용적은 3세제곱미터 이상이어야 한다.

라) 회수유저장조 등은 부식 또는 파손되지 아니하는 재질로 폐유가 흘러 나가지 아니하는 구조로 만들어야 한다.

마) 흡입부에 폐유 중의 이물질을 제거할 수 있는 제거망을 설치하여야 한다.

바) 폐유투입량을 조절할 수 있는 장치를 설치하여야 한다.

6) 탈수시설

가) 수분함량을 85퍼센트 이하로 탈수할 수 있는 시설이어야 한다.

나) 탈수과정에서 발생하는 폐수가 폐수처리시설로 흘러들 수 있는 시설을 갖추어야 한다.

다) 탈수량을 조절할 수 있는 장치를 설치하여야 한다.

라) 시설의 외부로 액체상태 폐기물이나 탈수과정에서 발생하는 폐수가 흘러 나가지 아니하는 구조여야 한다.

7) 건조시설

가) 진공식이나 가열식인 경우에는 건조온도를 조절할 수 있는 장치를 설치하여야 한다.

나) 자연식의 경우 비가 올 때 빗물이 흘러드는 것을 방지하기 위한 덮개 등을 갖추어야 한다.

다) 건조과정에서 발생하는 유해가스를 처리할 수 있는 설비를 갖추어야 한다.

8) 세척시설

가) 고압의 공기나 물 등을 이용하여 폐목재 침목에 함유된 기름 등과 같은 이물질을 [별표 5의2] 제19호 나목2)에서 정하는 기준에 적합하게 제거할 수 있어야 한다.

나) 세척 과정에 사용한 세척수가 외부로 유출되는 것을 방지할 수 있는 장치나 시설을 설치하여야 한다.

다. 화학적 재활용시설

1) 고형화·고화시설

가) 시멘트·물·용출방지제·합성고분자화합물 등을 고르게 혼합할 수 있는 장치 및

배합비율을 조절할 수 있는 장치를 갖추어야 한다.

나) 혼합물을 양생할 수 있는 시설 등을 갖추어야 한다. 다만, 합성고분자화합물을 고화제로 이용하는 경우에는 그러하지 아니한다.

2) 반응시설

가) 반응조, 폐기물공급량 조절장치, 교반장치 및 약품투입장치 등을 설치하여야 한다.

나) 반응조는 폐기물로 부식되거나 파손되지 아니하는 재질로 만들어야 한다.

다) 반응과정에서 발생하는 유해가스를 처리할 수 있는 설비를 갖추어야 한다.

3) 응집·침전시설

가) 응집·침전조는 적절한 체류시간이 유지될 수 있는 용량이어야 한다.

나) 응집·침전조, 교반(攪拌)장치 및 약품투입장치를 설치하여야 한다.

다) 교반장치는 회전속도를 조절할 수 있는 것이어야 한다.

라) 응집·침전된 오니류를 배출할 수 있는 구조여야 한다.

마) 옥외에 설치된 경우 비가 올 때 빗물이 흘러드는 것을 방지할 수 있는 덮개를 갖추어야 한다.

라. 생물학적 재활용시설

1) 사료화·퇴비화·소멸화·부숙토생산 시설

가) 폐기물을 선별·파쇄·혼합·발효·건조·소멸·소화 등의 공정을 거쳐 물리적·생물학적으로 안정된 상태의 물질로 만드는 시설을 갖추어야 한다.

나) 사료화시설은 「사료관리법 시행규칙」 제6조에 따른 사료제조업의 시설기준에 맞는 시설을 갖추어야 한다.

다) 퇴비화시설은 「비료관리법 시행령」 제12조 제1항에 따른 비료생산업의 시설기준에 맞는 시설을 갖추어야 한다.

라) 부숙토 생산시설은 환경부장관이 고시하는 부숙토 생산기준에 맞는 시설을 갖추어야 한다.

2) 호기성·혐기성 분해시설

가) 미생물을 이용하여 생물학적으로 안정된 물질을 만드는 시설을 갖추어야 한다.

나) 분해과정에서 발생하는 가스를 에너지로 이용하는 시설 및 잉여가스를 처리하는 시설을 갖추어야 한다.

마. 시멘트 소성로

1) 연소실의 연소용 공기 또는 산소 등이 안정적으로 공급될 수 있는 장치(공급량을 조절할 수 있는 기능을 갖는 것에 한한다)를 설치하여야 한다.

2) 굴뚝을 설치하는 경우에는 통풍력과 배기가스의 대기확산을 고려한 높이와 구조를 가져야 한다.

3) 폭발사고와 화재 등에 대비한 안전한 구조여야 하며, 소화기 등 필요한 장비를 갖추어야 한다.

4) 시설규모, 재활용대상 폐기물의 종류, 재활용방식, 설계·시공자명 및 연락처 등 필요한 사항을 지워지지 아니하고 파손되지 아니하는 방법으로 표시한 표지를 붙여야 한다.
5) 연소실에는 시설 내의 압력변화를 감지할 수 있는 압력측정계를 설치하여야 한다.
6) 반입되는 폐기물의 무게를 측정할 수 있는 계량시설을 설치하여야 한다.
7) 연소실의 최종 출구에는 출구온도 측정공을 설치하고, 각 시설의 출구온도 기준보다 섭씨 300도 이상까지, 대기오염 방지시설중 최초 집진시설의 입구에는 섭씨 600도 이상 측정할 수 있는 온도지시계 및 온도변화를 연속적으로 기록할 수 있는 자동온도기록계를 부착하여야 한다.
8) 대기오염 방지시설 중 최초 집진시설(전기·여과집진시설이 설치되어 있는 경우에는 전기·여과집진시설을 최초 집진시설로 본다)에 유입되는 연소가스를 섭씨 200도 이하로 냉각시키기 위한 냉각시설 또는 폐열회수시설을 설치하여야 한다.
9) 굴뚝에서 배출되는 가스 중의 산소·먼지농도를 연속적으로 측정·기록할 수 있는 장치로서 「환경기술개발 및 지원에 관한 법률」에 의하여 형식승인 및 정도검사를 받은 것을 적합하게 설치하여야 하며, 대기오염방지시설의 입·출구 및 굴뚝에는 배출가스의 온도, 대기오염물질의 농도 등을 측정할 수 있는 측정공을 대기오염공정시험기준에 적합하게 설치하여야 한다.
10) 폐기물 투입구 및 청소구는 고온에 견딜 수 있는 재질로 만들어야 하며, 외부공기가 흘러 들어오거나 연소가스가 새어 나가는 것을 방지할 수 있는 구조여야 한다.
11) 폐기물반입장·저장조 등에서 발생되는 악취가 재활용시설의 외부로 새어 나가는 것을 방지할 수 있는 시설을 설치하여야 한다.
12) 「대기환경보전법 시행규칙」 [별표 8] 제2호 가목에 따른 총탄화수소(THC) 및 「잔류성유기오염물질 관리법 시행규칙」 [별표 3] 제2호 가목의 배출허용기준을 지킬 수 있는 시설을 설치하여야 한다.
13) 예열기 최하단 원심력 집진시설의 출구온도는 섭씨 800도 이상이어야 한다.
14) 연소실은 연소가스가 2초 이상 체류할 수 있고, 충분하게 혼합될 수 있는 구조여야 한다. 이 경우 체류시간은 섭씨 800도에서의 부피로 환산한 연소가스의 체적으로 계산한다.
15) 폐기물을 자동으로 투입하는 장치와 투입되는 폐기물의 양을 자동계측하는 장치를 갖추어야 한다.
16) 허가·승인을 받거나 신고한 시간당 재활용능력을 초과하여 설치하여서는 아니된다.

바. 용해로
1) 연소실의 연소용 공기 또는 산소 등이 안정적으로 공급될 수 있는 장치(공급량을 조절할 수 있는 기능을 갖는 것만 해당한다)를 설치하여야 한다.
2) 굴뚝을 설치하는 경우에는 통풍력과 배기가스의 대기확산을 고려한 높이와 구조를 가져야 한다.

3) 폭발사고와 화재 등에 대비한 안전한 구조여야 하며, 소화기 등 필요한 장비를 갖추어야 한다.
4) 시설규모, 재활용대상 폐기물의 종류, 재활용방식, 설계·시공자명 및 연락처 등 필요한 사항을 지워지지 아니하고 파손되지 아니하는 방법으로 표시한 표지를 붙여야 한다.
5) 연소실에는 시설 내의 압력변화를 감지할 수 있는 압력측정계를 설치하여야 한다.
6) 반입되는 폐기물의 무게를 측정할 수 있는 계량시설을 설치하여야 한다. 다만, 시·도지사나 지방환경관서의 장이 인정하는 경우와 다른 곳의 계량시설을 이용하여 반입되는 폐기물의 무게를 측정할 수 있는 경우에는 그러하지 아니하다.
7) 연소실의 최종 출구에는 출구온도 측정공을 설치하고, 각 시설의 출구온도 기준보다 섭씨 300도 이상까지, 대기오염 방지시설 중 최초 집진시설의 입구에는 섭씨600도 이상(시간당 재활용능력이 2톤 이상인 시설만 해당한다) 측정할 수 있는 온도 지시계 및 온도변화를 연속적으로 기록할 수 있는 자동온도기록계를 붙여야 한다.
8) 대기오염 방지시설 중 최초 집진시설에 흘러 들어오는 연소가스를 섭씨 200도 이하로 냉각시키기 위한 냉각시설이나 폐열회수시설을 설치하여야 한다. 다만, 대기오염 방지시설의 처리공정상 연소가스의 냉각이 필요하지 아니하는 경우에는 그러하지 아니한다.
9) 「대기환경보전법 시행령」 제17조에 따라 굴뚝 자동측정기기를 부착한 시설의 경우에는 「대기환경보전법 시행규칙」 제37조에 따라 굴뚝 자동측정기기를 운영·관리하여야 하며, 대기오염방지시설의 입·출구 및 굴뚝에는 배출가스의 온도, 대기오염물질의 농도 등을 측정할 수 있는 측정공을 대기오염공정시험기준에 적합하게 설치하여야 한다.
10) 폐기물 투입구 및 청소구는 고온에 견딜 수 있는 재질로 만들어야 하며, 외부공기가 흘러 들어오거나 연소가스가 새어 나가는 것을 방지할 수 있는 구조여야 한다.
11) 폐기물반입장·저장조 등에서 발생하는 악취가 재활용시설의 외부로 새어나가는 것을 방지할 수 있는 시설을 설치하여야 한다.
12) 「잔류성유기오염물질 관리법 시행규칙」 [별표 3] 제1호 가목·제2호 가목·제4호 가목에 따른 다이옥신 배출기준을 지킬 수 있는 시설을 설치하여야 한다.

비고 1. 지정폐기물이 아닌 연탄재·유리·연소재·도자기조각·광재류, 수산가공잔재패각류, 비금속광물제조업의 분쇄·세척·가공공정에서 발생하는 무기성 오니, 건설폐재류(폐토사의 경우에는 용출시험 결과 [별표 1]의 유해물질 함유기준 이내인 경우 및 유기성분 등이 일반토양에 준하는 경우만 해당한다) 등의 폐기물로서 시·도지사가 침출수 발생이 없거나 발생하는 침출수가 항상 침출수배출허용기준 이하로 배출되어 수질오염방지가 필요하지 아니하다고 인정하는 폐기물만을 매립하려는 시설의 경우에는 차수시설, 집수시설, 침출수유량조정조, 침출수 처리시설, 가스소각시설 및 발전·연료화처리시설을 갖추지 아니할 수 있다.

2. 폐석고·폐석회·분진·폐주물사·폐사를 매립하는 경우에는 가스소각시설 및 발전·연료화시설을 갖추지 아니할 수 있다.
3. 전기분해 반응시설의 경우에는 제1호 다목3)가) 및 다)에 따른 장치 및 설비를 갖추지 아니할 수 있다.
4. 폐기물을 연료로 사용하지 않는 시멘트 소성로에 대하여는 제3호 마목 중 (1), (5), (7)부터 (9)까지 및 (12)부터 (14)까지의 규정을 적용하지 아니한다.

나. 폐기물처리시설 설치 승인

(1) 설치승인서 교부

시·도지사 또는 유역(지방)환경청장은 설치승인신청서 검토, 관계기관 협의, 기술검토 및 현지조사를 통하여 종합적으로 검토한 결과 설치승인함이 타당한 경우에 설치승인서를 교부하여야 한다.

(2) 설치승인조건의 부여 등

(가) 관계 행정청이 승인을 할 때에는 설치에 필요한 조건을 부여한다.

(나) 설치승인 시 폐기물처리시설 중 일반소각시설, 고온소각시설, 열분해시설, 고온용융시설, 열처리조합시설, 시멘트 소성로, 멸균분쇄시설 등에 대하여는 설치검사 및 정기검사 시 참고될 수 있도록 처리대상 폐기물의 종류, 발열량, 설치 승인된 시설 설치내역 등 필요한 사항을 승인서에 부기한다.

(다) 일반소각시설, 고온소각시설, 열분해시설, 고온용융시설, 열처리조합시설, 시멘트 소성로 및 용광로, 매립시설, 멸균분쇄시설, 음식물류 폐기물처리시설(시행령 [별표3] 제3호 다목 1) 2)에 따른 시설로서 음식물류 폐기물을 처리하는 시설을 말한다. 이하 같다)로서 1일 처리능력 100킬로그램 이상인 시설에 대하여는 사용개시신고 이전에 검사기관으로부터 성능검사 또는 시설검사를 받아야 한다.

(라) 타법에서 폐기물처리시설의 설치·운영을 근본적으로 제한하는 경우가 아닌 단순 경미한 사항(절차 미이행 등)에 대하여는 이를 이행하는 조건으로 설치승인을 할 수 있다.

다. 폐기물처리시설 설치신청서의 반려와 불승인

(1) 설치승인신청서의 반려

다음에 해당하는 경우에는 그 사유를 명기하여 설치승인신청서를 반려하여야 한다.

(가) 「민원사무처리에 관한 법률」 제14조의 규정에 의거 2차에 걸쳐 서류의 보완·보정 요구를 하였으나 이에 응하지 아니한 때

(나) 신청자로부터 승인신청서 반려 요구가 있는 경우

(다) 폐기물 처분시설 또는 재활용시설의 설치기준을 충족시키지 못하는 경우로서 단기일 내에 보완이 어렵다고 판단되는 경우

(라) 그 밖에 기술검토 결과 설치승인신청서의 재작성이 불가피하다고 판단되는 경우

(2) 설치승인 신청 불승인

설치승인신청서에 대한 검토 결과 다음에 해당하는 경우에는 그 사유를 명기하여 불승인 통보를 하여야 한다. 단순히 폐기물처리시설 설치 반대 등 민원을 이유로 반려 또는 불승인 통보를 하여서는 아니된다. 설치승인신청서 또는 신고서 검토 결과 "불승인" 사유에 해당되는 경우에는 불승인 통보 시 불승인사유, 관계기관 및 배출시설 설치 허가기관으로부터의 타법 저촉 여부 검토내용, 배출시설설치 허가 또는 신고에 대한 검토내용을 함께 회신하여야 한다.

(가) 타법에 저촉되는 경우(폐기물처리시설의 설치·운영을 제한하는 경우에 한함)

(나) 배출시설 설치 허가권자가 배출시설의 설치허가 또는 신고수리가 불가하다고 회신하여 온 경우

(다) 환경성조사(사전환경성검토 또는 환경영향평가) 결과 사업시행 시 공익을 해칠 정도로 주변환경에 미치는 영향이 클 것으로 예상되어 입지제한의 필요가 있다고 판단되는 경우

(라) 사전환경성검토 협의 또는 환경영향평가 협의 결과 사업추진에 대하여 부동의 의견이 제시된 경우

(마) 소각시설의 경우 시설설치·운영 시 대기오염물질 증가로 인해 주변지역의 대기환경기준 달성이 불가능한 경우

(바) 매립시설의 경우 시설설치·운영 시 상수원 수질에 중대한 영향을 미치는 경우

라. 폐기물처리시설 설치 승인사항의 변경

(1) 변경승인 대상

(가) 상호의 변경(사업장폐기물 배출자가 설치하는 경우에 한함)

1) 입증서류는 법인등기부등본이고 개인의 경우 사업자등록증 사본을 제출한다.

2) 상호가 변경되는 경우에만 변경승인으로 처리한다.

3) 폐기물 처분시설 또는 재활용시설 설치승인을 얻은 자가 폐기물처리시설을 양도하거나 사망한 경우 또는 법인의 합병이 있는 경우로서, 상호가 변경되는 경우에는 변경

승인 신청 및 법 제33조 제3항의 규정에 의한 권리·의무승계 신고를, 상호의 변경 없이 대표자 변경만 있는 경우에는 권리·의무 승계 신고만 하면 된다.

4) 권리·의무승계에 따른 상호변경 시에는 변경승인신청서 및 법 제32조 제3항의 규정에 의한 권리·의무승계신고서를 제출하여야 하고, 담당공무원은 설치승인서에 변경사항을 기재하여야 한다.

(나) 처분 또는 재활용 대상 폐기물의 변경

1) 제출서류는 변경하고자 하는 처리대상 폐기물의 상서내역이다.

2) 변경하고자 하는 처리대상 폐기물이 승인받은 시설에서 처리가 가능한지 여부를 검토하게 된다. 즉, 폐기물 종류의 변경에 따라 발열량 등이 변하므로 처리용량의 적정성, 연소실 온도, 연소가스 체류시간 등이 유지될 수 있는지 여부가 중점 검토대상이다.

3) 대상폐기물의 처리방법이 시행규칙 [별표 5]에 의한 폐기물의 처리에 관한 구체적 기준 및 방법에 적합하여야 한다.

4) 처리대상 폐기물의 변경으로 인한 시설 설치기준의 변경 여부 등을 검토한다.

(다) 처분시설 또는 재활용시설 소재지의 변경

1) 제출서류는 소재지 변경에 따른 설치계획서이다.

2) 처리시설의 이동 없이 단순히 행정구역 개편에 의한 소재지 변경은 제외한다.

3) 처리시설의 재시공 없이 시설을 이동하여 설치장소가 변경된 경우에는 변경승인으로 처리한다. 이 경우 당해 시설 설치승인권자의 관할구역 외의 지역에 설치하고자 하는 경우에는 새로이 설치하고자 하는 지역을 관할하는 승인기관에 변경승인신청서를 제출한다. 이를 접수한 승인기관은 당초 승인기관으로부터 관련서류를 넘겨받아 이미 승인받은 사항을 근거로 새로이 설치하고자 하는 지역에서 타 법상 입지제한 여부 등을 검토한 후 설치승인서를 갱신·교부한다.

4) 처리시설 해체 후 재시공하는 경우에는 새로이 설치승인을 받아야 한다. 이 경우 설치승인을 얻은 시설의 경우에는 법 제50조 제1항의 규정에 의한 사용종료·폐쇄신고를 하여야 한다.

(라) 승인 또는 변경승인을 받은 처분 또는 재활용 용량의 합계 또는 누계의 100분의 30 이상의 증가

1) 제출서류는 처리시설 변경내역서이다.

2) 승인 또는 변경승인을 받은 처분 또는 재활용 용량의 합계 또는 누계의 100분의 30 이상의 증가라 함은, 단위 시설별로 최초승인(변경승인) 이후 변경되는 처분 또는 재활용 용량의 합계가 100분의 30 이상 증가하는 경우를 말한다. 예컨대, 최초 승인 시 100킬

로그램/시간의 처리용량을 130킬로그램/시간으로 변경할 때에는 변경승인이 필요하나 그 후 140킬로그램/시간으로 처리용량을 증가시킬 때에는 변경승인이 필요하지 않다. 그러나 이를 다시 180킬로그램/시간으로 증가시킬 때에는 변경승인이 필요하다. 왜냐하면 변경승인을 받은 130킬로그램/시간을 38.4%(180킬로그램/시간) 증가시켰기 때문이다[(50킬로그램/시간÷130킬로그램)×100=38.4].

3) 변경되는 시설이 시행규칙 [별표 9]에 의한 폐기물 처분시설 또는 재활용시설의 설치기준 및 [별표 11]에 의한 관리기준에 적합하여야 한다.

(마) 매립시설의 증·개축

1) 제출서류는 처리시설 변경내역서이다.

2) 시설구조 변경이 관련기준에 비추어 적정하여야 한다.

3) 필요하다고 인정되는 경우 관계전문기관으로부터 시설의 안정성 검토를 실시한다.

(바) 주요 설비의 변경(폐기물처분시설의 구조변경으로 인하여 시행규칙 [별표 9] 제1호 나목 2) 가)의 (1)·(2), 나)의 (1)·(2), 다)의 (2)·(3), 라)의 (1)·(2)의 기준이 변경되는 경우, 폐기물 재활용시설의 구조변경으로 위 [별표 9] 제2호 나목 2) 바)의 규정에 의한 가스처리시설 또는 가스활용시설이 설치되거나 변경되는 경우 및 배출시설의 변경허가 또는 변경신고 대상이 되는 경우에 한함)

1) 제출서류는 처리시설 변경내역서이다.

2) 변경되는 시설이 시행규칙 [별표 9]에 의한 폐기물 처분시설 또는 재활용시설의 설치기준에 적합하여야 하고, 시행규칙 [별표 11]에 의한 폐기물 처분시설 또는 재활용시설의 관리기준에 적합하게 운영될 수 있어야 한다.

3) 필요하다고 인정되는 경우 기술검토위원회 또는 관계 전문기관의 기술검토를 실시한다.

(2) 변경승인 절차

(가) 변경승인 신청은 설치승인 업무처리절차에 준하여 처리된다.

(나) 변경승인신청서 제출은 변경승인 대상 중 위 (나) 내지 (바)는 변경 전에, (가)는 변경사유 발생일로부터 30일 이내에 하여야 한다.

(다) 변경승인 사항 검토 후 적정한 경우에는 폐기물처리시설 설치승인서 뒷면의 변경사항란에 변경된 내용을 기재하고 담당자 확인 후 교부한다.

마. 배출시설 설치허가 등의 의제처리[5)]

(1) 개 요

폐기물처리시설을 설치하고자 하는 자가 법 제29조 제2항의 규정에 의한 폐기물처리시설 설치승인을 받거나 신고를 한 경우에는 당해 폐기물처리시설에 관련된 배출시설 등의 설치허가를 받거나 신고한 것으로 간주된다.

(2) 의제처리되는 배출시설 설치허가 또는 신고

(가) 배출시설 설치허가 및 신고

1) 「대기환경보전법」 제10조 제1항 및 제2항의 규정에 의한 배출시설의 설치허가 또는 신고

2) 「수질 및 수생태계 보전에 관한 법률」 제33조 제1항 및 제2항의 규정에 의한 배출시설의 설치허가 또는 신고

3) 「소음·진동관리법」 제8조 제1항 및 제2항의 규정에 의한 배출시설의 설치허가 또는 신고

(나) 가동개시 신고

1) 「대기환경보전법」 제14조의 규정에 의한 배출시설의 가동개시 신고

2) 「수질 및 수생태계 보전에 관한 법률」 제37조의 규정에 의한 배출시설의 가동개시 신고

3) 「소음·진동관리법」 제13조의 규정에 의한 배출시설의 가동개시 신고

(3) 의제처리되는 시기

(가) 배출시설 설치허가 또는 신고: 폐기물처리시설 설치 승인 또는 신고 수리 시에 의제처리된다.

(나) 배출시설 변경허가 또는 변경신고: 폐기물처리시설 설치 변경승인 또는 변경신고수리 시에 의제처리 된다.

(다) 배출시설 가동개시 신고: 폐기물처리시설 사용개시 신고 시에 의제처리된다.

(4) 처리절차

(가) 관계 행정기관과의 협의

사업자로부터 폐기물처리시설 설치승인·신고서류 또는 사용개시신고 서류(배출시설 가동개시신고 서류 첨부) 2부를 제출받아 1부는 폐기물처리시설 설치의 적정 여부 등을 검토하고, 1부는 배출시설 설치허가기관에 검토 및 협의 요청한다.

---

5) 이하 '폐기물처리시설 설치승인·신고업무처리지침' V 참조

(나) 협의 결과 통보

1) 배출시설 설치 허가기관은 송부받은 폐기물처리시설 승인신청서 또는 신고서상의 배출시설 설치 허가 또는 신고 관련 서류를 관련 규정에 의거 검토하고, 적정한 경우에는 협의요청 문서가 접수된 날부터 7일 이내에 폐기물처리시설 설치승인 또는 신고기관에 적정함을 통보하여야 한다.

2) 배출시설 설치허가기관은 배출시설 설치허가·신고서류 검토 결과 서류의 보완·보정이 필요한 경우에는 협의요청 문서가 접수된 날부터 5일 이내에 보완사항을 명시하여 폐기물처리시설 설치승인·신고기관에 통보하여야 한다. 배출시설 설치 허가기관은 법적인 사항에 한하여 보완 요청하여야 하며, 타당한 사유가 아닌 사항(예: 법적 배출허용기준 10% 내로 오염물질 배출 요구, 효율이 동일한 방지시설을 다른 형식으로 변경토록 요구 등)에 대하여 보완을 요구할 수 없다.

3) 배출시설 설치허가 및 신고수리가 불가한 경우에는 그 사유를 명시하여 승인 또는 신고기관에 회신하여야 한다.

(다) 보완 요청

폐기물처리시설 설치승인·신고기관은 설치승인신청서 또는 신고서 검토 결과 보완하여야 할 사항이 있는 경우 및 배출시설 설치허가기관으로부터 배출시설 설치허가와 관련하여 보완하여야 할 사항이 통보된 경우에는 이를 종합하여 일괄 보완 요청하여야 한다.

(라) 설치승인·신고수리 등

1) 배출시설 설치허가기관으로부터 배출시설 설치허가(신고서) 및 가동개신신고서 검토 결과 적정하다는 통보가 있는 경우로서, 설치승인신청서(신고서) 또는 사용개시신고서 검토 결과 적정한 경우에는 민원인에게 폐기물처리시설 설치승인서 또는 신고필증 등을 교부하고 이와 동시에 배출시설 설치허가기관에 "설치승인" 또는 "신고수리" 사항과 함께 민원인에게 배출시설 설치허가증(신고필증) 등을 교부해 주도록 통보하여야 한다.

2) 배출시설 설치허가기관은 설치승인·신고기관으로부터 "설치승인" 또는 "신고수리" 사항 등을 통보받은 경우에는 즉시 민원인에게 배출시설 설치허가증 등을 교부하여야 한다.

3) 배출시설 설치허가기관으로부터 배출시설 설치허가 및 신고수리가 불가하다고 회신받은 경우에는 동 내용을 명시하여 불승인 등을 통보. 이때 폐기물처리시설 설치승인신청서 및 신고서 검토결과도 함께 민원인에게 통보하여 참고할 수 있도록 한다.

제 3 절 폐기물처리시설의 설치신고

1. 제출서류

설치신고 대상 폐기물처리시설을 설치하려는 자는 시행규칙 별지 제25호 서식의 폐기물 처분시설 또는 재활용시설 설치신고서에 다음의 서류를 첨부하여 그 시설의 소재지를 관할하는 시·도지사나 지방환경관서의 장에게 제출하여야 한다.[6)]

제출서류	비 고
1. 폐기물처분시설 또는 재활용시설 설치승인 신고서	시행규칙 별지 제25호 서식
2. 폐기물처분시설 또는 재활용시설 설치 및 장비확보계획서	사업장폐기물 배출자가 설치하는 경우
3. 환경부장관이 고시하는 사항을 포함한 시설 설치의 환경성조사서[1일 소각용량이 50톤 이상인 소각시설의 경우에 한함]	「환경정책기본법」에 의한 사전환경성검토 대상사업 또는 「환경영향평가법」에 의한 환경영향평가 대상사업의 경우에는 사전환경성검토서 또는 환경영향평가서로 대체 가능
4. 배출시설의 설치허가 신청 또는 신고 시의 첨부서류	배출시설에 해당하는 폐기물처리시설에 한함
5. 공동폐기물처리시설의 설치·운영에 소요되는 비용 부담 등에 관한 규약	법 제18조 제5항의 규정에 의하여 폐기물처리시설을 공동으로 설치·운영하는 경우에 한함

2. 설치승인 절차의 준용

(1) 기본적으로 설치신고서 처리절차는 설치승인 절차에 준한다.

(2) 설치신고서 등의 검토 결과 적정한 경우에는 시행규칙 별지 제26호 서식의 폐기물처리시설 설치신고필증을 교부하게 된다.

(3) 설치승인의 경우와 마찬가지로 필요한 조건을 부여한다.

(4) 설치승인신청서의 반려나 불승인과 마찬가지로 설치신고 반려나 불수리를 할 수도 있다(폐기물처리시설 설치신청서의 반려와 불승인 부분 참조).

6) 시행규칙 제40조

3. 설치신고의 변경

가. 변경신고 대상

(1) 상호의 변경(사업장폐기물 배출자가 설치하는 경우에 한함)

(2) 처분 또는 재활용대상 폐기물의 변경

(3) 처분시설 또는 재활용시설 소재지의 변경

(4) 신고 또는 변경신고를 한 처분 또는 재활용 용량의 합계 또는 누계의 100분의 30 이상 증가

(5) 주요 설비의 변경(폐기물처분시설의 구조변경으로 인하여 시행규칙 [별표 9] 제1호 나목 2) 가)의 (1)·(2), 나)의 (1)·(2), 다)의 (2)·(3), 라)의 (1)·(2)의 기준이 변경되는 경우, 폐기물재활용시설의 구조변경으로 위 [별표 9] 제3호 마목 13)·14)의 기준이 변경되는 경우 및 배출시설의 변경허가 또는 변경신고 대상이 되는 경우에 한함)

나. 변경신고 절차 등

(1) 변경신고 대상 중 위 (2) 내지 (5)는 변경 전에, 위 (1)은 변경사유가 발생한 날로부터 30일 이내에 신고서를 제출하여야 한다.

(2) 변경신고 절차는 변경승인 처리절차에 준하여 처리된다.

(3) 검토 후 적정하다고 판단되는 경우에는 폐기물처리시설 신고필증 뒷면의 변경사항란에 변경된 내용을 기재하고 담당자 확인 후 교부하게 된다.

Chapter

03 폐기물처리시설의 사용과 검사

제 1 절 폐기물처리시설의 사용

1. 폐기물처리시설 사용개시 신고

폐기물처리시설을 설치하는 자가 그 설치공사를 끝낸 후 그 시설의 사용을 시작하려면 허가관청(폐기물처리업자가 설치한 경우)이나 승인/신고관청(폐기물처리업자 외의 자)에 신고하여야 한다.[1] 폐기물처리시설 설치자(폐기물처리업의 변경허가를 받은 자 포함)가 신고할 때에는 해당 시설의 사용개시일 10일 전까지 시·도지사나 지방환경관서의 장에게 폐기물처리시설 사용개시 신고서를 제출하여야 한다.[2]

가. 사용개시 신고대상 시설 및 시점

(1) 사용개시 신고시점

폐기물처리시설을 설치한 자가 그 설치공사를 완료한 후에 당해 시설의 사용을 개시하고자 할 때로서 사용개시일 10일 전에 신고하여야 한다.

(2) 사용개시 신고대상 시설

(가) 처분시설 또는 재활용시설의 소재지를 변경한 경우

(나) 처분 또는 재활용대상 폐기물을 변경한 경우

(다) 승인(신고) 또는 변경승인(신고)을 얻은 처리용량의 합계 또는 누계의 100분의 30

1) 법 제29조 제4항
2) 시행규칙 제41조 제1항 본문

이상 증가한 경우

(라) 주요 설비를 변경한 경우

나. 제출서류

(1) 폐기물 처분시설 또는 재활용시설 사용개시신고서 또는 폐기물매립시설 사용개시신고서

(가) 시행규칙 별지 제27호 서식 또는 별지 제28호 서식의 폐기물처분(재활용) 또는 매립시설 사용개시신고서상에 기재되어야 할 사항을 빠짐없이 기재한다.

(나) 처리대상 폐기물과 처리시설이 설치승인·신고 또는 변경승인·신고 사항과 일치하여야 한다.

(다) 매립시설의 경우 매립시설의 종류별로 매립시설 면적, 매립가능량, 매립대상 폐기물, 설치완료일 및 사용개시 예정일이 기재되어야 한다. 1일 매립처리량 및 복토량을 고려할 때 사용종료 예정일이 적정하게 산정·기재되어야 한다.

(2) 당해 시설 유지관리계획서

(가) 폐기물처리시설(방지시설 포함) 및 부대시설의 운전관리지침서, 주요 예비부품목록 폐기물처리시설의 점검·청소 등의 유지·관리계획을 기재한다.

(나) 폐기물처리시설 설치·관리기준에 적합하게 작성되어야 한다.

(다) 폐기물처리시설 중 일반소각시설, 고온소각시설, 열분해시설, 고온용융시설, 열처리조합시설, 시멘트 소성로, 매립시설, 멸균분쇄시설(시행령 [별표 3] 제1호 마목의 규정에 해당하는 시설로서 의료폐기물을 대상으로 하는 시설을 포함), 음식물류 폐기물을 처리하는 시설로서 1일 처리능력 100킬로그램 이상인 시설의 경우에는 검사기관으로부터 성능검사 및 시설검사를 받아야 한다.

(라) 검사성적서상의 시설처리능력이 승인받은 또는 신고한 용량에 적합하여야 한다.

(3) 배출시설 가동개시 신고서류(동 폐기물처리시설이 배출시설에 해당하는 경우)

다. 검토 및 처리

(1) 관계법령에 의한 인·허가 사항을 검토하고, 설치승인·신고 시 타법에 의한 절차 등을 이행토록 조건을 부여한 경우 동 조건의 이행 여부를 확인한다.

(2) 사용개시신고서상의 검토 결과 적합하다고 판단되는 경우에는 현지조사를 통해 확인한다.

(가) 현지조사 확인대상은 주처리시설 및 방지시설(침출수 처리시설 등) 및 부대시설이다.

(나) 설치승인 또는 설치신고된 사항과 동일하게 시설이 설치되어 있는지 여부 및 정

상가동 여부를 확인한다.

(다) 소각시설, 매립시설 등 검사기관으로부터 성능검사 드는 시설검사 결과 적정한 경우에는 동 시설에 대한 정상가동 여부 확인을 생략할 수 있다.

(라) 현지조사 결과 시설·장비 등의 보완을 요구할 수 있으며, 시설·장비 등의 보완이 완료된 사실을 접수한 때에는 필요한 경우 재조사를 실시하여 적정 여부를 확인하여야 한다.

(3) 사용신고서류 검토 및 현지 확인결과 적합한 경우에는 폐기물처리시설 사용개시 신고수리를 통보하고, 동 폐기물처리시설이 배출시설에 해당하는 경우에는 동 사항을 관할 시·도지사에게 통보한다. 사용개시신고가 수리된 경우에는 「대기환경보전법」 제14조, 「수질 및 수생태계 보전에 관한 법률」 제37조 및 「소음·진동관리법」 제13조의 규정에 의한 배출시설의 가동개시 신고를 한 것으로 의제처리되므로 사전에 관할 시·도지사와 협의해야 한다.

제 2 절 폐기물처리시설의 검사

법에서 정하는 폐기물처리시설은 검사를 받아야 사용할 수 있고, 적합 판정을 받지 않으면 사용할 수 없다.

가. 검사대상 시설

(1) 환경부령으로 정하는 폐기물처리시설의 설치를 마친 자는 환경부령으로 정하는 검사기관으로부터 검사를 받아야 한다.

(2) "환경부령으로 정하는 폐기물처리시설"이란 법 제29조 제2항 제1호에 따른 시설물(시험·연구목적 폐기물처리시설)을 제외한 다음의 시설을 말한다.[3)]

(가) 소각시설

(나) 매립시설

(다) 멸균분쇄시설

(라) 음식물류 폐기물처리시설(음식물류 폐기물에 대한 중간처리 후 새로 발생한 폐기물을 처리하는 시설을 포함)

(마) 시멘트 소성로(폐기물을 연료로 사용하는 경우로 한정)

3) 시행규칙 제41조 제2항

(바) 소각열 회수시설

(3) "환경부령으로 정하는 검사기관"이란 다음의 기관을 말한다.[4]

(가) 소각시설의 검사기관

- 한국환경공단
- 한국기계연구원
- 한국산업기술시험원
- 대학, 정부출연기관, 그 밖에 소각시설을 검사할 수 있다고 인정하여 환경부장관이 고시하는 기관

(나) 매립시설의 검사기관

- 한국환경공단
- 「정부출연연구기관 등의 설립·운영 및 육성에 관한 법률」에 따라 설립된 한국건설기술연구원
- 「한국농어촌공사 및 농지관리기금법」에 따른 한국농어촌공사
- 수도권매립지관리공사

(다) 멸균분쇄시설의 검사기관

- 한국환경공단
- 보건환경연구원
- 한국산업기술시험원

(라) 음식물류 폐기물처리시설의 검사기관

- 한국환경공단
- 한국산업기술시험원
- 그 밖에 환경부장관이 정하여 고시하는 기관

(마) 시멘트 소성로의 검사기관

- 한국환경공단
- 한국기계연구원
- 한국산업기술시험원
- 대학, 정부출연기관, 그 밖에 소각시설을 검사할 수 있다고 인정하여 환경부장관이 고시하는 기관

(바) 소각열 회수시설의 검사기관

- 한국환경공단(에너지회수기준의 검사)

---

4) 시행규칙 제41조 제3항

- 한국기계연구원(에너지회수기준의 검사)
- 한국에너지기술연구원(에너지회수기준의 검사)
- 한국산업기술연구원(에너지회수기준의 검사)
- 「국가표준기본법」 제23조에 따라 인정받은 시험·검사기관 중 환경부장관이 지정하는 기관(에너지회수기준의 검사)
- 대학, 정부출연기관, 그 밖에 소각시설을 검사할 수 있다고 인정하여 환경부장관이 고시하는 기관(에너지회수기준 외의 검사)

(4) 변경승인을 받거나 변경신고를 한 경우로서, 처분 또는 재활용대상 폐기물이 변경되었거나, 승인 또는 변경승인을 받은 처분 또는 재활용 용량의 합계 또는 누계의 100분의 30 이상이 증가되었거나, 매립시설 제방이 증·개축되었거나, 주요 설비가 변경되어 변경승인을 받은 경우와 처분 또는 재활용대상 폐기물이 변경되었거나 신고 또는 변경신고를 한 처분 또는 재활용 용량의 합계 또는 누계가 100분의 30 이상 증가되었거나, 주요 설비가 변경되어 변경신고를 한 경우에도 또한 같다.[5)]

나. 검사를 위한 사용기간 부여

(1) 검사를 위한 사용기간은 원칙적으로 폐기물처리시설을 설치한 자가 검사기관에 검사신청서를 제출한 날부터 검사가 끝난 날까지로 한다. 다만, 폐기물처리시설 설치승인(신고)기관이 필요하다고 인정하는 경우 사용기간을 조정할 수 있다.

(2) 폐기물처리시설 설치자가 검사신청서 사본 등 관련 증빙서류를 갖추어 검사를 위한 사용기간 부여 신청을 할 경우 폐기물처리시설 설치승인(신고)기관은 관련 서류를 검토하여 폐기물처리시설 검사 등을 위한 최소한의 사용기간을 부여하여야 한다.

다. 정기검사

(1) 폐기물처리시설을 설치·운영하는 자는 환경부령으로 정하는 기간마다 검사기관으로부터 정기검사를 받아야 한다. 검사기간 내에 「환경기술 및 환경산업 지원법」 제13조에 따라 같은 시설에 대한 기술진단을 받으면 정기검사를 받은 것으르 본다.[6)]

(2) "환경부령으로 정하는 기간"이라 함은 다음과 같다.[7)]

(가) 소각시설: 최초 정기검사는 사용개시일부터 3년(「대기환경보전법」 제32조에 따른 측정기기를 설치하고 같은 법 시행령 제13조의2에 따른 굴뚝원격감시체계관제센터와 연결하여 정

---

5) 법 제30조 제1항; 시행규칙 제41조 제4항
6) 법 제30조 제2항
7) 시행규칙 제41조 제5항

상적으로 운영되는 경우에는 사용개시일부터 5년), 2회 이후의 정기검사는 최종 정기검사일부터 3년

(나) 매립시설: 최초 정기검사는 사용개시일부터 1년, 2회 이후의 정기검사는 최종 정기검사일부터 3년

(다) 멸균분쇄시설: 최초 정기검사는 사용개시일부터 3개월, 2회 이후의 정기검사는 최종 정기검사일부터 3개월

(라) 음식물류 폐기물처리시설: 최초 정기검사는 사용개시일부터 1년, 2회 이후의 정기검사는 최종 정기검사일부터 1년

(마) 시멘트 소성로: 최초 정기검사는 사용개시일부터 3년(「대기환경보전법」 제32조에 따른 측정기기를 설치하고 같은 법 시행령 제13조의2에 따른 굴뚝원격감시체계관제센터와 연결하여 정상적으로 운영되는 경우에는 사용개시일부터 5년), 2회 이후의 정기검사는 최종 정기검사일부터 3년

라. 검사절차

(1) 검사를 받으려는 자는 검사를 받으려는 날 15일 전까지 검사신청서에 다음의 서류를 첨부하여 검사기관에 제출하여야 한다.[8)]

(가) 소각시설이나 멸균분쇄시설의 경우

- 설계도면
- 폐기물조성비 내용
- 운전 및 유지·관리계획서

(나) 매립시설의 경우

- 설계도서 및 구조계산서 사본
- 시방서 및 재료시험성적서 사본
- 설치 및 장비확보 명세서
- 환경부장관이 고시하는 사항을 포함한 시설설치의 환경성조사서(면적이 1만 제곱미터 이상이거나 매립용적이 3만 세제곱미터 이상인 매립시설의 경우만 제출한다). 다만, 「환경영향평가법」에 따른 소규모 환경영향평가 대상 사업 또는 환경영향평가 대상 사업의 경우에는 소규모 환경영향평가서나 환경영향평가서로 대체할 수 있다.
- 검사결과서(검사를 받은 경우만 제출한다)

(다) 음식물류 폐기물처리시설의 경우

8) 시행규칙 제41조 제7항

- 설계도면
- 운전 및 유지관리계획서(물질수지도를 포함한다)
- 재활용제품의 사용 또는 공급계획서(재활용의 경우만 제출한다)

(라) 시멘트 소성로의 경우

- 설계도면
- 폐기물 성질·상태, 양, 조성비 내용
- 운전 및 유지관리계획서

(2) 검사기관은 검사를 마치면 지체 없이 검사결과서를 신청자에게 내주어야 한다.[9] 검사기관의 장은 분기별 검사실적을 매 분기 다음달 20일까지 환경부장관에게 보고하고, 검사결과서 부본이나 그 밖의 검사와 관련된 서류를 5년간 보존하여야 한다.[10]

마. 폐기물 처분시설 또는 재활용시설의 검사기준[11]

1. 소각시설

구 분	검사항목
설치검사	○ 소각능력의 적절성 및 적절연소상태 유지 여부 ○ 연소실 출구온도 유지 여부 ○ 연소가스 체류시간 적절 여부 ○ 바닥재 강열감량 적절 여부 ○ 보조연소장치의 용량 및 작동상태 ○ 연소실 공기나 산소공급장치 작동상태 ○ 굴뚝의 통풍력 및 구조의 적절성 ○ 폭발사고와 화재 등에 대비한 구조인지 여부 ○ 압력측정계 설치 여부 및 작동상태 ○ 자동투입장치(의료폐기물을 대상으로 하는 경우단 해당)·계량시설의 설치 여부 및 작동상태 ○ 출구온도 측정공, 온도지시계, 온도기록계 설치 여부 및 작동상태 ○ 내부에 사용한 재질의 적절성 ○ 연소실 외부피복상태 및 외부표면온도 ○ 대기오염 방지시설의 유입가스 온도 ○ 배출가스의 연속측정·기록장치 작동상태

9) 시행규칙 제41조 제8항
10) 시행규칙 제41조 제10항
11) 시행규칙 제41조 제6항, [별표 10]

	○ 폐기물의 투입구 및 청소구의 내열성, 구조 및 공기유입·유출 여부 ○ 내부연소상태 투시공 설치 여부 ○ 소각재의 흩날림 방지조치 여부 ○ 표지판 부착 여부 및 기재사항
정기검사	○ 적절연소상태 유지 여부 ○ 소방장비 설치 및 관리실태 ○ 보조연소장치의 작동상태 ○ 배기가스온도 적절 여부 ○ 바닥재 강열감량 ○ 연소실 출구가스 온도 ○ 연소실 가스체류시간 ○ 설치검사 당시와 같은 설비·구조를 유지하고 있는지 여부

2. 매립시설

구 분		검사항목
설치검사	공통사항	○ 외곽시설 설치상태 ○ 표지판의 규격 및 기재사항 ○ 축대벽과 둑의 안정성 ○ 기초지반 처리내용 및 상태 ○ 빗물배제시설 설치내용 ○ 계량시설 작동상태 ○ 세륜·세차시설 작동상태 ○ 지하수 검사정의 수·규격·재질·설치구조
	차단형 매립시설	○ 바닥과 외벽의 압축강도·두께 ○ 내부막의 구획면적, 매립가능 용적, 두께, 압축강도 ○ 빗물유입 방지시설 및 덮개설치내역
	관리형 매립시설	○ 차수시설의 재질·두께·투수계수 ○ 토목합성수지 라이너의 항복인장강도의 안전율 ○ 매끄러운 고밀도폴리에틸렌라이너의 기준 적합 여부 ○ 침출수 집배수층의 재질·두께·투수계수·투과능계수 및 구배(勾配) ○ 지하수배제시설 설치내용

		○ 침출수유량조정조의 규모·방수처리내역, 유량계의 형식 및 작동상태 ○ 침출수 처리시설의 처리방법, 처리용량 ○ 침출수 이송·처리 시 종말처리시설 등의 처리능력 ○ 매립가스 소각시설이나 활용시설 설치계획 ○ 내부진입도로 설치내용
정기검사	차단형 매립시설	○ 소화장비 설치·관리실태 ○ 축대벽의 안정성 ○ 빗물·지하수 유입방지 조치 ○ 사용종료매립지 밀폐상태
	관리형 매립시설	○ 소화장비 설치·관리실태 ○ 축대벽의 안정성 ○ 빗물·지하수 유입방지 조치 ○ 빗물배제시설의 유지·관리실태 ○ 세륜·세차시설의 작동상태 ○ 계량시설의 작동상태 ○ 미매립구역의 차수시설 유지·관리실태 ○ 침출수 처리시설 운영·관리실태 및 침출수배출허용기준 준수 여부 ○ 지하수 검사정, 지하수배제시설 및 해수의 수질검사 등을 통한 침출수 누출 여부 ○ 침출수 집배수시설의 기능 ○ 가스포집 및 처리시설의 적절설치·운영 여부 ○ 매립작업설계도서에 의한 매립·복토·빗물배제실태 ○ 폐기물의 다짐 및 압축정도 ○ 차수시설 상부보호층 적절설치 여부 ○ 복토두께 ○ 침출수위
사용종료·폐쇄 검사	차단형 매립시설	○ 축대벽의 안정성 ○ 빗물·지하수 유입방지 조치 ○ 사용종료 또는 폐쇄에 따른 밀폐상태 ○ 지하수 검사정의 유지·관리 실태 ○ 지하수 검사정, 지하수배제시설 및 해수의 수질검사 등을 통한 침출수 누출 여부

	관리형 매립시설	○ 최종복토층(가스배제층·차단층·배수층·식생대층) 설치상태 ○ 침하에 대한 안정성 ○ 축대벽과 둑의 안정성 ○ 빗물·지하수 유입방지 조치 ○ 빗물 배제시설의 설치상태 ○ 침출수 집배수시설의 기능 유지·관리 실태 ○ 침출수 처리시설의 운영·관리 실태 및 침출수배출허용기준의 준수 여부 ○ 가스포집 및 처리시설의 적정 설치·운영 여부 ○ 지하수 검사정, 지하수 배제시설 및 해수의 수질검사 등을 통한 침출수 누출 여부
사후관리 정기검사	차단형 매립시설	○ 소화장비 설치·관리 실태 ○ 축대벽의 안정성 ○ 빗물·지하수 유입방지 조치 ○ 밀폐시설 관리 상태 ○ 지하수 검사정의 유지·관리 실태 ○ 지하수·해수의 수질검사 등을 통한 침출수 누출 여부
	관리형 매립시설	○ 소화장비 설치·관리 실태 ○ 최종복토층 관리 실태 ○ 구조물과 지반의 안정도 유지 실태 ○ 빗물·지하수 유입방지 조치 ○ 빗물배제시설의 유지·관리 실태 ○ 침출수 집배수시설의 기능 유지·관리 실태 ○ 침출수 처리시설의 운영·관리 실태 및 침출수배출허용기준의 준수 여부 ○ 가스포집 및 처리시설의 적정 설치·운영 여부 ○ 지하수·해수의 수질검사 등을 통한 침출수 누출 여부 ○ 지표수 및 주변 토양조사 등을 통한 주변오염 관리의 적절 여부 ○ 방역 실태

비고: 기술검증을 받은 매립시설의 설치공법에 대한 검사항목은 환경부장관이 정하여 고시한다.

3. 멸균분쇄시설

구 분	검사항목
설치검사	○ 멸균능력의 적절성 및 멸균조건의 적절 여부(멸균검사 포함) ○ 분쇄시설의 작동상태 ○ 밀폐형으로 된 자동제어에 의한 처리방식인지 여부 ○ 자동기록장치의 작동상태 ○ 폭발사고와 화재 등에 대비한 구조인지 여부 ○ 자동투입장치와 투입량 자동계측장치의 작동상태 ○ 악취방지시설·건조장치의 작동상태
정기검사	○ 멸균조건의 적절유지 여부(멸균검사 포함) ○ 분쇄시설의 작동상태 ○ 자동기록장치의 작동상태 ○ 폭발사고와 화재 등에 대비한 구조의 적절유지 ○ 악취방지시설·건조장치·자동투입장치 등의 작동상태

4. 음식물류 폐기물 처리시설

구 분		검사항목
설치검사	공통사항	○ 처리능력의 적절성 ○ 계량시설의 설치 여부 및 작동상태 ○ 투입시설의 설치 여부 및 작동상태 ○ 이송시설의 적절성 및 안정성 ○ 선별시설의 설치 여부 및 선별효율 ○ 파쇄시설의 설치 여부 및 파쇄능력 ○ 악취제거시설의 설치 여부 및 작동상태 ○ 수질오염물질의 적절처리 여부 ○ 포장시설의 설치 및 표시의 적절성
	사료화 시설	○ 혼합시설의 적절 여부 ○ 가열·건조시설의 적절 여부 ○ 사료 저장시설의 적절 여부 ○ 사료화 제품의 적절성
	퇴비화 시설	○ 탈수·혼합시설의 기능 및 적절 여부 ○ 발효시설의 구조·기능 및 적절 여부 ○ 후부숙(後腐熟)시설 및 저장시설의 적절 여부 ○ 퇴비화 제품의 적절성

	혐기성 소화시설	○ 산발효시설의 설치 여부 및 작동상태 ○ 메탄발효시설의 설치 여부 및 작동상태 ○ 최종생산물의 퇴비로서의 적절성 ○ 메탄가스의 적절처리 여부
	감량화 시설	[소멸방식] ○ 소멸장치의 구조·기능 및 적절성 ○ 소멸장치의 성능 ○ 최종생산물 품질의 적절성 [탄화·건조방식] ○ 탄화·건조장치의 기능 및 적절성 ○ 탄화·건조장치의 성능 ○ 최종생산물 품질의 적절성
	부숙토 생산시설	○ 대상 음식물류 폐기물의 적절성 ○ 부숙공정의 적절 여부 ○ 부숙토의 적절성
	지렁이 분변토 생산시설	○ 먹이저장시설의 적절성 ○ 지렁이 사육시설의 설치 여부 및 적절성 ○ 분변토 품질의 적절성
	기타 시설 (생석회처리)	○ 혼합시설의 설치 여부 및 작동상태 ○ 혼합시설 운전조건의 적절성 ○ 최종생산물 품질의 적절성
	기타 시설 (버섯재배)	○ 버섯재배용 배지배합시설의 설치 여부 및 작동상태 ○ 입병(入甁)시설의 설치 여부 및 작동상태 ○ 살균시설의 설치 여부 및 작동상태 ○ 자동접종기의 설치 여부 및 작동상태 ○ 무균배양실의 설치 여부 및 작동상태 ○ 폐배지(廢培地)의 퇴비로서의 적절성
정기검사	공통사항	○ 설치검사 당시와 같은 설비·구조 유지 여부 ○ 계량시설의 작동상태 ○ 투입시설의 작동상태 ○ 이송시설의 작동상태 ○ 선별시설의 작동상태 ○ 파쇄시설의 작동상태 ○ 악취제거시설의 작동상태

	○ 수질오염물질의 적절처리 여부 ○ 포장시설의 작동상태 및 표시의 적절성
사료화 시설	○ 가열·건조시설의 작동상태 ○ 사료저장시설의 작동상태 ○ 사료화제품의 적절성
퇴비화 시설	○ 탈수·혼합시설의 작동상태 ○ 발효시설의 작동상태 ○ 후부숙시설 및 저장시설의 작동상태 ○ 퇴비화 제품의 적절성
혐기성 소화시설	○ 산발효시설의 작동상태 ○ 메탄발효시설의 작동상태 ○ 최종생산물의 퇴비로서의 적절성 ○ 메탄가스의 적절처리 여부
감량화 시설	[소멸방식] ○ 소멸장치의 작동상태 ○ 최종생산물 품질의 적절성 [탄화·건조방식] ○ 탄화·건조장치의 작동상태 ○ 최종생산물 품질의 적절성
부숙토 생산시설	○ 대상 음식물류 폐기물의 적절성 ○ 부숙공정의 작동상태 ○ 부숙토의 적절성
지렁이 분변토 생산시설	○ 먹이저장시설의 작동상태 ○ 지렁이 사육시설의 작동상태 ○ 분변토의 적절성
기타 시설 (생석회처리)	○ 혼합시설의 작동상태 ○ 혼합시설 운전조건의 적절성 ○ 최종생산물 품질의 적절성
기타 시설 (버섯재배)	○ 버섯재배용 배지배합시설의 작동상태 ○ 살균시설의 작동상태 ○ 무균배양실의 작동상태 ○ 폐배지의 퇴비로서의 적절성

5. 시멘트 소성로

구 분	검사항목
설치검사	○ 재활용능력의 적절성 및 적절연소상태 유지 여부 ○ 예열기 최하단 원심력 집진시설 출구온도 유지 여부 ○ 연소가스 체류시간 적절 여부 ○ 연소실 공기나 산소 공급장치 작동상태 ○ 굴뚝의 통풍력 및 구조의 적절성 ○ 폭발사고와 화재 등에 대비한 구조인지 여부 ○ 압력측정계 설치 여부 및 작동상태 ○ 출구온도 측정공, 온도지시계, 온도기록계 설치 여부 및 작동상태 ○ 내부에 사용한 재질의 적절성 ○ 대기오염 방지시설의 유입가스 온도 ○ 배출가스의 연속측정·기록장치 작동상태 ○ 폐기물의 투입구 및 청소구의 내열성, 구조 및 공기유입·유출 여부 ○ 표지판 부착 여부 및 기재사항
정기검사	○ 적절연소상태 유지 여부 ○ 연소실 장비 설치 및 관리실태 ○ 배기가스온도 적절 여부 ○ 예열기 최하단 원심력 집진시설 출구가스 온도 ○ 연소실 가스체류시간 ○ 설치검사 당시와 같은 설비·구조를 유지하고 있는지 여부

6. 소각열회수시설

구 분	검사항목
설치검사	○ 재활용능력의 적절성 및 적절연소상태 유지 여부 ○ 연소실 출구온도의 유지 여부 ○ 연소가스 체류시간의 적절 여부 ○ 바닥재 강열감량의 적절 여부 ○ 보조연소장치의 용량 및 작동상태 ○ 연소실 공기나 산소공급장치의 작동상태 ○ 굴뚝의 통풍력 및 구조의 적절성 ○ 폭발사고와 화재 등에 대비한 구조인지 여부 ○ 연소실 압력측정계의 설치 여부 및 작동상태 ○ 계량시설의 설치 여부 및 작동상태 ○ 출구온도 측정공, 온도지시계, 온도기록계의 설치 여부 및 작동상태 ○ 내부에 사용한 재질의 적절성

	○ 연소실의 외부피복상태 및 외부표면온도 ○ 대기오염 방지시설의 유입가스 온도 ○ 배출가스의 연속측정·기록장치 작동상태 ○ 폐기물의 투입구 및 청소구의 내열성, 구조 및 공기유입·유출 여부 ○ 내부연소상태 투시공 설치 여부 ○ 소각재의 흩날림 방지조치 여부 ○ 에너지 회수 설비의 적정 설치 여부 ○ 에너지 회수 설비의 온도지시계·압력계 설치 여부 및 작동상태 ○ 에너지 이용 또는 공급 설비의 적정 설치 여부 ○ 에너지 회수기준의 준수 여부 ○ 표지판의 부착 여부 및 기재사항
정기검사	○ 적절연소상태의 유지 여부 ○ 소방장비의 설치 및 관리실태 ○ 보조연소장치의 작동상태 ○ 배기가스온도의 적절 여부 ○ 바닥재의 강열감량 ○ 연소실 출구가스 온도 ○ 연소실 가스체류시간 ○ 설치검사 당시와 같은 설비·구조를 적정하게 유지·관리하고 있는지 여부 ○ 에너지 회수기준 준수 여부

비고 1. 음식물류 폐기물 처리시설의 설치검사, 정기검사 시 시설공정 특성상 또는 관련 법령(사료화시설은 「사료관리법」, 퇴비화시설은 「비료관리법」) 규정상 검사할 필요가 없는 검사항목은 검사대상에서 제외할 수 있다.

2. 폐기물을 연료로 사용하지 않는 시멘트 소성로에 대한 설치검사 및 정기검사 시 [별표 9] 비고 제4호에 따라 적용되지 않는 항목은 검사에서 제외한다.

3. 검사기관은 검사하는 과정에서 폐기물 처분시설 또는 재활용시설 설치·관리기준, 재활용 용도 및 방법 등 검사항목 외의 위반사항을 발견할 경우에는 시설 승인·허가기관에 통보하여야 한다.

4. 소각열회수시설의 검사항목 중 폭발사고와 화재 등에 대비한 구조인지 여부 및 에너지 회수설비의 온도지시계·압력계 설치 여부 및 작동상태에 관하여 「에너지이용합리화법」 제39조에 따른 검사대상기기의 검사에 합격한 경우에는 그 검사의 유효기간 동안 해당 항목을 설치검사 및 정기검사 항목에서 제외한다.

5. 매립시설의 사용종료·폐쇄 검사나 사후관리 정기검사 시 동일한 사업자가 동일 부지 내에서 운영 중인 다른 매립시설과 사용종료·폐쇄한 매립시설에서 공동으로 이용하는 침출수 처리시설 등에 대한 법 제30조 제1항 또는 제2항이나 법 제50조 제1항 후단 또는 같은 조 제3항 전단에 따른 검사[제69조의2 제4항에 따른 기간(사용종료·폐쇄 검사의 경우는 검사일 이전 1년) 내에 실시한 검사에 한정한다]에 합격한 경우에는 해당 침출수 처리시설 등은 검사 항목에서 제외한다.

바. 검사방법

(1) 용어의 정의[12)]

(가) 설치검사

"설치검사"란 폐기물처리시설의 설치자가 제3조의 검사기준 및 방법에 따라 당해 시설의 형식·기능 등이 설치기준에 적합한지 여부에 대하여 받는 검사로서 법 제30조 제1항에 따른 검사를 말한다.

(나) 정기검사

"정기검사"란 폐기물처리시설이 설치기준, 관리기준 및 사후관리기준 및 방법(매립시설에 한함)에 적합하게 유지·관리되고 있는지를 확인하기 위하여 법 제30조 제2항 및 제50조 제3항에 따라 정기적으로 받는 검사를 말한다.

(다) 사용종료·폐쇄검사

"사용종료·폐쇄검사"란 사용종료·폐쇄 예정인 폐기물매립시설이 관리기준에 적합하게 최종복토를 시공하였는지 확인하기 위하여 법 제50조 제1항에 따라 받는 검사를 말한다.

(라) 회분식 소각시설

"회분식 소각시설"이란 1일 8시간 미만 운전하고 소각시설의 가동을 중지하고 연소실을 냉각한 후 소각 잔재물(바닥재를 말한다. 이하 같다)을 한번에 제거하는 방식의 시설을 말한다.

(마) 준연속식 소각시설

"준연속식 소각시설"이란 1일 24시간 미만 운전하고 가동중지 후 일정 온도만 승온한 후 재가동 가능하며, 소각시설의 투입설비에서 재처리설비까지 기계화되어 가동 중에 소각 잔재물을 간헐적으로 제거하는 방식의 시설을 말한다.

(바) 연속식 소각시설

"연속식 소각시설"이란 1일 24시간 연속운전하고 소각시설의 투입설비에서 재처리설비까지 기계화되어 가동 중에 연속적으로 소각 잔재물을 제거하는 방식의 시설을 말한다.

(사) 연속투입식 소각시설

"연속투입식 소각시설"이란 폐기물을 일정한 간격으로 소각로에 연속적으로 투입하는 방식의 시설을 말한다.

(아) 일괄투입식 소각시설

"일괄투입식 소각시설"이란 회분식 소각시설로서 1회 소각 가능한 최대량의 폐기물

---

12) 이하는 '폐기물처리시설의 세부 검사방법에 관한 규정' 제2조

을 소각로에 투입하고 투입구를 차단한 상태에서 소각하는 방식의 시설을 말한다.

(자) 음식물류 폐기물처리시설

"음식물류 폐기물처리시설"이란 시행규칙 제41조 제2항 제4호에 따른 음식물류 폐기물을 처리하는 시설과 음식물류 폐기물에 대한 중간처리 후 새로 발생한 폐기물을 처리하는 시설(이하 "음식물류 중간가공 폐기물처리시설"이라 한다)을 말한다. 다만, 1일 처리능력 100킬로그램 미만인 시설은 검사대상시설에서 제외한다. 음식물류 폐기물처리시설의 세부검사방법 규정에서 사용하는 용어의 정의는 다음과 같다.

1) 퇴비화: "퇴비화"란 음식물류 폐기물을 주원료로 하여 식물의 생장촉진 등에 유익하게 사용할 목적으로 「비료관리법」 제4조의 규정에 의하여 공정규격이 설정된 비료 또는 동조의 규정에 의하여 지정된 부산물비료를 제조하는 데 적합한 시설을 갖추고, 비료관리법의 규정에서 정한 퇴비를 생산하는 일련의 공정을 말한다.

2) 사료화: "사료화"란 음식물류 폐기물을 주원료로 하여 동물의 영양섭취 및 성장 등에 유익하게 사용할 목적으로 「사료관리법」 제8조 제2항에 따라 농림축산식품부령이 정하는 기준에 적합한 시설을 갖추고, 사료관리법의 규정에서 정한 사료를 생산하는 일련의 공정을 말한다.

3) 감량화: "감량화"란 기계적, 화학적 및 생물학적 처리과정을 통해 음식물류 폐기물을 발효, 소멸, 건조 등 방법으로 감량하는 일련의 공정을 말한다.

4) 혐기성 분해: "혐기성 분해"란 음식물류 폐기물의 재활용 및 처리를 목적으로 기계적, 화학적 및 생물학적 과정을 통해 액상 및 가스 상 물질르 변환시키는 일련의 공정을 말한다.

5) 부숙토 생산

"부숙토 생산"이란 음식물류 폐기물을 주원료로 기계적, 화학적 및 생믈학적 과정을 거쳐 부숙토를 생산하는 일련의 공정을 말한다.

6) 지렁이분변토 생산: "지렁이분변토 생산"이란 음식물류 폐기물을 지렁이가 서식하는 지렁이사육시설에 먹이로 공급하고 이것을 지렁이가 먹이로 섭취하여 분변토를 생산하는 일련의 공정을 말한다.

7) 기타 시설: "기타 시설"이란 위에서 서술한 음식물류 폐기물의 처리방법 이외의 방법으로 음식물류폐기물을 기계적, 화학적 또는 생물학적 처리과정을 거쳐 유용한 물질을 생산하는 일련의 공정을 갖춘 시설을 말한다.

(차) 시멘트 소성로

"시멘트 소성로"란 시행규칙 제41조 제2항 제5호에 따른 시설로서 석회석을 주원료로 점토질, 규석질, 철질 광물 등을 혼합하여 분쇄한 시멘트 제조용 원료를 고온에서 구워 반제품(클링커)을 생산하는 시설(폐기물을 보조연료로 사용하는 시설에 한한다)을 말한다. 시멘트 소성로의 세부검사방법에 관한 규정에서 사용하는 용어의 정의는 다음과 같다.

1) 예열기: “예열기”란 시멘트 소성로에서 연료가 연소되고 난 이후에 배출되는 고온의 연소공기로부터 열을 회수하여 원료의 온도를 올리기 위해 설치한 장치를 말한다.

2) 연소장치: “연소장치”란 시멘트 소성로나 예열기에서 원료를 소성하거나 예열하기 위해서 연료를 투입하는 장치를 말한다.

(카) 회분식 소각열회수시설

“회분식 소각열회수시설”이란 1일 8시간 미만 운전하고 소각열회수시설의 가동을 중지하고 연소실을 냉각한 후 소각 잔재물(바닥재를 말한다. 이하 같다)을 한 번에 제거하는 방식의 시설을 말한다.

(타) 준연속식 소각열회수시설

“준연속식 소각열회수시설”이란 1일 24시간 미만 운전하고 가동 중지 후 일정 온도만 승온한 후 재가동 가능하며, 소각열회수시설의 투입설비에서 재처리설비까지 기계화되어 가동 중에 소각 잔재물을 간헐적으로 제거하는 방식의 시설을 말한다.

(파) 연속식 소각열회수시설

“연속식 소각열회수시설”이란 1일 24시간 연속운전하고 소각열회수시설의 투입설비에서 재처리설비까지 기계화되어 가동 중에 연속적으로 소각 잔재물을 제거하는 방식의 시설을 말한다.

(하) 일괄투입식 소각열회수시설

“일괄투입식 소각열회수시설”이란 회분식 소각열회수시설로서 1회 소각 가능한 최대량의 폐기물을 소각로에 투입하고 투입구를 차단한 상태에서 소각하는 방식의 시설을 말한다.

(2) 폐기물처리시설의 용량 산정

폐기물처리시설의 용량은 연속식 소각시설 및 소각열회수시설의 경우 24시간, 준연속식 소각시설 및 소각열회수시설의 경우 16시간, 회분식 소각시설 및 소각열회수시설의 경우에는 8시간 처리량을 기준으로 산정하여야 하며, 검사결과서에는 검사 시 산정된 처리용량을 기재하여야 한다.[13)]

(3) 검사절차

(가) 검사는 검사대상 시설이 설치된 장소에서 실시하여야 하며, 검사시 검사대상 시

13) ‘폐기물처리시설의 세부 검사방법에 관한 규정’ 제2조 제16호

설의 운전은 설치·운영자가 하여야 한다.[14]

(나) 검사기관이 검사를 실시한 결과 폐기물 매립시설, 음식물류 폐기물처리시설 및 시멘트 소성로의 설치기준, 관리기준 및 사후관리기준 및 방법(매립시설에 한함)에 부적합한 시설로서 15일 이내(폐기물매립시설 정기검사 및 사후관리 정기검사의 경우 30일 이내)에 보완이 가능하다고 신청인이 인정하는 경우 1회에 한하여 신청인에게 당해 시설 등에 대한 보완을 요청할 수 있다.[15]

(다) 보완 요청을 받은 신청인이 보완사항을 완료한 때에는 검사기관에 보완검사를 받고자 하는 날을 기재하여 보완검사를 요청하여야 한다.[16]

(라) 검사기관이 보완검사 요청을 받은 때에는 보완검사 희망일에 보완검사를 실시하여야 한다. 다만, 다른 검사 등의 사유로 보완검사 희망일에 보완검사를 실시할 수 없는 때에는 신청인과 협의하여 보완검사일을 조정할 수 있다.[17]

(마) 설치검사 또는 정기검사 실시결과 불합격 시설에 대한 재검사를 받고자 하는 자는 설치검사 또는 정기검사를 실시한 최초 검사기관에게 재검사를 신청하여야 한다.[18]

(바) 설치검사 및 정기검사 결과 불합격한 시설에 대한 재검사는 폐기물처리시설의 세부검사방법에 따라 실시하여야 한다. 검사기관은 불합격 사유가 된 부분에 대하여 재검사를 실시한 후 적합 여부를 판정할 수 있다.[19]

(4) 매립시설의 중간검사

(가) 관리형 매립시설 중 토목합성수지라이너를 사용하여 차수시설을 설치하는 때에는 설치검사 전에 「폐기물처리시설의 세부 검사방법에 관한 규정」 [별표 2](폐기물매립시설의 세부검사방법) 제1호 나목의 매립면적 및 용량, 라목, 마목, 타목의 토목합성수지라이너 하부의 차수시설 및 너목의 검사항목에 대하여 중간검사를 받아야 하며, 사용종료·폐쇄검사 전에도 위 [별표 2] 제3호 2) 가목, 나목, 다목의 검사항목에 대하여 중간검사를 받아야 한다.[20]

(나) 검사기관이 중간검사를 실시한 때에는 부적합한 시설에 대한 개선방안을 포함하여 검사결과를 구체적으로 기재하여 신청인에게 지체 없이 통보하여야 하며, 부적합한 시설에 대한 개선 여부를 설치검사 시 확인하여야 한다.[21]

---

14) 위 규정 제7조 제1항
15) 위 규정 제7조 제2항
16) 위 규정 제7조 제3항
17) 위 규정 제7조 제4항
18) 위 규정 제7조 제6항
19) 위 규정 제7조 제5항
20) 위 규정 제8조 제1항
21) 위 규정 제8조 제2항

(5) 검사결과의 판정과 통보

(가) 검사기관은 전체 검사항목이 적합한 경우에만 합격 판정을 한다.[22]

(나) 검사기관은 검사 신청일로부터 20일 이내(「폐기물처리시설의 세부검사방법에 관한 규정」 제6조 제1항, 제7조 제2항 및 시험분석 소요기간 등은 제외)에 검사결과를 신청인과 해당 폐기물처리시설을 관할하는 시·도지사, 특별자치도지사, 시장·군수·구청장 또는 지방환경관서의 장에게 통보하여야 한다.[23]

(6) 폐기물처리시설의 세부검사방법

(가) 폐기물소각시설의 세부검사방법[24]

1) 설치검사

검사항목	세부기준	검사방법
가. 소각능력의 적정성 및 적정연소상태 유지 여부	(1) 적정한 소각기능 및 용량을 가져야 한다.	(가) 검사신청서에 명기된 소각대상 폐기물에 대하여 적정한 소각기능 및 용량을 가지고 있는지 여부를 실제 소각시험을 통하여 판정한다. 1) 시험시간(승온 및 감온시간을 제외한다)은 다음과 같다. • 회분식: 4시간 이상(일괄투입식으로서 1회투입 연소시간이 4시간 이상인 경우 연소완료시까지) • 준연속식: 8시간 이상 • 연속식: 24시간 이상 (나) 검사대상 폐기물은 소각시설이 설치된 사업장 또는 처리대상지역에서 직접 발생되는 폐기물로 시험함을 원칙으로 하고, 폐기물 종류별 조성비는 일정 범위 내에서 목측하여 확인한다. 다만, 폐기물조성이 현저히 상이할 경우 종류별로 분리·계량하여 확인한다.
	(2) 인·허가를 받은 시간당 처리능력을 갖도록 설치하되 이를 초과하여 설치하여서는 아니된다. 다만, 폐기물의 성질과 상태, 발	(가) 소각능력은 총 소각처리량(강열감량 및 배기가스 허용기준에 적합한 경우에 한함)을 승온 및 감온시간을 제외한 검사시간으로 나누어 산출한다.

22) 위 규정 제9조
23) 위 규정 제10조
24) 위 규정 [별표 1]

	열량 등의 변동이 있는 경우 시간당 처리능력은 인·허가를 받은 시간당 처리능력의 130퍼센트 미만까지 허용한다.	(나) 소각시설이 인·허가를 받은 시간당 처리능력을 보유하고 있는지 확인하고, 시설의 연소실 출구온도와 배기가스 허용기준 등에 적합한 범위 내에서 최대 처리능력을 확인한다. (다) 시설 검사시(승온 및 감온시간을 제외한다) 최대 처리능력시험을 실시하되 시험시간은 다음과 같다. • 회분식: 1시간 이상 • 준연속식: 2시간 이상 • 연속식: 4시간 이상
	(3) 배기가스 중의 매연농도와 일산화탄소농도는 대기환경보전법에 의한 배출허용기준에 적합하여야 한다.	(가) 대기오염공정시험방법에 의하여 측정함을 원칙으로 하되, 부시험방법인 휴대용 측정장비로는 현장에서 매 10분마다 측정하여 평균치를 산정한다. 다만, 200kg/hr 미만인 시설은 시간당 3회 이상 측정한 평균치를 산정하여 적용하고, 일괄투입방식 소각시설로서 일괄투입 소각시간이 4시간 미만인 경우에는 2회의 일괄투입 소각에 걸쳐 매 10분마다 측정하여 평균치를 산정한다. (나) 산소의 농도도 동일한 방법으로 측정하여 그 평균치로 일산화탄소의 농도를 보정한다. (다) 연속투입식 시설로서 인력에 의한투입방식인 경우에는 각 1시간 분량의 폐기물을 30회 이하로 투입하여야 한다.
나. 연소실 출구온도 유지 여부	(1) 연소실, 분해실, 용융실(연소실이 2 이상인 경우에는 최종연소실을 말하며, 이하 "연소실"이라 한다)의 출구온도는 시설별로 다음의 기준온도 이상이어야 한다. • 일반소각시설: 850℃(200kg/hr 미만의 경우에는 800℃) 다만, 종이, 목재류(접착제, 페페인트, 기름 및 방부제 등이 묻어있지 아니한 순수한 목재 류에	(가) 소각성능시험을 실시하면서 자동온도기록계 또는 온도계로 측정하여 확인하되, 승온 및 감온시간을 제외한 전체 성능검사시간의 90퍼센트 이상이 기준온도 이상으로 유지되는지를 확인한다. (나) 일괄투입방식 소각시설의 온도유지시간 산정방법은 다음과 같다. 1) 첫 번째 폐기물 일괄투입시에는 점화 후 기준온도 도달시간부터 소각을 종료하여 투입문을 여는 시간까지 산정한다.

	한 한다. 이하 목재류로 한다) 만을 소각하는 소각시설의 경우에는 450℃ • 감염성폐기물 소각시설: 850℃ • 고온소각시설: 1,100℃ • 열분해시설: 850℃ • 고온용융시설: 1,200℃	2) 이후의 모든 소각온도 유지시간 산정은 일괄투입 폐기물의 점화 후부터 소각종료 후 투입문을 여는 시간까지 산정한다.
다. 연소가스 체류시간 적정여부	(1) 연소실은 연소가스가 다음에서 정한 시간 이상 체류할 수 있고, 충분하게 혼합될 수 있는 구조여야 한다. • 일반소각시설 2ton/hr 이상: 2초 2ton/hr 미만~200kg/hr 이상: 1초 200kg/hr 미만: 0.5초 * 체류시간은 850℃(200kg/hr 미만인 경우에는 800℃, 종이 목재류만을 소각하는 경우에는 450℃)에서의 부피로 환산한 연소가스의 체적으로 계산한다. • 감염성폐기물 소각시설: 2초(850℃에서의 부피로 환산한 연소가스의 체적 기준) • 고온소각시설: 2초(1100℃에서의 부피로 환산한 연소가스의 체적 기준) • 열분해시설: 2초(850℃에서의 부피로 환산한 연소가스의 체적 기준) • 고온용융시설: 1초(1200℃에서의 부피로 환산한 연소가스의 체적 기준)	(가) 연소실의 가스유량(연소실 출구온도 기준으로 산정)을 성능검사기간 동안 동일 간격으로 4회 측정한 평균값과 연소실 내부용적을 구하여 체류시간을 산정한다. 다만, 일괄투입식의 경우 가스화실은 내부용적에서 제외하고, 1회 투입 연소시간이 4시간 미만인 일괄투입 회분식 소각시설은 투입회수별로 각각 2회를 측정하여 산정한다. (나) 연소실의 내부용적은 2차 연소용 공기공급장치 후단부터 연소실 출구온도 감지기 설치위치까지를 실측하여 계산한다. 다만, 연소실 구조상 2차 연소용 공기공급장치의 구분이 명확하지 않은 경우에는 이론적인 폐기물체류용적을 제외한 용적을 기준으로 한다. (다) 연소실 내부용적 계산 시에는 사각지대(dead-space)를 감안하여 산정된 내부용적의 90%만을 내부용적으로 한다. (라) 일괄투입방식 소각시설의 가스체류시간 산정을 위한 동압 및 온도측정은 매 일괄 소각공정별로 2회 측정하여 최종 평균치를 적용 산정(일괄투입 소각시간이 4시간 이상일 경우는 4회 측정함)한다.
라. 바닥재 강열감량 적정여부	(1) 바닥재의 강열감량이 기준이하이어야 한다. • 일반소각시설: 10%(지정폐기물 외의 폐기물을 소각하는 시설로서 소각능력이 200kg/hr 미만인 시설은 15%). 다만, 2008	(가) 검사대상 소각시설의 특성을 고려하여 균일한 시료를 얻을 수 있도록 폐기물 공정시험방법에 따라 소각재를 채취하여 분석하되, 회분식의 경우 소각성능시험 종료후 1시간 이상이 경과한 후에 시료를 채취하여야 한다.

	년 1월 1일 이후 가동 개시되는 생활폐기물 소각시설은 5% (200kg/hr 미만인 시설은 10%) • 감염성폐기물 소각시설: 10% • 고온소각시설: 5% • 열분해시설: 10%(200kg/hr 미만인 시설은 15%) • 고온용융시설: 1%	
마. 보조연소장치의 용량 및 작동상태	(1) 연소실의 예열 및 온도를 조절할 수 있도록 보조버너 등 충분한 용량의 조연장치 등을 설치하여야 한다.	(가) 초기가동 시 폐기물 소각 없이 연소실 출구온도를 800℃(대기환경보전법 시행규칙 제17조에 따른 굴뚝자동측정기기를 부착한 소각시설로서 의료폐기물 외의 폐기물을 소각하는 경우에는 600℃, 종이·목재류 및 다늘피 등 초근목피류를 소각하는 시설은 450℃) 이상 유지할 수 있는지를 확인한다. (나) 보조연소장치가 자동작동식인 경우 온도감지지점, 자동작동 온도구간을 확인하고 감지구간내에서 정상적으로 자동작동되는지를 확인한다.
바. 연소실의 공기 또는 산소공급 장치 작동상태	(1) 연소실의 공기공급량을 조절할 수 있는 장치를 설치하여야 한다. (2) 통풍설비설치 등으로 연소실의 압력이 일정하게 유지되고, 연소가스 또는 화염의 역류현상이 발생하지 아니하는 구조여야 한다.	(가) 연소실의 공기공급량 조절할 수 있는 장치가 설치되어 있는지 여부를 확인한다. (나) 연소실의 압력이 일정하게 유지되는지 여부를 연소실 압력을 4회 측정하여 확인한다. (다) 성능시험 시간 동안 연소가스 또는 화염의 역류현상이 발생되는지 여부를 확인한다.
사. 굴뚝의 통풍력 및 구조의 적정성	(1) 굴뚝을 설치한 경우 통풍력과 배기가스의 대기확산을 고려한 높이와 구조여야 한다.	(가) 굴뚝을 설치한 경우 통풍력과 배기가스의 대기확산을 고려한 높이와 구조인지를 확인한다.
아. 폭발사고 및 화재등에 대비한 구조인지 여부	(1) 폭발사고, 화재 등에 대비하여 안전한 구조이어야 하며 소화기 등 소화장비를 갖추어야 한다.	(가) 안전변 또는 방폭구, 저수위 차단장치, 전기적 안전장치 등의 폭발, 화재에 대비한 안전장치가 설치되어 있는지 확인한다. (나) 소화기 용량, 형식을 확인한다.

자. 압력측정계 설치여부 및 작동상태	(1) 연소실내의 압력의 변화를 감지할 수 있는 압력측정계를 설치하여야 한다. 다만, 지정폐기물 외의 폐기물을 소각하는 시설로서 200kg/hr 미만인 소각시설의 경우는 제외한다.	(가) 연소실내의 압력의 변화를 감지할 수 있는 압력측정계가 설치되어 있는지를 확인한다.
차. 자동투입장치, 계량시설 설치 여부 및 작동상태	(1) 자동투입장치 설치여부(감염성폐기물을 대상으로 하는 200kg/hr 이상의 시설) (2) 반입되는 폐기물의 중량을 측정할 수 있는 계량시설을 설치(2ton/hr 이상인 소각시설의 경우) * 감염성폐기물을 대상으로 하는 200kg/hr 이상의 시설은 투입되는 폐기물의 중량을 측정	(가) 자동투입장치의 설치 및 정상운전 여부를 확인한다. 1) 자동투입시, 투입과정에서 폐기물이 유출되지 않아야 하며 포장된 상태(금속제 제외)로 투입종료 시점까지 작업자가 폐기물에 노출되지 않는 구조여야 한다. (나) 계량시설의 정밀도, 종류, 계량방식 등을 확인한다.
카. 출구온도 측정공, 온도 지시계, 온도기록계 설치 여부 및 작동상태	(1) 연소실의 출구에는 각 시설의 출구온도 기준보다 300℃ 이상, 대기오염방지시설 중 최초 집진시설의 입구에는 600℃(2ton/hr 이상인 시설에 한한다) 이상 측정할 수 있는 온도지시계를 설치하고, 온도변화를 연속적으로 기록할 수 있는 자동온도기록계를 부착하여야 한다.	(가) 연소실 출구에 각 시설의 출구온도 기준보다 300℃ 이상 측정할 수 있는 온도지시계가 설치되어 있는지를 확인한다. 또한, 처리능력이 2ton/hr 이상인 시설의 경우에는 대기오염방지시설 중 최초 집진시설의 입구에 600℃ 이상 측정할 수 있는 온도지시계가 설치되어 있는지를 확인한다. 1) 온도측정장치 또는 온도지시계는 폐기물 연소시 화염이 직접 닿지 않는 부위에 설치되어 있는지, 조연장치의 최대 화염길이 또는 화염폭의 1.5배 이상 이격시켜 설치되어 있는지를 확인한다. (나) 출구온도변화를 연속적으로 기록할 수 있는 자동온도기록계가 부착되어 있는지를 확인한다. (다) 온도지시계 및 온도기록계의 정밀도를 현장 측정온도와의 비교검사로 확인한다.(온도지시계와 자동온도기록계의 일치 여부 확인)
타. 내부에 사용한 재질의 적	(1) 연소실 외부를 철판으로 피복한 경우에는 연소실 본체의 고	(가) 소각성능시험 시 각 연소실의 외부표면온도를 4회씩 3개 지점 이상 실측하여

정성 및 연소실 외부 피복상태 및 외부표면온도	온부위는 내열도료로 도색 또는 단열처리하거나 내화단열벽돌, 캐스터블내화물 등으로 시공하여 외부표면온도를 80℃ 이하(200kg/hr 미만인 시설의 경우 120℃ 이하)로 유지할 수 있는 구조이어야 한다, 다만 회전식 소각시설 등 구조상 단열을 충분히 유지할 수 없는 경우에는 그러하지 아니하다.	각각 기준 이하인지 여부를 확인한다. 다만, 일괄투입방식 소각시설로서 일괄투입 소각시간이 4시간 미만인 경우는 매 일괄 소각별로 2회 측정하여 각각 기준 이하 여부인지를 확인한다.
파. 대기오염방지시설의 유입가스 온도의 적정성	(1) 대기오염방지시설 중 최초집진시설(전기·여과집진시설이 설치되어 있는 경우에는 전기·여과집진시설을 최초 집진시설로본다)에 유입되는 연소가스를 200℃ 이하(2ton/hr 미만인 소각시설의 경우에는 250℃ 이하)로 냉각시키기 위한 냉각시설 또는 폐열회수시설을 설치하여야 한다. 다만, 200kg/hr 미만인 시설로서 대기오염방지시설의 처리공정상 연소가스의 냉각이 필요하지 아니하는 경우에는 그러하지 아니하다.	(가) 대기오염방지시설 중 최초집진시설의 입구 온도를 연속측정 하여 전체 검사시간의 90% 이상이 기준온도 이하인지를 확인한다. (나) 냉각시설 또는 폐열회수시설이 설치되어 있지 않은 경우 단서조항에 해당되는지 여부를 확인한다.
하. 배출가스의 연속측정·기록장치 작동상태	(1) 대기환경보전법 시행령 제17조에 따른 굴뚝 자동측정기기 부착대상 소각시설은 같은 법 시행령 제17조 및 같은 법 시행규칙 제37조에 따라 굴뚝 자동측정기기를 설치하여야 하며, 대기오염방지시설의 입·출구 및 굴뚝에는 배출가스의 온도, 대기오염물질의 농도 등을 측정할 수 있는 측정공을 대기오염공정시험방법에 적합하게 설치하여야 한다.	(가) 굴뚝에서 배출되는 가스중의 일산화탄소·산소·먼지농도를 연속적으로 측정·기록할 수 있는 장치의 설치유무, 사양 및 작동 상태를 확인한다. 1) 환경기술개발 및 지원에 관한 법률에 의하여 형식승인 및 정도검사를 받았는지를 확인한다. (나) 대기오염방지시설의 입·출구, 굴뚝에는 배출가스의 온도, 대기오염물질의 농도를 측정할 수 있는 측정공을 설치하였는지 여부를 확인한다.
거. 폐기물의 투입구 및 청	(1) 폐기물 투입구 및 청소구는 고온에 견딜 수 있는 재질로 만들	(가) 폐기물소각시설의 투입구 및 청소구의 내열성 유지상태, 형태 및 기밀성 유지

소구의 내열성, 구조 및 공기유입·유출 여부	어야 하며, 외부공기의 유입이나 연소가스의 누출을 방지할 수 있는 구조여야 한다.	상태를 확인한다. 다만, 일반소각시설로서 2차 연소실이 없는 연속투입방식인 경우에는 투입구가 2중문 구조인지 확인한다.
너. 내부연소상태 투시공 설치여부	(1) 연소실 내부의 연소상태를 볼 수 있는 구조여야 한다.	(가) 연소실 내부의 연소상태를 볼 수 있는 구조인지 확인한다.
더. 소각재의 흩날림방지 조치 여부	(1) 소각 또는 열분해잔재물의 제거 시 재의 흩날림을 방지할 수 있는 구조여야 한다.	(가) 소각 또는 열분해잔재물 제거 시 재의 흩날림을 방지할 수 있는 구조인지를 확인한다.
러. 표지판 부착 여부 및 기재사항	(1) 시설용량, 처리대상폐기물의 종류, 소각방식, 설계·시공자명 및 연락처 등 필요한 사항을 지워지지 아니하고 파손되지 아니하는 방법으로 표시된 표지를 부착하여야 한다.	(가) 표지의 내용, 표식의 견고성, 부착성 등이 적정한지 여부를 확인한다.

2) 정기검사

검사항목	세부기준	검사방법
가. 적정연소상태 유지 여부	(1) 적정한 소각기능을 가져야 한다.	(가) 검사신청서에 명기된 소각대상폐기물에 대하여 적정한 소각기능 및 용량을 가지고 있는지 여부를 실제 소각시험을 통하여 판정한다. 1) 시험시간(승온 및 감온시간을 제외한다)은 다음과 같다. • 회분식: 2시간 이상(일괄투입식으로서 1회투입 연소시간이 2시간 이상인 경우 연소완료시까지) • 준연속식: 4시간 이상 • 연속식: 12시간 이상 (나) 검사 대상 폐기물은 소각시설이 설치된 사업장 또는 처리대상지역에서 직접 발생되는 폐기물로 시험함을 원칙으로 하고, 폐기물 종류별 조성비는 일정 범위 내에서 목측하여 확인한다. 다만, 폐기물조성이 현저히 상이할 경우 종류별로 분리·계량하여 확인한다.

	(2) 배기가스중의 매연농도와 일산화탄소농도는 「대기환경보전법」에 따른 배출허용기준에 적합하여야 한다.	(가) 대기오염공정시험방법에 의하여 측정함을 원칙으로 하되, 부시험방법인 휴대용 측정장비로는 현장에서 매 10분마다 측정하여 평균치를 산정한다. 다만, 200kg/hr 미만인 시설은 시간당 3회 이상 측정한 평균치를 산정하여 적용하고, 일괄투입방식 소각시설로서 일괄투입 소각시간이 4시간 미만인 경우에는 2회의 일괄투입 소각에 걸쳐 매 10분마다 측정하여 평균치를 산정한다. (나) 산소의 농도도 동일한 방법으로 측정하여 그 평균치로 일산화탄소의 농도를 보정한다. (다) 연속투입식 시설로서 인력에 의한투입방식인 경우에는 각 1시간 분량의 폐기물을 30회 이하로 투입하여야 한다.
나. 연소실 출구가스 온도	- 연소실의 출구온도는 시설별로 다음의 기준온도 이상이어야 한다. • 일반소각시설: 850℃(200kg/hr 미만의 경우에는 800℃) 다만, 종이, 목재류(접착제,페페인트, 기름 및 방부제 등이 묻어있지 아니한 순수한 목재류에 한한다. 이하 목재류로 한다)만을 소각하는 소각시설의 경우에는 450℃ • 감염성폐기물을 소각시설: 850℃ • 고온소각시설: 1,100℃ • 열분해시설: 850℃ • 고온용융시설: 1,200℃	(가) 소각성능시험을 실시하면서 자동온도기록계 또는 온도계로 측정하여 확인하되, 승온 및 감온시간을 제외한 전체 성능검사시간의 90퍼센트 이상이 기준온도 이상으로 유지되는지를 확인한다. (나) 일괄투입방식 소각시설의 온도유지시간 산정방법은 다음과 같다. 1) 첫 번째 폐기물 일괄트입시에는 점화 후 기준온도 도달시간부터 소각을 종료하여 투입문을 여는 시간까지 산정한다. 2) 이후의 모든 소각온도 유지시간 산정은 일괄투입 폐기물의 점화 후부터 소각종료 후 투입문을 여는 시간까지 산정한다.
다. 연소실 가스체류 시간	(1) 연소실은 연소가스가 다음에서 정한 시간 이상 체류할 수 있고, 충분하게 혼합될 수 있는 구조여야 한다. • 일반소각시설 2ton/hr 이상: 2초 2ton/hr 미만~200kg/hr 이상: 1초 200kg/hr 미만 : 0.5초 * 이 경우 체류시간은 850℃(200	(가) 연소실의 가스유량(연소실 출구온도 기준으로 산정)을 성능검사기간 동안 동일 간격으로 4회 측정한 평균값과 연소실 내부용적을 구하여 체류시간을 산정한다. 다만, 일괄투입식의 경우 가스화실은 내부용적에서 제외하고, 1회 투입 연소시간이 4시간 미만인 일괄투입 회분식 소각시설은 투입횟수별로 각각 2회를 측정하여 산정한다.

	kg/hr 미만인 경우에는 800℃, 종이·목재류만을 소각하는 경우에는 450℃)에서의 부피로 환산한 연소가스의 체적으로 계산한다. • 감염성폐기물 소각시설: 2초(850℃에서의 부피로 환산한 연소가스의 체적 기준) • 고온소각시설: 2초(1100℃에서의 부피로 환산한 연소가스의 체적 기준) • 열분해시설: 2초(850℃에서의 부피로 환산한 연소가스의 체적 기준) • 고온용융시설: 1초(1200℃에서의 부피로 환산한 연소가스의 체적 기준)	(나) 연소실의 내부용적은 2차연소용 공기공급장치 후단부터 연소실 출구온도 감지기 설치위치까지를 실측하여 계산한다. 다만, 연소실 구조상 2차연소용 공기공급장치의 구분이 명확하지 않은 경우에는 이론적인 폐기물체류용적을 제외한 용적을 기준으로 한다. (다) 연소실 내부용적 계산시에는 사각지대(dead-space)를 감안하여 산정된 내부용적의 90%만을 내부용적으로 한다. (라) 일괄투입방식 소각시설의 가스체류시간 산정을 위한 동압 및 온도측정은 매일괄 소각공정별로 2회 측정하여 최종 평균치를 적용 산정(일괄투입 소각시간이 4시간 이상일 경우는 4회 측정함)한다.
라. 바닥재 강열감량	(1) 바닥재의 강열감량이 기준 이하여야 한다. • 일반소각시설: 10%(지정폐기물외의 폐기물을 소각하는 시설로서 소각능력이 200kg/hr 미만인 시설은 15%). 다만, 2008년 1월 1일 이후 가동 개시되는 생활폐기물 소각시설은 5%(200kg/hr 미만인 시설은 10%) • 감염성폐기물 소각시설: 10% • 고온소각시설: 5% • 열분해시설: 10%(200kg/hr 미만인 시설은 15%) • 고온용융시설: 1%	(가) 검사대상 소각시설의 특성을 고려하여 균일한 시료를 얻을 수 있도록 폐기물공정시험방법에 따라 소각재를 채취하여 분석하되, 회분식의 경우 소각성능시험 종료 후 1시간 이상이 경과한 후에 시료를 채취하여야 한다.
마. 보조연소 장치의 작동상태	(1) 연소실의 예열 및 온도를 조절할 수 있도록 보조버너 등 충분한 용량의 조연장치 등을 설치하여야 한다.	(가) 초기가동 시 폐기물 소각 없이 연소실 출구온도를 800℃(대기환경보전법 제15조의2의 규정에 의한 측정기기를 부착하고 동법 시행령 제13조의2의 규정에 의한 굴뚝자동관제센터와 연결 하여 정상적으로 운영되는 감염성폐기물 외의 폐기물을 대상으로 하는 소각시설의 경우에는 600℃, 종이·목재류만을 소각하는 시설은 450℃) 이상 유지할 수 있는

		지를 확인한다. 다만, 200kg/hr 미만 시설로서 2000. 8. 9 이전에 설치된 시설은 500℃(종이·목재류만을 소각하는 시설은 300℃) 이상 유지할 수 있는지를 확인한다. (나) 보조연소장치가 자동작동식인 경우 온도감지지점, 자동작동 온도구간을 확인하고 감지구간내에서 정상적으로 자동작동되는지를 확인한다.
바. 배기가스 온도 적정 여부	(1) 대기오염방지시설 중 최초집진시설에 유입되는 연소가스를 200℃ 이하(2ton/hr 미만인 소각시설의 경우에는 250℃ 이하)로 냉각시키기 위한 냉각시설 또는 폐열회수시설을 설치하여야 한다. 다만, 200kg/hr 미만인 시설로서 대기오염방지시설의 처리공정상 연소가스의 냉각이 필요하지 아니하는 경우에는 그러하지 아니하다.	(가) 대기오염방지시설 중 최초집진시설의 입구 온도를 연속측정 하여 전체 검사시간의 90% 이상이 기준온도 이하인지를 확인한다. (나) 냉각시설 또는 폐열회수시설이 설치되어 있지 않은 경우 단서조항에 해당되는지 여부를 확인한다.
사. 설치검사 당시와 동일한 설비·구조를 유지하고 있는지 여부	(1) 본체 및 부대설비(용수저장탱크, 조작판넬 제외)의 구조 및 형상은 설치검사 시와 동일하여야 한다. (2) 설치검사 시와 동일한 내용을 각인한 표지를 부착하여야 한다 (3) 압력측정장치 및 각 계기들의 부착위치는 설치검사 시와 동일하여야 하고 적정한 기능을 유지하여야 한다.	(가) 본체 및 부대설비의 구조 및 형상이 최초 설치검사 시와 동일한지 여부를 확인한다. (나) 표지의 내용, 표지의 견고성, 부착성등이 적정한지 여부를 확인한다. (다) 계기의 설치위치를 현지 확인하여 부착위치가 설치검사 시와 동일한지, 동일한 분포대의 측정이 가능한지 여부를 판정한다.

(나) 폐기물 매립시설의 세부검사방법[25]

1) 설치검사

구 분	검사항목	검사방법
공통사항	가. 외곽시설 설치상태	① 육안검사 및 실측

25) '폐기물처리시설의 세부 검사방법에 관한 규정' [별표 2]

	나. 표지판의 규격 및 기재사항	① 육안검사 및 실측 ② 표지판 및 검사신청서의 매립면적·용량대로 적합하게 시공되었는지 측량허가사업자(측지기사, 토목기사 자격증소유자가 있는 사업자) 등의 측량을 통하여 확인.
	다. 옹벽 및 제방의 안정성	① 옹벽구조물의 균열 등 외부시공 상태를 확인하고, 제방성토재의 다짐상태 및 침식가능여부 등 시공상태를 관계자료 및 현지조사를 통하여 확인 ② 옹벽 및 제방에 대한 안전율을 계산하여 옹벽의 경우 저면활동에 대한 안전율(1.5 이상), 전도에 대한 안전율(2.0 이상), 지지력에 대한 안전율(3.0 이상), 제방의 경우 자체 및 최종매립단면(침출수위 고려)의 사면활동에 대한 안전율(1.3 이상)이 적합한지 확인 ③ 조성면적이 15만 제곱미터 이상인 매립시설은 지진에 대한 안전성을 고려하였는지 확인
	라. 기초지반 처리내역 및 상태	① 지반조사결과·지반보강조치내역 등을 검토하고, 매립폐기물의 하중조건을 고려하여 지반침하 가능성이 없는지 설계도서, 현장확인 등을 통하여 확인 ② 암반지역의 경우 요철처리상태 확인 ③ 성토지역의 경우 지반다짐상태 확인 ④ 연약지반의 경우 지반침하에 의하여 침출수집배수관로, 집수정 및 차수시설 등이 파손 또는 굴곡되지 않도록 적절한 조치를 하였는지 확인
	마. 빗물배제시설 설치내역	① 설계도면을 통해 빗물배제를 위한 상류지역 우회수로, 주변부 집배수구, 매립지내 집배수구, 매립지표면 집배수구의 설치 여부를 확인 ② 육안으로 확인이 어려운 매몰지역은 시공시 수로 연결상태, 누수방지조치 등을 촬영한 사진 또는 비디오 등으로 확인하고 필요시 CCTV로 확인 ③ 매립시설 측면 절토사면 소단배수로의 경사는 최소 2%에서 최대 4% 이하로 설치하였는지 확인
	바. 계량시설 작동상태	① 계량시설의 크기 및 대수가 반입차량규모 및 수량에 적합한지를 확인 ② 정상작동 여부를 실측을 통하여 확인

	사. 세륜·세차시설 작동상태	① 차량 진출입구에 세륜·세차시설의 설치 여부 및 작동상태 확인 ② 진출입차량 대수를 감안 충분히 감당할 수 있는 상태인지 확인
	아. 지하수검사정의 수·규격·재질·설치구조	① 지하수흐름층을 설계도서 등을 통하여 확인하고 적정한 장소에 검사정을 설치하였는지 확인 ② 검사정(직경이 10센티미터 이상)의 깊이를 확인하고, 설치기준의 재질(테프론·스테인레스강 또는 합성수지관)에 적합한지 확인 ③ 지하수위 측정장치, 시료채취장치 설치 또는 보유 여부 확인 ④ 지하수검사정에 외부수가 유입되지 않도록 그라우팅, 덮개설치 등 오염방지조치 실시여부 확인
차단형 매립시설	자. 바닥 및 외벽의 압축강도·두께	① 한국산업규격 에프2405(콘크리트의 압축강도시험방법)에 의하여 측정한 압축강도가 210kg/㎠ 이상인 철근콘크리트로서 두께가 15센티미터 이상 또는 이와 동등한 차단효력을 가진 구조물로 설치되었지 콘크리트의 압축강도시험성적서 또는 비파괴압축강도시험기를 통하여 확인 ② 비파괴시험 등에 의한 철근탐사 실시 ③ 내부방수처리상태 확인
	차. 내부막의 구획면적·매립가능용적·두께·압축강도	① 내부막의 1개 구획의 면적을 측정하여 매립가능면적 50제곱미터 이하 또는 매립가능용적 250세제곱미터 이하가 되는지 확인 ② 내부막의 두께를 측정하여 10센티미터 이상이 되는지 확인 ③ 내부막의 압축강도시험성적서 및 비파괴압축강도시험기를 통하여 압축강도가 210kg/㎠ 이상의 콘크리트로 설치되었는지 확인
	카. 빗물유입방지시설 및 덮개설치내역	① 빗물유입방지시설 및 덮개설치상태를 현지확인
관리형 매립시설	타. 차수시설의 재질·두께·투수계수	① 차수시설의 종류·재질 및 두께 확인 ② 점토·점토광물혼합토 등 점토류라이너에 대한 실내 및 현장시험결과(점토광물혼합비, 입도분포, 투수계수, 다짐도, 소성지수 및 함수비 등) 확인 ③ 점토류라이너에 대하여 한국건설기술연구원, 관

		련분야의 대학부설연구소, 한국건설품질시험연구소 등 공인기관에서 실시한 시험성적서를 통하여 투수계수를 확인 ④ 점토류라이너 시공시 층두께, 층간 최적 접합을 위한 하부층 표면의 거침질(Scratch) 여부, 혼합장비 및 다짐장비(양족롤라 등) 사용 여부 등 시공상태를 확인하기 위하여 현장투수시험방법 등에 따라 바닥 및 측면의 점토류라이너에 대한 투수계수를 측정 ⑤ 점토류라이너의 균열·이물질혼합 여부를 확인 ⑥ 측면에 점토 등의 차수재 대신 토목합성수지점토라이너를 포설한 경우 측면의 경사, 소단높이 등을 설계도서 또는 현장확인을 통하여 토목합성수지점토류라이너의 포설이 불가피하였는지를 확인 ⑦ 토목합성수지라이너 또는 점토류라이너 이외의 차수재료를 사용하여 차수시설을 설치한 경우 토목합성수지라이너 또는 점토류라이너를 사용하는 경우와 동등한 차수효과가 있는지 여부를 자료와 실측 등을 통하여 확인 ⑧ 토목합성수지라이너 또는 점토류라이너 이외의 차수재료가 지하수 등을 오염시킬 우려가 있는지 여부를 검토
	파. 토목합성수지라이너의 항복인장강도의 안전율	① 토목합성수지라이너에 대한 안정성검토 내용을 설계도서를 통하여 확인하고 필요시 재검토 실시 ② 설계내용대로 항복인장강도의 안전율(2.0 이상)에 적합하게 시공되었는지 확인
	하. 매끄러운 고밀도폴리에틸렌라이너의 기준적합 여부	① 매끄러운 고밀도폴리에틸렌라이너에 대하여 한국원사직물시험연구원, 한국화학시험연구원, 한국기기유화시험연구원, 한국의류시험연구원 등 공인기관에서 실시한 시험성적서 등을 통하여 재질기준에 적합한지 확인하고, 필요시 시료를 채취하여 공인기관에 시험을 의뢰하여 확인 ② 기타 토목합성수지라이너의 경우 설계도서, 시방서 등에서 제시한 기준에 적합한 품질의 제품을 사용하였는지 확인 ③ 토목합성수지라이너의 접합부에 대한 시험(진공시험, 공기압시험, 스파크시험, 전단시험 및 박리시험 등) 결과를 확인하고 필요시 현장시험 실시

	거. 침출수집배수층의 재질·두께·투수계수·투과능계수 및 구배	① 매립시설 바닥의 토목합성수지라이너 위에 지오컴포지트 또는 지오텍스타일을 설치하였는지 확인 ② 침출수집배수층의 투수계수가 1초당 1백분의 1센티미터 이상인 모래·잔자갈 등을 사용하여 포설하였는지 여부와 두께가 30센티미터 이상이 되는지 여부를 자료 또는 실측을 통하여 확인 ③ 침출수 집배수관로, 집수정(수직집수정 포함) 및 이송관로가 설계도서 내용대르 적정하게 설치되었는지 확인 ④ 매립시설 측면의 토목합성수지라이너 위에 투과능계수가 1초당 3만븐의 1제곱미터 이상인 지오컴포지트, 지오네트 또는 지오텍스타일을 설치하였는지를 시험성적서 또는 실측을 통하여 확인 ⑤ 침출수집배수관로 주변에 충분한 공극을 가지는 자갈(골재의 최대치수는 50밀리미터 이하여야 하며, 최소치수는 5밀리미터 체의 통과량이 5% 이하) 등을 설치하였는지 확인 ⑥ 침출수집배수시설에 미치는 하중조건을 고려하여 파손될 우려가 없는지 확인 ⑦ 육안으로 확인이 어려운 매몰지역은 시공시 촬영한 사진, 비디오 등으로 확인하고 필요시 CCTV 등으로 수로연결상태를 확인 ⑧ 하수종말처리시설 등으로 침출수를 이송하는 경우 이송관로에 대한 수밀시험 실시여부를 확인 ⑨ 침출수집배수시설의 바닥구배가 최소 2퍼센트에서 최대 4퍼센트 이하가 되는지를 설계도면 및 실측을 통하여 확인 ⑩ 침출수의 수위를 측정할 수 있는 시설을 매립시설 바닥에 설치한 차수시설 위의 가장 낮은 지점에 설치하였는지 확인
	너. 지하수배제시설 설치내역	① 지하수흐름층을 설계도서 등을 통하여 확인하고 바닥 및 측면의 빗물배제시설 및 지하수집배수시설(유공관, 돌망태, 지오컴포지트, 지오네트 및 집속다발관 등)의 적정설치 여부를 확인 ② 육안으로 확인이 어려운 매몰지역은 시공시 촬영한 사진 또는 비디오 등으로 확인 ③ 빗물배제시설과 지하수집배수시설이 분리되도록 설계·시공되었는지 확인 ④ 필요시 CCTV 등으로 수로연결상태 등을 확인

	더. 침출수유량조정조의 규모·방수처리내역, 유량계의 형식 및 작동상태	① 유량조정조의 설계조건 등을 검토하여 적정 여부 확인 ② 유량조정조내부의 방수처리상태 확인 ③ 유량조정조에 적산유량계가 설치되어 있는지 확인
	러. 침출수처리시설의 처리방법, 처리용량	① 침출수처리시설 규모·처리방법이 설계도서 내용대로 적정하게 설치되었는지 검토 ② 침출수처리시설의 각종 기기의 작동상태, 예비장비 확보상태 등을 확인 ③ 침출수처리시설의 최종 배출구에 적산유량계가 설치되어 있는지 확인
	머. 침출수 이송·처리시 종말처리시설 등의 능력	① 인근에 종말처리시설이 위치하는지 확인하고 종말처리시설에 유입·처리토록 하는 원칙을 준수하는지 여부 확인 ② 침출수를 다른 매립시설의 침출수처리시설, 자가수질오염방지시설, 폐수처리업자, 공단폐수종말처리시설, 하수종말처리시설, 분뇨처리시설에 유입처리하거나 위탁처리하는 경우 당해 시설에서 처리가 가능한지 여부 등을 당해 시설의 처리능력 등을 종합적으로 검토하여 이송 또는 위탁처리계획의 적정 여부를 확인
	버. 매립가스 소각시설 또는 활용시설 설치계획	① 매립대상폐기물의 종류·매립량 등을 고려하여 발생가스의 종류·발생량·열량·발생가능기간 등의 산정내역을 확인 ② 가스포집을 위한 유공관로(수평 및 수집관로), 유공관로 주변의 돌망태 여과장치, 이송관로 및 강제이송시설 설치계획 등을 설계도서 등을 통하여 검토 ③ 매립가스소각시설 또는 활용시설 설치계획의 적정 여부를 확인
	서. 내부진입도 설치내역	① 매립시설의 내부진입도로가 차량 등의 출입에 지장이 없도록 설치되었는지 확인 ② 내부진입도로 설치과정에서 차수시설 등이 손상되지 않았는지 확인 ③ 매립작업설계도서에 의한 매립과정에서의 내부진입로 설치계획 확인 및 적정 여부 검토

2) 정기검사

구 분	검사항목	검사방법
차단형 매립시설	가. 소화장비 설치·관리실태	① 소화장비의 보유·관리·작동 상태 등을 확인
	나. 옹벽의 안정성	① 옹벽으로 침출수 누출 여부 확인 ② 균열, 박리, 층분리, 박락, 백태, 침하 등의 발생 여부 확인 ③ 비파괴시험방법 등으로 강도 등의 시험 실시 ④ 초음파 탐사 등을 통한 균열 여부 확인 ⑤ 옹벽의 안전율이 당초 설계치대로 유지·관리되고 있는지 계산, 현지확인 등을 통하여 확인
	다. 빗물·지하수 유입방지조치	① 매립시설 외부의 빗물 및 지하수 유입방지시설의 파손·침하여부, 토사 등 적체 여부 등을 확인 ② 매립시설 내부의 소제방 등 빗물배제시설의 설치·관리실태, 정상적인 기능유지상태 등을 확인 ③ 육안으로 확인이 불가능한 경우 CCTV로 확인
	라. 사용종료 매립지 밀폐상태	① 사용이 종료된 매립지에 대한 밀폐상태를 육안 등으로 확인
관리형 매립시설	가. 소화장비 설치·관리실태	① 소화장비의 보유·관리·작동 상태 등을 확인
	나. 옹벽 및 제방의 안정성	① 옹벽, 제방(소단제방 포함) 및 매립사면으로 침출수 누출 여부 확인 ② 옹벽의 안전율이 당초 설계치대로 유지·관리되고 있는지 현지확인 등을 통하여 확인 ③ 옹벽의 강도, 균열, 박리, 층분리, 박락 및 백태 등을 육안검사 또는 비파괴검사 등을 통하여 확인 ④ 제방 및 매립사면에 대하여 사면안정, 침하 등에 대한 해석자료 등을 검토하여 안정성을 확인 ⑤ 제방(소단제방 포함), 매립사면의 균열, 층분리 및 침하 여부 확인
	다. 빗물·지하수 유입방지조치	① 빗물 및 지하수 유입방지시설의 파손·침하 여부, 토사 등 적체 여부 등을 확인 ② 육안으로 확인이 불가능한 경우 CCTV로 확인
	라. 빗물배제시설의 유지·관리실태	① 매립시설 내부의 소제방 등 빗물배제시설의 설치·관리실태, 정상적인 기능유지상태 등을 확인 ② 일일복토·중간복토·최종복토층의 두께·다짐정도·구배 등을 조사하여 빗물이 폐기물매립층으로 침투되지 아니하도록 관리되고 있는지 확인
	마. 세륜·세차시설의 작동상태	① 세륜·세차시설의 작동상태를 현지 확인

	바. 계량시설의 작동상태	① 계량시설의 작동상태를 실측 등을 통하여 확인 ② 계량자료 비치 여부 확인
	사. 미 매립구역의 차수시설 유지·관리실태	① 미 매립구역의 토목합성수지라이너, 토목합성수지점토라이너, 점토류라이너 등 차수시설의 유지·관리실태를 현지 확인 ② 미 매립구역의 토목합성수지라이너 위에 지오컴포지트, 지오텍스타일, 지오네트 등의 설치 여부 및 유지관리실태 확인 ③ 매립구역의 점토류라이너 위에 투수계수가 1초당 1백분의 1센티미터 이상인 모래, 모래를 채운 폐타이어 등이 포설되어 있는지 확인
	아. 침출수처리시설 운영관리실태 및 침출수 배출허용기준 준수 여부	① 침출수처리시설의 운영내역을 폐기물최종처리시설(매립시설)운영관리대장을 통하여 확인 ② 침출수 유량조정조 유입구 유량측정결과와 침출수처리시설 배출구의 유량측정결과 확인 ③ 침출수 발생량 대비 유량조정조, 침출수처리시설의 적정 여부 검토 ④ 침출수처리시설의 단계별 처리기능을 확인할 수 있는 항목에 대한 수질을 분석하여 침출수처리시설이 정상적으로 운영되고 있는지 확인 ⑤ 각종 계측장비의 작동상태를 확인 ⑥ 침출수처리시설의 고장에 대비한 예비장비 확보실태 확인 ⑦ 하수종말처리시설 등에 연계처리하는 경우 하수종말처리시설 등에서 처리하는 오염물질에 대하여 연계처리를 하는지를 연계처리시설의 처리능력 등을 감안하여 확인 ⑧ 하수종말처리시설 등에 연계처리시 이송과정에서 침출수가 외부로 유출될 우려가 없는지 확인 ⑨ 침출수를 전용관로를 통하여 이송하는 경우 전용관로의 유지·관리실태를 확인하고 필요시 현지 확인
	자. 지하수검사정, 지하수배제시설 및 해수의 수질검사 등을 통한 침출수 누출 여부	① 정기적인(분기 1회 이상) 지하수검사정 또는 해수의 수질분석결과 검토 ② 지하수검사정, 지하수배제시설 및 해수의 수질을 분석하여 침출수 누출 여부 확인 ③ 지하수검사정의 유지관리실태 확인 ④ 필요시 지하수배제시설에 대한 CCTV 조사

차. 침출수 집배수시설의 기능	① 침출수집배수층, 집배수관로, 집수정 및 이송관로가 당초 설계·시공된 대로 유지·관리되고 있는지 확인 ② 수직집수정 설치 여부 및 수직집수정 주위에 적정하게 돌망태 여과장치를 설치하면서 폐기물을 매립하는지 확인 ③ 중간복토층 위에 침출수 집배수관로를 설치하여 수직집수정 또는 수직가스 포집시설로 연결하였는지 확인 ④ 매립시설내의 침출수를 신속하게 배제하는지 확인 ⑤ 필요시 침출수 집배수시설에 대한 CCTV 조사
카. 가스포집 및 처리시설의 적정설치·운영 여부	① 수평 및 수직가스포집공의 수량·간격·깊이 등을 조사하여 매립시설 규모 등에 대비하여 적정 여부 확인 ② 매립가스 강제이송시설이 설치된 경우 작동실태 확인 ③ 가스처리 및 활용시설의 적정 여부 확인
타. 매립작업 설계도서에 의한 매립·복토·빗물배제 실태	① 매립작업 설계도서 확인 ② 설계도서 내용의 적정 여부 검토 ③ 설계내용대로 매립·복토·빗물배제 및 진입로 설치 등이 이루어지고 있는지 확인
파. 폐기물의 다짐 및 압축정도	① 다짐장비 보유실태 확인 ② 다짐장비 운영인력 확보 및 운영실적 확인 ③ 일일복토·중간복토의 포설 및 다짐 정도 확인
하. 차수시설 상부보호층 적정 설치 여부	① 매립시 사면 차수시설이 손상되지 않도록 작업이 진행되는지 확인
거. 복토 두께	① 복토재 종류·반입량·반입장소 확인 ② 복토규정에 적합한 두께로 복토를 실시하고 있는지 확인
너. 방역	① 방제약품·방제주기 등의 적정 여부 확인

비고: 최초 정기검사시에는 차단형 매립시설의 나목의 ③·④ 및 라목의 ①, 관리형 매립시설의 나·사·카목의 ③의 검사방법은 생략할 수 있다.

3) 사용종료·폐쇄검사

가) 차단형 매립시설

검사항목	검사방법
가. 축대벽의 안정성	① 옹벽으로 침출수 누출 여부 확인 ② 균열, 박리, 층분리, 박락, 백태, 침하 등의 발생 여부 확인 ③ 비파괴시험방법 등으로 강도 등의 시험 실시 ④ 초음파 탐사 등을 통한 균열 여부 확인 ⑤ 축대벽의 안전율이 당초 설계치(전도 2.0 이상, 활동 1.5 이상, 지지력 3.0 이상)대로 유지·관리되고 있는지 계산, 현지 확인 등을 통하여 확인
나. 빗물·지하수 유입방지 조치	① 매립시설 외부의 빗물 및 지하수 유입방지시설의 파손·침하 여부, 토사 등 적체 여부 등을 확인 ② 육안으로 확인이 불가능한 경우 CCTV로 확인
다. 사용종료 또는 폐쇄에 따른 밀폐상태	① 사용이 종료된 매립지에 대한 밀폐상태를 육안 등으로 확인
라. 지하수 검사정의 유지·관리 실태	① 지하수 검사정 유지·관리실태 확인
마. 지하수 검사정, 지하수 배제시설 및 해수의 수질검사 등을 통한 침출수 누출 여부	① 정기적인 지하수검사정 또는 해수 및 지하수배제시설의 수질분석 결과로 침출수 누출 여부 확인 ② 현장검사시 지하수검사정 또는 해수 및 지하수배제시설의 수질을 분석하여 침출수 누출 여부 확인 ③ 필요시 지하수배제시설에 대한 CCTV 조사

나) 관리형 매립시설

검사항목	검사방법
가. 최종복토층(가스배제층) 설치상태	① 가스배제층 설계도면, 시공자료 등 검토하여 최종복토기준(두께 30cm 이상)에 적합하게 설치되어 있는지 확인 ② 육안으로 확인이 어려운 매몰지역은 시공시 촬영한 사진 또는 비디오 등으로 확인하고, 필요시 굴착시험을 통하여 두께 등 적정 시공 여부 확인
나. 최종복토층(차단층 점토류라이너) 설치상태	① 차수시설의 종류·재질 및 두께 확인 ② 점토·점토광물혼합토 등 점토류라이너에 대한 실내 및 현장시험 결과(점토광물혼합비, 입도분포, 투수계수, 다짐도, 소성지수 및 함수비 등) 확인

	③ 점토류라이너에 대하여 한국건설기술연구원, 관련분야 대학부설 연구소, 한국건설품질시험연구소 등 공인기관에서 실시한 시험성적서를 통하여 투수계수 확인 ④ 점토류라이너 시공시 층두께, 층간 최적 접합을 위한 하부층 표면의 거침질(Scratch) 여부, 혼합장비 및 다짐장비(양족롤라 등) 사용 여부 등 시공상태를 확인하기 위하여 현장투수시험방법(코아를 채취하여 공인기관의 시험성적서 확인) 등에 따라 바닥 및 측면의 점토류라이너에 대한 투수계수 확인(투수계수가 1초당 1백만분의 1센티미터 이하인지 확인) ⑤ 점토류라이너의 균열·이물질 혼합 여부를 확인 ⑥ 측면에 점토 등의 차수재 대신 토목합성수지점토라이너를 포설한 경우 측면의 경사, 소단높이 등을 설계도서 또는 현장확인을 통하여 토목합성수지점토류라이너의 포설이 불가피하였는지를 확인 ⑦ 토목합성수지라이너 또는 점토류라이너 이외의 차수재료를 사용하여 차수시설을 설치한 경우 토목합성수지라이너 또는 점토류라이너를 사용하는 경우와 동등한 차수효과가 있는지 여부를 자료와 실측 등을 통하여 확인
다. 최종복토층(차단층토목합성수지라이너) 설치상태	① 매끄러운 고밀도폴리에틸렌라이너에 대하여 한국원사직물시험연구원, 한국화학시험연구원, 한국기기유화시험연구원, 한국의류시험연구원 등 공인기관에서 실시한 시험성적서 등을 통하여 재질기준에 적합한지 확인하고, 필요시 시료를 채취하여 공인기관에 시험을 의뢰하여 확인 ② 기타 합성고분자차수막의 경우 설계도서, 시방서 등에서 제시한 기준에 적합한 품질의 제품을 사용하였는지 확인 ③ 합성고분자차수막의 접합부에 대한 시험(진공시험, 공기압시험, 스파크시험, 전단시험 및 박리시험 등) 결과를 확인하고 필요시 현장시험 실시
라. 최종복토층(배수층) 설치상태	① 설계도서를 통하여 배수층이 모래, 순환골재 등을 이용하여 30cm 이상 두께로 포설하거나 복토의 무게상태에서 투과능계수가 1초당 3만분의 1제곱미터 이상인 지오컴포지트·지오네트 또는 지오텍스타일 등의 토목합성수지로 설계되었는지 확인 ② 현장시공상태, 설계도면 등을 검토하여 침투된 빗물이 주변 배수로로 연결되어 원활하게 배수되도록 설치하였는지 확인 ③ 육안으로 확인이 어려운 매몰지역은 시공시 촬영한 사진 또는 비디오 등으로 확인하고, 필요시 굴착시험을 통하여 두께 등 적정 시공 여부 확인
마. 최종복토층(식생대층) 설치상태	① 식생대층에 대한 설계도서를 검토하여 최종복토기준(식물심기와 생장이 가능한 양질의 토양으로 두께 60cm 이상)에 적정하게 설

	계되었는지 확인 ② 육안으로 확인이 어려운 매몰지역은 시공시 촬영한 사진 또는 비디오 등으로 확인하고, 필요시 굴착시험을 통하여 두께 등 적정 시공 여부 확인
바. 침하에 대한 안정성	① 매립지반 안정도 관리(침하량 예측자료)계획 수립 여부 확인 ② 침하관측시설이 면적에 대비하여 적합하게 설치되었는지 확인
사. 축대벽과 둑의 안정성	① 축대벽, 둑 등 구조물의 안정도 관리계획 수립 여부 확인 ② 축대벽, 둑(소단제방 포함) 및 매립사면으로 침출수 누출 여부 확인 ③ 축대벽의 안전율이 당초 설계치(전도 2.0 이상, 활동 1.5 이상, 지지력 3.0 이상)대로 유지·관리되고 있는지 현지 확인 등을 통하여 확인 ④ 축대벽의 강도, 균열, 박리, 층분리, 박락 및 백태 등을 육안검사 또는 비파괴검사 등을 통하여 확인 ⑤ 둑 및 매립사면(최종단면 적용하여 안전율 1.3 이상 확인)에 대하여 사면안정, 침하 등에 대한 해석자료 등을 검토하여 안정성을 확인 ⑥ 둑(소단둑 포함), 매립사면의 균열, 층분리, 침식 및 침하 여부 확인
아. 빗물·지하수 유입방지 조치	① 설계도면을 통해 빗물배제를 위한 상류지역 우회수로, 주변부 집배수구, 최종복토 표면 집배수구의 설치 여부를 확인 ② 빗물 및 지하수 유입방지시설의 파손·침하 여부, 토사 등 적체 여부 등을 확인 ③ 육안으로 확인이 어려운 매몰지역은 시공시 수로연결상태, 누수방지조치 등을 촬영한 사진 또는 비디오 등으로 확인하고 필요시 CCTV로 확인
자. 빗물 배제시설의 설치상태	① 최종복토층의 두께·다짐정도 구배 등을 조사하여 빗물이 폐기물 매립층으로 가능한 침투되지 아니하도록 빗물을 배제하는 관리시설을 갖추고 있는지 확인
차. 침출수 집배수시설의 기능 유지·관리 실태	① 침출수 집수정 및 이송관로가 당초 설계·시공된 대로 유지·관리되고 있는지 확인 ② 매립시설 내의 침출수를 신속하게 배제하는지 확인 ③ 매립장 내부에 침출수위 관리(사후관리 중 2.0m 이하 유지)계획 확인 ④ 필요시 침출수 집배수시설에 대한 CCTV 조사
카. 침출수 처리시설의 운영·관리 실태 및 침출수배출허용기준의 준수 여부	① 침출수처리시설의 운영내역을 폐기물최종처리시설(매립시설)운영관리대장을 통하여 확인 ② 침출수 유량조정조 유입구 유량측정 결과와 침출수처리시설 배출구의 유량측정 결과 확인 ③ 침출수 발생량 대비 유량조정조, 침출수처리시설의 적정여부 검토

	④ 침출수 단계별 처리기능을 확인할 수 있는 항목에 대한 수질을 분석하여 침출수처리시설이 정상적으로 운영되고 있는지 확인 ⑤ 각종 계측장비의 작동상태를 확인 ⑥ 침출수처리시설의 고장에 대비한 예비장비 확보실태 확인 ⑦ 하수종말처리시설 등에 연계처리하는 경우 하수종말처리시설 등에서 처리하는 오염물질에 대하여 연계처리를 하는지를 연계처리시설의 처리능력 등을 감안하여 확인 ⑧ 하수종말처리시설 등에 연계처리시 이송과정에서 침출수가 외부로 유출될 우려가 없는지 확인 ⑨ 침출수를 전용관로를 통하여 이송하는 경우 전용관로의 유지·관리실태를 확인하고 필요시 현지 확인
타. 가스포집 및 처리시설의 적정 설치·운영 여부	① 가스포집공의 수량·간격·깊이 등을 조사하여 매립시설 규모 등에 대비하여 적정 여부 확인 ② 매립가스 강제이송시설이 설치된 경우 작동실태 확인 ③ 가스처리 및 활용시설의 적정 여부 확인
파. 지하수검사정, 지하수배제시설 및 해수의 수질검사 등을 통한 침출수 누출 여부	① 정기적인(분기 1회 이상) 지하수 검사정 또는 해수의 수질분석결과 검토 ② 지하수 검사정, 지하수배제시설 및 해수의 수질을 분석하여 침출수 누출 여부 확인 ③ 지하수 검사정의 유지·관리실태 확인 ④ 필요시 지하수배제시설에 대한 CCTV 조사

비고: 폐기물관리법 시행규칙 [별표 9] 비고 1에 해당하는 시설은 가목, 나목, 다목, 라목, 차목, 카목, 타목의 검사항목을 생략할 수 있다

4) 사후관리 정기검사

가) 차단형 매립시설

검사항목	검사방법
가. 소화장비 설치·관리 실태	① 소화장비의 보유·관리·작동 상태 등을 확인
나. 축대벽의 안정성	① 축대벽으로 침출수 누출 여부 확인 ② 균열, 박리, 층분리, 박락, 백태, 침하 등의 발생 여부 확인 ③ 비파괴시험방법 등으로 강도 등의 시험 실시 ④ 초음파 탐사 등을 통한 균열 여부 확인 ⑤ 축대벽의 안전율이 당초 설계치(전도 2.0 이상, 활동 1.5 이상, 지지력 3.0 이상) 대로 유지·관리되고 있는지 계산, 현지 확인 등을 통하여 확인

다. 빗물·지하수 유입방지 조치	① 설계도면을 통해 빗물배제를 위한 상류지역 우회수로, 주변부 집배수구, 최종복토 표면 집배수구의 설치 여부를 확인 ② 빗물 및 지하수 유입방지시설의 파손·침하 여부, 토사 등 적체 여부 등을 확인 ③ 육안으로 확인이 어려운 매몰지역은 시공시 수로연결상태, 누수방지조치 등을 촬영한 사진 또는 비디오 등으로 확인하고 필요시 CCTV로 확인
라. 밀폐시설 관리 상태	① 사용이 종료된 매립지에 대한 밀폐상태를 육안 등으로 확인
마. 지하수 검사정의 유지·관리 실태	① 지하수 검사정의 유지·관리실태 확인
바. 지하수·해수의 수질검사 등을 통한 침출수 누출 여부	① 정기적인(분기 1회 이상) 지하수 검사정 및 해수의 수질분석결과 검토 ② 지하수 검사정, 지하수배제시설 및 해수의 수질을 분석하여 침출수 누출 여부 확인 ③ 필요시 지하수배제시설에 대한 CCTV 조사

나) 관리형 매립시설

검사항목	검사방법
가. 소화장비 설치·관리 실태	① 소화장비의 보유·관리·작동 상태 등을 확인
나. 최종복토층 관리 실태	① 침하현상으로 인한 최종복토 손상 및 빗물등으로 인한 침식현상이 있는지 확인 ② 침하계측 장비의 유지·관리실태 확인
다. 구조물과 지반의 안정도 유지 실태	① 축대벽, 둑 및 매립사면으로 침출수 누출 여부 확인 ② 축대벽의 강도, 균열, 박리, 층분리, 박락 및 백태 등을 육안검사 또는 비파괴검사 등을 통하여 확인 ③ 축대벽(전도 2.0 이상, 활동 1.5 이상, 지지력 3.0 이상), 둑, 매립사면 안정성검토자료(최종단면적용하여 안전율 1.3 이상 확인)와 현장 유지·관리상태를 비교하여 안전하게 유지되고 있는지 확인. 다만 안정성검토자료 없을 경우 현장측정단면으로 안정해석을 실시하여 확인. ④ 둑이 빗물로 인한 침식현상이 발생하였는지 확인
라. 빗물·지하수 유입방지 조치	① 설계도면을 통해 빗물배제를 위한 상류지역 우회수로, 주변부 집배수구, 최종복토 표면 집배수구의 설치·파손·침하·토사 등 적체 여부를 확인

	② 육안으로 확인이 어려운 매몰지역은 시공시 수로연결상태, 누수방지조치 등을 촬영한 사진 또는 비디오 등으로 확인하고 필요시 CCTV로 확인
마. 빗물배제시설의 유지·관리 실태	① 최종복토층의 두께·다짐정도 구배 등을 조사하여 빗물이 폐기물매립층으로 침투되지 아니하도록 빗굴을 배제하는 시설의 유지·관리실태 확인
바. 침출수 집배수시설의 기능 유지·관리 실태	① 침출수 집수정 및 이송관로가 당초 설계·시공된 대로 유지·관리되고 있는지 설계검토 육안 등으르 확인 ② 매립장 내부의 침출수위를 2m 이하로 관리하고 있는지 확인 ③ 필요시 침출수 집배수시설에 대한 CCTV 조사
사. 침출수 처리시설의 운영·관리 실태 및 침출수배출허용기준의 준수 여부	① 침출수처리시설의 운영내역을 폐기굴최종처리시설(매립시설)운영관리대장을 통하여 확인 ② 침출수 유량조정조 유입구 유량측정 결과와 침출수처리시설 배출구의 유량측정 결과 확인 ③ 분기마다 조사한 침출수·처리수 분석자료를 검토하여 침출수처리시설이 정상적으로 운영되고 있는지 확인하고 필요시(최근 분석자료 미비한 경우등) 수질 분석하여 확인 ④ 각종 계측장비의 작동상태를 확인 ⑤ 하수종말처리시설 등에 연계처리하는 경우 하수종말처리시설 등에서 처리하는 오염물질에 대하여 연계처리를 하는지를 연계처리시설의 처리능력 등을 감안하여 확인 ⑥ 하수종말처리시설 등에 연계처리시 이송과정에서 침출수가 외부로 유출될 우려가 없는지 확인
아. 가스포집 및 처리시설의 적정 설치·운영 여부	① 발생가스 조사자료 검토하여 항목·주기 적합 여부 확인하고 필요시 현장에서 측정 ② 가스처리 및 활용시설의 적정 여부 확인
자. 지하수·해수의 수질검사 등을 통한 침출수 누출 여부	① 정기적으로(매립종료후 3년까지 월 1회 이상, 3년 이후 분기 1회 이상) 조사한 지하수 검사정, 지하배제시설 및 해수 수질에 대한 분석 자료를 검토하여 침출수 누출 여부 및 항목·주기 적합여부 확인하고 필요시(최근 분석자료 미비한 경우 등) 수질 분석하여 확인 ② 지하수 검사정 유지·관리실태 확인
차. 지표수 및 주변 토양 조사 등을 통한 주변 오염 관리의 적절 여부	① 정기적으로(지표수 분기 1회 이상, 토양 연 1회 이상) 조사한 지표수 수질 및 주변토양 오염도 자료를 검토하여 주변환경영향 및 항목·주기·지점 적합 여부 확인하고 필요시(최근 분석자료 미비한 경우 등) 수질 분석하여 확인
카. 방역 실태	① 방역약품, 방역주기 등의 적정 여부 확인

비고: 폐기물관리법 시행규칙 [별표 9] 비고 1에 해당하는 시설은 바목, 사목, 아목의 검사항목 생략 가능

(다) 멸균분쇄시설의 세부검사방법[26]

1) 설치검사

검사항목	세부기준	검사방법
가. 시설 설치의 적정성	(1) 폐기물처리시설 설치기준에 적합하게 시설을 설치하여야 한다.	(가) 폐기물처리시설 설치기준중 공통기준에 적합하게 설치되었는지 확인한다. 1) 폐기물 처리과정에서 발생되는 대기 또는 수질오염물질을 적정하게 처리할 수 있는 시설 또는 장비 등을 갖추었는지 여부 2) 처리시설의 바닥이 시멘트, 아스팔트 등 물이 스며들지 아니하는 재료로 포장되었는지 여부를 확인
나. 멸균능력의 적정성 및 멸균조건의 적정 여부(멸균검사 포함)	(1) 적정한 멸균분쇄기능 및 용량을 가져야 한다.	(가) 검사신청서에 명기된 멸균대상 폐기물에 대하여 적정한 멸균분쇄용량 및 기능을 가지고 있는지 여부를 실제 시험을 통하여 확인한다. 1) 아래 방법으로 시험을 실시하여 평균한 값으로 산정한다 • 회분식: 2회 이상 가동 • 연속식 및 준연속식: 정상가동 상태로 연속하여 4시간 이상 가동 (나) 검사대상 폐기물은 멸균분쇄시설이 설치된 사업장 또는 처리대상지역에서 발생되는 폐기물로 하되, 폐기물 종류와 성상이 신고 또는 허가받은 조성비의 범위에 있는지를 확인한 후 사용한다. 만약, 폐기물 조성이 신고 또는 허가받은 성상과 현저히 상이할 경우 종류별로 분리·계량하여 확인한다.
	(2) 시간당 멸균분쇄 능력이 검사 신청한 용량 이상에 적정하여야 한다. ① 검사신청시 처리능력은 허가 또는 신고필증상의 용량과 동일하여야 한다.	(가) 멸균분쇄 능력은 정상가동상태에서 멸균처리량을 검사대상 폐기물의 투입부터 멸균·분쇄가 완료되는 시점까지 소요되는 검사기간으로 나누어 산출한다. (나) 산정된 멸균분쇄시설 능력이 검사신청한 처리용량 이상인지 여부를 확인한다.

26) '폐기물처리시설의 세부 검사방법에 관한 규정' [별표 3]

	(3) 폐기물은 아래의 운전조건이 충족된 상태에서 규정된 시간 이상 체류하여야 한다 ① 증기멸균분쇄시설: 증기로 수분을 침투시킨 후 멸균실이 섭씨 121도 이상, 계기압 1기압 이상인 상태에서 30분 이상 체류 ② 열관멸균분쇄시설: 섭씨 100도 이상의 증기로 수분침투후 나선형열관에서 분당 4회 내지 5회 이상의 회전속도와 섭씨 165±5도의 고온으로 가열하여 멸균실이 섭씨 100도 이상인 상태에서 40분 이상 체류 ③ 마이크로웨이브 멸균분쇄시설: 섭씨 160도 이상의 고온증기로 수분침투 후 4개 이상의 마이크로파발생기에서 각각 2,450 MHz의 주파수와 출력 1,200 와트의 마이크로파를 조사하여 섭씨 95도 이상인 상태에서 25분 이상 체류	(가) 멸균분쇄시설의의 적정 멸균 여부를 검사하기 위해 안정적인 멸균을 위한 온도, 압력, 마이크로파의 세기, 체류시간 등의 제반 기준에 충족되는지 여부를 검사를 통해 판정한다. 1) 온도측정기기(센서) 또는 마이크로파 측정기가 멸균실 안의 조건을 대표할 수 있는 적정위치에 설치되어 있는지 여부를 판정한다. 2) 멸균분쇄 방법별 처리 온도, 압력 또는 마이크로파의 세기, 체류시간 등에 대한 시험을 통해 적합 여부를 판정한다. 3) 아포균 검사는 멸균기가 정상운전조건이 충족된 상태에서 실시하여야 한다.
	(4) 아포균 검사를 통한 멸균 여부를 검사하여야 한다.	(가) 아포균(Bacillus Stearothermophilus, 열관멸균분쇄시설은 Bacillus Subtillis)을 포함하고 있는 바이얼(튜브 등)을 이용한 멸균 여부 검사를 실시한다. 1) 아포균 멸균시험시 운전조건 및 체류시간은 멸균기기의 적정 운전범위 안에 있는지 여부를 확인한다. 2) 아포균 바이얼은 멸균실 내의 운전조건을 대표할 수 있는 적절한 지점에 설치되어야 한다. (나) 아포균 검사에 따른 지표생물, 포자밀도, 시료량 및 배양시험 방법 기타 필

		요한 사항은 폐기물공정시험방법에 의한다.
다. 분쇄시설의 적정 작동 여부	(1) 분쇄물은 원형이 파쇄되어 재사용할 수 없도록 분쇄하여야 한다.	(가) 멸균된 폐기물을 원형이 파쇄되어 재사용할 수 없을 정도로 분쇄할 수 있는 설비가 설치되었는지와 시설의 정상작동 여부를 확인한다 (나) 멸균분쇄된 최종 잔재물이 원형이 파쇄되어 재사용할 수 없는 등 분쇄기준에 적합한지 여부를 확인한다.
라. 밀폐형으로 된 자동제어에 의한 처리방식인지 여부	(1) 증기멸균장치는 밀폐형으로 되어 있어야 하며 자동제어에 의해서 전과정이 자동으로 작동되어야 한다.	(가) 투입, 멸균, 배출의 전과정을 자동제어할 수 있는 설비 설치 여부와 함께 동 설비가 정상적으로 작동되는지 여부를 확인한다. (나) 운전 중 멸균장치의 누출검사 등을 통해 밀폐 여부를 확인한다.
마. 자동기록장치의 적정작동 여부	(1) 자동기록장치를 설치하여야 하며 정상적으로 작동하여야 한다.	(가) 자동기록장치 설치 및 정상작동 여부를 확인한다. 1) 자동기록장치는 외부조작에 의한 기록내용의 수정이 가능하지 않은 구조로 되어 있어야 한다.
	(2) 자동기록지는 연결방식이어야 한다.	(가) 자동기록지가 연결방식으로 구성된 것을 사용하는지 여부를 확인한다.
	(3) 처리일자, 처리온도, 처리압력, 처리시간, 투입량 등이 자동기록되어야 한다.	(가) 자동기록장치는 처리일자, 처리횟수(일련번호), 처리온도, 처리압력, 처리시간, 투입량 등을 함께 자동기록할 수 있도록 설치되었는지와 동 설비가 정상작동하는지 여부를 확인한다.
바. 폭발사고 및 화재 등에 대비한 구조인지 여부	(1) 폭발사고, 화재 등에 대비하여 안전한 구조여야 하며 소화기 등 소화장비를 갖추어야 한다.	(가) 장치의 폭발, 화재에 대비한 안전한 구조인지를 확인한다. (나) 기계의 이상 또는 다른 이유로 인하여 적정온도 및 압력 등에 도달하지 못하거나 비정상정인 압력상승 등 비상상황이 발생될 경우 운전이 자동으로 중단되고 경보할 수 있는 시스템이 설치되었는지와 동 시스템이 정상작동되는지 여부를 확인한다 (다) 설비 또는 비치된 소화장비 용량의 적

		정성, 형식 등과 정상작동 여부를 확인한다. (라) 콘크리트 등 수평을 유지할 수 있는 딱딱한 지반 위에 설치되어 있는지를 확인한다.
사. 자동투입장치 및 투입량 자동계측 장치의 적정작동 여부	(1) 자동투입장치를 설치하여야 하며 정상적으로 작동하여야 한다.	(가) 자동투입장치의 설치 및 정상운전 여부를 확인한다. (나) 자동투입시 투입과정에서 폐기물이 유출되지 않아야 하며 포장된 상태(금속제는 제외)로 투입종료 시점까지 작업자가 폐기물에 노출되지 않는 구조인지 여부를 확인한다.
	(2) 투입되는 폐기물의 중량을 자동측정하여야 한다.	(가) 자동계량시설의 설치 여부와 설치된 시설의 정밀도, 종류, 계량방식 등과 함께 시설의 정상작동 여부를 확인한다.
아. 악취방지시설, 건조장치의 적정작동 여부	(1) 처리시설 주변에 악취가 발생하지 않아야 한다.	(가) 멸균시설 운전 도중 악취가 처리시설 외부로 확산되지 않도록 악취방지시설을 설치하고 있는지와 악취방지시설의 정상가동 여부를 확인한다.
	(2) 처리된 잔재물의 수분함량은 50% 이하가 되어야 한다.	(가) 멸균분쇄된 최종 잔재물을 폐기물 공정시험방법에 따라 수분함량을 측정하여 함수율이 기준에 충족되는지 여부를 확인한다.

2) 정기검사

검사항목	세부기준	검사방법
가. 처리용량의 적정성	(1) 적정한 멸균분쇄시설의 기능 및 용량을 유지하여야 한다. ① 검사 신청 시 처리능력은 허가 또는 신고필증상의 용량과 동일하여야 한다.	(가) 설치신고 또는 허가받은 처리시설 용량 이상인지 여부를 실제 시험을 통해 확인하여야 한다. 1) 멸균분쇄시설이 설치된 사업장에서 발생된 폐기물 또는 폐기물처리업 허가를 받은 업체에서 수탁받은 폐기물로 시험하되, 적정운전조건하에서 처리할 수 있는 처리능력을 검사한다. 2) 멸균분쇄시설 능력은 멸균분쇄처리량을 검사대상 폐기물의 투입부터 멸균·

		분쇄가 완료되는 시점까지 소요되는 검사기간으로 나누어 산출한다. • 회분식은 2회 이상, 연속식 또는 준 연속식은 연속 4시간 이상 시험실시
나. 멸균조건의 적정 유지 여부(멸균검사 포함)	(1) 폐기물은 아래의 운전조건이 충족된 상태에서 규정된 시간 이상이 체류하여야 한다. ① 증기멸균분쇄시설: 증기로 수분을 침투시킨 후 멸균실이 섭씨 121도 이상, 계기압 1기압 이상인 상태에서 30분 이상 체류 ② 열관멸균분쇄시설: 섭씨 100도 이상의 증기로 수분침투 후 나선형열관에서 분당 4회 내지 5회 이상의 회전속도와 섭씨 165±5도의 고온으로 가열하여 멸균실이 섭씨 100도 이상인 상태에서 40분 이상 체류 ③ 마이크로웨이브 멸균분쇄시설: 섭씨 160도 이상의 고온증기로 수분침투 후 4개 이상의 마이크로파발생기에서 각각 2,450㎒의 주파수와 출력 1,200와트의 마이크로파를 조사하여 섭씨 95도 이상인 상태에서 25분 이상 체류	(가) 멸균분쇄시설의 적정 멸균 여부를 확인하기 위해 멸균을 위한 온도, 압력, 마이크로파의 세기, 체류시간 등에 대한 검사를 실시한다. 1) 온도측정기기(센서) 및 마이크로파 등은 멸균시설 안의 온도를 대표할 수 있도록 적정위치에 설치되어 정상작동되는지 여부를 판정한다. 2) 아포균 검사시 멸균기가 정상운전조건을 충족한 상태에서 실시하여야 한다.
	(2) 아포균 검사를 통한 멸균 여부를 검사하여야 한다.	(가) 아포균(Bacillus Stearothermophilus, 열관멸균분쇄시설은 Bacillus Subtillis)을 포함하고 있는 바이얼(튜브 등)을 이용한 멸균 여부 검사를 실시한다. 1) 아포균 멸균시험시 운전조건 및 체류시간은 멸균기기의 적정 운전범위 안

		에 있는지 여부를 확인한다. 2) 아포균 바이얼이 멸균기기 내의 운전 조건을 대표할 수 있는 조절한 지점에 설치되었는지를 확인한다. (나) 아포균 검사에 따른 지표생물, 포자밀도, 시료량, 배양시험방법 기타 필요한 사항은 폐기물공정시험방법에 의한다.
다. 분쇄시설 정상가동 여부	(1) 분쇄물은 원형이 파쇄 되어 재사용할 수 없도록 분쇄하여야 한다.	(가) 멸균된 폐기물이 원형이 파쇄되어 재사용할 수 없도록 분쇄할 수 있는 분쇄시설의 정상작동 여부를 확인한다. (나) 멸균분쇄된 최종 잔재물은 원형이 파쇄되어 재사용할 수 없도록 분쇄되었는지 여부를 확인한다.
라. 자동기록장치의 정상 가동 여부	(1) 자동기록장치를 설치하여야 하며 정상적으로 작동하여야 한다.	(가) 자동기록장치의 정상작동 여부를 확인한다. (나) 연결방식으로 자동기록되는지 여부를 확인한다. (다) 외부조작에 의한 기록내용 변경이 가능한지 여부 등을 확인한다.
	(2) 처리일자, 처리온도, 처리압력, 처리시간, 투입량 등이 자동기록되어야 한다.	(가) 처리일자, 처리횟수(일련번호), 처리온도, 처리압력, 처리시간, 투입량 등을 함께 자동기록하는 장치가 정상작동하는지 여부를 확인한다.
	(3) 투입되는 폐기물의 중량을 자동측정하여야 한다.	(가) 자동계량시설이 정상적으로 작동되는지 여부 및 계량범위와의 오차가 정상범위 내에 있는지 여부를 확인한다.
마. 안전 설비의 정상 가동 여부	(1) 폭발사고, 화재 등에 대비하여 안전한 구조여야 하며 소화기 등 소화장비를 갖추어야 한다.	(가) 설치검사 당시와 동일한 설비·구조 등을 유지하고 있는지 여부를 확인한다. (나) 기계의 이상 또는 다른 이유로 인하여 적정온도 및 압력 등에 도달하지 못하거나 비정상적인 압력상승 등 비상상황이 발생될 경우 운전이 자동으로 중단되고 경보할 수 있는 시스템이 설치되었는지와, 동 시스템이 정상작동되는지 여부를 확인한다. (다) 소화설비 또는 비치된 소화기의 이상 유무를 확인한다.

바. 악취방지시설, 건조장치, 자동투입장치 등의 정상가동 여부	(1) 악취방지시설, 건조시설, 자동투입장치 등은 설치검사시의 작동상태를 유지하여야 한다.	(가) 악취방지시설과 자동투입장치 등의 정상작동 여부를 확인한다.
	(2) 처리된 잔재물의 수분함량은 50% 이하가 되어야 한다.	(가) 멸균분쇄 된 최종 잔재물을 폐기물 공정시험방법에 따라 수분함량을 측정하여 함수율이 기준에 충족되는지 여부를 확인한다.

(라) 음식물류 폐기물처리시설의 세부검사방법[27]

1) 설치검사

가) 공통기준

검사항목	세부기준	검사방법
가. 처리능력의 적정성	(1) 적정한 처리기능 및 인·허가를 받은 처리시설 용량이어야 한다.	(가) 검사신청서에 명기된 음식물류폐기물에 대하여 적정한 처리기능 및 용량을 가지고 있는지 여부를 실제 현장시험을 통하여 판정한다. 시험시간 및 횟수는 설계도서에 제시된 자료에 의한다. (나) 검사대상 음식물류폐기물은 처리대상지역에서 직접 발생되는 폐기물로 시험함을 원칙으로 한다.
	(2) 시간당 처리능력이 설계기준 이상이어야 한다.	(가) 처리능력은 총 처리량을 처리시간으로 나누어 산출한다.
나. 계량시설의 설치 여부 및 작동상태	(1) 반입되는 폐기물의 중량을 측정할 수 있는 계량시설을 설치하여야 한다. 다만, 외부 공인 계량소에서 계량하여 계근표 등으로 확인할 수 있는 경우는 그러하지 아니하다.	(가) 계량시설의 크기 및 대수가 반입차량 규모 및 수량에 적합한지를 확인한다.
	(2) 계량시설은 정상 작동하여야 한다.	(가) 계량시설의 정밀도 등 정상작동 여부를 확인한다.

27) '폐기물처리시설의 세부 검사방법에 관한 규정' [별표 4]

다. 투입시설의 설치 여부 및 작동상태	(1) 투입시설은 음식물류 폐기물 수집·운반차량의 투입작업이 용이하고, 처리시설에 막힘없이 투입되도록 설치하여야 한다.	(가) 음식물류 폐기물의 가교현상을 방지하기 위하여 안식각 및 내부식성, 내마모성을 고려하여 설치되었는지 확인한다. 다만, 음식물류 중간가공 폐기물처리시설의 경우 폐기물을 적정하게 투입하는 설비 또는 구조를 갖추어야 한다. (나) 수집운반차량의 출입과 음식물류폐기물의 투입이 원활한 면적임을 확인한다.
	(2) 투입시설의 하부저장용량은 반입량의 저장과 이송시설의 고장을 대비하여 최소한 2일분 이상의 저장 가능한 용량이어야 한다. 다만, 이송설비가 2계열로 설치되어 있어 고장을 대비할 수 있거나 별도의 음식물류 폐기물 저장시설을 갖추고 있는 경우에는 그러하지 아니하다.	(가) 투입시설 하부 저장용량은 투입시설 각각의 변 길이를 실측하여 용량을 산정한다.
	(3) 음식물류폐기물의 투입시 발생하는 수질오염물질 및 악취에 대한 대책이 강구되어야 한다.	(가) 하부의 수질오염물질이 자연배수 또는 동력을 이용하여 수질오염물질 저장조 또는 처리시설로 이송될 수 있는지 확인한다. (나) 청소용수를 공급할 수 있는 시설을 설치하여 작업의 완료 또는 필요시 이용할 수 있는지 확인한다. (다) 투입시설은 덮개가 부착되어 음식물류 폐기물의 투입 시에는 열고 평상시에는 밀폐되는 구조여야 한다. (라) 투입시설 상부에는 후드를 설치하여 악취의 확산을 방지하고 배기 팬을 이용하여 전량 악취제거시설로 이송되는지 여부를 확인한다. (마) 투입시설 주변이 밀폐되어 악취가 외부로 확산되지 않는지 확인한다.

라. 이송시설의 적정성 및 안정성	(1) 악취에 대한 예방대책이 강구되어야 한다.	(가) 밀폐구조 등 악취에 대한 예방대책이 있는지 확인한다. (나) 이송시설에서 발생된 악취를 악취방지 시설로 이송하는 시설의 설치 여부를 확인한다.
	(2) 이송 중 막힘을 방지할 수 있는 구조여야 한다.	(가) 건식 또는 습식으로 가공하여 이송할 경우 잔사 등 이 물질에 의한 막힘 현상과 철편에 의한 이송설비의 손상방지를 위한 대책이 있는지 확인한다.
마. 선별시설의 설치 여부 및 선별효율	(1) 반입되는 음식물류폐기물에 비닐, 뼈다귀, 쇠붙이류 등 이물질을 제거할 수 있는 선별시설을 설치하여야 한다. 다만, 수선별을 하는 경우에는 그러하지 아니하다.	(가) 설계도에 의한 선별시설의 설치 여부 및 작동상태를 확인한다.
	(2) 생산된 재활용 제품을 포장하기 전에 이물질을 선별할 수 있는 시설 또는 장치를 설치하여야 한다.	(가) 설계도에 의한 선별시설 또는 장치의 설치 여부 및 작동상태를 확인한다.
	(3) 선별시설에서 발생하는 이 물질을 적정하게 처리하여야 한다. 이 물질이란 돌, 흙, 유리, 비닐류, 쇠붙이 등 음식물류 폐기물이 아닌 것을 의미한다.	(가) 발생하는 이물질을 적정하게 보관할 수 있는 저장시설 및 악취방지를 위한 밀폐구조 여부 등을 파악하고 이물질의 처리실적을 확인한다.
바. 파쇄시설의 설치 여부 및 파쇄능력	(1) 시설의 처리효율을 높이기 위하여 음식물류폐기물을 원하는 크기(길이)로 파쇄하기 위한 파쇄시설을 설치하여야 한다.	(가) 시설설치 시 설계도서에서 정한 파쇄시설의 설치 여부와 성능을 확인한다.
	(2) 호기성퇴비화 시설의 경우에는 음식물류폐기물을 크기 또는 길이가 50 밀리미터 이하가 되도록	(가) 파쇄한 음식물류폐기물의 최대 크기 또는 길이가 50밀리미터 이상인 것이 10퍼센트 미만이어야 한다. (나) 파쇄한 음식물류폐기물 5킬로그램을

	파쇄하여야 한다.	50밀리미터 스크린 또는 체로 10회 흔들어 통과 못한 음식물류폐기물의 무게가 500그램 미만이어야 한다.
	(3) 소음·진동규제법에 의한 소음은 배출허용기준 이하가 되도록 설치하여야 한다. 다만, 10마력 미만인 경우에는 제외한다.	(가) 부지경계선에서 소음계를 이용하여 검사기간 중 3회 이상 실소음과 암소음을 측정하고 측정한 평균치를 산정한다.
사. 악취제거 시설의 설치 여부 및 작동상태	(1) 처리시설 주변에 악취가 발생하지 않도록 악취제거 시설을 설치하여야 한다.	(가) 처리시설에서 발생된 악취를 제거할 수 있는 악취방지시설 설치 및 처리용량의 적정 여부를 현장 확인한다.
	(2) 악취방지법 시행규칙 제8조 별표 3(배출허용기준 및 엄격한 배출허용기준의 설정범위)에서 규정한 배출허용기준 이하를 항상 유지하여야 한다.	(가) 악취공정시험방법에 의한 검사기준 및 방법에 따라 측정한 분석결과로 확인한다.
	(3) 악취방지시설 정상가동 여부를 확인할 수 있도록 별도의 분리된 적산전력계를 설치하여야 한다.	(가) 악취방지시설과 연결된 적산전력계를 설치 여부와 정상작동 여브를 확인한다.
아. 수질오염물질의 적정처리 여부	(1) 수질오염물질은 폐기물관리법 시행규칙 [별표 9]의 폐기물처리시설 설치기준 규정에 맞게 처리하여야 한다.	(가) 수질환경보전법에 의한 폐수배출시설에 해당되는지 여부를 확인한다. (나) 수질환경보전법에 의한 폐수배출시설에 해당되는 경우에는 폐수처리시설의 설치유무 및 적정처리 여부를 확인한다. (다) 수질오염물질을 폐기물관리법 시행규칙 [별표 9]의 폐기물처리시설 설치기준에서 정하고 있는 침출수처리시설 등에 이송·처리하는 경우에는 이송방법의 적절성, 관계기관과의 협의 여부 등을 확인한다.
자. 포장시설의 설치 및 표시의 적정성	(1) 생산물의 흩날림을 방지할 수 있는 구조여야 한다.	(가) 생산물의 출하 시 흩날림을 방지할 수 있는 구조인지를 확인한다.
	(2) 사료화·퇴비화 시설의 경우에는 용기 및 포장	(가) 「사료관리법」 제12조(사료의 표시기준 등) 또는 「비료관리법」 제14조(보증표

	에 의한 표시사항 및 방법을 준수하여야 한다. 단 벌크상태로 이용하는 경우에는 제외한다.	시 및 판매관리)에 의한 표시사항 및 방법을 준수하는지 확인한다.
차. 고형물 적정회수 여부	(1) 고형물은 폐기물관리법 시행규칙 [별표 5] 제2호 다목 8) 규정에 따라 적정하게 회수되어야 한다.	(가) 고형물 회수율은 아래의 식으로 산정하여 적정 여부를 확인한다. • 고형물회수율(%)=(반입음식물 중 고형물량－이물질로 배출되는 고형물량－폐수로 배출되는 고형물량)/반입음식물 중 고형물량×100 (나) 고형물 회수율 산정을 위하여 반입한 음식물, 발생된 이물질, 배출되는 폐수에 대하여 그 양과 성상 등으로 볼 때, 동 물질을 대표할 수 있도록 각각 2개 이상의 시료를 채취하되, 각각의 시료채취간격은 20~30분 단위로 채취한 후 이를 혼합하여 1개의 시료로 제조·분석하여야 하며, 기타 시료채취와 분석은 폐기물공정시험방법에 따른다.

비고 1. 시행규칙 제41조 제3항 제4호의 규정에 의한 음식물류 폐기물처리시설의 검사기관(이하 "검사기관"이라 한다)은 음식물류 폐기물처리시설의 설치검사 시 시설공정 특성상 또는 관련 법령 규정에 적용되지 않아 검사가 불필요한 항목에 대하여는 검사대상에서 제외할 수 있다.

2. 검사기관은 음식물류 폐기물처리시설의 세부검사방법(이하 "세부검사방법"이라 한다)에 규정되어 있지 않은 처리방법, 신기술 및 특허 등에 대한 검사는 세부검사방법 중 유사한 검사방법 또는 폐기물관리법의 관계규정에 따라 검사를 실시할 수 있으며, 검사결과 세부검사방법에서 정한 규격, 성능 등과 동등한 또는 그 이상의 효과가 있다고 인정되는 경우에는 세부검사방법에 적합한 것으로 본다.

3. 음식물류 폐기물을 탄화하는 시설에 대하여는 파쇄·분쇄 등 전처리 설비는 음식물류 폐기물 검사기준에 따라 검사하고, 열분해(탄화) 설비는 소각시설 검사기준에 따른 결과를 제출받아 적정 여부를 최종 확인한다.

4. 음식물류 폐기물을 처리하는 과정에서 발생된 액상폐기물을 유입하여 에너지 자원으로 활용하는 혐기성 분해시설은 3) 혐기성 분해시설 개별기준을 적용하여 검사한다.

5. 음식물류 중간가공 폐기물처리시설에 대하여는 [별표 4] 제1호(설치검사), 제2호(정기검사)의 가(공통기준) 바 및 차목의 규정은 적용하지 아니한다.

나) 개별기준

① 사료화(건식, 습식, 발효 등) 시설

검사항목	세부기준	검사방법
가. 혼합시설의 적정 여부	(1) 음식물류폐기물을 식품가공부산물, 효모, 박류, 곡류부산물(강피류)과 혼합하여 동물 등에 적합한 사료를 생산하기 위한 시설로 수분함량이나 물질특성에 따라 충분한 혼합시간과 효율을 가져야 한다.	(가) 검사신청서에 명기된 혼합시간의 적정 여부를 현장에서 확인한다.
나. 가열, 건조 시설의 적정 여부	(1) 섭씨 100도에서 30분 이상 가열할 수 있는 시설을 갖추어야 한다. 다만, 돼지전용 사료만을 제조하는 경우에는 섭씨 80도(심부온도를 기준으로 한다)에서 30분 이상 가열할 수 있는 시설을 갖추어야 한다.	(가) 성능시험은 자동온도기록계 또는 온도계로 측정하여 확인하되 승온 및 감온 시간을 제외한 정상 운영 시 온도가 유지되는지를 확인한다. (나) 건조시설(가열처리와 건조를 병행하는 경우는 가열·건조시설)의 내부온도가 섭씨 100도가 30분간 유지되는지 확인한다. 단, 돼지전용사료의 경우에는 섭씨 80도가 30분 이상 유지되는 지를 확인한다.
	(2) 적정 가열온도 및 가열시간 준수여부를 확인할 수 있는 자동온도기록계를 갖추어야 한다.	(가) 자동온도기록계 설치 및 정상작동 여부를 확인한다.
	(3) 건조시설은 사료의 영양소 파괴 및 탄화현상을 방지할 수 있는 구조로 설치되어야 한다. 다만, 습식제조시설인 경우에는 그러하지 아니하다.	(가) 건조시설은 설계도면과 운전조건, 생산된 건조사료제품 확인 등을 통해 사료 영양소 파괴 또는 탄화현상 발생 여부를 확인한다.
다. 사료 저장 시설의 적정 여부	(1) 생산된 사료를 저장하는 기간 동안 흩날리거나 누출되지 않도록 저장시설을 설치하여야 한다.	(가) 제품의 흩날림이나 누출, 우수의 유입을 방지하고, 침출수가 유출되지 않는 저장시설 설치 및 적정관리 여부를 확인한다.
	(2) 습식제조시설은 저장기간 중 비중 차에 의하여 층 분리가 일어나지 않고 국지적인 부패	(가) 저장시설 및 교반시설의 설치 여부와 작동상태를 확인한다.

	방지를 위하여 교반시설을 설치하여야 한다.	
라. 사료화 제품의 적정성	(1) 최종생산물인 (단미)사료는 「사료관리법」에서 정하는 사료제품기준을 만족하여야 한다.	(가) 농림축산식품부장관이 고시하는 사료검사요령에 따라 시료를 채취한다. (나) 시료의 분석은 「사료관리법」 제16조의 규정에 의하여 고시한 사료공정서에서 정한 사료표준분석방법에 의하여 실시하여 허용기준에 적합하여야 한다. 단, 실험결과의 적용은 사료검정성분의 허용오차 적용범위를 감안하여 판단한다.

② 퇴비화 시설

검사항목	세부기준	검사방법
가. 탈수, 혼합시설의 기능 및 적정 여부	(1) 최적 발효조건인 수분함량을 조절하기 위하여 탈수시설을 설치하여야 한다. 다만, 음식물류 폐기물에 톱밥 및 최종산물 등을 수분 조절제로 혼합하거나 건조시설을 설치한 경우 그러하지 아니하다.	(가) 탈수시설의 설치 여부 및 작동상태를 확인한다.
	(2) 음식물류 폐기물과 수분조절제 및 축분 등 퇴비의 원료를 적정량으로 균일하게 혼합하는 시설을 설치하여야 한다.	(가) 혼합시설의 설치 여부 및 작동상태를 확인한다.
	(3) 탈수, 혼합 또는 건조시설을 거친 음식물류 폐기물의 pH 범위는 $5<pH<12$ 및 유기물 대 질소비는 50 이하여야 한다.	(가) 음식물류 폐기물의 시료채취와 분석은 폐기물공정시험방법을 따른다. 단, 유기물 대 질소비는 농촌진흥청장이 고시하는 비료의 품질검사방법 및 시료채취기준에 준하여 분석한다. (나) 음식물류 폐기물을 검사기간 중 일정간격으로 3회 이상 채취하여 분석한 평균값으로 적합 여부를 확인한다.

나. 발효시설의 구조, 기능 및 적정 여부	(1) 호기성미생물의 최적환경을 조성하기 위한 공기공급장치(송풍식, 흡입식) 및 급수장치의 설치상태를 파악한다.	(가) 공기공급장치의 설치 여부를 확인한다. (나) 공기공급장치의 작동상태 및 조절기능(댐퍼, 송풍량 등)이 있는지 확인한다. (다) 급수장치의 설치 여부와 작동상태를 확인한다.
	(2) 발효시설의 수분함량은 발효시설 입구, 중간 및 출구로 구획하여 조사하며 40퍼센트 이상, 60퍼센트 이하여야 한다. 발효시설 구조가 입형의 경우에는 발효시설 상부, 중간 및 출구로 구획하여 조사한다.	(가) 음식물류 폐기물의 시료 채취와 분석은 폐기물공정시험방법을 따른다. (나) 음식물류 폐기물을 검사기간 중 일정간격으로 3회 이상 채취하여 평균 수분함량을 측정한다.
	(3) 발효시설의 체류시간은 최소한 15일 이상이어야 하며, 내부온도는 섭씨 50도 이상에서 최소한 3일 이상 유지될 수 있는 구조여야 한다.	(가) 발효시설의 용적 및 폐기물의 투입량을 환산하여 체류시간을 측정한다. (나) 발효시설을 일정 길이로 구획한 후 내부온도를 측정하여 섭씨 50도가 유지되는 구간의 체류시간이 3일 이상인지 여부를 파악한다. (다) 발효시설의 온도측정은 발효시설 표면으로부터 10센티미터 이상 깊이에서 3회 이상 측정하여 평균값으로 판정한다.
	(4) 제품의 균질화, 괴상화(뭉침현상) 방지 및 수분의 고른 분배를 위하여 교반기를 설치하여야 한다.	(가) 교반기의 설치 여부 및 작동상태와 생산된 제품의 상태를 확인한다.
다. 후부숙시설 및 저장시설의 적정 여부	(1) 후부숙시설을 설치하여 21일 이상 체류토록하여 분해시간이 긴 리그린, 셀룰로우스 등의 섬유물질이 안정화될 수 있도록 하여야 한다.	(가) 후부숙시설의 설치 여부 및 체류시간을 확인한다.
	(2) 생산된 퇴비를 저장하는 기간 동안 우수가 유입되지 않고, 퇴비가 흩날리거나 누출되지 않	(가) 제품의 흩날림이나 누출, 우수의 유입이 방지되고, 통풍이 될 수 있는 저장시설의 설치 여부

	도록 저장시설을 설치하고 통풍이 될 수 있도록 하여야 한다.	와 통풍시설 작동상태를 확인한다.
	(3) 후부숙 시설 및 저장시설에서 발생되는 침출수가 외부에 유출되지 않고 적정 처리되어야 한다.	(가) 후부숙시설 및 저장시설에서 발생되는 침출수가 외부로 유출되지 않고 전량 폐수저장시설로 이송되어 적정 처리되는지 여부를 확인한다.
라. 퇴비화 제품의 적정성	(1) 처리시설을 거쳐 생산된 최종 부산물인 퇴비는 비료관리법에서 정하는 부산물비료 중 퇴비의 공정규격을 만족하여야 한다.	(가) 농촌진흥청장이 고시하는 비료의 품질검사방법 및 시료채취기준에 준하여 시료를 채취, 분석하여야 한다. (나) 공정규격 항목을 분석하기 위한 최종생산물의 시료채취기간이 최소한 36일 이상 소요되므로 발효시설에 투입되는 물질을 시료로서 채취하여 분석하고, 공정규격 항목 중 설치검사에서는 유기물함량, 유기물 대 질소비, 부숙도 및 수분함량은 적용하지 아니한다. 다만, 시설의 변경승인 등으로 인한 설치검사와 같이 기존에 계속 사용하고 있는 시설의 경우는 적용한다.

③ 혐기성 분해시설(액비화, 가스연료화, 하수병합처리 등)

검사항목	세부기준	검사방법
가. 혐기성 분해시설의 설치 여부 및 작동 상태	(1) 전처리된 음식물류 폐기물을 1단 또는 2단 혐기성 분해방식으로 처리한다.	(가) 혐기성 분해시설의 설치 여부를 확인한다.
	(2) 2단 혐기성 분해에서 1차 혐기분해시설에서는 가온 및 교반을 하고 2차 혐기분해시설에서는 소화액과 탈리액으로 분리한다. 1단 혐기성 분해의 경우에는 2단 혐기성 분해에 준하여 검사한다.	(가) 혐기성 발효시설의 유효용량을 검토하여 pH제어 여부를 확인한다. 혐기성 분해시설의 유효용량은 아래의 식에 의하여 구하고 ①항과 ②항 중 시설에 적합한 기준을 선택하여 적용한다. $V=Q\times T$

		V: 1차 또는 2차 혐기성 분해시설의 용량(m^3) Q: 1차 또는 2차 혐기성 분해시설에 투입되는 음식물류 폐기물+슬러지량(m^3/일) T: 1차 또는 2차 소화조의 체류일수(일) ① 체류시간의 적정성을 확인한다. • 1차 혐기성 분해시설의 체류시간은 가온식의 경우 20일 이상으로 한다. • 2차 혐기성 분해시설의 체류시간은 10일 이상으로 한다. • 혐기성 분해시설의 무가온 시 체류시간은 60일 이상, 90일 이하로 한다. • 유기물의 분해율 및 유기물로부터의 메탄가스 생성률을 확인한다. 유기물의 분해율(%)은 65% 이상으로 하고 유기물로부터 메탄가스 생성률은 0.35m^3CH_4/kgVS유입 이상으로 한다. 단 생성 바이오가스의 메탄함량은 60% 이상을 유지하도록 한다. • 유기물 분해기준은 휘발성고형물(VS) 분해율로 하고, 유기물 분해율(%) 산정식은 {(유입VS(kgVS/d)－유출VS(kgVS/d)) /유입VS×100}으로 한다. 시료채취는 폐기물공정시험기준을 따르고 유기물 함량조사는 공정시험기준상 휘발성 고형물 측정방법을 적용한다. • 유입VS는 전처리(선별, 파쇄) 후 소화조로 유입되는 음식물을, 유출VS는 소화조에서 유출되는 슬러지와 탈리액의 혼합물을 의미한다. • 바이오가스 채취는 대기오염공

		정시험기준의 배출가스시료채취 방법을 적용한다(수분제거 및 온도보정 필요). 채취한 바이오 가스 성상분석을 통해 메탄가스 생성률을 측정하기 위해서는 공정시험기준의 가스크로마토그래프(GC)법을 사용한다. 메탄가스 생성률은 유입된 원료 중 유입 유기물량 당 메탄발생량으로 한다.
	(3) 메탄균 활성에 적합한 pH를 유지하여야 한다. • pH의 적정범위: 6<pH<8.5	(가) 시료채취는 검사기간 동안 일정 간격으로 3회 이상 측정하여 평균값으로 판정한다.
	(4) 혐기성 분해시설을 안전하게 관리하여야 한다.	(가) 혐기성 분해시설의 소화가스 압력확인 및 가스배관계통의 누출 여부 등을 확인한다.
나. 교반시설 설치 여부 및 작동상태	(1) 교반시설은 가수교반방식 또는 기계교반방식으로 한다.	(가) 교반시설의 설치 여부를 확인한다. (나) 교반용 가스량은 1차 혐기성 분해시설의 지름당 0.3~0.6㎥/분·미터로 한다.
다. 가온설비의 설치 여부 및 작동상태	(1) 가온설비는 증기주입식 또는 외부가온설비를 설치하여 혐기성 분해시설 내부의 온도를 조절한다.	(가) 검사기간 중 설계서에 명시된 혐기성 분해시설의 온도를 확인한다.
라. 소화액의 적정관리	(1) 최종부산물인 소화액은 고액분리하여 고형분은 퇴비 또는 연료화 공정의 원료로 재활용하거나, 폐기물관리법 시행규칙 [별표 5] 제3호 라목2)나)의 규정에 따라 적정처리하고, 액상의 물질은 재활용 또는 정화처리하여야 한다(하수병합으로 처리하는 경우에는 제외한다). 퇴비로 재활용하고자 하는 경우 비료관리법에서 정하는 부산물비료 중 퇴비의 공정규격을 만족하여야 한다.	(가) 처리계획서에서 제시된 방법이 관련 법령 등에서 규정한 기준을 만족하는지 확인한다. (나) 최종제품을 채취하여 비료관리법에서 정하는 비료공정규격을 만족하는지 확인한다.

	(2) 최종부산물인 소화액을 고액 분리 없이 액체퇴비(액비)로 사용처에 공급하고자 하는 경우는 「비료관리법」에서 정하는 부산물비료 중 퇴비의 공정규격을 만족하여야 한다. 비료공정규격은 농림축산식품부장관이 고시하는 비료의 종류에 따라 항목별로 최대량과 최소량을 만족하여야 한다.	(가) 최종제품을 채취하여 「비료관리법」에서 정하는 비료공정규격을 만족하는지 확인한다. (나) 시료채취는 검사기간 동안 일정간격으로 3회 이상 측정하여 평균값으로 판정한다.
마. 메탄가스의 적정 처리 여부	(1) 혐기성 분해 후 발생하는 메탄가스를 가스연료화하는 공정은 메탄가스를 적정하게 활용할 수 있는 시설을 갖추어야 한다. 다만, 발생가스가 작아 활용이 어려운 경우 이를 적정하게 처리하여야 한다.	(가) 메탄가스 처리시설의 설치 여부 및 적정하게 활용할 수 있는 시설 등의 설치 여부를 확인한다.
	(2) 활용 후 남거나 활용이 불가능한 잉여가스 연소설비는 노(爐)내형 또는 외형으로 한다.	(가) 잉여가스 등을 적정하게 연소할 수 있는 연소설비 설치 여부와 형식을 확인한다.
	(3) 잉여가스연소설비의 용량은 혐기성 분해 가스 발생량, 이용방법 등의 변동을 고려하여 혐기성 분해 가스량의 2배로 한다.	(가) 잉여가스연소설비의 용량은 아래의 방법으로 산정한다. $Q_1 = 1/24 \times Q \times \alpha$ Q_1: 연소가스설비 용량 (Nm^3/시간) Q: 혐기성분해가스 발생량(Nm^3/일) α : 여유율 2.0
	(4) 메탄가스 처리 후 발생하는 대기오염물질은 「대기환경보전법」에 의하여 배출시설에 해당하는 경우 방지시설을 설치하여야 한다. <대기오염물질 중 검사항목> • 일산화탄소, 질소산화물, 먼지	(가) 배출시설 해당 여부 및 방지시설의 설치 여부를 확인한다. (나) 배출시설에 해당하는 경우 대기오염공정시험방법에 의하여 검사기간 중 일정간격으로 3회 이상 측정하여 평균값으로 판정한다.

④ 감량화 시설

검사항목		세부기준	검사방법
소멸방식	가. 구조, 기능 및 적정성	(1) 음식물류 폐기물이 접촉하는 소멸조 내부는 내부식성을 갖는 재질이어야 하며, 두께는 2밀리미터 이상이어야 한다. 다만, 드럼회전방식의 경우에는 1.5밀리미터 이상이어야 한다.	(가) 소멸조의 철판에 대하여 두께측정기로 측정하여 2밀리미터 이상, 드럼회전방식의 경우에는 1.5밀리미터 이상이 되는지 확인한다.
		(2) 음식물류 폐기물 투입구 뚜껑을 열면 교반기의 회전이 정지하는 구조여야 한다. 단, 수동교반기는 그러하지 아니하다.	(가) 투입구의 뚜껑을 열어 교반기가 정상적으로 정지하는지 확인한다.
		(3) 소멸조의 내부온도가 섭씨 70도 이하가 유지되도록 하여야 한다.	(가) 소멸조의 내부온도를 검사기간 동안 일정간격으로 3회 이상 측정하여 평균값으로 판정한다.
		(4) 소멸조의 외부온도가 섭씨 50도 이하가 유지되도록 하여야 한다.	(가) 소멸조의 외부온도를 검사기간 동안 일정간격으로 3회 이상 측정하여 평균값으로 판정한다.
		(5) 설치장소가 법적 사용기준에 적합한지 여부를 확인하여야 한다.	(가) 시행규칙 제16조에서 정한 사업장에 해당하는 경우 시행규칙 별표 5에서 규정한 감량기준 및 방법에 적합한지 여부를 확인한다(부산물의 수분함량 기준을 충족할 수 없는 액상 또는 습식소멸방식은 사용할 수 없음).
	나. 성능	(1) 소멸장치의 감량율은 음식물류 폐기물을 수분조절제 등으로 함수율 40퍼센트 이상으로 조절 후 시설에 투입하여 최대 15일간 연속적으로 정량 투입하여 무게 기준으로 감량율 75퍼센트에 적합하여야 한다.	(가) 음식물류폐기물의 시료채취와 분석은 폐기물공정시험방법을 따른다. (나) 감량률은 아래의 식으로 산정하여 적정 여부를 확인한다. $감량률(\%)=\frac{총투입무게(kg)-최종남은무게(kg)}{총\ 투입무게(kg)}\times 100$ 총투입무게=최초투입된 음식물류폐기물 무게 +연속투입된 음식물류폐기물 총무게 +최초투입된 수분조절제의 수분무게 최종남은무게=소멸장치에남은 총무게−최초투입된 수분조절제의 고형분무게

	다. 생산물 품질의 적정성	(1) 최종생산물의 수분함량은 40퍼센트 미만이어야 하며 이를 부산물비료로 이용하는 경우 「비료관리법」에서 정하는 부산물비료 중 퇴비공정규격에 적합하여야 한다.	(가) 농촌진흥청장이 고시하는 「비료의 품질검사방법 및 시료채취기준」에 준하여 시료를 채취, 분석하여야 한다.
발효 또는 건조, 발효 건조 방식	가. 구조, 기능 및 적정성	(1) 전기가열식인 경우에는 다음의 기능을 갖추어야 한다. • 발열체의 온도를 조절할 수 있는 기능을 갖추어야 한다. • 가동 중 이상현상이 발생될 경우에 운전자가 쉽게 확인이 가능하도록 경보장치 등을 설치하여야 한다. • 열매체 등을 사용할 경우에는 과압방지 및 열매체 수위 등을 관측할 수 있는 장치를 설치하여야 한다.	(가) 발열체가 온도조절 기능을 보유하고 있는지 확인한다. (나) 경보장치의 설치 여부 및 정상작동 여부를 확인한다. (다) 과압방지 및 열매체수위 관측장치의 설치 여부 및 정상작동 여부를 확인한다.
		(2) 증기 또는 온수가열식의 경우에는 다음의 기능을 갖추어야 한다. • 기계 본체에 공급하는 증기의 압력을 일정압력으로 유지시킬 수 있는 기능을 갖추어야 한다. • 공급되는 증기압이 규정압력을 초과할 경우 과잉압력을 자동적으로 배출하기 위한 안전밸브를 설치하여야 한다. • 공급되는 증기압을 관찰할 수 있도록 압력계를 설치하여야 한다. • 열교환부 및 증기배출구는 결로된 물방울을 배출할 수 있는 구조로 하여야 한다. • 열교환부 내의 수위가 극	(가) 증기압력을 일정하게 유지하는지 확인한다. (나) 증기압의 확인 및 규정압력 이상인 경우 안전밸브가 설치되었는지 확인한다. (다) 압력계의 설치 여부 및 작동상태를 확인한다. (라) 물방울 배출구(드레인 밸브)가 설치되었는지 확인한다. (마) 경보장치의 설치 여부 및 정상작동 여부를 확인한다.

		저위시 확인할 수 있도록 경보장치를 설치하여야 한다.	
		(3) 열풍가열식의 경우에는 발생되는 열풍의 온도 및 발생량을 조절할 수 있는 기능을 갖추어야 한다.	(가) 열풍의 온도를 조절하는 기능이 있는지 확인한다.
	나. 성 능	(1) 발효방식의 감량률은 음식물류 폐기물을 수분조절제 등으로 수분함량을 60퍼센트로 조절 후 시설에 투입하여 24시간 이상 발효 후 무게 기준으로 50퍼센트 이상이어야 한다. (2) 건조방식의 수분함량은 음식물류 폐기물을 6시간 이내 건조하여 25퍼센트 미만이어야 한다. (3) 발효건조는 표준발효건조시간(10시간 이상, 48시간 이하)을 지켜 수분함량이 40퍼센트 미만이어야 한다.	(가) 음식물류 폐기물의 시료채취와 분석은 폐기물공정시험방법을 따른다. (나) 감량률은 아래의 식으로 산정하여 적합 여부를 판정한다. $감량률(\%)=\frac{총투입무게(kg)-최종남은무게(kg)}{총\ 투입무게(kg)}\times 100$ 총투입무게=투입된 음식물류폐기물 무게 +투입된 수분조절제의 수분무게 최종남은무게=장치에 남은 총무게−투입된 수분조절제의 고형분 무게
	다. 생산물 품질의 적정성	(1) 처리시설을 거친 최종 잔재물은 「비료관리법」 제4조에서 정하는 비료의 공정규격 또는「사료관리법」 제11조에서 정하는 사료공정규격에 적합하여야 한다.	(가) 농촌진흥청장이 고시하는「비료의 품질검사방법 및 시료채취기준」에 준하여 시료를 채취, 분석하여야 한다. (나) 농림축산식품부장관이 고시하는「사료검사요령」에 따라 시료를 채취한다. (다) 시료의 분석은 「사료관리법」 제18조의 규정에 의하여 고시한「사료공정서」에서 정한 사료표준분석방법에 의하여 실시하여 허용기준에 적합하여야 한다. 단, 실험결과의 적용은 사료검정성분의 허용오차 적용범위를 감안하여 판단한다.
파쇄·탈수	가. 구조 및 기능의 적정성	(1) 음식물류 폐기물을 원하는 크기 또는 길이로 파쇄하기 위한 파쇄시설을 설치하여야 한다.	(가) 시설 설치 시 설계도서에서 정한 파쇄시설의 설치 여부와 작동상태를 확인한다.

방식 등		(2) 음식물류 폐기물에 함유된 수분을 줄이기 위하여 탈수시설을 설치하여야 한다.	(가) 시설 설치 시 설계도서에서 정한 탈수시설의 설치 여부와 작동상태를 확인한다.
		(3) 설치장소가 법적 사용기준에 적합한 경우에 한하여 설치하여야 한다.	(가) 처리시설 설치장소가 시행규칙 제16조에서 정한 사업장에 해당되는 경우 시행규칙 [별표 5]에서 규정한 감량 기준 및 방법에 적합한지 여부를 확인한다.
	나. 성 능	(1) 퇴비나 사료의 원료로 공급하기 위하여 음식물류 폐기물의 크기 또는 길이는 50밀리미터 이하가 되도록 파쇄하여야 한다.	(가) 파쇄한 음식물류 폐기물의 최대 크기 또는 길이가 50밀리미터 이상인 것이 10퍼센트 미만이어야 한다. (나) 파쇄한 음식물류 폐기물 5킬로그램을 50밀리미터 스크린 또는 체로 10회 흔들어 통과 못한 음식물류 폐기물의 무게가 500그램 미만이어야 한다.
		(2) 파쇄·탈수방식으로 처리한 후 음식물류 폐기물의 수분함량은 75% 이하여야 한다.	(가) 음식물류 폐기물의 시료채취와 분석은 폐기물공정시험방법을 따른다. (나) 분석결과 수분함량이 기준에 충족하는지 여부를 확인한다.
	다. 생산물 품질의 적정성	(1) 처리시설을 거친 최종 잔재물은 「비료관리법」 또는 「사료관리법」에서 정하는 비료 또는 사료의 원료기준에 적합하여야 한다.	(가) 농촌진흥청장이 고시하는 「비료의 품질검사방법 및 시료채취기준」에 준하여 시료를 채취, 분석하여야 한다. (나) 농림축산식품부장관이 고시하는 「사료검사요령」에 따라 시료를 채취한다. (다) 시료의 분석은 「사료관리법」 제18조의 규정에 의하여 고시한 「사료공정서」에서 정한 사료표준분석방법에 의하여 실시하여 허용기준에 적합하여야 한다. 단, 실험결과의 적용은 사료검정성분의 허용오차 적용범위를 감안하여 판단한다.

⑤ 부숙토(토지개량제 또는 매립시설 복토제) 생산시설

검사항목	세부기준	검사방법
가. 대상 음식물류 폐기물의 적정성	(1) 대상 음식물류 폐기물은 환경부장관이 고시하는 부숙토 원료기준에 적합하여야 한다.	(가) 시료채취 및 측정방법은 농촌진흥청장이 고시하는 비료의 품질검사방법 및 시료채취기준에 따른다. (나) 부숙토 모집단의 편성 및 시료추출대수, 부숙토 측정방법은 환경부장관이 고시하는 "유기성오니 등을 토지개량제 및 매립시설 복토용도로의 재활용방법에 관한 고시"에 따른다.
나. 부숙공정의 적정성	(1) 함수율 60퍼센트 이하로 조정한 후 부숙시설에서 퇴적시키거나 반응기에 넣어서 유기물을 분해하여 안정화시켜야 한다.	(가) 부숙조 투입 전의 대상폐기물을 검사기간 중 일정간격으로 3회 이상 채취하여 함수율을 측정하고, 평균값으로 판정한다.
	(2) 공기를 공급하기 위한 통기장치 또는 뒤집기 장치를 설치하여 적정온도를 유지시켜야 한다.	(가) 공기공급장치의 설치 여부 및 작동상태를 확인한다.
	(3) 부숙시설에서 15일 이상의 1차 발효공정을 거쳐야 하며, 1차 발효공정 중에 3일 이상은 지속적으로 섭씨 50도 이상의 온도를 유지하여야 한다.	(가) 부숙시설의 용적 및 폐기물의 투입량을 환산하여 체류시간을 측정한다. (나) 부숙시설을 균등하게 분할하여 온도측정이 가능한 동일한 위치에서 표면아래로 10센티미터 이상 깊이에서 3회 이상 측정하여 평균값으로 판정한다.
	(4) 부숙토를 부숙시설로부터 반출·사용하기 전에 21일 이상의 후부숙공정을 거쳐야 한다.	(가) 후부숙공정의 설치 여부 및 체류시간을 확인한다.
	(5) 부숙토에는 유리, 플라스틱, 돌 등 이물질이 건조중량 기준으로 1퍼센트 이상 포함되어서는 안된다. 다만, 매립지 복토용으로 사용하는 부숙토는 그러하지 아니하다.	(가) 최종생산물인 부숙토를 검사기간 중 일정간격으로 3회 이상 채취하여 이물질의 평균 함유율을 측정한다.
	(6) 부숙공정을 마친 부숙토와 부숙공정을 거치지 않은 원료를 구분하여 보관할 수 있는 시설을 설치하여야 한다.	(가) 보관시설의 설치 여부를 확인한다. (나) 보관시설에 우수유입 발생 침출수 외부유출 여부와 보관 중인 부숙토 등이 흩날려 외부로 유출되는지 여부를 확인한다.

다. 부숙토의 적정성	(1) 처리시설에서 생산된 부숙토는 환경부장관이 고시하는 부숙토 제품기준에 적합하여야 한다.	(가) 시료채취 및 측정방법은 농촌진흥청장이 고시하는 비료의 품질검사방법 및 시료채취기준에 따른다. (나) 부숙토 모집단의 편성 및 시료추출대수, 부숙토 측정방법은 환경부장관이 고시하는 "유기성오니 등을 토지개량제 및 매립시설 복토용도로의 재활용 방법에 관한 고시" 규정에 의한다. (다) 부숙토 최종생산물의 시료채취기간이 최소한 30일 이상 소요되므로 부숙공정에 투입된 물질을 시료로 하여 검사하고, 다만 공정규격 항목 중 설치검사에서는 유기물함량, 유기물 대 질소비 및 부숙도는 적용하지 아니한다.

⑥ 지렁이분변토 생산시설

검사항목	세부기준	검사방법
가. 먹이저장시설의 적정성	(1) 먹이저장시설은 빗물이 유입되지 아니하는 구조여야 하고, 바닥은 시멘트콘크리트로 포장되어야 한다.	(가) 먹이저장시설의 바닥상태를 육안으로 관찰하여 적정 여부를 파악한다.
	(2) 먹이저장시설의 용량은 지렁이사육장 면적 330제곱미터 당 30톤 이상을 저장하여서는 아니된다.	(가) 먹이저장시설의 실제용량을 실측하여 산정하고 저장된 먹이량을 파악하여 적정량 보관 여부를 파악한다.
나. 지렁이사육시설의 설치 여부 및 적정성	(1) 지렁이사육장에 물을 공급하기 위한 급수시설이 설치되어야 한다.	(가) 급수시설 설치 여부와 가동상태를 확인한다.
	(2) 지렁이사육장은 지렁이의 탈출, 도피 및 이동을 제어하기 위하여 조명시설을 설치하여야 한다.	(나) 조명시설설치 여부와 가동상태를 확인한다.
	(3) 지렁이사육장은 개폐 가능한 환기시설을 설치하여야 한다.	(다) 사육시설 내부의 환기시설 설치 여부와 가동상태를 확인한다.
	(4) 지렁이사육장(서식처) 내부의 산화환원전위의 값은 양(+)의	(라) 지렁이사육장(서식처)을 균등하게 분할하고 표면 아래로 10센티미터 이상

	값을 가져야 한다.	깊이에서 ORP미터(Oxidation－Reduction Potential)로 3회 이상 측정하여 평균값으로 판정한다.
다. 분변토 품질의 적정성	(1) 환경부장관이 고시한 "유기성오니 등을 토지개량제 및 매립시설 복토 용도로의 재활용 방법에 관한 고시" 제11조(지렁이분변토의 기준)의 규정을 적용한다.	(가) 부숙토의 모집단의 편성 및 시료추출 대수, 부숙토 측정방법은 환경부장관이 고시하는 "유기성오니 등을 토지개량제 및 매립시설 복토 용도로의 재활용 방법에 관한 고시" 규정에 따른다.

⑦ 기타 시설(생석회처리)

검사항목	세부기준	검사방법
가. 혼합시설의 설치 여부 및 작동상태	(1) 음식물류 폐기물과 생석회를 교반기로 교반하여 혼합한다. 생석회는 산화칼슘(CaO) 함량 80퍼센트 이상의 것을 사용하여야 한다.	(가) 검사신청서에 명기된 혼합시간과 용량 등의 적정여부를 현장에서 확인한다. (나) 생석회의 산화칼슘(CaO) 함량이 80퍼센트 이상인지 확인한다.
나. 혼합시설 운전조건의 적정성	(1) 혼합에 의하여 발생하는 열에 의하여 혼합기의 반응온도는 섭씨 100도 이상, 섭씨 150도 이하여야 한다.	(가) 혼합시설의 반응열을 측정하고 확인한다.
	(2) 생석회에 음식물류폐기물의 수분이 혼합되면 급속한 발열반응(Slaking)이 일어나면서 이 열에 의하여 대장균군이나 병원성미생물인 살모렐라(Salmonela typhosa)가 사멸되어야 한다.	(가) 대장균군과 살모렐라(Salmonela typhosa)의 사멸 여부를 확인한다.
	(3) 혼합물은 혼합 후 2시간 후에 pH가 11 이상이어야 한다.	(가) 음식물류 폐기물과 석회혼합물의 pH를 확인한다.
다. 최종산물 품질의 적정성	(1) 처리시설을 거쳐 생산된 최종부산물은 「비료관리법」에서 정하는 석회처리비료 공정규격에 적합하여야 한다.	(가) 농촌진흥청장이 고시하는 비료의 품질검사방법 및 시료채취기준에 준하여 시료를 채취, 분석하여야 한다.

⑧ 기타 시설(버섯재배)

검사항목	세부기준	검사방법
가. 버섯재배용 배지배합시설의 설치 여부 및 작동상태	(1) 음식물류 폐기물의 수분을 조절하여 버섯이 잘 성장할 수 있도록 수분 및 영양조절제(톱밥, 쌀겨 등)를 혼합하여 수분을 65퍼센트 이상 70퍼센트 이하로 조정한다.	(가) 음식물류 폐기물의 시료채취와 분석은 폐기물공정시험방법을 따른다. (나) 음식물류 폐기물을 검사기간 중 일정 간격으로 3회 이상 채취하여 평균 수분함량을 측정한다.
나. 입병시설의 설치 여부 및 작동상태	(1) 버섯재배 배지가 자동입병기에 의하여 버섯재배용기에 투입되는지 여부와 자동입병시설의 처리용량이 적합한 지를 파악한다.	(가) 자동입병기의 설치여부를 파악한다. (나) 자동입병기의 입병능력과 처리량을 파악하여 적정설치 여부를 파악한다.
라. 자동접종기 설치 여부 및 작동상태	(1) 자동접종기의 설치 여부를 확인한다.	(가) 자동접종기의 설치 여부를 확인한다.
	(2) 버섯종균을 무균상태에서 접종한다.	
마. 무균배양실의 설치 여부 및 작동상태	(1) 무균배양실의 실용적과 배양조건이 적정한가를 파악한다. • 배양시설 (배양기간 30일, 섭씨 20도 이상, 25도 이하, 습도 50퍼센트 이상 65퍼센트 이하) • 생육시설 (생육기간 10일, 섭씨 10도 이상, 15도 이하, 습도 80퍼센트 이상 95퍼센트 이하)	(가) 검사신청서에 명기된 음식물류 폐기물에 대하여 무균배양실이 적합한 실용적을 확보하고 있는지 여부를 파악한다.
바. 폐배지의 퇴비로서의 적정성	(1) 폐배지는 「비료관리법」에서 정하는 부산물비료 중 퇴비의 원료기준에 적합하여야 한다.	(가) 농촌진흥청장이 고시하는 비료의 품질검사방법 및 시료채취기준에 준하여 시료를 채취, 분석하여야 한다. (나) 공정규격항목을 분석하기 위한 최종생산물의 시료채취기간이 최소한 40일 이상 소요되므로 배양시설에 투입된 물질을 시료로 하여 검사하고 다만, 공정규격항목 중 설치검사에서는 유기물함량, 유기물 대 질소비 및 수분함량은 적용하지 아니한다.

2) 정기검사

가) 공통기준

검사항목	세부기준	검사방법
가. 설치검사 당시와 동일한 설비·구조 유지 여부	(1) 본체 및 부대설비의 구조, 형상 및 처리능력은 설치검사 당시와 동일하여야 한다.	(가) 본체 및 부대설비의 구조, 형상이 설치검사 당시와 동일한지 여부를 확인한다. (나) 처리능력은 현장시험을 거쳐 인·허가를 받은 처리능력 이상인지 여부를 확인한다.
	(2) 각 시설에 부착된 계기들의 부착위치와 기능은 설치검사 당시와 동일하여야 한다. 다만, 적법한 절차를 거쳐 변경된 사항은 설치검사 당시와 동일하지 아니하여도 된다.	(가) 각 시설에 부착된 계기들의 부착위치와 기능이 설치검사 당시와 동일한지 여부를 확인한다. (나) 변경된 사항에 대해서는 적법한 절차를 거쳐 변경되었는지 확인한다.
나. 계량시설의 작동상태	(1) 반입되는 폐기물의 중량을 측정할 수 있는 계량시설이 정상 가동되어야 한다. 다만, 외부 공인 계량소에서 계량하여 계근표 등으로 확인할 수 있는 경우는 그러하지 아니하다.	(가) 계량시설의 크기 및 대수가 반입차량 규모 및 수량에 적합한지를 확인한다. (나) 계량시설의 정밀도 등 정상작동 여부를 확인한다.
다. 투입시설의 작동상태	(1) 투입시설은 설치 당시와 동일하여야 한다. 다만, 변경된 경우 음식물류 폐기물 수집·운반차량의 투입작업이 용이하고, 폐기물이 막힘없이 투입되는 시설이어야 한다.	(가) 음식물류폐기물의 가교현상을 방지하기 위하여 안식각 및 내부식성, 내마모성을 고려하여 설치되었는지 확인한다. 다만, 음식물류 중간가공폐기물처리시설의 경우 폐기물을 적정하게 투입하는 설비 또는 구조를 갖추어야 한다.
	(2) 투입시설의 하부저장용량은 반입량의 저장과 이송시설의 고장을 대비하여 최소한 2일분 이상의 저장가능한 용량이어야 한다. 다만, 이송설비가 2계열로 설치되어 있어 고장을 대비할 수 있거나 별도의 음식물류 폐기물 저장시설을 갖추고 있는 경우에는 그러하지 아니하다.	(가) 투입시설 하부 저장용량은 투입시설 각각의 변 길이를 실측하여 용량을 산정한다.

	(3) 음식물류 폐기물의 투입 시 발생하는 수질오염물질 및 악취에 대한 대책이 강구되어야 한다.	(가) 하부의 수질오염물질이 자연배수 또는 동력을 이용하여 수질오염물질 저장조 또는 처리시설로 이송될 수 있는지 확인한다. (나) 청소용수를 공급할 수 있는 시설을 설치하여 작업의 완료 또는 필요시 이용할 수 있는지 확인한다. (다) 투입시설은 덮개가 부착되어 음식물류폐기물의 투입 시에는 열고 평상시에는 밀폐되는 구조여야 한다. (라) 투입시설 상부에는 후드를 설치하여 악취의 확산을 방지하고 배기 팬을 이용하여 전량 악취제거시설로 이송되는지 여부를 확인한다. (마) 투입시설 주변이 밀폐되어 악취가 외부로 확산되지 않는지 여부를 확인한다.
라. 이송시설의 작동상태	(1) 악취에 대한 예방대책이 강구되어야 한다.	(가) 밀폐구조가 유지되어 악취가 외부로 유출되지 않는 지 확인한다. (나) 이송시설에서 발생된 악취가 악취방지시설로 이송되어 처리되는지 여부를 확인한다.
	(2) 이송 중 막힘을 방지할 수 있는 구조여야 한다.	(가) 건식 또는 습식으로 가공하여 이송할 경우 잔사 등 이 물질에 의한 막힘 현상과 철편에 의한 이송설비의 손상방지를 위한 대책이 있는지 확인한다.
마. 선별시설의 작동상태	(1) 이물질을 분리하는 선별시설이 적정한 기능을 유지하여야 한다. 이물질이란 돌, 흙, 유리, 비닐류, 쇠붙이 등 음식물류폐기물이 아닌 것을 의미한다.	(가) 이물질을 분리하는 선별시설이 적정 기능을 유지하여야 한다. 다만, 음식물류 폐기물이 이물질과 함께 혼합되어 과다하게 분리 배출되어서는 아니 된다.
	(2) 선별시설을 거친 후 발생하는 이물질을 적정하게 처리하여야 한다.	(가) 발생하는 이물질을 적정하게 보관할 수 있는 저장시설 및 악취방지를 위한 밀폐구조여부 등을 확인하고 이물질의 처리방법과 실적을 확인한다.
	(3) 생산된 재활용 제품을 포장하기 전에 이물질을 선별하는 시설 또는 장치가 적정한 기능을 유지하여야 한다.	(가) 이물질 선별시설이 적정한 기능을 유지하는지 여부를 확인한다.

바. 파쇄시설의 작동상태	(1) 시설의 처리효율을 높이기 위하여 음식물류폐기물을 원하는 크기(길이)로 파쇄하기 위한 파쇄시설을 설치하여야 한다.	(가) 시설 설치 시 설계도서에서 정한 파쇄시설의 설치 여부와 성능을 확인한다.
	(2) 호기성 퇴비화 시설의 경우에는 음식물류 폐기물을 크기 또는 길이가 50밀리미터 이하가 되도록 파쇄하여야 한다.	(가) 파쇄한 음식물류 폐기물의 최대 크기 또는 길이가 50밀리미터 이상인 것은 10퍼센트 미만이어야 한다. (나) 파쇄한 음식물류 폐기물 5킬로그램을 50밀리미터 스크린 또는 체로 10회 흔들어 통과 못한 음식물류 폐기물의 무게가 500그램 미만이어야 한다.
	(3) 소음·진동관리법에 의한 소음은 배출허용기준 이하가 되도록 설치하여야 한다. 다만, 10마력 미만인 경우에는 제외한다.	(가) 부지경계선에서 소음계를 이용하여 검사기간 중 3회 이상 실소음과 암소음을 측정하고 측정한 평균치를 산정한다.
사. 악취제거 시설의 작동상태	(1) 악취방지시설의 정상 기능이 유지되도록 운영·관리하는지 여부를 확인한다.	(가) 악취방지시설의 기능이 유지되는 지 여부와 정상가동 여부를 현장 확인한다.
	(2) 악취방지시설 정상가동 여부를 확인할 수 있도록 별도의 분리된 적산전력계를 설치하여야 한다.	(가) 악취방지시설과 연결된 적산전력계를 설치 여부와 정상작동 여부를 확인한다.
아. 수질오염 물질의 적정처리 여부	(1) 수질오염물질은 폐기물관리법 시행규칙 [별표 11]의 폐기물처리시설 관리기준에 맞게 처리하여야 한다.	(가) 「수질환경보전법」에 의한 폐수배출시설에 해당되는 지 여부를 확인한다. (나) 「수질환경보전법」에 의한 폐수배출시설에 해당되는 경우에는 폐수처리시설의 설치 유무 및 적정처리 여부를 확인한다. (다) 수질오염물질을 폐기물관리법 시행규칙 [별표 11]의 폐기물처리시설 관리기준에서 정하고 있는 침출수처리시설 등에 이송·처리하는 경우에는 이송방법의 적절성, 관계기관과의 협의 및 해양배출인 경우 배출대상 여부 등을 확인한다.
	(2) 폐수배출시설에서 처리 후 방류하는 처리수는 「수질환경보	(가) 검사기간 중 배출하는 배출수를 일정 간격으로 시료를 채취하여 항목별로

	전법」에 의한 배출허용기준 이하여야 한다. <수질오염물질 중 검사항목> BOD, COD, SS, pH	3회 이상 측정한 평균값으로 판정한다.
자. 포장시설의 작동상태 및 표시의 적정성	(1) 생산물의 흩날림을 방지할 수 있는 구조여야 한다.	(가) 생산물 출하 시 흩날림을 방지할 수 있는 구조인지를 확인한다.
	(2) 사료화·퇴비화 시설의 경우에는 용기 및 포장에 의한 표시사항 및 방법을 준수하여야 한다. 단, 벌크상태로 이용하는 경우에는 제외한다.	(가) 사료관리법 또는 비료관리법에 의한 표시사항 및 방법을 준수하는지 확인한다.
차. 고형물 적정회수 여부	(1) 고형물은 폐기물관리법 시행규칙 별표 5 제2호 다목 8) 규정에 따라 적정하게 회수되어야 한다.	(가) 고형물 회수율은 아래의 식으로 산정하여 적정 여부를 확인한다. • 고형물회수율(%)=(반입음식물 중 고형물량－이물질로 배출되는 고형물량－폐수로 배출되는 고형물량)/반입음식물 중 고형물량×100 (나) 고형물 회수율 산정을 위하여 반입한 음식물, 발생된 이물질, 배출되는 폐수에 대하여 그 양과 성상 등으로 볼 때, 동 물질을 대표할 수 있도록 각각 2개 이상의 시료를 채취하되, 각각의 시료 채취간격은 20~30분 단위로 채취한 후 이를 혼합하여 1개의 시료로 제조·분석하여야며, 기타 시료채취와 분석은 폐기물공정시험방법에 따른다.

비고 1. 음식물류 폐기물처리시설의 정기검사 시 시설공정 특성상 또는 관련법령 규정상 검사가 불필요한 항목에 대하여는 검사대상에서 제외할 수 있다.

2. 세부검사방법에 규정되어 있지 않은 처리방법, 신기술 및 특허 등에 대한 검사는 세부검사방법 중 유사한 검사방법 또는 폐기물관리법의 관계규정에 따라 검사를 실시할 수 있으며, 검사결과 세부검사방법에서 정한 규격, 성능 등과 동등한 또는 그 이상의 효과가 있다고 인정되는 경우에는 세부검사방법에 적합한 것으로 본다.

3. 음식물류 폐기물을 탄화하는 시설에 대하여는 파쇄·분쇄 등 전처리 설비는 음식물류 폐기물 검사기준에 따라 검사하고, 열분해(탄화) 설비는 소각시설 검사기준에 따른 결과를 제출받아 적정 여부를 최종 확인한다.

4. 음식물류 폐기물을 처리하는 과정에서 발생된 액상폐기물을 유입하여 에너지 자원으로 활용하는 혐기성 분해시설은 3) 혐기성 분해시설 개별기준을 적용하여 검사한다.

5. 음식물류 중간가공 폐기물처리시설에 대하여는 [별표 4] 제1호(설치검사), 제2호(정기검사)의 가(공통기준) 바 및 차목의 규정은 적용하지 아니한다.

나) 개별기준

① 사료화(건식, 습식, 발효 등) 시설

검사항목	세부기준	검사방법
가. 가열, 건조 시설의 작동상태	(1) 섭씨 100도에서 30분 이상 가열할 수 있는 시설을 갖추어야 한다. 다만, 돼지전용 사료만을 제조하는 경우에는 섭씨 80도(심부온도를 기준으로 한다)에서 30분 이상 가열할 수 있는 시설을 갖추어야 한다.	(가) 성능시험은 자동온도기록계 또는 온도계로 측정하여 확인하되, 승온 및 감온 시간을 제외한 정상운영 시 온도가 유지되는 지를 확인한다. (나) 건조시설(가열처리와 건조를 병행하는 경우는 가열·건조시설)의 내부온도가 섭씨 100도가 30분간 유지되는지 확인한다. 단, 돼지전용 사료의 경우에는 섭씨 80도가 30분 이상 유지되는 지를 확인한다.
	(2) 적정 가열온도 및 가열시간 준수여부를 확인할 수 있는 자동온도기록계를 갖추어야 한다.	(가) 자동온도기록계 설치 및 정상작동 여부를 확인한다.
	(3) 건조시설은 사료의 영양소 파괴 및 탄화현상을 방지할 수 있는 구조로 설치되어야 한다. 다만, 습식제조시설인 경우에는 그러하지 아니하다.	(가) 건조시설의 운전상태, 생산된 건조사료 제품의 확인 등을 통해 사료의 영양소 파괴 또는 탄화현상 발생 여부를 확인한다.
나. 사료 저장 시설의 작동상태	(1) 생산된 사료를 저장하는 기간 동안 흩날리거나 누출되지 않도록 보관시설을 설치하여야 한다.	(가) 제품의 흩날림이나 누출, 우수의 유입을 방지하고 침출수가 유출되지 않는 저장시설 설치 및 적정관리 여부를 확인한다.
	(2) 습식 제조시설은 저장기간 중 비중 차에 의하여 층 분리가 일어나지 않고 국지적인 부패방지를 위하여 교반 시설을 설치하여야 한다.	(가) 저장시설 및 교반 시설의 설치 여부와 작동상태를 확인한다.
다. 사료화 제품의 적정성	(1) 최종생산물인 (단미)사료는 사료관리법에서 정하는 사료제품기준을 만족하여야 한다.	(가) 농림축산식품부장관이 고시하는 사료검사요령에 따라 시료를 채취한다. (나) 시료의 분석은 사료관리법 제16조에 따라 고시한 사료공정서에서 정한 사료표준분석방법에 의하여 실시하여 허용기준에 적합하여야 한다. 단, 실험결과의 적용은 사료검정성분의 허용오차 적용범위를 감안하여 판단한다.

② 퇴비화 시설

검사항목	세부기준	검사방법
가. 탈수, 혼합 시설의 작동상태	(1) 탈수, 혼합(건조)시설을 거친 음식물류 폐기물의 pH 범위는 5<pH<12 및 유기물 대 질소비는 50 이하여야 한다. (2) 음식물류 폐기물과 수분조절제 및 축분 등의 퇴비의 원료를 적정량으로 균일하게 혼합하는 시설이어야 한다.	(가) 검사기간 중 시료를 3회 이상 채취, 분석한 결과가 기준에 적합한지 여부를 확인한다. (나) 음식물류폐기물의 시료채취와 분석은 폐기물공정시험방법을 따른다. 단, 유기물 대 질소비는 농촌진흥청장이 고시하는 비료의 품질검사방법 및 시료채취기준에 준하여 분석한다. (다) 탈수, 혼합시설 및 장비의 혼합가능 여부 등 작동상태를 확인한다.
나. 발효시설의 작동상태	(1) 발효시설의 수분함량은 발효시설 입구, 중간 및 출구로 구획하여 조사하며, 40퍼센트 이상 60퍼센트 이하여야 한다. 발효시설 구조가 입형의 경우에는 발효시설 상부, 중간 및 출구로 구획하여 조사한다.	(가) 음식물류 폐기물의 시료채취와 분석은 폐기물공정시험방법을 따른다. (나) 음식물류 폐기물을 검사기간 중 일정간격으로 3회 이상 채취하여 평균 수분함량을 측정한다.
	(2) 발효시설 체류시간은 최소한 15일 이상이어야 하며, 내부온도는 섭씨 50도 이상에서 최소한 3일 이상 유지될 수 있는 구조여야 한다.	(가) 발효시설의 용적 및 폐기물의 투입량을 환산하여 체류시간을 측정한다. (나) 발효시설을 일정 길이로 구획한 후 내부온드를 측정하여 섭씨 50도가 유지되는 구간의 체류시간이 3일 이상인지 여부를 파악한다. (다) 발효시설의 온도측정은 발효시설 표면으로브터 10센티미터 이상 깊이에서 3회 이상 측정하여 평균값으로 판정한다.
다. 후부숙시설 및 저장시설의 작동상태	(1) 후부숙시설을 설치하여 21일 이상 체류토록 하여 분해시간이 긴 리그린, 셀룰로우스 등의 섬유물질이 안정화될 수 있도록 하여야 한다.	(가) 후부숙시설의 설치 여부 및 체류시간을 확인한다.
	(2) 생산된 퇴비를 저장하는 기간	(가) 저장시설에서 제품의 흩날림이나

	동안 흩날리거나 누출되지 않도록 저장시설을 설치하고 통풍이 될 수 있도록 하여야 한다.	누출여부, 우수의 유입 여부와 통풍시설의 작동상태를 확인한다.
	(3) 후숙시설 및 저장시설에서 발생되는 침출수가 외부로 유출되지 않도록 관리되어야 한다.	(가) 발생된 침출수가 외부로 유출되지 않고 전량 폐수저장시설로 이송되어 적정처리되는지 여부를 확인한다.
라. 퇴비화제품의 적정성	(1) 처리시설을 거쳐 생산된 최종 부산물인 퇴비는 「비료관리법」에서 정하는 부산물비료 중 퇴비의 공정규격을 만족하여야 한다.	(가) 농촌진흥청장이 고시하는 비료의 품질검사방법 및 시료채취기준에 준하여 시료를 채취, 분석하여야 한다. (나) 퇴비제품에 대하여는 비료공정규격의 부숙도 측정방법에 의한 부숙도를 측정하여 확인한다.

③ 혐기성 분해시설(액비화, 가스연료화, 하수병합처리 등)

검사항목	세부기준	검사방법
가. 혐기성 분해시설의 설치 여부 및 작동상태	(1) 전처리된 음식물류 폐기물을 1단 또는 2단 혐기성 분해방식으로 처리한다.	(가) 혐기성 분해시설의 설치 여부를 확인한다.
	(2) 2단 혐기성 분해에서 1차 혐기 분해시설에서는 가온 및 교반을 하고 2차 혐기분해시설에서는 소화액과 탈리액으로 분리한다. 1단 혐기성 분해의 경우에는 2단 혐기성 분해에 준하여 검사한다.	(가) 혐기성 발효시설의 유효용량을 검토하여 pH제어 여부를 확인한다. 혐기성 분해시설의 유효용량은 아래의 식에 의하여 구하고 ①항과 ②항 중 시설에 적합한 기준을 선택하여 적용한다. $V = Q \times T$ V: 1차 또는 2차 혐기성 분해시설의 용량(m^3) Q: 1차 또는 2차 혐기성 분해시설에 투입되는 음식물류 폐기물+슬러지량(m^3/일) T: 1차 또는 2차소화조의 체류일수(일) ① 체류시간의 적정성을 확인한다. • 1차 혐기성분해시설의 체류시간은 가온식의 경우 20일 이상으로 한다. • 2차 혐기성 분해시설의 체류시간은 10일 이상으로 한다. • 혐기성 분해시설의 무가온시 체류

		시간은 60일 이상 90일 이하로 한다. ② 유기물의 분해율 및 유기물로부터의 메탄가스 생성율을 확인한다. 유기물의 분해율(%)은 65% 이상으로 하고 유기물로부터 메탄가스 생성률은 $0.35m^3CH_4/kgVS$유입 이상으로 한다. 단 생성 바이오가스의 메탄함량은 60% 이상을 유지하도록 한다. • 유기물 분해기준은 휘발성 고형물(VS) 분해율로 하고, 유기물 분해율(%) 산정식은 {(유입VS (kgVS/d) • 유출VS(kgVS/d)) /유입VS×100}으로 한다. 시료채취는 폐기물공정시험기준을 따르고 유기물 함량조사는 공정시험기준상 휘발성 고형물 측정방법을 적용한다. • 유입VS는 전처리(선별, 파쇄) 후 소화조로 유입되는 음식물을, 유출VS는 소화조에서 유출되는 슬러지와 탈리액의 혼합물을 의미한다. • 바이오가스 채취는 대기오염공정시험기준의 배출가스시료채취 방법을 적용한다(수분제거 및 온도보정 필요). 채취한 바이오가스 성상분석을 통해 메탄가스 생성률을 측정하기 위해서는 공정시험기준의 가스크로마토그래프(GC)법을 사용한다. 메탄가스 생성률은 유입된 원료 중 유입 유기물량 당 메탄발생량으로 한다.
	(3) 메탄균 활성에 적합한 pH를 유지하여야 한다. • pH의 적정범위: 6<pH<8.5	(가) 시료채취는 검사기간 동안 일정간격으로 3회 이상 실시하고, 검사 항목별로 3회 이상 측정하여 평균값으로 판정한다.
	(4) 혐기성 분해시설을 안전하게 관리하여야 한다.	(가) 혐기성 분해시설의 소화가스 압력 확인 및 가스배관계통의 누출 여부 등을 확인한다.

나. 교반시설 설치여부 및 작동상태	(1) 교반시설은 가수교반방식 또는 기계교반방식으로 한다.	(가) 교반시설의 설치 여부를 확인한다. (나) 교반용 가스량은 1차 혐기성 분해시설의 지름당 0.3~0.6㎣/분·미터로 한다.
다. 가온설비의 설치여부 및 작동상태	(1) 가온 설비는 증기주입식 또는 외부 가온설비를 설치하여 혐기성 분해시설 내부의 온도를 조절한다.	(가) 검사기간 중 설계서에 명시된 혐기성 분해시설의 온도를 확인한다.
라. 소화액의 적정관리	(1) 최종부산물인 소화액은 고액분리하여 고형분은 퇴비 또는 연료화 공정의 원료로 재활용하거나, 폐기물관리법 시행규칙 [별표 5] 제3호 라목 2) 나)의 규정에 따라 적정처리하고, 액상의 물질은 재활용 또는 정화처리하여야 한다(하수병합으로 처리하는 경우에는 제외한다). 퇴비로 재활용하고자 하는 경우 비료관리법에서 정하는 부산물비료 중 퇴비의 공정규격을 만족하여야 한다.	(가) 처리계획서에서 제시된 방법이 관련 법령 등에서 규정한 기준을 만족하는지 확인한다. (나) 최종제품을 채취하여 「비료관리법」에서 정하는 비료공정규격을 만족하는지 확인한다.
	(2) 최종부산물인 소화액을 고액분리없이 액체퇴비(액비)로 사용처에 공급하고자 하는 경우는 비료관리법에서 정하는 부산물비료 중 퇴비의 공정규격을 만족하여야 한다. 비료공정규격은 농림축산식품부장관이 고시하는 비료의 종류에 따라 항목별로 최대량과 최소량을 만족하여야 한다.	(가) 최종제품을 채취하여 「비료관리법」에서 정하는 비료공정규격을 만족하는지 확인한다. (나) 시료채취는 검사기간 동안 일정간격으로 3회 이상 측정하여 평균값으로 판정한다.
마. 메탄가스의 적정처리 여부	(1) 혐기성 분해 후 발생하는 메탄가스를 가스연료화하는 공정은 메탄가스를 적정하게 활용할 수 있는 시설을 갖추어야 한다. 다만, 발생가스가 작아 활용이 어려운 경우 이를 적정하게 처리하여야 한다.	(가) 메탄가스 처리시설의 설치 여부 및 적정하게 활용할 수 있는 시설 등의 설치 여부를 확인한다.
	(2) 활용 후 남거나 활용이 불가능한 잉여가스 연소설비는 노(爐) 내형 또는 외형으로 한다.	(가) 잉여가스 등을 적정하게 연소할 수 있는 연소설비 설치 여부와 형식을 확인한다.

	(3) 잉여가스 연소설비의 용량은 혐기성 분해가스발생량, 이용방법 등의 변동을 고려하여 혐기성 분해가스량의 2배로 한다.	(가) 잉여가스연소설비의 용량은 아래의 방법으로 산정한다. $Q_1 = 1/24 \times Q \times \alpha$ Q_1: 연소가스설비 용량(Nm^3/시간) Q : 혐기성분해가스 발생량(Nm^3/일) α : 여유율 2.0
	(4) 메탄가스 처리 후 발생하는 대기오염물질은 대기환경보전법에 의하여 배출시설에 해당하는 경우 방지시설을 설치하여야 한다. <대기오염물질 중 검사항목> • 일산화탄소, 질소산화물, 먼지	(가) 배출시설 해당 여부 및 방지시설의 설치 여부를 확인한다. (나) 배출시설에 해당하는 경우 대기오염공정시험방법에 의하여 검사기간 중 일정간격으로 3회 이상 측정하여 평균값으로 판정한다.

④ 감량화 시설

검사항목		세부기준	검사방법
소멸방식	가. 작동상태	(1) 소멸장치의 감량률은 음식물류 폐기물을 수분조절제 등으로 함수율 40퍼센트 이상으로 조절 후 시설에 투입하여 최대 15일간 연속적으로 정량투입하여 무게기준으로 감량율 75퍼센트에 적합하여야 한다.	(가) 음식물류 폐기물의 시료채취와 분석은 폐기물공정시험방법을 따른다. (나) 감량률은 아래의 식으로 산정하여 적정 여부를 판정한다. $감량률(\%) = \frac{총투입무게(kg) - 최종남은무게(kg)}{총 투입무게(kg)} \times 100$ 총투입무게 = 최초투입된 음식물류폐기물 무게 + 연속투입된 음식물류폐기물 총무게 + 최초투입된 수분조절제의 수분무게 최종남은무게 = 소멸장치에남은 총무게 − 최초투입된 수분조절제의 고형분무게
	나. 생산물 품질의 적정성	(1) 최종생산물의 수분함량은 40퍼센트 미만이어야 하며 이를 부산물비료로 이용하는 경우 비료관리법에서 정하는 부산물비료 중 퇴비공정규격에 적합하여야 한다.	(가) 농촌진흥청장이 고시하는 「비료의 품질검사방법 및 시료채취기준」에 준하여 시료를 채취, 분석하여야 한다. (나) 분석결과 수분함량 등의 기준에 적합한지 여부를 확인한다.
발효 또는 건조, 발효 .	가. 작동상태	(1) 발효방식의 감량률은 음식물류폐기물을 수분조절제 등으로 수분함량을 60퍼센트로 조절 후 시설에 투입하여 24시간이상 발효 후 무게기준으로	(가) 음식물류폐기물의 시료채취와 분석은 폐기물공정시험방법을 따른다. (나) 감량률은 아래의 식으로 산정하여 적정 여부를 확인한다.

건조 방식		50퍼센트 이상이어야 한다. (2) 건조방식의 수분함량은 음식물류 폐기물을 6시간 이내 건조하여 25퍼센트 미만이어야 한다. (3) 발효건조는 표준발효건조시간(10~48시간 이내)을 지켜 수분함량이 40퍼센트 미만이어야 한다.	$\text{감량률(\%)} = \dfrac{\text{총투입무게(kg)} - \text{최종남은무게(kg)}}{\text{총 투입무게(kg)}} \times 100$ 총투입무게=투입된 음식물류폐기물 무게 +투입된 수분조절제의 수분무게 최종남은무게=장치에 남은 총무게−투입된 수분조절제의 고형분 무게
	나. 생산물 품질의 적정성	(1) 처리시설을 거친 최종 잔재물은 「비료관리법」 제4조에서 정하는 비료의 공정규격 또는 「사료관리법」 제11조에서 정하는 사료공정규격에 적합하여야 한다.	(가) 농촌진흥청장이 고시하는 「비료의 품질검사방법 및 시료채취기준」에 준하여 시료를 채취, 분석하여야 한다. (나) 농림축산식품부장관이 고시하는 「사료검사요령」에 따라 시료를 채취한다. (다) 시료의 분석은 「사료관리법」 제18조의 규정에 의하여 고시한 「사료공정서」에서 정한 사료표준분석방법에 의하여 실시하여 허용기준에 적합하여야 한다. 단, 실험결과의 적용은 사료검정성분의 허용오차 적용범위를 감안하여 판단한다.
파쇄 · 탈수 방식 등	가. 성 능	(1) 사료나 퇴비의 원료로 공급하기 위하여 음식물류폐기물의 크기 또는 길이는 50밀리미터 이하가 되도록 파쇄하여야 한다.	(가) 파쇄한 음식물류 폐기물의 최대 크기 또는 길이가 50밀리미터 이상인 것이 10퍼센트 미만이어야 한다. (나) 파쇄한 음식물류 폐기물 5킬로그램을 50밀리미터 스크린 또는 체로 10회 흔들어 통과 못한 음식물류 폐기물의 무게가 500그램 미만이어야 한다.
		(2) 파쇄·탈수방식으로 처리한 후 음식물류 폐기물의 수분함량은 75% 이하여야 한다.	(가) 음식물류 폐기물의 시료채취와 분석은 폐기물공정시험방법을 따른다. (나) 분석결과 수분함량이 기준에 충족하는지 여부를 확인한다.
	나. 생산물질 품질의 적정성	(1) 처리시설을 거친 최종 잔재물은 비료관리법 또는 사료관리법에서 정하는 비료 또는 사료의 원료기준에 적합하여야 한다.	(가) 농촌진흥청장이 고시하는 「비료의 품질검사방법 및 시료채취기준」에 준하여 시료를 채취, 분석하여야 한다. (나) 농림축산식품부장관이 고시하는 사료검사요령에 따라 시료를 채취한다.

			(다) 사료의 분석은 「사료관리법」 제18조의 규정에 의하여 고시한 사료공정서에서 정한 사료표준분석방법에 의하여 실시하여 허용기준에 적합하여야 한다. 단, 실험결과의 적용은 사료검정성분의 허용오차 적용범위를 감안하여 판단한다.

⑤ 부숙토(토지개량제 또는 매립시설 복토제) 생산시설

검사항목	세부기준	검사방법
가. 대상 음식물류 폐기물의 적정성	(1) 대상 음식물류 폐기물은 환경부장관이 고시하는 부숙토 원료기준에 적합하여야 한다.	(가) 시료채취 및 측정방법은 농촌진흥청장이 고시하는 비료의 품질검사방법 및 시료채취기준에 따른다. (나) 부숙토 모집단의 편성 및 시료추출대수, 부숙토 측정방법은 환경부장관이 고시하는 "유기성오니등을 토지개량제 및 매립시설 복토용도로의 재활용방법에 관한 고시"에 따른다.
나. 부숙공정의 작동상태	(1) 함수율 60퍼센트 이하로 조정한 후 부숙시설에서 퇴적시키거나 반응기에 넣어서 유기물을 분해하여 안정화시켜야 한다.	(가) 부숙조 투입 전의 대상 폐기물을 검사기간 중 일정간격으로 3회 이상 채취하여 함수율을 측정하고, 평균값으로 판정한다.
	(2) 공기를 공급하기 위한 통기장치 또는 뒤집기 장치를 설치하여 적정온도를 유지시켜야 한다.	(가) 공기공급장치의 설치 여부 및 작동상태를 확인한다.
	(3) 부숙시설에서 15일 이상의 1차 발효공정을 거쳐야 하며, 1차 발효공정 중에 3일 이상은 지속적으로 섭씨 50도 이상의 온도를 유지하여야 한다.	(가) 부숙시설의 용적 및 폐기물의 투입량을 환산하여 체류시간을 측정한다. (나) 부숙시설을 균등하게 분할하여 온도측정이 가능한 동일한 위치에서 표면 아래로 10센티미터 이상 깊이에서 3회 이상 측정하여 평균값으로 판정한다.
	(4) 부숙토를 부숙시설로부터 반출·사용하기 전에 21일 이상의 후부숙공정을 거쳐야 한다.	(가) 후부숙공정의 설치 여부 및 체류시간을 확인한다.

	(5) 부숙토에는 유리, 플라스틱, 돌 등 이물질이 건조중량 기준으로 1퍼센트 이상 포함되어서는 아니된다. 다만, 매립지복토용으로 사용하는 부숙토는 그러하지 아니하다.	(가) 최종생산물인 부숙토를 검사기간 중 일정간격으로 3회 이상 채취하여 이물질의 평균 함유율을 측정한다.
	(6) 부숙공정을 마친 부숙토와 부숙공정을 거치지 않은 원료의 구분 보관하고 우수유입 및 침출수 유출이 방지되도록 관리하여야 한다.	(가) 부숙토와 원료의 구분보관 여부를 확인한다. (나) 보관시설의 유수유입 및 침출수의 외부유출 방지 여부와 부숙토 등이 흩날려 외부로 유출되는지 여부를 확인한다.
다. 부숙토의 적정성	(1) 처리시설에서 생산된 부숙토는 환경부장관이 고시하는 부숙토 제품기준에 적합하여야 한다.	(가) 시료채취 및 측정방법은 농촌진흥청장이 고시하는 비료의 품질검사방법 및 시료채취기준에 따른다. (나) 부숙토 모집단의 편성 및 시료추출대수, 부숙토 측정방법은 환경부장관이 고시하는 "유기성오니 등을 토지개량제 및 매립시설 복토 용도로의 재활용 방법에 관한 고시" 규정에 의한다.

⑥ 지렁이분변토 생산시설

검사항목	세부기준	검사방법
가. 먹이저장 시설의 작동상태	(1) 먹이저장시설의 용량은 지렁이사육장 면적 330제곱미터당 30톤 이상을 저장하여서는 아니된다.	(가) 먹이저장시설의 실제용량을 실측하여 산정하고 저장된 먹이량을 파악하여 적정량 보관 여부를 파악한다.
나. 지렁이사육 시설의 작동상태	(1) 지렁이사육장에 물을 공급하기 위한 급수시설의 가동상태를 파악한다.	(가) 급수시설 정상가동상태를 점검한다.
	(2) 지렁이사육장은 지렁이의 탈출, 도피 및 이동을 제어하기 위한 조명시설의 가동상태를 파악한다.	(나) 조명시설 정상가동상태를 점검한다.
	(3) 지렁이사육장의 개폐 가능한 환기시설의 가동상태를 파악한다.	(다) 환기시설 정상가동상태를 점검한다.

	(4) 지렁이사육장(서식처) 내부의 산화환원전위의 값은 양(+)의 값을 가져야 한다.	(라) 지렁이사육장(서식처)을 균등하게 구분하고 표면 아래로 10센티미터 이상 깊이에서 ORP미터로 3회 이상 측정하여 평균값으로 판정한다.
다. 분변토의 적정성	(1) 환경부장관이 고시한 "유기성오니 등을 토지개량제 및 매립시설 복토 용도로의 재활용방법에 관한 고시" 제11조(지렁이분변토의 기준)를 적용한다.	(가) 부숙토 모집단의 편성 및 시료추출 대수, 부숙토 측정방법은 환경부장관이 고시하는 "유기성오니 등을 토지개량제 및 매립시설 복토 용도로의 재활용 방법에 관한 고시" 규정에 따른다.

⑦ 기타 시설(생석회처리)

검사항목	세부기준	검사방법
가. 혼합시설의 작동상태	(1) 음식물류 폐기물과 생석회를 교반기로 교반하여 혼합한다. 생석회는 산화칼슘(CaO) 함량 80퍼센트 이상의 것을 사용하여야 한다.	(가) 혼합시설의 혼합시간과 용량 등의 적정 여부를 현장에서 확인한다. (나) 생석회의 산화칼슘(CaO) 함량이 80퍼센트 이상인지를 확인한다.
나. 혼합시설 운전조건의 적정성	(1) 혼합에 의하여 발생하는 열에 의하여 혼합기의 반응온도는 섭씨 100도 이상, 150도 이하여야 한다.	(가) 혼합시설의 반응열을 측정하고 확인한다.
	(2) 생석회에 음식물류폐기물의 수분이 혼합되면 급속한 발열반응(Slaking)이 일어나면서 이 열에 의하여 대장균군이나 병원성미생물인 살모렐라(Salmonela typhosa)가 사멸되어야 한다.	(가) 대장균군과 살모렐라(Salmonela typhosa)의 사멸 여부를 확인한다.
	(3) 혼합물은 혼합 후 2시간 후에 pH가 11 이상이어야 한다.	(가) 음식물루 폐기물과 석회혼합물의 pH를 확인한다.
다. 최종산물 품질의 적정성	(1) 처리시설을 거쳐 생산된 최종부산물은 「비료관리법」에서 정하는 석회처리비료 공정규격에 적합하여야 한다.	(가) 농촌진흥청장이 고시하는 비료의 품질검사방법 및 시료채취기준에 준하여 시료를 채취, 분석하여야 한다.

⑧ 기타 시설(버섯재배)

검사항목	세부기준	검사방법
가. 버섯재배용 배지배합 시설의 작동상태	(1) 음식물류 폐기물의 수분을 조절하여 버섯이 잘 성장할 수 있도록 수분 및 영양조절제(톱밥, 쌀겨 등)를 혼합하여 수분을 65퍼센트 이상 70퍼센트 이하로 조정한다.	(가) 음식물류 폐기물의 시료채취와 분석은 폐기물공정시험방법을 따른다. (나) 음식물류 폐기물을 검사기간 중 일정간격으로 3회 이상 채취하여 평균 수분함량을 측정한다.
나. 살균시설의 작동상태	(1) 섭씨 100도에서 5시간 증기멸균할 수 있는 시설의 성능 여부를 파악한다.	(가) 증기살균시설의 적정가동 여부를 처리용량과 체류시간 등을 파악하여 확인한다.
	(2) 버섯재배용기에 담겨진 음식물류폐기물의 살균상태를 파악한다.	(가) 음식물류 폐기물의 무균 여부를 확인한다.
다. 무균배양실의 작동상태	(1) 무균배양실의 실용적과 배양조건이 적정한가를 파악한다. • 배양시설(배양기간 30일, 섭씨 20도 이상 25도 이하, 습도 50퍼센트 이상 65퍼센트 이하) • 생육시설(생육기간 10일, 섭씨 10도 이상 15도 이하 습도 80퍼센트 이상 95퍼센트 이하)	(가) 검사신청서에 명기된 음식물류 폐기물에 대하여 무균배양실이 적합한 실용적을 확보하고 있는지 여부를 파악한다. (나) 배양시설의 배양조건 충족 여부를 파악한다. (다) 생육시설의 생육조건 충족 여부를 파악한다.
라. 폐배지의 퇴비로서의 적정성	(1) 폐배지는 「비료관리법」에서 정하는 부산물비료 중 퇴비의 원료기준에 적합하여야 한다.	(가) 농촌진흥청장이 고시하는 비료의 품질검사방법 및 시료채취기준에 준하여 시료를 채취, 분석하여야 한다.

(마) 시멘트 소성로의 세부검사방법

1) 설치검사

검사항목	세부기준	검사방법
가. 재활용능력의 적정성 및 적정 연소상태 유지 여부	(1) 적정한 재활용 기능 및 용량을 가져야 한다.	(가) 검사신청서에 명기된 재활용대상 폐기물에 대하여 적정한 재활용기능 및 용량을 가지고 있는지 여부를 실제 재활용시험을 통하여 판정한다. 1) 시험시간(승온 및 감온시간을 제외한다)은 24시간 이상으로 한다. (나) 검사대상 폐기물은 재활용시설이 설치된 사업장 또는 외부에서 반입된 고형연료 및 폐기물로 시험함을 원칙으로 하고, 폐기물 종류별 조성비는 일정 범위 내에서 목측하여 확인한다. 다만, 폐기물 조성이 현저히 상이할 경우 폐기물을 균질화시킨다. 균질화가 어려울 경우에는 종류별로 분리·계량하여 확인한다.
	(2) 허가를 받거나 신고한 시간당 재활용능력을 갖도록 설치하되 이를 초과하여 설치하여서는 아니된다. 다만, 폐기물의 성질과 상태, 발열량 등의 변동이 있는 경우 시간당 처리능력은 허가를 받은 시간당 처리능력 미만까지 허용한다.	(가) 재활용능력은 총 재활용처리량(배기가스 허용기준에 적합한 경우에 한함)을 승온 및 감온시간을 제외한 검사시간으로 나누어 산출한다. (나) 재활용시설이 허가를 받은 시간당 처리능력을 보유하고 있는지 확인하고, 시설의 연소실 출구온도와 배기가스 허용기준 등에 적합한 범위 내에서 최대 처리능력을 확인한다. (다) 시설 검사시(승온 및 감온시간을 제외한다) 최대 처리능력시험을 실시하되 시험시간은 4시간 이상으로 한다.
	(3) 「대기환경보전법 시행규칙」 별표 8 제2호 가목에 따른 총탄화수소(THC) 및 「잔류성유기오염물질관리법 시행규칙」 별표 3 제2호 가목의 배출허용기준을 지킬 수 있는 시설을 설치하여야 한다.	(가) 대기오염공정시험방법에 의하여 측정함을 원칙으로 하되, 매연의 경우 부시험방법인 휴대용 측정장비로는 현장에서 매 10분마다 측정하여 평균치를 산정한다. (나) 산소의 농도도 동일한 방법으로 측정하여 보정한다.

나. 예열기 최하단 원심력 집진시설 출구온도 유지 여부	(1) 예열기 최하단 원심력 집진시설의 출구온도는 섭씨 800도 이상이어야 한다.	(가) 재활용성능시험을 실시하면서 자동온도기록계 또는 온도계로 측정하여 확인하되, 승온 및 감온시간을 제외한 전체 성능검사시간의 90퍼센트 이상이 기준온도 이상으로 유지되는지를 확인한다.
다. 연소가스 체류시간 적절 여부	(1) 연소실은 연소가스가 2초 이상 체류할 수 있고, 충분하게 혼합될 수 있는 구조여야 한다.	(가) 소성로의 가스유량(예열기 최하단 원심력 집진시설의 출구온도 기준으로 산정)을 성능검사기간 동안 동일간격으로 4회 측정한 평균값과 연소실 내부용적을 구하여 체류시간을 산정한다. (나) 연소실의 내부용적은 폐기물의 연소가 시작되는 지점부터 예열기 최하단 원심력 집진시설 출구까지를 실측하여 계산한다. 다만, 연소실 구조상 2차 연소장치의 구분이 명확하지 않은 경우에는 이론적인 폐기물 체류용적을 제외한 용적을 기준으로 한다. (다) 연소실 내부용적 계산시에는 사각지대(dead-space)를 감안하여 산정된 내부용적의 90%만을 내부용적으로 한다.
라. 연소실의 온도 유지여부	(1) 연소실의 온도를 적절하게 유지하는 지 확인할 수 있어야 한다.	(가) 폐기물 재활용 없이 연소실 출구온도를 예열기 1단에서 800도 이상 유지할 수 있는지를 확인한다.
마. 연소실의 공기나 산소공급장치 작동상태	(1) 연소실의 연소용 공기 또는 산소 등이 안정적으로 공급될 수 있는 장치(공급량을 조절할 수 있는 기능을 갖는 것에 한한다)를 설치하여야 한다. (2) 통풍설비설치 등으로 연소실의 압력이 일정하게 유지되고, 연소가스 또는 화염의 역류현상이 발생하지 아니하는 구조여야 한다.	(가) 연소실의 공기공급량을 조절할 수 있는 장치가 설치되어 있는지 여부를 확인한다. (나) 연소실의 압력이 일정하게 유지되는지 여부를 연소실 압력을 4회 측정하여 확인한다. (다) 성능시험 시간동안 연소가스 또는 화염의 역류현상이 발생되는지 여부를 확인한다.

바. 굴뚝의 통풍력 및 구조의 적절성	(1) 굴뚝을 설치하는 경우에는 통풍력과 배기가스의 대기확산을 고려한 높이와 구조를 가져야 한다.	(가) 굴뚝을 설치한 경우 통풍력과 배기가스의 대기확산을 고려한 높이와 구조인지를 확인한다.
사. 폭발사고와 화재 등에 대비한 구조인지 여부	(1) 폭발사고와 화재 등에 대비한 안전한 구조여야 하며, 소화기 등 필요한 장비를 갖추어야 한다.	(가) 안전변 또는 방폭구, 저수위 차단장치, 전기적 안전장치 등의 폭발·화재에 대비한 안전장치가 설치되어 있는지 확인한다. (나) 소화기 용량, 형식을 확인한다.
아. 압력측정계 설치 여부 및 작동상태	(1) 연소실에는 시설 내의 압력변화를 감지할 수 있는 압력측정계를 설치하여야 한다.	(가) 연소실 내의 압력의 변화를 감지할 수 있는 압력측정계가 설치되어 있는지를 확인한다.
자. 자동투입장치, 계량시설 설치여부 및 작동상태	(1) 폐기물을 자동으로 투입하는 장치와 투입되는 폐기물의 양을 자동계측하는 장치를 갖추어야 한다. (2) 반입되는 폐기물의 무게를 측정할 수 있는 계량시설을 설치하여야 한다.	(가) 자동투입장치의 설치 및 정상운전 여부를 확인한다. 1) 자동투입시, 투입과정에서 폐기물이 유출되지 않아야 하며 포장된 상태(금속제 제외)로 투입종료 시점까지 작업자가 폐기물에 노출되지 않는 구조여야 한다. (나) 계량시설의 정밀도, 종류, 계량방식 등을 확인한다.
차. 출구온도 측정공, 온도지시계, 온도기록계 설치 여부 및 작동상태	(1) 연소실의 최종 출구에는 출구온도 측정공을 설치하고, 각 시설의 출구온도 기준보다 섭씨 300도 이상까지, 대기오염방지시설 중 최초 집진시설의 입구에는 섭씨 600도 이상 측정할 수 있는 온도지시계 및 온도변화를 연속적으로 기록할 수 있는 자동온도기록계를 부착하여야 한다.	(가) 연소실의 최종 출구에 각 시설의 출구온도 기준보다 섭씨 300도 이상 측정할 수 있는 온도지시계가 설치되어 있는지를 확인한다. 또한, 대기오염방지시설 중 최초 집진시설의 입구에 섭씨 600도 이상 측정할 수 있는 온도지시계가 설치되어 있는지를 확인한다. 1) 온도측정장치 또는 온도지시계는 폐기물 연소시 화염이 직접 닿지 않는 부위에 설치되어 있는지를 확인한다. (나) 출구온도 변화를 연속적으로 기록할 수 있는 자동온도기록계가 부착되어 있는지를 확인한다. (다) 온도지시계 및 온도기록계의 정밀도를 현장 측정온도와의 비교검사로

		확인한다.(온도지시계와 자동온도기록계의 일치 여부 확인)
카. 대기오염방지시설의 유입가스 온도	(1) 대기오염방지시설 중 최초 집진시설(전기 · 여과집진시설이 설치되어 있는 경우에는 전기 · 여과집진시설을 최초 집진시설로 본다)에 유입되는 연소가스를 섭씨 200도 이하로 냉각시키기 위한 냉각시설 또는 폐열회수시설을 설치하여야 한다.	(가) 대기오염방지시설 중 최초 집진시설의 입구 온도를 연속측정하여 전체 검사시간의 90% 이상이 기준온도 이하인지를 확인한다. (나) 냉각시설 설치되어 있지 않은 경우 단서조항에 해당되는지 여부를 확인한다.
타. 배출가스의 연속측정·기록장치 작동상태	(1) 굴뚝에서 배출되는 가스중의 산소 · 먼지농도를 연속적으로 측정 · 기록할 수 있는 장치로서 「환경기술개발 및 지원에 관한 법률」에 의하여 형식승인 및 정도검사를 받은 것을 적합하게 설치하여야 하며, 대기오염방지시설의 입 · 출구 및 굴뚝에는 배출가스의 온도, 대기오염물질의 농도 등을 측정할 수 있는 측정공을 대기오염공정시험기준에 적합하게 설치하여야 한다.	(가) 굴뚝에서 배출되는 가스 중의 산소, 먼지, 질소산화물의 농도를 연속적으로 측정 · 기록할 수 있는 장치의 설치 유무, 사양 및 작동 상태를 확인한다. 1) 「환경기술개발 및 지원에 관한 법률」에 의하여 형식승인 및 정도검사를 받았는지를 확인한다. (나) 대기오염방지시설의 입 · 출구 및 굴뚝에는 배출가스의 온도, 대기오염물질의 농도를 측정할 수 있는 측정공을 설치하였는지 여부를 확인한다.
파. 폐기물의 투입구 및 청소구의 내열성, 구조 및 공기유입 · 유출 여부	(1) 폐기물 투입구 및 청소구는 고온에 견딜 수 있는 재질로 만들어야 하며, 외부공기가 흘러들어오거나 연소가스가 새어 나가는 것을 방지할 수 있는 구조여야 한다.	(가) 폐기물재활용시설의 투입구 및 청소구의 내열성 유지상태, 형태 및 기밀성 유지상태를 확인한다.
하. 표지판 부착 여부 및 기재사항	(1) 시설규모, 처리대상 폐기물의 종류, 재활용방식, 설계·시공자명 및 연락처 등 필요한 사항을 지워지지 아니하고 파손되지 아니하는 방법으로 표시된 표지를 붙여야 한다.	(가) 표지의 내용, 표식의 견고성, 부착성 등이 적정한지 여부를 확인한다.

2) 정기검사

검사항목	세부기준	검사방법
가. 재활용 능력의 적정성 여부	(1) 적정한 재활용 기능을 가져야 한다.	(가) 검사신청서에 명기된 재활용대상 폐기물에 대하여 적정한 재활용기능 및 용량을 가지고 있는지 여부를 실제 재활용시험을 통하여 판정한다. 1) 시험시간(승온 및 감온시간을 제외한다)은 24시간 이상으로 한다. (나) 검사대상 폐기물은 재활용시설이 설치된 사업장 또는 외부에서 반입된 고형연료 및 폐기물로 시험함을 원칙으로 하고, 폐기물 종류별 조성비는 일정 범위 내에서 목측하여 확인한다. 다만, 폐기물 조성이 현저히 상이할 경우 폐기물을 균질화 시킨다. 균질화가 어려울 경우에는 종류별로 분리·계량하여 확인한다.
나. 적절 연소상태 유지 여부	(1) 배기가스 중의 매연농도는 2도 이하(「대기환경보전법」에 의한 배출허용기준이 변경되는 경우 변경사항에 따른다.)	(가) 대기오염공정시험방법에 의하여 측정함을 원칙으로 하되, 부시험방법인 휴대용 측정장비로는 현장에서 매 10분마다 측정하여 평균치를 산정한다. (나) 산소의 농도도 동일한 방법으로 측정하여 보정한다.
다. 예열기 최하단 원심력 집진시설 출구 가스 온도	(1) 예열기 최하단 원심력 집진시설의 출구온도는 섭씨 800도 이상이어야 한다.	(가) 재활용성능시험을 실시하면서 자동온도기록계 또는 온도계로 측정하여 확인하되, 승온 및 감온시간을 제외한 전체 성능검사시간의 90퍼센트 이상이 기준온도 이상으로 유지되는지를 확인한다.
라. 연소실 가스 체류시간	(1) 연소실은 연소가스가 2초 이상 체류할 수 있고, 충분하게 혼합될 수 있는 구조여야 한다.	(가) 소성로의 가스유량(예열기 최하단 원심력 집진시설의 출구온도 기준으로 산정)을 성능검사기간 동안 동일 간격으로 4회 측정한 평균값과 연소실 내부용적을 구하여 체류시간을 산정한다. (나) 연소실의 내부용적은 폐기물의 연소가 시작되는 지점부터 예열기 최하단 원심력 집진시설 출구까지를 실측하여 계산한다. 다만, 연소실 구조상 2차연소장치의 구분이 명확하지 않은 경우에는

		이론적인 폐기물체류용적을 제외한 용적을 기준으로 한다. (다) 연소실 내부용적 계산시에는 사각지대(dead-space)를 감안하여 산정된 내부용적의 90%만을 내부용적으로 한다.
마. 연소실의 온도 유지 여부	(1) 연소실의 온도가 적절하게 유지하는 지 확인할 수 있어야 한다.	(가) 폐기물 재활용 없이 연소실 출구온도를 예열기 1단에서 800도 이상 유지할 수 있는지를 확인한다.
바. 배기가스온도 적절 여부	(1) 대기오염방지시설 중 최초집진시설(전기·여과집진시설이 설치되어 있는 경우에는 전기·여과집진시설을 최초 집진시설로본다)에 유입되는 연소가스를 섭씨 200℃ 이하로 냉각시키기 위한 냉각시설 또는 폐열회수시설을 설치하여야 한다.	(가) 대기오염방지시설 중 최초집진시설의 입구 온도를 연속측정하여 전체 검사시간의 90% 이상이 기준온도 이하인지를 확인한다. (나) 냉각시설이 설치되어 있지 않은 경우 단서조항에 해당되는지 여부를 확인한다.
사. 설치검사 당시와 동일한 설비·구조를 유지하고 있는지 여부	(1) 본체 및 부대설비(용수저장탱크, 조작판넬 제외)의 구조 및 형상은 설치검사 시와 동일하여야 한다. (2) 설치검사 시와 동일한 내용을 각인한 표지를 부착하여야 한다. (3) 압력측정장치 및 각 계기들의 부착위치는 설치검사 시와 동일하여야 하고 적정한 기능을 유지하여야 한다.	(가) 본체 및 부대설비의 구조 및 형상이 최초 설치검사 시와 동일한지 여부를 확인한다. (나) 표지의 내용, 표지의 견고성, 부착성 등이 적정한지 여부를 확인한다. (다) 계기의 설치위치를 현지 확인하여 부착위치가 설치검사 시와 동일한지, 동일한 분포대의 측정이 가능한지 여부를 판정한다.

사. 부적합 판정의 경우

폐기물처리시설의 검사에서 적합판정을 받지 아니한 폐기물처리시설은 사용할 수 없다. 다만, 검사를 위하여 그 시설을 사용하는 경우에는 그러하지 아니하다.[28] 폐기물처리시설의 검사를 받지 아니하거나 적합판정을 받지 아니하고 폐기물처리시설을 사용한 자는 3년 이하의 징역이나 3천만원 이하의 벌금에 처한다.[29]

28) 법 제30조 제3항
29) 법 제65조 제7호

Chapter

04 폐기물처리시설의 관리

제 1 절 폐기물처리시설의 유지·관리

1. 개 관

폐기물처리시설을 설치·운영하는 자는 환경부령으로 정하는 관리기준에 따라 그 시설을 유지·관리하여야 한다.[1] 관리기준에 적합하지 아니하게 폐기물처리시설을 유지·관리하여 주변환경을 오염시킨 자는 2년 이하의 징역이나 2천만원 이하의 벌금에 처한다.[2] 관리기준에 맞지 아니하게 폐기물처리시설을 유지·관리한 자에 대하여는 1천만원 이하의 과태료를 부과한다.[3]

2. 폐기물처리시설의 관리기준[4]

가. 공통기준

(1) 폐기물 처분시설 또는 재활용시설의 기능이 정상적으로 유지되도록 점검과 보수를 하여야 한다.

(2) 폐기물 처분시설 또는 재활용시설 설치·운영자는 시행규칙 제41조 제1항 제1호에 따른 시설의 유지관리계획서에 따라 항시 시설을 적절하게 유지·관리하여야 한다.

(3) 폐기물 처분시설 또는 재활용시설 설치·운영자는 폐기물을 처리하는 과정에서

1) 법 제31조 제1항
2) 법 제66조 제13호
3) 법 제68조 제1항 제4호
4) 시행규칙 [별표 11]

화재·동파 등에 대한 예방조치를 취하여야 하며, 폐기물 처분시설 또는 재활용시설로부터 폐기물이 새어 나가는 등의 사고가 발생하는 경우에는 즉시 시설의 가동을 중지하고, 새어 나간 폐기물을 회수하여 적절하게 보관·처리하여야 한다.

(4) 폐기물을 처리하는 과정에서 「수질 및 수생태계 보전에 관한 법률 시행규칙」 [별표 2]와 [별표 3]에 따른 수질오염물질 또는 특정수질유해물질을 배출하는 경우에는 동 시행규칙 [별표 13]에 따른 배출허용기준(매립시설의 경우에는 제2호 나목 2)의 가)에서 정하는 침출수 배출허용기준) 이내로 배출되도록 유지·관리하여야 한다. 다만, 수질오염물질·특정수질유해물질 또는 침출수를 [별표 9] 제1호 가목 3) 단서 또는 같은 표 제2호 나목 2) 마) 단서에 따른 시설에 옮겨 처리하거나 폐수처리업자에게 위탁처리하는 경우에는 그러하지 아니하다.

(5) 폐기물 처분시설 또는 재활용시설에 붙여진 온도지시계·자동온도기록계·운전내용자동기록지 등의 계측장비는 처리시설을 가동하지 아니하는 시간을 포함하여 운전내용을 연속적으로 측정·기록하도록 기능이 항상 정상적으로 유지되어야 한다. 다만, 폐기물 처분시설 또는 재활용시설의 보수·정전·화재나 그 밖의 부득이한 경우로서 시·도지사나 지방환경관서의 장이 인정하는 경우에는 그러하지 아니하다.

(6) 자동계측장비에 사용한 기록지는 3년 이상 보존하여야 한다. 다만, 「대기환경보전법」 제32조에 따라 측정기기를 붙이고 같은 법 시행령 제13조의2에 따른 굴뚝자동측정관제센터와 연결하여 정상적으로 운영하면서 온도데이터를 저장매체에 기록·보관하는 경우에는 그러하지 아니하다.

(7) 마목의 규정에도 불구하고 폐기물 처분시설 또는 재활용시설을 24시간 연속하여 가동하지 아니하는 경우에는 시·도지사나 지방환경관서의 장의 승인을 받아 시설의 가동시간에 한정하여 운전내용을 자동기록장치를 통하여 측정·기록할 수 있다. 이 경우 자동기록장치는 폐기물 처분시설 또는 재활용시설의 온도를 높이는 시간과 온도를 낮추는 시간을 포함한 전체 가동시간 동안 작동되도록 하여야 한다.

(8) 매립시설에는 법 제25조 제3항에 따른 허가·변경허가 및 법 제29조 제2항·제3항에 따른 승인·변경승인을 받은 처분대상 폐기물 외의 물질을 매립하여서는 아니된다.

(9) 음식물류 폐기물 처분시설 또는 재활용시설을 운영하는 경우 음식물류 폐기물의 저장·투입·이송 및 처리 등의 과정에서 발생된 악취가 외부로 새어 나가지 아니하도록 밀폐된 상태로 운영하여야 하며, 악취를 저감하는 시설이 정상적인 기능으로 유지될 수 있도록 관리하여야 한다.

(10) 폐기물 재활용시설을 설치·운영하는 자(법 제29조 제2항 제1호에 따른 시설은 제외)

는 [별표 8] 제4호 다목부터 타목에서 정하는 사항을 준수하여야 한다.

(11) 폐가전제품을 재활용하는 경우 폐가전제품 등의 보관·재활용 등의 과정에서 냉매물질, 형광물질 등이 외부로 새어 나가지 아니하도록 밀폐된 상태로 운영하여야 한다.

나. 개별 기준

(1) 중간처분시설의 경우

(가) 소각시설

1) 공통기준

가) 해당 시설에서 처분이 가능한 폐기물만을 소각하여야 한다.

나) 연소실에 폐기물을 투입하려는 경우에는 보조연소장치나 그 밖의 방법을 사용하여 섭씨 800도(「대기환경보전법」 제32조에 따른 측정기기를 붙이고 같은 법 시행령 제13조의2에 따른 굴뚝자동측정관제센터와 연결하여 정상적으로 운영되는 의료폐기물 외의 폐기물을 대상으로 하는 소각시설의 경우에도 600도, 종이·목재류만을 소각하는 경우에는 450도)까지 온도를 높인 후 폐기물을 투입하여야 하고, 시설의 가동을 멈출 때에는 폐기물이 완전히 연소한 후 온도를 낮추어야 한다.

다) 시간당 처분능력이 2톤 이상인 생활폐기물 소각시설의 경우에는 일산화탄소 농도를 4시간 평균 50피피엠(표준산소농도 12퍼센트로 환산한 농도로서 4시간 평균치를 말한다) 이내로 배출되도록 유지·관리하여야 한다.

라) 소각시설의 연소실·열분해실(가스화실을 포함한다) 또는 고온용융실의 최종 출구온도를 연속적으로 측정·기록하여야 하며, 시간당 처분능력이 2톤 이상인 소각시설의 경우에는 대기오염 방지시설 중 최초 집진시설(전기·여과집진시설이 설치되어 있으면 전기·여과집진시설을 최초 집진시설로 본다)의 입구온도 및 배출가스 중의 일산화탄소·산소·분진농도를 연속적으로 측정·기록하여야 한다. 다만, 「대기환경보전법」 제32조에 따라 측정기를 붙이고 이를 같은 법 시행령 제13조의2에 따른 굴뚝자동측정관제센터와 연결하여 정상적으로 운영하는 경우에는 연속적으로 측정·기록한 것으로 본다.

마) 대기오염 방지시설 중 최초 집진시설에 흘러드는 연소가스는 섭씨 200도(시간당 처분능력이 2톤 미만인 시설의 경우에는 섭씨 250도) 이하로 유지·관리하여야 한다.

바) 소각시설의 유지·관리를 위하여 운전관리자를 선임하고 운전지침서를 갖추어 두어 운전 중에는 운전관리자가 계속 머물면서 운전지침서에 따라 운영

하도록 하여야 한다.

사) 폐냉매물질 등 기체상 폐기물을 처분하고자 하는 경우에는 기체상 폐기물을 연소실·열분해실·고온용융실로 직접 투입하여 외부로 새어 나가지 아니하도록 운영하여야 한다.

2) 개별 기준

가) 일반소각시설

① 연소실(연소실이 둘 이상인 경우에는 최종 연소실)의 출구온도는 섭씨 850도(의료폐기물을 대상으로 하는 소각시설 외의 시설로서 시간당 처분능력이 200킬로그램 미만인 경우에는 섭씨 800도, 종이 또는 접착제·페페인트·기름 및 방부제 등이 묻어있지 아니한 순수한 목재류만을 소각하는 경우에는 섭씨 450도) 이상을 유지하여야 한다. 다만, 기계고장·이물질 유입 등으로 불가피한 경우에는 출구온도를 기준온도보다 20도 낮은 온도의 범위에서 장애 제거와 정상가동에 필요한 시간 동안 일시적으로 유지할 수 있다.

② 연소실은 연소가스가 2초(의료폐기물을 대상으로 하는 소각시설 외의 시설로서 시간당 처분능력이 200킬로그램 미만의 경우에는 0.5초, 시간당 처분능력이 200킬로그램 이상 2톤 미만인 경우에는 1초) 이상 체류하여야 한다.

③ 바닥재의 강열감량이 10퍼센트(지정폐기물 외의 폐기물을 소각하는 시설로서 시간당 처분능력이 200킬로그램 미만인 소각시설의 경우에는 15퍼센트) 이하가 되도록 소각하여야 한다. 다만, 2008년 1월 1일 이후 가동이 시작되는 생활폐기물 소각시설은 강열감량이 5퍼센트(시간당 처분능력이 200킬로그램 미만의 경우에는 10퍼센트) 이하가 되도록 소각하여야 한다.

나) 고온소각시설

① 연소실(연소실이 둘 이상인 경우에는 최종 연소실)의 출구온도는 섭씨 1,100도 이상을 유지하여야 한다. 다만, 기계고장·이물질 유입 등으로 불가피한 경우에는 출구온도를 기준온도보다 50도 낮은 온도의 범위에서 장애 제거와 정상가동에 필요한 시간 동안 일시적으로 유지할 수 있다.

② 연소실은 연소가스가 2초 이상 체류하여야 한다.

③ 바닥재의 강열감량이 5퍼센트 이하가 되도록 소각하여야 한다.

다) 열분해시설

① 열분해가스를 연소시키는 경우에는 가스연소실의 출구온도는 섭씨 850도 이상을 유지하여야 한다. 다만, 기계고장·이물질 유입 등으로 불가피한

경우에는 출구온도를 기준온도보다 20도 낮은 온도의 범위에서 장애 제거와 정상가동에 필요한 시간 동안 일시적으로 유지할 수 있다.

② 열분해가스를 연소시키는 경우에는 가스연소실은 가스가 2초 이상(시간당 처분능력이 200킬로그램 미만인 시설의 경우에는 1초 이상) 체류하여야 한다.

③ 열분해 잔재물의 강열감량이 10퍼센트(지정폐기물 외의 폐기물을 소각하는 시설로서 시간당 처분능력이 200킬로그램 미만인 소각시설의 경우에는 15퍼센트) 이하가 되도록 소각하여야 한다.

라) 고온용융시설

① 고온용융시설의 출구온도는 섭씨 1,200도 이상을 유지하여야 한다. 다만, 기계고장·이물질 유입 등으로 불가피한 경우에는 출구온도를 기준온도보다 50도 낮은 온도의 범위에서 장애 제거와 정상가동에 필요한 시간 동안 일시적으로 유지할 수 있다.

② 고온용융시설은 연소가스가 1초 이상 체류하여야 한다.

③ 고온용융시설에서 배출되는 잔재물의 강열감량은 1퍼센트 이하가 되도록 용융하여야 한다.

(나) 기계적 처분시설

1) 파쇄·분쇄·절단시설은 시설의 처분용량에 맞도록 공급량을 조절하여 파쇄·분쇄·절단하여야 한다.

2) 증발·농축시설은 폐기물의 성질과 상태별로 이의 처분를 위한 온도·압력을 조절하여야 한다.

3) 정제시설과 반응시설은 정제나 반응이 적절하게 이르어질 수 있도록 약품투입량·온도·압력교반(壓力攪拌)을 조절하여야 한다.

4) 유수분리시설

가) 분리된 기름성분은 지체 없이 회수유저장조로 보내야 한다.

나) 회수된 기름성분은 역류하거나 새어 나가지 아니하도록 하여야 한다.

다) 여과방식에 의한 시설의 여과포를 교체하거나 세척하여야 한다.

5) 탈수·건조시설

가) 탈수시설은 기능의 저하를 방지하기 위하여 여과포를 교체하거나 세척하여야 하며, 탈수기를 세척하여야 한다.

나) 건조시설은 성질과 상태별로 건조하여야 하며, 자연건조시설은 비올 때에 덮개로 덮여야 한다.

6) 멸균분쇄시설

가) 다음의 성능을 유지할 수 있어야 한다.

① 증기멸균분쇄시설은 멸균실이 섭씨 121도 이상, 계기압으로 1기압 이상인 상태에서 폐기물이 30분 이상 체류하여야 한다.

② 열관멸균분쇄시설은 섭씨 100도의 증기로 수분침투 후 나선형 열관에서 분당 4회 이상의 회전속도와 섭씨 165±5도의 고온으로 가열하여 멸균실이 섭씨 100도 이상인 상태에서 40분 이상 체류하여야 한다.

③ 마이크로웨이브 멸균분쇄시설은 섭씨 160도의 고온증기로 수분 침투 후 4개 이상의 마이크로파 발생기에서 각각 2천4백50메가헤르츠의 주파수와 출력 1천2백와트의 마이크로파를 조사하여 섭씨 95도 이상인 상태에서 25분 이상 체류하여야 한다.

나) 가동 시마다 아포균검사·세균배양검사 또는 멸균테이프검사를 하되, 1일 3회 이하 가동하는 경우에는 1회 이상, 1일 3회를 초과하여 가동하는 경우에는 2회 이상 아포균검사나 세균배양검사를 하여야 한다.

다) 자동기록지는 연결방식으로 사용하여야 한다.

라) 폐기물은 원형이 파쇄되어 재사용할 수 없도록 분쇄하여야 한다.

마) 수분함량이 50퍼센트 이하가 되도록 건조하여야 한다.

(다) 화학적 처분시설

1) 고형화·고화시설

가) 시멘트·물·용출방지제·합성고분자화합물 등은 고르게 혼합하여야 한다.

나) 혼합물은 양생(養生)하여야 한다. 다만, 합성고분자화합물을 고화제로 이용하는 경우에는 그러하지 아니한다.

2) 반응시설

가) 폐냉매물질 등 기체상 폐기물을 처분하는 경우 기체상 폐기물이나 처분과정에서 발생하는 유해가스가 외부로 새어 나가지 아니하도록 밀폐되는 상태로 운영하여야 한다.

(라) 생물학적 처분시설

1) 소멸화 시설 및 호기성·혐기성 분해시설

가) 호기성·혐기성 분해시설은 분해를 위한 온도·습도·공기량을 유지하여야 한다.

나) 소멸·소화 과정에서 선별된 협잡물(挾雜物) 또는 잔재물을 적절처리하여야 하며, 발생되는 악취가 최소화되도록 저감시설을 정상 운영하고, 수질오염물

질이 새어 나가지 아니하도록 하여야 한다.

(2) 최종처분시설의 경우

(가) 차단형 매립시설

1) 매립시설의 축대벽은 구조적으로 안정성이 유지되도록 하여야 한다.

2) 매립시설 내부로 빗물이나 지하수가 흘러들지 아니하도록 하여야 한다.

3) 매립시설의 사용을 끝낼 때에는 밀폐시켜야 한다.

4) 폐기물이 매립시설의 외부로 흘러나가지 아니하도록 유지·관리하여야 한다.

(나) 관리형 매립시설

1) 매립시설에서 발생하는 침출수는 다음의 배출허용기준 이하로 처리하여야 한다.

○ 매립시설 침출수의 생물화학적 산소요구량·화학적 산소요구량·부유물질량의 배출허용기준

구분	생물화학적 산소요구량(mg/L)	화학적 산소요구량(mg/L)			부유물질량(mg/L)
		과망간산칼륨법에 따른 경우		중크롬산칼륨법에 따른 경우	
		1일 침출수 배출량 2,000㎥ 이상	1일 침출수 배출량 2,000㎥ 미만		
청정지역	30	50	50	400(90%)	30
가지역	50	80	100	600(85%)	50
나지역	70	100	150	800(80%)	70

비고 1. 화학적 산소요구량의 배출허용기준은 2001년 6월 30일까지는 과망간산칼륨법에 따른 경우와 중크롬산칼륨법에 따른 경우 중 하나를 선택적으로 적용할 수 있으며, 2001년 7월 1일부터는 중크롬산칼륨법에 따른 배출허용기준을 적용한다.

2. 중크롬산칼륨법에 따른 경우 ( ) 안의 수치는 처리효율을 표시한 것이며, 침출수 원수(原水)의 화학적 산소요구량이 4,000mg/L을 초과하는 경우에는 ( ) 안에 표기된 처리효율 이상이 되도록 처리하여야 한다.

3. 청정지역·가지역·나지역의 구분은 「수질 및 수생태계 보전에 관한 법률 시행규칙」 [별표 13] 제1호에 따라 환경부장관이 고시하는 지역구분에 따른다.

○ 매립시설 침출수의 페놀류 등 오염물질의 배출허용기준

항목 / 지역	수소이온농도	노말헥산추출물질함유량		페놀류 함유량 (mg/L)	시안 함유량 (mg/L)	크롬 함유량 (mg/L)	용해성철 함유량 (mg/L)	아연 함유량 (mg/L)	구리 함유량 (mg/L)	카드뮴 함유량 (mg/L)	수은 함유량 (mg/L)	유기인 함유량 (mg/L)
		광유류 (mg/L)	동식물유지류 (mg/L)									
청정지역	5.8~8.0	1 이하	5 이하	1 이하	0.2 이하	0.5 이하	2 이하	1 이하	0.5 이하	0.02 이하	불검출	0.2 이하
가지역	5.8~8.0	5 이하	30 이하	3 이하	1 이하	2 이하	10 이하	5 이하	3 이하	0.1 이하	0.005 이하	1 이하
나지역	5.8~8.0	5 이하	30 이하	3 이하	1 이하	2 이하	10 이하	5 이하	3 이하	0.1 이하	0.005 이하	1 이하

비소함유량 (mg/L)	납 함유량 (mg/L)	6가크롬 함유량 (mg/L)	용해성 망간 함유량 (mg/L)	불소 함유량 (mg/L)	PCB 함유량 (mg/L)	총대장균군수 (군수/mL)	색도 (도)	암모니아성 질소 (mg/L)	무기성 질소 (mg/L)	총인 (mg/L)	트리클로로에틸렌 (mg/L)	테트라클로로에틸렌 (mg/L)
0.1 이하	0.2 이하	0.1 이하	2 이하	3 이하	불검출	100 이하	200 이하	50 이하 (95%)	150 이하 (85%)	4 이하	0.06 이하	0.02 이하
0.5 이하	1 이하	0.5 이하	10 이하	15 이하	0.005 이하	3,000 이하	300 이하	100 이하 (90%)	200 이하 (80%)	8 이하	0.3 이하	0.1 이하
0.5 이하	1 이하	0.5 이하	10 이하	15 이하	0.005 이하	3,000 이하	300 이하	100 이하 (90%)	300 이하 (70%)	8 이하	0.3 이하	0.1 이하

비고 1. 청정지역·가지역·나지역의 구분은 「수질환경보전법 시행규칙」 [별표 9] 제1호에 따라 환경부장관이 고시하는 지역구분에 따른다.
2. 무기성질소는 암모니아성질소·아질산성질소·질산성질소의 합으로 한다.
3. 질소처리시설의 반응조 출구의 수온이 섭씨 12도 미만인 경우에는 암모니아성질소와 무기성질소의 기준을 적용하지 아니한다.
4. 암모니아성질소와 무기성질소의 ( )의 수치는 처리원수에 대한 처리효율을 표시한 것이며, 침출원수의 암모니아성질소 및 무기성질소의 농도가 1리터당 1,000밀리그램 이상인 경우에는 ( ) 안에 표기된 처리효율 이상이 되도록 처리하여야 한다.

2) 침출수를 「하수도법」 제2조 제9호에 따른 공공하수처리시설 또는 「하수도법」 제2조 제10호에 따른 분뇨처리시설로 옮겨 처리하는 경우 공공하수처리시설 또는 분뇨처리시설에서 처리하는 오염물질 외의 오염물질에 대하여는 가)에서 규정하는 침출수 배출허용기준 이하로 처리한 후 보내야 한다.

3) 매립시설 주변의 지하수 검사정 및 빗물·지하수배제시설의 수질검사 또는 해수수질검사는 해당 매립시설의 사용시작 신고일 2개월 전부터 사용시작 신고일까지의 기간 중에는 월 1회 이상, 사용시작 신고일 후부터는 분기 1회 이상 각각 실시하여야 하며, 검사실적을 매년 1월말까지 시·도지사나 지방환경관서의 장에게 보고하여야 한다. 이 경우 측정항목은 지하수의 경우에는 「지하수의 수질보전 등에 관한 규칙」의 기준항목 및 생물학적 산소요구량, 화학적 산소요구량, 암모니아성질소, 아질산성질소 항목을 측정하고, 해수의 경우에는 「환경정책기본법」의 수질(해역)기준항목을 적용하며, 측정 결과가 폐기물의 매립으로 사용 전보다 사용 중의 오염도가 높다고 인정되면 수질오염 방지를 위한 조치(연직차수벽 설치 및 오염된 지하수 이송처리 등)를 마련하여야 한다.

4) 침출수 집배수시설은 정상적인 기능이 유지되도록 토사의 제거나 그에 알맞은 조치를 하여야 한다.

5) 차수시설 상부에 모여 있는 침출수의 수위는 시설의 안정 등을 고려하여 매립 중인 시설의 경우 5미터 이하, 매립이 끝난 시설은 2미터 이하가 유지되도록 관리하여야 한다.

6) 매립시설의 축대벽 및 둑은 폐기물과 침출수가 새어 나가지 아니하도록 하여야 하고 구조적으로 안정성이 유지되도록 하여야 한다.

7) 매립시설 측면의 토목합성수지라이너를 보호하고 침출수를 원활하게 배제하기 위하여 토목합성수지 상부의 지오컴포지트·지오네트 또는 지오텍스타일 등의 위에 폴리프로필렌 재질의 자루에 모래, 폐주물사 또는 폐사를 채워 30센티미터 이상 높이로 쌓거나(이 경우 자루의 내부에는 날카로운 물질이 혼합되어서는 아니된다) 폐타이어에 모래·폐주물사 또는 폐사 등을 채워 쌓은 후 폐기물을 매립하여야 한다. 다만, 시행규칙 제41조 제3항 제2호에 따른 매립시설의 검사기관이 본문의 방법과 동등한 효과가 있다고 인정하는 공법이나 환경기술검증을 받은 매립시설의 설치공법으로 매립시설의 측면에 토목합성수지 라이너를 설치한 경우에는 그러하지 아니하다.

8) 폐기물의 매립은 내부진입로 설치계획, 단계별 매립·복토·우수배제 방법 등이 포함된 매립작업 설계도서를 작성한 후 그 내용에 따라 하여야 한다.

9) 매립시설에 폐기물을 매립할 때에는 장비를 이용하여 다짐과 압축을 하여야

한다.

10) 매립시설의 복토는 다음 기준에 맞게 하여야 한다.

가) 매립작업이 끝난 후 투수성이 낮은 흙, 고화처리물 또는 건설폐재류를 재활용한 토사 등을 사용하여 15센티미터 이상의 두께(화학복토재 등 인공복토재를 사용하는 경우에는 환경부장관이 정하여 고시하는 두께)로 다져 일일복토를 하여야 하며, 매립작업이 7일 이상 중단되는 때에는 노출된 매립층의 표면부분에 30센티미터 이상의 두께로 다져 기울기가 2퍼센트 이상이 되도록 중간복토를 하여야 한다. 다만, 지정폐기물로 분류되지 아니하는 폐기물 중 복토의 필요성이 없다고 인정되는 소각재·도자기조각·광재류·폐석고·폐석회나 폐각류 등 악취의 발생이나 흩날릴 우려가 없는 폐기물만 매립하는 경우와 빗물의 침투를 방지하고 폐기물이 외부로 흩날리거나 악취가 발산되는 것을 막을 수 있는 시설을 설치하여 주변지역에 영향을 줄 우려가 없다고 인정되는 매립시설의 경우에는 일일복토와 중간복토를 하지 아니할 수 있다.

나) 화학복토재 등 인공복토재는 폐기물공정시험기준(방법)에 의한 용출시험 등을 하여 유해성이 없다고 판단한 후 사용하여야 한다.

다) 음식물류, 지정폐기물로 분류되지 아니하는 유기성 오니 또는 동식물성 잔재물 등 부패성 폐기물로서 부패성 물질의 함량이 40퍼센트 이상인 폐기물만 매립하는 때에는 폐기물의 높이가 매 3미터가 되기 전에 복토를 하여야 한다.

라) 오니 중 유기성의 것 등 부패성 지정폐기물로서 부패성 물질의 함량이 40퍼센트 이상인 지정폐기물만을 매립하는 경우에는 해당 폐기물의 높이가 50센티미터 이상인 때에는 50센티미터마다 30센티미터 이상의 두께로 복토를 하여야 한다. 다만, 매일 작업종료 직전에 매립되는 폐기물이 부패성 폐기물인 경우 그 폐기물의 높이에 해당하는 두께로 복토를 하여야 한다.

마) 매립시설의 사용이 끝났을 때에는 최종복토층을 기울기가 2퍼센트 이상이 되도록 설치하여야 한다. 이 경우 최종복토층은 하부로부터 다음과 같은 가스배제층(유기성 폐기물을 매립하여 가스가 발생하는 경우만 해당한다)·차단층·배수층 및 식생대층을 차례대로 설치하여야 한다. 다만, 시행규칙 [별표 9] 제2호의 비고 1에 해당하는 폐기물을 매립하는 매립시설의 경우에는 식생대층만을 설치할 수 있다.

① 가스배제층: 두께 30센티미터 이상 설치

② 차단층: 점토·점토광물혼합토 등으로 두께 45센티미터 이상이고 투수계

수가 1초당 1백만분의 1센티미터 이하가 되드록 설치하거나 점토·점토광물혼합토 등으로 두께 30센티미터 이상이고 투수계수가 1초당 1백만분의 1센티미터 이하가 되도록 설치한 후 그 위에 두께 1.5밀리미터 이상인 합성고분자 차수막 설치

③ 배수층: 모래, 재생골재 등을 30센티미터 이상 두께로 포설하거나 복토층 무게 상태에서 투과능계수가 1초당 3만분의 1제곱미터 이상인 지오컴포지트·지오네트 또는 지오텍스타일 등의 토목합성수지를 설치

④ 식생대층: 식물심기와 생장이 가능한 양질의 토양으로 두께 60센티미터 이상 설치

11) 유기성 폐기물을 매립하여 가스가 발생하는 경우에는 매립시설에서 발생하는 가스를 포집하여 소각 등의 처리를 하거나 발전·연료화 등에 재활용하여야 하며, 가스 포집이 쉽도록 수평과 수직의 가스배제관을 설치하여야 한다.

12) 해충의 발생 및 서식을 방지하기 위하여 방역을 하여야 한다.

(3) 재활용시설의 경우

(가) 기계적 재활용시설

1) 파쇄·분쇄·절단시설은 시설의 재활용 용량에 맞도록 공급량을 조절하여 파쇄·분쇄·절단하여야 한다.

2) 증발·농축시설은 폐기물의 성질과 상태별로 이의 재활용을 위한 온도·압력을 조절하여야 한다.

3) 정제시설과 반응시설은 정제나 반응이 적절하게 이루어질 수 있도록 약품투입량·온도·압력교반(壓力攪拌)을 조절하여야 한다.

4) 유수분리시설

가) 분리된 기름성분은 지체 없이 회수유저장조로 보내야 한다.

나) 회수된 기름성분은 역류하거나 새어 나가지 아니하도록 하여야 한다.

다) 여과방식에 의한 시설의 여과포를 교체하거나 세척하여야 한다.

5) 탈수·건조시설

가) 탈수시설은 기능의 저하를 방지하기 위하여 여과포를 교체하거나 세척하여야 하며, 탈수기를 세척하여야 한다.

나) 건조시설은 성질과 상태별로 건조하여야 하며, 자연건조시설은 비올 때에 덮개로 덮여야 한다.

6) 세척시설

가) 세척 과정에 사용된 세척수 등이 외부로 유출되지 않도록 하여야 한다.

나) 세척에 사용된 세척수에 혼입된 폐목재 찌꺼기와 기름 등은 별도로 분리하여 소각 처분하여야 한다.

(나) 화학적 재활용시설

1) 고형화·고화시설

가) 시멘트·물·용출방지제·합성고분자화합물 등은 고르게 혼합하여야 한다.

나) 혼합물은 양생(養生)하여야 한다. 다만, 합성고분자화합물을 고화제로 이용하는 경우에는 그러하지 아니한다.

(다) 생물학적 재활용시설

1) 사료화·퇴비화·소멸화·부숙토생산 시설 및 호기성·혐기성 분해시설

가) 사료화·퇴비화·부숙토생산 시설 및 호기성·혐기성 분해시설은 사료화·퇴비화·분해를 위한 온도·습도·공기량을 유지하여야 한다.

나) 「비료관리법」 제2조에 따른 공정규격에서 정한 퇴비로 재활용하는 경우에는 그 공정규격에서 정한 퇴비의 원료로 사용가능한 물질만을 사용하여야 한다.

다) 사료화·퇴비화·부숙토생산 및 소멸·소화 과정에서 선별된 협잡물(挾雜物) 또는 잔재물을 적정 처리하여야 하며, 발생되는 악취가 최소화되도록 저감시설을 정상 운영하고, 수질오염물질이 새어나가지 아니하도록 하여야 한다.

(라) 시멘트 소성로

1) 해당 시설에서 재활용이 가능한 폐기물만을 재활용하여야 한다.

2) 연소실에 폐기물을 투입하려는 경우에는 보조연소장치나 그 밖의 방법을 사용하여 섭씨 800도까지 온도를 높인 후 폐기물을 투입하여야 하고, 시설의 가동을 멈출 때에는 폐기물이 완전히 연소한 후 온도를 낮추어야 한다.

3) 예열기 최하단 원심력 집진시설의 출구온도는 섭씨 800도 이상을 유지하여야 한다. 다만, 기계고장·이물질 유입 등으로 인하여 불가피한 경우에는 20도 낮은 온도의 범위에서 장애 제거와 정상가동에 필요한 시간 동안 일시적으로 유지할 수 있다.

4) 연소실은 연소가스가 2초 이상 체류하여야 한다.

5) 연소실의 최종 출구온도를 연속적으로 측정·기록하여야 하며, 대기오염방지시설 중 최초 집진시설(전기·여과집진시설이 설치되어 있는 경우에는 전기·여과집진시설을 최초 집진시설로 본다)의 입구온도 및 배출가스 중의 산소·분진농도를 연속적으로 측정·기록하여야 한다. 다만, 「대기환경보전법」 제32조에 따라 측정기를 붙이고 이를 같은 법 시행령 제13조의2에 따른 굴뚝자동측정관제센터와 연결하여 정상적으로 운영하는 경우에는 연속적으

로 측정·기록한 것으로 본다.

6) 대기오염방지시설 중 최초 집진시설(전기·여과집진시설이 설치되어 있는 경우에는 전기·여과집진시설을 최초 집진시설로 본다)에 흘러드는 연소가스는 섭씨 200도(시간당 재활용능력이 2톤 미만인 시설의 경우에는 섭씨 250도) 이하로 유지·관리하여야 한다.

7) 시설의 유지·관리를 위하여 운전관리자를 선임하고 운전지침서를 갖추어 두어 운전 중에는 운전관리자가 계속 머물면서 운전지침서에 따라 운영하도록 하여야 한다.

8) 총탄화수소(THC)를 4시간 평균 60피피엠(표준산소농도 13퍼센트로 환산한 농도로서 4시간 평균치를 말한다) 이내로 배출되도록 유지·관리하여야 한다.

※ 폐기물을 연료로 사용하지 않는 시멘트 소성로에 대하여는 위 2)부터 6)까지 및 8)의 규정을 적용하지 아니한다.

(마) 용해로

1) 해당 시설에서 재활용이 가능한 폐기물만을 재활용하여야 한다.

2) 연소실에 폐기물을 투입하려는 경우에는 섭씨 800도까지 온도를 높인 후 폐기물을 투입하여야 하고, 시설의 가동을 멈출 때에는 폐기물이 완전히 연소된 후 온도를 낮추어야 한다.

3) 연소실 최종 출구온도를 연속적으로 측정·기록하여야 하며, 대기오염방지시설 중 최초 집진시설(전기·여과집진시설이 설치되어 있으면 전기·여과집진시설을 최초 집진시설로 본다)의 입구온도 및 배출가스 중의 산소·분진농도를 연속적으로 측정·기록하여야 한다. 다만, 「대기환경보전법」 제32조에 따라 측정기를 붙이고 이를 같은 법 시행령 제13조의2에 따른 굴뚝자동측정관제센터와 연결하여 정상적으로 운영하는 경우에는 연속적으로 측정·기록한 것으로 본다.

4) 대기오염방지시설 중 최초 집진시설에 흘러드는 연소가스는 섭씨 200도(시간당 처리능력이 2톤 미만인 시설의 경우에는 섭씨 250도) 이하로 유지·관리하여야 한다.

5) 시설의 유지·관리를 위하여 운전관리자를 선임하고 운전지침서를 갖추어 두어 운전 중에는 운전관리자가 계속 머물면서 운전지침서에 따라 운영하도록 하여야 한다.

3. 관리기준 등에 미달한 경우의 조치

가. 시설개선명령 또는 시설사용중지명령

환경부장관은 폐기물처리시설의 설치 또는 유지·관리가 법 제29조 제1항에 따른 설치기준 또는 법 제31조 제1항에 따른 관리기준에 맞지 아니하거나 법 제30조 제1항 또는 제2항에 따른 검사결과 부적합 판정을 받은 경우에는 그 시설을 설치·운영하는 자에게

기간을 정하여 그 시설의 개선을 명하거나 그 시설의 사용중지를 명할 수 있다.[5)]

나. 폐기물처리시설의 개선기간

(1) 법 제31조 제4항에 따라 시·도지사나 지방환경관서의 장이 폐기물처리시설의 개선 또는 사용중지를 명할 때에는 개선 등에 필요한 조치의 내용, 시설의 종류 등을 고려하여 개선명령의 경우에는 1년의 범위에서, 사용중지명령의 경우에는 6개월의 범위에서 각각 그 기간을 정하여야 한다.[6)]

(2) 시·도지사나 지방환경관서의 장은 천재지변이나 그 밖의 부득이한 사유로 제1항의 개선기간 내에 그 조치를 끝내지 못한 자에 대하여는 6개월의 범위에서 그 기간을 연장할 수 있다.[7)]

(3) 폐기물처리시설의 설치자 또는 관리자는 사용중지기간 내에 그 명령의 원인이 된 사유가 없어졌을 때에는 시·도지사나 지방환경관서의 장에게 보고하여야 한다.[8)]

(4) 시·도지사나 지방환경관서의 장은 위 (3)에 따른 보고를 받으면 지체 없이 그 사실을 조사·확인하고, 그 사유가 없어졌다고 인정되면 그 명령을 철회하여야 한다.[9)]

다. 개선명령 또는 사용중지명령 위반에 대한 벌칙

개선명령을 이행하지 아니하거나 사용중지명령을 위반한 자는 3년 이하의 징역이나 3천만원 이하의 벌금에 처한다.[10)]

라. 폐기물처리시설 폐쇄명령

환경부장관은 폐기물처리시설의 개선명령과 사용중지명령을 받은 자가 이를 이행하지 아니하거나 그 이행이 불가능하다고 판단되면 해당 시설의 폐쇄를 명할 수 있다.[11)] 이러한 폐쇄명령을 이행하지 아니한 자에 대하여는 7년 이하의 징역이나 7천만원 이하의 벌금에 처한다.[12)]

마. 주변환경을 오염시킨 자

법 제31조 제1항에 따른 관리기준에 적합하지 아니하게 폐기물처리시설을 유지·관

---

5) 법 제31조 제4항
6) 시행규칙 제44조 제1항
7) 시행규칙 제44조 제2항
8) 시행규칙 제44조 제3항
9) 시행규칙 제44조 제4항
10) 법 제65조 제8호
11) 법 제31조 제5항
12) 법 제64조 제3호

리하여 주변환경을 오염시킨 자는 2년 이하의 징역이나 2천만원 이하의 벌금에 처한다.[13]

제 2 절 폐기물처리시설 기술관리인제도

Ⅰ. 개 요

(1) 폐기물처리시설은 일반공중의 위생이나 환경에 위해를 줄 우려가 있기 때문에 그 설치 및 운영 시 기술적 관리를 충실히 하여야 한다. 일정한 규모 이상의 폐기물처리시설에 대해서는 기술적 업무에 정통한 전문가로 하여금 상시 관리할 수 있도록 하는 것이 바람직할 것이다.

(2) 그래서 「폐기물관리법」은, 대통령령으로 정하는 폐기물처리시설을 설치·운영하는 자에 대해 그 시설의 유지·관리에 관한 기술업무를 담당하게 하기 위하여 기술관리인을 임명(기술관리인의 자격을 갖추어 스스로 기술관리 하는 경우를 포함)하거나 기술관리 능력이 있다고 대통령령으로 정하는 자와 기술관리 대행계약을 체결하도록 하고 있다.[14]

Ⅱ. 대상시설

1. 매립시설

(1) 지정폐기물을 매립하는 시설로서 면적이 3천3백 제곱미터 이상인 시설. 다만, 시행규칙 [별표 3][15]의 제2호 최종처분시설 중 가목의 1) 차단형 매립시설에서는 면적이 330제곱미터 이상이거나 매립용적이 1천 세제곱미터 이상인 시설로 한다.

(2) 지정폐기물 외의 폐기물을 매립하는 시설로서 면적이 1만 제곱미터 이상이거나 매립용적이 3만 세제곱미터 이상인 시설

2. 소각시설

소각시설로서 시간당 처분능력이 600킬로그램(의료폐기물을 대상으로 하는 소각시설의 경우에는 200킬로그램) 이상인 시설

13) 법 제66조 제13호
14) 법 제34조 제1항
15) 시행령 [별표 3] [폐기물처리시설의 종류]

3. 압축·파쇄·분쇄 또는 절단시설

압축·파쇄·분쇄 또는 절단시설로서 1일 처분능력 또는 재활용능력이 100톤 이상인 시설

4. 사료화·퇴비화 또는 연료화시설

사료화·퇴비화 또는 연료화시설로서 1일 재활용능력이 5톤 이상인 시설

5. 멸균분쇄시설

멸균분쇄시설로서 시간당 처분능력이 100킬로그램 이상인 시설

6. 시멘트 소성로

7. 용해로

용해로(폐기물에서 비철금속을 추출하는 경우로 한정한다)로서 시간당 재활용능력이 600킬로그램 이상인 시설

Ⅲ. 기술관리인

1. 기술관리인의 자격

기술관리인의 자격은 아래 표와 같다.[16]

표 4-1 기술관리인의 자격기준

구 분		자격기준
폐기물 처분시설 또는 재활용시설	가. 매립시설	○ 폐기물처리기사, 수질환경기사, 토목기사, 일반기계기사, 건설기계기사, 화공기사, 토양환경기사 중 1명 이상
	나. 소각시설(의료폐기물을 대상으로 하는 소각시설은 제외한다), 시멘트 소성로 및 용해로	○ 폐기물처리기사, 대기환경기사, 토목기사, 일반기계기사, 건설기계기사, 화공기사, 전기기사, 전기공사기사 중 1명 이상

16) 시행규칙 제48조 [별표 14]

	다. 의료폐기물을 대상으로 하는 시설	○ 폐기물처리산업기사, 임상병리사, 위생사 중 1명 이상
	라. 음식물류 폐기물을 대상으로 하는 시설	○ 폐기물처리산업기사, 수질환경산업기사, 화공산업기사, 토목산업기사, 대기환경산업기사, 기계기사, 전기기사 중 1명 이상
	마. 그 밖의 시설	○ 같은 시설의 운영을 담당하는 자 1명 이상

비고: 폐기물 처분시설 또는 재활용시설이 배출시설에 해당할 때에는 「대기환경보전법」·「수질 및 수생태계 보전에 관한 법률」 또는 「소음·진동관리법」에 따른 환경관리인이 기술관리인을 겸임할 수 있다.

2. 기술관리능력 보유자

폐기물처리시설의 "기술관리능력이 있다고 대통령령으로 정하는 자"란 다음과 같다.[17)]

- 「한국환경공단법」에 따른 한국환경공단
- 「엔지니어링산업 진흥법」 제21조에 따라 신고한 엔지니어링사업자
- 「기술사법」 제6조에 따른 기술사사무소(법 제34조 제2항에 따른 자격을 가진 기술사가 개설한 사무소로 한정한다)
- 그 밖에 환경부장관이 기술관리를 대행할 능력이 있다고 인정하여 고시하는 자

Ⅳ. 조치사항

1. 기술관리인 임명

대상시설을 운영하는 자는 그 시설의 유지·관리에 관한 기술업무를 담당하게 하기 위하여 기술관리인을 임명하여야 한다. 대상시설을 운영하는 자가 기술관리인의 자격을 갖추어 스스로 기술관리하는 경우를 포함한다.[18)]

2. 기술관리대행계약 체결

대상시설을 설치·운영하는 자는 그 시설의 유지·관리에 관한 기술업무를 담당하게

17) 시행령 제16조
18) 법 제34조 제1항

하기 위하여 기술관리능력 보유자와 기술관리대행계약을 체결하여야 한다.[19] 기술관리대행계약에는 해당 처리시설별 점검항목과 기술관리의 횟수 또는 방법이 포함되어야 한다.[20]

표 4-2 폐기물처리시설에 대한 기술관리대행계약에 포함될 점검항목

시설명	점검항목
1. 중간처분시설	
가. 공통사항	○ 투입폐기물의 종류 및 양의 적절 여부 ○ 보관시설 바닥, 주요 처분시설 등의 변형·파손 여부 ○ 온도기록계 등 측정기기의 부착 및 정상가동 여부 ○ 사고발생 시 적절조치 여부 ○ 동파 우려가 있는 시설·장비의 배관의 물 제거 여부 ○ 시설·장비 등의 운영지침서에 의한 적절 운영 여부 ○ 소화장비의 구입 여부
나. 소각시설 및 고온열분해시설	○ 내화물의 파손 여부 ○ 연소버너·보조버너의 정상가동 여부 ○ 안전설비의 정상가동 여부 ○ 방지시설의 정상가동 여부 ○ 배출가스 중의 오염물질의 농도 ○ 연소실 등의 청소실시 여부 ○ 냉각펌프의 정상가동 여부 ○ 연도 등의 기밀유지 상태 ○ 정기성능검사 실시 여부 ○ 시설가동 개시 시 적절온도까지 높인 후 폐기물투입 여부 및 시설가동 중단방법의 적절성 여부 ○ 온도·압력 등의 적절 유지 여부
다. 파쇄시설	○ 파쇄·분쇄·절단장치의 파손 여부 ○ 분진의 흩날림 방지상태
라. 용융시설	○ 온도조절설비의 정상가동 여부 ○ 유해가스처리시설의 정상가동 여부
마. 증발·농축시설·정제시설·반응시설	○ 증발·농축조 등의 부식 또는 파손 여부 ○ 온도조절설비의 정상가동 여부 ○ 유해가스처리설비의 정상가동 여부 ○ 주기적인 청소 실시 여부

19) 법 제34조 제1항
20) 시행규칙 제49조 [별표 15]

바. 유수분리시설	○ 분리수이동설비의 파손 여부 ○ 회수유저장조의 부식 또는 파손 여부 ○ 이물질제거망의 청소 여부 ○ 폐유투입량 조절장치의 정상가동 여부 ○ 정기적인 여과포의 교체 또는 세척 여부
사. 응집·침전시설	○ 교반장치의 정상가동 여부 ○ 응집·침전된 오니의 적절 제거 여부
아. 탈수시설	○ 탈수성능의 정상 여부 ○ 액체상태 폐기물과 탈수과정에서 발성하는 폐수의 유출 여부 ○ 여과포의 정기적인 교체 또는 세척 여부 ○ 이물질의 제거 여부
자. 건조시설	○ 건조온도조절장치의 정상가동 여부 ○ 빗물유입방지용 덮개 등의 구비 여부 ○ 유해가스처리설비의 정상가동 여부
차. 고형화·고화시설	○ 혼합장치의 정상가동 여부 ○ 배합비율(시멘트·물 및 고화제 등) ○ 양생시설에서 혼합물의 유실 여부 ○ 혼합기 등의 청소 실시 여부
카. 안정화시설	○ 유해가스처리설비의 정상가동 여부
타. 멸균분쇄시설	○ 멸균조건의 적절 유지 여부(멸균검사 포함) ○ 분쇄시설의 정상가동 여부 ○ 자동기록장치의 정상가동 여부 ○ 안전설비의 정상가동 여부 ○ 악취방지시설·건조장치·자동투입장치 등의 정상가동 여부
파. 음식물류 폐기물 처분시설	○ 혼합·저장·분쇄장치의 파손 여부 ○ 가열·건조시설의 정상가동 여부 ○ 수질오염물질처리시설과 악취방지시설의 정상가동 여부 ○ 안전설비의 정상가동 여부 ○ 사료·비료제조업에 등록된 경우 생산제품의 공정규격 유지 여부 ○ 선별시설 정상가동 여부 ○ 발효시설·후부숙시설 정상가동 여부(퇴비화시설의 경우만 해당함)
2. 최종 처분시설	
가. 공통사항	○ 철망 등 외곽시설의 파손 여부 ○ 매립시설표지판의 설치 및 내용 기재 여부 ○ 계량시설의 정상가동 여부 ○ 매립시설 지반의 침하 여부

	○ 지하수 검사정의 수질검사 실시 여부 ○ 바닥·외벽 및 내부막의 파손 여부
나. 차단형 매립시설	○ 빗물차단용 덮개의 구비 여부 ○ 하단벽체의 콘크리트 파손 여부
다. 관리형 매립시설	○ 차수시설의 파손 여부 ○ 침출수집수정·이송설비 등의 정기적인 청소 실시 여부 ○ 유량조정조의 파손 여부 ○ 침출수 처리시설의 정상가동 여부 ○ 방류수의 수질 ○ 발생가스처리시설의 정상가동 여부
3. 재활용시설	
가. 공통사항	○ 투입폐기물의 종류 및 양의 적절 여부 ○ 보관시설 바닥, 주요 재활용시설 등의 변형·파손 여부 ○ 온도기록계 등 측정기기의 부착 및 정상가동 여부 ○ 사고 발생 시 적절조치 여부 ○ 동파 우려가 있는 시설·장비의 배관의 물 제거 여부 ○ 시설·장비 등의 운영지침서에 의한 적절 운영 여부 ○ 소화장비의 구입 여부
나. 시멘트 소성로, 용해로	○ 내화물의 파손 여부 ○ 연소버너·보조버너의 정상가동 여부 ○ 안전설비의 정상가동 여부 ○ 방지시설의 정상가동 여부 ○ 배출가스 중의 오염물질의 농도 ○ 연소실 등의 청소 실시 여부 ○ 냉각펌프의 정상가동 여부 ○ 연도 등의 기밀유지 상태 ○ 정기성능검사 실시 여부 ○ 시설가동 개시 시 적절온도까지 높인 후 폐기물투입 여부 및 시설가동 중단방법의 적절성 여부 ○ 온도·압력 등의 적절 유지 여부
다. 파쇄시설	○ 파쇄·분쇄·절단장치의 파손 여부 ○ 분진의 흩날림 방지 상태
라. 용융·용해시설	○ 온도조절설비의 정상가동 여부 ○ 유해가스처리시설의 정상가동 여부
마. 증발·농축시설·정	○ 증발·농축조 등의 부식 또는 파손 여부

제시설·반응시설	○ 온도조절설비의 정상가동 여부 ○ 유해가스처리설비의 정상가동 여부 ○ 주기적인 청소 실시 여부
바. 유수분리시설	○ 분리수이동설비의 파손 여부 ○ 회수유저장조의 부식 또는 파손 여부 ○ 이물질제거망의 청소 여부 ○ 폐유투입량 조절장치의 정상가동 여브 ○ 정기적인 여과포의 교체 또는 세척 여부
사. 응집·침전시설	○ 교반장치의 정상가동 여부 ○ 응집·침전된 오니의 적절 제거 여부
아. 탈수시설	○ 탈수성능의 정상 여부 ○ 액체상태 폐기물과 탈수과정에서 발생하는 폐수의 유출 여부 ○ 여과포의 정기적인 교체 또는 세척 여부 ○ 이물질의 제거 여부
자. 건조시설	○ 건조온도조절장치의 정상가동 여부 ○ 빗물유입방지용 덮개 등의 구비 여부 ○ 유해가스처리설비의 정상가동 여부
차. 고형화·고화시설	○ 혼합장치의 정상가동 여부 ○ 배합비율(시멘트·물 및 고화제 등) ○ 양생시설에서 혼합물의 유실 여부 ○ 혼합기 등의 청소 실시 여부
카. 음식물류 폐기물 재활용시설	○ 혼합·저장·분쇄장치의 파손 여부 ○ 가열·건조시설의 정상가동 여부 ○ 수질오염물질처리시설과 악취방지시설의 정상가동 여부 ○ 안전설비의 정상가동 여부 ○ 사료·비료제조업에 등록된 경우 생산제품의 공정규격 유지 여부 ○ 선별시설 정상가동 여부 ○ 발효시설·후부숙시설 정상가동 여부(퇴비화 시설의 경우만 해당함)
4. 그 밖에 환경부장관이 폐기물을 안전하게 처분 또는 재활용할 수 있다고 인정하여 고시하는 시설	○ 환경부장관이 고시로 정하는 항목

비고: 폐기물을 연료로 사용하지 않는 시멘트 소성로에 대하여는 [별표 9] 비고 제4호에 따라 적용되지 않는 점검항목은 제외한다.

제 3 절 오염물질 측정 및 주변지역 영향조사 의무

1. 오염물질 측정의무

가. 측정의무 대상

(1) 대통령령으로 정하는 폐기물처리시설을 설치·운영하는 자는 그 처리시설에서 배출되는 오염물질을 측정하거나 환경부령으로 정하는 측정기관으로 하여금 측정하게 하고, 그 결과를 환경부장관에게 제출하여야 한다.[21]

(2) "대통령령으로 정하는 폐기물처리시설"이라 함은 폐기물매립시설을 말한다.[22]

(3) "환경부령으로 정하는 측정기관"은,

- 보건환경연구원
- 한국환경공단
- 「환경분야 시험·검사 등에 관한 법률」 제16조 제1항에 따라 수질오염물질 측정대행업의 등록을 한 자
- 수도권매립지관리공사
- 그 밖에 국립환경과학원장이 정하여 고시하는 기관

을 말한다.[23]

나. 측정결과 보고

폐기물처리시설을 설치·운영하는 자는 법 제31조 제2항에 따른 오염물질의 측정결과를 매분기가 끝나는 달의 다음 달 10일까지 시·도지사나 지방환경관서의 장에게 보고하고, 사후관리가 끝날 때까지 보존하여야 한다.[24]

다. 측정대상 오염물질의 종류

측정대상 오염물질의 종류는 시행규칙 [별표 11] 제2호 나목 2) 가)에 따른 배출허용기준 대상항목인데, 다음 표와 같다.[25]

---

21) 법 제31조 제2항; 시행령 제13조
22) 시행령 제13조
23) 시행규칙 제43조 제1항
24) 시행규칙 제43조 제2항
25) 시행규칙 제43조 제3항 [별표 12], [별표 11]

○ 매립시설 침출수의 생물화학적 산소요구량·화학적 산소요구량·부유물질량의 배출허용기준

구분	생물화학적 산소요구량 (mg/L)	화학적 산소요구량(mg/L)			부유물질량 (mg/L)
		과망간산칼륨법에 따른 경우		중크롬산칼륨법에 따른 경우	
		1일 침출수 배출량 2,000㎥ 이상	1일 침출수 배출량 2,000㎥ 미만		
청정지역	30	50	50	400(90%)	30
가지역	50	80	100	600(85%)	50
나지역	70	100	150	800(80%)	70

비고 1. 화학적 산소요구량의 배출허용기준은 2001년 6월 30일까지는 과망간산칼륨법에 따른 경우와 중크롬산칼륨법에 따른 경우 중 하나를 선택적으로 적용할 수 있으며, 2001년 7월 1일부터는 중크롬산칼륨법에 따른 배출허용기준을 적용한다.

2. 중크롬산칼륨법에 따른 경우 ( ) 안의 수치는 처리효율을 표시한 것이며, 침출수 원수(原水)의 화학적 산소요구량이 4,000mg/L을 초과하는 경우에는 ( ) 안에 표기된 처리효율 이상이 되도록 처리하여야 한다.

3. 청정지역·가지역·나지역의 구분은 「수질 및 수생태계 보전에 관한 법률 시행규칙」 [별표 13] 제1호에 따라 환경부장관이 고시하는 지역구분에 따른다.

○ 매립시설 침출수의 페놀류 등 오염물질의 배출허용기준 대상항목

항목 / 지역	수소이온농도	노말헥산추출물질 함유량		페놀류 함유량 (mg/L)	시안 함유량 (mg/L)	크롬 함유량 (mg/L)	용해성철 함유량 (mg/L)	아연 함유량 (mg/L)	구리 함유량 (mg/L)	카드뮴 함유량 (mg/L)	수은 함유량 (mg/L)	유기인 함유량 (mg/L)
		광유류 (mg/L)	동식물유지류 (mg/L)									
청정지역	5.8 ~ 8.0	1 이하	5 이하	1 이하	0.2 이하	0.5 이하	2 이하	1 이하	0.5 이하	0.02 이하	불검출	0.2 이하
가지역	5.8 ~ 8.0	5 이하	30 이하	3 이하	1 이하	2 이하	10 이하	5 이하	3 이하	0.1 이하	0.005 이하	1 이하
나지역	5.8 ~ 8.0	5 이하	30 이하	3 이하	1 이하	2 이하	10 이하	5 이하	3 이하	0.1 이하	0.005 이하	1 이하

비소함유량 (mg/L)	납 함유량 (mg/L)	6가크롬 함유량 (mg/L)	용해성 망간 함유량 (mg/L)	불소 함유량 (mg/L)	PCB 함유량 (mg/L)	총대장균군수 (군수/mL)	색도 (도)	암모니아성 질소 (mg/L)	무기성 질소 (mg/L)	총인 (mg/L)	트리클로로에틸렌 (mg/L)	테트라클로로에틸렌 (mg/L)
0.1 이하	0.2 이하	0.1 이하	2 이하	3 이하	불검출	100 이하	200 이하	50 이하 (95%)	150 이하 (85%)	4 이하	0.06 이하	0.02 이하
0.5 이하	1 이하	0.5 이하	10 이하	15 이하	0.005 이하	3,000 이하	300 이하	100 이하 (90%)	200 이하 (80%)	8 이하	0.3 이하	0.1 이하
0.5 이하	1 이하	0.5 이하	10 이하	15 이하	0.005 이하	3,000 이하	300 이하	100 이하 (90%)	300 이하 (70%)	8 이하	0.3 이하	0.1 이하

비고 1. 청정지역·가지역·나지역의 구분은 「수질환경보전법 시행규칙」 [별표 9] 제1호에 따라 환경부장관이 고시하는 지역구분에 따른다.
2. 무기성질소는 암모니아성질소·아질산성질소·질산성질소의 합으로 한다.
3. 질소처리시설의 반응조 출구의 수온이 섭씨 12도 미만인 경우에는 암모니아성질소와 무기성질소의 기준을 적용하지 아니한다.
4. 암모니아성질소와 무기성질소의 ( )의 수치는 처리원수에 대한 처리효율을 표시한 것이며, 침출원수의 암모니아성질소 및 무기성질소의 농도가 1리터당 1,000밀리그램 이상인 경우에는 ( ) 안에 표기된 처리효율 이상이 되도록 처리하여야 한다.

라. 측정대상 오염물질의 측정주기

(1) 침출수 배출량이 1일 2천 세제곱미터 이상인 경우

(가) 화학적 산소요구량: 매일 1회 이상

(나) 화학적 산소량 외의 오염물질: 주 1회 이상

(2) 침출수 배출량이 1일 2천 세제곱미터 미만인 경우: 월 1회 이상

마. 측정의무 불이행 시 벌칙

오염물질 측정의무를 이행하지 아니한 자에 대하여는 1천만원 이하의 과태료를 부과한다.[26)]

바. 의무불이행에 따른 오염물질 측정명령

환경부장관은 폐기물처리시설을 설치·운영하는 자가 오염물질의 측정의무를 이행하

26) 법 제68조 제4호

지 아니하면 기간을 정하여 오염물질의 측정을 명할 수 있다.[27]

(1) 시·도지사나 지방환경관서의 장이 오염물질의 측정을 명하려면 1개월의 범위에서 기간을 정하여 명하여야 한다.[28]

(2) 시·도지사나 지방환경관서의 장은 폐기물처리시설의 설치·운영자가 천재지변 그 밖의 부득이한 사유로 오염물질의 측정을 끝내지 못하면 1개월의 범위에서 그 기간을 연장할 수 있다.[29]

사. 측정명령 불이행 시 벌칙

폐기물처리시설을 설치·운영하는 자가 시·도지사나 지방환경관서의 장의 오염물질 측정명령을 이행하지 아니하면 2년 이하의 징역이나 2천만원 이하의 벌금에 처한다.[30]

2. 주변지역 영향조사의무

가. 영향조사의무 대상

(1) 대통령령으로 정하는 폐기물처리시설을 설치·운영하는 자는 그 폐기물처리시설의 설치·운영이 주변지역에 미치는 영향을 3년마다 조사하고, 그 결과를 환경부장관에게 제출하여야 한다.[31]

(2) "대통령령으로 정하는 폐기물처리시설"이라 함은,

- 1일 처리능력이 50톤 이상인 사업장폐기물 소각시설(같은 사업장에 여러 개의 소각시설이 있는 경우에는 각 소각시설의 1일 처리능력의 합계가 50톤 이상인 경우를 말한다)
- 매립면적 1만 제곱미터 이상의 사업장 지정폐기물 매립시설
- 매립면적 15만 제곱미터 이상의 사업장 일반폐기물 매립시설
- 시멘트 소성로(폐기물을 연료로 사용하는 경우로 한정한다)
- 1일 재활용능력이 50톤 이상인 사업장폐기물 소각열회수시설(같은 사업장에 여러 개의 소각열회수시설이 있는 경우에는 각 소각열회수시설의 1일 재활용능력의 합계가 50톤 이상인 경우를 말한다)

을 말한다.[32]

---

27) 법 제31조 제6항
28) 시행규칙 제45조 제1항
29) 시행규칙 제45조 제3항
30) 법 제66조 제14호
31) 법 제31조 제3항
32) 시행령 제14조

나. 영향조사 분야 및 항목[33)]

(1) 매립시설

(가) 대기: 「환경정책기본법 시행령」 [별표 1]에 따른 대기환경기준 항목 중 미세먼지(PM－10) 및 「악취방지법」 제2조 제1호에 따른 악취

(나) 지표수: [별표 11] 제2호 나목 2) 가)에 따른 침출수 배출허용기준 항목

(다) 지하수: 「지하수의 수질보전 등에 관한 규칙」 [별표 4]에 따른 생활용수 수질기준 항목

(라) 토양: 「토양환경보전법 시행규칙」 [별표 3]에 따른 토양오염우려기준 항목

(2) 소각시설, 시멘트 소성로 및 소각열회수시설

(가) 대기: 다이옥신, 푸란 및 「악취방지법」 제2조 제1호에 따른 악취

(나) 지표수: [별표 11] 제2호 나목 2) 가)에 따른 침출수 배출허용기준 항목(소각시설 또는 소각열회수시설이 「수질 및 수생태계 보전에 관한 법률」 제2조 제10호에 따른 폐수배출시설에 해당하는 경우를 말한다)

다. 조사방법[34)]

(1) 조사횟수

각 항목당 계절을 달리하여 2회 이상 측정하되, 악취는 여름(6월부터 8월까지)에 1회 이상 측정하여야 한다.

(2) 조사지점

(가) 미세먼지와 다이옥신 조사지점은 해당 시설에 인접한 주거지역 중 3개소 이상 지역의 일정한 곳으로 한다.

(나) 악취 조사지점은 매립시설에 가장 인접한 주거지역에서 냄새가 가장 심한 곳으로 한다.

(다) 지표수 조사지점은 해당 시설에 인접하여 폐수, 침출수 등이 흘러들거나 흘러들 것으로 우려되는 지역의 상·하류 각 1개소 이상의 일정한 곳으로 한다.

(라) 지하수 조사지점은 [별표 9] 제2호 가목 8)의 설치기준에 따라 매립시설의 주변에 설치된 3개의 지하수 검사정(檢査井)으로 한다.

(마) 토양 조사지점은 매립시설에 인접하여 토양오염이 우려되는 4개소 이상의 일정한 곳으로 한다.

---

33) 시행규칙 [별표 13] 제1호
34) 시행규칙 [별표 13] 제2호

(3) 측정방법

「환경분야 시험·검사 등에 관한 법률」 제6조 제1항에 따른 환경오염 공정시험기준으로 하여야 한다.

라. 조사결과 보고[35)]

조사완료 후 30일 이내에 시·도지사나 지방환경관서의 장에게 제출하여야 한다. 「잔류성유기오염물질 관리법」 제19조 및 같은 법 시행규칙 [별표 7]에 따른 시멘트 소성로에 대한 다이옥신 측정지점 등이 제2호에 따른 조사시기, 조사지점 및 측정방법과 동일한 경우에는 같은 조에 의한 측정결과를 다이옥신에 대한 1회 측정결과로 갈음할 수 있다.

마. 영향조사 불이행 시 벌칙

주변지역에 미치는 영향을 조사하지 아니한 자에 대하여는 1천만원 이하의 과태료를 부과한다.[36)]

바. 영향조사명령

환경부장관은 폐기물처리시설을 설치·운영하는 자가 주변지역에 미치는 영향을 조사하지 아니하면 기간을 정하여 조사를 명령할 수 있다.[37)]

(가) 시·도지사나 지방환경관서의 장이 주변지역에 대한 영향조사를 명하려면 6개월의 범위에서 기간을 정하여 명하여야 한다.[38)]

(나) 시·도지사나 지방환경관서의 장은 폐기물처리시설의 설치·운영자가 천재지변이나 그 밖의 부득이한 사유로 조사를 끝내지 못하면 3개월의 범위에서 그 기간을 연장할 수 있다.[39)]

사. 영향조사명령 불이행 시 벌칙

폐기물처리시설을 설치·운영하는 자가 시·도지사나 지방환경관서의 장의 주변지역 영향조사명령을 이행하지 아니하면 2년 이하의 징역이나 2천만원 이하의 벌금에 처한다.[40)]

---

35) 시행규칙 [별표 13] 제3호
36) 법 제68조 제1항 제4호
37) 법 제31조 제6항
38) 시행규칙 제45조 제2항
39) 시행규칙 제45조 제3항
40) 법 제66조 제14호

Chapter

05 폐기물처리시설의 사용종료와 사후관리

제 1 절 폐기물처리시설의 사용종료

(1) 법 제29조 제2항에 따른 설치승인을 받거나 설치신고를 한 후 폐기물처리시설을 설치한 자(법 제25조에 따라 폐기물처리업 허가를 받은 자를 포함)는 그가 설치한 폐기물처리시설의 사용을 끝내거나 폐쇄하려면 환경부장관에게 신고하여야 한다.[1]

(2) 폐기물처리시설 사용종료 신고를 하고자 하는 자는 그 시설의 사용종료일 또는 폐쇄예정일 1개월 이전에 시행규칙 별지 제58호 서식의 사용종료·폐쇄신고서를 시·도지사나 지방환경관서의 장에게 제출한다.[2]

제 2 절 폐기물매립시설의 사후관리

사용종료 신고를 한 자 중 대통령령으로 정하는 폐기물을 매립하는 시설을 사용종료하거나 폐쇄한 자는 그 시설로 인한 주민의 건강·재산 또는 주변환경의 피해를 방지하기 위하여 환경부령으로 정하는 바에 따라 침출수 처리시설을 설치·가동하는 등의 사후관리를 하여야 한다.[3]

1) 법 제50조 제1항
2) 시행규칙 제69조 제1항
3) 법 제50조 제2항

Ⅰ. 개 관

1. 업무처리절차

사업자		시·도 지방환경관서		사업자		시·도 지방환경관서
사용종료신고 (사후관리 계획서 첨부)	제출 ➜	– 사후관리 계획의 적정 여부 검토 – 사후관리이행보증금 부과	신고 수리 ➜	– 사후관리이행보증금 납부 – 사후관리	종료 신청 ➜	사후관리종료 가능여부 검토 후 수리

2. 사후관리 대상 시설

최종처분시설 중 차단형 매립시설과 관리형 매립시설(침출수 처리시설, 가스 소각·발전·연료화 시설 등 부대시설을 포함)을 말한다. 다만, 연탄재·도자기편류 등을 매립하는 시설로서 침출수 처리시설의 가동 등 사후관리에 필요한 조치를 하지 아니하여도 된다고 인정하는 시설은 제외된다.4)

3. 사후관리 감독기관: 폐기물처리시설 허가 또는 승인기관

시·도지사	지방환경관서의 장
지방환경관서의 장이 관할하는 매립시설을 제외한 매립시설	– 지정폐기물을 매립한 시설 – 지정폐기물과 지정폐기물 외의 폐기물을 함께 매립한 시설 – 시·도지사 설치한 매립시설 – 광역 폐기물 매립시설

Ⅱ. 사후관리 대상 매립시설의 사용종료 신고

1. 제출서류

(1) 폐기물 처분시설 또는 재활용시설 사용종료·폐쇄신고서(시행규칙 별지 제53호 서식)

폐기물매립시설의 사용종료 신고를 하고자 하는 자는 사용종료·폐쇄신고서에 폐기

4) 시행령 제24조

물매립시설 사후관리계획서와 검사기관에 제출한 사용종료·폐쇄검사결과서 사본을 시·도지사나 지방환경관서의 장에게 제출하여야 한다.[5)]

(가) 폐기물처리시설 사용종료신고서상의 기재사항이 처리시설 설치승인 및 허가사항과 일치하여야 한다.

(나) 사용종료예정일이 신고일로부터 90일 이후의 날짜로 기재되어야 한다.

(다) 매립면적 및 매립량이 당초 허가나 승인사항과 일치하여야 한다.

(라) 폐기물매립시설을 구획하여 설치·사용하고자 단계별로 사용개시 신고를 하였다면 사용신고한 구획별로 사용을 종료하고자 할 때마다 사용종료신고서 및 사후관리계획을 수립·제출하여야 한다.

(2) 사후관리계획서

폐기물매립시설 사후관리계획서에는 ① 폐기물매립시설 설치·사용내용, ② 사후관리 추진일정, ③ 빗물배제계획, ④ 침출수 관리계획(차단형 매립시설은 제외), ⑤ 지하수 수질조사계획, ⑥ 발생가스 관리계획(유기성폐기물을 매립하는 시설만 해당), ⑦ 구조물과 지반 등의 안정도유지계획을 포함하여야 한다.[6)]

2. 사후관리계획서[7)]

(1) 폐기물매립시설 설치·사용내용

(가) 매립시설의 면적, 용량(매립고 포함), 차수재 종류, 침출수 처리시설(규모 및 능력), 지하수 검사정, 가스처리시설, 우수배제시설 등의 설치내역을 확인한다.

(나) 종류별 폐기물매립량(기 매립량, 향후 매립계획량) 및 복토량(기 복토량, 향후 복토량)을 확인한다.

(다) 침출수 발생량 및 수질조사 내역, 지하수 수질조사 내역, 발생가스 성분분석 및 처리내역, 주변해역 수질조사 내역(해수면 인접매립지) 등 오염도 조사결과를 확인한다.

(2) 사후관리 추진일정

(가) 사후관리에 필요한 제반 시설의 설치시기 등 추진일정이 구체적으로 표시되어 있어야 하고, 합리적으로 되어 있어야 한다.

(나) 사후관리에 필요한 침출수 처리시설 등 제반 시설의 유지·관리를 위한 전담관리자를 선임하여야 하고, 그 인원은 적정하여야 한다.

---

5) 시행규칙 제69조 제1항
6) 시행규칙 제69조 제1항 제1호
7) 이하는 '폐기물매립시설 사후관리 업무처리규정' II. 이하 참조

(다) 매립폐기물의 종류, 성상, 매립량, 주변여건 등을 감안하여 사후관리기간이 적정하게 산정되어야 한다(사용종료 신고를 한 날부터 30년 이내로 한다).

(3) 빗물배제계획

(가) 매립시설의 외부에서 빗물이 유입되지 않도록 매립지 주변에 배수구를 설치하는 등 우수배제계획이 적정해야 한다.

(나) 매립구역 내로 강하하는 빗물은 매립폐기물로 인해 오염될 가능성이 있으므로 매립층 내로 흡수되지 않고 신속히 배제될 수 있도록 조치하거나 시설을 설치하여야 한다.

(다) 빗물배제시설은 콘크리트 등 물이 스며들지 않고 내구성이 있는 재질이어야 한다.

(4) 침출수 관리계획(차단형 매립시설 제외)

(가) 매립시설 소재지 인근 기상대의 근거자료를 첨부하여 사용종료 신고 이전 10년 동안의 연평균 강우량을 제시한다.

(나) 강우내역을 기초로 한 연도별 침출수 발생예상량을 산정한다.

(다) 침출수 수질조사항목과 조사주기 및 처리기준이 적정하여야 한다(시행규칙 제42조 제1항 [별표 11]의 매립시설 침출수 배출허용기준 전 항목에 대해 매립종료 후 3년까지는 월 1회 이상, 3년이 경과한 후부터는 분기 1회 이상으로 하여 매립시설 침출수 배출허용기준에 적합하도록 처리).

(5) 지하수 수질조사계획

조사지점 및 검사정 설치방법이 적합하여야 한다.

1) 조사지점은 시설설치 초기에 설치된 4개 기존 검사정을 이용하되 반드시 기능이 정상적으로 발휘되고 있는지를 확인한다. 새로이 필요하다고 판단되는 경우에는 추가 설치하도록 한다. 다만, 해수면 인접매립지로서 지하수 검사정의 설치가 어려운 경우 매립지를 접한 해안선을 따라 육지 끝으로부터 일정 거리별로 최소 4개 이상의 조사지점을 선정한다.

2) 지하수 검사정의 설치방법은 다음과 같다.

- 「지하수의 수질보전 등에 관한 규칙」 제6조 제1항 [별표 3] '지하수오염관측정의 설치방법 및 수질측정의 주기·방법'의 지하수 오염관측정의 구조도에 따름(다음 그림 5-1 참조).
- 검사정은 매립지 상류부(지하수 흐름방향) 1개소, 하류부 주변 3개소 이상 설치하여야 한다.

- 검사정의 직경은 시료의 채취를 위하여 10㎝ 이상 되어야 한다.
- 검사정의 재질은 Teflon이나 스테인레스강, PVC(용매성분이 있는 것은 제외) 파이프를 사용하여야 한다.
- 검사정의 상부는 철재 등의 뚜껑을 설치하고 잠금장치가 있어야 한다.

그림 5-1 지하수 오염관측정 설치 예

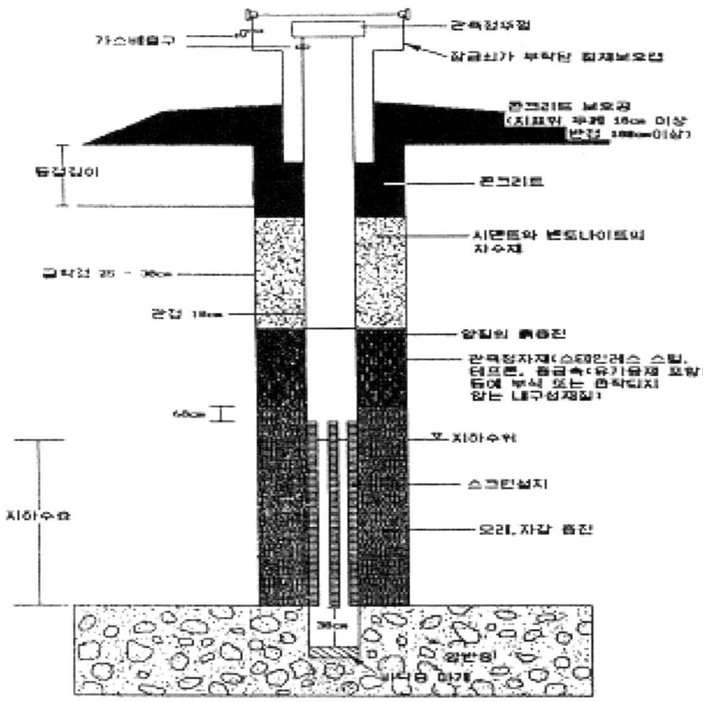

- 검사정 스크린은 3~5m(지하수면(GWT) 상부 1m, 하부 2m 이상)가 되도록 하고 스크린의 눈금크기는 0.2㎜ 정도가 적정하다.
- 스크린 주변 및 스크린 상부 0.9m~1.5m까지는 스크린의 막힘을 방지하기 위하여 여과재(깨끗한 모래 등)를 채워야 한다.
- 여과재 상부는 지표의 오염물질이 스며들지 않도록 벤토나이트, 폴리머, 시멘트 또는 시멘트와 벤토나이트 혼합물질 등의 불투수성재로 채워야 한다.
- 불투수성재 상부는 빗물 등의 유입을 방지하기 위하여 콘크리트(상부 경사도 유지)

하여야 한다.

• 검사정 하부는 밀폐되어야 한다.

3) 지하수 조사항목은 「지하수 등의 수질보전 등에 관한 규칙」 [별표 3]의 생활용수 수질기준 항목이고, 조사주기는 위 규칙 제3조 제2항의 규정에 따라 pH, COD, 대장균군수, 질산성질소, 염소이온 등은 월 1회, 나머지 항목은 분기 1회 측정해야 한다. 다만, 매립종료 후 3년까지는 월 1회 이상 조사하여야 한다. 지하수 오염관측정의 설치방법은 위 규칙 제3조 제2항 [별표 2] 지하수오염관측정의 설치방법 및 지하수 오염관측정의 구조도에 따르면 된다.

(6) 주변해역 수질조사계획(해수면 인접매립지에 한함)

(가) 매립지 인접해역의 수질조사항목 및 조사주기 등이 적정하여야 한다.

(나) 조사항목은 「환경정책기본법 시행령」 [별표 1] 제3호 라목의 수질(해역)환경기준 항목이다.

(다) 조사주기는 분기마다 1회 이상이다

(라) 조사지점은 매립지를 접한 해안선을 따라 육지 끝으로부터 일정 거리별로 최소 4개 이상의 조사지점을 선정한다.

(7) 발생가스 관리계획(유기성 폐기물을 매립하는 시설에 한함)

(가) 발생가스의 성분조사, 조사주기 및 처리계획 등이 적정해야 한다.

(나) 조사항목은 외기온도, 가스온도, CH_4, CO_2, O_2, N_2, NH_3, H_2S, NOx이다.

(다) 조사주기는 분기 1회 이상(초기 5년), 연 1회 이상(5년 경과 이후)이다.

(라) 가스회수방법(수직배출관, 상부포집관, 측면배출관) 및 처리방법(간이소각, 대기확산, 저장)을 제시하고 자연환기방법 또는 강제환기방법으로 처리하여야 한다.

[자연환기방법]

발생된 가스가 자갈 등의 통기성 물질로 구성된 벽 또는 층을 통하여 자연히 대기로 방출되도록 설계된 방법으로 소규모 매립지에 유용하다(다음 그림 5-2 참조).

1) 셀환기방법: 매립지 내의 Cell 사이에 가스통과층을 설치하는 방법

2) 우물형 환기방법: 매립층 내부에 우물을 설치하여 가스추출관을 설치하고 자갈로 채워 추출관을 통해 가스를 배기하는 방법

3) 덮개층 환기방법: 덮개설비에 자갈층으로 이루어진 가스이동층을 설치한 후 이 가스이동층에 가스추출관을 설치하여 배기하는 방법

그림 5-2 자연환기방법에 의한 가스관리 예

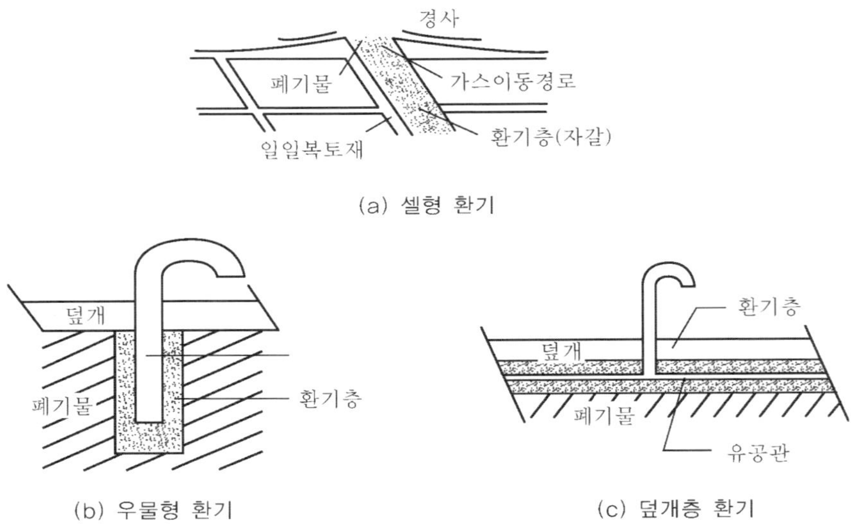

우물형 환기방법이나 덮개층 환기방법의 추출관에는 가스흡입구가 뚫려 있어야 하며, 가스흡입구의 직경은 추출관 주위에 충전하는 자갈이 최소 직경보다 작아야 한다.

자연환기설비를 위한 설계지표는 다음과 같다.

구 분	설계지표
셀(Cell)환기방법	– 설치간격: 20~60m(보통 30~40m) – 자갈층 두께: 30~60cm
우물형 환기방법	– 설치간격: 폐기물 7,500m³당 1개 – 우물 깊이: 1.2~4m – 우물 직경: 60cm – 추출관 직경: 10~20cm
덮개층 환기방법	– 자갈층 두께: 30~60cm – 추출관 직경: 10~20cm

[강제환기방법]

매립지 내에 여러 개의 깊은 가스추출관을 설치하고 송풍기 등으로 흡입하여 추출하는 방법으로 매립 깊이가 깊은 대규모 도시폐기물 매립지에서 많이 이용된다(그림 5-3 참조).

강제환기방식의 설계지표

- 우물 설치간격: 40~70m
- 우물 깊이: 매립층 깊이의 80~90%
- 우물 직경: 30~90cm
- 추출관 직경: 10~20cm

그림 5-3 강제환기방법에 의한 매립지 가스환기 예

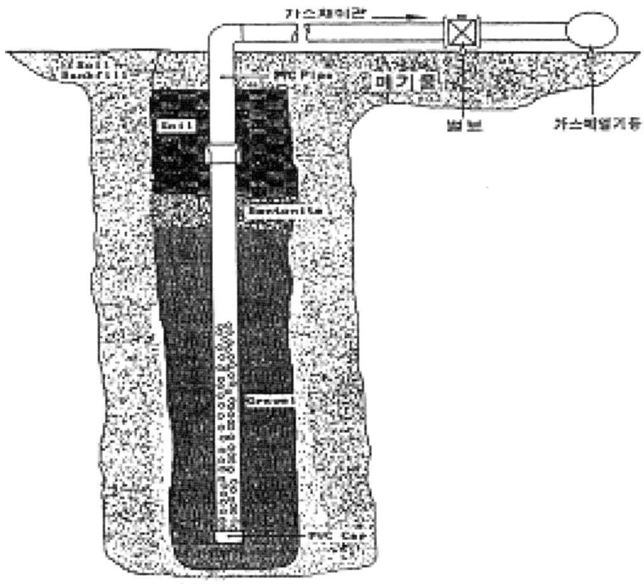

(8) 구조물 및 지반 등의 안정도 유지계획

(가) 옹벽·제방 등 매립지 구조물 및 지반의 안정도와 관리계획을 검토하고 필요 시 매립시설 검사기관 등 관계 전문기관의 안정성 검토 성적서를 첨부한다.

(나) 매립지 구조물 및 지반의 안정성, 시공의 적정성 등을 검토할 수 있는 관계 전문기관으로서는 「폐기물관리법 시행규칙」에 지정된 매립시설 검사기관, (사)대한토목학회,

(재)한국건설안전기술원, (사)한국건설안전기술협회 등이 가능할 것이며, 토목 또는 환경(폐기물)분야의 전문교수와 기술사로 구성된 대학부설연구소 등, 기관의 설립목적·구성원(기술능력) 등을 종합적으로 고려하여 시·도지사, 지방환경관서의 장이 판단한다.

(다) 차단형 매립시설의 경우, 매립시설의 최종상부 밀폐구조물 또는 외벽의 설치는 한국산업규격 에프 2405(콘크리트의 압축강도 시험방법)에 의하여 측정한 압축강도가 210kg/㎠ 이상인 콘크리트로서 두께가 15㎝ 이상 또는 이와 동등한 차단효력을 가진 구조물로써 방수처리하도록 한다.

(라) 관리형 매립시설의 경우, 복토량이 적정하게 산정되어야 하고(다짐 후의 두께로 매립지 전체면적에 복토 두께를 곱하여 산출) 복토재는 강우에 의한 침식저항력이 크고 투수성이 적으며 식생에 적합한 것이어야 한다.

(마) 복토재로 가장 적합한 토양은 양토이나 조달이 용이하지 못하므로 아래 그림의 토양분류삼각도 중 극한 부분인 꼭지점 부근의 토양만 아니면 복토재로 사용 가능하다.

그림 5-4 토양분류도

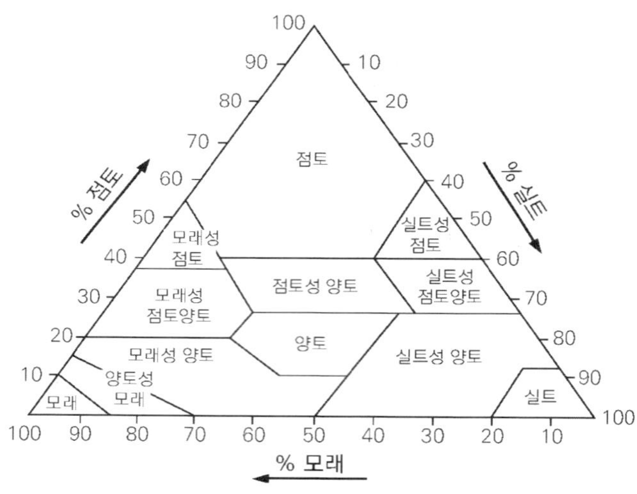

(바) 매립지에서는 물리적인 압축 및 미생물에 의한 유기물 분해작용에 의해 침하현상이 일어나고 이로 인해 사면 및 최종 복토층이 손상될 우려가 있으므로 이에 대한 조사계획이 수립되어 있어야 한다.

(사) 매립지 침하조사는 매립지 주변의 안정한 부지에 기준점을 설치하고 침하 여부를 관측하고자 하는 지점에 측정점을 설치하여 관측하며, 측정지점 수는 매립부지면적 10,000㎡당 2개소 이상으로 하고, 조사횟수는 연 2회 이상 실시하여 지표면이 항상 일정한 경사도를 유지하여 관리될 수 있도록 한다.

Ⅲ. 사용종료 검사 및 사후관리 정기검사

폐기물매립시설의 사용을 종료하거나 폐쇄하려는 자는 검사기관으로부터 검사를 받고 적합판정을 받아야 한다.[8] 사후관리를 하여야 하는 자는 적절한 사후관리가 이루어지고 있는지에 관하여 검사기관으로부터 정기검사를 받아야 한다.[9]

1. 사용종료 검사

가. 검사의무

(1) 폐기물매립시설의 사용을 종료하거나 폐쇄하려는 자는 사용종료 검사 또는 폐쇄검사를 받아야 한다.[10]

(2) 사용종료·폐쇄검사를 받으려는 자는 검사를 받으려는 날 3개월 전까지 시행규칙 별지 제30호 서식의 검사신청서를 시행규칙 제41조 제3항 제2호에 따른 매립시설의 검사기관에 제출하여야 한다.[11]

(3) 검사신청서를 제출할 때에는 ① 설계도서 및 구조계산서 사본, ② 시방서 및 재료시험성적서 사본을 첨부하여야 한다.[12]

나. 검사기준

사용종료·폐쇄검사를 위한 검사기준은 시행규칙 [별표 10]과 같다.

---

8) 법 제50조 제1항 후문
9) 법 제50조 제3항 전문
10) 시행규칙 제69조의2 제1항
11) 시행규칙 제69조의2 제3항
12) 시행규칙 제69조의2 제3항

<table>
<tr><th colspan="2">구 분</th><th>검사항목</th></tr>
<tr><td rowspan="2">사용종료·
폐쇄 검사</td><td>차단형
매립시설</td><td>○ 축대벽의 안정성
○ 빗물·지하수 유입 방지 조치
○ 사용종료 또는 폐쇄에 따른 밀폐상태
○ 지하수 검사정의 유지·관리 실태
○ 지하수 검사정, 지하수배제시설 및 해수의 수질검사 등을 통한 침출수 누출 여부</td></tr>
<tr><td>관리형
매립시설</td><td>○ 최종복토층(가스배제층·차단층·배수층·식생대층) 설치상태
○ 침하에 대한 안정성
○ 축대벽과 둑의 안정성
○ 빗물·지하수 유입 방지 조치
○ 빗물 배제시설의 설치상태
○ 침출수 집배수시설의 기능 유지·관리 실태
○ 침출수 처리시설의 운영·관리 실태 및 침출수 배출허용기준의 준수 여부
○ 가스포집 및 처리시설의 적정 설치·운영 여부
○ 지하수 검사정, 지하수배제시설 및 해수의 수질검사 등을 통한 침출수 누출 여부</td></tr>
</table>

다. 검사기관의 조치

매립시설 검사기관은 검사를 마치면 지체 없이 시행규칙 별지 제32호 서식의 검사결과서를 신청인에게 내주어야 한다.[13)]

2. 사후관리 정기검사

가. 검사의무

(1) 폐기물매립시설의 사용종료 신고를 한 자 중 법 제50조 제2항에 따라 사후관리를 하여야 하는 자는 적절한 사후관리가 이루어지고 있는지에 관하여 정기검사를 받아야 한다.[14)]

(2) 사후관리 정기검사를 받으려는 자는 검사를 받으려는 날 15일 전까지 시행규칙 별지 제30호 서식의 검사신청서를 시행규칙 제41조 제3항 제2호에 따른 매립시설의 검사기관에 제출하여야 한다.

13) 시행규칙 제69조의2 제5항
14) 법 제50조 제3항

(3) 검사신청서를 제출할 때에는 ① 설계도서 및 구조계산서 사본, ② 시방서 및 재료시험성적서 사본, ③ 사후관리계획서, ④ 종전에 받은 사후관리 정기검사 결과서 사본(종전에 검사를 받은 경우에 한정)을 첨부하여야 한다.

나. 검사주기

(1) 최초 정기검사: 사용종료일 또는 폐쇄일부터 1년

(2) 2회 이후의 정기검사: 최종 정기검사일부터 3년

다. 검사기준

사후관리 정기검사의 검사기준은 시행규칙 [별표 10]과 같다.

구 분		검사항목
사후관리 정기검사	차단형 매립시설	○ 소화장비 설치·관리 실태 ○ 축대벽의 안정성 ○ 빗물·지하수 유입 방지 조치 ○ 밀폐시설 관리 상태 ○ 지하수 검사정의 유지·관리 실태 ○ 지하수·해수의 수질검사 등을 통한 침출수 누출 여부
	관리형 매립시설	○ 소화장비 설치·관리 실태 ○ 최종복토층 관리 실태 ○ 구조물과 지반의 안정도 유지 실태 ○ 빗물·지하수 유입 방지 조치 ○ 빗물배제시설의 유지·관리 실태 ○ 침출수 집배수시설의 기능 유지·관리 실태 ○ 침출수 처리시설의 운영·관리 실태 및 침출수 배출허용기준의 준수 여부 ○ 가스 포집 및 처리시설의 적정 설치·운영 여부 ○ 지하수·해수의 수질검사 등을 통한 침출수 누출 여부 ○ 지표수 및 주변 토양조사 등을 통한 주변오염 관리의 적절 여부 ○ 방역 실태

라. 검사기관의 조치

매립시설 검사기관은 검사를 마치면 지체 없이 시행규칙 별지 제32호 서식의 검사결과서를 신청인에게 내주어야 한다.[15] 매립시설 검사기관의 장은 분기별 검사실적을 별지

15) 시행규칙 제69조의2 제5항

제34호 서식에 따라 매 분기 다음 달 20일까지 환경부장관에게 보고하고, 검사결과서 부본이나 그 밖에 검사와 관련된 서류를 5년간 보존하여야 한다.[16]

Ⅳ. 사후관리계획의 검토

1. 사후관리기준 및 방법[17]

가. 사후관리 기간

사후관리기간은 법 제50조 제1항에 따른 사용종료 또는 폐쇄신고를 한 날부터 30년 이내로 한다. 다만, 시행규칙 제41조 제3항 제2호에 따른 매립시설 검사기관이 침출수의 성질과 상태·양, 지하수·해수·하천의 수질, 토양의 오염도, 발생가스의 질과 양, 축대벽·둑 등의 안정도 등을 조사한 결과 사후관리가 필요하지 아니하다고 판단하는 경우에는 신청에 따라 시·도지사나 지방환경관서의 장이 사후관리의 종료를 결정·통보한 날까지로 한다.

나. 사후관리 인원

침출수 처리시설 등 사후관리가 필요한 모든 시설을 유지·관리하기 위하여 전담관리자를 두어야 한다.

다. 사후관리 항목 및 방법

(1) 빗물배제방법

시행규칙 [별표 9] 제2호 가목 5)에 따라 설치된 빗물배제시설 등을 유지·관리하여 빗물이 매립시설로 흘러들거나 떨어지지 아니하도록 하여야 한다.

(2) 침출수 관리방법

(가) 매립시설에서 발생하는 침출수([별표 9] 제2호 나목 2) 마) 단서에 따른 시설에 옮겨 처리하는 오염물질의 경우는 제외한다) 및 처리수(2) 단서에 따른 이송수를 포함한다)에 대하여 [별표 11] 제2호 나목 2) 가)의 침출수 배출허용기준 항목을 분기 1회 이상 조사하여야 한다.

(나) 침출수는 시행규칙 [별표 11] 제2호 나목 2) 가)의 침출수 배출허용기준에 맞도록 침출수 처리시설에서 처리한 후 흘려보내야 한다. 다만, 시행규칙 [별표 9] 제2호 나목 2) 마) 단서에 따른 시설에 옮겨 처리하는 경우에는 그러하지 아니하다.

---

16) 시행규칙 제69조의2 제6항
17) 시행규칙 [별표 19] '사후관리기준 및 방법'

(다) 매립시설의 차수시설 상부에 모여 있는 침출수의 수위는 시설의 안정 등을 고려하여 2미터 이하로 유지되도록 관리하여야 한다.

(3) 지하수 수질조사방법

(가) 「지하수의 수질보전 등에 관한 규칙」 [별표 4]에 따른 생활용수 수질기준항목을 같은 규칙 제6조 제1항에 따라 조사하여야 한다. 다만, 매립종료 후 3년까지는 월 1회 이상 조사하여야 한다.

(나) 시행규칙 [별표 9] 제2호 가목 8)의 설치기준에 따라 매립시설의 주변에 설치된 3개의 기존 검사정을 이용하여 지하수 수질을 검사하되 반드시 기능이 정상적으로 발휘되도록 관리하여야 한다.

(4) 해수 수질조사방법(매립지의 경계선이 해수면과 가까운 매립시설만 해당)

(가) 「환경정책기본법 시행령」 [별표 1] 제3호 라목의 수질(해역)환경기준항목을 분기 1회 이상 조사하여야 한다.

(나) 조사지점은 시행규칙 [별표 9] 제2호 가목 8) 단서에 따라 선정된 지점으로 한다.

(5) 발생가스 관리방법(유기성 폐기물을 매립한 매립시설만 해당)

(가) 외기온도, 가스온도, 메탄, 이산화탄소, 암모니아, 황화수소 등의 조사항목을 매립종료 후 5년까지는 분기 1회 이상, 5년이 지난 후에는 연 1회 이상 조사하여야 한다.

(나) 발생가스는 포집하여 소각처리하거나 발전·연료 등으로 재활용하여야 한다.

(6) 구조물과 지반의 안정도 유지방법

(가) 축대벽, 둑 등 구조물 및 지반의 안정도를 관리하는 계획을 수립·시행하여야 한다. 이 경우 시·도지사나 지방환경관서의 장이 안정도를 유지하기 위하여 특히 필요하다고 인정하여 매립시설 검사기관이 실시한 안정성검토성적서의 제출을 요구하는 경우에는 이에 따라야 한다.

(나) 물리적인 압축과 미생물의 유기물 분해작용에 의한 침하현상으로 매립시설의 사면이나 최종복토층이 손상될 우려가 있으므로 이에 대한 방지계획을 수립·시행하여야 한다.

(다) 매립시설 주변의 안정한 부지에 기준점을 설치하고 침하 여부를 관측하려는 지점에 측정점(매립부지면적 1만 제곱미터당 2개소 이상)을 설치하여 연 2회 이상 조사하고 지표면이 항상 일정한 경사도를 유지하도록 관리하여야 한다(차단형 매립시설은 제외). 다만, 측정점의 수는 매립시설 검사기관이 실시한 타당성보고서 등으로 조정할 수 있다.

(7) 지표수 수질조사방법

(가) 매립시설에 인접하여 하천·계곡이 있는 경우「환경정책기본법 시행령」[별표 1] 제3호 가목의 환경기준항목을 분기 1회 이상 조사하여야 한다.

(나) 조사지점은 매립시설을 중심으로 각 하천·계곡의 상·하류 각 1개 지점 이상의 일정한 지점으로 한다.

(8) 토양조사방법

(가)「토양환경보전법 시행규칙」[별표 1]의 토양오염물질을 연 1회 이상 조사하여야 한다.

(나) 조사지점은 매립시설에 가까운 토양오염이 우려되는 4개소 이상의 일정한 지점으로 한다.

(9) 방역방법(차단형 매립시설 제외)

(가) 파리, 모기 등 해충을 방지하기 위한 방역계획을 수립·시행하여야 한다.

(나) 방역은 매립종료 후 월 1회 이상 실시하되, 12월부터 다음 해 2월까지는 필요시에, 6월부터 9월까지는 주 1회 이상 실시하여야 한다. 다만, 매립시설 검사기관이 더 이상의 방역이 필요하지 아니하다고 판단하는 경우에는 그러하지 아니하다.

라. 주변환경영향 종합보고서 작성

위 사후관리 항목 및 방법에 따라 조사한 결과를 토대로 매립시설이 주변환경에 미치는 영향에 대한 종합보고서를 매립시설의 사용종료신고 후 5년마다 작성하여야 한다.

2. 현지조사

가. 개 요

사후관리계획서의 보완 및 적정 여부를 판단하기 위하여 필요할 경우 현지조사를 실시하고 그 결과가 계획서에 반영되도록 한다.

나. 현지조사 중점사항

(1) 사후관리계획서상 제시된 시설설치 및 폐기물의 매립, 오염조사 등의 내역이 실제현황과 일치하는지 여부

(2) 복토재 조달지역에서의 복토재 확보가능성 및 복토재가 강우침식 저항력, 투수성, 식생 등에 적합한 토양인지 여부

(3) 우수배제시설의 용량, 재질의 적정 여부 및 보완, 추가설치 필요성 여부

(4) 매립구역 내에서 유출되는 우수가 매립폐기물로 인해 오염될 가능성 여부

(5) 침출수 유량조정조 및 처리시설 등 기능의 정상 발휘 여부

(6) 지하수 검사정 기능의 정상발휘 여부 및 추가설치 필요성 여부

(7) 주변해역의 오염가능성 여부 및 조사지점의 적정 여부

(8) 발생가스 회수시설 기능의 정상발휘 여부 및 가스발생으로 인한 폭발, 화재의 발생 및 악취 등으로 주민건강이나 생활에 지장을 초래할 우려가 있는지 여부와 가스회수시설 및 처리시설의 추가설치 여부

(9) 구조물이 기초지반으로부터 분리되어 미끄러짐이나 기울어짐, 구조물 자체의 균열 등 구조물 및 지반의 안전도 여부

(10) 매립시설을 알리는 표지판, 경계선 등의 설치 여부 및 기타 사후관리에 필요한 사항

(11) 매립시설 내부 침출수위 확인

3. 사후관리계획의 조정 및 적정 통보

가. 적정 통보

시·도지사, 지방환경관서의 장은 사용종료신고서(사후관리계획서)의 검토결과 적합하다고 판단되는 경우 신고서를 수리하고 신고인에게 그 결과를 통보한다.

나. 폐기물매립시설 사후관리대장 기록유지 조치

시·도지사, 지방환경관서의 장은 신고수리 결과를 통보함에 있어 신고인(사후관리대상 매립시설의 설치자)에게 최종보완된 사후관리계획서의 내용대로 관리하드록 하고 시행규칙 별지 제1호 서식에 의한 폐기물매립시설 사후관리대장을 기록·유지하도록 조치

다. 주변환경 오염도 조사보고서 제출

사후관리계획의 적정통보 시에 시·도지사, 지방환경관서의 장은 신청인에게 시행규칙 [별표 19] 관련 주변환경 오염도 조사보고서를 분기 익월 15일 내(면적이 1만 제곱미터 이하이거나 매립용적이 3만 세제곱미터 이하인 경우에는 반기 익월 15일 이내)에 제출토록 한다.

V. 사후관리계획 시정명령

환경부장관은 사후관리를 하여야 하는 자가 이를 제대로 하지 아니하거나 정기검사 결과 부적합 판정을 받은 경우에는 기간을 정하여 시정을 명할 수 있다.[18]

1. 대상시설

(1) 사용종료 신고 시 제출한 사후관리계획서의 최종 보완내용에 명시된 사후관리계획대로 사후관리를 이행하지 않는 경우

(2) 시행규칙 [별표 19](사후관리 기준 및 방법)에서 정하고 있는 사항을 준수하지 아니하는 경우

(3) 안전사고 등의 발생으로 당초 제출한 사후관리계획의 보완 등 별도조치가 필요한 경우

(4) 위 내용 이외에 당초 제출한 사후관리계획 범위 내에서 시·도지사, 지방환경관서의 장이 필요하다고 인정하는 경우

2. 업무처리절차

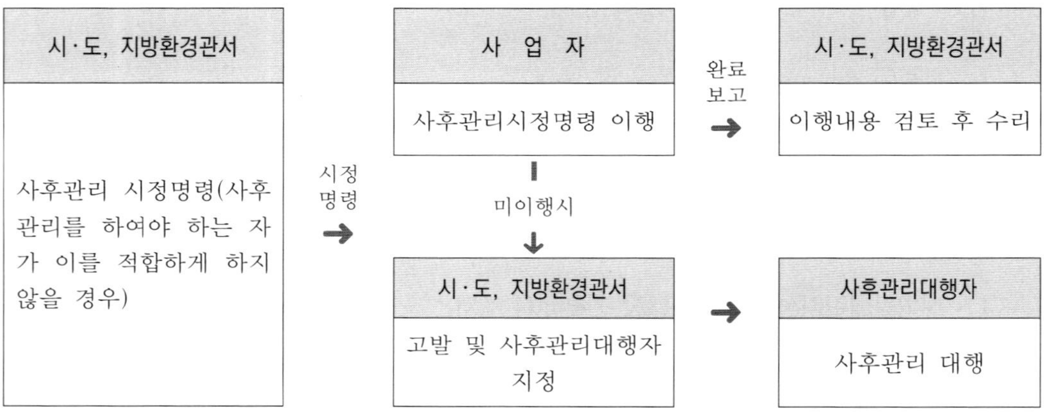

3. 시정명령

가. 필요범위 내 조치

사후관리 시정명령은 사후관리 대상시설이 사후관리계획서대로 적정하게 관리될 수 있도록 침출수 방류기준의 준수, 발생가스의 적정처리, 매립지 구조물의 안전도 검사 등 필요한 범위 내에서 조치한다.

나. 시정기간

사후관리를 하여야 하는 자가 사후관리업무를 적합하지 아니하게 행하는 경우에는

---

18) 법 제50조 제4항

기간을 정하여 이의 시정을 명하여야 한다. 이때 시정기간은 위반정도, 위반내역, 사업자의 시정의지, 그 시정에 필요한 조치의 난이도 등을 고려하여 정하되 최초의 시정기간은 3개월(최대 6개월)을 넘지 않도록 한다.

다. 이행종료 보고 및 확인

사후관리 시정명령을 한 경우에는 당해 시정명령의 특성에 따라 그 이행을 증명하는 서류를 첨부하여 그 이행의 종료를 보고하도록 조치하고, 시설 개·보수 등 현지 확인이 필요한 경우 현지조사를 실시하여 명령의 적정이행 여부를 확인하고 그 결과를 즉시 통보한다.

라. 사후관리 업무대행

(1) 사후관리를 하여야 하는 자가 사후관리 부적정 이행에 따른 시정명령에도 불구하고 그 기간 내에 이를 시정하지 아니하는 경우, 시정할 의사가 전혀 없다고 판단되는 경우 또는 이행할 능력이 없다고 판단되는 경우에는 사후관리대행자에게 대행하게 하고, 사후관리이행보증금·이행보증보험금 또는 사후관리이행보증금의 사전적립금을 그 비용으로 사용할 수 있다.[19]

(2) 사후관리업무를 대행할 수 있는 자는 한국환경공단과 환경부장관이 사후관리를 대행할 능력이 있다고 인정하여 고시하는 자이다.[20]

마. 고발조치

사후관리의무자가 사후관리 시정명령을 위반하고 그 기간 내에 이를 시정하지 아니하였을 때에는 법 제65조 제11호의 규정에 의해 고발조치를 한다.[21]

바. 사후관리 제외시설에 대한 사후관리조치명령

시행령 제24조에 의하여 사후관리를 하지 아니하여도 된다고 인정한 시설(연탄재, 도자기 편류 등을 매립한 시설)의 경우, 사후관리기간 내에 침출수가 배출되는 등 적정한 관리가 필요하다고 판단되는 경우에는 법 제50조 제2항의 규정에 따라 즉시 사후관리조치를 명한다.[22]

---

19) 법 제50조 제5항
20) 시행령 제25조
21) 폐기물매립시설 사후관리 업무처리규정 III. 4.
22) 폐기물매립시설 사후관리 업무처리규정 III. 4.

Ⅵ. 사후관리이행보증금

1. 개 관

가. 납부대상 시설

사후관리 대상 시설로서 사용종료 또는 폐쇄 후 침출수의 누출 등으로 인하여 주민의 건강 또는 재산이나 주변환경에 중대한 위해를 가져올 우려가 있다고 시·도지사 또는 지방환경관서의 장이 인정하는 시설에 대해서는 그 시설을 설치한 자에게 그 사후관리의 이행을 보증하게 하기 위하여 사후관리에 드는 비용의 전부 또는 일부를 「환경개선특별회계법」에 따른 환경개선특별회계에 예치하게 할 수 있다.[23]

나. 면제 또는 예치갈음

(1) 면제대상

국가 또는 지방자치단체가 폐기물매립시설의 설치자인 경우에는 사후관리이행보증금의 납부를 면제한다.[24]

(2) 전부 또는 일부 예치갈음 대상

(가) 사후관리의 이행을 보증하는 보험에 가입한 경우, 사후관리에 소요되는 비용을 사전적립한 경우, 사후관리비용의 전부 또는 일부에 상당하는 담보를 제공한 경우에는 사후관리에 드는 비용의 전부나 일부를 예치한 것으로 볼 수 있다.[25]

(나) 사후관리이행보증보험에 가입한 자로서 사후관리에 드는 비용의 예치를 갈음받으려는 자는 납부통보된 사후관리이행보증금의 전부나 일부의 이행을 보증하는 보험증서를 납부기간에 환경부장관에게 제출하여야 한다.[26]

(다) 사후관리 비용의 전부 또는 일부에 상당하는 담보물을 제공한 자로서 사후관리에 드는 비용의 예치를 갈음받으려는 자는 납부통보된 사후관리이행보증금의 전부 또는 일부에 상당하는 가치(「부동산 가격공시 및 감정평가에 관한 법률」에 따른 감정평가액에 해당하는 가치)를 가진 것으로 평가되는 담보물을 납부기간에 환경부장관에게 제공하여야 한다.[27] 환경부장관은 담보물을 제공한 자가 매립시설의 사후관리 의무를 이행하지 아니할 때에는 담보물을 매각하여 그 시설의 사후관리 비용에 충당할 수 있다. 이 경우 사후관리

23) 법 제51조 제1항 본문
24) 시행령 제27조 제1항
25) 법 제51조 제1항 단서
26) 시행령 제28조
27) 시행령 제29조 제1항

비용에 충당하고 남은 금액이 있으면 담보물을 제공한 자에게 반환하여야 한다.[28]

2. 업무처리절차

가. 이행보증금 납부 여부 결정

시·도지사, 지방환경관서의 장은 매립시설의 사용종료 신고 시 또는 사후관리계획의 적정 통보 시 사후관리 이행보증금 납부 여부를 관계전문가(매립시설 검사기관, 폐기물분과 위원, 관련 대학연구소 등)의 의견을 청취하여 결정한다.[29]

나. 이행보증금 납부대상 통보

시·도지사, 지방환경관서의 장은 사후관리 대상인 폐기물을 매립하는 시설 중 침출수나 매립가스의 누출 등으로 주민의 건강 또는 재산이나 주변환경에 심각한 위해를 가져올 우려가 있는 시설에 대하여는 그 설치자에게 사후관리이행보증금 납부대상 시설임을 사용종료 또는 폐쇄의 신고를 받은 후 15일 이내에 알려야 한다.[30]

다. 사후관리 비용명세서 제출

(1) 소요비용 명세서 작성

사후관리이행보증금의 납부대상 시설임을 통지받은 자는 통지받은 날부터 1개월 이내에 사후관리이행보증금 산출기준에 따른 사후관리 소요비용 명세서에 다음의 서류를 첨부하여 시·도지사나 지방환경관서의 장에게 제출하여야 한다. 다만, 같은 폐기물매립시설에서 지정폐기물 및 지정폐기물 외의 폐기물을 처리하는 경우에는 그 서류를 지방환경관서의 장에게 제출하여야 한다.[31]

- 연도별 사후관리 소요비용의 세부항목별 산출명세서
- 사전적립금 적립명세서(사후관리 소요비용을 사전적립한 자만 제출한다)

(2) 사후관리이행보증금 산출기준

- 사후관리이행보증금은 사후관리 기간에 드는 다음 비용을 합산하여 산출한다. 다만, 시행령 [별표 3]의 제2호 최종 처리시설 중 가목의 1) 차단형 매립시설의 경우에는 ①항의 비용은 제외한다.
  ① 침출수 처리시설의 가동과 유지·관리에 드는 비용

28) 시행령 제29조 제2항
29) 시행령 제36조
30) 시행령 제26조 제1항
31) 시행령 제26조 제2항

② 매립시설 제방, 매립가스 처리시설, 지하수 검사정(檢査井) 등의 유지·관리에 드는 비용

③ 매립시설 주변의 환경오염조사에 드는 비용

- 사후관리이행보증금의 산출기초가 되는 사후관리에 드는 비용은 매립시설별로 매립한 폐기물의 종류와 양, 매립시설의 형태, 지형적 요인, 침출수의 양과 농도, 침출수 처리방법 등을 고려하여 이를 산출한다.

사후관리이행보증금의 세부적인 비용산출 기준과 방법, 그 밖에 필요한 사항은 환경부장관이 정하여 고시한다.

라. 사후관리비용 결정, 납부 고지

(1) 시·도지사, 지방환경관서의 장은 시설 설치자가 제출한 비용명세서를 검토하여 환경부고시 제2011－22호(2011.2.28)「폐기물매립시설 사후관리 이행보증금 비용산출기준에 관한 규정」에 따라 적정하게 산출하였는지 여부를 검토한다.

(2) 필요하다고 판단되는 경우에는 비용산출 내역에 대한 관계 전문가의 의견을 청취한다.

(3) 비용명세서 제출일로부터 1개월 이내에 사후관리 비용을 결정하고, 해당 시설의 설치자에게 1개월 이상의 납부기간을 정하여 그 비용에 상당하는 금액(사후관리이행보증금을 사전에 적립한 자의 경우에는 그 사전적립금에 사전적립기간 중 매년 1년 만기 정기적금 이자에 상당하는 이자를 가산한 금액을 뺀 금액을 말한다)을 사후관리이행보증금으로 낼 것을 알려야 한다.[32] 사후관리이행보증금을 납부기한까지 내지 아니하면 국세 체납처분의 예에 따라 징수한다.[33]

마. 이행보증금의 납부

(1) 사후관리행보증금의 납부 통보를 받은 자는 납부기한 내에 환경개선특별회계에 납입하거나 사후관리를 보증하는 보험에 가입한 경우 보험증권을 제출한다.

(2) 사후관리이행보증금의 전부 또는 일부를 부동산 등의 담보물의 제공으로 갈음받고자 하는 자는「부동산 가격공시 및 감정평가에 관한 법률」에 의한 감정가액을 명시하여 관할 시·도지사, 지방환경관서의 장에게 담보물을 제공한다.

---

32) 시행령 제26조 제3항
33) 법 제51조 제3항

3. 사후관리이행보증금의 관리 및 반환

가. 징수 및 관리

(1) 사후관리를 하여야 하는 자가 이를 적정하게 이행하지 아니하여 사후관리대행자를 지정하여 사후관리를 대행하게 한 경우, 이 대행에 소요되는 비용을 사후관리이행보증금에서 지급한다.

(2) 담보물 제공자가 사후관리를 이행하지 아니할 때는 당해 담보물을 매각, 사후관리 비용을 충당하고 남은 금액을 반환한다.

나. 사후관리이행보증금의 사용용도

사후관리이행보증금과 사전적립금은 다음 각 호의 용도에 사용한다.[34)]

- 사후관리이행보증금과 매립시설의 사후관리를 위한 사전적립금의 환불
- 매립시설의 사후관리 대행
- 그 밖에 대통령령으로 정하는 용도

다. 사후관리이행보증금의 반환

(1) 시·도지사, 지방환경관서의 장은 폐기물을 매립하는 시설을 설치한 자가 매년 이행하여야 할 사후관리 업무의 전부 또는 일부를 이행하면 납부된 사후관리이행보증금 중에서 그 이행의 정도에 따라 산출된 금액에 해당하는 사후관리이행보증금을 반환하여야 한다.[35)]

(2) 반환금액[36)]

(가) 이행보증금의 반환청구를 할 때에는 사후관리이행보증금 반환청구서에 사후관리 비용지출명세서를 첨부하여 제출한다. 시·도지사, 지방환경관서의 장은 아래의 기준에 따라 반환한다.

1) 사후관리업무를 전부 이행한 경우: 당해 연도의 사후관리비용으로 예치한 금액에 「민법」 제379조에 의한 이자를 가산한 금액

2) 사후관리업무의 일부를 이행한 경우: 당해 연도의 사후관리비용으로 예치한 금액에 환경부장관이 결정한 사후관리 이행률을 곱한 금액에다 「민법」 제379조에 의한 이자를 가산한 금액

(나) 사후관리 비용명세서에는 ① 사후관리 사안별, 항목별 비용지출내역서와 ② 비

---

34) 법 제53조
35) 법 제51조 제4항
36) 시행령 제31조

용의 지출을 증빙하는 서류가 포함되어야 한다.

(다) 사후관리 이행률은 당초 제출한 사후관리계획서를 토대로 「환경정책기본법 시행령」 제19조 규정에 의한 폐기물처리분과위원회 등 관계전문가의 심의를 거쳐 결정한다.

Ⅶ. 사후관리이행보증금 사전적립제도

1. 목 적

사후관리이행보증금 사전적립제도는 폐기물매립시설의 사용종료 후 침출수처리시설의 가동 등 사후관리의 이행을 보증하게 하기 위하여 일정 규모 이상의 시설에 대해 사후관리에 필요한 비용을 사전에 예치하도록 하는 제도이다.

2. 납부대상 시설

사후관리대상 매립시설 중 면적이 3천3백 제곱미터 이상인 폐기물매립시설이 납부대상이다.[37)]

3. 처리절차

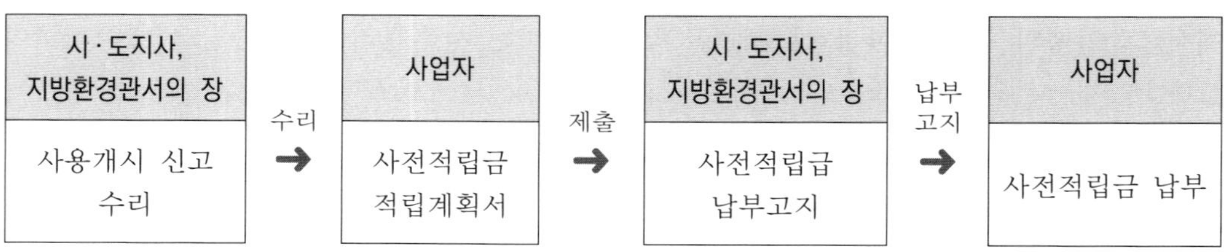

가. 사전적립금 적립계획서 제출시기

3천 300제곱미터 이상의 폐기물매립시설의 설치자는 당해 시설의 사용을 시작한 날부터 1개월 이내에 사전적립금 적립계획서를 제출하여야 한다.

나. 사전적립금 납부 고지

(1) 시·도지사, 지방환경관서의 장은 사전적립계획서를 받으면 그 계획서에 따라 매년 사전적립금을 납부하도록 통보하여야 한다. 다만, 최초의 납부고지는 해당 시설을 사용하기 시작한 후 1년이 지난날부터 1개월 이내에 하여야 한다. 납부 통보를 받은 자는

37) 법 제52조 제1항

통보받은 금액을 매년 환경부장관에게 납부하여야 한다.[38]

(2) 시·도지사, 지방환경관서의 장은 폐기물매립시설 설치자가 사전에 적립한 금액(사전적립기간 중 매년 1년 만기 정기적금 이자에 상당하는 이자 포함)이 사후관리이행보증금보다 많으면 그 차액을 반환하여야 한다.[39]

다. 사전적립금의 사용용도

사후관리이행보증금과 사전적립금은 다음 각 호의 용도에 사용한다.[40]

- 사후관리이행보증금과 매립시설의 사후관리를 위한 사전적립금의 환불
- 매립시설의 사후관리 대행
- 그 밖에 대통령령으로 정하는 용도

4. 사전적립금 납부금액의 결정 등

사전적립금 납부금액의 결정·부과 및 반환은 사후관리 이행보증금 업무처리절차에 준한다.

Ⅷ. 사후관리의 종료

1. 사후관리 종료의 요건

사후관리를 하여야 하는 자가 사후관리기준 및 방법에 맞게 사후관리를 함으로써 사후관리기간이 끝나거나 영구적으로 침출수의 유출이 없는 등의 사유르 사후관리를 끝내면 사후관리 종료신청서에 다음 서류를 첨부하여 시·도지사나 지방환경관서의 장에게 제출하여야 한다.[41]

- 매립지반의 안정도, 발생가스와 침출수의 성질·상태 및 양 등을 조사·분석한 환경영향조사서
- 사후관리가 끝났음을 확인할 수 있는 서류

2. 사후관리 종료 통보

(1) 시·도지사, 지방환경관서의 장은 매립지 사후관리자가 객관적인 자료의 제시와

38) 시행령 제33조
39) 법 제52조 제2항; 시행령 제34조
40) 법 제53조
41) 시행규칙 제70조 제2항

함께 침출수 처리 등 사안별 또는 시설 전반에 대한 사후관리 종료를 신청할 경우에는 매립지반의 안정도, 침출수 및 배출가스의 질 등 사안별 또는 전반적인 환경영향조사를 실시하여 사후관리의 종료 여부를 결정하여야 하고, 종료결정 시에는 그 결과를 즉시 사후관리자에게 통보한다.

(2) 매립지 환경영향조사는 매립시설 검사기관, 국·공립연구기관, 대학부설연구소 등에 의뢰하여 실시하되, 동 연구보고서에는 매립지의 침하속도, 발생가스의 질과 양, 침출수의 성상 및 양 등에 관한 사항을 포함한다.

(3) 발생가스 및 침출수, 주변 대기오염도 조사는 국·공립연구소 또는 「대기환경보전법」 제23조, 「수질환경보전법」 제44조의 규정에 의하여 지정받은 측정대행업소에서 측정이 가능할 것이다.

(4) 시·도지사 또는 지방환경관서의 장은 사후관리가 끝나 토지의 용도와 용도제한 기간 등이 변경된 경우에는 변경된 내용을 폐쇄된 매립시설이 소재한 토지의 소유권 또는 소유권 외의 권리를 가지고 있는 자에게 알려야 한다.[42]

제 3 절 폐기물처리시설의 사용종류 후의 토지이용 제한

Ⅰ. 토지이용 제한

사후관리 대상인 폐기물매립시설은 그 사용이 끝나거나 시설이 폐쇄되더라도 침출수의 누출, 제방의 유실 등으로 주민의 건강 또는 재산이나 주변환경에 심각한 위해를 가져올 우려가 있을 수 있다. 이러한 점을 미연에 방지하기 위해 일정한 기간 매립시설이 있는 토지에 대해 공중의 이용을 제한할 필요가 있다.

1. 이용제한 토지

사후관리 대상인 폐기물을 매립하는 시설의 사용이 끝나거나 시설이 폐쇄된 후 침출수의 누출, 제방의 유실 등으로 주민의 건강 또는 재산이나 주변환경에 심각한 위해를 가져올 우려가 있다고 인정되는 경우 그 시설이 있는 토지이다.[43]

42) 시행규칙 제70조 제3항
43) 법 제54조

2. 이용제한 기간

법 제54조에 따른 토지의 이용제한기간은 폐기물매립시설의 사용이 종료되거나 그 시설이 폐쇄된 때로부터 30년 이내로 한다.[44)]

3. 이용제한 용도

토지이용이 제한되는 용도는 수목(樹木)의 식재(植栽), 초지(草地)의 조성 또는 「도시공원 및 녹지 등에 관한 법률」 제2조 제4호에 따른 공원시설, 「체육시설의 설치·이용에 관한 법률」 제2조 제1호에 따른 체육시설, 「문화예술진흥법」 제2조 제1항 제3호에 따른 문화시설, 「신에너지 및 재생에너지 개발·이용·보급 촉진법」 제2조 제2호에 따른 신·재생에너지 설비의 설치에 한정된다. [45)]

Ⅱ. 토지의 이용

1. 이용계획의 제출

법 제54조에 따라 토지이용이 제한된 토지의 소유권 또는 소유권 외의 권리를 가지고 있는 자가 그 토지를 이용하려면 토지이용계획서에 이용하려는 토지의 도면, 매립폐기물의 종류·양 및 복토상태를 적은 서류·지적도를 첨부하여 환경부장관에게 제출하여야 한다.[46)]

2. 이용계획의 검토 및 통보

환경부장관은 토지이용계획서를 받으면 그 토지의 용도와 용도제한기간 등을 결정한 후 시행규칙 별지 제66호 서식에 따라 토지소유권 또는 소유권 외의 권리를 가지고 있는 자에게 이를 알려야 한다.[47)]

44) 시행령 제35조
45) 법 제54조
46) 시행령 제35조 제2항
47) 시행령 제35조 제3항; 시행규칙 제80조

4-1 질의/응답 사례(법제처) : 폐기물처리시설

4-1-1 환경부 : 사후관리 방법으로서 발생가스 관리방법이 개정되었으나 부칙에 경과규정이 없는 경우, 개정 전부터 사후관리 중인 매립시설에 대한 개정규정의 적용 가부(폐기물관리법 시행규칙 [별표 19] 등 관련)[안건번호 13-0615, 회신일자 2014-02-12]

1. 질의요지

2000년 12월 30일 폐기물관리법 시행규칙 개정 시 매립시설의 사후관리 기준 및 방법 중 발생가스 관리방법에 대해 종전에는 대기로 방출하도록 하던 것을 포집하여 소각 또는 재활용하도록 변경하면서 부칙에서 이 규칙의 시행일(2001. 1. 1)을 규정하는 외에 위 개정규정에 대한 경과규정을 두지 아니하였는 바, 2001년 1월 1일 전부터 사후관리 중인 매립시설에 대해 적용되는 사후관리 기준으로서 발생가스 관리방법은 종전 규정에 따라 대기로 방출하는 방법인지, 아니면 개정규정에 따라 포집하여 소각 또는 재활용하는 방법인지?

2. 회 답

2001년 1월 1일 전부터 사후관리 중인 매립시설에 대해 적용되는 사후관리 기준으로서 발생가스 관리방법은 종전 규정에 따라 대기로 방출하는 방법이라고 할 것입니다.

3. 이 유

폐기물관리법 제50조 제1항 전단에서 제29조 제2항에 따른 폐기물처리시설 설치승인을 받거나 설치신고를 한 후 폐기물처리시설을 설치한 자(제25조에 따라 폐기물처리업의 허가를 받은 자를 포함함)는 그가 설치한 폐기물처리시설의 사용을 끝내거나 폐쇄하려면 환경부령으로 정하는 바에 따라 환경부장관에게 신고하여야 하고, 같은 법 제50조 제2항, 같은 법 시행령 제24조 본문 및 [별표 3]의 제2호 가목에 따르면 신고를 한 자 중 매립시설을 사용종료하거나 폐쇄한 자는 그 시설로 인한 주민의 건강·재산 또는 주변환경의 피해를 방지하기 위하여 환경부령으로 정하는 바에 따라 침출수(浸出水)처리시설을 설치·가동하는 등의 사후관리를 하여야 하며, 같은 법 제50조 제4항에서는 환경부장관은 제2항에 따라 사후관리를 하여야 하는 자가 이를 제대로 하지 아니하는 경우에는 환경부령으로 정하는 바에 따라 기간을 정하여 시정을 명할 수 있다고 규정하고 있습니다.

이에 따라, 같은 법 시행규칙 제70조 제1항 및 [별표 19] 제3호 마목 2)에 따르면, 법 제50조 제2항에 따른 사후관리 기준 및 방법 중 발생가스 관리방법(유기성 폐기물을 매립한 폐기물매립시설만 해당함)에 대해 "발생가스는 포집하여 소각처리하거나 발전·연료 등으로 재활용하여야 한다"고 규정하고 있는데, 이는 구 폐기물관리법 시행규칙(2000.12.30. 환경부령 제104호로 개정되어 2001.1.1. 시행되기 전의 것을 말하며, 이하 「종전 폐기물관리법 시행규칙」이라 함) [별표 14]의 제3호 마목 (2)에서 발생가스 관리방법에 대해 대기로 방출하는 방법으로 정하고 있던 것을 2000년 12월 30일 환경부령 제104호로 개정(시행일: 2001.1.1)되면서 소각 또는 재활용하도록 규정함에 따라 현재까지 동일하게 규정하고 있는 것으로, 개정 폐기물관리법 시행규칙(2000.12.30. 환경부령 제104호로 개정되어 2001.1.1. 시행된 것을 말하며, 이하 「개정폐기물관리법 시행규칙」이라 함) 부칙에서는 발생가스 관리방법의 개정규정에 대한 경과규정을 두지 아니하였는 바, 이 사안에서는 「개정폐기물관리법 시행규칙」의 시행일인 2001년 1월 1일 전부터 사후관리 중인 매립시설에 대해 적용되는 발생가스 관리방법은 「종전 폐기물관리법 시행규칙」에 따라 대기로 방출하는 방법으로 해야 하는지, 아니면 「개정폐기물관리법 시행규칙」에 따라 포집하여 소각 또는 재활용하는 방법으로 해야 하는지 여부가 문제될 수 있습니다.

살피건대, 「종전 폐기물관리법 시행규칙」에 따라 사용종료 또는 폐쇄신고를 한 후 사후관리 중인 매립시설에 대해 발생가스 관리방법을 변경하는 「개정폐기물관리법 시행규칙」을 시행하려면 변경된 기준에 맞게 발생가스를 포집하여 소각하거나 재활용하기 위한 시설을 새로 설치할 필요가 있고, 그에 따른 비용과 시간이 소요되므로 일정한 기간 내에 새로운 요건을 갖추도록 할 필요가 있는데, 이러한 경우 종전에 사후관리를 하고 있던 매립시설에 대해 언제까지 개정된 기준에 적합한 시설을 갖추도록 하는 유예기간을 두었어야 함에도 이러한 유예기간을 두지 않았을 뿐만 아니라, 이 사안에서의 매립시설은 2001년 1월 1일 전에 종전의 사후관리 기준에 맞게 사후관리계획서를 첨부하여 매립시설의 사용종료 또는 폐쇄신고를 완료하고 그에 적합한 시설을 갖추어 사후관리를 하고 있었는데, 「개정폐기물관리법 시행규칙」이 2000년 12월 30일 공포된 후 경과규정이 없다는 이유로 일정한 유예기간 없이 2001년 1월 1일부터 바로 발생가스를 소각 또는 재활용해야 한다고 본다면 이는 과도한 규제라 하지 않을 수 없고, 나아가 2001년 1월 1일 이후에도 종전의 사후관리 방법으로 발생가스를 처리해 왔으나 현재까지 이를 이유로 시정명령을 받는 등의 제재를 받은 바가 없다면, 법령 개정 후 13년이 경과된 시점인 2001년 1월 1일부터 개정된 사후관리 방법에 따라야 한다는 주장은 그 전부터 매립시설을 사후관리하고 있는 자의 신뢰를 부당하게 침해하는 것이라 할 것입니다.

따라서 2001년 1월 1일 전부터 사후관리 중인 매립시설에 대해 적용되는 사후관리 기준으로서 발생가스 관리방법은 종전 규정에 따라 대기로 방출하는 방법이라고 할 것입니다.

◦ **관계법령**: 폐기물관리법 시행규칙 [별표 19], 폐기물관리법 제50조

4-1-2 성남시 : 개발제한구역 내 공사현장에서 「건설폐기물의 재활용촉진에 관한 법률」 제27조 제1항에 따라 건설폐기물 처리시설을 설치하려는 경우 「개발제한구역의 지정 및 관리에 관한 특별조치법 시행령」 [별표 1] 제3호 하목에 따른 "공사용 임시시설"로 설치할 수 있는지(「개발제한구역의 지정 및 관리에 관한 특별조치법 시행령」 [별표 1] 제3호 아목 및 하목 관련)[안건번호 13-0575, 회신일자 2014-01-21]

1. 질의요지

공사현장에서 발생하는 건설폐기물을 재활용하여 그 공사에 직접 소요되는 쇄석 등을 생산하기 위하여 「건설폐기물의 재활용촉진에 관한 법률」 제27조 제1항에 따라 건설공사 현장에 설치하는 건설폐기물 처리시설이 도시·군계획시설이 아니라고 하더라도 「개발제한구역의 지정 및 관리에 관한 특별조치법 시행령」(이하 「개발제한구역법」이라 함) [별표 1] 제3호 하목에 따른 "공사용 임시시설"에 해당한다면 개발제한구역 내에 설치할 수 있는지?

2. 회 답

공사현장에서 발생하는 건설폐기물을 재활용하여 그 공사에 직접 소요되는 쇄석 등

을 생산하기 위하여 「건설폐기물의 재활용촉진에 관한 법률」 제27조 제1항에 따라 건설공사 현장에 설치하는 건설폐기물 처리시설이 도시·군계획시설이 아니라고 하더라도 「개발제한구역법 시행령」 [별표 1] 제3호 하목에 따른 "공사용 임시시설"에 해당한다면 개발제한구역 내에 설치할 수 있다고 할 것입니다.

3. 이 유

「개발제한구역법」 제12조 및 같은 법 시행령 제13조에 따르면 개발제한구역에서는 원칙적으로 건축물의 건축 및 용도변경, 공작물의 설치, 토지의 형질변경 등의 행위를 금지하면서 예외적으로 개발제한구역 내에 입지하여야만 그 기능과 목적이 달성되는 시설 등의 경우에는 특별자치도지사·시장·군수·구청장의 허가를 받아 건축물의 건축 또는 공작물의 설치와 이에 따르는 토지의 형질변경을 할 수 있도록 하고 있으며, 그 구체적인 범위에 대하여 같은 법 시행령 [별표 1] 제3호 아목에서는 "폐기물처리시설"을, 하목에서는 "공사용 임시시설"을 각각 규정하고 있습니다.

그런데, 「개발제한구역법 시행령」 [별표 1]에서는 개발제한구역에서 건축 등이 허용되는 시설의 건축 또는 설치의 범위를 세부적으로 정하면서, 제3호 아목에 따른 '폐기물처리시설'의 경우에는 "폐기물관리법 제2조 제8호에 따른 시설을 말하며, 도시·군계획시설로 설치하는 경우에 한정한다"고 규정하고 있고, 같은 호 하목에 따른 '공사용 임시시설'의 경우에는 "공사를 위하여 임시로 도로를 설치하는 경우와 해당 공사의 사업시행자가 그 공사에 직접 소요되는 물량을 충당하기 위한 목적으로 해당 시·군·구에 설치하는 것으로 한정하며, 블록·시멘트벽돌·쇄석(해당 공사에서 발생하는 토석의 처리를 위한 경우를 포함한다), 레미콘 및 아스콘 등을 생산할 경우에 설치할 수 있다"고 규정하고 있습니다.

한편, 폐기물관리법 제2조 제8호에서는 '폐기물처리시설'을 "폐기물의 중간처분시설, 최종처분시설 및 재활용시설로서 대통령령으로 정하는 시설을 말한다"라고 규정하고 있고, 같은 법 시행령 [별표 3]에서 각 시설의 구체적인 종류를 규정하면서 「건설폐기물의 재활용촉진에 관한 법률」 제2조 제16호 및 같은 법 시행령 제6조에 따른 건설폐기물 처리시설[파쇄·분쇄시설(동력 20마력 이상인 시설에 한한다) 및 탈수·건조시설(건설오니의 수분함량을 85퍼센트 이하로 중간처리하기 위한 시설에 한한다)]을 포함하고 있으며, 이러한 건설폐기물 처리시설을 배출자가 해당 건설공사 현장에서 건설폐기물을 처리하기 위하여 직접 설치·운영하려면 같은 법 제27조 제1항에 따라 시·도지사의 승인을 받거나 시·도지사에게 신고하여야 한다고 규정하고 있습니다.

이 사안에서는 공사현장에서 발생하는 건설폐기물을 재활용하여 그 공사에 직접 소요되는 쇄석 등을 생산하기 위하여 「건설폐기물의 재활용촉진에 관한 법률」 제27조 제1항에 따라 건설공사 현장에 설치하는 건설폐기물 처리시설이 도시·군계획시설이 아니라고 하더라도 「개발제한구역법 시행령」 [별표 1] 제3호 하목에 따른 "공사용 임시시설"에 해당한다면 개발제한구역 내에 설치할 수 있는지가 문제됩니다.

살피건대, 「개발제한구역법 시행령」 [별표 1] 제3호 하목에서는 같은 호 아목에 따른 '폐기물처리시설'과는 독립적이고 병렬적으로 '공사용 임시시설'을 개발제한구역에서 건축 또는 설치가 허용되는 시설의 한 종류로 규정하고 있고, 그 범위를 주체(공사의 사업시행자), 목적(그 공사에 직접 소요되는 물량을 충당하기 위함) 및 용도(쇄석 등의 생산)를 기준으로 하여 그 요건을 규정하고 있으며, 공사용 임시시설에 포함되거나 제외되는 시설의 구체적인 종류에 대해서는 별도로 규정하고 있지 아니한 점 등에 비추어 볼 때, 도시·군계획시설이 아닌 「건설폐기물의 재활용촉진에 관한 법률」 제27조 제1항에 따라 건설공사 현장에 설치하는 건설폐기물 처리시설이 「개발제한구역법 시행령」 [별표 1] 제3호 하목에 따른 "공사용 임시시설"에 포함될 수 있는 요건을 모두 갖춘 경우라면, '공사용 임시시설'로 설치할 수 있다고 보는 것이 법 문언에 부합하는 합리적인 해석이라고 할 것입니다.

한편, 「개발제한구역법 시행령」 [별표 1] 제3호 하목에 따른 "공사용 임시시설"에 해당하는 건설폐기물 처리시설의 경우 폐기물처리시설인 이상 같은 표 제3호 아목에 따라 도시·군계획시설이 아니라면 개발제한구역 내에 설치할 수 없다는 의견이 있을 수 있으나, '공사용 임시시설'의 범위를 정하고 있는 같은 표 제3호 하목에서는 도시·군계획시설이 아닌 건설폐기물 처리시설을 공사용 임시시설에서 제외한다는 명문의 규정을 두고 있지 않습니다. 또한, 같은 표 제3호 아목과 하목의 개발제한구역에서 허용되는 시설의 범위에 관한 요건은 어느 하나의 요건이 다른 요건에 우선하여 적용되는 관계가 아니라 개발제한구역에서 허용되는 각각의 시설에 관한 요건을 독립적이고 병렬적으로 정하고 있다고 보는 것이 상당하다고 할 것입니다. 그렇다면 도시·군계획시설이 아닌 폐기물처리시설이 '공사용 임시시설'에 해당하는 이상 개발제한구역에서 허용된다고 보는 것이 타당하다고 할 것입니다.

따라서 공사현장에서 발생하는 건설폐기물을 재활용하여 그 공사에 직접 소요되는 쇄석 등을 생산하기 위하여 「건설폐기물의 재활용촉진에 관한 법률」 제27조 제1항에 따라 건설공사 현장에 설치하는 건설폐기물 처리시설이 도시·군계획시설이 아니라고 하더라도 「개발제한구역법 시행령」 [별표 1] 제3호 하목에 따른 "공사용 임시시설"에 해당한다면 개발제한구역 내에 설치할 수 있다고 할 것입니다.

◦ **관계법령**: 개발제한구역의 지정 및 관리에 관한 특별조치법 [별표 1], 폐기물관리법 제5조, 국토의 계획 및 이용에 관한 법률 시행령 제2조, 건설폐기물의 재활용촉진에 관한 법률 제27조; 같은 법 시행령 [별표 1], 국토의 계획 및 이용에 관한 법률 제2조 · 제43조, 폐기물관리법 [별표 3], 개발제한구역의 지정 및 관리에 관한 특별조치법 제12조 · 제13조, 폐기물관리법 제2조 · 제18조, 건설폐기물의 재활용촉진에 관한 법률 제2조; 같은 법 시행령 제6조

4-1-3 민원인 : 공공하수처리시설 등이 폐기물처리시설에 포함되는지(「폐기물처리시설 설치촉진 및 주변지역지원 등에 관한 법률」 제2조 제1항 등 관련)[안건번호 13-0425, 회신일자 2013-09-30]

1. 질의요지

「하수도법」 제2조 제9호 및 제11호에 따른 공공하수처리시설 및 분뇨처리시설이 「폐기물처리시설 설치촉진 및 주변지역지원 등에 관한 법률」(이하 「폐촉법」이라 함) 제2조 제1호에 따른 폐기물처리시설에 포함되는지?

2. 회 답

「하수도법」 제2조 제9호 및 제11호에 따른 공공하수처리시설 및 분뇨처리시설은 「폐촉 법」 제2조 제1호에 따른 폐기물처리시설에 포함되지 않는다고 할 것입니다.

3. 이 유

「하수도법」 제2조 제9호에 따르면 "공공하수처리시설"이란 하수를 처리하여 하천·바다 그 밖의 공유수면에 방류하기 위하여 지방자치단체가 설치 또는 관리하는 처리시설과 이를 보완하는 시설을 말한다고 규정하고 있고, 같은 조 제11호에 다르면 "분뇨처리시설"이란 분뇨를 침전·분해 등의 방법으로 처리하는 시설을 말한다고 규정하고 있습니다.

한편, 「폐촉법」 제2조 제1호에 따르면 "폐기물처리시설"이란 폐기물관리법 제2조에 따른 폐기물처리시설을 말한다고 규정하고 있고, 폐기물관리법 제2조 제8호에 따르면 "폐기물처리시설"이란 폐기물의 중간처분시설, 최종처분시설 및 재활용시설로서 대통령령으로 정하는 시설을 말한다고 규정하고 있으며, 폐기물관리법 제3조 제1항 제5호에 따르면

「하수도법」에 따른 하수·분뇨에 해당하는 물질에 대하여는 폐기물관리법을 적용하지 아니한다고 규정하고 있는바, 이 사안에서는 「하수도법」 제2조 제9호 및 제11호에 따른 공공하수처리시설 및 분뇨처리시설이 「폐촉법」 제2조 제1호에 따른 폐기물처리시설에 포함되는지가 문제될 수 있습니다.

살피건대, 법령의 문언 자체가 비교적 명확한 개념으로 구성되어 있다면 원칙적으로 더 이상 다른 해석방법은 활용할 필요가 없거나 제한될 수밖에 없다 할 것인 바, 폐기물관리법 제2조 제1호에 따르면 "폐기물"이란 쓰레기, 연소재, 오니, 폐유, 폐산, 폐알칼리 및 동물의 사체 등으로서 사람의 생활이나 사업활동에 필요하지 아니하게 된 물질을 말하고, 같은 법 제3조 제1항 제5호에서 「하수도법」에 따른 하수·분뇨는 폐기물관리법의 적용을 배제시키고 있으므로, 「하수도법」에 따른 하수·분뇨는 폐기물관리법 제2조 제1호의 "폐기물"에서 배제되고, 폐기물이 아닌 하수·분뇨를 처리하는 시설은 「폐촉법」에 따른 폐기물처리시설이 아니라고 할 것입니다.

따라서 「하수도법」 제2조 제9호 및 제11호에 따른 공공하수처리시설 및 분뇨처리시설은 「폐촉법」 제2조 제1호에 따른 폐기물처리시설에 포함되지 않는다고 할 것입니다.

◦ **관계법령**: 폐기물관리법 제2조, 폐기물관리법 제3조, 폐기물처리시설 설치촉진 및 주변지역지원 등에 관한 법률 제2조, 하수도법 제2조

4-1-4 환경부 : 폐차사업장의 압축시설이 폐기물처리시설인지(폐기물관리법 제2조 제8호 등 관련)[안건번호 12-0293, 회신일자 2012-06-08]

1. 질의요지

「자동차관리법」에 따른 자동차해체재활용업자가 폐차 요청된 자동차의 일부 부품을 해체한 후 나머지 부분을 압축하기 위하여 폐차사업장에 설치하는 동력 10마력 이상의 압축시설이 폐기물관리법의 폐기물처리시설에 해당하는지?

2. 회 답

「자동차관리법」에 따른 자동차해체재활용업자가 폐차 요청된 자동차의 일부 부품을 해체한 후 나머지 부분을 압축하기 위하여 설치하는 동력 10마력 이상의 압축시설은 폐기

물관리법의 폐기물처리시설에 해당하지 않는다고 할 것입니다.

3. 이 유

「자동차관리법」 제2조 제5호에서는 "폐차"를 자동차를 해체하여 국토해양부령으로 정하는 자동차의 장치를 그 성능을 유지할 수 없도록 압축·파쇄 또는 절단하거나 자동차를 해체하지 아니하고 바로 압축·파쇄하는 것으로 정의하고 있고, 같은 조 제6호에서는 "자동차관리사업"을 자동차매매업·지동차정비업 및 자동차해체재활용업으로 구분하면서 같은 조 제9호에서 "자동차해체재활용업"을 폐차 요청된 자동차(이륜자동차는 제외함)의 인수(引受), 재사용 가능한 부품의 회수, 폐차 및 그 말소등록신청의 대행을 업으로 하는 것으로 규정하고 있으며, 같은 법 제13조에서는 자동차 소유자가 등록된 자동차를 같은 법 제53조에 따라 자동차해체재활용업을 등록한 자(이하 '자동차해체재활용업자'라 함)에게 폐차 요청한 경우에는 자동차해체재활용업자가 해당 자동차 소유자를 갈음하여 말소등록을 신청하도록 하고, 같은 법 제58조 제5항·제6항에 따라 그 자동차·자동차등록증·등록번호판 및 봉인을 인수한 후 폐차인수증명서를 발급하여야 하며, 해당 자동차를 폐차하고, 자동차등록증·등록번호판 및 봉인을 폐기하여야 한다고 규정하고 있습니다.

한편, 폐기물관리법 제2조 제1호에서는 "폐기물"을 쓰레기, 연소재(燃燒滓), 오니(汚泥), 폐유(廢油), 폐산(廢酸), 폐알칼리 및 동물의 사체(死體) 등으로서 사람의 생활이나 사업활동에 필요하지 아니하게 된 물질로 정의하고, 같은 조 제5호의2에서는 '처리"를 폐기물의 수집·운반·보관·재활용·처분이라고 규정하며, 같은 조 제8호에서는 "폐기물처리시설"을 폐기물의 중간처분시설, 최종처분시설 및 재활용시설로서 대통령령으로 정하는 시설로 구분하고, 같은 법 제25조 제3항에서는 폐기물처리업을 하려는 자는 환경부령이 정하는 기준에 따른 시설·장비 및 기술능력을 갖추어 허가를 받도록 하며, 같은 법 제29조에서는 같은 법 제25조 제3항에 따른 폐기물처리업의 허가를 받았거나 받으려는 자 외의 자가 폐기물처리시설을 설치하려면 환경부장관의 승인을 받거나 신고하도록 하고 있습니다.

그런데 이 사안에서는 「자동차관리법」에 따른 자동차해체재활용업자가 폐차 요청된 자동차의 일부 부품을 해체한 후 나머지 부분을 압축하기 위하여 폐차사업장에 설치하는 동력 10마력 이상의 압축시설이 폐기물관리법에 따른 폐기물처리시설인지가 문제됩니다.

먼저, 「자동차관리법」 제1조에서는 이 법이 자동차의 등록, 안전기준, 자기인증, 제작결함 시정, 점검, 정비, 검사 및 자동차관리사업 등에 관한 사항을 정하여 자동차를 효율적으로 관리하고 자동차의 성능 및 안전을 확보함으로써 공공의 복리를 증진하려는 목적임을 분명히 밝히고, 같은 법 제2조 제1호에서는 이 법의 적용대상인 “자동차”를 건설기계, 농업기계 등을 제외한 원동기에 의하여 육상에서 이동할 목적으로 제작한 용구 또는 이에 견인되어 육상을 이동할 목적으로 제작한 용구라고 넓게 정의하고 있습니다. 이와 같이 이 법은 자동차관리에 관한 전반적인 사항을 정하고 있는 일반법으로서, 최초 자동차 등록(제5조)이라는 행정적 사항부터 자동차의 점검·정비(제4장) 그리고 폐차(제58조 등)에 이르기까지 자동차관리에 관한 전반적인 과정을 규정하고 있고, 이를 위해 필요한 자동차관리사업의 등록, 금지행위, 관리·의무 및 취소·정지 등에 관한 사항(제7장)뿐만 아니라, 자동차정책기본계획 수립·시행(제4조의2) 등 자동차관리에 관한 국가의 의무까지 아우르고 있습니다.

특히, ‘폐차’는 자동차관리 중 마지막에 위치한 과정으로서 위에서 살펴본 바와 같이 일단 자동차를 해체하여 「자동차관리법 시행규칙」 제138조에서 정하고 있는 차대번호가 표기된 차대·차체, 조향장치 중 조향기어기구, 제동장치 중 마스터실린더와 배력장치, 내압용기를 그 성능을 유지할 수 없도록 압축·파쇄·절단하거나 자동차를 해체하지 아니하고 바로 압축·파쇄하는 과정으로, 바로 여기에 사용되는 시설 중 하나가 이 사안에서 문제가 되고 있는 압축시설인 바, 이 압축시설은 자동차의 차대번호가 적힌 차대·차체를 압축하여 자동차의 위·변조를 막고, 자동차 주요 부분이 노후된 채로 재사용되지 않도록 하는 등 이 법에 따른 폐차와 관련된 자동차관리 목적을 실현하기 위해 이 법 제53조 제1항 및 제3항, 그리고 그 위임을 받아 특별시·광역시 또는 도 조례로 정해지는 「자동차해체재활용업의 시설기준」에 의하여 폐차사업장에 설치되는 자동차관리의 주요 시설이라 하겠습니다.

한편, 폐기물관리법 제2조 제8호에서는 “폐기물처리시설”을 폐기물의 중간처분시설, 최종처분시설 및 재활용시설로서 대통령령으로 정하는 시설로 정의하고 같은 법 시행령 제5조 및 [별표 3]에서는 압축시설을 중간처분시설 중 기계적 처분시설이나 재활용시설 중 기계적 재활용시설에 규정하고 있는 바, 이를 구체적으로 살펴보면, 이 법 제25조에 따른 폐기물처리업을 하려는 자가 갖추어야 하는 시설·장비 및 능력기준을 정하고 있는 같은 법 시행규칙 제28조 제6항 및 [별표 7]은 폐기물종합처분업의 시설기준으로 “1일 처분능력 500톤 이상인 파쇄시설(건설폐기물 및 불연성 폐기물을 처리하는 경우만 해당함) 또는 압축시설”과 지정폐기물(의료폐기물을 제외함)을 재활용하는 경우의 시설기준으로 “압축시설 : 폐종이를 15마력 이상으로 압축하여 폐유를 분리할 수 있는 시설 1식 이상”만을 규정하고 있을 뿐이며, 같은 법 제29조에 따른 폐기물처리시설의 기준을 정하고 있는 같은 법 시행규칙 제35조 및 [별표 9]에서는 압축시설에 대해 전혀 언급하고 있지 않은 점 등을 고려할 때, 폐기물관리법령에서는 폐차사업장에 설치하는 압축시설에 대한 규율을 예정하고 있다고 보기 어렵습니다.

또한 전기·전자제품 및 자동차의 재활용을 촉진하기 위하여 특별히 제정된 「전기·전자제품 및 자동차의 자원순환에 관한 법률」(이하 「자원순환법」이라 함)에서는 "폐자동차"를 「자동차관리법」 제2조 제5호에 따라 폐차되는 자동차로, "재활용"을 폐자동차를 재사용·재이용하거나 재사용·재이용할 수 있는 상태로 만드는 행위로 각각 정의하고(「자원순환법」 제2조 제4호·제6호), 자동차의 재활용 촉진에 관하여 이 법이 다른 법률에 우선하여 적용됨을 명시하며(「자원순환법」 제3조), 「자동차관리법」 제2조 제9호에 따른 자동차해체재활용업을 영위하는 자에 대하여 폐자동차의 재활용비율 및 재활용방법 준수 등 폐자동차의 재활용을 위한 행위 의무는 부과하고 있으면서도(「자원순환법」 제25조, 제26조, 제31조), 환경부장관에게 일정한 시설을 갖추어 등록하여야 하는 폐자동차재활용업의 범위에서는 자동차해체재활용업을 제외하고 있는 바(「자원순환법」 제32조), 이것은 「자동차관리법」 제2조 제6호에서 자동차관리사업의 하나로 자동차해체재활용업을 규정한 후 같은 법 제53조에 따라 일정한 시설기준을 충족하여 등록하도록 하고 있으므로 그 업종과 시설기준에 대해서는 「자동차관리법」의 적용을 받도록 하기 위해서입니다[국회심사보고서(2007.2. 의안번호 175863) 참조].

위와 같은 점들을 살펴볼 때, 자동차해체재활용업종 및 그 시설기준에 대해서는 「자동차관리법」에서 완결적으로 정하고 있다고 볼 수 있고, 현재에도 자동차해체재활용업자는 폐차사업장의 폐기물배출과 관련하여 폐기물관리법의 폐기물배출자로서의 의무를 이행하여야 하며, 「자원순환법」 제26조 등에서도 폐차과정에서의 환경오염을 방지하기 위하여 자동차해체재활용업가 준수하여야 하는 의무를 부과하고 있으므로, 이에 더하여 명확하게 규정되어 있지 않은 폐기물관리법에 따른 폐기물처리시설로서의 규제를 더할 필요는 없다고 하겠습니다.

다만, 압축시설을 폐기물처리시설로 보지 않으면 「학교보건법」 제6조에 따른 학교환경위생 정화구역에 설치될 수 있어 문제라는 우려가 있을 수 있으나, 이에 대해서는 해당 법에서 그 구역에 압축시설을 설치할 수 없도록 할 필요가 있는지를 검토하여 규정할 사항이지, 학교환경위생 정화구역에 압축시설을 설치하지 못하게 하기 위하여 해석론으로 이러한 압축시설을 폐기물관리법에 따른 폐기물처리시설로 보는 것은 타당하지 않습니다.

따라서 「자동차관리법」에 따른 자동차해체재활용업자가 폐차 요청된 자동차의 일부 부품을 해체한 후 나머지 부분을 압축하기 위하여 설치하는 폐차사업장에 설치하는 동력

10마력 이상의 압축시설은 폐기물관리법의 폐기물처리시설에 해당하지 않는다고 할 것입니다.

◦ **관계법령**: 폐기물관리법 제2조

4-1-5 환경부 : 폐기물처리시설 입지선정계획의 결정·공고 여부(「폐기물처리시설 설치촉진 및 주변지역지원 등에 관한 법률」 제9조 제1항 관련)[안건번호 09-0382, 회신일자 2010-01-15]

1. 질의요지

「폐기물처리시설 설치촉진 및 주변지역지원 등에 관한 법률」(이하 「폐기물처리시설법」이라 한다) 제6조 제1항에 따라 택지를 개발하려는 자로서 국가·지방자치단체 외의 자가 그 택지에서 발생하는 폐기물을 처리하기 위하여 해당 택지 외의 지역에 폐기물처리시설을 설치하는 경우, 해당 택지 외의 지역에서 발생하는 폐기물을 반입하여 처리하려는 양이 그 폐기물처리시설 처리능력의 100분의 50을 초과하지 않는다면 같은 법 제9조 제1항 단서 및 제2호를 적용하여 그 폐기물처리시설 입지선정계획의 결정·공고를 하지 않을 수 있는지?

2. 회 답

「폐기물처리시설법」 제6조 제1항에 따라 택지를 개발하려는 자로서 국가·지방자치단체 외의 자는 그 택지에서 발생하는 폐기물을 처리하기 위하여 해당 택지 외의 지역에 폐기물처리시설을 설치할 수 없다 할 것입니다.

3. 이 유

「폐기물처리시설법」 제6조 제1항·제2항 및 같은 법 시행령 제4조 제1항·제2항에 따르면, 조성면적이 30만제곱미터 이상인 공동주택단지 또는 택지를 개발하려는 자(이하 '개발사업자'라 한다)는 그 공동주택단지나 택지에서 발생하는 폐기물을 처리하기 위하여 소각시설과 음식물류 폐기물처리시설을 설치하거나 그 설치비용에 해당하는 금액을 해당 지역을 관할하는 특별자치도지사·시장·군수·구청장에게 내야 한다고 규정하고 있습니다.

또한, 「폐기물처리시설법」 제9조 제1항 각 호 외의 부분 단서 및 제2호에 따르면, 폐기물처리시설 설치기관은 폐기물처리시설을 설치·운영하려는 경우에는 그 입지선정계획을 결정·공고하여야 하되, 다만 제6조 제1항에 따라 폐기물처리시설을 설치하는 경우로서 해당 공동주택단지 또는 택지 외의 지역에서 발생하는 폐기물을 반입하여 처리하려는 양이 그 폐기물처리시설 처리능력의 100분의 50을 초과하지 아니하는 경우에는 그러하지 아니하다고 규정하고 있습니다.

「폐기물처리시설법」 제6조 제1항에 따라 택지를 개발하려는 자가 그 택지에서 발생하는 폐기물을 처리하기 위하여 폐기물처리시설을 설치하는 경우 당해 택지 내에 폐기물처리시설을 설치하여야 하는지에 대하여 살펴보면, 같은 법 제6조 제1항은 30만제곱미터 이상의 대규모의 공동주택단지나 택지를 개발하려는 경우에 폐기물처리시설의 부지 확보 및 원활한 설치를 위하여 폐기물의 원인자 부담의 원칙에 따라 그 택지에서 발생되는 폐기물을 처리하기 위하여 소각시설과 음식물류 폐기물처리시설을 그 택지의 개발사업자에게 스스로 설치하게 하려는 취지를 고려하면, 해당 택지 내에 폐기물처리시설을 설치하는 것을 전제로 규정된 것으로 보는 것이 합리적이라 할 것입니다.

같은 법 제9조 제1항을 입법연혁적으로 살펴보면, 1995. 1. 5. 법률 제4907호로 「폐기물처리시설법」을 제정하였을 당시 같은 법 제9조 제1항 단서에 같은 법 제5조 또는 제6조 제1항에 따라 폐기물처리시설을 설치하는 경우에는 폐기물처리시설 입지선정계획을 결정·공고하지 아니하도록 하였는데, 택지개발사업의 경우 택지개발예정지구를 지정하고자 하는 때에는 「택지개발촉진법」 제3조 제2항에 따른 관계 기관과의 협의 및 의견청취, 「택지개발촉진법」 제3조의3에 따른 주민 및 관계전문가 등의 의견청취, 같은 법 제3조 제4항에 따른 고시 및 공람 등의 절차를 거치게 되는 바, 1995. 1. 5. 법률 제4907호로 「폐기물처리시설법」을 제정할 당시 입법자가 택지개발과 관련된 위의 일련의 절차는 「폐기물처리시설법」 제9조에 따른 폐기물처리시설의 입지선정 절차와 유사하고, 「폐기물처리시설법」 제5조 또는 제6조 제1항에 따른 폐기물처리시설을 설치할 경우 폐기물처리시설의 부지 확보 및 설치를 촉진하는 차원에서 그 공동주택단지나 택지에서 발생되는 폐기물을 스스로 처리하기 위한 폐기물처리시설을 자체적으로 설치하게 한 취지 등을 종합적으로 고려하여 당해 택지 내에 폐기물처리시설의 설치를 전제로 같은 법 제9조 제1항의 폐기물처리시설 입지선정계획을 결정·공고하지 않을 수 있도록 한 것으로 볼 수 있습니다.

만약, 같은 법 제6조 제1항에 따라 개발사업자가 그 택지에서 발생하는 폐기물을 처리하기 위하여 해당 택지 외의 지역에 폐기물처리시설을 설치할 수 있다고 해석한다면, 해당 택지 외의 지역에 폐기물처리시설의 설치에 따라 영향을 받는 주변지역의 주민이 폐기물처리시설 입지선정과정에 참여할 수 없게 되고, 같은 법 제6조의 입법취지와 폐기물처리시설의 부지 확보 촉진 및 그 주변지역 주민에 대한 지원을 통하여 폐기물처리시설의 설치를 원활히 하고자 하는 같은 법의 입법목적에 반하는 문제가 있다 할 것입니다.

그렇다면, 「폐기물처리시설법」 제9조 제1항 단서 및 제2호는 같은 법 제6조 제1항에 따라 폐기물처리시설을 설치하는 경우에 해당 택지 내에 폐기물처리시설을 설치하는 것을 전제로 하여 해당 택지 외의 지역에서 발생하는 폐기물을 반입하여 처리하려는 양이 그 폐기물처리시설 처리능력의 100분의 50을 초과하는 경우에는 당해 택지 내에서 발생하는 폐기물을 자체적으로 처리하기 위한 폐기물처리시설이라 하기 어려우므로 같은 법 제9조 제1항에 따라 폐기물처리시설 입지선정계획을 결정·공고하도록 한 것으로 볼 수 있습니다.

아울러, 같은 법 시행령 제4조 제6항에서 개발사업자가 같은 법 제6조 제1항에 따라 폐기물처리시설의 설치비용을 내는 경우에 원칙적으로 특별자치도지사·시장·군수·구청장은 해당 택지에 폐기물처리시설을 설치하여야 하는 것으로 하고 있고, 해당 택지에 설치하기 곤란하다고 인정되는 특별한 사정이 있는 경우 등에는 예외적으로 다른 지역과 공동으로 사용하는 폐기물처리시설을 설치하는 데에 그 납부금액을 사용할 수 있도록 하고 있는바, 특별자치도지사·시장·군수·구청장이 예외적으로 다른 지역과 공동으로 사용하는 폐기물처리시설을 설치하는 경우에는 해당 지방자치단체의 장이 같은 법에 따른 폐기물처리시설 설치기관의 지위에서 폐기물처리시설 입지선정계획의 결정·공고 등의 절차를 거쳐 폐기물처리시설을 설치할 수 있도록 한 것이고, 같은 법 제6조 제1항에 따라 폐기물처리시설을 설치함에 있어서 개발사업자가 해당 택지에 폐기물처리시설을 설치하기 곤란하다고 하여 당해 택지 밖에 폐기물처리시설을 설치할 수 있는 것으로 보는 것은 불합리하다고 할 것입니다.

따라서 「폐기물처리시설법」 제6조 제1항에 따라 국가·지방자치단체 외의 개발사업자는 그 택지에서 발생하는 폐기물을 처리하기 위하여 폐기물처리시설을 설치하는 경우에는 개발하려는 해당 택지 내에 폐기물처리시설을 설치하여야 하는 것으로 보아야 할 것이고, 해당 택지 외의 지역에 폐기물처리시설을 설치할 수 없다 할 것입니다.

4-1-6 아산시 : 주민지원협의체의 구성원이 될 수 있는 폐기물처리시설 소재지의 특별자치도·시·군·구의회 의원의 범위(「폐기물처리시설 설치촉진 및 주변지역 지원 등에 관한 법률」 제17조의2, 같은 법 시행령 제18조 및 [별표 2] 관련)[안건번호 09-0310, 회신일자 2009-10-12]

1. 질의요지

폐기물처리시설에 관한 주민지원협의체의 구성원이 될 수 있는 폐기물처리시설 소재지의 특별자치도·시·군·구의회 의원의 범위에 해당 폐기물처리시설이 있는 행정구역의 의원만이 해당되는지, 주변영향지역의 의원도 포함하는지?

2. 회 답

폐기물처리시설에 관한 주민지원협의체의 구성원이 되는 특별자치도·시·군·구의회 의원에는 해당 폐기물처리시설의 주변영향지역의 특별자치도·시·군·구의회 의원도 포함될 수 있습니다.

3. 이 유

「폐기물처리시설 설치촉진 및 주변지역지원 등에 관한 법률」(이하 「폐기물시설법」이라 함) 제3장(제17조, 제17조의2, 제18조부터 제26조까지)에 따르면, 폐기물처리시설 설치기관은 폐기물처리시설의 설치·운영으로 인하여 환경상 영향을 받게 되는 주변지역(이하 '주변영향지역'이라 함)에 대하여 이주대책 마련, 지역개발계획의 마련, 주민편익시설과 부대시설의 설치, 주민지원기금에 의한 지원 등을 해야 하는데, 같은 법 제17조 및 제17조의2에 따르면, 폐기물처리시설 설치기관은 그 주변영향지역을 결정·고시하기 위해 환경상 영향을 조사하게 할 전문연구기관의 선정, 지역주민을 위한 편익시설의 설치에 대한 협의, 주민지원기금에 의한 주변영향지역의 주민지원사업에 대한 협의, 주민감시요원의 추천 등의 기능을 수행할 주민지원협의체를 구성하도록 하고 있습니다.

그리고 주민지원협의체의 구성에 관한 규정인 「폐기물시설법」 제17조의2 제1항 및 제4항에 따르면, 지원협의체는 해당 폐기물처리시설 소재지의 특별자치도·시·군·구의회 의원, 주민대표 및 주민대표가 추천한 전문가 가운데 폐기물처리시설 설치기관이 관할 특별자치도지사·시장·군수·구청장 및 특별자치도·시·군·구의회와 협의하여 구성하되, 그 세부적인 구성방법은 대통령령으로 정하도록 되어 있는데, 같은 법 시행령 [별표 2] 제

2호 본문에 따르면, 지원협의체는 폐기물처리시설로부터의 거리, 환경상 영향의 정도, 주민의 수 등을 고려하여 제1호에 따른 정원의 범위에서 폐기물처리시설 설치기관이 관할 시장·군수·구청장 및 해당 시·군·구의회와 협의하여 가. 해당 폐기물처리시설이 소재하는 지역의 특별자치도·시·군·구의회 의원, 나. 주변영향지역에 거주하는 지역주민으로서 해당 특별자치도·시·군·구의회에서 추천한 읍·면·동별 주민대표, 다. 나목의 주민대표가 추천한 전문가 2명으로 구성하되, 정원 중 주민대표가 반 이상이 되도록 하여야 한다고 규정되어 있습니다.

이 사안에서는 주민지원협의체의 구성원이 될 수 있는 「폐기물시설법」 제17조의2 제1항 및 같은 법 시행령 [별표 2] 제2호에 따른 "폐기물처리시설 소재하는 지역의 특별자치도·시·군·구의회 의원"의 범위에 해당 폐기물처리시설의 주변영향지역의 특별자치도·시·군·구의회 의원이 포함되는지가 문제됩니다.

먼저 「폐기물시설법」 제17조의2 제1항에서 "지원협의체는 해당 폐기물처리시설 소재지의 특별자치도·시·군·구의회 의원, 주민대표 및 주민대표가 추천한 전문가" 가운데에서 구성하도록 규정하고 있고, 이 경우 "주민대표"는 "폐기물처리시설 소재지의 주민대표"로 해석되므로, 「폐기물시설법 시행령」 [별표 2] 제2호 가목의 "해당 폐기물처리시설이 소재하는 지역"과 같은 호 나목의 "주변영향지역"은 모두 「폐기물시설법」 제17조의2 제1항의 "해당 폐기물처리시설 소재지"를 구체화하는 표현으로 볼 수 있습니다.

또한, 폐기물처리시설의 부지(敷地) 확보 촉진과 주변지역 주민에 대한 지원이라는 「폐기물시설법」의 목적에 비추어 볼 때 폐기물시설법령상 폐기물처리시설이 소재하는 지역 또는 그 소재지는 그 개념상 해당 시설부지의 행정구역을 의미하는 것이라기보다는 그 시설부지와 그 영향이 미치는 주변지역을 포함하는 개념으로 보아야 할 것입니다.

한편, 문언상으로도 「폐기물시설법」 제17조의2 제1항의 "폐기물처리시설 소재지"와 같은 법 시행령 [별표 2] 제2호의 "폐기물처리시설이 소재하는 지역"이 명백히 다른 의미를 갖는다고 볼 수 없으므로, 양자를 달리 해석해야 한다고 하기 어렵습니다.

다음으로, 「폐기물시설법」 제17조 제3항 제2호 및 같은 법 시행령 제20조에 따르면 주변영향지역 중 간접영향권은 폐기물매립시설의 부지 경계선으로부터 2킬로미터 이내 또는 폐기물 소각시설의 부지 경계선으로부터 300미터 이내로서 환경성 영향 조사 결과 그 영향이 미칠 것으로 예상되는 지역을 의미하는데, 같은 법 제9조 제7항에 따르면 다른 지방자치단체의 경계로부터 해당 시설부지의 경계까지의 거리가 2킬로미터 이내인 곳을 입지로 선정하려는 경우에는 사전에 해당 지방자치단체의 장과 협의하여야 하는 점, 주변영향지역에 대한 환경상 영향조사·주민지원사업의 협의 등을 통해 폐기물처리시설의 설치·운영으로 경제적·환경적 영향을 받게 되는 지역 주민의 이해관계를 반영·지원하기 위한 주민지원협의체 설치의 제도적 취지, 시·군·구의회 의원, 주민대표, 전문가는 각각 다른 법적 지위에서 고유의 역할을 가지고 참여하는 점 등에 비추어 보면 주민지원협의체에는 해당 폐기물처리시설이 위치하고 있는 행정구역뿐만 아니라 주변영향지역의 주민들의 의사를 대표할 수 있는 시·군·구의회 의원과 주민들의 참여가 필요하다고 할 것입니다.

그렇다면 「폐기물시설법」 제17조의2 제1항 및 같은 법 시행령 [별표 2] 제2호의 문언의 가능한 해석 범위 내에서 주변영향지역 주민의 지원에 관하여 규정하는 「폐기물시설법」 제3장을 체계적으로 해석하고 주변영향지역 주민의 이해관계를 반영하기 위해 주민지원협의체를 두는 입법목적과 그 기능 등을 종합적으로 고려할 때, 「폐기물시설법」 제17조의2 제1항 및 같은 법 시행령 [별표 2] 제2호에 따라 주민지원협의체의 구성원이 되는 폐기물처리시설 소재지의 특별자치도·시·군·구의회 의원에는 해당 폐기물처리시설의 주변영향지역의 특별자치도·시·군·구의회 의원도 포함될 수 있습니다.

4-1-7 김해시 : 도시개발사업으로 조성되는 단독주택용지 등이 「폐기물처리시설 설치촉진 및 주변지역지원 등에 관한 법률」 제6조 제1항에 따른 택지에 해당하는지 여부(「폐기물처리시설 설치촉진 및 주변지역지원 등에 관한 법률」 제6조 제1항 관련)[안건번호 09-0260, 회신일자 2009-09-28]

1. 질의요지

「도시개발법」에 따른 도시개발사업으로 조성되는 단독주택용지 및 준주거시설용지가 「폐기물처리시설 설치촉진 및 주변지역지원 등에 관한 법률」 제6조 제1항에 따른 택지에 해당하는지?

2. 회 답

「도시개발법」에 따른 도시개발사업으로 조성되는 단독주택용지 및 준주거시설용지는 「폐기물처리시설 설치촉진 및 주변지역지원 등에 관한 법률」 제6조 제1항에 따른 택지에 해당합니다.

3. 이 유

「폐기물처리시설 설치촉진 및 주변지역지원 등에 관한 법률」 제6조 제1항 및 같은 법 시행령 제4조 제1항에 따르면, 조성면적이 30만제곱미터 이상의 공공주택단지나 택지를 개발하려는 자는 그 공동주택단지나 택지에서 발생하는 폐기물을 처리하기 위하여 대통령령으로 정하는 폐기물처리시설을 설치하거나 그 설치비용에 해당하는 금액을 해당 지역을 관할하는 특별자치도지사 · 시장 · 군수 · 구청장에게 내야한다고 하고 있습니다.

한편, 계획적이고 체계적인 도시개발을 도모하는 것을 목적으로 「도시개발법」 제2조, 제3조, 제4조, 제5조, 제11조 및 제17조에 따르면, "도시개발사업"이란 도시개발구역에서 주거, 상업, 산업, 유통, 정보통신, 생태, 문화, 보건 및 복지 등의 기능이 있는 단지 또는 시가지를 조성하기 위하여 시행하는 사업을 말하고(제2조 제2호), 시 · 도지사 등이 계획적인 도시개발이 필요하다고 인정하는 때에는 도시개발사업의 계획을 수립하여 도시개발구역을 지정할 수 있되, 도시개발사업의 계획에는 토지이용계획 등이 포함되어야 한다(제3조 제1항, 제4조 제1항 및 제5조 제1항)고 규정하고 있습니다. 그리고 「도시개발법」 제5조(개발계획의 내용) 제5항 등의 위임에 따라 정한 「도시개발업무지침」(국토해양부훈령 제2009-349호)에 따르면, 도시개발사업 관련 토지이용계획의 용도별 입지를 단독주택용지, 준주거시설용지, 공동주택용지로 세분하고 있습니다.

그리고 도시지역의 시급한 주택난을 해소하기 위하여 주택건설에 필요한 택지의 취득 · 개발 · 공급 및 관리 등에 관하여 특례를 규정한 「택지개발촉진법」 제2조, 제3조, 제7조, 제8조 및 제9조에 따르면, "택지"란 이 법이 정하는 바에 따라 개발 · 공급되는 주택건설용지 및 공공시설용지를 말한다(제2조 제1호)고 규정하고 있고, 「택지개발촉진법 시행령」 제7조(택지개발계획의 수립 등) 제5항의 위임에 따라 정한 「택지개발업무처리지침」(국토해양부훈령 제2009-376호) [별표 2]에서 주택건설용지를 공동주택용지, 단독주택용지 및 근린생활시설용지로, 공공시설용지를 도시계획시설용지, 주거편익시설용지, 상업 · 업무시설용지 · 도시형공장등자족기능용지, 농업관련 용지, 기타시설용지로 분류하고 있습니다.

이 사안에서는 「도시개발법」에 따른 도시개발사업으로 조성되는 단독주택용지 및 준주거시설용지가 「폐기물처리시설 설치촉진 및 주변지역지원 등에 관한 법률」 제6조 제1항에 따른 택지에 해당하는지가 문제됩니다.

「폐기물처리시설 설치촉진 및 주변지역지원 등에 관한 법률」 제6조 제1항에서 "택지"에 대하여 구체적으로 정의하고 있지 아니한 경우에는 같은 법의 목적, 해당 규정의 취지, 일반적인 택지의 개념 등을 종합적으로 고려하여 합목적적으로 해석하여야 할 것입니다.

그런데, 같은 법 제6조 제1항 및 같은 법 시행령 제4조 제1항은 30만제곱미터 이상의 대규모 공동주택단지나 택지를 개발하는 단계에서 그 공동주택단지나 택지에서 발생하는 폐기물을 자체적으로 처리하기 위하여 개발하려는 자로 하여금 소각시설과 음식물류 폐기물처리시설을 설치하거나 그 설치비용에 해당하는 금액을 내도록 함으로써 폐기물처리시설의 부지 확보 및 설치를 원활히 하고 그 공동주택단지나 택지에서 발생하는 폐기물을 적정하게 처리하여 환경보전과 국민생활의 질적 향상을 도모하는 것이 그 취지라 할 수 있습니다.

일반적으로 "택지"란 주택건설에 필요한 용지를 의미하는데, 「도시개발법」에 따른 도시개발사업에 따라 조성되는 단독주택용지 및 준주거시설용지의 경우도 주택용지 또는 주거시설용지로서 일반적인 의미의 택지에 해당한다고 볼 수 있고, 단독주택용지 및 준주거시설용지를 「도시개발법」에 따라 대규모로 개발할 때에도 이를 개발하는 단계에서 그 단독주택용지 및 준주거시설용지에서 발생하는 폐기물을 자체적으로 처리하기 위하여 개발하는 자로 하여금 폐기물처리시설을 설치하거나 그 설치비용에 해당하는 금액을 내도록 하는 것이 「폐기물처리시설 설치촉진 및 주변지역지원 등에 관한 법률」의 목적, 같은 법 제6조 제1항의 취지에 부합한다고 할 것이므로 「도시개발법」에 따른 도시개발사업으로 조성되는 단독주택용지 및 준주거시설용지가 「폐기물처리시설 설치촉진 및 주변지역지원 등에 관한 법률」 제6조 제1항에 따른 택지에 해당한다고 할 것입니다.

또한 「폐기물처리시설 설치촉진 및 주변지역지원 등에 관한 법률」 제6조 제1항에서 "택지"라고만 규정되어 있고, 단독주택용지 및 준주거시설용지가 택지에 포함된다고 명시적으로 규정하고 있지 아니하다고 하여 같은 법 제6조 제1항의 택지를 「택지개발촉진법」에 따른 택지개발사업으로 조성한 택지[주택건설용지(공동주택용지, 단독주택용지 및 근린생활시설용지)와 공공시설용지]로 한정하여 해석할 경우, 개발의 절차와 방법은 다르지만 주거용지를 조성한다는 측면에서 「택지개발촉진법」에 따른 택지 개발과 유사하고, 주거·상업·문화·복지 등의 기능이 있는 계획적이고 체계적인 도시를 개발하는 「도시개발법」에 따른 도시개발사업으로 조성되는 주거용지에 대하여도 「택지개발법」에 따른 택지개발사업으로 조성되는 택지보다 폐기물처리시설을 자체적으로 설치할 필요성이 덜하다고 볼 수 없음에도 「도시개발법」에 따라 조성되는 단독주택용지 및 준주거시설용지가 폐기물처리시설을 설치하거나 그 설치비용에 해당하는 금액을 내야하는 택지에서 제외되어 불합리하고, 같은 법의 목적 및 같은 법 제6조 제1항의 입법취지에도 맞지 않는다 할 것입니다.

한편, 2004년 8월 10일 대통령령 제18514호로 「폐기물처리시설 설치촉진 및 주변지역지원 등에 관한 법률 시행령」을 일부개정하여 제4조 제1항의 택지개발사업에 따른 폐기물처리시설의 설치대상을 종전의 "조성면적이 100만제곱미터 이상인 공동주택단지 또는 택지"를 "조성면적이 30만제곱미터 이상인 공동주택단지 또는 택지"로 확대하면서 부칙 제2항에 제4조 제1항의 개정규정은 이 영 시행후 「주택법」 제16조의 규정에 의한 사업계획승인 또는 「택지개발촉진법」 제9조의 규정에 의한 실시계획승인을 얻는 공동주택단지 또는 택지개발사업부터 적용한다는 적용례를 두었습니다. 적용례는 법규정의 적용상 혼란을 방지하기 위하여 입법 당시 사업절차가 진행 중인 사업에 대하여 어느 시점부터 적용할 것인가에 대한 법 규정의 적용시점을 명확히 하는 것에 불과하고, 법 적용 대상의 범위는 부칙규정이 아닌 본칙의 해당 규정에 따라 결정되는 것인바, 위 부칙 제2항에서 규정된 「주택법」 제16조의 규정에 의한 사업계획승인 또는 「택지개발법」 제9조의 규정에 의한 실시계획승인을 얻는 공동주택단지 또는 택지개발사업은 단지 「폐기물처리시설 설치촉진 및 주변지역지원 등에 관한 법률」 제6조 제1항에 따른 택지의 예시에 불과하다고 보는 것이 법률합치적인 해석이 될 것입니다.

따라서 「도시개발법」에 따른 도시개발사업으로 조성되는 단독주택용지 및 준주거시설용지는 「폐기물처리시설 설치촉진 및 주변지역지원 등에 관한 법률」 제6조 제1항에 따른 택지에 해당한다 할 것입니다.

4-1-8 환경부 : 「폐기물처리시설 설치촉진 및 주변지역지원 등에 관한 법률」 제9조 (조례 제정 이전에 설치된 폐기물처리시설의 주변영향지역 주민에 대한 지원 여부) 관련[안건번호 09-0070, 회신일자 2009-04-21]

1. 질의요지

「폐기물처리시설 설치촉진 및 주변지역지원 등에 관한 법률」이 제정되기 전에 같은 법에 따른 주변영향지역 지원대상 시설 규모 미만으로 설치된 폐기물처리시설이, 같은 법 시행 후에 해당 폐기물처리시설의 규모를 포함하여 그 적용대상으로 하는 지방자치단체의 조례가 제정된 경우에, 「폐기물처리시설 설치촉진 및 주변지역지원 등에 관한 법률」(2004.2.9. 법률 제7169호로 일부개정되어 2004.8.10. 시행된 것을 말함. 이하 「2004년 폐촉법」이라 함) 부칙 제2항에 따라 주변영향지역 주민지원의 대상 시설이 되는지?

2. 회 답

「폐기물처리시설 설치촉진 및 주변지역지원 등에 관한 법률」이 제정되기 전에 같은 법 제9조 제1항에 따른 규모 미만으로 설치된 폐기물처리시설은, 같은 법 시행 후에 해당 폐기물처리시설의 규모를 포함하여 그 적용대상으로 하는 지방자치단체의 조례가 제정되었더라도, 「2004년 폐촉법」 부칙 제2항에 따른 주변영향지역 주민지원의 대상 시설이 되지는 않습니다.

3. 이 유

「2004년 폐촉법」 부칙 제2항에서는 기존 폐기물처리시설의 주변영향지역 주민에 대한 지원 특례로서, 1998년 1월 1일 당시 환경부장관 또는 지방자치단체의 장이 이미 설치하였거나 설치 중이었던 폐기물처리시설이 같은 법 제9조 제1항의 개정규정에 의한 규모에 해당하는 때에는 그 주변영향지역의 주민에 대한 지원 등을 하도록 하고 있고, 같은 법 제9조 제1항에서는 매립량이 1일 300톤 이상으로서 조성면적 15만제곱미터 이상인 폐기물매립시설, 1일 처리능력 50톤 이상인 폐기물소각시설 및 그 밖의 폐기물처리시설로서 주변지역에 대한 환경상 영향을 고려하여 환경부장관이 정하여 고시하는 시설 또는 지방자치단체의 조례로 정하는 시설을 설치·운영하려는 환경부장관 또는 지방자치단체의 장은 입지선정계획을 결정·공고하도록 하고 있습니다.

이 사안에서는 「폐기물처리시설 설치촉진 및 주변지역지원 등에 관한 법률」(이하 「폐촉법」이라 함)이 제정되기 전에 같은 법 제9조 제1항에 따른 규모 미만으로 설치된 폐기물처리시설이, 같은 법 시행 후에 해당 시설의 규모를 포함하여 그 적용대상으로 하는 지방자치단체의 조례가 제정된 경우에, 「2004년 폐촉법」 부칙 제2항에 따라 주변영향지역 주민지원의 대상 시설이 되는지의 여부가 문제됩니다.

우선, 「2004년 폐촉법」 부칙 제2항의 취지에 대하여 살펴보면, 1995년 1월 5일 제정된 폐촉법(이하 「제정법」이라 함) 제9조와 해당 위임에 따른 같은 법 시행령(이하 「제정령」이라 함) 제5조에서는 폐기물처리시설의 설치에 따른 주변영향지역 지원대상 시설의 범위를 "조성면적 30만제곱미터 이상인 폐기물매립시설, 1일 처리능력 300톤 이상인 폐기물소각시설 및 해당 규모 미만인 시설 중 지방자치단체의 조례로 정하는 시설"로 규정하고 있었고, 1998. 1. 1. 개정된 폐촉법 시행령(이하 「1998년 개정령」이라 함) 제6조에서는 해당 시설의 범위를 "조성면적 15만제곱미터 이상인 폐기물매립시설, 1일 처리능력 50톤 이상인 폐기물소각시설 및 그 밖에 환경부장관이 정하여 고시하는 시설 또는 지방자치단체의 조례로 정하는 시설"로 개정하였는 바, 「2004년 폐촉법」 부칙 제2항에서 특례규정의 적용시기를 "1998년 1월 1일"을 기준으로 한 것은 위에서 살펴본 바와 같이 이 법에 따른 주변영향지역 지원대상시설의 범위가 「1998년 개정령」에서 「제정령」에 따른 지원대상시설보다 확대되었음에도 불구하고, 기존에 설치된 시설 중 「1998년 개정령」에 따라 주변영향지역

지원대상에 포함될 수 있는 시설에 대한 경과규정을 두지 않아, 해당 지역 주민간에 형평성을 저해한다는 문제의식에 따라 「2004년 폐촉법」에서 해당 시설에 대한 특례규정을 둔 것이므로, 「제정령」의 적용대상 시설과 「1998년 개정령」의 적용대상 시설 간의 형평성을 높이기 위하여 특례를 정한 것으로 보아야 할 것입니다.

여기서 「제정법」의 적용대상 시설과 「2004년 폐촉법」 부칙 제2항의 적용대상 시설의 범위에 대하여 살펴보면, 구 폐기물관리법(법률 제4541호로 1993.3.6. 시행된 것을 말함. 이하 같음) 제29조 및 같은 법 시행령 제9조 [별표 3]에서는 4만제곱미터 이상의 폐기물매립시설 및 조례로 정하는 폐기물처리시설 등의 주변영향지역 주민에 대하여 소득증대, 복리증진 및 생활보전 등의 지원 등을 하도록 하고 있었으나, 「제정법」은 대규모 폐기물처리시설의 설치를 보다 원활히 하기 위하여 구 폐기물관리법상의 주변영향지역 주민지원 대상시설의 범위를 상향조정하고, 주변영향지역 주민지원의 내용을 강화하여 별도의 법률로 제정한 것으로서, 「제정법」 부칙 제2항에서는 「제정법」 시행 당시 환경처장관 또는 지방자치단체의 장이 같은 법 제9조에 따라 설치 중인 폐기물처리시설에 대하여는 같은 법에 따른 주민지원을 하되, 구 폐기물관리법에 따라 설치되어 이미 지원을 실시한 시설은 제외하도록 함으로써, 「제정법」의 적용대상 시설은 이 법 시행 당시 설치 중이었던 「제정법」 제9조(해당 위임에 따른 「제정령」 제6조)의 규모에 해당하는 시설부터 적용된다 할 것인 바, 「2004년 폐촉법」에서 위 「제정법」 부칙 제2항을 삭제하지 않았으므로, 「2004년 폐촉법」 부칙 제2항의 적용을 받는 대상 시설은 구 폐기물관리법에 따라 이미 주민지원을 실시한 시설을 제외한 시설로서, 「제정법」 시행 후부터 1998년 1월 1일까지 설치되었거나 1998년 1월 1일 당시 설치 중이었던 시설 중 「제정법」의 적용대상 시설 규모 미만이고 「1998년 개정령」의 적용대상 시설 규모 이상인 시설을 말한다 할 것이고, 「제정법」 시행 전의 시설까지 소급적용되는 것은 아니라 할 것입니다.

한편, 「1998년 개정령」 제6조 제1항에서는 그 적용대상이 되는 시설의 규모를 조성면적 30만제곱미터에서 15만제곱미터로, 처리능력 300톤에서 50톤으로 개정하였을 뿐, 해당 규모 미만인 시설을 정할 수 있는 "지방자치단체의 조례로 정하는 시설"에 대하여는 개정한 바가 없어 「제정령」과 동일하므로, 「2004년 폐촉법」 부칙 제2항의 적용대상이 되는 시설은 「제정령」과 「1998년 개정령」 간의 형평성이 문제가 되는 시설로서, 1998년 1월 1일 이전에 설치된 "조성면적 15만제곱미터 이상에서 30만제곱미터 미만인 시설", 또는 "처리능력 50톤 이상에서 300톤 미만인 시설"을 말하는 것이지, "조례로 정하는 시설"은 위 부칙 특례규정의 적용대상이 아니며, 더구나 "조례로 정하는 시설"이란 조례가 제정된 후에 해당 조례에서 정하고 있는 규모에 해당하는 시설로서, 해당 조례와 「폐촉법」에서 정한 절차에 따라 설치된 시설을 말하는 것이므로, 조례가 제정되기 전에 구 폐기물관리법에 따라 설치된 시설은 "조례로 정하는 시설"로 볼 수 없다 할 것입니다.

따라서 「폐촉법」이 제정되기 전에 같은 법 제9조 제1항에 따른 규모 미만으로 설치된 폐기물처리시설은, 「폐촉법」이 시행된 후에 해당 폐기물처리시설의 규고를 포함하여 그 적용대상으로 하는 지방자치단체의 조례가 제정되었더라도, 「2004년 폐촉법」 부칙 제2항에 따른 주변영향지역 주민지원의 대상이 되지 않습니다.

4-2 질의/응답 사례(환경부) : 일반폐기물 처리시설 관련

1. 폐기물처리시설 설치승인 및 (변경)신고

4-2-1 RDF 발전시설의 폐기물처리시설 설치승인 대상 여부(2008-02-13)

[질의] RDF 발전시설을 설치하려는 경우 폐기물처리시설 설치승인 대상인지 여부 및 RDF 발전시설이 소각시설로 분류되는지?

[회신] RDF(고형연료) 제조시설의 경우 폐기물관리법 시행령 [별표 3]에 의한 폐기물처리시설의 종류 중 파쇄, 선별 및 성형을 위주로 하는 기계적 처리시설 해당되므로, 폐기물관리법 시행규칙 제39조에 의하여 폐기물처리시설 설치승인 대상(1일 처리능력 100톤 이상인 경우)임을 알려드립니다. 또한, 폐기물관리법 제46조 및 「자원의 절약과 재활용촉진에 관한 법률 시행규칙 [별표 1]에 의한 재활용신고 대상에도 해당이 됨을 알려드립니다.

4-2-2 소각로에서 RPF 사용에 따른 인·허가 절차(2008-03-12)

[질의] 현재 가동 중인 소각로에 재활용 연료인 RPF를 사용할 수 있는지 여부와 RPF 사용 시 관련 인·허가 절차?

[회신] 고형연료제품 사용자의 준수사항은 「자원의 절약과 재활용촉진에 관한 법률」 제25조의3 및 동법 시행규칙 제20조의6 [별표 8]을 참고하시기 바랍니다. 운영 중인 소각시설에 재활용연료인 RPF를 혼용하여 사용하고자 하는 경우 「대기환경보전법 시행규칙」 제27조에 따라 사용하는 원료나 연료를 변경하는 경우에 해당되어 변경신고를 하여야 하며, 기존 시설에 폐플라스틱 고형연료제품(RPF)을 사용함으로써 특정 대기유해물질이 신규로 배출된다면 동법 제23조에 따라 신규로 허가를 받아야 합니다.

4-2-3 가연성 고형폐기물을 사용하는 소각보일러시설의 각종 신고 및 인·허가대상 여부(2008-03-21)

[질의] 폐기물관리법 시행규칙 제3조에 의거 에너지회수기준을 만족하는 가연성 고형폐기물(폐합성수지, 폐가구)을 사용하는 소각보일러가 재활용신고 대상인지 여부? 이 경우 고체연료 사용승인대상인지와 폐기물처리시설 설치승인/신고 대상인지 여부 및 1일 처리용량이 100톤 이상일 경우 환경영향평가 대상인지 여부?

[회신] 가. 연료로 사용하는 가연성 고형폐기물이 「자원의 절약과 재활용촉진에 관한 법률」에 의한 고형연료제품이고, 연료사용량이 시간당 400kg 이상(연속가동은 200kg)인 전용보일러시설의 경우 폐기물관리법 제46조 및 동법 시행규칙 제66조에 의한 재활용신고 대상에 해당합니다.

나. 소각보일러의 설치지역이 「대기환경보전법」 및 「청정연료 등의 사용에 관한 고시」에 의한 고체연료 사용금지지역인 경우 환경부장관 또는 관할 시·도지사의 고체연료사용승인 절차를 거친 후 사용 가능합니다.

다. 소각보일러의 사용연료가 고형연료제품이 아닌 폐기물이거나, 연료사용량 중 고형연료제품의 사용비율이 30% 미만인 일 경우 전용보일러시설이 아닌 일반 소각시설에 해당하므로 폐기물관리법 시행규칙 제39조에 의한 폐기물처리시설 설치승인 대상임을 알려드립니다.

라. 고형연료제품을 이용한 전용발전소의 경우 발전시설용량이 1만KW이거나, 폐기물 1일처리용량이 100톤 이상인 소각시설의 경우 「환경·교통·재해 등에 관한 영향평가법 시행령」 [별표 1]에 의한 환경영향평가 대상에 해당됩니다.

4-2-4 RDF 전용보일러시설에서 RPF 혼소 시 인·허가 절차(2008-07-15)

[질의] RDF 전용보일러시설에서 RPF를 혼합하여 사용할 경우 별도의 인·허가를 득해야 하는지 여부?

[회신] RDF와 RPF는 고형연료제품으로 RDF 전용보일러시설에서 RPF를 혼합하여 사용할 경우 별도의 인·허가 없이 사용이 가능합니다.

4-2-5 RPF 제조·납품을 위한 절차(2008-07-25)

[질의] RPF를 제조·납품 시 관련 행정절차는 무엇인지?

[회신] 가. RPF 제조업은 폐기물관리법 제25조에 의한 폐기물처리업 허가를 받고 동법 시행규칙 제38조 및 제39조에 의한 폐기물처리시설 설치승인을 득하여야 합니다.

또한폐기물관리법 제46조 및 「자원의 절약과 재활용촉진에 관한 법률 시행규칙」 [별표 1]에 의한 폐기물재활용 신고를 하여야 합니다.

나. RPF를 공급하고자 할 경우에는 「자원의 절약과 재활용촉진에 관한 법률 시행규칙」 제20조의5에 따라 고형연료제품 품질인증을 거쳐야하며, 동법 시행규칙 [별표 8]에 따라 고형연료제품 공급계획서를 인증기관 및 해당 지자체에 제출하여야 함을 알려드립니다.

4-2-6 PET병 제조공장 내 분쇄시 폐기물처리시설 설치승인 대상 여부(2008-08-29)

[질의] PET병을 제조하는 공장에서 사출 및 성형 등 제조과정에서 불량품 발생 시 환경적 측면 및 단가 측면을 고려하여 사용 가능한 대부분을 분쇄하여 원료로 재투입하는데, 분쇄기 용량 30HP 2대로 폐기물재활용업체로 위탁처리되는 불량품도 분쇄하여 배출하는 경우, 폐기물처리시설 설치승인을 득하여야 하는지 여부?

[회신] 폐기물처리시설 중 동력 20마력 이상인 분쇄시설, 동력 10마력 이상인 압축시설을 설치하고자 할 경우에는 폐기물처리시설 설치승인(신고)을 받아야 합니다.

註) 제조공정에서 발생하는 불량품 등을 다시 제조공정에 재투입하는 경우, 그 불량품은 '사업활동에 필요하지 아니하게 된 물질'이 아니므로 폐기물이 아니다. 따라서 그 불량품을 제조공정에 재투입하기 위한 분쇄시설 역시 폐기물처리시설이 아니라 통상의 제조시설로 보아야 할 것이다.

4-2-7 에너지회수시설 설치시 설치승인 대상 여부(2008-10-07)

[질의] 폐기물재활용시설에서 일반소각시설로서 1일 50톤 미만의 에너지회수시설을 설치하고자 하는 경우 설치승인 대상인지 여부?

[회신] 재활용시설에 해당되어 재활용자로서 시설을 설치하고자 할 경우에는 일반소각시설로서 1일 처리능력이 100톤(지정폐기물의 경우에는 10톤) 미만인 시설을 설치하고자 할 경우에는 설치신고 대상이나, 1일 처리능력이 100톤(지정폐기물의 경우에는 10톤) 이상인 시설을 설치하고자 할 경우에는 설치승인을 받아야 합니다. 폐기물처리업의 시설로서 설치하고자 할 경우에는 처리업 허가를 받아야 합니다.

4-2-8 음식물처리시설 신고양식 기재방법(2008-11-12)

[질의] 음식물처리시설을 플랜트화하여 기계식 처리시설로 유분을 추출하여 액체연료화시

킨 후 케익은 고체연료화시키는 음식물처리시설의 설치신고 시 처리시설명의 기재 방법?

[회신] 가. 폐기물관리법 제29조 제2항 단서 및 동법 시행규칙 제40조의 규정에 의한 폐기물처리시설 설치 신고서의 '⑩ 처리시설명'은 동법 시행령 [별표 3]에서 규정하고 있는 폐기물처리시설의 종류에 따라 구분해서 적어야 할 것입니다.

나. 다만, 처리대상 폐기물이 음식물류인 경우에는 다음과 같은 폐기물관리법 규정으로 미루어 볼 때 처리시설명을 '기계적 처리시설(유수분리시설)'로 적기는 어려울 것으로 판단됩니다.

- 폐기물관리법 시행규칙 [별표 5] '폐기물의 수집·운반·보관·처리에 관한 구체적 기준 및 방법'에서 음식물류 폐기물에 대한 기계적 처리 방법을 규정하지 않았음
- 폐기물관리법 시행규칙 [별표 9] '폐기물처리시설의 설치기준'에서 기계적 처리시설 중 유수분리시설은 폐유처리와 관련한 시설설치 기준임
- 폐기물관리법 시행규칙 [별표 10] '폐기물처리시설 검사기준' 중 음식물류 폐기물처리시설 검사기준에서는 기계적 처리시설에 관한 검사기준을 규정하지 않았음

4-2-9 종이류 적치 및 압축 시 관련 행정절차(2008-12-26)

[질의] 그린벨트 내에서 원재료인 고지(신문용지, 골판용지 및 화장지 등)를 적치하고자 하는 경우 재활용신고를 하여야 하는지 여부 및 고지를 압축기를 이용하여 압축한 후 철선으로 묶어 보관·운반하는 경우 폐기물처리시설 신고를 해야 하는지 여부?

[회신] 가. 폐기물관리법 제46조 제3항 및 폐기물관리법 시헝규칙 제66조 제4항에서 다른 사람의 사업장폐기물 중 폐지, 고철, 폐포장재(「자원의 절약과 재활용촉진에 관한 법률 시행령」 제18조에 따른 재활용의무 대상인 종이팩·유리병·금속캔 및 합성수지 재질의 포장재 중 용기류만 해당)를 재활용하는 자는 별도의 재활용신고를 하지 않아도 재활용신고를 한 것으로 봅니다. 따라서 폐지를 재활용하고자 하는 경우 재활용신고를 할 필요가 없습니다.

나. 그러나 폐기물관리법 제2조 8호, 동법 시행령 제5조, [별표 3]에 의거, 귀하의 사업장에서 사용 중인 압축시설이 동력 10마력(HP) 이상인 경우, "폐기물처리시설"에 해당한다고 판단됩니다. 이 경우, 폐기물관리법 제29조 제2항에 의거하여 관할 지자체에 폐기물처리시설의 설치신고를 해야 합니다.

다. 다만, 폐기물처리시설 설치신고(승인) 시 수리권자는 폐기물처리시설의 입지 가능 여부 등 타법 저촉 여부를 검토하여야 합니다.

4-2-10 폐고철 압출설비 설치시 폐기물처리시설 설치신고 대상 여부(2009-01-14)

[질의] 폐고철(철근조각, 크기가 일정치 않은 고철 등)을 수집 및 압축하여 일정한 크기의 직육면체 형태로 가공하여 제강사 등에 납품하려는 경우 폐기물처리시설 설치신고를 해야 하는지 여부?

[회신] 가. 폐기물관리법 제46조 제3항 및 폐기물관리법 시행규칙 제66조 제4항에서 다른 사람의 사업장폐기물 중 폐지, 고철, 폐포장재(「자원의 절약과 재활용촉진에 관한 법률 시행령」 제18조에 따른 재활용의무대상인 종이팩·유리병·금속캔 및 합성수지 재질의 포장재 중 용기류만 해당)를 재활용하는 자는 별도의 재활용신고를 하지 않아도 재활용신고를 한 것으로 봅니다.

나. 따라서 폐지, 고철, 폐포장재의 경우 재활용신고할 필요가 없으나, 압축시설이 동력 10마력 이상인 경우 폐기물관리법 시행령 제5조에 따른 폐기물처리시설에 해당하므로 관할 행정기관에 폐기물처리시설 설치신고를 하여야 합니다.

4-2-11 폐기물처리기본계획 및 폐기물처리시설의 설치 절차(2009-01-31)

[질의] 폐기물처리기본계획의 성격 및 폐기물처리시설 설치가 기본계획에 없는 경우 폐기물처리시설 설치 절차는?

[회신] 가. 폐기물처리기본계획은 지방자치단체장이 관할구역의 폐기물을 적정처리하기 위하여 폐기물 종류별 발생량과 장래의 발생 예상량, 폐기물처리 현황과 향후 처리계획, 폐기물처리시설의 설치 현황과 향후 설치계획, 재원확보계획 등을 수립하는 행정계획입니다.

나. 동 계획을 수립하여 환경부장관을 승인을 득한 후 폐기물처리시설 설치계획 등을 포함한 폐기물처리기본계획 변경이 필요한 경우 변경승인을 득하여야 합니다.

다. 도시계획시설결정, 관련 법규 등 도시계획과 관련된 사항은 국토해양부, 지방자치단체 등에서 해당 업무를 수행하고 있습니다.

4-2-12 제조업체에서 분쇄시설 설치시 폐기물처리시설 설치승인 대상 여부(2009-02-25)

[질의] 원료는 P, PE로 용융하고 성형하여 페인트 용기 등을 제조하는 사업장에서 성형과

정에서 스크랩(자투리) 불량제품을 분쇄하여 원료로 제투입하고자 할 경우, 분쇄시설(50마력, 30마력)이 폐기물처리시설 설치승인 대상인지 여부?

[회신] 해당 사업장에서 발행하는 폐기물을 처리하기 위해 분쇄시설을 설치하고자 할 경우에는 폐기물처리시설 설치승인(신고)을 받으면 됩니다.

註) 제조공정에서 발생하는 스크랩 등 불량품 등을 다시 제조공정에 원료로 재투입하는 경우, 그 불량품은 '사업활동에 필요하지 아니하게 된 물질'이 아니므로 폐기물이 아니다. 따라서 그 불량품을 제조공정에 재투입하기 위한 분쇄시설 역시 폐기물처리시설이 아니라 통상의 제조시설로 보아야 할 것이다.

4-2-13 매립장 추가 조성 시 관련 절차(2009-02-26)

[질의] 매립장으로 허가받은 부지 내에서, 현재 운영 중인 매립장 옆 여유부지에 추가로 매립장을 조성하고자 할 경우 절차는?

[회신] 폐기물처리시설의 매립면적 등 허가받은 중요한 사항이 변경될 경우에는 폐기물관리법에 따라 변경허가 등의 절차를 거쳐야 합니다.

4-2-14 추가시설 신설시 폐기물처리시설 설치승인 대상 여부(2009-02-28)

[질의] 제품완성 공정까지 마친 제품을 보관하고 있다가 거래처에 출고하기 전에 운반 등의 용이 및 거래처의 요구에 의해 제품의 크기를 줄이기 위한 절단기 또는 분쇄기를 설치할 경우(폐기물처리공정에 필요한 시설이 아닌 폐기물처리공정이 다 끝난 제품에 대한 추가시설) 폐기물중간처리업 변경대상인지 아니던 설치승인 대상인지 여부?

[회신] 폐유 등 지정폐기물의 처리공정을 거친 후 발생한 용기는 폐기물에 해당됩니다. 따라서 폐기물처리공정 후 새로이 발생한 폐기물에 대한 처리시설을 설치하고자 할 경우에는 폐기물처리업의 변경허가가 아닌 폐기물처리시설 설치승인을 받아야 합니다.

註) 폐기물을 가공하여 이미 제품으로 변화된 경우 이는 더 이상 폐기물이 아니므로, 그 완성된 제품을 분쇄하거나 절단하는 시설을 폐기물처리시설로 보기는 어렵다고 생각한다.

4-2-15 소형소각로 설치허가 금지 이유(2009-03-05)

[질의] 국내에서 소형 소각로 설치허가를 금지하고 있는 이유는?

[회신] 폐기물관리법 시행규칙 제36조에 시간당 폐기물 소각능력이 25킬로그램 미만인 폐기물소각시설은 설치를 금하도록 규정하고 있습니다. 이는 소형 소각로 설치에 따른 대기오염을 예방하기 위해서입니다.

4-2-16 화재로 소실된 폐기물처리시설 재설치시 폐기물처리시설 설치승인 또는 신고대상 여부(2009-03-05)

[질의] 화재로 인해 폐기물재활용시설이 소실된 경우 휴업신고를 해야 하는지 여부 및 재설치시 폐기물처리시설 설치승인 또는 신고를 득하여야 하는지 여부?

[회신] 가. 화재로 인한 폐기물재활용시설의 소실로 인하여 정상적인 폐기물 처리가 곤란함에 따라 폐기물관리법 제37조의 규정에 의거 휴업을 한 날로부터 20일 이내에 관할 지방자치단체에 휴업신고를 하여야 할 것으로 판단됩니다.

나. 재활용신고서상의 재활용시설을 화재로 인하여 다시 설치하고자 할 경우, 폐기물재활용 변경신고에 해당되지 않으나, 폐기물관리법 제29조 제2항의 규정에 의거 폐기물처리시설 설치승인 또는 신고를 득하여야 합니다.

4-2-17 사업장 내 화목보일러 설치 시 폐기물처리시설 설치신고 대상 여부(2009-04-01)

[질의] 골프장에서 가정용 화목보일러를 설치하여 조경관리 시 발생한 나뭇가지 등을 태우는 것이 가능한지 여부 및 가정용 화목보일러가 폐기물처리시설 설치신고 대상(소각시설)에 해당하는지 여부?

[회신] 가. 폐기물관리법 시행규칙 제10조에 따라 페인트, 방부제, 기름 등이 묻어 있지 않은 목재와 나뭇가지는 노천에서 소각할 수는 없으나 연료용으로 사용할 수 있습니다.

나. 나뭇가지, 임목폐기물을 연료용으로 사용하는 화목보일러는 폐기물처리시설에 해당되지 않으므로 폐기물처리시설 설치승인(신고)을 받지 않아도 되며, 사업장폐기물 배출자 신고서에 처리 방법으로 자가처리(폐기물처리시설 외의 장소에서의 폐기물처리(소각))로 기재하여 신고하시면 됩니다.

4-2-18 중간처리사업장 내 이동용 파쇄기 임시 임대사용시 신고 절차(2009-04-02)

[질의] 임폐목 중간처리업을 허가받아 임폐목을 파쇄하여 우드칩을 생산하는 업체에서 430마력의 전기식 파쇄기가 설치되어 있는데, 처리(파쇄) 대상물 중 너무 큰 뿌리는 당사가 보유한 파쇄기로 파쇄 할 수 없어 이동용 파쇄기(약 500마력 엔진식)를 약 4일

간 임대하여 들여와 당 사업장 내에 있는 뿌리를 당 사업장 내에서 파쇄하고자 하는 경우 법적 신고 절차는?

[회신] 사업장폐기물 중간처리업자가 폐기물처리시설을 신설하고자 할 경우에는 폐기물처리업의 변경허가를 받아야 합니다. 파쇄기를 임대하여 설치하는 경우일지라도 폐기물처리시설을 새로이 설치하는 것으로 보아야 합니다.

4-2-19 폐기물처리시설의 설치신고 대상 여부(2009-04-20)

[질의] 음식물쓰레기처리시설(400kg/일, 감량화 방법 중 소멸방식처리)을 3기 설치·운영할 계획인데, 이 경우 음식물쓰레기처리시설이 폐기물처리시설의 설치신고 대상인지 여부?

[회신] 1일 처리능력 100kg 이상인 소멸화시설은 폐기물관리법 시행령 제5조 [별표 3]의 규정에 의한 폐기물처리시설에 해당되며, 동 시설을 설치하고자 할 경우 폐기물관리법 시행규칙 제40조의 규정에 따라 폐기물처리시설 설치신고를 하셔야 합니다.

4-2-20 매립된 토사를 파쇄기로 파쇄하여 재활용할 시 폐기물처리시설 설치승인 대상 여부(2009-05-04)

[질의] 생활폐기물이 매립되어 있던 곳을 굴착하여 선별된 불연성(유리, 철편 등의 비가연성 물질) 폐기물을 배출자신고한 것처럼 매립지로 처리하지 아니하고 현장에서 파쇄기로 파쇄한 후 양질의 토사와 혼합하여 복토용으로 재활용하고 있습니다. 파쇄기의 폐기물처리시설 설치승인 및 재활용변경신고 대상 여부?

[회신] 가. 폐기물관리법 시행령 제5조 [별표 3] 제1호 나목 2)의 규정에 의한 파쇄시설(동력 20마력 이상인 시설)을 설치하고자 하는 자는 폐기물관리법 제29조의 규정에 따라 폐기물처리시설 설치신고를 하여야 합니다.

나. 사업장폐기물 배출자가 그의 사업장에서 발생하는 폐기물을 스스로 재활용하는 경우, 폐기물관리법 제46조의 규정에 의한 폐기물재활용 신고대상에 해당되지 않습니다.

4-2-21 중고 골프공 세척업의 폐기물처리시설 설치신고 대상 여부(2009-06-12)

[질의] 잔디 및 논, 산, 밭에 분실된 골프공을 수거하여 일반세제로 세척 후 인터넷이나 일반 소비자에게 판매하는 경우 인·허가 신고대상인지 여부? 골프장에서 고농약 살포로 인하여 골프공에 미세하나마 이물질들이 묻어 있다는 전제 아래 폐수배출시설

설치에 관한 규정이 있는지?

[회신] 가. 수거된 골프공을 동일 용도로 사용하는 경우, 폐기물관리법 제2조의 규정에 의한 폐기물에 해당되지 않을 것으로 판단됩니다.

나. 폐골프공을 포함한 모든 폐기물의 발생량이 1일평균 300킬로그램 미만일 경우, 생활폐기물로 분류되며, 해당 지방자치단체의 조례로 정하는 바에 따라 처리하여야 합니다.

다. 반면, 폐골프공이 폐기물관리법 제2조 제3호의 규정에 의한 사업장폐기물에 해당될 경우, 폐골프공을 폐기물관리법 시행규칙 제66조 제3항 [별표 16] 제24조의 규정에 따라 수리·수선하여 같은 용도로 다시 사용할 수 있는 상태로 만드는 경우(수리·수선하는 과정에서 지정폐기물이나 특정 대기·수질유해물질이 배출되지 아니하는 경우만 해당), 폐기물관리법 제46조 제1항의 규정에 의한 폐기물재활용 신고 대상입니다.

라. 골프공을 세제로 세척하는 시설의 경우 폐수량이 일정량(특정 수질유해물질이 포함되지 아니한 경우 시간당 최대폐수량 1㎥, 특정 수질유해물질이 포함된 경우 시간당 최대폐수량 0.1㎥) 이상인 경우 「수질 및 수생태계보전에 관한 법률 시행규칙」 [별표 4] 82. 그 밖의 배출시설에 해당되어 폐수배출시설 설치허가(신고)를 받아야 합니다.

4-2-22 고물상에 압축기 설치시 폐기물처리시설 신고대상 여부(2009-06-26)

[질의] 고물상을 영위하는 자가 사업장 내 압축기를 한 대 설치하려고 하는 경우 폐기물처리시설 설치신고를 하여야 하는지 여부?

[회신] 폐기물관리법 제29조의 규정에 따라 폐기물처리시설인 압축시설(동력 10마력 이상인 시설로 한정)을 설치하고자 할 경우, 관할 지방자치단체에 폐기물처리시설 설치승인(신고)을 득하여야 합니다.

4-2-23 에너지회수 고형연료 전용 보일러 설치시 폐기물처리시설 설치신고 대상 여부(2009-06-30)

[질의] RPF와 우드칩(WCF가 아닌 임목파쇄물)을 혼소하여 에너지회수를 하는 고형연료 전용 보일러를 설치하고자 하는 경우 폐기물처리시설 설치신고 대상인지 여부 및 환경성조사서를 제출해야 하는지 여부?

[회신] 가. 폐기물관리법 시행규칙 제66조 제3항 제1호의 규정에 따라 가연성 고형폐기물을 제3조의 규정에 따른 에너지회수기준에 맞게 연료로 이용하는 경우 폐기물

관리법 제46조 제1항의 규정에 의한 폐기물재활용 신고대상입니다. 또한, 폐기물관리법 제29조의 규정에 따라 관할 지자체에 폐기물처리시설 설치승인 또는 신고를 하여야 합니다.

나. 폐기물소각시설을 설치하기 위하여 폐기물관리법 제25조에 따른 폐기물처리사업계획서 또는 동법 제29조의 규정에 따른 폐기물처리시설 설치승인서를 제출하고자 하는 경우에는 환경성조사서를 첨부하여 함께 제출하여 하며, 재활용신고 해당 여부와는 관련이 없습니다.

4-2-24 폐기물을 활용한 광해방지기술 개발시 폐기물처리시설 설치 절차(2009-08-05)

[질의] 폐기물을 활용한 광해방지기술 개발(광물찌꺼기 안정화 및 산림복구)을 목적으로 하는 연구과제를 수행하는데 있어서 주관기관은 A대학교이며 다수의 기업이 참여하고 시험연구기관은 B대학인 경우, 어떤 인·허가를 득하야 하며 인·허가 주체는 누구인지?

[회신] 가. 폐기물관리법 제29조 제2항 제1호에 따라 시험·연구목적으로 폐기물처리시설을 설치·운영할 수 있는 자는 동법 시행규칙 제37조 제1항 각 호에서 규정하고 있는 자입니다.

나. 따라서 「고등교육법」 제2조에 따른 B대학교에서 폐기물관리법 시행규칙 제37조 제1항 제2호의 규정에 따라 폐기물처리시설 설치·운영계획서를 관할 지방자치단체에 제출하여야 할 것으로 판단됩니다.

4-2-25 알루미늄스크랩의 재활용시 재활용시설 및 폐기물처리시설 설치신고 대상 여부(2009-08-06)

[질의] 현재 알루미늄스크랩을 처리하고 있는 탈사시설(120HP×1기) 및 용해로(반사로 4m3×1기)가 폐기물처리시설 설치신고 대상인지 여부? 알루미늄스크랩을 원료로 입고하여 사용시 재활용신고 대상인지 여부?

[회신] 가. 용해시설이 폐기물관리법 시행령 [별표 3] 나목 4)의 규정에 의한 용융시설(동력 10마력 이상인 시설로 한정)에 해당될 경우 동법 제29조의 규정에 따라 폐기물처리시설 설치신고를 하여야 합니다.

나. 폐기물관리법 제46조 제4항 및 동법 시행규칙 제65조 제6항의 규정에 따라 "고철을 재활용하는 자는 동법 제46조 제1항에 따른 신고를 한 것으로 본다"라고 규정하고 있습니다. 따라서 고철을 재활용하는 자는 동법 제46조 제1항의 규정에 의한 폐기물재활용 신고 없이 해당 폐기물을 재활용할 수 있습니다.

4-2-26 재활용량 변경시 변경신고 대상 여부(2009-09-21)

[질의] 폐기물의 종류별 연간 재활용량이 증가되는 경우, 폐기물재활용 변경신고 사항인지(단, 증가되는 폐기물은 동일한 방법으로 동일한 재활용시설에서 재활용되는 폐기물이며, 재활용시설의 신고된 처리·보관능력을 초과하지 않음)?

[회신] 가. 재활용대상 폐기물 수집·예상량 변경은 폐기물관리법 시행규칙 개정(2008.8.4)으로 폐기물재활용 변경신고 대상에서 제외됨에 따라 폐기물 수집·예상량이 변경되는 경우 폐기물관리법 시행규칙 제67조 제3항의 폐기물재활용 변경신고 대상에 해당되지 아니합니다.

나. 폐기물재활용시설이 폐기물관리법 시행령 [별표 3]의 규정에 의한 폐기물처리시설에 해당될 경우, 폐기물관리법 시행규칙 제39조 제3항 또는 동법 시행규칙 제40조 제3항의 규정에 따라 기 승인(신고)받은 처리용량의 합계 또는 누계의 100분의 30 이상을 변경(증가)하고자 할 경우 변경승인(신고) 대상입니다.

4-2-27 폐플라스틱으로 정제연료 생산시 폐기물처리시설 신고 또는 승인 대상 여부(2009-11-02)

[질의] 폐플라스틱을 파쇄, 분쇄, 절단, 용융을 시킨 후에 열분해하여 정제연료유를 생산하려고 하는 경우 폐기물처리설치 승인신고를 하여야 하는지, 아니면 설치신고를 하여야 하는지?

[회신] 가. 다른 사람의 사업장폐기물을 재활용하고자 할 경우, 폐기물관리법 제25조 제3항의 규정에 의한 폐기물처리업 허가를 받거나 동법 제46조 제1항의 규정에 따라 폐기물재활용 신고를 하여야 합니다.

나. 「자원의 절약과 재활용촉진에 관한 법률 시행규칙」 [별표 1] 제4호 라목의 규정에 따라 폐플라스틱을 사용하여 유류를 제조(폐기물관리법 시행규칙 [별표 5] 제4호에 따른 정제연료유를 재활용하는 경우의 기준에 적합한 것이어야 한다)하는 경우 폐기물관리법 제46조 제1항의 규정에 의한 폐기물재활용 신고대상입니다.

다. 폐플라스틱을 열분해하여 유류를 생산하는 시설은 폐기물관리법 시행령 [별표 3] 제1호 가목의 열분해시설에 해당될 것으로 판단됩니다.

라. 폐기물관리법 제29조 제2항 제2호 및 동법 시행규칙 제38조의 규정에 따라 열분해시설로서 시간당 처리능력이 100킬로그램 미만인 시설은 폐기물처리시설 설치신고 대상이며, 동법 제29조 제2항의 규정에 따라 시간당 처리능력이 100킬로그램 이상인 시설은 폐기물처리시설 설치승인 대상입니다.

4-2-28 이동식 분쇄시설의 폐기물처리시설 설치승인 가능성(2009-11-02)

[질의] 폐임목(소나무 재선충감염목 및 우려 목)을 현지(소나무재선충 발생지: 읍·면·동 제한지역)에서 바로 이동식 분쇄시설(무한궤도차량에 적재된 파쇄·분쇄시설: 650HP)을 이용하여 파쇄·분쇄(가공)한 후 목분(톱밥) 및 목재칩(우드칩)을 바로 공급처에 공급하고자 할 때 당사의 사업장소재지(사업장등록주소: 장비보관장 주소지)의 경계선을 벗어나는 이동식 분쇄시설에 대해서 폐기물처리시설 설치신고와 폐기물재활용 신고가 가능한지 여부? 만약, 가능하다면 이동식 분쇄시설의 장비보관장소(사업장등록주소 및 법인주소)의 주소지 관할 지자체(폐기물재활용 신고 예정지로)에 인·허가 절차를 받으면 되는지?

[회신] 가. 폐기물관리법 시행령 제7조 제1항 제6호의 규정에 따라 폐기물을 처리하는 자가 폐기물을 보관하는 경우에는 그 폐기물처리시설과 같은 사업장에 있는 보관시설에 폐기물을 보관하여야 합니다.

나. 아울러, 폐기물재활용 신고자가 설치하고자 하는 폐기물처리시설이 차량에 탑재되어 이동이 가능한 경우는 폐기물처리시설 설치승인(신고) 신청서 ⑦난의 처리시설 설치예정지가 불투명함으로 폐기물처리시설 설치승인(신고) 신청이 곤란할 것으로 판단됩니다.

다. 또한, 폐기물관리법 시행규칙 제39조 제3항 및 제40조 제3항의 규정에 따라 기설치된 폐기물처리시설 소재지를 변경하려면 변경승인(신고)을 받아야 함을 알려드립니다.

註) 이동식 폐기물처리시설은 경제적 관점에서 대단히 훌륭한 아이디어지만, 현 법규 내에서는 운용이 어렵다. 관할 지자체 등으로 하여금 주기적으로 폐기물처리시설 운영실태를 관리·감독하게 함으로써 환경위해요소를 제거하거나 방지하고자 하는 것이 폐기물관리법의 목적과 취지이므로, 이러한 관리·감독의 범위를 벗어날 수 있는 이동식 폐기물처리시설은 허용되기 어려운 것이다.

2. 폐기물처리시설 설치 및 관리기준

4-2-29 소각로 다이옥신 측정 시기(2008-01-04)

[질의] 금년 1월 18일에 다이옥신을 측정한 경우 다음 측정시기는 언제인지?

[회신] 가. 폐기물관리법 시행규칙 다이옥신 측정주기와 관련하여 시간당 처리능력 2톤 이

상인 시설은 6개월에 1회 이상, 시간당 처리능력 200킬로그램 이상 2톤 미만인 시설은 1년에 1회 이상, 시간당 처리능력이 25킬로그램 이상 200킬로그램 미만인 시설은 2년에 1회 이상 측정을 하여야 합니다.

나. 2007년 1월 18일 측정을 하였다면 다음 측정기한은 2008년 1월 18일 이내여야 하나, 소각시설의 보수로 인한 부득이한 경우로 그 이후에 측정하였다면 1월 18일 이내에 측정한 것으로 갈음될 수 있을 것입니다. 그러나 다음 측정시기는 2008년 1월 18일을 기준으로 측정시기를 판단해야 할 것입니다.

4-2-30 소각용량 증설시 변경허가 대상인지 여부(2008-01-23)

[질의] 폐기물중간처리업체로서 소각용량 증설을 검토하고 있는데 용량 증가에 따른 변경허가 대상인지 여부?

[회신] 폐기물처리업체의 폐기물처리시설의 용량이 100분의 30 미만 변경될 경우 변경허가를 득하지 않아도 되며, 주요 설비(체류시간, 연소실 출구온도 등) 변경 없이 대상 폐기물의 발열량, 성상 등에 따라 허가받은 용량의 100분의 30 미만에서 추가 소각하는 것은 가능할 것이나, 이 경우에도 대기배출허용기준 및 폐기물관리법 시행규칙 [별표 11]에서 정한 폐기물처리시설의 관리기준을 준수하여야 합니다.

4-2-31 RDF 전용 소각보일러 설치 기준(2008-04-28)

[질의] 소각보일러 18.8ton/hr 운영 중에 연료사용량이 4ton/hr인 RDF 전용 소각보일러를 설치하고자 할 때, RDF 전용 소각보일러의 설치(신고)와 대기배출시설 설치허가(신고)를 하여야 하는지 여부 및 환경영향평가와 소각시설 설치검사 및 성능검사를 받아야 하는지 여부?

[회신] 가. 전용보일러 시설을 설치하여 RDF를 사용하고자 할 경우 「자원의 절약과 재활용촉진에 관한 법률 시행규칙」 [별표 8]에 따라 고형연료제품 사용신고서를 관할 시·도지사에게 제출하여야 하며, 또한 「대기환경보전법 시행령」 제42조에 따른 고체연료 사용금지 지역인지를 확인하고 해당 시 관할 시·도지사의 고체연료사용승인 절차를 거친 후 사용 가능합니다. 단, 「청정연료사용 등에 관한 고시」 제10조에 따른 청정지역이 아니어야 합니다.

나. RDF 전용 보일러의 경우 「대기환경보전법 시행규칙」 제5조 [별표 3]에 의한 대기오염물질 배출시설로서 배출시설 설치신고를 득하여야 하고, 「대기환경보전법」 제16조에 따른 배출허용기준을 준수하여야 하며, 「대기환경보전법」 제7조

에 따른 대기오염 공정시험방법에 따라 연 1회 이상 다이옥신 배출량을 측정하여야 합니다.

다. RDF를 이용한 전용발전소의 경우 발전용량이 1만kW 이상일 경우 「환경·교통·재해 등에 관한 영향평가법 시행령」 [별표 1]에 의한 환경영향평가 대상에 해당됩니다.

라. RDF는 「자원의 절약과 재활용촉진에 관한 법률 시행규칙」 제20조의3에 의거 폐기물처리시설의 설치·검사기준을 만족하는 보일러에 한하여 사용 가능합니다.

4-2-32 매립시설 정기검사 주기(2008-06-04)

[질의] 매립시설 운영 중에 1단계 매립완료 시점이 다가옴에 다라 1단계 제방 상부에 2단계 제방을 축조하여 2007년 7월 2일에 설치검사를 득하였는데, 최초 정기검사일(2005.8.30)로 3년 이내에 정기검사를 받아야 하는지 여부?

[회신] 사용 중인 폐기물매립시설의 최초 정기검사는 사용개시일로부터 1년, 2회 이후의 정기검사는 최종 정기검사일부터 3년마다 검사를 받으면 됩니다.

4-2-33 고형연료제품 전용 보일러시설의 운전 방법(2008-06-10)

[질의] 고형연료제품 전용 보일러시설의 허용대상을 시간당 400킬로그램 이상을 사용하는 시설과 시간당 200킬로그램 이상을 사용하면서 연속적으로 가동하는 시설로 한정하고 있는데, 연속적으로 가동하는 시설이 24시간 가동하는 시설을 의미하는지와 연속가동은 200킬로그램 이상에만 해당되고 400킬로그램 이상 시설은 연속가동을 하지 않아도 되는지 여부? RDF 전용 보일러로 RDF 사용시 1일 사용량이 한정되어 있는지 여부 및 RDF 전용 보일러에 RDF연료를 사용하여 500kg/hr로 24시간 연속운전이 가능한지 여부?

[회신] 가. 「자원의 절약과 재활용촉진에 관한 법률」에 따른 고형연료 사용량이 200kg 이상이고 연속가동하는 보일러시설에서 연속가동은 24시간 가동을 의미하며, 시간당 400kg 이상 사용하는 전용보일러의 경우 연속가동이 아니더라도 시설가동이 가능합니다.

나. RDF 1일 사용량은 별도 제한은 없으나, 전용보일러의 경우에는 시간당 최소 400kg 이상, 연속가동 시에는 200kg 이상 사용하여야 합니다.

4-2-34 매립장의 안정화사업 후 활용 가능성(2008-06-18)

[질의] 매립지 부지의 안정화사업은 10년으로 알고 있는데, 이전에 토지이용계획을 수립하여 체육시설로의 결정이 가능하다고 들었습니다. 내년에 10년이 끝나는 경우 내후년에 바로 결정이 가능한지?

[회신] 가. 폐기물매립시설은 사용종료 또는 폐쇄신고를 한 날로부터 20년 또는 시·도지사, 지방환경관서의 장이 사후관리의 종료를 결정·통보한 날까지 사후관리를 하여야 합니다.

나. 매립시설의 사후관리가 종료되기 이전에 주변환경에 위해를 가져올 우려가 있다고 인정되면 토지의 이용을 제한할 수 있습니다. 이를 이용하고자 할 경우에는 허가기관에 토지이용계획서를 제출하여 승인을 받아야 합니다.

다. 침출수가 유출되거나 주변환경에 영향을 미칠 수 있을 경우에는 침출수처리장을 철거하거나, 사후관리에 장애가 되는 구조물을 설치하여서는 아니 될 것입니다.

4-2-35 RPF 전용시설에서 보조연료로 벙커씨유 사용 가능성(2008-07-14)

[질의] RPF(고형연료) 전용시설에 대한 설치허가를 득한 사업장에서 초기 승온 시 보조연료로 벙커씨(B-C유)와 바이오매스 연료인 우드칩, RPF고형연료를 함께 사용하는 것이 가능한지 여부 및 가능시 변경허가를 받아야 하는지 여부?

[회신] 가. RPF 전용보일러 시설은 「자원의 절약과 재활용촉진에 관한 법률 시행규칙」 제20조의3 제4호에 따라 폐기물관리법 시행규칙 [별표 9] '폐기물처리시설 설치기준' 및 동법 시행규칙 [별표 10] '폐기물처리시설의 검사기준'에 따른 소각시설의 설치·검사기준에 적합한 시설로서 초기 가동 시 연소실 출구온도가 800℃ 이상이 될 때 고형연료제품을 자동투입할 수 있는 장치를 갖추어야 합니다.

나. 「폐기물처리시설의 세부검사방법에 관한 규정」(환경부고시 제2004-161호) 폐기물소각시설 설치검사 사항 중 보조연소장치의 용량 및 작동상태에 대한 검사항목(초기 가동 시 폐기물 소각 없이 출구온도를 800℃ 이상 유지할 수 있는지 확인) 등에 따라 초기 승온 시 우드칩 및 고형연료제품을 벙커씨(B-C)유와 함께 사용하는 것은 불가함을 알려드립니다.

4-2-36 폐비닐과 RPF를 소각보일러 연료로 사용 가능성(2008-07-18)

[질의] 폐비닐을 연료로 하는 시간당 1톤 용량의 소각보일러를 설치하려고 할 경우 RPF를 추가 구입하여 연료로 사용이 가능한지 여부?

[회신] 가. 사업장에서 공정 중 발생하는 폐비닐은 폐기물관리법 제2조에 따른 사업장폐기물에 해당하며, 사업장폐기물을 소각하는 보일러는 폐기물관리법 시행규칙 [별표 3]에 따른 폐기물처리시설에 해당합니다.

나. RPF는 「자원의 절약과 재활용촉진에 관한 법률 시행규칙」 제20조의3에 따른 고형연료제품 사용시설에서 연료로 사용이 가능하고, 사업장폐기물과 혼합하여 사용이 불가합니다. 따라서 RPF만을 사용하고자 할 경우 고형연료제품 전용시설을 설치하여 사용하셔야 합니다.

4-2-37 유수분리시설의 폐기물처리시설 해당 여부(2008-07-23)

[질의] 자동차부품 제조회사에서 유수분리기 1대를 설치하여 부품에 묻은 기름을 분리하려는 경우 유수분리시설이 폐기물처리시설에 해당하는지 여부?

[회신] 폐유와 폐수 분리를 위한 유수분리시설은 폐기물처리시설에 해당됩니다.

4-2-38 매립장침출수의 지하수 희석 가능성(2008-08-11)

[질의] 매립시설에서 발생되는 침출수처리 시 침출수 원수의 염분농도가 높아(약 25,000ppm) 생물학적 처리에 상당한 어려움이 있는데, 지하수로 희석처리(지하수를 이용)하는 방법이 가능한지 여부?

[회신] 침출수를 지하수로 단순 희석하여 오염물질의 총량 변화 없이 농도만 줄이는 방법으로 처리하게 될 경우, 환경오염물질의 총배출량이 증가하게 되어 폐기물관리법상 침출수 처리규정이 무의미하게 되므로 지하수를 사용한 침출수 희석처리는 타당하지 않다고 판단됩니다.

4-2-39 폐기물처리시설 납부계획서의 폐기물발생량 산정시 재활용량 포함 여부(2008-08-18)

[질의] 폐기물발생량 산정 시 재활용되는 양을 포함시켜야 하는지?

[회신] 폐기물발생량은 처리 방법에 관계없이 사업장폐기물(재활용되는 양 제외) 모두를 산정하여야 합니다.

4-2-40 불량품 분쇄시설의 폐기물처리시설 해당 여부(2008-08-31)

[질의] 제품생산과정에서 발생되는 PET 불량품을 분쇄하여 원료로 재투입하는 경우 분쇄시설이 폐기물처리시설에 해당하는지 여부?

[회신] 불량품을 분쇄하여 원료로 재투입할 경우에 분쇄시설은 폐기물처리시설로 보아야 합니다.

> 註) 제조공정에서 발생하는 불량품 등을 다시 제조공정에 원료로 재투입하는 경우, 그 불량품은 '사업활동에 필요하지 아니하게 된 물질'이 아니므로 폐기물이 아니다. 따라서 그 불량품을 제조공정에 재투입하기 위한 분쇄시설 역시 폐기물처리시설이 아니라 통상의 제조시설로 보아야 할 것이다.

4-2-41 RPF 사용 시 대기오염물질 배출허용기준 준수(2008-09-25)

[질의] 생활폐기물 소각시설, 생활폐기물 열분해용융시설에서 연료로 RPF 사용이 가능한지 여부? 가능할 시 RPF 사용량을 200kg/hr 이상으로만 사용하여야 하는지 여부 및 대기오염물질 배출허용기준은 소각시설과 RPF 전용시설 중 어느 것을 따라야 하는지?

[회신] 가. RPF 등 고형연료제품은 「자원의 절약과 재활용촉진에 관한 법률 시행규칙」 제20조의3에 의한 고형연료제품사용시설에서만 사용이 가능하며, 고형연료제품을 사용하는 자는 「대기환경보전법」 제16조에 따른 배출허용기준을 준수하여야 합니다.

나. 고형연료제품 전용시설은 「대기환경보전법 시행규칙」 [별표 8]에 따른 해당 시설의 연료사용량 중 고형연료제품 사용비율이 30% 이상인 시설을 말합니다.

4-2-42 고온용융시설에서의 고형연료 사용 가능성(2008-09-25)

[질의] 고온용융시설이 「자원의 절약과 재활용촉진에 관한 법률」상 고형연료사용시설에 해당하는지 여부 및 고형연료제품의 사용이 가능한지 여부?

[회신] 고형연료제품은 「자원의 절약과 재활용촉진에 관한 법률 시행규칙」 제20조의3에 의한 고형연료제품사용시설에서 사용 가능하며, 폐기물처리시설로 설치승인을 받은 소각시설(고온용융시설 포함)에서 보조연료로도 활용 가능합니다.

4-2-43 생활폐기물의 소각 및 용융시설에서 RPF연료 사용시 시설 분류(2008-09-25)

[질의] 생활폐기물 소각시설, 생활폐기물 열분해용융시설에서 연료로 RPF 사용이 가능한

지 여부? 가능 시 RPF 사용량을 200kg/h 이상으로만 사용하여야 하는지 여부 및 대기오염물질 배출허용기준은 소각시설과 RPF 전용시설 중 어느 것을 따라야 하는지?

[회신] 가. RPF 등 고형연료제품은 「자원의 절약과 재활용촉진에 관한 법률 시행규칙」 제20조의3에 의한 고형연료제품사용시설에서만 사용이 가능하며, 고형연료제품을 사용하는 자는 「대기환경보전법」 제16조에 따른 배출허용기준을 준수하여야합니다.

나. 고형연료제품 전용시설은 「대기환경보전법 시행규칙」 [별표 8]에 따른 해당 시설의 연료사용량 중 고형연료제품 사용비율이 30% 이상인 시설을 말합니다.

4-2-44 발효소멸식 음식물쓰레기처리시설에 파쇄기 설치 가능성(2008-11-05)

[질의] 미생물발효소멸식으로 제작하려고 하는 경우, 발효를 빨리 하기 위하여 파쇄기(디스포저)를 기계 내부에 기계와 일체형으로 장착할 경우 불법인지 여부 및 고객에 따라 파쇄기(디스포저)를 별도로 장착할 수 있게 하고 파쇄기를 별도 옵션 판매할 경우 불법인지 여부?

[회신] 가. 음식물류 폐기물을 처리하는 소멸기(100kg 미만)의 처리효율을 제고하기 위하여 소멸기 전단에 파쇄장치를 설치하여 투입되는 음식물류 폐기물을 전량 소멸기로 투입·처리되는 경우라면 설치가 가능할 것입니다.

나. 그러나 파쇄장치에서 파쇄된 음식물류 폐기물이 적정하게 처리되지 않고 하수도로 배출되는 경우라면 이를 장치하는 것은 타당하지 않으며, 분쇄기(디스포저)를 판매하는 것은 「하수도법」에서 금지하고 있음을 알려드립니다.

다. 참고로, 2009년 8월 4일부터는 폐기물관리법 시행규칙 제10조 제3호 단서규정에서 정한 처리기준(배출수에 포함된 고형물질의 양이 당해 시설에 투입된 고형물 무게의 100분의 20 미만)에 적합하여야만 사용할 수 있습니다(단, 감량의무사업자의 경우 폐기물관리법 시행규칙 [별표 5] 제2호 다목 2)에서 규정한 기준 및 방법에 적합한 기기만 사용 가능).

4-2-45 휴업기간에 매립장 정기검사 유무(2008-11-07)

[질의] 휴업기간에도 매립시설 정기검사를 받아야 하는지?

[회신] 폐기물처리시설의 검사는 휴업에 관계없이 3년마다 검사를 받아야 합니다.

4-2-46 고형연료 전용시설의 폐기물처리시설 해당 여부(2008-12-12)

[질의] 고형연료 전용시설의 경우 폐기물처리시설에 해당되는지 여부 및 발전은 하지 않고 단지 열을 이용하여 스팀을 생산·이용하는 경우 환경영향평가 대상인지 여부?

[회신] 고형연료제품은 「자원의 절약과 재활용촉진에 관한 법률 시행규칙」 제2조에 따른 재활용제품에 해당하며, 「대기환경보전법 시행규칙」 [별표 8]에 의한 고형연료제품 전용시설은 폐기물처리시설이나 보관시설이 아닙니다. 또한, 고형연료제품 전용시설 중 발전시설 용량이 1만kw 미만인 경우 「환경·교통·재해 등에 관한 영향평가법」에 의한 환경영향평가 대상이 아닙니다.

4-2-47 아파트 관리사무소에서의 음식물류 폐기물 감량기기 설치 가능성(2008-12-24)

[질의] 1일 100킬로 미만 모든 음식물처리기를 대상으로 폐기물관리법 시행규칙 제10조 사항의 검사성적서를 받아야 하는지? 아니면 액상소멸기와 음식물쓰레기의 수분이 배출되는 기기에 한해서 하는 것인지? 해당 기기를 아파트 등 공동주택에서 사용이 가능한지 여부?

[회신] 가. 폐기물관리법 시행규칙 제10조 제3호의 기준준수 여부는 해당 기기에서 음식물류 폐기물을 처리하는 과정(파쇄·분쇄 등 전처리시설이 부착된 경우 이를 포함)에서 배출수가 발생되는 기기는 기준 준수 여부에 대한 확인이 필요합니다.

나. 아파트 등 공동주택에 음식물류 폐기물 감량기기를 설치하고자 할 경우 해당 시·군·구가 처리시설 설치 및 운영주체가 되어야 하며, 아파트 관리사무소나 입주자대표가 이를 설치하여서는 아니됩니다.

4-2-48 시험연구대상 변경시 폐기물처리시설 설치운영계획서 변경신청 대상 해당 여부(2009-01-16)

[질의] "시험·연구목적 폐기물처리시설 설치·운영계획서"를 관할 행정기관에 제출하고 폐유를 시험·연구 중 폐유와 물성이 유사한 신유(자동차용 엔진오일)로 시험연구 대상물을 바꾸는 경우 설치·운영계획서의 변경신청을 하여야 하는지 여부?

[회신] 폐기물처리시설에 관한 환경 관련 연구를 수행하는 경우 폐기물관리법 제29조 제2항 제1호 및 동법 시행규칙 제37조 제1항 제4호의 규정에 의거 학교·연구기관 등 시험·연구목적으로 폐기물처리시설을 설치·운영하는 경우는 폐기물처리시설 설치 승인·신고대상에서 제외되며, 이 경우 폐기물처리시설의 설치·운영계획서를 관할 행정기관에 제출하여 그 결과를 확인받아야 하나, 폐기물을 대상으로 시험·연구하

지 않을 경우 폐기물처리시설의 설치·운영계획서 제출 대상에 해당하지 않으므로 관할 행정기관에 관련 사항을 시험·연구대상이 변경되었음을 알려 주어야 할 것으로 판단됩니다.

4-2-49 소각로 인·허가 절차(2009-01-19)

[질의] 소각로를 설치시 필요한 인·허가 절차는?

[회신] 폐기물처리시설 검사신청서, 사업장폐기물배출자신고서(소각 잔재물이 사업장 일반폐기물에 해당될 경우), 지정폐기물처리계획서(소각 잔재물이 지정폐기물에 해당될 경우) 등이 있습니다.

4-2-50 화학적 처리시설의 운영 관련 질의(2009-02-04)

[질의] 액상폐기물인 폐산 및 폐알카리가 폐기물중간처리시설인 화학적 처리시설의 중화반응시설에서 중화반응 처리가 완료되면 액체상태의 물질은 수소이온농도가 7~8이 됩니다. 이렇게 처리된 액상을 동일 사업장에 설치된 폐수수탁처리시설에 위탁하여 처리하여도 되는지 여부?

[회신] 가. 폐기물관리법 시행규칙 [별표 11]에 폐기물을 처리하는 과정에서 「수질 및 수생태계보전에 관한 법률 시행규칙」 [별표 2]와 [별표 3]에 따른 수질오염물질 또는 특정 수질유해물질을 배출하는 경우에는 침출수배출허용기준 이내로 배출되도록 유지·관리하여야 한다. 다만, 폐수처리업자에게 위탁처리하는 경우에는 그러하지 아니하다고 규정하고 있습니다.

나. 따라서 폐산, 폐알카를 중화처리 후 발생하는 수질오염물질 등은 폐수수탁처리업자에게 위탁하여 처리할 수 있습니다

4-2-51 폐기물중간처리시설 설치 및 폐기물재활용 신고자가 폐자동차파쇄재활용업을 득할 시 기존 신고필증 반납 여부 및 관리대장 기록 여부(2009-02-04)

[질의] 「전기·전자제품 및 자동차자원순환에 관한 법률」에 의거 폐자동차 파쇄재활용업 등록증을 현재 교부받은 상태로 기존 폐기물중간처리시설 설치신고필증 및 폐기물재활용신고필증 처리 여부(해당 관청에 반납 여부) 및 폐기물중간처리시설 운영관리대장을 계속 작성하여야 하는지 여부?

[회신] 「전기·전자제품 및 자동차자원순환에 관한 법률」에 다라 파쇄재활용업을 등록받았더라도 폐기물관리법에서 정하는 의무사항을 이행하여야 하므로 재활용신고필증은

반납할 필요가 없으며, 폐기물재활용관리대장 등의 기록의무도 이행하여야 합니다.

4-2-52 폐기물처리시설의 신설과 주요 설비의 변경의 차이점(2009-02-16)

[질의] 폐기물처리시설의 신설과 주요 설비의 변경의 차이점이 무엇인지?

[회신] 주요 설비의 변경은 기존 처리시설의 일부 설비를 변경하는 것으로 볼 수 있으며, 질의와 같이 기존 처리시설과는 별개의 처리시설을 설치하는 경우에는 폐기물처리시설의 신설로 보아야 할 것입니다.

4-2-53 폐기물처리시설 변경승인 대상 여부(2009-02-25)

[질의] 폐기물처리시설의 용량 및 부대설비는 변화가 없고 단지 소각시설 후단에 열교환기만 설치할 경우, 변경승인 대상인지 여부?

[회신] 연소실 출구온도, 가스체류시간 등이 폐기물처리시설 설치기준, 운영기준에 적합하고, 「대기환경보전법」에 의한 변경신고 대상에 해당하지 않을 경우에는 처리시설 변경승인 대상에 해당되지 않습니다.

4-2-54 폐기물을 이용한 에너지회수 시 에너지개발시설 해당 여부(2009-02-27)

[질의] 음식물류 폐기물, 하수슬러지, 돈분, 농축산물 폐기물을 혐기성소화를 이용하여 바이오가스, 퇴비, 액비를 생산하는 시설을 설치하였을 때 이 시설을 폐기물처리시설이 아닌 에너지개발시설로 볼 수 있는지 여부?

[회신] "폐기물처리시설"은 폐기물관리법 제2조 제8호 및 동법 시행령 제5조에 따라 폐기물의 중간처리시설(소각, 기계적·화학적·생물학적 처리시설 등)과 최종처리시설(매립시설 등)을 말하며, 에너지시설은 별도로 규정하고 있지 않으나 폐기물 처리과정에서 연료·열·전기 등 에너지를 회수하는 것이므로 폐기물처리시설로 볼 수 있습니다.

4-2-55 고형연료제품 전용시설 해당 여부(2009-03-02)

[질의] 우드칩 350톤/일과 RDF 200톤/일을 혼소하여 스팀을 생산 및 발전하는 보일러의 경우, RDF 소각비율이 30%를 넘고 순수 나무를 연료로 사용하고자 할 때, 이 시설이 RDF 전용보일러 시설인지 여부 및 환경영향평가 대상인지 여부?

[회신] 가. 연료사용량 중 RDF 사용량이 36% 이상인 시설은 「대기환경보전법 시행규칙」

[별표 8]에 의한 해당 시설의 연료사용량 중 고형연료제품 사용량이 30% 이상인 고형연료제품 전용시설에 해당됩니다.

나. 환경영향평가 대상에 해당되지 않으며, 고형연료제품 전용보일러 시설을 설치·운영하고자 할 경우「에너지이용합리화법」제39조에 따라 열사용기자재 검사를 득해야 합니다.

다. RDF발전을 위한 연소시설의 경우 소각을 하여 발전을 목표로 하므로 소각시설로 분류되지 않고 RDF 전용발전시설로 분류가 됩니다. 다만,「자원의 절약과 재활용촉진에 관한 법률 시행규칙」제20조의3 제1항 제4호에 따라 고형연료제품 사용시설 기준은 충족시켜야 할 것입니다.

4-2-56 폐기물매립시설 사후관리이행보증금 산출기준 질의(2009-03-03)

[질의] 사후관리이행보증금 비용 정산을 함에 있어, 소요비용 명세서를 제출할 때 세부항목별 산출명세내역의 시작 날짜를 어느 기준으로 잡아야 하는 것인지?

[회신] 폐기물관리법 시행규칙 제75조에 따른 사후관리이용보증금의 반환청구서(별지 제63호 서식)는 사후관리 개시일을 기준으로 작성하여야 할 것입니다.

4-2-57 하수처리장에서 열공급설비를 갖추는 경우 소각시설 해당 여부(2009-03-04)

[질의] 하수처리장에서 발생하는 하수오니를 건조시키기 위해 기계적 처리(파쇄, 선별)된 폐전선(폴리프로필렌)을 구입하여 연소시켜 발생하는 열을 이용하는 열공급설비를 갖추는 경우 당해 시설을 소각시설로 보아야 하는지 여부?

[회신] 파쇄·선별된 폐전선을 소각하는 시설은 소각시설에 해당됩니다.

4-2-58 폐기물처리시설 용량변경 신고시 신규시설 해당 여부(2009-03-17)

[질의] 폐기물처리시설(소각시설) 용량을 600kg/hr에서 380kg/hr로 변경신고 후 사용하는 경우, 이 시설을 기존 시설로 보아야 하는지 신설 시설로 보아야 하는지 여부?

[회신] 폐기물처리시설 용량변경을 위해 시설을 해체 후 재시공한 경우에는 신규시설로 보아야 합니다.

4-2-59 재활용 폐페인트캔 압축기의 폐기물처리시설 해당 여부(2009-03-18)

[질의] 재활용(고철)으로 처리되고 있는 폐페인트캔 압축기가 폐기물처리시설에 해당되는

지 여부?

[회신] 가. 폐페인트 용기 안에 남아 있는 페인트가 건조되어 있고, 그 잔존량이 용기 바닥에서 6밀리미터를 넘지 아니하는 것은 사업장 일반폐기물에 해당됩니다.

나. 따라서 사업장 일반폐기물을 압축처리하는 시설은 폐기물관리법 시행령 제5조 [별표 3] 제1호 나목 1)의 규정에 의한 압축시설(동력 10마력 이상인 시설로 한정)에 해당합니다.

다. 폐기물처리시설을 설치하고자 할 경우, 폐기물관리법 제29조 제2항의 규정에 따라 관할 지방자치단체에 폐기물처리시설 설치신고를 하여야 합니다.

4-2-60 폐기물처리시설 사용개시신고 기간(2009-03-24)

[질의] 폐기물처리시설 설치승인을 득하고, 폐기물재활용 신고(유효기간: 6개월, 조건: 제품인증서(GR인증, KS인증 등) 제출)를 득했습니다. 그런데 폐기물처리시설 사용개시신고를 해야 폐기물처리시설을 가동할 수 있다고 사료되는 바, 제품인증을 받는 동안에는 폐기물처리시설 사용개시신고를 하지 않고 가동해도 되는지, 아니면 폐기물처리시설 사용개시신고를 한 후 가동해서 제품인증을 받아야 하는지 여부?

[회신] 폐기물관리법 시행규칙 제29조 제4항 및 동법 시행규칙 제41조에 폐기물처리시설을 설치하는 자는 그 설치공사를 끝낸 후 그 시설의 사용을 시작하려면 해당 시설의 사용개시 10일 전까지 사용개시신고서를 제출하여야 합니다.

4-2-61 하수슬러지 혼합소각비율에 대한 질의(2009-03-25)

[질의] 「생활폐기물 소각시설에서의 하수슬러지 혼합소각 지침」에서 스토커식 소각시설에서의 하수슬러지 혼합소각비율은 무엇인지?

[회신] 「생활폐기물 소각시설에서의 하수슬러지 혼합소각 지침」에서 스토커식 소각시설에서의 하수슬러지 혼합소각비율은 탈수케익(수분함량 80% 내외)의 경우 탈수케익을 기준으로 하수슬러지를 10% 이내 범위에서 혼합처리하고, 수분함량 40~60%인 경우에는 "수분함량 40~60%" 슬러지를 기준으로 20% 내외 혼합하여 처리할 수 있습니다.

4-2-62 소각시설의 최종연소실 출구에 설치 가능한 온도계의 종류(2009-04-02)

[질의] 생활폐기물 소각시설에서 최종연소실 출구온도의 측정을 위해 접촉식 열전대 온도계 대신 관리적·비용적 측면에서 효율적인 비접촉식 적외선 온도계의 설치가 가능

한지 여부 및 온도계 종류에 제한이 있는지 여부?

[회신] 가. 폐기물관리법 시행규칙 제35조 [별표 9] 규정에 중간처리시설의 경우 연소실의 최종출구에는 출구온도 기준보다 섭씨 300℃ 이상까지 측정할 수 있는 온도지시계 및 온도변화를 연속적으로 기록할 수 있는 자동온도기록계를 설치하여야 합니다.

나. 또한, 대기오염방지시설의 입출구 및 굴뚝에는 배출가스의 온도 등을 측정할 수 있는 측정공을 대기오염공정시험방법에 맞게 설치토록 되어 있습니다.

4-2-63 관리형 매립시설의 적법한 매립용량과 매립 한계(2008-04-03)

[질의] 폐기물최종처리업(관리형 매립시설)의 경우, 허가용량 173,580㎥, 지하 20m, 지상 0m 허가를 받은 업체로 허가사항에 따라 지하 20m에서 지상 0m까지 중량에 관계없이 매립이 가능한지 여부?

[회신] 폐기물매립시설의 매립용량은 부피단위로 산정하고 있습니다. 즉, 폐기물매립시설의 면적 또는 매립고의 변경 등으로 인한 용적이 변경되지 않은 경우 폐기물의 비중 및 중량과는 상관없이 허가받은 범위 내에서 폐기물을 매립할 수 있습니다.

4-2-64 폐타이어를 연료로 한 보일러 설치시 관련 기준(2009-04-05)

[질의] 폐타이어를 연료로 하는 연소량 10킬로그램 보일러 설치가 가능한지 여부 및 관련 인·허가 절차는?

[회신] 가. 폐기물관리법 시행령 제7조 제1항 제5호의 규정에 따라 폐기물은 폐기물처리시설에서 처리되어야 하며, 폐기물관리법 시행규칙 제36조의 규정에 따라 시간당 폐기물 소각능력이 25킬로그램 미만인 폐기물 소각시설은 설치가 금지되어 있습니다.

나. 따라서 귀하께서 개발 중인 폐타이어 소각시설은 폐기물관리법 시행규칙 제36조의 규정에 따라 설치가 금지된 폐기물 소각시설입니다.

다. 다른 사람의 사업장폐기물인 폐타이어를 사용하여 「자원의 절약과 재활용촉진에 관한 법률 시행규칙」 제2조 [별표 1] 제5호 바목의 규정에 의한 고형연료제품을 생산하는 경우, 폐기물관리법 제46조 제1항의 규정에 의한 폐기물재활용 신고대상입니다.

4-2-65 재활용 잔재물을 생활폐기물 소각장에서 소각 가능 여부(2009-04-17)

[질의] 지자체가 운영하는 소각시설 및 재활용선별시설이 한 부지 내에 가동 시 재활용 선별 후 발생되는 잔재물(성상은 가연성이 대부분인 사업장 생활폐기물임. 300kg/일 이상)을 부지 내에 있는 생활폐기물 소각설비에서 소각이 가능한지 여부? 지자체에서 생활폐기물을 재활용집하장으로 수집·운반하여 선별 후 배출되는 잔재물의 폐기물 종류는?

[회신] 가. 생활폐기물 소각장에서 소각 가능한 폐기물은 폐기물관리법 시행규칙 제39조에 따라 설치승인 시 승인된 처리대상 폐기물에 대해서만 소각이 가능합니다.

나. 지자체에서 생활폐기물을 재활용집하장으로 수집·운반하여 선별 후 배출되는 잔재 폐기물은 발생량에 관계없이 생활폐기물에 해당됩니다.

4-2-66 매립장 사면 보호재로 환경기술검증을 받지 않은 공법 적용 가능성(2009-04-22)

[질의] 매립시설 사면 보호용으로 폐타이어나 폴리프로필렌 마대를 사용하도록 폐기물관리법 시행규칙에 규정되어 있는데, 전국적으로 폐타이어가 부족하여 공급계약을 체결할 수 없는 상황인 경우 환경기술검증을 받지 않은 공법 중 저가인 공법을 선택하여 사용이 가능한지 여부?

[회신] 폐기물처리시설은 폐기물관리법 시행규칙 [별표 9] 폐기물처리시설의 설치기준에 적합하게 설치하여야 합니다. 환경기술검증을 받은 설치공법인 경우에도 허가기관에서 인정하는 경우에 한하며, 환경기술검증을 받지 않은 공법으로 설치하는 것은 폐기물매립시설 설치기준에 적합하지 않습니다.

4-2-67 증설 국고보조금의 기존 시설 개선비로 사용 가능성(2009-04-22)

[질의] 음식물류 폐기물 증설사업에 필요한 국고보조금의 일부를 기존 시설 개선사업비로 사용이 가능한지 여부?

[회신] 음식물류 폐기물 증설사업에 필요한 국고보조금의 일부를 기존 시설 개선사업비로 사용할 경우 「보조금의 예산 및 관리에 관한 법률」 제23조의 규정에 따라 중앙관서의 장의 승인을 얻도록 규정하고 있음을 알려드립니다.

4-2-68 폐기물처리시설의 가동개시신고 시기(2009-05-11)

[질의] 「대기환경보전법」상 가동개시신고와 폐기물관리법상 폐기물처리시설의 사용신고

및 검사 등 두 개의 법을 준수하는 지정폐기물처리업체의 경우 두 신고 중 어느 신고를 먼저해야 하는지?

[회신] 폐기물처리시설을 설치하는 자가 폐기물관리법 제29조 제4항에 따라 폐기물처리시설 사용개시신고를 한 경우에는 「대기환경보전법」 제14조에 따른 가동개시신고를 한 것으로 본다고 폐기물관리법 제32조 제2항에 규정하고 있습니다 따라서 해당 시설이 폐기물처리시설 및 대기배출시설에 해당될 경우에는 폐기물처리시설 가동개시신고로 대기배출시설 가동개시신고를 의제처리할 수 있습니다.

4-2-69 폐기물매립장 조기종료(폐업) 신고 시 사전적립금(2009-05-14)

[질의] 사업계획상 보다 조기에 산업폐기물매립장 종료시 현금으로 기 납부한 사후이행보증금에 대하여 21년간 보증하는 보증서로 대체하고 기 납부한 현금적립금을 환급받을 수 있을지?

[회신] 사전적립금은 매립시설을 설치하고자 할 경우에 사후관리에 드는 비용의 일부를 사전에 적립하는 제도로서, 사전적립금이 사후관리이용보증금보다 많으면 그 차액을 반환하도록 하고 있으나, 사전적립금을 보증서로 대체할 수는 없습니다.

4-2-70 폐기물처리시설 임대시 운영자도 임대차계약에 포함되는지 여부(2009-05-22)

[질의] 폐기물을 스스로 처리하기 위한 폐기물처리시설을 임대하여 사용할 수 있다고 되어 있는데, 이 경우 처리시설을 운영하기 위한 운영자(기계조작원)도 처리시설 임대계약에 포함해서 계약해도 되는지, 아니면 스스로 처리하는 자가 직접 고용하고 처리해야 하는지 여부?

[회신] 가. 폐기물처리업자와 임대차계약을 체결한 이후 폐기물처리시설을 설치하고, 처리시설을 처리업자 소속 직원이 운영할 경우에는 무허가 폐기물처리업에 해당될 것으로 판단됩니다.

나. 위와 같은 경우에는 배출자는 무허가 폐기물처리업자에게 폐기물을 위탁처리한 행위에 해당되며, 또한 공문서를 허위로 작성한 행위로 처벌을 받을 수 있습니다.

4-2-71 폐기물매립시설의 차수재 범위(2009-05-25)

[질의] 현재 매립시설 사면의 차수재는 원지반+배수용 부직포+벤토나이트매트+HDPE

Sheet(t=2.5mm)+부직포를 설치하였으며, 설치된 차수재를 보호하기 위하여 폐타이어를 포설 후 모래 또는 폐사를 쌓은 후 폐기물을 매립하고 있습니다. 이 경우 폐타이어를 차수재로 보아야 하는지?

[회신] 폐기물관리법에 매립시설의 차수시설 설치기준은 폐기물관리법 시행규칙 [별표 9] "폐기물처리시설의 설치기준" 제2호 나목 2)에 정하고 있으니 참고하시기 바라며, 폐타이어는 차수재를 보호하기 위해 설치하였다 하더라도 차수재로 볼 수는 없습니다.

4-2-72 소각로 가동 중지 절차(2009-05-30)

[질의] 소각설비를 장기간 가동 중지할 경우 신고절차는?

[회신] 가. 폐기물처리업자가 소각시설을 장기간 가동 중단하여 휴업하고자 할 경우에는 폐기물처리업의 휴업신고를 하여야 합니다.

나. 폐기물배출자가 자가 소각시설 가동을 중지하여 폐기물의 처리방법이 변경될 경우에는 사업장폐기물 배출자 변경신고 또는 지정폐기물처리계획 확인증명을 변경하여야 합니다.

4-2-73 폐기물매립시설 침출수 처리 방법(2009-05-30)

[질의] 매립시설에서 나오는 침출수를 처리 후 방류하지 않고 매립장에 재살수하여 증발효과로 침출수를 처리 및 저감시키는 것이 가능한지?

[회신] 폐기물관리법 시행규칙 [별표 11] "폐기물처리시설의 관리기준"에 매립시설에서 발생하는 침출수는 배출허용기준 이내로 처리하도록 하고 있습니다. 침출수를 매립장에 살수하는 것은 처리방법에 해당하지 않습니다.

4-2-74 음식물류 폐기물처리시설의 설치 절차(2009-06-30)

[질의] 100kg 이상의 음식물류 폐기물처리시설의 설치 절차는?

[회신] 가. 100kg 이상 음식물류 폐기물처리시설을 포함한 폐기물처리시설의 설치기준에 대하여는 폐기물관리법 시행규칙 제35조 [별표 9] 제1호 가목을 참고하시기 바랍니다.

나. 폐기물관리법 시행령 제5조 제1호의 규정에서 정한 폐기물처리시설은 동법 제29조 및 동법 시행규칙 제35조의 규정에 따라 폐기물처리시설 설치신고를 하여

야 하며, 동법 시행규칙 제41조의 규정에 따라 폐기물처리시설의 사용신고 및 검사를 받도록 규정하고 있습니다.

다. 음식물류 폐기물 처리과정에서 발생되는 수질오염물질 등은 개별 법령에서 배출허용기준을 정하고 있으며, 수질오염물질의 배출허용기준은 「수질 및 수생태 보전에 관한 법률 시행규칙」 [별표 13]을 참고하시기 바랍니다.

4-2-75 이동식 탈수차량의 폐기물중간처리시설 해당 여부(2009-07-02)

[질의] 이동식 탈수차량의 폐기물처리시설 중 중간처리시설 해당 여부 및 관련 인·허가 절차?

[회신] 가. 이동식 탈수장치가 폐기물관리법 시행규칙 [별표 9] '폐기물처리시설 설치기준', 동법 시행규칙 [별표 11] '폐기물처리시설 관리기준' 등에 적합할 경우, 동 이동식 탈수장치는 폐기물처리시설(동법 시행령 [별표 3] 중간처리시설 중 탈수시설)에 해당될 것으로 판단됩니다.

나. 따라서 폐기물처리시설 설치기준 및 관리기준을 충족하고 귀사의 사업장 내에서 한정하여 이동식 탈수시설이 가동될 경우, 동 시설을 설치하여 폐기물중간처리업 허가를 득할 수 있을 것으로 판단됩니다.

다. 폐기물관리법 시행규칙 제29조 제2호의 규정에 따라 폐기물처리시설 소재지를 변경하고자 할 경우, 관할기관으로부터 변경허가를 득하여야 합니다.

4-2-76 음식물류 폐기물중간처리업 설치 및 정기검사 대상 여부(2009-07-04)

[질의] 중간처리업 허가를 생물학적 처리전문으로 받은 후 생석회처리방식으로 변경허가를 득하고 폐기물처리시설 검사결과 불합격함에 따라 다시 기존 시설로 변경하여 변경허가를 득한 경우 폐기물처리시설 정기검사 대상 여부?

[회신] 중간처리업 허가를 생물학적 처리전문으로 받은 후 생석회처리방식으로 변경허가를 득하고 폐기물처리시설 검사결과 불합격함에 따라 시설을 변경하여 폐기물관리법 제25조 및 동법 시행규칙 제29조의 규정에 따라 다시 변경허가를 득한 경우라면 폐기물관리법 제29조 제4항 및 동법 시행규칙 제41조의 규정에 따라 폐기물처리시설의 사용신고 및 폐기물처리시설 검사를 받아야 할 것입니다.

4-2-77 소각시설 운영비 산출(2009-07-23)

[질의] 「생활폐기물소각시설 운영비산출지침」(환경부, 2005.9.20, 이하 "산출지침")과 관련에

서 일반관리비 세부항목이 고정비의 관리비 일부 항목과 중복되고 일반관리비 항목이 빠져 있으며 운영비 산출이 "산출지침"에 의하여 계산되어진다고는 하나 상위법에서 일반관리비를 명시하고 있는 바, 「지방자치단체를 당사자로 하는 계약에 관한 법률」에 의하여 일반관리비를 적용해도 문제가 없는지 여부?

[회신] 「생활폐기물소각시설 운영비산출지침」은 생활폐기물 소각시설 운영과 관련하여 포괄적인 내용을 통해 가이드라인을 제시할 목적으로 제정된 것으로, 타 규정 및 지침 등의 자료가 있는 경우에는 이를 고려하여 산출하는 것이 타당합니다.

4-2-78 폐기물처리시설 처리능력에 관한 사항(2009-07-23)

[질의] 폐기물처리시설(일반 소각시설)의 처리능력 및 처리용량은 폐기물인 폐수처리 오니, 폐합성수지의 시간당 소각량을 말하는 것인지, 아니면 폐기물소각량과 보조연료(고형연료, 우드칩) 소각량을 합한 값을 말하는 것인지?

[회신] 폐기물소각시설의 처리규격(능력)은 해당 시설에서 소각처리할 수 있는 최대의 능력을 말하므로, 질의와 같은 경우에는 폐기물, 보조연료, 우드칩 등을 소각처리할 수 있는 최대용량을 처리규격(능력)으로 보아야 합니다.

4-2-79 명절 등 음식물 다량 발생시 작업시간 연장으로 시설허가용량 이상 처리 가능 여부(2009-07-24)

[질의] 허가용량이 1일 130톤인 음식물류 폐기물 처리업체에서 명절 등에 일시적으로 많은 량의 음식물이 배출되는 경우 허가용량의 100분의 30인 39톤을 합한 169톤을 초과하게 되어 불가피하게 작업시간을 연장하여 처리할 수 있는지 여부?

[회신] 가. 폐기물관리법 제29조 제3항의 규정에 의하여 허가 또는 변경허가를 받은 처리용량의 100분의 30 이상의 변경이 있는 경우 변경허가를 받아야 하는 바, 단순하게 가동시간을 연장하여 처리량이 허용용량의 30% 미만 증가된 것으로 계산되는 경우에는 적정처리로 보아야 할 것입니다.

나. 폐기물처리시설의 규격(능력)은 1일 평균가동시간×시간당 처리능력을 의미하므로, 처리능력은 설계내용 및 시설기능 등에 따라 달라질 것입니다.

4-2-80 음식물류 폐기물의 혐기성소화 처리에 대한 질의(2009-07-27)

[질의] 환경부고시 제2008-222호(2008.12.31)에 의해 개정된 「폐기물처리시설의 세부검사방법에 관한 규정」 [별표 4] 음식물류 폐기물 처리시설의 세부검사방법/ 1. 설치검

사/ 나. 개별기준/ 3) 혐기성 분해시설/ 라. 소화액의 적정관리에 의하면, "(1) 최종부산물인 소화액은 고액분리하여 고형분은 퇴비로 재활용하고, 액상의 물질은 재활용 또는 처리하여야 한다(하수병합으로 처리하는 경우에는 제외한다)"라고 명시하고 있는데, 최종부산물인 소화액을 퇴비화가 아닌 부숙토 고화, 건조연료화, 사료화 등으로 처리·처분하는 것이 가능한지, 아니면 오직 퇴비처리만 가능한 것인지? "퇴비로 재활용하고자 하는 경우 「비료관리법」에서 정하는 부산물 비료 중 퇴비의 공정규격을 만족하여야 한다"라고 명시하고 있는데, 처리된 퇴비가 비료규격에 미달할 경우 설치승인이 불가한 것인지 여부?

[회신] 가. 음식물류 폐기물의 혐기성 시설은 연료화, 퇴비화시설로 주공정은 투입 → 선별·파쇄 → 산발효 → 메탄발효 → 가스저장 및 이용, 퇴비 부숙시설 등으로 구분할 수 있으며, 메탄발효시설에서 발생하는 가스는 에너지로 활용하고, 탈수하여 발생한 고형물은 호기성퇴비화 방법으로 퇴비를 생산하는 시설로서 음식물류 폐기물에는 메탄이 약 60㎥/톤, 부숙퇴비는 투입량 대비 약 10%로 알려져 있습니다.

나. 음식물류 폐기물 또는 음폐수를 소화처리한 후 최종부산물인 소화액은 고액분리를 통하여 퇴비로 재활용하도록 하고 있으며, 고액분리 없이 액체퇴비(액비)로 사용처에 공급하고자 할 경우 「비료관리법」에서 정하는 공정규격에 적합한 경우에 사용 또는 공급할 수 있을 것입니다. 이 경우 퇴비와 용도가 유사한 부숙토로 재활용하는 것은 가능할 것입니다.

다. 아울러, 폐기물관리법 시행규칙 [별표 9] 제1호 마목의 규정에서 퇴비화시설은 「비료관리법 시행령」 제12조 제1항에 따른 비료생산업의 시설기준에 맞는 시설을 갖추도록 규정하고 있으므로 「비료관리법」에 따른 적합한 시설을 설치하여야만 검사에 합격할 수 있을 것입니다.

라. 다만, 하수병합의 방법으로 처리하는 경우 하수슬러지의 퇴비 재활용이 제한되는 점 등을 고려하여 퇴비화하지 않고, 슬러지의 처리 또는 재활용방법에 따라 처리 또는 재활용하면 될 것입니다.

4-2-81 고형연료 혼합물을 사용하는 소각시설의 폐기물처리시설 해당 여부(2009-07-28)

[질의] RDF/RPF 혼합물을 연료로 사용하는 소각시설(소각량 96톤/일, 공정용 스팀생산 보일러)의 폐기물처리시설 해당 여부?

[회신] 고형연료제품은 폐기물이 아닌 제품이므로 「자원의 절약과 재활용촉진에 관한 법

률 시행규칙」 제20조의3 제1항에 따라 고형연료제품만을 사용하는 소각보일러는 폐기물처리시설에 해당되지 않습니다.

4-2-82 폐기물매립장의 도로로서 사용 가능성(2009-08-17)

[질의] 생활쓰레기 위생매립장 안정화기간 중 매립장 상부에 도로를 개설하는 것이 가능한지 여부, 가능하지 않다면 도로로 사용하기 위한 방법과 절차는 무엇인지?

[회신] 폐기물관리법 시행령 제35조 제2항에 따라 사용종료 매립지의 소유권 및 소유권 외의 권리를 가지고 있는 자는 그 토지를 이용하려면 토지이용계획서에 환경부령으로 정하는 서류를 첨부하여 환경부장관에게 제출하여야 합니다.

4-2-83 열병합발전시설에서 고형연료제품 사용에 따른 설치검사 대상 여부(2009-08-20)

[질의] 「자원의 절약과 재활용촉진에 관한 법률 시행규칙」 제20조의3 제1항 제2호에 해당하는 열병합발전시설을 운영하고 있는 경우, 연료 변경신고 후 고형연료제품(WCF+RPF+RDF)을 30% 이상 사용하고자 할 때, 폐기물관리법 시행규칙에 따른 소각시설의 설치기준 및 동법 시행규칙에 따른 소각시설의 검사기준에 적합한 시설에 의거 소각시설과 동일하게 설치검사를 받아야 하는지 여부?

[회신] 「자원의 절약과 재활용촉진에 관한 법률 시행규칙」 제20조의3에 따른 고형연료제품사용시설 중 소각시설 설치 및 검사기준에 적합한 시설로서 초기 가동 시 연소실 출구온도가 800℃ 이상일 때 고형연료제품을 투입하는 장치를 갖춘 시설은 고형연료제품 사용량이 200kg/h 이상인 전용보일러시설에 적용됩니다.

4-2-84 음식물류 폐기물 퇴비화시설에서 발생 음폐수의 타 퇴비화시설에서 처리 가능 여부(2009-08-31)

[질의] A 음식물처리 퇴비화시설에서 발생한 음폐수를 B 음식물처리 퇴비화시설에서 처리가 가능한지 여부?

[회신] 음식물류 폐기물 처리과정에서 발생되는 폐수는 폐기물관리법 시행규칙 제42조 제1항 [별표 11] 제1호 라목 단서규정에서 수질오염물질·특정 유해물질 침출수를 [별표 9] 제1호 가목 3) 단서 또는 같은 표 제2호 나목 2) 마) 단서에 따른 시설에 옮겨 처리하거나 폐수처리업자에게 위탁처리할 수 있도록 규정하고 있어, 음식물류 폐기물 처리과정에서 발생되는 폐수를 다른 사람의 사업장(퇴비화시설)에 옮겨 처리할 수 없을 것입니다.

4-2-85 자동차폐차업을 위한 압축시설의 폐기물처리시설 해당 여부(2009-09-28)

[질의] 폐차장에 입고된 폐차를 압축·처리하는데, 동력 10마력 이상인 압축시설의 폐기물처리시설 해당 여부?

[회신] 가. 자동차폐차업체에서 설치한 압축시설은 「자동차관리법」 제53조 제3항의 규정에서 위임된 「자동차관리사업의 등록기준 및 절차에 관한 조례」에 따라 등록된 시설로서, 자동차폐차업 영업을 위한 생산시설로 보는 것이 타당할 것입니다.

나. 따라서 자동차폐차업체에서 설치한 압축시설은 폐기물관리법에 의한 폐기물처리시설에 해당되지 않는 것으로 판단됩니다.

4-2-86 대형 마트에 음식물바이오시설 설치에 대한 질의(2009-09-30)

[질의] 대형마트 내에 소형 음식물바이오시설(혐기성+보일러)의 설치 가능 여부?

[회신] 동 시설이 「자원의 절약과 재활용촉진에 관한 법률 시행령」 제3조 등에서 정하는 재활용(에너지화)시설에 해당하는 경우에는 동 시설을 설치할 수 있습니다.

4-2-87 고형연료사용시설 해당 여부(2009-10-07)

[질의] 고형연료 중 RDF를 연료공급장치로 공급하여 발생된 가연성 가스가 연소실로 분출하면서 1500~1800℃의 높은 온도로 연소하고 보일러에서 스팀을 발생시켜 생산공정에 스팀을 공급합니다. 또한, 스팀으로 발전을 하여 전기를 생산하려고 할 경우 고형연료사용시설에 해당되는지 여부?

[회신] 「자원의 절약과 재활용촉진에 관한 법률 시행규칙」 제20조의3에 따라 귀하가 문의하신 시설은 고형연료제품사용시설에는 해당되지 아니함을 알려드립니다.

4-2-88 음식물처리시설 및 분뇨처리시설 병합 가능성(2009-10-19)

[질의] 음식물처리시설 및 분뇨처리시설의 병합처리가 가능한지 여부?

[회신] 가. 음식물류 폐기물처리시설 및 분뇨처리시설의 병합처리 할 경우 폐기물관리법상 건물에 대한 별도의 규정을 두지 있지 않습니다.

나. 다만, 폐기물관리법 시행규칙 [별표 9] 및 [별표 11]에서 규정한 폐기물처리시설의 설치기준 및 관리기준을 준수하여야 할 것입니다.

4-2-89 음식물처리시설에서 발생된 음폐수의 타 시설 이송처리 가능성(2009-10-20)

[질의] 음식물처리시설에서 발생된 음폐수(음식물류 폐기물 혐기성 소화시설, 압축시설)를 전처리한 후 배출되는 배출수에 대하여, 「수질 및 수생태계보전에 관한 법률 시행규칙」 [별표 13]의 "나"지역 기준으로 폐수배출시설 신고를 하였으나, 이를 변경하여 폐기물관리법 시행규칙 [별표 11] 제1호 라목, 폐기물관리법 시행규칙 [별표 9] 제1호 가목 3)을 적용하여 타 처리시설로 옮겨(별도 차량이송) 처리하는 것이 가능한지 여부?

[회신] 가. 음식물류 폐기물 처리과정에서 발생되는 수질오염물질은 폐기물관리법 시행규칙 제35조 [별표 9] 제1호 가목 3) 단서 및 동법 시행규칙 제42조 제1항 [별표 11] 제1호 라목 단서 규정에서 정하는 바에 따라 동 수질오염물질을 반입하여 처리할 수 있는 공공하수처리시설 등에 옮겨 처리할 수 있습니다.

나. 수질오염물질의 반입처리를 위해 옮기는 방법으로는 해당 처리시설과 직관로 이송 또는 자가차량을 이용하여 운반하는 경우 폐수처리업의 차량기준에 준하는 차량(탱크로리) 등으로 옮길 수 있으나, 해당 시설 설치·운영자와 협의를 통해 공공하수처리장 적정 운영·관리를 위해 요구하는 방법으로 이송하여야 할 것입니다.

4-2-90 매립시설의 침출수 관련 질의(2009-10-21)

[질의] 지방자치단체에서 운영하는 위생매립시설에서 침출수의 배출허용기준이 초과되었을 경우 행정처분이나 행정조치의 내용은 무엇인지? 생활용수 항목+BOD, COD, 암모니아성질소, 아질산성질소 항목들을 측정할 때 생활용수 항목에 대해서는 생활용수기준을 적용해야 하는지 여부?

[회신] 가. 매립장에 대한 유지관리기준 위반시는 폐기물관리법 제66조, 제68조 등의 규정에 따라 처벌을 받게 됩니다.

나. 생활용수 항목을 일반적으로 적용하고 있으나, 지역에 따라 다를 수 있습니다.

4-2-91 감량사업장이 음식물쓰레기 감량기를 구매·사용하는 경우 폐기물처리시설 해당 여부(2009-10-28)

[질의] 감량사업장 등에서 자가처리를 위해 1일 처리용량 100kg 미만의 음식물쓰레기 감량기를 구매하여 사용하는 경우 폐기물처리시설에 해당하는지 여부 및 이 경우 법에서 규정하는 시설관리기준(시설유지관리계획서를 제출하고, 검사기관으로부터 연 1회

정기검사를 받고, 기술관리인을 선임하고, 3년마다 교육을 이수)을 준수하여야 하는지 여부? 음식물쓰레기가 180kg/일 발생되어 100kg 미만 감량기 2대를 구매하여 사용하는 경우 폐기물처리시설에 해당하는지 여부?

[회신] 가. 폐기물관리법 시행령 제5조 [별표 3] 제1호 라목 1)에서 정한 규모(1일 100킬로그램) 미만의 시설은 폐기물처리시설에 해당되지 않으며, 1일 처리능력은 단위시설(기기)의 처리능력을 기준으로 하는 바, 1일 처리능력 100kg 미만 시설 2대를 설치하는 경우에도 폐기물처리시설의 종류에 해당되지 않습니다.

나. 참고로, 폐기물관리법 시행규칙 제16조에서 규정한 "음식물류 폐기물 배출자(일정규모 이상의 음식점, 집단급식소 등)가 발생된 음식물류 폐기물을 스스로 감량하고자 할 경우 폐기물관리법 시행규칙 [별표 5] 제2호 다목에서 규정한 기준 및 방법에 적합기기(시설)만 사용이 가능함을 알려드립니다,

4-2-92 일체형 소각시설의 고형연료사용시설 해당 여부(2009-11-04)

[질의] 스팀회수율을 높이기 위해 소각보일러를 일체형으로 설계하는 경우 고형연료사용시설에 해당되는지의 여부?

[회신] 「자원의 절약과 재활용촉진에 관한 법률 시행규칙」 제20조의3에 따른 고형연료제품사용시설 중 보일러시설은 폐기물관리법 시행규칙 [별표 9]에 따른 소각시설 설치기준 및 동법 시행규칙 [별표 10]에 따른 소각시설의 검사기준에 적합한 시설로서 출구온도가 800℃ 이상이 될 때 고형연료제품을 자동투입할 수 있는 장치를 갖춘 시설만 가능함을 알려드립니다.

4-2-93 폐타이어를 이용한 에너지회수시설에 대한 질의(2009-11-10)

[질의] 시간당 약20~25kg의 폐타이어를 연소시켜 약 20~30만kcal/kg의 열량을 생산할 수 있는 소형 온수보일러 설비를 개발 시, 환경부고시 제2005-85호 에너지회수기준에 따른 허가기준 중 에너지회수설비의 용량(생산에너지)이나 규격(연소량)에 대한 제한 여부?

[회신] 가. 폐기물소각능력이 시간당 25kg 이상인 소각시설 중 「에너지회수기준의 검사방법 및 절차 등에 관한 규정」(환경부고시 제2009-66호)에 다른 검사결과 열회수효율 75% 이상이고, 대상폐기물의 발열량이 3,000kcal/kg 이상인 경우 폐기물관리법 시행규칙」 제3조에 따른 에너지회수기준을 만족하는 시설에 해당합니다.

나. 상기 기준에 적합한 경우 폐기물처리시설 설치신고 등의 인·허가를 받아 설치하여야 하며, 폐기물관리법 제29조 및 동법 시행규칙 제36조에 따라 폐기물소각능력이 시간당 25kg 미만인 소각시설은 설치를 금지하고 있습니다.

4-2-94 침출수처리시설에 대한 질의(2009-11-20)

[질의] 침출수처리시설의 처리용량 증대(3,300톤/년 → 7,000톤/년)의 경우에 변경승인 대상인지 여부? 변경승인 대상인 경우 설치검사를 받아야 하는지 여부 및 설치검사 대상일 경우 매립시설 전체에 대한 검사를 받아야 하는지, 아니면 침출수처리시설의 변경부분에 대해서만 받으면 되는지?

[회신] 가. 침출수처리시설 용량이 3,300톤/년에서 7,000톤/년으로 시설 증설은 침출수처리시설의 변경으로 볼 수 있습니다.

나. 폐기물관리법 제30조의2 제1항의 규정에 따라 변경승인을 받은 시설에 대하여 설치검사 대상에 해당됩니다.

다. 폐기물관리법 제30조의2 제1항의 규정에 따라 폐기물처리시설을 설치·운영하는 자는 환경부령이 정하는 기간마다 정기검사를 받도록 하고 있습니다. 이 경우 폐기물처리시설이란 해당 승인기관으로부터 폐기물처리시설 설치승인을 받은 시설에 대하여 동법 시행규칙 제23조 별지 제8호의3 서식에 의거 매립시설의 검사를 받는 것이며, 매립시설 용량 및 증설 등으로 인하여 매립장 전체적인 정상 운영 여부 등을 확인하여야 하는 바, 일부 증설 시설에 한정하여 검사를 받는 것은 아닙니다.

4-2-95 Fluff 상태의 분쇄물의 일반연소실 연소 가능성 및 RDF와 혼소 가능성(2009-11-25)

[질의] 생활폐기물 약 5~10톤을 건조 이전의 fluff 상태의 분쇄물(수분함유량 35%)을 열발생장치에서 직접연소하고, 부족한 열량을 RDF(고형연료)를 연소하여 건조에 필요한 열원으로 사용이 가능한지 여부?

[회신] 생활폐기물 전처리시설 공정 중 부산물은 고형연료제품이 아닌 폐기물에 해당되므로, 일반 연소시설에서 사용할 수 없고 폐기물처리시설 중 소각시설에서 연소하여야 하며, 고형연료제품 품질·등급인증을 득한 RDF는 「자원의 절약과 재활용촉진에 관한 법률 시행규칙」 제20조의3에 따른 시설에서 사용이 가능합니다.

3. 폐기물처리시설 설치 촉진 및 주변지역 지원 등

4-2-96 폐기물처리시설 설치시 간접영향권의 범위(2008-03-03)

[질의] 소각시설, 지역난방공사와 인접해 있는 아파트단지로서 「폐기믈처리시설 설치촉진 및 주변지역지원 등에 관한 법률(이하 「폐촉법」) 시행령」 제20조의 간접영향권인 폐기물소각시설의 부지 경계선으로부터 300미터 이내에 위치하고 있으나 300미터 범위에 대지가 걸치는 경우로서 총13개 동 중 범위에 들어오는 동은 5개 동을 제외한 8개 동으로 인정을 받아 주변영향지역 지원을 받고 있습니다. 여기서 300미터 이내라 함은 해당 동이 아니라 부지 전체가 아닌지 여부와 해당 동과 해당하지 않는 동 사이가 300미터 범위이면 이 문제를 어떻게 보아야 하는지?

[회신] 주변영향지역이란 「폐촉법」 제17조 및 동법 시행령 제17조에 의하여 폐기물처리시설 설치기관이 주민지원협의체가 선정한 연구기관에 의하여 실시된 환경상 영향조사에 의하여 환경상 영향을 받게 되는 영향지역으로 결정·고시하는 지역으로서 동법 시행령 제20조에 의한 부지 경계선으로부터 300미터란 행정구역이 아닌 '거리'를 기준으로 한 것입니다.

4-2-97 31만제곱미터 이상 택지조성시 폐기물처리시설 설치 관련 질의(2008-06-11)

[질의] 택지개발자에게 택지로부터 발생되는 폐기물의 처리를 위한 폐기물처리시설 설치비용에 상당하는 금액을 구청장에게 납부하지 못하도록 하고, 택지조성 사업주체에게 구청장이 폐기물처리시설을 설치하도록 할 수 있는지 여부? 동일한 사업시행자가 인접한 2개의 택지를 공사기간에 차이를 두고 조성하는데, 1지구는 「도시개발법」에 의거 조성되며 택지조성면적은 485,076m²이고 2지구는 「국민임대주택건설 등에 관한 특별조치법」에 의거 조성되며 택지조성면적은 278,100m²입니다. 이 경우 1지구와 2지구 모두 「폐촉법」 제6조 및 동법 시행령 제4조의 규정에 해당되는지, 아니면 1지구에만 해당되는지 여부?

[회신] 가. 「폐촉법」 제6조에 의하여 택지개발하려는 자는 동법 규정에 의한 폐기물처리시설을 설치하거나 그 설치비용에 해당하는 금액을 해당 지자체에 납부하여야 하는 바, 결정 여부는 택지를 개발하는 자와 해당 지자체 간의 협의에 의하여 결정되어야 할 사항입니다.

나. 또한 「폐촉법」 제6조는 단일사업으로서 조성면적이 30만제곱미터 이상인 공동주택단지 또는 택지를 개발하는 사업에 적용될 것입니다.

4-2-98 「폐촉법」에 의한 폐기물처리시설 설치 시 관련 절차(2008-12-31)

[질의] 「폐촉법」 제6조 및 동법 시행령 제4조에 따라 폐기물처리시설을 설치(설치자: 택지개발사업자)하고, 「폐촉법」 제9조 제1항 제2호에 의하여 폐기물처리시설의 입지선정 대상이 아닌 경우에, 동법 제10조의 폐기물처리시설의 입지의 결정고시를 해야 하는지 여부?

[회신] 「폐촉법」 제6조 규정에 의한 폐기물처리시설을 설치하는 경우 동법 제10조 또는 제17조는 적용되지 않습니다.

4-2-99 소각시설 설치에 따른 간접영향권 주민의 토지매수청구 가능성(2009-01-07)

[질의] 소각장 부지로부터 300m 떨어진 곳에서 과수원을 운영하는 자가 직접영향권이 아닌 간접영향권에 속한 경우 토지보상 또는 토지매수청구가 가능한지 여부?

[회신] 가. 「폐촉법」 제17조 제4항에 의하여 직접영향권으로 결정된 지역의 토지를 소유하는 자는 해당 폐기물처리시설 설치기관에 그 토지 등의 매수를 청구할 수 있습니다.

나. 그러나 간접영향권지역에 대하여는 동법상 주민지원사업 등을 규정하고 있을 뿐 토지보상에 관하여는 별도로 규정하고 있지 않습니다.

4-2-100 「폐촉법」 제24조 주민편익시설의 설치 등에 관한 질의(2009-01-21)

[질의] 「폐촉법」상 해당 폐기물처리시설 설치비용의 100분의 10의 범위 안에서 편익시설을 설치하도록 하는 규정은 의무규정인지 여부?

[회신] 「폐촉법」 적용대상 시설의 경우 동법 제20조 및 동법 시행령 제24조 규정에 의하여 폐기물처리시설 설치기관은 설치비용의 100분의 10 범위 안에서 동법에 의하여 구성된 주민지원협의체와 협의하여 주민편익시설을 설치하여야 합니다.

4-2-101 주민편익시설 활용용도 관련 질의(2009-02-18)

[질의] 「폐촉법」에서 규정하고 있는 "체육시설 등 지역주민을 위한 편익시설"에 실내스크린 골프장이 해당되는지 여부?

[회신] 「폐촉법」 제20조에 의하여 폐기물처리시설 설치기관은 지원협의체와 협의하여 체육시설 등 지역주민을 위한 편익시설을 설치하여야 하는 바, 편익시설의 구체적인 종류에 대하여는 폐기물처리시설 설치기관이 주민지원협의체와 협의하여 결정할

사항이나, 동법의 입법취지 등을 고려할 때 편익시설은 지역주민이 널리 사용할 수 있는 유익한 시설이어야 할 것으로 판단됩니다.

4-2-102 폐기물처리시설 설치 절차(2009-02-22)

[질의] 조성면적 15만제곱미터 이하로 폐기물처리시설을 설치하려면, 「폐촉법」에서 정하는 절차에 따라 설치하여야 하는지, 아니면 폐기물관리법에서 정하는 절차에 따라 설치해야 하는지?

[회신] 가. 「폐촉법」 제2조 규정에 의하여 폐기물처리시설 설치기관은 "① 하루 매립양 300톤 이상으로서 조성면적 15만제곱미터 이상인 매립시설, ② 하루처리능력 50톤 이상인 폐기물소각시설, ③ 그 밖의 폐기물처리시설로서 주변지역의 환경에 미칠 영향을 고려하여 환경부장관이 정하여 고시하는 시설이나 지방자치단체의 조례로 정하는 시설(지방자치단체가 설치하는 시설만을 의미함)을 설치·운영하려는 환경부장관 또는 지방자치단체의 장"을 의미합니다.

나. 따라서 ③에 의한 시설은 「폐촉법」이 적용대상 시설로서 설치·운영시 동법상 관련 절차를 이행하여야 할 것입니다.

4-2-103 산업단지 조성 시 폐기물처리시설 설치에 대한 질의(2009-02-25)

[질의] 「폐촉법」 제5조에서 산업단지를 개발·설치·증설하려는 자의 범위 및 폐기물처리시설 설치 방법은?

[회신] 「폐촉법」 제5조에서 산업단지를 개발·설치·증설하려는 자는 동법 시행령 제3조 제1항에서 규정하는 산업단지를 조성하는 사업시행자를 의미하며, 해당 사업시행자는 시행령 제3조 제2항에 따른 폐기물처리시설을 직접 설치·운영하거나, 타인으로 하여금 설치·운영하도록 하여야 합니다.

4-2-104 음식물류 폐기물처리시설 설치비용 납부 여부(2009-02-25)

[질의] 「폐촉법」 제6조 및 동법 시행령 제4조에 의거하면 30만제곱미터 이상의 택지개발사업의 경우 발생 폐기물 처리를 위해 소각시설과 음식물류 폐기물처리시설을 설치하도록 규정하고 있는데, 음식물류 폐기물에 대해 음식물류 폐기물처리시설을 별도로 설치하지 않고 소각시설을 통해 소각처리하고자 할 경우, 설치비용에 상당하는 금액을 지자체에 납부해야 하는지?

[회신] 가. 「폐촉법」 제6조 규정에 의하여 일정규모(조성면적 30만제곱미터) 이상의 공동주택단지나 택지를 개발하려는 자는 그 공동주택단지나 택지에서 발생하는 폐기물을 처리하기 위하여 대통령령으로 정하는 폐기물처리시설을 설치하거나 그 설치비용에 해당하는 금액을 해당 지역을 관할하는 지방자치단체의 장에게 납부하여야 하는 바,

나. 동법 시행령 제4조에서는 "설치하거나 납부하여야 하는 폐기물처리시설은 폐기물소각시설과 음식물류 폐기물처리시설"로 규정하고 있으며, 또한 동법 시행령 제4조 제3호 2, 나에 의하면 시설설치에 소요되는 비용 산정에 있어 "음식물류 폐기물처리시설의 경우: 1일 처리능력 30톤 규모의 퇴비화·사료화시설을 설치하는데 소요되는…"이라고 규정하고 있으므로, 동법에서 음식물류 폐기물처리시설이라 함은 퇴비화·사료화 시설 등을 의미합니다. 따라서 소각시설 내 음식물류 건조시설 등을 갖추어 소각하는 시설은 동법에 의한 음식물류 폐기물처리시설로 보기는 어렵습니다.

4-2-105 폐기물처리시설 설치 관련 절차(2009-03-03)

[질의] 조성면적이 15만제곱미터 미만이라도 「폐촉법」 제2조2. 가목 (3)을 보면 지방자치단체의 조례로 정하는 시설은 「폐촉법」에서 정하는 절차에 따라 설치가 추진되는데, 이러한 경우 지방자치단체의 조례(「폐촉법」 위임 조례)를 먼저 제정하여야 하는지, 아니면 폐기물처리시설 부지를 먼저 결정하여야 하는지 여부?

[회신] 「폐촉법」 제2조의 지자체 조례로 정하는 폐기물처리시설을 설치할 경우에는 지자체 조례를 먼저 제정해야 폐기물처리시설 설치와 관련한 절차를 진행할 수 있습니다.

4-2-106 이주민 지원 대책과 관련한 질의(2009-03-31)

[질의] 「공공용지의 취득 및 손실보상에 관한 특례법」(이하 「공특법」)에 명시된 보상기준에도 불구하고, 별도의 지원대책을 마련한 사유는 무엇인지?

[회신] 「공특법」은 보상에 대한 일반적인 사항만을 규정하고 있어 각 사업별 특성을 고려하여 개별 법률에서 별도의 보상규정을 마련할 수 있음을 알려드립니다.

4-2-107 지원협의체 구성 (2009-03-31)

[질의] 「폐촉법」 제17조의2에서, 지원협의체는 의회와 협의하여 구성하도록 규정되어 있는데 여기에서 의회와의 협의가 의회의 의결을 의미하는 것인지, 아니면 자치단체 자

율적으로 의회와 여러 방식으로, 즉 의장결재, 의장 및 지역구의원 결재, 전체의원 서면동의 등의 방식을 취하면 되는 것인지의 여부?

[회신] 「폐촉법」 제17조의2에서 주민지원협의체 구성은 폐기물처리시설 설치기관과 의회가 협의하여 구성하라고 규정되어 있는 바, 이때 협의는 이해당사자간 합의하에 이루어지는 것으로 특별한 방식을 의미하지는 않으며 자율적으로 정하여 처리하면 됩니다.

4-2-108 지원사업비로 공동수익사업을 위한 토지매수 가능성 및 매수토지의 임대사업 가능성(2009-05-18)

[질의] 「폐촉법」에 따라 매립시설 및 소각시설을 설치하여 운영 중인데, 주민지원협의체에서 군에서 출연한 지원사업비로 공동수익사업을 위한 토지매수가 가능한지 여부 및 가능할 경우 토지소유권은 마을 공동소유인지 아니면 설치기관의 소유인지 여부? 매수한 토지에 대하여 제3자에게 임대하는 임대사업(민자유치)을 마을 공동수익사업으로 할 수 있는지 여부?

[회신] 「폐촉법」 시행령 제27조 제1항 관련 [별표 3] 주변영향지역 주민에 대한 지원사업의 종류 중 소득증대사업은 공동으로 사용하는 시설설치 등을 지원하는 것으로서, 토지구입은 포함되어 있지 않습니다.

4-2-109 환경기초시설 설치에 따른 주민지원기금 수혜 대상(2009-06-15)

[질의] 쓰레기매립장 설치에 따른 주민지원기금을 받고 있는 주민 중 절반 가량이 행정구역상(쓰레기매립장 지역)을 벗어나 타 지역으로 이주하는 경우 환경기초시설로 인한 주민지원을 계속해서 받을 수 있는지 여부?

[회신] 「폐촉법」 제22조 제1항에서 주민지원기금은 주변영향지역 주민의 소득향상 및 복지증진을 지원하기 위한 사업에 사용하여야 한다고 규정하고 있으므로, 주민지원기금을 지원받기 위해서는 실제로 주변영향지역에 거주해야 합니다.

4-2-110 주민지원협의체의 운영 주체(2009-06-30)

[질의] 「폐촉법」에서 주민지원협의체를 구성한 취지 및 주요 기능 중의 한 부분이 소각시설의 운영상황을 감시, 성원함으로써 인근지역의 환경성 피해를 최소화하여 공공시설로 인식할 수 있도록 하는 목적을 가지고 있는데, 주민지원협의체 또는 주민지원협의체 위원을 대표로 하는 기관, 회사 등이 생활폐기물 소각시설을 수탁하여 운영하는 것이 가능한지 여부?

[회신] 「폐촉법」 제17조의2에서 규정하고 있는 주민지원협의체 기능을 고려하여 볼 때 주민지원협의체에서 별도 법인을 설립하여 폐기물처리시설에 대한 위탁운영을 추진하는 것은 바람직하지 않습니다.

4-2-111 폐기물처리시설 납부계획서 작성 시 생활폐기물 발생량 산정의 기준(2009-07-15)

[질의] 택지개발사업에서 폐기물처리시설 납부계획서 작성 시 소각시설 규모 산정을 위한 폐기물 발생량을 환경영향평가서에서 제시한 소각폐기물량을 적용해야 하는지, 가연성 폐기물(음식물쓰레기 제외)량을 적용해야 하는지 여부?

[회신] 「폐촉법 시행령」 제4조 제3항 제2호 가목에서 소각시설 설치에 소요되는 비용은 1일 처리능력 200톤 규모의 소각시설을 설치하는데 소요되는 비용의 톤당 단가에 그 택지 등에서 1일 발생이 예상되는 폐기물량 중 재활용되는 폐기물량·불연성폐기물량 및 가연성폐기물 중 음식물류 폐기물처리시설에서 처리 예정인 유기성폐기물량을 뺀 폐기물 전량의 톤수를 곱한 금액으로 산정토록 정하고 있습니다.

4-2-112 「폐기물처리시설 설치촉진 및 주변지역지원 등에 관한 법률」 규정의 해석(2009-07-16)

[질의] 「폐촉법」상 가구별(家口別)의 의미가 주택을 소유하고 실제 거주하고 있는 세대주만을 의미하는지, 주택을 소유하지 않는 실제거주의 세입자 세대주도 포함되는지 또는 실제 거주하지 않는 주택 소유자도 포함되는지 여부? 주민대표는 주변구역 내에 거주하는 주민 모두가 선출하는 것인지, 아니면 지원금을 수령하는 세대만이 주민대표를 선출하는 것인지 여부?

[회신] 가. 「폐촉법」 제22조 제3항 및 동법 시행령 제27조의 "가구" 및 가구별 지원대상 기준시점은 주택의 소유와 상관없이 현재 해당 지역 내에 주민등록을 하고 실제로 거주하는 일정한 권리 및 의무를 가진 가구를 의미합니다.

나. 주민대표는 「폐촉법 시행령」 [별표 2]의 규정에서 "주변영향지역에 거주하는 주민으로 해당 특별자치도·시·군·구의회에서 추천한 읍·면·동별 주민대표"로 정하고 있습니다.

4-2-113 「폐기물처리시설 설치촉진 및 주변지역지원 등에 관한 법률」상 폐기물처리시설 해당 여부(2009-07-17)

[질의] 「폐촉법」 제2조에 따라 지방자치단체의 조례로 정하는 시설에 해당하면 설치기관으로 인정을 하고 있는데, 해당 시의 관련 조례에 따로 규정되어 있지 않을 경우,

「폐촉법」 대상시설에 해당하는지 여부?

[회신] 「폐촉법」 제2조에서 "하루 매립량 300톤 이상으로서 조성면적 15만제곱미터 이상인 매립시설이나 지자체 조례로 정하는 매립시설"을 「폐촉법」 대상 시설로 규정하고 있어, 질의하신 시설이 지자체 조례에 의한 시설에 해당되지 않으면 「폐촉법」 대상 시설이 아님을 알려드립니다.

4-2-114 소각시설의 폐기물량 산정 방법(2009-07-29)

[질의] 폐기물처리시설 설치비용의 산정 시 소각시설의 폐기물량 산정방법은?

[회신] 「폐촉법 시행령」 제4조 제3항 제2호 가목에서 소각시설 설치에 소요되는 비용은 1일 처리능력 200톤 규모의 소각시설을 설치하는데 소요되는 비용의 톤당 단가에 그 택지 등에서 1일 발생이 예상되는 폐기물량 중 재활용되는 폐기물량·불연성폐기물량 및 가연성폐기물 중 음식물류 폐기물처리시설에서 처리 예정인 유기성폐기물량을 뺀 폐기물 전량의 톤수를 곱한 금액으로 산정합니다(소각시설의 폐기물량=1일 발생이 예상되는 폐기물량－재활용폐기물량－불연성폐기물량－음식물류 폐기물처리시설에서 처리할 예정인 유기성폐기물량).

4-2-115 폐기물처리시설 간접영향권의 범위 설정 이유(2009-08-11)

[질의] 「폐촉법」 제17조 제3항 제2호 및 동법 시행령 제20조(간접영향권의 범위)에 의하면 "대통령령으로 정하는 범위란 폐기물매립시설의 부지 경계선으르부터 2km미터 이내 또는 폐기물소각시설의 부지 경계선으로부터 300m 이내를 말한다"라고 되어 있는데, 여기에서 300m 범위를 결정한 이유는 무엇인지?

[회신] 「폐촉법 시행령」 제10조 제2항 및 동법 시행령 제20조의 규정에 의한 간접영향권은 악취, 청소차량의 소음 및 소각시설 입지에 따른 주민정서상의 생활환경상 영향권을 의미하며, 동법 시행(1995. 7) 이전에 일부 소각시설의 주민대책위와 관계기관의 협의에 의하여 주변영향지역을 300미터로 설정된 바 있습니다. 참고로, 소각시설은 첨단오염방지설비, 엄격한 배출기준 및 100미터 이상의 높은 굴뚝의 설치로 확산효과를 나타냄으로써 주변지역에 미치는 직접적인 영향은 미미한 것으로 알려져 있습니다.

4-2-116 폐기물처리시설 주변지역 주민협의체 위원 위촉수여 관련 질의(2009-08-24)

[질의] 폐기물처리시설 주변지역 주민협의체에서 1기 위원들에게 위촉장을 수여하였으나, 관계법상은 그 단서조항이 없는 바, 2기 주민협의체 위원들 선정 후 위촉장 수여를 하여야 되는지 여부?

[회신] 「폐촉법」 제17조에서 지원협의체의 구성기준 및 기능 등에 대해 규정하고 있으나, 위촉장 수여 여부에 대하서는 별도의 규정이 없으므로 폐기물처리시설 설치기관과 지원협의체가 상호 협의하여 처리하는 것이 합리적입니다.

4-2-117 산업단지 내 폐기물처리장의 슬러지처리장으로 활용 가능성(2009-08-26)

[질의] 산업단지 내 폐기물처리장 부지로 조성된 곳을 장기간 미분양되는 경우 슬러지처리장으로 사용이 가능한지 여부?

[회신] 「폐촉법」 제5조의 규정에 의거 산업단지 등을 조성하는 경우, 산단 조성자는 그 산업단지에서 발생하는 폐기물을 처리하기 위하여 폐기물처리시설을 직접 설치·운영하거나 타인으로 하여금 설치·운영토록 하고 있습니다. 따라서 산업단지 내 의무설치되고 있는 폐기물처리시설을 다른 용도로 사용할 수 없습니다.

4-2-118 산업단지 내 소각처리시설에서 인근 산업단지 발생 폐기물 공동처리 가능성(2009-09-01)

[질의] 산업단지 내 소각장처리시설을 허가권자의 승인을 받아 설치 완료하였으나, 산업단지내 폐기물 물량 부족으로 가동하지 못하고 있는 실정으로 소각장의 정상가동을 위해 인근 산업단지 발생 폐기물을 반입하여 처리·운영이 가능한지 여부?

[회신] 가. 「폐촉법」 제5조 제2항 및 동법 시행령 제3조 제3항의 규정에 의거 폐기물처리시설은 동일 특별시·광역시·도·특별자치도 안의 다른 산업단지 등과 공동으로 설치·운영하거나, 다른 산업단지 등에 설치되어 있는 폐기물처리시설을 공동으로 운영할 수 있도록 되어 있습니다. 다만, 이 경우 공동 승인 관련 운영비용 및 변경승인 여부에 대해서는 폐기물처리시설 설치 승인권자가 시설의 설치용량 등을 검토하여 판단하여야 할 사항입니다.

나. 상기 규정에 의한 산업단지 폐기물처리시설의 운영은 산업단지 개발자가 직접 설치하여 제3자에게 위탁운영이 가능한 바, 산업단지에서 발생하는 폐기물을 처리하고 시설의 여유 용량범위 내에서 외부로부터의 반입처리는 가능할 것이며, 이 경우 설치 승인권자 또는 허가권자가 시설의 용량이나 공동처리 여부 등

을 판단하여 처리하여야 할 것이며, 처리비에 대한 수수료 여부는 사인간의 계약관계로 이뤄져야 할 사항입니다.

4-2-119 소각시설 추가 건설 시 관련 절차(2009-10-26)

[질의] 폐기물소각시설을 운영 중에 동일 부지 내에 용량 50톤/일의 소각시설을 추가 건설 시 폐기물처리시설 부지로 고시되어 있음에도 불구하고 다시 「폐촉법」에 규정된 입지선정위원회의 구성 등 관련 절차를 밟아야 하는지 여부?

[회신] 「폐촉법」 제2조의 규정에 부합되는 폐기물처리시설인 경우에는 「폐촉법」에 따른 절차를 준수하여야 합니다.

4-2-120 폐기물처리시설 설치·운영 대상 사업장에 대한 질의(2009-11-13)

[질의] 「폐촉법」 시행령 제3조 제1항 제3호에서 "관광(단)지 조성면적이 100만제곱미터 이상" 규정과 동법 시행령 제3조 제2항 제2호의 "조성면적 300만제곱미터 이상인 관광(단)지의 경우"에서 '조성면적'의 범주에는 개발을 전혀 하지 않는 원형보존지도 해당되는지 여부? 관광지개발사업이 공동개발사업자로 조성이 되는 경우 각각의 조성면적으로 법률을 적용하여야 하는지, 아니면 전체 관광지개발사업 조성면적을 적용하여야 하는지 여부?

[회신] 가. 「폐촉법 시행령」 제3조 제1항 제3호에서 "조성면적"이란 관광단지 등을 개발하는 전체사업면적을 말하며, 관광지·관광단지의 경우 동법 시행령 제3조 제2항의 규정에 따라 조성면적이 100만제곱미터 이상인 경우 재활용 가능 폐기물의 분리 및 보관을 위한 시설과 분리배출되는 음식물류 폐기물 등 유기성폐기물을 처리하기 위한 시설을 설치하여야 하며, 300만제곱미터 이상인 경우 폐기물을 10년 이상 매립하기 위한 매립시설을 설치하여야 합니다.

나. 공동개발사업자의 경우 하나의 사업자로 볼 수 있어 전체 관광지개발사업 조성면적을 적용하여야 합니다.

4. 지정폐기물·의료폐기물 처리시설 관련

4-2-121 매립지 용적 증가의 변경승인 대상 여부(2008-02-11)

[질의] 지정 및 지정 외 폐기물 최종처리업(관리형 매립시설)을 득하여 운영 중인데, 허가 당시 용량이 173,580㎥ 매립시설의 경우 허가용량 이외에 별도로 여유용량이 발생되어 허가용량의 30% 이하로 변경되어 용적이 225,000㎥일 경우에도 별도의 변경허가 절차 없이 변경 가능한지 여부?

[회신] 허가받은 용량보다 매립용량이 증가한 사유가 단순히 매립폐기물의 비중 차이로 인한 경우에는 변경승인 대상에 해당되지 않으나, 매립시설의 면적 또는 매립고의 증가 등으로 인한 용적 증가의 경우에는 매립시설 제방의 증·개축 또는 주요 설비의 변경으로 보아 폐기물관리법 시행규칙 제39조 제3항에 따라 변경승인을 받아야 할 것입니다.

4-2-122 사업장 내 지정폐기물(폐유) 정제 및 재사용 가능성(2009-05-26)

[질의] 자동차부품 제조회사 본점에서 폐유를 정제하는 설비를 갖추고 있는 경우, 타 지역에 있는 동일 법인 내 지점에서 발생하는 폐유를 본점의 정제시설로 옮겨 처리한 후 재사용이 가능한지 여부?

[회신] 가. 폐기물관리법 시행령 [별표 3]의 규정에 의한 폐기물처리시설을 설치하고자 하는 경우, 폐기물관리법 제29조의 규정에 따라 지방환경관서의 장에게 폐기물처리시설 설치승인(신고)을 하여야 합니다.

나. 또한, 지정폐기물의 처리방법을 변경하려는 경우, 폐기물관리법 시행규칙 제18조의2 제7항의 규정에 따라 지방환경관서의 장에게 지정폐기물 처리 변경계획서를 제출하여야 합니다.

다. 폐유를 재활용하여 생산된 정제연료유는 폐기물관리법 시행규칙 제14조 [별표 5] 제4호 다목 2) 나) (4)의 규정에 의한 기준에 맞아야 합니다.

라. 타 지역의 사업장폐기물인 폐유를 재활용하여 정제연료유를 생산하고자 할 경우, 폐기물관리법 제25조 제3항의 규정에 따라 지방환경관서의 장으로부터 폐기물중간처리업 허가를 득하여야 합니다.

4-2-123 병원 해부병리과 폐유기용제 재활용시 폐기물처리시설 설치승인 대상 여부(2008-04-16)

[질의] 병원에서 발생하는 유기용제를 여과, 정제 등의 방법으로 처리하여 재사용하고자 하는 경우 관련 행정절차는?

[회신] 병원에서 발생하는 유기용제를 여과, 정제 등의 방법으로 처리하여 발생병원에서 재사용하고자 할 경우에는 사전에 해당 시설(고정형)에 대하여 폐기둘처리시설 설치승인을 득하여야 하며, 타 병원에서 사용할 경우에는 폐기물처리업 허가를 득하여야 합니다.

4-2-124 의료폐기물 소각장의 일반폐기물 소각 가능성(2008-01-21)

[질의] 의료폐기물 전문 소각장에서 일반폐기물을 소각할 수 있는지?

[회신] 의료폐기물을 처리하기 위하여 폐기물처리시설 설치승인, 의료폐기물처리업 허가를 득한 시설에서는 일반폐기물을 소각처리할 수 없습니다.

P·A·R·T

5

보칙과 벌칙

Chapter

01 폐기물처리 신고

제 1 절 개 관

(1) 종전 폐기물 재활용허가제와 재활용신고제로 이원화되어 운영되던 것을 2010. 7. 23. 법률 제10389호로 개정하면서 허가제로 일원화하였다. 그러나 실무상 여전히 재활용허가를 받도록 하기에 어려운 경우를 위하여 폐기물처리신고제라는 이름으로 재활용신고제도를 대폭 축소·변경하였다.

(2) 종전 폐기물 재활용 신고자로 간주되어 규제가 되지 않았던 대규모 고철·폐지 등의 수집·운반 및 재활용업자에 대해서도 폐기물처리 신고를 하도록 하였다.

(3) 한편, 시멘트 소성로에서의 폐기물 재활용이나 음식물류 폐기물 및 수입폐기물에 대한 관리정책을 강화하고, 방치폐기물 예방 등 종전 제도 운영과정에서 나타난 미비점을 개선하고자 폐기물처리 신고제를 적용하는 것으로 하였다.

(4) 다만, 폐기물처리 신고에 있어서 '처리'의 개념 속에는 수집·운반·보관·재활용·처분 모두 포함되지만, 실제로는 수집·운반·보관·재활용하는 경우만 폐기물처리 신고를 하도록 하였다.

(5) 폐기물처리 신고자라 함은 법 제46조 제1항 각 호 및 시행규칙 제66조 제2항 내지 제6항의 규정에 따라 다른 사람의 폐기물을 재활용하거나 수집·운반하고자 하는 자를 말한다.

(6) 다른 사람의 폐기물이 아니라 자신(자체 사업장)의 폐기물을 동 규정에 따라 스스로 재활용하거나 수집·운반할 수 있는데, 이 경우에는 폐기물처리 신고대상에서 제외된다.

제 2 절 신고업무 처리

Ⅰ. 업무처리절차

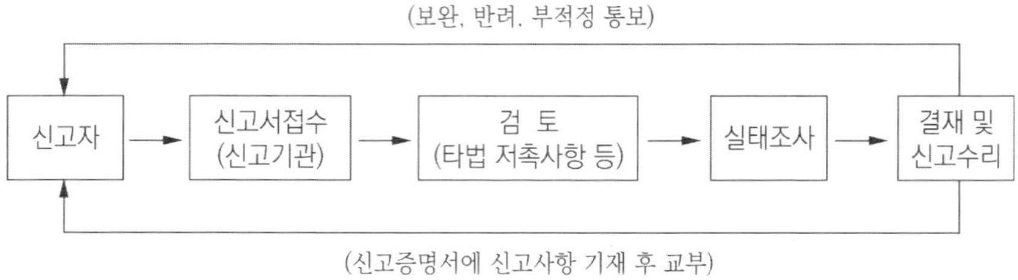

Ⅱ. 신고대상

1. 폐기물의 간이한 재활용자

(1) 동·식물성 잔재물 등의 폐기물을 자신의 농경지에 퇴비로 사용하는 등의 방법으로 재활용하는 자로서 환경부령으로 정하는 자에 대해서는 폐기물처리 신고만으로 재활용할 수 있도록 하였다.[1)]

(2) "환경부령으로 정하는 자"란 다른 자의 폐기물을 재활용하는 자로서 시행규칙 [별표 16]과 같다.[2)]

(3) 위 [별표 16]에 따라 '폐기물처리 신고를 하고 폐기물을 재활용할 수 있는 자'는 다음과 같다.

(가) 시행규칙 [별표 5의2] 제2호 가목의 폐기물을 같은 별표 제2호에 따라 재활용하여 건축·토목공사의 성토재·보조기층재·도로기층재와 매립시설의 복토용 등으로 이용하는 자

* 시행규칙 [별표 5의2] 제2호 가목의 폐기물: **광재·분진·도자기조각·석탄재·연탄재·점토점결 폐주물사·폐석회·폐석고·폐콘크리트 전주**(사업장 일반폐기물만 해당), 석재가공 과정이나 벤토나이트 제조공정에서 발생하는 **폐석재**, 레미콘 제조과정에서 발생하거나 건설현장에서 반품된 **폐레미콘, 무기성 오니**[하수준설토(고형물 중 유기성 물질의 함량이 7퍼센트 이하인 것만 해당), 토기·자기·내화물·시멘트·콘크리트·석제품의 제조 및 가공시설·건설공사장의 세륜시설, 수도사업용 정수시설, 비금속광물 분쇄시설(굴착시설 포함)

1) 법 제46조 제1항 제1호; 시행규칙 제66조 제2항 [별표 16]
2) 시행규칙 제66조 제2항

또는 토사 세척시설에서 발생하는 무기성 오니로서 수분함량 70퍼센트 이하로 탈수·건조한 것만 해당]

(나) 시행규칙 [별표 5의2] 제2호 가목의 폐기물을 같은 호 나목 및 다목의 용도와 방법에 따라 재활용을 하기 쉬운 상태로 만든 중간가공 폐기물을 건축·토목공사의 성토재·보조기층재·도로기층재와 매립시설의 복토용 등으로 이용하는 자

* 시행규칙 [별표 5의2] 제2호 나목의 용도: **관계법령에 따라 인·허가된 건축·토목공사의 성토재·보조기층재·도로기층재와 매립시설의 복토용으로 재활용**[농지·저지대·연약지반 등에 이용할 때에는 시·도지사가 별도로 인정하는 경우만 해당하고, 폐석회·폐석고는 공유수면(바다만 해당)의 매립면허를 받은 지역(매립공사 준공인가를 받은 지역을 포함하고, 매립면허나 매립공사 준공인가를 받은 지역으로 둘러싸인 지역 포함)의 성토재 또는 바다에 접한 매립시설의 복토재만 해당]

(다) 폐타이어를 시행규칙 [별표 5의2] 제3호에 따라 매립시설 차수재로 사용하는 자

(라) 동·식물성 잔재물, 음식물류 폐기물, 유기성 오니를 위 [별표 5의2] 제5호에 따라 자신의 농경지의 퇴비나 자신의 가축의 먹이로 재활용하는 자

(마) 폐어망을 위 [별표 5의2] 제17호에 따라 「환경기술개발 및 지원에 관한 법률 시행규칙」 제2조 제2호부터 제4호까지의 규정에 따른 환경시설의 미생물 담체로 사용하는 자

(바) 철도용 폐침목을 위 [별표 5의2] 제19호에 따라 원형 그대로 재활용하는 자

(사) 다른 사람의 사업장폐기물(일정한 형태를 갖추고 있는 물체로 한정한다)을 위 [별표 5의2] 제25호에 따라 수리·수선하여 같은 용도로 다시 사용할 수 있는 상태로 만드는 자

(아) 정수장 여과사를 세척하는 과정에서 이물질이나 유해물질 유입 없이 발생하는 폐여과사를 위 [별표 5의2] 제32호에 따라 모래 대체재로 사용하는 자

(자) 폐타이어를 위 [별표 5의2] 제43호에 따라 충돌에 의한 파손방지 등의 용도로 선박·선착장 및 자동차 경주장에서 원형 그대로 재활용하는 자

(차) 식물성 잔재물을 버섯배지용으로 재활용하는 자

(카) 그 밖에 환경부장관이 정하여 고시하는 방법에 따라 재활용하는 자

2. 폐지·고철·폐포장재를 수집·운반하거나 재활용하는 자

(1) 폐지, 고철 등 환경부령으로 정하는 폐기물에 대해서는 폐기물처리 신고를 한 후 수집·운반하거나 환경부령으로 정하는 방법으로 재활용할 수 있도록 하였다.[3] 단, 사업장 규모 등이 환경부령으로 정하는 기준에 해당하는 자여야 한다.

3) 법 제46조 제1항 제2호; 시행규칙 제66조 제3항 및 제4항

(2) "환경부령으로 정하는 폐기물"이란 다른 사람의 폐기물로서 폐지, 고철, 폐포장재(자원재활용법 시행령 제18조에 따른 재활용의무 대상인 종이팩, 유리병, 금속캔, 합성수지 재질의 포장재 및 1회용 봉투·쇼핑백만 해당한다)를 말한다(지정폐기물은 제외).[4] 폐포장재는 자원재활용법 시행령 제18조에 따른 재활용의무 대상인 합성수지 재질의 포장재여야 한다. 동조에 의하면, 음식료품, 농수축산물, 세제류, 화장품 및 애완동물용 샴푸·린스, 의약품 및 의약외품, 부탄가스제품, 살충·살균제, 의복류, 종이제품, 고무장갑, 부동액·브레이크액 및 윤활유, 기타 합성수지 재질이면서 시중에서 판매되는 거의 모든 제품의 포장재를 재활용의무 대상으로 정하고 있다. 제조업자 등의 재활용의무제도는, 생산단계·유통단계에서 재질·구조 또는 회수체계의 개선 등을 통하여 회수·재활용을 촉진할 수 있거나, 사용 후 발생되는 폐기물의 양이 많은 제품·포장재 중 대통령령으로 정하는 제품·포장재의 제조업자나 수입업자(포장재는 포장재를 이용한 제품의 판매업자를 포함하되, 대통령령으로 정하는 업종 및 규모의 사업장을 운영하는 자로 한정)를 '재활용의무생산자'라고 하면서 이들이 제조·수입하거나 판매한 제품·포장재로 인하여 발생한 폐기물을 회수하여 재활용하는 의무를 부과하는 제도이다.

(3) "환경부령으로 정하는 방법"이란 선별·압축·감용·절단하는 방법을 말한다.[5]

(4) 사업장 규모 등이 "환경부령으로 정하는 기준에 해당하는 자"란 폐지·고철·폐포장재를 수집·운반하거나 선별·압축·감용·절단하는 방법으로 재활용하는 자로서 사업장 규모가 ① 특별시·광역시 지역으로서 1,000평방미터 이상인 자와 ② 시·군 지역(광역시의 군 지역 포함)으로서 2,000평방미터 이상인 자를 말한다. 사업장 규모가 그 미만인 자에 대해서는 폐기물처리신고의무조차도 면제된다.

3. 폐타이어, 폐가전제품 등을 수집·운반하는 자

(1) 폐타이어, 폐가전제품 등 환경부령으로 정하는 폐기물은 폐기물처리 신고를 하고 수집·운반할 수 있다.[6]

(2) "환경부령으로 정하는 폐기물"이란 다른 자의 폐기물로서,

(가) 폐축전지 및 폐변압기(손상되지 아니한 상태로서 폐황산이나 폐절연유가 유출되지 아니하는 경우만 해당)

(나) 폐타이어

4) 시행규칙 제66조 제3항
5) 시행규칙 제66조 제4항
6) 법 제46조 제1항 제3호

(다) 폐가전제품

(라) 폐드럼(내용물이 제거되어 유출될 우려가 없는 경우만 해당)

(마) 폐식용유(생활폐기물에 해당하는 폐식용유를 유출될 우려가 없는 전용의 탱크·용기로 수집·운반하는 경우만 해당)를 말한다.[7]

Ⅲ. 제출서류[8]

1. 폐기물처리신고서(규칙 별지 제56호 서식)

(1) 상호가 기존의 폐기물처리 신고자의 상호와 동일하거나 유사한지 여부를 확인한다.

(2) 법인등기등본(개인의 경우 사업자등록증 사본)을 참고하여 대표자가 일치하는지 여부를 확인한다.

(3) 재활용(처리)시설 설치장소 등 사업장 소재지를 기재하고 건물 또는 토지를 임차한 경우 임대차계약서를 확인한다.

(4) 폐기물처리 신고대상 구분 법조항은 신고대상의 근거조항을 기재한다.

(가) (Ex) 법 제46조 제1항 제1호, 제6호 및 동법 시행규칙 제66조 제2항 제1호

(나) 용도·방법은 폐지, 고철, 동·식물성 잔재물 등 대상 폐기물의 종류와 수집·운반, 선별·압축, 퇴비화, 사료화 등 재활용 용도를 구체적으로 기재한다.

(5) 재활용대상 폐기물의 종류는 재활용하고자 하는 폐기물의 종류를 기재하되 괄호에서는 종류를 구체적으로 기재한다.

(Ex) 고철, 폐지, 동·식물성 잔재물, 폐가전제품 등

(6) 재활용제품은 압축폐지 또는 고철, 퇴비, 사료 등으로 기재한다. 단순 수집·운반, 동·식물성 잔재물을 원형 그대로 사료로 사용하는 등 특별한 가공이 없는 경우에는 생략한다.

(7) 재활용 공정도는 재활용하는 흐름도를 간략히 기재한다.

(Ex) 선별 → 파쇄 → 압축 → 반출

(8) 영업개시일은 폐기물처리신고증명서를 발급받고 재활용을 개시하고자 희망하는 날짜를 기재한다.

(Ex) 2015년 11월 11일

---

7) 시행규칙 제66조 제6항
8) 시행규칙 제67조 제1항

2. 폐기물처리 신고대상임을 확인할 수 있는 서류

수집·운반 및 재활용대상 폐기물의 종류와 재활용 용도를 확인할 수 있는 서류를 말한다.

3. 폐기물의 재활용 용도 또는 방법 설명서

(1) 수집·운반, 선별, 압축, 퇴비화, 사료화 등 구체적인 재활용 방법을 확인할 수 있는 서류여야 한다.

(2) 가축 보유 여부 등 재활용품 용도를 확인한다.

(3) 고철을 선별·압축·감용·절단하는 경우, 선별·압축· 감용·절단한 고철(비철금속 포함)이 산업표준화법에 의한 한국산업표준(KS)에 적합한 경우에 한하여 폐기물이 아닌 재활용제품으로 관리한다.

4. 재활용대상 폐기물의 수집·운반 및 보관계획서

(1) 재활용대상 폐기물의 확보계획 물량이 폐기물 보관시설 및 재활용시설 용량에 비하여 과다하게 계획되지 않아야 한다.

(2) 재활용대상 폐기물이 방치폐기물 처리이행보증 대상일 경우 보관량 및 산출근거에 대한 증빙서류가 적정하여야 한다.

(3) 재활용대상 폐기물의 확보계획이 안정적으로 확보 및 재활용할 수 있도록 계획되어야 한다.

(4) 폐기물 배출자로부터 폐기물을 수집하여 재활용하고자 하는 경우에는 폐기물의 처리에 관한 구체적인 기준 및 방법을 준수할 수 있도록 계획되어 있어야 한다.

5. 재활용 과정에서 발생되는 폐기물의 처리계획서

재활용 과정에서 발생되는 폐기물이 폐기물의 처리에 관한 구체적인 기준 및 방법에 따라 보관·처리 등이 가능하여야 한다.

6. 보관시설·재활용시설 설치내역서

(1) 보관시설, 재활용시설이 재활용신고서의 용도 및 방법에 적합하게 구비되어 있어야 한다. 다만, 법 제25조의 규정에 의한 폐기물처리업 허가를 받은 자가 폐기물처리 신고를 하는 경우 동일한 시설·장비를 중복하여 갖추지 아니할 수 있다.

(2) 폐기물 재활용시설 및 부대시설이 시행령 제5조의 규정에 의한 폐기물처리시설에 해당되는 경우에는 법 제29조 제2항, 시행규칙 제39조 및 제40조의 규정에 의한 폐기물처리시설의 설치승인 또는 신고를 득하여야 한다.

(3) 폐기물의 재활용시설 및 부대시설이 「대기환경보전법」, 「수질 및 수생태계 보전에 관한 법률」, 「소음·진동관리법」 등에 의한 인·허가를 득하여야 하는 경우에는 해당 법령에 의한 인·허가를 득하여야 한다.

(4) 수집·운반전용 차량은 신청인(법인 또는 개인) 소유 차량이어야 한다(임차 및 대여 차량은 수집·운반전용 차량으로 부적합).

Ⅳ. 관계 행정기관과의 협의

수리권자는 재활용시설 및 보관시설의 입지 가능 여부 등에 관하여 관계 법령에 의한 저촉 여부를 검토하여야 하며 검토할 타법은 다음과 같다.

검토되어야 할 관계법령	
「국토의 계획 및 이용에 관한 법률」	「건설산업기본법」
「건축법」	「농지법」
「수도권정비계획법」	「산업집적활성화 및 공장설립에 관한 법률」
「산림자원의 조성 및 관리에 관한 법률」	「환경정책기본법」 등 환경관계 법령
「비료관리법」	기타 재활용시설 등의 설치·운영을 제한하는 법률
「사료관리법」	

Ⅴ. 현지조사

수리권자는 폐기물의 종류, 재활용 방법 및 시설의 적정성 등을 면밀히 검토하고 신고한 내용에 적합하게 재활용이 가능한지 여부 등을 최종 확인하기 위하여 재활용하고자 하는 사업장에 대한 현지조사를 반드시 실시하여야 하며 확인할 사항은 다음과 같다.

(1) 신고서의 기재내용이 실제와 일치하는지 여부

(2) 보관시설, 재활용시설의 설치내역서와 실제 일치하는지 여부

(3) 보관시설, 재활용시설이 시행규칙 제14조 [별표 5]의 수집·운반·보관·처리기준

및 방법에 적합하도록 설치되었는지 여부

(4) 기타 환경보전상 필요한 사항 등

(5) 침출수·먼지·소음 등 환경오염의 발생을 최소화할 수 있는 장치·시설 및 보관하고 있는 폐기물을 차폐할 수 있는 가림막의 적정 설치 여부(시행규칙 제66조 제5항에 해당하는 자가 같은 조 제3항 각 호의 폐기물을 수집·운반·보관하는 경우)

Ⅵ. 폐기물처리신고서의 반려와 부적정 통보

1. 폐기물처리신고서 반려

다음의 사유가 있으면 그 사유를 명기하여 폐기물처리신고서를 반려하여야 한다.

(1) 「민원사무처리에 관한 법률 시행령」 제15조의 규정에 의거 2차에 걸쳐 서류의 보완·보정 요구를 하였으나 이에 응하지 아니한 때

(2) 민원인으로부터 재활용신고서 반려 요구가 있는 경우

(3) 재활용신고서의 전면적인 재작성이 불가피하다고 판단되는 경우

2. 부적정 통보

폐기물처리신고서에 대한 검토 결과 다음에 해당되는 경우에는 그 사유를 명기하여 부적정 통보를 하여야 한다.

(1) 재활용대상 폐기물이 폐기물처리 신고대상 폐기물에 해당되지 않는 경우

(2) 시행규칙 제66조의 규정에 의한 재활용용도 및 방법에 적합하지 않는 경우

Ⅶ. 폐기물처리 신고 수리

1. 신고증명서 교부

(1) 신고서류 검토 및 현지조사 결과 적합한 경우 수리권자는 시행규칙 제67조 제2항 규정에 따라 별지 제57호 서식의 폐기물처리 신고증명서를 교부하여야 한다.

(2) 신고증명서 교부 시 수리권자는 다음 사항을 참고하여 신고증명서 교부조건을 부여할 수 있다.

(가) 폐기물처리 신고자가 그 사업장을 이전 또는 휴·폐업하는 경우 신고증명서를 자진 반납하여야 하며 사업장내 남은 폐기물을 제거하거나 환경오염이 발생되지 않도록

적정조치를 하여야 한다.

(나) 위탁받은 폐기물을 재활용 신고의 내용대로 재활용하지 않고 재위탁하거나 재위탁을 받아서는 아니되며, 허용 보관량을 초과하여 폐기물을 의탁받아서는 아니되는 등 시행규칙 [별표 17의2]에 따른 폐기물처리 신고자의 준수사항을 지켜야 한다.

2. 폐기물처리 신고자의 준수사항, 행정처분, 과징금 기준 등 통보

수리권자는 폐기물처리 신고자에게 폐기물처리신고증명서를 교부하면서 다음 사항을 통보하여야 한다.[9]

(1) 폐기물처리 신고자는 법 제46조 제6항, 시행규칙 제67조의2, [별표 17의2]에 따른 폐기물처리 신고자의 준수사항을 지켜야 한다.

(2) 폐기물처리 신고자의 준수사항, 법 제13조에 따른 폐기물의 수집·운반·보관·처리의 기준과 방법, 법 제40조에 따른 방치폐기물 발생 방지조치의 위반 시에는 시·도지사는 재활용 신고자에게 재활용시설의 폐쇄, 6개월 이내의 처리 금지 등 행정처분을 부과할 수 있다.

Ⅷ. 폐기물처리 변경신고

1. 변경신고 대상

폐기물처리 신고자는 다음의 어느 하나에 해당하는 사항을 변경하려면 변경 전에 변경신고서에 신고증명서를 첨부하여 시·도지사에게 제출하여야 한다.[10]

① 재활용대상 폐기물

② 재활용의 용도 또는 방법

③ 재활용사업장 소재지

④ 상호

⑤ 재활용시설의 용량

⑥ 보관시설 또는 보관용기의 용량

⑦ 법 제46조 제1항 각 호의 적용대상

⑧ 폐기물 수집·운반차량

9) '폐기물처리 신고업무 처리지침' II. 아
10) 시행규칙 제67조 제3항

2. 제출서류와 업무처리절차

가. 제출서류

폐기물처리 변경신고 시에 제출할 서류는 폐기물처리 신고증명서, 변경내역서 그리고 폐기물변경신고서의 첨부서류이다.

나. 업무처리절차

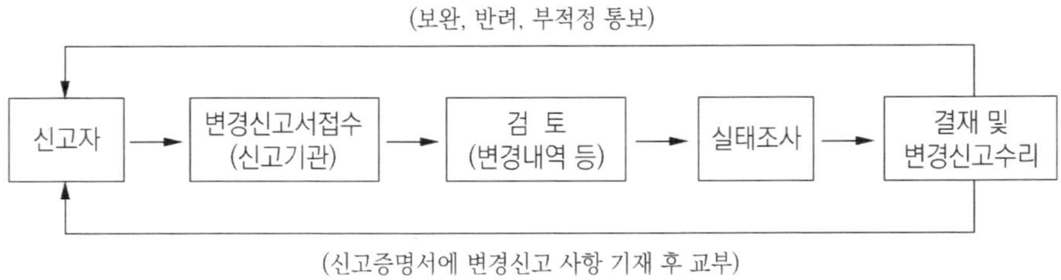

다. 업무처리 요령

(1) 재활용대상 폐기물의 변경

(가) 제출서류는 재활용대상 폐기물의 변경내역서이다.

(나) 변경하고자 하는 재활용대상 폐기물이 신고한 보관시설·재활용시설로 수집·운반·보관 또는 재활용이 가능하여야 한다.

(2) 재활용의 용도 및 방법의 변경

(가) 제출서류는 재활용대상 폐기물의 용도 또는 방법의 변경내역서이다.

(나) 수집·운반, 선별, 압축, 퇴비화, 사료화 등 구체적 재활용 방법과 용도를 확인한다.

(3) 사업장 소재지의 변경

(가) 제출서류는 임대차계약서 사본(임차의 경우)과 보관시설 및 재활용시설의 설치내역서이다.

(나) 임차의 경우 임대차계약서와 토지·건축대장 등을 확인한다.

(4) 상호의 변경

(가) 제출서류는 상호변경 내역서이다.

(나) 상호가 기존의 처리신고자의 상호와 동일하거나 유사한지 여부를 확인한다.

(다) 권리·의무 승계나 양도·양수에 따른 상호변경 및 대표자 변경의 경우에는 권리·의무 승계 및 양도·양수 사항에 대한 증빙서류를 검토한다.

(5) 재활용시설의 용량 변경

(가) 제출서류는 재활용시설의 변경내역서이다.

(나) 시설구조 변경이 적정하여야 한다.

(다) 처리용량의 30퍼센트 이상 변경되어야 한다(보관시설 또는 보관용기의 용량부분도 확인).

(라) 재활용시설 용량의 변경에 따라 「대기환경보전법」, 「수질 및 수생태계보전에 관한 법률」, 「소음·진동관리법」 등에 의한 인·허가 및 법 제29조 제2항의 규정에 의한 승인 또는 신고를 득하여야 하는지 여부를 확인한다.

제 3 절 폐기물처리 신고자 물적 시설과 준수사항

Ⅰ. 폐기물처리 신고자가 갖추어야 할 보관시설 및 재활용시설[11)]

1. 폐기물을 수집·운반하는 자의 기준

폐기물을 수집·운반하는 폐기물처리 신고자가 갖추어야 할 시설은 비교적 간단하다. 장비로는 폐기물을 수집·운반하는 차량 1대 이상 있으면 되고, 연락장소 또는 사무실이 있으면 된다.

2. 폐기물을 재활용하는 자의 기준

폐기물을 재활용하는 아래의 기준에 맞는 시설을 갖추어야 한다. 그러나 재활용 용도 또는 방법을 고려하여 재활용시설이 필요하지 아니하다고 시·도지사가 인정하는 경우에는 재활용시설을 갖추지 아니할 수 있다.

가. 보관시설

1일 처리능력의 1일분 이상 30일분 이하의 폐기물을 보관할 수 있는 보관용기 또는 보관시설. 다만, 시·도지사의 인정을 받아 위탁받은 폐기물을 보관하지 아니하고 곧바로 재활용시설로 운반하는 경우에는 보관용기나 보관시설을 갖추지 아니할 수 있다. 음식물류 폐기물을 재활용하는 자는 보관시설을 갖추지 아니할 수 있다.

11) 시행규칙 [별표 17]

나. 재활용시설

재활용하려는 폐기물의 종류 및 재활용방법 등에 따라 맞게 설치하여야 하는 선별·압축·감용·절단·사료화·퇴비화 시설 중 해당 시설 1식 이상을 갖추어야 한다.

다. 차 량

재활용하려는 폐기물을 수집·운반하는 차량 1대 이상(재활용대상 폐기물을 스스로 수집·운반하는 경우만 해당한다)

Ⅱ. 폐기물처리 신고자의 준수사항12)

1. 폐기물처리 신고자는 신고한 재활용 용도 또는 방법에 따라 재활용하여야 한다.

2. 폐기물처리 신고자는 폐기물의 재활용을 위탁한 자와 다음 각 목의 내용이 포함된 폐기물 위탁재활용(운반)계약서를 작성하고, 그 계약서를 3년간 보관하여야 한다. 다만, 폐기물처리 신고자가 폐기물수집·운반업자와 함께 폐기물의 재활용을 위탁한 자와 하나의 계약서로 동시에 폐기물 위탁재활용(운반)계약을 체결하는 경우에는 운반단가와 재활용처리단가를 구분하여 기재하여야 한다.

  가. 상호, 소재지 및 대표자
  나. 위탁계약기간
  다. 폐기물의 종류별 수량, 성질과 상태 및 취급시 주의사항
  라. 폐기물의 종류별 재활용장소 및 재활용방법
  마. 운반단가 또는 운반비(폐기물수집·운반업자가 포함된 경우에만 해당한다)
  바. 재활용처리단가 또는 재활용처리비

3. 위탁받은 폐기물을 재위탁하거나 재위탁받아서는 아니된다. 다만, 시행규칙 제66조 제5항에 해당하는 자 중 같은 조 제3항 각 호의 폐기물을 수집·운반하는 자가 수집·운반한 폐기물을 제66조 제5항에 해당하는 자 중 같은 조 제3항 각 호의 폐기물을 수집·운반하는 자에게 재위탁하거나 재위탁받는 경우는 그러하지 아니하며, 천재지변·처리금지·휴업, 폐업 등 정당한 사유가 있는 경우에는 시·도지사의 승인을 받아 재위탁하거나 재위탁받을 수 있다.

4. 자신의 재활용시설에서 재활용할 수 없는 폐기물을 위탁받거나 재활용능력을 초과하여 폐기물을 위탁받아서는 아니된다.

---

12) 시행규칙 [별표 17의2]

5. 허용보관량을 초과하여 폐기물을 보관하거나 보관시설 외의 장소에 폐기물을 보관하여서는 아니된다.

6. 수집·운반 및 재활용할 수 있는 능력의 초과, 휴업이나 폐업 등 정당한 사유 없이 배출자가 요청한 폐기물의 수탁을 거부하여서는 아니된다.

7. 정당한 사유 없이 계속하여 1년 이상 휴업하여서는 아니된다.

8. 다른 사람에게 자기의 성명 또는 상호를 사용하여 폐기물을 위탁받게 하거나 신고증명서를 다른 사람에게 빌려 주어서는 아니된다.

9. 시행규칙 제66조 제5항에 해당하는 자가 같은 조 제3항 각 호의 폐기물을 보관하는 경우에는 차폐가 될 수 있도록 가림막 설치 등 필요한 조치를 하여야 하며, 수집·운반·보관 과정에서 소음·먼지·침출수 등 환경오염의 발생이 최소화될 수 있도록 필요한 조치를 하여야 한다.

10. 처리금지, 휴업신고 또는 폐업신고 등으로 폐기물을 수집·운반하지 아니할 때에는 발급받은 폐기물수집·운반증을 시·도지사에게 반납하여야 한다.

11. 폐기물 배출자에게 수탁처리능력 확인서, 폐기물처리 신고증명서 사본 및 방치폐기물처리이행보증을 확인할 수 있는 서류 사본을 거짓으로 제출하거나 제출을 거부하여서는 아니된다.

12. 폐기물처리 신고자가 법 제14조 제3항에 따라 생활폐기물을 수집·운반하려는 경우 일정한 장소에 보관되지 아니하고 버려진 생활폐기물이나 직접 배출자로부터 수거한 생활폐기물만을 수집·운반하여야 한다.

Ⅲ. 폐기물처리 금지명령과 과징금 처분

1. 폐기물처리 금지명령

시·도지사는 폐기물처리 신고자가 다음의 어느 하나에 해당하면 그 시설의 폐쇄를 명령하거나 6개월 이내의 기간을 정하여 폐기물의 반입금지 등 폐기물처리의 금지를 명령할 수 있다.[13)]

- 폐기물처리 신고자의 준수사항[14)]을 지키지 아니한 경우
- 폐기물의 처리 기준과 방법[15)] 또는 폐기물의 재활용 용도 또는 방법[16)]을 지키지

13) 법 제46조 제7항
14) 법 제46조 제6항
15) 법 제13조

아니한 경우
- 폐기물처리 신고 후 영업시작 전까지 폐기물처리공제조합 분담금 납부나 폐기물처리이행보증보험에 가입하는 조치[17]를 하지 아니한 경우

시설의 폐쇄처분을 받은 자는 그 처분을 받은 날부터 1년간 다시 폐기물처리 신고를 할 수 없다.[18]

2. 폐기물처리 신고자에 대한 과징금 처분

가. 과징금 처분을 할 수 있는 경우

시·도지사는 폐기물처리 신고자가 폐기물처리 금지를 명령하여야 하는 경우 그 처리금지가 다음의 어느 하나에 해당한다고 인정되면 그 처리금지에 갈음하여 2천만원 이하의 과징금을 부과할 수 있다.[19]

- 해당 처리금지로 인하여 그 폐기물처리의 이용자가 폐기물을 위탁처리하지 못하여 폐기물이 사업장 안에 적체됨으로써 이용자의 사업활동에 막대한 지장을 줄 우려가 있는 경우
- 해당 폐기물처리 신고자가 보관 중인 폐기물 또는 그 폐기물처리의 이용자가 보관 중인 폐기물의 적체에 따른 환경오염으로 인하여 인근지역 주민의 건강에 위해가 발생되거나 발생될 우려가 있는 경우
- 천재지변이나 그 밖의 부득이한 사유로 해당 폐기물처리를 계속하도록 할 필요가 있다고 인정되는 경우

나. 폐기물처리 신고자의 위반행위의 종류와 과징금 금액[20]

위반행위	처리금지 1개월	처리금지 2개월	처리금지 3개월
1. 법 제13조에 따른 폐기물의 처리 기준과 방법 또는 법 제13조의2에 따른 폐기물의 재활용 용도 또는 방법을 지키지 않은 경우	5백만원	1천만원	2천만원
2. 법 제40조 제1항에 따른 조치를 하지 않은 경우	5백만원	–	2천만원
3. 법 제46조 제6항에 따른 준수사항을 지키지 않은 경우	5백만원	1천만원	2천만원

16) 법 제13조의2
17) 법 제40조 제1항
18) 법 제46조 제8항
19) 법 제46조의2 제1항
20) 시행령 제23조의3 제1항 [별표 7]

다. 과징금의 가중·감경

시·도지사는 사업장의 사업규모, 사업지역의 특수성, 위반행위의 정도 및 횟수 등을 고려하여 과징금의 금액의 2분의 1의 범위에서 이를 가중하거나 감경할 수 있다. 다만, 가중하는 경우에도 과징금의 총액은 2천만원을 초과할 수 없다.[21)]

라. 과징금의 체납

과징금을 내지 아니하면 지방세 체납처분의 예에 따라 징수한다.[22)]

마. 과징금의 사용용도

과징금으로 징수한 금액은 시·도의 수입으로 하되, 광역폐기물처리시설의 확충 등 아래의 용도로 사용하여야 한다.[23)]

- 광역폐기물처리시설의 확충
- 「자원의 절약과 재활용촉진에 관한 법률」 제34조의4에 따른 공공 재활용기반시설의 확충
- 폐기물처리 신고자가 적합하게 재활용하지 아니한 폐기물의 처리
- 폐기물처리 신고자의 지도·점검에 필요한 시설·장비의 구입 및 운영

---

21) 시행령 제23조의3 제2항
22) 법 제46조의2 제3항
23) 법 제46조의2 제4항; 시행령 제23조의4 각 호

Chapter

02 기타 보칙과 벌칙

제 1 절 폐기물 인계·인수내용 등의 전산처리

Ⅰ. 전산처리기구의 설치 및 운영

(1) 환경부령으로 정하는 사업장폐기물을 배출 또는 처리하는 자는 그 폐기물을 배출, 수집·운반, 재활용 또는 처분할 때마다 전자정보처리프로그램에 입력하여야 한다.[1] 폐기물 수입신고를 한 자나 그 수입한 폐기물을 운반, 재활용 또는 처분하는 자도 마찬가지이다.[2]

(2) 환경부장관은 사업장폐기물 배출자 등이 법 제18조 제3항 및 제24조의3 제2항에 따라 전자정보처리프로그램에 입력한 폐기물 인계·인수 내용과 사업장폐기물 배출자 등이 전자정보처리프로그램을 이용하여 보고 등 대통령령으로 정하는 업무에 관한 내용을 입력한 전산기록을 관리할 수 있는 전산처리기구를 설치·운영하여야 한다.[3]

(3) "대통령령으로 정하는 업무"는 다음과 같다.

- 법 제17조 제2항부터 제4항까지의 규정에 따른 신고·확인 서류 및 변경신고·확인 서류의 제출
- 법 제24조의2 제1항 및 제2항에 따른 폐기물 수출입 신고 서류 및 변경신고 서류의 제출

1) 법 제18조 제3항 전문
2) 법 제24조의3 제2항
3) 법 제45조 제1항

• 법 제25조 제1항·제3항 및 제11항에 따른 폐기물처리 사업계획서, 허가·변경허가 및 변경신고 서류의 제출
• 법 제29조 제2항부터 제4항까지의 규정에 따른 폐기물처리시설 승인·신고 서류 및 변경승인·신고 서류의 제출
• 법 제36조에 따른 폐기물의 발생·배출·처리상황 등의 기록
• 법 제38조 제1항에 따른 보고서의 제출

(4) 환경부장관은 전자정보를 효율적으로 처리하기 위하여 전자정보처리프로그램을 구축·운영하여야 한다. 이 경우 그 전산처리에 필요한 비용의 일부 또는 전부를 전자정보처리프로그램을 이용하는 자로부터 징수할 수 있다.[4]

Ⅱ. 사업장폐기물 배출자 등의 보고업무 이행 간주

(1) 사업장폐기물 배출자 등이 전자정보처리프로그램을 이용하여 폐기물처리와 관련된 각종 보고 등을 입력한 경우에는 해당 업무를 이행한 것으로 본다.[5]

(2) 전자정보처리프로그램을 이용하여 보고 등을 하려는 사업장폐기물 배출자 등은 전자정보처리프로그램에서 제공하는 양식에 따라 빈칸 채우기 방식으로 보고서 등의 내용을 입력하여야 한다. 이 경우 첨부서류는 전자이미지로 변환한 후 입력하여야 한다.[6]

Ⅲ. 전산기록 보존과 자료 제공

환경부장관은 전산기록이 입력된 날부터 3년간 전산기록을 보존하여야 한다.[7] 환경부장관, 시·도지사 또는 폐기물처리와 관련된 각종 보고업무에 관한 전산기록을 전송한 자는 전산처리기구의 장에게 그 전산기록과 관련된 자료를 제공할 것을 서면으로 요구할 수 있으며, 전산처리기구의 장은 특별한 사유가 없으면 요구받은 날부터 10일 이내에 서면으로 제공하여야 한다.[8]

---

4) 법 제45조 제2항
5) 법 제45조 제3항
6) 시행규칙 제63조의2 제1항
7) 법 제45조 제4항
8) 법 제45조 제5항; 시행규칙 제64조

제 2 절 폐기물 회수 및 조치

Ⅰ. 사업자의 폐기물 회수 및 처리의무

(1) 사업자는 제품의 제조·가공·수입 또는 판매 등을 할 때에 그 제조·가공·수입 또는 판매 등에 사용되는 재료·용기·제품 등이 폐기물이 되는 경우 그 회수와 처리가 쉽도록 하여야 하는데,[9)] 자신이 제조·가공·수입 또는 판매 등을 하는 재료·용기·제품 등이 「대기환경보전법」 제2조, 「수질 및 수생태계 보전에 관한 법률」 제2조 및 「유해화학물질 관리법」 제2조에 따른 대기오염물질, 수질오염물질, 유독물 중 환경부령으로 정하는 물질을 함유하고 있거나 다량으로 제조·가공·수입 또는 판매되어 폐기물이 되는 경우 환경부장관이 고시하는 폐기물의 회수 및 처리방법에 따라 회수·처리하여야 한다.[10)]

(2) "환경부령으로 정하는 물질"이라 함은 다음과 같다.[11)]

폐기물의 회수 등의 조치대상이 되는 제품에 함유된 수질오염물질 등
1. 비소 또는 그 화합물
2. 6가크롬 또는 그 화합물
3. 수은 또는 그 화합물
4. 카드뮴 또는 그 화합물
5. 납 또는 그 화합물
6. 시안화물
7. 폴리크로리네이티드비페닐
8. 「유해화학물질관리법 시행령」 [별표 1]에 따른 유독물

(3) "환경부장관이 고시하는 폐기물의 회수 및 처리방법"은 다음과 같다.

9) 법 제47조 제1항
10) 법 제47조 제2항
11) 시행규칙 제68조

폐기물 회수 및 처리방법에 관한 규정

[시행 1994.6.28] [환경부고시 제94-45호, 1994.6.28. 제정]

제1조(목적) 이 고시는 폐기물관리법(이하 "법"이라 한다) 제44조의3 제2항의 규정에 의하여 사업자가 제품의 제조·가공·수입·판매 등을 함에 있어서 제조·가공·수입·판매 등에 사용되는 재료·용기·제품 등이 유해물질을 함유하고 있거나 다량으토 제조·가공·수입·판매되어 폐기물이 되는 경우 사업자가 그 폐기물의 회수 및 처리방법에 관하여 준수하여야 할 사항을 규정함을 목적으로 한다.

제2조(정의) 이 고시에서 사용하는 용어의 정의는 다음과 같다.

1. "회수처리대상폐기물"이라 함은 자원의 절약과 재활용촉진에 관한 법률(이하 "재활용촉진법"이라 한다) 제18조의 규정에 의한 회수·처리비용 예치대상폐기물 및 유해물질을 함유하거나 다량으로 발생되는 폐기물로서 환경보전 및 재활용 촉진을 위하여 회수·처리하여야 할 다음 각목의 폐기물을 말한다.
   가. 재활용촉진법 시행령 제15조의 규정에 의한 예치금부과대상폐기굴
   나. 폐냉장고
   다. 폐합성수지용기(음식료류 용기에 한한다)
   라. 가전제품 완충포장재
   마. 폐가구류
2. "사업자"라 함은 제1호 각목의 회수처리대상폐기물이 되는 제품(용기의 경우 내용물을 넣은 제품을 말한다. 이하 같다)을 제조·가공하거나 수입하는 자(관세법 제6조에 의한 관세납부의무자)를 말한다. 다만, 제1호 마목의 폐가구류의 경우에는 주된 영업소재지 이외의 시·도에 판매대리점을 갖춘 가구제조업자에 한한다.
3. "판매자"라 함은 제1호 각목의 회수처리대상폐기물이 되는 제품을 판매하는등 판매시설을 이용하여 사업을 영위하는 자로서 회수처리대상폐기물을 배출하는 자를 말한다.
4. "소비자"라 함은 제1호 각목의 회수처리대상폐기물이 되는 제품을 구매·소비한 후 폐기물을 배출하는 자를 말한다.
5. "처리업자"라 함은 법 제17조의 규정에 의한 일반폐기물처리업 및 법 제26조의 규정에 의한 특정폐기물처리업의 허가를 받은 자를 말한다.
6. "재활용자"라 함은 법 제44조의2의 규정에 의하여 폐기물재활용신고를 한 자 등 적정요건을 갖추고 재활용하는 자를 말한다.

제3조(사업자의 책무) ① 사업자는 회수처리대상폐기물을 스스로 또는 타인에게 위탁하여 판매자 또는 소비자로부터 회수할 수 있도록 다음 각호의 사항이 포함된 대책을 수립·시행하고 회수된 폐기물은 제6조에서 정하는 처리방법에 다라 처리하여야 한다.

1. 회수·처리체계 구성에 관한 사항

2. 매년 회수·처리 목표
3. 회수·처리를 위하여 필요한 사항

② 사업자는 유통경로를 최대한 이용할 수 있는 회수·처리체계를 갖추도록 노력하여야 한다.

③ 사업자는 회수처리대상폐기물의 형태·물성 등을 고려하여 제품의 생산·설계시부터 회수 및 재활용이 용이하도록 구조 및 재질개선에 노력하여야 한다.

④ 사업자는 회수처리대상폐기물을 효율적으로 회수·처리하기 위하여 회수 및 처리에 필요한 시설·기술을 개발·확보하도록 노력하여야 한다.

제4조(사업자의 준수사항) ① 사업자가 재활용촉진법 시행령 제15조의 규정에 의한 예치금부과대상 폐기물을 회수·처리한 경우에는 재활용촉진법 시행규칙 별지 제15호 서식에 의한 대장에 그 내역을 기재하여야 한다. 다만, 예치금부과대상폐기물외의 화수처리대상폐기물을 회수·처리한 사업자는 별지 제1호 서식에 의한 대장에 그 내역을 기재하고 이를 2년간 보존하여야 한다.

② 사업자는 회수처리대상폐기물의 처리를 위탁하였을 경우에는 처리업자 또는 재활용자로부터 별지 제2호 서식에 의한 폐기물처리확인서를 제출받아 이를 제1항의 규정에 의한 대장에 첨부하여야 한다.

③ 사업자는 회수처리대상폐기물을 회수함에 있어 판매자 및 소비자가 배출한 당해 폐기물의 회수를 수집·보관기준의 위반 또는 기타 부적절한 사유가 없는 한 거부하여서는 아니된다.

제5조(판매자의 책무) ① 판매자는 제품의 판매에 따라 발생되는 회수처리대상폐기물을 판매의 역경로를 통하여 회수·수집할 수 있는 대책을 마련하여야 한다.

② 판매자는 회수된 회수처리대상폐기물을 사업자의 회수체계와 연계하여 적정처리되도록 하거나 제6조에서 정하는 방법에 따라 스스로 처리하여야 한다.

제6조(회수처리대상폐기물의 처리기준과 방법) ① 회수처리대상폐기물중 예치금부과대상폐기물의 회수·처리기준과 방법은 재활용촉진법 시행규칙 [별표 3]과 같다.

② 제1항의 규정에 의한 예치금부과대상폐기물외의 회수처리대상폐기물의 회수·처리기준과 방법은 다음 각호와 같다.

1. 사업자 스스로 재활용
2. 일반·특정폐기물 처리업자에 위탁 처리
3. 법 제20조 제2항의 규정에 의한 일반폐기물처리시설 및 법 제28조 제2항의 규정에 의한 특정폐기물처리시설에서의 처리
4. 재활용자에 의한 처리
5. 한국자원재생공사의 재활용사업소에 운반하여 위탁처리. 다만, 이 경우 폐가전제품, 자동차관련폐기물, 가전제품 완충포장재 및 폐가구류는 한국자원재생공사와 별도 협

의하여야 한다.

제7조(회수처리대상폐기물의 수집·운반·보관기준과 방법) 사업자 및 판매자는 당해 폐기물을 수집·운반·보관함에 있어 폐기물관리법 시행령 [별표 2], 동법 시행규칙 [별표 4]·[별표 5]·[별표 6]·[별표 11]의 규정에서 정하는 기준 및 방법에 따라야 한다.

제8조(집하·보관장소의 설치 등) ① 사업자는 회수처리대상폐기물의 지역별 발생량, 회수능력, 처리시설의 지역별 분포상황 및 처리능력 등을 고려하여 회수·처리위탁업소를 지정·운영하거나 집하·보관장소를 설치할 수 있다.

② 제1항의 규정에 의하여 폐타이어·폐윤활유를 적정하게 집하·보관할 수 있는 장소가 설치되어 있는 경우 사업자는 판매자 또는 소비자로 부터 가장 가까운 거리에 있는 집하·보관장소까지 당해 폐기물을 운반하는 비용의 2분의 1의 범위 내에서 일부를 판매자 또는 소비자에게 부담시킬 수 있다. 다만, 판매자 또는 소비자 스스로 집하·보관장소까지 운반하는 경우에는 그러하지 아니하다.

제9조(판매자의 적정분리 수집·보관) 판매자는 사업장 내에 분리수집용기를 설치하거나 장소를 확보하여 회수처리대상폐기물이 적정하게 분리수집·보관될 수 있도록 하여야 한다.

제10조(폐가전제품·폐가구류의 회수처리 소요비용의 부담) ① 폐가전제품·폐가구류의 경우 사업자가 회수·처리체계를 구성하고 사업자단체를 결성하여 해당 폐기물을 회수·처리할 때에는 회수·처리에 소요되는 비용의 일부를 판매자 또는 소비자에게 부담시킬 수 있다.

② 폐가전제품·폐가구류의 회수·처리 소요비용은 법 제13조 제4항의 규정에 의하여 해당 지방자치단체의 조례에서 정하는 폐기물수수료 범위 내에서 부담시킬 수 있다.

제11조(분리배출에 대한 홍보) ① 사업자는 소비자가 회수처리대상폐기물을 알기 쉽게 분리배출할 수 있도록 회수처리대상폐기물이 되는 제품의 겉면에 안내문구 또는 표시를 하여야 한다. 다만, 윤활유는 그 용기에 표시하고 타이어 및 전지는 제외한다.

② 판매자는 판매시설에서 회수처리대상폐기물이 되는 제품을 구매하거나 사용하는 소비자가 폐기물을 분리배출할 수 있도록 안내문을 게시하거나 방송을 하는 등 분리수집을 안내·계도하여야 한다.

제12조(회수처리촉진을 위한 단체구성 등) ① 사업자는 회수처리대상폐기물의 효율적인 회수·처리를 위하여 관련 업종의 사업자, 판매자 또는 재활용촉진법 제9조의 규정에 의한 재활용지정사업자와 공동으로 회수·처리체계를 구성·운영할 수 있다.

② 제1항의 규정에 의하여 회수·처리체계를 구성한 사업자단체가 폐기물을 회수·처리하고자 하는 경우 사업자단체 구성후 30일 이내에 다음 각호의 사항이 포함된 서류를 첨부하여 환경부장관에게 신고하여야 한다.

1. 목적 및 사업범위
2. 단체의 협약·법인정관 또는 조합규약
3. 단체의 재원조성에 관한 사항
4. 폐기물의 회수·처리계획

③ 사업자단체는 제4조의 규정에 의한 사업자의 준수사항을 준수하여야 하며 제13조의 규정에 의한 회수·처리계획서 및 회수·처리실적을 제출하여야 한다.

제13조(회수·처리계획서 및 회수·처리실적 제출) ① 사업자가 회수·처리체계를 구성한 경우 또는 제12조의 규정에 의하여 공동으로 회수·처리체계를 구성한 경우에는 회수·처리체계 운영의 주관사업자 또는 사업자단체장은 다음 각호의 사항이 포함된 다음 연도의 회수처리대상폐기물의 회수·처리계획서를 작성하여 매년도 12월 말까지 환경부장관에게 제출하여야 한다.

1. 제품의 제조 및 수입계획량
2. 폐기물의 발생예상량
3. 폐기물의 회수·처리 목표량
4. 폐기물의 회수·처리계획(구체적인 회수·처리체계, 처리방법 등)
5. 기타 폐기물의 회수·처리에 관한 사항

② 제1항의 규정에 의한 주관사업자 또는 사업자단체장은 회수처리대상폐기물의 회수·처리실적을 별지 제1호 서식에 의거 작성하여 다음연도 2월 말까지 환경부장관에게 제출하여야 한다.

부칙 <제94-45호, 1994.6.28>

① (시행일) 이 고시는 고시한 날부터 시행한다.

② (다른고시의 폐지) 환경처고시 제91-99호(1991.12.31)는 이를 폐지한다.

[서식 1] 회수처리대상폐기물의 회수·처리관리대장
[서식 2] 폐기물처리확인서

Ⅱ. 폐기물 회수 및 처리 조치명령

환경부장관은 사업자가 고시된 회수·처리방법에 따라 회수·처리하지 아니하면 기간을 정하여 그 회수와 처리에 필요한 조치를 할 것을 권고할 수 있다.[12] 환경부장관은 권고를 받은 자가 권고사항을 이행하지 아니하면 해당 폐기물의 회수와 적정한 처리 등에 필요한 조치를 명할 수 있다.[13]

12) 법 제47조 제3항
13) 법 제47조 제4항

제 3 절 폐기물처리 조치명령

(1) 환경부장관, 시·도지사 또는 시장·군수·구청장은 폐기물이 법 제13조에 따른 폐기물의 처리 기준과 방법 또는 법 제13조의2에 따른 폐기물의 재활용 용도 또는 방법에 맞지 아니하게 처리되거나 법 제8조 제1항 또는 제2항(폐기물의 투기·매립·소각 금지)을 위반하여 버려지거나 매립되면 다음의 어느 하나에 해당하는 자에게 기간을 정하여 폐기물의 처리방법 변경, 폐기물의 처리 또는 반입 정지 등 필요한 조치를 명할 수 있다.[14)]

- 폐기물을 처리한 자
- 법 제17조 제1항 제3호에 따른 확인(사업장폐기물 위탁처리 시 수탁자의 폐기물 처리능력 확인)을 하지 아니하고 위탁한 자
- 폐기물을 직접 처리하거나 다른 사람에게 자기 소유의 토지 사용을 허용한 경우 폐기물이 버려지거나 매립된 토지의 소유자

(2) 위에서 '다른 사람에게 자기 소유의 토지 사용을 허용한 경우 폐기물이 버려지거나 매립된 토지의 소유자'의 의미가 무엇인지 문제된다. 이에 더해 법원은, 용도를 불문하고 타인에게 자신의 토지의 사용을 허용한 경우를 모두 포함한다고 해석함이 상당하고, 달리 이를 폐기물의 투기나 매립을 위한 토지사용을 허용한 소유자에 한정되는 것으로 해석할 것은 아니라고 한다.[15)]

(3) 환경부장관, 시·도지사 또는 시장·군수·구청장의 조치명령이 '다른 사람에게 자기 소유의 토지사용을 허용한 경우 폐기물이 버려지거나 매립된 토지의 소유자'에 대해서는 과도한 재산권 침해가 아닌지 여부가 문제된다.

이에 대해 헌법재판소는, "폐기물의 발생을 억제하고 발생한 폐기물을 적정하게 처리하여 환경보전과 국민생활의 질적 향상을 도모하려는 위 법률조항의 입법목적은 정당하고, 직접적인 오염원인자 이외에 폐기물이 방치된 토지의 소유자에게도 폐기물 처리책임을 확장하여 인정하는 것은 위와 같은 입법 목적을 달성하는 데에 효과적인 방법이고, 나

---

14) 법 제48조

15) 부산고등법원 2003.10.24. 선고 2003누2731 판결: "원고가 이 사건 토지의 매매 당시 위 박치택 등에게 재활용품 재생자재의 적치만을 승낙하였을 뿐, 산업폐기물 등을 버리는 것까지 승낙하거나 묵인한 바는 없는 사실은 인정되나, 그렇다 하더라도 폐기물관리법 제45조 제1항 제3호에서 폐기물처리에 대한 조치명령의 상대방으로 규정하고 있는 '다른 사람에게 자기 소유의 토지 사용을 허용한 경우 폐기물이 버려지거나 매립된 토지의 소유자'란 그 법문의 해석상 용도를 불문하고 타인에게 자신의 토지의 사용을 허용한 경우를 모두 포함한다고 해석함이 상당하고, 달리 이를 폐기물의 투기나 매립을 위한 토지사용을 허용한 소유자에 한정되는 것으로 해석할 아무런 근거가 없으므로, 그러한 한정해석을 전제로 한 원고의 위 주장도 받아들일 수 없다"

아가 위 법률조항으로 인한 토지소유자의 책임은 보충적인 처리책임인데, 만일 방치폐기물에 대한 책임을 직접적 원인제공자에게만 한정하고 그 외의 경우에는 항상 국가나 지방자치단체가 이를 부담한다면, 폐기물의 방치가 조장되거나 폐기물의 처리가 적시에 이행되기 어려울 수 있으며, 무엇보다 폐기물 방치에 아무런 원인도 제공하지 않은 일반 국민들에게 막대한 비용을 떠안기게 되는 불합리한 결과를 초래하게 되며, 한편 관계법령은 방치폐기물처리 이행보증제도를 마련하여 폐기물처리업자가 방치한 폐기물에 대한 1차적 처리를 담당하게 하고 있고, 또한 위 법률조항으로 인하여 토지소유자들이 입게 되는 불이익보다는 이로 인하여 얻게 될 환경보전이라는 공익이 훨씬 크므로, 위 조항이 재산권을 지나치게 제한하여 헌법에 위배되는 것으로 볼 수는 없다"고 결정하였다.[16]

제 4 절 대집행

환경부장관, 시·도지사 또는 시장·군수·구청장은 법 제39조의2(배출자에 대한 폐기물 처리명령), 법 제39조의3(폐기물처리업자 등에 대한 폐기물 처리명령), 법 제40조 제2항·제3항(폐기물처리업자 등에 대한 방치폐기물 처리명령) 또는 법 제48조(폐기물처리 조치명령)에 따른 명령을 받은 자가 그 명령을 이행하지 아니하면 「행정대집행법」에 따라 대집행(代執行)을 하고 그 비용을 징수할 수 있다.[17]

제 5 절 폐기물처리사업의 조정

환경부장관 또는 시·도지사는 법 제4조 제2항 또는 제4항에 따라 지방자치단체 간의 폐기물처리사업을 조정할 때에 폐기물매립시설 등 폐기물처리시설을 공동으로 사용할 필요가 있으면 공동으로 사용하게 하고, 그 시설이 설치된 지역의 생활환경 보전과 개선을 위하여 필요한 지원대책을 마련하도록 관련 지방자치단체에 요구할 수 있다. 이 경우 관련 지방자치단체는 특별한 사유가 없으면 그 요구에 따라야 한다.[18]

---

16) 헌법재판소 2010.5.27. 자 2007헌바53 결정
17) 법 제49조
18) 법 제55조

제 6 절 폐기물처리실적의 보고

시·도지사는 관할구역의 전년도 폐기물처리실적을 3월 31일까지 환경부장관에게 보고하여야 한다.[19] 시·도지사 또는 시장·군수·구청장은 법 제38조에 따라 제출된 보고서의 내용과 생활폐기물 관리현황을 전자정보처리프로그램에 입력하여야 한다.[20]

환경부장관은 폐기물관리법의 시행에 필요한 범위에서 시·도지사 또는 시장·군수·구청장에게 폐기물 업무에 관련된 지도·단속 등의 실적을 보고하게 할 수 있다.[21]

제 7 절 폐기물처리시설 설치비용의 국고지원

국가는 예산의 범위에서 지방자치단체에 폐기물처리시설의 설치에 필요한 비용의 전부 또는 일부를 지원할 수 있다.[22]

제 8 절 허가 등의 수수료

(1) 법 제25조 제3항 및 제30조 제1항·제2항에 따른 허가 또는 검사를 받으려는 자는 환경부령으로 정하는 바에 따라 수수료를 내야 한다.[23]

(2) 폐기물처리업의 허가를 받으려는 자가 내야 할 수수료는 시행규칙 [별표 20]과 같다(폐기물처리업의 허가수수료는 신규허가의 경우 40,000원, 변경허가의 경우 15,000원으로 한다).[24] 폐기물처리업의 허가에 관한 수수료는 허가관청이 지방환경관서의 장이면 수입인지로, 시·도지사나 시장·군수·구청장이면 그 지방자치단체의 수입증지로 각각 내야 한다.[25]

19) 법 제58조 제1항
20) 시행규칙 제81조
21) 법 제58조 제2항
22) 법 제56조
23) 법 제59조 제1항
24) 시행규칙 제82조 제1항
25) 시행규칙 제82조 제2항

(3) 폐기물 처분시설 또는 재활용시설의 검사를 받으려는 자가 내야 할 수수료는 폐기물 처분시설 또는 재활용시설의 시설·규모별로 인건비·경비·기술료 및 출장비 등을 고려하여 환경부장관이 정하여 고시(시행 2012.8.16 [환경부고시 제2012-165호, 2012.8.16. 일부개정])한다.[26)]

(4) 법 제13조 제2항(의료폐기물 전용용기 처리)에 따른 검사 기관이나 단체는 전용용기에 대한 검사를 받으려는 자로부터 환경부장관이 정하여 고시하는 바에 따라 수수료를 받을 수 있다.[27)]

제 9 절 권한·업무의 위임과 위탁

Ⅰ. 개 관

(1) 「폐기물관리법」에 따른 환경부장관의 권한은 대통령령으로 정하는 바에 따라 그 일부를 시·도지사 또는 지방환경관서의 장에게 위임할 수 있다.[28)]

(2) 「폐기물관리법」에 따른 환경부장관 또는 지방자치단체의 장의 업무는 대통령령으로 정하는 바에 따라 그 일부를 「한국환경공단법」에 따른 한국환경공단, 협회 등 관련 전문기관에 위탁할 수 있다.[29)]

(3) 환경부장관이나 지방자치단체의 장은 「폐기물관리법」에 따라 설치한 폐기물처리시설 등의 효율적인 관리·운영을 위하여 필요하다고 인정하면 환경부령(지방자치단체의 장의 경우에는 해당 지방자치단체의 조례)으로 정하는 바에 따라 그 관리·운영을 맡을 능력이 있는 자에게 위탁할 수 있다.[30)]

1. 시·도지사에 대한 위임

환경부장관은 다음의 사항에 관한 권한을 시·도지사에게 위임한다.[31)]

(1) 법 제2조 제3호에 따른 「대기환경보전법」, 「수질 및 수생태계 보전에 관한 법률」

26) 시행규칙 제82조의2 제1항
27) 법 제59조 제2항
28) 법 제62조 제1항
29) 법 제62조 제2항
30) 법 제62조 제3항
31) 시행령 제37조 제1항

또는 「소음·진동관리법」에 따른 배출시설을 설치·운영하는 사업장(「산업집적활성화 및 공장설립에 관한 법률」에 따른 공장으로 한정한다) 외에서 배출하는 지정폐기물, 「의료법」 제3조 제3항에 따른 종합병원(이하 "종합병원"이라 한다)이 아닌 기관에서 배출하는 의료폐기물, 법 제17조 제3항 각 호 외의 부분 단서에 따라 공동으로 수집·운반하는 지정폐기물을 배출·운반 또는 처리하는 자에 대한 다음 각 목의 권한

- 법 제17조 제3항 및 제4항에 따른 서류의 확인과 변경 확인
- 법 제38조 제2항에 따른 보고서의 제출명령
- 법 제39조에 따른 보고명령 및 검사
- 법 제48조에 따른 조치명령
- 법 제49조에 따른 대집행(代執行) 및 비용 징수

(2) 법 제29조 제2항에 따른 폐기물처리시설[법 제5조 제1항에 따른 광역 폐기물처리시설로서 둘 이상의 특별시·광역시·도 및 특별자치도(이하 "시·도"라 한다) 또는 둘 이상의 시·도의 시·군·구가 공동으로 설치하는 시설, 시·도가 설치하는 폐기물처리시설 및 종합병원이 아닌 기관에서 배출하는 의료폐기물 외의 지정폐기물을 대상으로 하는 폐기물처리시설은 제외한다]에 관한 다음 각 목의 권한

- 법 제29조 제2항에 따른 설치승인 및 설치신고의 수리
- 법 제29조 제3항에 따른 변경승인 및 변경신고의 수리
- 법 제29조 제2항 제1호에 따른 학교·연구기관 등에서 설치하는 시험·연구목적의 폐기물처리시설에 관한 사항,
- 법 제32조 제3항에 따른 관계 행정기관의 장과의 협의
- 법 제33조 제3항에 따른 권리·의무 승계에 관한 신고의 수리

(3) 법 제25조 제3항에 따른 폐기물처리업자(지정폐기물을 대상으로 하는 폐기물처리업자는 제외한다)가 설치한 폐기물처리시설 및 제2호에 따른 폐기둘처리시설에 관한 다음 각 목의 권한

- 법 제31조 제2항에 따른 오염물질 측정결과의 접수
- 법 제31조 제3항에 따른 주변 지역 영향조사 결과의 접수
- 법 제31조 제4항 및 제5항에 따른 폐기물처리시설의 개선명령, 사용중지 명령 및 폐쇄명령
- 법 제31조 제6항에 따른 오염물질의 측정 또는 주변지역 영향조사 명령
- 법 제31조 제9항에 따른 오염물질의 측정 결과 및 주변지역 영향조사 결과의 공개
- 법 제50조에 따른 신고의 수리, 시정명령, 대행자의 지정 및 비용징수

- 법 제51조에 따른 사후관리이행보증금의 예치 통보·징수 및 반환 등
- 법 제52조에 따른 사후관리이행보증금의 사전 적립 통보 및 차액 반환
- 법 제54조에 따른 토지이용 제한
- 시행령 제24조 단서에 따른 사후관리 제외대상 시설의 인정
- 시행령 제26조 제1항에 따른 사후관리이행보증금의 납부대상 시설의 알림
- 시행령 제26조 제2항에 따른 비용명세서의 수리
- 시행령 제26조 제3항에 따른 사후관리비용 및 납부기간의 결정, 사후관리이행보증금의 납부 통보
- 시행령 제28조에 따른 사후관리이행보증보험증서의 접수
- 시행령 제29조 제1항에 따른 담보물의 접수
- 시행령 제29조 제2항에 따른 담보물의 매각, 사후관리 비용의 충당 및 반환
- 시행령 제31조 제2호에 따른 사후관리 이행률의 결정
- 시행령 제32조 제1항에 따른 사후관리이행보증금 반환청구서의 접수
- 시행령 제32조 제2항에 따른 반환금액의 결정
- 시행령 제33조 제2항에 따른 사전적립금의 적립계획서의 수리
- 시행령 제33조 제3항에 따른 사전적립금의 납부 통보
- 시행령 제35조 제2항에 따른 토지이용계획서의 수리
- 시행령 제35조 제3항에 따른 토지용도, 용도제한 기간 등의 결정 및 알림

(4) 법 제61조 각 호의 권한 중 위임된 권한에 관한 청문

(5) 위임된 권한에 대한 법 제68조에 따른 과태료의 부과·징수 등

2. 유역환경청장 또는 지방환경청장에 대한 위임

환경부장관은 다음의 사항에 관한 권한을 유역환경청장이나 지방환경청장에게 위임한다.[32)]

(1) 제1항 제1호에 해당하는 자를 제외한 자에 대한 제1항 제1호 각 목의 권한

(2) 제1항 제1호에 해당하는 자를 제외한 사업장폐기물을 배출하는 자에 대한 법 제39조의2에 따른 폐기물의 처리명령

(3) 법 제13조의3 제3항에 따른 유해성기준 준수 확인 및 같은 조 제5항에 따른 조치명령

(4) 법 제14조 제7항에 따른 자료제출 요구, 시정조치 권고 및 점검·확인

---

32) 시행령 제37조 제2항

(5) 법 제24조의2에 따른 폐기물의 수출입신고 및 변경신고의 수리

(6) 법 제24조의2 제3항에 따른 조치명령

(7) 지정폐기물을 대상으로 하는 폐기물처리업에 관한 다음의 권한

- 법 제25조 제1항과 제2항에 따른 폐기물처리 사업계획서의 접수·검토 및 적합 여부 알림
- 법 제25조 제3항·제4항·제7항·제11항 및 제13항에 따른 허가·변경허가, 변경신고의 수리, 허가기간의 연장, 조건의 부여 및 관련 서류의 접수
- 법 제27조에 따른 허가의 취소 및 영업의 정지명령
- 법 제28조에 따른 과징금 처분
- 법 제32조 제3항에 따른 관계 행정기관의 장과의 협의
- 법 제33조 제3항에 따른 폐기물처리업의 권리·의무의 승계에 관한 신고의 수리
- 법 제39조의3에 따른 폐기물의 처리명령
- 법 제40조 제2항 및 제3항에 따른 폐기물의 처리명령
- 법 제40조 제4항에 따른 조치
- 법 제40조 제8항에 따른 처리이행보증보험의 계약갱신명령
- 법 제40조 제9항에 따른 보험증서 원본의 접수
- 법 제40조 제10항에 따른 통보의 접수

(8) 제1항 제2호에 따른 폐기물처리시설 외의 시설에 대한 다음 각 목의 권한

- 법 제29조 제2항에 따른 설치승인 및 설치신고의 수리
- 법 제29조 제3항에 따른 변경승인 및 변경신고의 수리
- 법 제32조 제3항에 따른 관계 행정기관의 장과의 협의
- 법 제33조 제3항에 따른 권리·의무 승계에 관한 신고의 수리

(9) 지정폐기물을 대상으로 하는 폐기물처리업자가 설치한 폐기물처리시설 및 제3호에 따른 폐기물처리시설에 대한 제1항 제3호 각 목의 권한

(10) 법 제61조 각 호의 권한 중 위임된 권한에 관한 청문

(11) 위임된 권한에 대한 법 제68조에 따른 과태료의 부과·징수 등

3. 한국환경공단에 대한 위탁

환경부장관은 다음의 업무를 「한국환경공단법」에 따른 한국환경공단에 위탁한다.[33]

---

33) 시행령 제37조의2

(1) 법 제11조에 따른 폐기물 통계조사 업무
(2) 법 제18조 제4항에 따른 폐기물 인계·인수 내용의 관리 및 제공 업무
(3) 법 제45조 제1항에 따른 전산처리기구의 설치·운영 업무
(4) 법 제45조 제2항에 따른 전자정보처리프로그램의 구축·운영 업무

제10절 폐기물관리법 위반행위에 대한 행정처분

폐기물관리법 또는 폐기물관리법에 따른 명령을 위반한 행위에 대한 행정처분의 기준은 환경부령으로 정한다.[34)]

법 제60조에 따른 행정처분기준은 다음 시행규칙 [별표 21]과 같다.

행정처분기준(시행규칙 제83조 제1항 관련)

1. 일반기준
   가. 위반행위가 둘 이상일 때에는 위반사항에 따라 각각 처분한다.
   나. 위반행위의 횟수에 따른 행정처분 차수의 산정은 행정처분하고자 하는 해당 위반행위가 발생한 날 이전 최근 1년[제2호 가목6)의 경우에는 2년]간 같은 위반행위로 받은 행정처분의 횟수를 합산하여 적용한다.
2. 개별기준
   가. 폐기물처리업자에 대한 행정처분 기준

위반행위	근거법령	1차	2차	3차	4차
1) 속임수나 그 밖의 부정한 방법으로 허가를 받은 경우	법 제27조 제1항 제1호	허가취소			
2) 영업정지기간 중에 영업행위를 한 경우	법 제27조 제1항 제5호	허가취소			
3) 법 제8조 제1항 또는 제2항을 위반하여 사업장폐기물을 버리거나 매립 또는 소각한 경우	법 제27조 제2항 제1호	허가취소			
4) 법 제13조 또는 제13조의2를 위반하여 폐기물을 처리한 경우	법 제27조 제2항 제2호				

34) 법 제60조

가) 처분 기준 및 방법 중 매립 기준 및 방법을 위반한 경우		영업정지 3개월	영업정지 6개월	허가취소 또는 시설폐쇄	
나) 그 밖의 처분 기준 및 방법을 위반한 경우		영업정지 1개월	영업정지 3개월	영업정지 6개월	허가취소
다) 보관 기준 및 방법을 위반한 경우					
(1) 폐기물이 흘러나간 경우		영업정지 1개월	영업정지 3개월	영업정지 6개월	허가취소
(2) 그 밖의 경미한 사항을 위반한 경우		경고	영업정지 1개월	영업정지 3개월	영업정지 6개월
라) 수집·운반 기준 및 방법을 위반한 경우		영업정지 1개월	영업정지 3개월	영업정지 6개월	허가취소
마) 재활용 기준 및 방법 중 시멘트 소성로에 보조연료로 사용하는 폐기물의 중금속 함량기준을 지키지 않은 경우		해당업체의 폐기물 반입 및 처리금지 1개월	해당종류의 폐기물 반입 및 처리금지 3개월	영업정지 1개월	영업정지 3개월
바) 그 밖의 재활용 기준 및 방법을 위반한 경우		영업정지 1개월	영업정지 3개월	영업정지 6개월	허가취소
5) 법 제13조의3 제5항에 따른 조치명령을 이행하지 않은 경우	법 제27조 제2항 제2호의2	영업정지 3개월	영업정지 6개월	허가취소	
6) 법 제14조 제6항 제2호에 따른 평가기준에 미달한 경우	법 제14조 제6항 제3호	영업정지 1개월	영업정지 3개월		
7) 법 제18조 제3항을 위반하여 폐기물의 인계·인수에 관한 내용을 전자정보프로그램에 입력하지 않은 경우	법 제27조 제2항 제3호	경고	영업정지 1개월	영업정지 3개월	영업정지 6개월
8) 법 제19조 제1항을 위반하여 관계행정기관이나 그 소속 공무원이 요구하여도 인계번호를 알려주지 않은 경우	법 제27조 제2항 제4호	경고	영업정지 1개월	영업정지 3개월	

9) 법 제25조 제5항에 따른 업종 구분과 영업 내용의 범위를 벗어나는 영업을 한 경우	법 제27조 제2항 제5호	영업정지 1개월	영업정지 3개월	영업정지 6개월	허가취소
10) 법 제25조 제7항에 따른 조건을 위반한 경우	법 제27조 제2항 제6호	영업정지 1개월	영업정지 3개월	영업정지 6개월	허가취소
11) 법 제25조 제8항을 위반하여 다른 사람에게 자기의 성명 또는 상호를 사용하여 폐기물을 처리하게 하거나 그 허가증을 다른 사람에게 빌려준 경우	법 제27조 제2항 제7호	영업정지 3개월	영업정지 6개월	허가취소	
12) 법 제25조 제9항을 위반하여 폐기물을 보관하거나 준수사항을 위반한 경우	법 제27조 제2항 제8호				
가) 폐기물의 보관량 또는 보관기간을 초과하여 보관한 경우		영업정지 1개월	영업정지 3개월	영업정지 6개월	허가취소
나) 폐기물처리업자의 준수사항을 위반한 경우					
(1) 폐기물처리업의 시설·장비·기술능력의 기준을 충족하지 못하게 된 경우					
(가) 시설·장비의 기준 전부를 충족하지 못하게 된 경우		영업정지 6개월	허가취소		
(나) 시설·장비의 일부 기준을 충족하지 못하게 된 경우		영업정지 1개월	영업정지 3개월	영업정지 6개월	허가취소
(다) 기술능력 기준을 충족하지 못하게 된 경우		경고	영업정지 1개월	영업정지 3개월	영업정지 6개월
(2) 그 밖의 준수사항을 위반한 경우		영업정지 1개월	영업정지 3개월	영업정지 6개월	허가취소

13) 법 제25조 제10항을 위반하여 별도로 수집·운반·처분하는 시설·장비 및 사업장을 설치·운영하지 않은 경우	법 제27조 제2항 제9호	영업정지 3개월	영업정지 6개월	허가취소	
14) 법 제25조 제11항에 따른 변경허가를 받거나 변경신고를 하지 아니하고 허가 사항이나 신고사항을 변경한 경우	법 제27조 제2항 제10호				
가) 제29조 제1항 제2호 라목·마목 및 제3호가목·바목의 사항 중 폐기물처리업의 주된 폐기물처분시설 또는 재활용시설(소각전문의 경우 소각시설 등을 말한다)에 대하여 변경허가를 받지 아니하고 허가사항을 변경한 경우		영업정지 6개월	허가취소		
나) 그 밖에 변경허가를 받지 아니하고 허가사항을 변경한 경우		영업정지 1개월	영업정지 3개월	영업정지 6개월	허가취소
다) 제33조에 따른 변경신고를 하지 않은 경으		경고	영업정지 1개월	영업정지 3개월	영업정지 6개월
15) 법 제26조 제1호부터 제4호까지 또는 제6호의 결격사유 중 어느 하나에 해당되는 경우. 다만, 법 제26조 제6호의 경우에는 해당 임원을 2개월 이내에 바꾸어 임명하면 그러하지 아니하다.	법 제27조 제1항 제2호	허가취소			
16) 법 제30조 제1항·제2항을 위반하여 검사를 받지 아니하거나 같은 조 제3항을 위반하여 적합판정을 받지 않은 폐기물처리시설을 사용한 경우	법 제27조 제2항 제11호	영업정지 3개월	영업정지 6개월	허가취소	

17) 법 제31조 제1항에 따른 관리기준에 맞지 아니하게 폐기물 처리시설을 운영한 경우	법 제27조 제2항 제12호				
가) 바닥재의 강열감량 기준을 위반한 경우		경고	영업정지 1개월	영업정지 3개월	영업정지 6개월
나) 그 밖의 기준을 위반한 경우		영업정지 1개월	영업정지 3개월	영업정지 6개월	허가취소
18) 법 제31조 제4항에 따른 개선명령이나 사용중지명령을 이행하지 않은 경우	법 제27조 제2항 제13호	영업정지 3개월	영업정지 6개월	허가취소	
19) 법 제31조 제5항에 따른 폐쇄명령을 이행하지 않은 경우	법 제27조 제2항 제14호	영업정지 6개월	허가취소		
20) 법 제31조 제6항에 따른 측정명령이나 조사명령을 이행하지 않은 경우	법 제27조 제2항 제15호	영업정지 3개월	영업정지 6개월	허가취소	
21) 법 제33조 제3항에 따른 권리·의무의 승계신고를 하지 않은 경우	법 제27조 제2항 제16호	영업정지 1개월			
22) 법 제36조 제1항을 위반하여 장부를 기록·보존하지 않은 경우	법 제27조 제2항 제17호	경고	영업정지 1개월	영업정지 3개월	영업정지 6개월
23) 법 제40조 제1항에 따른 조치를 하지 않은 경우	법 제27조 제1항 제3호	허가취소			
24) 법 제40조 제8항에 따른 계약갱신명령을 이행하지 않은 경우	법 제27조 제1항 제4호	허가취소			
25) 법 제39조의3, 제40조 제2항·3항 또는 제48조에 따른 명령을 이행하지 않은 경우	법 제27조 제2항 제18호	영업정지 3개월	영업정지 6개월	허가취소	
26) 법 제52조 제1항에 따라 사후관리이행보증금을 사전에 적립하지 않은 경우	법 제27조 제2항 제19호	경고	영업정지 1개월	영업정지 3개월	영업정지 6개월

27) 허가를 받은 후 1년 이내에 영업을 시작하지 아니하거나 정당한 사유 없이 계속하여 1년 이상 휴업한 경우	법 제27조 제2항 제20호	경고	허가취소		

비고 1. 4) 마)에 대한 1차 행정처분 시 "해당 업체의 폐기물"을 판단할 수 없는 경우에는 "해당 종류의 폐기물"에 대하여 적용한다.

2. 17)에 대한 행정처분은 폐기물처분시설 또는 재활용시설의 설치·운영자가 최근 3개월간 폐기물처분시설 또는 재활용시설 수의 2분의 1 이상의 시설을 관리기준에 맞지 아니하게 운영한 경우에 적용하며, 이 경우 폐기물처분시설 또는 재활용시설 수의 산정은 중간처분시설의 경우에는 소각시설, 기계적 처분시설, 화학적 처분시설, 생물학적 처분시설 등 각각의 종류별로 구분하여 계산한다.

나. 폐기물처리 신고자에 대한 행정처분 기준

위반행위	근거법령	1차	2차	3차	4차
1) 법 제13조에 따른 폐기물의 처리 기준과 방법이나 법 제13조의2에 따른 폐기물의 재활용 용도 또는 방법을 지키지 않은 경우 가) 처리 기준과 방법 및 재활용 용도 또는 방법을 지키지 않아 주변 환경을 오염시킨 경우	법 제46조 제7항	처리금지 1개월	처리금지 2개월	처리금지 3개월	시설폐쇄
나) 그 밖에 처리 기준과 방법이나 재활용 용도 또는 방법을 지키지 않은 경우		경 고	처리금지 1개월	처리금지 2개월	처리금지 3개월
2) 법 제40조 제1항에 따른 조치를 하지 않은 경우	법 제46조 제7항	처리금지 1개월	처리금지 2개월	처리금지 3개월	시설폐쇄
3) 법 제46조 제6항에 따른 준수사항을 지키지 않은 경우	법 제46조 제7항				
가) 신고한 재활용용도 또는 방법을 지키지 않은 경우		처리금지 1개월	처리금지 2개월	처리금지 3개월	시설폐쇄
나) 자신의 재활용시설에서 재활용할 수 없는 폐기물을		처리금지 1개월	처리금지 2개월	처리금지 3개월	시설폐쇄

위탁받거나, 재활용 능력을 초과하여 폐기물을 위탁받은 경우					
다) 그 밖에 폐기물처리 신고자의 준수사항을 지키지 않은 경우		경고	처리금지 1개월	처리금지 2개월	처리금지 3개월

비고: “처리금지”는 폐기물재활용에 관한 사업 활동에 한하여 적용한다.

제11절 폐기물관리법 위반행위에 대한 벌칙

1. 폐기물 불법 투기 또는 매립

(1) 특별자치시장, 특별자치도지사, 시장·군수·구청장이나 공원·도로 등 시설의 관리자가 폐기물의 수집을 위하여 마련한 장소나 설비 외의 장소[35]에 폐기물을 버린 자는 7년 이하의 징역이나 7천만원 이하의 벌금에 처한다. 이 경우 징역형과 벌금형을 병과할 수 있다.[36]

(2) 「폐기물관리법」에 따라 허가 또는 승인을 받거나 신고한 폐기물처리시설이 아닌 곳에서[37] 폐기물을 매립하거나 소각한 자도 7년 이하의 징역이나 7천만원 이하의 벌금에 처한다. 위와 마찬가지로 징역형과 벌금형을 병과할 수 있다.[38]

(3) 위 법 소정의 ‘매립’을 반드시 그 대상물을 “종국적으로 버린다”는 의사 하에 행하여지는 것으로 제한하여 해석할 필요는 없다.[39]

2. 5년 이하의 징역이나 5천만원 이하의 벌금

(1) 법 제25조 제3항에 따른 허가를 받지 아니하고 폐기물처리업을 한 자(미허가 폐기물처리업자)

폐기물의 수집·운반, 재활용 또는 처분을 업으로 하려는 자(음식물류 폐기물을 제외한

35) 법 제8조 제1항
36) 법 제63조
37) 법 제8조 제2항 본문
38) 법 제63조
39) 대법원 2003.2.28. 선고 2002도6081 판결

생활폐기물을 재활용하려는 자와 폐기물처리 신고자는 제외)가 폐기물처리 사업계획 적합 통보를 받은 후 그 통보를 받은 날부터 2년(폐기물 수집·운반업의 경우에는 6개월, 폐기물처리업 중 소각시설과 매립시설의 설치가 필요한 경우에는 3년) 이내에 환경부령으로 정하는 기준에 따른 시설·장비 및 기술능력을 갖추어 업종, 영업대상 폐기물 및 처리분야별로 지정폐기물을 대상으로 하는 경우에는 환경부장관의, 그 밖의 폐기물을 대상으로 하는 경우에는 시·도지사의 허가를 받아야 하는데, 이러한 허가를 받지 않고 폐기물처리업을 하는 경우에는 5년 이하의 징역이나 5천만원 이하의 벌금에 처하게 된다.[40]

과거 사례 중, 폐기물 중간처리업 허가를 받은 자가 그 전문처리분야인 폐기물의 재활용 처리는 하지 않고 폐기물 중간처리방법 중의 하나인 소각처리만을 한 것이 구「폐기물관리법」 제59조 제1호의 무허가로 폐기물처리업을 한 경우(현 제64조 제1호)에 해당하는지 여부가 문제된 사안에서, 대법원은 폐기물관리법이 폐기물처리업종을 4종류만으로 구분하고 있을 뿐 전문처리분야에 대하여는 아무런 정함이 없어 전문처리분야별로 따로이 허가를 받을 것을 요구하고 있지 않으며, 법이나 그 시행령 및 시행규칙이 전문처리분야를 지정하여 폐기물처리업 허가를 받은 자로 하여금 그 전문처리분야가 아닌 다른 방법의 폐기물 처리를 하지 못하도록 하는 제한규정을 두고 있지 아니한 점 등에 비추어 보면, 폐기물 중간처리업 허가를 받은 피고인이 그 전문처리분야인 폐기물의 재활용 처리는 하지 않고 폐기물 중간처리방법 중의 하나인 소각처리만을 하였다고 하여 이를 법 제59조 제1호 소정의 허가를 받지 않고 폐기물처리업을 한 경우에 해당한다고 볼 수는 없다고 판시하였다.[41]

(2) 거짓이나 그 밖의 부정한 방법으로 법 제25조 제3항에 따른 폐기물처리업 허가를 받은 자[42] (폐기물처리업 불법허가)

(3) 법 제31조 제5항에 따른 폐쇄명령을 이행하지 아니한 자(폐기물처리시설 폐쇄명령 불이행)

폐기물처리시설을 설치·운영하는 자는 관리기준에 따라 그 시설을 유지·관리하여야 하고,[43] 폐기물처리시설의 설치 또는 유지·관리가 설치기준 또는 관리기준에 맞지 아니하거나 검사 부적합 판정을 받은 경우에는 그 시설을 설치·운영하는 자에게 그 시설의 개선을 명하거나 그 시설의 사용중지를 명할 수 있는데,[44] 개선명령과 사용중지명령을 받은 자가 이를 이행하지 아니하거나 그 이행이 불가능하다고 판단되면 해당 시설의 폐쇄를

40) 법 제64조 제1호
41) 대법원 2004.10.28. 선고 2004도1529 판결
42) 법 제64조 제2호
43) 법 제31조 제1항
44) 법 제31조 제4항

명할 수 있다.[45] 이러한 폐쇄명령을 이행하지 아니하는 경우에는 5년 이하의 징역이나 5천만원 이하의 벌금에 처하게 된다.[46]

(4) 법 제14조 제7항에 따라 대행계약을 체결하지 아니하고 종량제 봉투 등을 제작·유통한 자 (종량제 봉투 불법 제작·유통)

특별자치시장, 특별자치도지사, 시장·군수·구청장은 조례로 정하는 바에 따라 종량제 봉투 등의 제작·유통·판매를 대행하게 할 수 있는데,[47] 이러한 대행계약의 체결 없이 종량제 봉투 등을 제작·유통한 경우에는 5년 이하의 징역이나 5천만원 이하의 벌금에 처하게 된다.[48] 대행계약 없이 제작과 유통을 한 경우에만 처벌하고, 대행계약 없이 판매한 경우에는 처벌되지 않는다.

3. 3년 이하의 징역이나 3천만원 이하의 벌금

(1) 법 제13조나 제24조의3 제4항을 위반하여 폐기물을 매립한 자(폐기물 불법매립)

누구든지 폐기물을 처리하려는 자는 대통령령으로 정하는 기준과 방법을 따라야 하고, 특히 의료폐기물은 환경부장관이 지정한 기관이나 단체가 환경부장관이 정하여 고시한 검사기준에 따라 검사한 전용용기만을 사용하여 처리하여야 하는데,[49] 이러한 규정을 위반하여 폐기물을 매립한 자는 3년 이하의 징역이나 3천만원 이하의 벌금에 처한다.[50]

수입폐기물을 처리하는 자가 법 제13조의 폐기물의 처리기준과 방법 중 사업장폐기물에 해당하는 기준과 방법 또는 제13조의2에 따른 폐기물의 재활용 용도 또는 방법에 따라 처리[51]하지 않고 매립한 경우 3년 이하의 징역이나 3천만원 이하의 벌금에 처한다.[52]

(2) 법 제18조 제1항이나 제24조의3 제1항을 위반하여 사업장폐기물 또는 수입폐기물을 처리한 자

사업장폐기물 배출자는 그의 사업장에서 발생하는 폐기물을 스스로 처리하거나 법 제25조 제3항에 따른 폐기물처리업의 허가를 받은 자, 폐기물처리 신고자, 법 제4조나 제5조에 따른 폐기물처리시설을 설치·운영하는 자, 「건설폐기물의 재활용촉진에 관한 법률」 제21조에 따라 건설폐기물처리업의 허가를 받은 자 또는 「해양환경관리법」 제70조 제1항

45) 법 제31조 제5항
46) 법 제64조 제3호
47) 법 제14조 제5항
48) 법 제64조 제4호
49) 법 제13조
50) 법 제65조 제1호
51) 법 제24조의3 제4항
52) 법 제65조 제1호

제1호에 따라 폐기물 해양 배출업의 등록을 한 자에게 위탁하여 처리하여야 하는데, 위탁처리하지 않고 직접 사업장폐기물을 처리한 경우에는 3년 이하의 징역이나 3천만원 이하의 벌금에 처한다.[53)]

"법 제18조 제1항을 위반하여 사업장폐기물을 처리한 자"라 함은, 사업장폐기물 배출자가 그의 사업장에서 발생하는 폐기물을 스스로 처리하지 않고 위탁처리 하는 경우에 법 제18조 제1항에 규정된 자 이외의 자에게 위탁하여 처리한 행위를 처벌대상으로 하고 있다고 볼 것이다.[54)]

폐기물 수입신고를 한 자와 「폐기물의 국가간 이동 및 그 처리에 관한 법률」에 따라 수입허가를 받은 자는 그 수입한 폐기물을 스스로 처리하거나 폐기물처리시설을 설치·운영하는 자, 폐기물처리업의 허가를 받은 자 또는 폐기물처리 신고자에게 위탁하여 처리하여야 하는데, 이를 위반하여 처리한 자는 3년 이하의 징역이나 3천만원 이하의 벌금에 처한다.[55)]

(3) 법 제24조의2 제3항에 따른 조치명령을 이행하지 아니한 자(수입폐기물 반출 등 조치명령 불이행)

환경부장관이 정하여 고시하는 폐기물을 수출하거나 수입하려는 자는 환경부령으로 정하는 바에 따라 그 폐기물의 종류·양 및 처리계획 등 환경부령으로 정하는 내용이 포함된 서류를 첨부하여 환경부장관에게 신고하여야 하는데,[56)] 그 신고한 내용과 다른 폐기

---

53) 법 제65조 제2호

54) 대법원 2009.2.12. 선고 2007도5372 판결: "구 폐기물관리법(2007.1.3. 법률 제8213호로 개정되기 전의 것, 이하 '법'이라 한다) 제60조 제2호는 "법 제25조 제1항을 위반하여 사업장폐기물을 처리한 자"를 처벌하도록 규정하고 있고, 법 제25조 제1항은 "사업장폐기물배출자는 그의 사업장에서 발생하는 폐기물을 스스로 처리하거나 제26조 제3항의 규정에 의한 폐기물처리업의 허가를 받은 자, 제44조의2의 규정에 의하여 다른 사람의 폐기물을 재활용하는 자, 제4조 또는 제5조의 규정에 의한 폐기물처리시설을 설치·운영하는 자 또는 해양오염방지법 제18조의 규정에 의하여 폐기물해양배출업의 등록을 한 자에게 위탁하여 처리하여야 한다."고 규정하고 있으며, 법 제24조 제1항 제3호는 "제25조 제1항의 규정에 따라 폐기물의 수집·운반·처리를 위탁하는 경우에 사업장폐기물배출자는 수탁자가 제12조의 규정에 의한 기준에 적합하게 폐기물을 수집·운반·처리할 능력이 있는지를 환경부령이 정하는 바에 따라 확인한 후 위탁하여야 한다. 다만, 제4조 또는 제5조의 규정에 의한 폐기물처리시설을 설치·운영하는 자에게 위탁하는 경우에는 그러하지 아니하다."라고 규정하고 있다. 한편, 법 제12조는 "누구든지 폐기물을 수집·운반·보관·처리하고자 하는 자는 대통령령이 정하는 기준 및 방법에 의하여야 한다."고 규정하고 있는바, 이러한 제반 규정들을 종합적으로 고려하여 보면, 법 제60조 제2호는 사업장폐기물배출자가 그의 사업장에서 발생하는 폐기물을 스스로 처리하지 않고 위탁처리 하는 경우에 법 제25조 제1항에 규정된 자 이외의 자에게 위탁하여 처리한 행위를 처벌대상으로 하고 있다고 볼 것이다.
이 부분 공소사실은 피고인이 위 사업소 소장인 원심공동피고인 1과 공모하여 위 사업소에서 발생한 사업장폐기물을 스스로 처리하면서 이를 부적정한 방법으로 처리하였다는 취지인바, 이러한 경우라면 그 행위가 법 제60조 제1호 또는 법 제61조 제1호에 의하여 처벌될 수 있는 여지가 있음은 별론으로 하고 법 제60조 제2호에 의하여 처벌될 수는 없다고 보아야 한다."

55) 법 제65조 제2호

56) 법 제24조의2 제1항

물을 수입한 경우나 수입된 폐기물이 신고 당시에는 예상할 수 없었던 국민건강상 또는 환경보전상 위해를 유발하거나 유발할 우려가 있는 경우에는 해당 폐기물의 반출 등 필요한 조치를 명할 수 있다.[57] 이러한 조치명령을 이행하지 아니하면 3년 이하의 징역이나 3천만원 이하의 벌금에 처한다.[58]

(4) 법 제24조의3 제5항을 위반하여 수입폐기물을 수입 당시의 성질과 상태 그대로 수출한 자 (수입폐기물 불법 수출)

누구든지 수입폐기물을 수입할 당시의 성질과 상태 그대로 수출하여서는 아니됨[59]에도 불구하고 수입폐기물을 수입 당시의 성질과 상태 그대로 수출한 경우에는 3년 이하의 징역이나 3천만원 이하의 벌금에 처한다.[60]

(5) 법 제25조 제11항에 따른 변경허가를 받지 아니하고 폐기물처리업의 허가사항을 변경한 자 (폐기물처리업 허가사항 불법변경)

폐기물처리업 허가를 받은 자가 허가받은 사항 중 중요사항을 변경하려면 변경허가를 받아야 하는데,[61] 그러한 변경허가를 받지 않고 폐기물처리업의 허가사항을 변경한 경우 3년 이하의 징역이나 3천만원 이하의 벌금에 처한다.[62]

(6) 법 제27조에 따른 영업정지 기간에 영업을 한 자(영업정지 기간 영업)

환경부장관이나 시·도지사는 폐기물처리업자가 규정을 위반하면 허가를 취소하거나 영업의 전부 또는 일부의 정지를 명령할 수 있는데,[63] 이러한 영업정지 기간에 영업을 하면 3년 이하의 징역이나 3천만원 이하의 벌금에 처한다.[64]

(7) 법 제29조 제2항을 위반하여 승인을 받지 아니하고 폐기물처리시설을 설치한 자(폐기물처리시설 미승인 설치)

폐기물처리업의 허가를 받았거나 받으려는 자 외의 자가 폐기물처리시설을 설치하려면 환경부장관의 승인을 받아야 하는데,[65] 이러한 승인을 받지 않고 폐기물처리시설을 설치하면 3년 이하의 징역이나 3천만원 이하의 벌금에 처한다.[66]

57) 법 제24조의2 제3항
58) 법 제65조 제2의2호
59) 법 제24조의3 제5항
60) 법 제65조 제3호
61) 법 제25조 제11항
62) 법 제65조 제4호
63) 법 제27조
64) 법 제65조 제5호
65) 법 제29조 제2항
66) 법 제65조 제6호

(8) 법 제30조 제1항부터 제3항까지의 규정을 위반하여 검사를 받지 아니하거나 적합 판정을 받지 아니하고 폐기물처리시설을 사용한 자(폐기물처리시설 부정사용)

폐기물처리시설의 설치를 마친 자 또는 변경승인이나 변경신고를 한 자는 환경부령으로 정하는 검사기관으로부터 검사를 받아야 하고, 검사에서 적합 판정을 받아야 폐기물처리시설을 사용할 수 있는데,[67] 이러한 검사를 받지 아니하거나 적합 판정을 받지 아니하고 폐기물처리시설을 사용하면 3년 이하의 징역이나 3천만원 이하의 벌금에 처한다.[68]

(9) 법 제31조 제4항에 따른 개선명령을 이행하지 아니하거나 사용중지명령을 위반한 자(폐기물처리시설 개선명령·사용중지명령 불이행)

폐기물처리시설의 설치 또는 유지·관리가 설치기준 또는 관리기준에 맞지 아니하거나 검사 결과 부적합 판정을 받은 경우에는 그 시설을 설치·운영하는 자에게 개선을 명하거나 사용중지를 명할 수 있는데,[69] 이러한 개선명령이나 사용중지명령을 위반한 자는 3년 이하의 징역이나 3천만원 이하의 벌금에 처한다.[70]

(10) 법 제39조의2, 제39조의3 또는 제40조 제2항·제3항·제4항 제1호에 따른 명령을 이행하지 아니한 자[71](사업장폐기물 처리명령 불이행, 방치폐기물 처리명령 불이행)

사업장폐기물 배출자가 폐기물의 처리 기준과 방법으로 정한 보관기간을 초과하여 폐기물을 보관하는 경우에는 사업장폐기물 배출자에게 기간을 정하여 폐기물의 처리를 명할 수 있는데,[72] 그 처리명령을 이행하지 않으면 3년 이하의 징역이나 3천만원 이하의 벌금에 처한다.

환경부장관 또는 시·도지사는 폐기물처리업자에 대하여 허가취소 또는 영업정지를 명하거나, 폐기물처리 신고자에 대하여 폐쇄명령 또는 처리금지명령을 하려는 경우에는 폐기물처리업자 또는 폐기물처리 신고자에게 기간을 정하여 보관하는 폐기물의 처리를 명하여야 하는데,[73] 그 처리명령을 이행하지 않으면 3년 이하의 징역이나 3천만원 이하의 벌금에 처한다.

환경부장관 또는 시·도지사는 폐기물처리업자나 폐기물처리 신고자가 정해진 기간을 초과하여 휴업을 하거나 폐업 등으로 조업을 중단하면 그 폐기물처리업자나 폐기물처

67) 법 제30조 제1항 내지 제3항
68) 법 제65조 제7호
69) 법 제31조 제4항
70) 법 제65조 제8호
71) 법 제65조 제8의 2호
72) 법 제39조의2
73) 법 제39조의3

리 신고자, 이들의 권리·의무 승계자, 폐기물처리공제조합에게 폐기물의 처리를 명할 수 있는데,[74] 그 처리명령을 이행하지 않으면 3년 이하의 징역이나 3천만원 이하의 벌금에 처한다.

(11) 법 제47조 제4항에 따른 조치명령을 이행하지 아니한 자(폐기물 회수 및 처리에 관한 조치명령 불이행)

사업자가 환경부장관이 고시한 회수·처리방법에 따라 제품을 회수·처리하지 아니하면 그 회수와 처리에 필요한 조치를 할 것을 권고할 수 있고, 권고를 받은 자가 권고사항을 이행하지 아니하면 해당 폐기물의 회수와 적정한 처리 등에 필요한 조치를 명할 수 있는데,[75] 그 조치명령을 이행하지 않으면 3년 이하의 징역이나 3천만원 이하의 벌금에 처한다.

(12) 법 제48조에 따른 조치명령을 이행하지 아니한 자(폐기물 처리방법 변경·처리·반입정지 조치명령 불이행)

환경부장관, 시·도지사 또는 시장·군수·구청장은 폐기물이 처리 기준과 방법 또는 재활용 용도 또는 방법에 맞지 아니하게 처리되거나 불법으로 버려지거나 매립되면 폐기물의 처리방법 변경, 폐기물의 처리 또는 반입 정지 등 필요한 조치를 명할 수 있는데,[76] 그 조치명령을 이행하지 않으면 3년 이하의 징역이나 3천만원 이하의 벌금에 처한다.

(13) 법 제50조 제3항에 따른 시정명령을 이행하지 아니한 자(폐기물처리시설 사후관리 시정명령 불이행)

환경부장관은 폐기물처리시설의 사후관리를 하여야 하는 자가 이를 제대로 하지 아니하면 기간을 정하여 시정을 명할 수 있는데,[77] 그 시정명령을 이행하지 않으면 3년 이하의 징역이나 3천만원 이하의 벌금에 처한다.

4. 2년 이하의 징역이나 2천만원 이하의 벌금

(1) 폐기물 불법처리로 인한 주변환경 오염

(가) 법 제13조, 제13조의2 또는 제24조의3 제4항을 위반하여 폐기물을 처리하여 주변환경을 오염시킨 자(법 제65조 제1호의 경우는 제외)

(나) 누구든지 폐기물을 처리하려는 자는 대통령령으로 정하는 기준과 방법을 따라

---

74) 법 제40조 제2항 내지 제4항
75) 법 제47조 제4항
76) 법 제48조
77) 법 제50조 제3항

야 하고, 특히 의료폐기물은 환경부장관이 지정한 기관이나 단체가 환경부장관이 정하여 고시한 검사기준에 따라 검사한 전용용기만을 사용하여 처리하여야 하는데,[78] 이러한 규정을 위반하여 폐기물을 처리하여 주변환경을 오염시킨 자는 2년 이하의 징역이나 2천만원 이하의 벌금에 처한다.[79]

(다) 수입폐기물을 처리하는 자가 법 제13조의 폐기물의 처리 기준과 방법 중 사업장폐기물에 해당하는 기준과 방법 또는 법 제13조의2에 따른 폐기물의 재활용 용도 또는 방법에 따라 처리[80]하지 않아 주변환경을 오염시킨 경우에는 2년 이하의 징역이나 2천만원 이하의 벌금에 처하고, 매립한 경우 3년 이하의 징역이나 3천만원 이하의 벌금에 처한다.[81]

(라) 폐기물을 그 보관·처리 등의 기준 및 방법에 위반하여 보관·처리함으로써 주변환경을 오염시켰다고 인정하여 법 제66조 제1호 위반행위로 처벌하기 위하여는, 폐기물의 보관·처리 등 기준 및 방법에 위반한 보관·처리행위로 인하여 환경관련 법령이 규정하고 있는 오염물질이 배출되거나 그로 인하여 사람의 건강이나 환경에 피해를 주는 정도에 이르러야 할 것이고, 이에 이르지 못한 경우라면 법 제68조 제1항 제1호에 의하여 과태료에 처할 수 있을 뿐 제66조 제1호에 의하여 처벌할 수는 없다.[82]

(2) 폐기물 재활용 제품 또는 물질의 회수·파기조치명령 불이행

(가) 법 제13조의3 제5항에 따른 조치명령을 이행하지 아니한 자

(나) 폐기물을 재활용한 제품 또는 물질의 시험·분석 또는 유통 실태를 조사한 결과 유해성기준 위반 제품 또는 물질을 제조 또는 유통한 자에 대하여 해당 제품 또는 물질의

78) 법 제13조
79) 법 제66조 제1호
80) 법 제24조의3 제4항
81) 법 제66조 제1호
82) 대법원 2005.12.8. 선고 2004도4150 판결: "환경정책기본법은 제3조 제3호에서 '환경오염'이라 함은 사업 활동 기타 사람의 활동에 따라 발생하는 대기오염, 수질오염, 토양오염, 해양오염, 방사능오염, 소음·진동, 악취, 일조방해 등으로서 사람의 건강이나 환경에 피해를 주는 상태를 말한다고 규정하는 한편, 제10조에서 정부는 국민의 건강을 보호하고 쾌적한 환경을 조성하기 위하여 환경기준을 설정하여야 하고 그 환경기준은 대통령령으로 정한다고 규정하고 있고, 그 위임을 받은 법 시행령 [별표 1] '환경기준'에서 대기, 소음, 수질의 항목별 기준을 규정하고 있으며, 대기환경보전법, 수질환경보전법, 토양환경보전법, 해양오염방지법 및 각 시행규칙 등에서는 대기, 수질, 토양, 해양 등의 오염물질을 구체적으로 규정하고 있으므로, 폐기물을 그 보관·처리 등의 기준 및 방법에 위반하여 보관·처리함으로써 주변 환경을 오염시켰다고 인정하여 폐기물관리법 제61조 제1호 위반행위로 처벌하기 위하여는, 폐기물의 보관·처리 등 기준 및 방법에 위반한 보관·처리행위로 인하여 위와 같은 환경관련 법령이 규정하고 있는 오염물질이 배출되거나 그로 인하여 사람의 건강이나 환경에 피해를 주는 정도에 이르러야 할 것이고, 이에 이르지 못한 경우라면 폐기물관리법 제63조 제1항 제1호에 의하여 과태료에 처할 수 있을 뿐 제61조 제1호에 의하여 처벌할 수는 없다."

회수, 파기 등 필요한 조치를 명할 수 있는데,[83] 이러한 조치명령을 이행하지 아니한 자는 2년 이하의 징역이나 2천만원 이하의 벌금에 처한다.[84]

(3) 폐기물 수출입·재활용·수집운반업자의 미신고 또는 허위신고

(가) 법 제24조의2 제1항이나 제46조 제1항을 위반하여 신고를 하지 아니하거나 허위로 신고를 한 자

(나) 환경부장관이 정하여 고시하는 폐기물을 수출하거나 수입하려는 자는 그 폐기물의 종류·양 및 처리계획 등을 환경부장관에게 신고하여야 하고,[85] 동·식물성 잔재물 등의 폐기물을 자신의 농경지에 퇴비로 사용하는 등의 방법으로 재활용하는 자나 폐지·고철 등을 수집·운반하거나 재활용하는 자 또는 폐타이어, 폐가전제품 등을 수집·운반하는 자는 정해진 기준에 따른 시설·장비를 갖추어 시·도지사에게 신고하여야 하는데,[86] 이러한 신고를 하지 아니하거나 허위로 신고한 자는 2년 이하의 징역이나 2천만원 이하의 벌금에 처한다.[87]

(4) 지정폐기물 환경부장관 미확인 또는 확인내용과 다른 배출·운반·처리

(가) 법 제17조 제3항이나 제4항에 따른 확인·변경확인을 받지 아니하거나 확인·변경확인을 받은 내용과 다르게 지정폐기물을 배출·운반 또는 처리한 자

(나) 환경부령으로 정하는 지정폐기물을 배출하는 사업자는 그 지정폐기물을 처리하기 전에 일정한 서류를 환경부장관에게 제출하여 확인을 받아야 하는데, 이러한 확인·변경확인을 받지 아니하거나 확인·변경확인 받은 내용과 다르게 지정폐기물을 배출·운반 또는 처리한 자는 2년 이하의 징역이나 2천만원 이하의 벌금에 처한다.[88]

(5) 폐기물 인계·인수 미입력 또는 거짓 입력

(가) 법 제18조 제3항이나 제24조의3 제2항을 위반하여 폐기물 인계·인수에 관한 내용을 입력하지 아니하거나 환경부령으로 정하는 방법에 따라 입력하지 아니한 자 또는 거짓으로 입력한 자

(나) 환경부령으로 정하는 사업장폐기물 또는 수입폐기물을 배출, 수집·운반, 재활용 또는 처분하는 자는 그 폐기물을 배출, 수집·운반, 재활용 또는 처분할 때마다 폐기물의 인계·인수에 관한 내용을 전자정보처리프로그램에 입력하여야 하는데,[89] 이러한 규정을

83) 법 제13조의3 제5항
84) 법 제66조 제1의2호
85) 법 제24조의2 제1항
86) 법 제46조 제1항
87) 법 제66조 제2호
88) 법 제66조 제4호

위반하여 폐기물 인계·인수에 관한 내용을 입력하지 아니하거나 환경부령으로 정하는 방법에 따라 입력하지 아니한 자 또는 거짓으로 입력한 자는 2년 이하의 징역이나 2천만원 이하의 벌금에 처한다.[90]

(다) 과거 폐기물을 배출, 수집·운반, 재활용 또는 처분할 때마다 폐기물의 인계·인수에 관한 내용을 문서로 작성하던 방식에서 현재는 전자정보처리 프로그램에 입력하는 방식으로 변경되었는데, 폐기물처리업체가 소각대상 폐기물을 선별하여 일부만을 소각처리업체로 운반·소각 처리하고 나머지는 사설매립장에 매립하는 방법으로 처리한 다음 위 소각처리업체로부터는 물량 전체를 소각 처리한 것처럼 작성하기로 한 폐기물 간이인계서는 허위 내용의 폐기물 간이인계서에 해당한다고 한 판례가 있다.[91] 따라서 전자정보처리 프로그램에 위와 같이 입력한다면, 폐기물 인계·인수에 관한 내용을 거짓으로 입력한 경우에 해당될 것이다.

(라) 실제로 폐기물을 배출·운반 또는 처리하지 아니하여 입력할 의무가 없는 경우에도 폐기물 인계·인수에 관한 내용을 입력하지 아니하거나 거짓으로 입력한 경우 위 조항에 의해 처벌을 받을 것인가가 문제될 수 있다.

(마) 대법원은 과거 폐기물 간이인계서의 작성과 관련하여, 폐기물 간이인계서의 허위작성죄는 작성의무가 있는 사람이 그 의무를 위반하여 폐기물 간이인계서를 허위로 작성한 경우에 성립하는 것이고, 폐기물 간이인계서의 작성의무는 폐기물을 배출·운반 또는 처리할 때에 발생한다고 할 것이므로, 실제로 폐기물을 배출·운반 또는 처리하지 아니하여 폐기물 간이인계서를 작성할 의무가 없는 경우라면, 처리비를 편취할 목적으로 마치 폐기물을 배출·운반 또는 처리한 것처럼 폐기물 간이인계서를 허위로 작성하였다고 하더라도 위 허위작성죄는 성립하지 않는다고 한 바 있다.[92]

(바) 비록 폐기물의 배출·운반 또는 처리에 종사하는 자가 실제로는 그러한 배출 등이 없었음에도 마치 배출 등이 있었던 것처럼 허위의 폐기물 간이인계서를 작성할 경우, 그 가공의 물량에 상당하는 처리비용의 편취라는 별개의 범행에 이용될 수 있음은 물론, 허위 폐기물 간이인계서를 이용하여 폐기물을 무단처리한 흔적을 은폐할 여지도 있어, 폐기물관리법의 입법목적이 저해될 가능성이 있으므로 이를 처벌하여야 할 필요성이 없지 않다고 할 것이지만, 실제로는 폐기물을 처리하지 아니하고도 폐기물 간이인계서를 작성하는 행위를 처벌하는 명문의 규정을 두고 있지 아니한 이상(「조세범처벌법」 제11조의2 제4

89) 법 제18조 제3항, 제24조의3 제2항
90) 법 제66조 제5호
91) 대법원 2006.5.25. 선고 2006도641 판결
92) 위의 판결

항 참조) 이는 입법의 불비로서, 죄형법정주의의 원칙에 비추어 볼 때 그러한 행위까지 폐기물관리법 위반으로 해석할 수는 없다고 하였다.[93]

(6) 폐기물처리업 업종구분 및 영업범위 초과 영업

(가) 법 제25조 제5항에 따른 업종구분과 영업내용의 범위를 벗어나는 영업을 한 자

(나) 법으로 정해진 폐기물처리업의 업종구분과 영업내용의 범위를 벗어나는 영업을 한 자는 2년 이하의 징역 또는 2천만원 이하의 벌금에 처한다.[94]

(7) 폐기물처리업 허가조건 위반

(가) 법 제25조 제7항의 조건을 위반한 자

(나) 폐기물처리업 허가를 할 때에는 주민생활의 편익, 주변환경 보호 및 폐기물처리업의 효율적 관리 등을 위하여 필요한 조건을 붙일 수 있는데,[95] 이러한 조건을 위반한 자는 2년 이하의 징역이나 2천만원 이하의 벌금에 처한다.[96]

(8) 폐기물처리업 명의대여

(가) 법 제25조 제8항을 위반하여 다른 사람에게 자기의 성명이나 상호를 사용하여 폐기물을 처리하게 하거나 그 허가증을 다른 사람에게 빌려준 자

(나) 폐기물처리업의 허가를 받은 자는 다른 사람에게 자기의 성명이나 상호를 사용하여 폐기물을 처리하게 하거나 그 허가증을 다른 사람에게 빌려 주어서는 아니됨에도 불구하고,[97] 이를 위반하여 다른 사람에게 자기의 성명이나 상호를 사용하여 폐기물을 처리하게 하거나 그 허가증을 다른 사람에게 빌려 주면 2년 이하의 징역이나 2천만원 이하의 벌금에 처한다.[98]

(9) 폐기물 보관량·보관기간제한 위반

(가) 법 제25조 제9항을 위반하여 폐기물을 보관한 자

(나) 폐기물처리업자는 환경부령으로 정하는 양 또는 기간을 초과하여 폐기물을 보관할 수 없는데, 이러한 제한을 위반하여 폐기물을 보관하면 2년 이하의 징역이나 2천만원 이하의 벌금에 처한다.[99]

---

93) 위의 판결
94) 법 제66조 제6호
95) 법 제25조 제7항
96) 법 제66조 제7호
97) 법 제25조 제8항
98) 법 제66조 제8호
99) 법 제66조 제9호

(10) 폐기물처리시설 설치기준 위반

(가) 법 제29조 제1항을 위반하여 설치가 금지되는 폐기물 소각시설을 설치·운영한 자

(나) 폐기물처리시설은 환경부령으로 정하는 기준에 맞게 설치하되, 환경부령으로 정하는 규모 미만의 폐기물 소각시설을 설치·운영하여서는 아니되는데,[100] 이러한 기준을 위반하여 설치가 금지되는 폐기물 소각시설을 설치·운영한 자는 2년 이하의 징역이나 2천만원 이하의 벌금에 처한다.[101]

(11) 폐기물처리시설 미신고 설치

(가) 법 제29조 제2항을 위반하여 신고를 하지 아니하고 폐기물처리시설을 설치한 자

(나) 폐기물처리업의 허가를 받았거나 받으려는 자 외의 자가 환경부령으로 정하는 규모의 폐기물처리시설을 설치하려면 환경부장관에게 신고하여야 하는데,[102] 이러한 신고를 하지 아니하고 폐기물처리시설을 설치하면 2년 이하의 징역이나 2천만원 이하의 벌금에 처한다.[103]

(12) 폐기물처리시설 승인사항 불법변경

(가) 법 제29조 제3항에 따른 변경승인을 받지 아니하고 승인받은 사항을 변경한 자

(나) 폐기물처리업의 허가를 받았거나 받으려는 자 외의 자가 폐기물처리시설을 설치하려면 환경부장관의 승인을 받아야 하고, 승인을 받은 사항 중 환경부령으로 정하는 중요사항을 변경하려면 변경승인을 받아야 하는 바,[104] 이러한 변경승인을 받지 아니하고 승인받은 사항을 변경한 자는 2년 이하의 징역이나 2천만원 이하의 벌금에 처한다.[105]

(13) 폐기물처리시설 부적합 관리로 인한 주변환경 오염

(가) 법 제31조 제1항에 따른 관리기준에 적합하지 아니하게 폐기물처리시설을 유지·관리하여 주변환경을 오염시킨 자

(가) 폐기물처리시설을 설치·운영하는 자는 환경부령으로 정하는 관리기준에 따라 그 시설을 유지·관리하여야 하는데,[106] 이러한 관리기준에 따라 폐기물처리시설을 유지·관리하지 않은 경우에는 2년 이하의 징역이나 2천만원 이하의 벌금에 처한다.[107]

---

100) 법 제29조 제1항
101) 법 제66조 제10호
102) 법 제29조 제2항
103) 법 제66조 제11호
104) 법 제29조 제3항
105) 법 제66조 제12호
106) 법 제31조 제1항

(다) 폐기물처리시설을 관리기준에 적합하지 아니하게 유지·관리하여 주변환경을 오염시켰다고 인정하여 폐기물관리법 제66조 제13호 위반행위로 처벌하기 위해서는 폐기물처리시설의 관리기준에 위반한 유지·관리행위로 인하여 환경정책기본법 등 환경관련 법령이 규정하고 있는 오염물질이 배출되거나 그로 인하여 사람의 건강이나 환경에 피해를 주는 정도에 이르러야 할 것이다(대법원 2005.12.8. 선고 2004도4150 판결 참조).[108]

(14) 측정명령 또는 조사명령 불이행

(가) 법 제31조 제6항에 따른 측정이나 조사명령을 이행하지 아니한 자

(나) 환경부장관은 폐기물처리시설을 설치·운영하는 자가 오염물질의 측정의무를 이행하지 아니하거나 주변지역에 미치는 영향을 조사하지 아니하면 기간을 정하여 오염물질의 측정 또는 주변지역에 미치는 영향의 조사를 명령할 수 있는데,[109] 이러한 측정이나 조사명령을 이행하지 아니하는 경우 2년 이하의 징역이나 2천만원 이하의 벌금에 처한다.[110]

5. 양벌규정

(1) 법인의 대표자나 법인 또는 개인의 대리인, 사용인, 그 밖의 종업원이 그 법인 또는 개인의 업무에 관하여 법 제63조부터 제66조까지의 어느 하나에 해당하는 위반행위를 하면 그 행위자를 벌하는 외에 그 법인 또는 개인에게도 해당 조문의 벌금형을 과(科)한다. 다만, 법인 또는 개인이 그 위반행위를 방지하기 위하여 해당 업무에 관하여 상당한 주의와 감독을 게을리하지 아니한 경우에는 그러하지 아니하다.[111]

(2) 위와 같이 양벌규정을 따로 둔 취지는, 폐기물관리법이 적용되는 위반행위는 통상 개인적인 차원보다는 법인의 업무와 관련하여 반복적·계속적으로 이루어질 가능성이 크다는 점을 감안하여, 법인의 대표자가 그 업무와 관련하여 위반행위를 저지른 경우에는 그 법인도 형사처벌 대상으로 삼음으로써 위와 같은 위반행위 발생을 방지하고 위 조항의 규범력을 확보하려는 데 있다.[112]

---

107) 법 제66조 제13호
108) 대법원 2009.2.12. 선고 2007도5372 판결
109) 법 제31조 제6항
110) 법 제66조 제14호
111) 법 제67조
112) 대법원 2010.9.30. 선고 2009도3876 판결: "폐기물관리법에서 위와 같이 양벌규정을 따로 둔 취지는, 이 사건 법률조항이 적용되는 위반행위는 통상 개인적인 차원보다는 법인의 업무와 관련하여 반복적·계속적으로 이루어질 가능성이 크다는 점을 감안하여, 법인의 대표자가 그 업무와 관련하여 위반행위를 저지른 경우에는 그 법인도 형사처벌 대상으로 삼음으로써 위와 같은 위반행위 발생을 방지하고 위 조항의 규범력을 확보하려는 데 있다. 또한, 법인은 기관을 통하여 행위하므로 법인이 대

(3) 폐기물관리법 제67조의 양벌규정은, 사업장폐기물 배출자가 아니면서 당해 업무를 실제로 집행하는 자가 있을 때 위 벌칙규정의 실효성을 확보하기 위하여 그 적용대상자를 당해 업무를 실제로 집행하는 자까지 확장함으로써 그러한 자가 당해 업무집행과 관련하여 위 벌칙규정의 위반행위를 한 경우 위 양벌규정에 의하여 처벌할 수 있도록 한 행위자의 처벌규정임과 동시에 그 위반행위의 이익귀속주체인 사업장폐기물 배출자에 대한 처벌규정이다. 여기서 '당해 업무를 실제로 집행하는 자'란 그 법인 또는 개인의 업무에 관하여 자신의 독자적인 권한이 없이 오로지 상급자의 지시에 의하여 단순히 노무제공을 하는 것에 그치는 것이 아니라, 적어도 일정한 범위 내에서는 자신의 독자적인 판단이나 권한에 의하여 그 업무를 수행할 수 있는 자를 의미한다.113)

표자를 선임한 이상 그의 행위로 인한 법률효과는 법인에게 귀속되어야 하고, 법인 대표자의 범죄행위에 대하여는 법인 자신이 책임을 져야 하는바, 법인 대표자의 법규위반행위에 대한 법인의 책임은 법인 자신의 법규위반행위로 평가될 수 있는 행위에 대한 법인의 직접책임으로서, 대표자의 고의에 의한 위반행위에 대하여는 법인 자신의 고의에 의한 책임을, 대표자의 과실에 의한 위반행위에 대하여는 법인 자신의 과실에 의한 책임을 지는 것이다(헌법재판소 2010.7.29. 선고 2009헌가25 전원재판부 결정 참조). 따라서 이 사건 법률조항 중 법인의 대표자 관련 부분은 대표자의 책임을 요건으로 하여 법인을 처벌하는 것이므로 위 양벌규정에 근거한 형사처벌이 형벌의 자기책임원칙에 반하여 헌법에 위배된다고 볼 수 없다."

113) 대법원 2007.12.28. 선고 2007도8401 판결

[1] 구 폐기물관리법(2007.1.3. 법률 제8213호로 개정되기 전의 것) 제62조의 양벌규정은, 사업장폐기물배출자가 아니면서 당해 업무를 실제로 집행하는 자가 있을 때 위 벌칙규정의 실효성을 확보하기 위하여 그 적용대상자를 당해 업무를 실제로 집행하는 자까지 확장함으로써 그러한 자가 당해 업무집행과 관련하여 위 벌칙규정의 위반행위를 한 경우 위 양벌규정에 의하여 처벌할 수 있도록 한 행위자의 처벌규정임과 동시에 그 위반행위의 이익귀속주체인 사업장폐기물배출자에 대한 처벌규정이다. 여기서 '당해 업무를 실제로 집행하는 자'란 그 법인 또는 개인의 업무에 관하여 자신의 독자적인 권한이 없이 오로지 상급자의 지시에 의하여 단순히 노무제공을 하는 것에 그치는 것이 아니라, 적어도 일정한 범위 내에서는 자신의 독자적인 판단이나 권한에 의하여 그 업무를 수행할 수 있는 자를 의미한다.

[2] 주한미군 부평교역처 보급창의 폐기물처리업무를 담당하는 직원이 적법한 신고절차 없이 미허가·미신고의 폐기물처리업자에게 사업장폐기물을 처리하게 한 사안에서, 위 직원은 위 보급창의 일반적인 통제·감독을 받으면서도 폐기물처리에 관한 어느 정도의 독자적 권한이 있으므로, 구 폐기물관리법(2007.1.3. 법률 제8213호로 개정되기 전의 것) 제62조의 양벌규정이 적용되는 대리인·사용인 기타의 종업원에 해당한다고 본 사례.

[3] 주한미군 부평교역처 보급창의 직원들이 '대한민국과 아메리카합중국간의 상호방위조약 제4조에 의한 시설과 구역 및 대한민국에서의 합중국 군대의 지위에 관한 협정'에 의한 면세품인 맥주를 유통기한 경과로 폐기처리하는 과정에서, 형식적으로는 폐기물처리업자에게 이를 양도하는 형태로 관계 서류들을 작성한 후 실제로는 외부에 판매할 목적으로 반출한 경우, 이는 비면세대상자들이 면세기관으로부터 면세품인 맥주를 대한민국 내에서 양수하는 행위이므로, '대한민국과 아메리카합중국간의 상호방위조약 제4조에 의한 시설과 구역 및 대한민국에서의 합중국 군대의 지위에 관한 협정의 실시에 따른 관세법 등의 임시 특례에 관한 법률' 제9조 제1항에 의하여 관세법이나 식품위생법에서 말하는 '수입'행위에 해당한다고 한 사례.

[4] 관세법상 추징은 일반 형사법에서의 추징과는 달리 징벌적 성격을 띠고 있어 여러 사람이 공모하여 관세를 포탈하거나 관세장물을 알선, 운반, 취득한 경우에는 범칙자의 1인이 그 물품을 소유하거나 점유하였다면 그 물품의 범칙 당시의 국내도매가격 상당의 가액 전액을 그 물품의 소유 또는 점유사실의 유무를 불문하고 범칙자 전원으로부터 각각 추징할 수 있고, 법인이 밀수품

6. 과태료

과태료는 대통령령으로 정하는 바에 따라 소관별로 환경부장관, 시·도지사 또는 시장·군수·구청장이 부과·징수한다.[114] 「비송사건절차법」은 제247조 이하에서 과태료 재판의 절차 등에 관하여 규정하고 있다. 행정상 제재수단의 하나인 「폐기물관리법」상 과태료부과처분에 대한 불복절차는 「비송사건절차법」에 정한 준사법적 절차에 의하도록 규정되어 있으므로, 이러한 과태료부과처분은 행정소송의 대상이 되는 처분이라고 볼 수 없다.[115]

(1) 과태료 부과의 일반기준[116]

(가) 위반행위의 횟수에 따른 과태료의 부과기준은 최근 1년간 같은 위반행위로 과태료부과처분을 받은 경우에 적용한다. 이 경우 위반행위에 대하여 과태료를 부과처분한 날과 다시 같은 위반행위를 적발한 날을 각각 기준으로 하여 위반횟수를 계산한다.

(나) 부과권자는 다음의 어느 하나에 해당하는 경우에는 과태료 금액의 2분의 1의 범위에서 그 금액을 감경할 수 있다. 다만, 과태료를 체납하고 있는 위반행위자의 경우에는 그러하지 아니하다.

1) 위반행위자가 「질서위반행위규제법 시행령」 제2조의2 제1항 각 호의 어느 하나에 해당하는 경우

2) 위반행위자의 사소한 부주의나 오류 등 과실로 인한 것으로 인정되는 경우

3) 위반행위자가 위반행위를 바로 정정하거나 시정하여 해소한 경우

4) 그 밖에 위반행위의 정도, 동기와 그 결과 등을 고려하여 감경할 필요가 있다고 인정되는 경우

을 소유하거나 점유한 사실이 있다면 압수 또는 몰수가 가능한 시기에 범인이 이를 소유하거나 점유한 사실이 있는지 여부에 상관없이 관세법 제282조에 따라 몰수 또는 추징할 수 있다.

[5] 관세법 제282조 제3항은 같은 조 제1항 및 제2항의 규정에 의하여 몰수할 물품의 전부 또는 일부를 몰수할 수 없는 때에는 그 몰수할 수 없는 물품의 범칙 당시의 국내도매가격에 상당한 금액을 범인으로부터 추징한다고 규정하고 있는데, 여기서 '몰수할 수 없을 때'란 범인이 이를 소비, 은닉하는 등 그 소유 또는 점유의 상실이 범인의 이익으로 귀속시킬 수 있는 사유로 인한 경우뿐 아니라, 범인의 이익과는 관계없는 훼손, 분실 그 밖에 소재장소로 말미암은 장애사유로 인한 경우도 포함하는 것이며, 위 '국내도매가격'이란 도매업자가 수입물품을 무역업자로부터 매수하여 국내도매시장에서 공정한 거래방법에 의하여 공개적으로 판매하는 가격으로서, 물품의 도착원가에 관세 등의 제세금과 통관절차비용, 기업의 적정이윤까지 포함한 국내 도매물가시세인 가격을 뜻한다."

114) 법 제68조 제4항

115) 청주지방법원 2008.5.1. 선고 2007구합431 판결

116) 시행령 [별표 8]

(2) 1천만원 이하의 과태료 부과사유

(가) 법 제13조, 제13조의2 또는 제24조의3 제4항을 위반하여 폐기물을 처리한 자(제65조 제1호와 제66조 제1호의 경우는 제외한다)

위반행위	근거 법조문	과태료 부과금액		
		1차 위반	2차 위반	3차 이상
다. 법 제13조, 제13조의2 또는 제24조의3 제4항을 위반하여 폐기물을 처리한 경우	법 제68조 제1항 제1호			
1) 시행령 제7조 제1항 및 제2항에 따른 수집·운반 기준 및 방법을 위반한 경우				
가) 폐기물을 정당한 사유 없이 종류별, 성질·상태별로 구분하여 수집·운반하지 않은 경우		300	500	700
나) 폐기물을 적정하게 처분, 재활용 또는 보관할 수 있는 장소 외의 곳으로 운반한 경우		500	700	1,000
다) 운반차량의 차체를 도색하지 않거나 폐기물 수집·운반차량명, 회사명 등을 규정대로 표기하지 않은 경우		200	300	500
라) 폐기물 수집·운반차량 외의 차량으로 폐기물을 수집·운반하거나 폐기물의 종류별로 정한 전용운반차량으로 운반하지 않은 경우		300	500	700
마) 운반차량의 적재함에 덮개를 덮지 않은 경우(덮개를 설치하여야 하는 차량으로 한정한다)		300	500	700
바) 폐기물을 누출 또는 흩날리게 하거나 침출수를 유출시킨 경우		300	500	700
사) 전용의 용기 등을 사용하지 않고 폐기물을 운반한 경우		300	500	700
아) 폐기물 수집·운반증을 부착 또는 휴대하지 않고 운반한 경우		200	300	500
자) 그 밖의 수집·운반 기준 및 방법을 위반한 경우				
(1) 생활폐기물의 경우		50	70	100
(2) 사업장폐기물의 경우(지정폐기물은 제외한다)		300	500	700
(3) 지정폐기물(의료폐기물은 제외한다)의 경우		400	600	1,000
(4) 의료폐기물의 경우		500	700	1,000
2) 시행령 제7조 제1항 및 제2항에 따른 보관 기준 및 방법을 위반한 경우				
가) 보관기간을 초과한 경우				
(1) 1일 이상 1개월 미만 초과 시		200	400	600
(2) 1개월 이상 3개월 미만 초과 시		400	600	800

(3) 3개월 이상 초과 시		1,000	1,000	1,000
나) 폐기물을 종류별, 성질·상태별로 구분하여 보관하지 않은 경우				
(1) 생활폐기물의 경우		10	20	30
(2) 음식물류 폐기물(사업장폐기물인 경우로 한정한다)의 경우		100	200	300
(3) (1) 및 (2)를 제외한 지정폐기물 외의 폐기물의 경우		200	400	600
(4) 지정폐기물의 경우		500	700	1,000
다) 적정 보관시설 또는 보관용기를 사용하지 않은 경우				
(1) 생활폐기물의 경우		10	20	30
(2) 음식물류 폐기물(사업장폐기물인 경우로 한정한다)의 경우		100	200	300
(3) (1) 및 (2)를 제외한 지정폐기물외의 폐기물의 경우		200	400	600
(4) 지정폐기물의 경우		300	500	1,000
라) 보관 표지판을 설치하지 않거나 표지판의 내용을 허위 또는 부실하게 작성한 경우		100	200	300
마) 의료폐기물의 전용용기에 표기사항을 표기하지 않은 경우		100	200	300
바) 그 밖의 보관 기준 및 방법을 위반한 경우				
(1) 생활폐기물의 경우		50	70	100
(2) 사업장폐기물의 경우(지정폐기물은 제외한다)		300	500	700
(3) 지정폐기물의 경우		400	600	1,000
3) 시행령 제7조 제1항 및 제2항에 따른 처리 기준 및 방법을 위반한 경우				
가) 매립 기준 및 방법을 위반하여 처분한 경우		500	700	1,000
나) 소각 기준 및 방법을 위반하여 처분한 경우		400	600	800
다) 재활용 기준 및 방법을 위반하여 재활용한 경우				
(1) 지정폐기물 외의 폐기물의 경우		500	700	1,000
(2) 지정폐기물의 경우		500	700	1,000
라) 그 밖의 처리 기준 및 방법을 위반하여 처리한 경우				
(1) 지정폐기물 외의 폐기물의 경우		500	700	1,000
(2) 지정폐기물의 경우		500	700	1,000
4) 폐기물처리 신고자 및 광역폐기물처리시설 설치·운영자가 수탁받은 폐기물을 처리기간 내에 처리하지 않은 경우		400	600	800

(나) 법 제17조 제2항을 위반하여 신고를 하지 아니하거나 거짓으로 신고를 한 자

위반행위	근거 법조문	과태료 부과금액		
		1차 위반	2차 위반	3차 이상
자. 법 제17조 제2항을 위반하여 신고를 하지 않거나 거짓으로 신고를 한 경우	법 제68조 제1항 제1호의2	300	600	1,000

(다) 법 제25조 제9항을 위반하여 폐기물 처리 가격의 최고액보다 높거나 최저액보다 낮은 가격으로 폐기물을 수탁한 자

위반행위	근거 법조문	과태료 부과금액		
		1차 위반	2차 위반	3차 이상
너. 법 제25조 제9항을 위반하여 폐기물 처리 가격의 최고액보다 높거나 최저액보다 낮은 가격으로 폐기물을 수탁한 경우	법 제68조 제1항 제2호	500	700	1,000

(라) 법 제25조 제9항에 따른 준수 사항을 지키지 아니한 자

위반행위	근거 법조문	과태료 부과금액		
		1차 위반	2차 위반	3차 이상
더. 법 제25조 제9항에 따른 준수 사항을 지키지 않은 경우	법 제68조 제1항 제3호			
1) 폐기물 수집·운반 차량에 폐기물과 폐기물 외의 물건을 함께 수집·운반한 경우		300	500	700
2) 위탁계약서의 작성·체결 및 보관에 관한 준수 사항을 위반한 경우				
가) 위탁계약서를 작성·체결하지 않은 경우		500	700	1,000
나) 운반비·처분비·재활용비 또는 운반·처분 또는 재활용 장소의 내용을 누락 또는 허위로 작성한 경우		500	700	1,000
다) 운반비 및 처분비 또는 재활용비를 구분하지 않고 작성한 경우(배출자, 수집·운반업자와 처분업자 또는 재활용업자가 하나의 계약서로 계약을 체결하거나 폐기물 수집·운반업자가 수집·운반 외에 처분 또는 재활용까지 계약을 체		500	700	1,000

결하여 공공처리시설에 반입하는 경우로 한정한다)				
라) 나)의 내용 외의 사항을 누락 또는 허위로 작성한 경우		300	500	700
마) 위탁계약서를 3년간 보관하지 않은 경우		500	700	1,000
3) 폐기물 수집·운반업자가 공공처리시설에 폐기물을 반입하는 경우로서 그 처리비를 기한 내에 사후정산하지 않은 경우		500	700	1,000
4) 위탁받은 폐기물을 성질·상태 그대로 재위탁하거나 재위탁을 받은 경우(수집·운반업자의 경우에는 수집·운반을 말한다)		500	700	1,000
5) 수집·운반능력, 처분능력 또는 재활용능력을 초과하여 수집·운반, 처분 또는 재활용을 위탁받은 경우				
가) 50퍼센트 미만 초과 시		300	500	700
나) 50퍼센트 이상 초과 시		500	700	1,000
6) 그 밖의 준수 사항을 위반한 경우		300	500	1,000

(마) 법 제31조 제1항부터 제3항까지의 규정을 위반하여 관리기준에 맞지 아니하게 폐기물처리시설을 유지·관리하거나 오염물질 및 주변지역에 미치는 영향을 측정 또는 조사하지 아니한 자(제66조 제14호의 경우는 제외한다)

위반행위	근거 법조문	과태료 부과금액		
		1차 위반	2차 위반	3차 이상
더. 법 제25조 제9항에 따른 준수 사항을 지키지 않은 경우	법 제68조 제1항 제3호			
1) 폐기물 수집·운반 차량에 폐기물과 폐기물 외의 물건을 함께 수집·운반한 경우		300	500	700
2) 위탁계약서의 작성·체결 및 보관에 관한 준수 사항을 위반한 경우				
가) 위탁계약서를 작성·체결하지 않은 경우		500	700	1,000
나) 운반비·처분비·재활용비 또는 운반·처분 또는 재활용 장소의 내용을 누락 또는 허위로 작성한 경우		500	700	1,000
다) 운반비 및 처분비 또는 재활용비를 구분하지 않고 작성한 경우(배출자, 수집·운반업자와 처		500	700	1,000

분업자 또는 재활용업자가 하나의 계약서로 계약을 체결하거나 폐기물 수집·운반업자가 수집·운반 외에 처분 또는 재활용까지 계약을 체결하여 공공처리시설에 반입하는 경우로 한정한다)				
라) 나)의 내용 외의 사항을 누락 또는 허위로 작성한 경우		300	500	700
마) 위탁계약서를 3년간 보관하지 않은 경우		500	700	1,000
3) 폐기물 수집·운반업자가 공공처리시설에 폐기물을 반입하는 경우로서 그 처리비를 기한 내에 사후정산하지 않은 경우		500	700	1,000
4) 위탁받은 폐기물을 성질·상태 그대로 재위탁하거나 재위탁을 받은 경우(수집·운반업자의 경우에는 수집·운반을 말한다)		500	700	1,000
5) 수집·운반능력, 처분능력 또는 재활용능력을 초과하여 수집·운반, 처분 또는 재활용을 위탁받은 경우				
가) 50퍼센트 미만 초과 시		300	500	700
나) 50퍼센트 이상 초과 시		500	700	1,000
6) 그 밖의 준수 사항을 위반한 경우		300	500	1,000
다) 그 밖의 관리기준을 위반하여 유지·관리한 경우		300	500	1,000
5) 4) 외의 재활용시설의 관리기준을 위반하여 유지·관리한 경우		300	500	1,000
6) 매립시설의 침출수 배출허용기준 대상항목을 측정하지 않은 경우		300	500	1,000
7) 주변지역 영향조사를 하지 않은 경우		1,000	1,000	1,000

(바) 법 제34조 제1항을 위반하여 기술관리인을 임명하지 아니하고 기술관리 대행계약을 체결하지 아니한 자

위반행위	근거 법조문	과태료 부과금액		
		1차 위반	2차 위반	3차 이상
버. 법 제34조 제1항을 위반하여 기술관리인을 임명하지 않거나 기술관리 대행계약을 체결하지 않은 경우	법 제68조 제1항 제5호	300	500	1,000

(사) 법 제38조 제2항에 따른 제출명령을 이행하지 아니한 자

위반행위	근거 법조문	과태료 부과금액		
		1차 위반	2차 위반	3차 이상
터. 법 제38조 제2항에 따른 제출명령을 이행하지 않은 경우	법 제68조 제1항 제6호	300	600	1,000

(아) 법 제40조 제1항 각 호의 조치를 하지 아니한 자

위반행위	근거 법조문	과태료 부과금액		
		1차 위반	2차 위반	3차 이상
노. 법 제40조 제1항 각 호의 조치를 하지 않은 경우	법 제68조 제1항 제6호의2	1,000	1,000	1,000

(자) 법 제40조 제8항에 따른 계약갱신명령을 이행하지 아니한 자

위반행위	근거 법조문	과태료 부과금액		
		1차 위반	2차 위반	3차 이상
로. 법 제40조 제8항에 따른 계약갱신명령을 이행하지 않은 경우	법 제68조 제1항 제8호	1,000	1,000	1,000

(차) 법 제13조의3 제2항을 위반하여 유해성기준에 적합하지 아니하게 폐기물을 재활용한 제품 또는 물질을 제조하거나 유통한 자

위반행위	근거 법조문	과태료 부과금액		
		1차 위반	2차 위반	3차 이상
라. 법 제13조의3 제2항을 위반하여 유해성기준에 적합하지 않게 폐기물을 재활용한 제품 또는 물질을 제조하거나 유통한 경우	법 제68조 제1항 제9호	500	700	1,000

(카) 법 제46조 제7항에 따른 처리금지 기간 중 폐기물의 처리를 계속한 자

위반행위	근거 법조문	과태료 부과금액		
		1차 위반	2차 위반	3차 이상
오. 법 제46조 제7항에 따른 처리금지 기간 중 폐기물의 처리를 계속한 경우	법 제68조 제1항 제10호	500	700	1,000

(3) 300만원 이하의 과태료 부과사유

(가) 법 제17조 제1항 제3호에 따라 확인을 하지 아니하고 위탁한 자

위반행위	근거 법조문	과태료 부과금액		
		1차 위반	2차 위반	3차 이상
아. 법 제17조 제1항 제3호에 따라 확인을 하지 않고 위탁한 경우	법 제68조 제2항 제1호	100	200	300

(나) 법 제17조 제5항에 따라 고시한 지침의 준수의무를 이행하지 아니한 자

위반행위	근거 법조문	과터료 부과금액		
		1차 위반	2차 위반	3차 이상
카. 법 제17조 제5항에 따라 고시한 지침의 준수의무를 이행하지 않은 경우	법 제68조 제2항 제2호	100	200	300

(다) 법 제18조 제2항을 위반하여 폐기물 처리 가격의 최저액보다 낮은 가격으로 폐기물 처리를 위탁한 자

위반행위	근거 법조문	과태료 부과금액		
		1차 위반	2차 위반	3차 이상
타. 법 제18조 제2항을 위반하여 폐기물 처리 가격의 최저액보다 낮은 가격으로 폐기물 처리를 위탁한 경우	법 제68조 제2항 제3호	100	200	300

(라) 법 제17조 제2항, 제24조의2 제2항, 제25조 제11항, 제29조 제3항 또는 제46조 제3항에 따른 변경신고를 하지 아니하고 신고사항을 변경한 자

위반행위	근거 법조문	과태료 부과금액		
		1차 위반	2차 위반	3차 이상
차. 법 제17조 제2항, 제24조의2 제2항, 제25조 제11항, 제29조 제3항 또는 제46조 제3항에 따른 변경신고를 하지 않고 신고사항을 변경한 경우	법 제68조 제2항 제5호	100	200	300

(마) 법 제19조 제1항이나 제24조의3 제3항을 위반하여 관계 행정기관이나 그 소속 공무원이 요구하여도 인계번호를 알려주지 아니한 자

위반행위	근거 법조문	과태료 부과금액		
		1차 위반	2차 위반	3차 이상
하. 법 제19조 제1항이나 제24조의3 제3항을 위반하여 관계 행정기관이나 그 소속 공무원이 요구하여도 인계번호를 알려주지 않은 경우	법 제68조 제2항 제6호	300	300	300

(바) 법 제19조 제2항을 위반하여 통보하지 아니한 자

위반행위	근거 법조문	과태료 부과금액		
		1차 위반	2차 위반	3차 이상
거. 법 제19조 제2항을 위반하여 통보하지 않은 경우	법 제68조 제2항 제7호	100	200	300

(사) 법 제37조 제1항을 위반하여 신고를 하지 아니하거나 같은 조 제2항을 위반하여 폐기물을 전부 처리하지 아니한 자

위반행위	근거 법조문	과태료 부과금액		
		1차 위반	2차 위반	3차 이상
저. 법 제37조 제1항을 위반하여 신고를 하지 않거나 같은 조 제2항을 위반하여 폐기물을 전부 처리하지 않은 경우	법 제68조 제2항 제9호			
1) 폐기물처리업자의 경우		300	300	300
2) 폐기물처리 신고자의 경우		100	200	300

(아) 법 제38조 제1항에 따른 보고서를 기한까지 제출하지 아니하거나 거짓으로 작성하여 제출한 자(법 제38조 제1항 제3호에 따른 자만 해당한다)

위반행위	근거 법조문	과태료 부과금액		
		1차 위반	2차 위반	3차 이상
처. 법 제38조 제1항에 따른 보고서를 기한까지 제출하지 않거나 거짓으로 작성하여 제출한 경우(법 제68조 제2항 제9호의2의 경우는 제외한다)	법 제68조 제3항 제8호	50	70	100

(자) 법 제40조 제7항에 따른 처리이행보증보험의 계약을 갱신하지 아니한 자

위반행위	근거 법조문	과태료 부과금액		
		1차 위반	2차 위반	3차 이상
도. 법 제40조 제7항에 따른 처리이행보증보험의 계약을 갱신하지 않은 경우	법 제68조 제2항 제10호	300	300	300

(차) 법 제46조 제6항에 따른 준수사항을 지키지 아니한 자

위반행위	근거 법조문	과태료 부과금액		
		1차 위반	2차 위반	3차 이상
소. 법 제46조 제6항에 따른 준수사항을 지키지 않은 경우	법 제68조 제2항 제11호			
1) 신고한 재활용 용도 및 방법에 따라 재활용하지 않은 경우		100	200	300
2) 자신의 재활용시설에서 재활용할 수 없는 폐기물을 위탁받거나 재활용할 수 있는 능력을 초과하여 위탁받은 경우		100	200	300
3) 허용보관량을 초과하여 폐기물을 보관하거나, 보관시설 외의 장소에 폐기물을 보관한 경우		100	200	300
4) 다른 자에게 자기의 성명 또는 상호를 사용하여 폐기물을 위탁받게 하거나 신고증명서를 다른 자에게 빌려준 경우		100	200	300
5) 폐기물 배출자에게 수탁처리 능력확인서, 폐기물처리 신고증명서 사본 및 방치폐기물처리이행보		100	200	300

증을 확인할 수 있는 서류 사본의 제출을 거부하거나 허위로 제출한 경우				
6) 그 밖의 준수 사항을 지키지 않은 경우		30	50	100

(카) 법 제14조 제5항에 따라 대행계약을 체결하지 아니하고 종량제 봉투 등을 판매한 자

위반행위	근거 법조문	과태료 부과금액		
		1차 위반	2차 위반	3차 이상
마. 법 제14조 제5항에 따른 대행계약을 체결하지 않고 종량제 봉투등을 판매한 경우	법 제68조 제2항 제12호	100	200	300

(4) 100만원 이하의 과태료 부과사유

(가) 법 제8조 제1항 또는 제2항을 위반하여 생활폐기물을 버리거나 매립 또는 소각한 자

위반행위	근거 법조문	과태료 부과금액		
		1차 위반	2차 위반	3차 이상
가. 법 제8조 제1항 또는 제2항을 위반하여 생활폐기물을 버리거나 매립 또는 소각한 경우	법 제68조 제3항 제1호			
1) 생활폐기물을 버린 경우				
가) 담배꽁초, 휴지 등 휴대하고 있는 생활폐기물을 버린 경우		3	3	3
나) 비닐봉지, 천보자기 등 간이보관 기구를 이용하여 생활폐기물을 버린 경우		20	20	20
다) 휴식 또는 행락 중 발생한 쓰레기를 버린 경우		20	20	20
라) 차량, 손수레 등 운반장비를 이용하여 생활폐기물을 버린 경우		50	50	50
마) 사업활동 과정에서 발생되는 생활폐기물을 버린 경우		100	100	100
2) 생활폐기물을 매립한 경우				
가) 사업활동 과정에서 발생되는 생활폐기물을 매립한 경우		100	100	100
나) 그 밖의 생활폐기물을 매립한 경우		70	70	70
3) 생활폐기물을 소각한 경우				

가) 사업활동 과정에서 발생되는 생활폐기물을 소각한 경우		100	100	100
나) 그 밖의 생활폐기물을 소각한 경우		50	50	50
4) 차량, 손수레 등 운반장비를 이용하여 폐기물을 버린 경우		50	50	50
5) 사업활동 과정에서 발생되는 생활폐기물을 버린 경우		100	100	100

(나) 법 제8조 제3항에 따른 조치명령을 이행하지 아니한 자

위반행위	근거 법조문	과태료 부과금액		
		1차 위반	2차 위반	3차 이상
나. 법 제8조 제3항에 따른 조치명령을 이행하지 않은 경우	법 제68조 제3항 제2호	30	70	100

(다) 법 제15조 제1항 또는 제2항을 위반한 자

위반행위	근거 법조문	과태료 부과금액		
		1차 위반	2차 우반	3차 이상
바. 법 제15조 제1항 또는 제2항을 위반한 경우	법 제68조 제3항 제3호			
1) 단독주택·연립주택·아파트 등의 건물에서 주거생활과 관련하여 폐기물을 배출한 경우		10	20	30
2) 동일 건물 또는 일정 토지 내에서 해당 건물에 입주한 경우 또는 토지를 이용하는 자가 개별적으로 폐기물을 배출한 경우(사업활동과 관련하여 배출하는 경우로 한정한다)		20	30	50
3) 동일 건물 또는 일정 토지 내에서 해당 건물에 입주한 경우 또는 토지를 이용하는 자가 폐기물을 배출하여 공동으로 관리한 경우(사업활동과 관련하여 배출하는 경우로 한정한다)		50	70	100

(라) 법 제15조 제3항을 위반하여 음식물류 폐기물의 배출 감량 계획 및 처리 실적을 제출하지 아니하거나 발생량과 처리 실적 등을 기록·보존하는 등 조례로 정하는 사항을 지키지 아니한 자

위반행위	근거 법조문	과태료 부과금액		
		1차 위반	2차 위반	3차 이상
사. 법 제15조 제3항을 위반하여 음식물류 폐기물의 배출 감량 계획 및 처리실적을 제출하지 않거나 발생량과 처리 실적 등을 기록·보존하는 등 조례로 정하는 사항을 지키지 않은 경우	법 제68조 제3항 제4호	50	70	100

(마) 법 제18조 제3항이나 제24조의3 제2항을 위반하여 폐기물의 인계·인수에 관한 내용을 기간 내에 전자정보처리프로그램에 입력하지 아니하거나 부실하게 입력한 자

위반행위	근거 법조문	과태료 부과금액		
		1차 위반	2차 위반	3차 이상
파. 법 제18조 제3항이나 제24조의3 제2항을 위반하여 폐기물의 인계·인수에 관한 내용을 기간 내에 전자정보처리프로그램에 입력하지 않거나 부실하게 입력한 경우	법 제68조 제3항 제4호의2	50	70	100

(바) 법 제29조 제4항에 따른 신고를 하지 아니하고 해당 시설의 사용을 시작한 자

위반행위	근거 법조문	과태료 부과금액		
		1차 위반	2차 위반	3차 이상
러. 법 제29조 제4항에 따른 신고를 하지 않고 해당 시설의 사용을 시작한 경우	법 제68조 제3항 제5호	100	100	100

(사) 법 제35조 제1항 또는 제2항을 위반하여 교육을 받지 아니한 자 또는 교육을 받게 하지 아니한 자

위반행위	근거 법조문	과태료 부과금액		
		1차 위반	2차 위반	3차 이상
서. 법 제35조 제1항 또는 제2항을 위반하여 교육을 받지 않은 경우 또는 교육을 받게 하지 않은 경우	법 제68조 제3항 제6호	50	70	100

(아) 법 제36조 제1항에 따른 장부를 기록 또는 보존하지 아니하거나 거짓으로 기록한 자

위반행위	근거 법조문	과태료 부과금액		
		1차 위반	2차 위반	3차 이상
어. 법 제36조 제1항에 따른 장부를 기록 또는 보전하지 않거나 거짓으로 기록한 경우	법 제68조 제3항 제7호	100	100	100

(자) 법 제38조 제1항에 따른 보고서를 기한까지 제출하지 아니하거나 거짓으로 작성하여 제출한 자(제2항 제9호의2의 경우는 제외한다)

위반행위	근거 법조문	과태료 부과금액		
		1차 위반	2차 위반	3차 이상
커. 법 제38조 제1항에 따른 보고서를 기한까지 제출하지 않거나 거짓으로 작성하여 제출한 경우(법 제38조 제1항 제3호에 따른 경우만 해당한다)	법 제68조 제2항 제9호의2	100	200	300

(차) 법 제38조 제3항에 따른 보고서 작성에 필요한 자료를 기한까지 제출하지 아니하거나 거짓으로 작성하여 제출한 자

위반행위	근거 법조문	과태료 부과금액		
		1차 위반	2차 위반	3차 이상
퍼. 법 제38조 제3항에 따른 보고서 작성에 필요한 자료를 기한까지 제출하지 않거나 거짓으로 작성하여 제출한 경우	법 제68조 제3항 제9호	50	70	100

(카) 법 제39조 제1항에 따른 보고를 하지 아니하거나 거짓 보고를 한 자

위반행위	근거 법조문	과태료 부과금액		
		1차 위반	2차 위반	3차 이상
허. 법 제39조 제1항에 따른 보고를 하지 않거나 거짓 보고를 한 경우	법 제68조 제3항 제10호	50	70	100

(타) 법 제39조 제1항에 따른 출입·검사를 거부·방해 또는 기피한 자

위반행위	근거 법조문	과태료 부과금액		
		1차 위반	2차 위반	3차 이상
고. 법 제39조 제1항에 따른 출입·검사를 거부·방해 또는 기피한 경우	법 제68조 제3항 제11호	100	100	100

(파) 법 제40조 제9항에 따른 보험증서 원본을 제출하지 아니한 자

위반행위	근거 법조문	과태료 부과금액		
		1차 위반	2차 위반	3차 이상
모. 법 제40조 제9항에 따른 보험증서 원본을 제출하지 않은 경우	법 제68조 제3항 제12호	100	100	100

(하) 법 제40조 제10항에 따른 변경사실을 알리지 아니한 자

위반행위	근거 법조문	과태료 부과금액		
		1차 위반	2차 위반	3차 이상
보. 법 제40조 제10항에 따른 변경사실을 알리지 않은 경우	법 제68조 제3항 제13호	100	100	100

(거) 법 제50조 제1항에 따른 신고를 하지 아니한 자

위반행위	근거 법조문	과태료 부과금액		
		1차 위반	2차 위반	3차 이상
조. 법 제50조 제1항에 따른 신고를 하지 않은 경우	법 제68조 제3항 제14호	100	100	100

5-1

질의/응답 사례(법제처) : 보칙과 벌칙

5-1-1 환경부 : 「악취방지법」 제10조에 따라 개선명령을 받은 폐기물처리업자의 위반행위가 동시에 폐기물처리기준을 위반에 해당함을 이유로 폐기물관리법상 행정처분을 할 수 있는지(「악취방지법」제10조 등 관련)[안건번호 13-0639, 회신일자 2014-01-21]

1. 질의요지

폐기물관리법 제25조 제1항 및 제5항 제7호에 따른 폐기물 종합재활용업자(음식물류 폐기물을 재활용하는 자)가 설치·운영 중인 음식물류 폐기물처리시설이 동시에 「악취방지법」 제8조에 따른 악취관리지역의 악취배출시설 신고대상시설 등에 해당하여 신고하고 운영하는 경우, 해당 폐기물 종합재활용업자가 음식물류 폐기물의 처리과정에서 하나의 행위로 「악취방지법」 제7조의 배출허용기준을 위반함과 동시에 폐기물관리법 제13조 제1항 및 같은 법 시행령 제7조 제2항, 같은 법 시행규칙 [별표 5] 제2호의 음식물류 폐기물의 처리기준이나 같은 법 제31조 제1항 및 같은 법 시행규칙 [별표 11] 제1호의 음식물류 폐기물처분시설 또는 재활용시설의 관리기준 등을 위반한 경우, 「악취방지법」 제10조에 따라 개선명령을 받은 폐기물 종합재활용업자에게 폐기물의 처리기준 등을 위반하였음을 이유로 폐기물관리법 제68조 제1항에 따라 과태료 처분을 할 수 있는지?

2. 회 답

폐기물 종합재활용업자가 음식물류 폐기물의 처리과정에서 하나의 행위로 「악취방지법」 제7조의 배출허용기준을 위반함과 동시에 폐기물관리법 제13조 제1항 및 같은 법 시행령 제7조 제2항, 같은 법 시행규칙 [별표 5] 제2호의 음식물류 폐기물의 처리기준이나 같은 법 제31조 제1항 및 같은 법 시행규칙 [별표 11] 제1호의 음식물류 폐기물처분시설 또는 재활용시설의 관리기준 등을 위반한 경우, 「악취방지법」 제10조에 따라 개선명령을 받은 폐기물 종합재활용업자에게 폐기물의 처리기준 등을 위반하였음을 이유로 폐기물관리법 제68조 제1항에 따라 과태료 처분을 할 수 있다고 할 것입니다.

3. 이 유

「악취방지법」 제7조 제1항에 따르면 신고대상시설에서 배출되는 악취의 배출허용기준은 환경부장관이 관계 중앙행정기관의 장과 협의하여 환경부령으로 정한다고 규정하고 있고, 같은 법 제8조 제1항에 따르면 악취관리지역에 악취배출시설을 설치하려는 자는 환경부령으로 정하는 바에 따라 시·도지사 또는 대도시의 장에게 신고하도록 하고 있으며, 같은 법 제10조에 따르면 시·도지사 또는 대도시의 장은 신고대상 시설에서 배출되는 악취가 제7조에 따른 배출허용기준을 초과하는 경우에는 대통령령으로 정하는 바에 따라 기간을 정하여 신고대상 시설 운영자에게 그 악취가 배출허용기준 이하로 내려가도록 필요한 조치를 할 것을 명할 수 있도록 하고 있습니다.

또한, 폐기물관리법 제13조 제1항에 따르면 누구든지 폐기물을 처리하려는 자는 대통령령으로 정하는 기준과 방법을 따라야 한다고 규정하고 있고, 폐기물의 수집·운반, 재활용 또는 처분의 업(이하 '폐기물처리업'이라 함)에 대해 규정한 같은 법 제25조 제5항에서 폐기물처리업의 업종 구분과 영업 내용의 하나인 '폐기물 종합재활용업'을 폐기물 재활용시설을 갖추고 중간재활용업과 최종재활용업을 함께 하는 영업이라고 규정하고 있고, 같은 법 제68조 제1항에 따르면 다음 각 호의 어느 하나에 해당하는 자에게는 1천만원 이하의 과태료를 부과한다고 규정하면서, 제1호는 "제13조, 제13조의2 또는 제24조의3 제4항을 위반하여 폐기물을 처리한 자(제65조 제1호와 제66조 제1호의 경우는 제외함)"를, 제4호는 "제31조 제1항부터 제3항까지의 규정을 위반하여 관리기준에 맞지 아니하게 폐기물처리시설을 유지·관리하거나 오염물질 및 주변지역에 미치는 영향을 측정 또는 조사하지 아니한 자(제66조 제14호의 경우는 제외한다)"를 규정하고 있습니다.

그런데, 폐기물관리법 제13조 제1항 및 같은 법 시행령 제7조 제2항, 같은 법 시행규칙 [별표 5] 제2호에 따르면 "음식물류 폐기물의 처리 기준 및 방법"과 관련하여 음식물류 폐기물을 재활용하는 자는 악취가 나거나 오수가 흘러 나오지 아니하도록 밀폐된 보관용기 또는 보관시설에 보관하여야 하는 의무 등을 규정하고 있고, 같은 법 제31조 및 같은 법 시행규칙 [별표 11] 제1호에 따르면 "음식물류 폐기물 처분시설 또는 재활용시설의 관리기준"과 관련하여 음식물류 폐기물 처분시설 또는 재활용시설을 운영하는 경우 음식물류 폐기물의 저장·투입·이송 및 처리 등의 과정에서 발생된 악취가 외부로 새어 나가지 아니하도록 밀폐된 상태로 운영할 의무 등을 규정하고 있는 바, 이 사안에서와 같이 폐기물관리법 제25조 제1항 및 제5항 제7호에 따른 폐기물 종합재활용업자(음식물류 폐기물을 재활용하는 자)가 설치·운영 중인 폐기물처리시설이 동시에 「악취방지법」 제8조에 따른 악취관리지역의 악취배출시설 신고대상 시설 등에 해당하여 신고하고 운영 중, 해당 폐기물 종합재활용업자가 음식물류 폐기물의 처리과정에서 하나의 행위로 「악취방지법」 제7조의 배출허용기준을 위반함과 동시에 폐기물관리법 제13조 제1항 및 같은 법 시행령 제7조 제2항, 같은 법 시행규칙 [별표 5] 제2호의 음식물류 폐기물의 처리기준이나 같은 법 제31조 및 같은 법 시행규칙 [별표 11] 제1호의 음식물류 폐기물 처분시설 또는 재활용시설의 관리기준 등을 위반한 경우, 「악취방지법」 제10조에 따라 개선명령을 받은 폐기물 종합재활용업자에게 폐기물의 처리기준 등을 위반하였음을 이유로 폐기물관리법 제68조 제1항에 따라 과태료 처분을 할 수 있는지가 문제될 수 있습니다.

먼저, 동일한 사항에 대하여 둘 이상의 법률의 적용이 문제되는 경우에는 해당 법률이 일반법과 특별법의 관계에 있는지 여부에 따라 하나의 법률만 배타적으로 적용될 수도 있으므로 이에 관한 검토가 필요한데, 일반적으로 특별법이 일반법에 우선한다는 원칙은 동일한 형식의 성문법규인 법률이 상호 모순·저촉되는 경우에 적용되는 것으로서, 문제가 된 각 규정이 상호 모순·저촉되는 경우가 아니라면 어떠한 규정이 다른 규정의 적용을 배제하는 특별규정이라 할 수 없는 바, 법률이 상호 모순·저촉되는지 여부는 법률의 입법목적, 적용범위 및 규정사항 등을 종합적으로 검토하여 판단하여야 할 것입니다(대법원 1998.11.27. 선고 98다32564판결례 참조).

살피건대, 「악취방지법」은 사업활동 등으로 인하여 발생하는 악취를 방지함으로써 국민이 건강하고 쾌적한 환경에서 생활할 수 있게 함을 목적으로 하는 반면, 폐기물관리법은 폐기물의 발생을 최대한 억제하고 발생한 폐기물을 친환경적으로 처리함으로써 환경보전과 국민생활의 질적 향상에 이바지하는 것을 목적으로 하고 있는 점, 「악취방지법」 제2조 제3호 및 같은 법 시행규칙 제3조, [별표 2] 제2호 누목에 따르면 악취배출시설의 하나로 폐기물관리법에 따른 폐기물처리시설 및 폐기물보관시설을 규정하면서 「악취방지법」에 따른 악취배출시설에 대하여 폐기물관리법의 적용이 배제됨을 명시하고 있지 아니한 점, 폐기물관리법 제3조 제1항에 따르면 이 법은 다음 각 호의 어느 하나에 해당하는 물질에 대하여는 적용하지 아니한다고 규정하면서 각 호에서 「악취방지법」에 따른 악취배출시설을 명시하지 않고 있는 점 등을 종합하여 볼 때, 「악취방지법」과 폐기물관리법은 그 입법목적, 규정사항, 적용범위 등을 서로 달리하고 있어 상호 배타적으로 적용되는 관계에 있다고 해석되지 않으므로, 각각의 요건이 충족되는 경우 양 법이 모두 적용될 수 있다고 할 것입니다.

한편, 하나의 악취배출행위에 대하여 「악취방지법」 제10조에 따른 개선명령 처분과 폐기물관리법 제68조 제1항 제1호에 따른 과태료 처분을 하는 것은 이중규제라는 주장이 있을 수 있으나, 「악취방지법」 제10조에 따른 개선명령 처분은 배출허용기준을 초과하는 악취를 배출허용기준 이하로 내려가도록 필요한 조치를 할 것을 명하는 것으로서, 이는 행정법상 의무위반행위를 시정하기 위한 제재조치인 반면, 폐기물관리법 제68조 제1항에 따른 과태료 처분은 폐기물처리기준을 위반하여 폐기물을 처리한 자 등에 대하여 금전을 부과하는 것으로 행정법상 의무위반에 대한 제재로써 부과·징수되는 금전적 제재인 바, 「악취방지법」상 악취배출허용기준을 위반한 행위에 대하여 개선명령을 하는 것과 폐기물관리법상 음식물류 폐기물 보관기준 등을 위반한 행위에 대하여 과태료 처분을 하는 것은 각각 그 성질이 다르고 개별 법령의 목적을 실현하기 위한 별개의 행정목적을 가진 행정제재로서 이중규제라고 할 수는 없다고 할 것입니다.

따라서 폐기물 종합재활용업자가 음식물류 폐기물의 처리과정에서 하나의 행위로 「악취방지법」 제7조의 배출허용기준을 위반함과 동시에 폐기물관리법 제13조 제1항 및 같은 법 시행령 제7조 제2항, 같은 법 시행규칙 [별표 5] 제2호의 음식물류 폐기물의 처리기준이나 같은 법 제31조 제1항 및 같은 법 시행규칙 [별표 11] 제1호의 음식물류 폐기물 처분시설 또는 재활용시설의 관리기준 등을 위반한 경우, 「악취방지법」 제10조에 따라 개선명령을 받은 폐기물 종합재활용업자에게 폐기물의 처리기준 등을 위반하였음을 이유로 폐기물관리법 제68조 제1항에 따라 과태료 처분을 할 수 있다고 할 것입니다.

◦ **관계법령**: 폐기물관리법 제13조, 악취방지법 제7조, 폐기물관리법 제68조, 악취방지법 제10조, 폐기물관리법 제31조

5-1-2 포천시 : 영업의 정지를 명령한 후 그에 갈음하여 과징금 부과 처분으로 변경할 수 있는지 여부(폐기물관리법 제28조 등 관련)[안건번호 12-0664, 회신일자 2013-01-22]

1. 질의요지

폐기물관리법 제27조 제2항에 따라 영업의 정지를 명령하여 그 영업정지기간 중 같은 법 제28조 제1항 각 호의 사유에 해당함을 이유로 그 영업의 정지에 갈음한 과징금 부과 처분으로 변경할 수 있는지?

2. 회 답

폐기물관리법 제27조 제2항에 따라 영업의 정지를 명령하여 그 영업정지기간 중 같은 법 제28조 제1항 각 호의 사유에 해당함을 이유로 그 영업의 정지에 갈음한 과징금 부과 처분으로 변경할 수 있다고 할 것입니다.

3. 이 유

폐기물관리법 제27조 제2항에 따르면 환경부장관이나 시·도지사는 폐기물처리업자가 일정한 사항을 위반한 경우 6개월 이내의 기간을 정하여 영업의 전부 또는 일부의 정지를 명령할 수 있다고 규정하고 있고, 같은 법 제28조 제1항에 따르면 환경부장관이나 시·도지사는 같은 법 제27조에 따라 폐기물처리업자에게 영업의 정지를 명령하려는 때 그 영업의 정지가 다음 각 호의 어느 하나에 해당한다고 인정되면 대통령령으로 정하는 바에 따라 그 영업의 정지를 갈음하여 1억원 이하의 과징금을 부과할 수 있다고 규정하고 있는 바, 폐기물관리법 제27조 제2항에 따라 영업의 정지를 명령하여 그 영업정지기간 중 같은 법 제28조 제1항 각 호의 사유에 해당함을 이유로 그 영업의 정지에 갈음한 과징금 부과 처분으로 변경할 수 있는지가 문제될 수 있습니다.

먼저, 폐기물관리법 제28조 제1항에서는 과징금을 부과할 수 있는 사유를 해당 영업의 정지로 인하여 그 영업의 이용자가 폐기물을 위탁처리하지 못하여 폐기물이 사업장 안에 적체(積滯)됨으로써 이용자의 사업활동에 막대한 지장을 줄 우려가 있는 경우(제1호), 해당 폐기물처리업자가 보관 중인 폐기물이나 그 영업의 이용자가 보관 중인 폐기물의 적체에 따른 환경오염으로 인하여 인근지역 주민의 건강에 위해가 발생되거나 발생될 우려가 있는 경우(제2호) 및 천재지변이나 그 밖의 부득이한 사유로 해당 영업을 계속하도록 할 필요가 있다고 인정되는 경우(제3호)로 한정하여 규정하고 있는 바, 이와 같이 영업정지 처분에 갈음하여 부과하는 이른바 '변형된 과징금'의 취지는 영업정지로 인하여 시민 등이 큰 불편을 겪거나 국민경제에 큰 피해를 주는 등 공익을 해할 우려가 있는 경우 영업정지 대신 과징금 처분을 함으로써 그 영업으로 인한 이익을 박탈하도록 하려는 데 있습니다.

그러므로 환경부장관이나 시·도지사가 영업의 정지를 명령할지 과징금을 부과할지는 공익과 사익을 비교·형량하여 재량적인 판단에 따라 결정할 수 있고, 영업의 정지를 명령하였다고 하더라도 그 제재처분에 불가변력이 발생하는 것은 아니므로 처분을 변경할 특별한 사정이 있다면 이를 변경할 수 있다 할 것인데, 이는 이미 영업정지명령을 한 경우라고 하더라도 달리 볼 이유가 없고, 단지 이미 영업정지명령을 한 경우라면 영업정지기간을 감경함과 아울러 잔여 영업정지기간에 상응하는 과징금을 부과하는 형식으로 변경처분을 하게 되는 처분형식의 차이만 있다고 할 것입니다.

그런데, 행정청이 일단 행정처분을 한 경우에는 처분의 존속에 대한 신뢰가 형성될 수 있으므로 함부로 변경할 수는 없고, 행정처분을 한 행정청이라도 법령에 규정이 있는 때, 행정처분에 하자가 있는 때, 행정처분의 존속이 공익에 위반되는 때, 또는 상대방의 동의가 있는 때 등의 특별한 사유가 있는 경우를 제외하고는 행정처분을 자의로 취소(철회의 의미를 포함함)할 수 없다고 할 것이며(대법원 2000.2.25. 선고 99두10520 판결 참조), 이는 행정처분의 변경에도 동일하게 적용될 수 있다고 할 것인 바, 영업정지명령 시 폐기물관리법 제28조 제1항 각 호의 사유를 고려하지 않은 것이 재량권의 일탈·남용이 된다거나, 영업의 정지를 명령한 후 처분 시 예견할 수 없었던 새로운 사유가 발생하였다거나, 처분의 존속이 공익에 위반된다는 등의 특별한 사유가 있는 경우에는 과징금 부과 처분으로 변경하는 것이 가능하다고 할 것입니다.

한편, 폐기물관리법 제28조 제1항의 "영업의 정지를 명령하려는 때"란 과징금 부과의 시점을 제약하려는 데에 그 취지가 있다는 의견이 있을 수 있으나, 위 과징금 부과를 위해서는 ① 영업정지사유(폐기물관리법 제27조 제2항 각 호)와 ② 공익적 필요성(폐기물관리법 제28조 제1항 각 호)이 있을 것을 요건으로 하므로, 여기서 "영업의 정지를 명령하려는 때"란 과징금 부과의 시점을 제약하려는 데에 그 취지가 있는 것이 아니라, 위 ①의 요건에 해당하는 경우, 즉 영업정지사유가 있어 "영업의 정지를 명령하여야 할 경우"를 의미한다고 할 것입니다.

따라서 폐기물관리법 제27조 제2항에 따라 영업의 정지를 명령하여 그 영업정지기간 중 같은 법 제28조 제1항 각 호의 사유에 해당함을 이유로 그 영업의 정지에 갈음한 과징금 부과 처분으로 변경할 수 있다고 할 것입니다.

◦ **관계법령**: 폐기물관리법 제28조

5-1-3 환경부 : 하나의 폐기물처리시설에 대하여 지정폐기물처리업 허가권자 및 지정폐기물 외의 폐기물처리업 허가권자가 각각 과징금 처분을 할 수 있는지 여부(폐기물관리법 제25조 등 관련)[안건번호 11-0272, 회신일자 2011-06-23]

1. 질의요지

폐기물관리법 제25조 제4항에 따라 하나의 폐기물 최종처리시설에 대하여 유역환경청장 및 시·도지사로부터 각각 지정폐기물 및 지정폐기물 외의 폐기물에 대한 폐기물 최종처리업 허가를 받고 매립대상 폐기물을 지정폐기물과 지정폐기물 외의 폐기물의 구분 없이 혼합하여 매립하던 중 같은 법 제31조 제1항에 따른 관리기준을 위반하였다는 이유로 지정폐기물 외의 폐기물 최종처리업 허가권자인 해당 시·도지사가 같은 법 제28조에 따라 과징금을 부과하였는데, 이후 같은 위반사항에 대하여 지정폐기물 최종처리업 허가권자인 유역환경청장도 같은 법 제28조에 따라 과징금을 부과할 수 있는지?

2. 회 답

폐기물관리법 제25조 제4항에 따라 하나의 폐기물 최종처리시설에 대하여 유역환경청장 및 시·도지사로부터 각각 지정폐기물 및 지정폐기물 외의 폐기물에 대한 폐기물 최종처리업 허가를 받고 매립대상 폐기물을 지정폐기물과 지정폐기물 외의 폐기물의 구분 없이 혼합하여 매립하던 중 같은 법 제31조 제1항에 따른 관리기준을 위반하였다는 이유로 지정폐기물 외의 폐기물 최종처리업 허가권자인 해당 시·도지사가 같은 법 제28조에 따라 과징금을 부과하였다 하더라도, 이후 같은 위반사항에 대하여 지정폐기물 최종처리업 허가권자인 유역환경청장도 같은 법 제28조에 따라 과징금을 부과할 수 있습니다.

3. 이 유

폐기물관리법 제25조 제3항에서는 폐기물처리업을 하려는 자가 제출한 폐기물처리사업계획서를 검토한 후에 적합통보를 받은 자는 그 통보를 받은 날부터 2년 이내에 환경부령으로 정하는 기준에 따른 시설·장비 및 기술능력을 갖추어 업종별로 시·도지사의 허가를 받도록 하면서, 다만 지정폐기물을 대상으로 폐기물처리업을 하려는 자는 환경부장관의 허가를 받도록 하고 있고, 같은 법 시행령 제37조 제2항 제2호에서는 환경부장관이 갖고 있는 지정폐기물을 대상으로 하는 폐기물처리업에 대한 허가, 허가의 취소 및 과징금 처분 권한이 유역환경청장 등에게 위임되어 있는 바, 폐기물관리법 제25조 제5항 제3호에 따라 폐기물 최종처리업의 영업이라는 하나의 영업형태를 영위하는 자라 하더라도, 지정폐기물을 최종처리하려는 자는 유역환경청장 등으로부터 해당 영업에 대한 허가기준을 충족하여 허가를 받아야 하고, 지정폐기물 외의 폐기물을 최종처리하려는 자는 시·도지사로부터 해당 영업에 대한 허가기준을 충족하여 허가를 받도록 구분하고 있습니다.

이 사안과 같이 하나의 폐기물 최종처리시설에 대하여 유역환경청장으로부터는 지정폐기물에 대한 폐기물 최종처리업의 허가를 받고, 시·도지사로부터는 지정폐기물 외의 폐기물에 대한 폐기물 최종처리업의 허가를 받은 경우에는, 비록 폐기물 최종처리시설은 하나이지만 폐기물처리업 허가는 2개가 별도로 존재하는 것인데, 폐기물관리법 제27조 제2항 제12호에서는 환경부장관이나 시·도지사는 폐기물처리업자가 같은 법 제31조 제1항에 따른 관리기준에 맞지 아니하게 폐기물처리시설을 운영한 경우 그 허가를 취소하거나 영업 정지를 명령할 수 있도록 규정하고 있고, 같은 법 제28조 제1항에서는 환경부장관이나 시·도지사는 제27조에 따라 폐기물처리업자에게 영업의 정지를 명령하려는 때 그 영업의 정지를 갈음하여 과징금을 부과할 수 있도록 규정하고 있으므로, 폐기물처리업의 허가를 2개 갖고 있는 경우에는 각각의 허가에 대하여 각각의 허가권자가 영업정지 또는 과징금을 부과할 수 있다고 할 것입니다.

또한, 폐기물관리법 시행규칙 제42조 제1항 및 [별표 11]에 따라 폐기물처리시설의 관리기준이 지정폐기물에 대한 폐기물 최종처리업이나 지정폐기물 외의 폐기물에 대한 폐기물 최종처리업의 경우가 동일하다고 하더라도, 이 사안과 같은 경우 하나의 폐기물처리시설에서 관리기준에 맞지 아니한 사항이 발생했다고 하면, 두 개의 영업허가에 따른 관리기준을 모두 충족하지 못한 것이 되므로 각각의 영업허가권자는 별도로 영업정지 또는 과징금을 부과할 수 있다 할 것입니다.

아울러 과징금이란 행정처분을 갈음하는 제재수단인데, 만약 폐기물관리법 제27조에 따라 영업정지 등 행정처분을 하는 경우를 가정하면, 하나의 폐기물처리시설이 폐기물관리법 제31조 제1항에 따른 관리기준을 어긴 경우에 지정폐기물 외의 폐기물에 대한 폐기물처리업 허가권자만 영업정지를 한다면 지정폐기물에 대해서는 계속 폐기물처리업을 할 수 있다는 의미인데, 이 경우 해당 폐기물처리시설이 관리기준을 어긴 경우 영업정지라는 행정처분을 하는 본래의 목적을 달성하지 못하게 되는 바, 본래의 행정처분의 필요성 및 취지를 고려할 때에도 각각의 허가권자는 각각의 위반행위에 대하여 영업정지 또는 과징금을 부과할 수 있다고 할 것입니다.

따라서 폐기물관리법 제25조 제4항에 따라 하나의 폐기물 최종처리시설에 대하여 유역환경청장 및 시·도지사로부터 각각 지정폐기물 및 지정폐기물 외의 폐기물에 대한 폐기물 최종처리업 허가를 받고 매립대상 폐기물을 지정폐기물과 지정폐기물 외의 폐기물의 구분 없이 혼합하여 매립하던 중 같은 법 제31조 제1항에 따른 관리기준을 위반하였다는 이유로 지정폐기물 외의 폐기물 최종처리업 허가권자인 허당 시·도지사가 같은 법 제28조에 따라 과징금을 부과하였다 하더라도, 이후 같은 위반사항에 대하여 지정폐기물 최종처리업 허가권자인 유역환경청장도 같은 법 제28조에 따라 과징금을 부과할 수 있습니다.

5-1-4 전라남도 무안군 : 폐기물관리법 제27조 제2항 등(재활용전문 폐기물처리업의 영업정지기간 중 영업행위) 관련[안건번호 08-0331, 회신일자 2008-11-19]

1. 질의요지

폐기물관리법 제25조에 의한 폐기물중간처리업(재활용 전문) 허가 및 「비료관리법」 제11조에 의한 비료생산업 등록 후 오니(汚泥) 등을 발효시켜 우기질 비료를 생산하는 자가 폐기물관리법 제27조 제2항에 의한 영업정지처분을 받고, 영업정지처분 전에 발효가 완료되어 보관 중인 비료를 해당 영업정지기간 중에 포장하여 판매한 경우, 이러한 포장 및 판매는 폐기물관리법 제27조 제1항 제5호의 영업정지기간 중의 영업행위에 해당하는지?

2. 회 답

폐기물관리법에 의한 폐기물중간처리업(재활용 전문) 허가를 받고 오니 등을 발효시켜 유기질 비료를 생산하는 자가 폐기물관리법 제27조 제2항에 의한 영업정지처분을 받고, 영업정지처분 전에 발효가 완료되어 보관 중인 비료를 영업정지기간 중에 포장하여 판매한 경우, 이러한 포장 및 판매는 폐기물관리법 제27조 제1항 제5호의 영업정지기간 중의 영업행위에 해당되지는 않습니다.

3. 이 유

폐기물관리법 제2조 제1호에서 '폐기물'은 쓰레기, 연소재, 오니, 폐유, 폐산, 폐알칼리 및 동물의 사체 등으로서 사람의 생활이나 사업활동에 필요하지 아니하게 된 물질로 정의하고 있고, 같은 조 제6호에서는 '처리'를 폐기물을 소각·중화·파쇄·고형화 등의 중간처리(제7호에 따른 재활용을 포함함. 이하 같음)와 매립하거나 해역으로 배출하는 등의 최종처리로 정의하고 있으며, 같은 조 제7호에서는 '재활용'을 폐기물을 재사용·재생이용하거나 재사용·재생이용할 수 있는 상태로 만드는 활동 또는 환경부령으로 정하는 기준에 따라 폐기물로부터 「에너지기본법」 제2조 제1호에 따른 에너지를 회수하는 활동으로 정의하고 있습니다.

폐기물관리법 제25조 제1항에서는 폐기물을 수집·운반 또는 처리를 업(이하 '폐기물처리업'이라 함)으로 하려는 자는 환경부령으로 정하는 바에 따라 지정폐기물 외의 폐기물을 대상으로 하는 경우에는 폐기물처리사업계획서를 시·도지사에게 제출하도록 하고 있으며, 같은 조 제2항에서는 시·도지사는 제출된 폐기물처리사업계획서에 대하여 계획서상의 시설·장비와 기술능력이 허가기준에 맞는지 여부, 폐기물처리시설의 설치·운영으로 상수원 등 주변환경에 미치는 영향 등을 검토하여 적합 여부를 통보하도록 하고 있으며, 같은 조 제3항에서는 적정통보를 받은 자는 통보를 받은 날부터 2년 이내에 환경부령이 정하는 기준에 따른 시설·장비 및 기술능력을 갖추어 업종별로 시·도지사의 허가를 받도록 규정하고 있습니다.

또한, 폐기물관리법 제25조 제5항에서는 폐기물처리업의 업종을 폐기물수집·운반업, 폐기물 중간처리업, 폐기물 최종처리업, 폐기물 종합처리업으로 구분하고, 각각의 영업내용에 관하여 '폐기물 수집·운반업'은 폐기물을 수집하여 처리장소로 운반하는 영업으로, '폐기물 중간처리업'은 폐기물 중간처리시설을 갖추고 폐기물을 소각처리, 기계적 처리, 화학적 처리, 생물학적 처리, 그 밖에 환경부장관이 폐기물을 안전하게 중간처리 할 수 있다고 인정하여 고시하는 방법으로 중간처리(생활폐기물을 재활용하는 경우는 제외함)하는 영업으로, '폐기물 최종처리업'은 폐기물 최종처리시설을 갖추고 폐기물을 매립 등의 방법으로 최종처리하는 영업으로, '폐기물 종합처리업'은 폐기물처리시설을 갖추고 폐기물의 중간처리와 최종처리를 함께 하는 영업으로 각각 규정하고 있습니다.

한편, 폐기물관리법 제27조 제1항에서는 폐기물처리업자에 대하여 허가를 취소하여야 하는 사유를 정하면서 제5호에서 영업정지기간 중에 영업행위를 한 경우를 필요적 취소사유로 규정하고 있으며, 같은 조 제2항에서는 허가를 취소하거나 6개월 이내의 기간을 정하여 영업의 전부 또는 일부의 정지를 명할 수 있는 사유로서 폐기물의 수집·운반·보관·처리 기준 및 방법을 지키지 않은 경우, 폐기물처리업자의 준수사항을 위반한 경우 등을 정하고 있습니다.

폐기물관리법은 폐기물을 적정하게 처리하여 환경을 보호하는데 그 입법취지가 있다고 할 것이고(제1조), 폐기물관리법 상의 폐기물의 중간처리로서의 '재활용'의 개념 또한 폐기물을 재사용·재생이용하거나 재사용·재생이용할 수 있는 상태로 만드는 활동으로 규정되어 있으며, 폐기물관리법 상의 폐기물처리업의 한 유형으로서의 폐기물 중간처리업 또한 폐기물 중간처리시설을 갖추고 안전하게 중간처리하는 영업으르 규정하고 있는 바, 폐기물관리법에서는 재활용전문의 중간처리업에 대하여 폐기물을 적정하게 처리하여 재활용품을 만드는 등 재활용을 하는 것까지를 규율대상으로 할 뿐이지, 이미 생산된 재활용품을 판매하거나 그 판매를 위하여 필요한 포장을 하는 것까지를 규율하고 있다고 보기 어렵습니다. 즉, 이 사안의 중간처리업의 경우 발효 등을 통하여 재활용 즉, 비료를 생산하는 것까지를 폐기물관리법상 영업의 내용으로 하고 있다고 할 것입니다.

위 폐기물관리법 제25조 제3항의 위임에 따라 폐기물처리업의 시설·장비·기술능력의 기준을 정하고 있는 같은 법 시행규칙 [별표 7] 제2호 가목 4)에서도 재활용 전문의 폐기물 중간처리업의 시설·장비·기술능력에 대하여 재활용을 하는 데에 필요한 폐기물보관시설, 중간처리시설, 폐기물수집·운반차량 및 폐기물처리산업기사 등을 규정하고 있을 뿐, 생산된 재활용품의 포장 및 판매와 관련한 시설 등의 기준은 규정하고 있지 않은 바, 이를 통하여 볼 때에도 폐기물관리법령에서 규율하고 있는 재활용전문 폐기물 중간처리업의 영업내용에는 폐기물의 처리로서의 재활용품의 생산까지 포함되어 있을 뿐, 생산된 재활용품의 판매 및 판매를 위한 포장이 포함되어 있다고 보기 어렵습니다.

반면, 비료의 품질보전 및 생산과 유통에 관하여 규율하고 있는 「비료관리법」 제2조 제6호에서는 '비료생산업자'를 비료를 생산하여 판매하거나 무상으로 유통 또는 공급하는 자로서 같은 법 제11조에 따라 등록한 자로 정의하고, 같은 법 제11조에서는 비료를 생산하여 판매하거나 무상으로 유통·공급하는 것을 업으로 하고자 하는 자(폐기물관리법에 의한 폐기물을 비료로 재생처리하여 판매, 무상공급하는 자를 포함함)는 시장·군수·구청장에게 등록하도록 하면서, 같은 법 시행령 제12조 제1항 및 [별표 2]에서는 비료생산업의 등록기준으로서, 포장하여 판매하는 경우 검량포장장치를 갖추도록 규정하고 있고, 같은 법 제20조 제1항 각 호에서는 비료생산업자의 등록취소 또는 영업정지의 사유를 정하고 있는데, 허위 그 밖의 부정한 방법으로 등록한 경우, 등록기준에 미달한 경우나 비료의 성분과 관련하여 법령이 정한 기준을 위반하는 경우 등을 그 영업정지의 사유로 정하고 있습니다.

비료의 품질을 보전하고 비료의 원활한 수급과 가격안정을 목적으로 하는 「비료관리법」(제1조)과 폐기물의 적정한 처리를 통한 환경보전을 목적으로 하는 폐기물관리법(제1조)은 각각 그 입법목적과 보호법익이 다르므로, 각 법상의 영업허가 및 등록제도는 별개의 것으로 그 영업의 범위도 각 법에서 규정하는 바에 따라 각각 정해진다고 할 것이고, 두 법의 영업행위에 모두 해당되는 사업자의 경우 두 법상의 영업 관련 규정을 각각 적용

받으며, 각 법상의 영업정지 사유에 해당하는 경우 각 법에 의한 영업의 정지를 명하는 처분을 받게 된다고 할 것인데, 「비료관리법」에 의한 비료생산업자가 같은 법 제20조 제1항의 영업정지 사유에 해당되어 영업정지 처분을 받게 된다면, 그에 따라 「비료관리법」상의 비료생산업의 영업내용에 포함되는 비료의 포장 및 판매행위를 할 수 없다고 할 것이나, 폐기물관리법 제27조 제2항의 폐기물처리업 영업정지의 사유에 해당하여 영업정지 처분을 받았다면, 폐기물관리법상의 폐기물 중간처리업의 영업이 정지될 뿐이므로 이 경우 폐기물 중간처리업의 영업내용에 포함된다고 보기 어려운 비료의 포장, 판매행위가 금지된다고 볼 수는 없습니다.

폐기물 중간처리업의 영업정지처분은 수익적 처분으로서의 폐기물처리업 허가를 받은 자가 해당 영업을 영위함에 있어 폐기물처리법령을 위반하거나 그 법령에서 정하는 의무를 이행하지 않은 경우 일정기간 그 영업을 영위하기 못하도록 하는 제재처분으로서, 이러한 침익적 행정처분의 효과에 대하여는 엄격하게 해석하여야 할 것인데, 폐기물관리법의 법령 문언상의 폐기물 중간처리업(재활용 전문)의 영업의 범위를 넘어 생산된 재활용품의 포장, 판매까지를 폐기물관리법상의 영업정지 대상 영업으로 확대하여 해석할 수는 없다고 할 것입니다.

따라서 폐기물관리법에 의한 폐기물 중간처리업(재활용 전문) 허가를 받고 오니 등을 발효시켜 유기질 비료를 생산하는 자가 폐기물관리법 제27조 제2항에 의한 영업정지처분을 받고, 영업정지처분 전에 발효가 완료되어 보관 중인 비료를 영업정지기간 중에 포장하여 판매한 경우, 이러한 포장 및 판매는 폐기물관리법 제27조 제1항 제5호의 영업정지기간 중의 영업행위에 해당되지는 않습니다.

5-2 질의/응답 사례(환경부) : 보칙과 벌칙, 기타

1. 벌칙 및 행정처분

5-2-1 공동처리기구 복수가입 가능 여부 및 공동운영기구의 중복가입에 따른 처벌(2008-06-30)

[질의] 사업장폐기물(카센터)을 공동처리운영기구에 가입하여 적법처리하려는 경우 A와 B 조합에 복수 가입 가능 여부? 공동운영기구에 가입한 폐기물 배출자가 2중으로 지정폐기물처리계획 확인필증을 교부받고(즉, 현 공동운영기구를 탈퇴하지 아니하고 다른 공동운영기구로 들어가 처리하는 경우) 기존에 처리하고 있는 업체가 아닌 타 업체에 폐기물을 처리하고 있을 경우 위법인지 여부 및 위법일 경우 처벌대상은 배출업소와 처리업체 중 누구인지?

[회신] 가. 폐기물관리법 제18조 제5항에 따른 공동운영기구는 하나의 사업장폐기물 배출자와 같은 자격으로 보아야 할 것인 바, 배출자가 2개 이상의 사업장폐기물 배출자 신고를 할 수 없는 바와 같이, 배출자는 2개 이상의 공동운영기구에는 가입할 수 없습니다.

나. 회원사가 공동운영기구를 탈퇴하지 아니하고 다른 공동운영기구에 가입하여 지정폐기물을 처리하고 있는 경우로서, 공동운영기구의 내부 구약 등 여러 정황에 따라 행정처분의 차이가 있을 수 있을 것이나, 기존 공동운영기구는 폐기물관리법 시행규칙 제18조의2 제7항 제4호에 따른 공동처리하는 사업장의 수 변경에 대한 지정폐기물처리 변경계획서 미제출로 2년 이하의 징역이나 1천만원 미만의 벌금을 받을 수 있습니다.

다. 공동운영기구를 변경한 회원사가 기존 공동운영기구에 탈퇴 의사를 표시하지 아니하고 다른 공동운영기구에 가입하였다면 지정폐기물처리 변경계획서 미제출에 대한 책임이 있을 것이므로, 회원사도 2년 이하의 징역이나 1천만원 미만의 벌금을 받을 수 있습니다.

5-2-2 사업장폐기물의 에너지회수기준 미준수에 따른 행정조치(2008-07-31)

[질의] 재활용 소각시설을 설치·운영 중 에너지회수효율 75% 이상을 충족하지 못하는 경우 허가 취소 사유가 되는지 여부?

[회신] 폐기물관리법 제46조에 의해 재활용신고를 득한 자는 동법 시행규칙 제67조의2에 의한 준수사항을 준수하여야 하며, 이를 준수하지 아니한 자는 동법 제68조 제2항에 따라 300만원 이하의 과태료가 부과됩니다.

5-2-3 사업장 일반폐기물 보관방법 위반시 처벌 내용 및 1회 처리량 제한 여부(2008-12-31)

[질의] 사업장 일반폐기물 보관방법과 보관기간 위반시 처벌내용 및 일반폐기물 위탁처리시 1회 처리가능량에 제한이 있는지 여부?

[회신] 가. 폐기물관리법 시행규칙 [별표 5]에 "폐기물의 수집·운반·보관·처리에 관한 구체적 기준 및 방법"을 규정하고 있음을 알려드리며, 이를 위반하여 폐기물을 수집·운반·보관하여 주변환경을 오염시킨 경우에는 2년 이하의 징역이나 1천만원 이하의 벌금에 처하도록 규정하고 있으며, 폐기물을 수집·운반·보관(주변환경오염이 없는 경우)에는 1천만원 이하의 과태료를 부과하도록 규정하고 있습니다.

나. 폐기물 위탁처리 가능량에 대해서는 제한을 두고 있지 않습니다.

5-2-4 폐기물 건조설비 미가동시 처벌 기준(2009-01-05)

[질의] 폐기물 중간처리업체에서 기계적 처리시설인 파쇄시설과 건조시설 가동 중 건조시설이 가동하지 아니하여 적발된 경우 처벌 기준은?

[회신] 폐기물처리시설을 가동하지 않은 행위에 대해서는 폐기물처리시설 관리기준 위반이 아닌 폐기물처리기준 위반 등으로 처분을 받을 것으로 판단됩니다.

5-2-5 폐기물수집·운반차량증 없이 타 사업장폐기물 수집·운반시 법 위반 여부(2009-02-04)

[질의] 폐기물 수집·운반 허가를 득한 업체가 행정구역상 읍, 면이 다른 사업장(법인)의 폐기물을 수집·운반하는 과정에서 폐기물수집·운반 차량증을 발급받지 아니한 차량으로 폐기물의 수집·운반이 가능한지 여부 및 법 위반시 행정처벌 내용은?

[회신] 폐기물수집·운반차량증을 발급받지 않은 차량으로 폐기물을 운반하는 것은 폐기물관리법 제13조(폐기물의 처리 기준 등)를 위반한 것으로 영업정지 1개월 등의 행정처분을 받을 수 있습니다.

5-2-6 폐합성수지의 올바로시스템 입력 대상 여부 및 위반시 처벌 조치(2009-03-04)

[질의] 사업장 일반폐기물 중 폐합성수지에 대하여 올바로시스템 사용 중 인계·인수에 관한 내용을 제때에 입력하지 않아 입력기한이 초과된 경우 폐기물관리법 제68조 제2항 제4호의 과태료 대상에 해당하는지 여부?

[회신] 폐기물관리법 시행규칙 제20조 제1항에 해당하지 않는 폐기물에 대해서는 전자정보처리프로그램(올바로시스템)에 입력하여야 할 의무가 없으므로 입력기한이 경과하였다하여 처분을 할 수 없습니다.

5-2-7 폐기물을 불법반입한 수집·운반업체에 대한 처벌 방법(2009-03-10)

[질의] A수집·운반업체가 B중간처리업체(지정폐기물 외 사업장폐기물)에 지정폐기물 및 매립대상 폐기물을 불법반입 후 회수하지 않는 경우 A수집·운반업처에 대한 처벌 방법은?

[회신] 폐기물의 수집·운반·보관·처리기준 위반에 대하여 조치명령을 이행하지 않았을 경우에는 영업정지 등의 행정처분을 할 수 있습니다.

5-2-8 주정차 시 폐기물 수집·운반기준 위반 여부(2009-03-11)

[질의] 폐기물관리법 시행규칙 [별표 8] 중 "폐기물을 배출자가 지정한 적절한 처리장소로 운반하지 아니하고 다른 장소에 보관하여서는 아니된다"라고 기재되어 있는데, 폐기물수집·운반차량이 폐기물을 적재하여 처리업체로 들어가던 중 잠시 정차를 한 경우에도 위의 폐기물관리법을 위반하였다고 보는지 여부?

[회신] 가. 폐기물 발생장소에서 처리장소로 이동하던 중 차량 정체 등으로 정차한 것은 폐기물관리법 위반행위로 볼 수 없을 것입니다.

나. 폐기물을 처리업소로 당일 운반할 수 없을 경우에는 폐기물을 수집·운반하지 않는 것이 바람직하나, 차량 정체 등으로 폐기물을 인계받은 날 처리업소에 인계할 수 없는 상황이 발생하여, 처리업소 입구에 운반차량을 주·정차하는 것은 폐기물 수집·운반기준을 위반하였다고 할 수 없을 것이나, 폐기물 운반 중 다른 장소에서 주·정차하는 것은 여러 여건을 고려하여 폐기물수집·운반기준을 위반하였지 여부를 판단할 사항입니다.

5-2-9 폐기물처리 조치명령의 주체(2009-03-17)

[질의] A시에 소재한 '갑'이라는 폐기물처리업체에, B시에서 허가받은 '을'이라는 폐기물처리업체가 '갑'에서 처리할 수 없는 폐기물을 운반하여 '갑'의 사업장 내에 보관 중에 있다면, '갑'의 사업장 내의 보관된 폐기물에 대한 조치명령은 '갑'의 관할지역인 A시장이 해야 하는지, 아니면 '을'의 허가권자인 B시장이 해야 하는지?

[회신] 가. 폐기물처리업자가 폐기물관리법 제13조의 기준에 맞지 아니하게 폐기물을 수집·운반·처리된 폐기물에 대한 조치명령은, 폐기물이 처리된 지역을 관할하는 기관(A시)과 폐기물처리업 허가기관(B시)에서 모두 할 수 있습니다.

나. 만약, 폐기물처리업 허가기관이 아닌 기관(A시)에서 조치명령을 하였다면 그 내용을 허가기관(B시)으로 통보하여 허가기관에서도 법 제13조 위반에 따른 처리업에 대한 행정처분을 할 수 있도록 하면 될 것입니다.

5-2-10 사업장 생활계폐기물을 사업장배출시설계 폐기물 수집·운반업체가 수집·운반할 시 처벌 내용(2009-04-05)

[질의] 사업장생활계 폐기물을 전문 소각업체에 신고필증대로 위탁처리하고 있던 중 위탁업체 사정으로 사업장배출시설계 폐기물 수집·운반업체가 사업장생활계 폐기물을 수집·운반해 가는 것이 가능한지 여부 및 법 위반시 처벌 내용은?

[회신] 가. 사업장생활계 폐기물은 사업장배출시설계 폐기물 수집·운반차량으로 운반할 수 없습니다. 이를 위반하였을 경우에는 수집·운반기준 위반으로 배출자, 수집·운반자에게 1천만원 이하의 과태료를 부과하도록 하고 있습니다.

나. 또한, 사업장생활계 폐기물을 수집·운반한 사업장배출시설계 폐기물 수집·운반업자는 폐기물처리업의 업종 구분과 영업내용의 범위를 벗어난 행위에 해당되므로 영업정지 1개월의 행정처분과, 2년 이하의 징역이나 1천만원 이하의 벌금에 처하도록 하고 있습니다.

다. 폐기물 배출자와 중간처리업자 간에 폐기물 수집·운반 및 처리에 관한 계약이 되어 있는 경우로서 중간처리업자가 폐기물 수집·운반을 위탁하였다면 중간처리업자, 폐기물수집·운반업자 모두 폐기물처리업자 준수사항 위반으로 영업정지 1개월, 1천만원 이하의 과태료를 부과하도록 하고 있습니다.

5-2-11 원목 껍질 처리 위반에 따른 처벌 내용(2009-04-06)

[질의] 원목 껍질을 야적장에 오랫동안 방치하는 경우와 야적장에서 무단으로 소각하는 행위의 법 위반 여부 및 원목 껍질 발생 시 처리업체에 우탁처리하여야 하는지 여부?

[회신] 가. 폐기물관리법 시행규칙 [별표 5]에 따라 원목과 분리된 껍질 등 사업장 일반폐기물은 발생한 날로부터 90일을 초과하여 보관할 수 없습니다. 다만, 보관하는 사업장 일반폐기물의 양이 3톤 미만인 경우와 부득이한 사유로 장기 보관할 필요성이 있다고 시·도지사가 기간을 정하여 인정하는 경우에는 그러하지 않습니다.

나. 페인트, 방부제, 기름 등이 묻지 아니한 폐목재, 나무뿌리 등은 폐기물관리법 시행규칙 제10조에 따라 연료용으로 사용할 수는 있으나, 노천에서 태울 수는 없습니다.

다. 폐기물의 보관·처리기준을 위반하였을 경우에는 위반 정도에 따라 2년 이하의 징역 또는 1천만원 이하의 벌금에 처하거나 1천만원 이하의 과태료를 부과하도록 하고 있습니다.

5-2-12 폐기물처리시설 임대시 행정절차(2009-04-17)

[질의] 토지 건물 및 설비 등 폐기물처리시설 일체를 타인에게 임대하려는 경우 관련 행정절차는?

[회신] 가. 폐기물처리시설의 양도·양수의 경우 폐기물관리법 제33조 제1항의 규정에 따라 권리·의무를 승계한 자는 폐기물관리법 시행규칙 제47조의 규정에 따라 승계신고 사유가 발생한 날로부터 30일 이내에 권리·의무 승계신고를 지방환경관서의 장 또는 관할 지방자치단체장에게 제출하여야 합니다.

나. 폐기물관리법 제29조 제3항의 규정에 따라 상호가 변경(사업장폐기물 배출자가 설치하는 경우만 해당)된 경우 폐기물처리시설 설치변경승인(신고)을 권리·의무 승계 신고와 별도로 하여야 합니다.

5-2-13 폐기물수집·운반업체가 사업장폐기물을 사고 팔 수 있는지의 여부(2009-05-25)

[질의] 플라스틱제품 제조업체에서 발생되는 사업장폐기물인 폐합성수지를 폐기물수집·운반업체에서 매수한 후 폐기물재활용업체 또는 중간처리업자에게 매도 공급을 하여도 폐기물관리법에 문제가 없는지의 여부?

[회신] 사업장폐기물을 위탁처리하고자 할 경우에는 배출자가 직접 중간처리업자 또는 재활용자와 폐기물처리계약을 체결하고 위탁처리하여야 합니다. 따라서 폐기물수집·운반업자가 폐기물을 매수하거나 중간처리업자 또는 재활용자에게 판매를 할 수 없습니다.

5-2-14 수집·운반 위반에 따른 과태료 처분(2009-07-02)

[질의] 재활용신고업체에서 지난해 폐배터리가 아닌 폐변압기를 수집·운반하여 변경신고 미이행으로 과태료 100만원의 처분을 받았고, 올해는 재활용수집·운반 차량을 등록하지 않고 수집·운반하여 적발되었는데 과태료 부과 방법은?

[회신] 가. 폐기물관리법 제46조 제3항 및 동법 시행규칙 제67조 제3항 제8호의 규정에 따라 폐기물수집·운반차량을 변경하고자 할 경우, 관할 지방자치단체의 장에게 폐기물 재활용 변경신고를 하여야 합니다.

나. 과태료 부과·징수업무에 관한 규정(환경부 예규 제347호, 2009.2.9.) [별표 2] 과태료 부과기준에 따라 폐기물관리법 제46조 제3항의 규정을 위반하여 변경신고를 하지 아니하고 신고사항을 변경한 자는 1차 위반시 100만원, 2차 위반시 200만원의 과태료를 부과받게 됩니다.

5-2-15 비대상폐기물 처리시 처벌 조치(2009-08-04)

[질의] 폐기물관리법에 따른 재활용신고에 대상폐기물(음식물류 폐기물 혹은 그 탈수 고형물 등)이 포함되지 않았을 경우 이를 위탁처리한 비료생산 등록업체와 배출자에 대한 처벌 내용은?

[회신] 가. 폐기물관리법 제46조 제3항 및 동법 시행규칙 제67조 제3항의 규정에 따라 재활용 대상 폐기물을 변경하고자 할 경우, 관할 지방자치단체에 폐기물재활용 변경신고를 하여야 합니다. 폐기물관리법 제46조 제3항에 따른 변경신고를 하지 아니하고 신고사항을 변경한 자는 동법 제68조 제2항 제5호의 규정에 따라 300만원 이하의 과태료를 부과 받게 됩니다.

나. 폐기물을 위탁하고자 할 경우에는 폐기물처리업자 또는 재활용자에게 위탁할 수 있으므로, 비료생산업체가 재활용신고(대상폐기물: 공정오니 또는 동·식물성 잔재물, 질의와 같은 경우에는 음식물류 잔재물 및 그 고형물 포함)를 하였을 경우에는 위탁할 수 있습니다.

다. 비료생산업체가 재활용신고를 하지 않았거나, 대상 폐기물에 포함되어 있지 않을 경우에는 폐기물관리법 제18조를 위반하여 폐기물을 위탁처리한 행위에 해당되어 3년 이하의 징역이나 2천만원 이하의 벌금에 처하도록 하고 있습니다.

5-2-16 학교에서 사용 가능한 음식물쓰레기 처리기(2009-09-11)

[질의] 학교에서 음식물쓰레기 처리기를 설치하려는 경우 사용 가능한 감량기기는 무엇이며 적절하지 않은 감량기기 사용시 처벌 내용은?

[회신] 학교에서 발생되는 음식물류 폐기물이 폐기물관리법 시행규칙 제16조 각호에서 정한 배출자(집단급식소 등)에 해당되어 스스로 감량하고자 하는 경우 폐기물관리법 시행규칙 [별표 5] 제2호 다목 2)의 규정한 기준 및 방법에 따라 감량하여야 하며, 동 기준을 충족하지 못하는 감량기기(액상분해소멸방식 등)를 사용하여 감량할 수 없음을 알려드립니다.

5-2-17 석탄재 재활용 방법 위반시 처벌내용(2009-09-22)

[질의] 사업자가 석탄재 재활용 신고시 폐기물재활용 용도 및 방법에 석탄재와 일반 토사류를 50% 이상 혼합 사용하고 성토재로 사용할 것으로 신고하였으나, 이를 이행하지 않고 석탄재 자체를 그대로 매립한 경우 처벌 내용은?

[회신] 가. 폐기물관리법 시행규칙 [별표 17의2] 제1호의 규정에 따라 폐기물재활용 신고자는 신고한 재활용 용도 및 방법에 따라 재활용하여야 하며, 동 규정을 위반한 경우, 폐기물관리법 시행규칙 [별표 21] 제2호 나목 3) 가)의 규정에 따라 사업정지(또는 폐기물의 재활용 금지) 1개월의 행정처분을 받도록 규정되어 있습니다.

나. 폐기물관리법 제13조의 규정을 위반하여 폐기물을 처리한 자(폐기물관리법 제65조 제1호와 제66조 제1호의 경우는 제외)는 동법 제68조 제1호의 규정에 따라 1천만원 이하의 과태료 부과 대상입니다.

5-2-18 음식물쓰레기의 수집·운반 방법 및 중간처리장의 장부 허위기재에 대한 처벌 관련 질의(2009-12-20)

[질의] 음식물쓰레기 수집·운반업체에서 중간처리장이 먼 관계로 해당 업체 수집·운반차량들이 차고지에 모여서 큰 차량으로 옮겨 싣는 것이 가능한지 여부 및 중간처리장에서 장부를 허위로 기재하는 경우 처벌 내용은?

[회신] 가. 폐기물관리법 시행규칙 제9조의 규정에 따라 시·도지사로부터 폐기물수집·운

반업자가 적재능력이 작은 차량으로 폐기물을 수집하여 적재능력이 큰 차량으로 옮겨 실을 수 있도록 임시보관장소로 승인을 받은 경우 가능합니다.

나. 음식물류 폐기물 보관방법에 대하여는 폐기물관리법 시행규칙 제14조 [별표 5] 제2호 나목 2)에서 정한 기준을 준수하여야 하며, 이를 준수하지 아니한 경우 폐기물관리법 제68조의 규정에 따라 1천만원 이하의 과태료(주변환경을 오염시킨 경우 2년 이하의 징역이나 1천만원 이하의 벌금)에 처분을 받을 수 있습니다.

다. 또한, 폐기물관리법 제36조의 규정에 따라 폐기물의 수집·운반·처리 상황 등을 기록하고 마지막으로 기록한 날부터 3년간 보존하도록 규정하고, 이를 거짓으로 기록한 자는 폐기물관리법 제68조 제3항의 규정에 따라 100만원 이하의 과태료 처분을 받을 수 있으며, 위반사항에 대하여는 현장 지도·점검자의 판단, 점검 당시 주변상황 등 여건 변화에 따라 다를 수 있음을 알려드립니다.

2. 기 타

5-2-19 폐기물 불법 운반에 따른 처벌대상 및 내용(2009-03-05)

[질의] 지정폐기물 수집·운반·처리를 하는 과정에서 운반업체가 폐기물처리계획 확인증명서상 A처리업체로 계약되어 있는데, 계약되어 있지 않은 B처리업체에게 폐기물을 몰래 운반해서 처리했다면 처벌대상 및 내용은?

[회신] 가. 지정폐기물처리계획 확인증명을 받은 자가 운반자·처리자를 변경하고자 할 경우에는 폐기물관리법 제17조 제4항에 따라 지정폐기물(변경)처리계획서를 제출하여야 합니다.

나. 지정폐기물처리계획 확인증명을 받은 내용과 다르게 폐기물을 처리하였을 경우에는 2년 이하의 징역 또는 1천만원 이하의 벌금에 처하도록 하고 있습니다.

다. 폐기물관리법 시행규칙 [별표 8] "폐기물처리업자의 준수사항"에 폐기물처리업자는 폐기물 처리를 위탁한 자와 운반비, 처리비 등을 기재하여 계약을 체결하도록 하고 있습니다.

라. 폐기물처리업자가 계약을 체결하지 아니하고 폐기물을 수집·운반, 처리하였을 경우에는 영업정지 1개월 등의 행정처분과 1천만원 이하의 과태료를 부과하도록 하고 있습니다.

5-2-20 지정폐기물 공동운영기구에 관한 질의(2009-03-13)

[질의] 지정폐기물 공동운영기구를 운영하고 있던 중 몇몇 지역에서 지정폐기물 공동운영기구에서 계약한 업체를 무시하고 타 업체와 별도계약을 하려는 경우 어떤 처벌이 가능한지?

[회신] 가. 지정폐기물 공동운영기구에 가입되어 있는 회원사가 공동운영기구의 지정폐기물처리계획 확인증명서에 기재된 처리업자가 아닌 다른 폐기물처리업자에게 폐기물을 위탁처리하고자 할 경우에는 공동운영기구에서 폐기물 종류별 폐기물처리업자를 변경(추가)하거나, 회원사가 공동운영기구를 탈퇴하고 새로이 지정폐기물처리계획 확인증명을 받아야 합니다.

나. 지정폐기물처리계획 확인증명서에 기재된 폐기물처리업자가 아닌 다른 처리업자에게 지정폐기물을 위탁하는 것은 폐기물관리법 제17조 제4항에 따른 지정폐기물처리계획 변경확인증명을 받지 않은 행위에 해당되어 2년 이하의 징역이나 1천만원 이하의 벌금을 받을 수 있습니다

5-2-21 무허가 업체에 지정폐기물 위탁에 따른 처벌 내용(2009-05-15)

[질의] 유압오일을 납품하는 대리점에서 오일 납품시 당사 저장창고에 보관 중인 오일을 수거해 가는데 유압오일 납품업체가 허가 없이 수거해 가는 것이 가능한지?

[회신] 가. 폐유압오일(기름성분을 5퍼센트 이상 함유한 것)은 지정폐기물에 해당되며, 폐유를 월평균 50킬로그램 이상 배출할 경우에는 폐기물처리계획서를 제출하여 지정폐기물처리계획 확인증명을 받아야 합니다.

나. 폐유를 위탁처리하고자 할 경우에는 폐유 처리업자 또는 재활용자에게 위탁하여야 하며, 처리업자 또는 재활용자가 아닌 자에게는 위탁하여서는 아니 됩니다.

다. 이를 위반하였을 경우에는 배출자는 무허가 처리업자에게 폐기물을 처리한 행위로 3년 이하의 징역이나 2천만원 이하의 벌금에, 이를 처리한 자는 허가를 받지 아니하고 폐기물처리업을 한 행위로 5년 이하의 징역이나 3천만원 이하의 벌금에 처하도록 규정하고 있습니다.

5-2-22 폐기물배출업체 법정교육 관련(2008-03-20)

[질의] 지정폐기물 배출업체에서 이전 교육 수료자가 계속 근무를 하고 있어도 새로이 교육을 받아야 하는지 여부?

[회신] 가. 폐기물관리법 제35조 제1항에 따른 지정폐기물 처리담당자 등은 3년마다 교육을 받아야 합니다. 이때 지정폐기물 처리담당자는 지정폐기물을 배출하는 사업자나 그가 고용한 기술담당자를 말합니다.

나. 따라서 법정교육을 사업자 또는 기술담당자가 받으시면 됩니다.

5-2-23 폐유기용제의 수입 가능량(2008-05-01)

[질의] 보관량 2,000톤인 업체가 타 국가로부터 폐유기용제를 허가받아 월 1회씩 수입하여 처리할 경우 국내법상 최대 수입 가능한 양 등 반입기준이 무엇인지?

[회신] 폐기물관리법 제25조 제3항 및 동법 시행규칙 제31조 제2항에 따라 보관량인 2,000톤을 초과하지 않는 범위 내에서 수입이 가능합니다. 폐기물을 수입한 경우에는 폐기물관리법 시행규칙 제31조 제1항 제3호에 따라 보세구역 및 자유무역지역에서 당해 폐기물을 반출하는 시점으로부터 30일 이내에 처리하여야 합니다.

색 인

[ㅇ]

[ㅈ]

[ㅎ]

[저자 약력]

박 경 수

서울대학교 법과대학 졸업
사법연수원 수료
미 워싱턴 로스쿨(LLM 과정) 졸업
변호사(서울변호사회)
미 뉴욕주 변호사

주요 경력
해군본부 군사법원 군판사
해군 법제과장
해군 고등검찰부장
국방부 조달본부 법무실장
한국항공우주산업 상무
조달법학회 부회장
국방부 중앙군인사소청심사위원회 위원

폐기물관리법

초판인쇄 2015년 4월 10일
초판발행 2015년 4월 15일

지은이 박경수
펴낸이 박노일

총괄기획 김중용
편 집 심성보·김인숙

펴낸곳 pnc publishing and culture 피앤씨미디어
경기도 고양시 일산동구 강송로 153 310-1501
등록 제396-2012-000203호
전 화 070)7550-3758 팩 스 02)718-8554
홈페이지 www.pncmedia.co.kr 이메일 pnc@pncmedia.co.kr
ISBN 979-11-5730-123-2 93360

정 가 80,000원